Lehrbuch der Botanik für Hochschulen

Fritz Noll, H. Schenck, A. F. W. Schimper
Eduard Strasburger

Alpha Editions

This edition published in 2022

ISBN : 9789356710306

Design and Setting By
Alpha Editions
www.alphaedis.com
Email - info@alphaedis.com

Contents

Vorwort zur 1. Auflage.

Die Verfasser dieses Lehrbuches wirken seit Jahren als Dozenten der Botanik an der Universität Bonn zusammen. Sie haben dauernd in wissenschaftlichem Gedankenaustausch gestanden und sich in ihrer Lehraufgabe vielfach unterstützt. Sie versuchen es jetzt gemeinschaftlich, ihre im Lehren gesammelten Erfahrungen in diesem Buche niederzulegen. Den Stoff haben sie so untereinander verteilt, daß EDUARD STRASBURGER die Einleitung und die Morphologie, FRITZ NOLL die Physiologie, HEINRICH SCHENCK die Kryptogamen, A. F. W. SCHIMPER die Phanerogamen übernahm.

Trägt auch jeder Verfasser die wissenschaftliche Verantwortung nur für den von ihm bearbeiteten Teil, so war doch das einheitliche Zusammenwirken aller durch anhaltende Verständigung gewahrt. Es darf daher das Buch, ungeachtet es mehrere Verfasser zählt, Anspruch auf eine einheitliche Leistung erheben.

Dieses Lehrbuch ist für die Studierenden der Hochschulen bestimmt und soll vor allem wissenschaftliches Interesse bei ihnen erwecken, wissenschaftliche Kenntnis und Erkenntnis fördern. Zugleich nimmt es aber auch Rücksicht auf die praktischen Anforderungen des Studiums und sucht den Bedürfnissen des Mediziners und Pharmazeuten gerecht zu werden. So wird der Mediziner aus den farbigen Bildern die Kenntnis derjenigen Giftpflanzen erlangen können, die für ihn in Betracht kommen, der Pharmazeut die nötigen Hinweise auf offizinelle Pflanzen und Drogen in dem Buche finden.

Nicht genug ist das Entgegenkommen des Herrn Verlegers zu rühmen, der die Kosten der farbigen Darstellungen im Texte nicht scheute, und der überhaupt alles aufgeboten hat, um dem Buche eine vollendete Ausstattung zu geben.

Bonn, im Juli 1894.

Die Verfasser.

Aus dem Vorwort zur 5. Auflage.

E

Einen schweren Verlust hat unsere gesamte botanische Wissenschaft, und im besonderen auch unser Lehrbuch, durch den inzwischen erfolgten Tod von A. F. W. SCHIMPER erfahren. In der Blüte der Jahre wurde er uns entrissen, ein Opfer seines rastlosen Forschungstriebes. Mit ihm erlosch auch so mancher fruchtbare Gedanke, ohne in wissenschaftliche Tat umgesetzt zu werden. In seinem Nachlaß fanden sich nur lose Blätter als Vorbereitung für die neue Auflage unseres Lehrbuchs vor. Die drei anderen Mitarbeiter hielten es für ihre Pflicht, diese Blätter zu sichten, zu ergänzen, einzuordnen und die begonnene Arbeit, im Sinne des Verstorbenen, zum Abschluß zu bringen, damit sein Name auch noch auf dieser, nach seinem Tode erscheinenden Auflage unseres Lehrbuches stehe.

Bonn, im Dezember 1901.

Die Verfasser.

Aus dem Vorwort zur 6. Auflage.

A

Aus der gleichmäßig fortschreitenden Aufeinanderfolge neuer Auflagen unseres Lehrbuchs schöpfen wir dauernd neue Anregung, es auf der Höhe seiner Aufgabe zu halten. Die sechste Auflage hat ganz besonders viele Verbesserungen und Änderungen aufzuweisen. Morphologie, Physiologie und Kryptogamen wurden wiederum einer eingehenden Durchsicht unterworfen, die Phanerogamen aber, durch G. KARSTEN, vollständig umgearbeitet.

Der Herr Verleger scheute seinerseits kein Opfer, um zu erreichen, daß das Buch in seiner technischen Ausstattung den ersten Rang behaupte. Er selbst äußerte den Wunsch, wir möchten noch vorhandene, fremden Werken entnommene Habitusbilder möglichst durch Originale ersetzen. Da die Kunst des Farbendrucks seit dem Erscheinen der 1. Auflage dieses Werkes wesentliche Fortschritte gemacht hatte, so veranlaßte der Herr Verleger uns auch, neue Vorlagen für die farbigen Abbildungen zu schaffen. Diese sind von Herrn Dr. ANHEISSER meist nach der Natur entworfen worden.

Bonn, im Oktober 1903.

Die Verfasser.

Aus dem Vorwort zur 10. Auflage.

M

Mit dieser 10. Auflage vollendet unser Lehrbuch sein fünfzehntes Jahr. Da es sich alle anderthalb Jahre durchschnittlich in einer neuen Auflage verjüngte, so hoffen wir, daß es keine Zeichen hohen Alters an sich trägt. Von dieser 10. Auflage können wir sogar behaupten, daß sie in besonders neuem Gewande vor die Öffentlichkeit tritt.

Einen schweren Verlust hat unser Lehrbuch durch den Tod eines seiner Mitarbeiter, FRITZ NOLL, erfahren. Seine Physiologie trug nicht wenig zu den ersten Erfolgen des Buches bei. Ein ehrenvolles Andenken ist ihm in unserer Wissenschaft gesichert. An seine Stelle trat LUDWIG JOST in den Verband unseres Lehrbuchs ein.

Möge auch diese neue Auflage des Lehrbuchs Nutzen stiften und geneigte Aufnahme finden.

Im Oktober 1909.

Die Verfasser.

Aus dem Vorwort zur 12. Auflage.

S

Seit die letzte Auflage unseres Lehrbuches hinausging, hat es durch den Tod EDUARD STRASBURGER'S den schwersten Verlust erlitten, der es bisher betroffen. Er hatte an dem zunehmenden Erfolg des Buches, an dem er 17 Jahre mitarbeitete, seine stete Freude und war unausgesetzt bemüht, seinen Teil, die Morphologie, an Form und Inhalt höchsten Ansprüchen genügend zu gestalten.

Nach seinem Ausscheiden trat HANS FITTING als Mitarbeiter ein; ihm fiel die Aufgabe zu, den ersten Teil neu zu bearbeiten. Da zugleich einige Änderungen in der ganzen Stoffverteilung geboten erschienen, ist diese Auflage auch in den anderen Teilen mehr oder minder stark umgestaltet worden. Wir waren bestrebt, die Einheitlichkeit des Buches nach Möglichkeit zu wahren und zu erhöhen.

Zum ersten Male sind alle Figuren — bis auf die von R. ANHEISSER gezeichneten Habitusbilder und die von den Mitarbeitern für ihre eigenen Teile angefertigten Bilder — mit den Namen ihrer Autoren versehen worden, so daß der Anteil der bisherigen Verfasser an der Illustrierung des Buches zum Ausdruck gelangt.

Im April 1913.

Die Verfasser.

Aus dem Vorwort zur 14. Auflage.

M

Mit dieser neuen Auflage vollendet unser Lehrbuch das fünfundzwanzigste Jahr seines Bestehens! Es hat im verflossenen Vierteljahrhundert zahlreiche Freunde an deutschen und ausländischen Hochschulen gewonnen; wir hoffen, daß ihm diese Freundschaft auch in Zukunft nach Wiedereintritt des Friedens und mit Wiederaufnahme gemeinsamer Arbeit zur Förderung der Wissenschaft erhalten bleibt. Auf den erzielten Erfolg kann der Herr Verleger, der in dankenswerter Weise die vortreffliche Ausstattung des Buches stets im Auge behielt, mit besonderer Genugtuung zurückblicken. Uns Verfassern aber soll dieser Erfolg erneuten Ansporn geben, fortgesetzt den Ausbau des Buches nach besten Kräften zu fördern und so stets auf dem neuesten Stand der Wissenschaft zu halten.

Obwohl wir den hie und da geäußerten Wunsch, auch die Pflanzengeographie zu behandeln, gerne erfüllen möchten, müssen wir in Rücksicht auf den stattlichen Umfang des Buches davon absehen, ihm einen neuen größeren Abschnitt anzufügen, da eine Kürzung des Inhaltes, wie sie bei den „Samenpflanzen“ dieses Mal versucht ward, nicht den nötigen Raum dafür gewinnen läßt. Für unzweckmäßig aber müssen wir es halten, die wichtige Pflanzengeographie nur auf wenigen Seiten zu erledigen. Es sei daher zunächst noch auf die bereits vorhandenen pflanzengeographischen Werke verwiesen.

Im Juni 1919.

Die Verfasser.

Vorwort zur 16. Auflage.

D

Der im Januar 1921 erschienenen 15. Auflage müssen wir — wiederum nach 2 Jahren — eine neue folgen lassen, in welcher die neueste wichtigere Literatur, soweit sie uns erreichbar war, gebührend berücksichtigt wurde.

Wesentliche Änderungen erfuhr die systematische Anordnung der Samenpflanzen auf Grund der Ergebnisse der serodiagnostischen Untersuchungsmethode, die nach Ansicht des Verfassers dieses Abschnittes nicht außer acht gelassen werden durfte.

Dem Herrn Verleger sind wir für die gute Ausstattung des Buches auch in seiner neuesten Gestalt besonders dankbar.

Im April 1923.

Die Verfasser.

EINLEITUNG.[A]

Die Organismen, die unsere Erde bewohnen, teilt man in Tiere und Pflanzen ein. Dementsprechend zerfällt die Biologie oder Lehre von den Lebewesen in Zoologie, die Wissenschaft von den Tieren, und in Botanik, die Wissenschaft von den Pflanzen.

Unter Pflanzen pflegt man festgewachsene, grüne, blühende und fruchtende Lebewesen sich vorzustellen, unter Tieren dagegen meist frei bewegliche Organismen, die Nahrung aufsuchen oder einfangen und fressen. So leicht es also bei oberflächlicher Kenntnis zu sein scheint, das Reich der Pflanzen gegen das der Tiere abzugrenzen, so schwer ist es doch in Wirklichkeit. Bei sehr einfach gebauten, d. h. äußerlich und innerlich wenig gegliederten, Organismen, die man als die niedrigsten bezeichnet, läßt sich oft nicht entscheiden, ob man sie in das Pflanzen- oder Tierreich einreihen soll. Tiere und Pflanzen haben nämlich die folgenden wichtigen Eigenschaften gemein:

1. Die Pflanze besteht aus einem oder vielen, mikroskopisch kleinen Kämmerchen, den Zellen, die sich durch Teilung vermehren. Aus Zellen ähnlichen Baues und entsprechender Herkunft ist das Tier zusammengesetzt. So haben Pflanzen und Tiere im wesentlichen gleichen inneren Bau.

2. Die Pflanze ist wie das Tier ein lebendes Wesen und stimmt in ihren wichtigsten Lebensregungen völlig mit dem Tiere überein: Die Vorgänge der Ernährung und des Wachstums, der Entwicklung und der Fortpflanzung sind bei Pflanzen und Tieren im großen und ganzen wesentlich gleich, z. B. atmet auch die Pflanze und entwickelt dabei Wärme; ferner besitzt sie auch Bewegungsvermögen und Reizbarkeit mannigfaltiger Art.

3. Diese weitgehende Übereinstimmung zwischen den Lebensäußerungen der Pflanzen und der Tiere kann nicht wundernehmen, wenn man weiß, daß bei Pflanzen und Tieren das Leben an eine sehr ähnliche „Grundsubstanz“, an das Protoplasma, gebunden ist, das sich in den Zellen befindet.

Solche und viele andere Tatsachen weisen darauf hin, daß die Pflanzen untereinander und mit den Tieren blutsverwandt sind. Diese in der Abstammungs- oder Deszendenzlehre zum Ausdruck kommende Auffassung kann man als eine grundlegende Theorie der Biologie bezeichnen. Die Vorstellung, daß die Lebewesen mit zusammengesetzterem Bau, mit höherer Organisation, aus einfacher gestalteten sich entwickelt haben, reicht bis auf die griechischen Philosophen zurück; sie wurde zu Beginn des 19. Jahrhunderts vor allem von dem französischen Zoologen LAMARCK vertreten. Eine wissenschaftliche Begründung erhielt sie aber erst später. Namentlich war es CHARLES DARWIN[1], der durch eine Fülle von Beweismaterial das zuvor herrschende Dogma von der Unveränderlichkeit der Arten endgültig erschütterte und dadurch die großen Probleme der organischen Entwicklung in Fluß brachte. Die Paläontologie lehrt uns aus Versteinerungen und Abdrücken von Tieren und Pflanzen, daß in früheren Erdperioden andere Lebewesen als in der Gegenwart, aber zum Teil den jetzigen ähnliche den Erdball bewohnten. Diese Beobachtung legt schon den Schluß nahe, daß die jetzt lebenden Formen durch Umbildungen ausgestorbener entstanden sind. Er führt zu der Folgerung, daß solche sehr ähnliche Organismen, die wir als Arten in einer Gattung vereinigen, miteinander blutsverwandt sind, und daß man durch Vereinigung von Arten zu Gattungen, von Gattungen zu Familien und von Familien zu noch höheren Einheiten in einem „natürlichen“ Systeme Verwandtschaftsgrade zum Ausdruck bringt. Die Entwicklung, d. h. die Umwandlungen, die ein Lebewesen im Laufe von Generationen während der Jahrtausende durchgemacht hat, nennt man mit ERNST HAECKEL[2] seine Stammesgeschichte oder Phylogenie, die Entwicklung, die es während seines Einzeldaseins durchmacht, seine Ontogenie. Die Deszendenzlehre nimmt nun an, daß die höher organisierten Pflanzen und Tiere phylogenetisch in letzter Linie aus gemeinsamen Wurzeln entstanden sind, nämlich aus sehr einfachen Formen, die vielleicht den einfachsten, heute noch lebenden ähnlich waren, und zwar so, daß von solchen die phylogenetische Entwicklung einerseits in der Richtung auf die höheren Tiere, andererseits in der Richtung auf die ausgeprägten Pflanzen fortschritt. Nach dieser Annahme, die ihre Stütze außer in den vielen, allen Tieren und Pflanzen gemeinsamen Eigenschaften, eben in der Tatsache findet, daß eine scharfe Grenze zwischen Tier- und Pflanzenreich in den Gruppen der niedersten Formen sich nicht ziehen läßt, bilden alle lebenden Wesen im Grunde genommen ein einziges Naturreich, das Reich der Organismen.

Ausgeprägt pflanzliche Merkmale wurden im Laufe der phylogenetischen Entwicklung: die Ausbildung der wichtigsten Körperflächen, die der Nahrungsaufnahme dienen, nach außen (während dafür beim Tiere eine von einem Munde ausgehende innere Körperfläche durch Einstülpung entstand), ferner die Zellulosezellmembranen, mit denen die Zellen sich umkleideten, endlich die grünen Farbkörper, die sich im Inneren der Zellen ausbildeten. Der grüne Farbstoff befähigte die Pflanze, aus der Kohlensäure der Luft, aus Wasser und aus gewissen Bodensalzen, also aus anorganischen Verbindungen, ihre organische Leibessubstanz aufzubauen und dadurch selbständig und unabhängig von allen anderen Organismen zu leben; das Tier dagegen blieb in seiner Ernährung, unmittelbar oder mittelbar, auf die Pflanze angewiesen, also in seinem Bestehen von ihr abhängig. Fast alle Unterschiede, die zwischen ausgeprägten Pflanzen und Tieren bestehen, lassen sich aus diesen Besonderheiten der Ernährung ableiten. Als bezeichnend für die Pflanzen kann ferner ihre ontogenetische Entwicklung gelten, die niemals abgeschlossen wird, vielmehr an den Vegetationspunkten unbegrenzt fortdauert, so daß die Pflanze im Prinzip immer weiter wächst. Daß aber keines dieser Merkmale für sich allein ausreicht, um eine Pflanze von einem Tiere mit Sicherheit zu unterscheiden, lehrt uns beispielsweise die ganze Pflanzengruppe der Pilze; sie enthalten den grünen Farbstoff nicht und sind infolgedessen wie die Tiere in ihrer Ernährung auf organische Stoffe angewiesen, die letzten Endes einmal von grünen Pflanzen gebildet worden waren. Gleichwohl rechnen wir die Pilze zum Pflanzenreich, wen sie sich von grünen Gewächsen phylogenetisch ableiten lassen.

Eine strenge, allgemeingültige Definition der „Pflanze" und des „Tieres" zu geben, ist aber ganz unmöglich. Wir müssen uns also hier mit dem Hinweise begnügen, daß von bekannteren Lebewesen die Bakterien, Algen, Pilze, Flechten, Moose, Farn- und Samenpflanzen (Gymnospermen und Angiospermen) der Pflanzenwelt zugerechnet werden und somit Gegenstände der botanischen Forschung sind.

Viel leichter als die Begrenzung der Tier- und Pflanzenwelt gegeneinander scheint die Aufgabe zu sein, das Reich der Organismen gegen das der leblosen Körper abzugrenzen. Wir kennen kein Lebewesen, dem das Protoplasma fehlt, aber keinen leblosen Körper, worin sich tätiges Protoplasma nachweisen ließe. Seit es in der organischen Chemie EMIL FISCHER gelungen ist, Zuckerarten synthetisch darzustellen und die Synthese der Eiweißkörper anzubahnen, haben wir aber mehr denn je Grund zu der Annahme, daß auch die Masse, die den Ausgangspunkt der organischen Entwicklung bildete: das Protoplasma, einen anorganischen Ursprung gehabt habe; denn diese Masse enthält nur Elemente, die auch in der anorganischen Natur vorkommen. Eine solche Urzeugung oder „Generatio spontanea" hielt man im Altertume sogar bei hochorganisierten Pflanzen und Tieren für möglich; weit verbreitet war die Meinung, die selbst von ARISTOTELES geteilt wurde, daß solche Lebewesen aus Schlamm und Sand hervorgehen könnten. Heute wissen wir freilich durch tausendfältige Erfahrung, daß auch die allerkleinsten und am einfachsten gebauten Organismen nicht in solcher Weise entstehen, sondern nur aus ihresgleichen hervorgehen. So mag die lebende Substanz aus lebloser vielleicht nur in einem bestimmten Entwicklungszustande unserer Erde oder anderer Weltkörper entstanden sein, als besondere Bedingungen zu ihrer Bildung sich eingestellt hatten. Diese Annahme beseitigt freilich nicht alle Schwierigkeiten, die der Vorstellung einer Urzeugung erwachsen. Damit aus solcher lebenden Substanz die Welt der Organismen hervorgehen konnte, müßte sie nämlich von vornherein die Fähigkeit gehabt haben, sich zu erhalten, zu wachsen, fremde in ihren Körper aufgenommene Stoffe in Körpermasse zu verwandeln, sich fortzupflanzen, d. h. sich durch Teilung zu vervielfältigen, endlich neue Eigenschaften den vorhandenen hinzuzufügen und sie erblich festzuhalten; kurz gesagt, es müßten in dieser durch Urzeugung entstandenen Substanz alle wesentlichen Merkmale des Lebens bereits ausgeprägt vorhanden gewesen sein[3].

Die Botanik zerfällt in eine Anzahl von Teilen. Die Morphologie lehrt uns die äußere Gestalt und den inneren Bau der Pflanzen im fertigen Zustande und während der ontogenetischen Entwicklung kennen und verstehen. Die Physiologie erforscht die Lebenserscheinungen der Gewächse. Beide Forschungszweige untersuchen auch die Beziehungen der Bau- und der Lebenseigentümlichkeiten jeder Pflanze zu ihrer Umgebung, zu ihren Außenbedingungen; sie sind bestrebt, festzustellen, ob und wie weit diese Besonderheiten für ihren Träger nützlich sind, also zu seiner Selbstbehauptung dienen, d. h. ob sie als Anpassungen gedeutet werden können. Diese Teile der Morphologie und Physiologie, die oft von den übrigen gesondert behandelt werden, faßt man wohl auch als Ökologie zusammen. Die Systematik beschäftigt sich mit der Beschreibung der Einzelformen und mit der Klassifikation der Pflanzenwelt. Die Pflanzengeographie hat zur Aufgabe, die Verteilung der Gewächse auf unserer Erde festzustellen und die Ursachen dieser Verteilung zu ermitteln. Die Paläophytologie erforscht die ausgestorbenen Pflanzen und die zeitliche Aufeinanderfolge der Gewächse, mit anderen Worten, die historischen Veränderungen der Pflanzenwelt auf der Erde. Alle diese Gebiete rechnet man der reinen oder theoretischen Botanik zu.

Aber nicht nur theoretische Ziele verfolgt die Botanik. Sie will auch die gewonnenen Erkenntnisse für die Menschheit nutzbar machen: die für den Haushalt des Menschen wertvollen Nutzpflanzen genau kennen und immer zweckmäßiger ausnutzen lernen, die Schädlinge aus dem Pflanzenreich erforschen, Verfälschungen der Handelsstoffe, die aus dem Pflanzenreich stammen, nachweisen und dergleichen mehr. So kommen zu den Teilgebieten der reinen Pflanzenkunde zahlreiche Zweige der angewandten Botanik: z. B. die Pharmakognosie oder Lehre von den Arzneipflanzen und ihren Produkten, den Pflanzendrogen; die Lehre von den Giftpflanzen; die Lehre von den pflanzlichen Nahrungs-, Genußmitteln und Gewürzen; die Lehre von den technisch wertvollen Gewächsen und ihren Produkten; die landwirtschaftliche Botanik; die Forstbotanik; die gärtnerische Botanik; ferner ein Teil der Pflanzenpathologie, soweit sich nämlich dieser Wissenschaftszweig mit der Bekämpfung der Pflanzenkrankheiten beschäftigt, und andere. —

Man kann die Botanik ferner auch, wie in diesem Buche, das in allererster Linie die reine Botanik behandelt, in einen allgemeinen und in einen speziellen Teil zerlegen. Aufgabe und Ziel der allgemeinen Botanik ist es alsdann, aus planmäßigen Untersuchungen an den einzelnen Pflanzen durch Vergleichung die Eigenschaften zu ermitteln, die für die ganze Pflanzenwelt oder ihre Hauptgruppen besonders bezeichnend sind. Die allgemeine Botanik haben wir wieder in zwei Abschnitte, in Morphologie und Physiologie, geteilt.

Aufgabe der speziellen Botanik ist es, die Baueigentümlichkeiten, Fortpflanzungsverhältnisse und Lebensweise der einzelnen Gruppen und Formen zu schildern, ferner die näheren und ferneren Verwandtschaftsbeziehungen, die zwischen ihnen bestehen, durch die Anordnung in einem möglichst „natürlichen" Systeme zum Ausdruck zu bringen. In diesen speziellen Teil des Lehrbuches haben wir einige besonders wissenswerte Tatsachen aus manchen Zweigen der angewandten Botanik, namentlich der Pharmakognosie, eingeflochten. Die Ergebnisse der paläophytologischen Forschung sind an die Schilderung der Einzelgruppen angeschlossen. Auch die Pflanzengeographie ist nicht ganz unberücksichtigt geblieben, wenn davon auch keine zusammenhängende Darstellung gegeben wurde.

[A] Die eingeklammerten kleinen Zahlen beziehen sich auf die Literaturnachweise am Schlusse des Buches. Diese Nachweise sollen denen dienen, die tiefer in den Stoff einzudringen wünschen.

ERSTER TEIL
Allgemeine Botanik.

Erste Abteilung.
Morphologie.

Die Morphologie der Pflanzen lehrt uns die äußere Gestalt und den inneren Bau der Gewächse sowie die ontogenetische Entwicklung ihres Körpers und seiner Glieder kennen. Sie strebt darüber hinaus ein wissenschaftliches Verständnis der Pflanzenformen an, indem sie sich bemüht, die Bedeutung und die phylogenetische Herkunft der Pflanzenteile festzustellen und die Ursachen für die Gestaltungsvorgänge zu ermitteln.

1. Man lernt nämlich den äußeren und inneren Bau eines Lebewesens nur dann verstehen, wenn man sich erstens klar bewußt wird, daß das Tier oder die Pflanze ein lebender Organismus ist, d. h. ein Gebilde, dessen wichtigste Glieder nicht bedeutungslose Anhängsel, sondern für das Leben notwendige Organe sind, durch deren harmonisches Zusammenarbeiten erst das Leben des Ganzen zustande kommt[4]. Fast alle äußeren Teile der Pflanze sind, wie beim Tiere, solche Werkzeuge für bestimmte Lebensverrichtungen. Aber nur dann können die Teile des Körpers ihre Leistungen im Dienste des ganzen Organismus erfüllen, wenn sie äußerlich und innerlich im großen und ganzen leistungsfähig gebaut sind, oder, wie man auch sagt, wenn ihr Bau einigermaßen ihren Funktionen entspricht, ihnen angepaßt ist. Da nun die einzelnen Teile bei höheren Pflanzen verschiedene Funktionen haben, so wird es verständlich, daß sie auch ganz verschiedenen äußeren und inneren Bau besitzen.

Um ein volles Verständnis vom Bau eines Organismus zu gewinnen, muß man sich weiter über die Lebensverhältnisse klar werden, unter denen er zu leben gewohnt ist: man muß seine Umwelt kennen. Jede Pflanze besitzt nämlich, wie das Tier, Baueigentümlichkeiten, die es ihr nur ermöglichen, unter bestimmten Außenbedingungen zu leben, wie sie nicht überall da vorhanden sind, wo wir auf der Erde Gewächse antreffen. Im Wasser z. B. sind die Lebensbedingungen ganz anders als in der Wüste beschaffen. Dementsprechend sind die Wüstenpflanzen und die Wassergewächse völlig verschieden gebaut und nur imstande, in ihren gewohnten Verhältnissen oder solchen zu gedeihen, die diesen einigermaßen ähnlich sind; jedenfalls können aber die Wüstengewächse nicht im Wasser und die Wasserpflanzen nicht in der Wüste leben. Ein Organismus ist also nur dann lebensfähig, wenn sein äußerer und innerer Bau auch genügend auf die Umwelt abgestimmt, wenn er an seine Lebensverhältnisse angepaßt ist.

Freilich lehrt eindringende morphologische Forschung alsbald, daß zwar fast ein jedes Körperglied der Pflanze seine Funktionen hat, daß aber längst nicht alle Eigentümlichkeiten seines äußeren und inneren Baues als Anpassungen an diese Funktionen oder als Anpassungen an die Umwelt gedeutet werden können: nur ein Teil der Merkmale eines Pflanzengebildes steht in solchen Beziehungen zu seinen Verrichtungen oder zur Umgebung, so z. B. bei den Laubblättern der Reichtum an grünem Farbstoff und die flächenförmige Ausbildung zu ihrer Hauptfunktion, der Kohlensäureassimilation. Solche Eigenschaften bezeichnet man wohl auch als nützlich für den Organismus oder als Anpassungsmerkmale. Daneben gibt es aber genug gleichgültige, so an vielen Blättern wohl die Beschaffenheit ihrer Ränder (Ganzrandigkeit, Sägung, Kerbung der Ränder u. dgl.), ja selbst ungünstige (wie das Fehlen des grünen Farbstoffes in größeren Teilen der Blätter, z. B. bei manchen wegen solcher „Weißbuntheit" gern kultivierten Ahornrassen), sofern sie den Organismus nicht unfähig zum Leben machen. Eine Eigenschaft kann ferner bei einer Art mehr oder weniger nützlich, bei einer anderen gleichgültig oder gar schädlich sein. Solche Tatsachen zeigen nachdrücklich, wie vorsichtig man bei der Beurteilung der Bedeutung aller organischen Formen und Strukturen sein muß, zumal viele Annahmen über ihren Nutzen sich nur sehr schwer durch Versuche auf ihre Richtigkeit prüfen lassen[5].

2. Aber noch in einer zweiten Richtung strebt die Morphologie wissenschaftliches Verständnis der Pflanzenformen an. Alle lebenden Pflanzen betrachten wir als mehr oder weniger blutsverwandt. Aus einfachen, ungegliederten Formen, aus Einzelzellen, sind phylogenetisch allmählich die am höchsten

organisierten Wesen mit zahlreichen verschiedenen Organen hervorgegangen. Dabei haben die Organismen und ihre Teile mannigfaltige Weiter- und Umbildungen erfahren, indem z. B. einzelne Organe durch Veränderungen ihres Baues neue Funktionen übernahmen oder neuen Lebensverhältnissen angepaßt wurden. Eine sehr wichtige Aufgabe der Morphologie ist es nun, diese phylogenetischen Umbildungen zu erforschen. Da die stammesgeschichtliche Entwicklung aber meist nicht direkt verfolgt, sondern nur erschlossen werden kann, so ist die Morphologie zur Lösung dieser Aufgabe auf indirekte Methoden angewiesen. Die wichtigsten Aufschlüsse in dieser Hinsicht gewinnt sie 1. durch das Studium der Ontogenie der Organismen, ferner 2. durch die Vergleichung der jetzt bestehenden Lebewesen untereinander und mit solchen, die in früheren Erdperioden gelebt haben. Die Ontogenie eines Organismus durchläuft nämlich häufig innerhalb gewisser Grenzen Entwicklungsstadien, die man als phylogenetische betrachten darf; sie kann daher zur Ermittelung der stammesgeschichtlichen Entwicklung beitragen. Und die vergleichende Forschung bemüht sich, die verschiedenen Gestaltungen durch Zwischenglieder zu verbinden. Da aber die Ontogenie die Phylogenie niemals vollständig oder unverändert wiederholt und die Zwischenglieder zwischen den verschiedenen Formen vielfach fehlen, so bleiben freilich die Ergebnisse auch dieser Richtung der morphologischen Forschung entsprechend unvollkommen.

Haben wir durch eingehende Untersuchungen die Überzeugung gewonnen, daß verschieden gestaltete Glieder des Pflanzenkörpers einen gemeinsamen phylogenetischen Ursprung haben, so bezeichnen wir die hypothetische Ursprungsform, von der wir sie ableiten, als ihre Grundform, die verschiedenen Umbildungen aber, die die Organe im Laufe der Stammesgeschichte erfahren haben, auch wohl als ihre Metamorphosen. Eines der allerwichtigsten Ergebnisse der Morphologie besteht in dem Nachweise, daß die mannigfaltig gestalteten äußeren und inneren Teile selbst der am reichsten gegliederten Pflanzen sich auf ganz wenige Grundformen zurückführen lassen, nämlich bei den höher organisierten Pflanzen die äußeren Teile auf Wurzel, Stengel und Laubblatt, ferner bei allen Pflanzen die inneren Teile auf die Zellen und ihre Bestandteile. Die Organe, die sich aus einer gemeinsamen Grundform phylogenetisch weiter entwickelt haben, nennen wir homolog, mögen sie auch noch so verschieden aussehen. Ihnen schreiben wir gleichen morphologischen Wert zu. Homolog sind z. B. die Laubblätter und die Blätter der Blüten (die Kelch-, Kron-, Staub- und Fruchtblätter), ferner auch die Laubblätter, die Blattranken (Fig. 207) und die Blattdornen (Fig. 195). Organe völlig verschiedenen Baues und ganz verschiedener Funktion können also doch homolog sein, also den gleichen morphologischen Wert besitzen. Andererseits haben sich oft Organe mit gleichem Bau und mit gleicher Funktion (z. B. Knollen Fig. 201, 203, 204, Dornen Fig. 195, 197, 198, Ranken Fig. 206–208) phylogenetisch aus verschiedenen Grundformen entwickelt. Solche Organe nennt man analog (zahlreiche Beispiele vgl. S. 141 ff.). Wenig differenzierte Gebilde ohne deutlich ausgeprägte Funktionen, die sich aus vollkommeneren rückgebildet haben, bezeichnen wir als reduziert.

3. Schließlich setzt sich die Morphologie die Aufgabe, die Ursachen oder Bedingungen zu ermitteln, die wie jedem Naturgeschehen, so auch den Vorgängen der äußeren und inneren Ausgestaltung der Pflanze und ihrer Teile, ferner ihren vererbbaren (phylogenetischen) Umwandlungen zugrunde liegen, und darüber Klarheit zu gewinnen, wie sich im Laufe der stammesgeschichtlichen Entwicklung die Eigenschaften ausbilden konnten, die wir als Anpassungsmerkmale bezeichnet haben. Den Teil der Morphologie, der sich mit solchen Fragen beschäftigt, kann man experimentelle Morphologie nennen. Die Mehrzahl ihrer Probleme findet man aber zweckmäßiger meist, so auch in unserem Lehrbuche, als besonderen Abschnitt der Physiologie, d. h. des Zweiges der Botanik behandelt, der sich überhaupt mit den Lebensvorgängen der Pflanzen beschäftigt (Entwicklungsphysiologie).

Die Morphologie kann man zerlegen in die Lehre vom äußeren Bau (äußere Morphologie) und in die Lehre vom inneren Bau (innere Morphologie oder Anatomie). Für unser Buch aber wäre eine solche Gliederung nicht zweckmäßig. Wollen wir doch die Glieder als Organe mit bestimmten Lebensverrichtungen begreifen lernen. Dafür aber ist es notwendig, zusammenhängend zu zeigen, in wie inniger Beziehung vielfach nicht nur der äußere, sondern auch der innere Bau eines Organes zu seinen Funktionen steht. Nicht die Pflanze als totes Gebilde, sondern als lebender Organismus soll uns ja in erster Linie beschäftigen.

Die erste Frage, die es da zu beantworten gilt, ist die nach dem Träger der Lebenserscheinungen. Woran ist das Leben gebunden? Nur an einen Teil der ganzen Substanz einer Pflanze, nämlich an das Protoplasma.

Das Protoplasma aber ist in der Regel eingeschlossen in die Zellen, die man als Elementarteile des Organismus ansehen kann. Infolgedessen müssen wir den Bau der Zellen vor allem kennen lernen. Den Teil der Morphologie, der dieser Aufgabe dient, nennt man Zellenlehre oder Zytologie. Die Zellverbände (Gewebe) des Pflanzenkörpers bilden alsdann den Gegenstand eines zweiten Teiles der Morphologie, der Gewebelehre oder Histologie. Endlich mit den äußeren Gliedern als Organen der Pflanze, und zwar mit ihrem äußeren und inneren Bau, beschäftigt sich die Organlehre oder Organographie.

Erster Abschnitt. Zellenlehre (Zytologie).

I. Gestalt und Größe der Zellen.

Die Pflanzen werden, gleich den Tieren, aus Elementarteilen aufgebaut, die wir als Zellen bezeichnen. Das sind bei den Pflanzen meist mikroskopisch kleine Kämmerchen, deren Wände im Gegensatze zu den Zellen der Tiere von besonderen Häuten gebildet werden. Die Zellformen entsprechen im einfachsten Falle Kugeln, meist aber kleinen Würfeln, Polyëdern oder Prismen, die bei vielzelligen Organen in großer Menge aufeinander geschichtet sind; auch langgestreckte, ja faser- oder schlauchförmige Zellen kommen häufig vor. Diese Kämmerchen, von denen jedes aus den Kammerwänden, der Zellhaut oder Zellmembran, und aus seinem Innenraum, dem Zellraum oder Zelllumen, besteht, sind im allgemeinen so klein, daß man sie erst bei stärkerer Vergrößerung erkennen kann. Ihr mittlerer Querdurchmesser pflegt nämlich nur ein Hundertstel bis ein Zehntel Millimeter zu betragen. Infolgedessen wurden die Zellen erst spät, in der Neuzeit, entdeckt. Hier und da freilich werden Zellen auch viel größer; manche an besondere Funktionen angepaßte faserförmige Zellen (Sklerenchymfasern) werden bis zu 20 cm, Milchröhren sogar meterlang.

Das wichtigste an diesen Zellen ist ein Teil ihres Inhaltes, der Zellenleib oder Protoplast. Er ist nämlich der eigentlich lebende Teil der Zelle. Deshalb denkt man bei dem Begriff Zelle heutzutage mehr an ihn als an das Gehäuse, das zudem vielen „nackten Zellen“ ganz fehlt. In toten Zellen findet man freilich nur noch Reste der Zellleiber, die aber auch vollständig geschwunden sein können; alsdann enthalten die Zellräume nur Wasser oder Luft. Ihre Bedeutung für den Pflanzenkörper brauchen die Zellen mit dem Tode der Protoplasten aber nicht einzubüßen, ja ohne tote Zellen könnte ein höher organisiertes Gewächs nicht auskommen; denn solche Zellen bilden z. B. seine Wasserbahnen und tragen zu seiner mechanischen Festigung bei.

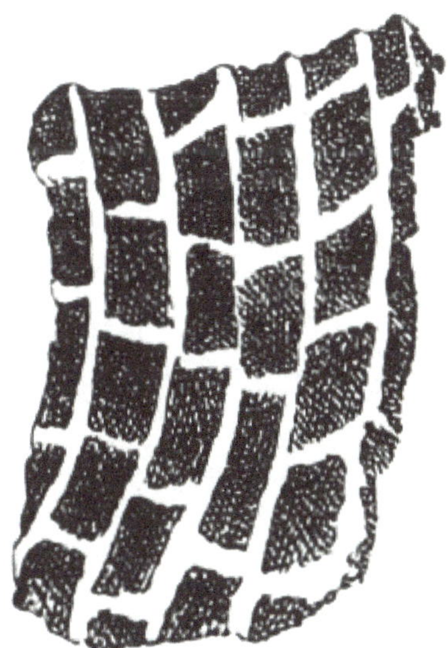

Fig. 1. HOOKES Bild des Flaschenkorkes, von ihm als Schematism or Texture of Cork bezeichnet; vgl. dazu die Fig. 58.

Die Entdeckung der Zellräume glückte bei den Pflanzen früher als bei den Tieren; sie wurde dort durch die Zellhäute erleichtert. Ihr Entdecker, der englische Mikrograph ROBERT HOOKE, nannte sie Zellen wegen ihrer Ähnlichkeit mit den Zellen der Bienenwaben und bildete sie in seiner Mikrographie 1667 zum ersten Male ab (Fig. 1). Die eigentlichen Begründer der pflanzlichen Histologie sind aber der Italiener MARCELLO MALPIGHI und der Engländer NEHEMIAH GREW, deren Werke kurz nacheinander von 1671 an, also wenige Jahre nach HOOKES Mikrographie, erschienen. Der lebende Inhalt der Zellen, der Zellenleib, wurde in seiner Bedeutung nicht vor der Mitte des vorigen Jahrhunderts erkannt. Alsdann erst wandte man sich auch eingehend seiner näheren Untersuchung zu, die u. a. SCHLEIDEN, HUGO V. MOHL, NÄGELI, FERDINAND COHN und MAX SCHULTZE anbahnten und besonders STRASBURGER förderte.

II. Der lebende Inhalt der Zellen (der Protoplast)[6].

A. Bestandteile des Protoplasten. Untersuchen wir bei starker Vergrößerung zarte Längsschnitte durch die äußerste Stengelspitze einer Samenpflanze, so finden wir, daß sie sich aus annähernd rechteckig begrenzten Zellen zusammensetzen (Fig. 2), die mit Inhalt dicht angefüllt und durch zarte strukturlose Wände, die Zellhäute, voneinander getrennt sind. Die Zellen sind hier annähernd würfelförmig oder prismatisch, weshalb sie eben im Schnitte als Quadrate oder Rechtecke erscheinen.

Im Inhalte jeder Zelle fällt ein runder Körper (*k*) von Kugel- oder Eiform besonders auf, der einen großen Teil des Zellraums ausfüllt: der Zellkern (Kern, Nucleus). Die feinkörnige Masse, die den Raum zwischen Zellkern (*k*) und Zellwand (*m*) einnimmt, bezeichnet man als Zytoplasma (*pl*) oder Plasma. Um den Zellkern herum findet man, in dem Zytoplasma verteilt, stark lichtbrechende, farblose Körperchen, die Plastiden oder Chromatophoren (*ch*). Zellkern, Plasma und Chromatophoren sind die lebenden Inhaltsbestandteile der Zelle; sie zusammen bilden das Protoplasma, den lebenden Zellenleib oder **Protoplasten**. Zellkern und Chromatophoren, die stets im Plasma eingebettet sind, kann man als Organe des Protoplasten ansehen, denen besondere Lebensverrichtungen zukommen. Freilich kennen wir die besonderen Funktionen des Kernes noch nicht; wir wissen nur, daß zur Erhaltung des Lebens der Zelle eine Wechselwirkung zwischen Kern und Plasma notwendig ist. Doch ist es für die niedersten Gewächse, Spaltalgen (Cyanophyceen) und Bakterien, noch immer eine ungelöste Frage, ob bei ihnen eine solche Arbeitsteilung im Protoplasten, d. h. ob bei ihnen ein Zellkern vorkommt[7]. Im Protoplasma der Bakterien fehlen auch die Chromatophoren, ebenso in den Zellen der Pilze und in denen der Tiere.

Dagegen hat man in tierischen Zellen in unmittelbarer Nähe des Kerns noch kleine lebende Gebilde, die Zentriolen, als Bestandteile des Protoplasten nachgewiesen. Ähnliche Gebilde kommen im Pflanzenreiche fast nur in Zellen von Kryptogamen vor, ohne aber allgemeine Verbreitung zu besitzen (Fig. 21 *A*).

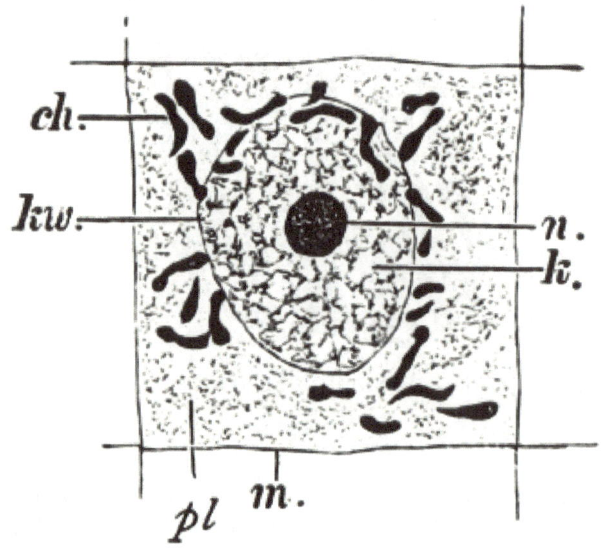

Fig. 2. Embryonale Zelle aus der Wurzelspitze des Hafers. *k* Zellkern, *kw* Kernwandung, *n* Kernkörperchen, *pl* Plasma, *ch* Chromatophoren, *m* Zellwandung. Etwas schematisiert. Vergr. ca. 1500. Nach LEWITSKY.

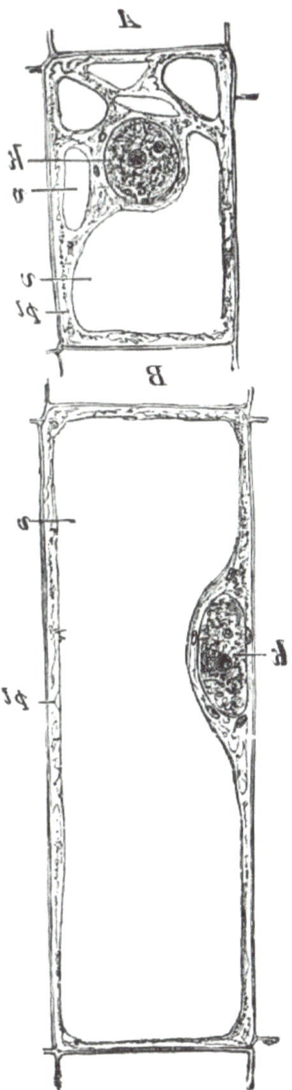

Fig. 3. Zwei Zellen der Stengelspitze einer Samenpflanze, in verschiedener Entfernung von ihrem obersten Ende entnommen. *k* Kern, *pl* Plasma, *v* Vakuolen (Safträume). Etwas schematisiert. Vergr. ca. 500. Nach STRASBURGER.

Bei den Pflanzen sind nur die embryonalen Zellen, wie man sie z. B. an den äußersten Stengel- und Wurzelspitzen findet, in der eben beschriebenen Weise mit Protoplasma dicht gefüllt. Das ist dagegen nicht der Fall in den ausgebildeten Körperzellen (Dauerzellen), die durch Größenwachstum und mannigfaltige Formveränderungen aus jenen hervorgehen. Während dieser Umwandlung zu Dauerzellen sieht man nämlich die embryonalen Zellen bei den Pflanzen, aber nicht bei den Tieren, immer plasmaärmer werden, weil das Plasma während der Vergrößerung der Zellräume nicht wesentlich vermehrt wird. Diese Umwandlung läßt sich an jedem Längsschnitt durch eine Stengelspitze verfolgen. In einiger Entfernung von seinem oberen Ende enthalten die heranwachsenden Zellen in ihrem Plasma bereits eine größere Anzahl Hohlräume, Vakuolen (*v* in *A* Fig. 3), die mit wäßrigem Saft, Zellsaft, gefüllt sind. Die Zellen fahren alsdann noch fort, an Größe zuzunehmen, wobei die Vakuolen verschmelzen. Schließlich wird meist ein Zustand erreicht, wo nur noch ein einziger, großer, mit Zellsaft gefüllter Hohlraum, der Saftraum (*v* in *B* Fig. 3), im Plasma der Zelle besteht, das Plasma aber nur einen dünnen Belag an der Zellwandung bildet, in dem auch der alsdann wandständige Kern eingebettet ist (Fig. 3 *B k*). Der Saftraum kann aber auch in einer ausgewachsenen Zelle von Lamellen und Strängen oder Fäden aus Plasma durchsetzt bleiben, worin oft der Kern, aber stets vom Plasma allseitig umhüllt, aufgehängt ist (Fig. 5, 10). In jeder noch lebenden Zelle ist die Zellwandung auf ihrer Innenseite von einem ununterbrochenen Plasmabelag ausgekleidet, der der Zellwand überall dicht anliegt, in älteren Zellen aber so dünn werden kann, daß man ihn nicht unmittelbar sieht (Fig. 10). Erst wasserentziehende Mittel, die ihn veranlassen, sich von der Zellwandung zurückzuziehen und abzulösen (Plasmolyse, vgl. S. 192), wie etwa stärker konzentrierte Salz- oder Zuckerlösungen, machen ihn alsdann sichtbar.

B. Physikalische Eigenschaften des Protoplasten. Um die physikalischen Eigenschaften, insbesondere den Aggregatzustand, des Protoplasmas kennen zu lernen, wenden wir uns zunächst zu einer Gruppe von Organismen, die an der Grenze zwischen dem Pflanzen- und dem Tierreiche stehen, zu den Schleimpilzen oder Myxomyceten. Sie sind durch einen Entwicklungszustand ausgezeichnet, während dessen ihr Protoplasma größere nackte Massen, die Plasmodien, bildet. Ihr Plasma (Fig. 4) besteht aus netzartig verbundenen, dickeren und dünneren Strängen einer glashellen Grundmasse, die Körnchen enthält und zäh- oder dünnflüssig ist. In diesen Strängen sieht man nämlich das Plasma innerhalb von festeren und dichteren ruhenden Hüllschichten lebhaft nach Art einer Flüssigkeit strömen. Diese inneren Ströme bewegen sich nach den Rändern des Plasmodiums hin oder von ihnen hinweg und wechseln häufig ihre Richtung. An den Rändern des Plasmodiums selbst werden Plasmafortsätze vorgestreckt oder schon vorhandene eingezogen. Dadurch kann das Plasmodium sich kriechend fortbewegen. Wo solche Protoplasmamassen fremden Körpern begegnen, sind sie befähigt, sie in ihr Inneres aufzunehmen, in Vakuolen einzuschließen und, soweit das möglich ist, auch zu verdauen.

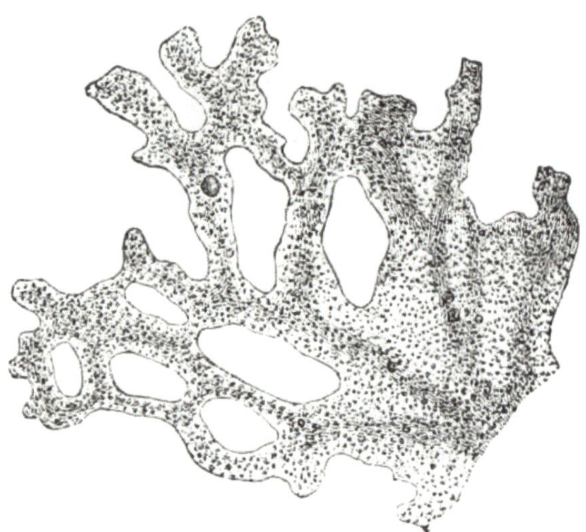

Fig. 4. Teil eines ausgewachsenen Plasmodiums von Chondrioderma difforme. Vergr. 90. Nach STRASBURGER.

Wie in den nackten Plasmodien der Schleimpilze, so läßt sich auch bei behäuteten pflanzlichen Zellen oft strömende Bewegung im Plasma erkennen, solange es lebt. Meist stellt sie sich erst in annähernd fertigen Dauerzellen, und zwar vielfach nur dann in auffälliger Weise ein, wenn durch eine Verwundung, etwa das Schneiden bei Herstellung des Präparats, ein Reiz auf die Protoplasten ausgeübt worden ist[8]. Sie scheint den Transport von Nährstoffen nach der Wundstelle zu beschleunigen. Schon an diesen Bewegungen kann man sehen, daß auch hier das Protoplasma meist eine dünn- oder zähflüssige Masse ist; aus seiner Hülle befreit, nimmt es dementsprechend die Form eines runden Tropfens an. In behäuteten Zellen, in denen solche Plasmabewegung vorkommt, sieht man das Protoplasma, abgesehen von seiner stets ruhenden äußersten Schicht, die an die Zellwand angrenzt, entweder in einem einzigen Strome von konstanter Richtung oder in verschiedenen Strömen mit wechselnder Richtung sich bewegen. Man hat danach zwischen Rotation und Zirkulation des Plasmas unterschieden. In den Zellen, in denen Rotationsbewegung vorkommt, z. B. bei vielen Wasserpflanzen, ist das Protoplasma auf einen Wandbelag beschränkt. Der Rotationsstrom folgt der

Zellwandung und beschreibt eine kreisende, in sich zurücklaufende Bahn. Die bei Landpflanzen häufige Zirkulation findet sich besonders in Zellen, deren Innenräume von Plasmasträngen oder -lamellen durchsetzt sind; das Plasma strömt in ihnen außerdem in bandförmigen, meist verzweigten Streifen des Wandbelages, und zwar hier wie dort nach verschiedenen Richtungen hin.

Von dem in Rotation befindlichen Plasma werden Zellkern und Chromatophoren meist mitgeführt. Doch können letztere an der ruhenden peripheren Schicht haften und infolgedessen unbeweglich sein. So ist es beispielsweise bei den Characeen, Süßwasseralgen, deren lange Gliederzellen in der Gattung Nitella besonders günstige Beispiele für die Beobachtung starker Rotationsströmung sind. Ein sehr gutes Objekt für das Studium der Zirkulation sind die Staubblatthaare von Tradescantia virginica (Fig. 5). Die den Saftraum durchsetzenden Plasmastränge verändern dabei langsam ihre Gestalt und Lage und veranlassen dadurch auch Lageänderungen des Kerns.

Bewegungen an eng umgrenzten Stellen des Plasmas beobachtet man auch in den Protoplasten vieler niederer Algen, besonders ihrer Schwärmzellen: In der Nähe des vorderen Körperendes umschließt das Plasma eine oder mehrere kleine pulsierende Vakuolen, die in kürzeren Zeitabschnitten rhythmisch verschwinden, d. h. plötzlich sich entleeren, darauf aber wieder erscheinen und langsam zur alten Größe heranwachsen (Fig. 335 *1 v*). Ferner besitzt ihr Plasmakörper einen oder mehrere fadenförmige, kontraktile, plasmatische Fortsätze, Geißeln, Zilien, die sehr lebhaft schwingen und die Bewegungsorgane der Schwärmzellen sind.

Der Protoplast ist nur innerhalb ziemlich enger Temperaturgrenzen aktiv lebenstätig (also auch strömungsfähig) und innerhalb etwas weiterer lebensfähig. Er stirbt, d. h. gerinnt, erstarrt in der Regel rasch bei Temperaturen, die nicht weit über +50° liegen. Auch durch Alkohol, durch Säuren von bestimmter Konzentration, durch Lösungen von Sublimat und vielen anderen Schwermetallsalzen wird das Protoplasma zum raschen Erstarren gebracht, fixiert. Solche Gerinnungs- und Fixierungsmittel spielen jetzt eine große Rolle in der mikroskopischen Technik[9].

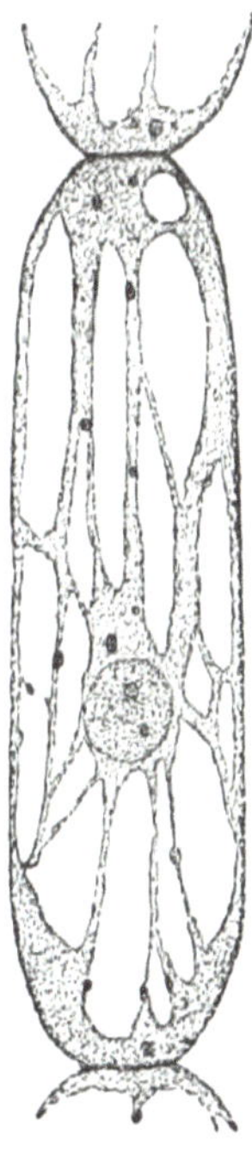

Fig. 5. Eine Zelle aus einem Staubblatthaare von Tradescantia virginica. Innerhalb der Stränge als dunkle Körner Leukoplasten und der runde Zellkern. Vergr. 240. Nach STRASBURGER.

C. Chemische Eigenschaften des Protoplasten[10]. Das in Tätigkeit befindliche Protoplasma reagiert gewöhnlich alkalisch, unter Umständen auch neutral, niemals aber sauer. Es ist nicht ein einheitlicher chemischer Körper, sondern besteht aus einem Gemische einer großen Zahl chemischer Verbindungen, die zum Teil in Wasser gelöst, zum Teil fest sind. Ein Teil davon erfährt im aktiv lebenstätigen Protoplasma fortdauernd Veränderungen, auf denen ohne Zweifel viele wichtige Lebensäußerungen des Protoplasten beruhen. Die wichtigsten Bestandteile in diesem Gemische sind wohl die Eiweißkörper (Eiweißstoffe, Proteïne, und Eiweißverbindungen, Proteïde). So gibt das Protoplasma Eiweißreaktion und läßt beim Verbrennen infolge seines Stickstoffgehaltes Ammoniakdämpfe entweichen. Und zwar ist in dem Protoplasma eine ganze Reihe von Eiweißstoffen aufgefunden worden. Im Zellkerne herrschen die Nukleoproteïde, phosphorhaltige Eiweißverbindungen, vor, die von Pepsinlösung nicht aufgelöst werden. Weiter enthält das Protoplasma wohl stets Spaltungsprodukte der Eiweiße, vor allem Amide; außerdem Enzyme, Kohlehydrate und ölartige Körper (Lipoide), wie Fette und Lezithine (vgl. S. 222); ferner Phytosterine (aromatische Alkohole von der Formel $C_{27}H_{45}OH$) und unter Umständen Alkaloide (heterozyklische, stickstoffhaltige Pflanzenbasen) oder Glykoside (esterartige Verbindungen der Zucker meist mit aromatischen Verbindungen). Daß auch Mineralstoffe im Protoplasma nicht völlig fehlen, geht daraus hervor, daß es Asche hinterläßt.

Durch verdünnte Kalilauge werden alle Teile des Protoplasten gelöst, ebenso durch Chloralhydrat oder JAVELLEsche Lauge. Durch Jod werden sie bräunlichgelb gefärbt, durch eine Lösung von salpetersaurem Quecksilberoxydul (dem sog. MILLONschen Reagens) ziegelrot. Die Reagenzien töten das Protoplasma, worauf sich erst die charakteristische Reaktion einstellt. Diese Reaktionen weisen auf Eiweißkörper hin, sind ihnen aber nicht ausschließlich eigen.

D. Bau der Teile des Protoplasten. Sehr wichtige Hilfsmittel für die Erforschung der Teile des Protoplasten bilden die Fixierungs- und Färbeverfahren. Gewisse Gerinnungsmittel fixieren und härten nämlich das Protoplasma anscheinend wenig verändert. Man hat aber stets darauf zu achten, daß bei der Fixierung auch Strukturen auftreten, die erst durch die Gerinnung entstehen[11].

Der Wert der Färbungen beruht darauf, daß die verschiedenen Bestandteile des Protoplasmas mit ungleicher Begierde Farbstoffe aufnehmen und mit größerer oder geringerer Kraft festhalten, wenn man ihnen die Stoffe durch Lösungsmittel wieder zu entziehen sucht. Viele Farbstoffe werden erst vom toten Protoplasma merklich gespeichert. Zur Färbung der fixierten pflanzlichen Protoplasten bedient man sich vornehmlich der Karminlösungen, des Hämatoxylins, Safranins, Säurefuchsins, Gentianavioletts, Orange, Methylenblaus u. a.

1. Das Plasma (Zytoplasma). In einer anscheinend glasklaren, also optisch homogenen, dünn- oder zähflüssigen Grundmasse des Plasmas, dem Hyaloplasma, sieht man bei stärkeren Vergrößerungen gewöhnlich winzig kleine Körnchen und Tröpfchen in kleinerer oder meist größerer Zahl, die Mikrosomen, eingebettet, die offenbar aus verschiedenartigen Stoffwechselprodukten des Plasmas bestehen. Körnerreiches Plasma bezeichnet man wohl als Körner- oder Polioplasma. Das Hyaloplasma, das selbst mit dem Ultramikroskop optisch nahezu leer erscheint, ist eine wäßrige Lösung der Art, die die physikalische Chemie kolloidale Lösungen oder Sole nennt[12]. Der Nachweis, daß das Protoplasma meist eine kolloidale Lösung, und zwar ein Emulsoid, ist, hat, wie es scheint, grundlegende Bedeutung. Dadurch dürften viele Lebensäußerungen des Plasmas einer physikalisch-chemischen Erklärung zugänglich werden.

An seiner Peripherie ist das Plasma von einer äußerst dünnen, körnchenfreien und oft zäheren Hyaloplasmaschicht umgeben, deren äußerster Saum, die Hautschicht oder Plasmahaut, seine eigentliche äußere Begrenzung bildet. Gegen den Saftraum und andere Vakuolen grenzt es sich ebenfalls durch solche Hyaloplasmaschichten und Plasmasäume, die Vakuolenwände, ab. Diese peripheren Hautschichten und die Vakuolenwände können sich jederzeit neu bilden, sind aber sehr wichtige Bestandteile des Protoplasten; denn sie entscheiden über die Aufnahme von Stoffen in das Protoplasma. Sie sind semipermeabel; d. h. lassen zwar Wasser durch, sind aber für viele andere Stoffe undurchlässig oder schwer durchlässig.

Ob das lebende Plasma außer der Emulsionsstruktur stets noch eine andere bestimmte und bezeichnende, aber mit dem Mikroskope und Ultramikroskope unsichtbare Struktur besitzt, wissen wir nicht. In sich teilenden Protoplasten treten fadenförmige Sonderungen auf, die in ruhenden Protoplasten wieder unkenntlich werden. Plasma, das fixiert und gefärbt wurde, kann homogen sein oder bildet (bei schlechter Fixierung), wie andere geronnene kolloidale Lösungen, ein Netz-, Gerüst- oder Wabenwerk, in das Körnchen eingelagert sind.

Außer solchen Strukturen sind aber neuerdings im Plasma von embryonalen und Dauerzellen, vor allem nach besonderem Fixierungs- und Färbungsverfahren, noch korn-, stäbchen-, faden-, spindel- oder hantelförmige Gebilde nachgewiesen worden, die in ihrem Aussehen und in ihrem Verhalten gegenüber den Fixierungs- und Färbungsmitteln so sehr mit den Chondriosomen (Mitochondrien) embryonaler tierischer Zellen übereinstimmen, daß man diese Bezeichnung auf sie ausgedehnt hat[13]. Wahrscheinlich sind es verschiedenwertige Dinge, zum Teil kleine, an besonderen, vielleicht nukleïnsäurehaltigen Eiweißkörpern reiche Vakuolen, zum Teil fadenförmige Plasmastränge, zum Teil auch jugendliche Chromatophoren; man hat sie auch bei Pilzen beobachtet und bei gewissen Moosen in den embryonalen Zellen neben den Chromatophoren.

2. Der Zellkern (Nukleus)[14] ist im allgemeinen kugel-, ei- oder linsenförmig gestaltet, kann aber manchmal auch absonderliche, z. B. gelappte Gestalt annehmen oder in gestreckten Zellen selbst fadenförmig werden. In embryonalen Zellen beträgt sein Durchmesser etwa zwei Drittel des Gesamtdurchmessers des Protoplasten. In ausgewachsenen Dauerzellen dagegen macht er, da er nicht mitwächst, in dem größeren Zellraume einen viel kleineren Eindruck. Große Kerne findet man bei den meisten Koniferen und manchen Monokotylen, sowie bei Ranunculaceen und Loranthaceen unter den Dikotylen. Mit besonders großen Kernen sind meist Drüsenzellen ausgestattet. Dagegen sind die Kerne der meisten Pilze (Fig. 6) und vieler Schlauchalgen sehr klein.

Fig. 6. Mehr-(5) kernige Zelle des Pilzes Hypholoma fasciculare. Vergr. 500. Nach KNIEP.

Fig. 7. Eine Zelle von Cladophora glomerata, nach einem mit 1%iger Chromsäure fixierten und mit Karmin gefärbten Präparate. *n* Kerne. Vergr. 540. Nach STRASBURGER.

Bei höheren Pflanzen kommen fast ausschließlich einkernige Zellen vor. Bei den niederen Pflanzen sind aber vielkernige Zellen sehr verbreitet; ja bei vielen Pilzen (Fig. 6) und bei den Schlauchalgen herrschen sie vor. Der ganze Organismus wird alsdann entweder von einer einzigen solchen vielkernigen Zelle gebildet, die bei einigen Schlauchalgen, wie Caulerpa, äußerlich ungewöhnlich reich gegliedert ist (Fig. 348); oder er besteht aus einer größeren Zahl vielkerniger Zellen, so bei vielen Pilzen (Fig. 6) und z. B. bei der Süßwasseralge Cladophora (Fig. 7).

Der Zellkern sieht, solange er lebt, fein punktiert aus. Außerdem fallen in ihm meist ein bis mehrere größere, runde, glänzende Körner oder Tropfen auf: die aus Eiweißkörpern bestehenden Kernkörperchen oder Nukleolen (Fig. 2 *n*), deren Bedeutung wir noch nicht genau kennen. Der Kern, dessen Inhalt zähflüssig zu sein scheint, ist von einer Kernwandung umgeben (Fig. 2 *kw*), einer Hautschicht, mit der der Kernraum, die Kernhöhle, gegen das umgebende Plasma abgegrenzt ist.

Einen Einblick in die feinere Kernstruktur erhält man nur an entsprechend fixierten und gefärbten Präparaten. Man erkennt alsdann im Kern meist ein stark gefärbtes wabig-netzartiges Gerüstwerk oder Körner aus Chromatin (Fig. 13, 1 *n*), das vornehmlich aus phosphorhaltigen Eiweißverbindungen (und zwar Nukleoproteïden) zu bestehen scheint. In den Maschen des Gerüstes befinden sich die Nukleolen, die sich ebenfalls intensiv, jedoch meist anders als das Chromatin färben, weil sie meist nicht aus Chromatin bestehen. Das Gerüstwerk und die Nukleolen des Kerns liegen innerhalb der Kernhöhle, die mit Kernsaft, wohl einer Eiweißlösung, gefüllt ist.

In vielen Kernen scheint das Kerngerüst aus einer wenig färbbaren Grundmasse, dem Linin, gebildet zu werden, dem das Chromatin als kleine Körnchen eingelagert ist.

Bei Spirogyra unter den Algen, gewissen Flagellaten und Pilzen enthalten vielleicht auch die Kernkörperchen einen Teil des Chromatins, sind also denen der höheren Pflanzen nicht gleichwertig, wie auch ihr Anteil an den Kernteilungsvorgängen zeigt[15]. Solche Kerne werden wohl auch als Karyosomkerne bezeichnet.

Welchen Anteil der Zellkern an den Lebenserscheinungen des Protoplasten hat, ist noch ganz unbekannt; jedenfalls aber ist er zum Bestande des Lebens in kernhaltigen Zellen nötig. Sehr große Bedeutung hat er als hauptsächlicher Träger der erblichen Anlagen.

3. Die Chromatophoren[16]. In den embryonalen Zellen sind die Chromatophoren kleine, farblose, stark lichtbrechende Gebilde von Tropfen-, Körner-, Spindel- oder Fadenform, die sich vornehmlich in der Nähe des Zellkerns (Fig. 2 *ch*) aufhalten. In Dauerzellen sind sie meist zu Chloroplasten, Leukoplasten oder Chromoplasten umgebildet, die man wegen dieses gleichen Ursprunges ebenfalls Chromatophoren nennen kann.

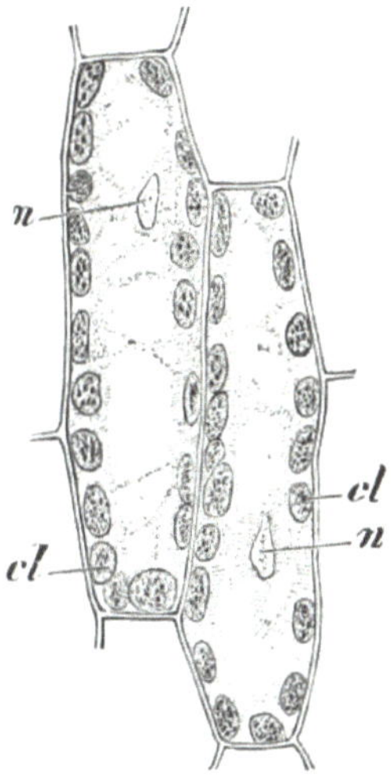

Fig. 8. Zwei Zellen mit Chlorophyllkörnern (*cl*) aus dem Blatt des Laubmooses Funaria hygrometrica. *n* Zellkerne. Vergr. 300. Nach SCHENCK.

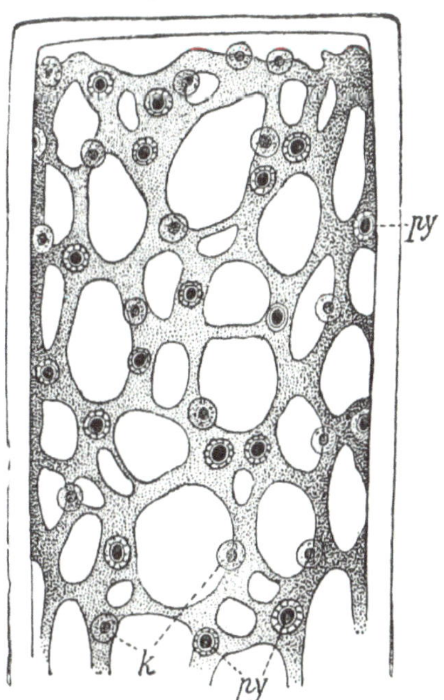

Fig. 9. Netzförmiger Chlorophyllkörper der Süßwasseralge Cladophora arcta mit *py* Pyrenoïden, *k* Kerne. Nach SCHMITZ.

a) **Chloroplasten.** In peripherischen, dem Lichte ausgesetzten Teilen der Pflanze gehen aus den Chromatophoren der embryonalen Zellen in der Regel grüne Chloroplasten oder Chlorophyllkörper hervor. Ihnen verdanken die grünen Pflanzen ihre Farbe und auch ihre Befähigung zur Kohlensäureassimilation. Die Chloroplasten liegen immer im Plasma, meist im plasmatischen Wandbelage der Zellen, und besitzen bei allen höher organisierten Pflanzen die Gestalt ellipsoidischer, etwas abgeflachter Körner (Fig. 8 *cl*) Chlorophyllkörner. Bei den Algen sind die Chlorophyllkörper aber oft anders gestaltet, nämlich bandförmig (Fig. 329 *C*), sternförmig oder plattenförmig, häufig auch netzartig durchbrochen (z. B. Cladophora Fig. 9). Alsdann sind ihnen meist Pyrenoïde (Fig. 9 *py*) ein- oder angelagert: runde Proteïnkörper, die in bestimmten Fällen einen Eiweißkristall enthalten und mit kleinen schalenförmigen Stärkekörnern sich umhüllen, weshalb die Pyrenoïde auch *Stärkeherde* genannt werden. Nach längerer Belichtung findet man in den Chloroplasten der meisten Pflanzen eine geringere oder größere Zahl sehr kleiner Stärkekörnchen (Assimilationsstärke Fig. 15) und außerdem oft ölartige Tröpfchen, die vielleicht aus Aldehyden bestehen. Die Grundmasse der Chloroplasten läßt aber eine feinere Struktur in lebensfrischem Zustande selbst bei den stärksten Vergrößerungen nicht erkennen; sie ist gleichmäßig grün gefärbt.

Der grüne Farbstoff, das Chlorophyll, ist für die Kohlensäurezerlegung in den Chloroplasten unentbehrlich.

Die Untersuchungen aus letzter Zeit[17], namentlich von WILLSTÄTTER und seinen Schülern, haben ergeben, daß in den Chloroplasten im ganzen vier Farbstoffe vorhanden sind: Zwei sehr nahe verwandte grüne Pigmente, das Chlorophyll *a* und *b*, im Mengenverhältnis von etwa 3 : 1, und, in wesentlich geringerer Menge, zwei gelbe Farbstoffe. Die Chlorophylle sind Ester des Phytols, eines Alkohols von der Formel $C_{20}H_{39}OH$, und einer Trikarbonsäure, also hochmolekulare Verbindungen von Kohlenstoff, Sauerstoff und Wasserstoff, in deren Aufbau noch Stickstoff und Magnesium, entgegen früheren Annahmen aber kein Phosphor und kein Eisen eingeht. Das blaugrüne Chlorophyll *a* entspricht der Formel $C_{55}H_{72}O_5N_4Mg + 1/2\ H_2O$; das gelbgrüne Chlorophyll *b* hat die Zusammensetzung $C_{55}H_{70}O_6N_4Mg$. Die gelben Pigmente sind orangerote, kristallisierende Karotine (Kohlenwasserstoffe von der Zusammensetzung $C_{40}H_{56}$), von denen eines z. B. auch in den Möhrenwurzeln vorkommt, und gelbe, ebenfalls kristallisierbare Xanthophylle (Oxyde der Karotine: $C_{40}H_{56}O_2$). An der Assimilation der Kohlensäure sind aber nur die Chlorophylle beteiligt.

Alle vier Farbstoffe lassen sich aus den frischen oder getrockneten Chloroplasten mit verschiedenen Lösungsmitteln ausziehen, z. B. mit Azeton oder 80–90% Alkohol; am schnellsten kann man eine intensive Lösung aller Pigmente aus frischen Laubblättern erhalten, wenn man sie mit siedendem Alkohol übergießt. Solche Lösungen sind infolge des Gehaltes an Chlorophyllen im durchfallenden Lichte smaragdgrün, bei auffallendem Lichte durch Fluoreszenz blutrot[18]. Ihr Spektrum (Fig. 245) ist durch vier Absorptionsbänder im weniger brechbaren (roten) Teile und drei im stärker gebrochenen (blauen) ausgezeichnet. Die einzelnen Pigmente lassen sich durch Ausschütteln dieser Lösungen voneinander trennen. Wird z. B. die alkoholische Lösung mit Benzol geschüttelt, so nimmt dieses die Chlorophylle auf und sammelt sich als grüne Lösung über dem nun gelb gefärbten Alkohol an. Die Menge des in grünen Pflanzenteilen vorhandenen Chlorophyllgrüns ist nur gering; sie macht nach WILLSTÄTTER 0,5–1% der Trockensubstanz aus.

Bei manchen viel kultivierten Gewächsformen, den weißbunten (panaschierten) Pflanzen, haben kleinere oder größere Teile der Blätter nicht grüne, sondern weiße oder gelbliche Färbung; ihre Zellen enthalten an Stelle der grünen Chloroplasten farblose oder gelbliche Chromatophoren.

Viele Algen sind nicht grün, sondern anders gefärbt. In den blaugrünen, spangrünen, blauen, seltener violetten Spaltalgen und in den roten, violetten oder rotbraunen Chloroplasten der Rotalgen sind nämlich neben den vier Farbstoffen der grünen Chlorophyllkörper auch noch ein blauer Farbstoff, das Phykozyan, und ein roter, das Phykoerythrin, allein oder seltener nebeneinander vorhanden. Beide sind nach Abtötung der Zellen schon in Wasser löslich, dem ein wenig Alkali oder Neutralsalz zugesetzt ist, und fluoreszieren sehr schön. Um Spaltalgen, die man auf Papier trocknet, bildet das Phykozyan oft einen blauen Saum. Beide Farbstoffe sollen Proteïde sein. Über ihre Bedeutung ist wenig Sicheres bekannt[19]. Bei den Braunalgen kommt die Farbe der braunen oder gelben Chloroplasten dadurch zustande, daß in ihnen außer Chlorophyll *a* und sehr wenig Chlorophyll *b* etwa gleich viel gelbe Farbstoffe, nämlich Karotin, Xanthophyll und außerdem in überwiegender Menge auch noch das dem letzten verwandte rotbraune Phykoxanthin ($C_{40}H_{54}O_6$), vorhanden sind[20].

Die Verfärbungen[21], die die Blätter unserer Holzgewächse im Herbste vor dem Blattfall erfahren, sind mit einer Zersetzung der Chloroplasten und des Chlorophyllfarbstoffes verbunden. In den Protoplasten findet man alsdann außer wäßriger, oft rotgefärbter Flüssigkeit nur noch einige Öltröpfchen, Kristalle und gelbe, stark lichtbrechende Kugeln. Anders steht es bei solchen Nadelhölzern, deren Blätter im Winter sich bräunen, um im nächsten Frühjahr wieder zu ergrünen; hier gehen in den Farbstoffen der Chloroplasten Umwandlungen vor, die im Frühling wieder rückgängig gemacht werden. Die Bräunung absterbender Laubblätter ist eine postmortale Erscheinung, bei der braune wasserlösliche Farbstoffe auftreten.

In den nicht grünen phanerogamen Schmarotzern werden die Chloroplasten nicht ausgebildet, sondern durch farblose, auch wohl bräunliche oder rötliche Chromatophoren ersetzt, die übrigens bei manchen dieser Gewächse noch Spuren von Chlorophyll enthalten können. Bei den Pilzen fehlen die Chromatophoren ganz, wie schon hervorgehoben wurde.

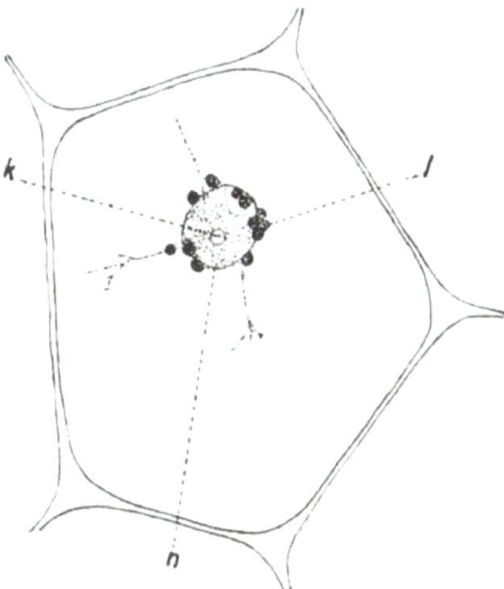

Fig. 10. Zelle aus der Epidermis der Commelinacee Rhoeo discolor. *n* Kern mit Kernkörperchen *k*, umgeben von Leukoplasten *l*. Vom Kern gehen Plasmastränge nach dem unsichtbaren wandständigen Plasmabelag aus. Vergr. 240.

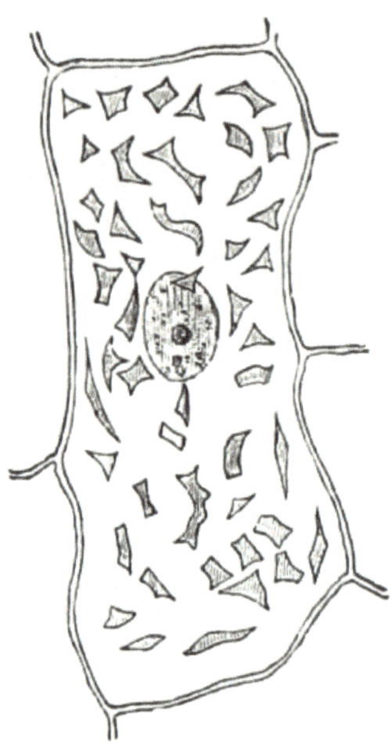

Fig. 11. Zelle mit Chromoplasten von der Oberseite des gelb gefärbten Kelches der Kapuzinerkresse (Tropaeolum majus). Vergr. 540. Nach STRASBURGER.

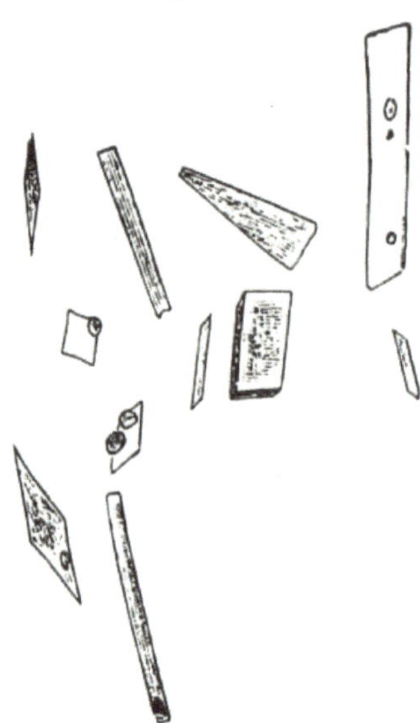

Fig. 12. Chromoplasten aus der Möhrenwurzel, zum Teil mit Stärkeeinschlüssen. Vergr. 540. Nach STRASBURGER.

b) Leukoplasten. In vielen Teilen der Pflanzen, namentlich solchen, zu denen das Licht nicht gelangt, werden die Chromatophoren zu farblosen Leukoplasten. Sie sind in vielen Zellen winzig klein (Fig. 5, 10 *l*), kugelig, eiförmig oder nicht selten durch einen eingeschlossenen Eiweißkristall gestreckt (Fig. 28 *B kr*). Dem Lichte ausgesetzt wandeln sie sich häufig in Chloroplasten um, so in den äußeren Partien belichteter Kartoffelknollen und in manchen Erdwurzeln. Auch die Leukoplasten haben, wenigstens in vielen Zellen, besondere Funktionen, nämlich die, Zucker in Stärke umzuwandeln, die in ihnen als Körner auftritt, weshalb man die Leukoplasten auch als Stärkebildner bezeichnet.

c) Chromoplasten gehen entweder direkt aus den farblosen Chromatophoren der Embryonalzellen oder aus zuvor ausgebildeten Chloroplasten hervor und bedingen die gelbe und rote Färbung vieler Pflanzenteile, besonders von Blüten und Früchten. Sie können wie die Chloroplasten rundliche Körner sein; doch sind sie oft kleiner und stets gelb oder orangerot gefärbt. Diese Färbung rührt entweder von gelben Xanthophyllen oder von leicht auskristallisierenden, orangeroten Karotinen her. Die Farbstoffe sind nicht gleichmäßig in ihrem Körper gelöst; vielmehr findet man in einer farblosen, plasmatischen Grundsubstanz (dem Stroma) des Chromoplasten viele winzige Tröpfchen (Grana) davon[22]. Die Farbstoffe, namentlich die Karotine, kristallisieren aber auch oft aus; alsdann sind die Chromoplasten nadelförmig oder zu dreieckigen oder rhombischen Plättchen gestreckt (Fig. 11, 12).

Nach Herkunft und Bedeutung noch nicht genügend bekannt ist der rote Augenfleck, den man in den Zellen vieler Algen, besonders in ihren Schwärmzellen, neben dem Chloroplasten und meist mit ihm verbunden findet (Fig. 335 *1 a*). Manche Forscher glauben, daß er als Chromoplast aufzufassen ist und zur Wahrnehmung des Lichtes, gewissermaßen als Auge, dient. Der rote Farbstoff, Hämatochrom genannt, ist nichts anderes als Karotin.

E. Ursprung der Elemente des Protoplasten[6]. Alle lebenden Elemente des Protoplasten, das Plasma, die Zellkerne und die Chromatophoren, stammen ab von gleichnamigen Elementen; eine freie Neubildung findet nirgends statt. Sie nehmen an Masse zu durch Wachstum; sie vermehren sich aber an Zahl, ebenso wie die Protoplasten selbst, nur durch Teilung oder Abspaltung aus ihresgleichen. Dadurch werden die Eigenschaften der lebenden Bestandteile einer Keimzelle auf alle Zellen des Organismus, so auch wieder auf seine Keimzellen übertragen, und die ununterbrochene Fortdauer des Lebens bleibt erhalten. Die Teilung der Protoplasten wird gewöhnlich eingeleitet durch die Kernteilung. Das Ineinandergreifen der Kern- und Zellteilung in einkernigen Zellen ist notwendig, um jeder Tochterzelle einen Kern zu sichern. In vielkernigen Zellen (z. B. von Algen und Pilzen) ist es nicht notwendig, wenn die Querwand so angelegt wird, daß jedem Tochterprotoplasten die nötigen Kerne ohnedies bei der Teilung zufallen; tatsächlich ist hier oft die Zellteilung nicht von der Kernteilung abhängig.

Es kommt übrigens vor, daß der Protoplast einer Zelle als Ganzes ohne Teilung seine alte Zellhülle aufgibt. Dieser Vorgang, Zellverjüngung genannt, hat mit Zellteilung nichts zu tun.

Solche Zellverjüngung liegt z. B. vor, wenn in der grünen Alge Oedogonium der Protoplast sich abrundet und aus einer Öffnung der alten Zellhaut als nackte Schwärmspore heraustritt, oder wenn die Protoplasten der Sporen von Moosen oder Farnen und der Pollenkörner von Samenpflanzen innerhalb ihrer Zellhäute sich mit neuen Membranen umgeben und mit diesen neuen Hüllen selbständig werden, während die ursprünglichen Zellwände der Zerstörung anheimfallen.

1. Typische Teilung des Protoplasten. a) Kernteilung. Von wenigen Fällen abgesehen vermehren sich die pflanzlichen Zellkerne durch mitotische oder indirekte Teilung, einen Vorgang, der auch als Karyokinese bezeichnet wird. Er spielt sich in ziemlich verwickelter Weise ab und ist vor allem an fixierten und gefärbten Schnitten näher studiert worden.

Indirekte Kernteilung[23]. Sie stimmt in ihren Hauptzügen bei höher organisierten Pflanzen und Tieren überein. Fig. 13 stellt ihre Stadien in etwas schematisierten Bildern so dar, wie sie in embryonalen vegetativen Zellen solcher Pflanzen aufeinander folgen.

Das feine Gerüstwerk des ruhenden Zellkerns aus (Linin und) Chromatin (Fig. 13, *1 n*) sehen wir auf einzelne Punkte des Chromatinnetzes sich zusammenziehen (Spiremstadium) und in eine bestimmte Anzahl von fadenartigen Gebilden sich sondern (*2 ch*), die zunächst unregelmäßig begrenzt sind, aber allmählich dichter werden und nun bestimmte Farbstoffe noch stärker speichern (*3, 4*). Wir bezeichnen diese fadenförmigen Gebilde des Kerns als Chromosomen. Sie spalten sich längs (*5*); etwas später werden sie dicker, kürzer und glattrandig (*6*), worauf sie nach der Mitte der Zelle befördert werden und sich hier zur Kernplatte oder Äquatorialplatte (*7 kp*), einer sternförmigen Figur (dem Aster), anordnen, die meist in der künftigen Teilungsebene der Zelle liegt (Flächenansicht Fig. 14).

Während das Kerngerüst in die einzelnen Chromosomen sich sondert, legen sich der Kernwandung von außen Plasmafäden an und umgeben sie mit einer faserigen Schicht, die sich mehr und mehr an zwei gegenüberliegenden Seiten der Kernwand sammelt und hier die Polkappen (*6 k*) bildet. In ihnen neigen die Fasern nach den Endpolen der ganzen Teilungsfigur zusammen, indem sie sich zu zugespitzten Büscheln strecken. Alsdann wird das Kernkörperchen (*1 nl*) und die Kernwandung (*1 w*) aufgelöst, worauf die Fasern der Kappen in die Kernhöhle hineinwachsen (*7*). Sie endigen dort entweder, wie es scheint, an den Chromosomen oder treffen mit den Enden aufeinander und verlaufen dann als ununterbrochene Fäden von einem Pole zum anderen. Hiermit ist die Kernspindel (*7 s*) aus den Spindelfasern fertiggestellt.

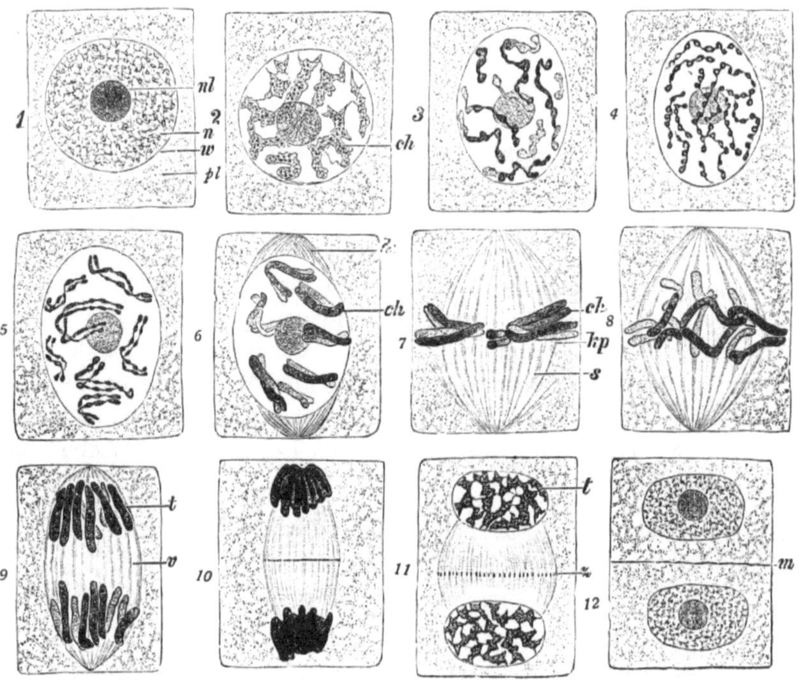

Fig. 13. Aufeinanderfolgende Stadien der Kern- und Zellteilung in einer embryonalen Zelle einer höheren Pflanze. Etwas schematisiert. Als Vorlage dienten Längsschnitte mit Chromosmiumessigsäure fixierter Wurzelspitzen der monokotylen Wasserpflanze Najas marina, nach Färbung mit Eisenhämatoxylin, *n* Kern, *nl* Nucleolus, *w* Kernwandung, *pl* Plasma, *ch* Chromosomen, *k* Polkappen, *s* Spindel, *kp* Kernplatte, *t* Tochterkern, *v* Verbindungsfäden, *z* Zellplatte, *m* neue Scheidewand. Die Chromatophoren sind bei solcher Fixierung und Färbung nicht sichtbar. Vergr. ca. 1000. Nach CLEMENS MÜLLER.

Die beiden Längshälften jedes Chromosoms, die Tochterchromosomen, rücken hierauf in entgegengesetzter Richtung auseinander (*8, 9*), um die beiden Tochterkerne (*10–12 t*) zu bilden. Während dieser Wanderung (Diasterfigur) sind die Chromosomen meist U-förmig nach den Polen hin gekrümmt. An den Spindelpolen angelangt, drängen sie sich aneinander. Darauf grenzt sich das umgebende Plasma mit Hautschichten gegen die neuen Kernanlagen ab und bildet ihre Kernwandungen. Innerhalb der Tochterkerne werden die Chromosomen wieder wabig (Dispiremstadium *11*) und vereinigen sich miteinander zu einem Gerüstwerk (*12*), worin ihre Grenzen meist nicht mehr zu erkennen sind, wenn sie auch, wie man annehmen muß, ihre Selbständigkeit nicht einbüßen. Beide Tochterkerne werden dabei größer; es treten auch wieder Nukleolen in Ein- und Mehrzahl in ihnen auf (*12*).

Durch diesen Teilungsmechanismus ist erreicht, daß die Substanz des Kerns, besonders die der Chromosomen, bei jeder Kernteilung ganz gleichmäßig auf die beiden Tochterkerne, und zwar infolge der Längsspaltung der Chromosomen, so verteilt wird, daß von den einzelnen, in der Längsrichtung aufeinanderfolgenden Chromatinabschnitten eines jeden Chromosoms die eine Hälfte dem einen, die andere Hälfte dem anderen Tochterchromosom mit Sicherheit zufällt. Man schließt daraus, daß das Chromatin für das Leben der Zelle und des ganzen Organismus besonders wichtig ist, nämlich daß die Chromosomen die hauptsächlichsten Träger der vererbbaren Anlagen sind, und daß in jedem Chromosom eine Anzahl verschiedener solcher Anlagen perlschnurartig aneinander gereiht sind.

Die Zahl der Chromosomen in den Kernen einer Pflanzenart ist übrigens eine bestimmte. Abweichende Zahlen kommen aber vor[24]; kleinere rühren zum Teil daher, daß einzelne Chromosomen mit ihren Enden vereinigt bleiben; größere Zahlen kommen zum Teil dadurch zustande, daß sich einzelne Chromosomen quer teilen. Bei den verschiedenen Pflanzenarten ist dagegen die Chromosomenzahl verschieden groß; die kleinste Zahl, die man bisher in den Zellen der höher organisierten Gewächse angetroffen hat, ist sechs; meist aber ist sie viel größer (bis über 130). Sehr häufig sind die Chromosomen eines Kerns untereinander verschieden in Größe und Form (Fig. 14). Solche Unterschiede werden bei allen Kernteilungen festgehalten. Diese Tatsache deutet mit großer Sicherheit darauf hin, daß die Chromosomen ihre Individualität auch im Ruhekern bewahren. Man nimmt jetzt an, daß die untereinander verschieden gestalteten Chromosomen Träger verschiedener Gruppen erblicher Anlagen der betreffenden Pflanzenart sind.

In den untersten Abteilungen des Pflanzenreichs, bei manchen Algen und Pilzen, verläuft die indirekte Kernteilung nicht selten einfacher, indem die Chromatinmasse weniger sorgfältig auf beide Tochterkerne verteilt zu werden scheint und die Spindel ganz oder wenigstens teilweise dem Kern entstammt[14].

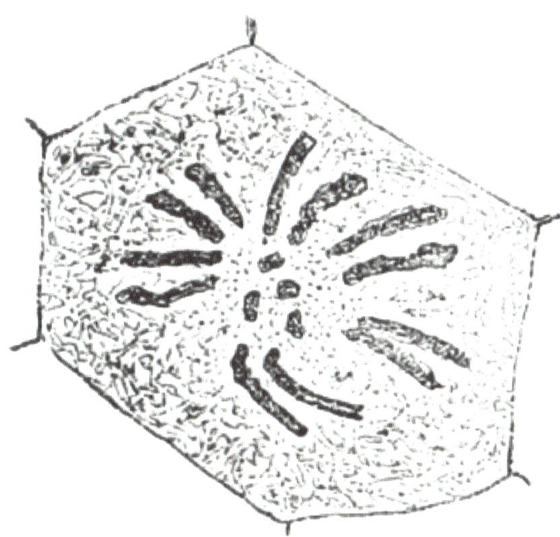

Fig. 14. Embryonale Zelle, dem Querschnitt einer Wurzelspitze der Liliacee Galtonia candicans entnommen, mit einer Kernplatte in Polansicht. Die Chromosomen zu Paaren angeordnet. Vergr. 1600. Nach STRASBURGER.

Die Vorgänge, die sich in einem Mutterkerne während der Vorbereitung zur Teilung abspielen, werden als Prophase der Teilung bezeichnet. Sie reichen bis zur Bildung der Kernplatte, vor deren Fertigstellung sich auch die Längsspaltung der Chromosomen vollzieht. Das Stadium der Kernplatte heißt die Metaphase. Das Auseinanderweichen der Tochterchromosomen erfolgt in der Anaphase, die Bildung der Tochterkerne in der Telophase der Teilung. Der Höhepunkt der ganzen Kernteilung, der Vorgang, der zur Bildung quantitativ und qualitativ gleicher Teilungsprodukte führt, liegt offenbar in der Längsspaltung der Chromosomen. Die fortschreitenden Vorgänge der Kernteilung gehen mit dem Auseinanderweichen der Tochterchromosomen in die rückläufigen über. Daher dauert wohl das Stadium der Kernplatte meist längere Zeit an.

Wodurch die Chromosomen während der Karyokinese in der beschriebenen Weise so regelmäßig bewegt werden, wissen wir noch nicht. STRASBURGER nimmt an, daß die Spindelfasern, die an den Chromosomen zu endigen scheinen, durch Verkürzung die Tochterchromosomen aus der Kernplatte nach den Polen ziehen (Zugfasern), während die von Pol zu Pol laufenden Fasern (Stützfasern) gewissermaßen als Stützen der Kernteilungsfigur dienen. Diese Annahmen erklären aber nicht die Bewegungen der Chromosomen nach der Kernplatte hin.

In bestimmten Zellen der Pflanzen und Tiere, die der Fortpflanzung dienen, vollzieht sich als notwendige Folge einer Befruchtung die Kernteilung in besonderer, von der typischen Teilung abweichender Art, die man als Reduktions- oder meiotische Teilung bezeichnet (vgl. S. 172).

Direkte Kernteilung[25]. Außer der mitotischen oder indirekten gibt es wenn auch selten, eine direkte oder amitotische Kernteilung, auch Fragmentation genannt. Sie stellt sich meist als Alterserscheinung an Kernen ein, die aus indirekter Teilung hervorgegangen sind, und ist im wesentlichen eine Durchschnürung des Kernes, wobei die Teilstücke durchaus nicht in ihrer Größe übereinzustimmen brauchen. Lehrreiche Beispiele für direkte Kernteilung sind die Kerne in den langen Gliederzellen der Characeen.

Bei den Characeen folgen die direkten Teilungen der Kerne in den wachsenden Gliederzellen so rasch aufeinander, daß oft perlschnurförmige Reihen zusammenhängender Teilstücke entstehen. Auf die direkte Kernteilung folgt keine Zellteilung. Die direkte Kernteilung kommt übrigens auch bei Samenpflanzen, z. B. bei Tradescantia, der Liliacee Funkia, Impatiens balsamina (der Balsamine) vor.

b) Vermehrung der Chromatophoren. Auch sie erfolgt durch Teilung, und zwar auf direktem Wege durch Einschnürung. Man kann sie am besten an den Chlorophyllkörnern verfolgen. Jedes Chlorophyllkorn liefert dabei zwei gleich große Körner (Fig. 15).

c) Teilung des Plasmas. In den einkernigen Zellen der höher organisierten Gewächse pflegen Kern- und Zellteilungen ineinander zu greifen. Während die Tochterchromosomen sich trennen, bleiben die von Pol zu Pol reichenden Fasern der Kernspindel als Verbindungsfäden zurück (Fig. 13, *9 v*), ja sie werden durch Einschaltung neuer sogar noch vermehrt (Fig. 13, *10*, *11*) und bilden schließlich zusammen einen tonnenförmigen Körper, den Verbindungsfadenkomplex (Fig. 13, *11*). Jeder Verbindungsfaden schwillt alsdann in der Äquatorialebene zu einem Körnchen an (Fig. 13, *11*); dadurch entsteht die Zellplatte, die also in Seitenansicht wie eine Körnchenreihe aussieht. Ist die Zelle sehr plasmareich oder schmal, so erreicht der Komplex der Verbindungsfäden an der Peripherie allseitig ihre Seitenwände. Aus den verschmelzenden Körnchen der Zellplatte geht alsdann eine plasmatische Schicht hervor, die sich spaltet und in der Spaltungsfläche eine Scheidewand aus Zellhautstoff ausscheidet. Letztere teilt annähernd gleichzeitig, simultan, den Mutterprotoplasten in zwei Tochterzellen (Fig. 13, *12 m*).

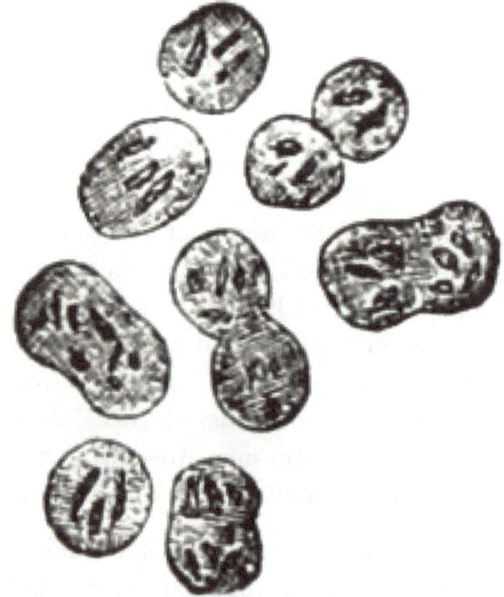

Fig. 15. Chlorophyllkörner aus dem Blatte des Laubmooses Funaria hygrometrica; ruhend und in Teilung. Im Innern der Körner kleine Stärkekörnchen. Vergr. 540. Nach STRASBURGER.

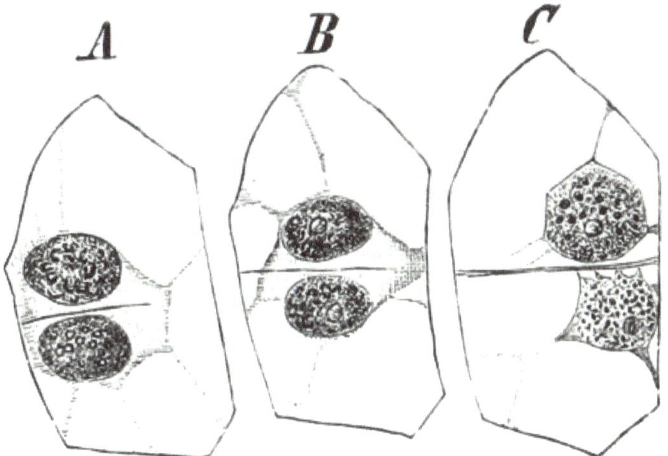

Fig. 16. Drei Teilungszustände in derselben Zelle der Orchidee Epipactis palustris. Nach dem Leben entworfen. Vergr. 365. Nach TREUB.

Ist dagegen in der Zelle ein größerer Saftraum vorhanden oder ist die Zelle sehr groß, so vermag der Komplex der Verbindungsfäden sie nicht mit einem Male zu durchsetzen; vielmehr bildet er die Scheidewand dann allmählich, succedan, aus (Fig. 16): zunächst etwa einen Teil, der an eine Seitenwand der Mutterzelle anschließt (Fig. 16 *A*), sodann einen folgenden, wobei er an seinem freien Rande die Zellplatte ergänzt, aber sich von den schon gebildeten Teilen der Scheidewand zurückzieht (*B*), und so fort und fort, bis der ganze Protoplast durchschnitten und seine Teilung vollendet ist (*C*). In langen Zellen, die sich längs teilen, z. B. denen des Kambiums, schreitet die Zellwandbildung dagegen von der Zellmitte aus, wo der Kern liegt, succedan allseits nach der Peripherie fort[26].

Es gibt übrigens Fälle, wo die Verbindungsfäden klein an Zahl sind; alsdann werden die Knötchen durch Plasmaplatten zur Zellplatte verbunden.

Bei den Thallophyten werden die Scheidewände der vielkernigen und der einkernigen Zellen dagegen fast niemals in Verbindungsfadenkomplexen gebildet. Sie entstehen vielmehr entweder simultan und zwar in Plasmaplatten, die auf einmal in der ganzen Teilungsebene ausgebildet werden, oder succedan, indem eine ringförmige Leiste aus Membransubstanz allmählich von der Mutterzellwand aus, einer Irisblende ähnlich, in das Zellinnere immer tiefer vordringt (Fig. 17, 18) und es schließlich durchschnürt. In einkernigen Zellen geht auch bei diesem Teilungsvorgang die Teilung des Kerns der Zellteilung voraus; die neue Scheidewand entsteht hierauf in gleichen Entfernungen von den beiden Tochterkernen, und zwar in der Zone, wo ursprünglich der Kern gelegen hatte.

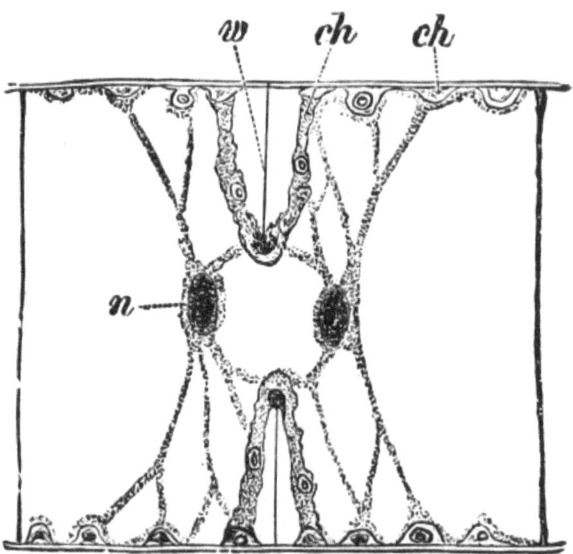

Fig. 17. Eine Spirogyrazelle in Teilung. *n* Einer der beiden Tochterkerne, *w* die wachsende Scheidewand, *ch* ein durch letztere nach innen gedrängtes Chlorophyllband. Vergr. 230. Nach STRASBURGER.

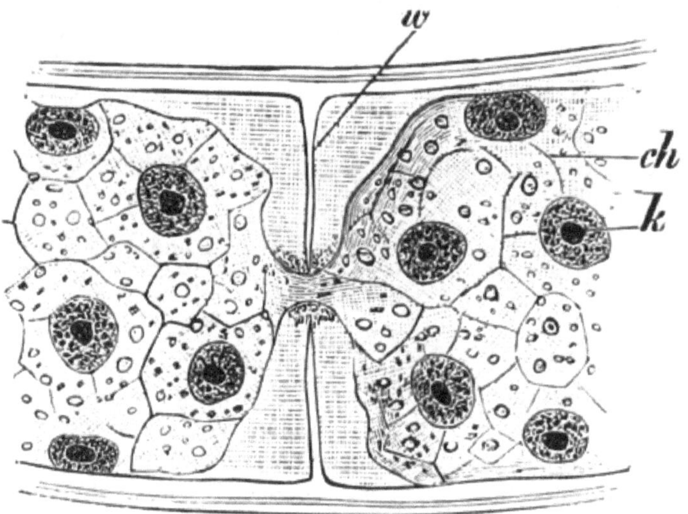

Fig. 18. Stück einer sich teilenden Zelle von Cladophora fracta. *w* Die wachsende Scheidewand. *ch* Chromatophoren, *k* Kerne. Vergr. 600. Nach STRASBURGER.

Bei den nackten Zellen der Myxomyzeten und Flagellaten ist die Teilung eine aktive Durchschnürung des Plasmas.

In vielkernigen Zellen folgt nicht auf jede Kernteilung eine Zellteilung; ja unter den Algen und Pilzen gibt es sogar große, äußerlich nicht selten reich gegliederte Formen, deren Inneres nur von einem einzigen, sehr vielkernigen Plasmaleib gebildet, also überhaupt nicht durch Zellwände gekammert wird.

2. Abarten der typischen Zellteilung. Hier und da im Pflanzenreiche kommen Abweichungen von der typischen Zellteilung vor, so die Vielzellbildung, die Zellsprossung und die freie Zellbildung.

a) Freie Kernteilung und Vielzellbildung. Die Kernteilungen in den vielkernigen Zellen der Thallophyten können bereits als Beispiele für freie, d. h. von Zellteilungen nicht begleitete, Kernteilungen angeführt werden. Aber auch in Pflanzen mit typisch einkernigen Zellen kommen solche freie Kernteilungen vor; besonders lehrreich in bestimmten, sehr großen Zellen der Phanerogamen, den Embryosäcken, in denen der Embryo ausgebildet wird. In den meisten Embryosäcken sieht man den sekundären Embryosackkern sich in zwei Kerne teilen, die samt ihren Nachkommen den Vorgang wiederholen. So entstehen schließlich nicht selten Tausende von Kernen, die sich mit gleichen Abständen in dem plasmatischen Wandbelag des Embryosackes verteilen. Zellteilungen begleiten diese Teilungen nicht. Hört die Größenzunahme des Embryosackes auf, so zerfällt sein protoplasmatischer Wandbelag simultan oder fortschreitend in meist so viele Zellen, wie er Kerne enthält. Dieser Vorgang, der als Vielzellbildung bezeichnet wird, vollzieht sich folgendermaßen: Die Kerne umgeben sich in ihrem ganzen Umkreis mit Verbindungsfäden, so daß sie strahlenden Sonnen gleichen (Fig. 19); in diesen Fadenkomplexen treten gleich weit von den Kernen Zellplatten und in diesen Zellwände auf. Die Vielzellbildung läßt sich von der Zweiteilung ableiten und als ein verkürzter Vorgang auffassen, der durch besondere Verhältnisse (manchmal etwa durch ungewöhnlich rasche Größenzunahme einer Zelle) bedingt sein kann. Durch Vielzellbildung entstehen auch die Fortpflanzungszellen bei vielen Algen und Pilzen.

b) Zellsprossung. Eine Abart der typischen Teilung der Protoplasten, aber mit ihr durch Zwischenstufen verbunden, ist auch die Sprossung. Die Mutterzelle wird dabei nicht halbiert; sie treibt vielmehr einen Auswuchs, der an seiner Ursprungsstelle später durch eine Zellwand abgetrennt wird. So vermehren sich die Zellen der Hefe (Fig. 20), und so entstehen auch die als Konidien und als Basidiosporen bezeichneten Fortpflanzungszellen zahlreicher Pilze (Fig. 398).

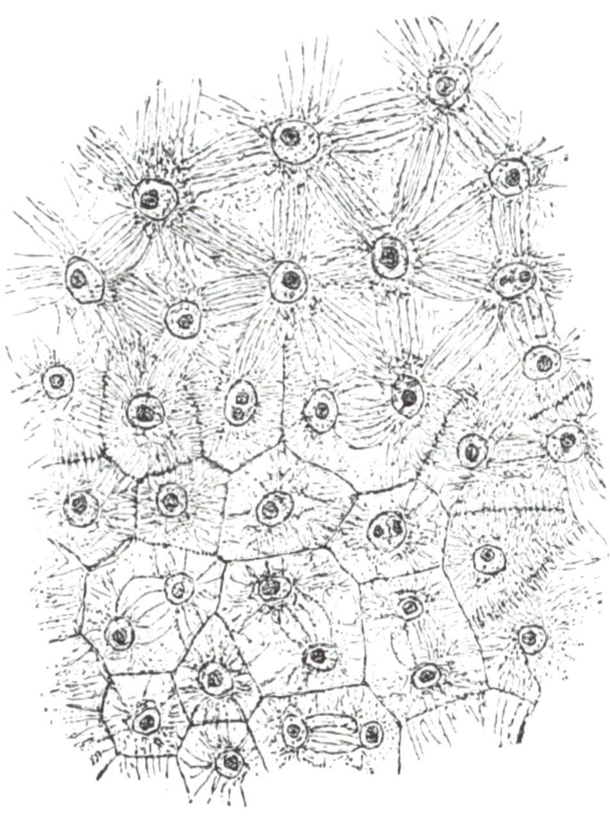

Fig. 19. Stück des protoplasmatischen Wandbelags aus dem Embryosack von Reseda odorata, bei beginnender Vielzellbildung. Der Vorgang schreitet von unten nach oben fort. Nach einem fixierten und gefärbten Präparate. Vergr. 240. Nach STRASBURGER.

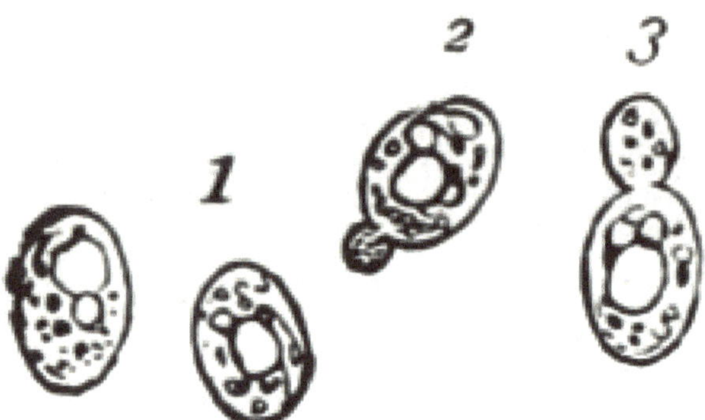

Fig. 20. Saccharomyces cerevisiae, *1* nicht sprossende, *2* und *3* sprossende Zellen. Vergr. 540. Nach STRASBURGER.

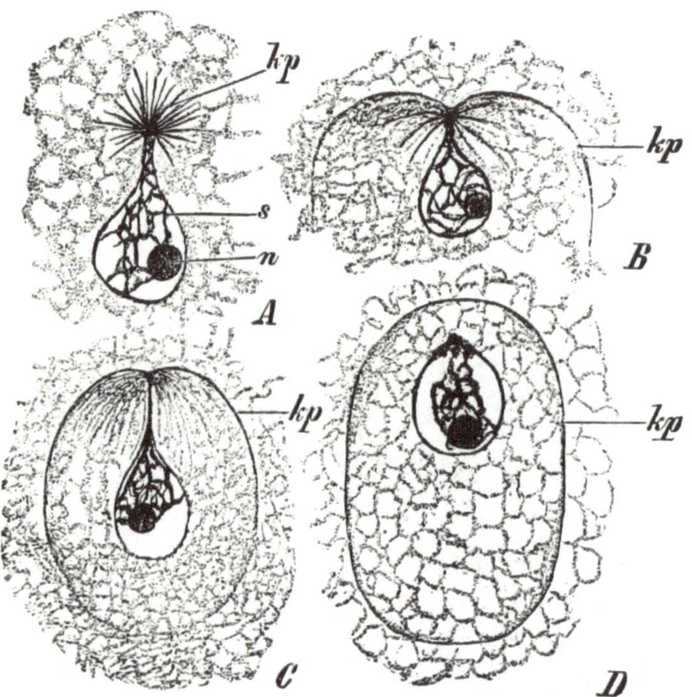

Fig. 21. Aufeinanderfolgende Stadien der Abgrenzung einer Spore im Askus von Erysiphe communis. *s* Kerngerüst, *n* Nucleolus. Vergr. 1500. Nach HARPER.

c) Freie Zellbildung. Dieser Vorgang entfernt sich von der gewöhnlichen Zweiteilung der Zellen schon weiter; denn dabei folgt auf die freie Kernteilung eine Bildung von Zellen, die einander nicht berühren und nicht das gesamte Plasma ihrer Mutterzelle in sich aufnehmen. Freie Zellbildung ist z. B. bei der Sporenbildung der Ascomyceten, auch in der Keimanlage einiger nacktsamiger Samenpflanzen (Gymnospermen), wie von Ephedra, und bei der Bildung des Eiapparates und der Antipoden bei den Angiospermen zu beobachten. Bei den Ascomyceten verläuft sie in folgender Weise. Durch freie Teilung des in dem jungen Askusschlauch vorhandenen Kernes und seiner Nachkommen werden in dem Plasma acht Kerne gebildet. Um jeden Kern wird hierauf eine bestimmte Plasmamenge der Zelle gegen die periphere Plasmamasse (Periplasma) durch eine Plasmahautschicht abgegrenzt, die sich mit einer Zellhaut umgibt, so daß acht voneinander getrennte Sporen entstehen (vgl. Fig. 382). Wie die Untersuchungen von HARPER[27] gezeigt haben, geht die Bildung der Hautschichten hierbei von einer zentriolenartigen Plasmaansammlung aus (Fig. 21 *A*), die dem Spindelpol der vorausgegangenen Teilungsfigur entspricht. Nach dieser Plasmamasse hin ist der Kern schnabelartig lang vorgestreckt. Von ihr aus werden springbrunnenartige Plasmastrahlen entsandt (*kp*), von denen ein Teil schließlich zu der Hautschicht verschmilzt (*B, C, D*).

III. Gröbere leblose Einschlüsse der Protoplasten[28].

Abgesehen von den winzigen Mikrosomen, die im Plasma stets vorhanden sind, treten bei der Umwandlung der embryonalen Zellen zu Dauerzellen in allen Protoplasten, vor allem im Plasma und in den Chromatophoren, gröbere leblose Einschlüsse auf. Erwähnt wurde ja schon der Zellsaft, der in kleineren oder größeren Tröpfchen kaum einer pflanzlichen Dauerzelle fehlt. Neben diesen Tröpfchen, die aus wäßrigen Lösungen bestehen, kommen nicht selten auch Fett- oder Öltröpfchen und feste Körper in amorpher Form oder als Kristalle vor. Viele dieser Einschlüsse sind als Reservestoffe für das Leben der Pflanze von großer Bedeutung; namentlich in den Zellen der Speicherorgane (Knollen, Zwiebeln, Samen) häuft die Pflanze solche in großer Menge auf, um sie im Falle des Bedarfs wieder zu verbrauchen. Andere sind Endprodukte des Stoffwechsels, die aber ökologisch noch von großer Wichtigkeit sein können. Von manchen Einschlüssen kennen wir die chemische Zusammensetzung noch nicht.

A. Einschlüsse des Plasmas. 1. Flüssige Einschlüsse des Plasmas. a) Der wäßrige Zellsaft. Wie wir schon wissen, wird als Zellsaft die wäßrige Flüssigkeit in den größeren Vakuolen oder im Saftraume ausgewachsener Pflanzenzellen bezeichnet (Fig. 3 *v*). Sie ist reicher oder ärmer an sehr verschiedenen gelösten Substanzen, teils Reservestoffen, teils Zwischen- oder Endprodukten des Stoffwechsels; auch feste Einschlüsse, besonders in Form von Kristallen, kommen darin vor. Der Zellsaft kann die gleichen, aber auch andere Stoffe gelöst enthalten wie das Protoplasma und selbst in den Vakuolen einer Zelle verschieden zusammengesetzt sein.

Jeder Zellsaft enthält zunächst anorganische Salze in Lösung, besonders Nitrate, Sulfate und Phosphate. Er reagiert gewöhnlich sauer, und zwar durch die organischen Säuren (Äpfelsäure, $C_4H_6O_5$, z. B. überall in den Blättern der Fettpflanzen; Weinsäure, $C_4H_6O_6$; Oxalsäure, $C_2O_4H_2$ u. a.) oder organischsauren Salze, die in ihm vorkommen.

Zu besonders häufigen Bestandteilen des Zellsaftes zählen ferner die löslichen Kohlehydrate, die vielfach als Reservestoffe angehäuft werden. Unter ihnen herrschen vor die Zuckerarten, vor allem die Disaccharide ($C_{12}H_{22}O_{11}$) Rohrzucker (Saccharose), Malzzucker (Maltose) und von Monosacchariden ($C_6H_{12}O_6$) der Traubenzucker (Glykose). Oft wird Rohrzucker als Reservestoff gespeichert, z. B. in der Mohrrübe, vor allem aber in der Zuckerrübe und dem Stengel des Zuckerrohrs, woraus man ihn infolgedessen gewinnt. Eine ähnliche Rolle spielen andere im Zellsaft gelöste Kohlehydrate, so bei den Kompositen das Inulin, bei Pilzen das Glykogen. Als Zucker wandern auch die Kohlehydrate innerhalb des Pflanzenkörpers.

Glykose oder Maltose haltige Schnitte, die in Kupfersulfatlösung gelegt, dann abgespült und in Kalilauge und Seignettesalzlösung erwärmt worden sind, reduzieren das Kupferoxyd, so daß ein ziegelroter Niederschlag von Kupferoxydul entsteht. Bei Vorhandensein von Rohrzucker wird der Zellsaft nur blau gefärbt. Das Inulin, ein Polysaccharid $(C_6H_{10}O_5)_n$, kann man mit Alkohol in Form kleiner Kügelchen niederschlagen und in Wasser durch Erwärmen wieder auflösen. Wenn inulinreiche Pflanzenteile, z. B. die Wurzelknollen der Georgine (Dahlia variabilis), in Alkohol oder Glyzerin gelegt werden, so fällt das Inulin in kugeligen Gebilden, vielleicht Sphäriten (Sphärokristallen), aus, die von radialen Spalten durchsetzt sind, leicht in keilförmige Stücke zerfallen und manchmal auch deutlich konzentrisch geschichtet sind.

Das bei Tieren als Reservestoff sehr verbreitete Kohlehydrat Glykogen, ein Polysaccharid von der Zusammensetzung $(C_6H_{10}O_5)_n$, kommt als Einschluß des Plasmas im Pflanzenreich nur bei den Pilzen, Myxomyceten und Cyanophyceen in Form von Tröpfchen vor. Bei den Pilzen tritt es an die Stelle anderer Kohlehydrate, z. B. der Stärke und des Zuckers. Jodlösungen färben das Glykogen rotbraun. Die Färbung schwindet größtenteils beim Erwärmen, um bei der Abkühlung wieder aufzutreten.

Schleim, der aus Kohlehydraten besteht, als Reservestoff enthält der Zellsaft häufig in den Zellen von Zwiebeln, z. B. von Allium Cepa und Urginea (Scilla) maritima, ferner in denen der Orchisknollen, doch auch in Zellen oberirdischer Pflanzenteile (Fig. 22), besonders der Fettpflanzen-(Sukkulenten-)Blätter. Schleim kommt aber auch außerhalb der Protoplasten in Zellmembranen vor (vgl. S. 32).

Weiter enthält der Zellsaft als Reservestoffe oder als Zwischenprodukte des Stoffwechsels ganz allgemein auch Amide, vor allem das Asparagin, vielfach auch Eiweißstoffe (für deren Reaktionen vgl. S. 12).

Mit konzentrierten Lösungen von Gerbstoffen[29] gefüllte, stark lichtbrechende und unter Umständen sehr große Vakuolen sind im Plasma vieler Zellen, besonders Rindenzellen, vorhanden; auch Alkaloide, Glykoside (vgl. S. 12) und den Glykosiden verwandte Bitterstoffe sind nicht selten im Zellsafte gelöst. Das alles sind meist Endprodukte des Stoffwechsels.

Als Gerbstoffe werden Gemische sehr verschiedenartig zusammengesetzter aromatischer Verbindungen bezeichnet, die oft Glykoside sind. Besonders verbreitet bei den Pflanzen kommen in glykosidischer Bindung die Gallussäure, die Gallusgerbsäure (Digallussäure oder Tannin) und die Ellagsäure vor. Die dunkelblaue oder grüne Färbung mit Ferrichlorid- oder Ferrisulfatlösung, der rotbraune Niederschlag mit wäßriger Kaliumbichromatlösung gelten im allgemeinen als Gerbstoffreaktionen. Freilich reagieren auch einige andere Stoffe so. Die Gerbstoffe werden in den Pflanzen meist nicht weiter verarbeitet. Infolge ihrer fäulniswidrigen Eigenschaften dienen sie öfters zur Imprägnierung von Zellhäuten, die länger ausdauern sollen.

Vielfach ist der Zellsaft gefärbt, besonders durch Anthozyane, eine Gruppe stickstoffreier Glykoside. Sie sind rot in sauren, blau in schwach alkalischen Zellsäften; unter Umständen sind sie auch dunkelrot, violett (so in neutralem Zellsaft), dunkelblau, selbst schwarzblau gefärbt. Alkalien wandeln die Farbe oft in grün um. Bei einer sehr großen Anzahl intensiv gefärbter Pflanzen sind die Anthozyane auch kristallinisch oder amorph ausgeschieden. Seltener findet man, im Zellsaft gelöst, auch gelbe Farbstoffe, die Anthochlore[30], z. B. in den Zellen der gelben Blütenblätter der Primeln, des gelben Fingerhutes, der Löwenmäulchen, der Königskerze; oder auch ein braunes Pigment, das Anthophaein, z. B. in den Zellen der schwarzbraunen Flecken in den Saubohnenblüten.

Einsicht in die chemische Konstitution der Anthozyane verdankt man vor allem den Untersuchungen von WILLSTÄTTER und seinen Schülern[31]. Danach sind es meist Glykoside, in denen an Zucker aromatische Farbstoffkomponenten, die Zyanidine, gebunden sind, z. B. bei der Kornblumenblüte das Zyanidin ($C_{15}H_{10}O_6$), bei der Blüte des Rittersporns das Delphinidin ($C_{15}H_{10}O_7$). Die Zyanidine, die auch frei in Zellsäften vorkommen können, sind Hydroxylverbindungen eines Phenylbenzopyryliums; sie sind den Flavonen verwandt, die in Pflanzen sehr weit verbreitet sind. In roten Blüten sind die Zyanidine an Säuren gebunden, in blauen an Alkalien; in violetten sind es neutrale Farbstoffe. Auch die Anthochlore sind Glykoside mit aromatischen Farbstoffkomponenten, die zu den Flavonen gehören, oder solche freien Flavone[30].

„Blutfarbige", d. h. braune Laubblätter, z. B. die der Blutbuchen, Bluthaselnüsse u. a., verdanken ihre eigenartige Färbung dem Zusammenwirken von rotem Anthozyan und grünen Chlorophyllkörnern. Auch die Rötung der Laubblätter im Herbste beruht auf Anthozyanbildung.

Bei den Blüten und Früchten kommen die verschiedenen Farben, die im allgemeinen der Anlockung von Tieren dienen und deshalb als Lockfarben bezeichnet werden, durch die Farben der Zellsäfte, die Verteilung der farbstoffhaltigen Zellen, durch Chromoplasten, endlich auch oft durch die Kombination der gelösten Farbstoffe mit gelben, gelbroten oder roten Chromoplasten und grünen Chloroplasten zustande.

b) Fettvakuolen. Als Reservestoffe sind die Fette (fetten Öle) im Pflanzenreiche so verbreitet, daß ungefähr neun Zehntel aller Phanerogamen sie im Plasma ihrer Samen und zwar als feinste, optisch nicht nachweisbare Emulsion speichern. In besonders fettreichen Samen macht das Öl bis zu 70% der Trockensubstanz aus. Fette können aber auch als stark lichtbrechende Tröpfchen (Fettvakuolen) im Plasma auftreten, so z. B. in den keimenden Samen. Die Fette sind Gemische vieler Glyzerinester von Fettsäuren, besonders der Palmitinsäure ($C_{16}H_{32}O_2$), der Stearinsäure ($C_{18}H_{36}O_2$), der Ölsäure ($C_{18}H_{34}O_2$) u. a. Mit diesen Reservestoffen wird der Raum der Speicherorgane am besten ausgenutzt, da das Fett einen besonders großen Energievorrat gegenüber anderen Speicherstoffen hat.

c) Vakuolen mit ätherischen Ölen und Harzen[32]. Auch sie bilden stark lichtbrechende Tröpfchen; z. B. im Zellinhalt zahlreicher Blumenblätter, in Rhizomen verschiedener Pflanzen (Acorus calamus, Zingiber officinale), in Rinden (Cinnamomum), in Blättern (Laurus nobilis), endlich in Fruchtschalen und Samen (Piper nigrum, Illicium anisatum). Die Wände solcher Zellen sind nicht selten verkorkt. Die ätherischen Öle sind vor allem Gemische von Terpenen $(C_{10}H_{16})_{1 \text{ bis } n}$ und Terpenderivaten nebst gewissen Estern, Phenolen, Phenolderivaten und höheren Alkoholen; die Harze sind Gemische von Terpenen und Harzsäuren, die durch Oxydation aus den Terpenen entstehen. Ätherische Öle und Harze haben fäulniswidrige Eigenschaften. Die ätherischen Öle der Blüten locken durch ihren Duft die bestäubenden Insekten an. Unter Umständen nimmt das Öl auch Kristallform an, z. B. in den Blumenblättern der Rose.

2. Feste Einschlüsse des Plasmas. a) Kristalle von Kalziumoxalat, $Ca(CO_2)_2$ mit zwei oder sechs Mol. Kristallwasser, kommen in sehr vielen Pflanzen vor. Sie werden, als Endprodukte des Stoffwechsels, wohl meist im Zytoplasma (oder seltener im Zellsafte kleinerer oder größerer Vakuolen) angelegt, liegen später aber sehr oft im Zellsaftraum und nehmen unter Umständen schließlich fast die ganze Zelle ein. In letzterem Falle sind die übrigen Bestandteile der Zelle sehr reduziert, die Zellwände nicht selten verkorkt. Es bilden sich entweder große Einzelkristalle (Fig. 132 *k*, 173 *Bk*, 182 *k*), deren Formen leicht zu erkennen sind, oder viele winzige Kriställchen, die so zahlreich sein können, daß sie als Kristallsand die Zelle anfüllen, oder viele, Rhaphiden genannte Kristallnadeln, die parallel nebeneinander liegen und in der Zelle Rhaphidenbündel bilden (Fig. 22), oder schließlich morgensternförmige Kristalldrusen (Fig. 132 *k'*, 184 *k*). Bei jeder Pflanzenart herrschen bestimmte Kristallformen vor.

Die großen Einzelkristalle gehören dem tetragonalen oder dem monosymmetrischen Kristallsystem an. Im ersteren Fall enthalten sie 6 Mol., im letzteren 2 Mol. Kristallwasser. Der Konzentrationsgrad der Lauge, aus der die Kristalle entstehen, soll es oft bedingen, ob sie sich nach dem einen oder nach dem anderen System bilden. Besonders häufig begegnet man den morgensternförmigen Kristalldrusen, aus vielen Kristallen zusammengesetzt, die von einem organischen Kern ausstrahlen. Bei monokotylen Gewächsen, doch auch bei zahlreichen Dikotylen, sind die nadelförmigen, monoklinen Rhaphiden verbreitet (Fig. 22). Ein solches Bündel ist stets in eine große, mit Schleim gefüllte Vakuole eingeschlossen. Die Oxalatkristalle sind ohne Aufbrausen löslich in Salzsäure, aber unlöslich in Essigsäure.

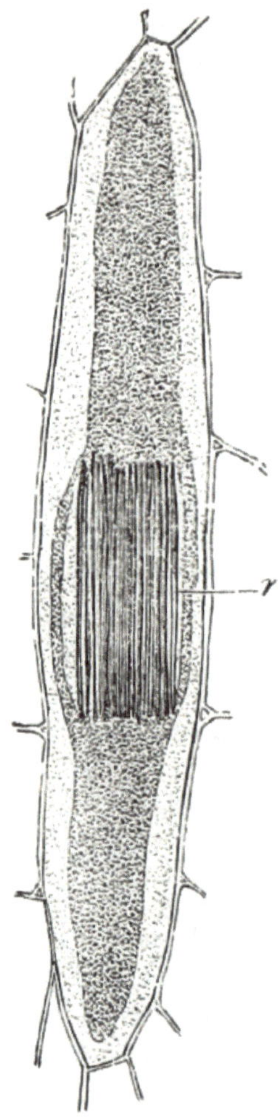

Fig. 22. Eine mit Schleim und einem Rhaphidenbündel gefüllte Zelle aus der Rinde von Dracaena rubra. *r* das Rhaphidenbündel. Vergr. 160. Nach SCHENCK.

Auch Kieselkörper, die sich nur in Fluorwasserstoffsäure lösen lassen, werden in manchen Zellen, besonders bei Gräsern, Palmen und Orchideen, gebildet. Sie füllen oft fast die ganze Zelle aus.

b) Kleber und Eiweißkristalle. In saftigen Reservestoffbehältern werden vor allem gelöste Eiweißkörper als Reservestoffe im Zellsaft gespeichert. Man kann solche z. B. in den Zellen der Kartoffelknolle mit Alkohol als feinkörnigen Niederschlag fällen. In trockenen Reservestoffbehältern aber, so namentlich in zahlreichen fetthaltigen Samen, werden die Eiweißkörper zu festen Körnern, den Kleber-, Proteïn- oder Aleuronkörnern (Fig. 23), die in fettreichen Samen besonders groß sind. Sie gehen aus Vakuolen hervor, deren Eiweißgehalt allmählich steigt, schließlich bei Wasserverlust in Form eines rundlichen Korns oder in einzelnen Fällen eines unregelmäßigen, sogar gelappten Gebildes erstarrt, und bestehen vornehmlich aus Globulinen[33]. Diese Eiweißstoffe kristallisieren in vielen Fällen teilweise aus und bilden einen, selten mehrere, im Aleuronkorn eingeschlossene Kristalle (Fig. 23 *k*). Besonders groß werden diese Kristalle in den Aleuronkörnern der Para„nüsse" (der Samen von Bertholletia excelsa). In Aleuronkörnern mit Eiweißkristallen kommen meist noch rundliche Körner, die Globoide (Fig. 23 *g*), vor, die wohl ebenfalls aus Eiweißkörpern bestehen, doch verbunden mit dem Kalzium- und Magnesiumsalz (dem Phytin) der organischen Inosithexaphosphorsäure $C_6H_6[O_2P(OH)_2]_6$. Globoide liegen übrigens bei manchen Samen auch frei im Plasma. Ferner können Kristalle von Kalziumoxalat in Aleuronkörnern eingeschlossen sein. In den Körnern unserer Getreidearten enthält die äußerste Zellschicht relativ kleine, einschlußfreie Aleuronkörner (Fig. 24 *al*), das innere Gewebe dagegen fast nur Stärke. Die Aleuronschicht bleibt, bei der Verarbeitung der Körner zu Mehl, an den Körnerschalen haftend in der Kleie zurück, geht also für das Mehl verloren.

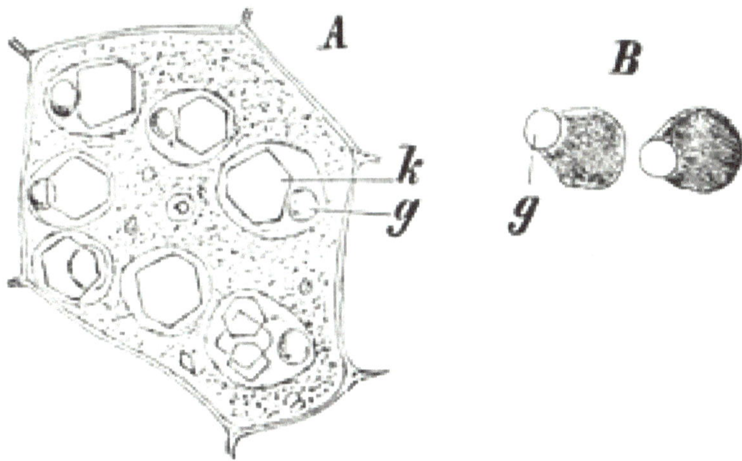

Fig. 23. *A* Zelle aus dem Endosperm des Rizinussamens unter Wasser beobachtet. *B* Einzelne Aleuronkörner unter Olivenöl, *k* Eiweißkristall, *g* Globoid. Vergr. 540. Nach STRASBURGER.

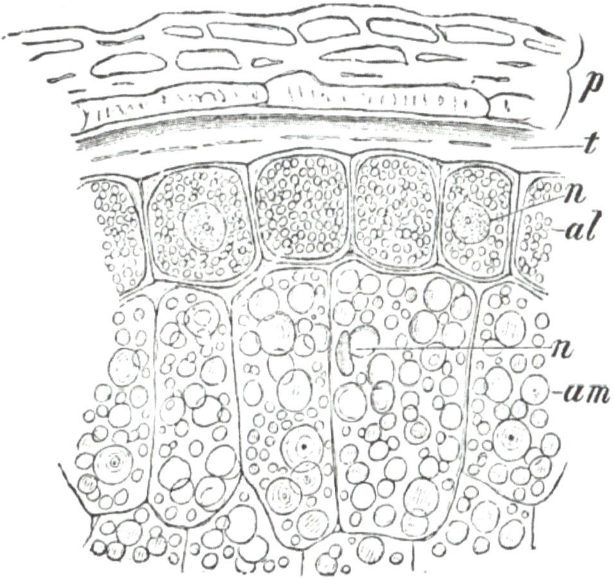

Fig. 24. Äußerer Teil eines Querschnittes durch ein Weizenkorn (Triticum vulgare). *p* Fruchthülle, *t* Samenhaut. An die Samenhaut grenzt das Endosperm. In diesem *al* Aleuronkörner, *n* Zellkern, *am* Stärkekörner. Vergr. 240. Nach STRASBURGER.

Die Reaktionen des Klebermehls sind im wesentlichen die nämlichen, die wir früher schon für Eiweißkörper kennen gelernt haben. Mit Jodlösung färbt sich zum Beispiel die Aleuronschicht des Weizenkorns gelbbraun.

Die Eiweißkristalle, die quellbar sind und sich ebenfalls mit Jod gelbbraun färben, gehören dem regulären oder dem hexagonalen Kristallsystem an. Solche Eiweißkristalle können aber auch unmittelbar im Plasma vorkommen, so in peripherischen, stärkearmen Zellen der Kartoffelknollen, ferner in Chromatophoren (Fig. 28) und in Zellkernen, so nicht selten bei der Schuppenwurz (Lathraea) und vielen anderen Scrophulariaceen, sowie den Oleaceen.

B. Einschlüsse der Chromatophoren. Eiweiß- und Farbstoffkristalle haben wir schon als Einschlüsse der Chromatophoren kennen gelernt (Fig. 28 *kr*). Sehr viel wichtiger aber ist die Stärke[34]. Fast alle höher organisierten Pflanzen bilden nämlich am Licht in ihren Chloroplasten Stärke, und zwar in Körnerform aus. Die Körner treten hier in Mehrzahl auf (Fig. 15), werden aber nur ausnahmsweise groß, weil sie bald nach ihrer Entstehung wieder aufgelöst werden, und sind meist aus noch kleineren Körnchen zusammengesetzt. Große Stärkekörner findet man nur in den Reservestoffbehältern, also dort, wo Stärke aus zugeführter, assimilierter Substanz gebildet wird. Man bezeichnet solche Stärke als Reservestärke im Gegensatz zu der Assimilationsstärke der Chloroplasten. Auch sie entsteht, und zwar aus Zucker, nur in Chromatophoren, den uns schon bekannten Leukoplasten (S. 16), die man daher auch als Stärkebildner bezeichnet.

Alle Stärke des Handels ist Reservestärke. Ihre Menge in einem Reservestoffbehälter ist oft sehr groß: sie macht etwa bis 20% des Gesamtgewichts bei der Kartoffelknolle und sogar bis 70% beim Weizen aus. Reines Stärkemehl, das nur aus Stärkekörnern besteht, gewinnt man durch Auswaschen aus zerkleinerten Reservestoffbehältern. Im gewöhnlichen Mehl aber sind auch die zermahlenen Zellhäute und Protoplasten dieser Behälter enthalten.

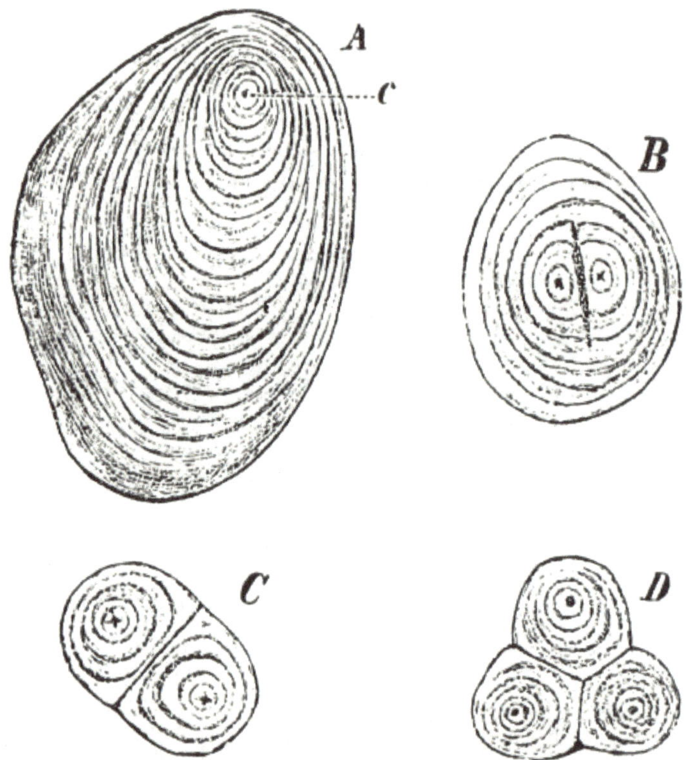

Fig. 25. Stärkekörner aus der Kartoffelknolle. *A* Ein einfaches, *B* ein halb zusammengesetztes Stärkekorn, *C* und *D* ganz zusammengesetzte Stärkekörner. *c* Der Bildungskern des Stärkekornes. Vergr. 540. Nach STRASBURGER.

Fig. 26. Stärkekörner aus den Kotyledonen von Phaseolus vulgaris. Vergr. 540. Nach STRASBURGER.

Fig. 27. Stärkekörner des Hafers (Avena sativa). Ein zusammengesetztes Korn und Teilkörner aus einem solchen. Vergr. 540. Nach STRASBURGER.

Die Reservestärke besteht aus flachen oder rundlichen (eiförmigen oder kugelrunden) Körnern, die in den Speicherorganen verschiedener Pflanzen sehr ungleich groß sind, wie schon ein Vergleich der gleich stark vergrößerten Figuren 25–27 zeigt; ihre Größe schwankt zwischen 0,002 und 0,17 mm. Die größten sind bereits mit dem bloßen Auge als helle Körperchen zu erkennen. Verhältnismäßig große Stärkekörner, im Mittel mit einem Durchmesser von 0,09 mm, enthalten die Kartoffelknollen. Sie sind (Fig. 25) hier deutlich geschichtet. Die Schichtung wird durch die verschiedene Dichte der Kornsubstanz verursacht und ist exzentrisch: es wechseln dickere, dichtere Lagen, die im durchfallenden Lichte heller sind, mit dünneren, weniger dichten und dunkleren ab, und zwar ist der organische Initialpunkt oder Bildungskern, um den die Schichten sich gelagert haben, dem einen Rande des Kornes bedeutend genähert. Dagegen sind die Stärkekörner der Hülsenfrüchte und der Getreidearten zentrisch geschichtet: ihr Bildungskern liegt in der Mitte. Die deutlich geschichteten Stärkekörner der Bohne (Phaseolus vulgaris, Fig. 26) werden außerdem meist von radialen Spalten durchsetzt. Beim Weizen sind sie in einer und derselben Zelle von zweierlei, sehr verschiedener Größe als undeutlich geschichtete linsenförmige Großkörner und winzige kugelförmige Kleinkörner ausgebildet. Die bisher betrachteten Reservestärkekörner sind einfach. Es gibt aber auch halb zusammengesetzte und ganz zusammengesetzte. Die ersteren enthalten zwei oder mehr Teilkörner, die von gemeinsamen Schichten umgeben sind: die letzteren bestehen nur aus Teilkörnern ohne gemeinsame Schichten. Halb zusammengesetzte (Fig. 25 *B*) und ganz zusammengesetzte (Fig. 25 *C*, *D*) Stärkekörner kommen in der Kartoffelknolle vereinzelt zwischen den einfachen vor. In anderen Fällen sind ganz zusammengesetzte Stärkekörner fast allein vorhanden, so z. B. im Haferkorn (Fig. 27) oder im Reiskorn. 4–100 Teilkörner setzen die Stärkekörner beim Reis, bis 300 beim Hafer, gelegentlich bis 30000 bei Spinacia glabra zusammen. Die Stärkekörner haben also bei jeder Pflanzenart eine für sie bezeichnende Form.

Der Bau der Stärkekörner erklärt sich aus ihrer Bildungsgeschichte. Bleibt das Stärkekorn während seines Wachstums von der Substanz der Leukoplasten gleichmäßig umhüllt, so wächst es gleich stark nach allen Seiten und erhält zentrischen Bau. Gelangt es während seines Wachstums an die Peripherie des Stärkebildners, so wächst es dort stärker, wo die Substanz des Leukoplasten es in größerer Dicke umgibt, und wird exzentrisch (Fig. 28). Zusammengesetzte Körner bilden sich dann, wenn in einem Leukoplasten gleichzeitig mehrere Stärkekörner nebeneinander entstehen, die bei weiterem Wachstum zusammenstoßen. Werden um die Teilkörner noch gemeinsame Schichten abgelagert, so kommt ein halb zusammengesetztes Korn zustande.

Die Stärkekörner sind aus Kohlehydraten von der Zusammensetzung $(C_6H_{10}O_5)_n$ aufgebaut. Soll die Stärke im Stoffwechsel weiter verwertet werden, so löst die Pflanze sie durch ein Enzym, die Diastase, wieder auf; die Stärke wird dabei in Zucker (Maltose) umgewandelt.

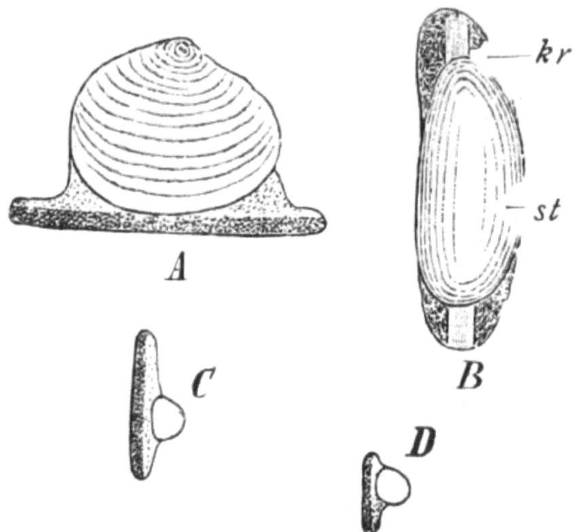

Fig. 28. Leukoplasten aus der oberirdischen Knolle der Orchidee Phajus grandifolius. *A*, *C* und *D* von der Seite, *B* von oben gesehen. *st* Stärke, *kr* Eiweißkristall. Vergr. 540. Nach STRASBURGER.

Die Stärkekörner hält man für kristallinische Gebilde, Sphärokristalle oder Sphärite, die aus miteinander verwachsenen, feinen, radial angeordneten und büschelig verzweigten Kristallnadeln der α- und β-Amylose aufgebaut sein sollen. Die Schichtung ist der Ausdruck von Form- und Mengenverschiedenheiten der Kristallnadeln in den aufeinander folgenden Schichten. Im polarisierten Lichte zeigen die Stärkekörner, ähnlich wie anorganische Sphärite, ein dunkles Kreuz. Auch Röntgenogramme der Stärkekörner sprechen vielleicht für deren kristallinischen Bau.

Die Stärkekörner werden meist durch wasserhaltige Jodlösungen zunächst blau, schließlich fast schwarz gefärbt; weinrot färben sich aber z. B. die des Klebreises. Sie verquellen bei gewöhnlicher Temperatur leicht in Kali- oder Natronlauge und in Chloralhydratlösung, außerdem unter Kleisterbildung in Wasser von 60–80° C. Lösung, d. h. Umwandlung in Zucker ohne vorausgehende Quellung, erfolgt in konzentrierter Schwefelsäure. Ohne Zusatz von Wasser erhitzt, d. h. geröstet, geht Stärke in wasserlösliche Stoffe („Röstgummi“, technisches Dextrin) über.

Mit Jod rötlich färbt sich auch die (Florideen-)„Stärke“ der Rotalgen. Diese rundlichen Körner haben ähnlichen Bau wie die Stärkekörner der höheren Pflanzen, scheinen aber außerhalb der Chromatophoren, jedoch in inniger Berührung mit ihnen zu entstehen und sollen chemisch dem Glykogen näher stehen als echter Stärke[35].

IV. Die Zellmembranen[36].

Wie schon erwähnt, ist jeder Protoplast bei den Pflanzen in der Regel von einem festen Gehäuse, der Zellhaut oder Zellmembran, umgeben. Sie ist ein Außenprodukt des Protoplasten, das wir nicht als lebend betrachten. Viele Gewächse beginnen freilich ihre Entwicklung mit nackten Protoplasten, entweder als unbehäutete Schwärmsporen oder Eizellen. Diese Zellen scheiden aber, ehe sie sich zu entwickeln, zu teilen beginnen, an ihrer Oberfläche eine dünne Zellhaut aus. Bei der Vermehrung der Zellen werden, wie wir gesehen haben, gewöhnlich nach der Teilung des Plasmas Scheidewände zwischen die neu gebildeten Zellen eingeschaltet, so daß auch dann alle Protoplasten von Zellhäuten umhüllt bleiben.

Da nacktes Protoplasma meist Kugelform annimmt, so ist es die Zellhaut, die die Gestalt der umhäuteten Zellen bedingt. Die Zellen, die embryonal verhältnismäßig klein und ziemlich einförmig gestaltet sind, wachsen nämlich zu ihren endgültigen Größen und zu ihren besonderen Formen nur durch das **Flächenwachstum** ihrer Zellmembranen heran. Bald ist dieses Wachstum ringsum überall gleich, bald auf die Spitze oder eine

Kante der Zelle oder einen die Zelle rings umlaufenden Gürtel oder anders gestaltete, eng umschriebene Stellen beschränkt. Es kommt entweder zustande durch Dehnung der vorhandenen Membran, oder es erfolgt durch Einlagerung (Intussuszeption) neuer Substanz zwischen die Teilchen der schon vorhandenen Haut.

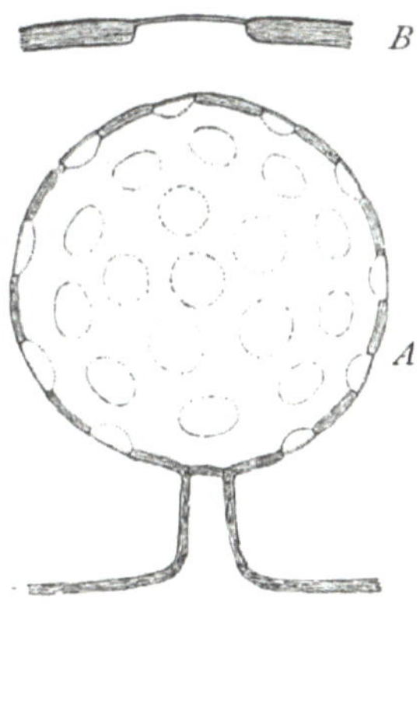

Fig. 29. *A* Runde, gestielte Zelle von Saprolegnia mit runden Tüpfeln in der Zellmembran. *B* Ein Tüpfel derselben, bei stärkerer Vergrößerung im optischen Querschnitt.

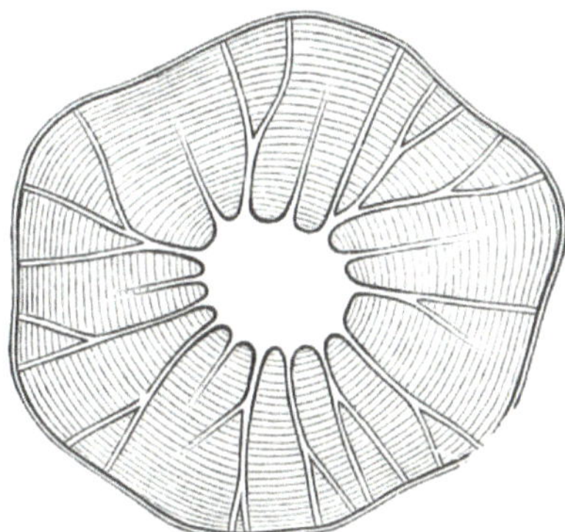

Fig. 30. Steinzelle aus der Walnußschale mit Membranschichtung und verzweigten Tüpfelkanälchen. Die unvollständig gezeichneten Tüpfelkanäle verlaufen schräg zur Ebene der Zeichnung. ROTHERT, frei nach REINKE.

Die Zellwand dient auch dem Schutze und ferner vor allem der Festigung des Protoplasten. Diese wird durch Spannung der Membran (Turgor, vgl. S. 191) und durch **Dickenwachstum** der Zellhaut erreicht. Wie die Zelle durch das Flächenwachstum der Membran ihre endgültige Form erhält, so bekommt die Membran durch das Dickenwachstum ihre endgültige, bezeichnende Struktur. Die Zellmembranen, die zuerst sehr zarte, dünne und strukturlose Häute sind, werden nämlich weiterhin gewöhnlich ringsum überall gleich oder nicht überall gleichmäßig verdickt, und zwar in der Weise, daß sie an einzelnen Stellen verhältnismäßig dünn bleiben, während sie an anderen viel stärker in die Dicke wachsen. In vielen Zellen wird die ganze Zellhaut mit Ausnahme kleiner rundlicher (kreisförmiger, elliptischer) oder spindelförmiger Stellen, Tüpfel, verdickt; so entstehen in verdickten Zellmembranen Grübchen (Fig. 29) oder röhrenförmige Kanäle (Fig. 30), die Tüpfelkanäle, die die Verdickungsschichten durchsetzen, an einem Ende aber, zumeist dem äußeren, durch unverdickte Zellhautteile, die Schließhaut des Tüpfels, abgeschlossen sind (Fig. 29 *B*). Nicht selten werden in gewissen Zellen mehrere Tüpfelkanäle bei weiter fortschreitender Verdickung der Membranen zu einem einzigen Kanale vereint. Solche verzweigte Tüpfel pflegen sehr eng zu sein und kommen vornehmlich stark verdickten und harten Zellwänden zu, so denen der Steinzellen oder Sklereïden (Fig. 30). In anderen Zellen nimmt dagegen die Zellhaut im allgemeinen nur wenig an Dicke zu, indem die Verdickung nur auf eng umgrenzte Teile beschränkt bleibt, die dadurch die Form von Höckern, Warzen, einfachen oder verzweigten

Zäpfchen (Fig. 31), Stacheln (Fig. 32), Leisten, Netzen oder Bändern (Fig. 67, 68) von charakteristischem Bau erhalten. Solche Verdickungen sitzen der Zellhaut bald außen, bald innen auf (zentrifugale, zentripetale Verdickungen). Kleine nach außen vorspringende Höcker kommen z. B. an den meisten Haaren vor; besonders mannigfaltig werden solche Verdickungen ausgebildet auf den Außenflächen von Sporen und Pollenkörnern (Fig. 32) und in vielen wasserleitenden Zellen der höheren Pflanzen (Fig. 67, 68).

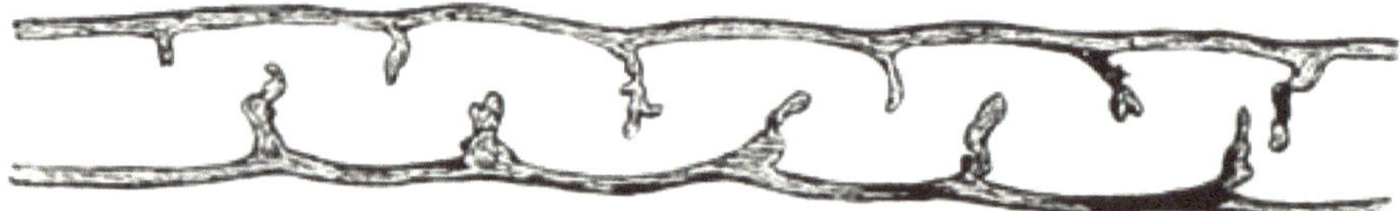

Fig. 31. Stück einer schlauchförmigen Zelle (Rhizoid) des Lebermooses Marchantia mit okalen, zapfenförmigen Wandverdickungen. Vergr. 240.

Wandverdickungen können sehr seltsame Form annehmen, wenn sie auf kleine Stellen in einer Zelle beschränkt sind, so ganz besonders bei den Zystolithen, z. B. in den Blättern von Ficus elastica (Fig. 33): zentripetalen Wandverdickungen von der Form traubenförmiger gestielter Körper, in die sehr viel Kalziumkarbonat eingelagert ist.

Das Dickenwachstum, das schon während des Flächenwachstums der Zellhaut zu beginnen pflegt, aber auch nach dessen Beendigung noch fortdauern kann, erfolgt meist durch Substanzanlagerung (Apposition) von dem Protoplasma aus an die bereits vorhandenen dünnen Häute, und zwar in Form neuer Membranlamellen. So entsteht in Zellen, in denen der größte Teil der Zellhaut verdickt wird, gewöhnlich eine schalenförmige Schichtung der Zellmembranen (Fig. 30): in den Verdickungsschichten wechseln meist dickere, dichtere Lamellen mit dünneren, weniger dichten, wasserreicheren und oft auch chemisch von den dichteren verschiedenen Lamellen ab. Die dichteren brechen das Licht stärker als die dünneren, erscheinen infolgedessen heller und leuchtender. Auch viele scheinbar homogene Zellhäute lassen nach Quellung mit starken Säuren oder Alkalien solche Schichtung deutlich erkennen.

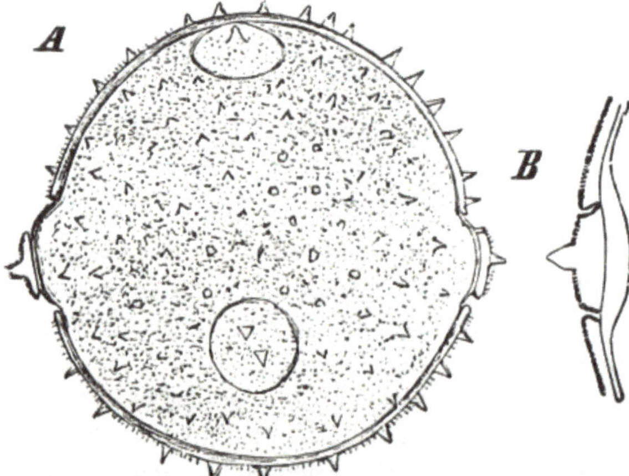

Fig. 32. *A* Pollenkorn des Kürbis in Flächenansicht und zum Teil auch im optischen Durchschnitt. Das Präparat war mit Zitronenöl durchsichtig gemacht worden. Vergr. 240. *B* Teil eines Querschnittes durch die Pollenhaut von Cucurbita verrucosa. Vergr. 540. Nach STRASBURGER.

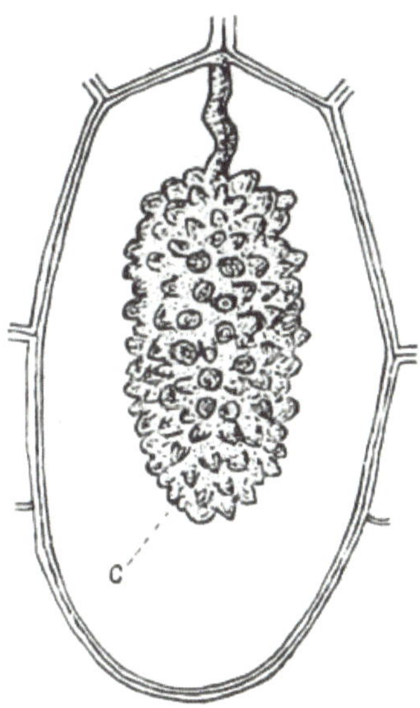

Fig. 33. Zystolithenzelle von Ficus elastica. *c* Zystolith. Vergr. 240.

Nicht selten beruht das Dickenwachstum aber auch auf Substanzeinlagerung (also Intussuszeption).

Besonders zentrifugale Wandverdickungen kommen oft durch Intussuszeptionswachstum zustande. Solches kann auch fern vom Protoplasma stattfinden und mit chemischen und strukturellen Differenzierungen der Zellhäute verbunden sein, so daß solche Membranen fast wie lebende Gebilde erscheinen. An Zellen aber, die durch freie Zellbildung entstanden sind, wie z. B. bei den Askosporen, werden die zentrifugalen Wandverdickungen von dem Periplasma ausgebildet, aus dem die Zellen herausgeschnitten worden sind (vgl. S. 22). Ebenso werden die zentrifugalen Verdickungen bei Pollenkörnern und vielen Sporen von außen her durch die Tätigkeit von Tapetenzellplasma aufgelagert, das die Behälter der Sporen oder Pollenkörner innen auskleidet. Nach Auflösung der Tapete verschmelzen nämlich ihre Protoplasten zu einem Periplasmodium, das die Sporen- oder Pollenanlagen allseitig umgibt[37].

In manchen Fällen sieht man in den Verdickungsschichten einer Membran bei Betrachtung von der Fläche feine Streifen (Fig. 34), die schräg zur Längsachse der Zelle verlaufen. Diese Streifung beruht entweder auf einer Sonderung jeder Verdickungslamelle in abwechselnd verschieden dichte Streifen, wovon die dichteren oft in das Zellinnere vorspringen, oder, bei vielen Algen (z. B. Cladophora), auf einer wellblechartigen Fältelung der einzelnen Lamellen. Ist die Wandung deutlich geschichtet, so sind die Streifen in den aufeinander folgenden Verdickungslamellen meist entgegengesetzt geneigt (Fig. 34).

Chemie der Zellmembranen[38]. Trotz diesen Wachstumsvorgängen ist die Zellmembran von Anfang an kein lebender Teil des Protoplasten, sondern ein Ausscheidungsprodukt von ihm, das sich im Laufe der Zeit noch in verschiedener Weise, auch chemisch, verändern kann. In lebenden Zellen ist sie stets von Wasser durchtränkt und gequollen, schrumpft infolgedessen bei Wasserentziehung mehr oder weniger zusammen. Ihre Lamellen bestehen aus Kohlehydraten, vor allem aus Zellulosen, doch teilweise auch aus Hemizellulosen und Pentosanen, meist aus mehreren dieser Verbindungen zugleich. In keinem Falle also sind die pflanzlichen Membranen nur aus reinen Zellulosen aufgebaut, auch nicht, wenn man kurz von Zellulosemembranen spricht. Die Zellulosen kommen in den Membranen aller Pflanzen vor, mit Ausnahme der meisten Pilze; es sind Polysaccharide von der Zusammensetzung $(C_6H_{10}O_5)_n$, die sich in Jodlösung nicht, mit Chlorzinkjodlösung aber intensiv blau färben. Die gleiche Reaktion gilt übrigens für viele Hemizellulosen, die ebenfalls Polysaccharide sind. Die Zellhäute enthalten fast stets in größeren Mengen auch noch andere Substanzen, z. B. auch solche, die sich mit Chlorzinkjod nicht bläuen, sondern anders färben. Unter ihnen sind die Pektinstoffe besonders wichtig, die mit diesem Reagens gelbbraune Färbung annehmen. Darauf beruht es, daß viele „Zellulosemembranen“ sich mit Chlorzinkjod nicht rein blau, sondern violett, braunviolett oder braun färben. In den Membranen der meisten Pilze und Bakterien ist Chitin vorhanden, das früher als spezifisch tierischer Membranstoff galt; es soll bei den Pilzen die Zellulose vertreten[39].

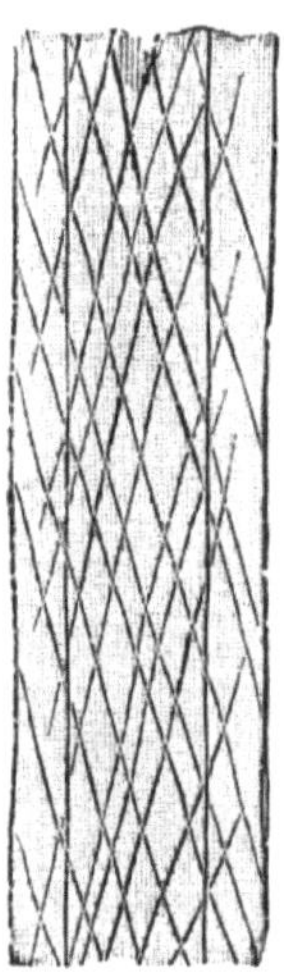

Fig. 34. Teil einer Sklerenchymfaser von Vinca major bei oberer Einstellung. Auch die inneren Grenzen der Wand wurden bei tieferer Einstellung in das Bild eingetragen. Vergr. 500. Nach STRASBURGER.

Die Zellulosen sind unlöslich in verdünnten Säuren, in Alkalien, selbst konzentrierter Kalilauge. Dagegen sind sie unter schwacher Hydrolyse löslich in Kupferoxydammoniak und, unter Umwandlung in Dextrose, in konzentrierter Schwefelsäure oder sehr stark konzentrierter Salzsäure. Ferner werden sie durch ein besonderes Enzym, die Zellulase, das die Pflanze bildet, und zwar in diesem Falle über das Disaccharid Zellobiose in Dextrose übergeführt. Nach vorausgegangener Behandlung mit Schwefelsäure oder Phosphorsäure werden sie durch wäßrige Jodlösung blau gefärbt, ebenso bei gleichzeitiger Einwirkung der konzentrierten Lösungen bestimmter Salze, wie Chlorzink oder Chloraluminium, mit Jod. Daher ist das gebräuchlichste Reagens, um Blau- oder Violettfärbung der Zellulosen zu erzielen, eben Chlorzinkjodlösung. Eine Reihe von Stoffen, die den Zellulosen nahe stehen, aber schon durch verdünnte Säuren in lösliche, von der Dextrose verschiedene Zuckerarten (z. B. Mannose, Galaktose) umgewandelt werden, faßt man als Hemizellulosen zusammen. Besonders reich daran sind die Pflanzenschleime und die Reservezellulosen (vgl. S. 36). Einige von ihnen sind in Kupferoxydammoniak unlöslich. So wie die Zellulosen hochmolekulare Polysaccharide von Hexosen ($C_6H_{12}O_6$) sind, so sind die Pentosane $(C_5H_8O_4)_n$ entsprechende hochmolekulare Kondensationsprodukte von Pentosen ($C_5H_{10}O_5$), z. B. von Arabinose, Xylose. Die Pektine sind durch die Leichtigkeit ausgezeichnet, womit sie sich, nach vorhergegangener Behandlung mit verdünnten Säuren, in Alkalien lösen. Sie färben sich im Gegensatz zur Zellulose mit Safranin und Methylenblau intensiv. Die Pektine sind verwickelt gebaute Verbindungen, worin an Tetragalakturonsäure ($C_{24}H_{34}O_{25}$, einem Kondensationsprodukt der Galakturonsäure $C_6H_{10}O_7$) Monohexosen, Pentosane, ferner esterartig Methylalkohol und salzartig Kalzium und Magnesium gebunden sind[40]. Anwesenheit von Pektinen bedingt die Gelatinierung von Fruchtdekokten (also die Bildung von Fruchtgelees).

Das Chitin ist ein stickstoffhaltiges Polysaccharid ($C_{30}H_{50}O_{19}N_4$), das Azetylessigsäure in säureamidartiger Bindung enthält.

Die Zellhäute erfahren im Laufe des Lebens einer Zelle oft mannigfache chemische Umwandlungen dadurch, daß die bereits ausgebildeten Schichten ihre Beschaffenheit ändern oder die neuen Verdickungsschichten in ihrer Zusammensetzung von den vorhandenen abweichen. Diese Umwandlungen stehen oft in engster Beziehung zu den Anforderungen, die an die Zellen gestellt werden. Was zunächst die „Zellulose“membranen betrifft, so sind sie, ganz jung, wenig elastisch, dagegen, wie es mit Rücksicht auf das bevorstehende starke Längenwachstum günstig erscheint, verhältnismäßig stark dehnbar; später pflegt sich das umzukehren. Sie setzen der Diffusion von Wasser und gelösten Substanzen kaum Widerstand entgegen.

Nicht selten verschleimen Zellulosemembranen durch Umwandlung ihrer Substanz in gallertige oder schleimartige, in Wasser stark quellende Massen. Besonders oft tritt aber Verholzung, Verkorkung und Kutinisierung der Zellmembranen ein. Verholzung der Membranen verringert die Dehnbarkeit der Zellen ganz bedeutend, erhöht also die Starrheit, ohne die Durchlässigkeit für Wasser und darin gelöste Stoffe aufzuheben. Verkorkte und kutinisierte Membranen aber sind verhältnismäßig undurchlässig für Wasser und Gase und setzen die Verdunstung stark herab. Häufig werden auch die Zellhäute nachträglich durch Derivate von Gerbstoffen sehr dunkel gefärbt und gegen Fäulnis geschützt, so in Samenschalen und in älterem Holz. In jede ältere Membran sind ferner anorganische Stoffe unter Umständen in bedeutender Menge eingelagert, sehr häufig Kieselsäure, seltener Kalziumkarbonat, ferner organische Salze, z. B. besonders häufig Kalziumoxalat.

Die Verholzung beruht auf der Einlagerung von Ligninen in die Kohlehydratlamellen. Die chemische Zusammensetzung der Lignine ist aber noch wenig geklärt. Wahrscheinlich sind Benzolderivate an ihrer Zusammensetzung beteiligt. In den Zellen, deren Membranen verholzt sind, bestehen aber die innersten Membranschichten in vielen Fällen aus Zellulose. Als besonders charakteristische Reaktionen verholzter Zellwände gelten: Gelbfärbung mit schwefelsaurem Anilin, Rotfärbung mit Phloroglucin und Salzsäure. Diese Reaktionen werden wohl durch aromatische Stoffe bewirkt, die in den verholzten Membranen vorkommen. Mit Chlorzinkjodlösung färben sich verholzte Membranen gelb, nicht blau. Der Holzstoff läßt sich technisch aus den verholzten Membranen durch längeres Kochen mit Kalziumbisulfit- oder Natronlauge unter Druck herauslösen (in mikroskopischen Schnitten auch durch Eau de Javelle), so daß nur die Kohlehydratlamellen zurückbleiben. In dieser Weise stellt man aus Holz „Zellulosezellstoff" her.

Die Verkorkung beschränkt sich in der Regel auf die mittleren Verdickungsschichten einer Membran. Die verkorkten Lamellen bestehen nur aus Suberinen, enthalten also keine Kohlehydrate; sie werden den unverkorkten Membranlamellen angelagert. Mit der Verkorkung nicht völlig übereinstimmend, wenn ihr auch nahe verwandt, ist die Kutinisierung. Sie besteht in einer nachträglichen Auflagerung von Kutinen auf Zellulosemembranen oder einer Einlagerung in solche. Zwischen Kutinen und Suberinen bestehen keine scharfen Unterschiede. Beide nehmen mit Chlorzinkjodlösung gelbbraune, mit Kalilauge annähernd gleiche gelbe Färbung an, färben sich mit Sudanglyzerin rot, und beide werden durch konzentrierte Schwefelsäure oder Kupferoxydammoniak nicht gelöst. Doch widerstehen die Kutine besser der Kalilauge. Die Kutine und die Suberine verhalten sich übrigens je nach ihrer Abstammung gegen Reagenzien etwas verschieden. Die Suberine sollen nach VAN WISSELINGH[41] fettartige Körper sein aus Glyzerinestern und anderen zusammengesetzten Estern der Phellon-, Suberinsäure und anderen höheren Fettsäuren; den Kutinen soll dagegen die Phellonsäure, die in den Suberinen stets vorhanden ist, immer fehlen.

Kalziumkarbonat kommt bei manchen Pflanzen, wie den meisten Characeen unserer Seen und Teiche, so massenhaft in den Membranen vor, daß diese starr und brüchig werden. Kieselsäure ist in den peripherischen, dadurch sehr harten Zellwänden der Gräser, Schachtelhalme und vieler anderer Pflanzen, z. B. der einzelligen Diatomeen, vorhanden. Das Kalziumoxalat ist meist in Kristallen ausgeschieden.

Auch die zur Flavongruppe gehörenden Farbstoffe der technisch benutzten Farbhölzer haben ihren Sitz in den Membranen.

Feste Zellmembranen können nachträglich in Gummi umgewandelt werden, so bei der Gummosis in einem Holzkörper. Bei Prunus- oder Citrus-Arten spielt sich dieser Vorgang so ab, daß nacheinander die einzelnen Verdickungsschichten der Zellwände zu Gummi verquellen. Schließlich wird auch der Zellinhalt zu einem Bestandteil der Gummimasse[42]. Der Gummi ist chemisch den Pflanzenschleimen sehr ähnlich (vgl. S. 32).

Röntgenspektroskopische Untersuchungen der letzten Zeit machen es wahrscheinlich, daß die Zellulosemembranen wie die Stärke kristallinische Struktur haben. Sie bestehen aus Kristalliten, die mit einer ihrer Hauptachsen parallel zur Längsachse der Zelle angeordnet sind[43].

Zweiter Abschnitt. Gewebelehre (Histologie)[44].

I. Die Gewebebildung.

A. Begriffsbestimmung und Bedeutung des Zellgewebes. Jeder innigere Verband umhäuteter Protoplasten wird als Zellgewebe bezeichnet.

Nur die niedersten Organismen bestehen aus einem ein- oder mehrkernigen Protoplasten; sie sind zeitlebens einzellig. Meist ist aber der Körper einer Pflanze vielzellig, d. h. er setzt sich aus vielen, voneinander durch Zellwände getrennten Protoplasten, also aus Zellgewebe, zusammen. Höhere äußere Organisation und größeres Körpervolumen sind nämlich bei den weitaus meisten Pflanzen an die Ausbildung vieler umhäuteter Protoplasten gebunden. Freilich gibt es, wie wir schon sahen, auch äußerlich hochorganisierte Algen (die Schlauchalgen), bei denen eine solche Kammerung nicht vorkommt, sondern das Innere von einem vielkernigen Protoplasten eingenommen wird. Man kann sie als nicht zellige Organismen den zellulären gegenüberstellen. Solche Organismen gibt es aber nur wenige. Ausbildung von Zellgewebe war eben für die Entwicklung höher organisierter Pflanzenformen offenbar von größter Bedeutung. Sie ermöglichte es, eine Arbeitsteilung im Protoplasma des Körpers durchzuführen. Durch die Zerteilung des Protoplasmas in viele Protoplasten entstanden ebensoviele einzelne Elementarteile, die verschiedene Aufgaben übernehmen konnten, und vergrößerte sich außerdem die Plasmaoberfläche ganz erheblich. Durch die Ausbildung der trennenden Zellwände wurde es ferner möglich, diese Elementarteile mehr oder weniger gegeneinander zu isolieren, zugleich den Zusammenhalt und die innere Aussteifung des ganzen, aus vielen weichen Protoplasten bestehenden Körpers zu erhöhen.

Ein, freilich sehr unvollkommenes, lockeres Gewebe bildet sich schon bei solchen Organismen, deren Zellen nach jeder Teilung sich voneinander trennen, aber durch eine Gallerte aus ihren verquellenden Zellhäuten zusammengehalten werden. Man nennt derartige Verbände mehr oder weniger selbständiger Zellen gemeinsamen Ursprungs Zellfamilien oder Zellkolonien. Mannigfaltige Beispiele dafür bieten uns die Spaltalgen (Fig. 35) und die Ordnungen der Volvocales und der Protococcales unter den Grünalgen (vgl. diese). In den Zellfäden und Zellflächen niederer Algen, deren Zellen bereits fest verbunden sind, beginnen allmählich die Merkmale geschlossener Gewebe hervorzutreten. Diese Merkmale werden mit wachsender Zellenzahl im Organismus und mit der fortschreitenden Arbeitsteilung zwischen den Zellen immer deutlicher.

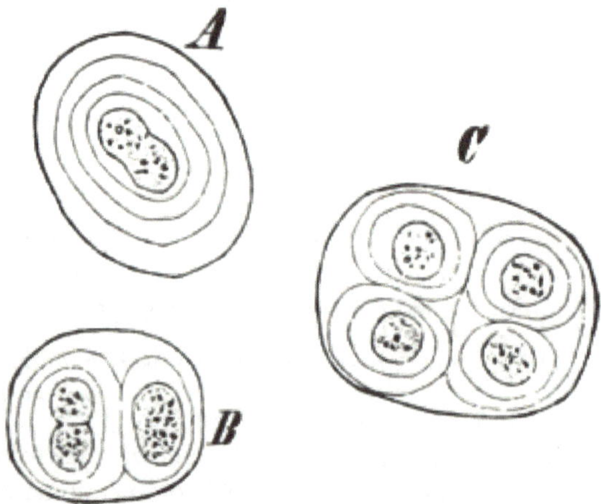

Fig. 35. Gloeocapsa polydermatica. *A* Beginn einer Teilung. *B* Links: kurz nach der Teilung. *C* Im Ruhezustande. Vergr. 540. Nach STRASBURGER.

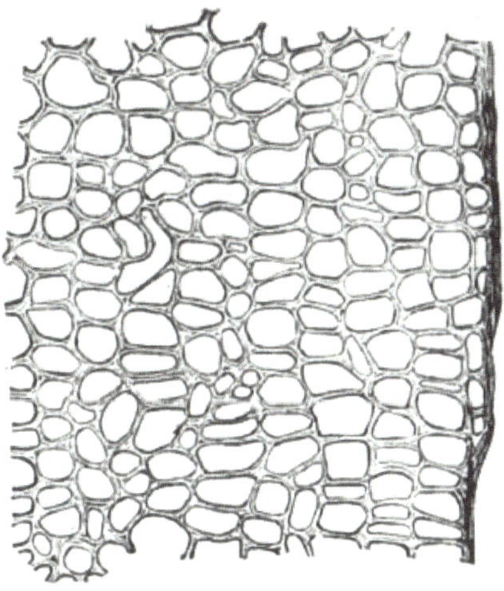

Fig. 36. Längsschnitt durch das Mutterkorn Vergr. 300. Nach SCHENCK.

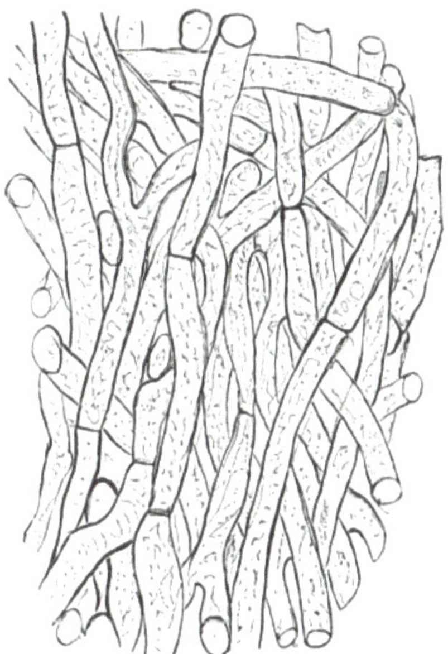

Fig. 37. Längsdurchschnitt durch den Stiel des Fruchtkörpers des Steinpilzes. Vergr. 300. Nach SCHENCK.

B. Ursprung der Gewebe. Die Entstehung pflanzlicher Gewebe ist im allgemeinen auf Zellteilungen zurückzuführen. Bei manchen niederen Algen, z. B. bei Hydrodictyon, werden aber Gewebe durch Anlagerung freier Zellen aneinander und durch Verwachsung ihrer Zellmembranen, bei den Pilzen und Schlauchalgen (Siphoneen) durch Verflechtung schlauchförmiger Zellen oder Zellfäden gebildet (Flechtgewebe oder Plectenchym, Fig. 37). Kommt es dabei zu einer innigen Verwachsung der verflochtenen Zellen und ist dieses Geflecht besonders dicht, so macht es in dünnen Schnitten einen ganz ähnlichen Eindruck wie ein Gewebe der höher organisierten Pflanzen (Fig. 36); bei nachträglicher Verdickung der Wände können sogar die Tüpfel in den nachträglich miteinander verwachsenen Zellhäuten aufeinander treffen.

C. Die Zellmembranen im Zellgewebe. Betrachtet man Schnitte durch pflanzliches Zellgewebe bei schwächeren Vergrößerungen, so sind es meist ausschließlich oder vor allem die Zellmembranen, die ins Auge fallen; sie scheinen bei weniger genauem Zusehen ein Netzwerk von Fäden, ähnlich einem Stoffgewebe, zu bilden, woraus sich der Name Zellgewebe erklärt.

1. Schichtung. Alle Scheidewände, die bei den Zellteilungen im Zellgewebe auftreten, sind, wie auch sonst bei Zellteilungen, zunächst einfache und sehr dünne, meist plattenförmige Membranlamellen, die den benachbarten Zellen gemeinsam zukommen. In diesem Zustande bleibt die Zellmembran aber nie. Sie wird schon in den embryonalen Zellen verdickt, während die Zellen durch Flächenwachstum der Membranen sich vergrößern. Die Verdickung erreicht aber ihr Ende erst, nachdem die Zellen längst zu ihren endgültigen Größen herangewachsen sind. Sie fällt verschieden aus, je nach den Funktionen, die die ausgebildeten Dauerzellen übernehmen: besonders dicke Zellmembranen findet man bei Zellen, die der mechanischen Festigung dienen (Fig. 38). In der Regel wird die Verdickung einer Scheidewand von beiden angrenzenden Protoplasten aus, und zwar meist durch beiderseitige Anlagerung einer gleichen oder ungleichen Zahl neuer schalenförmiger Membranlamellen an die dünne Scheidewand besorgt (Fig. 38, 40, 62). So bekommt eine jede Zelle nachträglich ihre eigenen Membranschichten. Die den benachbarten Zellen gemeinsame mittlere Membranlamelle einer Zellhaut bezeichnet man alsdann als Mittellamelle (Fig. 38 *m*). Sie ist meist sehr dünn, nur an den Zellecken und Kanten etwas dicker (Zwickel, Fig. 71 *C m**) und besteht hauptsächlich aus kalziumhaltigen Pektinstoffen, die verhältnismäßig leicht löslich sind; in verholzten und verkorkten Geweben ist sie außerdem oft verholzt.

In weichen Geweben lassen sich die Zellen schon durch Kochen in Wasser voneinander trennen, das die Mittellamellen zum Verquellen bringt, z. B. bei vielen Kartoffelknollen. In vielen reifen Früchten tritt eine solche Isolierung von selbst ein. Durch das SCHULZEsche Mazerationsgemisch (chlorsaures Kali und Salpetersäure) oder durch heiße konzentrierte Ammoniaklösung gelingt es, auch andere Zellen durch Auflösung der Mittellamellen voneinander zu lösen, durch das Mazerationsgemisch z. B. die des Holzes. Auch gibt es pektinvergärende Bakterien, die mittels des Enzyms Pektinase die Mittellamellen zerstören und gewisse Zellen, z. B. bei der Flachsrotte die mechanischen Zellen der Flachsstengel von den anderen Zellen, trennen.

Die Verdickungsschichten unterscheiden sich meist optisch und chemisch von der Mittellamelle; da sie sich in der Regel zu beiden Seiten der Mittellamelle gleichmäßig anlagern, so erhält die Scheidewand zwischen zwei Zellen mehr oder weniger symmetrischen Bau (Fig. 38–40, 41, 62), der sich selbst auf die Tüpfel erstreckt. Nicht selten ist in stärker verdickten Zellhäuten, besonders den Zellen des Holzes, beiderseits der Mittellamelle eine Sonderung in drei, ihrem optischen und chemischen Verhalten nach verschiedene Schichten zu erkennen, die sich als primäre, sekundäre und tertiäre Verdickungsschichten unterscheiden lassen und selbst wieder aus vielen Lamellen bestehen können. Am stärksten pflegt alsdann die sekundäre Verdickungsschicht entwickelt zu sein; sie bildet die Hauptmasse der Wandung. Die innerste Verdickungsschicht einer Zellhaut ist meist stärker lichtbrechend; sie wird als Grenzhäutchen oder Innenschicht bezeichnet (Fig. 71 *Ci*) und besteht meist aus Zellulose.

Zellwände, die nicht an andere Zellen grenzen (Fig. 40, 44), vor allem also die Außenwände an der Peripherie des Pflanzenkörpers, sind dagegen asymmetrisch gebaut. Bei solchen Wänden können ja nur einseitig nach dem Zellinnern hin Verdickungslamellen an die zunächst allein vorhandene dünne Zellhaut angelagert werden.

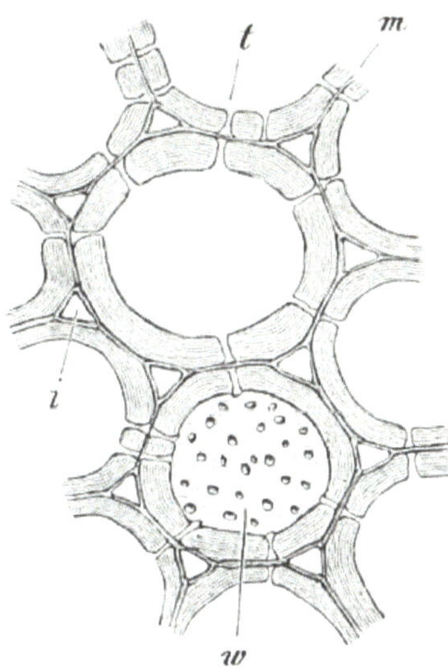

Fig. 38. Stark verdickte Zellen aus dem Marke eines älteren Stammstückes der Waldrebe Clematis vitalba. *m* Mittellamelle, *i* Interzellularraum, *t* Tüpfelkanäle in Seitenansicht. In der einen Zelle ist die untere Wand *w* mit den Tüpfeln in Aufsicht zu sehen. Vergr. 300. Nach SCHENCK.

2. Tüpfelung. Die Zellmembranen, die die Protoplasten voneinander trennen, erschweren begreiflicherweise den Stoffaustausch zwischen den Zellen, und zwar um so mehr, je dicker sie sind. Ohne regen Stofftransport von Zelle zu Zelle kann aber das Leben des ganzen Organismus nicht bestehen. So muß also dafür gesorgt werden, daß die Verdickung der Membranen, die der Festigung dient, die Stoffbewegung nicht allzusehr hemmt. Diesem Bedürfnis wird meist durch Ausbildung von Tüpfeln in den Scheidewänden zwischen den Protoplasten Rechnung getragen. In den freien Wänden findet man dagegen in der Regel keine Tüpfel.

Diese Tüpfel, die in stärker verdickten Zellmembranen Kanäle mit kreisrundem (Fig. 38 bei *w* und 39 bei *m*), elliptischem oder spaltenförmigem Querschnitte sind, treffen in den benachbarten Zellen aufeinander; sie sind also beiden Zellen gemeinsam, werden aber in der Mitte von der unverdickten Zellhaut, ihrer Schließhaut, durchsetzt (Fig. 38 *t*, 39 *p*, 40 *t*). Spaltenförmige Tüpfel pflegen schräg gerichtet zu sein und in den Verdickungsschichten benachbarter Zellen einander zu kreuzen.

Der Bau der Tüpfel läßt sich besonders leicht untersuchen an den stark verdickten und reichlich getüpfelten Zellwänden der Samen verschiedener Palmen, zahlreicher Liliaceen, z. B. von Ornithogalum (Fig. 39), und anderer Monokotylen. Die Verdickungsschichten bestehen hier aus einer Hemizellulose, die ein Reservestoff des Samens ist und bei der Keimung durch ein Enzym (Zytase) aufgelöst wird. Sie sind glänzend weiß und können so hart werden, daß solche Samen, z. B. die der Palme Phytelephas macrocarpa, technisch als „vegetabilisches Elfenbein“ zur Anfertigung von Knöpfen u. dergl. verwertet werden.

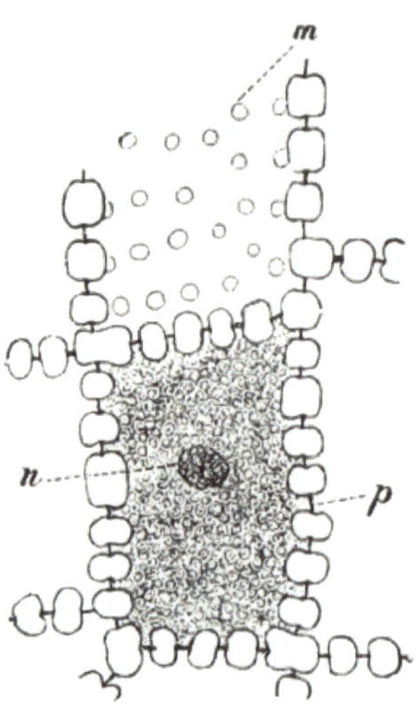

Fig. 39. Zellen aus dem Samen (Endosperm) der Liliacee Ornithogalum umbellatum. *m* Tüpfel von oben, *p* Tüpfelkanal in Seitenansicht mit der Schließhaut. *n* Zellkern. Vergr. 240. Nach STRASBURGER.

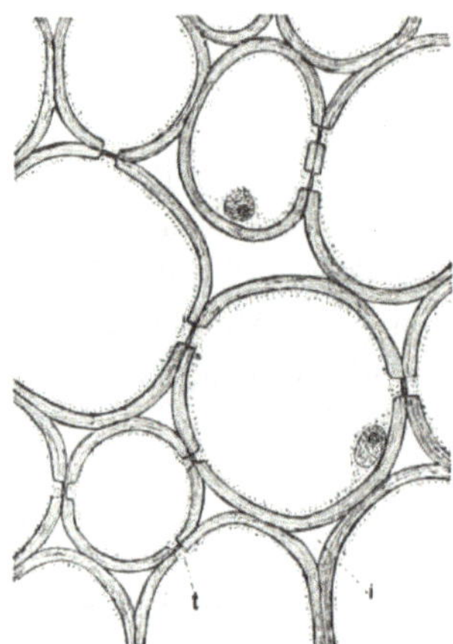

Fig. 40. Zellen aus der Wurzelrinde von Iris florentina. *t* Tüpfel in den geschichteten Zellmembranen, *i* Interzellularen. Vergr. gegen 400.

3. Verbindung der Protoplasten im Gewebe. Ein harmonisches Zusammenarbeiten aller lebenden Teile des Körpers, wie es in den Lebensäußerungen des gesamten Organismus so auffällig zutage tritt, wäre freilich wohl kaum möglich, wenn die lebenden Protoplasten im Zellgewebe des Körpers durch die Zellwände völlig getrennt nebeneinander liegen würden. Tatsächlich sind sie nicht ganz gegeneinander abgeschlossen, sondern durch zahlreiche, äußerst feine Protoplasmafäden verbunden, die von ihren Hautschichten ausgehen und die Zellhäute durchsetzen. Meist sind diese Plasmaverbindungen oder Plasmodesmen[45], die sämtliche lebende Zellen des Körpers verbinden, auf die Schließhäute der Tüpfel beschränkt (Fig. 41 *s*); doch können sie auch die Zellhäute außerhalb der Tüpfel durchsetzen (Fig. 42 *pl*). Sie erheben die Protoplasten des ganzen Pflanzenkörpers trotz der Ausbildung der Zellwände zu einer organischen, lebenden Einheit und dienen wohl ebenfalls zur Stoff- und außerdem zur Reizleitung von Protoplast zu Protoplast.

4. Zellfusionen. Die Lebenstätigkeit des vielzelligen Organismus macht es aber auch nötig, Stoffe noch schneller, als es selbst durch weite Tüpfelkanäle möglich ist, innerhalb seines Körpers von einem Organ in ein anderes, etwa aus den Wurzeln in die Blätter, zu schaffen. Die Diffusion von Stoffen durch die Zellmembranen oder die Stoffbewegung in den äußerst feinen Plasmodesmen genügt dazu vielfach nicht, wenn sie auch durch die Ausbildung der Tüpfelkanäle sehr erleichtert wird, die ja in den Scheidewänden zwischen benachbarten

Zellen stets korrespondieren. Dementsprechend verschmelzen viele, besonders dem Stofftransporte dienende, außerdem aber auch manche andere Zellen, nachträglich durch breite offene Löcher zu zusammenhängenden Röhren (vgl. S. 54, 55 u. 59), zu Zellfusionen miteinander. Solche Löcher in Ein- oder Mehrzahl entstehen alsdann durch entsprechende Auflösung der Wandsubstanz in den Zwischenwänden, namentlich in den Endwänden benachbarter Zellen.

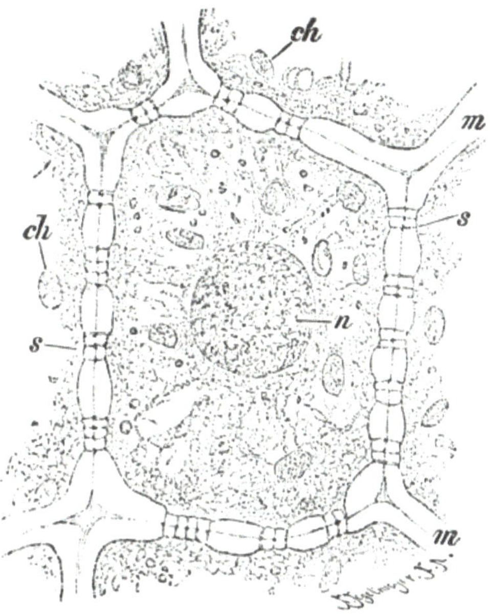

Fig. 41. Eine Zelle aus der Rinde der Mistel (Viscum album) nach entsprechender Härtung und Färbung der Protoplasten und Quellung der Wände (*m*). Die Schließhäute (*s*) der Tüpfel von Plasmodesmen durchsetzt, *ch* Chloroplasten, *n* Zellkern. Vergr. 1000. Nach STRASBURGER.

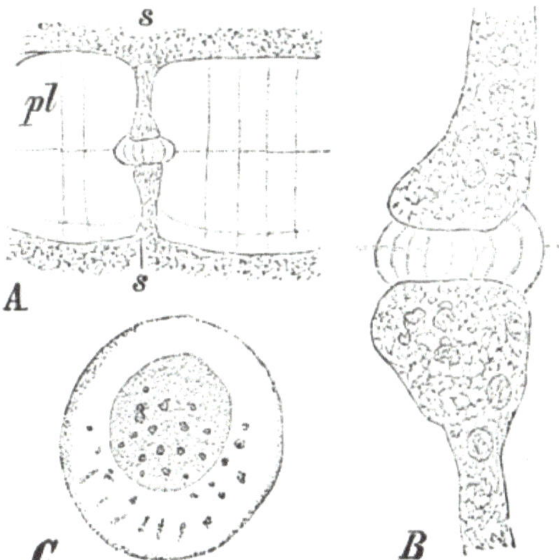

Fig. 42. *A* Ein etwas gequollenes Wandstück aus dem Endosperm der Elfenbeinpalme (Phytelephas macrocarpa). Bei *s* und *s* die aufeinander treffenden, mit Plasma gefüllten Tüpfelkanäle der beiden angrenzenden Zellen, in der Schließhaut zarte Plasmodesmen, außerdem die ganze Dicke der Zellwand durchsetzende Plasmodesmen *pl*. Vergr. 375. *B* Die Tüpfelkanäle und die Plasmodesmen der Schließhaut 1500mal vergrößert. *C* Tüpfelkanal und Schließhaut von der Fläche gesehen, bei 1500facher Vergrößerung. Der kleinere Kreis ist der Tüpfelkanal, der größere die Schließhaut, die dunkleren Punkte darin sind die Plasmodesmen. Nach STRASBURGER.

5. Bildung von Interzellularen und Durchlüftung der Gewebe. Fast immer, wenn sich embryonale Zellen in Dauerzellen umwandeln, werden die Mittellamellen nach Ausbildung von Verdickungsschichten lokal, namentlich an den Ecken und Kanten der Zellen, gespalten, so daß hier die Wände benachbarter Zellen auseinander weichen können. So entstehen im Zellgewebe schon sehr frühzeitig, bis in die äußersten Stengel- und Wurzelspitzen hinein, lufterfüllte Zwischenzellräume (Interzellularen, Fig. 38 *i*, 40 *i*). Meist haben sie im Querschnitt die Form kleiner Drei- oder Vierecke, die der erwähnten Spaltung der Zellwand ihre Entstehung verdanken und daher schizogen genannt werden. Die Interzellularen bilden ein zusammenhängendes System (Interzellularsystem) reich verästelter feiner Kanäle, die den Zellkanten entlang streichen und das Gewebe allseitig durchziehen. Bei bevorzugtem Wachstum bestimmter Zellwandstellen können derartige schizogene Interzellularen benachbarte Zellen nachträglich völlig voneinander trennen und zu größeren Kammern oder Gängen von mehr oder weniger regelmäßiger Gestalt erweitert werden. Auch durch Zerstörung von Zellen kann die Bildung von Zwischenräumen veranlaßt werden; solche auf Zerreißung von Zellen zurückzuführende Interzellularräume heißen rhexigen, durch Auflösung von Zellwänden entstehende lysigen. In manchen Fällen werden schizogene Interzellularen weiterhin rhexigen oder lysigen vergrößert. Ungleich verteiltes Wachstum führt oft zu einer Dehnung und Zerreißung ganzer Gewebegruppen. Auf diese Weise entstehen z. B. die hohlen Stengel. In Geweben, die sich durch Verflechtung von Zellfäden gebildet haben, sind die Zwischenzellräume von vornherein vorhanden (Fig. 37).

Die Interzellularen enthalten gewöhnlich Luft und sind für die lebenden Gewebezellen von größter Bedeutung. Eine Zelle, die allseits von Wasser oder Luft umspült ist, findet jederzeit in ihrer Umgebung leicht die Gase, die sie zum Leben braucht. Die zahllosen Protoplasten in den Geweben der vielzelligen Pflanzen würden aber nicht lebensfähig sein, wenn nicht dafür gesorgt wäre, daß auch zu ihnen solche Gase gelangen können. Diese Aufgabe, die Gase im Innern der Gewebe zirkulieren zu lassen, erfüllen die Interzellularräume.

II. Zellarten, Gewebearten und Gewebesysteme.

Nur bei den niederen mehrzelligen Pflanzen besteht das Zellgewebe des Körpers aus lauter ziemlich gleichartigen kugelförmigen, polyëdrischen oder zylindrischen Zellen (vgl. z. B. Fig. 84), die sämtlich in fast gleicher Weise allen Lebensfunktionen dienen. Man kann diese Gewebe Parenchym nennen. In dem Maße, wie mit fortschreitender äußerer Organisation und mit Zunahme der Größe des Organismus die Arbeitsteilung zwischen den Protoplasten zunimmt, erhalten Zellen einzeln oder gruppenweise verschiedene Form, verschiedenen Bau und besondere Aufgaben. So entsteht namentlich bei den höheren Pflanzen eine Sonderung der gleichartigen Zellen in eine Anzahl verschieden gebauter Zellarten, zwischen denen es aber immer Übergänge gibt. Untersucht man vergleichend die verschiedensten Organe einer Pflanze und aller höher organisierten Pflanzen miteinander, so findet man, daß die Zahl dieser verschiedenen Zellarten klein ist und daß bestimmte Zellformen überall wiederkehren.

Meist sind gleichartige Zellen zu Gruppen verbunden. Einen solchen Verband aus lauter gleichartigen Zellen nennt man eine Gewebeart. Die Gewebearten unterscheiden sich durch die Formen, den Inhalt und den Membranbau der Zellelemente, aus denen sie bestehen; eine jede Gewebeart hat ihre besonderen Aufgaben, die in einer Hauptfunktion oder in mehreren Funktionen bestehen können. Je höher die Pflanze organisiert ist, um so mehr Gewebearten setzen ihren Körper zusammen. Doch ist entsprechend den Zellarten auch die Zahl der Gewebearten klein, da sie in gleicher Weise bei den verschiedensten Gewächsen immer wieder auftreten. Nicht selten kommt es vor, daß in ein Gewebe aus sonst gleichartigen Zellen einzelne Zellen (wohl auch Idioblasten genannt) oder Zellgruppen mit ganz abweichendem Bau und Inhalt eingeschaltet sind, die also einer anderen Zellart angehören.

Bei den höheren Pflanzen bilden ferner einzelne Gewebearten größere Gewebemassen, die auf weite Strecken oder durch den ganzen Pflanzenkörper in ununterbrochenem Zusammenhange stehen. Man nennt solche Verbände, die oft auch aus verschiedenartigen Gewebearten zusammengesetzt sind, morphologische Gewebesysteme. Auch derartige zusammengesetzte Gewebeverbände können durch ihre Baueigentümlichkeiten sehr auffallen und bestimmte Hauptfunktionen haben; und zwar pflegen die verschiedenen Gewebearten einander in ihren Funktionen zu ergänzen oder zu unterstützen.

Zu einem physiologischen Gewebesysteme endlich faßt man alle Zellen zusammen, die in ihren Hauptfunktionen übereinstimmen, gleichgültig ob und wie sie morphologisch verbunden und woraus sie ontogenetisch entstanden sind. Solche Systeme sind also etwas ganz anderes als die morphologischen Gewebesysteme.

Wir können sämtliche Gewebearten der höher organisierten Pflanzen in zwei Hauptgruppen teilen, nämlich 1. in die embryonalen oder Bildungsgewebe und 2. in die fertigen oder Dauergewebe.

A. Die Bildungsgewebe.

Sie werden auch Meristeme genannt. Sie bestehen aus verhältnismäßig kleinen, nach allen Richtungen ungefähr gleich großen, also isodiametrischen, würfelförmigen oder aus prismatischen, plattenförmigen oder langgestreckten, embryonalen Zellen mit dünnen Zellmembranen, reichlichem Plasma, großen Zellkernen und wenigen kleinen Vakuolen (vgl. Fig. 2). Bezeichnend für sie sind meist die zahlreichen Zellteilungen, die man in ihnen, wenigstens so lange sie tätig sind, findet. Diese Bildungsgewebe, aus denen die Dauergewebe hervorgehen, zerfallen nach den Orten ihres Vorkommens und der Art ihrer Entstehung in Urmeristeme und sekundäre Meristeme.

1. Urmeristeme. Sie entstehen durch die Teilung der Keimzelle und setzen zunächst den Embryo allein zusammen. Später sind sie hauptsächlich an den Spitzen der Zweige und Wurzeln, an den Vegetationspunkten dieser Organe (Fig. 102, 154) vorhanden. Hier findet alsdann die Vermehrung der embryonalen Zellen und die Anlage vieler Seitenorgane statt (apikales oder Spitzenwachstum).

Eine oder einige dieser Meristemzellen an der äußersten Spitze des Vegetationspunktes bleiben dauernd embryonal und vermehren durch Wachstum und darauffolgende Zellteilungen fortgesetzt die Zellen des Meristems, während die embryonalen Zellen, die durch diese Teilungen entstanden sind, sich meist nach weiteren Teilungen allmählich in Dauerzellen umwandeln. Ist eine solche Spitzenzelle vorhanden (Fig. 100, 101, 153), die alsdann meist durch Form und besondere Größe von den übrigen Meristemzellen abweicht, so spricht man von einer Scheitelzelle, sind mehrere in einer oder mehreren Schichten (Fig. 102, 154) vorhanden, von Initialzellen. Diese sind meist von den übrigen Meristemzellen der Form nach nicht zu unterscheiden; bei manchen Pflanzen ähneln sie jedoch mehr oder weniger den Scheitelzellen.

Dicht hinter dem Vegetationspunkte beginnen die annähernd gleichartigen, lückenlos verbundenen Urmeristemzellen verschieden zu wachsen und sich in Stränge und Schichten verschiedenartig gestalteter Bildungszellen zu sondern, die aber sonst zunächst die Eigenschaften der embryonalen Zellen noch behalten (Fig. 100, 102, 154). Schon hier treten Interzellularen auf. Erst in größerer Entfernung vom Vegetationspunkte bilden sich allmählich die Merkmale der verschiedenen Dauergewebe aus, basalwärts fortschreitend in immer stärkerem Maße, bis der fertige Zustand schließlich erreicht ist. Bei dieser Gewebedifferenzierung kommt es sehr häufig vor, daß Gruppen, Stränge oder Schichten von Zellen ihre meristematische Beschaffenheit beibehalten und zu Ausgangspunkten für weitere Neubildungen von embryonalen und fertigen Geweben werden. In vielen Fällen stellen sie vorübergehend eine Zeitlang ihre Teilungstätigkeit ein.

Bei vielen Monokotylen bleiben die basalen Abschnitte der Stengelglieder lange Zeit meristematisch und dienen außer dem Meristem der Vegetationspunkte als Bildungsherde für Dauergewebe, aber nicht wie dieses Meristem auch zur Bildung von Seitenorganen. Dadurch kommt das interkalare Wachstum dieser Sprosse und vieler anderer Pflanzenteile zustande.

2. Sekundäre Meristeme sind Meristeme, die aus untätig gewordenen Resten von Urmeristemen durch neue Teilungen ihrer Zellen oder als Neubildungen aus Dauerzellen entstehen, letzteres dadurch, daß diese Dauerzellen einen Funktionswechsel durchmachen und durch neue Zellteilungen sich in embryonale Zellen zurückverwandeln (Folgemeristeme). Ihre Elemente gleichen denen der Urmeristeme, haben aber in der Regel die Gestalt langgestreckter oder plattenförmiger Prismen (Fig. 167). Solche sekundären Meristeme geben den Anlaß zur Korkbildung und zum sekundären Dickenwachstum der Baumstämme und heißen Kambien. Diese Kambien sind mehr oder weniger dünne Meristemschichten (Fig. 165, 166), die als mantelförmige Hohlzylinder parallel zur Organoberfläche im übrigen Gewebe verlaufen. In den Kambien pflegt eine mittlere Schicht von

Meristemzellen, die Initialzellen, durch fortgesetzte tangentiale, also gleichgerichtete Teilungen nach außen oder innen oder nach beiden Seiten in radialer Richtung Tochterzellen (Gewebemutterzellen) abzugeben, die sich ihrerseits, manchmal erst nach weiteren Teilungen, zu Dauerzellen umbilden.

Die in Meristemen bei den Zellteilungen entstehenden neuen Zellwände sind sehr häufig ebenflächig und werden in der Regel, doch nicht immer, senkrecht zu den schon vorhandenen älteren Zellwänden gestellt (Regel der rechtwinkligen Schneidung), wobei die Richtungen: mehr oder weniger parallel zur Organoberfläche (perikline Zellwände) und senkrecht dazu (antikline Wände) bevorzugt werden.

B. Die Dauergewebe.

Die Dauergewebszellen unterscheiden sich von den embryonalen Zellen dadurch, daß in ihnen im allgemeinen keine Zellteilungen mehr stattfinden, daß sie meist viel größer, verhältnismäßig plasmaarm und reich an großen Vakuolen oder gar tot sind, und daß ihre Zellhäute verschiedenartig verdickt und oft chemisch verändert sind. Meist wird das Dauergewebe von Interzellularen durchzogen. Es besteht gewöhnlich aus verschiedenen Zell- und Gewebearten, die auch ganz verschiedenen Funktionen dienen.

Das Dauergewebe geht dadurch aus den embryonalen Zellen hervor, daß letztere sich strecken, stellenweise auseinander weichen, ihre Zellwände verdicken und chemisch verändern, ihren Zellinhalt eigenartig weiter ausgestalten, oft auch einbüßen, und unter Umständen miteinander durch Auflösung der trennenden Wände verschmelzen. Das Streckungswachstum vollziehen die embryonalen Zellen oft ganz unabhängig voneinander (Fig. 172), so daß einzelne, die sich besonders stark strecken, sich mit ihren Enden oder ihren Kanten zwischen andere und aneinander vorbeischieben (gleitendes Wachstum[46].

Man kann die Dauergewebe in verschiedener Weise einteilen, einmal nach ihrer Herkunft. Primäre Dauergewebe sind solche, die aus den Urmeristemen hervorgehen; die sekundären sind solche, die den sekundären Meristemen ihre Entstehung verdanken.

Eine morphologisch brauchbarere Einteilung der Dauergewebe gewinnen wir, wenn wir sämtliche Verschiedenheiten der Dauerzellen, der Zellarten, in Betracht ziehen, die sie zusammensetzen.

Früher berücksichtigte man dabei hauptsächlich die Dimensionen der Zellen und unterschied Parenchyme und Prosenchyme. Parenchym nannte man ein Zellgewebe, dessen Zellen isodiametrisch sind oder, falls sie in einer Richtung gestreckt sind, mit queren Wänden aneinander grenzen; als Prosenchyme dagegen bezeichnete man solche Dauergewebe, die aus gestreckten, beiderseits zugespitzten, also spindelförmigen oder faserförmigen und mit ihren zugespitzten Enden fest zwischeneinander greifenden Elementen bestehen. Diese beiden Gruppen genügen aber nicht, um eine Übersicht über die Mannigfaltigkeit der Gewebearten zu ermöglichen. Ja selbst ihre Begriffsbestimmungen sind veraltet.

Untersucht man vergleichend die höheren Gewächse, so findet man zunächst Gewebe, die, wie die Gewebe der niedersten vielzelligen Pflanzen, aus lebenden, nährstoffhaltigen Zellen mit meist ziemlich dünnen Zellulosewänden bestehen und vielseitige Funktionen haben; wir wollen sie auch als Parenchyme bezeichnen. Daneben finden wir aber Gewebe, die sich durch ihre Baueigentümlichkeiten scharf von den Parenchymen unterscheiden und besonderen Funktionen dienen. Die auffälligsten Gewebe sind nach ihren Hauptfunktionen die Abschlußgewebe, die mechanischen oder Festigungsgewebe und die Leitgewebe. Als besondere Gewebe kann man weiter noch die Sekretgewebe und die Drüsengewebe betrachten. Die Parenchyme bilden das parenchymatische System, das primäre Abschlußgewebe das Hautgewebesystem, die Festigungsgewebe das mechanische und die Leitgewebe das Leitbündelgewebesystem.

Nicht selten begnügt man sich auch mit der Einteilung aller Dauergewebe in Haut-, Leitbündel- und Grundgewebesystem.

1. Parenchym, Parenchymsystem. Bezeichnend für diese Gewebeart, die zu den phylogenetisch ältesten Geweben (vgl. S. 38) gehört, ist die Parenchymzelle. Sie kann isodiametrisch oder gestreckt sein, hat verschiedenen Umriß und wird (vgl. Fig. 3 *B*, Fig. 40, 41) durch die folgenden Merkmale gekennzeichnet: Die wenig verdickte Zellmembran bereitet dem Stoffaustausche keine Schwierigkeiten; sie besteht in der Regel aus Kohlehydratlamellen. Sie besitzt außerdem einfache runde oder elliptische Tüpfel, die den Stoffverkehr zwischen den Zellen noch mehr erleichtern. Lebendes Protoplasma ist meist vorhanden; es umschließt große Vakuolen, die in Menge Nährstoffe enthalten können. Die Chromatophoren, die meist als Leuko- oder Chloroplasten ausgebildet sind, enthalten oft mehr oder weniger Stärke. Das Parenchym ist zur Durchlüftung meist von Interzellularen durchzogen. Es kann ebensogut sekundäres wie primäres Dauergewebe sein. Die Parenchymzelle dient, wie schon erwähnt, noch vielerlei Funktionen. In ihr spielen sich die wichtigsten Lebensvorgänge der ausgewachsenen Pflanze ab: die Nährstoffbereitung, -leitung und -speicherung, die Atmung und die Wasserspeicherung; außerdem dient sie infolge ihrer prallen Füllung mit Zellsaft der allgemeinen Festigung des Pflanzenkörpers. Entsprechend der Vielseitigkeit der Leistungen ergeben sich kleine Bauverschiedenheiten zwischen den Parenchymzellen, je nach der Funktion, der sie hauptsächlich dienen. Sind die Zellen reich an Chloroplasten, so nennt man das Parenchym Assimilationsparenchym (Fig. 8), entsprechend seiner wichtigsten Aufgabe: aus Kohlensäure organische Substanz zu bilden. In dieser Weise ist das Parenchym vielfach in oberirdischen Pflanzenteilen ausgebildet, soweit das Licht in sie einzudringen vermag. Weiter im Innern liegen farblose Parenchyme. Sind sie besonders reich an organischen Inhaltsstoffen, wie Zucker, Stärke, fetten Ölen und Eiweißstoffen, oder in den alsdann stark verdickten Zellmembranen an Hemizellulosen (Fig. 39), lauter Stoffen, die aufgespeichert sind, um später wieder in den Stoffkreislauf gezogen zu werden, so spricht man von Speichergewebe (Fig. 23 *A*, 24). Parenchym, das der Wasserspeicherung dient, bezeichnet man als parenchymatisches Wassergewebe; es besteht gewöhnlich aus besonders großen, plasmaarmen, aber sehr zellsaftreichen, häufig mit dünnem Schleime gefüllten, dünnwandigen Zellen, die sich bei Wasserabgabe stark verkleinern. Die Leitung organischer Nährstoffe, namentlich der Kohlehydrate, findet in Parenchymzellen statt, die zur Erleichterung des Stofftransportes meist in der Hauptleitungsrichtung langgestreckt sind, dem Leitparenchym, das oft in mantelförmigen lückenlosen Scheiden um andere Gewebemassen auftritt. Parenchym, das von besonders großen Interzellularen zur starken Durchlüftung oder Luftspeicherung durchzogen ist, heißt Aërenchym (Durchlüftungsgewebe).

2. Abschlußgewebe. In vielzelligen Gewebekörpern besteht, namentlich bei Landpflanzen, die Notwendigkeit, den ganzen Körper oder einzelne Gewebe gegen schädliche Wasserverluste, gegen mechanische Verletzungen, gegen zu hohe Erwärmung[47] und oft auch gegen Verluste von diffusiblen Nährstoffen zu schützen. Diese Aufgabe haben Zellen, die meist in Schichten (Scheiden) angeordnet sind, durch besondere Baueigentümlichkeiten erhalten. Dadurch ist eine Reihe weiterer Gewebearten entstanden, deren Hauptelemente die Epidermiszellen und die verkorkten Zellen sind. Die Epidermiszellen bilden die Epidermis und zusammen mit anderen Zellarten das Hautgewebesystem.

a) Hautgewebesystem. 1. Epidermis. Die Epidermis oder Oberhaut geht stets aus oberflächlich gelegenen Urmeristemschichten (dem Dermatogen, vgl. S. 74) hervor, ist also ein primäres Dauergewebe. Sie schließt als eine schützende Hülle den Pflanzenkörper nach außen ab, vermittelt aber zugleich den Stoffaustausch mit der Außenwelt. In typischer Ausbildung ist sie fast immer einschichtig (Fig. 45 *B*) und besteht aus lückenlos zu einer abziehbaren Haut miteinander verbundenen, in Flächenansicht tafelförmigen oder auch langgestreckten lebenden Zellen, deren seitliche Umrisse meist wellig (Fig. 43) oder zackig sind, was die Festigkeit ihres seitlichen Verbandes erhöht. Im Querschnitt sind die Zellen tafel-, linsen- oder pflastersteinförmig. Die Protoplasten der Oberhautzellen sind gewöhnlich auf dünne Wandbeläge beschränkt, ihre großen Safträume meist mit farblosem, manchmal aber auch gefärbtem Zellsafte gefüllt. Die Epidermis am Lichte wachsender Teile der meisten Farne, doch auch einer großen Zahl von Schatten liebenden Phanerogamen, ist mit Chlorophyllkörnern ausgestattet und alsdann auch an der Assimilationsarbeit der Pflanze beteiligt. Bei fortgeschrittenerer Arbeitsteilung unterbleibt aber auch an oberirdischen Organen die Ausbildung der Chlorophyllkörner in der Epidermis.

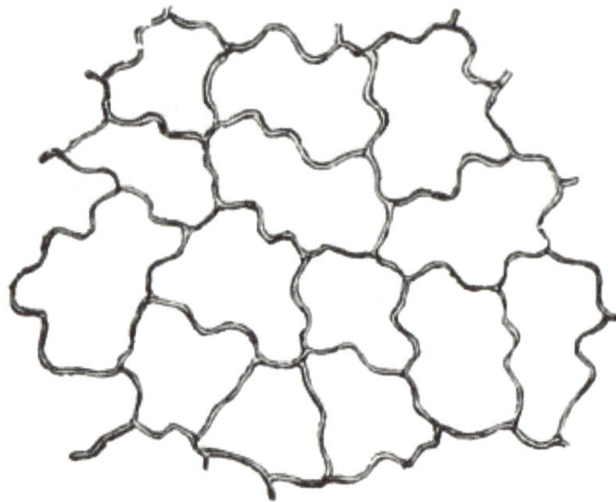

Fig. 43. Flächenansicht der Epidermis auf der Blattoberseite von Mercurialis perennis. Vergr. 300. Nach H. SCHENCK.

Alle für längere Lebensdauer eingerichteten, oberirdischen Pflanzenteile haben, im Gegensatz zu den vergänglichen Blumenblättern, verdickte Epidermisaußenwände. Diese Verdickung kommt durch Anlagerung von Zelluloseschichten zustande, von denen namentlich die äußeren hierauf meist, doch nicht immer, mehr oder weniger stark kutinisieren (Fig. 188). Die Kutinisierung kann sich auch auf die mittleren Lamellen der Seitenwände erstrecken. An den unter Wasser lebenden und unterirdischen Pflanzenteilen, vor allem also den Wurzeln, bei denen die Oberhaut oft besondere Funktionen, z. B. die Absorption von Wasser und Salzen hat, sind die Außenwände dagegen dünn und nicht kutinisiert.

Die Außenwände der Epidermen, mögen sie verdickt oder unverdickt sein, sind außerdem, abgesehen von den Wurzeln, auf ihrer Außenseite von einem zarten Kutinhäutchen, der Kutikula, bedeckt, das ununterbrochen über sie fortläuft und auf den primären Außenwänden der Epidermiszellen entsteht. Häufig ist die Kutikula ohne Rücksicht auf die Zellgrenzen etwas gefältelt; sie sieht alsdann in Flächenansicht gestreift aus. Die Kutikula und die kutinisierten Schichten sind infolge ihres Gehaltes an Kutinen für Wasser und Gase schwer durchlässig, und zwar um so schwerer, je dicker sie sind; sie verhindern in wirksamster Weise schädliche Wasserverluste des Gewebekörpers durch Verdunstung. Die Verdickung erhöht zugleich die mechanische Festigkeit der Oberhautzellen. Den Wurzeln wird durch den Mangel der Kutikula die Aufnahme des Bodenwassers und der Bodensalze erleichtert.

In die Kutikula und in die kutinisierten Membranschichten ist oft noch Wachs eingelagert, das sie noch weniger durchlässig für Wasser macht. Von solchen Epidermen fließt das Regenwasser ab, ohne sie zu benetzen. Tritt das Wachs aus der Kutikula nach außen hervor, so entstehen Wachsüberzüge, die an Früchten, so besonders auffällig an Pflaumen, Weinbeeren und anderen Organen einen hellgrauen, abwischbaren Reif bilden. Sie können aus Körnchen (so z. B. bei den Pflaumen und Weinbeeren), kürzeren oder längeren Stäbchen (Fig. 44) oder Krusten bestehen und lösen sich in Äther oder in heißem Alkohol.

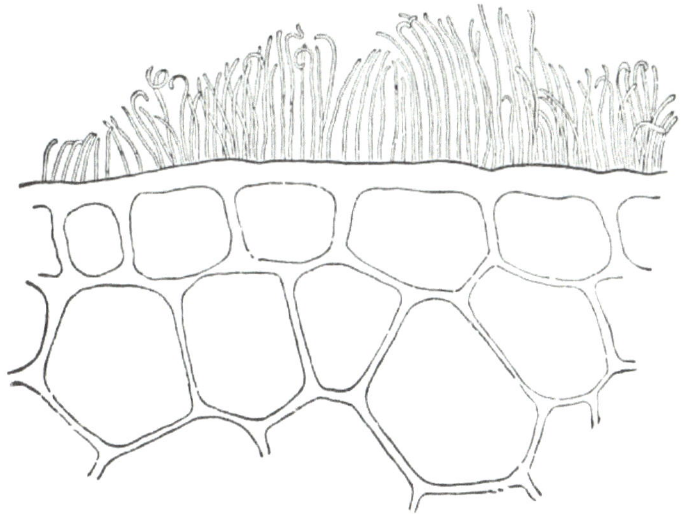

Fig. 44. Querschnitt durch einen Stengelknoten des Zuckerrohrs mit stäbchenförmigen Wachsausscheidungen. Vergr. 540. Nach STRASBURGER.

Das Pflanzenwachs besteht gleich den Suberinen und Kutinen aus Fettsäureestern des Glyzerins, denen aber freie höhere Fettsäuren und Fettsäureester anderer Alkohole beigemischt sind.

Vielfach schützt die Epidermis das umschlossene Gewebe nicht nur gegen schädliche Wasserverluste durch Erschwerung der Wasserdampfabgabe, sondern auch dadurch, daß sie ein Wasserbehälter ist: Die meist unverdickten Seitenwände legen sich bei Abgabe des Wassers, das im Zellraume gespeichert ist, in Falten, um sich wie in einem Blasebalge bei neuer Füllung der Zellen wieder zu strecken. Solche Epidermen sind manchmal auch mehrschichtig.

Die Widerstandsfähigkeit der Epidermisaußenwände wird in bestimmten Fällen durch Einlagerung von Kalk oder Kieselsäure erhöht. Bei den Schachtelhalmen (Equiseten) ist die Verkieselung so stark, daß man sie zum Polieren von Zinngefäßen nutzbar machen kann. Die Fruchtschale der Graminee Coix Lacryma ritzt sogar Opal.

Eine besondere Mannigfaltigkeit in der Art der Verdickung und in dem Verhalten der Verdickungsschichten findet man an den Epidermiszellen der Früchte und häufiger noch der Samen. Die Epidermen besorgen hier nicht allein den Abschluß der inneren Teile, sondern fördern vielfach auch die Verbreitung und Befestigung der Früchte und Samen, oder sie bilden druckfeste Samenschalen.

2. Spaltöffnungsapparate[48]. Bei den höher organisierten Gewächsen sind sehr bezeichnend für die Epidermen der meisten oberirdischen, namentlich grünen Teile, die in der Luft und nicht in Wasser wachsen, Paare gekrümmter, halbmondförmiger Zellen, die eine Lücke, einen Spalt (Porus), zwischen sich lassen. Sie heißen Schließzellen und samt den Spalten Spaltöffnungen (Stomata) oder Spaltöffnungsapparate (Fig. 45 *A*, 46). Die größten Spaltöffnungsapparate hat man bei den Gräsern beobachtet, so beim Weizen von 0,079 mm Länge und 0,039 mm Breite mit einer 0,038 mm langen und 0,007 mm breiten Spalte. In der Epidermis der Wurzeln kommen dagegen solche Spaltöffnungen niemals vor.

Der Spalt unterbricht die lückenlose Schicht der Epidermiszellen; er ist ein mit Luft gefüllter Interzellulargang, der unter der Oberhaut in einen großen Interzellularraum (Fig. 45 *B*) mündet, den man Atemhöhle genannt hat, obwohl er mit Atmung nichts zu tun hat. Dieser Raum steht mit den Interzellularen des Parenchyms in Verbindung. Die Spalten sind für die Pflanzen von größter Bedeutung; denn sie setzen das Interzellularsystem, das der Durchlüftung der Gewebe dient, in Verbindung mit der Außenluft. Solche Verbindungen sind aber wegen des lückenlosen Verbandes der Epidermiszellen, wenn diese infolge der Ausbildung einer Kutikula für Gase schwer durchlässig sind, unbedingt nötig, damit die Interzellularenluft genügend schnell erneuert, in den grünen Pflanzenteilen namentlich die verbrauchte Kohlensäure ersetzt werden kann. Dagegen vermag der in der Luft reichlich vorhandene Sauerstoff auch durch die Epidermiszellen, selbst wenn sie von einer Kutikula überzogen sind, meist in hinreichender Menge in die Pflanzenteile einzudringen.

Die Schließzellen enthalten stets Chlorophyll und zeichnen sich, abgesehen von ihrer Form, durch ihre Wandverdickungen aus, die an Querschnitten (Fig. 45 *B*, 47 *B*) kenntlich werden. Diese Verdickungen bestehen meist aus je einer oberen und unteren Verdickungsleiste an der Spaltseite (der Bauchseite) der Schließzellen, während die Wand dort in halber Höhe ebenso wie die ganze Rückenwand dünn bleibt (Fig. 45 *B*). Die Verdickungen haben zu den Gestaltsänderungen, zu denen die Schließzellen befähigt sind, Beziehung. Die Schließzellen haben nämlich die Aufgabe, durch solche Gestaltsveränderungen die Spaltenweite zu verändern: durch Verringerung ihrer Krümmung den Spalt z. B. etwa zu Zeiten allzu großen Wasserverlustes zu schließen, durch Zunahme ihres Volumens und Verstärkung ihrer Krümmung ihn zu anderen Zeiten weit zu öffnen. Sie sind Regulatoren des Gasaustausches und der Transpiration.

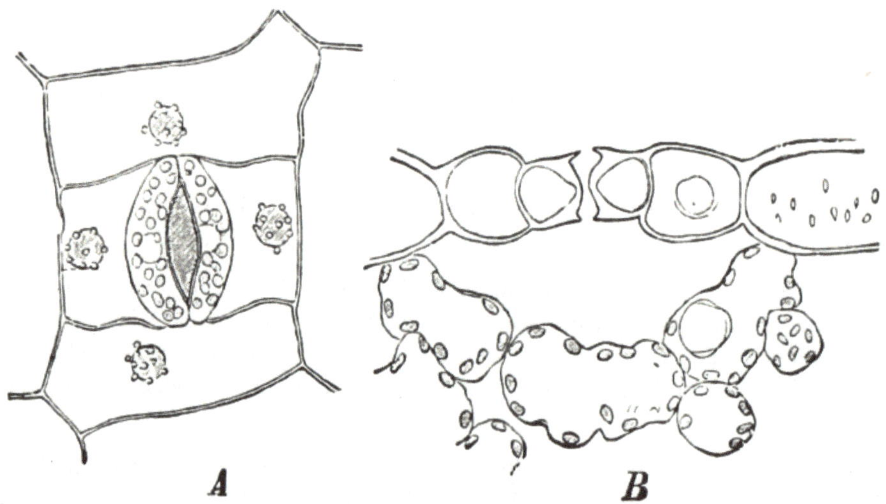

Fig. 45. Epidermis der Blattunterseite von Tradescantia virginica. *A* In Flächenansicht von außen, *B* im Querschnitt. Vergr. 240. Nach STRASBURGER.

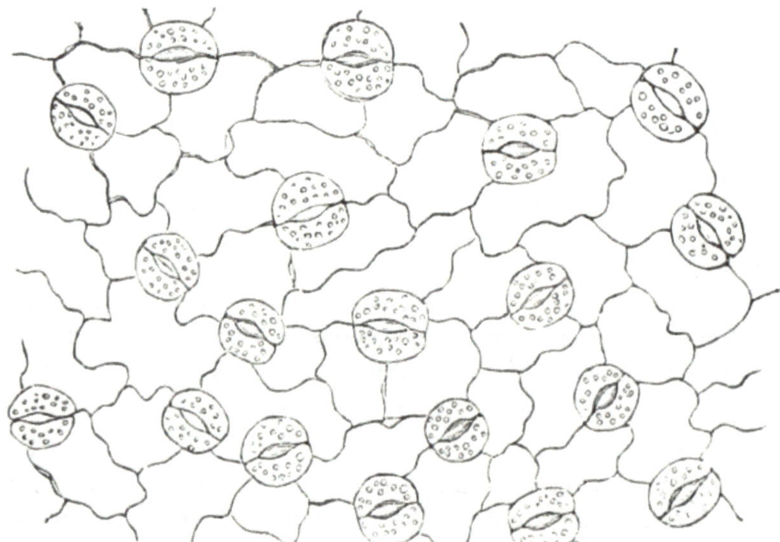

Fig. 46. Epidermis mit Spaltöffnungen auf der Blattunterseite von Helleborus niger. Vergr. 120. Nach STRASBURGER.

Wie unser Querschnitt in Fig. 45 *B* lehrt, springen die Verdickungsleisten der Schließzellen über und unter der Spalte vor. So erweitert sich die Spaltöffnung meist oberhalb der Zentralspalte zum sog. Vorhofe, unter ihr zum Hinterhofe. An den Einfügungsstellen der Schließzellen verdünnt sich die verdickte Außenhaut der angrenzenden Epidermiszellen oft plötzlich, wodurch gewissermaßen Scharniere, Hautgelenke, entstehen, die den Schließzellen die Gestaltsveränderungen erleichtern (vgl. Fig. 47 *B*). Häufig werden die Schließzellen, wie in Fig. 45 *A* zu sehen ist, von besonderen, schwächer verdickten oder weniger hohen Epidermiszellen umgeben, den Nebenzellen der Spaltöffnungsapparate.

Der Bau der Schließzellen und in Abhängigkeit davon auch die Mechanik ihrer Öffnungs- und Schließbewegungen ist übrigens verschieden. Zwei Hauptarten der Spaltöffnungsapparate lassen sich dementsprechend unterscheiden, die aber durch Übergänge miteinander verbunden sind: beim ersten Typus ändern die Schließzellen ihre Form hauptsächlich parallel zur Epidermisoberfläche, beim zweiten dagegen senkrecht zur Epidermis. Typus I. Je nach dem Bau der Schließzellen kann die Spalte wieder in verschiedener Weise geöffnet werden. a) Amaryllideentypus (Fig. 47, bei den meisten Mono- und Dikotylen ausgebildet). Die Rückenwand jeder Schließzelle (Fig. 47 *B*) ist unverdickt, die Bauchwand dagegen verdickt, und zwar meist durch eine obere und untere Verdickungsleiste. Nimmt der Turgor der Zelle zu, so wird die dünne Rückenwand stärker gedehnt als die verdickte Bauchwand, und die Zelle, die im wenig gedehnten Zustand kaum gekrümmt war, wird in tangentialer Richtung halbmondförmig gekrümmt. b) Gramineentypus (Fig. 48, bei den Gramineen und Cyperaceen). Die Schließzelle hat hantelförmige Gestalt. Die erweiterten Enden sind dünnwandig, das schmalere mittlere Verbindungsstück dagegen hat sehr stark verdickte Außen- und Innenwände (Fig. 48 *B*). Bei der Turgorzunahme der Zelle werden die eiförmigen dünnwandigen Enden gedehnt und dadurch die starren Mittelstücke der Schließzellen in tangentialer Richtung voneinander entfernt. Typus II. Mniumtypus (Fig. 49, bei manchen Moosen und Farnen). Die Bauchwände der Schließzellen sind dünn, dagegen die Rückenwände verdickt, Außen- und Innenwände entweder verdickt oder unverdickt. Nimmt der Turgor in der Zelle zu, so entfernen sich die Außen- und Innenwände voneinander, wobei die Krümmung der dünnen Bauchwand abnimmt und die Spalte sich erweitert, während die Rückenwand ihre Lage nicht ändert. Einen Übergang zwischen Typus I und II stellen z. B. die Spaltöffnungsapparate von Helleborus dar (vgl. Fig. 238); hier werden die Schließzellen durch Dehnung der dünnen Rückenwände stärker halbmondförmig gekrümmt und zugleich die verdickten Außen- und Innenwände voneinander entfernt.

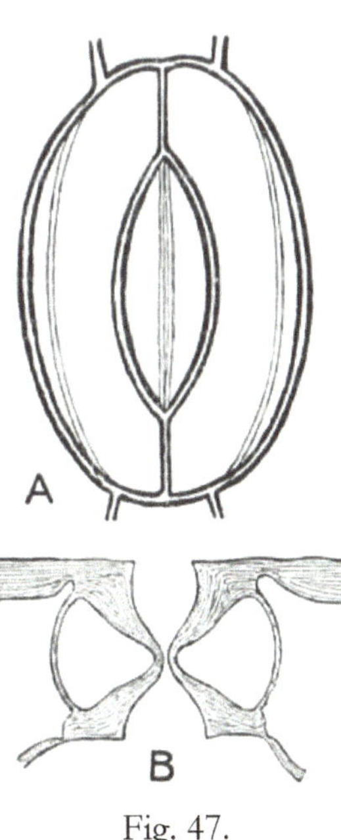

Fig. 47.

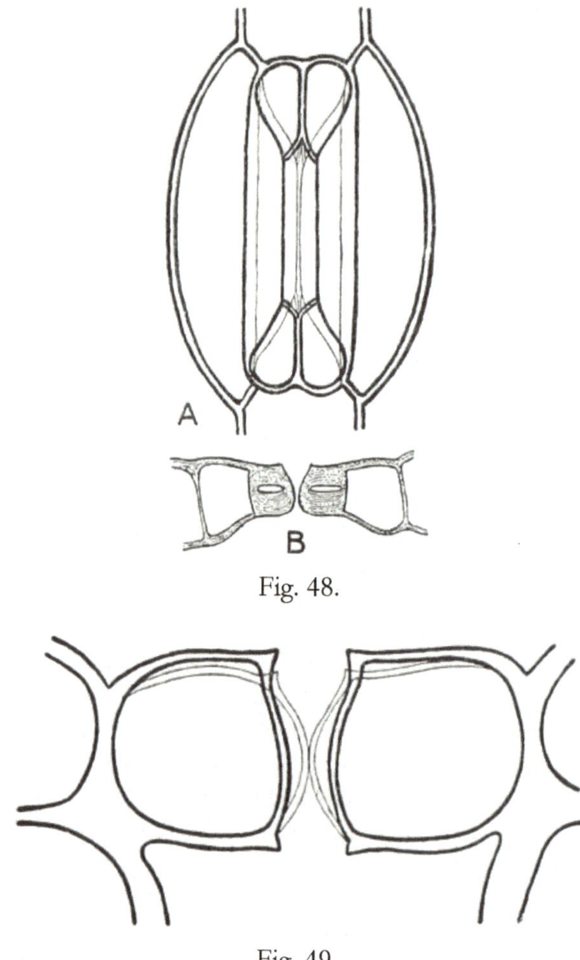

Fig. 48.

Fig. 49.

Fig. 47 bis 49. Typen von Spaltöffnungsapparaten. Die starken Linien geben die Formen der Schließzellen bei geöffneten Spalten, die dünnen Linien bei geschlossenen Spalten wieder.
Fig. 47. Amaryllideentypus, *A* in Flächenansicht, *B* im Querschnitt.
Fig. 48. Gramineentypus mit den beiden Nebenzellen, *A* in Flächenansicht, *B* im Querschnitt.
Fig. 49. Mniumtypus im Querschnitt, nach HABERLANDT.
Im übrigen vgl. den Text.

Die Schließzellen entstehen durch Teilung junger Epidermiszellen. Im einfachsten Falle zerfällt eine solche Zelle dabei in eine kleinere inhaltsreichere Zelle, die zur Schließzellenmutterzelle wird, und in eine größere inhaltsärmere, die sich zu einer gewöhnlichen Epidermiszelle oder zu einer Nebenzelle ausbildet. Die Mutterzelle rundet sich ellipsoidisch ab und teilt sich durch eine Längswand in die beiden Schließzellen. In der Längswand bildet sich hierauf der Spalt als schizogener Interzellulargang aus. Bei Spaltöffnungsapparaten mit Nebenzellen folgen mehrere Zellteilungen innerhalb einer jungen Epidermiszelle in bestimmter Weise aufeinander, bevor die Schließzellenmutterzelle entsteht, oder die Nebenzellen entstehen durch Teilungen von jungen Epidermiszellen, die an die Spaltöffnungen angrenzen.

3. Haare. Der Epidermis fast keiner Pflanze fehlen Haare (Trichome). Die Haare sind entweder einzellige Gebilde, und zwar papillen- (Fig. 50), schlauch- (Fig. 51) oder pfriemförmige (Fig. 52, 53, 56 links) Ausstülpungen der Epidermiszellen. Oder sie sind mehrzellig, nämlich Zellreihen, gestielte und ungestielte Zellflächen (Schuppenhaare, Fig. 55), die die Gestalt von Blättchen haben können, wie z. B. die Spreuschuppen der Farne, oder Zellkörper, die in der Epidermis befestigt sind. Auch die mehrzelligen Trichome gehen

ausschließlich aus jungen Epidermiszellen, und zwar meist je aus einer solchen, der Initialzelle des Haares, durch Wachstum und Teilung hervor. Die einzelligen und mehrzelligen Haare sind ferner unverzweigt oder verzweigt (Fig. 54, Sternhaare); sie haben dünne und weiche Membranen oder stark verdickte, häufig verkalkte oder verkieselte Seitenwände und stechende Spitzen (Borstenhaare, Fig. 52 rechts); ihre Protoplasten sind entweder lebend, denen der Epidermiszellen ähnlich, oder abgestorben. Abgestorbene Haarzellen, die (infolge totaler Lichtreflexion) meist weiß aussehen, sind mit Luft gefüllt oder seitlich zusammengedrückt (so an den langen einzelligen Haaren der Baumwollsamen, Fig. 53, aus denen man das Baumwollgewebe und die Watte macht). Stets wird an den Haaren der in der Epidermis steckende Teil als Fußstück von dem herausragenden Haarkörper unterschieden. Die Epidermiszellen, die das Fußstück umgeben, sind oft ring- oder strahlenförmig angeordnet; man nennt sie Nebenzellen des Haares. Sehr eigenartig gebaut sind die borstenförmigen Brennhaare, die sich bei den Brennesseln (Fig. 52) und den Loasaceen finden.

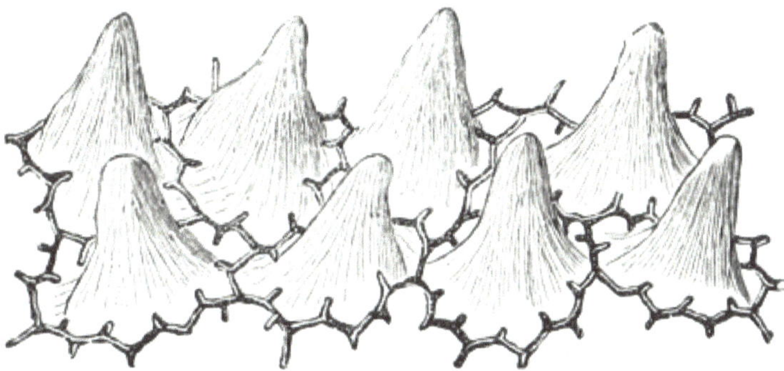

Fig. 50. Oberhaut vom Blumenblatte des Stiefmütterchens. Die Zellen mit faltenartigen Leisten an den Seitenwänden und mit vorspringenden Papillen. Vergr. 250. Nach H. SCHENCK.

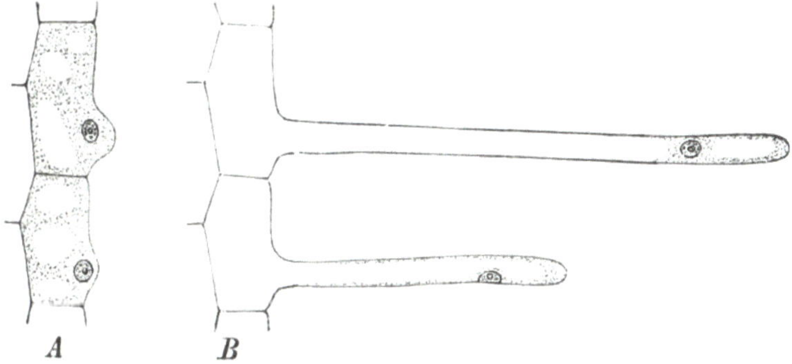

Fig. 51. Wurzelhaare (*B*) und ihre Entstehung (*A*), halb schematisch. Wurzelepidermis im Längsschnitt. Nach ROTHERT.

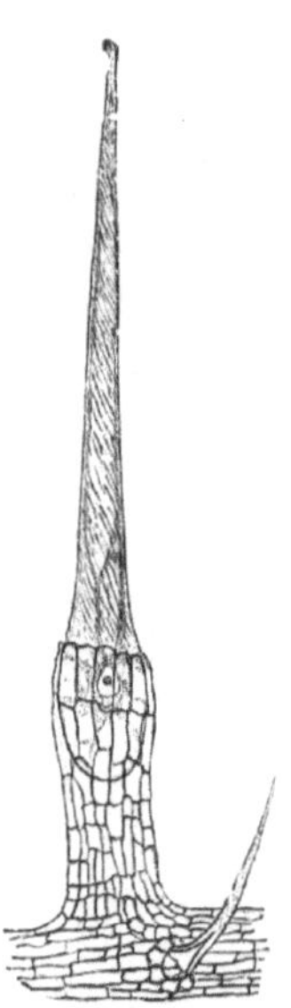

Fig. 52. Brennhaar von Urtica dioica, nebst einem Stück Epidermis, auf dieser rechts ein kleines einzelliges Borstenhaar. Vergr. 60. Nach STRASBURGER.

Sie gehen aus einer Epidermiszelle hervor, die während der Haarbildung stark anschwillt und von benachbarten Epidermiszellen becherförmig umwachsen wird. Durch Zellvermehrung in dem Gewebe, das an den Haarfuß angrenzt, erhält das Haar gleichzeitig einen säulenförmigen Stiel. Die Haarzelle spitzt sich oben zu und endet mit einem kleinen, schräg aufgesetzten Köpfchen. Unter diesem Köpfchen bleibt die Haarwandung unverdickt. Das glasartig spröde Ende des Haares ist verkieselt, die übrigen Wandteile bis auf die untere Anschwellung sind verkalkt. Wird das Köpfchen des starren Haares leise berührt, so bricht es ab; die Haarspitze erhält nun die Form einer Einstechkanüle und dringt in die Haut ein, in die der Inhalt des Haares sich ergießt. Dieser enthält ein sehr giftiges Toxin, das nach G. HABERLANDT eine eiweißähnliche Substanz ist und in der Wunde eine mit brennendem Schmerz verbundene Entzündung hervorruft. Sie kann, durch gewisse tropische Brennesseln verursacht, gefährlich werden und starrkrampfähnliche Zustände zur Folge haben.

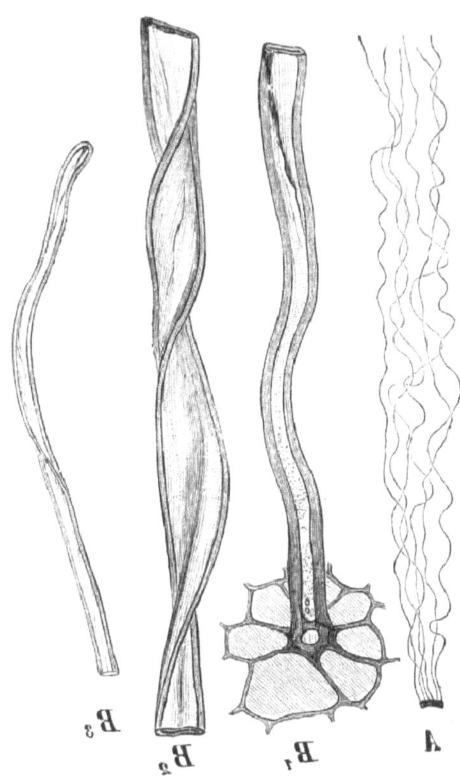

Fig. 53. Samenhaare der Baumwollpflanze. *A* Ein Stückchen der Samenschale mit Haaren, dreimal vergrößert. B_1 Ansatzstelle und unterer Teil, B_2, mittlerer Teil, B_3 oberer Teil eines Haares. Vergr. 300. Nach STRASBURGER.

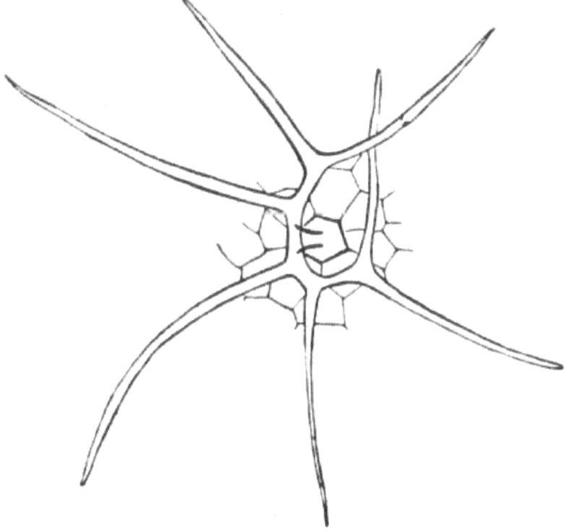

Fig. 54. Sternhaar in Flächenansicht, von der Blattunterseite der Levkoje (Matthiola annua). Vergr. 90. Nach STRASBURGER.

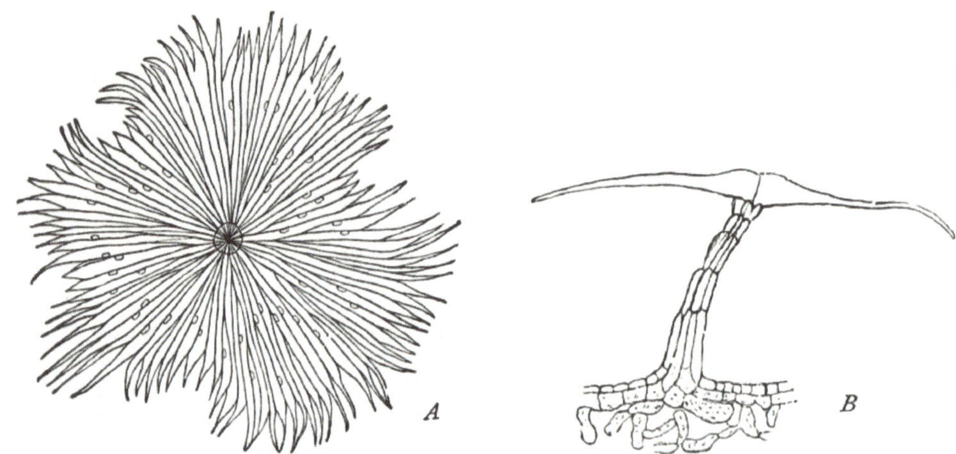

Fig. 55. Schuppenhaar, *A* in Flächenansicht, *B* im Längsschnitt von der Blattunterseite der Elaeagnacee Shepherdia canadensis. Vergr. 240. Nach STRASBURGER.

Die Haare haben also sehr verschiedenen Bau und sie haben auch recht verschiedene Funktionen. Vielfach unterstützen sie die Epidermis in ihren schützenden Aufgaben. Alsdann bilden sie Überzüge an ausgebildeten oder wachsenden Pflanzenteilen, besonders häufig aber in der Knospe an den jungen Pflanzenteilen, die sie umhüllen. Solche Überzüge, die seidig oder filzig sind, wenn sie aus abgestorbenen Wollhaaren bestehen, können die Transpiration herabsetzen und als Schirm gegen direkte Besonnung schützen. Die Wurzelhaare, schlauchförmige Ausstülpungen der lebenden Wurzelepidermiszellen (Fig. 51 *B*, 155 *r*), dienen der Wasseraufnahme. Drüsenhaare (Fig. 75, 76, 77) scheiden Stoffe sehr verschiedener Art aus.

In den Dienst der Aufnahme mechanischer Reize treten nach G. HABERLANDT[49] bestimmte plasmareiche Haare. Sie kommen an Staubgefäßen, Blumenblättern und Blattgelenken vor und haben eigenartigen Bau; sie werden als Fühlpapillen, Fühlhaare oder Fühlborsten bezeichnet.

4. Emergenzen. Ähnliche Funktionen wie viele Haare haben Auswüchse auf der Epidermis, an deren Bildung sich im Gegensatz zu den Haaren außer der Oberhaut noch mehr oder weniger tief reichende Teile des darunter liegenden Gewebes beteiligen. Man nennt sie Emergenzen. Bald sind es Haftorgane, bald Drüsen.

Nur wenige subepidermale Zellreihen setzen sich beispielsweise in die, sonst bloß aus Epidermis aufgebauten Auswüchse (Drüsenzotten) fort, die sich an den Enden und an den Zähnen der Nebenblätter des Stiefmütterchens (Viola tricolor) befinden (Fig. 56). Tiefer reichende Zellschichten sind hingegen am Aufbau jener Auswüchse beteiligt, die als ankerförmige Haftorgane den Früchten der Hundszunge (Cynoglossum) aufsitzen, über 1 mm Länge erreichen und der Verbreitung der Früchte durch Tiere dienen. Noch größere Emergenzen sind die Stacheln, die z. B. dem Rosenstrauch und den Brombeersträuchern beim Klettern behilflich sind.

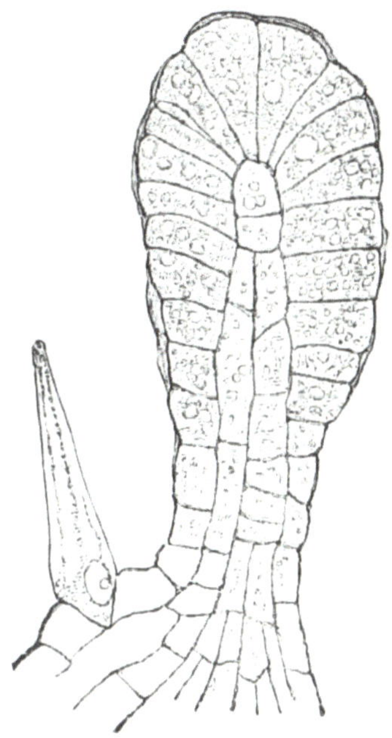

Fig. 56. Eine Drüsenzotte vom Nebenblatt der Viola tricolor, neben ihr ein einzelliges Haar. Vergr. 240. Nach STRASBURGER.

b) Abschlußgewebe aus verkorkten Zellen. In sehr vielen Fällen, namentlich wo die Epidermis nicht während der ganzen Lebensdauer des umschlossenen Organes lebt und tätig ist, wird der Abschluß des Körpergewebes nach außen, z. B. auch der Schutz gegen zu starke Erwärmung, noch viel wirksamer von Schichten verkorkter Zellen übernommen. Solche Zellen werden in Form von Schichten oder Scheiden sehr oft auch zur Abgrenzung und zum Abschlusse lebender Gewebemassen gegen andere im Innern des Körpers verwendet. Sie können primären oder sekundären Ursprungs sein. Die Verkorkung kommt dadurch zustande, daß in jeder Zelle an die zunächst unverkorkten Kohlehydratmembranen eine Suberinlamelle als sekundäre Verdickungsschicht angelagert wird, auf die noch tertiäre, nicht verkorkte Verdickungsschichten folgen können. Einige Schichten der Membranen sind oft verholzt. Wir können drei Arten verkorkten Abschlußgewebes unterscheiden: 1. das Kutisgewebe, 2. die Endodermis, 3. den Kork.

1. Das Kutisgewebe ist ein primäres Dauergewebe. Es entsteht durch manchmal schon sehr frühzeitige Verkorkung von Zellen, z. B. der Epidermis, oder dünnerer oder dickerer oft lückenlos verbundener Parenchymschichten. Kutisgewebe letzterer Art schließt in Form einer ein- oder mehrschichtigen Scheide nicht selten ältere Pflanzenteile (z. B. Wurzeln, deren Epidermis frühzeitig zugrunde geht, Fig. 156 *ex*) nach außen oder Gewebestränge im Innern des Pflanzenkörpers gegen das umliegende Gewebe ab. Die Kutiszellen behalten in der Regel ihren lebenden Inhalt.

An Stelle der Verkorkung kann manchmal auch die Einlagerung von Kutin oder anderen chemisch noch wenig erforschten Substanzen die Membranen schwer durchlässig für Wasser machen.

2. Endodermis. Diese Gewebeart wird aus den Endodermiszellen gebildet[50]. Die Endodermis tritt in Scheidenform auf; sie dient ebenfalls, und zwar besonders häufig, als einschichtige Schutzscheide der Abgrenzung und dem Abschlusse lebender Gewebemassen gegen andere im Innern des Körpers, doch auch als Abschluß nach außen. Sie ist bald primären, bald sekundären Ursprungs. Die prismatischen, langgestreckten Endodermiszellen sind lebende Zellen, die lückenlos zusammenschließen. In jugendlichem Zustande sind ihre Membranen noch nicht verkorkt; in den radialen Seitenwänden ist aber ein schmaler Membranstreifen in Form eines Bandes, das die Zelle rings umläuft und für gewisse, in Wasser gelöste Stoffe schwer durchlässig ist, durch Einlagerung eines noch nicht näher erkannten (holzähnlichen?) Stoffes eigenartig verändert (Fig. 57 *A*). Dieser

Streifen erscheint im Querschnitte als dunkler Punkt oder als dunkles, linsenförmiges Gebilde (CASPARYscher Punkt, Fig. 57 *B* und Fig. 158 bei *S*), im radialen Längsschnitte als meist etwas welliges Band. In älteren Endodermiszellen wird wie bei den Kutiszellen an die Zellhaut ringsum eine sekundäre Verdickungsschicht aus Korksubstanz angelagert, der noch dicke tertiäre, oft stark verholzende Kohlehydratschichten folgen können.

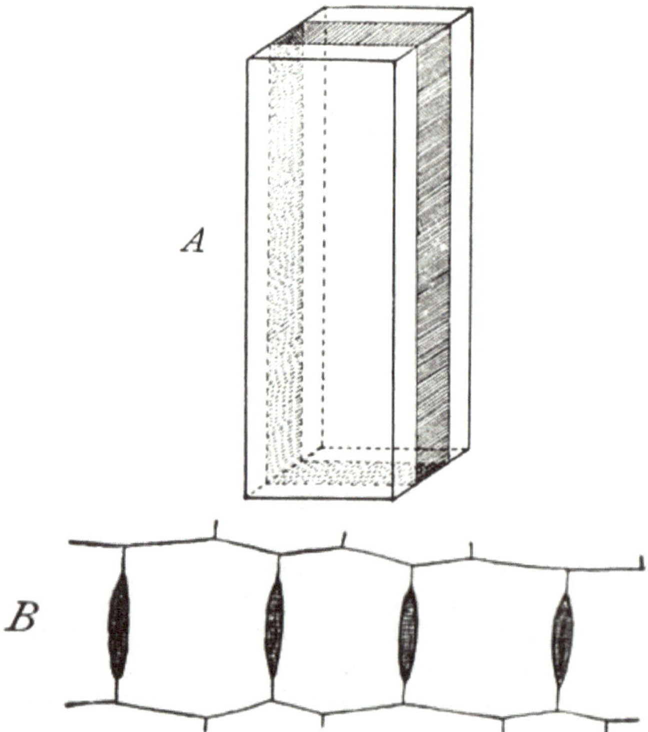

Fig. 57. *A* Schematische räumliche Darstellung einer Endodermiszelle mit dem CASPARYschen Streifen in den radialen Zellwänden. *B* Endodermis im Querschnitt. Der CASPARYsche Streifen erscheint in Form einer dunklen linsenförmigen Figur.

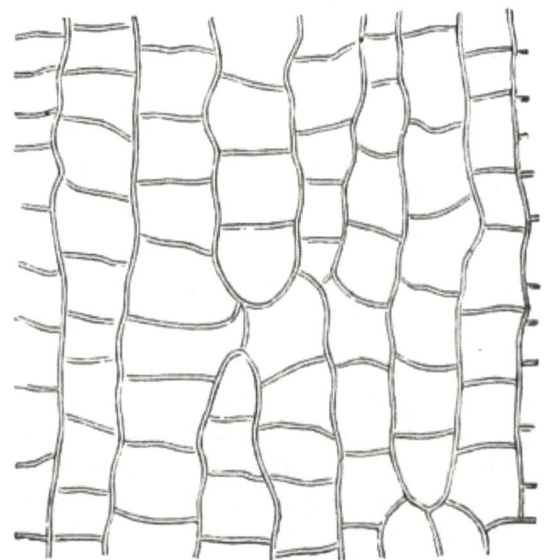

Fig. 58. Querschnitt durch Flaschenkork. Vergr. 120.

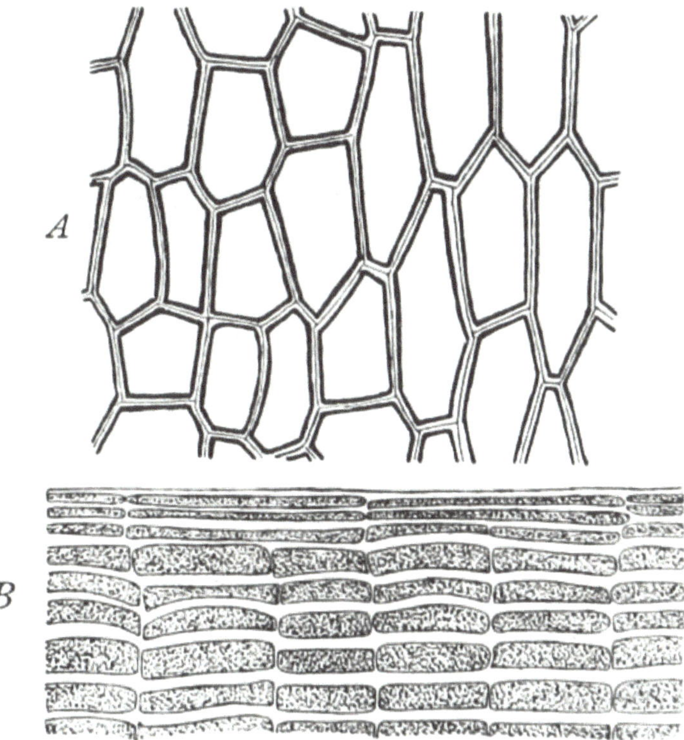

Fig. 59. *A* Tangentialer Schnitt, *B* Querschnitt durch die Korkhaut eines Lindenzweiges. Vergr. 120. Die Zellmembranen in *B* weiß, der abgestorbene Zellinhalt punktiert gezeichnet.

In einschichtiges Kutisgewebe und in die Endodermis sind nicht selten einzelne Zellen von abweichender Form mit unverkorkten Zellwänden zerstreut eingeschaltet, die man als Durchlaßzellen bezeichnet.

3. Kork. Wie die Epidermis und das Kutisgewebe stets primäre Dauergewebe sind, so ist der Kork immer ein sekundäres Gewebe, das der Tätigkeit eines sekundären Meristems, des Korkkambiums, seine Entstehung verdankt. Das Korkgewebe bildet wie die Epidermis in der Regel peripherische, aber mehrschichtige Scheiden in Form dünner grauer und glatter Korkhäute oder dicker, außen rissiger Korkkrusten aus regelmäßigen radialen Zellreihen (Fig. 58, 59) da, wo an ober- oder unterirdischen Pflanzenteilen die Epidermis abgestoßen oder lebendes Parenchym durch Verwundungen freigelegt wird. Die Korkzellen sind meist lufthaltige und durch den abgestorbenen Inhalt gebräunte Zellen. Sie haben meist prismatisch-tafelförmige Gestalt mit tangential gestellter Grundfläche (Fig. 59 *A*), schließen lückenlos zusammen und sind mit verkorkten sekundären Membranschichten versehen, während die Mittellamellen zwischen ihnen oft verholzt sind. Tertiäre Verdickungsschichten fehlen in ihnen oder bestehen aus Zellulose und bilden die sog. Zelluloseschicht, die übrigens auch verholzt sein kann. Schon dünne Korkhäute, die aus wenigen Zellschichten bestehen (Fig. 59), vermindern die Transpiration an der Oberfläche der Pflanzenteile sehr, und zwar infolge der allseitigen Verkorkung der Zellhäute begreiflicherweise viel stärker als die Epidermis; dickere Korklagen (Krusten) verhindern außerdem das Eindringen von Schmarotzern. Zudem besitzt Korkgewebe ein geringes Wärmeleitungsvermögen, schützt also wirksam gegen zu hohe Erwärmung.

Korkhäute überziehen viele ältere Stengel, Stämme, Knollen, Knospenschuppen und Früchte; aus einer Korkhaut besteht z. B. die Kartoffelschale. Die Korkeiche besitzt eine Korkkruste, aus der die Flaschenkorke hergestellt werden.

Die sehr selten getüpfelten Wände der fertigen Korkzellen bleiben entweder verhältnismäßig dünn (Fig. 58) oder werden mehr oder weniger stark verdickt (Fig. 59, 183 *p*). Stark verdickte Korkzellen bilden den

Steinkork. Die Korkzellen können mit dem abgestorbenen, meist braunen Inhalt ganz angefüllt sein (Fig. 59 *B*).

Häufig wechseln im Korkgewebe Schichten verkorkter und unverkorkter Zellen miteinander ab. Letztere Schichten, deren Elemente sich nach Bau und Inhalt sonst nur wenig von den Korkzellen unterscheiden, dünn- oder dickwandig sind und ebenso wie diese entstehen, bezeichnet man als Phelloidgewebe.

Gewebemassen von noch verwickelterem Bau als der Kork bilden die **Borke**, die an älteren Stämmen und Wurzeln als Abschlußgewebe an Stelle des Korkes tritt (vgl. S. 139).

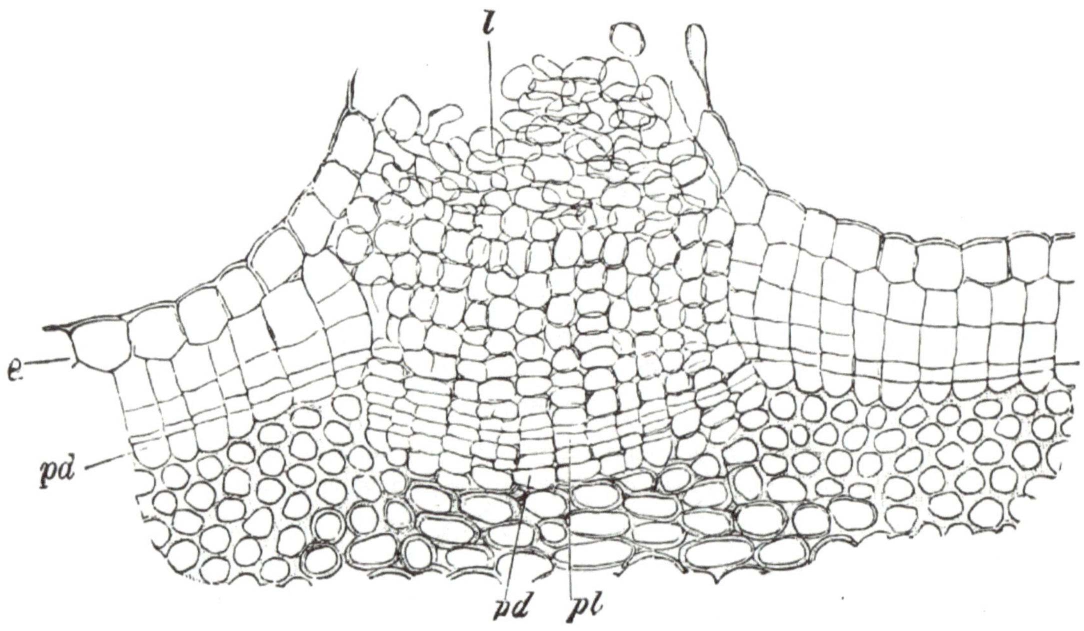

Fig. 60. Querschnitt durch eine Lentizelle von Sambucus nigra. *e* Epidermis, *pc* Korkkambium, *pd* aus dem Korkkambium nach innen abgeschnittene Parenchymzellen, *pl* Korkkambium der Lentizelle, *l* Füllzellen. Vergr. 90. Nach STRASBURGER.

Lentizellen. Durch die Bildung eines von Interzellularen freien Korkmantels an Stelle einer Epidermis würde der Gasaustausch zwischen der Atmosphäre und dem Innern des Stammes aufgehoben werden, wenn nicht für einen Ersatz der Spaltöffnungen gesorgt würde. Das geschieht bei manchen Pflanzen, z. B. Clematis-, Vitis-, Lonicera-Arten, durch Porenkork, d. h. dadurch, daß in die Korkhaut ovale oder rundliche, eng umschriebene Flecke aus etwas kleineren verkorkten Zellen eingeschaltet sind, die Interzellularen zwischen sich lassen, meist aber durch die Lentizellen: längliche oder spindelförmige, rauhe und poröse vorspringende Warzen, die man schon mit bloßem Auge auf den Korkhäuten der Zweige unserer Holzgewächse sehen kann. Sie bestehen aus abgestorbenem, meist unverkorktem und an Interzellularen reichem Gewebe (Füllzellen), das pfropfenartig in das Korkgewebe eingesetzt ist (Fig. 60). Die Interzellularen münden in die Außenluft und setzen sich in das Interzellularsystem des lebenden Gewebes fort.

Die Lentizellen entstehen oft unter den Spaltöffnungen, und zwar sogleich zu Beginn der Korkbildung. Das Korkkambium, das auch unter den Spaltöffnungsapparaten auftritt, hier aber radial verlaufende Interzellularen zwischen seinen Zellen enthält, bildet an diesen Stellen (Fig. 60 *pl*) nach außen die Füllzellen mit Interzellularen (Fig. 60 *l*). Die Lentizellen durchbrechen alsbald die Epidermis und heben sie lippenförmig empor. Abwechselnd mit den Füllzellen erzeugt das Korkkambium in den Lentizellen namentlich zur Herabsetzung ihrer Durchlässigkeit während des Winters Schichten fester verbundener, verkorkter und verholzter Zellen, Zwischenstreifen oder Verschlußschichten, die später (im Frühling) gesprengt werden.

3. Mechanische oder Festigungsgewebe[51]. Ohne eine gewisse Festigkeit könnte die Pflanze ihre Gestalt nicht beibehalten, die meist für ihre Lebenstätigkeit unentbehrlich ist. Bei einzelnen Zellen und bei wachsenden Geweben wird die nötige Festigkeit durch die Zellmembranen, den Turgor (vgl. S. 191) und die Gewebespannung (vgl. S. 248) erzielt. Da indes die Zellhäute dünn sind, Turgor und Gewebespannung aber schon durch jeden stärkeren Wasserverlust aufgehoben werden (Welken der Pflanze), so reicht beides nicht aus, um der Pflanze, namentlich der Landpflanze, auf die Dauer die nötige Festigkeit zu verleihen. So sehen wir denn bei sehr vielen Pflanzen besondere Gewebe aus Zellen mit stark verdickten Membranen, das Sklerenchym und das Kollenchym, mit mechanischen Aufgaben betraut. Diese Gewebe werden auch Stereome genannt.

Welche Ansprüche an die Festigkeit und den Zusammenhang der Teile bei Pflanzen gestellt werden, das leuchtet sofort ein, wenn man sich z. B. einen Roggenhalm vergegenwärtigt, der, aus Hunderttausenden einzelner Zellen zusammengesetzt, bei einer Höhe von 1500 mm kaum 3 mm Durchmesser an seiner Basis mißt. Bis zu 3000 mm erheben sich die schlanken Schäfte des Pfeilrohrs bei einer Grundfläche von nur 15 mm Durchmesser. Die Höhe des Pfeilrohres beträgt das 200fache, die des Roggenhalmes gar das 500fache des Grunddurchmessers. Dabei trägt aber der Roggenhalm an seiner Spitze noch die schwere Last der Ähre, der schlanke Palmstamm die schweren und im Winde wie Segel wirkenden Blätter, die bei Raphia-Arten 15 m Länge und entsprechende Breite erreichen, und zeitweise noch die große Last der Früchte.

Neben seiner Festigkeit verfügt der Pflanzenkörper aber auch über eine Eigenschaft, die wir unseren Bauten nicht entfernt im gleichen Maße geben können; das ist seine außerordentliche Elastizität. Der Roggenhalm weicht der Gewalt des starken Windes aus, indem er seine Spitze bis zum Boden hinabbeugt, schnellt aber in die frühere Lage zurück, wenn die Wirkung des Windes aufhört. Die technischen Leistungen des Pflanzenkörpers sind also einzig in ihrer Art und höchst vollkommen. Von dem festen und zugleich elastischen Baumaterial, das die Pflanze sich herstellt, macht ja auch die Technik aller Völker den ausgedehntesten Gebrauch, indem sie Holz zu Stützen und Trägern, „Bastfasern“ zu Fäden, Tauen und Geweben (z. B. Leinwand) verwendet.

a) Als **Sklerenchym** bezeichnet man die Festigungsgewebe der ausgewachsenen Pflanzenteile. Sie sind aus Sklerenchymzellen (Steinzellen) oder aus Sklerenchymfasern („Bastfasern“) zusammengesetzt, beides Zellen mit sehr stark verdickten Zellmembranen aus Kohlehydratlamellen, die oft zugleich verholzt sind. Die Sklerenchymzellen oder Steinzellen (Fig. 30) sind mehr oder weniger isodiametrisch, polyëdrisch und haben runde, unverzweigte oder verzweigte Tüpfel in ihren fast stets stark verholzten Wänden. Die Sklerenchymfasern (Fig. 61) dagegen sind schmal spindelförmige, sehr langgestreckte Zellen mit zugespitzten Enden und mit spärlichen schräg aufsteigenden, spaltenförmigen Tüpfeln und haben polygonalen Querschnitt (Fig. 62); ihre Zellwände sind nahezu unverholzt (z. B. beim Lein) oder mehr oder weniger verholzt (z. B. beim Hanf). Die Sklerenchymfasern haben immer eine für Pflanzenzellen sehr bedeutende Länge, durchschnittlich von 1–2 mm. Sie können aber bei manchen Gewächsen noch sehr viel länger werden: beim Lein 20–40 mm, bei der Brennessel bis 77 mm, ja bei der Urticacee Boehmeria bis 220 mm. Solche langen Fasern sind für Gespinste besonders brauchbar. Sie werden erst nach vollendeter Streckung der Pflanzenorgane, vielfach unter Beteiligung von gleitendem Wachstum, fertiggestellt.

Die Sklerenchymzellen und -fasern können einzeln für sich vorkommen, so letztere z. B. in manchen Blättern, wo sie auch nicht selten verzweigt sind. Meist aber sind sie, namentlich die Fasern, ohne Interzellularen zwischen sich zu lassen, zu Sklerenchymsträngen, -bändern und -scheiden gruppenweise recht verschieden, aber so angeordnet, wie es die Ansprüche an die Biegungs-, Zug- oder Druckfestigkeit des ganzen Organs oder seiner Gewebegruppen unter Aufwand von verhältnismäßig wenig Festigungsmaterial erfordern. Druckfestigkeit, z. B. in den Schalen von Nüssen und von Steinen der Steinfrüchte, kommt meist durch Steinzellengewebe, Biegungs- und Zugfestigkeit, z. B. von Stengeln und Wurzeln, dagegen durch Sklerenchymfasergewebe zustande; beide Sorten mechanischer Zellen bedingen außerdem den Widerstand, den viele Organe dem Schneiden und anderen mechanischen Eingriffen entgegensetzen.

Die Festigkeit der einzelnen Zellen beruht auf der Verdickung ihrer Zellmembranen, die manchmal noch durch mineralische Einlagerungen verhärtet sind, die Zerreißungsfestigkeit der Sklerenchymfasergewebe außerdem auf der Verzahnung der Fasern miteinander. Infolge ihrer Faserform und der spindelförmigen Zuspitzung ihrer Enden ist nämlich die Verwachsung benachbarter Fasern eine sehr viel innigere als die anders gestalteter Zellen.

SCHWENDENERs Untersuchungen haben bestimmte Vergleichszahlen für die mechanischen Eigenschaften dieser Zellen ergeben. Danach kommt die Tragfähigkeit der Sklerenchymfasern innerhalb ihrer Elastizitätsgrenze (ihr Tragmodul) im allgemeinen der des besten Schmiedeeisens gleich; sie erreicht bei einzelnen Pflanzen sogar die des Stahls. Dabei ist die Dehnbarkeit gegen 10–15mal größer als die des Schmiedeeisens. Nach Überschreiten der Elastizitätsgrenze tritt alsbald Zerreißen ein, während bei dem Eisen die Festigkeitsgrenze erst bei etwa dreifacher Belastung erreicht wird. Für die Bedürfnisse der Pflanze hat es aber große Bedeutung, daß bei ihr die Elastizitätsgrenze bis nahe an die Festigkeitsgrenze reicht.

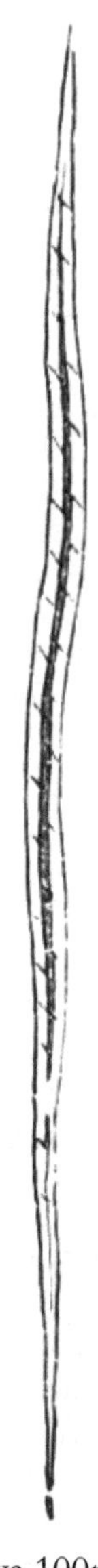

Fig. 61. Eine Sklerenchymfaser etwa 100mal vergr. Nach STRASBURGER.

Fig. 62. Querschnitt durch das Sklerenchym im Blatte der Liliacee Phormium tenax. Vergr. 240.

b) Das Kollenchym. Die Elemente des Sklerenchyms sind nicht mehr imstande, zu wachsen; sie können deshalb in Pflanzenteilen, die noch in lebhafter Streckung begriffen sind, keine Verwendung finden. Bedürfen solche Pflanzenteile außer der Festigkeit, welche Zell- und Gewebespannung ihnen verleihen, noch einer besonderen Verstärkung, so wird sie durch Kollenchym erreicht.

Die Kollenchymzelle, die isodiametrisch oder meist sehr langgestreckt (zugespitzt oder mit rechteckigem Umriß Fig. 64) ist, gleicht der Parenchymzelle und enthält wie diese oft Chlorophyll, unterscheidet sich aber von der Parenchymzelle wesentlich dadurch, daß ihre Zellulosemembran ungleich, besonders an den Zellkanten (Kantenkollenchym, Fig. 63) oder an den tangentialen Wänden (Plattenkollenchym) stark verdickt ist. Ferner fehlen in ihrem Plasma, abgesehen von großen Zellsaftvakuolen, leblose Einschlüsse. Auch die Interzellularen fehlen oder sind sehr klein. Das Kollenchym besitzt trotz hohem Wassergehalte infolge der Wandverdickungen seiner Elemente eine ansehnliche Festigkeit gegen Zerreißen. Dabei gibt es dem Wachstum seiner Umgebung dadurch nach, daß es selbst daran noch teilnimmt. Die großen unverdickten Wandflächen, in denen noch rundliche oder spaltenförmige Tüpfel vorhanden sind, ermöglichen zugleich einen schnellen Transport von Baustoffen innerhalb dieser Gewebeart. Auch das Kollenchym ist entsprechend seiner mechanischen Funktion angeordnet.

4. Die Leitgewebe. Je größer der Körper einer Pflanze wird und aus je mehr Zellen er sich zusammensetzt, vor allem aber je mehr Teile er aus dem Wasser oder aus dem Boden in den Luftraum streckt, umso mehr entsteht die Notwendigkeit, Stoffe schnell von einem Organe in ein anderes, etwa von den Wurzeln in die Blätter und umgekehrt, zu schaffen. Die Diffusionsbewegung durch die Querwände selbst langgestreckter Parenchymzellen genügt dazu vielfach nicht, auch wenn die Stoffbewegung durch Ausbildung von Tüpfelkanälen sehr erleichtert wird. So sind besondere, Leitungszwecken dienende Gewebearten, die Leitgewebe, entstanden mit sehr charakteristischen Zellelementen, die in der Hauptleitungsrichtung meist langgestreckt sind, oft vergrößerte Diffusionsflächen besitzen, ja meist zu eigenartigen Leitungskanälen (Fusionen) verschmelzen und stets zu einem zusammenhängenden Systeme verbunden sind, das die ganze Pflanze durchzieht. Bezeichnend für die Leitgewebe ist ferner der Mangel an Interzellularen.

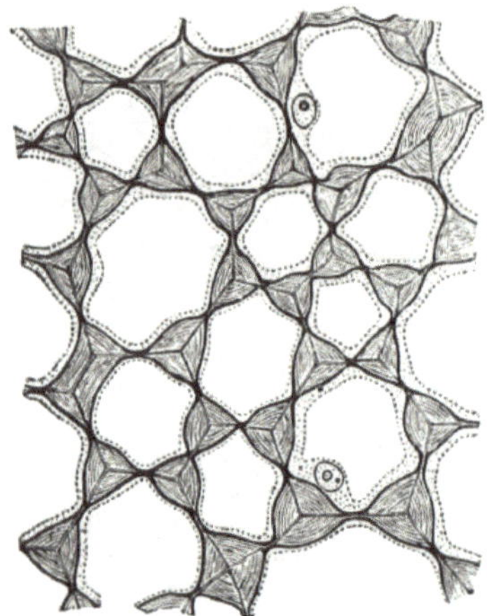

Fig. 63. Querschnitt durch das Kollenchym von Cucurbita Pepo. Vergr. 240.

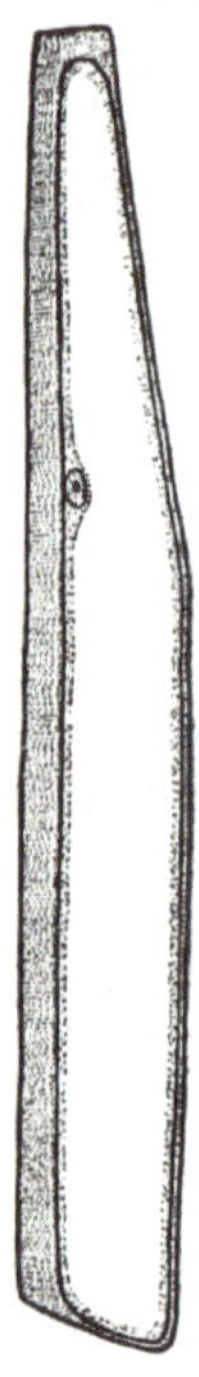

Fig. 64. Eine Kollenchymzelle in Seitenansicht. Vergr. 240.

a) Siebröhren. Durch offene Poren, die dem Transporte von Eiweißstoffen und Kohlehydraten zu dienen scheinen, werden die in Längsreihen angeordneten Glieder der Siebröhren[52] verbunden. Die quergerichteten oder steilen Endwände (manchmal auch die Seitenwände) jedes dieser übrigens langgestreckten, im Querschnitt polygonalen Glieder besitzen nämlich siebartig durchlöcherte Stellen, die von Plasmasträngen ausgefüllt werden. Man nennt diese Stellen Siebplatten (Fig. 65 *A*, *B*). Bei vielen Pflanzen, z. B. dem Kürbis (Fig. 65 *A*), ist die ganze Querwand eines Siebröhrengliedes eine einzige Siebplatte mit verhältnismäßig groben Poren; auf den Längswänden sind dagegen nur eng umgrenzte runde Stellen mit viel feineren Poren als Siebplatten ausgebildet (Fig. 65 *C c**), da wo zwei Siebröhren seitlich aneinander grenzen. In anderen Fällen, z. B. auf den alsdann meist steilen Endwänden der Siebröhren, findet man dagegen mehrere solche durch nicht perforierte Membranteile getrennten tüpfelartigen Siebplatten (Fig. 66) mit meist sehr feinen punktförmigen Poren. Die Siebröhrenglieder, deren jedes einer Zelle entspricht, enthalten lebende, dünne plasmatische Wandbeläge mit je einem Zellkern, mit Leukoplasten und oft mit Stärkekörnern und als Zellsaft eine wäßrige alkalische, mehr oder weniger konzentrierte gerinnbare Flüssigkeit, die reich an Eiweißstoffen, oft auch an Kohlehydraten und anorganischen Salzen (Phosphaten) ist (Fig. 65 *D*). Die Siebröhrenwandungen sind fast stets unverholzt, bestehen aus Zellulose und sind durch den Inhalt elastisch gespannt. Im allgemeinen funktionieren die Siebröhren nur während einer Vegetationsperiode. Bevor sie untätig werden, überziehen sich ihre Siebplatten mit stark lichtbrechenden Kallusplatten (Fig. 65 *C*), die den Stoffaustausch zwischen den Siebröhrengliedern herabsetzen oder wohl ganz unterbrechen. Soll die Siebröhre in der nächsten Vegetationsperiode nochmals tätig sein, so werden diese Kallusplatten wieder gelöst.

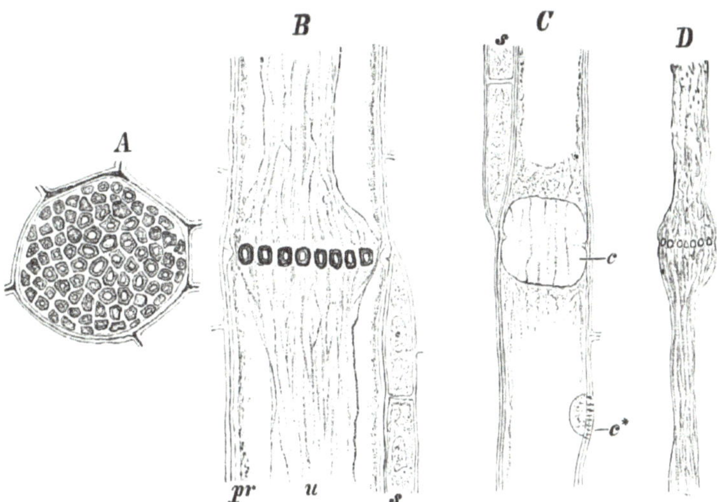

Fig. 65. Teile von Siebröhren des Kürbis (Curcurbita Pepo) in Alkohol gehärtet. *A* Eine Siebplatte von oben gesehen. *B* und *C* Je zwei aufeinanderfolgende Siebröhrenglieder im Längsschnitt; *s* Geleitzellen, *u* Schleimstrang, *pr* plasmatischer Wandbelag, *c* Kallusplatte, *c** kleine seitenständige Siebplatte mit Kallusbelag. *D* Die Inhaltsmassen von zwei Siebröhrengliedern nach Auflösung der Zellhäute mit Schwefelsäure. Vergr. 540. Nach STRASBURGER.

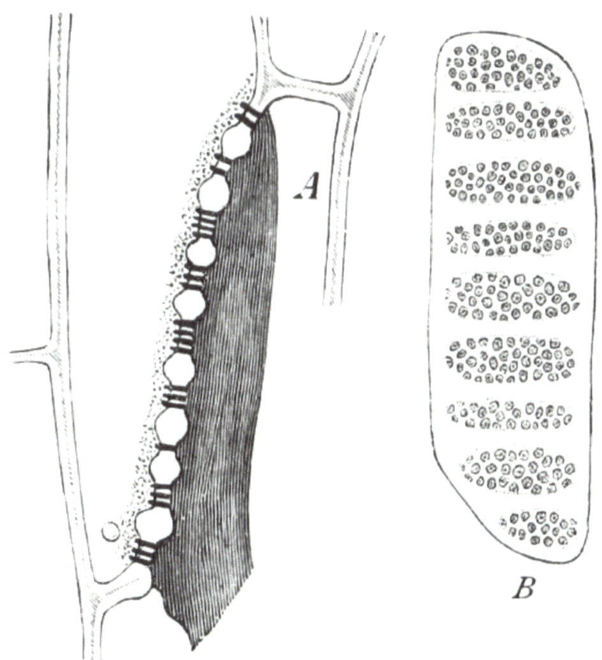

Fig. 66. *A* Grenze zweier Siebröhrenglieder vom Weinstock (Vitis) mit schräger, längsdurchschnittener Querwand. Vergr. 600. Nach DE BARY. *B* Eine solche Querwand in Flächenansicht mit den Siebplatten. Von ROTHERT schematisiert nach DE BARY.

Die Kallusplatten bestehen aus Kallose, einem seiner chemischen Zusammensetzung nach noch unbekannten Körper, der sich durch seine Unlöslichkeit in Kupferoxydammoniak, aber seine Löslichkeit in 1%iger kalter Kalilauge auszeichnet. Sie färbt sich in Chlorzinkjodlösung rotbraun, glänzend blau mit Anilinblau und glänzend rot mit Korallin (Rosolsäure). — Kallose überzieht übrigens in dünnen Schichten auch schon die Leisten der Siebplatten zwischen den Poren, solange diese noch offen sind. Diese Schichten werden allmählich dicker, die Poren mehr und mehr verengt und schließlich ganz verstopft.

b) Gefäße. Besondere und zwar tote Zellarten, die meist langgestreckt röhrenförmig sind, rundlichen oder polygonalen Querschnitt haben und in Längsreihen, entsprechend der Hauptleitungsrichtung, angeordnet sind, mit sehr charakteristischen und auffälligen Verdickungen in den meist verholzten Wänden dienen der Leitung, manchmal auch der Speicherung des Wassers in der Pflanze (Gefäße). Die Gefäße enthalten dementsprechend, solange sie tätig sind, Wasser, außerdem aber oft auch begrenzte Mengen Luft. Man teilt sie ein in Tracheïden und Tracheen. Die Tracheïden sind Einzelzellen, die mit eigenartig getüpfelten Zellhäuten aneinander grenzen, meist zugespitzte Enden und in der Regel kleinen Querdurchmesser (Fig. 70 *B*) besitzen; sie dienen oft zugleich als Festigungszellen, z. B. im Stamme der Nadelhölzer. Die Tracheen dagegen sind verhältnismäßig weite oder enge Membranröhren, die aus Längsreihen vieler Zellen (ihren Gliedern) durch Auflösung der Endwände entstanden sind. Die Endwände werden dabei, wenn sie quer stehen, meist bis auf einen schmalen Rand aufgelöst, der als ringförmige Membranleiste stehen bleibt und verdickt wird (Fig. 67 *C* bei *s*, Fig. 69 *I* bei *q* und *q'*); schräge Endwände sind dagegen meist nicht von einem einzigen runden, sondern von mehreren, übereinanderliegenden, spaltenförmigen oder elliptischen Löchern (leiterförmige Perforation, Fig. 69 *II*; 171 *tg*) durchbrochen. Einige der Endwände freilich sind nicht durchbrochen, sondern bloß mit Tüpfeln versehen. Infolgedessen haben die Tracheen eine begrenzte Länge.

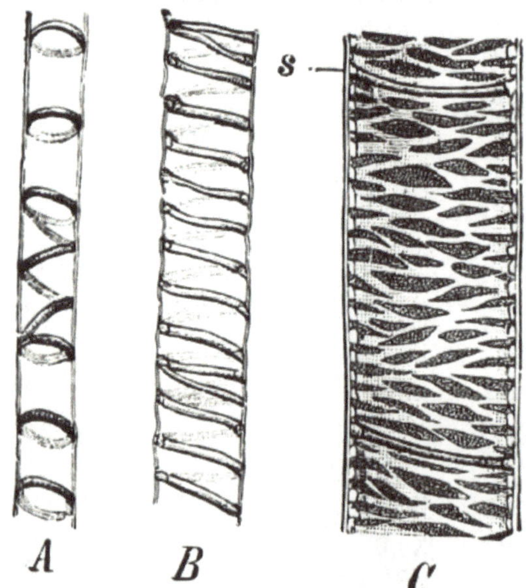

Fig. 67. Teile von Tracheïden und von einer Trachee. *A* Ring- und Schraubentracheïde. *B* Schraubentracheïde. *C* Netztrachee halb aufgeschnitten, bei *s* eine der beiden durchlöcherten Querwände. Vergr. 240. Nach H. SCHENCK.

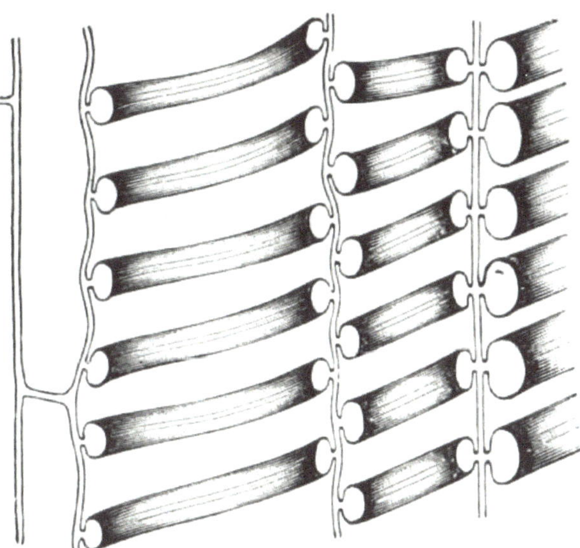

Fig. 68. Teil eines Längsschnittes durch drei Schraubengefäße und eine Reihe von Parenchymzellen des Kürbis (Curcurbita Pepo). Vergr. 560. Nach ROTHERT.

Einzelne Tracheen können zwar, im besonderen bei den kletternden Holzgewächsen, den Lianen, einige Meter lang sein. Auch bei unseren Eichen sind 2 m lange Tracheen noch sehr zahlreich. Im allgemeinen beträgt aber ihre Länge weniger als 1 m, nämlich meist nur gegen 10 cm. Wie die längsten, so sind auch die weitesten Tracheen bei den Kletterpflanzen zu finden; ihr Durchmesser kann hier 0,7 mm erreichen, während er bei unseren Eichen im Mittel 0,25, unserer Linde 0,06 mm beträgt.

Die Bezeichnungsweise der wasserleitenden Elemente ist in der Literatur leider recht verschiedenartig. Meist wird unterschieden zwischen Tracheïden und Tracheen oder Gefäßen. DE BARY dagegen nannte alle Elemente Tracheen und unterschied zwischen Tracheïden und Gefäßen. Am zweckmäßigsten scheint der Vorschlag ROTHERTs, dem wir gefolgt sind, als Sammelbegriff von Gefäßen zu reden und die Gefäße in Tracheïden und Tracheen einzuteilen.

Die Wandverdickungen in vielen Gefäßen sind auf schmale Leisten (Fig. 67 u. 68) in den sonst wenig verdickten Zellwänden beschränkt. Diese Leisten können isolierte Ringe, zusammenhängende Schraubenbänder oder ein Netzwerk mit großen queren Maschen bilden (Fig. 67, 68); man unterscheidet danach zwischen Ring-, Schrauben- und Netztracheïden oder -tracheen. In anderen Gefäßen umfassen die Verdickungen den größeren Teil der Zellmembranen; alsdann bleiben aber zahlreiche kreisförmige, polygonale oder in querer Richtung mehr oder weniger gestreckte elliptische oder spaltenförmige Tüpfel zwischen den verdickten Teilen ausgespart (Fig. 69, 70): Tüpfelgefäße. Stehen an den Seitenwänden quergestreckte Tüpfel regelmäßig in geraden Reihen übereinander, so wird das Gefäß als Treppen- oder Leitergefäß bezeichnet (Fig. 69 *II*, 70 *A*). Zwischen sämtlichen Gefäßformen gibt es Übergänge.

Die Tüpfel sind in allen Tüpfelgefäßen zweiseitig oder einseitig behöft (Hoftüpfel). Hoftüpfel heißt ein Tüpfel, dessen Kanal sich nach der Schließhaut hin trichterartig erweitert (Fig. 71 *C*). Sehr häufig sind die Hoftüpfel in der Flächenansicht kreisförmig; alsdann sieht man in ihrer Mitte einen kleinen konzentrischen Kreis (Fig. 71 *A*). Der kleinere innere Kreis ist die enge Mündungsstelle des Tüpfelkanals in den Zellraum, der große äußere Kreis (der „Hof") seine weiteste Stelle, womit er an die Schließhaut grenzt. Zwischen beiden Kreisen überwölben die Verdickungsschichten der Membran die Schließhaut als Tüpfelwandung. Die Schließhäute sind in der Mitte oft zu dem Torus verdickt (Fig. 71 *C*), vermögen sich nach der einen oder anderen Seite vorzuwölben und mit den Tori die engen Ausgänge der Tüpfel auf einer Seite nach Art von Klappenventilen zu verschließen (Fig. 71 *B*, *t*). Die Hoftüpfel lassen infolge ihrer großen Schließhäute sehr rege Flüssigkeits-(Wasser)bewegungen von einem Zellraum in den anderen zu, ohne daß die toten Zellen auf die notwendige Festigkeit ihrer Membranen zu verzichten brauchten, die eben durch die einem Gewölbe ähnliche Tüpfelwandung gewährleistet wird.

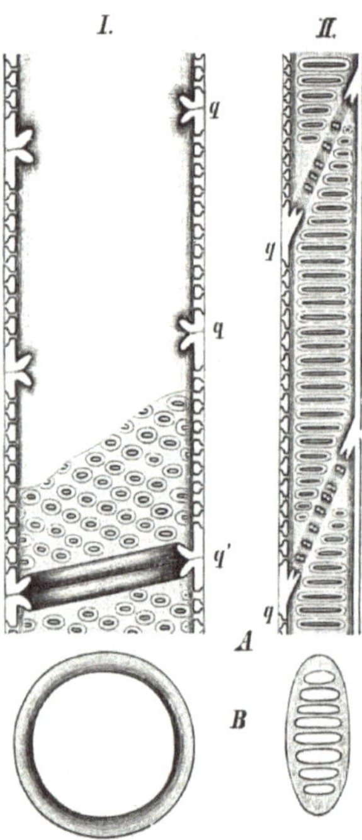

Fig. 69. *A* Schemata von Tracheen in medianem Längsschnitt. *I.* Weite Trachee mit kleinen elliptischen Hoftüpfeln und mit einfacher Perforation der Querwände *q q*. Die Hinterwand der Trachee ist im oberen Teil der Figur weggeschnitten. *II.* Enge Treppentrachee mit leiterförmiger Perforation der Querwände *q*. *B* Die Querwände beider Tracheen, von der Fläche gesehen. Nach ROTHERT.

Die Hoftüpfel sind, wie es die Fig. 71 *C* zeigt, zweiseitig behöft, wenn sie zwischen zwei wasserleitenden Elementen ausgebildet sind. Sie sind einseitig behöft, wenn sie die Zellwand eines wasserleitenden Elementes durchsetzen, das an eine lebende Zelle grenzt. In diesem Falle erweitert sich der Tüpfelkanal nämlich bloß von dem wasserleitenden Elemente aus nach der Schließhaut hin und hat keinen Torus in der Schließhaut; auf der anderen Seite der Schließhaut dagegen, also in den Wandschichten der lebenden Zelle, ist ein gleich weiter (einfacher) Tüpfelkanal ausgebildet.

Auch die Tüpfel in den Endwänden der Tracheen und Tracheïden sind stets Hoftüpfel. In den Tracheen sind es ihre Schließhäute, die aufgelöst werden (vgl. Fig. 69 *A I* und *II*).

Auch in den Ring- und Schraubengefäßen können übrigens die Verdickungsleisten gelegentlich den Wänden von Hoftüpfeln gleichen[53], und zwar dadurch, daß sie T-förmigen Querschnitt haben und mit den verschmälerten Kanten der Gefäßwandung angefügt sind (Fig. 68).

Die dünnen Membranstellen zwischen den Leisten entsprechen alsdann den Schließhäuten von Hoftüpfeln; manchmal sind sie sogar, wenn sie zwei wasserleitende Elemente trennen, wie diese Schließhäute, in ihrer Mitte etwas stärker, als Tori, verdickt. Bei der Anfertigung von Schnitten lösen sich die fast stets verholzten schraubenförmigen Verdickungsbänder oft leicht von den unverdickten (und nicht immer verholzten) Gefäßwandungen ab und werden weithin aus den Gefäßen herausgerissen. Diese Erscheinung findet aber weder in der Befestigungsweise der Bänder noch in der chemischen Beschaffenheit der Schraubengefäßwände eine hinreichende Erklärung.

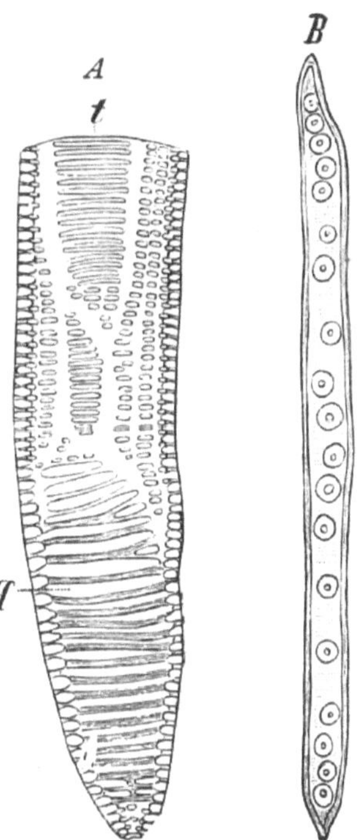

Fig. 70. *A* Unteres Drittel einer Treppentracheïde aus dem Rhizom des Adlerfarns (Pteridium aquilinum). *t* Die quergestreckten Tüpfel an den Seitenwänden, *q* die leiterförmig getüpfelte Endfläche. Vergr. 95. Nach DE BARY. *B* Eine Tracheïde mit runden Hoftüpfeln. Vergr. 100. Nach STRASBURGER.

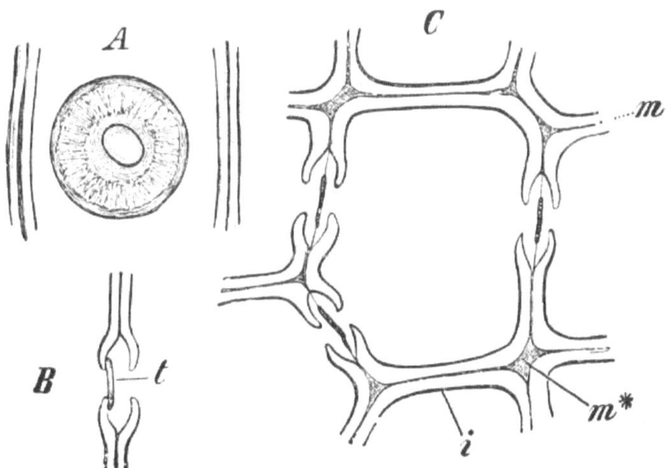

Fig. 71. Tracheïden aus dem Holze der Kiefer (Pinus silvestris). *A* Radialer Längsschnitt mit Hoftüpfel in Flächenansicht. *B* Tangentialer Längsschnitt mit Hoftüpfel im Querschnitt, *t* der Torus. *C* Querschnitt durch eine Tracheïde, *m* Mittellamelle, *m** ein Zwickel in dieser, *i* das Grenzhäutchen. Vergr. 540. Nach STRASBURGER.

Nur die mit ring- oder schraubenförmigen Verdickungsleisten versehenen Gefäße sind noch streckungsfähig und dehnbar; daher werden nur solche in wachsenden Pflanzenteilen ausgebildet.

Die Wandverdickungen erhöhen die mechanische Festigkeit der wasserleitenden Elemente, indem sie es verhindern, daß die benachbarten lebenden Zellen sie zusammendrücken. Der lebende Inhalt der Gefäße wird, während die Zellmembranen sich verdicken, immer ärmer; schließlich schwindet er, in den Tracheen nach Durchbrechung der Querwände, ganz.

Leitbündelgewebesystem. Die Siebröhren treten fast nie für sich allein auf, sondern sind meist mit Leitparenchym zu Strängen oder Bündeln (Siebsträngen) verbunden, die die ganze Pflanze durchziehen. Gleiches gilt für die Tracheïden und Tracheen (Gefäßstränge); Tracheïden finden sich freilich auch einzeln oder in kleineren Gruppen nicht selten als Wasserspeicher im Parenchym zerstreut (Speichertracheïden).

Im primären Gewebe verbinden sich Sieb- und Gefäßstränge meist zu gemeinsamen Strängen oder Bündeln, vollständigen Leitbündeln, die meist parallel zur Längsachse eines Organes verlaufen, durch Querzweige zu einem Netzwerk verbunden und so auffällig sind, daß man für dieses Strangsystem den Namen Leitbündelgewebesystem geprägt hat. Darin sind also die Elemente der Wasserleitung mit denen der Leitung organischer Stoffe verbunden, so daß das Wasser und diese Stoffe auf nahe benachbarten Wegen, wenn auch oft in entgegengesetzter Richtung geleitet werden. Dieses Gewebesystem kann primären oder sekundären Ursprungs sein. In jedem vollständigen Leitbündel, das sich durch seine engen Elemente und den Mangel an Interzellularen schon bei schwächster Vergrößerung von dem übrigen weniger dichten Gewebe abhebt, ja manchmal sogar mit bloßem Auge sichtbar ist, z. B. in den durchscheinenden Stengeln von Impatiens parviflora, lassen sich also Gewebestränge zweierlei Art unterscheiden: Gefäßstränge bilden den Gefäßteil oder das Xylem, und Siebstränge bilden den Siebteil oder das Phloëm. Xylem und Phloëm können in den Bündeln verschieden angeordnet sein; infolgedessen sind auch die Querschnittsbilder der Bündel recht verschieden (vgl. S. 85 ff.).

Für das vollständige Leitbündel und seine Teile werden noch andere Namen in der Literatur gebraucht. Statt Leitbündel sagt man auch Gefäßbündel, Fibrovasalbündel oder Mestom, statt Gefäßteil Holzteil, Vasalteil oder Hadrom, statt Siebteil Bastteil, Kribralteil oder Leptom.

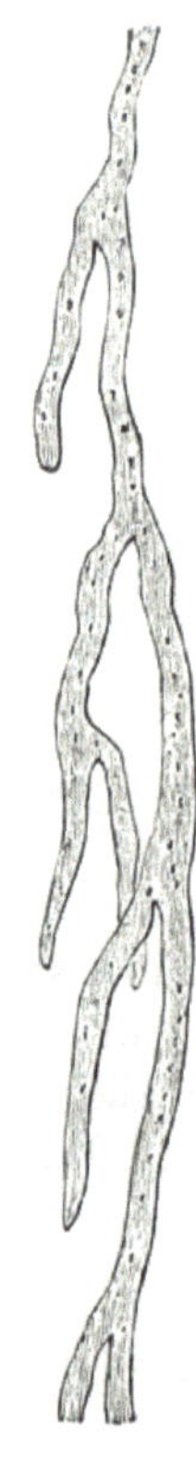

Fig. 72. Stück einer Milchröhre der Asclepiadacee Ceropegia. Vergr. 150. Nach STRASBURGER.

Sieb- oder Gefäßstränge kommen aber nicht selten auch für sich allein vor. Solche Sieb- oder Gefäßstränge kann man als unvollständige Leitbündel bezeichnen. Sie sind besonders im sekundären Dauergewebe weit verbreitet, und zwar Gefäßstränge im Holz, Siebstränge im Bast (vgl. S. 133, 136).

5. Sekretzellen und Sekretgewebe. 1. Einzelzellen. In den verschiedensten Geweben findet man besonders häufig Sekretzellen, einzeln für sich oder oft in längs verlaufenden Reihen (so z. B. bei Liliaceen, Amaryllidaceen, Commelinaceen). Sie sind isodiametrisch oder schlauchförmig (Schläuche) und unterscheiden sich von den übrigen Zellen vornehmlich durch ihren Inhalt. In dem oft stark geschwundenen, nicht selten schließlich abgestorbenen Protoplasten liegen als Endprodukte des Stoffwechsels sehr große Mengen Sekrete verschiedenster Art, die als Schutzstoffe ökologische Bedeutung haben können. Als solche Sekrete sind besonders verbreitet: Schleime, Gummi, ätherische Öle, Harze, Gummiharze, Gerbstoffe, Alkaloide oder Oxalatkristalle (Fig. 22). Die Wandungen dieser Zellen sind oft verkorkt.

Zu den Sekretzellen gehören auch die ungegliederten Milchröhren, die als Sekrete Milchsäfte enthalten. Es sind reich verzweigte Schläuche ohne alle Querwände, Röhren, die eine meist unverdickte, glatte, elastische Zellulosewand (Fig. 72), einen lebenden Wandbelag aus Plasma mit zahlreichen Zellkernen, manchmal auch mit Stärkekörnern (bei vielen Euphorbien von knochenförmiger Gestalt) besitzen[54] und als Zellsaft eine milchige, meist weiße, wäßrige Flüssigkeit enthalten, die an der Luft rasch gerinnt. Der Milchsaft hat ökologische Bedeutung; er dient zum Wundverschluß und als Schutzmittel gegen Tierfraß. Leitfunktion haben die Milchröhren dagegen nicht.

In dem Milchsaft kommen gelöst vor: Gerbstoffe, Glykoside, manchmal giftige Alkaloide und besonders Kalkmalat, ferner bei Ficus Carica und Carica Papaya auch peptonisierende Enzyme; weiter als Tröpfchen in Emulsion: Gummiharze, d. h. Gemenge von Gummi und Harz, Kautschuk ($C_{25}H_{40}$), Guttapercha, Fett und Wachs; als feste Bestandteile: vielfach Proteïnkörner.

Solche Milchröhren findet man bei vielen Euphorbiaceen (z. B. Euphorbia), Moraceen, Apocynaceen und Asclepiadaceen. Sie gehen aus Zellen hervor, die schon in der Keimpflanze kenntlich sind und mit der ganzen Pflanze weiterwachsen, sich fort und fort verzweigen, in alle ihre Glieder eindringen und so viele Meter lang werden können.

2. Zellfusionen. Mehrere Sekretzellen können auch durch Auflösung der trennenden Querwände zu einem geräumigeren Sekretbehälter verschmelzen. Am auffälligsten ist das der Fall bei den gegliederten Milchröhren oder Milchgefäßen. Sie sehen ganz ähnlich aus und besitzen auch ganz entsprechenden Inhalt wie die ungegliederten Milchröhren, unterscheiden sich von ihnen nur dadurch, daß sie aus Zellverschmelzungen hervorgehen und meist zu einem Netzwerk verbundene Schläuche sind (Fig. 73). Infolgedessen findet man in ihnen manchmal Reste von Querwänden.

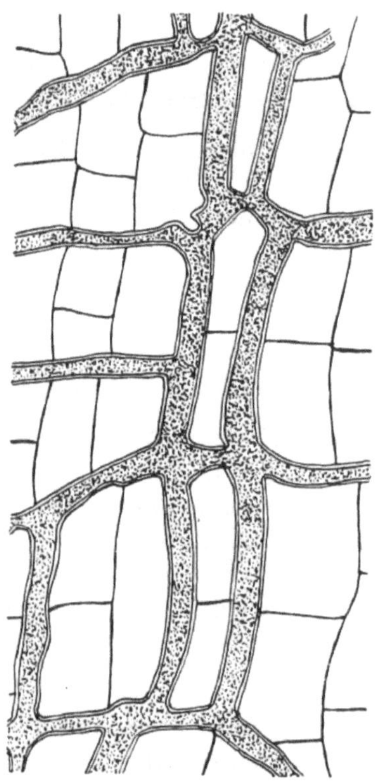

Fig. 73. Tangentialer Längsschnitt aus der Peripherie der Wurzel des Löwenzahns (Taraxacum), die netzförmig verbundenen Milchgefäße zeigend. Vergr. 240.

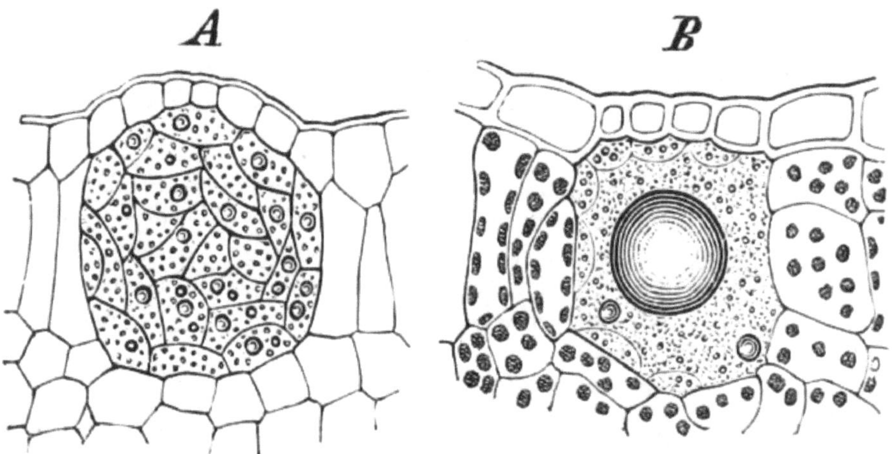

Fig. 74. Lysigener Ölbehälter im Querschnitt des Blattes von Dictamnus Fraxinella. *A* Jung. *B* Nach Auflösung der Zellwände fertig ausgebildet. ROTHERT frei nach RAUTER.

Wie die Milchröhren, so sind auch die Milchgefäße auf bestimmte Pflanzenfamilien beschränkt, so auf gewisse Euphorbiaceen (z. B. bei dem wichtigsten Kautschukbaum Hevea), die Papaveraceen mit Papaver und dem durch orangerote Färbung seines Milchsaftes ausgezeichneten Chelidonium, ferner auf die Campanulaceen und die Cichorieen unter den Kompositen, etwa mit den Gattungen Cichorium, Taraxacum, Lactuca, Scorzonera, Hieracium, Tragopogon. Ihre Funktionen entsprechen denen der ungegliederten Milchröhren.

Den Milchgefäßen in vieler Beziehung ähnlich sind die Schleimröhren, die bei vielen Monokotylen vorkommen. Ihr Schleimsaft besteht aus Eiweiß, Stärke, Glykose, Gerbstoffen und anorganischen Stoffen.

3. Lysigene Interzellularräume. Häufig entstehen ferner Sekretbehälter auch lysigen, d. h. durch Auflösung der ganzen Sekretzellen (Fig. 74) (lysigene Sekretbehälter). Sie stellen rundliche Gebilde, unregelmäßige Hohlräume und schlauchförmige Gänge dar. Sie gehen aus Zellgruppen hervor, in denen die Sekrete entstanden sind und deren Wände allmählich aufgelöst wurden. Solchen Ursprung haben unter anderem die mit ätherischem Öl gefüllten Sekretbehälter der Orangen, Zitronen und anderer Rutaceen sowie vieler Myrtaceen.

6. Drüsenzellen und Drüsengewebe. Außer Sekretzellen findet man, ebenfalls einzeln oder auch zu Gruppen vereint, in der Epidermis, im Parenchym oder in anderen Gewebearten oft Drüsenzellen, d. h. Zellen, die Sekrete, also meist Endprodukte des Stoffwechsels, aus ihren Protoplasten durch die Zellwände nach außen, aus dem Pflanzenkörper oder in Interzellularen, ausscheiden. Auch die Drüsenzellen, die immer lebend sind, gleichen den Parenchymzellen, sind aber wie die Meristemzellen meist mit viel Plasma und mit großen Zellkernen ausgestattet. Die ausgeschiedenen Stoffe haben oft eine ökologische Bedeutung. Gruppen von lückenlos verbundenen Drüsenzellen, die eine Zellschicht bilden, nennt man Drüsenepithelien.

Besonders häufig findet man in der Epidermis Drüsenepithelien oder einzelne Drüsenzellen. Sie sind oft von einer porösen Kutikula überzogen, oder eine Kutikula fehlt ganz. Hier kommen auch Drüsenhaare vor, so auch Köpfchenhaare, deren als Köpfchen ausgebildete Endzelle (Fig. 75) die Drüsenzelle ist. Andere solche Haare sind schuppenförmig gestaltet (Fig. 76); auch Drüsenzotten (Fig. 56) kommen vor. Das Sekret besteht sehr oft aus harzigen Stoffen; in diesem Falle tritt es zunächst zwischen der Außenwand der Drüsenzelle und der Kutikula auf, die Kutikula emporhebend und schließlich zersprengend. Ähnliches gilt für andere klebrige Stoffe und Schleim.

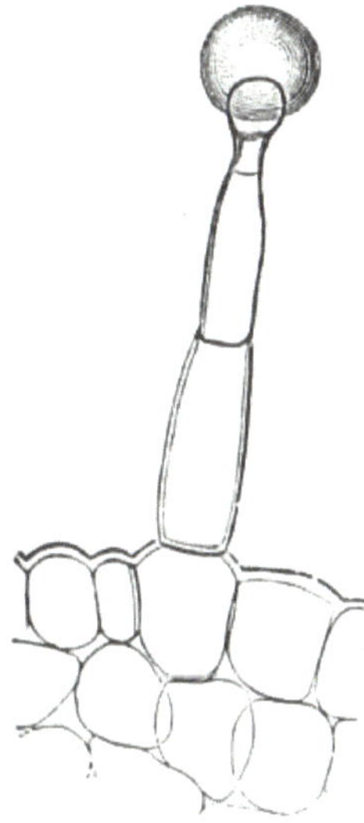

Fig. 75. Drüsenhaar vom Blattstiel der Primula sinensis, oben das Sekret. Vergr. 142. Nach DE BARY.

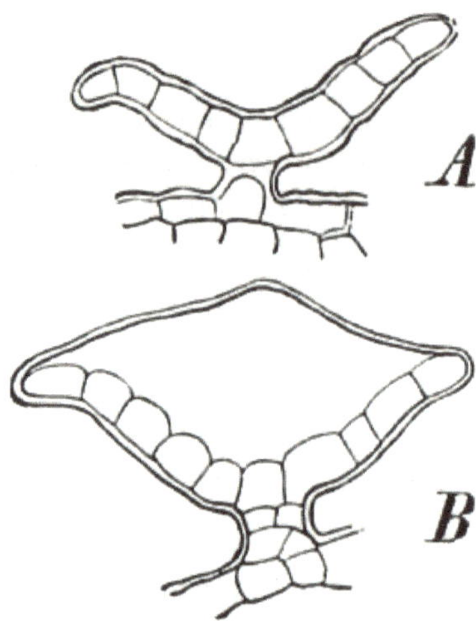

Fig. 76. Gelbe Drüsenschuppen von den weiblichen Blütenständen des Hopfens im senkrechten Durchschnitt. *A* Vor Beginn der Sekretbildung. *B* Die Kutikula durch das Sekret emporgehoben, das Sekret durch Alkohol entfernt. Vergr. 142. Nach DE BARY.

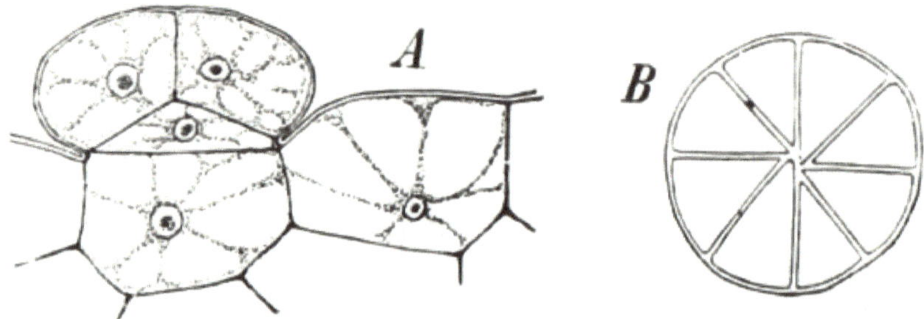

Fig. 77. Sitzende Digestionsdrüse der Blattoberseite von Pinguicula vulgaris. *A* Im Längsschnitt. *B* In Aufsicht. ROTHERT frei nach FENNER.

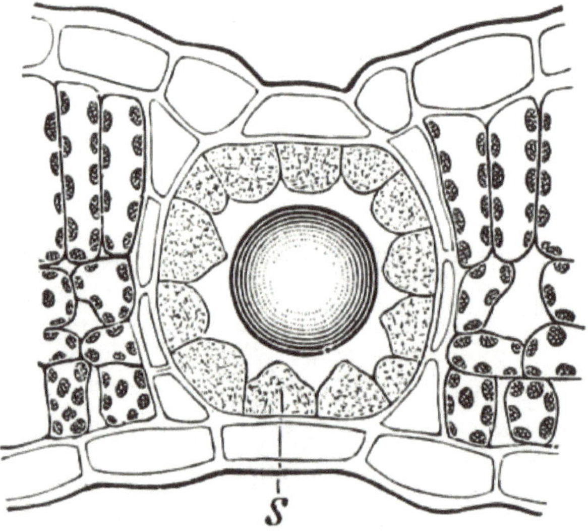

Fig. 78. Schizogener Ölbehälter im Blattquerschnitt von Hypericum perforatum. *s* Das Drüsenepithel. Nach HABERLANDT.

Nach den Ausscheidungsprodukten, die recht verschiedene ökologische Bedeutung haben können, unterscheidet man unter den epidermalen Drüsen: Schleim-, Öl-, Harz-, Digestions- (Fig. 77), Salzdrüsen,

Wasserdrüsen (Hydathoden) und Nektarien[55]. Die letztgenannten scheiden zuckerreiche Sekrete aus, die Insekten anlocken; sie finden sich als Drüsenflächen oder Drüsenhaare vor allem innerhalb der Blüten (nuptiale Nektarien), oder außerhalb (extranuptiale Nektarien, vgl. Fig. 141 *n*) und haben recht verschiedenen Bau (vgl. auch S. 99).

Die im Parenchym oder in anderem Gewebe eingeschlossenen Drüsenzellen oder Drüsenepithelien grenzen stets an rundliche oder unregelmäßig begrenzte Interzellularräume oder an gang- und röhrenförmige, unverzweigte oder verzweigte Interzellularkanäle, die manchmal die ganze Pflanze als kommunizierende Röhren durchziehen können. Diese Interzellularen, die durch Auseinanderweichen der Drüsenzellen, also schizogen, entstehen, sind es, in die die Sekrete ausgeschieden werden; sie bilden die schizogenen Sekretbehälter (Fig. 78). Ihr Inhalt besteht aus ätherischen Ölen, Harzen, Gummi, oder Schleim; dementsprechend unterscheidet man zwischen Öl-, Harz- (Fig. 133 *A*, *h*), Gummi- und Schleimgängen oder -kanälen. Solche Harzkanäle finden sich bei vielen Coniferen, Ölgänge z. B. bei den Umbelliferen, Schleim- und Gummigänge bei den Cycadeen und Araliaceen (wie dem Epheu). Runde oder längliche schizogene Höhlungen (Lücken) mit ätherischen Ölen kommen bei Hypericum-Arten vor (Fig. 78).

Übrigens gibt es auch schizolysigene Sekretbehälter.

Dritter Abschnitt. Organlehre (Organographie)[56].

Die Organismen, die wir zum Pflanzenreiche rechnen, sind sehr verschieden gestaltet und gegliedert. Teils sind sie zeitlebens einzellig, teils sind sie vielzellig. Einzellige wie Vielzellige können sehr einfache und regelmäßige oder unregelmäßige Umrißformen haben und äußerlich ganz ungegliedert sein oder einen durch Auszweigungen mannigfaltigster Art reich und mehr oder weniger symmetrisch gegliederten Körper besitzen.

I. Symmetrieverhältnisse. Die ganze Gestalt eines ungegliederten oder irgendwie gegliederten Organismus und ebenso die Form und die innere Ausbildung seiner Teile wird beherrscht durch die Eigenart der Symmetrieverhältnisse, d. h. durch die mehr oder weniger gesetzmäßige Verteilung der organischen Massen, die das Lebewesen oder seine Organe zusammensetzen. Die Symmetrieverhältnisse stehen wie fast alle Eigenschaften organischer Formen in engster Beziehung zu der Lebensweise des Organismus und zu den Funktionen seiner Organe, vor allem der Wuchsrichtung der Pflanze und ihrer Glieder. Meist entspricht deshalb den äußeren Symmetrieverhältnissen eines Pflanzenteiles auch die Symmetrie seines inneren Baues.

Von wenigen, sehr einfachen Pflanzen abgesehen, deren Symmetrieverhältnisse hier unerörtert bleiben sollen, finden wir am Körper pflanzlicher Organismen und jedem seiner Teile fast stets einen polaren Gegensatz seiner durch die Längsachse verbundenen Körperenden, seiner Spitze und Basis ausgebildet. Ein solcher Unterschied kommt vor sowohl bei frei beweglichen Formen, bei denen die Fortbewegungsrichtung meist durch die polare Ausbildung des Körpers bestimmt wird, als auch bei festgewachsenen Arten, bei denen der Körper mit dem unteren Pole, der Basis, am Substrate festgeheftet ist.

Jeder Schnitt parallel zur Längsachse, gleichgültig ob er diese in sich aufnimmt oder nicht, ist ein Längsschnitt durch den Pflanzenteil; die rechtwinklig zur Längsachse geführten Schnitte sind Querschnitte. Ein polar gebauter Organismus oder Pflanzenteil, der rings um seine Längsachse annähernd gleich gebaut ist, wird als radiär, polysymmetrisch oder aktinomorph bezeichnet (Fig. 529 *A*). Er läßt sich durch mehrere, in der Längsachse sich schneidende Längsschnitte in jeweils zwei spiegelbildlich ungefähr gleiche Teile zerlegen; er hat also mehrere Symmetrieebenen. An solchen Körpern heißen Längsschnitte radial, wenn sie durch die Längsachse gehen (wie es z. B. bei seinen Symmetrieebenen der Fall ist), tangential, wenn sie senkrecht auf einem Radius stehen und nicht durch die Längsachse hindurch gehen. Sind bloß zwei aufeinander senkrecht stehende Symmetrieebenen vorhanden, die sich ebenfalls in der Längsachse schneiden, so spricht man von bilateralen oder bisymmetrischen Gebilden (Fig. 107). Gibt es schließlich bloß eine einzige Symmetrieebene, so liegt ein dorsiventraler, monosymmetrischer oder zygomorpher Körper vor, bei dem nur die beiden Flanken einander entsprechen, Rücken- und Bauchseite aber verschieden sind (Fig. 529 *B*); die Symmetrieebene solcher Körper nennt man ihre Medianebene oder Mediane. Pflanzen oder Pflanzenteile, die in der Lotrichtung nach aufwärts oder abwärts (orthotrop) wachsen, sind meist radiär oder wohl auch bilateral symmetrisch; wenn sie dagegen senkrecht oder schräg zur Lotlinie (plagiotrop) wachsen, so sind sie oft dorsiventral. Schließlich gibt es auch ganz asymmetrische organische Gebilde, bei denen sich der Körper überhaupt nicht in spiegelbildliche Hälften teilen läßt. Manche sonst dorsiventrale Gebilde, wie z. B. manche Blätter, werden dadurch asymmetrisch, daß die eine Hälfte sich anders ausbildet als die andere. Das ist z. B. bei den Blättern von Begonia der Fall, weshalb man diese Pflanzen auch „Schiefblätter" nennt, ferner in geringerem Grade u. a. bei den Blättern der Ulme.

Die Symmetrieverhältnisse sind für das Verständnis der pflanzlichen Gestaltungsverhältnisse von sehr großer Bedeutung. Oft werden die besonderen Symmetrieverhältnisse der Seitenglieder sofort verständlich, wenn man den Aufbau der ganzen Pflanze in Betracht zieht. So sind die asymmetrischen Blätter, z. B. bei den Begonien[57], die Folge der dorsiventralen Symmetrie der ganzen, meist mehr oder weniger plagiotropen Pflanze oder, wie bei der Ulme und vielen anderen Gewächsen, ihrer Zweige.

II. Bedeutung der äußeren Gliederung für den Organismus. Bau und Gliederung zeigen meist enge Beziehungen zu den Lebensbedürfnissen und zur Lebensweise der Einzelformen. Äußere Gliederung ist meist gerade so wie die innere der Ausdruck einer Arbeitsteilung, die zwischen den Teilen einer Zelle oder eines vielzelligen Körpers eingetreten ist. Die äußeren Glieder sind nämlich meist zu Organen mit bestimmten Lebensfunktionen geworden. Der phylogenetische Fortschritt von einfacheren zu reicher gegliederten organischen Formen besteht zum guten Teile in der Zunahme dieser Arbeitsteilung.

III. Hauptgruppen von Organen. Jeder Organismus betätigt sich in doppelter Weise: Er muß sich ernähren, um sich selbst zu behaupten; und er muß sich fortpflanzen, um die Art zu erhalten, da sein Leben begrenzt ist. Diesen beiden fundamentalen Lebensregungen dient der Körper. Nur bei primitiven Pflanzen ist er in gleicher Weise mit seiner ganzen Masse beiden Aufgaben dienstbar; sonst besorgen bestimmte Teile die Ernährungsvorgänge, andere die Fortpflanzung. So finden wir meist eine scharfe Arbeitsteilung zwischen den Vegetationsorganen und den Fortpflanzungsorganen, die wie in ihren Funktionen, so auch in ihrem äußeren und inneren Bau fundamental verschieden sind. Beide Gruppen von Organen müssen wir getrennt betrachten.

I. Vegetationsorgane.

Die höchste Gliederung, die die Pflanze in ihren Vegetationsorganen erfahren hat, ist die Gliederung in Wurzeln, Stengel und Laubblätter. Stengel und Laubblätter faßt man auch als Sproß zusammen. Einen aus Sproß und Wurzeln bestehenden Körper nennen wir Kormus. Die Gewächse solchen Baues bezeichnet man wohl als Kormophyten; dazu gehören die farnähnlichen Gewächse oder Pteridophyten und die aus ihnen hervorgegangenen, noch reicher gegliederten Samenpflanzen.

Die Kormophyten sind phylogenetisch entstanden aus einfacher organisierten Gewächsen, bei denen der Körper noch nicht eine so weitgehende Gliederung erfahren hat: bei denen die Wurzeln und echten Blätter noch fehlen, wenn bei manchen auch blattähnliche Zweige vorkommen können. Solche Gebilde bis herab zu ganz einfachen, völlig ungegliederten Pflanzenkörpern hat man Thalli genannt. Gewächse, die einen Thallus besitzen, kann man als thallöse Pflanzen den Kormophyten gegenüberstellen. Einen Thallus haben die Algen, Pilze, Flechten und alle Moose.

Mit den thallösen Pflanzen darf man die Thallophyten nicht verwechseln. Alle thallösen Pflanzen haben zwar einen Thallus, aber nicht alle sind Thallophyten. Unter diesem Namen faßt die Systematik nur die Algen, Pilze und Flechten zusammen.

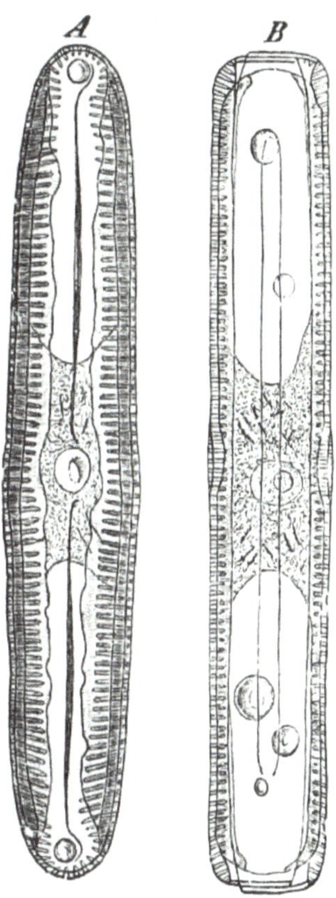

Fig. 79. Die Kieselalge Pinnularia viridis in zwei Ansichten. *A* Die Schalenansicht, *B* die Gürtelbandansicht. Vergr. 540. Nach STRASBURGER.

Fig. 80. Bakterien des Zahnschleims. *a* Leptothrix buccalis, bei *a** nach Jodbehandlung, *b* Mikrokokken, *c* Spirochaete dentium nach Jodbehandlung, *d* Spirillum sputigenum. Vergr. 800. Nach STRASBURGER.

A. Der Thallus[58].

a) Algen, Pilze, Flechten. 1. Einfachste (Kugel-)Formen. Äußerlich ganz ungegliedert ist bloß eine Reihe mikroskopisch kleiner einzelliger oder vielzelliger Gewächse. Die einfachste Form, die ein Organismus annehmen kann, ist die Kugel. Aus solchen Kugelzellen bestehen z. B. manche Algen, die an feuchten Mauern grüne Überzüge bilden (Fig. 35), und viele Bakterien (Fig. 80 *b*), die bei weitem kleinsten Organismen, die wir kennen.

2. Relative Oberflächenvergrößerung. Ausbildung einer Längsachse. Die Kugel hat von allen geometrischen Figuren gleichen Rauminhaltes die kleinste Oberfläche; und zwar ist die Oberfläche der Kugel um so kleiner im Verhältnis zu ihrem Volumen, je größer dieses wird, und umgekehrt (gleiches gilt übrigens auch für alle anders geformten Gebilde). Bei den winzig kleinen Bakterienzellen ist also die Oberfläche im Verhältnis zu ihrem Rauminhalt ganz außerordentlich groß; ja man darf die auffallend geringe Größe dieser Organismen in dieser Hinsicht wohl geradezu als Anpassung an ihre Lebensweise bezeichnen. Alle Abweichungen von der Kugelgestalt sind mit einer mehr oder weniger ausgiebigen relativen Vergrößerung der Oberfläche verbunden. Namentlich wenn das Körpervolumen zunimmt, im Verhältnis dazu seine Oberfläche also sich verringert, wird meist auf diese Weise die Oberfläche des Körpers vergrößert. Alsdann finden wir Zylinder-, Stäbchen-, Faden-, Band- und Scheibenformen, sowie schließlich äußerlich gegliederte, mit Fortsätzen ausgestattete Körper, also zumeist Gebilde, die bereits eine deutliche Längsachse erkennen lassen. Die freie Oberfläche des Körpers nämlich ist bei jeder Pflanze von allergrößter Bedeutung für die Aufnahme der zur Ernährung unbedingt notwendigen flüssigen und gasförmigen Stoffe aus der Außenwelt. So ist eben die Oberflächenvergrößerung das wichtigste Prinzip der Oberflächendifferenzierung.

Von ellipsoidischer Form sind die einzelligen Individuen der Bierhefe (vgl. Fig. 20); scheibenförmig oder zylindrisch sind die Zellen vieler Algen, z. B. vieler Diatomeen-Arten. In dieser Algengruppe gibt es auch spindel-, schiff- (Fig. 79), helm-, fächer-, faden-, band- und kettenförmige Gebilde. Stäbchen- und schraubenförmige Gestalten finden wir auch bei den Bakterien (Fig. 80 *a*, *c*, *d*). Die Bakterienzellen besitzen natürlich auch dann, wenn sie nicht Kugelgestalt haben, eben infolge ihrer außerordentlichen Kleinheit gegenüber ähnlich gestalteten Zellen anderer Organismen eine ungewöhnlich große freie Oberfläche.

Solche Lebewesen können mit Gallerte oder Schleim auf einer Unterlage festsitzen oder auch frei in Flüssigkeiten, vor allem in Wasser, flottieren. Die flottierenden Organismen des Wassers, der Binnengewässer sowohl wie der Meere, bezeichnet man als Plankton im Gegensatze zu den Wasserorganismen, die festgeheftet sind, dem Benthos. Die Planktonflora, die sehr reich an eigenartigen Formen ist, enthält fast lauter solche Gestalten, wie wir eben genannt haben. Sie können mit aktivem Bewegungsvermögen begabt sein (Schwimmer). Der Fortbewegung dienen alsdann in der Regel besondere Organe: sehr häufig fadenförmige kontraktile Geißeln oder Zilien, die Fortsätze des Plasmakörpers sind. Ihr Besitz erlaubt es solchen Planktonten, durch Reizbewegungen die Stellen mit den günstigsten Ernährungsbedingungen aufzusuchen, ungünstige Stellen aber zu fliehen. Andere Planktonorganismen schweben dagegen ohne eigenes Bewegungsvermögen im Wasser (Schweber); viele von ihnen und andere Planktonten besitzen besondere Schwebeeinrichtungen. Die Oberflächen ihrer Körper sind durch lange Stacheln, Leisten, fallschirmartige Platten außerordentlich vergrößert (Fig. 319, 321, 322); dadurch erhöht sich der Reibungswiderstand des Körpers am Wasser bedeutend, und das Sinken wird erschwert[59].

Haben alle diese einfach organisierten Pflanzen starre Körperformen, so gibt es auch niedere Pflanzen, die ständig ihre Gestalt wechseln, also ohne feste Umrisse sind, z. B. die Myxamöben und die Plasmodien der Schleimpilze.

3. Ausbildung des polaren Gegensatzes. Als nächste Stufe der fortschreitenden Gestaltung kann bei Formen mit Längsachse jene gelten, bei der sich ein Unterschied zwischen Basis und Spitze oder Scheitel einstellt. Bei freibeweglichen Formen ist alsdann der eine Pol oft Träger der Fortbewegungsorgane (Geißeln). Bei festgewachsenen dient er meist als Haft- oder Befestigungsorgan (als kreisrunde Haftscheibe oder als krallen- oder fingerförmig verzweigte Haftlappen usw.) der Anheftung, während das Wachstum sich auf eine eng umgrenzte Stelle des Körpers, einen Vegetationspunkt, beschränken kann, nämlich bald auf eine Zone zwischen Basis und Spitze (interkalares Wachstum, interkalarer Vegetationspunkt), bald mehr und mehr auf den Scheitel (apikales oder Spitzenwachstum, apikaler Vegetationspunkt). Ein Keimling der grünen Meeresalge Ulva Lactuca mag für den letzteren Fall als Beispiel dienen (Fig. 81).

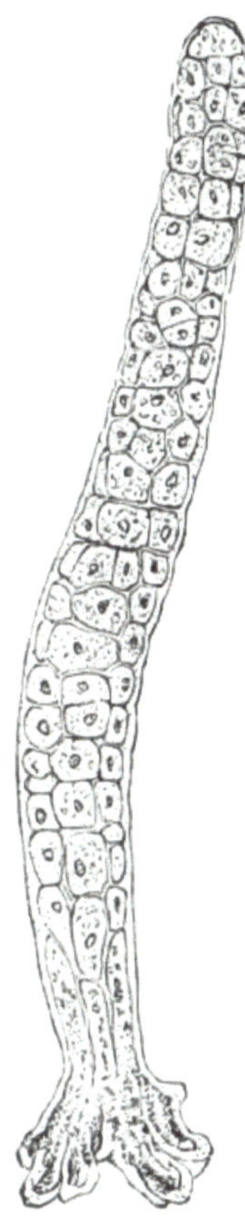

Fig. 81. Keimling von Ulva Lactuca. Oben der Scheitel, unten die Basis. Vergr. 220. Nach STRASBURGER.

4. Abplattung. Bei vielen Algen und Flechten ist der Thallus bandförmig oder scheibenförmig abgeplattet (Fig. 83). Dadurch wird die freie Oberfläche, worauf es der Pflanze ankommt, weiter wesentlich vergrößert. Deshalb darf man diese Ausbildung wohl als eine Anpassung an die Ernährungsverhältnisse dieser Organismen ansehen. Sie bauen sich nämlich ihre organische Substanz aus dem Kohlenstoffe der Kohlensäure auf, die sie zerlegen. Diese Zerlegung und Assimilation aber erfolgt wie bei allen Pflanzen, die Chlorophyll enthalten, nur am Lichte. Soll sie also in größerem Maße stattfinden, so müssen möglichst viele Chlorophyllkörner dem Lichte ausgesetzt werden. Das aber wird eben bei voluminösen Körpern vielfach durch Abflachung erreicht.

5. Ausbildung von Dorsiventralität. Die Mehrzahl der bisher besprochenen Formen ist radiär oder bilateral symmetrisch. Bei manchen, namentlich solchen, die mit ihrem Thallus auf einer Unterlage sich ausbreiten, also plagiotrop wachsen (z. B. bei vielen Flechten), ist der Körper aber auch dorsiventral ausgebildet. Dorsiventrale Symmetrie ist namentlich solchen Formen eigentümlich, deren Oberseite mehr Licht erhält als die Unterseite. Alsdann ist vor allem die obere Seite für die Assimilation eingerichtet.

6. Ausbildung von Verzweigungen. Noch höher organisiert sind Fäden, Bänder und Scheiben, die durch Fortsätze verzweigt sind. So ist die Mehrzahl der Thalli bei Algen, Pilzen und Moosen gestaltet. Durch die Verzweigung wird die freie Oberfläche meist noch weiter bedeutend vergrößert und zugleich eine bessere Raumausnutzung ermöglicht. Es können dadurch schließlich busch-, strauch- und baumförmige Thalli entstehen, bei den Algen vielfach mit Zweigen sehr großer Biegsamkeit und Geschmeidigkeit, die dem bewegten Wasser keinen Widerstand entgegensetzen, sondern in ihm fluten.

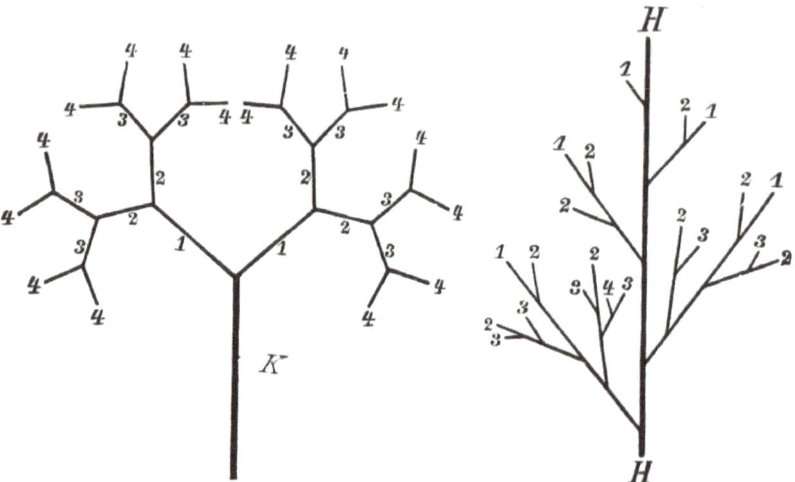

Fig. 82. *a* Schema der dichotomischen, *b* der seitlichen, razemösen Verzweigung. *K* Keimlingsachse, *H* Hauptachse, *1*, *2*, *3*, *4* Tochterachsen 1., 2., 3., 4. Ordnung.

Fig. 83. Dictyota dichotoma (braune Meeresalge). **2/3** nat. Gr. Nach SCHENCK.

Bei der Verzweigung kann sich der Scheitel der Keimlingsachse selbst in zwei neue, gleichmäßig weiterwachsende Glieder teilen, gabeln (dichotome Verzweigung), so bei dem sich fortdauernd gabelnden, da durch fächerförmigen Thallus der braunen Meeresalge Dictyota dichotoma (Fig. 83 und das Schema Fig. 82 *a*). Bei anderen verzweigten Formen wachsen dagegen durch Neubildung von Vegetationspunkten Seitenzweige hervor, oft mit gesetzmäßiger Anordnung (seitliche Verzweigung). An höher organisierten Formen schränkt sich auch bei dieser Art der Verzweigung die Bildung solcher Vegetationspunkte immer mehr und mehr auf den Scheitel des Thallus ein; die dem Scheitel nächsten, jüngsten Seitenzweige sind alsdann die kürzesten. Eine solche scheitelwärts fortschreitende, akropetale Anlage neuer Seitenglieder ist bereits bei der grünen Fadenalge Cladophora deutlich (Fig. 84, vgl. auch Fig. 89). Bei der einfachsten Ausbildung der seitlichen Verzweigung geht eine einheitliche Hauptachse, die an der Spitze immer weiter wächst, ein Monopodium, durch das ganze Verzweigungssystem. Sie ist die Mutterachse für eine größere Zahl nacheinander meist ringsum entstandener und schwächer wachsender Seitenachsen, die sich in gleicher Weise verzweigen können. Man nennt diese Verzweigung die razemöse Verzweigung (vgl. das Schema Fig. 82 *b*).

Alle Seiten- (oder Tochter-)achsen, die unmittelbar an der Keimlingsachse entstehen, nennt man 1. Ordnung; solche, die an Tochterachsen erster Ordnung durch Verzweigung entstehen, 2. Ordnung und so fort (vgl. Fig. 82). Jede Achse, an der eine Tochterachse irgendeiner Ordnung entsteht, wird mit Bezug auf diese Auszweigung Mutterachse des Tochtergliedes genannt. Die Seitenachsen können unbegrenztes Wachstum haben, Langtriebe sein, oder es sind Kurztriebe mit begrenztem Wachstum.

An Achsen mit interkalaren Vegetationspunkten entstehen die Seitenzweige entweder akropetal oder basipetal.

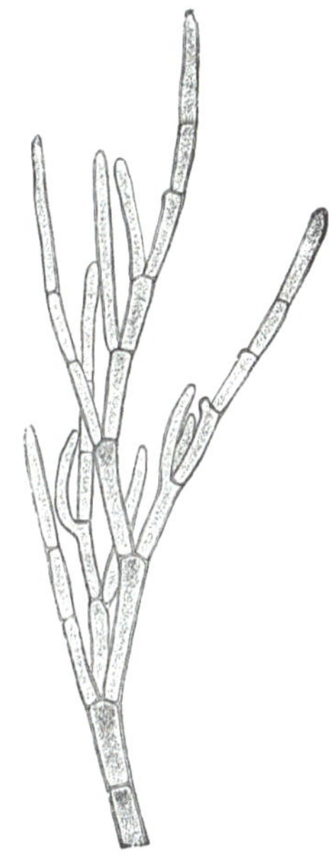

Fig. 84. Stück einer Cladophora glomerata (Süßwasseralge). Vergr. 48. Nach SCHENCK.

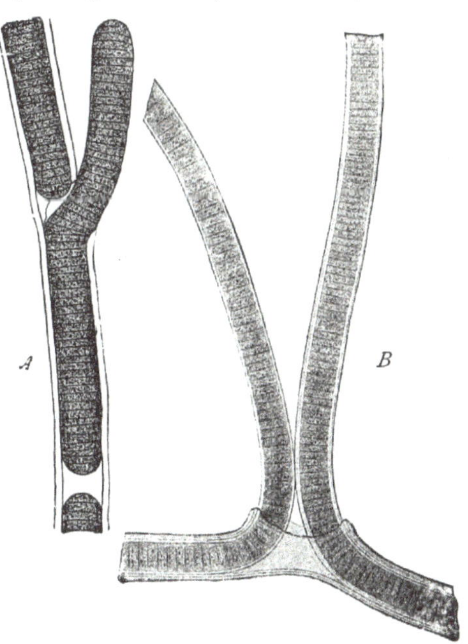

Fig. 85. Unechte Verzweigung bei Spaltalgen. *A* Plectonema Wollei: nur das obere Ende des zerbrochenen Fadenstückes wächst als Ast aus. *B* Pl. mirabile: beide Enden wachsen weiter. OLTMANNS nach KIRCHNER u. BORNET.

Übrigens kommt bei Thallophyten auch die zymöse Verzweigung vor, die wir später beim Kormus näher kennen lernen werden.

Diese Verzweigungsarten nennt man echte. Im Gegensatz dazu findet sich bei einigen niederen, fadenförmigen Algen und Bakterien unechte Verzweigung. Sie kommt dadurch zustande, daß der Faden in zwei Stücke zerbricht, die aber durch eine Gallertscheide auch ferner zusammengehalten werden, und daß jedes durch den Bruch entstandene neue Fadenende zu einer fadenförmigen Zellreihe auswachsen kann (Fig. 85). Nicht von Verzweigung, sondern von Zerteilung spricht man dagegen, wenn ein unverzweigter Thallus nachträglich in eine Anzahl Lappen zerteilt wird, wie es z. B. bei dem bandartigen Thallus von Laminaria (Fig. 352) der Fall ist.

Bei den **Pilzen**, die keine Kohlensäure assimilieren, sondern sich von organischen Stoffen ernähren, hat der Thallus dementsprechend ein besonderes Aussehen. Man nennt ihn Myzelium. Er besteht meist nur aus sehr dünnen in reichverzweigten, farblosen, zylindrischen Fäden (Fig. 86 und Fig. 6), den Hyphen, die das Substrat, z. B. den Waldhumus, allseitig durchziehen, so daß sie mit außerordentlich großer Oberfläche die nötigen Nährstoffe aufnehmen können. Schmarotzerpilze treiben meist Ausstülpungen von Hyphen als Saugfortsätze (Haustorien) in die lebenden Zellen der Wirtspflanzen, sofern sie nicht in den Zellen leben, sondern etwa mit ihren Hyphen das Interzellularsystem durchziehen (Fig. 87).

Fig. 86. Teil eines Myzeliums von dem Schimmelpilz Penicillium. Vergr. ca. 35.

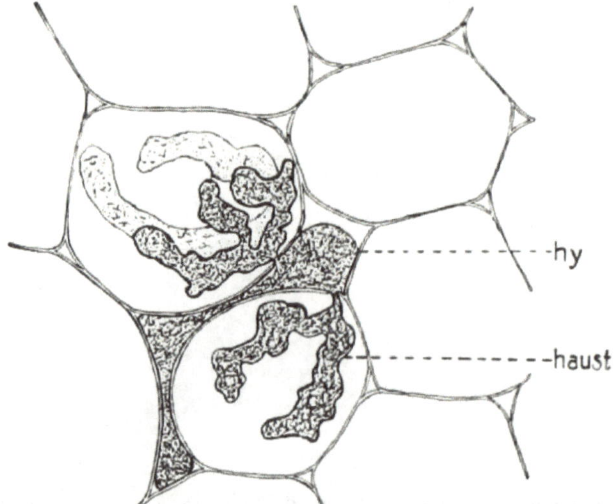

Fig. 87. Haustorien (*haust*) von Peronospora parasitica in Parenchymzellen von Capsella. *hy* Interzellulare Hyphe. Vergr. 240.

Fig. 88. Thallus der Rotalge Delesseria sanguinea. 1/2 nat. Größe. Nach SCHENCK.

7. Arbeitsteilung zwischen den Thalluszweigen. Am reichsten gegliedert ist der Thallus in einigen Abteilungen der Schlauchalgen (Siphoneen), der braunen und der roten Meeresalgen (Phaeophyceen und Rhodophyceen). Die äußere Gliederung mancher solcher mit Haftscheiben, Haftlappen oder verzweigten Strängen befestigten Formen, die zum Teil sehr groß werden können (der Thallus der Braunalge Macrocystis wird über 45 m lang), erinnert auffallend an die des Sprosses der Kormophyten, so z. B. bei der roten Meeresalge Delesseria sanguinea (Fig. 88): an zylindrischen, verzweigten Thallusästen sitzen Seitenzweige, die blattähnlich gestaltet sind. Der Thallus hat bei vielen solchen Formen außer der Ausbildung eines Haftorgans (einer Haptere) und der Zweige eine weitere Arbeitsteilung zwischen seinen Gliedern eintreten lassen: einige Zweige sind zylindrisch und dienen dazu, das Wachstum und die Verzweigung des Thallus als Langtriebe fortzusetzen und die übrigen Triebe zu tragen. Die letzteren dagegen sind zu blattartigen Assimilationsorganen (Assimilatoren) mit begrenztem Wachstum, zu Kurztrieben, geworden. Ja, diese Kurztriebe zeigen manchmal unter sich nochmals eine Arbeitsteilung. Solche Formen sind morphologisch von höchstem Interesse, weil sie uns zeigen, wie die Blätter der Kormophyten aus Kurztrieben entstanden sein könnten.

Die Ausbildung blattähnlicher Kurztriebe an den Körpern von thallösen Pflanzen ist offenbar selbständig in jeder der genannten Reihen entstanden, nämlich da, wo Thallusstücke zu besonderen Assimilationsorganen wurden. Alle diese Gebilde nahmen annähernd gleiche Form, eben die Blattform, an. Die blattartigen Triebe der Siphoneen und Braunalgen sind, mit anderen Worten, denen der Rotalgen nicht homolog, sondern nur analog.

8. Innerer Bau der Thalli. Alle diese Thalli, mögen sie gegliedert oder ungegliedert sein, können aus einem einzigen Protoplasten bestehen (z. B. Schlauchalgen: Caulerpa, Fig. 348) oder, wie es meist der Fall ist, aus vielen Zellen sich zusammensetzen. Bestehen sie aus vielen Zellen, so sind diese entweder in einer Reihe zu einem Zellfaden (Fig. 84), in einer Fläche oder zu einem Zellkörper angeordnet. Die einfachsten mehrzelligen Thalli setzen sich aus lauter gleichförmigen und in gleicher Weise teilungsfähigen Zellen zusammen. Sobald ein Vegetationspunkt sich ausbildet, tritt aber eine Sonderung ein zwischen embryonalen, teilungsfähigen, und Dauerzellen. Die äußersten Spitzen der apikalen Vegetationspunkte werden bei vielzelligen Thalli fast stets von einer einzigen Zelle, der Scheitelzelle, eingenommen, die bei manchen Formen nur wenig von den anderen Zellen abweicht, so bei der Fadenalge Cladophora glomerata (Fig. 84). An den vielzelligen

Langtrieben der büschelig verzweigten braunen Meeresalge Cladostephus verticillatus fallen die großen kuppenförmig gestalteten Scheitelzellen aber sofort auf (Fig. 89).

Jede solche an der Spitze fortwachsende Scheitelzelle teilt sich durch quere, einander parallele Wände, die von ihrem unteren Ende scheibenförmige Segmente abschneiden. Diese teilen sich in gesetzmäßiger Weise weiter zunächst durch Längswände, hierauf durch Querwände in eine größere Anzahl zunächst noch embryonaler Zellen. Aus bestimmten Randzellen der Segmente wachsen, spitzenwärts fortschreitend, die Seitenzweige (meist als Kurztriebe) hervor, die das Aussehen der Pflanze bestimmen (Fig. 89). Auch flache bandartige Körper können eine ähnlich gestaltete, nur entsprechend abgeflachte Scheitelzelle besitzen, so die in Fig. 90 dargestellte braune Meeresalge Dictyota dichotoma[60]. Von ihr (Fig. 90 *A*) werden durch grundwärts vorgewölbte Querwände flache Segmente abgeschnitten, die sich weiterhin durch Längswände teilen. Gelegentlich wird die Scheitelzelle aber auch durch eine Längswand in zwei nebeneinander liegende gleichgroße Scheitelzellen geteilt (*B*, *a*, *a*), deren jede einen Seitenzweig bildet. Dadurch kommen die Gabelungen des Körpers zustande.

Die Dauerzellen des Thallus sind fast immer, selbst bei den am reichsten gegliederten Thalli, nur Parenchymzellen. Ist der Thallus ein vielzelliger Körper, so kann wohl eine Sonderung eintreten in peripher gelegenes chlorophyllreiches Assimilationsparenchym, in Speicherparenchym, das an Reservestoffen reich und farblos ist, und in Leitparenchym aus langgestreckten Zellen.

Eine Veranlassung zur Ausbildung einer typischen Epidermis fehlt bei den vielzelligen Algen, da sie im Wasser eines Schutzes gegen Austrocknung nicht bedürfen und durch Schleimüberzüge vor zu starkem Wasserverlust bewahrt bleiben, wenn sie bei der Ebbe etwa an die Luft gelangen. Doch besitzen die Algen an ihren Oberflächenzellen schon eine äußere Zellmembranlamelle, die sich mit Chlorzinkjod braun färbt. Für genügende Festigung des Thallus, besonders bei den in der Brandung wachsenden Arten, wird durch starke Verdickung der Wände in den äußeren Zellagen, unter Umständen auch durch Inkrustationen mit kohlensaurem Kalk gesorgt. Beim Blasentang (Fucus vesiculosus) sind zudem besondere mechanische, durch ihre Dickwandigkeit, große Dehnbarkeit und Elastizität ausgezeichnete Zellen vorhanden. Den relativ höchsten Grad innerer Differenzierung zeigen die ebenfalls zu den braunen Algen gehörenden Laminarien. In den stammartigen Achsen, die bei diesen Pflanzen sehr dick werden, läßt sich Rinde, Zentralkörper und ein lockeres Mark unterscheiden. Die Rinde enthält vielfach Schleimgänge, das Mark sogar Züge siebröhrenartiger Zellen, die vielleicht der Stoffleitung dienen; solche Zellen kommen übrigens auch bei manchen Rhodophyceen vor. Die Laminarienachsen wachsen durch fortgesetzte Teilung der Rindenzellschicht in die Dicke. Die Produkte dieser Teilungstätigkeit bilden eine Art sekundäres Gewebe mit konzentrischen Zonen, die an Jahresringe der Samenpflanzen erinnern.

Die Thalli der Flechten kommen durch Verflechtung von Pilzhyphen zustande und können parenchymatische Struktur annehmen. Bei vielen Arten werden die peripherischen Schichten durch sehr dichte Verfilzung der Hyphen und sehr starke Verdickung der Hyphenwände zu schützenden Rinden über den assimilierenden Algen.

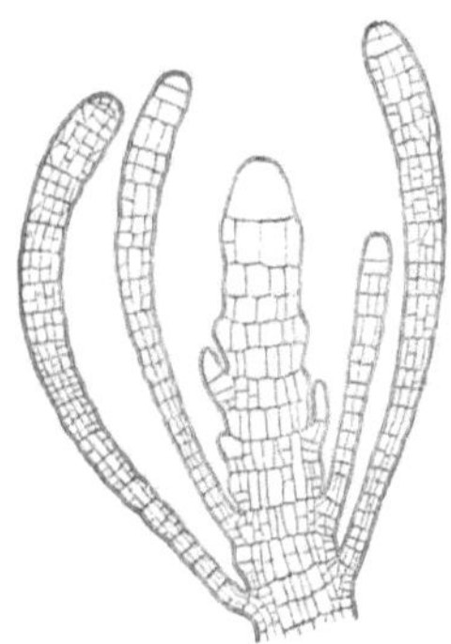

Fig. 89. Endtrieb von Cladostephus verticillatus. Vergr. 30. Nach N. PRINGSHEIM.

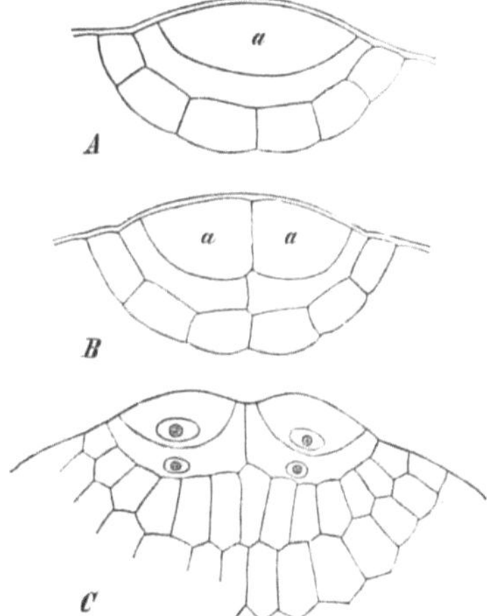

Fig. 90. Der Vegetationspunkt von Dictyota dichotoma und seine Gabelung. *a* Die Scheitelzellen. Nach E. DE WILDEMAN. Vergr. ca. 500.

Fig. 91. Riccia fluitans. Nat. Gr. Nach SCHENCK.

Fig. 92. Blasia pusilla. *r* Rhizoide. Vergr. 2. Nach SCHENCK.

b) Moose[61]. Im äußeren und inneren Bau der Moospflanzen (Bryophyten) kommt wie bei den Algen wieder zum Ausdruck, daß sie Kohlensäure assimilieren. Es gibt zunächst Lebermoosarten, deren Körper bandartig ist, sich gabelig verzweigt und auffällig dem Körper von Algen, wie Dictyota (Fig. 83), gleicht, so das Lebermoos Riccia fluitans (Fig. 91). Bei dem Lebermoos Blasia pusilla (Fig. 92) ist der bandartige Körper, der, wie viele andere thallöse Moose, eine Mittelrippe besitzt, seitlich gelappt, als ob blattartige Gebilde sich zu sondern begännen. Die am reichsten gegliederten Lebermoose, wie Plagiochila asplenioides (Fig. 93), und alle Laubmoose tragen solche an einem zylindrischen, verzweigten Stengel als besondere Assimilationsorgane. Seitenzweige sitzen an den Mutterachsen unter den Blättern. Auch diese dorsiventralen, bilateralen oder radiären sproßähnlichen Körper, die bei den Laubmoosen oft Polster bilden, sind den Sprossen der höheren Pflanzen nur analog. Man faßt sie wohl am besten als hoch differenzierte Thalli auf. Den Moosen, die im Gegensatze zu den meisten Algen in der Regel Luftorganismen sind, fehlen nämlich noch die Wurzeln; sie befestigen sich am Boden nur durch Rhizoiden: einzellige, an ihrer Basis mit einer Querwand abgegrenzte Haare oder verzweigte Zellfäden, die den Körper auch mit Wasser versorgen. Viele Formen können aber noch mit der ganzen Oberfläche ihrer Vegetationsorgane Wasser aufnehmen.

Liegt der Thallus der Unterlage auf, so ist er wie bei entsprechend lebenden Flechten meist dorsiventral ausgebildet und zeigt bei vielen Lebermoosen oft nur an seiner dem Lichte ausgesetzten Oberseite reicheren Chlorophyllgehalt (Fig. 95). Die Rhizoiden entspringen alsdann ausschließlich der Unterseite.

Auch bei den Moosen, die immer vielzellig sind, wird die Spitze des stets apikalen Vegetationspunktes oft von einer einzigen Scheitelzelle eingenommen.

Fig. 93. Plagiochila asplenioides mit jalousieähnlich übereinander greifenden Blättern. Nat. Gr. Nach SCHENCK.

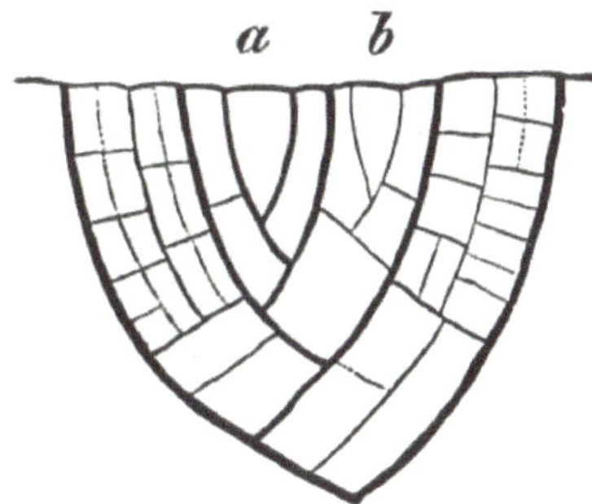

Fig. 94. Schema des Vegetationspunktes von Metzgeria furcata im Augenblick der Verzweigung. Von der Rückenfläche gesehen. *a* Die Scheitelzelle der Mutterachse, *b* des Tochterzweiges. Vergr. ca. 370. Nach KNY.

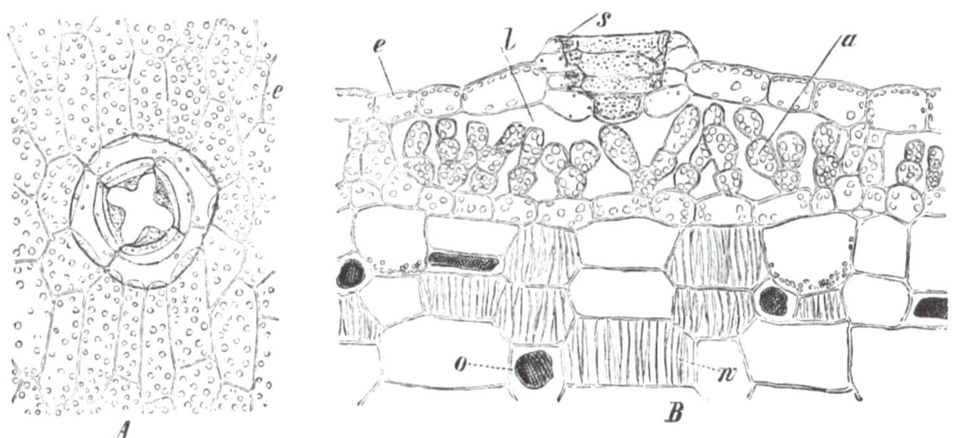

Fig. 95. Oberflächenansicht und Querschnitt des Thallus der Marchantia polymorpha. In *A* eine Atemöffnung von oben, in *B* im Querschnitt, *e* Epidermis, *s* Randzellen der Atemöffnung, *l* Luftkammer, *a* Assimilationszellen, *o* Ölkörper, *w* Wassergewebe. Vergr. 240. Nach STRASBURGER und KOERNICKE.

Diese Zelle hat bei bandartigen Lebermoosen, wie Metzgeria und Aneura, ebenso schon bei ähnlich gestalteten Algen, keilförmige Gestalt (Fig. 94) und ist meist zweischneidig, seltener vierschneidig. Die zweischneidige gibt durch aufeinanderfolgende, abwechselnd nach rechts und links geneigte und schräg aufeinander stehende Wände nach zwei Seiten hin Segmente ab, die durch weitere Teilungen den Pflanzenkörper aufbauen; die vierschneidige gibt dagegen auch noch nach oben und unten Segmente ab. Die scheinbar rein gabelige Verzweigung der Lebermoose mit solchen Vegetationspunkten ist auf die frühzeitige Anlage neuer Scheitelzellen aus der randständigen Hälfte junger Segmente (Fig. 94 bei *b*) zurückzuführen. Bei den aufrecht wachsenden, radiär gebauten Thalli der Laubmoose hat die Scheitelzelle die Gestalt einer dreiflächig zugespitzten Pyramide. Man kann sie dreischneidig nennen. Auch die Blattanlagen der Laubmoose wachsen zuerst mit einer Scheitelzelle, und zwar mit einer zweischneidigen, zeigen also Spitzenwachstum; später wachsen sie interkalar.

Die Dauergewebe sind wesentlich vollkommener als bei den Algen gesondert. Das ist durch das Landleben bedingt, das andere Lebensbedingungen für die Moose als z. B. für die Algen brachte. Zur Abgrenzung einer Epidermis kommt es gleichwohl auch bei den Moosen nur ausnahmsweise, wenn auch die oberirdischen Teile von einer Art Kutikula überzogen sind. Doch setzt sich am Thallus der Marchantien eine äußerste Zellschicht von dem nächst inneren Gewebe deutlich ab. Sie ist von Öffnungen (Fig. 95) durchbrochen, die als Atemöffnungen bezeichnet werden und gleich den Spaltöffnungen der höheren Gewächse Luftspalten sind. Auch haarähnliche, Schleim absondernde Bildungen in Form von Papillen oder blattähnlichen Schuppen sind bei den Moosen weit verbreitet.

Typische Spaltöffnungsapparate mit zwei Schließzellen, die eine Spalte umschließen, findet man aber, wie GOEBEL[61] gezeigt hat, beachtenswerterweise im Thallus der Lebermoosgattung Anthoceros; freilich sind die Spaltöffnungen hier keine Luft-, sondern Schleimspalten.

Ein eigenartiger kapillarer Apparat im Dienste der Wasserversorgung ist bei den Torfmoosen (Sphagnaceen) ausgebildet. Die Rinde der Stämmchen besteht aus drei bis vier Schichten inhaltsleerer Zellen, die begierig Wasser aufsaugen, weil ihre ring- und schraubenförmig verdickten Längs- und Querwände mit runden Löchern versehen sind. In den Blättern liegen solche Zellen einzeln in den Maschen eines einschichtigen Netzes aus langgestreckten, lebenden, chlorophyllhaltigen Zellen.

Manche Lebermoose verfügen auch schon über besondere, der Stoffleitung dienende Stränge aus langgestreckten Zellen, die ihren Körper, bei bandartigen Formen in der Mittelrippe, durchziehen. Gegen das umgebende Gewebe deutlich abgegrenzt treten uns die Leitstränge aber erst bei den Laubmoosen entgegen.

Einen relativ einfach gebauten Leitstrang (*l*) dieser Art im Stämmchen von Mnium undulatum führt im Querschnitt die Fig. 96 vor. Am vollkommensten ist er in den Stämmchen der Polytrichaceen ausgebildet. Dort verläuft ein zentraler Strang aus langgestreckten, dünnwandigen und plasmaleeren, der Wasserleitung dienenden, aus dickwandigen, der Festigung dienenden Zellen und aus gestreckten Zellen, die Eiweiß und Kohlehydrate enthalten. Auch die einschichtige Blattspreite besitzt oft einen mehrschichtigen Mittelnerv, der einen Leitstrang der geschilderten Art enthalten kann. Dieser setzt sich dann in das Gewebe des Stengels hinein bis zu einem Leitstrang fort. Ferner kommen bei einigen Laubmoosen auch mechanische Zellen vor, die langgestreckt und zugespitzt sind und völlig Sklerenchymfasern gleichen.

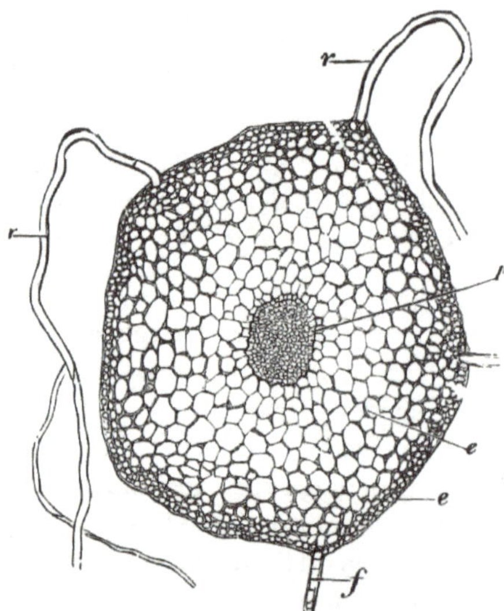

Fig. 96. Querschnitt durch das Stämmchen, von Mnium undulatum. *l* Leitstrang, *c* Rinde, *e* die äußerste Zellschicht der letzteren, *f* Blattflügel, *r* Rhizoiden. Vergr. 90. Nach STRASBURGER.

c) Gametophyt der Kormophyten[61]. Auch in den Entwicklungsgang der Kormophyten, für die die Ausbildung des Kormus bezeichnend ist, ist ein thallöser Vegetationskörper eingeschaltet: Bei ihnen nämlich wechseln regelmäßig zwei Generationen von Vegetationskörpern miteinander ab, von denen nur die eine, die Sporenpflanze (Sporophyt), als Kormus, die andere aber, die Geschlechtspflanze (Gametophyt), als meist sehr einfach gegliederter und gebauter Thallus ausgebildet ist (Prothallium). Diese Generation lebt bei den Farnpflanzen meist selbständig als ein grünes, mit in der Regel einzelligen Rhizoiden am Boden befestigtes, flaches Gebilde (Fig. 97), das nur einige Zentimeter lang wird und einem kleinen Lebermoosthallus gleicht, aber auch aus verzweigten Zellfäden bestehen kann.

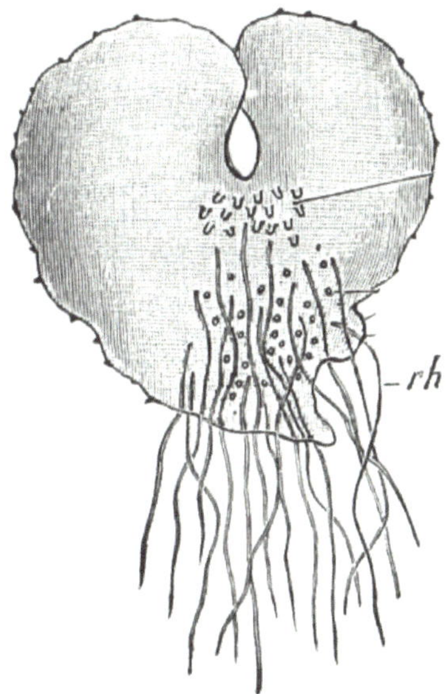

Fig. 97. Aspidium filix mas. Prothallium von der Unterseite. *rh* Rhizoiden. Vergr. ca. 8. Nach SCHENCK.

B. Der Kormus[62].

Die Vegetationsorgane des Sporophyten der Farnpflanzen (Pteridophyten) und der Samenpflanzen, die wir Kormus nennen wollen, gliedern sich, wie schon gesagt, noch viel weiter als die Thalli, nämlich in Sprosse und Wurzeln, die Sprosse in Sproßachsen und Blätter. Stengel, Blätter und Wurzeln sind die Grundformen des Kormus. Der Kormus zeigt in seinem äußeren und inneren Bau augenscheinliche Anpassungen an das Landleben.

Ebenso wie bei sehr vielen Thalli wird beim Kormus die Oberfläche durch Verzweigungen fast stets bedeutend vergrößert. Die Sproßachse bildet Seitensprosse (Seiten-, Tochterzweige), die Wurzel Seitenwurzeln (Neben-, Tochterwurzeln). Durch die Verzweigung, die bei vielen Gewächsen schon früh an der Keimpflanze beginnt; entsteht ein Sproß- und ein Wurzelsystem.

Den Ausdruck Kormus gebraucht man meist als gleichbedeutend mit Sproß und versteht darunter einen beblätterten Stengel ohne die Wurzeln. Auch den beblätterten Moosen schreibt man dann vielfach einen Sproß oder Kormus zu. Diese Auffassung stammt aus einer Zeit, wo man den Entwicklungsgang der Moose noch nicht genau kannte. Wir haben jetzt Grund zu der Annahme, daß der „Sproß" der Moose mit den Sprossen der Farn- und Samenpflanzen nicht homolog ist. Also ist es zweckmäßiger, bei den Moosen, wie bei den „beblätterten" Algen, noch nicht von Sproß oder Kormus zu sprechen. Es steht wohl nichts im Wege, den Begriff Kormus weiter zu fassen als den Begriff Sproß und mit diesem Ausdruck die in Sproß und Wurzeln gegliederten Vegetationsorgane der Kormophyten zu bezeichnen. Übrigens gibt es Übergänge zwischen Wurzeln und Sprossen (z. B. die Wurzelträger von Selaginella), wie auch zwischen Blättern und Sprossen (z. B. bei Utricularia).

1. Bau des typischen Kormus.

Wir wollen zunächst solche Kormi betrachten, denen wir typischen Bau zusprechen können. Die Besonderheiten der Grundformen treten nur in typischer Ausbildung, wie wir sie etwa bei unseren Bäumen oder vor allem bei vielen einheimischen Kräutern finden, deutlich zutage. Die Grundorgane können nämlich mancherlei Umbildungen erfahren, die so weit gehen können, daß ihre Unterschiede sich in extremen Fällen mehr oder weniger verwischen.

a) Der Sproß[63].

Der Sproß, der bei Landpflanzen ganz in der Luft oder teilweise in der Luft (als Luftsproß), teilweise in der Erde (als Erdsproß, Fig. 143) lebt, letzteres bei sehr vielen ausdauernden krautigen Gewächsen (vgl. Fig. 125, 143), besteht aus dem Stengel, den man auch Sproßachse nennt, und aus den Blättern, die am meist grünen Luftsprosse hauptsächlich als grüne Laubblätter (Laubsproß), an den farblosen (weißen) Erdsprossen (Wurzelstöcken oder Rhizomen) aber als blasse Schuppen ausgebildet sind. Die Sproßachse ist der Träger der Blätter, sorgt für die Vergrößerung des Sproßsystems: für die Verlängerung des Stengels, für die Neubildung von Blättern und von Seitenzweigen, stellt die Verbindung der Blätter mit den Wurzeln her und dient der Stoffleitung zwischen diesen Organen. Die Sproßachse der meisten Erdsprosse dient ferner noch der Speicherung von Reservestoffen. Die Laubblätter sind wie die blattähnlichen Kurztriebe der thallösen Pflanzen die Assimilationsorgane und zugleich die Transpirationsorgane der Kormophyten. Diesen Funktionen entspricht der äußere und innere Bau der Laubblätter und des Stengels.

α) **Der Vegetationspunkt.** Der Sproß zeigt Scheitelwachstum mittels eines apikalen Vegetationspunktes, der sich an der äußersten Spitze, dem Scheitel des Stengels, befindet. Da der Vegetationspunkt gewöhnlich klein, dem bloßen Auge kaum sichtbar ist, so bekommt man ihn erst zu Gesicht, wenn man Längsschnitte durch den Sproßscheitel bei Lupenvergrößerung betrachtet (Fig. 98). Man sieht alsdann, daß er flach (Fig. 99) oder vorgewölbt (Fig. 98 *v*), manchmal auch steil kegelförmig ist (Vegetationskegel Fig. 100, 102), und daß an seiner Oberfläche, exogen, seitlich oder unterhalb seiner Spitze Höcker oder Wülste (*f*) dicht gedrängt in großer Zahl vorspringen: die Blattanlagen und zwischen ihnen die Anlagen der Seitenzweige (*g*). Die Blattanlagen entstehen in *akropetaler* Reihenfolge, sind daher um so größer, je weiter sie vom Scheitel entfernt sind. Ihre Gestalt wird auf Querschnitten durch den Vegetationspunkt besonders deutlich (Fig. 99).

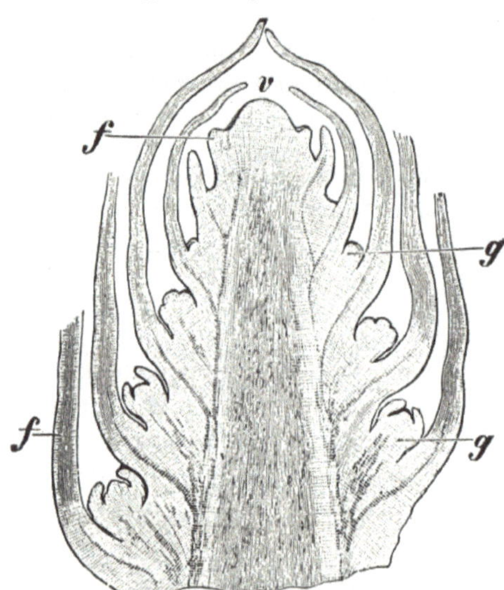

Fig. 98. Sproßscheitel einer Samenpflanze. Bei *v* Vegetationspunkt, *f* Blattanlagen, *g* Seitenzweiganlagen. Vergr. 40. Nach STRASBURGER.

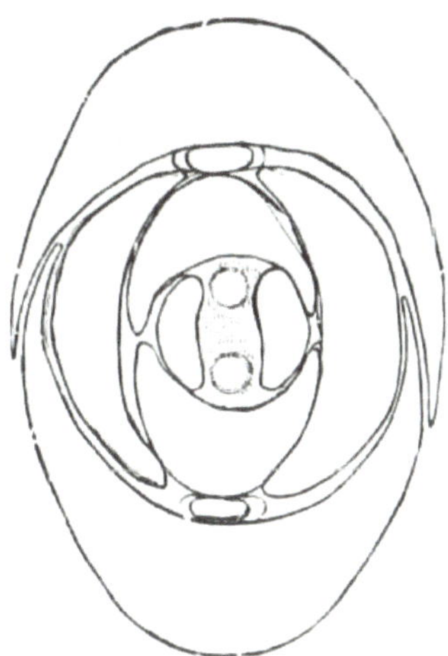

Fig. 99. Scheitelansicht eines Sproßvegetationspunktes von Evonymus japonica. Vergr. 12. Nach STRASBURGER.

Der Vegetationspunkt und die ganz jugendlichen Blattanlagen, die sich immer nur aus den embryonalen Teilen des Scheitels bilden, bestehen aus embryonalem Gewebe. Bei den meisten Farnen und den Schachtelhalmen liegt an der Spitze des Vegetationspunktes eine Scheitelzelle (Fig. 100 t). Sie ist dreischneidig, hat also die Gestalt einer dreiseitigen Pyramide (eines Tetraëders) mit vorgewölbter Grundfläche als Außenseite.

Die Scheitelzelle (Fig. 100 *t* und 101 *A*) an den Hauptsprossen des Ackerschachtelhalmes (Equisetum arvense) kann als Beispiel dienen. Sie erscheint, vom Scheitel aus gesehen (Fig. 101 *A*), als gleichseitiges Dreieck, in dem neue Scheidewände nacheinander nach drei Seiten, parallel zu jeder der Seitenwände (*p*), angelegt werden. Jedes Segment (*S'*, *S''*) wird durch Scheidewände (*m*) weiter zerlegt. Bei den Farnpflanzen mit Scheitelzellen beginnen auch die Blattanlagen (*f*, *f'*, *f''*) meist noch ihre Entwicklung mit einer solchen, und zwar mit einer zweischneidigen (*f*). Weiterhin büßen sie aber die Scheitelzelle meist ein und vollenden ihre Ausbildung durch „Randwachstum" mittels vieler gleichwertiger zweischneidiger Randzellen. Ein solches Randwachstum findet sich z. B. bei den Blattanlagen von Equisetum. Auch die Anlagen der Seitenknospen (*g*) bilden sich aus einer Zelle, die zur Scheitelzelle der Anlage wird.

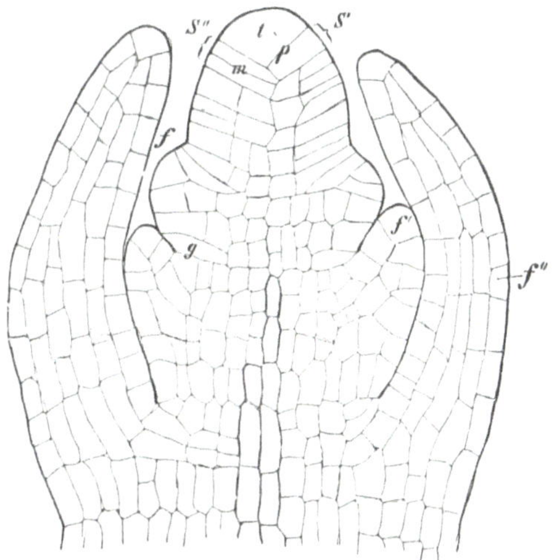

Fig. 100. Medianer Längsschnitt durch den Sproßvegetationspunkt des Schachtelhalms Equisetum arvense. Die Erklärung der Buchstaben im Text. Vergr. 240. Nach STRASBURGER.

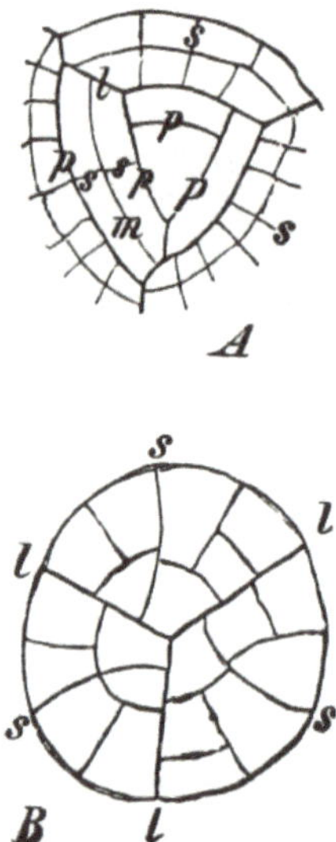

Fig. 101. *A* Scheitelansicht des Vegetationskegels von Equisetum arvense. *B* Optischer Durchschnitt desselben Vegetationskegels unterhalb der Scheitelzelle. *l* Seitenwände der Segmente. Die Erklärung der übrigen Buchstaben im Text. Vergr. 240. Nach STRASBURGER.

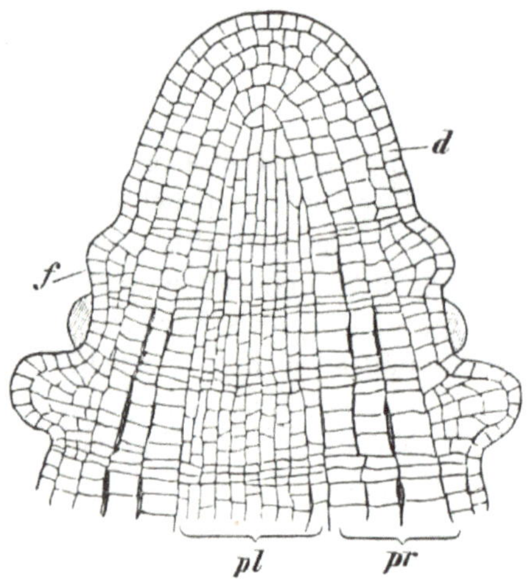

Fig. 102. Medianer Längsschnitt durch den Vegetationskegel von Hippuris vulgaris (Tannenwedel). *d* Dermatogen, *pr* Periblem, *pl* Plerom, *f* Blattanlagen. Vergr. 240. Nach STRASBURGER.

Bei den Bärlappgewächsen (Lycopodiaceen) unter den Pteridophyten und bei den Phanerogamen gibt es keine solche Scheitelzelle am Vegetationspunkte. Hier treten an die Stelle der Scheitelzelle mehrere gleichwertige embryonale Zellen, die oft regelmäßig in schalenförmigen Schichten angeordnet sind (Fig. 102).

Die äußerste Zellschicht, die den Vegetationspunkt deckt, als einfache Zellschicht auch die jungen Blattanlagen überzieht und sich im Gegensatze zu den anderen Schichten meist nur durch antikline Wände teilt, heißt Dermatogen (*d*), weil sie meist ausschließlich die Epidermis der Pflanze liefert; die Zellen, mit denen der zentrale Gewebestrang des Stengels, der Zentralzylinder, im Vegetationspunkt endet, heißen Plerom (*pl*), die zwischen beiden gelegenen Zellschichten Periblem (*pr*). Plerom und Periblem lassen sich aber oft nicht unterscheiden. An solchen Vegetationspunkten ohne Scheitelzellen entstehen die Blätter und die Seitenzweige als vielzellige Höcker (Fig. 102). Ihre Anlage pflegt durch örtliche Vermehrung der äußersten Periblemschichten eingeleitet zu werden, während das Dermatogen sich auch hier nur rechtwinklig zur Oberfläche teilt. An den Anlagen der Blätter beteiligt sich außer dem Dermatogen nur das Periblem, an den Anlagen der Seitenzweige auch noch das Plerom[64].

Da auch für diese Vegetationspunkte die Regel der rechtwinkligen Schneidung der jungen Zellwände gilt, so bilden die Zellhäute in ihrer Gesamtheit auf Längsschnitten durch die Spitzen mancher kegelförmiger Vegetationspunkte auffallend symmetrische Figuren: die Periklinen sowohl wie die Antiklinen je eine Schar von Parabeln mit gemeinsamem Brennpunkte (Fig. 268). Die Elemente der einen Schar sind entgegengesetzt gerichtet wie die der anderen und schneiden diese annähernd rechtwinklig (SACHS). Auf Querschnitten durch solche Scheitel bilden die Periklinen aber konzentrische Kreise.

Knospe. Auf die Entwicklungsvorgänge, wodurch am Scheitel des Sprosses aus embryonalem Gewebe neue Glieder angelegt werden, folgt deren Größenzunahme, äußere und innere Ausbildung. Dieses Wachstum pflegt meist mit einer ausgiebigen Streckung der Blattanlagen zu beginnen. Dabei eilen die Blattanlagen also in ihrem Wachstum dem Wachstume der Stengelspitze voraus, und zwar wachsen ihre Unterseiten besonders stark. Infolgedessen schließen die älteren über dem Vegetationspunkt domartig zusammen (Fig. 98) und decken die jüngeren. Auf diese Weise bilden die größeren und älteren Blattanlagen einen sehr wirksamen Schutz des zarten Vegetationspunktes und der jüngsten Blattanlagen gegen Austrocknung, indem sie mit dem Vegetationspunkte eine Knospe bilden. Die Knospe ist also nichts anderes als das jugendliche, noch nicht fertig entwickelte Ende eines Sprosses.

Knospenlage und Knospendeckung. Wie Querschnitte durch Knospen lehren, fügen sich die Laubblattanlagen in verschiedener Weise den engen Raumverhältnissen in der Knospe: Knospenlage (Vernation). Sie können flach ausgebreitet oder auch der Länge nach zusammengelegt, gefaltet, gerollt (Fig. 103 *l*) oder zerknittert sein. Andererseits sieht man die aufeinanderfolgenden Blattanlagen entweder mit ihren Rändern sich nicht erreichen oder nur berühren oder, was gewöhnlicher ist, mit ihnen übereinander greifen (Fig. 103 *k*): Knospendeckung (Ästivation). Sie heißt im ersten Falle offen (aperte Ä.), im zweiten klappig (valvate Ä.), im dritten deckend oder dachziegelig (imbrikate Ä) (Fig. 103 *k*). Wenn alle Blätter einer Knospe mit dem einen Rande das nächste Blatt decken, an dem anderen Rande vom vorhergehenden Blatte gedeckt werden oder umgekehrt, so heißt die Knospendeckung gedreht (kontorte Ä.).

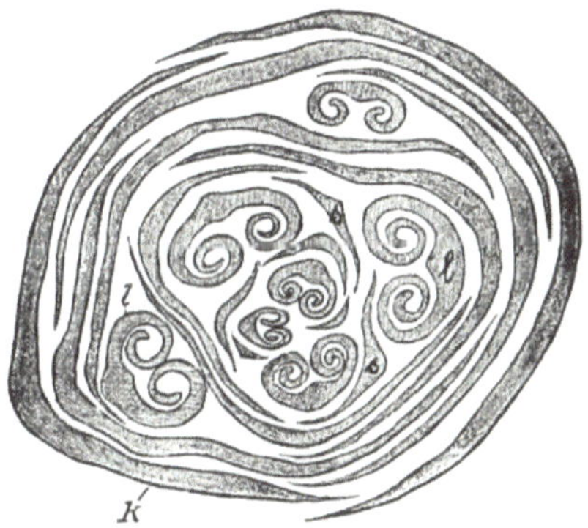

Fig. 103. Querschnitt durch eine Laubknospe von Populus nigra. Die Knospenschuppen *k* zeigen dachziegelige Deckung, die Laubblätter *l* haben eingerollte Knospenlage; zu jedem Laubblatt gehören zwei Nebenblätter *ss*. Vergr. 15. Nach STRASBURGER.

β) **Die Sproßachse. A. Äußerer Bau.** Der Stengel wächst erst in einiger Entfernung vom Vegetationspunkte durch Streckung ausgiebig in die Länge. Zugleich lösen sich hier die jugendlichen Blätter von der Knospe. Bezeichnend für den Stengel, namentlich der Luftsprosse, ist, daß dieses Streckungswachstum nicht auf ein kurzes Stengelstück dicht hinter der Knospe beschränkt bleibt, sondern auch noch in Stengelstücken stattfindet, die viele Zentimeter (bis über 50 cm) von der Knospe entfernt sind. Freilich ist es in den aufeinanderfolgenden Stengelzonen nicht gleich stark. Es kann überhaupt so gering sein, daß die Blätter des Sprosses auch im fertigen Zustande aneinanderstoßen, ohne freie Stammteile zwischen sich zu lassen. Meist aber ist es so stark und zugleich so verschieden verteilt, daß die Ansatzstellen der Blätter von nackten

Stengelstücken getrennt werden (Fig. 115). Die zwischen den Befestigungsstellen der Blätter dabei sich ausbildenden, zylindrischen Stengelstücke nennt man Stammglieder, Stengelglieder oder Internodien, die Stengelzonen dagegen, an denen die Blätter befestigt sind, Knoten, Nodi. Das Streckungswachstum des Stengels ist in den Knoten viel geringer als in den Internodien und in diesen oft auf schmale Zonen, z. B. auf die Basis der Internodien, beschränkt, so bei den Gräsern (interkalares Wachstum); infolgedessen gibt es alsdann nicht mehr eine einheitliche Streckungszone im Stengel, sondern deren mehrere, die von ausgewachsenen Stengelstücken getrennt werden. Die Knoten können angeschwollen sein (siehe Labiaten).

Bei den Luftsprossen sind die Internodien meist dünn, bei den Erdsprossen dagegen oft sehr dick.

Die Länge der aufeinanderfolgenden Internodien an einer Achse (z. B. einem Jahrestrieb) zeigt oft eine bestimmte Gesetzmäßigkeit. Am häufigsten nehmen an der Hauptachse die Längen der Internodien in aufsteigender Richtung zunächst zu und dann wieder ab.

Blattstellung[65]. Besonders bezeichnend für die Sprosse ist die Blattstellung, d. h. die Verteilung ihrer Blätter. Sie kann recht verschieden sein. An einem Knoten können ein bis mehrere Blätter entspringen. Sind mehrere an einem Knoten vorhanden, so bilden sie einen Wirtel oder Quirl; sie sind die Glieder des Wirtels. In diesem Falle spricht man von wirteliger oder quirlständiger Blattstellung. Ist an jedem Knoten bloß ein Blatt ausgebildet, so liegt eine wechselständige Blattstellung vor.

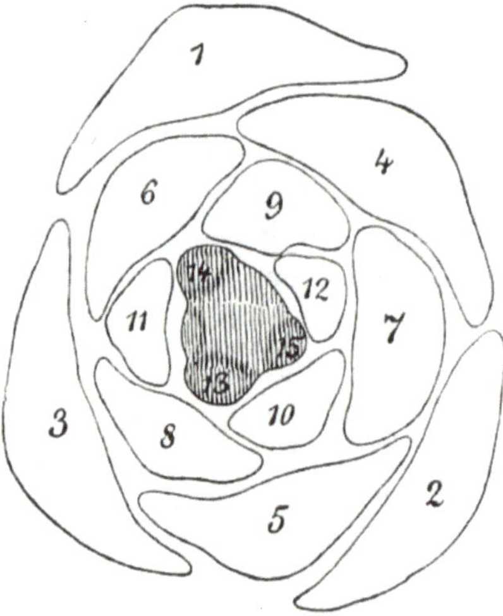

Fig. 104. Querschnitt durch eine Laubknospe der Konifere Tsuga canadensis, dicht über dem Sproßscheitel geführt, **5⁄13** Divergenz. Vergr. etwa 20. Nach HOFMEISTER.

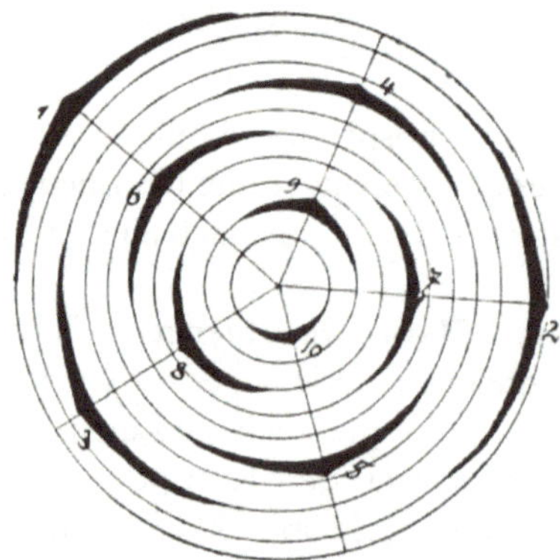

Fig. 105. Schema der **2⁄5**-Stellung. Die Blätter ihrer genetischen Aufeinanderfolge nach mit Zahlen versehen. Nach STRASBURGER.

Untersucht man an aufrechten Sprossen mit allseitig ausgebreiteten Blättern die Verteilung der Blätter, so findet man auffällige, sehr beachtenswerte und eigenartige Gesetzmäßigkeiten. Unmittelbar fällt die Regelmäßigkeit der Blattstellungen an Scheitelansichten von Vegetationspunkten auf (Fig. 99, 104). Man sieht daran, daß die jüngsten Anlagen in gesetzmäßiger Weise unter Ausnutzung des vorhandenen Raumes sich den älteren anschließen. Am deutlichsten aber treten die Stellungsverhältnisse der Blätter hervor, wenn man einen schematischen Grundriß davon entwirft. Zu dem Zwecke zeichnet man, wie bei einem Gebäudegrundriß die Teile des Gebäudes, so die Lage der Blätter am Stengel auf eine zur Stengelachse rechtwinklige Ebene ein, indem man die Blätter durch die schematisierten Querschnittsfiguren ihrer Spreiten andeutet. Die Stengelachse denkt man sich kegelförmig; so wird es möglich, Organe, die senkrecht über tieferen stehen, innerhalb der unteren aufzuzeichnen. Solche Grundrisse von Blattstellungen nennt man Diagramme (Fig. 105). In ihnen ist das Zentrum der Stengelvegetationspunkt; die dem Zentrum nächsten Blätter sind die jüngsten und zugleich obersten Blattanlagen, die nach außen folgenden die jeweils im Alter nach unten folgenden Blätter. Zweckmäßig deutet man jeden Knoten durch einen Kreis an; auf die größeren dieser konzentrischen Kreise trägt man die älteren, auf die kleineren die jüngeren Blätter ein, mehrere Blätter an jedem Knoten natürlich auf die Peripherie eines Kreises. Übrigens bilden solche Diagramme oft ähnliche Figuren wie Querschnitte durch die Stengelknospe in der Nähe des Vegetationspunktes, die man bei Vergrößerung betrachtet (Fig. 99, 104).

An radiären aufrechten Sprossen werden die Blätter möglichst gleichmäßig rings um den Stengel verteilt. Durch diese Gesetzmäßigkeit wird erreicht, daß die ausgewachsenen Blätter sich nur wenig beschatten, also das Licht möglichst ausnutzen können. Diese Verteilung ist so gleichmäßig, daß der Winkel, den die Medianen am Stengel aufeinanderfolgender und in diesem Sinne benachbarter Blätter miteinander einschließen (z. B. in Fig. 105, Blatt 1 und 2, 2 und 3 usw.), überall oben und unten am Stengel in der Regel der gleiche ist. Man nennt ihn Divergenzwinkel oder, wenn man ihn in Bruchteilen des Stengelumfanges ausdrückt, Divergenz. Er ist bei verschiedenen Arten verschieden.

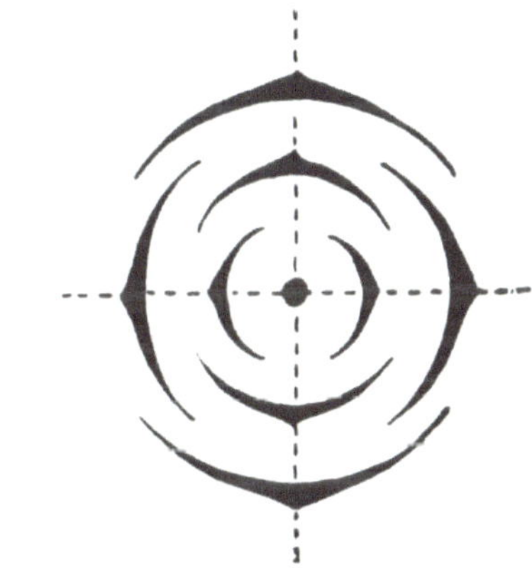

Fig. 106. Diagramm der dekussierten Blattstellung. Die punkt. Linien sind die Orthostichen. Nach STRASBURGER verändert.

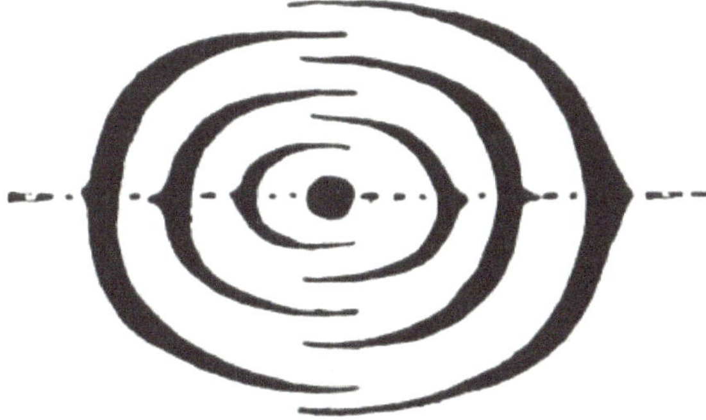

Fig. 107. Diagramm der zweizeiligen Blattstellung. Die punkt. Linien sind die Orthostichen. Nach STRASBURGER verändert.

Bei wirteliger Blattstellung entspricht der Divergenzwinkel der Blätter eines Wirtels (Fig. 106), dem Kreisumfange dividiert durch die Anzahl der Wirtelblätter, die in der Regel bei allen Wirteln konstant ist. Die Blätter der aufeinanderfolgenden Wirtel stehen nicht übereinander, wechseln vielmehr von Wirtel zu Wirtel miteinander so ab, daß die Glieder des nächst höheren Wirtels in die Mitten der Lücken zwischen den Gliedern des nächst tieferen Wirtels fallen (Fig. 99, 106); man sagt, die Blätter aufeinanderfolgender Wirtel wechseln ab, alternieren. Folge dieses regelmäßigen Wechsels und der Gleichheit der Divergenzwinkel in allen Wirteln ist, daß sämtliche Blätter an einem Stengel mit Quirlstellung in Längsreihen angeordnet sind, deren Zahl doppelt so groß ist wie die Zahl der Blätter eines Wirtels (Fig. 106). Diese Längs- oder Geradzeilen heißen Orthostichen. Verhältnismäßig häufig ist bei Wirtelstellungen die Ausbildung zweigliedriger Quirle (Fig. 99, 106). Bei dieser Blattstellung, die man dekussiert nennt, ist der Divergenzwinkel 180° (die Divergenz also 1/2), und gibt es vier Orthostichen. Bei dreigliedrigen Wirteln ist der Divergenzwinkel 120° (die Divergenz 1/3), bestehen sechs Orthostichen usw.

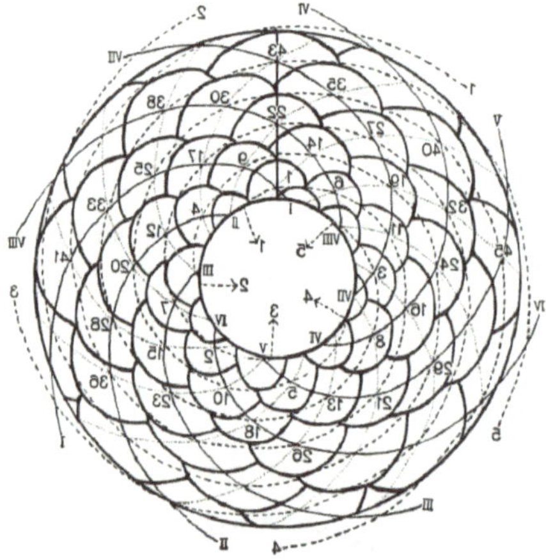

Fig. 108. Halbschematische Ansicht des Fichtenzapfens von unten. Schuppen in **8/21**-Stellung. *I–VIII* System gleichartig im Sinne des Uhrzeigers den Zapfen umlaufender Parastichen, *1–5* System entgegengerichtet den Zapfen umlaufender Parastichen. Im übrigen vgl. den Text.

Bei wechselständigen Blattstellungen kann die Divergenz, auf dem kürzesten Wege gemessen, 1/2, 1/3, aber auch z. B. 2/5, 3/8, 5/13 sein. Das Diagramm Fig. 107 führt uns die 1/2-Stellung, Fig. 148 die 1/3-, Fig. 105 die 2/5-, Fig. 104 die 5/13-Stellung vor. Auch bei wechselständigen Blattstellungen müssen die Blätter infolge der Gleichheit der Divergenzwinkel in Längszeilen, Orthostichen, am Stengel angeordnet sein: bei 1/3-Stellung fällt augenscheinlich Blatt 4 senkrecht über Blatt 1 (Blatt 5 über 2, 6 über 3, 7 über 1 usw.); bei 2/5-Stellung (Fig. 105) fällt Blatt 6 über Blatt 1, 7 über 2, 8 über 3 usw. Denkt man sich die Ansatzstellen der am Stengel aufeinanderfolgenden Blätter auf dem kürzesten Wege des Stengelumfanges durch eine Linie verbunden (also in Fig. 105 von Blatt 1 über 2, 3, 4, 5 usw.), so erhält man eine den Stengel umlaufende Schraubenlinie, die als Grundspirale bezeichnet wird. Deshalb nennt man die wechselständigen Blattstellungen wohl auch Schrauben- oder Spiralstellungen. Jeder Abschnitt der Grundspirale, den man von Blatt zu Blatt fortschreitend durchlaufen muß, um von einem Blatte zu dem ersten senkrecht darüberstehenden zu gelangen (in Fig. 105 z. B. von 1 bis 6, oder 3 bis 8), heißt Zyklus der Grundspirale. Bei 1/3-Stellung besteht der Zyklus aus drei Blättern; man muß einmal den Stengelumfang durchlaufen, um den Zyklus zurückzulegen. Bei 2/5-Stellung (wie in Fig. 105) besteht der Zyklus immer aus fünf Blättern; man muß zweimal den Stengelumfang umkreisen. Der Zähler des Bruches einer Divergenz gibt also stets an, wie oft ein Zyklus die Sproßachse umkreist; der Nenner dagegen, wie viele Blätter der Zyklus enthält, infolgedessen auch, wie viele Orthostichen es gibt und welches Blatt als nächst höheres in der Orthostiche über einem irgendwie bezeichneten steht. Bei 5/13-Stellung z. B. muß man fünfmal die Sproßachse umkreisen, um das nächst höhere Blatt zu erreichen, gibt es 13 Orthostichen, steht über Blatt 3 Blatt 16 (3 + 13), über Blatt 8 Blatt 21 (8 + 13). Da der Nenner des Bruches stets die Anzahl der Orthostichen angibt, so nennt man die 1/2-Stellung auch die zweizeilige, die 1/3-Stellung die dreizeilige usw. Stehen die Blätter am Stengel so gedrängt, daß sie sich berühren, so fallen nicht die Orthostichen, sondern mehr oder weniger steil aufsteigende Schraubenlinien auf, die als Schrägzeilen oder Parastichen bezeichnet werden. Sie entstehen durch die Berührung derjenigen Blätter, deren seitlicher Abstand voneinander an der Sproßachse am kleinsten ist. Sehr deutlich sieht man die Schrägzeilen z. B. am Fichtenzapfen, wovon in Fig. 108 eine etwas schematisierte Ansicht von unten gegeben ist. Die Parastichen sind in dieser Grundansicht Schraubenlinien. Mehrere Systeme untereinander gleichsinnig verlaufender Parastichen treten deutlich hervor: eines (mit ungebrochenen Linien I-VIII bezeichnet) umläuft den Zapfen im Sinne des Uhrzeigers; zwei entgegengerichtete kreuzen dieses; davon ist das eine (mit gestrichelten Linien 1–5 bezeichnete) flach, das andere (mit fein punktierten Linien bezeichnete) steil gewunden. Man kann zwei beliebige sich kreuzende Systeme gleichartiger Parastichen dazu benutzen, die Divergenzen solcher Blattstellungen zu bestimmen. Bezeichnet man irgendein Blatt mit 1 (vgl. dazu die Fig. 108), so erhält man die Nummer des in der Parastiche nächst folgenden Blattes dadurch, daß man zu 1 die Gesamtzahl der gleichartigen Schrägzeilen des Systems addiert, die es rings um den ganzen Stengel gibt. Parastichen mit ungebrochenen Linien gibt es, wie man ohne weiteres abzählen kann, 8; also ist das nächste Blatt in dieser Parastiche 1 + 8 = 9, das nächste 9 + 8 = 17 usw. Gleichartig verlaufende Schrägzeilen von entgegengesetzter Neigung gibt es z. B. gebrochen gestrichelte 5 (fein punktierte aber 13); also sind die auf 1 in der gestrichelten Parastiche folgenden Blätter 1 + 5 = 6, 6 + 5 = 11 usw. (in der punktierten Parastiche dagegen 1 + 13 = 14, 14 + 13 = 27 usw.). Diese Gesetzmäßigkeit rührt daher, daß in jedem System gleichartig verlaufender Parastichen zwischen den benachbarten Blättern einer Parastiche noch so viele Blätter am Stengel befestigt sein müssen, als es außer dieser Parastiche noch weitere Schrägzeilen in dem System gibt (z. B. in dem System mit ungebrochenen Linien 7; 7 Blätter liegen also zwischen 1 und dem nächsten Blatt der Parastiche, demnach muß dieses auf 1 + 7 folgen, also das 9. sein); das gleiche gilt natürlich auch für die Orthostichen. Nummeriert man in dieser Weise alle Blätter, so ergeben die aufeinanderfolgenden Zahlen 1, 2, 3, 4 usw. die Grundspirale und die Divergenz. Der Fichtenzapfen in Fig. 108 hat die Blattstellung 8⁄21: dementsprechend liegen die Blätter 1, 22, 43 usw. in einer Orthostiche übereinander. — Bestimmt man nun bei den verschiedensten Pflanzen mit wechselständigen Blattstellungen die Divergenzen, so fällt auf, daß gewisse Divergenzen ganz besonders häufig sind; sie bilden die Reihe 1⁄2, 1⁄3, 2⁄5, 3⁄8, 5⁄13, 8⁄21, 13⁄34 usw. Diese Brüche haben merkwürdige Beziehungen zueinander: Zähler und Nenner eines jeden sind die Summen der Zähler und Nenner der beiden vorausgehenden Brüche. Die Divergenzen dieser Reihe bewegen sich sämtlich zwischen 1⁄2 und 1⁄3 des Stengelumfanges. Sie weichen um so weniger voneinander ab, je mehr sie sich vom Anfang der Reihe entfernen, und nähern sich immer mehr einem Winkel von 137° 30' 28". Man hat diese Reihe als die Hauptreihe der Blattstellungen bezeichnet. Daneben gibt es auch noch andere Reihen ähnlicher Art. Die Hauptreihe ist aber vielleicht allen anderen Reihen dadurch überlegen, daß bei ihren Brüchen mit der kleinsten Zahl von Blättern die möglichst gleichmäßige Verteilung aller an der Sproßachse erreicht wird. Die Entdecker der Reihen waren CARL SCHIMPER und ALEXANDER BRAUN.

Aufrechte radiäre Stengel mit langen Internodien oder mit breiten Blättern haben oft wenige Orthostichen, solche mit kurzen Internodien oder mit schmalen Blättern meist viele. Man findet also in diesem Falle bei Schraubenstellung stets Divergenzen, die den höheren Gliedern der Reihen entsprechen.

An geneigten dorsiventralen Stengeln sind die Stellungsverhältnisse der Blätter relativ einfach. Am häufigsten ist hier 1⁄2-Stellung oder eine ähnliche Anordnung, wobei sich die Blattflächen parallel zum Horizont stellen; dadurch werden die günstigsten Verhältnisse für die Beleuchtung geschaffen. Die 1⁄2-Stellung wird überaus häufig durch Drehung der Internodien erreicht, so bei der verbreiteten dekussierten Blattstellung, die bei geneigten Achsen durch solche Drehung zu einer zweireihigen Anordnung mit einer Blattreihe rechts, der anderen links von der Achse wird. Auch bei wechselständigen Stellungen kommt ähnliches vor und ermöglicht es den Blattspreiten, das volle Oberlicht auszunutzen. So ist die Stellung der Laubblätter eine Anpassung an die Lichtbedürfnisse der Pflanzen. Bei manchen horizontal wachsenden Erdsprossen (z. B. von Farnen) stehen die Blätter in einer oder zwei Reihen auf der Oberseite.

Über die Ursachen der Blattstellungsgesetzmäßigkeiten wissen wir noch gar nichts. SCHWENDENERs Annahme, daß rein mechanische Ursachen die Anordnung der Blätter bestimmen, hat sich als unbegründet erwiesen[66]. Jedenfalls brauchen die Blätter durchaus nicht etwa in der Reihenfolge ihrer Grundspirale oder als Glieder eines Wirtels gleichzeitig am Scheitel zu entstehen; manchmal kann sogar eine Seite des Vegetationspunktes in der Erzeugung von Blattanlagen wesentlich gefördert sein. Ebensowenig nehmen sie bei Spiralstellungen als Anlagen am Scheitel stets die gleichen Stellungen ein wie am ausgewachsenen Stengel; ihre Divergenzen an letzterem werden vielmehr oft erst durch sekundäre Verschiebungen hergestellt.

B. Primärer innerer Bau des Stengels[67]. Der Stengel zeigt eine viel weitergehende Gewebedifferenzierung als die Langtriebe selbst der am reichsten gegliederten Thalli. Zu äußerst finden wir als Abschluß eine typische Oberhaut oder Epidermis. Darunter liegt in den Internodien (die verwickelter gebauten Knoten lassen wir außeracht) meist ein mehrschichtiger leitbündelfreier Gewebemantel, die Rinde, die das übrige leitbündelhaltige Gewebe des Stengels, den Zentralzylinder (Fig. 109), umschließt.

Wenn sich auch bei manchen Monokotylen eine Rinde von einem Zentralzylinder nicht unterscheiden läßt, weil die Leitbündel bis dicht unter die Epidermis gerückt sind, und auch sonst oft eine scharfe Grenze zwischen beiden fehlt, so scheint es doch praktisch, an dem viel gebrauchten Begriff Zentralzylinder festzuhalten.

Die Rinde besteht hauptsächlich aus Parenchym, und zwar bei den grünen Luftsprossen an der Peripherie vorwiegend aus chlorophyllhaltigem Parenchym, das in dicken Rinden weiter innen in farbloses (Speicher-)Parenchym übergehen kann; bei den farblosen Erdsprossen, die oft viel dicker als jene sind, besteht es nur aus farblosem Parenchym, das, ebenso wie das übrige Parenchym der Rhizome, reich an Reservestoffen ist. Häufig ist ein Teil der Rinde als Festigungsgewebe ausgebildet. Die Stengel der Luftsprosse als die Träger der Blattlast sind namentlich unter dem Einfluß des Windes der Gefahr der Knickung ausgesetzt; sie müssen allseitig biegungsfest gebaut sein. Dafür sorgt meist Festigungsgewebe, in Form von Lagen oder Strängen aus Kollenchym oder Sklerenchym, die möglichst peripher, nicht selten in vorspringenden Kanten des Stengels direkt unter der Epidermis ausgebildet zu sein pflegen (Fig. 111, *1* u. *2*).

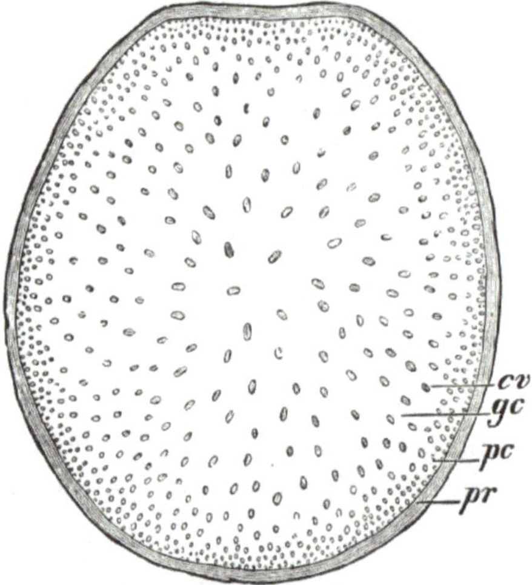

Fig. 109. Querschnitt durch ein Stengelglied des Mais (Zea mays). *pr* Rinde, *pc* Perizykel, *cv* Leitbündel, *gc* Parenchym des Zentralzylinders. Vergr. 2. Nach SCHENCK.

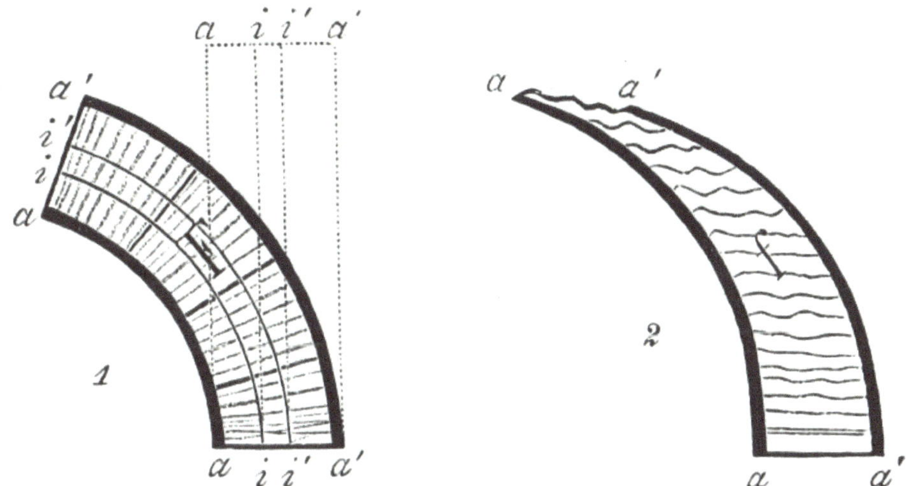

Fig. 110. *1* Längsschnitt durch einen elastischen Zylinder, vor der Biegung (punktiert) und danach (ausgezogen). *F* Die Füllung. Vor der Biegung alle Längskanten gleich lang; nach der Biegung die Außenkante *a'* verlängert, die Außenkante *a* verkürzt. *2* Bei ungenügender und unwirksamer Füllung *f* krümmen sich die Gurtungen *a* und *a'* leicht jede für sich, da sie dabei gleichlang bleiben können. Nach NOLL.

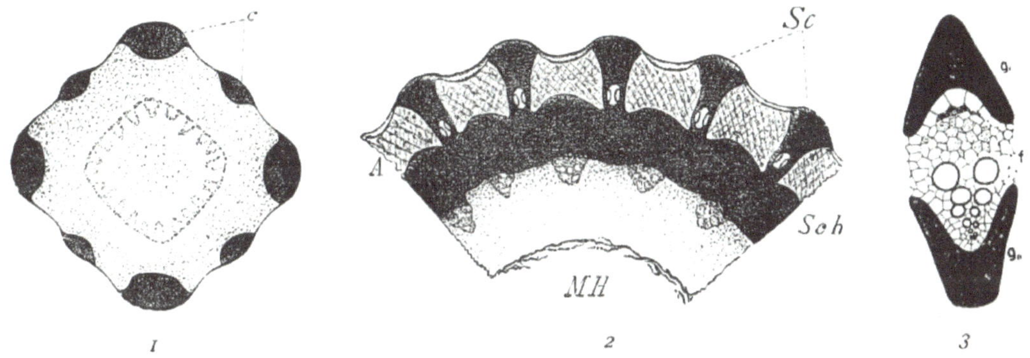

Fig. 111. Biegungsfeste Konstruktionen des Stengels. *1* Querschnitt durch einen jungen Sambucusspröß. *c* Kollenchymbündel. Die innere punktierte Figur ist der Ring von Leitbündeln. *2* Teil eines Halmquerschnittes vom Pfeifengras (Molinia coerulea). *Sc* Sklerenchymrippen, *ScR* Sklerenchymring als tangentialer Verband dazwischen. *A* Grünes Assimilationsgewebe. *MH* Markhöhle. Nach NOLL. *3* Zusammengesetzter Träger, stärker vergr. u. schematisiert. *g' g''* Gurtungen. *f* Füllung (in Form eines Leitbündels).

Die Biegungsfestigkeit wird nämlich bei sparsamer Verwendung von Festigungsmaterial am besten durch seine periphere Anordnung erreicht. Wenn man einen geraden Stab biegt, so wird die konvexe Seite notwendig verlängert, die konkave verkürzt. Wie die Fig. 110 zeigt, müssen dabei die äußersten Kanten *a*, *a* und *a'*, *a'* des gebogenen Stabes am meisten beeinflußt: *a'*, *a'* am stärksten gedehnt, *a*, *a* am stärksten zusammengedrückt werden, während die Längsstreifen *i*, *i* und *i'*, *i'* im Innern sich nur wenig verlängern oder verkürzen. Wenn man also nicht den ganzen Stab aus fester Masse aufbauen, sondern mit dem Festigungsmaterial sparsam umgehen will, so wird man es möglichst an der Peripherie anbringen müssen; denn hier wird es einerseits Biegungen den größten Widerstand entgegensetzen, andererseits bei stärkeren Biegungen infolge seiner Festigkeit weniger leicht zerrissen oder zerquetscht werden als widerstandsloseres Material. Allbekannt ist ja, wie groß die Biegungsfestigkeit von Eisenröhren selbst mit ganz dünnen Wänden, sog. Mannesmannröhren, ist. Einen hohen Grad von Festigkeit erreicht der Techniker schon dadurch, daß er an der Peripherie biegungsfester Konstruktionen parallel zueinander und zur Längsachse des Gebildes einzelne Stäbe aus Festigungsmaterial, sog. Gurtungen, spannt. Von wesentlicher Bedeutung ist dabei, daß diese Gurtungen durch widerstandsfähige, gleichfalls elastische Füllungen (Fig. 111, *1*) in ihrem wirksamen Abstande und in ihrem Verbande erhalten werden. Jeder Stab (Gurtung) bildet alsdann mit dem ihm auf der Gegenseite gegenüberliegenden einen Träger; das Material, das quer durch die Konstruktion hindurch zwischen den Stäben liegt, ist die Füllung dieses Trägers (Fig. 110). Wenn solche Füllungen fehlen, würde jeder Stab sich einzeln leicht biegen lassen. Sie können aber in hohlen Gebilden durch tangentialen Verband der Gurtungen, sei es durch Festigungsmaterial, sei es durch anderes ersetzt werden. Bei größeren biegungsfesten Konstruktionen ersetzt der Techniker die peripher gespannten Stäbe ihrerseits meist durch Träger, die wiederum aus zwei Gurtungen und einer Füllung bestehen (die Eisen-**I**-Träger der Technik).

Wie SCHWENDENER[51] zuerst gezeigt hat, sind die mechanischen Gewebe, die dem Pflanzenstengel Biegungsfestigkeit verleihen, etwa so angeordnet, wie es der Techniker tun würde, um sie mit wenig Aufwand von Festigungsmaterial widerstandsfähig zu machen. Bei vielen Gewächsen bildet das Festigungsgewebe einen peripheren Hohlzylinder, der direkt auf die Epidermis folgen oder tiefer ins Gewebe eingesenkt sein kann (Fig. 112 *pc*); bei anderen ein System entsprechend angeordneter, isoliert nebeneinander verlaufender Stränge (System der einfachen Träger Fig. 111, *1*), die manchmal einem Hohlzylinder außen noch aufgesetzt sind (Fig. 111, *2*); bei noch anderen ist jeder dieser peripheren Stränge selbst wieder in Form eines Trägers gestaltet (Fig. 111, *3*), dessen Gurtungen alsdann allein aus mechanischem Gewebe bestehen, dessen Füllung aber meist aus einem Leitbündel gebildet wird (System der zusammengesetzten Träger). Monokotylenstengel sind im allgemeinen viel vollkommener biegungsfest gebaut als die Dikotylen- und Gymnospermenstengel in ihren primären Geweben; bei diesen wird die Festigkeit durch das sekundäre Dickenwachstum nachträglich noch erhöht. In grüngefärbten Stengeln, die an der Assimilationsarbeit beteiligt sind, liegen die mechanischen Gewebe entweder nicht direkt unter der Epidermis, so daß die Peripherie den lichtbedürftigen grünen Geweben überlassen bleibt, oder sie teilen sich an der Peripherie mit ihnen in den Raum (Fig. 111, *2*).

Die innerste Zellschicht der Rinde pflegt in oberirdischen Stengelteilen von Landpflanzen, namentlich wenn sie völlig ausgewachsen sind, nicht besonders ausgebildet zu sein. In diesem Falle gibt es also keine scharfe Grenze zwischen Rinde und Zentralzylinder. Sie kann in ihnen aber auch als Stärkescheide, ferner namentlich in den Erdsprossen von Landpflanzen und in den Stengeln von Wasserpflanzen als typische Endodermis oder als eine Kutis ausgestaltet sein. Ist sie eine Stärkescheide (*st* Fig. 112 *A* und *B*), so zeichnen sich ihre Zellen durch den Gehalt an großen, leicht beweglichen Stärkekörnern aus.

Vielfach ist eine Stärkescheide nur in jungen Pflanzentrieben vorhanden, schwindet aber in älteren oder bleibt dort nur auf bestimmte Stellen beschränkt. Statt gemeinsamer Stärkescheiden oder Endodermen kann es auch solche um die einzelnen Leitbündel geben (Fig. 119 *pp*) oder an ihrer Stelle einzelne Zellreihen, die leicht bewegliche Stärkekörner enthalten.

Der Zentralzylinder besteht ebenfalls vor allem aus Parenchym, das seiner Lage entsprechend farblos oder nur schwach grün ist und hauptsächlich der Speicherung und Leitung von Stoffen dient; daneben kommt oft auch Sklerenchym in ihm vor. Seine wichtigsten Bestandteile aber sind die Leitbündel. Sie sind es, die die Blätter von den Wurzeln her mit Wasser und mit den notwendigen Nährsalzen aus dem Boden versorgen und umgekehrt organische Substanzen aus den Blättern zu dem Wurzelsystem schaffen. Die Bündel sind in das übrige Gewebe des Zentralzylinders eingebettet, wovon sie sich durch ihre engen Elemente und den Mangel an Interzellularen schon bei ganz schwacher Vergrößerung abheben. Sondert sich der Zentralzylinder gegen die Rinde durch eine Scheide scharf ab, so pflegen die Leitbündel nicht direkt an die Scheide anzugrenzen; den peripheren, ein- bis mehrschichtigen, leitbündelfreien Gewebemantel des Zylinders, der nicht selten aus Parenchym besteht (Fig. 112 *A*, *B*, *pc*), kann man als Perizykel bezeichnen.

Entweder ist nur ein zentrales Leitbündel im Stengel vorhanden, wie bei manchen Farnen und bei Lycopodium, oder es verlaufen im Stengel mehrere Leitbündel. In diesem Fall, der die Regel bildet, haben die Leitbündel einen bestimmten Verlauf und auf den Stengelquerschnitten infolgedessen eine eigenartige Anordnung. Auf den Querschnitten durch die Internodien sind sie nämlich im Zentralzylinder bei den Schachtelhalmen (Equiseten), den meisten Farnen, Gymnospermen und Dikotylen (Fig. 165) in einem Kreise angeordnet, dagegen bei den Monokotylen (Fig. 109) ohne Ordnung zerstreut. Bilden die Leitbündel einen Kreis, so gelten die von ihnen umschlossenen Gewebe des Zentralzylinders, die meist aus lebenden oder auch aus frühzeitig absterbenden Parenchymzellen bestehen, als Mark (Fig. 112 *A*, *m*), die die Bündel seitlich trennenden Gewebe als Markstrahlen (*ms*). Bei zerstreuter Verteilung der Bündel (Fig. 109) fehlt diese Sonderung.

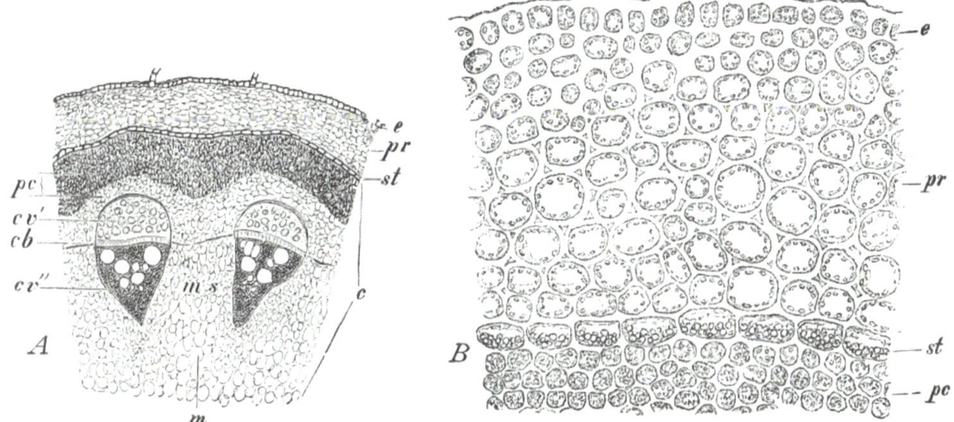

Fig. 112. *A* Teil eines Querschnittes durch einen jungen Stamm von Aristolochia Sipho. *e* Epidermis, *pr* Rinde, *st* Stärkescheide, *c* Zentralzylinder, *pc* Perizykel, in diesem Falle mit einem Ring von Sklerenchymfasern, *cv* Leitbündel, und zwar *cv''* Gefäßteile, *cv'* Siebteile, *cb* Kambiumring, *m* Mark, *ms* Markstrahl. Vergr. 48. *B* Kleiner Teil eines Querschnittes aus dem Umkreis eines noch jüngeren Stammteils. *e* Epidermis, *pr* Rinde, *st* Stärkescheide mit leicht beweglichen Stärkekörnern, *pc* äußere Zellschichten des Perizykels. Vergr. 350. Nach STRASBURGER.

Doch gibt es auch Farne (z. B. Pteris) und Dikotylen, bei denen die Leitbündel zwei (Cucurbita, Phytolacca, Piper) oder mehr Kreise (Amarantus, Papaver, Thalictrum) bilden. Die inneren Kreise pflegen wenig regelmäßig zu sein. Ferner gibt es in beiden Gruppen Gewächse, bei denen außer dem Bündelring und den Markbündeln noch kleine akzessorische Rindenbündel vorkommen.

Die Markstrahlen können aus Parenchym bestehen; nicht selten, z. B. bei vielen Kräutern, werden aber ihre inneren Teile, zwischen den Gefäßsträngen der Leitbündel, aus Sklerenchym gebildet, wogegen sich die äußeren parenchymatischen Teile zwischen den Siebsträngen der Bündel alsdann scharf absetzen.

Unterirdische Stengelteile (Erdsprosse) und submerse Wasserpflanzen, die zugfest gebaut sein müssen, haben die mechanischen Gewebe oft in ihrer Mitte, also im Marke.

Leitbündelverlauf. Ihren Funktionen entsprechend bilden die Leitbündel in den Pflanzen ununterbrochene Stränge, die sich, namentlich an Mazerationspräparaten, von den Wurzelspitzen bis in die Blattspitzen verfolgen lassen. Solche Präparate kann man aus krautartigen Pflanzenteilen gewinnen, die man in Wasser so lange liegen läßt, bis die Gewebe mit Ausnahme der resistenteren Leitbündel verfault sind.

Im Stengel ist der Verlauf besonders verwickelt. In die Basis der Sproßachse tritt das Leitbündel der Wurzel ein, das sich mit den Stengelbündeln vereinigt (vgl. S. 118). Die Stengelbündel können bis zur Stengelspitze verlaufen, ohne an ihrem Ende in Blätter überzugehen. Man nennt solche Leitbündel stammeigene Bündel. Umgekehrt sind blatteigene solche, die gleich nach ihrem Eintritte aus den Blättern in den Stengel mit stammeigenen Bündeln verschmelzen.

So bilden bei den Pteridophyten stammeigene Leitbündelstränge im Stengel ein netzartiges Bündelrohr oder auch ein einziges zentrales Leitbündel (Lycopodium u. a.), während die aus den Blättern kommenden blatteigenen Bündelstränge sich mit diesen stammeigenen Bündeln vereinigen.

Meist aber biegen die Bündel der Sproßachse an ihren Spitzen in die Blätter aus: gemeinsame Bündel, die also mit ihren unteren Teilen im Stengel, mit ihren oberen im Blatte verlaufen. In jedes Blatt kann ein oder können mehrere solche Bündel eintreten, die man in ihrer Gesamtheit als Blattspur bezeichnet. Es gibt also ein- und mehrsträngige Blattspuren. Bei den Samenpflanzen besteht das Leitbündelsystem des Stengels vor allem aus solchen Blattspuren.

In den Stengeln mancher Dikotylen (Begonien, Aralien) sind aber die innerhalb des Kreises der Blattspurstränge verlaufenden Kreise von Markbündeln stammeigene Bündel, die in den Knoten mit den Blattspursträngen durch Querzweige verbunden sind.

Die Blattspurbündel können im Stengel dauernd voneinander getrennt bleiben. Meist aber vereinigt sich jedes Bündel einer Blattspur bei seinem Abwärtsverlaufe schließlich mit einem anderen Bündel, das aus einem tiefer an der Achse befestigten Blatte stammt. Dieser Vereinigung kann eine Spaltung (Gabelung) des Bündels vorausgehen. Durch einen solchen netzartigen Verlauf der Bündel wird eine gleichmäßige Versorgung der Pflanze mit Wasser erreicht, da ein jedes Bündel des Stengels infolge seiner Verzweigungen größeren Sproßabschnitten Wasser liefert. Je nach der Länge des Weges, den die einzelnen Bündel im Stengel frei zurücklegen, der Richtung, die sie verfolgen, und der Spaltung, die sie unter Umständen erfahren, ist das Bild des Bündelverlaufes bei den verschiedenen Arten ein anderes. Natürlich ist die Blattstellung für die Eintrittsstellen der Blattspuren in den Stengel bestimmend; der Verlauf im Stengel ist aber von der Blattstellung ganz unabhängig, so daß er bei ein und derselben Blattstellung ganz verschieden sein kann.

Bei den Schachtelhalmen, den Koniferen und den Dikotylen dringen alle Blattspurstränge gleich tief in den Stengel ein, um im Stengel auch gleich weit von der Stengelmitte, also auf dem Querschnitt zu dem charakteristischen Kreise geordnet, nach abwärts zu laufen. Infolgedessen kann man den Bündelverlauf in den Internodien auf einer Zylinderfläche darstellen, die sich in eine Ebene ausbreiten läßt. In den Knoten freilich ist der Bündelverlauf meist viel verwickelter, weil hier die Blattspurstränge noch durch stammeigene Querverbindungen miteinander verbunden sind. Nachträgliche seitliche Verbindungen findet man übrigens oft auch in den Internodien.

Ein relativ einfaches Beispiel eines Bündelverlaufs liegt in den jungen Zweigen von Juniperus nana vor (Fig. 113). Ihre Blätter stehen in dreigliedrigen Quirlen. Aus jedem Blatt tritt eine einsträngige Blattspur, somit ein einziges Bündel in den Stengel ein. Etwa in der Mitte des nächst unteren Internodiums gabelt es sich in zwei Schenkel, die je rechts und links mit benachbarten Blattspuren verschmelzen. Weniger einfach erscheint das Bild des in Fig. 114 dargestellten Bündelverlaufs in einem jungen Zweige von Taxus baccata, obwohl auch hier die Blattspuren einsträngig sind. Jede Blattspur läßt sich frei durch 12 Stengelglieder abwärts verfolgen, worauf sie mit einer anderen verschmilzt. Zunächst läuft sie durch vier Internodien gerade abwärts, dann biegt sie seitlich aus, um einer eintretenden Spur Platz zu machen und sich mit ihr zu vereinigen. Bei Taxus stehen die Blätter nach 5/13; dementsprechend zeigen auch die Eintrittsstellen der Blattspuren in den Stengel 5/13 Divergenz. Ein Beispiel dreisträngiger Blattspuren sei aus einem jungen Zweige der italienischen Waldrebe (Clematis Viticella) vorgeführt. Die Blattpaare an diesen Zweigen stehen dekussiert. Die Medianstränge der Blattspuren (*a* u. *d*, *g* u. *k*, *n* u. *q*, *t* u. *x* Fig. 115) laufen durch ein Internodium abwärts, teilen sich im nächsten Knoten in zwei Schenkel und fügen diese den ihnen zugekehrten Lateralsträngen der Blattspuren des dortigen Blattpaares an. Die zwei Lateralstränge jeder Blattspur (*b* u. *c*, *e* u. *f*, *h* u. *i*, *l* u. *m*, *o* u. *p*, *r* u. *s*) lassen sich ebenfalls durch ein Internodium frei abwärts verfolgen, biegen im nächsten Knoten zusammenneigend nach außen und legen sich den nämlichen Lateralsträngen wie die Schenkel des Medianstranges an.

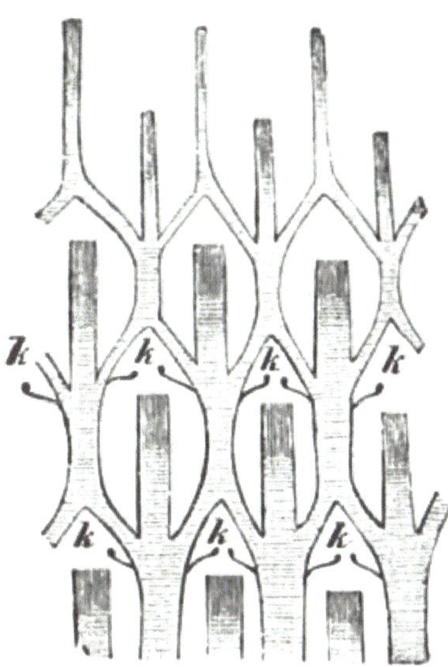

Fig. 113. Schematische Darstellung des Leitbündelverlaufs in einem jungen Zweige von Juniperus nana, auf der eben gelegten Zylinderfläche entworfen. Bei *k*, *k* die in die Achselsprosse tretenden Bündel. Nach GEYLER.

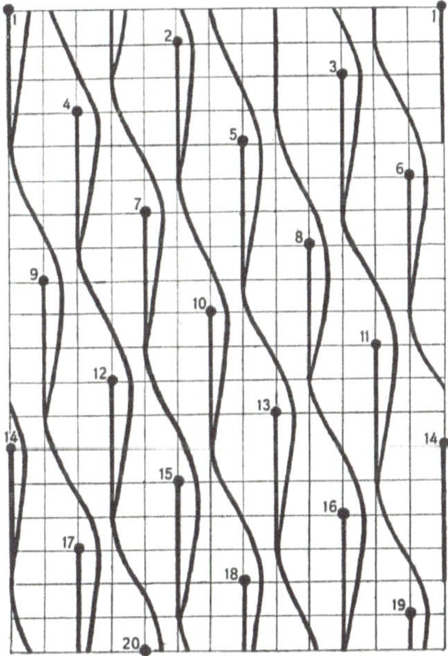

Fig. 114. Schematische Darstellung des Bündelverlaufs in einem jungen Zweige von Taxus baccata. Das Bündelrohr ist einseitig bei *1* längs aufgeschlitzt und in einer Ebene ausgebreitet.

Einem ganz anderen Typus folgt der Bündelverlauf bei den Monokotylen (Fig. 116). Hier befinden sich die einzelnen Blattspurstränge im Zentralzylinder ungleich weit von der Oberfläche des Stengels entfernt, sind also auf dem Stengelquerschnitte zerstreut. Diese Anordnung kommt dadurch zustande, daß das Dickenwachstum des Stengelvegetationspunktes nach Anlage der ersten medianen Bündel des Blattes noch längere Zeit anhält. Infolgedessen gelangen die später, und zwar nacheinander erzeugten Bündel der Blattflächen nicht so weit, und zwar verschieden tief nach innen. Besonders ausgeprägt kommt diese Anordnung bei den Palmen (Palmentypus) vor. Jede Blattspur besteht hier aus zahlreichen Strängen, die aus einem stengelumfassenden Blattgrund im ganzen Umkreise in den Stengel eintreten. Die in dem Blattgrund medianen Leitbündel (vgl. das Bild des medianen Längsschnittes durch den Stengel Fig. 116, in das für ein jedes Blatt *A*, *B*, *C* nur das mediane und ein seitliches Leitbündel eingezeichnet ist) dringen fast bis zur Mitte, die seitlich angrenzenden (*a*, *b*, *c*) immer weniger tief in den Zentralzylinder ein. In ihrem Abwärtsverlaufe nähern sich die Bündel langsam der Peripherie des Zentralzylinders, wo sie mit anderen verschmelzen. Die Zahl der Internodien, die jedes durchläuft, ist verschieden, für die medianen besonders groß.

Leitbündelbau[68]. Die Stengelbündel sind Gewebestränge von kreisrundem, breit- oder schmalelliptischem Querschnitte, und zwar sind es fast stets vollständige Leitbündel, d. h. solche Bündel, worin Sieb- und Gefäßstränge zu gemeinsamen Strängen verbunden sind (vgl. S. 58). Die Siebstränge, deren wichtigster Bestandteil die Siebröhren sind, bilden das Phloëm (den Siebteil), die Gefäßstränge mit den wasserleitenden Gefäßen das Xylem (den Gefäßteil) des Bündels. Die Stengelbündel können bei den einzelnen Kormophyten recht verschieden gebaut sein. In den Sproßachsen findet man alle die verschiedenen Bündeltypen, die sich in den Organen der Kormophyten überhaupt unterscheiden lassen, nämlich radiale, konzentrische und kollaterale Bündel. Diese Leitbündelformen unterscheiden sich voneinander durch die Anordnung und die Ausbildung ihrer Sieb- und Gefäßstränge.

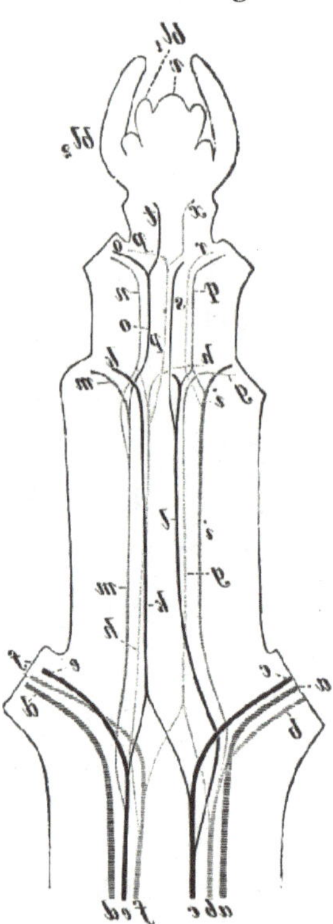

Fig. 115. Clematis Viticella. Zweigende durch Entfernung der Oberfläche und Einwirkung von Kalilauge durchsichtig gemacht, den Verlauf der Blattspuren zeigend. Die austretenden Enden der Stränge infolge leichten Druckes etwas verschoben. Die jungen Anlagen der beiden obersten Blattpaare bl_1 und bl_2 noch ohne Blattspuren, *v* Vegetationskegel. Nach NÄGELI.

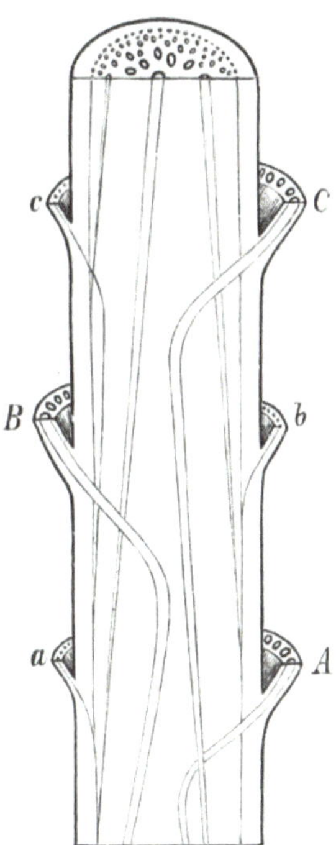

Fig. 116. Schematische Darstellung des Bündelverlaufs nach dem Palmentypus, innerhalb eines medianen Längsschnittes durch den Stengel in der Ebene der Blattmedianen. Zweizeilig alternierende, stengelumfassende Blätter sind vorausgesetzt. Die Blätter *Aa*, *Bb*, *Cc* sind nahe ihrer Basis abgeschnitten; die großen Buchstaben bezeichnen ihre Medianen. Oben der Stengel im Querschnitt. ROTHERT frei nach ROSTAFINSKI.

Im radialen Leitbündel (Fig. 117, vgl. auch Fig. 158, 160) gibt es mehrere Gefäß- und Siebstränge, die auf dem meist kreisrunden Bündelquerschnitt wie die Radien eines Kreises neben- und miteinander abwechselnd angeordnet sind und in Seitenansicht parallel zur Längsachse des Pflanzenteils verlaufen. Stoßen die Gefäßstränge im Zentrum des Leitbündels zusammen, so bilden sie eine sternförmige Querschnittsfigur; die Enden der Zacken werden von den engsten Gefäßen (den Gefäß- oder Xylemprimanen, vgl. dazu S. 90) eingenommen, während die Gefäße nach dem Zentrum des Bündels hin immer weiter werden (Fig. 117). In den Buchten zwischen den Zacken liegen die Siebstränge und in ihnen außen die engsten Siebröhren (die Sieb oder Phloëmprimanen). Radiale Bündel, die für die Wurzeln bezeichnend sind, kommen in Sprossen freilich nur selten, und zwar stets in Einzahl, vor, z. B. in manchen Lycopodienstengeln.

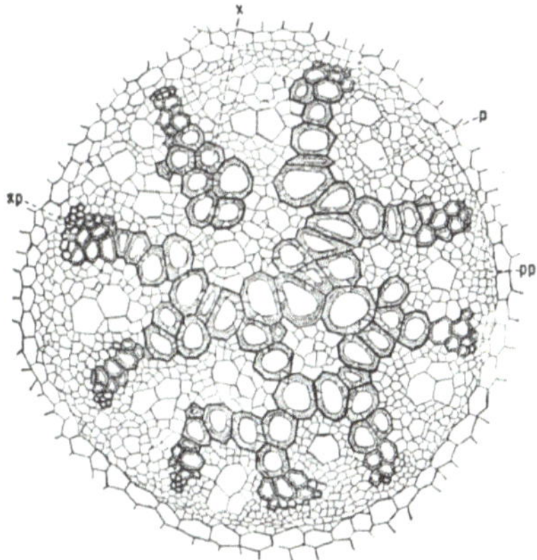

Fig. 117. Radiales Leitbündel aus dem Stengel von Lycopodium Hippuris, *p* Phloëm, *pp* Phloëmprimanen, *x* Xylem, *xp* Xylemprimanen. Vergr. 30.

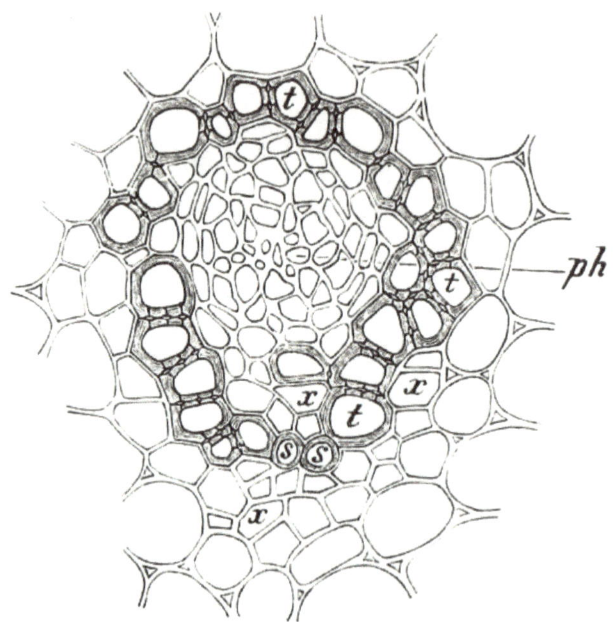

Fig. 118. Konzentrisches Leitbündel mit Außenxylem aus dem Wurzelstock von Convallaria majalis. *ph* Phloëm, *x*, *t* Xylem, *s* Xylemprimanen. Nach ROTHERT.

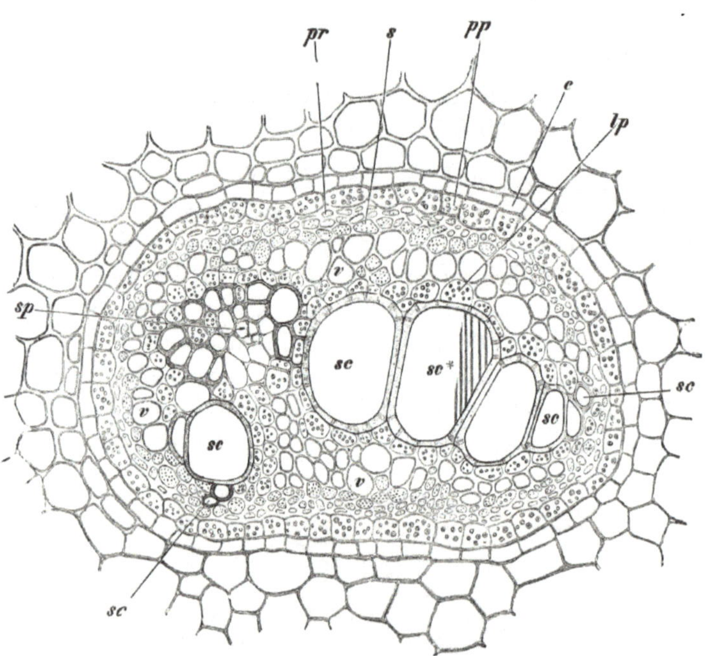

Fig. 119 Querschnitt durch ein konzentrisches Leitbündel aus dem Blattstiel des Adlerfarns (Pteridium aquilinum). *sc* Treppentracheïden, *sp* Xylemprimanen (Schraubentracheïden); in der Treppentracheïde *sc** Stück einer leiterförmig verdickten schrägen Endwand, *lp* Xylemparenchym, *v* Siebröhren, *s* Phloëmparenchym, *pr* Phloëmprimanen, *pp* Stärkeschicht, *e* Endodermis. Vergr. 240. Nach STRASBURGER.

Im konzentrischen Bündel wird ein zentraler Gefäß- oder Siebstrang allseits von einem hohlmantelförmigen Sieb- oder Gefäßstrang konzentrisch umgeben. Liegt das Xylem zentral, so kann man das Bündel als konzentrisch mit Innenxylem, liegt es dagegen außen, als ein solches mit Außenxylem bezeichnen. Konzentrisch mit Innenxylem sind die Bündel bei den meisten Farnen (Fig. 119) und bei bestimmten Dikotylen das Stengelbündel (viele Holzpflanzen). Konzentrisch mit Außenxylem sind sie z. B. in gewissen Erdsprossen und Stämmen von Monokotylen (Fig. 118); solchen Bau haben ferner die markständigen Bündel z. B. bei Piperaceen, Begonia, Campanula u. a.

Bei den Pteridophyten liegen die engsten Gefäße (die Gefäßprimanen) (*sp*) in dem Xylemstrang entweder gruppenweise peripher oder zentral oder zwischen den älteren Gefäßen. Die Gefäßstränge werden von einer Parenchymschicht (*lp*) umhüllt. Daran schließt im Umkreis der aus Siebröhren (*v*) und aus Parenchym (*s*) bestehende Mantel, an dessen Außenrand die engsten Siebröhren (die Siebprimanen) gelegen sind.

Im kollateralen Leitbündel endlich (Fig. 120 *A*), das auch nur einen Gefäßstrang und meist nur einen Siebstrang enthält, liegt der Gefäßteil neben oder besser hinter dem Siebteil, so daß Xylem und Phloëm sich nur einseitig berühren. Die Medianebenen solcher Bündel sind in den Stengeln immer radiär gerichtet, so daß diese Bündel im allgemeinen ihre Gefäßteile nach innen, ihre Siebteile nach außen kehren. Die engsten Gefäße (die Xylemprimanen) liegen im kollateralen Bündel gewöhnlich am Innenrande des Gefäßteiles (bezogen auf den Stengelquerschnitt), die Phloëmprimanen am Außenrande des Siebteiles. Solche kollaterale Leitbündel sind den Sprossen der Samenpflanzen und der Schachtelhalme eigentümlich. Doch kommen auch bikollaterale Leitbündel vor, die nicht nur außen, sondern auch innen einen Siebstrang besitzen, so in den Stengeln der kürbisartigen Gewächse (Cucurbitaceen). Die kollateralen Bündel sind bei den Monokotylen, wie die radialen und die konzentrischen Leitbündel, meist geschlossen, d. h. das ganze Bündel besteht aus Dauergewebe, und der Gefäßteil grenzt unmittelbar an den Siebteil (Fig. 120 A). Bei den Gymnospermen und Dikotylen sind sie dagegen meist offen, d. h. die Sieb- und die Gefäßteile bleiben dauernd durch eine Schicht meristematisches Gewebe, das Kambium der Bündel, getrennt (Fig. 121).

Bei sämtlichen Leitbündelformen bestehen die Gefäßstränge vor allem aus engen oder weiten, verholzten Elementen, die der Wasserleitung dienen: Tracheïden und Tracheen (Fig. 120 *a*, *sp*, *m*; Fig. 122 *rp*, *sp*, *s*, *n*, *t*) oder Tracheïden allein, die sämtlich einzeln für sich oder zu Gruppen ohne Interzellularen zwischen lebende, enge, langgestreckte und oft unverholzte Leitparenchymzellen, Xylemparenchym, eingebettet oder von ihnen in Form einer lückenlosen Scheide umgeben werden (Fig. 119 *lp*). Auch Sklerenchymfasern sind manchmal in den Gefäßsträngen vorhanden. Bei den Farnpflanzen sind sämtliche Gefäße ausschließlich als Tracheïden ausgebildet; in den Bündeln der Samenpflanzen kommen dagegen meist Tracheïden und Tracheen nebeneinander vor. In allen Bündeln (vgl. Fig. 122) sind die engsten Gefäße Ring- und Schraubengefäße, die übrigen aber meist Netz- und Tüpfelgefäße, bei den Pteridophyten, abgesehen von den Primanen, nur Treppengefäße (Fig. 70 *A*).

In den Siebsträngen der Leitbündel (Fig. 119 und 120) verlaufen die der Eiweißleitung dienenden Siebröhren (*v*). Sie sind stets von anderen lebenden Zellen begleitet, entweder nur von Geleitzellen (Fig. 120 *s*), die meist kürzer als die Siebröhrenglieder und mit diesen durch Siebplatten verbunden sind, oder von Geleitzellen und von anderen gestreckten Parenchymzellen (Phloëmparenchym) oder von letzteren allein (Fig. 119 *s*). Ist Phloëmparenchym vorhanden, so sind die Siebröhren einzeln oder gruppenweise lückenlos darin eingebettet.

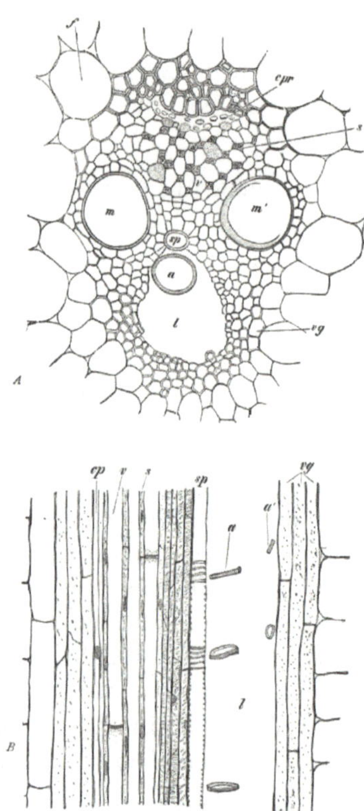

Fig. 120. *A* Querschnitt, *B* Längsschnitt durch ein geschlossenes, kollaterales Leitbündel aus dem Stengel von Zea mays. *a* Ring einer Ringtracheïde, *sp* Schraubentracheïde, *m* und *m'* Tüpfeltracheen, *v* Siebröhre, *s* Geleitzelle. *cpr* und *cp* zerdrückte Phloëmprimanen, *l* Gefäßgang, *vg* Scheide. Vergr. 180. Nach STRASBURGER.

Geleitzellen kommen nur den Siebröhren der Angiospermen zu. Sie sind Schwesterzellen der Siebröhrenglieder, gehen mit ihnen durch Längsteilung aus derselben Mutterzelle hervor, erfahren aber meist noch Querteilungen. Ihre Weite ist geringer als die der Siebröhrenglieder, sie zeichnen sich vor letzteren auch durch ihren reichlichen plasmatischen Inhalt aus. In einzelnen Fällen findet man im Phloëm auch Milchsaft- oder Schleimröhren.

Das vollständige Bündel ist seinerseits gewöhnlich noch von einer Bündelscheide mehr oder weniger umschlossen, die aus interzellularenfreiem Parenchym (oft reich an großen Stärkekörnern: Stärkescheide), aus Sklerenchym oder aus einer Schicht von Endodermiszellen (manchmal auch aus Kutisgewebe) bestehen kann. Sie wird nicht zum Leitbündel gerechnet. Die Scheiden dienen wohl vielfach dazu, die Stoffleitung auf die Bündel zu begrenzen. Scheiden aus Sklerenchym sind besonders häufig den Außenseiten der Siebteile als halbmondförmige Sklerenchymschicht (Fig. 120 *A*, 121 *vg*) vorgelagert und bei zerstreuter Bündelanordnung namentlich an den äußeren Leitbündeln ausgebildet.

Wo eine sklerenchymatische Scheide ein kollaterales Bündel umgibt, ist sie oft an jeder Seite des Bündels, an der Grenze von Gefäß- und Siebteil, durch parenchymatische oder schwächer verdickte und schwächer verholzte Elemente unterbrochen. Diese Stellen erleichtern den Austausch von Wasser und Nahrungsstoffen zwischen dem Bündel und dem Parenchym; sie werden als Durchlaßstreifen bezeichnet.

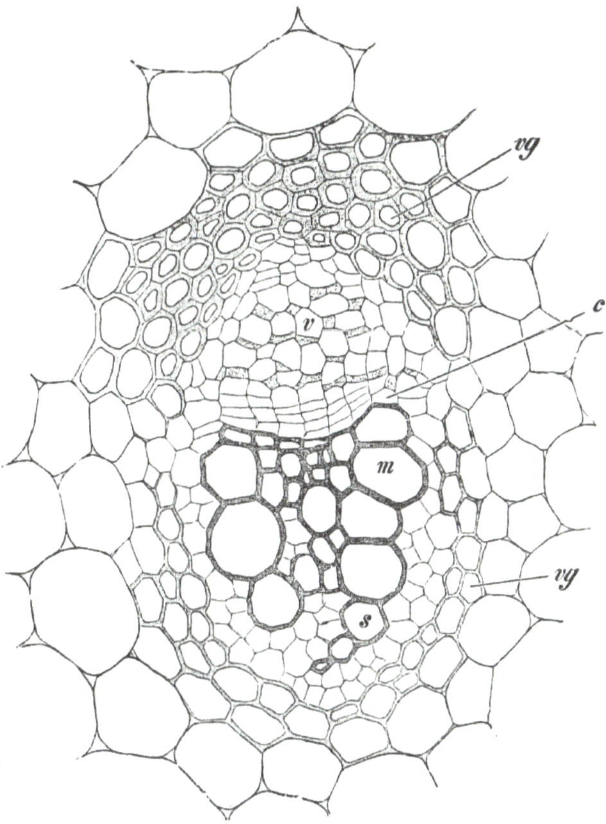

Fig. 121. Querschnitt durch das offene, kollaterale Leitbündel eines Ausläufers von Ranunculus repens. *s* Schraubentracheïden, *m* Tüpfeltracheen, *c* Kambium, *v* Siebröhren, *vg* Scheide. Vergr. 180. Nach STRASBURGER.

Um den Bau der Bündel und die Unterschiede zwischen den Leitbündeltypen vollständig zu verstehen, ist auch noch ein Einblick in ihre ontogenetische Entwicklung erforderlich. Die primären Leitbündel gehen aus Strängen langgestreckter Urmeristemzellen hervor. In ihnen vollzieht sich die Gewebesonderung nur allmählich, und zwar ungleichzeitig in den Zellen eines Stranges. Solange nämlich ein Pflanzenteil noch stark in die Länge wächst, bleiben die Stränge der Hauptmasse nach undifferenziert. Nur an engbegrenzten Stellen, die meist an den Rändern jedes Stranges gelegen sind, wandeln sich einzelne Zellenzüge in Dauergewebe um, und zwar auf Streckung oder Dehnung eingerichtete Elemente: ring- und schraubenförmig verdickte Tracheïden einerseits, Siebröhren oder Siebröhren nebst Geleitzellen andererseits. Diese Tracheïden werden deshalb als Erstlinge des Gefäßteils, Xylemprimanen (Protoxylem), die Siebröhren als Erstlinge des Siebteils, Phloëmprimanen (Protophloëm), bezeichnet. Erst nach vollendetem Längenwachstum des Pflanzenteils werden die Leitbündel fertiggestellt, wobei die Differenzierung der meristematischen Gewebe von den Primanen aus fortschreitet und im Gefäßteil nacheinander zuerst Ring-, dann Schrauben-, Netz-, schließlich Tüpfelgefäße ausgebildet werden (Fig. 120 *B*, 122). Die Xylemprimanen sind im fertigen Leitbündel vielfach zerdrückt, auch wohl durch Dehnung zerrissen (*a* und *a'* Fig. 120 *B*, *l*; *rp* Fig. 122); in manchen Fällen ist ein lysigener, von Wasser erfüllter Interzellulargang („Gefäßgang") an ihrer Stelle ausgebildet (Fig. 120 *l*), der aber noch der Wasserleitung dient[69]. Die Wände der Phloëmprimanen (Fig. 120 *B*, *cp*) sind im fertigen Bündel verquollen, ihre Siebplatten durch Kallusbeläge verschlossen.

Beim radialen Bündel schreitet die Ausbildung der Elemente entsprechend der Lage der Primanen in den Gefäß- und Siebsträngen von der Peripherie des Bündels nach dem Zentrum fort, beim kollateralen Bündel dagegen im Siebteil vom Außenrande, im Gefäßteile aber vom Innenrande des Bündels gegen die Mitte des Bündels; wird dabei alles Meristem aufgebraucht, so entsteht ein geschlossenes kollaterales Bündel, bleibt etwas davon erhalten, ein offenes. In den konzentrischen Bündeln vollzieht sich die Ausbildung des Phloëms und Xylems nicht nach einem einheitlichen Typus; dementsprechend ist die Lage der Primanen verschieden.

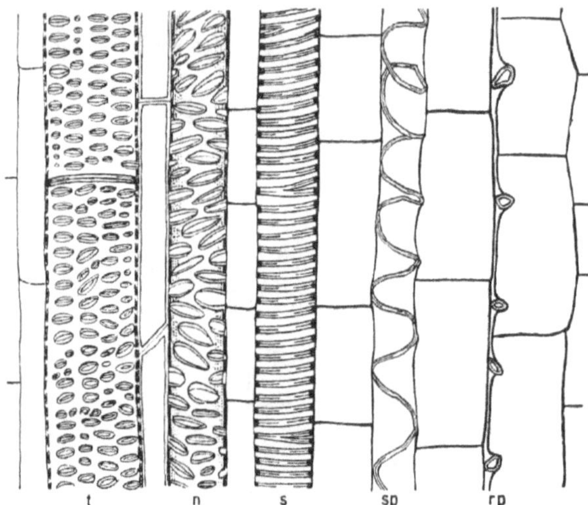

Fig. 122. Längsschnitt durch den Gefäßteil des kollateralen Leitbündels von Impatiens parviflora. *rp* Durch Längenwachstum des Stengels weit auseinander gerückte Ringverdickungen einer stark gedehnten Ringprimane; *sp* gedehnte Schraubenprimane; *s* Schrauben-, *n* Netz-, *t* Tüpfelgefäß. *s*, *n*, *t* erst nach Beendigung des Streckungswachstums ausgebildet. Vergr. 120.

Bündel, in denen man das Protoxylem am Innenrande des Xylems (wie bei den kollateralen und den konzentrischen Bündeln der Monokotylen) oder im Zentrum des Xylems (wie oft bei konzentrischen) findet, nennt man auch wohl endarch. Die Xylemprimanen können aber auch an anderer Stelle ausgebildet sein, z. B. am Außenrande des Xylems, exarch, wie beim radialen Bündel; oder in einer oder in mehreren Gruppen mesarch, d. h. zwischen Außen- und Innenrand des Gefäßteiles, z. B. in den Blattstielen der Cycadeen und im konzentrischen Bündel vieler Farne zwischen Peripherie und Zentrum des Xylems, also zwischen weitere Gefäße eingebettet.

Ob irgendwelche Beziehungen zwischen der Anordnung der Sieb- und Gefäßteile und den Leitungsbedürfnissen der Pflanzenteile bestehen, darüber wissen wir noch gar nichts[67]·[68].

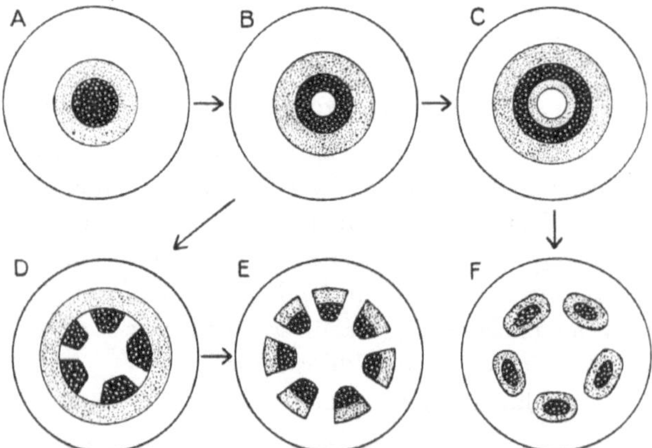

Fig. 123. Phylogenie der Leitbündeltypen, schematisch. Weiß: Rinde und Mark, schwarz punktiert: Phloëm, weiß punktiert auf schwarz: Xylem. Erklärung im Text.

Ebensowenig sehen wir über die Phylogenie der Bündeltypen klar. Allen Grund haben wir freilich zu der Annahme, daß ein Stengel mit einem einzigen zentralen Leitbündel als primitiv anzusehen ist. Ein solches finden wir in den Stengelteilen mancher lebender und ausgestorbener Farnpflanzen und in sämtlichen Wurzeln. Zu den einfachsten und phylogenetisch ältesten Leitbündeln dürfte das konzentrische Bündel mit einem soliden zentralen Xylemstrange gehören; wenigstens ist ein solches, wie es scheint, in den Keimsprossen fast aller lebenden Farne vorhanden (vgl. Fig. 123 *A*). Aber auch das radiale Bündel dürfte phylogenetisch sehr alt sein. Dafür spricht, daß es allen Wurzeln lebender und fossiler Kormophyten, soweit wir wissen, zukommt und daß es außerdem auch in den Stengeln einiger Kormophyten ausgebildet ist, während kein anderer Bündeltypus in Stengeln und Wurzeln sich findet. Die Vielförmigkeit, die man im Bau und in der Anordnung der Sproßbündel bei den Farnpflanzen im Gegensatz zu den Samenpflanzen findet, erlaubt auch Vermutungen darüber, wie aus einem Stengel mit einem konzentrischen Bündel Stengel mit anderem Bau entstanden sein können. Einmal nämlich finden wir Formen (Fig. 123 *B*), bei denen der Gefäßteil des einzigen zentralen Bündels zu einem Hohlzylinder mit zentralem Strang von Parenchym („Mark") geworden ist (Gleicheniaceen, Schizaeaceen), weiter solche (Fig. 123 *C*), wo auf den Xylemhohlzylinder noch ein innerer Phloëmmantel und dann erst ein Mark folgt (z. B. Marsilia); endlich solche (Fig. 123 *F*), bei denen dieses Bündelrohr von rhombischen Lücken, den Blattlücken (d. h. den Ausgangsstellen der Blattbündel), zu einem netzartigen Maschenwerk durchbrochen ist (z. B. Aspidium Filix mas). In diesem Falle findet man auf dem Stengelquerschnitte einen Kranz von zahlreichen, übrigens typisch gebauten konzentrischen Bündeln, jedes mit einem soliden, zentralen Xylemstrange. Ferner kommen aber auch Formen vor (Fig. 123 *D*), bei denen in dem zentralen, konzentrischen, markhaltigen Bündel der an das Mark anschließende Xylemhohlzylinder in eine Anzahl nebeneinander liegender, längs verlaufender Xylemstränge aufgelöst ist, die durch radiale Parenchymplatten voneinander getrennt und von einem geschlossenen Phloëmaußenmantel umhüllt werden (z. B. Osmunda). Und schließlich gibt es Formen (Fig. 123 *E*), bei denen auch dieser Phloëmmantel noch in entsprechende Stränge zerlegt ist, so daß die radialen Parenchymplatten als „Markstrahlen" die nunmehr kollateralen Xylem-Phloëmstränge völlig voneinander trennen (Rhizom von Ophioglossum). Diese Reihen zeigen uns, wie aus einem zentralen konzentrischen Bündel durch Zerteilung erstens ein netzartiges Bündelrohr, das im Querschnitt aus vielen konzentrischen, kreisförmig angeordneten Bündeln besteht, zweitens ein Hohlrohr aus kollateralen Bündeln entstehen kann. Nimmt man an, daß die phylogenetische Entwicklung sich in dieser Weise vollzogen hat, so würde also nicht ein kollaterales Bündel der Samenpflanzen oder eines der vielen konzentrischen Bündel, die man auf den Stengelquerschnitten vieler Farne findet, dem einen zentralen konzentrischen Bündel „primitiv gebauter" Farnpflanzen homolog sein, sondern die Gesamtheit aller kollateralen oder konzentrischen Bündel im Stengel, d. h. also der Zentralzylinder wäre homolog zu setzen dem einen zentralen konzentrischen oder radialen Leitbündel. Bezeichnet man nach dieser Auffassung, der Stelärtheorie[70], das radiale Bündel oder das einzige zentral gelegene konzentrische Bündel als Stele, so hätte die Gesamtheit der konzentrischen oder kollateralen Bündel, die zu einem Bündelrohr verbunden sind, samt dem umschlossenen Mark ebenfalls als Stele zu gelten, da sie ja aus der Urstele entstanden gedacht ist. Danach kann also ein „Einzelbündel" eine ganze Stele oder nur ein Teil einer solchen sein. Die Stele (der Zentralzylinder) der Samenpflanzen liegt gewöhnlich als zentraler Gewebestrang im Stengel (Monostelie). Doch kommen auch Fälle vor, wo er in mehrere Teilzylinder zerlegt ist (Polystelie), so in den Stengeln der Aurikeln und von Gunnera.

γ) **Die Blätter**[71]. **1. Anlage der Blätter.** Wir sahen die Blattanlagen am Vegetationspunkte des Sprosses exogen als seitliche Höcker oder Wülste auftreten (Fig. 98, 102 *f*), die zunächst ungegliedert sind. Man kann sie als Blattprimordien bezeichnen (Fig. 127 *A*, *b*). Gewöhnlich nimmt eine Blattanlage nur einen Teil des Vegetationspunktumfanges ein; doch kommt es auch vor, daß sie als ringförmiger Wall den ganzen Vegetationspunkt umfaßt. Auch die Anlagen mehrerer quirlständiger Blätter können zunächst als einziger ringförmiger Wall auftreten und sich erst weiterhin sondern; entstehen sie sogleich als selbständige Anlagen, so bilden sich diese entweder gleichzeitig oder in der Regel[65], [114] nacheinander aus.

In freilich seltenen Fällen kann ein Blatt auch terminal am Vegetationspunkte entstehen.

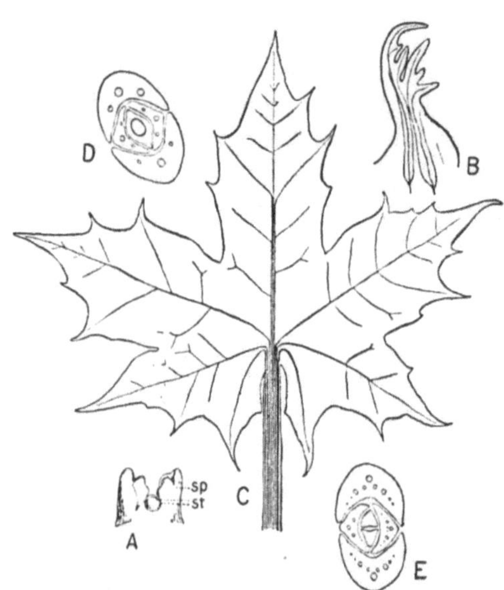

Fig. 124. Ahorn (Acer platanoides). *A* Außenansicht einer Knospe mit zwei Blattanlagen, zwischen denen der Vegetationskegel des Sprosses zu sehen ist. In *sp* die Blattspreite, an der fünf Abschnitte angelegt sind, von denen der oberste Abschnitt zuerst ausgebildet wurde. In *st* die Zone, durch deren Wachstum der Blattstiel später entstehen soll. *B* Älteres Blatt von der Seite, die Stränge in seinem Innern stellen die Leitbündelanlagen vor, die später äußerlich die Nervatur bestimmen sollen. *C* Ausgewachsenes Blatt mit schematischer Darstellung des Leitbündelverlaufs. *D* Querschnitt durch den basalen Teil einer Knospe, mit je drei Bündelanlagen in jedem Blatt. *E* höher geführter Querschnitt durch eine Knospe, die Zahl der Bündelanlagen durch Verzweigung innerhalb der Blätter vermehrt. *A*, *B* und *E* schwach vergrößert. Nach DEINEGA aus Goebels Organographie.

Während der Sproß im allgemeinen mittels seines Vegetationspunktes unbegrenzt, und zwar an der Spitze weiterwächst, ist das Wachstum der Blattanlagen, die meist nur kurze Zeit an ihrer Spitze wachsen, in der Regel begrenzt. Ausgesprochenes und langdauerndes Scheitelwachstum zeichnet dagegen z. B. die Blätter der Farne aus. Ist das Wachstum begrenzt, so wird die Spitze, die in ihrer Entwicklung dem übrigen Blatte voranzueilen pflegt, zuerst in Dauergewebe umgewandelt. Das geschieht zum Schutze der jüngsten Knospenteile, den die Blätter zunächst zu übernehmen haben, wie wir schon sahen. Das weitere Wachstum des Blattes vollzieht sich in der Regel durch Streckung interkalar, und zwar meist so, daß von der Spitze nach der Basis fortschreitend das Blattmeristem in Dauergewebe übergeht, das Wachstum also am längsten und stärksten in der Blattbasis bis zur fertigen Ausgestaltung des Blattes fortdauert.

Besonders auffällig ist das Vorauseilen in der Ausbildung der Blattspitzen bei verschiedenen tropischen Gewächsen, besonders Kletterpflanzen. Dort fällt diesen Blattspitzen nach M. RACIBORSKI, der sie Vorläuferspitzen nennt, die Aufgabe zu, vor der Fertigstellung des Blattes schon die Funktionen der Blattspreite zu übernehmen.

Sehr eigenartig und abweichend von allen anderen Kormophyten verhält sich Welwitschia mirabilis. Sie bildet über den Keimblättern nur ein einziges Paar von Laubblättern, deren basale Zonen in jährlicher Periode einen Zuwachs erfahren, während die Blattenden allmählich verwittern.

2. Verschiedene Ausgestaltung der Blätter. Die Blätter des Sprosses haben sehr verschiedene Funktionen und werden dementsprechend an einem und demselben Stengel ganz verschieden ausgebildet, obwohl sie alle der Anlage nach gleich angelegt sind. Den Wechsel in der Ausbildung aufeinanderfolgender Blätter am Stengel bezeichnet man als seine Blattfolge.

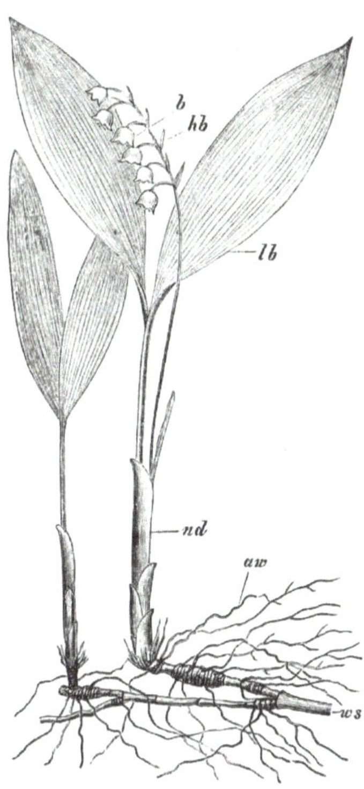

Fig. 125. Maiblume (Convallaria majalis). *nd* Niederblätter, *lb* Laubblätter, *hb* Hochblätter, *b* Blüte, *ws* Wurzelstock, *aw* Adventivwurzeln. Etwas verkleinert. Nach SCHENCK..

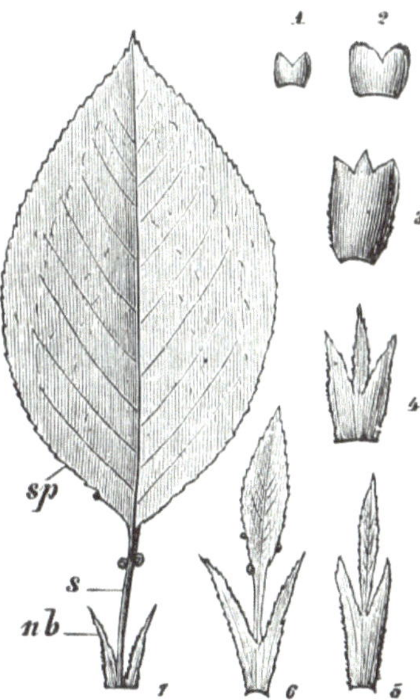

Fig. 126. Vogelkirsche (Prunus avium). Knospenschuppen *1–3* und die Übergangsformen *4–6* zum Laubblatt *7*, *sp* Blattspreite, *s* Stiel, *nb* Nebenblätter. Etwas verkleinert. Nach SCHENCK.

Der Hauptsproß der Keimpflanze trägt zu unterst die Keimblätter oder Kotyledonen, die der Keimstengel, das Hypokotyl (Fig. 155), eines Keimes schon im Samen besitzt. Nur ein einziges solches Blatt kommt bei den Monokotylen vor; zwei Keimblätter sind bei den Dikotylen(Fig. 155) und bei manchen Gymnospermen, mehr als zwei bei anderen Gymnospermen vorhanden. Auf die Keimblätter folgen an den Erdsprossen und oft auch an den Luftsprossen mehr oder weniger schuppenförmige Niederblätter (Fig. 125 *nd*), an den Luftsprossen hierauf die Laubblätter (*lb*) und weiter oben wieder einfacher gestaltete Hochblätter (*hb*). Wir wollen zunächst die Laubblätter betrachten, da die übrigen Blätter nur Umbildungen von ihnen sind.

A. Die Laubblätter. Die Laubblätter sind äußerlich recht verschieden gebaut. Ihre Gestalt und ihre Gliederung werden deshalb bei der Diagnose der Pflanzen häufig verwertet. Meist ist das Laubblatt gegliedert, und zwar in die lebhaft grüne, flächenförmige und sehr dünne Blattspreite (Lamina, Fig. 126 *sp*), meist ungenau Blatt genannt, in den stengelartigen Blattstiel (Petiolus, Fig. 126 *s*) und an seiner Basis in den Blattgrund. Dieser kann als Blattpolster (Blattkissen) oder als Blattscheide (Vagina, Fig. 138 *v*) ausgebildet sein, die den Stengel oberhalb des Blattknotens mehr oder weniger umhüllt oder Nebenblätter (Stipulae, Fig. 126 *nb*) ausgliedert. Bei vielen Blättern fällt der Blattgrund aber nicht durch besondere Form und Größe auf, sondern geht allmählich in den Blattstiel über, oft auch in die Nebenblätter (Stipulae, *nb*). Fehlt der Stiel, so heißt das Blatt sitzend; ist er vorhanden, gestielt. Die Anfänge der Blattgliederung pflegen sich an den Laubblattanlagen schon sehr frühzeitig bemerkbar zu machen: die Primordialblätter sondern sich sehr bald, nachdem sie als Wülste am Vegetationspunkte sichtbar geworden sind, in das Oberblatt (Fig. 127 *A* und *B*, *o*) und in den Blattgrund (*A* und *B*, *g*). Aus dem Oberblatte geht die Blattspreite (Fig. 124 *A*, *sp*) und, wo vorhanden, auch der Blattstiel hervor (*A*, *st*). Dieser wird erst nachträglich, verhältnismäßig spät, durch interkalares Wachstum zwischen die schon vorhandene Blattspreite und den Blattgrund eingeschaltet, ist also niemals direkt am Stengel befestigt.

a) Die Blattspreite. Äußerer Bau (Fig. 129). Die in der Regel ausgesprochen dorsiventrale, oberseits meist dunkler grün gefärbte Blattspreite kann ungeteilt oder geteilt (Fig. 124 *C*), ja sogar aus Teilblättchen zusammengesetzt sein. Solche zusammengesetzten Blätter entstehen entweder durch Verzweigung aus den Rändern der Anlagen (Fig. 124 *A*) oder in seltenen Fällen (z. B. Palmen) durch Zertrennung der jugendlichen unverzweigten Spreiten bei ihrer Entfaltung. Den Monokotylen kommen vorwiegend einfache Blätter zu, während die zusammengesetzten bei Dikotylen häufig sind.

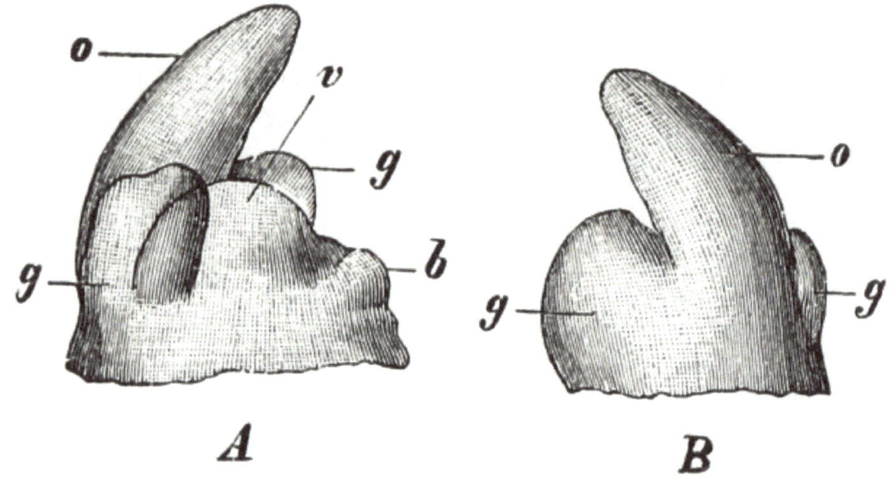

Fig. 127. Blattentwicklung bei der Feldulme (Ulmus campestris). *A* Der Vegetationskegel *v*, mit zwei Blattanlagen. Die jüngste Blattanlage *b* noch ungegliedert, die nächstältere gegliedert in Oberblatt *o* und Blattgrund *g*. *B* Das ältere Blatt von *A*, schräg von außen gesehen. Vergr. 58. Nach STRASBURGER.

Die Blattspreite heißt schildförmig, wenn der Blattstiel in ihrer Mitte zu entspringen scheint (Fig. 241). An der ungeteilten Spreite (Fig. 125 *lb*, 126 *sp*) ist der Rand nicht oder nur seicht eingeschnitten; er kann gesägt, gezähnt, gekerbt oder ausgeschweift sein. Sind tiefere Einschnitte vorhanden, so heißt das Blatt, wenn sie nicht bis zur Mitte der Spreitenhälften reichen, gelappt; wenn sie bis zu ihrer Mitte gehen, gespalten (Fig. 140 *sb*); wenn sie darüber hinaus sich fortsetzen, geteilt (Fig. 142 *l*). Nur wenn die einzelnen Abschnitte der Spreite so selbständig sind, daß sie als gesonderte Teilblättchen, kurz Blättchen genannt, an dem gemeinsamen Blattstiel oder an der ursprünglichen Mittelrippe der Spindel eingefügt sind, heißt das Blatt zusammengesetzt (Fig. 141, *1–5*); in allen anderen Fällen gilt es als einfach. Die Teilung der Spreite ist fingerartig (Fig. 142) oder fiederartig (Fig. 141, *1–5*), je nachdem die Einschnitte gegen den Grund der Spreite zusammenlaufen oder gegen deren Mittelrippe gerichtet sind.

Die Blättchen eines zusammengesetzten Blattes können während ihrer Entwicklung ähnlich wie die Anlage gegliedert werden, aus der sie hervorgingen; und an ihren Teilen kann sich die nämliche Erscheinung wiederholen. Alsdann spricht man von doppelt, dreifach und mehrfach zusammengesetzten Blättern. Häufig sind einfach und doppelt gefiederte (Fig. 141) Blätter, deren Blättchen beiderseits an Spindeln erster oder zweiter Ordnung eingefügt sind. Die Blättchen eines zusammengesetzten Blattes können ganzrandig oder mehr oder weniger tief eingeschnitten sein. Sie sitzen unmittelbar der Spindel an, oder sie sind gestielt und unter Umständen sogar, wie z. B. bei Phaseolus (Fig. 135 *fg*), Robinia, Mimosa, mit angeschwollenen „Gelenkpolstern“ an den Einfügungsstellen versehen.

An Spreitenanlagen, die nicht einfach bleiben, vielmehr während ihrer weiteren Entwicklung sich mehr oder weniger verzweigen, werden die seitlichen Abschnitte meist in basipetaler Richtung, also von der Spitze gegen die Basis fortschreitend, angelegt (Fig. 124 *A*); doch ist auch eine entgegengesetzte, akropetale Entwicklungsrichtung oder eine Kombination von beiden nicht ausgeschlossen.

Die gelappten und oft auch durchlöcherten Blattspreiten der Aracee Monstera kommen dadurch zustande, daß an den jugendlichen Blättern inselartige Gewebemassen zwischen den Rippen absterben und sich herauslösen. Auch die Abschnitte der fächerförmigen und fiederförmigen Palmenblätter entstehen durch nachträgliche Zertrennung der Blattspreiten, und zwar in der Weise, daß innerhalb der ungeteilt angelegten und gefalteten jugendlichen Blattspreiten vor deren Entfaltung entweder Gewebestreifen an den Oberkanten der Falten absterben oder die Zellwände hier verschleimen und sich voneinander trennen (so z. B. bei Cocos und Chamaerops)[72].

Die Blattspreiten ungestielter Blätter sitzen meist mit breiter Basis an dem Stengel. Greift diese Basis jederseits noch um den Stengel, so ist das Blatt stengelumfassend: z. B. bei Papaver somniferum; umgibt sie geschlossen den Stengel, dann heißt es durchwachsen (Bupleurum-Arten). Sind die Spreiten zweier gegenüberstehender Blätter am Grunde verbunden, dann sind sie verwachsen (Lonicera caprifolium). Setzt sich die Spreite abwärts am Stengel flügelartig fort, so wird das Blatt als herablaufend bezeichnet (Verbascum thapsiforme).

Fig. 128. Blatt des Rotdorns (Crataegus) mit Netznervatur. **3⁄4** nat. Gr. Nach NOLL.

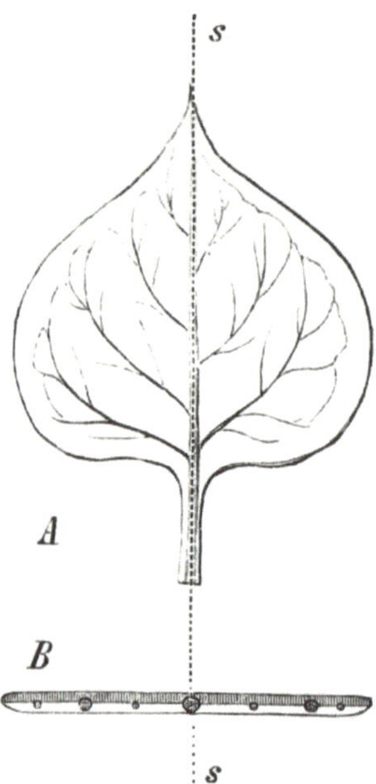

Fig. 129. Schematisches Bild eines dorsiventralen Laubblattes. Bei *A* in Flächenansicht. Bei *B* im Querschnitt. *ss* Die Symmetrieebene (Mediane). Nach STRASBURGER.

Die Blattspreiten sind von meist heller grünen Nerven (Adern) durchzogen, die ein reichverzweigtes Netzwerk bilden. Diese Blattnerven springen mit ihren dickeren Ästen (den Rippen) gewöhnlich auf der Blattunterseite mehr oder weniger hervor, während ihnen auf der Oberseite oft Furchen entsprechen. Die feineren Verästelungen werden erst sichtbar, wenn man die Spreite im durchscheinenden Lichte betrachtet. Vielfach ist ein in der Mediane der Spreite verlaufender Nerv besonders kräftig entwickelt; er heißt Mittelnerv oder Hauptnerv. Es können aber auch mehrere gleich starke Nerven als Hauptnerven ausgebildet sein (Fig. 124). Von allen solchen Nerven entspringen Seitennerven (Fig. 128).

Die Benennung der Nervatur richtet sich nach der Art des Nervenverlaufs. Die Blätter der meisten Nadelhölzer sind einnervig. Bei mehrnervigen Blättern stellt die gabelige Nervatur einen besonderen Typus dar, wobei ein Mittelnerv nicht zustande kommt. Sie ist für verschiedene Farne, außerdem für Ginkgo biloba bezeichnend. Im übrigen unterscheidet man bei den mehrnervigen Blättern die streifige Nervatur, bei der mehrere Hauptnerven annähernd parallel oder im Bogen in der Längsrichtung der Spreite verlaufen (Fig. 138 *s*) und gegen deren Ende zusammenneigen, und die netzartige Nervatur (Fig. 128), bei der die Nerven, an Stärke abnehmend, auseinander entspringen und schließlich in einem feinen Maschenwerk ihren Abschluß finden. Aber auch bei streifiger Nervatur pflegen die Hauptnerven durch schwache Quernerven (Anastomosen) verbunden zu sein. Bei netzartiger Nervatur unterscheidet man weiter zwischen fiedernervigen Blättern (Fig. 128), wenn einem medianen Hauptnerven schwächere Seitennerven entspringen, und handnervigen Blättern (Fig. 124, 140 *sb*), wenn mehrere annähernd gleich starke Hauptnerven an der Basis der Spreite auseinandergehen. Die streifige Nervatur kennzeichnet im allgemeinen die Monokotylen, die netzartige einige Farne und die meisten Dikotylen.

Innerer Bau. Der innere Bau der Laubblätter ist sehr mannigfaltig, aber meist ausgesprochen dorsiventral (bifazial): die Gewebe auf der Oberseite sind anders ausgebildet als auf der Unterseite (Fig. 129, 132).

Viele Blätter, besonders solcher Arten, die stark besonnte, verhältnismäßig trockene Standorte bewohnen, doch z. B. auch vieler submerser Wasserpflanzen, sind aber oben und unten gleich, also isolateral (äquifazial, zentrisch) gebaut (Fig. 185, 191).

a) Nerven. Sie enthalten in Ein- oder Mehrzahl die Leitbündel der Blätter. Die reiche Verzweigung, die Ausbildung der Leitbündel als ein sehr feines Netzwerk, das sich über die ganze Blattspreite ausdehnt, ist für die Blattspreiten besonders bezeichnend. Es läßt sich durch Mazeration der Blätter als sehr zierliches Blattskelett isolieren.

Der Bau der Leitbündel in der Blattspreite entspricht meist dem im Stengel. Bei den Phanerogamen sind die Blattbündel gewöhnlich kollateral. Da sie die Fortsetzungen der Blattspurbündel des Stengels sind, so wenden sie ihren Gefäßteil nach oben, ihren Siebteil nach unten.

Das Xylemparenchym der Blattbündel ist meist zu Platten angeordnet, die auf den Bündelquerschnitten als radiale Zellreihen im Gefäßteile erscheinen.

Im dem Maße, wie die Bündel sich in der Blattspreite mehr und mehr verzweigen und schwächer werden, vereinfacht sich ihr Bau. Zunächst schwinden die Tracheen; nur netz- und schraubenförmig verdickte Tracheïden bleiben als wasserleitende Bahnen im Gefäßteile zurück. Zugleich wird der Siebteil reduziert. Bei den Angiospermen, deren Siebröhren von Geleitzellen begleitet werden, nehmen die Siebröhren an Weite ab, während die Geleitzellen ihren früheren Durchmesser behalten. Schließlich unterbleibt in den Zellen, die Siebröhren fortsetzen, die Teilung in Siebröhrenglieder und Geleitzellen: es werden Übergangszellen gebildet. Mit diesen hört der Siebteil auf, während der Gefäßteil noch durch kurze Schraubentracheïden vertreten ist und schließlich blind endigt (Fig. 130).

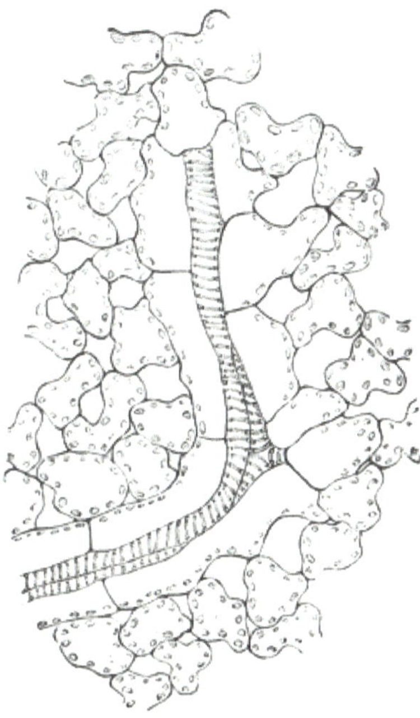

Fig. 130. Leitbündelendigung im Blatt von Impatiens parviflora. Vergr. 240. Nach SCHENCK.

Den Nadeln der Koniferen, die meist nur von 1–2 medianen längs verlaufenden Leitbündeln durchzogen werden, fehlen alle feineren Bündelverzweigungen. Den Außenrändern des Xylems folgt ein Saum eigenartiger, toter, tracheïdaler Zellen mit Hoftüpfeln, den Außenrändern des Phloëms ein entsprechender Saum eiweißreicher Zellen. Dieses Transfusionsgewebe, das mehr oder weniger tief in das lebende Blattgewebe beider Blatthälften eindringt, vermittelt bei den Koniferen offenbar den Stoffverkehr zwischen Nerv und diesem Blattgewebe.

Die Leitbündel werden von Parenchymscheiden umgeben, die in den dickeren Nerven vielschichtig sind, einschichtig aber selbst ihre feinsten Verzweigungen umschließen. Die Zellen dieser Scheiden sind meist gestreckt und stets lückenlos verbunden. Den Leitbündeln folgen auf einer oder beiden Seiten (Fig. 131, *1*) häufig auch Stränge von Sklerenchymfasern. Sie bilden namentlich an den Siebteilen der stärkeren Bündel im Querschnitte sichelförmige Beläge, veranlassen vorwiegend das Vorspringen der Blattrippen an der Spreitenunterseite und machen die Spreite biegungsfest. Stränge aus Sklerenchym kommen bei manchen Blättern auch zwischen den Nerven vor (Fig. 131, *1*), ferner auch am Blattrande; solche sklerenchymatischen oder kollenchymatischen Verstärkungen des Randes dienen zum Schutze gegen scherende Kräfte, die die Blattflächen zu zerreißen suchen (Fig. 131, *2*). Große Blattspreiten, denen ein solcher Schutz am Rande fehlt, werden im Freien vom Winde zerfetzt (Banane).

b) Epidermis und Mesophyll. Das Laubblatt wird allseits von einer typischen Epidermis umschlossen. Sie ist auf der Blattunterseite besonders reich an Spaltöffnungen, die der Oberseite nicht selten ganz fehlen (z. B. bei fast allen Laubbäumen).

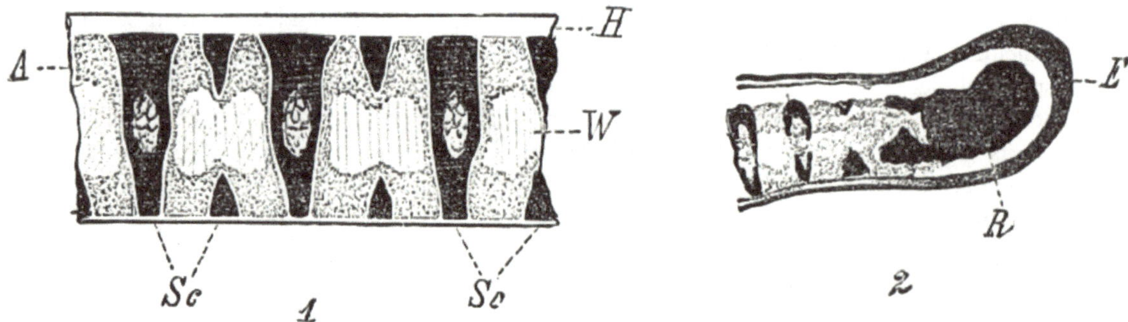

Fig. 131. Blatt der Liliacee Phormium tenax (des neuseeländischen Flachs). *1* Blattquerschnitt. *Sc* Sklerenchymplatten und -stränge. *A* Grünes Assimilationsparenchym. *H* Epidermis (Wasserspeicher). *W* Farbloses Mesophyll (innere Wasserspeicher). *2* Randpartie desselben Blattes. *E* Stark verdickte und gebräunte Epidermis. *R* Randbündel aus Sklerenchymfasern. Nach NOLL.

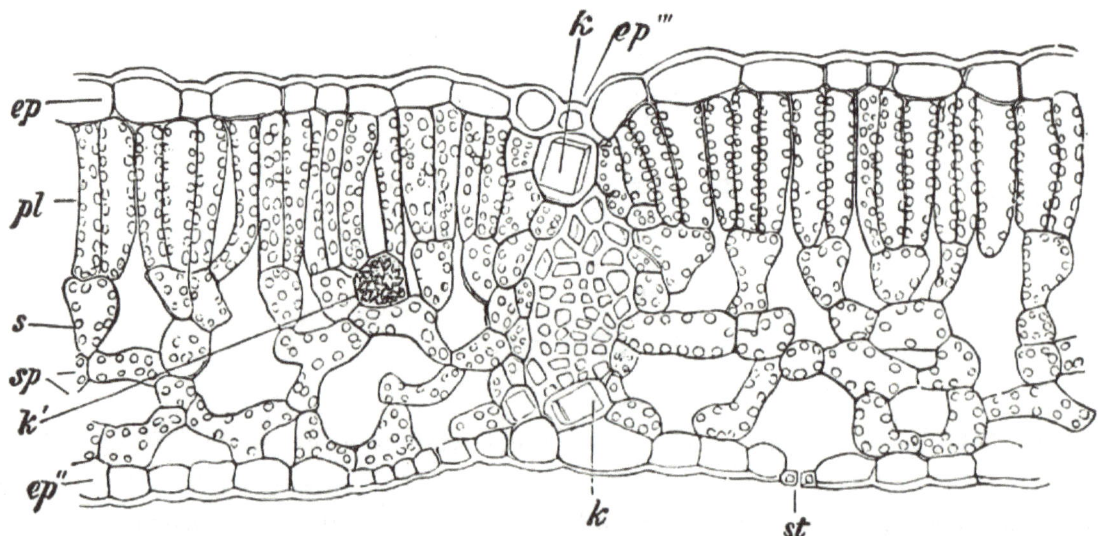

Fig. 132. Querschnitt durch das Blatt der Buche (Fagus silvatica). *ep* Epidermis der Oberseite, *ep''* Epidermis der Unterseite, *ep'''* längsgestreckte Epidermiszellen über einem der Leitbündel, die der Querschnitt durch das Blatt der Quere nach trifft, *pl* Palisadenparenchym, *s* Trichterzellen, *sp* Schwammparenchym, *k* kristallführende Sekretzellen, *k'* eine Kristalldruse, *st* Spaltöffnung. Vergr. 360. Nach STRASBURGER.

Man findet an der Unterseite durchschnittlich 100–300 Spaltöffnungen auf dem Quadratmillimeter; doch kann diese Zahl in einzelnen Fällen bis über 700 steigen. Isolaterale Blätter pflegen auf beiden Seiten, Schwimmblätter nur oberseits Spaltöffnungen zu besitzen.

Die Blattepidermis kann auch ein Wasserspeicher sein. Besonders in diesem Falle ist sie nicht selten mehrschichtig.

Das von der Epidermis umschlossene Gewebe der Blattspreite zwischen den Rippen besteht hauptsächlich aus Parenchym, das man als Mesophyll bezeichnet. Darin sind die feineren Nervenäste eingebettet. Auf die Epidermis der Oberseite (Fig. 132 *ep*) pflegen eine bis drei senkrecht zur Oberfläche gestreckte Lagen zylindrischer (schlauchförmiger) Parenchymzellen zu folgen, die Palisadenzellen (*pl*). Sie sind besonders chlorophyllreich, bilden also ein Assimilationsparenchym und sind meist seitlich voneinander durch enge Interzellularen getrennt. Oft neigen die Palisadenzellen mit ihren unteren Enden deutlich zu Büscheln zusammen (Fig. 132) und schließen an trichterförmig erweiterte Zellen (die Trichterzellen *s*) an.

Die Dicke der Palisadenschicht ist bei den Blättern mancher Bäume, z. B. der Rotbuche, verschieden: in den „Schattenblättern“ viel geringer als in den „Sonnenblättern“. Ein direkter Einfluß der Belichtung liegt da aber nach den Untersuchungen NORDHAUSENs[73] nicht vor. Es gibt auch Pflanzen (z. B. Lactuca scariola), die nur in stark beleuchteten Laubblättern Palisaden ausbilden.

In manchen Blättern kommen an Stelle der Palisadenzellen Schichten von Zellen vor, deren Elemente nicht senkrecht, sondern parallel zur Oberfläche, längs oder quer gestreckt sind, so z. B. bei vielen Monokotylen. In den Nadeln der Kiefer und bei anderen Pflanzen findet man ferner an Stelle der Palisaden große plattenförmige Zellen, deren innere Oberfläche durch Einfaltungen der Zellmembran bedeutend vergrößert ist (Faltenparenchym, Fig. 133 *A*, *B fp*, *C*).

An das Palisadenparenchym schließt ein viel chlorophyllärmeres Parenchym aus vorwiegend unregelmäßig gestalteten Zellen mit weiten Interzellularen an, das Schwammparenchym (Fig. 132 *sp*), das bis an die Epidermis der Unterseite (*ep''*) reicht. Die weiten Interzellularen stehen mit den Spaltöffnungen in der Epidermis der Blattunterseite in unmittelbarer Verbindung und dienen dem Gastransport zu den Palisadenzellen.

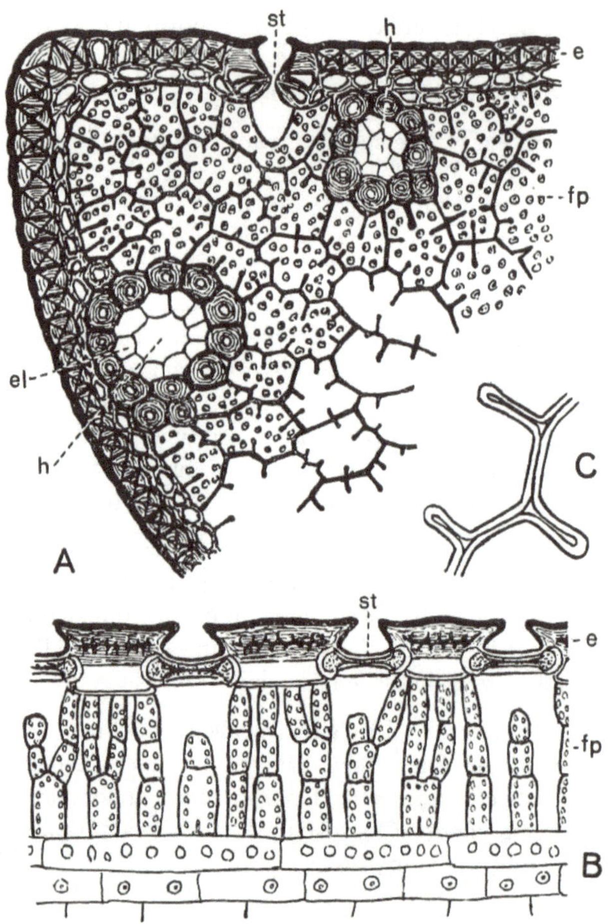

Fig. 133. Nadel von Pinus silvestris quer und längs. *A* Querschnitt, *B* medianer Längsschnitt. Vergr. 160. *e* Epidermis, *st* Spaltöffnung darunter, *fp* Assimilationsfaltenparenchym, *h* Harzkanäle, das dünnwandige Drüsenepithel (*el*) von einer Sklerenchymscheide umgeben. *C* Stück der Zellmembranen aus dem Faltenparenchym. Vergr. 380.

HABERLANDT berechnet für einen Quadratmillimeter Blattfläche bei Ricinus communis durchschnittlich im Palisadenparenchym der Oberseite 403200, im Schwammparenchym der Unterseite 92000 Chlorophyllkörner. Somit würden in diesem Falle 82% der Chlorophyllkörner der Blattoberseite, 18% der Blattunterseite angehören.

Nicht selten liegt auch im Mesophyll farbloses Wassergewebe (Fig. 131 *W*).

Epitheme und Wasserspalten[74]. Bei gewissen Familien der Mono- und Dikotylen bildet das Mesophyll der Blattlamina lokal zwischen besonders angeschwollenen Leitbündelendigungen und der Epidermis eigenartige Gewebepfropfen aus. Sie bestehen aus kleinen lebenden Zellen mit farblosem Zellsaft, die mit Wasser gefüllte Interzellularen zwischen sich lassen. Diese Gewebepfropfen nennt man Epitheme. Sie vermitteln die Ausscheidung von Wasser in tropfbar flüssiger Form. Dabei verhalten sie sich der Hauptsache nach passiv; sie sind nur Stellen geringsten Filtrationswiderstandes. Über solchen Epithemen, in die Tracheïden münden, liegen in der Epidermis eigenartig ausgebildete Spaltöffnungsapparate: die Wasserspalten (Fig. 134), die größer als die Luftspalten sind. Ihre beiden Schließzellen sind entweder lebend und können den Spalt, gleich den Luftspalten, öffnen und schließen, oder sie verlieren (in anderen Fällen) frühzeitig den lebenden Inhalt; der Spalt zwischen ihnen steht dann unverändert weit offen. Die für die Schließzellen der Luftspalten so bezeichnenden Verdickungsleisten werden bei den Wasserspalten gewöhnlich nicht ausgebildet. Die ausgeschiedene Flüssigkeit ist oft reich an kohlensaurem Kalke, der alsdann, wie an den Blatträndern vieler Steinbrech- (Saxifraga-) Arten, in weißen Schüppchen die Wasserspalten überdeckt.

Vielfach haben junge Blätter an ihren Spitzen und den Spitzen ihrer Zähne über Epithemen Wasserspalten, die am fertigen Blatte vertrocknet sind. Selbst bei submersen Pflanzen, bei denen keine Luftspalten ausgebildet werden, kommen an den Blattspitzen nicht selten Wasserspalten vor. Sie pflegen frühzeitig abzusterben, werden auch wohl mit dem angrenzenden Gewebe zerstört, so daß offene Grübchen, die Apikalöffnungen, entstehen, durch die Wasser und darin gelöste Stoffe hervorgepreßt werden.

Auch in vielen Nektarien innerhalb und außerhalb der Blüten wird die zuckerhaltige Flüssigkeit aus Wasserspalten („Nektarspalten") ausgeschieden.

Funktionen der Blattspreiten. Die Blattspreiten sind, wie schon gesagt, die wichtigsten Ernährungs-, d. h. Assimilations- und zugleich die Transpirationsorgane der Kormophyten. Ihr äußerer und innerer Bau, ihre Anordnung und ihre Richtung zum Lichteinfall entsprechen diesen Funktionen. Die Zerlegung der Kohlensäure ist an das Licht, außerdem an das grüne Chlorophyll gebunden. So versteht man die grüne Farbe, die in der Regel sehr große Oberflächenentwicklung der Blattspreiten, ihre bei geringer Dicke flächenförmige Ausbildung und ihren meist dorsiventralen Bau. Je größer die Oberfläche ist, um so mehr chlorophyllhaltige Zellen werden ohne gegenseitige Beschattung dem Lichte ausgesetzt, um so leichter kann die Kohlensäure aus dem spärlichen Vorrate der Luft aufgenommen werden, und um so lebhafter wird zugleich die Verdunstung der Spreite, ihre Transpiration, sein müssen. Da schon wenige chlorophyllreiche Zellschichten das von außen in das Blatt einströmende Licht so verändern, daß es in tieferen Schichten der Kohlensäurezerlegung nicht mehr ausreichend zu dienen vermag, so ist das Assimilationsgewebe vorzugsweise oberseits gelegen. Die Kohlensäure der Luft wird aber hauptsächlich von der Unterseite des Blattes durch die Spaltöffnungen aufgenommen; infolgedessen kann sie um so schneller durch die weiten Interzellularen des Schwammparenchyms, das im wesentlichen ein Durchlüftungsgewebe ist, zu den assimilatorisch besonders tätigen oberen Gewebeschichten vordringen, je dünner das Blatt ist.

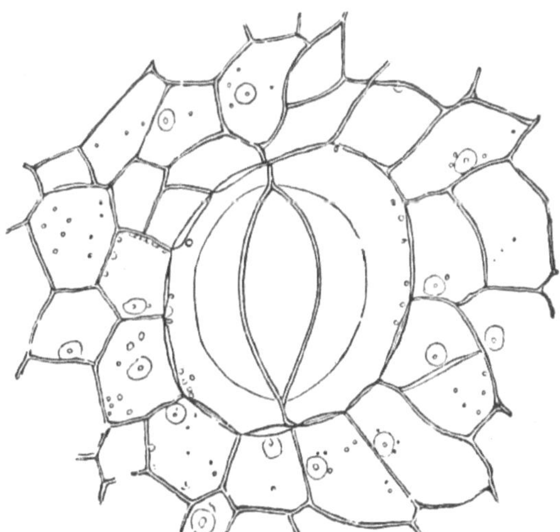

Fig. 134. Wasserspalte am Blattrande der Kapuzinerkresse (Tropaeolum majus) nebst angrenzenden Epidermiszellen. Vergr. 240. Nach STRASBURGER.

Das reich verzweigte Leitbündelnetz ermöglicht es, die Assimilate von allen Teilen des Blattes schnell nach den Stengeln abzuleiten, nachdem sie aus den Mesophyllzellen zu den feineren Verästelungen des Nervennetzes hingeschafft worden sind; zugleich versorgt es durch seine feine Zerteilung, die im Gegensatze zu dem wasserleitenden Stengel für die wasserabgebende Blattspreite bezeichnend ist, auf kürzestem Wege alle Teile der transpirierenden Blattspreite mit Wasser. Schließlich erhöht die Aderung auch noch die Festigkeit der Spreite.

Wie wir sahen, sind die Blätter am Stengel so angeordnet, daß die Blattspreiten, die an aufrechten Sprossen nahezu horizontal stehen, ohne allzu starke gegenseitige Beschattung dem Lichte möglichst ausgesetzt werden. Viele Blätter besitzen außerdem Bewegungsvermögen und können ihre Spreiten gegen das einfallende Licht einstellen. Häufig, so namentlich an dorsiventralen plagiotropen Zweigen, fügen sich die Blattspreiten, die sämtlich ihre Oberseiten gegen das Licht wenden, bei Betrachtung von oben mehr oder weniger dicht zu einem Blattmosaïk aneinander.

b) Der Blattstiel ist meist stengelartig ausgebildet. Sein innerer Bau gleicht alsdann dem der Hauptrippe der Spreite oder wohl auch der Sproßachse. Die Leitbündel sind jedoch bei den Angiospermen oft in einem nach oben offenen Bogen angeordnet; typisches Assimilationsgewebe fehlt dem Stiele ganz. Der Blattstiel dient dazu, die Blattspreite von der Stengelachse weg in den Raum hinaus, also dem Licht entgegen zu strecken. Sind Blattstiele vorhanden, so führen Teile von ihnen auch meist die Einstellung der Spreiten gegen das Licht aus.

Fig. 135. Unpaarig gefiedertes Blatt von Phaseolus mit Blattstielgelenken (Polstern). *hg* Polster des Blattstiels (Hauptgelenk), *fg* Gelenk eines der Fiederblätter. **1/4** nat. Gr.

Manchmal werden die Einstellungsbewegungen durch besondere örtliche Anschwellungen an der Basis oder an der Spitze oder an beiden Stellen des Blattstieles ausgeführt, die wie Gelenke arbeiten: Blattkissen oder Blattpolster, so besonders bei vielen Leguminosen (Fig. 135).

An den Jahrestrieben der Holzgewächse kommt das Blattmosaïk außer durch die Blattbewegungen nicht selten auch durch die verschiedene Länge der Blattstiele (und durch die verschiedene Größe der Blattspreiten) zustande: die unteren Blätter haben viel längere Stiele (und größere Spreiten) als die oberen; so sehr auffallend z. B. beim Ahorn oder der Roßkastanie. Auch bei solchen Gewächsen, bei denen die Laubblätter eine Rosette bilden, kann man dies beobachten, so besonders schön an den schwimmenden Rosetten der Wassernuß (Trapa natans).

Gestielte Blattspreiten, die bei den Dikotylen weit häufiger als bei den Monokotylen sind, setzen sich von den Blattstielen entweder scharf ab, oder sie laufen an ihnen herab, so daß die Stiele geflügelt erscheinen.

c) Der Blattgrund[75]. Ist der Blattgrund des Laubblattes in besonderer Weise ausgebildet, so trägt er meist zum Schutze der Knospe und des nächst jüngeren Blattes dadurch bei, daß er auch dann noch die Knospe umhüllt, wenn die Blattspreite sich von der Knospe losgelöst und entfaltet hat.

Vielfach werden aus dem Blattgrunde Nebenblätter oder Stipulae gebildet, in typischen Fällen in Zweizahl, also je eines zu beiden Seiten des zugehörigen Blattes. Sie können ganz unscheinbar (Fig. 126 *nb*) oder ansehnlich (Fig. 136), gelblich oder grün gefärbt sein. Haben sie nur die Knospen zu schützen, so sind sie meist gelblich oder bräunlich gefärbt, im Innern viel einfacher als die Blattspreiten gebaut und fallen frühzeitig ab.

Wenn sich aber die Nebenblätter an der Kohlensäureassimilation der Pflanze beteiligen (Fig. 207), so sind sie grün gefärbt und wie die Blattspreiten gebaut.

Die Nebenblätter sind sehr verschieden ausgebildet. Bei vielen Gewächsen sind es zwei freie Blättchen (Fig. 126 *nb*). Bei anderen sind sie je mit ihrem einen Rande dem Blattstiel angewachsen (Vaginalstipeln, Fig. 136 *A*), bei wieder anderen in verschiedener Weise miteinander verwachsen, nämlich entweder zu einem zungenförmigen Gebilde in oder oberhalb der Blattachsel (zu der Axillarstipel, Fig. 136 *B*) oder zu einem dem Blatte opponierten Gebilde (zu der opponierten Stipel). Bei gegenständiger Blattstellung können die Nebenblätter der Blattpaare paarweise mit ihren einander zugekehrten Rändern zu Interpetiolarstipeln (Fig. 137) verwachsen. Die Nebenblätter können aber auch an ihren beiden Blatträndern miteinander verwachsen und den Stengel als vollständig geschlossene Tüte umfassen, die den Stengel und die nächst jüngere Blattanlage in der Knospe umhüllt; die Tüte ist aus einer opponierten Stipel bei dem in Zimmern oft kultivierten Ficus elastica hervorgegangen, wo sie durch das neu sich entfaltende Blatt aufgeschlitzt und an ihrem Grunde abgesprengt wird; bei den Polygonaceen ist sie dagegen eine Axillarstipel, die, von den Blättern an ihrer Spitze durchbrochen, als trockene Scheide (Ochrea, Fig. 676) am Stengel zurückbleibt.

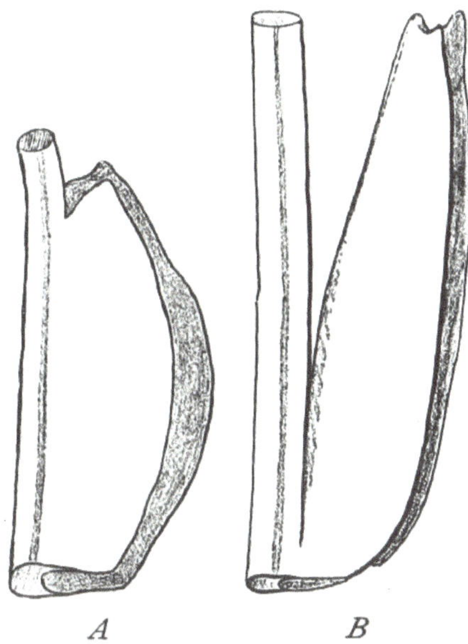

Fig. 136. Nebenblätter an den Blattstielbasen von Jugendblättern der Seerose (Nymphaea alba). *A* Vaginalstipeln, *B* Axillarstipel. Vergr. 12. Nach GLÜCK.

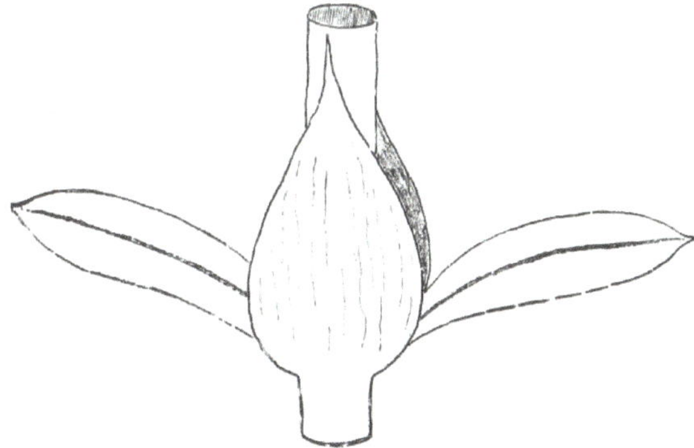

Fig. 137. Stengelknoten von Paronychia argentea (Caryophyllacee). Rechts und links: ein Blattpaar. Vorn und hinten: je eine interpetiolare Stipel. Vergr. 5. Nach GLÜCK.

Bei manchen Arten von Galium, wo die Nebenblätter vollständig dem Oberblatt gleichen, glaubt man vier-, bei anderen sechs- oder achtblättrige Blattquirle vor sich zu haben, während tatsächlich nur zwei Blätter in dekussierter Stellung mit einer je nach der Art verschiedenen Zahl von Nebenblättern den Wirtel bilden: nur zwei dieser Blattgebilde nämlich tragen Achselknospen.

Sehr häufig bei Monokotylen, seltener bei den Dikotylen (z. B. Umbelliferen) ist aus dem Blattgrund eine Scheide geworden. Bei den Gräsern ist sie (Fig. 138 *v*) auf der einen Seite gespalten, bei den Riedgräsern dagegen völlig geschlossen. Die Scheide der Gräser, die den unteren Teil des noch wachsenden und weichen Internodiums schützt und stützt, setzt sich am Grunde der ungestielten Blattspreite in einen häutigen Auswuchs, die Ligula (*l*), fort; an ihrer Basis aber ist sie unmittelbar oberhalb des Stengelknotens zu einem „Gelenk“ (dem Gras„knoten“) angeschwollen (Fig. 138 *k*).

Die Ligula entspricht nach GLÜCK den miteinander verwachsenen Spitzen der Vaginalstipeln, aus denen die Blattscheide hervorgegangen ist.

Heterophyllie und Anisophyllie. Manche Pflanzen bilden verschieden gestaltete Laubblätter aus, entweder in verschiedenen Zonen des Stengels (Heterophyllie, Fig. 139, 140) oder in einer und derselben Zone auf den beiden Seiten des dorsiventralen Sprosses (Anisophyllie, Fig. 141). Mit Anisophyllie ist oft Asymmetrie der Blattspreiten verbunden. Heterophyllie zeigen viele Wasserpflanzen mit bandförmigen oder zerteilten untergetauchten Wasserblättern, die an das Leben im Wasser angepaßt sind, und mit viel weniger zerteilten, gestielten Luftblättern (Fig. 139). Die Blätter, die der Efeu zur Zeit der Blütenreife entwickelt, sind wesentlich anders gestaltet als die, die er vorher ausgebildet hat. Noch auffälliger ist dieser Unterschied bei Eucalyptus globulus, der zunächst ovale und sitzende, später sichelförmige Blätter ausbildet. Häufig sind die untersten Blätter von Keimpflanzen (Jugend- oder Primärblätter) einfacher geformt als die übrigen (Folgeblätter).

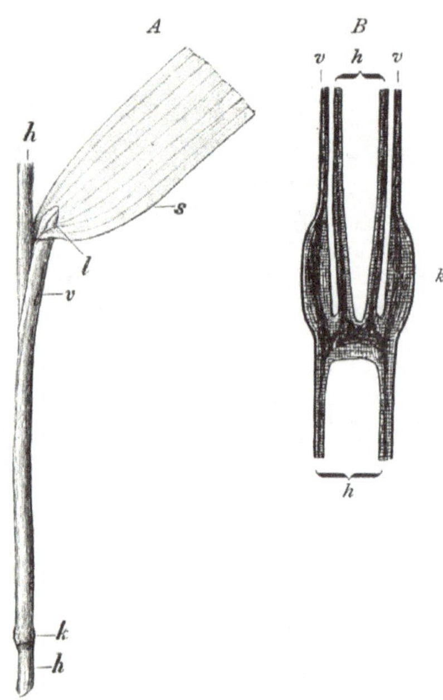

Fig. 138. *A* Stengel und Blattstück einer Graminee. Nach SCHENCK.
B Gras„knoten“ im Längsschnitt, etwas schematisiert. *h* Halm, *v* Blattscheide, *k* Anschwellung der Blattscheide über dem Stengelknoten, *s* Stück der Blattspreite, *l* Ligula. Nat. Gr.

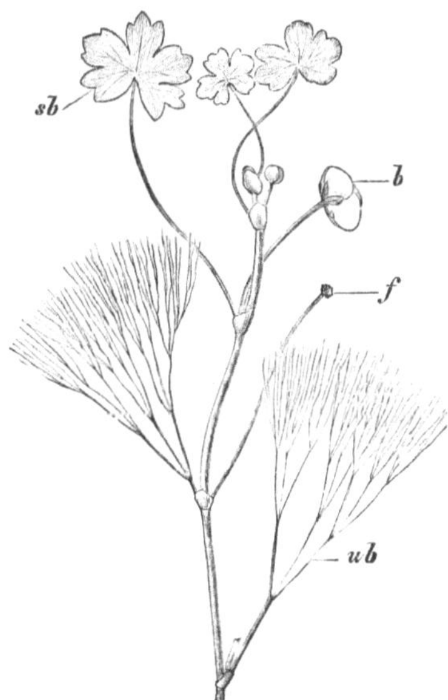

Fig. 139. Batrachium aquatile. Wasserhahnenfuß. *ub* Untergetauchte Blätter, *sb* schwimmende Blätter, *b* Blüte, *f* Fruchtanlage. Verkleinert. Nach SCHENCK.

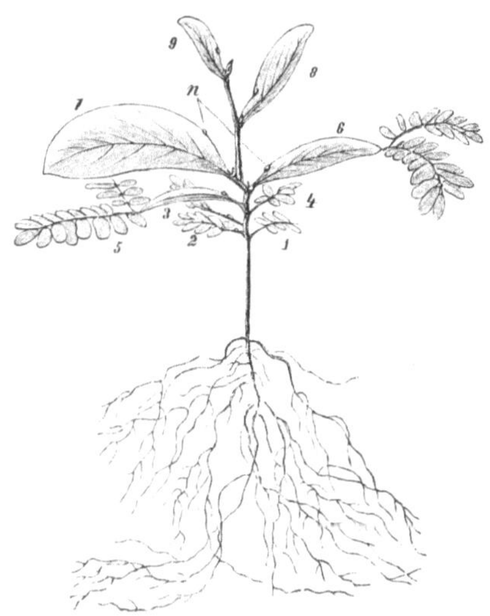

Fig. 140. Keimpflanze von Acacia pycnantha. Die Keimblätter schon abgeworfen. *1–6* Jugendblätter, *1–4* einfach-, die folgenden doppelt gefiedert. An den Blättern *5* und *6* sind die Blattstiele bereits senkrecht abgeflacht. Bei den folgenden Blättern (*7*, *8*, *9*) sind sie als Phyllodien ausgebildet. *n* Nektarien an den Phyllodien. Vergr. ca. 1/2. Nach SCHENCK.

B. Die Keimblätter. Die Keimblätter oder Kotyledonen, die gestielt oder ungestielt sein können, sind fast immer viel einfacher gestaltet als die Laubblätter, wenn sie auch oft im wesentlichen dieselbe Gliederung wie diese erkennen lassen.

Sie können dauernd von der Samenschale umschlossen und unter der Erde verborgen bleiben (hypogäische). In diesem Falle sind sie gewöhnlich fleischige Reservestoffbehälter und bauen sich hauptsächlich aus Speicherparenchym auf. Die epigäischen, die die Samenschale sprengen und über der Erde erscheinen, pflegen zu ergrünen und alsdann einige Zeit wie die Laubblätter Kohlensäure zu assimilieren. Bei den Monokotylen, wo nur ein Keimblatt ausgebildet wird, verläßt gewöhnlich nur der Scheidenteil des Kotyledo den Samen; er kann unterirdisch und farblos bleiben oder aus der Erde hervorwachsen und ergrünen.

C. Die Nieder- und Hochblätter sind in ihren Anlagen von Laubblattanlagen nicht zu unterscheiden, stehen aber fertig ausgebildet in ihrer Gliederung den Laubblättern bedeutend nach, haben gewöhnlich Schuppenform und keinen Stiel. Sie bilden sich durch Vergrößerung von Primordialblättern, und zwar vornehmlich aus deren Blattgrund aus, während die Spreite mehr oder weniger unentwickelt bleibt (Fig. 126, *1–6*, 142). Die Niederblätter, farblose oder grüne Schuppen, gehen am Luftsprosse oft der Bildung der Laubblätter voraus (Fig. 125 *nd*). Sie sind ferner als farblose, größere oder kleinere, oft kaum sichtbare und meist kurzlebige Schuppen vielfach die einzigen Blattgebilde der Rhizome, denen, entsprechend ihrem Leben im Dunkeln, die Laubblätter meist fehlen (Fig. 125 *ws*, 143). Die Hochblätter dagegen, von gleichem Bau und gleicher Beschaffenheit wie die Niederblätter des Luftsprosses, manchmal aber andersfarbig, pflegen oben am Stengel auf die Laubblätter als Deckblätter oder Brakteen für die Blüten und Blütensprosse zu folgen. Der innere Bau beider Blattarten ist wesentlich einfacher als der der Laubblätter. Nieder- und Hochblätter sind an der Ernährung der Pflanze nicht oder kaum beteiligt, sondern meist Schutzorgane für die jungen Blattspreiten oder die Stengelknospen. Sie sind aber meist durch Zwischenformen mit den Laubblättern verbunden (Fig. 126, 142).

Fig. 141. Anisophyllie der dorsiventralen Sprosse von Selaginella Martensii; auf der Oberseite des Stengels zwei Reihen sehr kleiner asymmetrischer grüner Blätter, auf jeder Flanke eine Reihe viel größerer asymmetrischer Laubblätter. Etwas vergr.

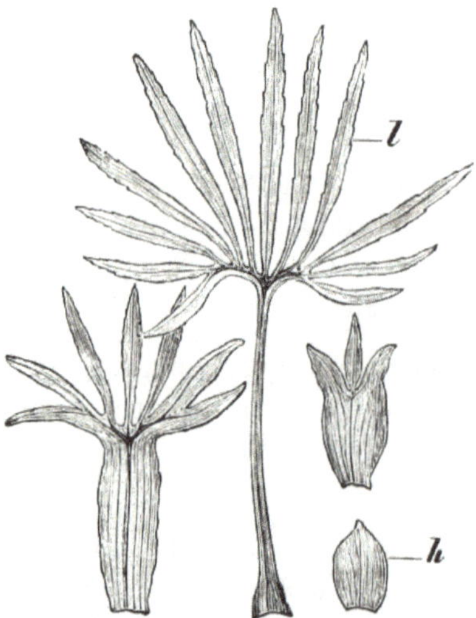

Fig. 142. Helleborus foetidus. Laubblatt (*l*) und Übergänge zum Hochblatt (*h*). Verkl. Nach SCHENCK.

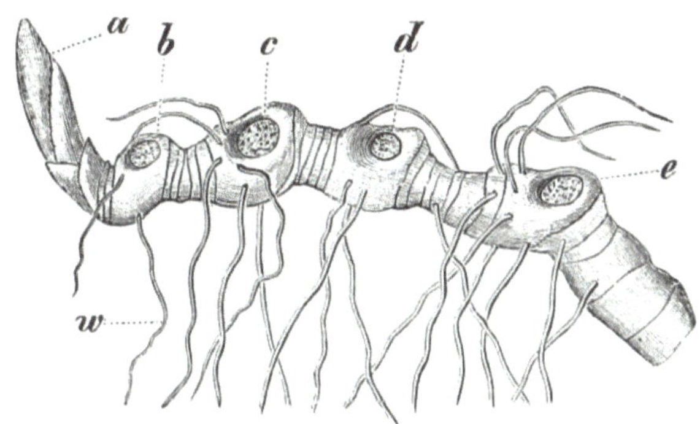

Fig. 143. Rhizom von Polygonatum multiflorum. *a* Knospe für den nächstjährigen oberirdischen Trieb, *b* Narbe des diesjährigen Triebes, *c*, *d* und *e* Narben der drei vorausgegangenen Jahre. *w* Wurzeln. Auf **3⁄4** verkleinert. Nach SCHENCK.

Daß die Niederblätter und Hochblätter der Hauptsache nach als Hemmungsbildungen von Laubblättern aufzufassen sind, lehrt nicht nur ihre Entwicklungsgeschichte, sondern auch die Möglichkeit, ihre Anlagen zu Laubblättern werden zu lassen. So gelang es GOEBEL, Blattanlagen, welche Niederblätter erzeugt hätten, zur Laubblattbildung dadurch zu bewegen, daß er die Sprosse entgipfelte und entblätterte. Unterirdische Stengel, die man zwingt, sich im Tageslichte zu entwickeln, bilden Laubblätter aus denselben Anlagen, die unter der Erde zu Niederblättern geworden wären. Im inneren Bau sind Nieder- und Hochblätter aber nicht ausschließlich Hemmungsbildungen von Laubblättern, sondern zeigen oft diesen gegenüber besondere Differenzierungen, die mit ihren Aufgaben zusammenhängen können[76].

3. Lebensdauer der Blätter. Die Blätter haben bei vielen Gewächsen eine kürzere Lebensdauer als die Sproßachsen, an denen sie entstanden sind. In diesem Falle werden sie bei den meisten Bäumen und Sträuchern von den Sproßachsen abgestoßen (Blattfall) oder verfaulen am Stengel (bei Erdsprossen); an den Luftsprossen der Kräuter sterben sie meist mit den Stengeln ab. Blattnarben am Stengel geben die Stellen an, wo früher Blätter gesessen haben. Pflanzen, deren Laubblätter mehrere Vegetationsperioden tätig bleiben, nennt man immergrün im Gegensatze zu den sommergrünen, bei denen sie nur eine Vegetationsperiode dauern.

Der Blattfall der phanerogamen Holzgewächse wird durch eine parenchymatische Trennungsschicht vermittelt, die am Grunde des Blattstiels meist erst kurz vor dem Blattfall, mit oder ohne vorausgehende Zellteilungen, ausgebildet wird. Alle mechanischen Gewebe des Blattstiels sind an dieser Stelle sehr reduziert; verholzt sind dort nur die Gefäße. Die Blattablösung erfolgt in der Trennungsschicht meist durch Abrundung der Zellen gegeneinander und durch Verschleimung ihrer Mittellamellen, während die Gefäße und die Siebröhren zerrissen werden. Die Blattnarbe wird dadurch abgeschlossen, daß die äußersten Zellschichten der Wundfläche sich in (verholzendes) Kutisgewebe umwandeln, worunter meist noch durch ein Korkkambium eine Korkschicht gebildet wird, die sich an die Korkschicht des Stengels anschließt.

δ) **Die Verzweigung der Sprosse**[65] u. [77]. Je mehr Laubblätter der Sproß im Sonnenlichte ausbreiten kann, um so mehr organische Substanz vermag er im Assimilationsvorgange zu bilden. In dieser Hinsicht ist, wie leicht ersichtlich, ein verzweigtes Sproßsystem einem aufrechten Einzelsprosse weit überlegen. Jenes kann Blattflächen dem ungeschwächten Lichte allseits über einen größeren Raum darbieten.

Wie bei den thallösen Pflanzen kommen die Verzweigungen der Sprosse in zweierlei Weise zustande: entweder, doch nur selten, durch Gabelung, Dichotomie, einer Mutterachse in zwei Tochterachsen, oder meist durch seitliche Neubildungen von Tochterachsen an einer weiter wachsenden Mutterachse, also durch seitliche Verzweigung.

A. Die dichotome Verzweigung. Sie ist auf die Sprosse einiger Lycopodiaceen beschränkt.

Bei solchen Bärlappgewächsen gabelt sich ein Sproß folgendermaßen in zwei gleichwertige Teile: Der kreisförmige Querschnitt des Vegetationspunktes, der gewöhnlich keine Scheitelzelle mehr erkennen läßt, wird elliptisch. Den beiden Brennpunkten der Ellipse entsprechend wölben sich die zwei neuen Vegetationskegel vor (Fig. 144). Die aufeinanderfolgenden Gabelungen können in rechtwinkligen Ebenen zueinander stattfinden; in diesem Falle breitet sich das Verzweigungssystem nicht in einer Ebene, wie in dem Schema (Fig. 82 *a*), sondern allseits im Raume aus.

Nicht selten weicht bei diesen Gewächsen, z. B. bei Selaginella, das Verzweigungssystem in seinem Aussehen stark von dem Typus dadurch ab, daß immer nur der eine Gabelast jedes Zweigpaares einer Ordnung weiter wächst und sich wieder gabelt oder, wie man auch sagt, die Verzweigung fortsetzt (Fig. 145). Stellen sich alsdann alle die Zweigstücke, die jedesmal die Verzweigung fortsetzen, annähernd in eine Richtung ein, die anderen aber schräg dazu, so entsteht ein Verzweigungssystem, das einem razemösen (Fig. 82 *b*) zum Verwechseln ähnlich werden kann. Doch wird es nicht von einer einheitlichen Hauptachse, sondern von einer nur scheinbaren Hauptachse durchzogen, an der jedes Stück eine Tochterachse des vorausgehenden ist. Eine solche Scheinachse bezeichnet man zum Unterschied von der echten Hauptachse (Monopodium) als Sympodium, die Verzweigung als sympodiale Verzweigung auf dichotomer Grundlage.

Übrigens kann man bei den Bärlappgewächsen alle Übergänge von dichotomer zu seitlicher Verzweigung beobachten. Viele Arten bilden bei der Gabelung eines Vegetationspunktes sofort zwei Vegetationspunkte von verschiedener Größe aus, von denen der kleinere sehr schnell gegen den größeren seitlich verschoben wird (Fig. 146).

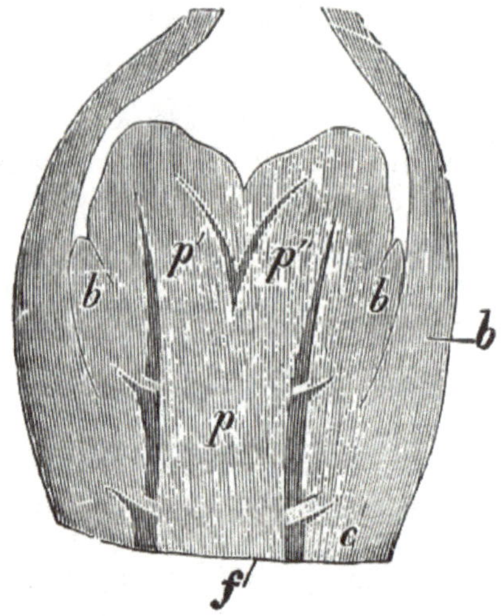

Fig. 144. Ein in zwei gleichstarke Gabeläste (*p'* und *p''*) sich fortsetzender Sproß (*p*) von Lycopodium alpinum, im Längsschnitt. *b* Blattanlage, *c* Rinde, *f* Leitbündel. Vergr. 60. Nach HEGELMAIER.

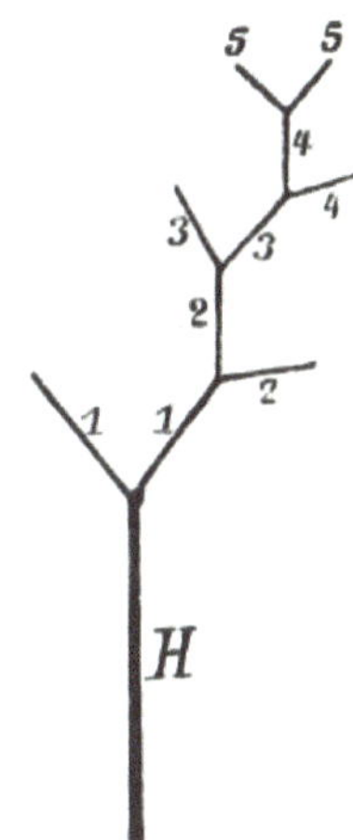

Fig. 145. Sympodium auf dichotomer Grundlage.

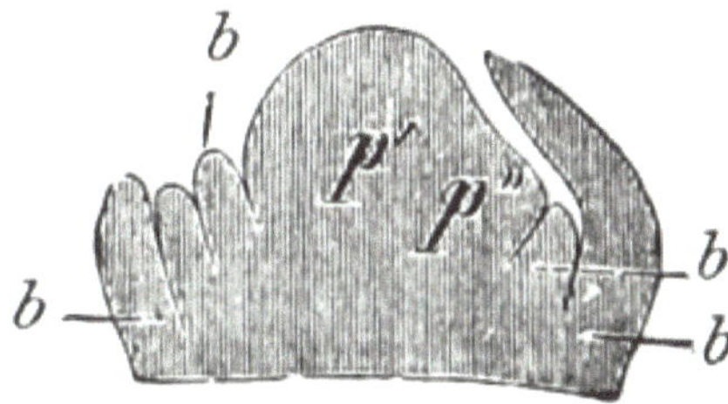

Fig. 146. Ein in zwei ungleiche Gabeläste (*p'* und *p''*) sich teilender Sproß von Lycopodium inundatum. *b* Blattanlagen. Vergr. 40. Nach HEGELMAIER.

B. Die seitliche Verzweigung. a) Ort der Entstehung der Seitenknospen. An dem aus Sproßachse und Blättern bestehenden Sprosse bilden sich Seitenzweige auch bei seitlicher Verzweigung in der Regel nur an der Sproßachse oder an der untersten Basis der Blattanlagen aus, und zwar meist schon am Vegetationspunkte des Muttersprosses in akropetaler Reihenfolge als Auswüchse an seiner Peripherie, also exogen wie die Blattanlagen (Fig. 98 *g*). Die Orte der Seitensproßentstehung sind in der Regel fest bestimmt. Bei Pteridophyten entspringen sie oft neben den Blatthöckern, bei den Samenpflanzen aber in der Regel da, wo die Oberseite der höckerförmigen Blattanlage in das Gewebe des Vegetationspunktes übergeht, mit anderen Worten in der Blattachsel, bald mehr auf der Basis der Blattanlage, bald mehr am Stengel.

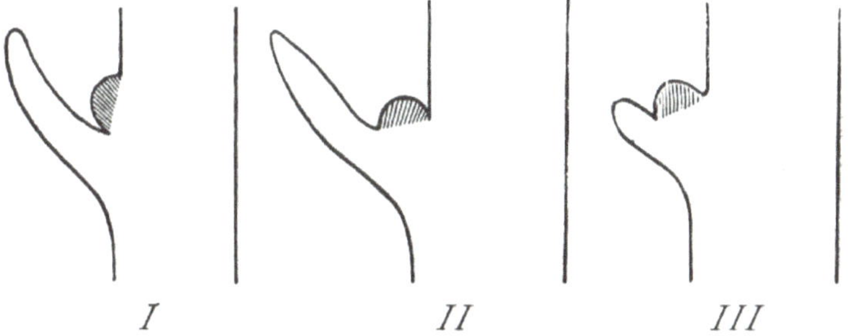

Fig. 147. Schema für die entwicklungsgeschichtlichen Beziehungen zwischen Achselsproß und Blattanlage; im Längsschnitt. Nach GOEBEL.

Die Anlage eines Seitenzweiges kann 1. aus dem Gewebe der Sproßachse dicht oberhalb der Blattanlage und nach ihr (Fig. 147 *I*) oder vor der Blattanlage entstehen; im letzteren Falle wölbt sich die Blattanlage aus dem basalen Gewebe an der Unterseite der Zweiganlage hervor (Fig. 147 *III*); 2. kann die Zweiganlage aus dem Gewebe der ganz jugendlichen Blattanlage sich bilden (Fig. 147 *II*). Bei dorsiventralen Sprossen von Blütenpflanzen gibt es auch extraaxilläre Seitenknospen seitlich von den Blattanlagen.

An dem Längsschnitte durch einen Vegetationspunkt in Fig. 98 sieht man die jüngste Anlage eines Seitensprosses (*g*) bereits in der Achsel einer der allerobersten Blattanlagen sich vorwölben. In den Achseln nächstälterer Blatthöcker sind die Sproßanlagen, da sie in akropetaler Folge entstehen, schon größer und beginnen ihrerseits Blatthöcker hervorzubringen. Solche in den Blattachseln erzeugte Knospen werden als Achsel- (oder Seiten-) Knospen, die aus ihnen hervorgehenden Sprosse als Achselsprosse bezeichnet; die Knospe, die das fortwachsende Ende eines Sprosses abschließt, heißt im Gegensatz dazu End- oder Terminalknospe. Das Blatt, in dessen Achsel eine Knospe steht, ist ihr Tragblatt, Stützblatt oder Deckblatt (Fig. 149 *db*). Die durch die Mittelrippe dieses Blattes und die zugehörige Mutterachse gelegte Ebene heißt die Mediane des Blattes. Im allgemeinen steht die Achselknospe in der Mediane ihres Deckblattes: nur selten ist sie seitlich dagegen verschoben. Regel ist bei den Angiospermen, daß jedes Laubblatt eine Achselknospe trägt und daß nur eine Achselknospe in der Achsel ihres Deckblattes entsteht; bei manchen Gymnospermen dagegen bilden nicht alle Blätter Achselknospen aus.

Doch gibt es auch Fälle, wo auf die erste Achselknospe die Bildung anderer, der Beiknospen, folgt. Entweder stehen diese übereinander (seriale Beiknospen), so z. B. bei Lonicera, Robinia, Gleditschia, Gymnocladus, oder nebeneinander (kollaterale Beiknospen), z. B. bei manchen Liliaceen, wie Allium- und Muscari-Arten.

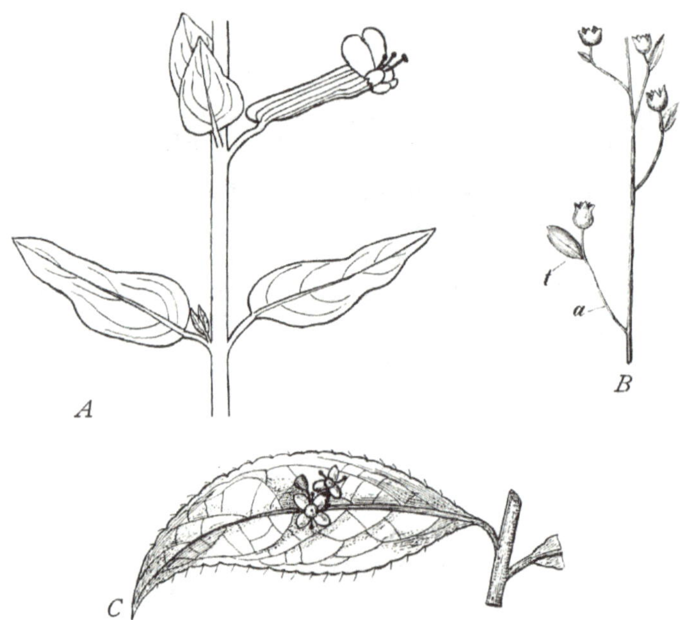

Fig. 148. *A* Cuphea lanceolata (Lythracee). Der (vegetative) Achselsproß in der Achsel des linken unteren Blattes nicht verschoben; der des rechten unteren Blattes (eine Blüte bildend) dem Sproß bis zu dem nächst oberen Blattpaar angewachsen. 1/2 nat. Größe.
B Samolus Valerandi (Primulacee). Die Tragblätter *t* an den Achselsprossen *a* emporgerückt. Fruktifizierende Pflanze. Jeder Achselsproß schließt mit einer Frucht ab. Nat. Größe. Nach SCHENCK.
C Blatt der ostasiatischen Cornacee Helwingia: Der kleine männliche Blütenstand mit dem Laubblatt bis zur Mitte der Spreite verwachsen. Nach SIEBOLD und ZUCCARINI.

Interkalare Wachstumsvorgänge in dem Gewebe an der Basis der Achselknospe können Verschiebungen bewirken, wodurch die ursprünglichen Beziehungen zwischen Deckblatt und Achselknospe geändert werden.

So gibt es Fälle, wo die Knospen den Achseln ihrer Deckblätter durch Streckung des Gewebes der Mutterachse unterhalb der Achselknospen entrückt werden, die einzelne Knospe also viel höher am Stengel als ihr Deckblatt befestigt ist (Fig. 148 *A*). Das Deckblatt kann auch durch eigenes basales Wachstum unterhalb der auf ihm sitzenden Knospe diese mitnehmen, so daß der Achselsproß auf ihm sitzt (Fig. 148 *C*); oder es wird selbst von der sich streckenden Basis des Achselsprosses, wie in Fig. 148 *B*, mitgenommen und scheint ihm anzugehören.

Daß schon am Vegetationspunkte die Anlagen der Seitenzweige sichtbar werden, ist bei den Phanerogamen Regel. Treten Seitensproßanlagen erst in größerer Entfernung vom Scheitel auf, so läßt sich meist nachweisen, daß embryonale Substanz für ihre Bildung an den entsprechenden Orten aufgespart blieb.

Sproßanlagen, die in solcher Weise an vorbestimmten Stellen meist noch jugendlicher Pflanzenteile entstehen, werden als normale bezeichnet und solchen gegenübergestellt, die beliebigen anderen Stellen jüngerer oder älterer Pflanzenteile, nämlich Stämmen, Wurzeln und Blättern, entspringen und meist aus wieder teilungsfähig gewordenem Dauergewebe hervorgehen. Solche Anlagen pflegt man als adventive Bildungen zusammenzufassen. Adventivsprosse können auch inneren oder endogenen Ursprung haben; sie müssen in solchem Falle die äußeren Gewebe der Mutterpflanze durchbrechen, um nach außen zu gelangen. An Stamm- und an Wurzelteilen auftretende Adventivsprosse sind vornehmlich endogenen, die an Blättern erzeugten exogenen Ursprungs.

Adventivsprosse brechen oft als Wurzelbrut aus den Wurzeln von Kräutern (z. B. bei Convolvulus arvensis, Rumex Acetosella) oder von Sträuchern (Rubus, Rosa, Corylus) oder von Bäumen (Populus, Ulmus, Robinia) hervor, werden selbst an den Blättern mancher Gewächse, so des Schaumkrautes (Cardamine partensis), der Brunnenkresse (Nasturtium officinale), verschiedener Farnkräuter hervorgebracht. Bei anderen Pflanzen regt erst eine Verwundung des Pflanzenkörpers ihre Bildung an. So treten sie häufig als Stockausschlag an den Stümpfen gefällter Bäume auf. Gärtner verwerten vielfach Adventivknospen, die an abgeschnittenen Stammstücken, Wurzelstücken oder abgeschnittenen Blättern (Stecklingen) entstehen, um Pflanzen zu vermehren[78]. Gehen die Knospen nicht aus vorhandenen Vegetationspunkten, sondern aus Dauergewebe durch Neubildung hervor, so spricht man von Restitution (vgl. Physiologie).

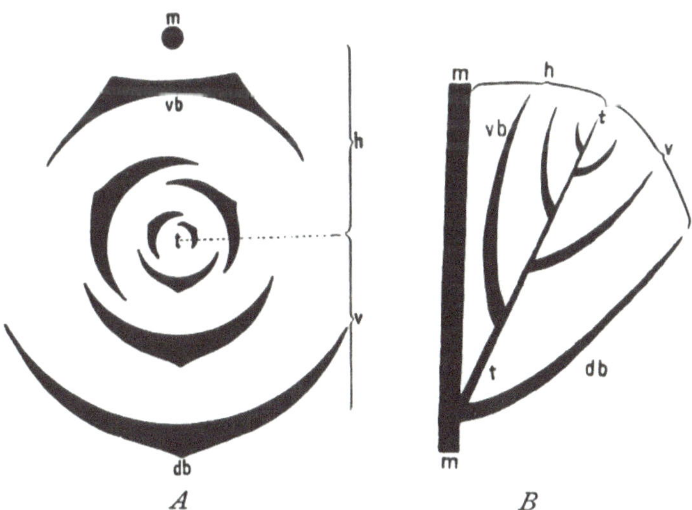

Fig. 149. *A* Grundriß (Diagramm) und *B* Seitenriß einer Seitenknospe von einer Monokotyle mit **1/3**-Blattstellung. *M* Mutter- (Abstammungs-) Achse, *db* Deckblatt daran. *t* Tochterachse, *vb* adossiertes Vorblatt daran. Verbindungslinie *db–t–m* Richtung der Mediane der Seitenknospe, punktierte Linie: Richtung der Transversalebene. *h*: was an der Tochterachse als hinten, *v*: was daran als vorn bezeichnet wird.

b) Blattstellungsanschluß der Seitenknospen. Will man die Stellungsverhältnisse an einem Seitenzweige beliebiger Ordnung untersuchen, so orientiert man ihn stets so, daß sein Deckblatt nach vorn (Fig. 149 *db*), d. h. nach dem Beobachter hin gerichtet, seine Mutterachse (*m*) aber nach hinten, d. h. von ihm weggewendet ist, und zugleich in der Weise, daß die Mediane des Deckblattes mit der Mediane des Beschauers zusammenfällt. Die Mediane des Deckblattes ist alsdann zugleich die Mediane des axillären Seitensprosses (vgl. Fig. 149 *t*). Die Ebene, die man durch die Längsachse des Seitensprosses senkrecht zu seiner Mediane legen kann, heißt die Transversalebene des Seitensprosses (vgl. Fig. 149 *A*). An dem Seitenzweige nennt man alles vorn (*v*), was zwischen seiner Transversalebene und seinem Deckblatt gelegen ist, hinten (*h*), was zwischen seiner Transversalebene und seinem Muttersproß gelegen ist, seitlich rechts, was sich an ihm rechts, links, was sich an ihm links von seiner Mediane befindet. Median heißt ferner alles, was am Seitenzweig in die Mediane, transversal, was in Richtung der Transversalen fällt, diagonal endlich, was schräg nach vorn oder hinten (also zwischen der Medianen und der Transversalen) an ihm liegt.

An den Seitenknospen pflegen die untersten Blätter, die direkt auf das Deckblatt folgen, unabhängig von der Anordnung der höheren Blätter eine ganz bestimmte Stellung zu dem Deckblatt und zu der Mutterachse einzunehmen. Sie vermitteln den Anschluß der Blattstellung des Seitenzweiges zu der am Muttersprosse. Bei den Monokotylen gibt es ein solches Blatt (Fig. 149 *vb*), bei den Dikotylen meist deren zwei von bezeichnender Stellung, die Vorblätter. Es sind häufig Nieder- oder Hochblätter. Bei den Monokotylen steht das Vorblatt median an der der Mutterachse zugekehrten oder hinteren Seite des Zweiges. Man nennt es deshalb adossiert. Häufig kommen ihm zwei als Kiele bezeichnete Seitennerven zu, dagegen fehlt der Mittelnerv (Fig. 149 *A*). Es dürfte durch Verwachsung zweier seitlicher Vorblätter entstanden sein[79]. Bei den Dikotylen stehen die beiden Vorblätter (α und β) an den Achselknospen gewöhnlich rechts und links transversal, worauf die anderen Blätter oft in abweichenden Stellungen folgen.

Die Seitenknospen können im übrigen die gleiche oder eine andere Blattstellung wie die Mutterachse zeigen.

Liegt schraubige Blattstellung vor, so ist die Grundspirale bei manchen Gewächsen an den Seitenknospen gleichläufig (homodrom), bei anderen gegenläufig (antidrom) zu der an den Muttersprossen.

c) Ausbildung des Sproßverzweigungssystems. Jedes Sproßsystem erhält sein Aussehen, seinen Habitus, abgesehen von der Wuchsrichtung seiner Hauptachse, durch die Zahl der Ordnungen von Seitenachsen, die zur Ausbildung gelangen, durch die Stellung der zu Seitenzweigen austreibenden Knospen an ihren Mutterachsen sowie durch die Wachstumsintensität und die Orientierung der Seitenzweige verschiedener Ordnungen im Verhältnis einerseits zu ihresgleichen und andererseits zu ihren Mutterachsen. Auch die Verschiedenheiten im Aussehen der Sproßsysteme lassen oft deutliche Beziehungen zur Lebensweise der Pflanzen erkennen.

1. Wuchsrichtung der Hauptachse des Sproßsystems. Das Sproßsystem erhält sein Gepräge zunächst durch die Wuchsrichtung der Hauptachse.

Erhebt sich die Hauptachse senkrecht vom Boden, so nennt man die Pflanze aufrecht, den Sproß orthotrop. In diesem Falle pflegt die Hauptachse bei freiem Wuchse des Systems ihre mehr oder weniger plagiotropen und dorsiventralen Seitenzweige in radiärer Verteilung auszubilden. Wächst die Hauptachse schräg oder horizontal, also plagiotrop, so sind die Seitenzweige daran meist dorsiventralsymmetrisch angeordnet; bleibt die Hauptachse samt den Seitenzweigen auf der Oberfläche des Bodens oder horizontal unter dem Boden, ohne sich zu erheben, so entstehen kriechende Pflanzen, deren Sprosse meist, und zwar auf ihren Unterseiten, bewurzelt sind. Bei kriechenden Pflanzen pflegen die Seitenzweige den Flanken der Sprosse zu entspringen; erheben sich solche Seitenzweige senkrecht vom Boden, so verhalten sie sich hinsichtlich ihrer Verzweigung oft wie aufrechte Pflanzen.

2. Sproßfolge. Ist schon der Vegetationspunkt der Hauptachse (d. h. also der Keimlingsachse) nach entsprechender Erstarkung der Pflanze zur Bildung der Fortpflanzungsorgane befähigt, so wird die Pflanze

einachsig (haplokaulisch) genannt. Einachsig ist der Mohn, der schon seinen ersten, aus dem Keim hervorgegangenen Sproß mit einer Blüte abschließt. Meist kommt aber erst Achsen zweiter, dritter, vierter oder n-ter Ordnung die Fähigkeit zu, eine Blüte auszubilden. Alsdann ist die Pflanze zweiachsig (diplokaulisch), dreiachsig (triplokaulisch) oder n-achsig. Eine dreiachsige Pflanze ist der große Wegerich, Plantago major, der an seiner ersten Achse nach den Niederblättern nur Laubblätter, an den Achsen zweiter Ordnung nur Hochblätter trägt und aus den Achseln der letzteren die mit Blüten abschließenden Achsen dritter Ordnung erzeugt. An unseren Bäumen sind erst Sprosse n-ter Ordnung befähigt, Blüten zu bilden. In den meisten Verzweigungssystemen gibt es viele Seitensprosse, die sich nicht bis zu den blütenbildenden Ordnungen weiter verzweigen. Entweder treten sie als Bereicherungssprosse auf, so bei vielen einjährigen Pflanzen, oder sie entfalten sich als Erneuerungs- oder Innovationssprosse alljährlich am Pflanzenstock, wie bei den mehrjährigen Gewächsen. So pflegt in der Sproßordnung verzweigter Pflanzen eine Arbeitsteilung zwischen den Seitensprossen vorzukommen, die sich oft auch in der Stellung und in der Ausgestaltung der Seitensprosse zu erkennen gibt; die Seitensprosse sehen verschieden aus, je nachdem sie vornehmlich im Dienste der Ernährung, der Speicherung oder der Fortpflanzung stehen.

3. Stellungen der austreibenden Knospen. Nur selten treiben sämtliche Seitenknospen, die an einer Mutterachse entstanden sind, sofort aus und werden zu Seitensprossen; das ist z. B. bei Kräutern der Fall. Regel ist indes, daß viel mehr Seitenknospen angelegt werden, als zur Entfaltung kommen, daß also nur ein ganz kleiner Teil zu Sprossen auswächst. Die übrigen bleiben ruhende, schlafende Augen oder verkümmern frühzeitig. Entfaltung aller Knospen wäre für die Pflanze eine ganz unnötige, ja sogar schädliche Materialverschwendung. Die Zweige würden sich gegenseitig so stark beschatten, daß ein Teil absterben müßte.

Fast jeder Baum besitzt, namentlich im unteren Teile seiner Jahrestriebe, solche „schlummernde Augen", die kürzere oder längere Zeit entwicklungsfähig bleiben und zur Entfaltung nur unter besonderen Bedingungen gelangen. Bei der Eiche, Rotbuche u. a. können schlummernde Knospen bis 100 Jahre alt werden. Vielfach sind es daher Sprosse aus solchen Knospen und nicht Adventivsprosse, die aus alten Stämmen hervorbrechen.

Das Austreiben der Seitenknospen kann regellos stattfinden oder bestimmten Regeln unterworfen sein, akropetal oder basipetal erfolgen. An reich verzweigten Sproßsystemen sind die peripheren bevorzugt; denn hier besteht die größte Aussicht, die Blätter in günstiges Licht zu bringen.

Fast alle einheimischen Bäume beschränken sich während einer Vegetationsperiode darauf, die im Frühling aus den Winterknospen hervorgegangenen Zweige an ihren Spitzen zu verlängern und ruhende Knospen an diesen Ästen auszubilden. Meist erst bei Beginn einer neuen Wuchsperiode lassen sie alsdann auf einmal Seitenzweige aus den obersten Knospen, die im vergangenen Jahre an den Ästen angelegt wurden, hervorgehen; etwa in einem echten oder Scheinquirl (Araukarie, Tanne) oder meist so, daß die obersten Seitenknospen zu Langtrieben, einige darunter befindliche zu Kurztrieben (Birne, Apfel) werden. Bei anderen, namentlich aufrechten Sprossen treibt von allen daran angelegten Knospen in streng gesetzmäßiger Weise jede zweite oder dritte oder vierte usw. aus und zwar so, daß die austreibenden Zweige seitlich oder longitudinal gleichen Abstand voneinander erhalten.

Die Verteilung der austreibenden Knospen, ob wechselständig oder quirlständig, bewirkt Unterschiede im Aussehen der Verzweigungssysteme. Bei gegenständiger Stellung der Knospen kommt eine Art unechte Gabelverzweigung zustande, wie bei der Roßkastanie und dem Flieder.

4. Richtung und Wachstumsintensität der Seitenzweige im Verhältnis zu ihresgleichen. Die seitlichen Winkel, die an orthotropen Ästen die Längsachsen benachbarter Seitenzweige gleicher Ordnung miteinander bilden, können bei einer Pflanzenart ziemlich beständig sein (z. B. bei der Araukarie, Tanne).

Dagegen ist die Wachstumsintensität der Seitenachsen an einer Mutterachse oft recht verschieden. Oft bildet sich nämlich nur ein Teil der Zweige als Langtriebe, der Rest zu gestauchten Kurztrieben aus, vielfach als Ausdruck einer Arbeitsteilung zwischen den Seitenzweigen. Die Kurztriebe haben meist kürzere Lebensdauer, pflegen sich nicht zu verzweigen und nehmen bei Bäumen am Aufbau des bleibenden Gerüstes keinen Anteil: so bei der Lärche, die die Kurztriebe in Gestalt dichter Nadelbüschel an ihren älteren Langtrieben trägt, und bei den Kiefern.

5. Richtung und Wachstumsintensität der Seitenzweige im Verhältnis zu ihren Mutterachsen. Verschiedene Arten seitlicher Verzweigung. Auch die Neigungswinkel der Seitenachsen zu ihrer Mutterachse pflegen im allgemeinen bei einer Spezies ziemlich konstant, also für die Art bezeichnend zu sein. Sie sind meist kleiner, selten größer als 90°.

Die Seitenachsen, die an einer Mutterachse entstanden sind, können weniger intensiv als diese oder ebenso schnell, oft aber auch viel schneller als die Mutterachse wachsen. Im letzten Fall sind sie also gegenüber der Mutterachse gefördert. Die Mutterachse kann sogar nach der Bildung von Seitenzweigen ihr Wachstum ganz einstellen und einem oder mehreren Seitenzweigen die Ausbildung neuer Seitenzweige, die Fortsetzung der Verzweigung überlassen. Es leuchtet ein, daß die entstehenden Verzweigungssysteme durch solche Unterschiede im Wachstum der Tochter- und Mutterachsen völlig verschiedenes Aussehen erhalten müssen. Diese Differenzen haben Anlaß zur Unterscheidung verschiedener Arten seitlicher Verzweigung gegeben, deren Kenntnis für das Verständnis des morphologischen Aufbaues der höheren Pflanzen unerläßlich ist. Besonders leicht kann man ihre Unterschiede an den Blütenständen oder Infloreszenzen der Samenpflanzen beobachten (vgl. speziellen Teil). Bezeichnend für viele Infloreszenzen ist nämlich, daß die Achselknospen aller Hochblätter austreiben; dadurch werden die Infloreszenzen im Gegensatze zu den vegetativen Sproßsystemen zu außerordentlich dichten Zweigsystemen.

a) Wächst die Hauptachse stärker als die Seitenachsen I. Ordnung, diese stärker als die an ihnen entstehenden Seitenzweige II. Ordnung usw., oder wachsen die jeweiligen Mutterachsen ebenso stark wie ihre Tochterachsen, so spricht man von **razemöser** Verzweigung. Im ersteren Falle geht eine echte Hauptachse (ein Monopodium) durch das ganze Verzweigungssystem hindurch (vgl. das auch hierfür gültige Schema, Fig. 82 *b*). Diese typisch monopodiale Verzweigung ist z. B. bei der Tanne und anderen Koniferen mit pyramidenförmigen Gesamtumrissen ausgebildet: der radiäre Hauptsproß wächst unter dem Einflusse der Schwerkraft (vgl. S. 299) senkrecht nach oben, orthotrop; die meist dorsiventralen Seitenzweige I. Ordnung strahlen in horizontaler oder schräger Richtung vom Hauptsprosse allseitig aus. Wachsen auch die Seitenzweige I. Ordnung steil aufrecht, wie z. B. bei der Zypresse und bei vielen Sträuchern, so ist oft kein deutlicher Längenunterschied zwischen der Hauptachse und den Seitenachsen I. Ordnung vorhanden. Das Verzweigungssystem hat in diesem Falle ovalen oder runden Umriß.

b) Erlischt das Wachstum in den Mutterachsen rasch und geht es auf die Tochtersprosse über, so liegen **zymöse** Verzweigungen vor. Sie sehen verschieden aus, je nachdem mehrere gleichmäßig wachsende Seitenachsen gleicher Ordnung oder nur eine Seitenachse das Verzweigungssystem fortsetzen. Im letzteren Falle ist eine scheinbare Hauptachse, ein Sympodium, ausgebildet.

Bei vielen zymösen Verzweigungen wachsen die jeweiligen Mutterachsen nicht nur langsamer als die Tochterachsen, sondern ihre Spitzen sterben sogar ab oder werden abgeworfen, wie bei vielen unserer Laubbäume, z. B. den Weiden, der Linde.

I. Setzen mehr als zwei Seitenzweige gleicher Ordnung die Verzweigung fort, so spricht man von Pleiochasium. Diese Seitenzweige pflegen dem oberen Ende ihres Muttersprosses genähert zu sein und allseits, bei manchen Pflanzen quirlartig, schräg nach außen in den Raum zu strahlen (z. B. Verzweigung von Euphorbia).

II. Setzen zwei Seitenzweige gleicher Ordnung, die in spitzen oder rechten Winkeln einander gegenüber zu stehen pflegen, die Verzweigung fort, so entsteht ein Dichasium. Schematisch zeigt es Fig. 150 (vgl. dazu die dichasiale Infloreszenz Fig. 536). Die Seitenzweige breiten sich aber nicht, wie in dem Schema, in einer Ebene aus, sondern allseits im Raume. Dies wird dadurch erreicht, daß die Verzweigungsebenen in den aufeinanderfolgenden Seitenzweigordnungen nicht zusammenfallen, sondern rechte Winkel miteinander bilden. So kann nur der Grundriß (Fig. 152 *E*) Aufschluß über die wahre Anordnung der Zweige des Sproßsystems geben. Ein solches Verzweigungssystem, das z. B. auch bei der auf unseren Bäumen wachsenden Mistel vorkommt, kann den Anschein einer Dichotomie erwecken.

III. Setzt immer bloß ein Seitenzweig die Verzweigung fort, so liegt ein Monochasium vor. Oft stellt sich dieser Seitenzweig in die Verlängerung seines Muttersprosses, indem er dessen Spitze zur Seite drängt (Fig. 151). So entsteht ähnlich, wie es bei der dichotomen Verzweigung des Sprosses der Fall sein kann (S. 104 ff.), ein Verzweigungssystem mit einer Scheinachse (Sympodium), die sich aus Seitensprossen verschiedener Ordnungen zusammensetzt. Ein solches Verzweigungssystem kann einem monopodialen sehr ähnlich sehen, namentlich wenn die Scheinachse, wie so oft, senkrecht emporwächst, die im Wachstume zurückbleibenden Enden der Zweige, die die Scheinachse zusammensetzen, dagegen Seitenzweigen ähnlich sich horizontal oder schräg stellen. Von Seitenzweigen unterscheiden sich solche Zweige aber stets dadurch, daß ein Deckblatt an ihrer Basis fehlt, dafür aber ein Blatt ihnen gegenüber am Sympodium befestigt ist, nämlich das Deckblatt des geförderten Tochtersprosses (vgl. dazu Fig. 151). Nicht selten ist das Sympodium weiter sympodial verzweigt. Stämme und Äste vieler unserer Laubhölzer sind solche Sympodien, so bei der Linde oder der Rotbuche. An ihrem Stamme und an ihren Ästen ist aber von dem sympodialen Aufbaue nichts mehr zu erkennen. Dauernd erkennbar bleibt dagegen der sympodiale Aufbau vielfach an unterirdischen Stengelteilen, so an denen von Polygonatum multiflorum (Fig. 143). Jedes Jahr erhebt sich die jeweilige Endknospe dieses unterirdischen Stammes als Sproß über den Boden, während eine Achselknospe das Rhizom im Boden fortsetzt.

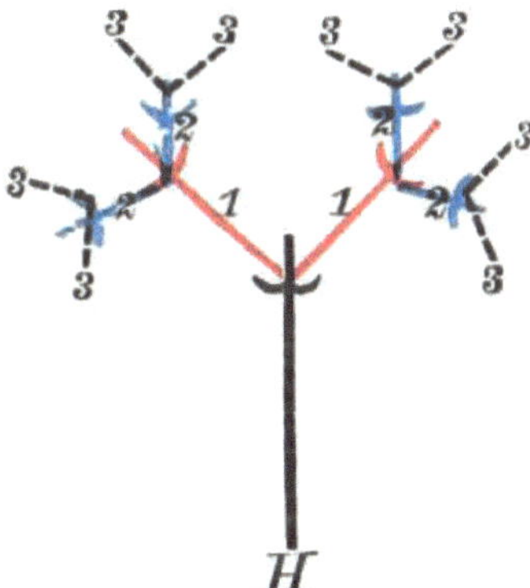

Fig. 150. Schema des Dichasiums. *H* Keimlingsachse, *1*, *2*, *3* Tochterachsen 1., 2., 3. Ordnung.

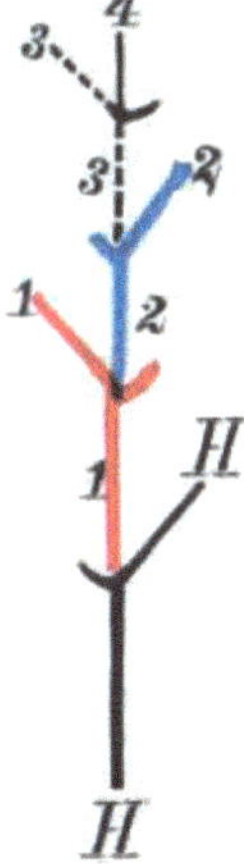

Fig. 151. Schema des Monochasiums vgl. Fig. 152.

Je nach der Stellung der Seitensprosse verschiedener Ordnung zueinander entstehen monochasiale Verzweigungssysteme von sehr verschiedenem und sehr bezeichnendem Aufbaue. Sehr oft setzt sich die Verzweigung schon aus der Achsel eines Vorblattes fort.

A. Entweder fallen die Medianen aller Seitensprosse in eine und dieselbe Ebene, nämlich in die Medianebene des Seitensprosses I. Ordnung; sie stehen also median.

α) Alle aufeinanderfolgenden Seitenzweige fallen median nach vorn von ihren Mutterachsen, d. h. zwischen die Mutterachse und das Deckblatt der Mutterachse (vgl. S. 107 ff.), in der Seitenansicht des Verzweigungssystems also auf ein und dieselbe Seite: Sichel (Fig. 152 *C*, *D*).

β) Die aufeinanderfolgenden Seitenzweige fallen sämtlich median nach hinten von ihren Mutterachsen (vgl. S. 107 ff.), in der Seitenansicht also abwechselnd nach links und rechts: Fächel (Fig. 152 *A*, *B*).

B. Die Mediane jedes Seitensprosses (I., II., III. usw. Ordnung) steht immer transversal, d. h. seitlich rechts oder links zur Mediane des Deckblattes für seinen Muttersproß. Solche Verzweigungssysteme lassen sich natürlich nur in Grundrissen veranschaulichen.

α) Die aufeinanderfolgenden Seitenachsen stehen stets nach der gleichen Seite transversal zu den Medianen ihrer Muttersproßdeckblätter, entweder nach rechts oder nach links: Schraubel (Fig. 152 *F*).

β) Die aufeinanderfolgenden Seitenachsen stehen abwechselnd nach rechts und links transversal zu den Medianen ihrer jeweiligen Muttersproßdeckblätter: Wickel (Fig. 152 *G*).

Schraubel und Wickel lassen sich aus dem Grundriß des Dichasiums leicht ableiten (Fig. 152 *E*) und dadurch in ihrer Eigenart verstehen.

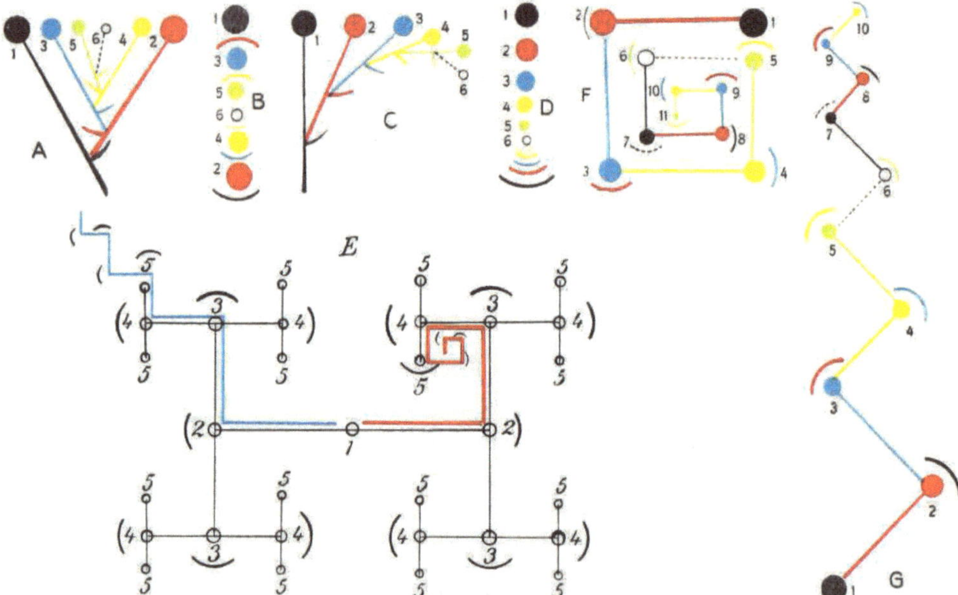

Fig. 152. *A* Fächel im Seitenriß, *B* in Grundansicht. *C* Sichel im Seitenriß, *D* in Grundansicht. *E* Dichasium in Grundansicht und Ableitung der Wickel (blaue Linie) und Schraubel (rote Linie) daraus. *F* Grundansicht der Schraubel. *G* Grundansicht der Wickel. *1–9* Ordnungen aufeinanderfolgender Tochterachsen. (*A–D* nach EICHLER, das übrige nach KARSTEN, verändert.) Um das Verständnis zu erleichtern, sind in *A–D* und *F*, *G* die aufeinanderfolgenden Tochterachsen je nächst niederer Ordnungen mit verschiedenen Farben wiedergegeben. Das an jeder Tochterachse befestigte Deckblatt hat die gleiche Farbe erhalten wie diese Achse, an der es entstanden ist.

In einem Sproßsysteme sind nicht selten verschiedene Verzweigungsarten miteinander verbunden. So können etwa auf dem razemös verzweigten Keimsproß zymös verzweigte Seitensprosse folgen. In besonders mannigfaltiger und wechselnder Verbindung sind die verschiedenen Verzweigungsarten bei den Blütenständen vereinigt (vgl. speziellen Teil).

b) Die Wurzel[80].

Den Wurzeln, die meist in der Erde (Erdwurzeln), seltener in der Luft (Luftwurzeln) leben, fehlen immer die Blätter. Dadurch haben sie ein ganz anderes Aussehen als die Sprosse, selbst als die Erdsprosse. Ihre Aufgabe ist, die Pflanze im Boden zu befestigen, aus dem Boden Wasser und Bodensalze aufzunehmen und zum Sproßsystem hinzuleiten. Auch ihre Funktionen sind also völlig andere als bei den meisten Sprossen, die hauptsächlich der Kohlensäureassimilation dienen.

1. Vegetationspunkt. Die Wurzel verlängert sich an der Spitze. Sie zeigt Scheitelwachstum mittels eines kegelförmigen Vegetationspunktes. Der Vegetationskegel bedarf für seine dünnwandigen embryonalen Zellen eines besonderen Schutzes; denn er wird bei dem Wachstum der Wurzel wie ein Nagel zwischen die scharfkantigen Bodenpartikelchen vorwärts getrieben. Dieser Schutz wird von einem besonderen Organe aus parenchymatischen Dauerzellen, der Wurzelhaube oder Kalyptra, übernommen, die die Spitze der Wurzel wie ein Däumling den Finger umhüllt, so daß der eigentliche Vegetationspunkt im Innern des Gewebes der Wurzelspitze, also interkalar, liegt. Die Verschleimung der äußeren Zellmembranen der Haube erleichtert zugleich bei den Erdwurzeln das Vorwärtsdringen im Boden. Die Wurzelhaube sieht man meist erst auf medianen Längsschnitten durch die Wurzelspitzen (Fig. 153, 154); doch gibt es auch Fälle (Pandanus), wo man sie schon an der unversehrten Wurzel als eine ihren Scheitel deckende Kappe wahrnehmen kann.

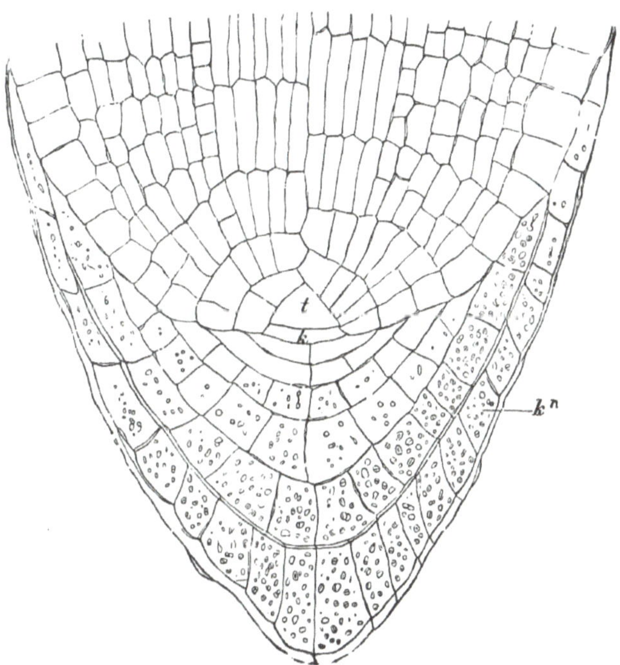

Fig. 153. Medianer Längsschnitt durch die Wurzel des Farnes Pteridium creticum. *t* Scheitelzelle, *k* Haubeninitiale, *k"* Wurzelhaube. Vergr. 240. Nach STRASBURGER.

Die besonders auffälligen Kappen an den Enden der Wasserwurzeln unserer Wasserlinsen (Lemna-Arten) und mancher Hydrocharitaceen gehören dagegen ihrem Ursprung nach nicht zur Wurzel; sie bilden sich vielmehr aus einer die Wurzelanlage umgebenden Hülle, etwa aus Sproßgewebe, und werden demgemäß als Wurzeltaschen bezeichnet. Wurzeln ohne Wurzelhaube sind eine sehr seltene Erscheinung; sie kommen z. B. vor bei den eben erwähnten Wasserlinsen, bei denen die Wurzeltasche die Funktionen der Wurzelhaube übernimmt. Ebenso fehlt eine Wurzelhaube der rasch absterbenden Wurzel des parasitisch lebenden Teufelszwirns (vgl. S. 162).

In Zeiten der Ruhe, wo die Erdwurzeln nicht weiterwachsen, werden die Wurzelhauben verkorkt; ihre parenchymatischen Zellen wandeln sich in Kutisgewebe um, das die Wurzelspitzen wirksam nach außen abschließt.[81]

Der Vegetationspunkt der Wurzel wird, wie schon gesagt, aus Meristemzellen aufgebaut, von denen sich die basalwärts gelegenen in Dauerzellen des Wurzelkörpers, die an der Spitze in die Dauerzellen der Wurzelhaube umwandeln.

Bei den meisten Pteridophyten haben die Wurzeln wie die Sprosse eine dreischneidige Scheitelzelle (*t* Fig. 153) von der Gestalt einer dreiseitigen Pyramide.

Außer den Segmenten, die sie parallel zu ihren drei inneren Seitenwänden nach dem Wurzelkörper hin abgibt, bildet sie solche auch nach außen (*k*). Letztere bauen die Wurzelhaube auf, indem sie sich weiter teilen.

Die Vegetationspunkte der Phanerogamenwurzeln besitzen dagegen keine Scheitelzellen. Sie bestehen aus gleichwertigen embryonalen Zellen, die oft in regelmäßigen Schichten angeordnet sind.

Als Beispiel sei auf den Vegetationskegel einer Gramineen-Wurzel (Fig. 154) hingewiesen: Die Meristemschichten, die das Dauergewebe des Wurzelkörpers liefern, sondern sich hier in eine äußere Zellschicht, das Dermatogen (*d*), in mehrere zentrale Schichten, die einen Gewebestrang für sich bilden und sämtlich oder teilweise in den Zentralzylinder der Wurzel übergehen, das Plerom (*pl*), und in mehrere zwischen Dermatogen und Plerom gelegene Schichten, das Periblem. Die Schichten des Dermatogens (*d* Fig. 154) und Periblems (*pr*) vereinigen sich am Scheitel zu einer einzigen Zellschicht. Außerhalb davon liegt die Zellschicht, die die Wurzelhaube bildet, das Kalyptrogen (*k*).

Bei vielen anderen Wurzeln (bei der Mehrzahl der Dikotylen) wird dagegen die Wurzelhaube durch Vermehrung der Schichten des Dermatogens gebildet, das auch an der Spitze des Scheitels vom Periblem getrennt sein kann; bei manchen nimmt auch das Periblem, ja unter Umständen selbst das Plerom an der Bildung der Haube teil, so bei vielen Leguminosen und bei den Gymnospermen. Bei diesen sind Periblem, Dermatogen und Kalyptrogen am Scheitel überhaupt nicht gesondert; der Pleromzylinder schließt aber fast stets mit deutlich abgegrenzten Initialen ab.

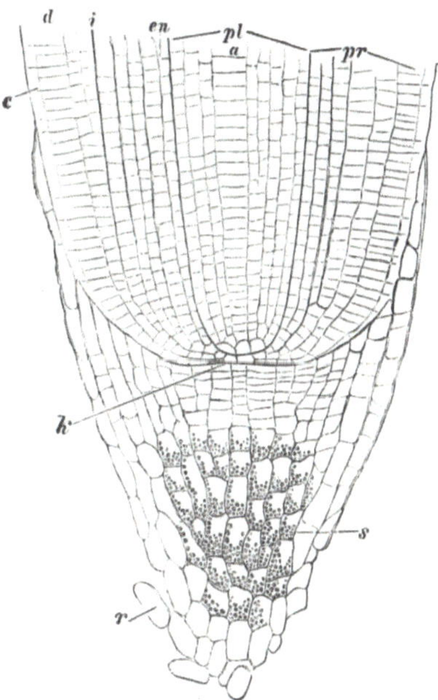

Fig. 154. Medianer Längsschnitt durch die Wurzelspitze der Gerste. *k* Kalyptrogen, *d* Dermatogen, *c* dessen verdickte Außenwand, *pr* Periblem, *pl* Plerom, *en* Endodermis, *i* mit Luft sich füllende Interzellularen, *a* Zellreihe, aus der das zentrale Gefäß hervorgehen wird, *r* abgestoßene Zellen der Wurzelhaube, *s* große, leicht bewegliche Stärkekörner in den Haubenzellen. Vergr. 180. Nach STRASBURGER u. KOERNICKE.

2. Äußerer Bau des Wurzelkörpers. Die embryonalen Zellen wandeln sich an der Basis des Vegetationskegels unter starker Größenzunahme allmählich in Dauerzellen um. Hiermit geht eine ausgiebige Verlängerung des Wurzelkörpers Hand in Hand. Durch dieses Streckungswachstum, das also erst hinter dem Vegetationskegel einsetzt und bei den Erdwurzeln im Gegensatze zu den Luftsprossen auf eine sehr kurze, höchstens 5–10 mm lange Zone dicht hinter dem Vegetationspunkt beschränkt ist, wird die Wurzel zu einem zylindrischen, fadenförmigen, farblosen Gebilde.

Bei Luftwurzeln kann die Streckungszone aber viele Zentimeter lang werden. Ihre geringe Länge bei den Erdwurzeln hängt offenbar mit der Lebensweise dieser Wurzeln im Boden zusammen.

In einiger Entfernung von der Wurzelspitze, etwa da, wo das Streckungswachstum erlischt, entstehen an den Erdwurzeln wichtige Anhangsgebilde der Wurzeln, die Wurzelhaare[82] (*r* in Fig. 155 und Fig. 51): lokale schlauchförmige, sehr dünnwandige und schleimüberzogene Ausstülpungen der lebenden Epidermiszellen. Besonders an Keimpflanzen, die in feuchtem Raume kultiviert werden, z. B. vom Weizen, kann man sie in ungeheuer großer Menge (bei Zea mays etwa 420 pro qmm) mit bloßem Auge als zarten Flaum auf der Oberfläche der Wurzeln gut erkennen. Ihre Länge schwankt je nach den Pflanzenarten zwischen 0,15 und 8 mm. Sie vergrößern in sehr wirksamer Weise die Oberfläche der Wurzeln (bei Pisum z. B. um das zwölffache). Diese Haare dringen zwischen die Bodenpartikelchen ein, ja verwachsen sogar mit ihnen. Im Boden bewahren sie infolgedessen nicht Zylinderform, wie in feuchter Luft, sind vielmehr hin und her gekrümmt und an der Spitze abgeplattet, keulig oder lappig (Fig. 237). Sie dienen der Wasser- und Bodensalzaufnahme, haben aber nur wenige Tage Lebensdauer. In dem Maße, wie spitzenwärts neue Wurzelhaare hinzukommen, sterben die älteren ab, so daß immer nur ein begrenzter Teil der jungen Wurzel (einige Zenti- oder Millimeter) von ihnen bedeckt ist. Der ältere kahle Teil dient lediglich noch der Leitung, nicht mehr der Aufnahme von Wasser. An ihm ist sehr häufig eine Querrunzelung der Oberfläche erkennbar, die durch eine nachträgliche Kontraktion dieser Wurzelteile bedingt wird. Durch diese Kontraktion verkürzt und spannt sich die Wurzel wie ein gespannter Bindfaden straff und verankert den Sproß wesentlich fester im Boden (vgl. Fig. 205, *6*).

Manchen Pflanzen fehlen die Wurzelhaare, vor allem solchen, die besonders leicht Wasser aufnehmen können, so vielen Wasser- und Sumpfpflanzen. Die Wurzeln mancher Wasserpflanzen, z. B. von Nuphar luteum, bilden aber dann Haare, wenn sie in den Boden eindringen; die Wurzeln von Sumpfpflanzen, wie Carex paludosa, wenn es an Wasser fehlt. Bei gewissen Wasserpflanzen, z. B. bei Hydrocharis, tragen aber auch die Wasserwurzeln reichlich Wurzelhaare.

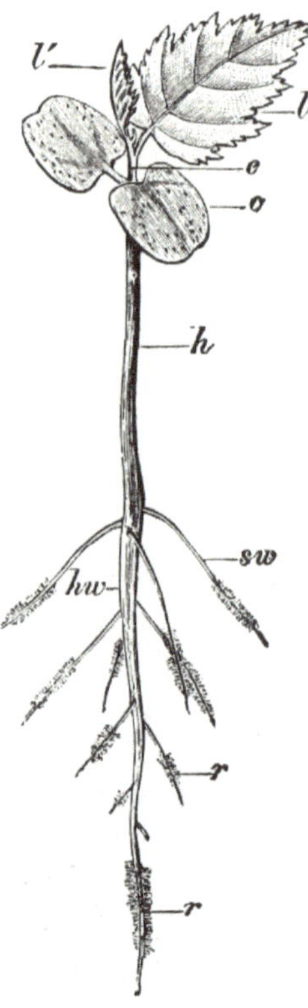

Fig. 155. Keimpflanze der Hainbuche (Carpinus betulus). *h* Hypokotyl, *c* Kotyledonen, *hw* Hauptwurzel, *sw* Seitenwurzeln, *r* Wurzelhaare, *e* Epikotyl, *l* und *l'* Laubblätter. Nat. Gr. Nach NOLL.

3. Primärer innerer Bau der Wurzel. Haben sich die embryonalen Zellen des Vegetationspunktes in Dauerzellen umgewandelt, so sind in der Wurzel die gleichen Gewebearten wie in der Sproßachse, und zwar auch meist in radiär symmetrischer Anordnung gesondert.

Der äußere Abschluß wird an jüngeren Teilen der Wurzel durch die dünnwandige Epidermis gebildet, die samt ihren Anhangsgebilden, den Wurzelhaaren, der Stoffaufnahme dient. Bezeichnend für sie ist der Mangel der Spaltöffnungen und der Kutikula. Die Epidermis der Wurzel stirbt aber mit den Wurzelhaaren bald ab. Wo letztere verschwunden sind, nimmt ein Kutisgewebe, nämlich die äußerste Rindenschicht, deren Zellwände mehr oder weniger verkorken, als Exodermis (Fig. 156 *ex*) die Oberfläche ein[83].

In einer solchen Exodermis werden oft unverkorkte Zellen ausgespart, die als Durchlaßzellen gelten. Sie sind in bestimmten Fällen regelmäßig zwischen den verkorkten verteilt und kleiner als diese.

Das übrige Gewebe kann man wieder in Rinde und Zentralzylinder einteilen.

Die Rinde der Erdwurzeln wird von farblosem Gewebe gebildet, das fast immer parenchymatisch ist und nur in den inneren Teilen Interzellularen enthält. In manchen Fällen erweitern sich die letzteren zu Luftlücken oder Luftkanälen. In der Rinde vieler Luftwurzeln kommt dagegen Chlorophyll vor. Manchmal werden Festigungsgewebe ausgebildet (Fig. 159, *2*), die die Epidermis oder Exodermis verstärken und die Wurzeln biegungs- und druckfest machen. Die innerste Rindenschicht pflegt eine Endodermis[84] zu sein (Fig. 156 *e*, 157 *e*, 158 *S*, 160 *s*), die eine scharfe Grenze zwischen Rinde und Zentralzylinder zieht. Sie besteht aus rechteckig prismatischen, gewöhnlich etwas gestreckten Zellen, die auf Querschnitten die dunklen CASPARYschen Punkte in den radialen Wänden zeigen. Durch diese Membranstreifen (vgl. S. 49) scheint ein gewisser Abschluß des Zentralzylinders gegen die primäre Rinde erreicht zu werden; die tangentialen Wände der jungen Endodermis aber erlauben dem Wasser den Durchtritt aus der Rinde in den Zentralzylinder und umgekehrt.

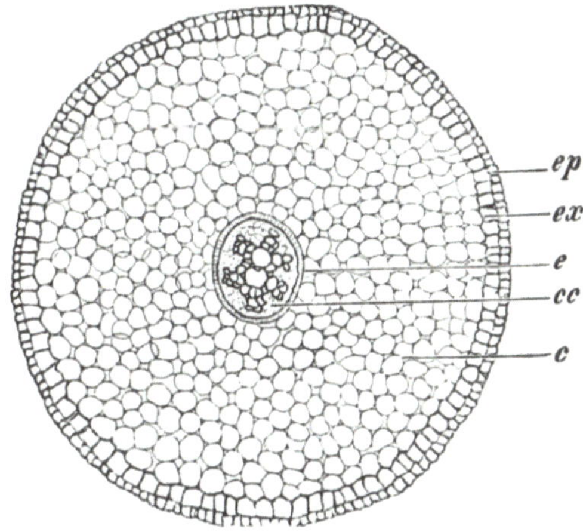

Fig. 156. Querschnitt durch eine Wurzel der Küchenzwiebel (Allium Cepa), *ep* Reste der Epidermis, *ex* Exodermis, *c* Rinde, *e* Endodermis, *cc* Zentralzylinder. Vergr. 45. Nach M. KOERNICKE.

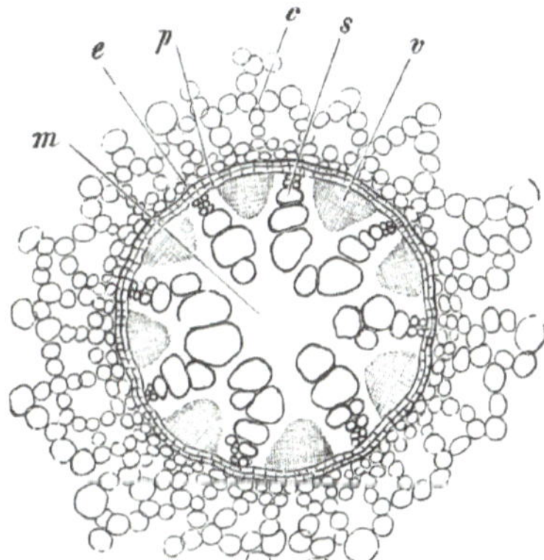

Fig. 157. Querschnitt durch die Wurzel von Acorus Calamus. *m* Mark, *s* Gefäßstränge, *v* Siebstränge, *p* Perizykel, *e* Endodermis, *c* Rinde. Vergr. 90. Nach STRASBURGER.

In etwas älteren Wurzelteilen werden die Endodermiszellen durch Suberinlamellen verkorkt und, bei vielen Monokotylen, außerdem durch tertiäre Verdickungsschichten meist einseitig nach dem Zentralzylinder zu verdickt (Fig. 160). Treten solche Veränderungen frühzeitig auf, so bleiben bestimmte, vor den Gefäßsträngen des Leitbündels gelegene Endodermiszellen, die *Durchlaßzellen*, davon ausgeschlossen (*d* Fig. 160).

Die äußerste parenchymatische Zellschicht des Zentralzylinders der Wurzeln (Fig. 157 *p*, 158 *pc*, 160 *p*), also die Schicht direkt unter der Endodermis, bildet den Perizykel, der meist einschichtig ist, in seltenen Fällen auch fehlen kann. Im Zentralzylinder verlaufen in gerader Längsrichtung die Leitungsbahnen, die als Gefäß- und als Siebstränge ausgebildet sind und bei allen Wurzeln ein radiales Leitbündel[61] bilden (vgl. S. 85). Die Gefäß- und Siebstränge sind also in das übrige Gewebe des Zentralzylinders radial nebeneinander und zwar so eingebettet, daß sie voneinander durch eine bis mehrere Zellschichten (meist Leitparenchym) getrennt bleiben. Die plattenförmigen Gefäßstränge sind in der Wurzel umgekehrt wie in den kollateralen Leitbündeln des Stengels orientiert: im Stengel haben sie ihre engsten Gefäße innen, die weitesten außen, in der Wurzel dagegen die weitesten Gefäße innen, die engsten am Umkreis des Leitbündels. Von außen nach innen folgen also Ring-, Schrauben-, Netz- und Tüpfelgefäße aufeinander. Auch die Phloëmprimanen liegen peripher, am Außenrande der Siebstränge, die rundlichen Querschnitt haben. Nach der Zahl der vorhandenen Xylemstränge wird die Wurzel als diarch, triarch usw., schließlich als polyarch bezeichnet. So ist die in Fig. 157 dargestellte Wurzel oktarch, die der Fig. 160 pentarch. Die Gefäßstränge stoßen in der Mitte der Wurzel entweder zusammen, wie in Fig. 158 u. 160; oder es ist dort, wie die Fig. 157 zeigt, ein zentraler Strang aus Parenchym oder Sklerenchym, oft auch aus beidem vorhanden. Die meisten Wurzeln werden vor allem auf Zugfestigkeit in Anspruch genommen. So ist das Festigungsgewebe hauptsächlich in das Zentrum der Wurzel verlegt, wo es durch seine geschlossene Masse die Wurzeln am besten vor Zerreißung schützt (Fig. 159).

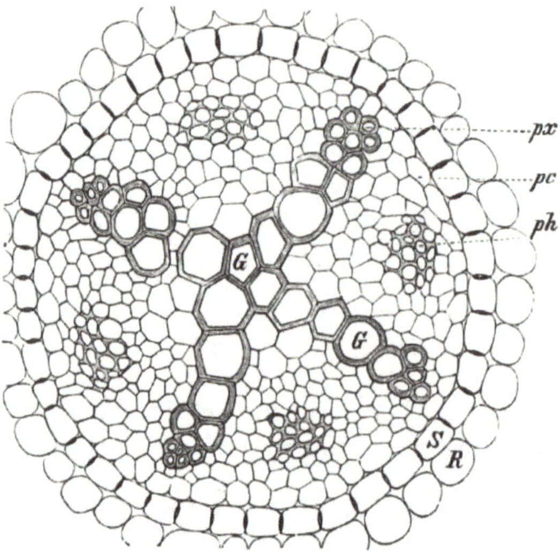

Fig. 158. Querschnitt durch das radiale Leitbündel der Wurzel von Ranunculus acer. *R* Rindenparenchym, *S* Endodermis, *pc* Perizykel, *ph* Phloëm, *px* Xylemprimanen, *G* Tüpfelgefäße. Vergr. 200. ROTHERT frei nach DIPPEL.

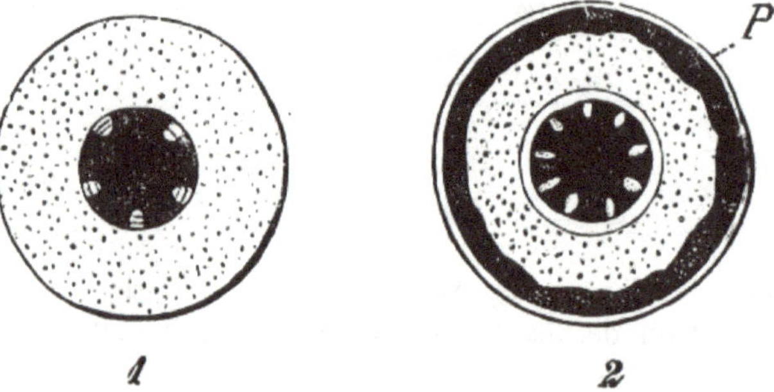

Fig. 159. Mechanisches Gewebe der Wurzel. *1* Zentral angeordnet für Zugfestigung. *2* Neben dem zentralen Strang ein peripherer Mantel *P* für Druck- und Biegungsfestigung (Stützwurzel). Nach NOLL.

Für ein Organ, das zugfest sein soll, ist es an und für sich ziemlich gleichgültig, wo auf dem Querschnitt die Festigungsmassen liegen. Immerhin ist ihre Vereinigung im Zentrum zu einem einzigen Strang jeder anderen Anordnung überlegen. Wären nämlich statt dessen z. B. viele entsprechend dünnere Stränge an der Peripherie verteilt, so würden einzelne bei einem einseitigen Zuge der Gefahr der Zerreißung ausgesetzt sein.

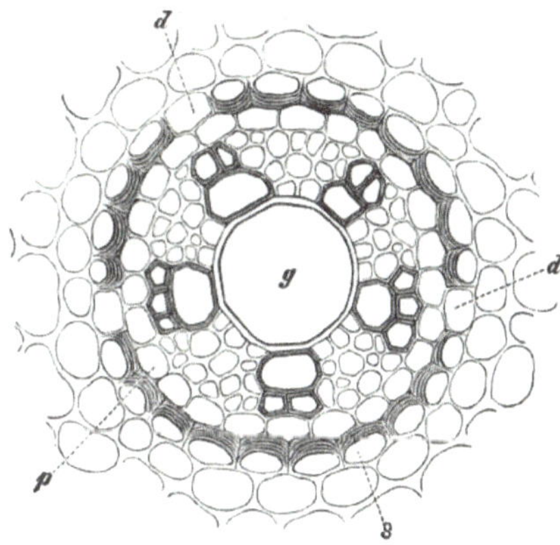

Fig. 160. Radiales Leitbündel der Wurzel von Allium ascalonicum. *s* Endodermis mit verdickten Innenwänden, *d* Durchlaßzellen, *p* Perizykel, *g* großes zentrales Gefäß. ROTHERT nach HABERLANDT.

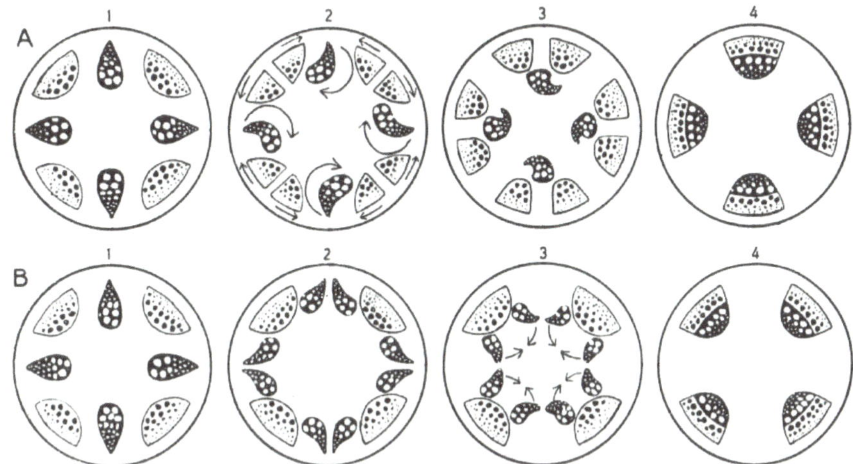

Fig. 161. Übergang des radialen Wurzelleitbündels in die kollateralen Stengelbündel, schematisiert: nach Beschreibungen VAN TIEGHEMs und CHAUVEAUDs. Weiß: Rinde und Mark. Schwarz punktiert: Phloëm. Weiß punktiert auf Schwarz: Xylem. Weitere Erklärung im Text.

Es bleibt noch zu erörtern, wie die Sieb- und Gefäßstränge des radialen Wurzelbündels in die Sieb- und Gefäßstränge der anders gebauten Stengelbündel übergehen[85]. Das geschieht meist an der Grenze der Keimwurzel und des Keimstengels; es sei nur für den häufigsten Fall, für Pflanzen mit kollateralen Stengelbündeln, kurz beschrieben. Das Wesentliche dieses Überganges besteht darin, daß die Gefäßstränge des radialen Wurzelbündels sich in der Übergangszone je um ihre eigene Längsachse, und zwar um annähernd 180° drehen (vgl. Fig. 161); dadurch werden aus den exarchen Gefäßsträngen der Wurzel (vgl. S. 90) die endarchen Stränge des Stengels. Die ältesten Xylemprimanen der Wurzel beteiligen sich nach CHAUVEAUD an dieser Bewegung nicht, sondern werden aufgelöst. Aus dem radialen Wurzelbündel werden nun dadurch eine Anzahl kollateraler Bündel gebildet, daß die Sieb- und Gefäßstränge, die in der Wurzel nebeneinander liegen, sich gegeneinander verlagern. Diese Verlagerung vollzieht sich bei den verschiedenen Arten verschieden. Zwei Haupttypen lassen sich nach VAN TIEGHEM unterscheiden: 1. Die Gefäßstränge verlaufen, abgesehen von ihrer Drehung, geradlinig aus der Wurzel in den Stengel; die Siebstränge der Wurzel aber spalten sich durch einen radialen Spalt je in zwei Hälften; die Hälften weichen tangential auseinander und legen sich vor die benachbarten gedrehten Gefäßteile, wo sie sich je mit der Hälfte des nächst benachbarten Siebstranges vereinigen (Fig. 161 *A*). 2. Die Siebstränge der Wurzel verlaufen geradlinig in den Stengel; aber die Gefäßteile (Fig. 161 *B*) spalten sich durch einen radialen Spalt in je zwei Hälften; diese Hälften drehen sich darauf je um 180° mit den Primanen als Drehpunkt, weichen, ähnlich wie bei den Siebsträngen unter 1, tangential auseinander und legen sich alsdann hinter die benachbarten Siebstränge, wo sie sich je mit der Hälfte des nächst benachbarten Gefäßstranges vereinigen. Eine Abart dieses verbreitetsten Typus kommt durch gleichzeitige Spaltung auch der Siebstränge (wie bei 1) zustande, so daß im Stengel doppelt so viele kollaterale Bündel wie Gefäßstränge (oder Siebstränge) in der Wurzel entstehen.

4. Verzweigung der Wurzel. Durch Verzweigungen, die immer wieder Wurzeln (gleichnamige Organe) sind, wird es der Wurzel ermöglicht, den Bodenraum nach allen Richtungen zu durchdringen und überall daraus Wasser und Bodensalze aufzunehmen.

Dichotome Verzweigung durch Gabelung der Vegetationskegel in je zwei Schenkel findet sich typisch bloß bei einigen Farnpflanzen (Lycopodinae).

Im übrigen verzweigen sich die Wurzeln seitlich (Fig. 155). Und zwar werden die Seitenwurzeln im Gegensatze zu den Seitenzweigen am Sprosse meist erst in einiger Entfernung vom Vegetationspunkte der Mutterwurzel, wo das Gewebe des Urmeristems bereits in Dauergewebe übergeht, im Innern des Gewebekörpers der Mutterwurzel, endogen (Fig. 162, 163), angelegt. Ihre Vegetationspunkte bilden sich nämlich bei den Pteridophyten aus der innersten Rindenschicht, bei den Phanerogamen dagegen aus der äußersten Zellschicht des Zentralzylinders, d. h. aus dem Perizykel der Mutterwurzel, indem hier Gruppen von Parenchymzellen sich zu teilen und in embryonalen Zustand zurückzukehren beginnen. Die Seitenwurzelanlagen müssen also immer die ganze Rinde ihrer Mutterwurzel durchbrechen. Demgemäß sind sie nicht selten an der Austrittsstelle von dem vorgestülpten Rande der durchbrochenen Rinde der Mutterwurzel wie von einem Kragen umgeben. Sie entstehen in dieser Weise zunächst spitzenwärts fortschreitend, also in akropetaler Reihenfolge. Sie pflegen auch in solcher, ihrem Alter entsprechenden Reihenfolge zu Wurzeln auszuwachsen. Später werden sie aber noch durch solche Seitenwurzeln vermehrt, die zwischen den bereits vorhandenen selbst an älteren Wurzelteilen hervorkommen.

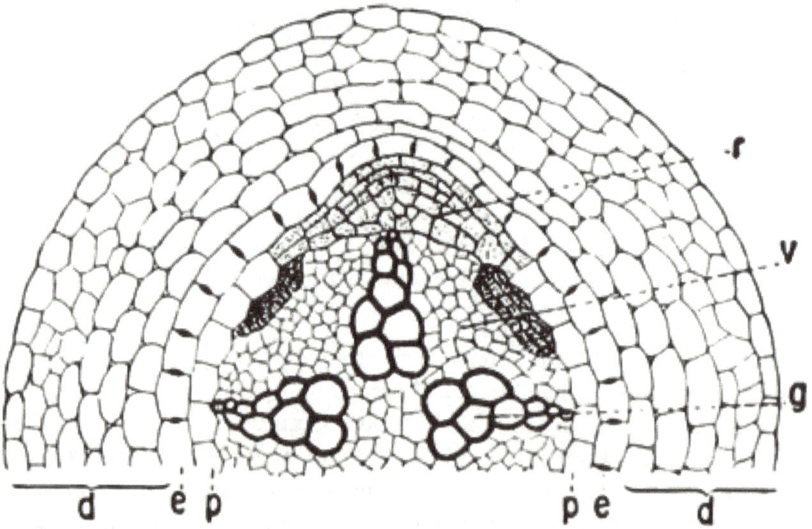

Fig. 162. Wurzelquerschnitt von Vicia Faba mit Seitenwurzelanlage *r*, etwas schematisiert, *e* Endodermis, *p* Perizykel, *d* Rinde, *g* Gefäßstrang, *v* Siebstrang des radialen (tetrarchen) Leitbündels. Vergr. 40.

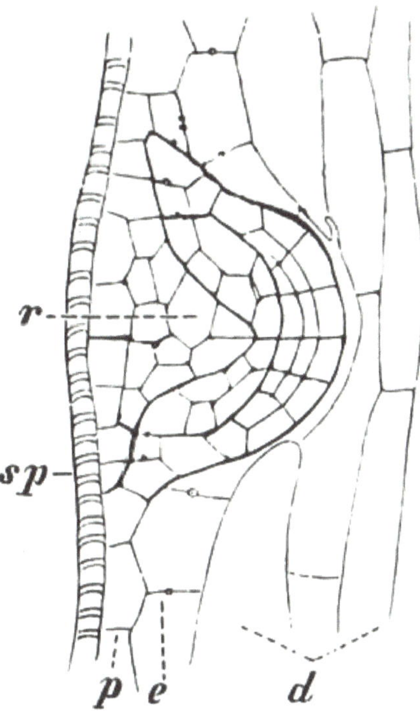

Fig. 163. Teil eines Längsschnittes durch eine Wurzel von Amarantus mit Anlage einer Seitenwurzel. *e* Endodermis, vor der Seitenwurzelanlage bereits resorbiert, *d* angrenzende Rinde, *p* Perizykel, *sp* Schraubentracheïde, *r* Seitenwurzelanlage. Vergr. etwa 200. Nach PH. VAN TIEGHEM.

Die Seitenwurzeln bilden immer gerade Reihen an der Mutterwurzel[86]. Diese Anordnung wird dadurch bedingt, daß die Nebenwurzeln entweder vor den längs verlaufenden Gefäßsträngen der Mutterwurzel (Fig. 162) oder vor den Leitparenchymplatten entstehen, die die Xylem- und Phloëmstränge trennen. Die Zahl der Seitenwurzelreihen ist also entweder gleich der Zahl der Xylemstränge oder doppelt so groß.

Die Seitenwurzeln haben den gleichen Bau wie die Hauptwurzel. Ihre Gefäß- und Siebstränge setzen sich an entsprechende Stränge der Mutterwurzel an.

5. Sproßbürtige Wurzeln. Außer an Wurzeln entstehen Wurzeln sehr oft auch an ungleichnamigen Organen, d. h. an Teilen des Sprosses, ebenfalls meist endogen aus Dauergewebe; bei den Farnen schon aus dem embryonalen Gewebe der Sproßvegetationspunkte. Man nennt solche Wurzeln je nach dem Orte ihrer Entstehung stengelbürtig oder blattbürtig.

Bei Sumpf- und Wasserpflanzen entspringen sie vielfach an den unteren Stengelknoten zwischen den Blättern. Ein bevorzugter Ort ihrer Entstehung, soweit die äußeren Bedingungen es zulassen, sind überhaupt Stengelknoten; sie können das mit den unteren Sproßpartien absterbende Hauptwurzelsystem ersetzen[87]. Besonders zahlreich sind sie an den Unterseiten der im Boden wachsenden Sproßteile (Rhizome, Fig. 143) oder kriechender Sprosse. Abgeschnittene und in feuchten Boden gesteckte Sprosse oder Sproßstücke bilden alsbald Wurzeln an ihrer Basis; solche brechen auch aus der Basis mancher entsprechend behandelter Blätter, so der Begonienblätter, hervor[88]. Die sproßbürtigen Wurzeln bezeichnet man wohl auch als Adventivwurzeln.

Kommen vorhandene Wurzelanlagen nicht zur Entwicklung, so nennt man sie schlafend. Solche ruhenden Anlagen von stengelbürtigen Wurzeln sind z. B. an jedem Weidenzweige vorhanden; ihre Weiterentwicklung läßt sich durch Feuchtigkeit und Verdunkelung leicht anregen.

6. Aussehen der Wurzelsysteme. Die Seitenwurzeln irgendeiner Ordnung wachsen in der Regel schwächer und sind dünner als die Mutterwurzeln, an denen sie entstanden sind. So wird das ganze Wurzelsystem typisch razemös. Die Nebenwurzeln letzter Ordnung bleiben gewöhnlich sehr kurz und haben nur eine begrenzte Lebensdauer; man nennt sie Saugwürzelchen.

Das Wurzelsystem erhält sein Gepräge, wie das Sproßsystem, weiter dadurch, daß Haupt- und Seitenzweige ganz verschiedene Lage zueinander und im Raume annehmen, und zwar durch verschiedene Art von Geotropismus (vgl. S. 299 ff.).

Viele Dikotylen (z. B. Lupine, Eiche) und Gymnospermen (Edeltanne) haben eine radiäre Hauptwurzel oder Pfahlwurzel, die schon als Keimwurzel den Hauptstamm nach unten fortsetzt und senkrecht nach unten, orthotrop, in die Erde wächst (Fig. 155). An ihr entstehen ebenfalls radiäre Seitenwurzeln I. Ordnung, die horizontal oder schräg, also plagiotrop, in das Erdreich eindringen. Die an ihnen entspringenden Seitenwurzeln II. Ordnung pflegen von denen I. Ordnung allseits ausstrahlend das Erdreich rings um diese zu durchwachsen, so daß also die Äste des Wurzelsystems den Boden nach allen Richtungen möglichst gleichmäßig durchziehen und bei weitergehender Verzweigung keinen Kubikzentimeter unausgenutzt lassen. Bei anderen Dikotylen und Gymnospermen kann das Wurzelsystem auch mehr oberflächlich bleiben (z. B. bei der Kartoffelpflanze und bei der Kiefer).

Den Monokotylen pflegt die Hauptwurzel zu fehlen, da sie schon am Keimling zugrunde geht. An ihre Stelle treten zahlreiche sproßbürtige Wurzeln aus der Stengelbasis, die senkrecht oder schräg oder horizontal in den Boden eindringen. Sie verzweigen sich monopodial und tragen Seitenwurzeln I. Ordnung, diese Seitenwurzeln II. Ordnung usw., die das Erdreich in allen möglichen Richtungen durchwachsen können. Hauptsächlich in horizontaler Richtung breitet sich das Wurzelsystem z. B. beim Getreide über immer größer werdende Areale aus.

Addiert man die Längen sämtlicher Wurzeln einer Pflanze, so bekommt man unerwartet hohe Werte; so kann die Gesamtwurzellänge bei einer Getreidepflanze Hunderte von Metern sein.

Eigenartig wird ein Teil der Wurzeln bei vielen Bäumen der tropischen Urwälder ausgebildet. Die außerordentlich hohen und dicken Stämme vieler solcher Bäume sind an der Basis durch mächtige, strebenähnliche Brettwurzeln oder durch stammartig verdickte, von den Ästen zur Erde herabgewachsene Luftwurzeln (Säulen- oder Stützwurzeln) vor dem Umfallen geschützt (z. B. bei vielen Ficus-Arten, vgl. Fig. 694).

c) Sekundäres Dickenwachstum des Kormus.

Wir sahen, daß die Sproß- und Wurzelteile, die in den Vegetationspunkten durch Vermehrung der embryonalen Zellen neu angelegt worden sind, durch Streckung fertig ausgebildet werden. Mit diesem Längenwachstum ist meist auch ein gewisses Dickenwachstum der Teile verbunden, das wie das Längenwachstum lediglich auf der bedeutenden Vergrößerung der meristematischen Zellen während ihrer Umbildung zu Dauerzellen, aber nicht auf Zellvermehrung beruht (primäres Dickenwachstum oder Erstarkung, Fig. 98, 100, 102, 115). Es ist freilich meist verhältnismäßig gering. An diese Dickenzunahme schließen sich in Sproßachsen und Wurzeln oft noch andere Wachstumsvorgänge an, denen wir nun unsere Aufmerksamkeit zuwenden müssen.

Je größer das Sproßsystem wird, um so besser vermag es der Beschattung durch andere Gewächse zu entgehen und um so mehr organische Substanz zu bilden. So sehen wir bei vielen Gewächsen aus einem zunächst kleinen, blattarmen Keimpflänzchen durch Wachstum, oft auch durch Verzweigung der Keimlingsachse, einen sehr blattreichen Kormus von riesigen, baumartigen Größenverhältnissen sich entwickeln. Die Größenzunahme des Sprosses im Luftraume stellt infolge Vermehrung der Blätter fortgesetzt höhere Anforderungen an die Wasserversorgung durch die Wurzel, der diese nur durch die Vergrößerung ihrer Oberfläche, meist verbunden mit Verzweigung, genügen kann; oft werden sogar noch sproßbürtige Wurzeln gebildet. Jede Vergrößerung des Wurzelsystems hat aber zur Vorbedingung, daß dazu hinreichende Mengen organischer Nährstoffe in den Blättern gebildet werden können. So stehen die Ausbildung der Blattkrone und des Wurzelsystems in engsten Wechselbeziehungen zueinander. Die Größenzunahme des Sproß- und

Wurzelsystems hat ferner zur Voraussetzung, daß in den Stengeln und Wurzeln die genügende Anzahl von Leitungsbahnen einerseits für Wasser, andererseits für die organischen Stoffe vorhanden ist oder ausgebildet werden kann, und daß die Sproßachsen fest genug sind, um das größer und größer werdende Gewicht der Blatt- und Zweigmassen, auch bei heftigem Winde, zu tragen. Es bestehen also auch enge Beziehungen zwischen der Größe des Kormus und der Ausbildung der Leitungsbahnen in seinen Achsen und der Festigkeit der Sprosse.

Die Festigkeit muß um so größer sein, je größer die Pflanze wird und je länger sie lebt. Pflanzen oder Sproßsysteme, die nur verhältnismäßig kurze Zeit leben und nach Bildung der Fortpflanzungsorgane absterben, bleiben meist „krautartig": Kräuter. Große Kormi, die viele Jahre leben und meist wiederholt fruktifizieren, erhöhen die Festigkeit ihrer Sproßachsen und Wurzeln meist durch Holzbildung. Solche Holzgewächse heißen Bäume[89], wenn sie einen Hauptstamm ausbilden (der Säulenfestigkeit besitzen muß); sonst nennt man sie Sträucher.

Die Lebensdauer der Gewächse[90] und die Beschaffenheit ihrer Sproßachsen wird in Pflanzenbeschreibungen und Katalogen gewöhnlich durch besondere Zeichen kenntlich gemacht. Kräuter sind: ⊙ einjährige „annuelle", ⊙⊙ zweijährige „bienne" Pflanzen, ♃ ausdauernde „perennierende" Stauden; Holzgewächse: ♄ Sträucher und ♄ Bäume. Einen besonderen Typus des Baumes finden wir in den säulenförmigen, meist unverzweigten Stämmen der Palmen und Farnbäume, denen mit dem sekundären Dickenwachstum ein echtes Holzgewebe fehlt.

Dem Bedürfnisse nach der nötigen Anzahl von Leitungsbahnen und der erforderlichen Festigung wird bei den Kormi der Sproßpflanzen in verschiedener Weise Rechnung getragen: **Erstens** nämlich gibt es Pflanzen, bei denen die Hauptachse des Keimlings und die etwa entstehenden Seitenzweige schon, ehe sie in die Länge wachsen, vor oder während ihrer Erstarkung, also primär, so verdickt und mit so viel Leitungs- und Festigungsgewebe ausgestattet werden, daß sie bei ihrem späteren Längenwachstum der ganzen künftigen Größenzunahme des Kormus genügen; die Keimwurzel bleibt bei ihnen aber dünn, stirbt meist frühzeitig ab und wird durch sproßbürtige Wurzeln aus der Basis oder auch aus höheren Zonen der Keimlingssproßachse ersetzt. **Zweitens** gibt es solche, bei denen zunächst lange, fadenförmig dünne Stengel und Wurzeln mit wenigen Leitungsbahnen (und wenigen mechanischen Elementen) entwickelt werden. Die Wasserversorgung der Blätter und umgekehrt die Nahrungsversorgung des Wurzelsystems und hiermit die Größenzunahme des Kormus würden bei ihnen meist sehr bald eine Grenze in der geringen Zahl der Leitungsbahnen des Keimstengels und der Keimwurzel finden, wenn nicht nach Umwandlung der Keimachse in Dauergewebe, entsprechend den Bedürfnissen des heranwachsenden Kormus, später für Vermehrung der Leitungsbahnen (und des Festigungsgewebes) im Wurzelsysteme und im Keimstengel gesorgt würde. Das geschieht aber durch nachträgliche Zellvermehrung, Bildung sekundärer Gewebe (des Sekundärzuwachses), womit ein nachträgliches, sekundäres Dickenwachstum der Stengel und Wurzeln verbunden ist. Sekundäre Gewebe nennt man solche Gewebe, die durch Tätigkeit sekundärer Meristeme, der Kambien (vgl. S. 40), den primären Geweben hinzugefügt werden oder die primären Gewebe ersetzen. Sekundäres Dickenwachstum findet sich sowohl bei krautigen als auch bei Holzpflanzen.

Zum ersten Typus[91] gehören die meisten krautigen Pteridophyten und Monokotylen, ja selbst fast alle ihre stammbildenden Formen (Baumfarne, Palmen, Pandanaceen, bestimmte Liliifloren). Bei den stammbildenden Monokotylen z. B. bleibt der Keimstengel nach der Keimung zunächst lange Zeit sehr kurz. Das Urmeristem seines flachen Vegetationspunktes wächst an der Peripherie des Zentralzylinders durch Zellvermehrung stark in die Breite. Infolgedessen erhält der Vegetationspunkt und die Sproßachse des Keimlings, aus der der Stamm hervorgehen soll, von vornherein einen sehr großen Durchmesser.

Bei solchen Formen, wie z. B. bei den Palmen und Pandanaceen, kann der Stamm auch nach Ausbildung der Dauergewebe durch Erweiterung der vorhandenen Dauergewebszellen noch längere Zeit ein wenig weiter erstarken. Hauptsächlich die Zellen der Sklerenchymfaserstränge, die die Siebteile der Leitbündel begleiten, nehmen dabei an Weite zu, wodurch die ganzen Stränge mächtiger werden. Hier und da freilich kann die Dickenzunahme von Teilungen der Parenchymzellen begleitet sein (manche Palmen).

Zum zweiten Typus[92] gehören die meisten krautigen und holzbildenden Gymnospermen, Dikotylen und einige baumförmige Liliifloren. Bei ihnen folgt also auf das primäre Dickenwachstum (die Erstarkung) der Stengel und Wurzeln durch Zellvergrößerung meist ein sekundäres durch Zellvermehrung in einer besonderen Meristemzone, dem Verdickungsring.

Einjährige, kletternde und windende Pflanzen beginnen oft erst in ziemlich alten Internodien, lange nach Beendigung der Erstarkung, sekundär in die Dicke zu wachsen. An den Zweigen der Bäume fängt das sekundäre Dickenwachstum dagegen meist schon an, ehe die primären Dauergewebe ausgebildet worden sind.

Sekundäres Dickenwachstum trat zuerst bei gewissen, jetzt nur aus fossilen Überresten bekannten Pteridophyten auf; aber erst bei den Gymnospermen und Dikotylen gelangte es zu allgemeiner Verbreitung.

Sekundäres Dickenwachstum monokotyler Stämme. Es gibt auch einige baumartige Liliifloren (Dracaena, Cordyline, Yucca, Aloë), deren Achsen befähigt sind, mit einem sekundären Meristem sekundär in die Dicke zu wachsen. Dieses Meristem entsteht außerhalb der primären Leitbündel, die im Zentralzylinder nach Monokotylenart zerstreut sind, und zwar in der anschließenden Rinde, aus einer im Querschnitte ringförmigen Zone von fertigen Rindenzellen, die sich wieder zu teilen beginnen (bei den Dracaenen meist erst in größerer Entfernung vom Stammscheitel, sonst schon in seiner unmittelbaren Nähe). Es bildet einen Zylindermantel aus mehreren Schichten prismenförmiger, lückenlos verbundener, embryonaler Zellen, die durch tangentiale Wände längere Zeit nur Zellen nach innen, später auch einige nach außen abgeben. Das weitere Schicksal dieser so durch Teilung entstandenen embryonalen Zellen ist ein völlig anderes als bei den Gymnospermen und Dikotylen: Die von dem Meristem nach außen gebildeten Zellen werden nämlich zu sekundären Rindenzellen; die nach innen abgegebenen aber teils zu vollständigen konzentrischen Leitbündeln mit Außenxylem, teils zu Parenchym, dessen Zellwände sich stark verdicken und verholzen (Fig. 164).

Die Meristemzellen haben im Querschnitt und im radialen Längsschnitt rechteckige, im tangentialen Längsschnitt polygonale Gestalt; es sind also Prismen mit tangential gerichteter polygonaler Grundfläche (vgl. Fig. 167 *A II*). Solange das Meristem einseitig tätig ist, werden seine Initialen aus dem nach außen angrenzenden Dauergewebe der Rinde ergänzt. Sobald es beiderseitig tätig wird, bleibt dauernd eine Zellschicht als Initialschicht erhalten.

Ein echtes sekundäres Dickenwachstum monokotyler Wurzeln ist nur für die Gattung Dracaena bekannt. Der Kambiumring, der es besorgt, nimmt in der Wurzelrinde seinen Ursprung und zwar in den inneren Teilen, die an die Endodermis grenzen.

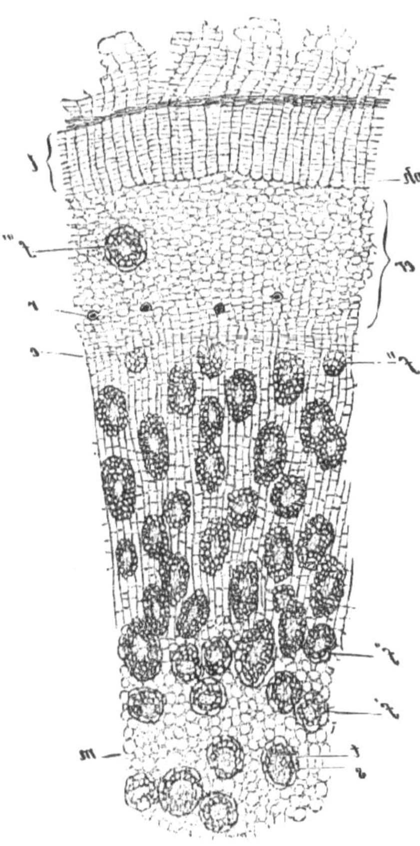

Fig. 164. Cordyline (Dracaena) rubra. Querschnitt durch den Stamm. *f* Leitbündel, und zwar *f'* primäre, *f''* sekundäre, *f'''* ein aus einem Blatte kommendes, noch innerhalb der Rinde befindliches Bündel, *m* parenchymatisches Grundgewebe, *s* Leitbündelscheide, *t* Tracheïden, *c* Verdickungsring (Kambium), *cr* Rinde, *ph* Korkkambium, *l* Kork, *r* Rhaphidenbündel. Vergr. 30. Nach STRASBURGER.

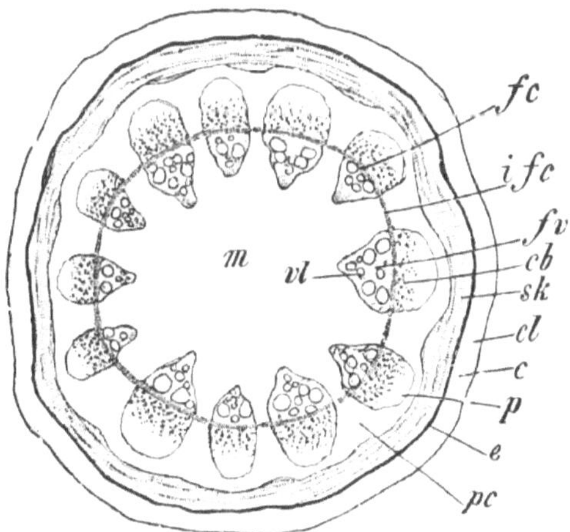

Fig. 165. Querschnitt durch einen 5 mm dicken Zweig von Aristolochia Sipho. *m* Mark, *fv* Leitbündel, und zwar *vl* Gefäßteil, *cb* Siebteil, *fc* Faszikularkambium, *ifc* Interfaszikularkambium, *p* Phloëmparenchym an der Außenseite des Siebteils, *pc* Perizykel, *sk* Sklerenchymring, *e* Stärkescheide, *c* Rinde, in dieser *cl* Kollenchym. Vergr. 9. Nach STRASBURGER.

Sekundäres Dickenwachstum der Gymnospermen und Dikotylen. 1. Bildung, Bau und Tätigkeit des Kambiums in den Stengeln. In den offenen Leitbündeln der Gymnospermen und der Dikotylen kann die sekundäre Gewebebildung an die Fertigstellung der primären Gewebe anschließen oder schon früher beginnen. Nur der erstere Fall sei hier besprochen, obwohl er keineswegs häufig ist. Die zwischen den Gefäßteilen und Siebteilen der offenen Bündel vorhandenen Reste von Urmeristem werden dabei zu Kambien, indem sie sich von neuem lebhaft zu teilen beginnen. Die Leitbündel sind meist im Kreise angeordnet. Nachdem die Kambiumtätigkeit innerhalb der Bündel begonnen hat, bildet sich Kambium auch in den Markstrahlen. Eine Zone von Dauerzellen nämlich, die die Kambien dar angrenzenden Leitbündel verbinden, beginnt sich tangential zu teilen. Dieses interfaszikulare Kambium ergänzt so die innerhalb der Bündel gelegenen faszikularen Kambien zu einem vollen Zylindermantel von Meristemgewebe. Seine Zellen, die in radialer Richtung wachsen, teilen sich durch tangentiale und durch quere Scheidewände.

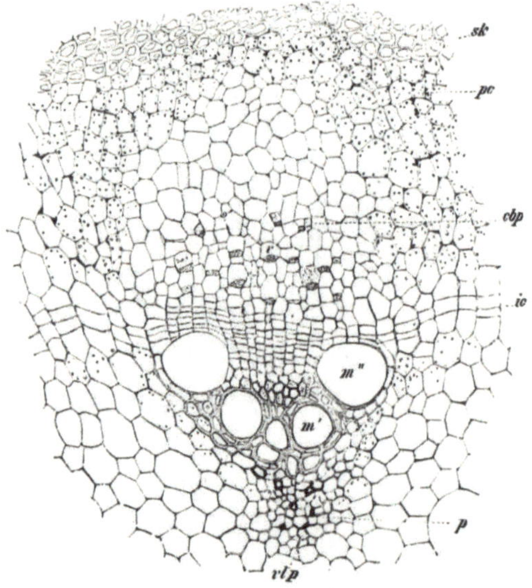

Fig. 166. Querschnitt durch ein Leitbündel eines Zweiges von Aristolochia Sipho im ersten Jahre seiner Entwicklung, nach begonnener Kambiumtätigkeit. *p* Xylemparenchym, an dem Innenrande des Gefäßteils, *vlp* Xylemprimanen, *m'* und *m''* Tüpfeltracheen, *ic* Interfaszikularkambium, sich in das Faszikularkambium fortsetzend, *v* Siebröhren, *cbp* Siebprimanen, *pc* Gewebe des Perizykels, *sk* innerer Teil des Ringes aus Sklerenchymfasern. Vergr. 130. Nach STRASBURGER.

Die Fig. 165 und 166 stellen den Vorgang der Kambiumbildung für den Stengelquerschnitt von Aristolochia Sipho dar, wo er sich in möglichst einfacher und übersichtlicher Weise vollzieht. Die Fig. 166 gibt ein einziges Leitbündel nebst dem angrenzenden Interfaszikularkambium aus der Fig. 165 bei stärkerer Vergrößerung wieder. In diesem Bündel ist die Kambiumtätigkeit bereits in vollem Gange. Besonders fallen die in Ausbildung begriffenen sekundären Gefäße (*m''*) auf. Innerhalb der Markstrahlen sind die Parenchymzellen, die dem Interfaszikularkambium den Ursprung gaben, noch deutlich zu erkennen.

Die meristematischen Kambiumzellen des Verdickungsringes, die lückenlos verbunden sind und radiale Reihen bilden, pflegen die Gestalt langgestreckter, in tangentialer Richtung mehr oder weniger abgeplatteter Prismen zu haben mit beiderseits meißelförmig zugeschärften Enden, deren scharfe Kanten radial gestellt sind, so daß die Zellform auf Tangential-, Radial- und Querschnitten ganz verschieden erscheint (Fig. 167). Die tangentialen Wände, die die polygonalen oder rhombischen Grundflächen der Prismen bilden, sind dünn, die radialen, die senkrecht auf den Grundflächen stehen, dagegen ziemlich dick und oft getüpfelt. In dem mehrschichtigen Kambiummantel ist eine mittlere Zellschicht, die Initialschicht. Ihre Zellelemente, die in radialer Richtung wachsen, bleiben dauernd meristematisch und geben durch fortgesetzte Teilungen mittels tangentialer Scheidewände Tochterzellen (Gewebemutterzellen) in radialer Richtung nach außen, in viel größerer Zahl aber nach innen hin ab. Diese Tochterzellen werden ihrerseits, meist nach weiteren tangentialen

Teilungen und nach oft starkem Längen- und Dickenwachstum (Fig. 172), allmählich zu sekundären Dauerzellen, deren Formen vielfach gar nicht mehr den embryonalen Kambiumzellen ähnlich sind.

Dadurch, daß das Kambium nach innen Zellen abgibt, wird es mit der Dickenzunahme des Stammes selbst immer weiter nach außen geschoben; dementsprechend muß sich der Umfang des Kambiummantels fortgesetzt vergrößern. Das ist nur möglich durch Wachstum und Vermehrung der Zellen in tangentialer Richtung. Auf Querschnitten durch das Kambium sieht es so aus, als käme diese Vermehrung durch gelegentliche radiale Teilungswände zustande. KLINKEN[93] und NEEFF haben uns aber darüber belehrt, daß solche Teilungen nicht vorkommen; soll die Zellenzahl tangential vermehrt werden, so teilt sich vielmehr eine Kambiuminitialzelle quer, worauf die Enden der Tochterzellen durch gleitendes Wachstum tangential aneinander vorbei wachsen.

Alles durch die Kambiumtätigkeit nach innen erzeugte Dauergewebe, das meist hart und fest ist und aus mehr oder weniger verholzten Zellen besteht, wird als Holz, alles nach außen gebildete Gewebe dagegen, das aus meist unverholzten Zellen besteht, als Bast bezeichnet.

Die vom Kambium nach außen abgegebenen Gewebe heißen wohl auch sekundäre Rinde.

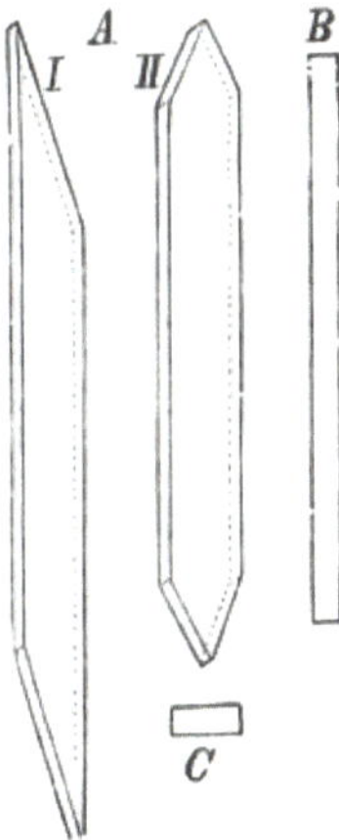

Fig. 167. Schematische Darstellung der Form der Kambiumzellen. *A I* und *II* die beiden vorkommenden Formen körperlich, die tangentiale (Breit-)Seite zeigend; *B* Radialschnitt; *C* Querschnitt. Nach ROTHERT.

Das sekundäre Gewebe, das vom faszikularen Kambium nach innen gebildet wird, gleicht dem der Xylemteile, das nach außen gebildete dem der Siebteile der primären Leitbündel. Durch die Tätigkeit des Interfaszikularkambiums werden die Markstrahlen dauernd auf der Holz- und der Bastseite verlängert, allerdings meist nicht in ihrer ganzen Breite als Markstrahlen; denn der größere Teil auch des interfaszikularen Kambiums bildet nach innen und nach außen in der Regel ähnliche Gewebe wie das faszikulare. Da also in den Markstrahlen nur an beschränkten, voneinander isolierten Stellen radiale Stränge von Markstrahlgewebe gebildet werden, indem die Kambiumzellen eben nur hier nach außen und innen Markstrahldauerzellen liefern, werden die zunächst plattenförmigen Markstrahlen in zahlreiche neben- und übereinander liegende kleinere, bandförmige, von spindelförmigem Querschnitt zerlegt (Fig. 168), die das Mark mit der Rinde verbinden und als primäre Markstrahlen des Holzes und des Bastes gelten. Bei zunehmender Dicke des Holz- und Bastringes beginnen aber auch einzelne Streifen des Faszikularkambiums, Markstrahlgewebe zu erzeugen. So werden die sekundären Markstrahlen gebildet, die blind in dem Holze und Baste endigen und um so weniger tief in beide hineinreichen, je später sie angelegt wurden (Fig. 177).

Die Kambiumzellen, die Markstrahlzellen bilden, stehen den anderen an Länge nach und haben auch weniger steile, ja zum Teil selbst horizontale Endwände, weil die Kambiumzellen vor der Einschaltung neuer Markstrahlen quer- oder schräggeteilt werden.

Man kann nach dem primären Bau der Stengel, der Entstehung des Kambiums und der Art seiner Tätigkeit im wesentlichen drei Typen unterscheiden[94]: 1. Im Stengel entsteht zunächst ein Ring von kollateralen Leitbündeln, die durch breite Markstrahlplatten aus Dauergewebe voneinander getrennt sind; die Markstrahlen behalten auch während des sekundären Dickenwachstums im Stengel ungefähr ihre Breite, indem das interfaszikulare Kambium fast nur Markstrahlgewebe erzeugt, so bei vielen krautigen Pflanzen, unter verholzten fast nur bei Lianen. Bei den Kräutern, bei denen der innere Teil der Markstrahlen zwischen den primären Gefäßsträngen aus Sklerenchym besteht (vgl. S. 82), bildet das interfaszikulare Kambium in den Strahlen nach innen ebenfalls solches Gewebe. 2. Im Stengel entsteht wie bei 1. ein Kranz kollateraler Blattspurbündel, die durch sehr breite Markstrahlen voneinander getrennt sind. Noch ehe das primäre Dickenwachstum beendigt ist, entstehen aus dem zum Teil noch embryonalen Markstrahlgewebe, das nun kambialen Charakter annimmt, in jedem Markstrahle ein bis mehrere kleinere, tangential netzartig verbundene stammeigene Zwischenbündelchen, die den Raum des Markstrahles fast völlig ausfüllen und die in den Maschen zwischen sich sehr schmale bandartige primäre Markstrahlen mit spindelförmigem Querschnitt lassen (Fig. 168) (so bei vielen Kräutern und Holzgewächsen). 3. Im Stengel entsteht bei der Umwandlung des primären Meristemgewebes zu Dauergewebe von vornherein nicht ein Kranz kollateraler Bündel, sondern ein ringförmiges Bündelrohr, das man geradezu als konzentrisches Bündel mit Innenxylem und mit zentralem Marke bezeichnen muß. Dieses Rohr hat eine Schicht von embryonalem Gewebe zwischen Phloëm und Xylem, das spätere Kambium, und ist von sehr schmalen, spindelförmigen primären Markstrahlen durchsetzt oder kann auch alle primären Markstrahlen entbehren (so bei vielen Bäumen).

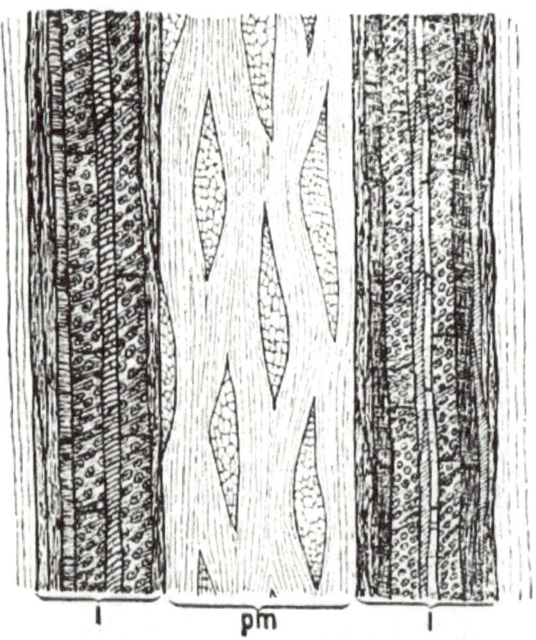

Fig. 168. Auflösung eines primären Markstrahles in viele kleine nach Beginn des sekundären Dickenwachstums. Tangentialer Längsschnitt schematisch. *l*, *l* Benachbarte primäre Leitbündel; *pm* primärer Markstrahl, durch die Tätigkeit des interfaszikularen Kambiums zerlegt in viele kleine spindelförmige Markstrahlen und in netzartig verbundene sekundäre Leitbündel.

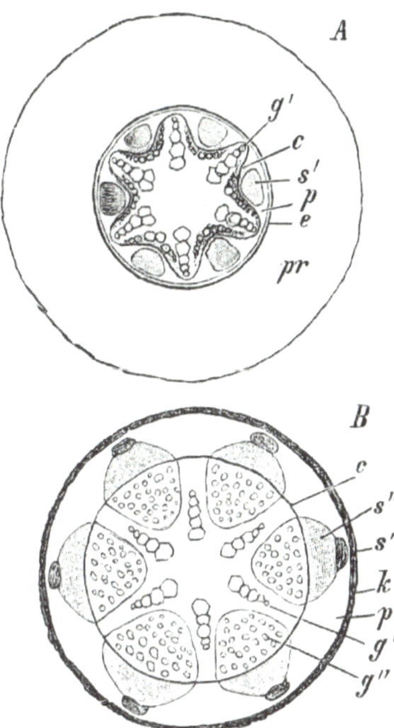

Fig. 169. Schematische Darstellung des Dickenwachstums einer dikotylen Wurzel. In *A* bedeutet *pr* Rinde, *e* Endodermis. In *A* und *B* sind *c* Kambiumring, *g'* Gefäßstrang, *s'* Siebstrang, *p* Perizykel. In *B* bedeuten außerdem *g''* Holz, *s''* Bast, *k* Periderm (vgl. S. 138). Nach STRASBURGER.

Die primären Gefäßteile ragen im sekundär verdickten Stengel als Vorsprünge in das Mark; man nennt sie in ihrer Gesamtheit Markkrone.

2. Bildung und Tätigkeit des Kambiums in der Wurzel. Wie wir gesehen haben (Fig. 157, 158), wechseln im Zentralzylinder der Wurzeln die Gefäß- und Siebstränge miteinander ab; sie sind durch Parenchymplatten voneinander getrennt. Beginnt nun eine solche Gymnospermen- oder Dikotylenwurzel sekundär in die Dicke zu wachsen, so bilden sich in diesen Parenchymplatten parallel zu ihren Flächen, also zwischen den Gefäß- und Siebsträngen, durch Teilung der Zellen Kambiumstreifen aus, die nach innen Holz, nach außen Bast erzeugen. Die Ränder der Kambiumstreifen treffen im Perizykel vor den Gefäßsträngen zusammen; hier werden die Perizykelzellen ebenfalls zu Kambiumzellen: Nun ist ein vollständiger Kambiummantel mit welligem Querschnitt da, der, wie beim Stengel, im ganzen Umkreis seine Tätigkeit ausüben kann (vgl. die dunkle Linie der schematischen Fig. 169 *A*). Die Einbuchtungen gleichen sich bald aus, so daß der Mantel kreisförmigen Querschnitt erhält (Fig. 169 *B*). Dem Holzkörper und dem Baste fehlen die eigentlichen primären Markstrahlen, doch werden wie im Stengel sekundäre erzeugt; bei manchen Pflanzen besonders große, plattenförmige vor den primären Gefäßsträngen (vgl. Fig. 169 *B*). Der Querschnitt durch eine Wurzel, die jahrelang in die Dicke gewachsen ist, läßt sich von einem Stammquerschnitt ohne eingehendere Untersuchung nicht unterscheiden; erst durch solche kann man inmitten der Wurzel das Vorhandensein ihrer eigenartigen primären Gefäßstränge feststellen.

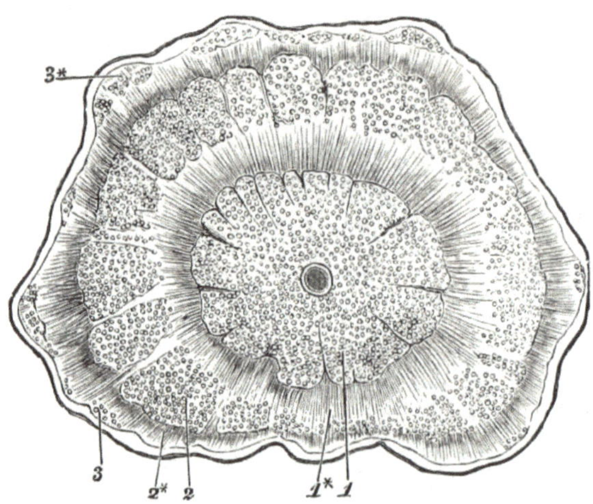

Fig. 170. Querschnitt durch einen Stamm von Mucuna altissima. *1*, *2*, *3* aufeinanderfolgende Holzkörper. *1**, *2**, *3** aufeinanderfolgende Bastzonen. *3* und *3** innerhalb des Perizykels in Bildung begriffen. **3⁄4** nat. Gr. Nach SCHENCK.

Wiederholte Kambiumbildung in Stämmen und Wurzeln. Außer den allgemein verbreiteten Vorgängen des sekundären Dickenwachstums kommen in den Stämmen und in den Wurzeln bei Gymnospermen und Dikotylen auch andere vor, die als Anomalien dem normalen Typus gegenübergestellt werden. Sie kennzeichnen sich durch abweichende Verteilung und Tätigkeit der Kambien.

Bei einigen Cycadeen und bestimmten Gnetum-Arten unter den Gymnospermen, bei Chenopodiaceen, Amarantaceen, Nyctagineen, Phytolaccaceen und noch anderen Familien unter den Dikotylen hört der erste, in gewohnter Weise entstandene Kambiumring nach längerer oder kürzerer Zeit zu funktionieren auf. Es bildet sich ein neuer Kambiummantel meist im Perizykel, also außerhalb der Bastzone, oder in einem vom ersten Kambiummantel abstammenden Gewebe. Dieses Kambium erzeugt wiederum nach innen Holz, nach außen Bast, beides mit Markstrahlen. Alsdann erlischt es; wieder ein neues, außerhalb des neuen Bastmantels entstehendes Kambium tritt an seine Stelle. Der Vorgang wiederholt sich und führt zur Bildung konzentrischer Holz-Bastzonen. Solche treten uns z. B. an dem Fig. 170 dargestellten Stammquerschnitt einer zu den Papilionaceen gehörenden Liane, der Mucuna altissima, als Ringe deutlich entgegen. Konzentrische Holz-Bastmäntel findet man auch an manchen fleischigen Wurzeln, die zwei oder mehr Vegetationsperioden ausdauern. So bei der Runkelrübe (Beta vulgaris), wo man sie schon mit dem bloßen Auge auf Querschnitten sehen kann. Sie entstehen wie eben beschrieben; nur herrschen in diesen Zuwachszonen, ebenso wie im typischen sekundären Zuwachs anderer fleischiger Wurzeln, die Parenchyme vor, die vermehrt werden, um der Speicherung von Reservestoffen zu dienen.

3. Das Holz. A. Gewebearten und deren Funktionen. Das Holz ist ein Gewebekörper von verwickeltem Bau. Es setzt sich bei den **Dikotylen** meist aus drei verschiedenen Gewebearten mit mehr oder weniger verholzten Membranen zusammen: 1. aus längsverlaufenden Strängen toter Gefäße (Fig. 171 *g*, *tg*), 2. aus längsverlaufenden Strängen meist toter Sklerenchymfasern: Holzfasern (*h*) und 3. aus längs- und in den Markstrahlen auch radialverlaufenden Strängen von Speicherparenchymzellen (*hp*): Holzparenchym und Markstrahlparenchym. Dementsprechend dient das Holz 1. zunächst wie die primären Gefäßteile der Leitbündel der Wasserleitung, außerdem aber auch 2. der Festigung der Stämme und der Wurzeln gegen Druck und Biegungen und 3. zur Aufspeicherung organischer Substanzen. Die Eigenschaften, die das Holz als Baumaterial für uns so wertvoll machen, werden aus seiner Festigungsfunktion verständlich.

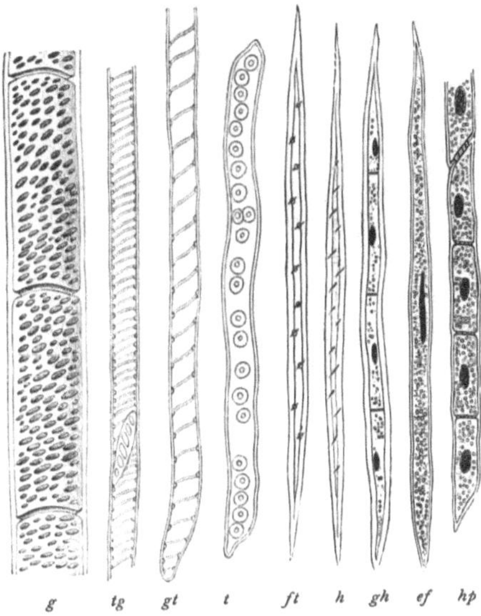

Fig. 171. Tracheen, Tracheïden, Holzfasern und Holzparenchym der Dikotylen nebst ihren Übergangsformen, schematisch. Erklärung im Text. Nach STRASBURGER. (Verändert.)

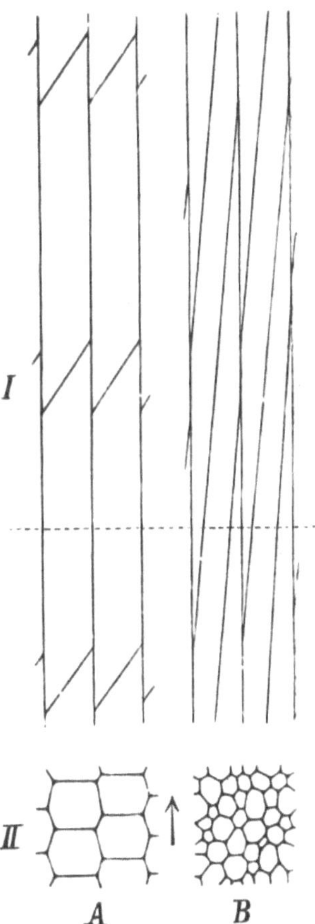

Fig. 172. Schematische Darstellung des gleitenden Wachstums; für Holzfasern. *A I* und *II* jugendlicher Zustand der Zellen, *B I* und *II* nach dem gleitenden Wachstum ausgewachsen. *I* Im tangentialen Längsschnitte, *II* im Querschnitte in der punktierten Linie von *I*. Nach ROTHERT.

Die Zellarten, aus denen das Holz sich aufbaut, lassen sich am leichtesten untersuchen, wenn man das Holz mit SCHULZEschem Gemisch mazeriert (vgl. S. 35).

Die Gefäße sind Tüpfel-, seltener Netzgefäße, und zwar in der Regel teils sehr weite, kurzgliedrige und enge, mehr oder weniger langgliedrige Tracheen (Fig. 171 *g*, *tg*), teils enge, langgestreckte Tracheïden, die außer der Wasserleitung zugleich zur Festigung des Stammes dienen. Die Holzfasern (*h*) sind meist sehr eng und sehr langgestreckt, beiderseits nadelförmig zugespitzt und dickwandig mit schrägen, schmalen, spaltenförmigen Tüpfeln. Die Speicherparenchymzellen (*hp*) endlich sind rechteckig prismatisch oder spindelförmig, in Richtung des Strangverlaufs in der Regel gestreckt, dünn- oder dickwandig mit meist kleinen, rundlichen, einfachen Tüpfeln und sind reich an Reservestoffen (Stärke, Zucker oder Öl). Interzellularen kommen nur in den Parenchymsträngen vor.

Bei zahlreichen Leguminosen, bei Weiden, Pappeln, Ficus-Arten kommen im Holz als wasserleitende Elemente nur Tracheen vor.

Die Tracheïden und Holzfasern sind wesentlich länger als die Kambiumzellen, aus denen sie hervorgehen, oft bis über 1 mm lang. Diese größere Länge erreichen sie, ebenso wie die weiten Tracheen ihren Durchmesser, durch gleitendes Wachstum (S. 40 und Fig. 172). Bei der Bildung von Holzparenchym werden die Gewebemutterzellen des Kambiums wiederholt quer geteilt. Dieses Parenchym besteht also (vgl. Fig. 171 *gh*, *hp*) aus Zellreihen, denen man ihre Herkunft aus Kambiumzellen ansieht, da sie oben und unten mit zugespitzten Elementen endigen.

Die Scheidewände zwischen den Holz- oder Markstrahlparenchymzellen und den Gefäßen sind einseitig behöft getüpfelt, soweit Tüpfel vorhanden sind: die meist großen Tüpfel sind innerhalb der lebenden Zellen ohne Hof, behöft dagegen in den Gefäßen, zudem im Gegensatze zu den typischen beiderseits behöften Tüpfeln stets ohne Tori in den Schließhäuten. Die Scheidewände zwischen den Gefäßen und den Holzfasern und die zwischen den Holzfasern und den Parenchymzellen sind dagegen meist gar nicht getüpfelt.

Bei den Hölzern, die aus Gefäßen, Holzfasern und Parenchymzellen sich aufbauen, kann man nicht selten alle Übergänge zwischen solchen typisch ausgebildeten Elementen beobachten; dementsprechend gehen ihre Funktionen ineinander über. Neben mehr oder weniger weiten Hoftüpfeltracheen (*g*) kommen enge Tracheen vor. Diese (Fig. 171 *tg*) leiten über zu den Tracheïden (Fig. 171 *gt*, *t*). Schmale, stark zugespitzte Tracheïden (Fasertracheïden *ft*), die hauptsächlich der mechanischen Festigung dienen mögen, bilden einen Übergang zu den Holzfasern (*h*). Wenig verdickte Holzfasern, die ihren lebenden Inhalt behalten (die sog. Ersatzfasern *ef*), ohne oder mit Querwänden (*gh*), vermitteln den Übergang zu den Holzparenchymzellen (*hp*). Phylogenetisch sollen sich aber nach STRASBURGER[68] die Fasertracheïden nur von den Gefäßen, die Holzfasern dagegen nur durch Umbildung von Holzparenchymzellen ableiten lassen.

Bei den **Gymnospermen** kommen im Holze außer wenig Holz- und viel Markstrahlparenchym nur noch Tracheïden mit typischen Hoftüpfeln vor. Hier ist also die Arbeitsteilung noch nicht so weit fortgeschritten; die Festigung wird noch von den gleichen Elementen besorgt, die auch der Wasserleitung dienen. Ebenso ist es bei der Magnoliaceen-Gattung Drimys unter den Dikotylen.

B. Anordnung der Gewebearten im Holze. Bei den **Gymnospermen** (Fig. 173–175) hat das Holz der Stämme und Wurzeln also einen verhältnismäßig noch einfachen Bau. Die Tracheïden sind entsprechend ihrer Entstehung (Fig. 173 *B*) in regelmäßigen radialen Reihen angeordnet (Fig. 173 *A*), da sie nur in radialer Richtung, aber so gut wie gar nicht in tangentialer und longitudinaler wachsen; sie haben infolgedessen ähnliche Gestalt wie die Kambiumzellen (Fig. 167) und besitzen oft nur in ihren radialen Wänden große runde Hoftüpfel, so daß man diese vor allem in radialen Schnitten von der Fläche zu sehen bekommt (Fig. 70 *B*, 71 *A*).

Holzparenchym ist in den meisten Gymnospermenhölzern nur sehr spärlich vorhanden. Bei den Kiefern, Fichten und Lärchen umgibt es ausschließlich die schizogenen Harzkanäle, die das Holz zwischen den Tracheïden durchziehen (Fig. 173 *Ah*, 177 *h*) und mit radial in einzelnen breiten Markstrahlen verlaufenden in Verbindung stehen. Daher können große Harzmengen aus einem verwundeten Kiefern- oder Fichtenstamme ausfließen. Bei den anderen Koniferen ist die Bildung des Holzparenchyms auf einfache Zellreihen beschränkt, deren Zellräume sich weiterhin mit Harz füllen.

Außer den Tracheïden findet man in den Gymnospermenhölzern, wie gesagt, fast ausschließlich Markstrahlparenchym, das in Form sehr zahlreicher, radial verlaufender, bandförmiger und meist nur eine Zellschicht breiter Markstrahlen (Fig. 173 *m*, 175 *sm*, *tm*, 177 *ms*) das Holz durchsetzt. Eine jede Holztracheïde grenzt in ihrem Längsverlaufe an einen oder auch an mehrere dieser Markstrahlen an. Die Markstrahlzellen sind radial gestreckt, stärkereich, werden von Interzellularen begleitet (Fig. 175 *i*) und dienen dazu, die in den Blättern gebildeten und im Baste abwärts geleiteten Assimilate in radialer Richtung dem Holz des Stammes und der Wurzeln zuzuführen und hier zu speichern, umgekehrt Wasser aus dem Holzkörper nach außen zu leiten. Diese Aufgaben können die Markstrahlen erfüllen, da sie, wie wir sahen, mit ihren Enden gleicherweise in den Bast und in das Holz eindringen (Fig. 173 *B*, 174, 177). Die Interzellularen münden in das Interzellularsystem der Rinde und sichern den lebenden Zellen im Holze den für ihre Lebensvorgänge notwendigen Gasaustausch mit der Atmosphäre.

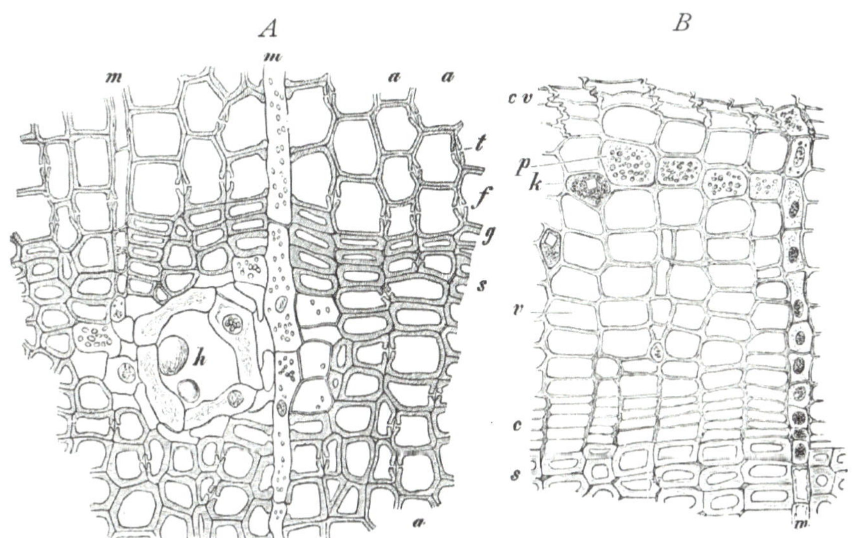

Fig. 173. *A* Partie eines Querschnittes durch das Kiefernholz an einer Jahresgrenze. *f* Frühholz, *s* Spätholz, *t* Hoftüpfel, *a* eine sich nach außen verdoppelnde Tracheïdenreihe, *h* Harzgang, *m* Markstrahlen. Vergr. 240. *B* Querschnitt aus dem Stamme der Kiefer, den äußeren Hand des Holzkörpers, das Kambium und den angrenzenden Bast in sich fassend. *s* Spätholz, *c* Kambium, *v* Siebröhren, *p* Bastparenchym, *k* Kristallzellen, *cv* außer Funktion gesetzte Siebröhren, *m* Markstrahlen. Vergr. 240. Nach SCHENCK.

Bei bestimmten Gymnospermen, vor allem den Abietineen (etwa der Kiefer), sind einzelne Zellreihen der Markstrahlen des Holzkörpers, gewöhnlich die oben und unten randständigen, ohne lebenden Inhalt, tracheïdal ausgebildet, durch Hoftüpfel untereinander und mit den Tracheïden verbunden (Fig. 174 *tm*). Vor der Zerdrückung durch die turgeszenten lebenden Markstrahlzellen werden sie durch besondere Verdickungsleisten der Wand geschützt. Sie erleichtern den Wasseraustausch in radialer Richtung unter den Tracheïden, die nur in den radialen Wänden getüpfelt sind. Bei den meisten anderen Nadelhölzern dagegen, denen solche tracheïdalen Elemente in den Markstrahlen fehlen, sind auch tangentiale Hoftüpfel in den Tracheïden des Holzes vorhanden, wodurch eine radiale Bewegung des Wassers gefördert wird. Auch die parenchymatischen Markstrahlzellen des Holzes sind mit den Tracheïden, und zwar durch große einseitig behöfte Tüpfel verbunden (Fig. 175 *et*).

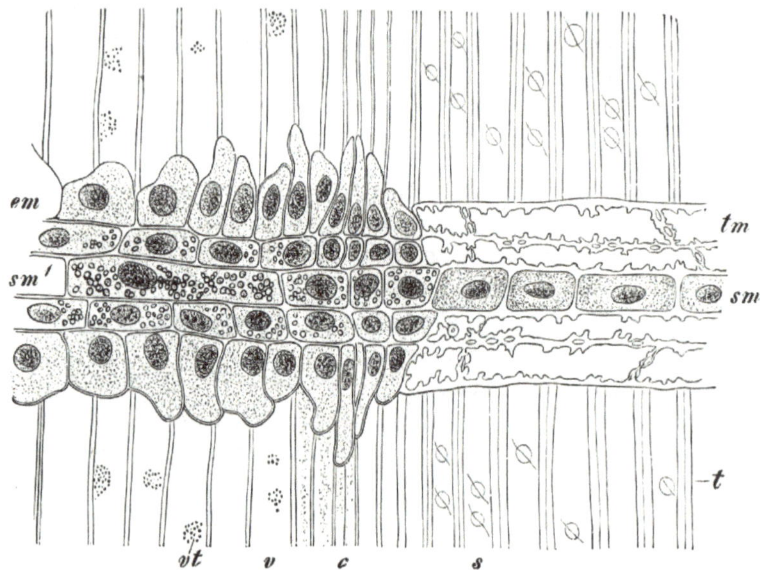

Fig. 174. Radialer Längsschnitt durch den Kiefernstamm, den Außenrand des Holzkörpers, das Kambium und den anschließenden Bast sowie einen Markstrahl in sich fassend. *s* Spättracheïden, *t* Hoftüpfel, *c* Kambium, *v* Siebröhren, *vt* Siebtüpfel, *tm* tracheïdale Markstrahlzellen, *sm* stärkeführende Markstrahlzellen im Holzkörper, *sm'* im Bastkörper, *em* eiweißführende Markstrahlzellen. Vergr. 240. Nach SCHENCK.

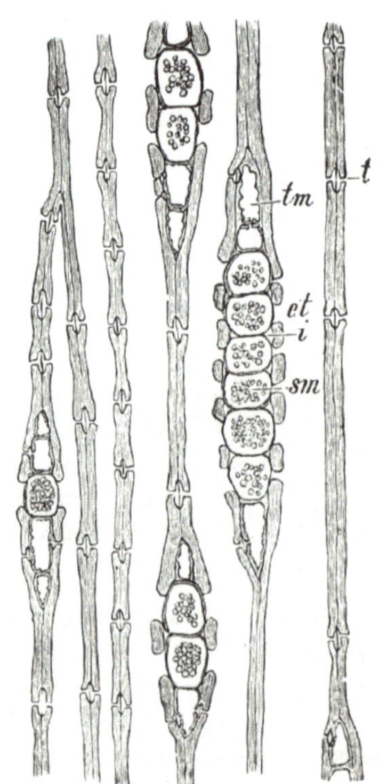

Fig. 175. Tangentialer Längsschnitt durch das Spätholz der Kiefer. *t* Hoftüpfel, *tm* tracheïdale, *sm* stärkeführende Markstrahlzellen, *et* einseitig behöfte Tüpfel, *i* Interzellularen am Markstrahl. Vergr. 240. Nach SCHENCK.

Schon mit dem bloßen Auge nimmt man auf Stammholzquerschnitten, ebenso wie bei den meisten Dikotylenhölzern, Jahresringe wahr (Fig. 176, 177). Betrachtung dünner Querschnitte durch Gymnospermenholz bei stärkerer Vergrößerung (Fig. 173 *A*) belehrt darüber, daß in jedem dieser Ringe die inneren Elemente (*f*) jeder radialen Tracheïdenreihe weitlumig und dünnwandig, die äußeren aber (*s*) englumig und dickwandig sind. Der Übergang der weiten zu den engen ist im Jahresring ganz allmählich, der Übergang der englumigen zu den weitlumigen des nächst äußeren Jahresringes aber unvermittelt. Die Jahresringe[95] im Holze kommen durch die Periodizität der Kambiumtätigkeit zustande, die mit dem Wechsel der Jahreszeiten in Beziehung steht. Im Frühjahr, zur Zeit, wo die neuen Triebe sich entwickeln, werden Tracheïden mit größerem Hohlraum ausgebildet als in der Folgezeit. So entsteht ein weitlumigeres Frühholz (Frühlings- oder Weitholz, Fig. 173 *Af*, 177 *f*), das vor allem der Wasserzufuhr nach den Verbrauchsorten dient, und späterhin ein englumiges Spätholz (Sommer- oder Engholz, Fig. 173 *As*, 177 *s*), das vor allem die Festigkeit des Stammes erhöht. In der zweiten Augusthälfte hört die Holzbildung in unseren Breiten bei den Stämmen meist auf. Sie beginnt von neuem im nächsten Frühjahr mit weitlumigen Elementen. Demgemäß zeichnet sich zwischen dem letztjährigen Spätholze und dem nächstjährigen Frühholze eine scharfe Grenze (Fig. 173 *g*, 177 *i*), die eben dem bloßen Auge schon kenntlich ist und die zur Feststellung des Alters des betreffenden Pflanzenteils dienen kann. In dem Holzkörper der Wurzeln ist die Grenze der Jahresringe meist undeutlicher.

Je weiter spitzenwärts eine sekundär verdickte Sproßachse oder Wurzel quer durchschnitten wird, um so weniger Jahresringe findet man. Das folgt naturgemäß aus dem Scheitelwachstum dieser Organe. Je älter die Jahresringe, um so früher müssen sie sich ja scheitelwärts auskeilen. In ähnlicher Weise hören auch ältere Bastschichten nach dem Scheitel zu auf.

Unter Umständen vermag die Zahl der Ringe im Holz die Zahl der Altersjahre zu überschreiten, nämlich wenn Blattverlust durch Frost, Raupenfraß oder andere schädliche Einflüsse das Austreiben der für die nächstjährige Vegetationsperiode bestimmten Knospen veranlaßt und Neubelaubung eine Wiederholung der Frühholzbildung bedingt. Andererseits kann bei Holzgewächsen, die sonst die Jahresringbildung streng einhalten, ausnahmsweise die Zahl der nachweisbaren Jahresringe kleiner ausfallen, als das Alter des betreffenden Individuums verlangt, weil sich die Jahresgrenzen gelegentlich nicht deutlich markiert haben. So kann es auch kommen, daß eine Zählung in einem Stammradius etwas weniger Jahresringe als in einem anderen ergibt.

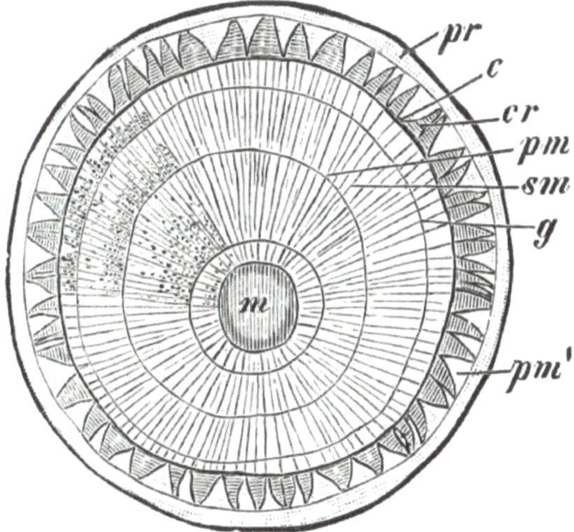

Fig. 176. Querschnitt durch einen im 4. Jahre stehenden Zweig der Linde (Tilia ulmifolia). *pr* Rinde, *c* Kambiumring, *cr* Bast, *pm* primäre Markstrahlen, *pm'* äußeres, durch Dilatation erweitertes Ende eines primären Markstrahls, *sm* sekundärer Markstrahl, *g* Jahresgrenze, *m* Mark. Vergr. 6. Nach SCHENCK.

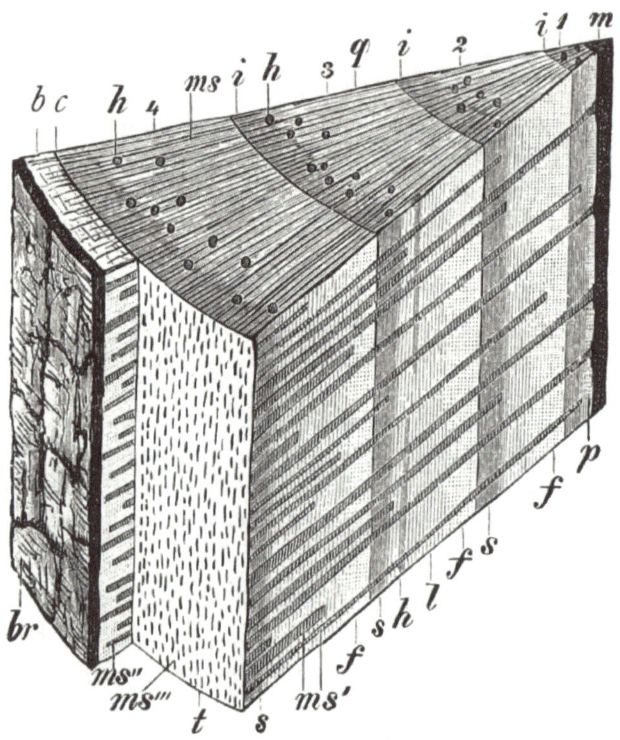

Fig. 177. Stück eines 4jährigen Stammteils der Kiefer (Pinus silvestris) im Winter geschnitten. *q* Querschnitt-, *l* radiale Längsschnitt-, *t* tangentiale Längsschnittansicht, *f* Frühholz, *s* Spätholz, *m* Mark, *p* primäre Gefäßteile, *1*, *2*, *3* und *4* die vier aufeinanderfolgenden Jahresringe des Holzkörpers, *i* Jahresgrenze, *ms* Markstrahlen in der Querschnittansicht des Holzkörpers, *ms'* in der radialen Längsschnittansicht des Holzkörpers, *ms''* innerhalb der Bastzone, *ms'''* in der tangentialen Längsschnittansicht, *c* Kambiumring, *b* Bastzone, *h* Harzgänge, *br* die außerhalb der ersten Peridermlage befindliche, der Rinde entsprechende Borke. Vergr. 6. Nach SCHENCK.

Das Holz der Stämme und Wurzeln von **Dikotylen** läßt sich schon bei schwacher Vergrößerung leicht von einem Koniferenholze unterscheiden (Fig. 178–180). Abgesehen davon, daß in den Dikotylenhölzern außer Tracheïden und Parenchym stets noch Holzfasern und fast immer auch sehr weite Tracheen vorhanden sind, wachsen die verschiedenen Elemente, die Tracheen, Tracheïden, Holzfasern und Holzparenchymzellen, nicht übereinstimmend; infolgedessen können sie nicht ihre ursprüngliche radiale Anordnung und ihre ursprüngliche Form beibehalten. Außerdem werden im Frühholze der Jahresringe hauptsächlich sehr weite Wasserbahnen, besonders Tracheen ausgebildet (Fig. 178, 179 *m*), während im Spätholze vor allem die englumigen Holzfasern (*l*) und die faserförmigen Tracheïden (*t*) vorherrschen.

Wir besitzen unter unseren dikotylen Holzgewächsen auch solche, bei denen die Jahresringe sich deshalb nicht sehr deutlich abheben, weil die verschiedenen Formelemente des Holzes annähernd gleichförmig über den Jahreszuwachs verteilt sind, so bei der Weide. Ja, es kann in diesem Falle die Abzählung der Jahresringe ganz unmöglich werden, wie beim wilden Wein. Bei den Holzgewächsen der feuchtwarmen Tropengebiete mit ununterbrochener Vegetationszeit können die Jahresringe ebenfalls fehlen. Bei vielen sind aber auch hier jahresringähnliche Zonen ausgebildet.

Nur die wasserleitenden Elemente des jüngsten Jahresringes stehen in direkter Verbindung mit den Blättern der betreffenden Vegetationsperiode. Da die Pflanze mit der Entfaltung der Blätter im Frühjahr plötzlich viel Wasser durch Transpiration verbraucht, so versteht man, daß im Frühholz eben zunächst für die nötigen Wasserbahnen gesorgt wird. Bei vielen Holzgewächsen wird die Laubmenge während des Sommers nicht weiter vermehrt, infolgedessen kann das Kambium im Spätholze vorwiegend Festigungsgewebe bilden.

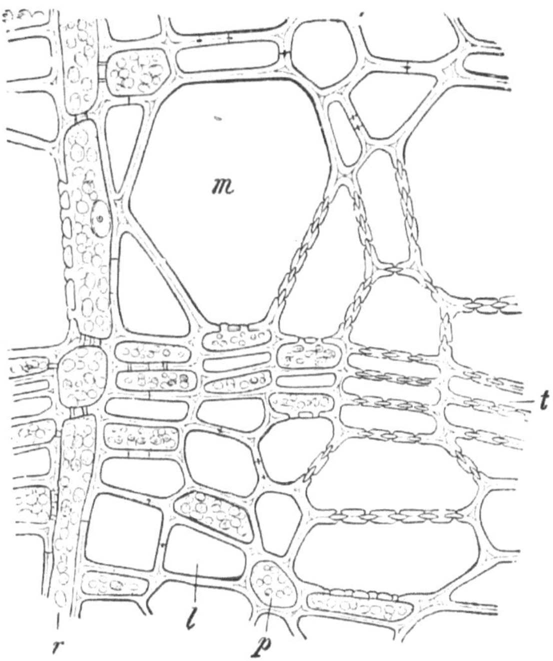

Fig. 178. Teil eines Querschnittes durch das Holz von Tilia ulmifolia an einer Jahresgrenze. Vergr. 540. Nach STRASBURGER.

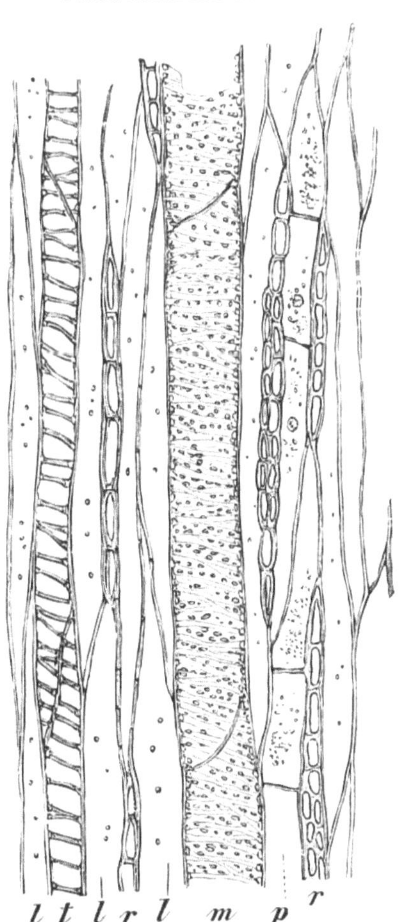

Fig. 179. Tangentialer Längsschnitt aus dem Holz von Tilia ulmifolia. Vergr. 160. Nach SCHENCK.

m Weites Tüpfelgefäß, *t* Tracheïden, *l* Holzfaser, *p* Holzparenchym, *r* Markstrahl.

Trotz allen Verschiedenheiten, die in der Struktur dikotyler Hölzer vorkommen, lassen sich für die Anordnung der verschiedenen Gewebearten doch bestimmte Regeln angeben, die stets befolgt werden. Die aus Tracheen oder Tracheïden bestehenden Gefäßstränge, reich verzweigt in radialer und tangentialer Richtung, bilden in der Längsrichtung des Holzes zusammenhängende Bahnen, die von den Wurzeln ohne Unterbrechung bis zu den dünnsten Zweigenden verlaufen. Nur so wird die ausreichende Wasserversorgung des Sproßsystems gewährleistet.

Holzparenchym (Fig. 178, 179 *p*) ist bei den meisten Dikotylenhölzern reichlich vorhanden, und zwar ebenfalls in Form längs verlaufender Stränge oder Schichten, die aber oben und unten im Holze früher oder später blind endigen. Das Holzparenchym bildet mit den Markstrahlen stets ein zusammenhängendes System lebender Zellen. Die Gefäße stehen immer mit diesen lebenden Holzparenchymzellen in Verbindung; bald werden sie rings von ihnen umhüllt, bald einseitig von ihnen begleitet (Fig. 178 *p*).

Das Holzparenchym umscheidet die Gefäße z. B. bei den Akazien u. a.; es bildet tangentiale Binden im Holze, an die die Gefäße sich einseitig anlehnen oder worin sie eingebettet sind, z. B. bei der Walnuß, der Edelkastanie und bei Eichen; manchmal ist es auf die Außenseiten der Jahresringe beschränkt.

Die Markstrahlen (Fig. 176 *pm*, *sm*: 178, 179 *r*) sind wie bei den Gymnospermen radial verlaufende niedere oder hohe, eine oder mehrere Zellschichten breite, unverzweigte oder meist verzweigte Bänder (Fig. 180 *tm*, *sm*), die durch das Kambium hindurch in den Bast eindringen (Fig. 176). Auch daran lehnen sich die Gefäßstränge hier und da an. Das Markstrahlparenchym verbindet, wie schon hervorgehoben, die Parenchymzellen des Bastes mit denen des Holzes, also alle lebenden Gewebe des Stammes und der Wurzel zu einer Einheit. In den Markstrahlen können auf diese Weise Assimilate, die im Baste abwärts strömen, radial in den Holzkörper und dort im Holzparenchym eine Strecke weit aufwärts oder abwärts geleitet werden. Diese Assimilate werden in den Markstrahlen und im Holzparenchym meist als Stärke oder auch als Fett aufgespeichert. Interzellularen, die den Markstrahl- und Holzparenchymsträngen folgen, dienen dem Gaswechsel der lebenden Elemente des Holzes.

Die Räume zwischen den Gefäß-, Holzparenchym-Strängen und Markstrahlen werden von Holzfasersträngen (Sklerenchym) ausgefüllt.

Die Höhe und Breite der Markstrahlen läßt sich leichter an tangentialen als an radialen Längsschnitten feststellen, weil man alsdann ihre Querschnitte vor sich hat. An solchen tangentialen Schnitten erscheinen die Markstrahlen spindelförmig (Fig. 179 *r*). Ihre Größe schwankt bei den meisten Hölzern nur innerhalb relativ enger Grenzen, doch bei gewissen anderen, so der Eiche und Rotbuche, sehr bedeutend. Die Eiche hat bis zu 1 mm breite und fast 1 dcm hohe große Markstrahlen, dazwischen zahlreiche sehr schmale niedrige. Bei der Pappel, der Weide, dem Buchsbaum sind alle Markstrahlen so klein, daß man sie auch mit der Lupe kaum unterscheiden kann. Besonders hoch und breit sind die primären, sich über die Länge eines ganzen Internodiums erstreckenden Markstrahlen bei vielen Lianen, so z. B. auch bei Aristolochia.

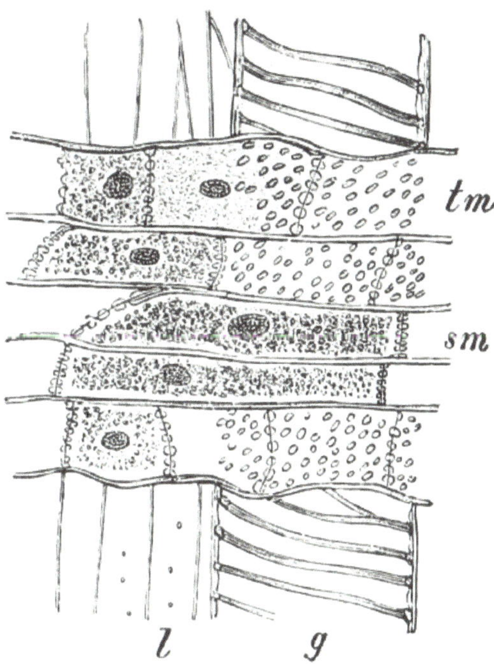

Fig. 180. Radialer Längsschnitt aus dem Holz von Tilia ulmifolia mit einem kleinen Markstrahl. *g* Gefäß, *l* Holzfasern, *tm* mit den Wasserbahnen durch Tüpfel verbundene, *sm* der Leitung der Assimilate vornehmlich dienende Markstrahlzellen. Vergr. 240. Nach SCHENCK.

Auch bei den Dikotylen, sehr ausgesprochen z. B. bei den Weiden, sind im Holzkörper meist Zellreihen des oberen und unteren Markstrahlrandes mit den Wasserbahnen durch einseitig behöfte Tüpfel verbunden. Ihre lebenden Zellen sind höher als die der mittleren Zellreihen; man hat sie daher auch als stehende Markstrahlzellen bezeichnet (Fig. 180 *tm*). Die mittleren Zellreihen sind in radialer Richtung stärker gestreckt, ohne besondere Verbindung mit den Wasserbahnen und vornehmlich auf Leitung und Speicherung der Assimilate eingerichtet: liegende Markstrahlzellen (Fig. 180 *sm*).

Die Markstrahl- und Holzparenchymzellen, die an die Gefäße angrenzen, nehmen Wasser aus den Wasserbahnen auf und geben es nach Bedarf an andere lebende Zellen ab; andererseits pressen sie im Frühjahr, zur Zeit der Knospenentfaltung, einen großen Teil der in ihnen gespeicherten Assimilate, vor allem Glykose und geringe Mengen von Eiweißstoffen, in die Gefäße ein, so daß diese Stoffe rasch nach den Verbrauchsorten gelangen. Demgemäß kann man während des Winters und zu Beginn des Frühjahrs Zucker und Eiweiß in den Gefäßen nachweisen. Diese Stoffe sind auch in dem Blutungssaft enthalten, den man im Frühjahr durch Bohrlöcher aus Birken, Ahornarten, Hainbuchen und anderen Bäumen gewinnen kann.

Maserbildung. Bei vielen technisch verwendeten Hölzern schätzt man vor allem außer der Farbe die Maserung. Sie beruht zunächst auf der Ausbildung der Jahresringe und der Markstrahlen, außerdem aber sehr oft, z. B. beim Nußbaumholz, auf einem welligen Verlauf der Formelemente des Holzes, der durch gedrängte Bildung von Seitenästen, Adventivknospen, Seitenwurzeln oder auch durch Wundreize u. dgl. veranlaßt worden ist.

C. Nachträgliche Veränderungen des Holzes. Bei den meisten Bäumen sterben die lebenden Elemente in den zentralen älteren Teilen des Holzkörpers ab, und die Wasserbahnen werden verstopft (Kernbildung), so daß nur die äußeren Holzschichten, die aus wenigen, und zwar den zuletzt entstandenen Jahresringen bestehen, noch lebende Zellen enthalten (Splint). Sie allein speichern noch Reservestoffe. Auch die Wasserleitung ist auf den Splint, ja vielfach sogar nur auf seine äußersten Schichten beschränkt; die peripheren Gefäße sind es ja, wie wir sahen, allein, die direkt mit den Blättern und mit den jüngsten Seitenwurzeln in Verbindung stehen. Der Kern dient nur noch der Festigung. Viel seltener als solche Kernhölzer sind Splinthölzer, deren gesamtes Holz Splint bleibt (Ahornarten, Birke, Linde). Kernhölzer fallen meist unmittelbar durch die hellere Farbe des Splintes auf; das dunklere Kernholz ist dichter, härter und fester als das Splintholz und durch Einlagerung verschiedener Stoffe gegen Zersetzung geschützt. Es gibt aber auch Kernhölzer, bei denen sich der Kern vom Splint durch die Farbe nicht unterscheidet und leicht zersetzt wird. Solche Stämme, wie die der Weiden, werden im Alter leicht hohl.

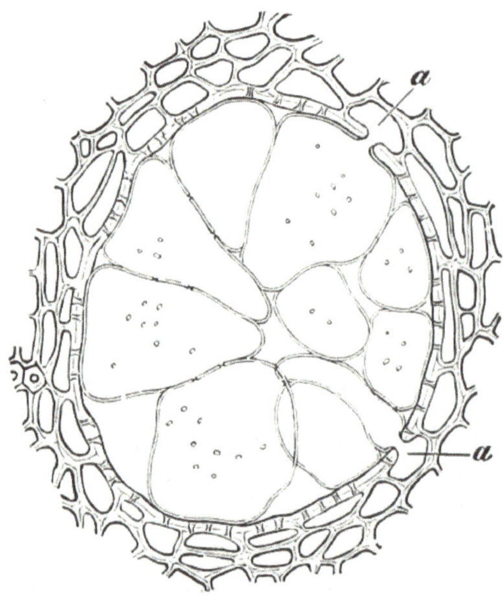

Fig. 181. Ein mit Thyllen erfülltes Gefäß, nebst den angrenzenden Elementen aus dem Kernholz der Robinie (Robinia Pseudacacia) im Querschnitt. Bei *a* und *a* ist der Zusammenhang der Thyllen mit ihren Ursprungszellen zu sehen. Vergr. 300. Nach SCHENCK.

Am schärfsten setzt sich der weißlichgelbe Splint vom Kernholz dort ab, wo letzteres eine dunklere Färbung zeigt, so bei unserer Eiche mit braunem Kern oder noch ausgesprochener beim Ebenholz (Diospyros), dessen Kern schwarz ist. Je dunkler das Kernholz, um so dauerhafter pflegt es zu sein. Vor dem Absterben bilden die lebenden Zellen des Holzes, die ihre Reservestoffe auflösen, meist verschiedene organische Stoffe, darunter besonders Gerbstoffe, die in die Membranen der umgebenden Elemente eindringen, ferner harz- und gummiartige Körper, die als Schutz- und Kerngummi ihre Hohlräume zum Teil verstopfen. Meist verleihen die Oxydationsprodukte der Gerbstoffe den toten Holzteilen die dunkle Färbung, und die Gerbstoffe schützen den toten Holzkörper vor Zersetzung. Die Gefäße in dem toten Holze werden teils durch Ansammlungen von Kerngummi, teils durch „Zellen“ verstopft, die die Gefäßlumina mehr oder weniger ausfüllen und als Thyllen[96] bezeichnet werden (Fig. 181); sie entstehen dadurch, daß lebende Holzparenchymzellen in die angrenzenden Gefäße durch die Tüpfel unter Dehnung der Schließhäute hineinwachsen. Thyllen können ferner in verwundeten Gefäßen entstehen; sie verschließen auch hier den Gefäßhohlraum. Auch anorganische Stoffe sind nicht selten in den Kernhölzern abgelagert, so bei Ulmus campestris und Fagus silvatica kohlensaurer Kalk, und zwar hauptsächlich in den Gefäßen; in den Gefäßen des Teakholzes (Tectona grandis) amorphe Kieselsäure. Die Kerne mancher Hölzer dienen Färbezwecken, z. B. liefert das Blau- oder Campecheholz (Haematoxylon campechianum L.) mit rotem Kern das Hämatoxylin.

4. Der Bast. A. Gewebearten und deren Funktionen. Auch den Bast (Fig. 173 *B*, 182) setzen meist drei Gewebearten zusammen: 1. längs verlaufende Stränge von Siebröhren (*v*), bei den Dikotylen mit Geleitzellen (Fig. 182 *c*), 2. bei vielen Gewächsen längs verlaufende Stränge meist toter Sklerenchymfasern, Bastfasern (Fig. 182 *b*) und 3. längs (*p*) und in den Markstrahlen (Fig. 173 *Bm*, 182 *r*) radial verlaufende Stränge von Parenchym mit Interzellularen: Bast- und Markstrahlparenchym. Dazu kommen oft noch Sekretzellen verschiedener Art (Kristallschläuche *k*, Milchröhren). Der Bast dient wie das Phloëm der Leitbündel vor allem dazu, die Assimilate zu leiten und vorübergehend zu speichern. Daneben trägt er zur Speicherung organischer Substanzen und oft zur Festigung bei. Die Siebröhren des Bastes haben bei vielen Pflanzen schräge Endwände (Fig. 182 *v**); sie sind eiweißreich, dünnwandig, unverholzt und meist nur kurze Zeit tätig. Die Bastfasern sind sehr lang und englumig, stark verdickt, verholzt oder unverholzt; die Parenchymzellen sind in der Strangrichtung gestreckt, lebend, reich an Reservestoffen, dünnwandig und meist nicht verholzt.

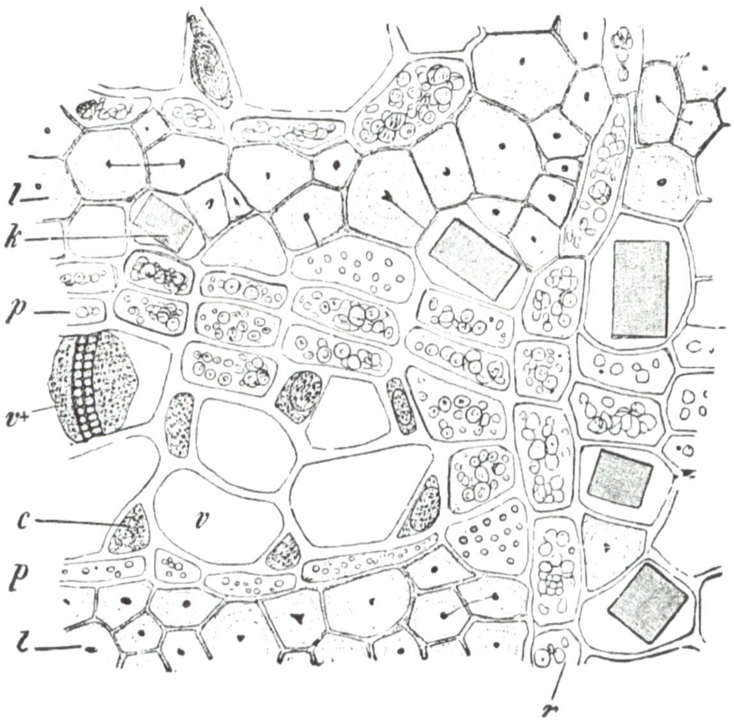

Fig. 182. Durchschnitt durch den Bast der Linde (Tilia ulmifolia). *v* Siebröhren, bei *v** eine Siebplatte getroffen, *c* Geleitzelle, *p* Bastparenchym, *k* Kristallzellen des Bastparenchyms, *l* Bastfasern, *r* Markstrahl. Vergr. 540. Nach STRASBURGER.

In einiger Entfernung vom Kambium erhalten die Siebplatten der Siebröhren Kallusbeläge. Noch weiter außen werden die Siebröhren und ihre Geleitzellen zerdrückt (Fig. 173 *B cv*). In seltenen Fällen, so beim Weinstock, sind sie mehr als 1 Jahr tätig; in diesem Falle wird ihr Kallusbelag für die Zeit ihrer Tätigkeit wieder entfernt. Bei solchen Koniferen, die eiweißhaltige Bastparenchymzellen im sekundären Baste besitzen, werden diese wie die angrenzenden Siebröhren zerdrückt. Die stärkehaltigen Bastparenchymzellen hingegen bleiben jahrelang am Leben; sie werden sogar zwischen den zerdrückten Siebröhren vergrößert.

B. Anordnung der Gewebearten im Baste. Die einzelnen Gewebearten des Bastes verlaufen ähnlich wie im Holze. Die Siebstränge bilden verzweigte Bahnen, in denen die Siebröhren ohne Unterbrechung von der Wurzel bis in die Laubblattkrone ausgebildet sind. Außerdem grenzen die Siebstränge hier und da ebenso wie die längs verlaufenden Bastparenchymstränge an die auch im Baste bandförmigen (Fig. 177 *ms''*) Markstrahlen an, die, wie wir schon sahen, die radialen Fortsetzungen der Holzmarkstrahlen sind. So können die Assimilate aus der Laubblattkrone einesteils innerhalb des Bastes nach den Wurzeln abströmen, andernteils in der schon geschilderten Weise aus dem Baste durch die Markstrahlen in die lebenden Zellen des Holzes gelangen, wo sie gespeichert werden.

Die Gewebearten des Bastes sind oft sehr regelmäßig zu tangentialen, nur von den Bastmarkstrahlen unterbrochenen Binden angeordnet (Fig. 182). Die Kambiumperiodizität spricht sich im Baste aber nicht aus; Jahresringe kommen also nicht vor. Das Kambium fährt auch nach Abschluß der Spätholzbildung im Sommer und Herbst, solange es die Witterungsverhältnisse gestatten, noch fort, nach außen Bast zu erzeugen.

So wechseln bei der Linde Bänder von (Fig. 182) Siebröhren (*v*) nebst Geleitzellen (*c*), stärkeführendem Bastparenchym (*p*), Kristallzellen (*k*), Bastfasern (*l*), flachen Bastparenchymzellen (*p*) und endlich wiederum Siebröhren miteinander ab. Der Unterschied im Aussehen der Baststränge bei verschiedenen Holzgewächsen wird vornehmlich durch die größere oder geringere Weite der Siebröhren, das Vorhandensein oder das Fehlen von Bastfasern, endlich durch die Art der Verteilung aller dieser Elemente bedingt.

Bei den Kiefern und verschiedenen anderen Abietineen unter den Gymnospermen sind eiweißreiche Zellreihen an den oberen und unteren Markstrahlrändern ausgebildet (*em* Fig. 174). Sie sind den Siebröhren dicht angeschmiegt, mit ihnen durch Siebtüpfel verbunden, werden zugleich mit den Siebröhren entleert und hierauf zusammengedrückt. Bei den Dikotylen sind die Markstrahlen im Baste einfacher gebaut als im Holzkörper. Die Aufgabe der Markstrahlzellen, die innerhalb des Bastes abwärts geleiteten Stoffe aufzunehmen, zeigt sich durch ihre Tüpfel an, die bei den Dikotylen nicht nur die Zellreihen des Markstrahls mit dem Bastparenchym, sondern auch mit den Geleitzellen der Siebröhren verbinden.

Folgen des sekundären Dickenwachstums für die Gewebe außerhalb des Kambiummantels. 1. Dilatation. Indem das Kambium nach innen immer mehr Holz, nach außen immer neuen Bast bildet, wächst der Stengel oder die Wurzel sekundär in die Dicke. Die Dauergewebe, die außerhalb des Kambiummantels gelegen sind: die Epidermis, die Rinde, die primären Phloëmstränge und der Bast, bleiben von diesem Dickenwachstum natürlich nicht unbeeinflußt; sie werden tangential gedehnt, zerrissen, zerdrückt, verschoben oder auch durch tangentiales Wachstum verbreitert (Dilatation). Zu solchem Dilatationswachstum sind natürlich vor allem die lebenden Parenchymzellen der Rinde, des Phloëms, des Bastes (namentlich des Markstrahlparenchyms), bei einigen Holzgewächsen sogar die Epidermiszellen befähigt[97]. Alle diese Zellen wachsen dabei sehr stark in tangentialer Richtung und werden meist durch radiale Wände geteilt. Im Baste ist dieses Wachstum häufig bei den Markstrahlen sehr auffällig: es kann in ihnen, z. B, bei der Linde, geradezu zur Ausbildung sekundärer Meristeme kommen, die durch Teilungen Parenchymzellreihen in tangentialer Richtung nach beiden Seiten abgeben, wodurch die Bastmarkstrahlen von Jahr zu Jahr nach außen mehr erweitert werden (Fig. 176 *pm'*). Die Siebröhren und ihre Geleitzellen aber, die nur kurze Zeit tätig sind und dann absterben, werden samt den Sekretzellen zerdrückt; auch die Sklerenchymfasern der Rinde und des Bastes beteiligen sich an der Dilatation meist nicht. War in der Rinde ein Hohlzylinder von Sklerenchymfasern vorhanden (Fig. 184 *sc*), so wird er in tangentialer Richtung zerrissen; in die Risse wachsen die in Dilatation begriffenen Parenchymzellen ein, füllen die Lücken aus und werden darin bei vielen Gewächsen zu dickwandigen Steinzellen (Fig. 184 *s*). Auch sonst wandeln sich während der Dilatation Parenchymzellen der Rinde und des Bastes einzeln, gruppen- oder schichtenweise nachträglich in Sklerenchymzellen um.

Ein jahrelanges Dilatationswachstum der Epidermis findet sich bei verschiedenen Rosen, Akazien, Ilex-, Ahornarten, den Misteln u. a. m. Solche Epidermen haben meist mächtig verdickte Außenwände. Sie vermögen diese Wände in dem Maße, wie sie an der Oberfläche Risse bekommen und zerstört werden, von innen durch neue Verdickungsschichten zu verstärken.

2. Periderm. Gewöhnlich nimmt aber die Epidermis an der Dilatation nicht teil; sie wird passiv gedehnt und schließlich zersprengt. Schon lange vor dieser Zersprengung bildet sich ein neues Abschlußgewebe, der Kork aus, der die Epidermis später ersetzt und die Teile, die im Dickenwachstum begriffen sind, gegen Austrocknung schützt. Der Kork entsteht durch die Tätigkeit eines besonderen sekundären Meristems, das sich an der Peripherie der Organe bildet (Fig. 183).

Meist beginnt die Bildung dieses Korkkambiums (Phellogens) schon in der ersten Vegetationsperiode, bald nach oder gar schon vor Beginn des sekundären Zuwachses. Es kann aus der Epidermis selbst, und zwar durch tangentiale Teilungen ihrer Zellen hervorgehen. Meist aber bildet es sich aus der Rindenschicht, die auf die Oberhaut folgt, seltener aus tieferen Rindenschichten oder aus dem Perizykel. Das letzte ist meist bei den Wurzeln der Fall (Fig. 169 *B k*). Das Korkkambium erzeugt hauptsächlich nach außen Zellen, und zwar in radialen Reihen. Dieses Meristem mit sämtlichen Produkten seiner Tätigkeit nennt man Periderm. Die nach außen abgegebenen Zellen werden zu Korkzellen, die nach innen gebildeten zu chlorophyllreichen, unverkorkten Rindenzellen, die sich abrunden und die Rinde ergänzen. Hat die Bildung des Periderms begonnen, so bräunt sich die Stengeloberfläche.

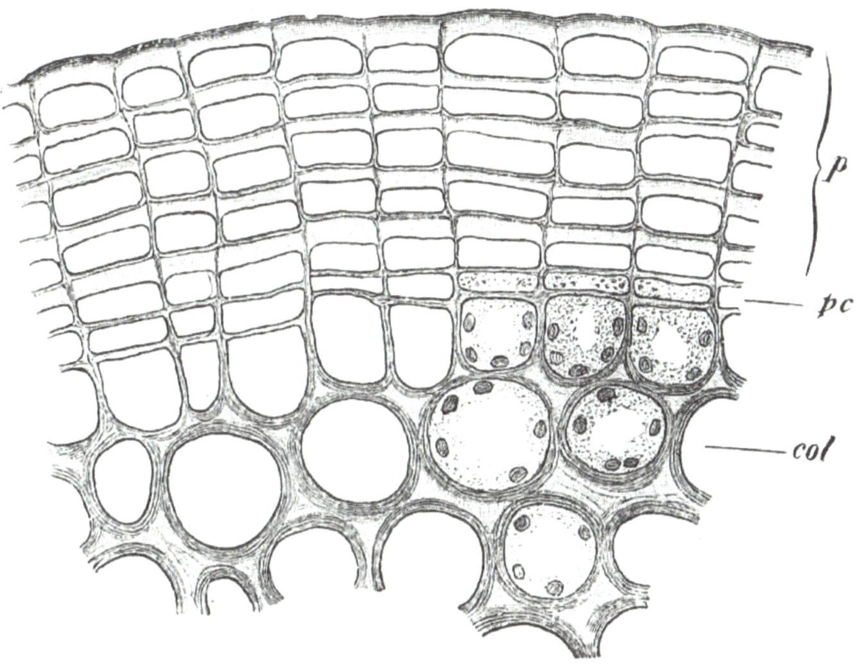

Fig. 183. Querschnitt durch die äußeren Teile eines einjährigen Zweiges von Pirus communis im Herbst. Beginn der Peridermbildung. *p* Kork, *pc* Korkkambium, *col* Kollenchym. Die Korkzellen haben verdickte Außenwände. Vergr. 500. Nach SCHENCK.

Die Gesamtheit der Zellen, die aus dem Phellogen nach innen entstehen, bezeichnet man als Phelloderm.

Das Korkkambium ist in der Regel ein typisches Initialenkambium (vgl. S. 39), zumal wenn es Kork und Phelloderm liefert. Eine Initialschicht kann aber auch, z. B. bei fast allen Monokotylen, fehlen; alsdann teilen sich die Dauerzellen, aus denen das Korkkambium hervorgeht, in eine Anzahl Tochterzellen, die zu Korkzellen werden, worauf der gleiche Vorgang auf angrenzende Dauerzellen übergreift (Etagenkork).

Peridermbildung pflegt auch in solchen Pflanzen späterhin einzutreten, deren Epidermen zunächst jahrelang dilatiert werden. Sie geht nur den Mistelarten ab.

Echter Kork fehlt aber noch den Kryptogamen, selbst den Pteridophyten. Einen Ersatz hierfür bietet, wo ein entsprechender Schutz nötig ist, die Imprägnierung der Zellwände mit einem sehr widerstandsfähigen braunen Stoff oder die Anlagerung von Suberinlamellen in unverkorkte Zellen, also die Umwandlung von Zellschichten in Kutisgewebe[98].

Durch die Tätigkeit des Korkkambiums können dicke, außen rissige Korkkrusten gebildet werden, wie z. B. bei der Korkeiche, aus deren Kork die Flaschenkorke geschnitten werden. Die Schichtung, die sie zeigen, entspricht Jahresproduktionen. In anderen Fällen werden Korkhäute mit glatter Oberfläche von nur ganz wenigen Zellagen Dicke gebildet (Fig. 59, 183), deren äußerste Schichten dem Dickenwachstum des Stengels durch passive Dehnung lange Zeit folgen, schließlich zerreißen und abschilfern.

Der Flaschenkork (Fig. 58) wird von breiten Lagen weicher, weiter Korkzellen gebildet, mit denen schmale Lagen, die Grenzen der Jahresproduktion bezeichnender, flacher Korkzellen abwechseln, wie man bei Korkstöpseln erkennen kann. Die mit lockerem Pulver angefüllten Poren, die den Flaschenkork in ganzer Dicke radial durchsetzen, sind seine Lentizellen (vgl. S. 50). Die erste Korkschicht der Korkeiche wird nach dem 15. Jahre bis auf das Korkkambium künstlich vom Stamm entfernt, worauf einige Zellagen tiefer sich ein neues Kambium bildet, das den technisch verwertbaren Flaschenkork liefert. Dieser wird alle 6–8 Jahre geschält. Da solche toten Korkkrusten der Dilatation nicht folgen können, so müssen sie außen allmählich rissig werden.

3. Borkebildung. Was vom Korkkambium nach außen zu liegen kommt, wird von weiterer Nahrungs- und Wasserzufuhr abgeschnitten und muß absterben. Alle auf solche Weise abgetrennten toten Gewebe werden mitsamt den Peridermschichten als Borke bezeichnet. So können je nach dem Entstehungsorte des Periderms die Epidermis oder kleinere oder größere Teile der Rinde zu Borke werden. Gewöhnlich stellt das erste Korkkambium in Stamm und Wurzel bald (aber z. B. nie bei der Buche) seine Tätigkeit ein. Es wird ein neues tiefer im Stamm angelegt, dessen Tätigkeit ebenfalls nach einiger Zeit erlischt. Hierauf entsteht weiter innen wieder ein neues, wie es Fig. 184 für die Steineiche zeigt. Schließlich sind es nicht mehr primäre, sondern sekundäre Gewebe, nämlich die lebenden Parenchyme der Bastzone, in denen das neue Korkkambium sich bildet, so daß an älteren Stämmen das lebende Gewebe außerhalb des Kambiummantels nur noch sekundären Ursprunges ist, und auch die Borke abgestorbene sekundäre Gewebe enthält. Die Gewebe, die durch die Korkschichten vom übrigen Gewebe des Körpers abgeschnitten worden sind, werden von Nährstoffen entleert und enthalten nur Nebenprodukte des Stoffwechsels. Die Borke vermag der weiteren Dickenzunahme des Stammes oder der Wurzel natürlich nicht mehr zu folgen, blättert mit der Zeit entweder außen ab oder zerreißt durch Längsrisse. Sie stellt einen noch viel vollkommeneren Schutzmantel als der Kork sowohl gegen Wasserverlust wie gegen Erwärmung dar.

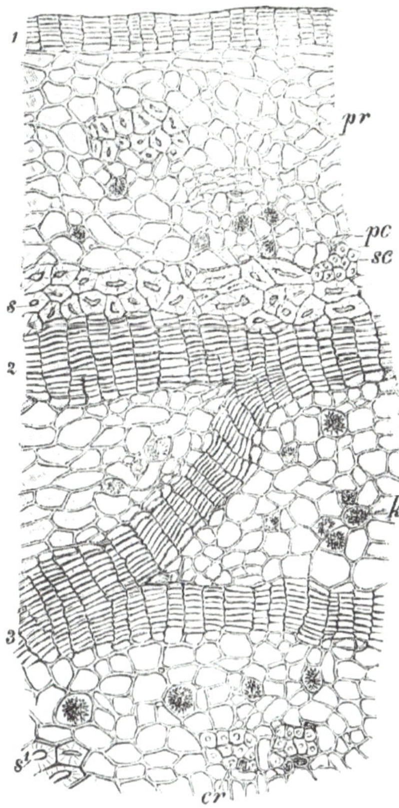

Fig. 184. Querschnitt aus der Stammoberfläche der Steineiche (Quercus sessiliflora). *1*, *2* und *3* nacheinander erzeugte Korkschichten. *pr* Durch nachträgliche Dilatation veränderte Rinde, *pc* Grenze des Perizykels, *sc* Sklerenchymfasern aus einem zersprengten Sklerenchymfaserringe des Perizykels, *s* Steinzellen, nach der Zersprengung dieses Ringes aus Parenchym entstanden, *s'* Steinzellen im sekundären Zuwachs, *cr* Bastfasern von Kristallzellen begleitet, *k* Zellen mit Kristalldrusen. Alles Gewebe außerhalb der innersten Korkschicht abgestorben und gebräunt, in Borke verwandelt. Vergr. 255. Nach SCHENCK.

Durch die Borkebildung werden an älteren sekundär verdickten Pflanzenteilen die äußeren, jeweils ältesten Teile des Bastes abgestoßen. Die Folge davon ist, daß der Bastmantel immer nur schmal bleibt. Festigungselemente können also nur dann zu dauernden Bestandteilen der Stämme werden, wenn sie innerhalb des Kambiums, d. h. im Holze entstehen.

Umfassen die Korkschichten und die Korkkambien, aus denen sie entstanden sind, nur begrenzte Teile der Stammoberfläche, so schneiden sie schuppenförmige Gewebestücke aus ihr heraus. Dabei setzen jüngere Korklagen mit ihren Rändern an ältere an. In solcher Weise erzeugte Borke heißt Schuppenborke, so bei der Platane, der Eiche (Fig. 184), unseren Nadelhölzern. Bilden die Korklagen dagegen geschlossene Mäntel, so werden stammumfassende Rindenmassen als Ringelborke entfernt, so beim Weinstock, Kirschbaum, Geißblatt und bei der Waldrebe.

Bei solchen Stämmen, bei denen die Borke abblättert, geschieht das nicht in rein mechanischer Weise, sondern durch Vermittlung von Trennungsschichten aus besonders dünnwandigen Kork- oder Phelloidzellen (vgl. S. 50), die zwischen die übrigen, oft stark verdickten Kork- oder Phelloidschichten des Periderms eingeschaltet sind. Diese Trennungsschichten werden durch hygroskopische Spannungen der Borke durchrissen. Schwer sich ablösende Borke wird während der Dickenzunahme des Stammes nur rissig (rissiges Aussehen der Rinde bei den meisten alten Bäumen).

Die braune oder rote Färbung, die die Borken meist zeigen, wird durch ähnliche Derivate von Gerbstoffen wie die Färbung vieler Kernhölzer veranlaßt. Diese antiseptisch wirksamen Stoffe bedingen die große

Widerstandsfähigkeit der Borke. Die weiße Färbung der Birkenborke rührt von Betulin (Birkenharz) her, das als feinkörniger Inhalt die Korkzellen füllt.

Wundenheilung[99]. Im einfachsten Falle sterben die verletzten Zellen am Körper der Landpflanzen ab, bräunen sich und vertrocknen, während die Wände der darunter liegenden, unverletzt gebliebenen Zellen mit Schutzstoffen imprägniert, unter Umständen auch mit Suberinlamellen versehen, also zu Kutisgewebe werden. Bei größerer Ausdehnung der Wunde bilden aber die Phanerogamen unter diesen Zellschichten ein Korkkambium aus, das Wundkork erzeugt. So werden auch die Blattnarben, die beim Laubfall entstehen (S. 104), zunächst durch Verholzung und Verkorkung der freigelegten Zellen, hierauf meist noch durch Ausbildung einer Korkschicht abgeschlossen, die an die des Stammteils ansetzt. Die Enden der Gefäße an der Blattnarbe füllen sich entweder mit sog. Schutzgummi oder mit Thyllen oder mit beidem; die Enden der Siebröhren werden zerdrückt und verholzen.

Wenn eine Wunde ein noch junges Gewebe bloßlegt, kommt es gewöhnlich zur Bildung eines Kallus. D. h. alle an die Wunde grenzenden lebenden Zellen wuchern aus ihr hervor, teilen sich und schließen zusammen. Diese Kalluswucherung kann an ihrer Oberfläche unmittelbar verkorken und so den nötigen Schutz gewähren. In den meisten Fällen bildet sich aber in der Peripherie des Kallus ein Korkkambium aus, das Kork erzeugt. Ausgedehnte Wunden an älteren Stammteilen der Gymnospermen und Dikotylen, die bis in den Holzkörper reichen, werden überwallt: Das an die Wundränder grenzende Stammkambium wächst wulstartig zu einem Kallus hervor; der Wulst schließt sich durch den Kork nach außen ab, während in seinem Innern eine Kambiumschicht differenziert wird, die mit dem Stammkambium in Verbindung tritt. Dieses Kambium bildet, wie das angrenzende, nach innen Holz, nach außen Bast. So vergrößern sich die Überwallungswülste und decken allmählich die Wundfläche. An der bloßgelegten Holzfläche sind, falls sie noch aus Splint bestand, die toten Elemente durch Wundgummi verstopft, den die lebenden Zellen des Holzes erzeugen; die ganze Stelle ist gebräunt. Gelingt es den Überwallungswülsten, sich über der Wundfläche mit den Rändern zu erreichen, so verschmelzen schließlich ihre Kambien zu einer einheitlichen Meristemschicht, die weiter eine zusammenhängende Holzschicht nach innen und eine Bastschicht nach außen bildet. Das deckende Holz verwächst nicht mit dem bei der Verwundung bloßgelegten. Letzteres ist ja gebräunt und abgestorben. Daher lassen sich in Stämme eingeschnittene Zeichen, die bis auf den Holzkörper reichen, nach ihrer Überwallung wiederfinden. Durch Überwallung vom Kambiummantel aus werden auch Aststümpfe mehr oder weniger vollständig abgeschlossen. Das über den Wunden erzeugte Holz ist in seinem Bau von normalem Holz zunächst verschieden, wird daher als Wundholz bezeichnet. Es besteht aus fast isodiametrischen Zellen, auf die erst allmählich gestrecktere Formen folgen. Beim Kirschbaum erzeugt das Kambium infolge von Verwundungen statt normaler Holzelemente Nester dünnwandiger Parenchymzellen, die in Gummibildung eintreten (S. 33).

2. Anpassungen des Kormus an die Lebensweise und an die Umwelt[100].

Der äußere und innere Bau des Kormus steht in engen Beziehungen zu seiner Lebensweise und diese wieder zur Außenwelt. Wir finden, daß fast jede Pflanze durch ihren äußeren und inneren Bau an ihre Lebensweise und an ihre gewohnte Umwelt, an ihren Standort, angepaßt ist. Darauf vor allem beruhen die gemeinsamen Züge, die einheitliche Physiognomie, der Gewächse eines Standortes und darauf auch die Unterschiede in der Physiognomie der Vegetation zwischen solchen Pflanzenstandorten auf der Erde, wo die Außenfaktoren, z. B. das Klima, sehr verschieden sind. Infolgedessen sind die Vegetationsorgane nicht bei allen Kormophyten typisch ausgebildet. Oft sehen sie ganz anders aus, da die Grundformen in verschiedenster Weise abgeändert, metamorphosiert sein können. Erst eine sehr genaue entwicklungsgeschichtliche oder anatomische Untersuchung ermöglicht es, bei vielen Kormophyten nachzuweisen, daß auch ihre ganz abweichend gestalteten Organe immer wieder nur Metamorphosen der drei Grundorgane des Kormus: Wurzel, Stengel, Blatt sind, und festzustellen, welcher Grundform sie homolog sind. Der äußere Bau und die Funktionen der fertig ausgebildeten Organe können nämlich sehr leicht irreführen, weil nicht selten ein Grundorgan, z. B. eine Sproßachse, Bau und Funktionen eines anderen, z. B. eines Blattes, übernommen hat, oder weil verschiedene

Grundorgane zu Werkzeugen von gleichem Bau und gleicher Funktion umgebildet worden sind, also bloß analog, aber nicht homolog sind. Bei Berücksichtigung aller morphologischen Eigenschaften eines abgeänderten Organes wird man aber in der Regel keinen Zweifel über seine Abkunft hegen.

Die Form einer Pflanze und die Ausbildung ihrer Teile ist in allererster Linie an die Ernährungsweise des Gewächses angepaßt. Infolgedessen sind wichtige und sehr auffällige morphologische Unterschiede zwischen solchen Kormophyten vorhanden, die mit anorganischen Nährstoffen auskommen (autotrophe K.) und solchen, die organische Nahrung nötig haben (heterotrophe K.).

A. Autotrophe Kormophyten.

An Autotrophie sind die grünen Pflanzen in ihrem Bau angepaßt. Soweit sie Kormophyten sind, wurden ihre typischen Baueigentümlichkeiten im letzten Abschnitte besprochen. Die grünen Kormophyten können aber untereinander wieder sehr verschieden gebaut sein; denn sie sind in ihrem Bau auch noch an ihre Umwelt angepaßt, in der sie leben, und diese Umwelt kann recht mannigfaltig sein.

Von allen den vielen Faktoren, die in der Umwelt wechseln können, hat den bei weitem größten Einfluß auf die Gestaltung der grünen Pflanzen das Wasser, nächstdem das Licht. Das ist leicht begreiflich. Nur wenn genügend Wasser verfügbar ist, vermag ja, wie jedermann weiß, die Pflanze ihr Leben zu fristen. Und nur wenn sie genügend Licht aufnehmen kann, kann sie autotroph sein, organische Substanz aus anorganischer aufbauen.

a) Anpassungen an den Feuchtigkeitsgehalt der Umwelt.

1. Wasserpflanzen, Hydrophyten[101]. Zu besonderen Baueigentümlichkeiten führte das Leben im Wasser, wo dauernd mit der ganzen Oberfläche der Pflanze, also auch mit Stamm und Blättern, Wasser und Nährsalze und nur aus dem Wasser die nötigen Gase (Kohlensäure und Sauerstoff) aufgenommen werden können. Zum Verständnis der Lebensbedingungen im Wasser ist es unerläßlich, den Gehalt des Wassers an diesen Gasen zu kennen und mit dem der Luft zu vergleichen. Das Liter Luft enthält etwa 210 ccm Sauerstoff und 0,3 ccm Kohlensäure. Im Liter Wasser sind dagegen z. B. bei 20° (im Falle der Sättigung) nur etwa 6 ccm Sauerstoff, dagegen wiederum etwa 0,3 ccm Kohlensäure vorhanden. Den Wasserorganismen steht also zwar ungefähr ebensoviel Kohlensäure (oder meist sogar noch etwas mehr) wie in der Luft, aber sehr viel weniger Sauerstoff zur Verfügung, wenigstens im unbewegten Wasser, da der Sauerstoff im Wasser sehr langsam diffundiert.

Nicht selten sind die Wurzeln überhaupt nicht mehr (Utricularia, Ceratophyllum, Wolffia) oder nur schwach ausgebildet. Der Sproß aber ist hier anatomisch insofern der Wurzel ähnlich geworden, als er auf seinen stets sehr dünnen Epidermisaußenwänden nur eine sehr zarte Kutikula ausbildet, die dem Wasser- und Salzeintritt, wenigstens an den Blättern[102], kaum Schwierigkeiten entgegenstellt. Zur Langsamkeit der Gasdiffusion im Wasser und zur Armut des Wassers an Salzen steht aber wohl in Beziehung eine Oberflächenvergrößerung der meist sehr dünnen, submersen Blätter, häufig durch feine Zerteilung der Blattflächen (Batrachium Fig. 139, Utricularia, Myriophyllum, Ceratophyllum), während die Schwimm- und Luftblätter meist typisch ausgebildet sind (Heterophyllie, vgl. S. 102). Anatomisch sind die submersen Blätter von diesen Blättern dadurch verschieden, daß ihrer chlorophyllhaltigen Epidermis meist die Spaltöffnungen und in der Regel auch die Haare fehlen, ferner dadurch, daß ihr an großen Interzellularen reiches Mesophyll aus gleichartigem Parenchym besteht, also nicht in Palisaden- und Schwammparenchym differenziert ist; infolgedessen zeigen die Blätter im inneren Bau bilaterale Symmetrie (Fig. 185). Mit dem Mangel der Transpiration und eines lebhaften Wassertransportes bei untergetauchten Wasserpflanzen geht Hand in Hand die schwache Ausbildung der wasserleitenden Elemente in den Stengeln und Blättern, ferner der Mangel eines sekundären Dickenwachstums. Der Auftrieb im Wasser macht auch das Festigungsgewebe unnötig; höchstens in rasch strömendem Wasser wird für die nötige Zugfestigkeit durch zentrale Lagerung der Leitbündel gesorgt.

Eine schwache Wasserdurchströmung der Pflanze, verbunden mit Wasserausscheidung durch die Apikalöffnungen der Blätter (vgl. S. 99), läßt sich aber selbst bei vielen submersen Wasserpflanzen nachweisen.

Auffallend bei fast allen Wasser- und auch Sumpfpflanzen ist die mächtige Entwicklung der Interzellularen. Sie sind ganz besonders weit, bilden ein System von oft sehr regelmäßig geformten Luftkammern und Luftkanälen und werden durch parenchymatische Zellschichten getrennt, die meist nur eine Zellage stark sind; so in den Stengeln von Papyrus, Potamogeton u. a., den Blattstielen der Nymphaeaceen, den Wurzeln der Onagracee Jussieua. Man hat solche Gewebe als Luftgewebe oder Aërenchym bezeichnet; denn solche weiten Luftkanäle sind Luftspeicher, zugleich ermöglichen sie eine sehr rege Gasdiffusion im Innern des Pflanzenkörpers: den schnellen Transport von Sauerstoff aus den assimilierenden grünen Teilen in die nicht grünen; sie begünstigen also die Atmung.

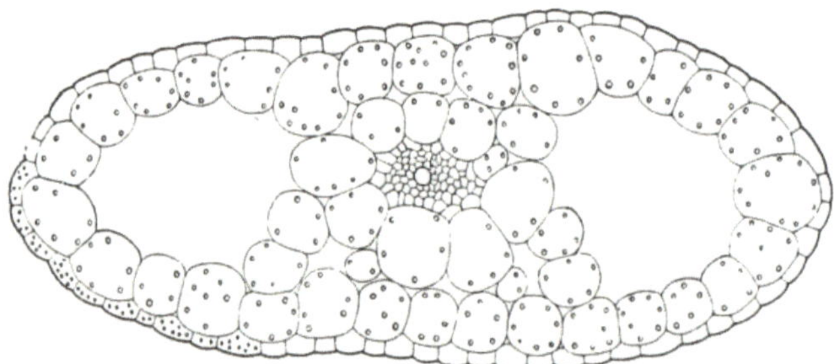

Fig. 185. Blattquerschnitt von Zanichellia palustris. Vergr. 146. Nach SCHENCK.

Bei manchen Sumpfpflanzen, die mit ihren unterirdischen Organen in sehr sauerstoffarmem Sumpfboden leben, so z. B. bei gewissen Palmen und bei Mangrovepflanzen der tropischen Küstensümpfe, von denen einige durch ein System sproßbürtiger, stelzenförmiger Luftwurzeln (Stelzwurzeln) sich im Schlamme verankern (Fig. 187)[100], werden besondere Organe zur Zuführung von Sauerstoff ausgebildet: aus dem Sumpfboden aufsteigende Atemwurzeln (Pneumatophoren Fig. 186), die aus der Luft durch Lentizellen-ähnliche Öffnungen (Pneumathoden) Sauerstoff aufnehmen und durch Luftgewebe zu den unterirdischen Teilen gelangen lassen.

Fig. 186. Atemwurzel von Sonneratia alba. Verkleinerung einer Abbildung in den „Vegetationsbildern"; nach JOH. SCHMIDT.

Fig. 187. Stelzwurzeln bei Rhizophora mucronata. Malayischer Archipel. Nach G. KARSTEN.

2. Die Landpflanzen. Sie nehmen meist nur aus dem Boden Wasser und Nährsalze, aus der Luft Kohlensäure, dagegen Sauerstoff sowohl aus dem Boden wie aus der Luft auf und geben mit ihren Luftsprossen Wasser in Dampfform (durch Transpiration) an den Luftraum ab.

Eine Ausnahme bilden nur einige Gewächse sehr feuchter Örtlichkeiten, die mit ihrer ganzen Oberfläche Wasser absorbieren; besonders die Hymenophyllaceen der tropischen Regenwälder. Manche von ihnen bilden keine Wurzeln aus, besitzen aber an den Wasser aufnehmenden Blättern oder Stengeln oder beiden ein System von verschieden gestalteten Haaren, das eine gewaltige Oberflächenvergrößerung bedingt.

Die Landpflanzen haben verschiedenen Bau, je nachdem es Pflanzen immerfeuchter Standorte, Pflanzen trockener Standorte und Klimate oder Pflanzen wechselfeuchter Klimate sind.

a) Anpassungen an immerfeuchte Standorte, Hygrophyten[103]. Landpflanzen, die dauernd in sehr feuchter Atmosphäre leben (Hygrophyten, Hygrophile), z. B. viele tropische Schattenpflanzen, bedürfen wie die Wasserpflanzen keine Einrichtungen, die die Transpiration herabsetzen, ja haben sogar, scheint es, solche, die die Wasserabgabe der Luftsprosse fördern (Hygromorphie). Nur durch solche Einrichtungen dürfte die genügend starke Wasserbewegung aus den Erdwurzeln in die oberirdischen Organe gesichert sein, die zur Beschaffung und zur Fortbewegung der nötigen Nährsalzmenge erforderlich ist. Im äußeren und inneren Bau gleichen viele Hygrophyten in mancher Hinsicht den Wasserpflanzen, und zwar um so mehr, an je feuchteren Standorten sie gedeihen.

Wir finden bei den Hygrophyten mannigfaltige Einrichtungen, die der Transpiration günstig sind: Ausbildung großer und dünner Blattflächen, schwache Ausbildung der Kutikula, Verlegung der Stomata auf exponierte Vorsprünge, wo sie über die Epidermis emporgehoben sind, schließlich Baueigentümlichkeiten des Blattes, die es, wie STAHL zeigte, nach Regengüssen möglichst schnell wieder trocken werden lassen. Eine vorgezogene Spitze, mit der die Spreiten oft abschließen, die Träufelspitze, oder die Unbenetzbarkeit des

Blattes durch Wachsüberzüge erleichtern das Abfließen des Wassers; eine Samtoberfläche, durch Papillen bedingt, breitet Wassertropfen kapillar zu einer äußerst dünnen, schnell verdunstenden Schicht aus. Ferner hebt vielleicht, nach STAHL, die Ausbildung Lichtstrahlen absorbierender Farbstoffe, die Buntblättrigkeit, durch Wärmeabsorption die Temperatur des Blattes über die Umgebung, so daß die Transpiration am Tage auch noch in dampfgesättigter Luft unterhalten werden kann. In der Abgabe tropfbar flüssigen Wassers, (der sog. Guttation) aus wasserausscheidenden Organen der Blätter, den Hydathoden, besitzen manche dieser Pflanzen vielleicht ein Mittel, auch nach völliger Hemmung der Transpiration noch genügend Wasser abzugeben. Diese Organe sind entweder Drüsenhaare oder -flächen, die Wasser sezernieren, oder Wasserspalten, aus denen Wasser von den Leitbündeln her ausgepreßt wird (vgl. Fig. 134).

b) Anpassungen an physiologisch trockene Standorte oder an trockene Klimate, Xerophyten[100], [104]. Dagegen bedürfen die Landpflanzen um so mehr Einrichtungen, die auf Hemmung der Wasserabgabe berechnet sind, in je trockenerer Luft ihre Sprosse wachsen und je schwerer zugleich ein hinreichend schneller und großer Wassernachschub möglich ist. Denn die Einschränkung der Transpiration, die unter ungünstigen Verhältnissen auch in allen anderen Klimaten durch Verschluß der Stomata bewirkt wird, würde für Pflanzen besonders trockener Klimate und Standorte nicht ausreichen. Austrocknungsfähig aber (vgl. S. 189), wie Flechten und Moose, sind nur wenige Kormophyten; die meisten werden schon durch starkes Welken getötet.

Pflanzen mit solchen Einrichtungen zur Hemmung der Wasserabgabe nennt man Xerophyten (Xerophile). Man erkennt sie schon an ihrem Habitus. Die Summe von morphologischen Eigenschaften, die solche Einrichtungen bilden, fassen wir in dem Worte „Xerophytenbau" (Xeromorphie) zusammen. Besonders extreme Xerophyten sind natürlich viele Wüstenpflanzen, die Gewächse trockener Felsen und viele Epiphyten (vgl. S. 156).

Sehr auffallend ist aber, daß mehr oder weniger ausgeprägter Xerophytenbau auch bei Pflanzen von ganz anderer Lebensweise vorkommt, wo er gar nicht oder wenigstens nicht auf den ersten Blick verständlich erscheint, so bei den Pflanzen der Hochgebirge und des hohen Nordens, bei vielen Sumpfpflanzen, bei den Pflanzen des Meeresstrandes, namentlich den Salzpflanzen (Halophyten) (Fig. 192), selbst solchen, die, wie die Mangrovegewächse tropischer Küsten, direkt im Wasser wachsen. Wenn auch hier noch manche Frage ungelöst ist, wird man doch annehmen dürfen, daß die Mehrzahl dieser Gewächse wenigstens zeitweise in Gefahr ist, mehr Wasser durch Transpiration abzugeben, als sie aus dem Boden aufzunehmen oder in die Blätter zu schaffen vermögen. Wenn sie auch in verhältnismäßig feuchten Böden leben, so scheinen diese für sie doch, zum mindesten vorübergehend, mehr oder weniger physiologisch trocken zu sein, d. h. die Wasseraufnahme zu erschweren.

Es gibt anatomische und morphologische Einrichtungen, die die Transpiration herabsetzen. Ein Teil von ihnen mag zugleich als Schutzmittel gegen zu starke Lichtbestrahlung oder gegen zu hohe Erwärmung anzusehen sein.

Anatomische Einrichtungen, die die Transpiration einschränken, sind: Verstärkung der Kutikula und der kutinisierten Epidermisaußenwände; verschleimte Epidermiszellen; Ausbildung von Wachs-, Harz- oder Kalküberzügen, bei Stämmen oder Wurzeln auch von Korkschichten; Verringerung der Spaltöffnungszahl; Verengung der Spaltöffnung oder ihre Verstopfung durch Harz- oder Wachsmassen; Einsenkung der Spaltöffnungsapparate einzeln in Vertiefungen der Epidermis (Fig. 188) oder in größerer Zahl in besondere krugförmige Vertiefungen der Blattunterseite, die nur durch enge Kanäle nach außen münden, wie beim Oleander, ferner ihre Überwölbung durch Nachbarzellen. Endlich werden als Schirm gegen die Sonnenstrahlen Filzhaare, Stern- und Schuppenhaare ausgebildet, die sich frühzeitig mit Luft füllen und dadurch der Pflanze eine weiße oder graue Farbe verleihen (Edelweiß, Proteaceen Australiens, Ölbaum). Oder die immergrünen Blätter sind klein, dicklich, lederartig und verhältnismäßig saftarm (Hartlaubgewächse, Sklerophyllen des Mediterrangebietes, z. B. Ölbaum, Myrte). Bezeichnend für die Blätter ausgesprochener Sklerophyllen (Fig. 191) ist die Kleinheit der Interzellularen im Mesophyll, das meist sehr kleinzellig ist und vielfach kein Schwammparenchym enthält, sondern oft nur aus Palisadenzellen besteht oder doch zum mindesten ober- und unterseits mehrere typische Schichten solcher Zellen aufweist, so daß die Blätter vieler Sklerophyllen bilateral symmetrischen Bau besitzen. Einige Xerophyten verzichten aber auf jeden Transpirationsschutz durch anatomische Charaktere, weil sie durch ihren hochkonzentrierten Zellsaft zu einer Wasseraufnahme auch aus verhältnismäßig trockenem Boden befähigt sind (S. 195).

Meist verbinden sich diese Einrichtungen mit **morphologischen** Besonderheiten des **äußeren Baues**, die ebenfalls die Transpiration herabsetzen.

Viele kleinblättrige Xerophyten zeichnen sich durch Polsterwuchs aus (Polsterpflanzen, z. B. viele Alpenpflanzen, Fig. 189), wodurch schon die Transpiration eingeschränkt und zugleich ein Schutz gegen zu starke Bestrahlung gewährt wird.

Ein sehr wirksamer Transpirations- und Lichtschutz wird durch Einstellung der Blattflächen in die Vertikalebene erzielt, vor allem bei neuholländischen Akazien und Myrtaceen; bei den Akazien verbunden mit Reduktion der eigentlichen Blattflächen und blattförmiger Ausbildung der Blattstiele (Phyllodien, Fig. 140 und Fig. 190). Auch unter den einheimischen Pflanzen findet sich ähnliche Einstellung der Blätter: so z. B. bei der als Kompaßpflanze bekannten Lactuca scariola, die sämtliche Blätter vertikal, und zwar in eine Nord-Süd-Ebene stellt. An solchen Blättern gleiten bei höchstem Stand der Sonne die Lichtstrahlen mehr oder weniger seitlich vorbei. Dadurch wird vielleicht eine übermäßige Erwärmung und Transpiration verhindert.

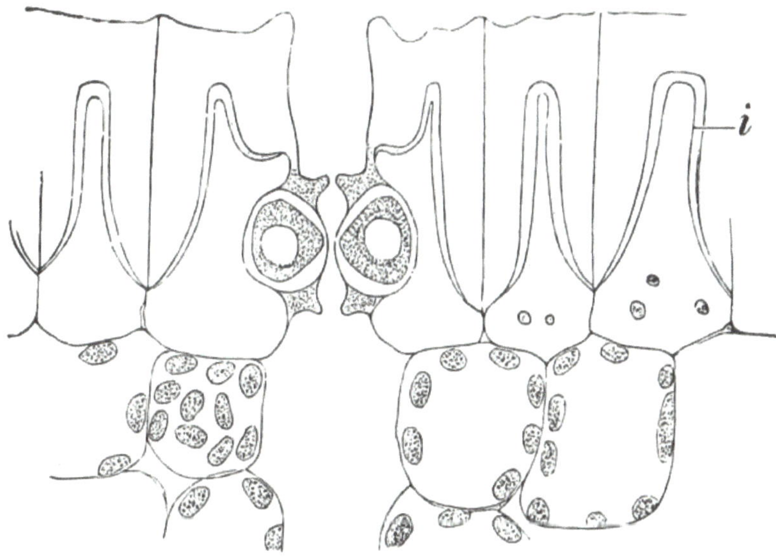

Fig. 188. Querschnitt durch die Epidermis von Aloë nigricans. *i* Innere, nicht kutinisierte Verdickungsschicht. Vergr. 240. Nach STRASBURGER.

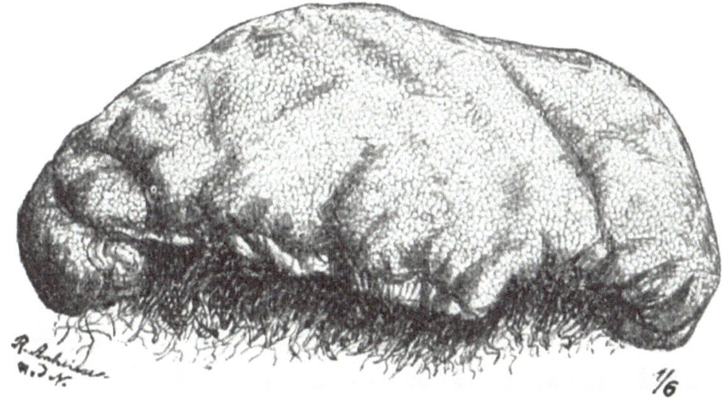

Fig. 189. Raoulia mamillaris (Composite) von Neuseeland. Polsterförmiger Zusammenschluß der Einzelpflanzen. Aus SCHIMPER, Pflanzengeographie.

Sehr häufig werden die Blattspreiten reduziert. Bei den Steppengräsern geschieht dies durch Einrollung ihrer freien Oberfläche (Fig. 192); bei Ericaceen, Genisteen, Cupressaceen und gewissen habituell ihnen ähnlichen Veronica-Arten Neuseelands (vgl. auch Fig. 193) durch Verkleinerung der Spreiten; bei Kakteen, baumartigen Euphorbia-Arten, einigen Asclepiadaceen durch völliges Schwinden der Spreiten. Mit der Verkleinerung der Blätter muß aber außer der Transpiration auch die Assimilation des Kohlenstoffs abnehmen; so sehen wir zur Kompensation des Verlustes Chlorophyllparenchym in den Stengeln dieser Pflanzen auftreten. In diesem Falle sind die Sproßachsen grün gefärbt; so z. B. bei Sarothamnus scoparius, der an seinen langen, rutenförmigen Zweigen nur vereinzelte hinfällige, lanzettliche Blättchen entwickelt (Rutengewächse, Sklerokaulen).

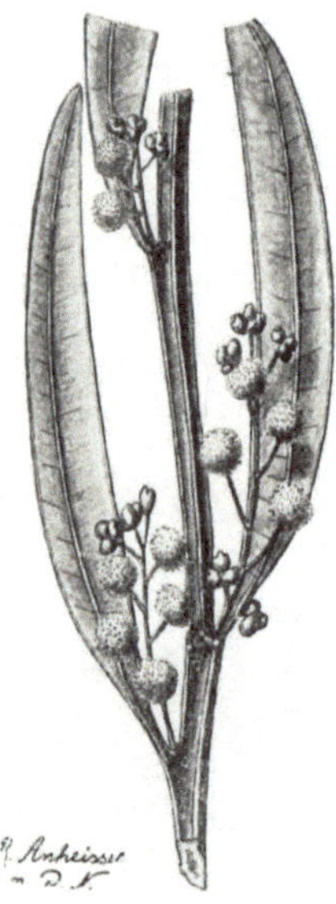

Fig. 190. Acacia marginata mit senkrecht gestellten Phyllodien. Aus SCHIMPER, Pflanzengeographie.

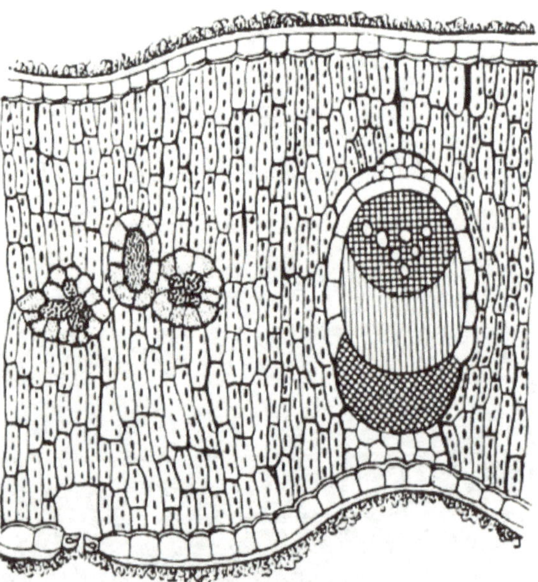

Fig. 191. Querschnitt des Blattes der Capparidacee Capparis spinosa var. aegyptiaca. Vergr. 40. SCHIMPER nach VOLKENS.

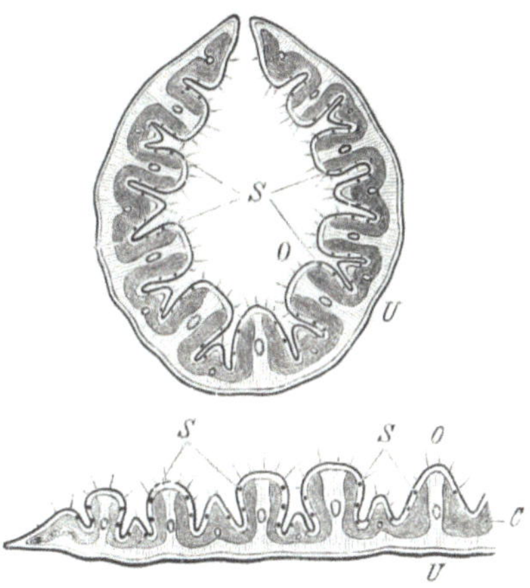

Fig. 192. Blattquerschnitte des Grases Stipa capillata. Oben ein Blatt in geschlossenem Zustande, unten die Hälfte eines offenen Blattes. *U* Spaltöffnungslose Unterseite. *O* Oberseite mit Spaltöffnungen (*S*). *C* Chlorophyllhaltiges Assimilationsgewebe. 30fach vergr. Nach KERNER V. MARILAUN.

Oft geht Hand in Hand mit einer Reduktion der Blätter eine Abflachung und blattähnliche Ausbildung der grünen Sproßachsen, die alsdann weit vollkommener als die rutenförmigen die Assimilationsfunktionen des Blattes übernehmen können (Fig. 194, 195), aber natürlich zugleich auch wieder stärker transpirieren. Solche blattartige Sprosse werden als Flachsprosse, Kladodien oder Phyllokladien bezeichnet. GOEBEL schlägt vor, jene Flachsprosse, die begrenzt wachsen und dadurch besonders blattähnlich werden, Phyllokladien, andere verbreiterte Sproßachsen Kladodien zu nennen. Ein lehrreiches Beispiel für Phyllokladien ist Ruscus aculeatus, ein kleiner xerophytischer Strauch des Mittelmeergebietes, der an seinen Zweigen (Fig. 194) in den Achseln schuppenförmiger Blätter (*f*) breite, in eine scharfe Spitze auslaufende Phyllokladien (*cl*) trägt, die durchaus den Eindruck von Blättern machen. Ihrer Oberfläche entspringen manchmal in der Mittellinie, annähernd in ihrer halben Länge, aus der Achsel eines schuppenförmigen Blattes eine bis zwei Blüten. Diese Phyllokladien sind ein sehr schönes Beispiel für Analogie von Organen: sie sehen aus und funktionieren wie Blätter, sind aber Sproßachsen, wie ihre geschilderten morphologischen Eigenschaften lehren. Eine blattartige Abflachung des gesamten massig entwickelten Stammes, also Kladodienbildung, mit Verschmälerung an den Verzweigungsstellen, zeigen uns die bekannten Opuntien (Fig. 195).

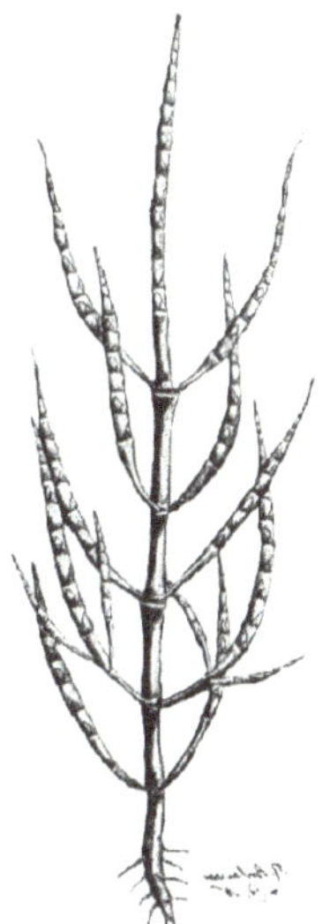

Fig. 193. Salicornia herbacea (Chenopodiacee), eine ausgesprochene Salzpflanze. Aus SCHIMPER, Pflanzengeographie.

Fig. 194. Zweig der mediterranen Liliacee Ruscus aculeatus. *f* Blatt, *cl* Phyllokladium, *bl* Blüte. Nat. Größe. Nach SCHENCK.

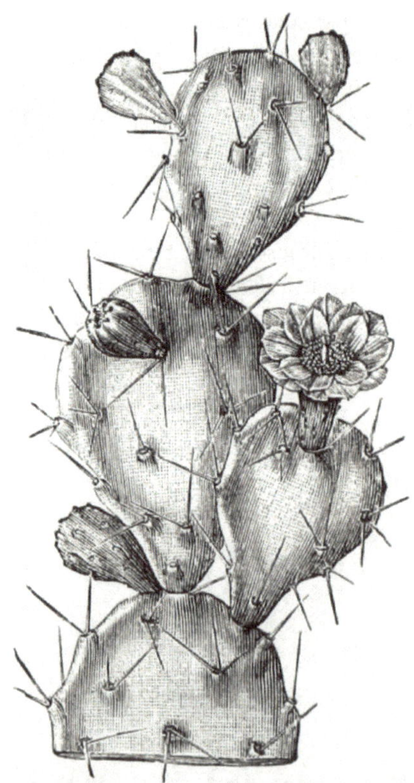

Fig. 195. Opuntia monacantha Haw. Kladodien mit Blattdornen, Blüte und Früchten. Nach SCHUMANN. Etwa fünfmal verkleinert.

Besonderes Interesse bieten schließlich einige Xerophyten, bei denen nicht allein die Blätter, sondern auch die Sproßachsen ganz schwinden. Dann übernehmen die abgeplatteten, grünen Wurzeln, aus denen die Vegetationsorgane allein bestehen, die Funktionen der Blätter (so bei der epiphytischen Orchidee Taeniophyllum, Fig. 196).

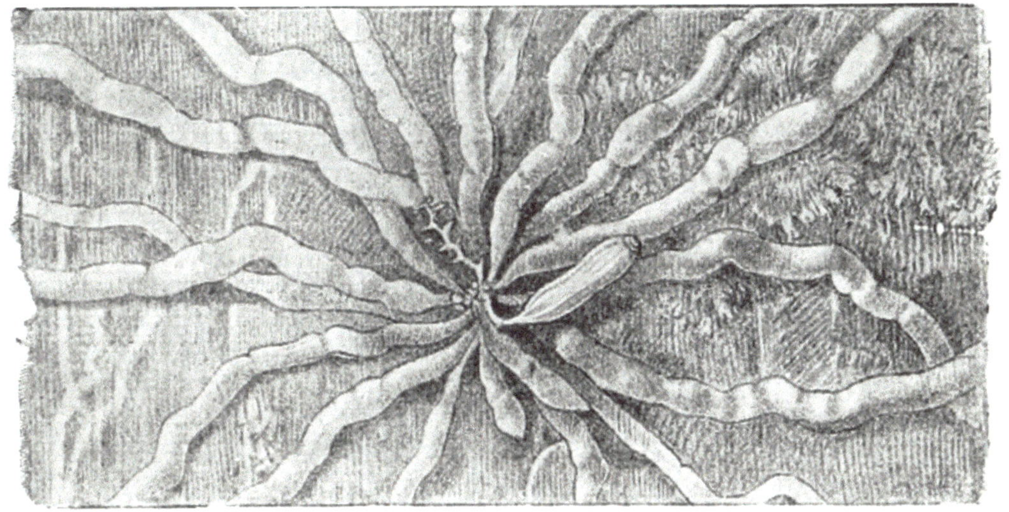

Fig. 196. Taeniophyllum Zollingeri. Xerophytische Orchidee ohne Blätter und ohne Sproßachsen, mit grünen, abgeflachten Wurzeln. Nat. Gr. Aus SCHIMPER, Pflanzengeographie; nach WIESNER.

Mit dem großen Reichtum an Sklerenchym, der für die Sprosse vieler Xerophyten bezeichnend ist und ihre nötige Festigkeit auch im Falle schwächeren oder stärkeren Welkens sicherstellt, steht oft in Zusammenhang die Ausbildung von Dornen, die aber auch bei einigen nicht xerophytisch gebauten Pflanzen unserer Klimate vorkommen. Das sind sehr spitze, verholzte und infolgedessen starre, verzweigte oder unverzweigte, pfriemförmige Gebilde, die durch Umwandlung von Blättern oder Blatteilen (Blattdornen) oder von Sprossen (Sproßdornen) oder in sehr seltenen Fällen von Wurzeln (Wurzeldornen) entstanden sind. Beim Sauerdorn (Berberis vulgaris) wird das ganze Blatt an den Hauptsprossen in einen meist dreistrahligen Dorn umgestaltet; die Seitentriebe, die entwickelte Laubblätter tragen, stehen in den Achseln dieser Dornen. Auch bei den Kakteen (Fig. 195) gehen die Dornen aus Blattanlagen hervor. Bei der Robinie (Fig. 197) und bei manchen sukkulenten Euphorbien entwickeln sich die beiden Nebenblätter zu Dornen. Sproßdornen treten bei Prunus spinosa, Crataegus oxyacantha und den in unseren Gärten häufig kultivierten Gleditschien (Fig. 198) auf. Bei Colletia cruciata, einer strauchartigen amerikanischen Rhamnacee, die an trockenen, sonnigen Standorten wächst, sind alle Sproßachsen domartig ausgebildet, zugleich etwas abgeflacht und grün; sie ersetzen die bald abfallenden, kleinen Blätter. Wurzeldornen kommen bei einigen Palmen am Stamme vor (z. B. Acanthorrhiza) und bei Myrmecodia unter den Dikotylen. Der Dornsproß ist vor allem vielen Xerophyten der Wüsten und Steppen eigentümlich.

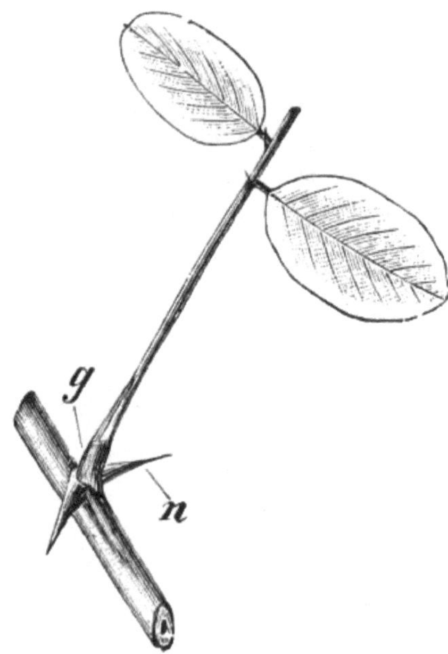

Fig. 197. Stammstück von Robinia Pseudacacia mit dem unteren Teile eines gefiederten Blattes und den zugehörigen, in zwei Dornen verwandelten Nebenblättern *n*. *g* Gelenkpolster. 1/2 nat. Gr. Nach SCHENCK.

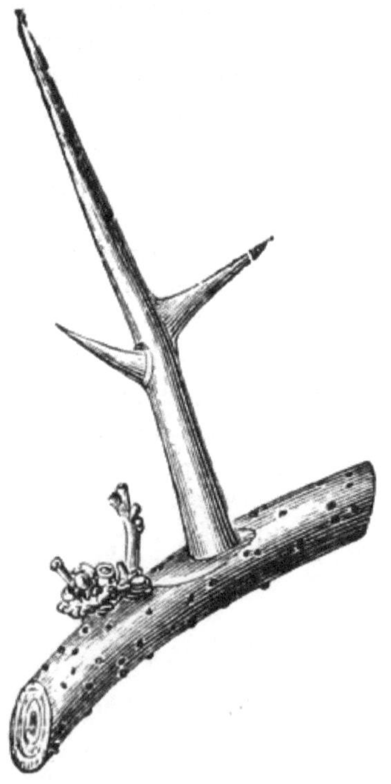

Fig. 198. Sproßdorn von Gleditschia triacanthos. 1/2 nat. Gr. Nach SCHENCK.

Oft besitzen blattlose Xerophyten angeschwollene Blätter oder Stämme: so die grünen säulenförmigen, prismatischen oder zylindrischen, keulen- oder kopfförmigen Euphorbien und Kakteen. Viele Xerophyten begnügen sich nämlich nicht damit, die Abgabe von Wasser stark einzuschränken, sondern speichern Wasser in besonderen Geweben während der Tage, wo es zur Verfügung steht, für die Zeiten der Not. Solches Wassergewebe zeichnet sich bei typischer Ausbildung durch große, chlorophyllfreie Zellen aus, die fast nur aus der riesigen Vakuole bestehen. Im Grunde genommen ist jede Epidermiszelle ein Wasserspeicher. Manchmal nehmen aber die Epidermiszellen ungewöhnliche Dimensionen an, so daß sie die Hauptmasse eines Blattes ausmachen, oder teilen sich auch parallel zur Oberfläche und werden zu einem ein- bis mehrschichtigen (äußeren) Wassergewebe (verschiedene Piperaceen, Begoniaceen, Ficus-Arten, Tradescantia). Sehr häufig ist aber das Wassergewebe mehr zentral gelegen (inneres Wassergewebe). Wo Wassergewebe sehr mächtig ausgebildet sind, bekommen die betreffenden Organe dadurch einen fleischig-saftigen Charakter. Daher nennt man solche Pflanzen „Sukkulenten". Bei gewissen Umbelliferen, Cucurbitaceen, Kompositen, Asclepiadaceen, ferner Angehörigen der Gattungen Pelargonium und Oxalis der Steppen und Wüsten sind Wurzeln zu Wasserspeichern ausgebildet. Häufiger findet man Blattsukkulenten: Sedum, Sempervivum, Agave, Aloë, Mesembryanthemum; oder Stammsukkulenten: Kakteen, Euphorbia-Arten, Stapelia und andere Asclepiadaceen (Fig. 195, 199), Kleinia unter den Kompositen. Ganz besonders bezeichnend für dürre Gegenden in der neuen Welt sind die kugelförmigen oder säulenartigen Kakteen, in der alten die säulenförmigen oder kandelaberartigen Euphorbien und Asclepiadeen, die gewissen Kakteen zum Verwechseln ähnlich sehen. Die Ähnlichkeit in der Lebensweise hat hier aus ganz entfernt stehenden Pflanzen fast übereinstimmende Gestalten geschaffen (vgl. Fig. 199 *a–c*), eine Erscheinung, die außerordentlich häufig wiederkehrt (Konvergenz). Im Extrem nähert sich der Stamm oder das Blatt der Sukkulenten der Kugel, nimmt also bei gegebenem Volumen die kleinste Oberfläche an, wodurch die Transpiration natürlich ganz besonders stark vermindert wird: NOLL hat berechnet, daß die Verdunstung eines Kugelkaktus 600mal geringer ist als die einer gleichschweren Schlingpflanze (Aristolochia sipho). Solche und ähnliche Sukkulentenstämme sind ausgesprochene Sproßknollen, d. h. sehr geräumige Speicherorgane für Wasser.

Fig. 199. Stammsukkulenten: *a* Stapelia grandiflora (Asclepiadacee), *b* Cereus Pringlei (Cactacee), *c* Euphorbia erosa (Euphorbiacee). **1/5** nat. Gr.

c) Anpassungen an wechselfeuchte Klimate. Tropophyten[100]. In einigen dauernd feuchtwarmen Tropengegenden ist das Klima jahraus jahrein dem Pflanzenwachstume nahezu gleich günstig. Überall sonst aber, wo eine ausgesprochene Klimaperiodizität, ein regelmäßiger Wechsel zwischen einer dem Pflanzenwachstum günstigen Vegetationsperiode und einer ihm mehr oder weniger schädlichen Jahreszeit (Ruheperiode) besteht, die bald als trockne, bald als kalte Zeit (Winter) ausgebildet sein kann, entspricht diesem Wechsel eine auffallende Periodizität in den Lebensvorgängen der Pflanzen. Darauf ist es auch zurückzuführen, daß viele Gewächse solcher Klimate in mancher Hinsicht anders gebaut sind als diejenigen gleichmäßig feuchtwarmer Tropengegenden. Nur solche Formen werden ja dort gedeihen können, die in irgendeiner Weise den in der ungünstigen Jahreszeit drohenden Gefahren gewachsen sind. Letztere bestehen aber in allererster Linie auch da, wo ein sehr kalter Winter mit einem Sommer abwechselt, in einem Tode durch Vertrocknung während der in den Frostperioden sehr trockenen Winterszeit. Ein solcher Tod droht freilich extremen Xerophyten nicht, weil ihre Standorte auch in der günstigen Jahreszeit dauernd oder zeitweilig sehr trocken sind; sie können oft ohne weiteres die Trockenperiode überdauern. Anders steht es dagegen um die Gewächse, die in der günstigen Jahreszeit nicht an trockenen Standorten gedeihen und nicht xerophytischen Bau besitzen. Zunächst sind ihre Transpirationsorgane, die Blätter, in der Trockenzeit gefährdet. So sehen wir denn als sehr auffallende Eigentümlichkeit dieser Gewächse wechselfeuchter Klimate, daß vor oder zu Beginn der schlechten Zeit die Blätter von den Sproßachsen abgeworfen werden (laubabwerfende, sommergrüne Holzgewächse) oder sogar mit einem Teil der Sproßachsen absterben (sommergrüne Kräuter). Das genügt aber vielfach noch nicht, die Pflanze vor dem Vertrocknungstode und die Art vor dem Aussterben zu bewahren; denn auch die embryonalen Gewebe, die zu Beginn der guten Jahreszeit die verloren gegangenen Teile ersetzen müssen, würden in der Trockenzeit vertrocknen, wenn sie nicht irgendwie besonders geschützt würden.

Solche Schutzeinrichtungen, bestimmt die Pflanze über eine vegetationsfeindliche Zeit hinüber zu retten, kennzeichnen die Gewächse wechselfeuchter Klimate, sofern sie nicht ausgesprochene Xerophyten sind, so auch die meisten Kormophyten unserer Heimat. In der günstigen Jahreszeit können sie einen wirksamen Transpirationsschutz oft ganz entbehren und insofern Hygrophyten gleichen; in der ungünstigen aber sind sie den extremsten Xerophyten ähnlich. Diesem Wechsel im Aussehen verdanken die Tropophyten ihren Namen.

Entsprechend ist auch der anatomische Bau der ausdauernden Teile xerophil, der nur in der feuchten Jahreszeit vorhandenen dagegen hygrophil.

Die Gewächse wechselfeuchter Klimate können ausdauernde Holzgewächse: Bäume und Sträucher, ausdauernde Krautgewächse (Perenne) und einjährige Kräuter (Annuelle) sein. Jede dieser Gruppen hat ihre besonderen Schutzeinrichtungen gegen Vertrocknung ihrer Transpirationsflächen und ihrer embryonalen Gewebe.

1. Die **Holzgewächse** wechselfeuchter Klimate werfen mit Ausnahme einiger weniger immergrüner, deren Blätter Xerophytenstruktur besitzen (z. B. Koniferen, Ilex), am Ende der Vegetationsperiode das Laub ab und schließen ebenso wie die erwähnten Immergrünen im Gegensatze zu vielen, wenn auch nicht allen tropischen Formen, ihre Sproßvegetationspunkte während der Trocken- oder Winterzeit in schützende Gehäuse, in Winterknospen ein (Fig. 200).

Fig. 200. Winterknospen der Rotbuche (Fagus silvatica). *kns* Knospenschuppen. Nat. Gr. Nach SCHENCK.

Diese Gehäuse werden meist von fest zusammenschließenden Knospenschuppen, Niederblättern, gebildet. Manchmal werden dazu ganze Primordialblätter verwendet, die in ungegliedertem Zustande verblieben sind. Am häufigsten aber gehen die Schuppen aus dem Blattgrunde hervor, der sich entsprechend vergrößert und ausgestaltet. Das Oberblatt kommt alsdann entweder gar nicht zur Entwicklung oder sitzt in mehr oder weniger reduziertem Zustande am Scheitel der Knospenschuppe. Eine im Frühjahr austreibende Winterknospe der Roßkastanie (Aesculus hippocastanum) zeigt dies unmittelbar; denn während ihre äußeren Knospenschuppen an den Spitzen kaum etwas von einem Oberblatte erkennen lassen, tragen die inneren Knospenschuppen oft schon deutlich eine kleine Blattspreite. In anderen Fällen sind die Knospenschuppen ihrem Ursprunge nach Nebenblätter, gehören also auch dem Blattgrunde an (so bei der Eiche). Nicht selten ist auch das Deckblatt an dem Schutz seiner Achselknospe beteiligt, indem sein Blattgrund (oder die Basis seines Blattstieles) nach dem Blattfall am Sproß sitzen bleibt und kappenförmig die Winterknospe deckt. Bei Robinia ist dieser Blattgrund die einzige Schutzhülle der Winterknospe.

Die Knospenschuppen werden lederartig dick und hart und färben sich gewöhnlich braun. Kork- und Haarüberzüge, Harz-, Gummi- und Schleimausscheidungen sowie eingeschlossene Luftschichten machen sie zu sehr wirksamen Schutzorganen der Knospen gegen Austrocknung. Der Abscheidung von Harz usw. dienen eigenartig gestaltete Haargebilde, die Leim- und Drüsenzotten oder Kolleteren (vgl. Fig. 56). So scheiden solche auf den Deckschuppen sitzenden Drüsenzotten in Winterknospen vieler unserer Bäume, z. B. der Roßkastanie, ein Gemenge von Gummi und Harz ab, das durch Zersprengung der Kutikula frei wird und sich zwischen die Deckschuppen ergießt und sie verklebt. Wenn die Knospen im Frühjahr aufbrechen, so werden die Knospenschuppen gewöhnlich abgeworfen und bedecken alsdann den Boden. An den Jahrestrieben der Bäume sind die untersten Internodien, die zwischen den Knospenschuppen lagen, besonders kurz. Sie lassen die dicht gedrängten Schuppennarben und so die Grenzen der aufeinanderfolgenden Jahrestriebe erkennen.

2. Die **perennierenden Kräuter** (Stauden) wechselfeuchter Klimate opfern nicht allein die Blätter, sondern auch zum mindesten die Teile der Laubsprosse, welche höher in die Luft ragen und der Vertrocknung ausgesetzt sind, mit den daran sitzenden Knospen. Sie überwintern mit oberirdischen Knospen, die dicht über der Erde liegen, wo sie durch Schnee oder fallendes Laub gegen Vertrocknung geschützt werden, oder „ziehen ganz ein" und überwintern mit unterirdischen Knospen (Geophyten), die in noch viel wirksamerer Weise, von feuchter Erde umgeben, vor Vertrocknung und zugleich vor dem Erfrieren bewahrt werden können.

Wo oberirdische Erneuerungsknospen vorhanden bleiben, sitzen sie entweder an oberirdischen, niederliegenden Sproßstücken (z. B. Saxifraga, Stellaria Holostea, Thymus u. a.) oder an unterirdischen Sprossen (Rhizomen), so bei unzähligen Pflanzen Mitteleuropas, z. B. den ausdauernden Rosettenpflanzen, wie Bellis, Taraxacum, Primula; den Zweijährigen oder Biennen, die mit einer Blattrosette überwintern, wie z. B. Verbascum, Digitalis und vielen anderen. Wie bei den Geophyten können auch bei solchen Stauden unterirdische Speicherorgane für organische Reservestoffe vorkommen (vgl. S. 153).

Bei den Kräutern mit unterirdischen Überwinterungsknospen, den Geophyten[105], haben die Teile, die die Knospen tragen, entsprechend ihrem Leben im Boden und ihren besonderen Aufgaben einen eigenartigen Bau. Es sind metamorphosierte Sprosse: Wurzelstöcke (Rhizome), Sproßknollen, Zwiebeln oder metamorphosierte Wurzeln (Wurzelknollen). Die im Frühjahr austreibenden unterirdischen Erneuerungsknospen brauchen organische Nahrungsstoffe, und zwar um so mehr, je länger der Weg ist, den sie bis zur Bodenoberfläche zurückzulegen haben. Diese Nahrungsstoffe werden in der vorausgehenden guten Zeit gebildet, ehe die Luftsprosse absterben. Da das Speicherungsvermögen mit dem Volumen wächst, so wird es begreiflich, daß die unterirdischen, fast nur aus Speicherparenchym bestehenden Überwinterungsorgane bei vielen solchen Gewächsen angeschwollen, dick sind. Solche Speicherorgane können Sproßachsen, Blätter oder Wurzeln sein. Sie entleeren sich bei Beginn der guten Jahreszeit ihrer Bestimmung gemäß, gehen danach, mit Ausnahme vieler Rhizome, meist zugrunde und werden oft in sehr eigenartiger Weise durch neue ersetzt. Speicherorgane von Pflanzen sind es, die wegen ihres Reichtums an ausnutzbaren organischen Reservestoffen vielen Tieren und uns Menschen als besonders wertvolle vegetabilische Nahrungsmittel dienen.

a) Die Wurzelstöcke und sehr viele Sproßknollen sind unterirdische farblose Sprosse. Jene sind verhältnismäßig dünn oder dick, mit langen oder kurzen Internodien (Fig. 125, 143); die Sproßknollen (z. B. die Kartoffelknollen, Fig. 201) aber sind sehr dick. Ihre Blätter (Niederblätter) sind, wie meist an den Erdsprossen, als Schuppen ausgebildet. Die Reservestoffe werden in den Sproßachsen gespeichert, weshalb diese oft angeschwollen sind. An solchen Schuppen, dem Vorhandensein regelmäßig verteilter Knospen, dem Fehlen von Wurzelhauben, endlich an ihrem inneren Bau lassen sich die Rhizome und unterirdischen Sproßknollen von Wurzeln unterscheiden. Meist sind die Rhizome, die bei manchen Pflanzen senkrecht oder schräg, bei anderen horizontal im Boden wachsen und verzweigt oder unverzweigt sind, dauernd mit Wurzeln bedeckt, während die Sproßknollen nach ihrer Bildung zunächst gewöhnlich keine Wurzeln ausbilden; doch kommen alle Übergänge zwischen Rhizomen und Sproßknollen vor.

Fig. 143 stellt den Wurzelstock von Polygonatum multiflorum dar, der auch als Beispiel eines Sympodiums (S. 111) schon angeführt wurde. Die mit *c*, *d* und *e* bezeichneten Stellen entsprechen den Narben der oberirdischen Triebe dreier vorausgegangener Jahre. In *b* ist die Basis des Stengels zu sehen, der in Blüte stand, als das Rhizom dem Boden entnommen wurde; *a* ist die Knospe für den nächstjährigen Trieb.

Fig. 201. Unterer Teil einer Kartoffelpflanze (Solanum tuberosum). Die mittlere dunklere Knolle ist die in die Erde gesteckte Mutterknolle, aus der sich die Pflanze entwickelt hat. **1/3** nat Gr. Nach der Natur mit Benutzung eines BAILLONschen Bildes. Nach SCHENCK.

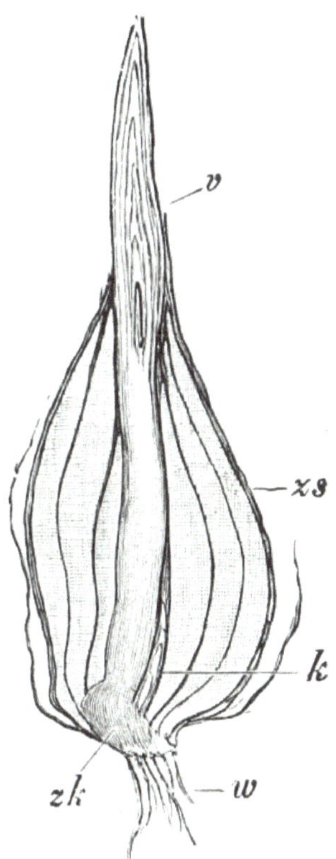

Fig. 202. Zwiebel der Tulpe (Tulipa Gesneriana) im Längsschnitt. *zk* Achse, *zs* Zwiebelschuppen, *v* Terminalknospe, *k* Anlage einer jungen Zwiebel, *w* Wurzeln. Nat. Gr. Nach SCHENCK.

Die Knollen der Kartoffelpflanze, von Colchicum autumnale oder Crocus sativus sind Beispiele für unterirdische Sproßknollen. Die Knollen der Kartoffelpflanze (Fig. 201) oder des Helianthus tuberosus sind unterirdische Sprosse mit angeschwollenen Achsen und reduzierten Blättern. Sie entstehen in Mehrzahl aus den angeschwollenen Enden verzweigter unterirdischer Triebe, Ausläufer (Stolonen), und dienen gleichzeitig der Vermehrung der Mutterpflanze. Die an jeder Kartoffelknolle sichtbaren, regelmäßig verteilten Vertiefungen bergen Achselknospen (die Augen), die bestimmt sind, im kommenden Jahr auszutreiben. Die kleinen schuppenförmigen Blätter, in deren Achseln die Augen entstehen, sind nur an ganz jungen Knollen kenntlich. Nach Ausbildung der Knollen geht die Mutterpflanze zugrunde; die in jenen angehäuften Nahrungsstoffe dienen zum Aufbau der aus den Augen sich entwickelnden Triebe.

Bei den Herbstzeitlosen (Fig. 812) entsteht die neue Knolle an der alten, und zwar aus einer Achselknospe seitlich an ihrer Basis, beim Safran (Fig. 821) aus einer Achselknospe nahe am Scheitel; daher sitzt bei den Herbstzeitlosen die jüngere Knolle seitlich neben der alten, während sie beim Safran ihr aufgesetzt erscheint.

Auch der Rettich und das Radieschen sind (unterirdische) Sproßknollen, allerdings nur aus einem Teil eines einzigen Internodiums, nämlich des hypokotylen Stengelgliedes der Keimpflanzen. An der Bildung dieser Knollen nimmt aber auch der oberste Teil der Keimwurzel teil.

Eine oberirdische Sproßknolle, die aus vielen Internodien eines Laubsprosses hervorgeht und reich an organischen Reservestoffen ist, ist z. B. der Kohlrabi.

b) Eine Zwiebel (z. B. die Küchen-, Tulpen-, Hyazinthenzwiebel) ist ein unterirdischer Sproß, dessen Achse scheibenförmig (Fig. 202 *zk*) abgeflacht ist und dessen fleischig angeschwollene Blätter, die Zwiebelschuppen (*zs*), mit organischen Reservestoffen angefüllt sind. Aus dem Vegetationspunkt der Achse entwickelt sich der oberirdische Trieb. Eine neue Zwiebel geht aus einer Knospe (*k*) in der Achsel einer Zwiebelschuppe hervor.

c) Andere krautige Perennen wechselfeuchter Klimate wieder (z. B. die Georginen und viele Orchideen) bilden Wurzelknollen aus (Fig. 203, 204). Sie ähneln den Stammknollen, lassen ihre Wurzelnatur aber an ihren Wurzelhauben, dem Fehlen von Blattanlagen und dem inneren Bau erkennen. Eine knollige Hauptwurzel heißt Rübe (so bei der Mohrrübe, Zuckerrübe; beides Bienne mit oberirdischen Erneuerungsknospen).

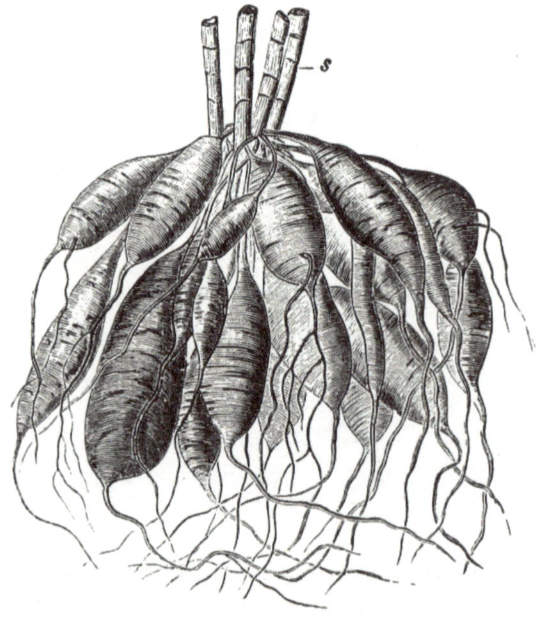

Fig. 203. Wurzelknollen der Georgine (Dahlia variabilis). Bei *s* die unteren Teile der abgeschnittenen Stengel. **1/5** nat. Gr. Nach SCHENCK.

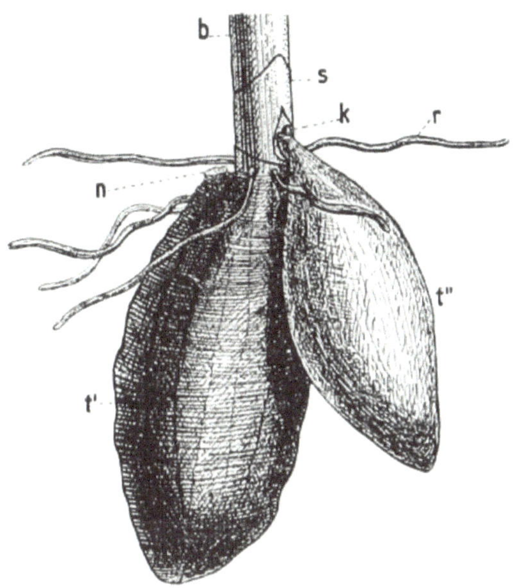

Fig. 204. Wurzelknollen von Orchis, etwas schematisiert. *t'* die alte, *t''* die neue Wurzelknolle dieses Jahres. *b* Blütensproß. *k* Die Achselknospe aus dem Deck- (Nieder-)Blatt *s* daran, an der die neue Knolle *t''* entstanden ist. *r* Adventivwurzeln, unverdickt. *n* Die Narbe an der alten Knolle zeigt die Stelle, womit die alte Knolle an ihrem Muttersproß befestigt war. **3⁄4** nat. Gr.

Eigenartig sind die Wurzelknollen der Orchideen aufgebaut: sie sind eiförmig (Fig. 204) oder handförmig gestaltet (Orchis latifolia) und entstehen stets nur aus einer Wurzel, die handförmigen durch deren Gabelung. Man findet miteinander verbunden eine ältere (*t'*) und eine jüngere Knolle (*t''*). Die ältere hat bereits einen Blütensproß (*b*) getragen und ist im Schrumpfen begriffen. Die jüngere ist an der Basis dieses Sprosses in der Achsel eines Niederblattes (*s*) an dessen Achselknospe (*k*) entstanden, und zwar durch Anschwellung einer sproßbürtigen Wurzel dieser Knospe. Unverzweigte dünne Wurzeln entspringen über den Knollen aus der Stengelbasis.

Viele Zwiebeln, Knollen und Rhizome haben eine spezifische Tiefenlage, die freilich je nach der Beschaffenheit des Bodens variieren kann. So liegen z. B. die Rhizome von Paris in 2–5 cm, die von Arum bei 6–12, von Colchicum bei 10–16, von Asparagus officinalis bei 20–40 cm Tiefe. Die Samen keimen aber auf oder dicht unter der Erde. Die Erdsprosse der jungen Pflanzen müssen also tiefer und tiefer in die Erde eindringen. Dies geschieht zum Teil durch die Zuwachsbewegung des Stammes (vgl. S. 305), zum Teil aber auch durch kontraktile Wurzeln (Zugwurzeln). Bei Lilium z. B. (Fig. 205) sind alle Wurzeln stark kontraktil. Ihre Tätigkeit ist am besten aus Fig. 205, *3* zu erkennen, wo die beiden untersten Wurzeln durch ihre Kontraktion die Zwiebel so verlagert haben, daß die höheren an ihrer Basis im Bogen gekrümmt worden sind. Hat die Zwiebel die richtige Tiefe erlangt, so wird sie durch Wurzelkontraktion jährlich nur um so viel tiefer gezogen, als sie durch Wachstum des Vegetationspunktes aufsteigt. In anderen Fällen sind nicht alle Wurzeln kontraktil (Arum), oder es sind überhaupt nur sehr wenige oder gar nur eine einzige Kontraktionswurzel ausgebildet (Crocus, Gladiolus, Oxalis elegans). Handelt es sich bei den bisher geschilderten Fällen durchweg um Seitenwurzeln, die die richtige Tiefenlage sichern, so kann z. B. bei manchen Rosettenpflanzen die Hauptwurzel durch andauernde Kontraktion während ihres sekundären Dickenwachstums dafür sorgen, daß der Vegetationspunkt jedes Jahr um so viel durch die Wurzel in die Tiefe gezogen wird, wie er durch Wachstum in die Höhe rückt, so daß die Rosette stets dem Erdboden anliegen bleibt (Gentiana lutea).

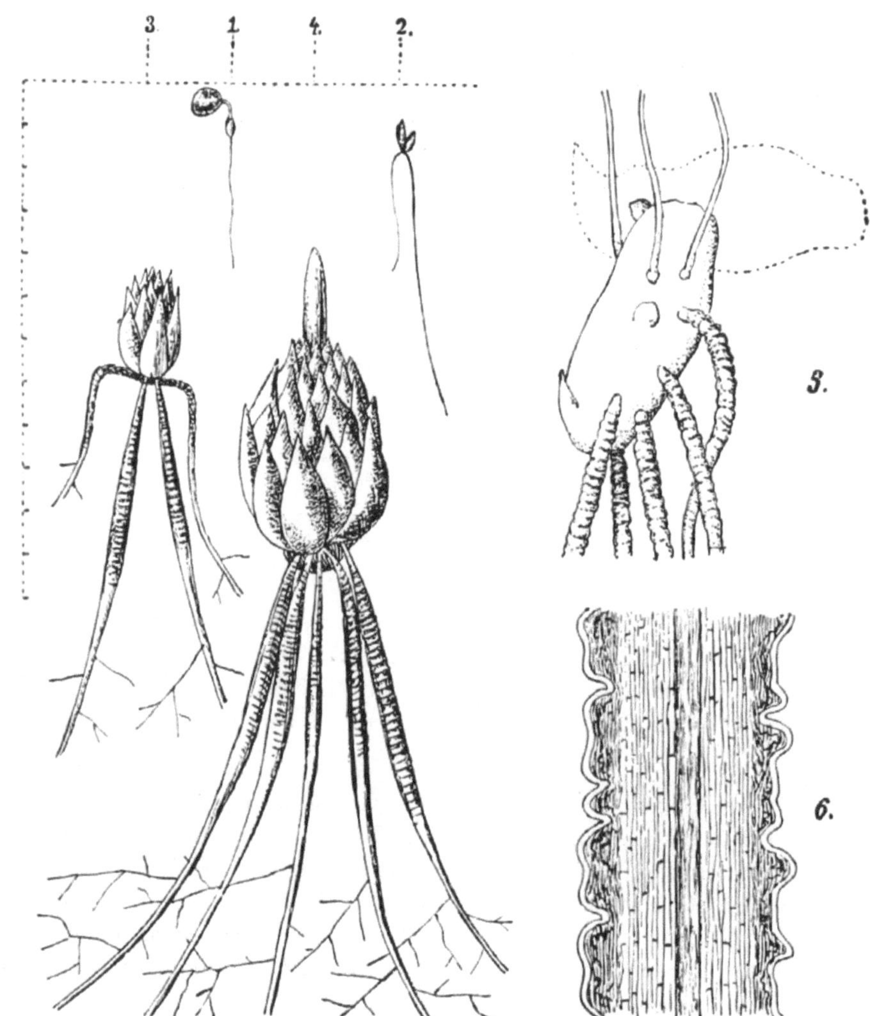

Fig. 205. *1–4* Keimung von Lilium Martagon. Verkleinert. Die horizontale Linie stellt die Erdoberfläche vor; die vertikalen Marken haben Zentimeterabstand. *1* Keimling mit Samen; *2* Keimpflanze am Ende des 2. Jahres; *3* junge Pflanze noch im Absteigen begriffen; *4* ausgewachsene Pflanze in der Normaltiefe; *5* Colchicum autumnale (etwas verkleinert); punktiert ist die ursprüngliche Lage der Knolle, ausgezeichnet die neue Lage, die durch Wurzelkontraktion herbeigeführt wurde; *6* Kontrahierte Wurzel von Lilium. Vergr. 6fach. Nach RIMBACH.

3. Die **annuellen Kräuter** schließlich geben für die schlechte Jahreszeit ihre Vegetationsorgane überhaupt auf: sie überdauern diese in der denkbar sichersten Weise mit ihren trockenen Samen, in denen ebenfalls Reservestoffe reichlich gespeichert sind. —

Je gleichmäßiger günstig das Klima während des ganzen Jahres für die Pflanzenwelt ist (wie in feuchten Gebieten der Tropen), um so mehr überwiegen immergrüne Holzgewächse in der Vegetation, der freilich immergrüne perennierende Kräuter, oft auch mit Erdsprossen, nicht völlig fehlen. Umgekehrt, je extremer die Klimaperiodizität ausgebildet ist, wie z. B. in den Steppen mit schroffer und sehr langer Trockenzeit oder in Klimaten mit harten Wintern, um so größer wird in der Vegetation der Prozentsatz an Tropophyten mit hochgradigen Schutzeinrichtungen und bei den Kräutern an Geophyten und Annuellen. Letztere treten aber in Gebieten mit sehr kurzen und kalten Vegetationsperioden, z. B. im Hochgebirge und in der Arktis, wieder stark zurück.

b) Anpassungen an den Lichtgewinn.[100].

Je üppiger sich durch die Gunst des Klimas die Vegetation entfaltet, um so riesenhaftere Pflanzenformen treten uns in ihr entgegen. In den tropischen Regenwäldern sind, wie eben schon erwähnt, neben wenigen niedrigen immergrünen Kräutern kleinere und größere immergrüne Sträucher ausgebildet, die wieder von zum Teil riesigen ebensolchen Bäumen (vgl. dazu auch S. 120) überschattet werden. Je höher die Pflanzengestalten des Waldes sind, um so mehr direktes Sonnenlicht wird von ihren Blättern aufgefangen, das kleineren Pflanzenformen verloren geht.

Die Kutikula der Blätter solcher Tropenbäume ist oft besonders glatt. Sie wirft einen Teil des Sonnenlichtes zurück, wodurch die Glanzlichter entstehen, die für das Laub der Tropen bezeichnend sind. Das ist vielleicht eine Schutzeinrichtung gegen zu starke Bestrahlung. Andere Schutzmittel gegen zu starke Bestrahlung wurden bei Besprechung der Xerophyten auf S. 145 ff. erwähnt.

Die kleinen und niedrigen Schattenpflanzen der Urwälder und auch unserer Wälder sind angepaßt, die Kohlensäure mit oft großen Blattspreiten in auffallend schwachem Lichte noch hinreichend zu assimilieren.

Im Kampfe um das Licht sind außer Bäumen und Sträuchern zwei Kormophytengruppen ganz eigenartigen Baues entstanden, die für die tropischen Regenwälder besonders bezeichnend sind, ohne bei uns ganz zu fehlen: die Kletterpflanzen (Lianen) und die Epiphyten.

1. Lianen oder Kletterpflanzen[106]. Sie vermögen ohne großen Materialaufwand, ohne säulenförmige Stämme, in kurzer Zeit ihr Laub dem Schatten, etwa des Waldes, zu entziehen und es an die Peripherie der Baumkronen oder der sonstigen Vegetationsdecke stärkerem Lichte darzubieten, indem sie mit dünnen Stengeln an fremden Sprossen, Baumstämmen und Ästen emporklettern. Die tauartigen Stämme der Lianen sind es, die den Urwald der Tropen in ein vielerorts undurchdringliches Dickicht verwandeln.

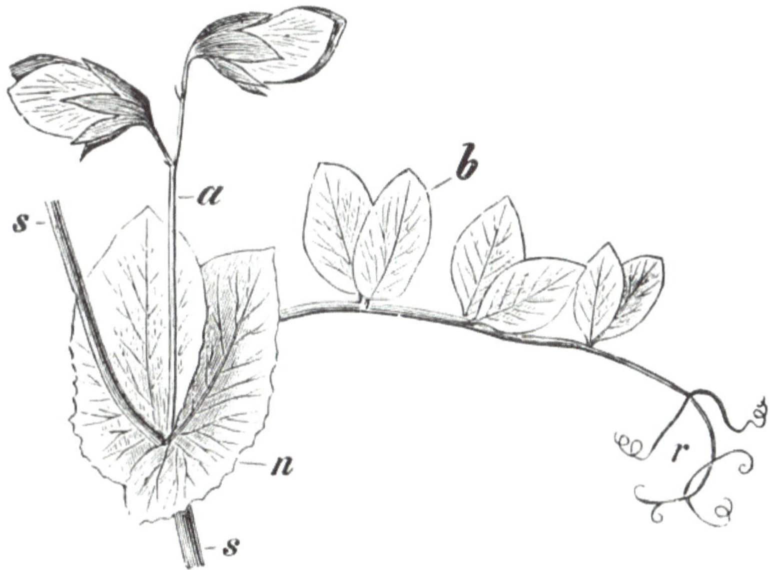

Fig. 206. Stengelstück und Blatt der Erbse (Pisum sativum). *s* Stengel, *n* Nebenblätter, *b* Blättchen des einfach gefiederten Blattes, *r* die zu Ranken ausgewachsenen Blättchen, *a* der Blüten tragende Achselsproß. 1/2 nat. Gr. Nach SCHENCK.

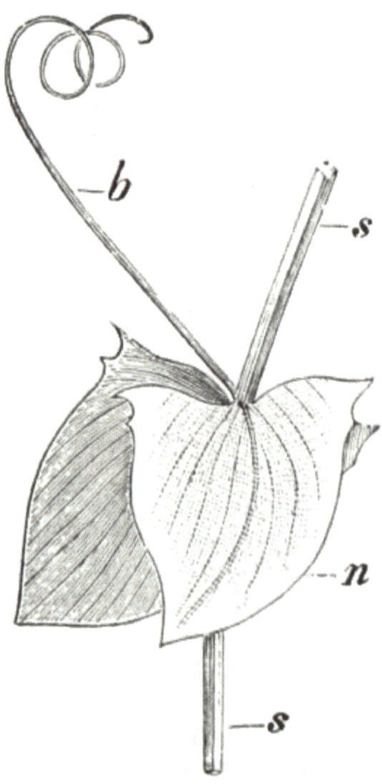

Fig. 207. Stengelstück der Rankenplatterbse (Lathyrus Aphaca). *s* Stengel, *n* Nebenblätter, *b* Blattranke. 1/2 nat. Gr. Nach SCHENCK.

Das Klettern wird in sehr verschiedener Weise bewerkstelligt, z. B. durch widerhakenförmige Seitensprosse oder Haare und Stacheln oder durch beides, oder durch Dornen (Spreizklimmer: Galium Aparine, Kletterrosen, Solanum Dulcamara), oder durch Wurzeln (Wurzelkletterer: Efeu, viele Araceen), oder durch Windebewegungen (Schlingpflanzen: Hopfen, Feuerbohne), oder endlich durch besondere Befestigungsorgane, die Ranken (Rankenpflanzen). Die Ranken sind fadenförmige, unverzweigte oder verzweigte Organe, die, mit Kontaktreizbarkeit (vgl. S. 312) ausgestattet, fremde Stützen umwickeln und den Sproß daran befestigen können. Bei vielen Kletterpflanzen sind es metamorphosierte Sproßachsen (Sproßranken), so beim Weinstock, wilden Wein (Fig. 208) und bei den Passionsblumen, bei anderen umgebildete Blätter (Blattranken), z. B. beim Kürbis, bei der Gurke und bei Lathyrus Aphaca (Fig. 207), wo die Funktionen der zur Ranke gewordenen Blattspreite durch die blattartig ausgebildeten Nebenblätter übernommen worden sind, oder es sind umgebildete Teile von Blattspreiten (z. B. bei der Erbse, Fig. 206), wo sich die oberen Blättchen des Fiederblattes in eine verzweigte Ranke umgewandelt haben).

Bei gewissen Arten des wilden Weins, Parthenocissus quinquefolia und P. tricuspidata (Fig. 208), sind die Rankenzweige befähigt, an ihren Enden Haftscheiben auszubilden und sich mit diesen auch an flachen Stützen zu befestigen.

Fig. 208. Parthenocissus tricuspidata. *R R* Sproßranken. **3⁄4** nat. Gr. Nach NOLL.

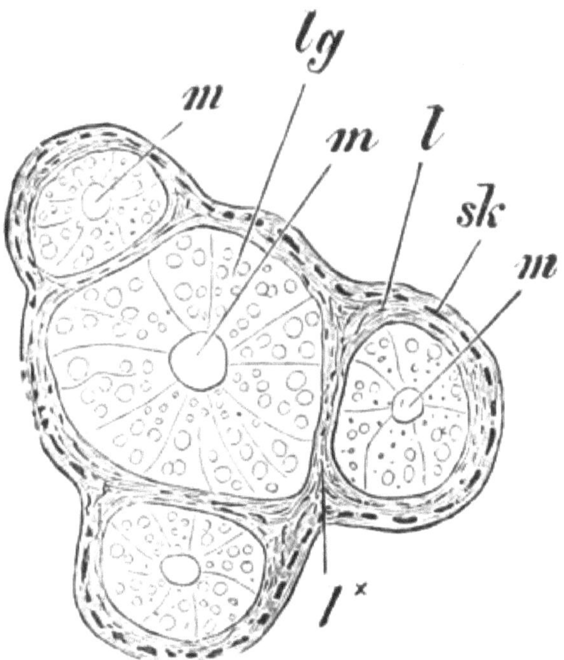

Fig. 209. Querschnitt durch den Stamm von Serjania Laruotteana. *sk* Teile des zersprengten Sklerenchymringes des Perizykels, *l* und *l** Bastzonen, *lg* Holzkörper, *m* Mark. Vergr. 2. Nach STRASBURGER.

Fig. 210. Querschnitt durch den Stamm einer Bignoniacee aus Blumenau. Nat. Gr. Nach SCHENCK.

Bezeichnend für fast alle Lianen sind ihre ungewöhnlich weiten Tracheen und Siebröhren, ferner bei den tropischen Kletterpflanzen Anomalien des sekundären Dickenwachstums, wodurch gefurchte, zerklüftete oder geteilte Holzkörper entstehen, die die tauförmigen, langen und schwanken Sprosse biegungs- und torsionsfähig machen. Gefurchte Holzkörper sind bei vielen Bignoniaceen-Lianen ausgebildet. Der Kambiummantel erzeugt zuerst in gewohnter Weise nach innen Holz, nach außen Bast und bildet einen normal gebauten Holzzylinder Hierauf beginnt er aber an einzelnen Stellen nur noch wenig Holz nach innen, um so mehr Bast nach außen zu bilden. Das hat zur Folge, daß tiefe Bastkeile, die stufenförmig nach außen an Breite zunehmen, in das äußere Holz hineinreichen (Fig. 210). Das Kambium ist dabei in Längsstreifen, breitere an den Holzvorsprüngen, schmälere im Grunde der Bastkeile, zerfallen. Das fortwachsende Holz muß an diesen Bastkeilen vorbeigleiten, so daß seitlich zwischen diesen Holzteilen und den Bastkeilen keine Verbindung besteht. Mehrere Holzzylinder sind verschiedenen tropischen Lianen aus den Sapindaceen-Gattungen Serjania und Paullinia eigen (Fig. 209). Sie kommen dadurch zustande, daß die Leitbündel in den primären Stammteilen auf dem Querschnitte nicht im Kreise angeordnet sind, sondern eine ringförmige Figur mit mehr oder weniger tiefen Ausbuchtungen bilden. Letztere werden quer durch den Stamm hindurch durch Kambium verbunden, worauf mehrere Kambiumringe nebeneinander im Stengel liegen.

2. Epiphyten[107]. Eine andere Gruppe von Kormophyten kann die Blätter dadurch in stärkeres Licht bringen, daß ihre Vertreter nicht im Boden wurzeln, sondern sich von vornherein in den Kronen der höchsten Bäume auf ihren Ästen ansiedeln. Solche Pflanzen nennt man Epiphyten. Diese Bäume dienen ihnen nur als Unterlagen; sie können deshalb auch durch anorganische Substrate, z. B. Felsen, ersetzt werden. Zu epiphytischer Lebensweise sind natürlich nur solche Gewächse geeignet und befähigt, deren Samen durch Luftströmungen oder durch Tiere immer wieder auf die Äste der Bäume gebracht werden. Für die epiphytischen Pflanzen ist offenbar die Beschaffung des nötigen Wassers und der Nährsalze recht schwierig. Infolgedessen kommen sie nur in warmen Gebieten mit reichlichem Regenfall und großer Luftfeuchtigkeit, deshalb also vor allem in den tropischen Regenwäldern, vor. Außerdem findet man bei ihnen oft eigenartige Einrichtungen, die diesen Schwierigkeiten begegnen: bei vielen Epiphyten Sproßknollen als Wasserspeicher (z. B. Orchideen), die bei Regenwetter gefüllt werden, oder Einrichtungen, um Wasser aufzufangen.

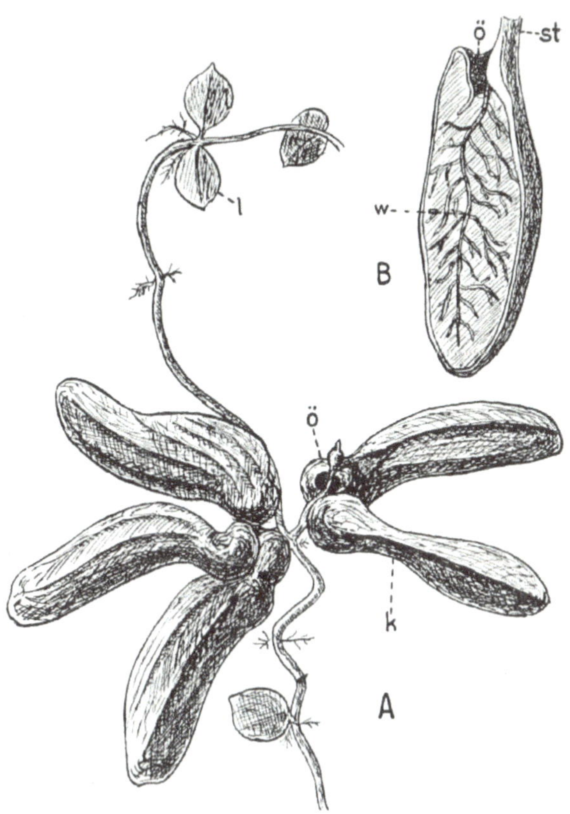

Fig. 211. Dischidia Rafflesiana mit Laub- (*l*) und Kannenblättern (*k*). *B* Längsschnitt einer Kanne. *ö* Öffnung, *st* Stiel der Kanne, *w* Wurzel. *A* ca. **1/3**, *B* ca. **1/2** nat. Gr. Nach TREUB.

In unseren Gegenden sind die Epiphyten nur durch rindenbewohnende Algen, Flechten und Moose vertreten, die vollständige Austrocknung vertragen. In den Tropen kommen aber auch sehr viele Kormophyten als Epiphyten vor, z. B. in der Gruppe der Pteridophyten, in den Familien der Orchideen, Bromeliaceen, Araceen u. a.

Die Schwierigkeiten der Wasserversorgung machen es verständlich, daß die Epiphyten fast sämtlich ausgesprochene Xerophyten sind (Fig. 196). Sie befestigen sich an ihren Unterlagen mit Haftwurzeln; das sind verhältnismäßig kurze, unverzweigte und das Licht fliehende Wurzeln, die fremde Gegenstände umklammern und oft Drähten gleichen. Außer diesen Haftwurzeln werden übrigens bei vielen Araceen auch viel längere Nährwurzeln ausgebildet, die frei nach unten in die Luft hängen und ohne jede Verzweigung nach abwärts wachsen, bis sie den Boden erreichen, worin sie sich verzweigen. Die Mehrzahl aber, die keine Wurzeln bis zum Erdboden treibt, ist auf das Wasser der Regengüsse angewiesen, das sie meist mittels besonderer Apparate aufnehmen und sammeln. Baumbewohnende tropische Orchideen und auch einige Araceen besitzen zur Aufnahme von Regen an ihren Luftwurzeln ein besonderes Gewebe: die mehrschichtige Epidermis ist eine Hülle, Wurzelhülle oder Velamen, die in manchen Fällen nicht unbeträchtlich dick wird. Ihre Zellen, die den lebenden Inhalt einbüßen und in den Zellwänden meist schrauben- oder netzförmige Verdickungen und häufig auch Löcher besitzen, sind je nach dem Feuchtigkeitsgrade der Umgebung mit Luft oder mit Wasser gefüllt. Sie saugen wie Fließpapier das Wasser auf. Sind die Zellen mit Luft gefüllt, so erscheint die Hülle weiß; enthalten sie Wasser, so schimmert das innere Gewebe mit grüner Farbe durch. Bei anderen epiphytischen Orchideen und Araceen bilden die nach aufwärts wachsenden Luftwurzeln ein reichverzweigtes Geäst, in dem sich durch Verwesung daraufgefallener Blätter Humus und darin auch Wasser ansammelt. Namentlich unter den Farnen aber finden sich Epiphyten, deren Blätter den Humus sammeln: Bei Asplenium nidus sitzen die Blätter dem dichten Stamm in kurzer Rosette an; der trichterförmige Raum über der Stammknospe, den sie einschließen, füllt sich mit Humus. Bei Polypodium- und Platycerium-Arten aber werden besondere Blätter als

„Nischenblätter“, „Mantelblätter“ usw. ausgebildet, die alle der Sammlung von Humus und von Wasser dienen. Noch weiter geht in der Umbildung der Blätter die Asclepiadee Dischidia Rafflesiana (Fig. 211): Einige Blätter sind als tiefe Urnen mit engen Mündungen ausgebildet; in die Urnen, in denen das Transpirationswasser kondensiert wird, wachsen Wurzeln hinein, verzweigen sich darin und nehmen zusammen mit diesem Wasser wertvolle stickstoffhaltige Substanzen auf; die Urnen enthalten nämlich gewöhnlich Kolonien von Ameisen, deren Fäkalien und abgestorbene Leiber.

Ein Extrem unter diesen Epiphyten sind die amerikanischen Bromeliaceen, bei denen Wurzeln überhaupt fehlen können (Tillandsia usneoides) oder nur Haftorgane sind. Die Wasseraufnahme erfolgt hier ausschließlich durch eigenartige schildförmige Schuppenhaare, die auf den Blättern sitzen. Nicht selten bilden bei diesen Gewächsen die dicht aneinander schließenden Blattbasen einen trichterförmigen Hohlraum, in dem sich Wasser sammelt (Zisternenepiphyten).

c) Anpassungen der grünen Kormophyten an besondere Ernährungsweise.

Solche kommen bei den **insektenfressenden**, **fleischfressenden** oder **karnivoren** Pflanzen vor[108]. Das sind Pflanzen, die zwar mit grünen Blättern organische Substanzen aus Kohlensäure bilden und völlig autotroph leben können, außerdem aber mit Einrichtungen zum Fangen und Festhalten kleiner Tiere, vor allem Insekten, ausgestattet sind und durch ausgeschiedene Enzyme die Beute so weit wie möglich auflösen, verdauen und als Nahrung resorbieren.

Für den Tierfang bestehen bei den karnivoren Pflanzen die mannigfaltigsten Einrichtungen. Auf den Droserablättern stehen wie Schneckenfühler gestaltete, von einem Leitbündel durchzogene Auswüchse oder Emergenzen, die Tentakeln (Fig. 212, 213), deren Drüsenköpfchen ein klebriges Sekret in Form glänzender Tröpfchen absondern. Insekten bleiben an diesen Drüsen hängen, kommen bei ihren Befreiungsversuchen mit noch mehr Drüsen in Berührung und werden dadurch um so fester gehalten. Durch den Reiz veranlaßt, krümmen sich sämtliche Tentakeln nach dem Opfer hin, wobei die Blattfläche selbst hohl wird und das Insekt umfaßt.

Bei der ebenfalls in Deutschland heimischen Pinguicula legt sich einfach der Blattrand um das kleine Tier, das an den winzigen Hautdrüsen hängen bleibt.

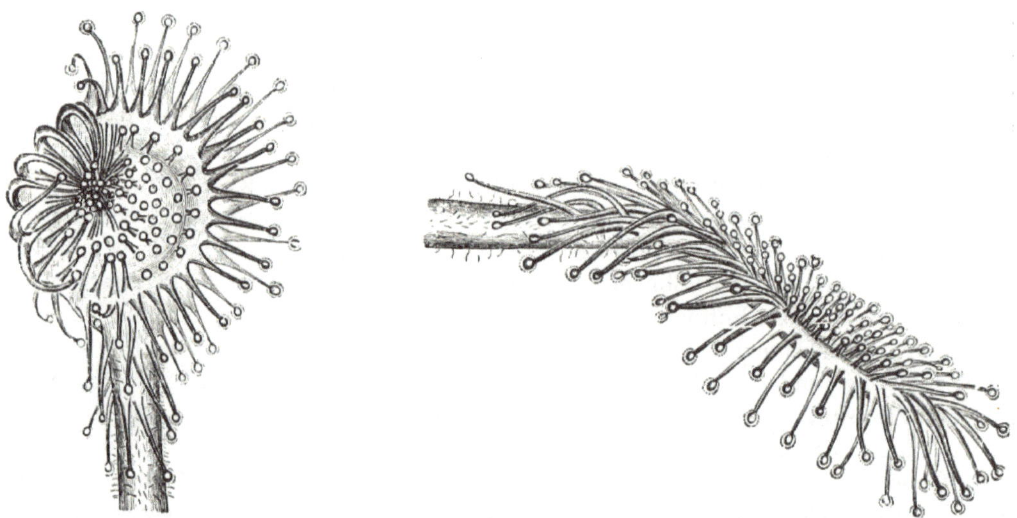

Fig. 212. Blätter von Drosera rotundifolia, links mit teils eingekrümmten Tentakeln, von oben; rechts mit ausgebreiteten Tentakeln, von der Seite gesehen. Vergr. 4fach. Nach DARWIN.

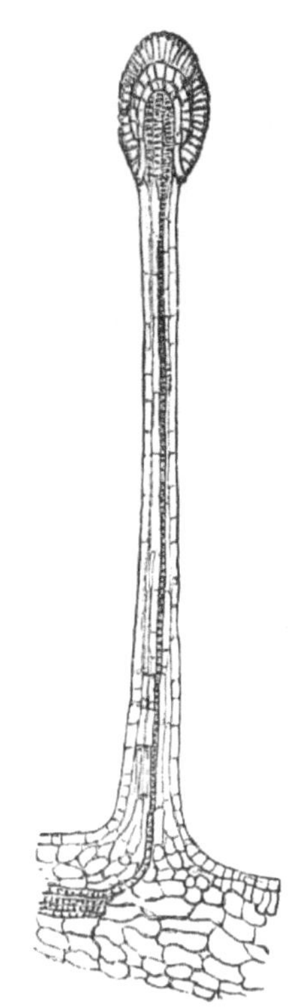

Fig. 213. Digestionsdrüse von Drosera rotundifolia. Vergr. 60. Nach STRASBURGER.

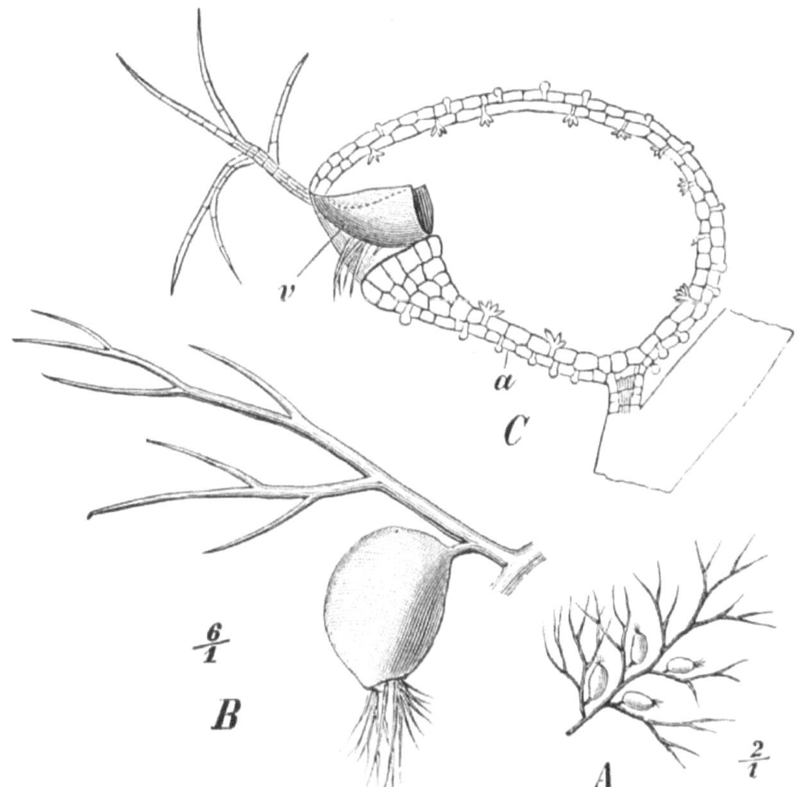

Fig. 214. Utricularia vulgaris. Bei *A* ein Blattstück mit mehreren Blasen. Vergr. 2. Bei *B* ein Fiederteil des Blattes mit Blase. Vergr. 6. Bei *C* eine Blase im Längsschnitt. Vergr. etwa 28. In *Cv* Klappe, *a* Blasenwandung. *A*, *B* nach SCHENCK, *C* nach GOEBEL.

Die auch bei uns, in stehenden Gewässern, vorkommenden Utricularia-Arten tragen an den zerschlitzten Blättern (Fig. 214) in grüne Blasen umgewandelte Blattzipfel. Die Blasen sind mit Wasser gefüllt und besitzen eine kleine viereckige Öffnung, die mit einer elastischen, nur nach innen sich öffnenden Klappe verschlossen ist. Berühren kleine Wassertiere, z. B. Krebse, eine der vier hebelartig wirkenden Borsten, die am unteren Rande des Blasendeckels (Fig. 214 *C*) nach außen hervorstarren, oder den Deckel selbst, so werden sie durch eine eigenartige „Schluckbewegung" der Blase, die durch Entspannung der durch einen Kohäsionsmechanismus (vgl. S. 296) elastisch gespannten Blasenwände zustandekommt, mit einem Wasserstrom in die Blase gesogen; darauf springt die Klappe sogleich in ihre Ausgangsstellung zurück und verwehrt ihnen den Austritt, so daß man oft viele Tierchen in einer Blase gefangen findet. Haare, die von der inneren Blasenwand entspringen, besorgen die Resorption der verdauten tierischen Körper und eines Teiles des Wassers in den Blasen, wodurch eben die Blasenwände elastisch gespannt und zu der Schluckbewegung bereit gemacht werden[109].

Stattlicher und noch leistungsfähiger sind die Fangeinrichtungen ausländischer Karnivoren. Geradezu überraschend ist die Schnelligkeit, mit der die Venusfliegenfalle, Dionaea, auf den Torfmooren Carolinas ihre gezähnten Blatthälften zusammenklappt und das Insekt, das sich darauf wagt, gefangen nimmt. Fig. 215 stellt ein Dionaeablatt in offenem Zustande, zum Fange bereit, dar. Ähnlich gebaute Blätter besitzt die auch bei uns heimische, aber sehr seltene Wasserpflanze Aldrovanda.

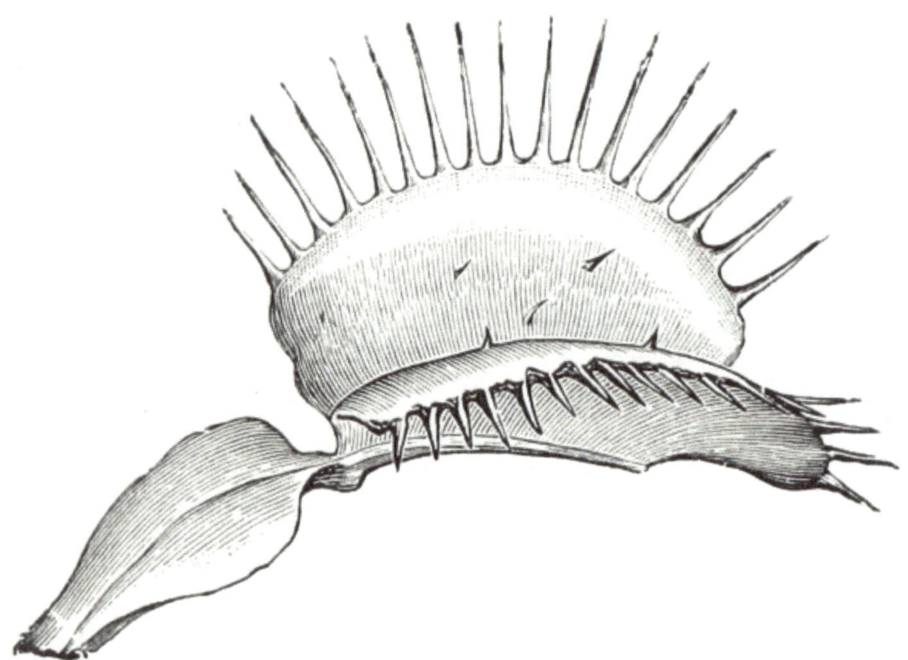

Fig. 215. Ein Blatt der Venusfliegenfalle (Dionaea muscipula). Der schraffierte Teil der Innenfläche, dicht mit Verdauungsdrüsen besetzt. Vergr. 4fach. Nach DARWIN.

Fig. 216. Nepenthes robusta. Gewächshauspflanze. 1/9 nat. Gr. Nach SCHENCK.

Fig. 217. Blattkanne einer Nepenthes. Am Grunde der Kanne, aus der ein Stück herausgeschnitten gedacht ist, steht die von den Blattdrüsen ausgeschiedene Flüssigkeit *F*, in der hineingefallene Tiere verdaut werden. 1/2 nat. Gr. Nach NOLL.

Bei anderen ausländischen Karnivoren tritt vorherrschend die Kannenform als Tierfalle auf, so bei Nepenthes, Cephalotus, Sarracenia, Darlingtonia. Die Kannen entstehen, indem ganze Blätter oder Teile dieser sich zu krugartigen Behältern ausbilden (vgl. Fig. 216, 217), die meist von einem Deckel, wohl zur Abhaltung des Regenwassers, überdacht sind. Bei Nepenthes z. B. geht jede Kanne, wie Goebel nachgewiesen hat, aus einer entsprechend umgeformten Blattspreite hervor; der Blattgrund verbreitert sich zugleich spreitenförmig; der Blattstiel, der beide trennt, kann eine Ranke sein. Im Grunde solcher Kannen steht eine von Drüsen ausgeschiedene wäßrige Flüssigkeit. Tiere, die bei Nepenthes durch Honigabscheidungen am Rande der Kanne angelockt werden und den Kannenrand betreten, gleiten aus, fallen in die Flüssigkeit und werden im Innern der Kannen durch kleine Haare, die alle nach abwärts gerichtet sind, am Zurückklettern verhindert.

B. Heterotrophe Kormophyten[110].

Neben den grünen Kormophyten, die das Licht brauchen, um mittels des Chlorophylls aus Kohlensäure und Wasser die organischen Substanzen aufzubauen, und wohl auch stark transpirieren müssen, um die Bodennährsalze in genügender Menge in ihrem Körper anzureichern, gibt es wie bei den Thalluspflanzen auch solche, die alle oder einen Teil ihrer organischen Substanzen von außen beziehen, und zwar meist aus lebenden

Organismen (Schmarotzer oder Parasiten). Diese Formen brauchen also kein Licht und keine Transpiration. Ihrer besonderen Ernährungsweise entspricht ein ganz eigenartiger, von den grünen Kormophyten völlig abweichender Bau. Er führt vor Augen, wie sehr die Chlorophyllfunktion mit der Ausgestaltung der grünen Pflanze in Beziehung steht. Mit dem Zurücktreten oder dem Verschwinden des Chlorophylls in den Schmarotzern gehen die besonders für die Assimilation und die Transpiration eingerichteten großen Blattflächen verloren; die Blätter werden zu unscheinbaren gelblichen Schuppen oder fehlen ganz. Auch ihre Träger, die Sproßachsen, sind mehr oder weniger reduziert und gelblich, nicht grün gefärbt. Da eine lebhafte Transpiration nicht mehr stattfindet, so schwinden bei vielen Formen auch die Wurzeln. Infolgedessen bleiben auch die Gefäßteile der Leitbündel schwach entwickelt, und eine Holzbildung findet höchstens in ganz geringem Umfange statt. Diesem Fortfall der Assimilationseinrichtungen steht aber die Ausbildung neuer Einrichtungen gegenüber, die es den Parasiten gestatten, in den Körper des befallenen Organismus bis zu den Leitungsbahnen einzudringen und derart in dessen Stoffwechsel einzugreifen, daß er seinen Wirt ausgiebig berauben kann.

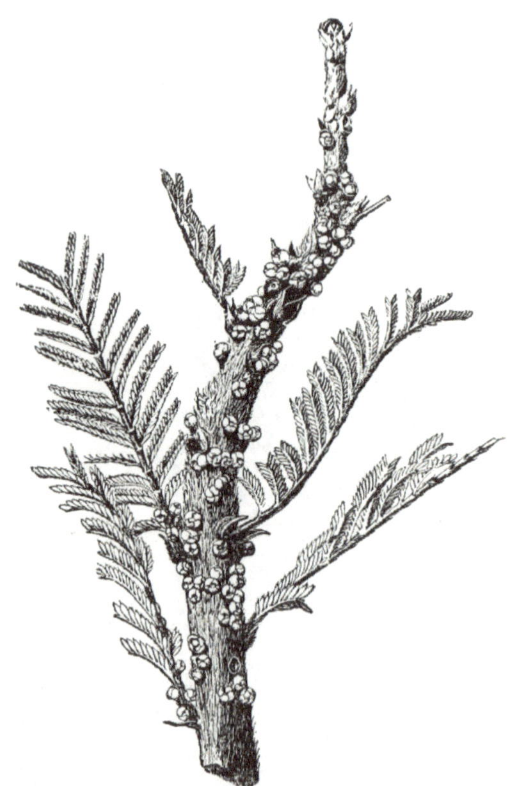

Fig. 218. Ein Leguminosenzweig, dicht besetzt mit hervorbrechenden Blüten des Schmarotzers Pilostyles Ulei Solms (Rafflesiacee). Nach GOEBEL, Organographie.

Manche ausländische Schmarotzerpflanzen schließlich, so besonders die Rafflesiaceen, sind derart in parasitischer Lebensweise aufgegangen, daß ihre Vegetationsorgane äußerlich überhaupt nicht mehr sichtbar und gar nicht mehr kormophytisch gegliedert sind, sondern als hyphenähnliche Stränge ganz innerhalb der Wirtspflanze wachsen, aus der die fremdartigen Blüten des Schmarotzers überraschend hervorbrechen, z. B. Pilostyles-Arten (Fig. 218). Auch die größte der bekannten Blüten, die bis zu 1 m Durchmesser erreichende Blüte der in Sumatra lebenden Rafflesia Arnoldi, sitzt den Wurzeln ihrer rebenartigen Nährpflanze, einer Cissus-Art, in dieser Weise unmittelbar auf.

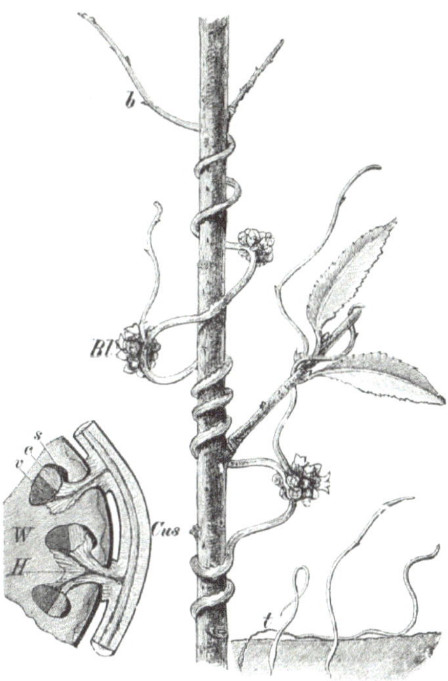

Fig. 219. In der Mitte ein Weidenzweig, umwunden von der schmarotzenden Cuscuta europaea. An den warzenförmigen Anschwellungen des Cuscutastengels treten Haustorien in die Weide ein. *b* Reduzierte Blättchen. *Bl* Blütenknäuel. Links: Verbindung des Schmarotzers (*Cus*) mit einer Wirtspflanze *W*. Die Haustorien *H* dringen teils in das Rindenparenchym ein, teils legen sie sich dicht an den Gefäßteil *v* und den Siebteil *c* der Leitbündel an, deren Sklerenchymscheide *s* sie zum Teil abheben. Rechts: Keimende Cuscuten: der längste Keimling auf dem Boden kriechend, indem er vorn auf Kosten des absterbenden Teils *t* weiterwächst. Nach NOLL.

Als Beispiel einer einheimischen parasitisch lebenden Phanerogame sei hier die zur Familie der Convolvulaceen gehörige Cuscuta europaea behandelt, obgleich der Chlorophyllgehalt ihrer Sproßachsen, denen die Laubblätter fehlen, noch an die normal assimilierenden Pflanzen erinnert, wenn er auch nur sehr gering ist. Rechts unten in Fig. 219 sind Cuscutakeimlinge dargestellt, wie sie sich im Frühjahr aus dem Samen entwickeln. Schon der Keimling verzichtet auf die Ernährung mittels der Kotyledonen, die verkümmert sind; auch sein Keimwürzelchen stirbt immer bald ab. Das Keimstengelchen aber streckt sich sofort zu einem langen dünnen Faden, dessen freies Ende sich in weitem Kreise herum bewegt und dadurch eine in seinem Bereiche wachsende Nährpflanze auffindet. Ist von dem Orte der Keimung aus keine Wirtepflanze zu erreichen, so vermag der Keimling eine kurze Strecke weiter zu kriechen, indem er am hinteren Ende (Fig. 219 *t*) abstirbt und auf Kosten der diesem Teile entzogenen Nährstoffe am vorderen Ende sich verlängert. Trifft das freie Fadenende bei seinem Kreisen aber schließlich auf eine Nährpflanze, z. B. einen Weidenschoß oder einen Brennesselstengel, so umschlingt er diese wie eine Schlingpflanze. Nach kurzer Zeit entwickeln sich aus der dem Wirte angeschmiegten Seite zunächst papillöse Wucherungen der Epidermis, die in die Gewebe der Wirtspflanze eindringen. Finden diese Prähaustorien dort zusagende Verhältnisse vor, so folgt ihnen sehr rasch die Ausbildung der eigentlichen Saugorgane, der Haustorien (*H*). Diese brechen aus dem Innern des Parasiten hervor und besitzen in hohem Grade die Fähigkeit, in die Wirtspflanze einzudringen. Sie breiten sich scheinbar ohne Schwierigkeit im fremden Gewebe aus, legen sich eng an dessen Leitbündel an, während einzelne, aus dem Körper des Haustoriums hervorsprossende freie Zellreihen wie Pilzfäden in dem zarten Parenchym vordringen und diesem weitere Nahrung entnehmen. Da, wo sich das Haustorium an den Gefäß- und Siebteil eines Leitbündels herangedrängt hat, bilden sich in ihm Elemente des Gefäßteils und des Siebteils aus, die sich einerseits an die Gefäß- und Siebteile des Wirtes organisch anschließen, andererseits aber mit den Leitbündeln des Schmarotzerstengels in Verbindung treten (Fig. 219 links). Wie ein der Wirtspflanze angehöriges

Seitenorgan entnimmt alsdann der Schmarotzer dieser sein Transpirationswasser und seine sämtlichen Nährstoffe.

Die Samen der ebenfalls bei uns einheimischen schmarotzenden Orobanchen keimen erst bei Berührung mit den Wurzeln der Wirtspflanze. Ihre Haustorien bleiben auf die Wurzeln ihrer Nährpflanze beschränkt; es kommen nur die hellgelblichen, rötlichbraunen oder amethystblauen, spargelartigen Blütensprosse neben dem Wirte aus der Erde hervor. Auch die Orobanchen enthalten noch geringe Mengen assimilierender Chromatophoren (Fig. 772). Beide, Cuscuta und Orobanche, sind gefürchtete Feinde der Landwirtschaft, die an Kulturgewächsen, erstere als „Teufelszwirn“, „Flachs- und Kleeseide“, letztere als „Würger“, großen Schaden anrichten und schwer auszurotten sind.

Ähnlichen Habitus wie die Orobanche-Arten haben einige Formen, die man zunächst wohl nicht für Parasiten halten wird, weil sie im Humus des Waldbodens leben: Orchideen (Neottia, Corallorrhiza, Epipogon) und die Pirolacee Monotropa. Der Mangel an Chlorophyll und die Reduktion der Blätter zu Schuppen, bei Corallorrhiza auch die Reduktion der Wurzeln (vgl. Fig. 220 das wurzellose Rhizom) beweisen aber schon, daß auch diese Formen organische Substanz von außen beziehen. Sie können aber den Humus nicht selbst ausnutzen, sondern sind darauf angewiesen, daß humusbewohnende Pilze, die daraus ihre Nahrung beziehen, in ihre unterirdischen Gewebe mit einem Teil ihres Myzeliums eindringen; ein Teil der eingedrungenen Pilzhyphen wird alsdann verdaut. Die Kormophyten sind also gewissermaßen Parasiten auf Humuspilzen; ihre verpilzten Wurzeln nennt man Mykorrhizen.

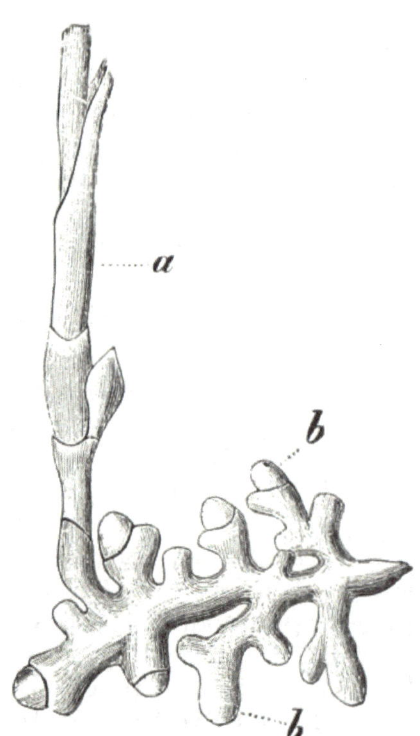

Fig. 220. Rhizom von Corallorrhiza innata. Bei *a* Blütenschaft, bei *b* Anlagen neuer Rhizomzweige. Nat. Gr. Nach SCHACHT.

Gegenüber diesen Schmarotzern, die in die größte Abhängigkeit von ihren Nährpflanzen geraten sind, gibt es aber auch solche, die äußerlich noch sehr selbständig erscheinen, da sie mit großen grünen Blättern assimilieren können. Trotzdem sind sie zugleich Parasiten, da sie sich nur dann normal entwickeln, wenn ihr Wurzelsystem mit fremden Wurzeln oder zur Not auch mit denen der Artgenossen durch Haustorien verbunden ist („Halbschmarotzer“). So leben z. B. die Santalacee Thesium und die Rhinanthaceen Rhinanthus,

Euphrasia, Pedicularis, Bartschia, Melampyrum und Tozzia, von denen sich die letzte, zumal in den ersten Entwicklungsstadien, am meisten ausgeprägt parasitisch ernährt.

Auch unsere einheimische, auf Baumkronen schmarotzende Mistel besitzt, wie viele ihrer ebenso lebenden fremdländischen Verwandten unter den Loranthaceen, noch stattliche Blätter, aber reduzierte Wurzeln und ist so reich an Chlorophyll, daß sie wohl ihren Bedarf an Kohlehydraten vollständig selbst zu decken vermag.

II. Fortpflanzungsorgane[111].

A. Bedeutung der Fortpflanzung für den Organismus. Gewaltsamer oder natürlicher Tod ist das Ende jedes Organismus. Für den Fortbestand aller lebenden Wesen ist also die Fortpflanzung ebenso unbedingt notwendig wie die Ernährung. Wie im Worte Fortpflanzung schon zum Ausdruck kommt, ist ihr wichtigstes Merkmal, daß ein Individuum Teilen von sich, die zu neuen Individuen werden, Fortdauer sichert. Die einfachste Art der Fortpflanzung liegt bei vielen einzelligen Pflanzen in der Zweiteilung ihrer Zellen und Trennung der Tochterzellen voneinander vor. Solchen Formen schließen sich gewisse einfach organisierte vielzellige Thallophyten (z. B. Spirogyra) aufs engste an, insofern ihr Körper zu Zeiten in seine Einzelzellen zerfällt, die alsdann durch wiederholte Teilung ebenso viele neue Tochterindividuen liefern. Meist aber erfolgt die Fortpflanzung durch die Ausbildung besonderer Keime, die sich von der Mutterpflanze ablösen und später durch Keimung zu neuen Individuen werden. So entstehen junge Tochterorganismen, Keimlinge, die die Entwicklung der Mutterpflanzen wiederholen.

Während sich bei den Einzelligen und bei einfachen Vielzelligen eine jede Zelle an der Fortpflanzung beteiligen kann, ist bei allen höher organisierten Pflanzen eine Arbeitsteilung zwischen Vegetationsorganen und Fortpflanzungsorganen durchgeführt, d. h. solchen besonders gestalteten Organen, denen die Aufgabe zufällt, Keime auszubilden. Diese Arbeitsteilung wird um so auffälliger und zieht um so mehr Teile des Körpers in den Dienst der Fortpflanzung, je höher organisiert der Organismus ist. In erster Linie auf die Verschiedenartigkeit des Baues und der Stellung dieser Fortpflanzungsorgane gründet sich die Einteilung des Pflanzenreiches in Klassen, Ordnungen, Familien usw.

B. Allgemeine Eigenschaften der Keime. Auch der Bau der Keime steht in engster Beziehung zu den Aufgaben, denen sie zu dienen haben.

Bezeichnend für die meisten Keime ist ihre geringe Größe im Verhältnis zu dem Mutterorganismus, der sie hervorbringt; dadurch wird den Mutterpflanzen ohne allzuviel Materialaufwand die Bildung sehr zahlreicher Keime und den Keimen die Verbreitung erleichtert.

Bei der Fortpflanzung handelt es sich nicht nur um die Bildung eines neuen Individuums an Stelle des Mutterindividuums, sondern um eine Vermehrung der Individuen. Da viele, manchmal die meisten Keime überhaupt nicht die zur Keimung und zum Wachstum günstigen Verhältnisse finden, auch ein großer Teil der Keimlinge abstirbt, ehe er sich fortpflanzen kann, so würde Ausbildung nur eines Keimes gleichbedeutend mit dem baldigen Untergange der Art sein. So ist die ungeheure, anscheinend verschwenderische Menge von Keimen für die Fortpflanzung bezeichnend. Ein Hutpilz oder ein Farnkraut kann Millionen von Keimen bilden; ein Pappelbaum soll nach BESSEY jährlich 28 Millionen solcher reifen.

Weiter muß dafür gesorgt werden, daß die Keime von der Mutterpflanze losgelöst und daß sie danach möglichst weit verbreitet werden; denn an den Stellen, wo sie entstehen, sind meist nicht die Bedingungen für ihre Keimung und ist kein Raum für die Entwicklung der Tochterorganismen vorhanden.

Endlich ist es nötig, daß den Keimen vom Mutterorganismus Reservestoffe mitgegeben werden, damit sie sich weiter entwickeln können, bis sie sich selbst zu ernähren vermögen.

Sehr häufig haben die Keime die Aufgabe, den Organismus über Zeiten, die ihr Leben gefährden, z. B. über eine Kälte- oder Trockenperiode, hinüber zu retten. Sie befinden sich alsdann im Ruhezustand (S. 186), worin sie viel widerstandsfähiger gegen schädigende Einflüsse (Austrocknung, Frost, Hitze) sind; dicke Hüllen gewähren solchen Keimen oft außerdem Schutz. Die Keimung beginnt bei solchen Keimen erst nach Eintritt günstiger Lebensbedingungen.

C. Einteilung der Keime. Die entwicklungsfähigen Keime selbst sehr hochorganisierter Vegetationskörper sind einzellig (Keimzellen, Sporen) oder mehrzellig (Brutkörper und Samen). Unschwer lassen sich zwei Typen der Fortpflanzung in fast allen Klassen des Gewächsreiches erkennen.

Der eine zielt auf die Bildung von Keimzellen oder von Brutkörpern hin, die meist nach ihrer Lostrennung von der Mutterpflanze, ohne weiteres, entweder sofort oder nach einer Ruhezeit, keimen und zu neuen selbständigen Einzelwesen heranwachsen. Diese Fortpflanzungsweise hat man die vegetative, ungeschlechtliche oder monogene genannt.

Der zweite bei der Fortpflanzung eingeschlagene Weg ist dagegen viel umständlicher. Es werden dabei zweierlei Keime erzeugt. Sie sind, jeder für sich, gewöhnlich unfähig, auszukeimen, gehen vielmehr in kurzer Zeit zugrunde, wenn sie keine Gelegenheit haben, sich paarweise zu vereinigen (Befruchtung, Geschlechtszellen); erst wenn zwei Geschlechtszellen miteinander zu einer Zelle verschmolzen sind, wird das Produkt entwicklungsfähig. Diese Art der Fortpflanzung wird als die sexuelle, geschlechtliche oder digene bezeichnet.

Die meisten Gewächse pflanzen sich auf beide Weisen fort; die sexuelle Fortpflanzung fehlt nur bei niedrig organisierten Gruppen, so den Bakterien, Cyanophyceen, manchen Algen und Pilzen.

Erst die Befruchtung befähigt, wie gesagt, die Geschlechtszellen zur Weiterentwicklung. Doch gibt es Ausnahmen, wo eine Geschlechtszelle auch ohne Befruchtung auskeimt. Erfolgt diese Entwicklung aus einer solchen Zelle, also monogen, so spricht man von jungfräulicher Zeugung oder Parthenogenesis[112]. Diese ist im Pflanzenreiche bisher bei Algen, z. B. bei Chara crinita, festgestellt, sowie bei der Keimbildung aus unbefruchteten Eizellen zahlreicher höher organisierter Pflanzenfamilien, wie Kompositen, Ranunculaceen, Rosifloren, Thymelaeaceen, Urticaceen, auch Marsiliaceen.

Bei allen diesen Pflanzen liegt habituelle Parthenogenesis vor, d. h. die Eizellen entwickeln sich ohne Befruchtung ohne weiteres. In anderen Fällen tritt Parthenogenese erst durch experimentelle Eingriffe ein: experimentelle Parthenogenesis.

In bestimmten Fällen wird die Befruchtung von Geschlechtszellen durch einen Verschmelzungsvorgang der Kerne benachbarter vegetativer Gewebezellen ersetzt[113]. So ist es bei dem Prothallium gewisser Kulturformen von Farnkräutern (z. B. von Dryopteris [Lastrea] und Athyrium). Das Verschmelzungsprodukt dient alsdann der Fortpflanzung, während die Geschlechtsorgane des Prothalliums verkümmern.

Ein tieferes Verständnis der Fortpflanzungserscheinungen im einzelnen kann man erst durch genaueres Studium des Entwicklungsganges der Pflanzengruppen gewinnen. Diese Aufgabe fällt dem speziellen Teile unseres Buches zu. Die im folgenden gegebene ganz knappe Übersicht über die Bauvariationen der Keime und der Fortpflanzungsorgane im Pflanzenreich soll nur die für die allgemeine Morphologie wichtigen Tatsachen und Probleme hervortreten lassen.

1. Brutkörperbildung.

Mehrzellige monogene Fortpflanzungskörper, Brutkörper, kommen bei vielen Moosen vor (z. B. bei Marchantia, wo sie in besonderen Organen, den Brutbechern, auf dem Thallus, Fig. 446, 447, erzeugt werden); ferner als Brutknospen in weiter Verbreitung bei Farnpflanzen und Phanerogamen.

Nicht selten lösen sich bei ihnen Seitensprosse ab, die oft durch besonderen Bau als Fortpflanzungskörper kenntlich sind, so etwa die unter- oder oberirdischen Ausläufer (Stolonen). Letztere wachsen z. B. aus der grundständigen Blattrosette der Erdbeerpflanzen als fadenförmige Seitenzweige hervor und tragen Endknospen, die sich bewurzeln und durch späteres Absterben der Ausläufer selbständig werden. Solche der vegetativen Vermehrung dienenden Gebilde bei höheren Pflanzen sind auch viele Knollen und Zwiebeln, ferner die Brutknospen, Brutzwiebeln (Bulbillen, Fig. 221) und die sich loslösenden Überwinterungsknospen (Hibernakeln) zahlreicher Wasserpflanzen (z. B. bei Hydrocharis, Stratiotes).

Fig. 221. Zwiebeltragende Zahnwurz (Dentaria bulbifera) mit Brutzwiebel *br.* Nat. Gr. Nach SCHENCK.

Brutknospen können auch an Orten auftreten, wo gewöhnlich keine Vegetationspunkte vorhanden sind; es sind alsdann Adventivbildungen. Solche werden besonders häufig an Blättern, zumal auf Blattspreiten, ausgebildet; z. B. in den Kerben der Blattränder von Bryophyllum-Arten, auf den Blättern von Cardamine pratensis. Die Blätter von Begonien, Drosera u. a. entwickeln erst nach gewaltsamer Lostrennung von der Mutterpflanze Knospen.

Schließlich sei erwähnt, daß manche Pflanzen, z. B. viele krautige Perennen, ohne besondere vegetative Fortpflanzungskörper auch dadurch sich ungeschlechtlich vermehren, daß ihre verzweigten Rhizome durch Verwesung der älteren, absterbenden Teile in die einzelnen Zweige zerfallen. Auch bei gewissen Meeresalgen kann der Thallus, z. B. durch die mechanischen Wirkungen der Brandung, in Stücke zerlegt werden, die zu ebenso vielen Thalli auswachsen; ja Caulerpa pflanzt sich, wie es scheint, nur auf diese Weise fort.

2. Keimzellenbildung.

a) Ungeschlechtliche Keimzellen (Sporen). Sie bilden sich in zwei Formen aus: 1. Einzelne Zellen, die oft durch Sprossung entstehen, werden als Keimzellen aus dem Zellverband des Körpers losgelöst oder abgeschnürt: Exosporen oder Konidien, so bei vielen Pilzen (Fig. 222). 2. Die Keimzellen entstehen als Endo- oder Sporangiensporen in besonderen Behältnissen (Sporangien), aus deren Wandungen sie durch ein Loch oder einen Riß ausschlüpfen oder ausgestoßen werden (Fig. 223, 229 *sp*), so bei anderen Pilzen, vielen Algen, den Moosen, Farn- und Samenpflanzen. Diese Sporangien sind bei den Thallophyten Einzelzellen, deren Protoplast sich meist in mehrere oder viele Endosporen teilt (Fig. 223). Bei den Moosen, Farn- und Samenpflanzen sind es dagegen verwickelter gebaute, vielzellige Gewebekörper, in denen eine bis mehrere äußere „sterile" Zellschichten die Wandung des Behältnisses bilden und nur das davon umschlossene Gewebe, das sporogene Gewebe, Sporen liefert (Fig. 224 *sg*).

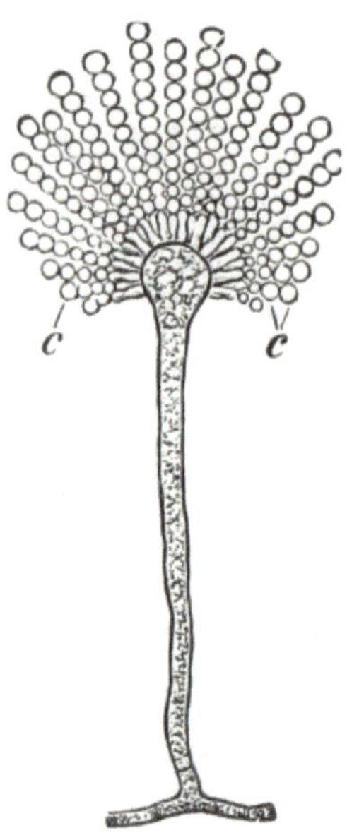

Fig. 222. Konidienbildende Hyphe des Schimmelpilzes Aspergillus herbariorum. Vergr. 540. Nach KNY.

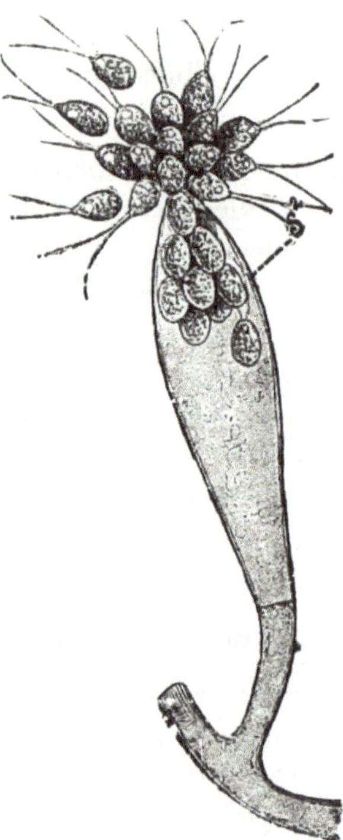

Fig. 223. Saprolegnia mixta. Sporangium, die zweiziligen Zoosporen s^2 entlassend. Nach G. KLEBS.

Die ungeschlechtlichen Sporen sind zum Teil angepaßt an die Verbreitung im Wasser, so viele Sporangiensporen bei Algen und Pilzen. Diese Sporen entbehren eine Zellmembran völlig, sind also nackt und meist mit eigenem Bewegungsvermögen im Wasser durch Zilien begabt (Fig. 223, 227 *A*). Solche Sporangiensporen heißen Schwärmsporen oder Zoosporen, die Behältnisse, in denen sie entstehen, Zoosporangien.

Die Sporen anderer Thallophyten, der Moose, Farn- und Samenpflanzen, sind dagegen angepaßt an die Verbreitung in der Luft, durch den Wind oder durch Tiere. Alsdann sind sie von einer dicken Sporenmembran umgeben und sehr widerstandsfähig gegen Austrocknung.

Bei den Thallophyten entstehen die ungeschlechtlichen Fortpflanzungsorgane an beliebigen oder an bestimmten Stellen des Thallus.

Bei den Moosen sitzt der meist langgestielte, große Sporenbehälter ebenfalls entweder auf dem Thallus oder bei den beblätterten Formen an den Enden beblätterter Zweige (Fig. 456).

Bei den Farnpflanzen werden die in der Regel ziemlich kleinen und unansehnlichen Sporangien in sehr großer Zahl meist an Blättern, den Sporophyllen, ausgebildet (Fig. 473). Diese können den Laubblättern völlig gleichen; häufig aber ist eine Arbeitsteilung eingetreten zwischen Laubblättern und Sporophyllen. Letztere dienen alsdann vorwiegend oder nur noch der Erzeugung von Sporangien und haben dementsprechend einen ganz anderen Bau als die Laubblätter, nämlich keine flächenförmig entwickelten und grünen Spreiten. Nicht selten werden die Sporophylle in größerer Zahl an Enden von Zweigen, meist begrenzten Wachstums, gebildet: so bei den Schachtelhalmen und Bärlappgewächsen (vgl. Fig. 488, 493). Die Sproßenden, die mit den Sporophyllen besetzt sind, haben ein ganz anderes Aussehen als die vegetativen; sie dienen ebenfalls nur noch der Fortpflanzung und sterben danach ab. Sie gleichen Zäpfchen oder Ähren, werden deshalb auch Sporophyllzapfen oder Blüten genannt. Die einfachste Blüte ist also das Ende eines Sprosses, das Sporophylle trägt. Diese Zäpfchen können wohl an ihrer Basis von einer Hülle aus einigen schuppenförmigen, aber sterilen Blättern umgeben werden.

Auch bei den Samenpflanzen werden die Sporangien in solchen besonderen Sproßteilen, in Blüten gebildet, die mit allen ihren Gliedern nicht mehr der Ernährung, sondern nur noch der Fortpflanzung dienen. Diese Blüten sind denen der Farnpflanzen homolog, also wieder stark metamorphosierte Teile von Laubsprossen, und zwar Enden von Lang- oder meist Kurztrieben, deren Blattanlagen nicht zu Laubblättern werden, sondern sich zu den dicht zusammengedrängt stehenden andersartigen Blattgebilden der Blüte, zu Kelch-, Kron-, Staub- oder Fruchtblättern umbilden.

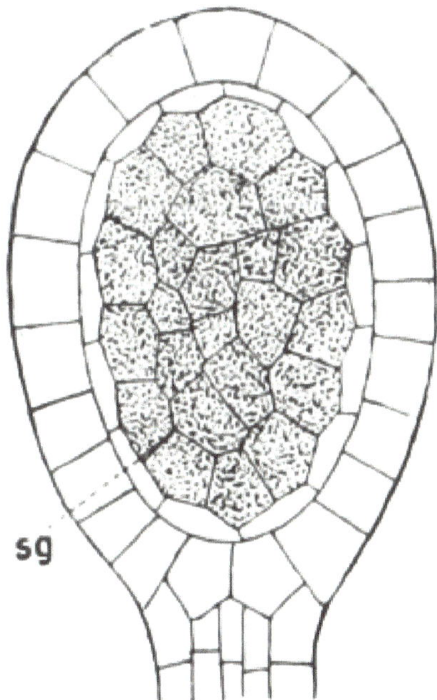

Fig. 224. Schematisches Bild des Sporangiums einer Farnpflanze mit steriler zelliger Wandung und mit sporogenem Gewebe *sg*.

Die Staubblätter oder Staubfäden entwickeln in vielzelligen Sporangien mit mehrschichtiger Wandung, den Pollensäcken, in großer Zahl die Pollenkörner (den Blütenstaub): zunächst einzellige Sporen (Fig. 32). An den Fruchtblättern dagegen, die bei den Gymnospermen frei, bei den Angiospermen zum geschlossenen Fruchtknoten verwachsen sind, entstehen kurzgestielte, ovale Gewebekörper von verwickeltem Bau, die Samenanlagen, die in ihrem Innern je eine Spore einschließen.

Bei den Gymnospermen[114] haben die zapfenähnlichen Blüten (vgl. Fig. 604–607), die nur aus zahlreichen, meist schraubig angeordneten, schuppenförmigen Staub- oder Fruchtblättern bestehen, noch die größte Ähnlichkeit mit den Sporophyllähren der Lycopodiaceen. Bei den Angiospermen[114] erhält aber die Blüte eine meist völlig abweichende Gestalt (Fig. 225): 1. durch die Beschränkung der quirlständigen Blattgebilde auf eine oft kleine und meist konstante Zahl; 2. durch die Blütenblätter, die in Form von grünen und derben Kelchblättern und oft andersfarbigen und zarten Kronblättern zur Ausbildung gelangt sind, 3. durch die pfriemförmigen Staubblätter (Staubgefäße) und endlich 4. durch die Verwachsung der Fruchtblätter zu Behältern, den Fruchtknoten. Alle diese Teile sind in regelmäßiger Weise in der Blüte angeordnet. In der typischen Angiospermenblüte wechseln nämlich fünf gleichgliedrige Wirtel von Blattgebilden alternierend ab (Fig. 226): der äußerste Wirtel kommt den Kelchblättern zu, die die jugendlichen Blütenteile in der Blütenknospe umhüllen und schützen, der zweite wird durch die Kronblätter gebildet, der dritte und vierte von den Staubblättern, der oberste fünfte von den Fruchtblättern[114], [115]. Diese Blattgebilde, die der sehr kurzen, vielfach auch abgeflachten oder ausgehöhlten Blütenachse entspringen, sind oft untereinander und in manchen Fällen auch mit der Achse verwachsen; eingehende vergleichende und entwicklungsgeschichtliche Untersuchungen klären alsdann häufig erst den Sachverhalt auf.

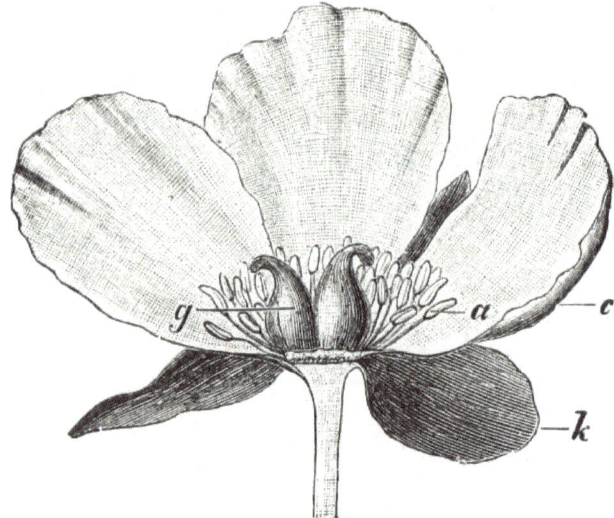

Fig. 225. Blüte von Paeonia peregrina. *k* Kelch, *e* Krone, *a* Staubblätter, *g* Fruchtblätter. Die vorderen Kelchblätter, Kronblätter und Staubblätter wurden entfernt, um die beiden, zwei getrennte Fruchtknoten bildenden Fruchtblätter zu zeigen. **1/2** nat. Gr. Nach SCHENCK.

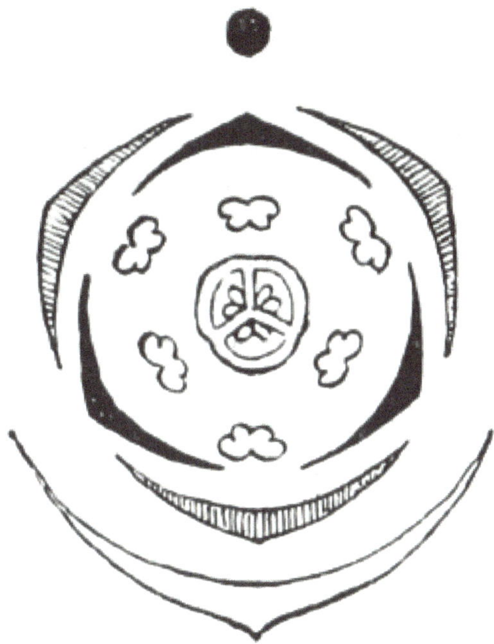

Fig. 226. Diagramm der Liliaceenblüte, darunter das Deckblatt; darüber, durch einen schwarzen Punkt angedeutet, die Mutterachse. Nach STRASBURGER.

b) Geschlechtliche Keimzellen (Sexualzellen oder Gameten). 1. Verschiedene Formen der Sexualzellen und Sexualorgane. Auch die sexuelle Fortpflanzung tritt uns im Pflanzenreiche in sehr mannigfaltigen Formen entgegen, deren Extreme zwar sehr verschieden, aber durch zahlreiche Übergänge verbunden sind.

Die Geschlechtszellen oder Gameten sind bei der einfachsten Art der sexuellen Fortpflanzung, wie wir sie bei niederen Algen und Pilzen finden, zwei völlig gleich große und gleich gestaltete, meist nackte Protoplasten, die wie asexuelle Schwärmsporen aussehen, aber miteinander kopulieren (Isogamie Fig. 227 *B*). Man nennt die Zellen, in denen sie auch ganz wie Sporangienschwärmsporen in Ein- oder Mehrzahl aus den Protoplasten entstehen, Gametangien, das Kopulationsprodukt Zygote oder Zygospore (Fig. 227 *B 4*). Alles spricht dafür, daß solche Gameten den Schwärmsporen, von denen sie sich oft nur durch geringere Größe unterscheiden, und desgleichen die Gametangien den Sporangien homolog, d. h. durch Umbildung aus ihnen phylogenetisch entstanden sind. Derartige Gameten können mit Zilien aktiv beweglich sein. Sie suchen sich im Wasser gegenseitig auf, um paarweise zu kopulieren (Fig. 227 *B*).

Nicht selten sind aber schon bei Algen und Pilzen und ganz allgemein bei den Moosen, Farn- und Samenpflanzen die Gameten ungleich groß (Heterogamie); alsdann bezeichnet man den größeren Gameten, der gewöhnlich an Reservestoffen sehr reich ist, als weiblichen (Ovium ♀), den kleineren als männlichen (Spermium ♂). Der größere Gamet kann auch ganz unbeweglich sein (Eizelle). In diesem Falle sucht das Spermium das Ovium auf und befruchtet es (Eibefruchtung, Oogamie). Liegt Oogamie vor, so werden die männlichen und weiblichen Keimzellen in verschieden gestalteten Geschlechtsorganen (männlichen und weiblichen) ausgebildet.

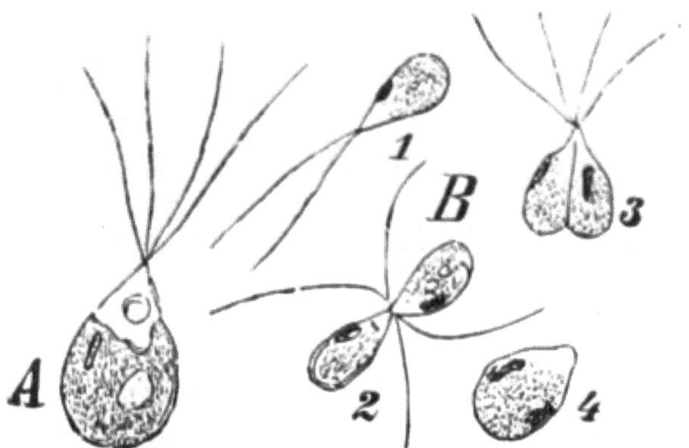

Fig. 227. *A* Eine ungeschlechtliche Schwärmspore der Grünalge Ulothrix zonata. *B 1* ein Gamet, *2* und *3* kopulierende Gameten, *4* eine durch Kopulation erzeugte Zygote. Vergr. 500. Nach STRASBURGER.

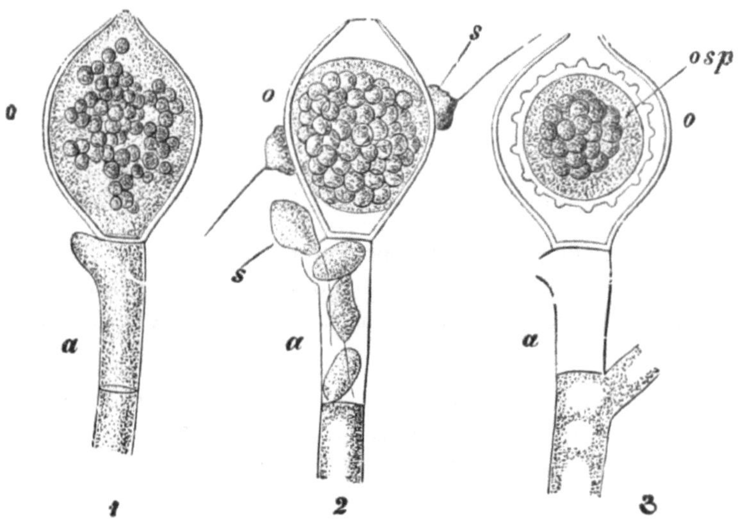

Fig. 228. Monoblepharis sphaerica. Ende eines Fadens mit einem Oogonium *o* und dem darunter liegenden Antheridium *a*, in *1* vor der Bildung der Eizelle und der Spermien, in *2* die letzteren *s* austretend und an dem Oogonium hinaufkriechend, in *3* reife Oospore *osp*, das Antheridium entleert. Vergr. 800. Nach CORNU.

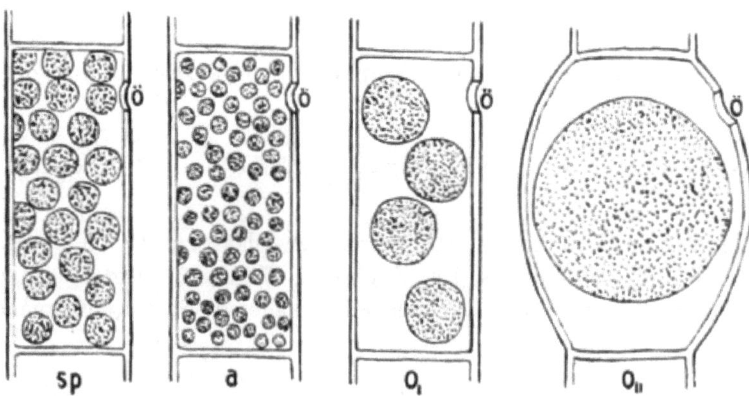

Fig. 229. Schematische Zeichnungen (nach Algen) für Sporangium *sp* mit Sporen; Antheridium *a* mit Spermien; Oogonium *o'* mit mehreren, *o''* mit einer Eizelle. *ö* Das Loch in der Zellwand.

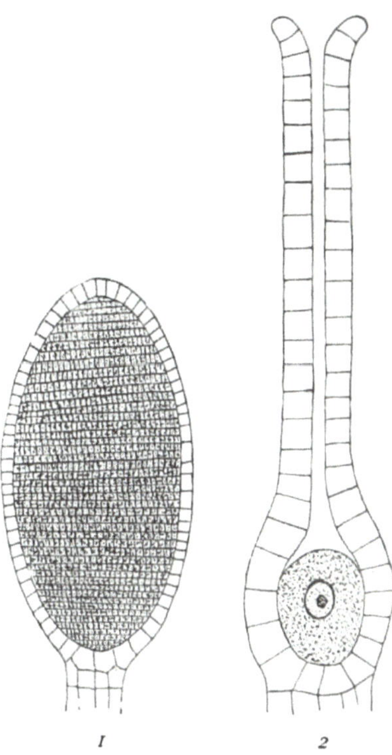

Fig. 230. *1* Antheridium mit steriler, zelliger Wandung und spermatogenem Gewebe; *2* Archegonium mit entsprechender Wandung und Eizelle. Beides von einem Lebermoos.

Die Behälter, in denen die fast stets sehr kleinen und nackten Spermien meist in sehr großer Zahl entstehen, also die männlichen Geschlechtsorgane, werden Antheridien genannt (Fig. 228 *2a*, 229 *a*, 230 *1*). Es sind bei den Thallophyten (Fig. 228 *2a*, 229 *a*) meist Einzelzellen, bei den Moosen und Farnpflanzen dagegen Gewebekörper mit einer Wandung aus sterilen Zellen, die das Spermien bildende, spermatogene, Gewebe umschließt (Fig. 230 *1*). Dagegen heißen die Behälter, in denen die Ovien in Ein- oder Mehrzahl gebildet werden, bei den Thallophyten, wo sie ebenso wie die Antheridien meist Einzelzellen sind, Oogonien (Fig. 228 *2* und 229 *o'*), *o''*), bei den Moosen und Farnpflanzen, wo sie aus verwickelt gebauten Gewebekörpern bestehen (Fig. 230 *2*), Archegonien. Die Eizelle, die ebenfalls nackt zu sein pflegt, bleibt gewöhnlich in ihrem Behältnis liegen, in dessen Wand eine Öffnung ausgebildet wird (Fig. 228 *2*, 229 *o'* und *o'' ö*, 230 *2*). Die Befruchtung der empfängnisfähig gewordenen Eizellen erfolgt in der Weise, daß die Spermien, die durch ein Loch in der Antheridienwandung in das umgebende Wasser ausschwärmen, also meist aktiv beweglich sind, von den Eizellen durch ausgeschiedene Stoffe chemotaktisch (vgl. S. 292) angelockt werden.

Zahlreiche Übergänge zwischen Oogamie und Isogamie bei den Thallophyten zeigen uns augenscheinlich, daß sich die Oogamie phylogenetisch durch Weiterbildung aus der Isogamie entwickelt hat. Infolgedessen sind bei ihnen die Antheridien und Oogonien einander und zugleich den Gametangien und Sporangien der isogamen Pflanzen homolog (vgl. auch Fig. 229).

Erst durch Aufnahme eines Spermiums hat die Eizelle die Fähigkeit erlangt, sich, nachdem sie sich mit einer Membran umgeben hat, sofort oder nach einer Ruhezeit als Oospore (Fig. 227 *3 osp*), weiter zu entwickeln. Bei den Moosen und Farnpflanzen geht aus der Eizelle alsbald nach der Befruchtung ein Gewebekörper, der Embryo, hervor, der allmählich zu dem Keimling heranwächst.

Bei den Samenpflanzen entfernen sich die Sexualorgane am weitesten vom einfachsten Typus. Die Gameten sind hier in den Pollenkörnern und Samenanlagen der Blüten eingeschlossen, und zwar enthalten die Pollenkörner die männlichen Sexualzellen, die Samenanlagen in Mehr- oder Einzahl die Eizellen. Hiermit hängt es zusammen, daß sich auch die Befruchtung der Eizellen bei den Samenpflanzen in eigenartiger Weise vollzieht. Sollen die Eizellen befruchtet werden, so müssen die Pollenkörner, die ja die männlichen Keime enthalten, bei den Gymnospermen zunächst auf die Samenanlagen, bei den Angiospermen auf ein besonders ausgebildetes Organ des Fruchtknotens, die Narbe, übertragen werden (Bestäubung). Die meisten und sehr mannigfaltigen Weiterbildungen, die die einfachsten Blüten bis zu den am höchsten organisierten der Angiospermen erfahren haben, sind Anpassungen an die Art der Bestäubung[116]. Diese erfolgt stets durch besondere Transportmittel der Pollenkörner. Wenn, wie sehr häufig, männliche und weibliche Organe in einer Blüte vereinigt sind, d. h. bei den Zwitterblüten, sollte man freilich meinen, daß keinerlei besondere Einrichtungen nötig wären, um den Pollen auf die Narbe zu bringen. Genauere Untersuchung hat aber gezeigt, daß auch hier solche Einrichtungen in Hülle und Fülle bestehen, ja daß sie oft sogar sehr verwickelt sind. Sie alle zielen nicht einfach darauf hin, den Pollen der Blüte auf die zugehörige Narbe zu befördern, sondern machen oft eine derartige Selbstbestäubung (Autogamie) ganz unmöglich und bewirken eine Fremdbestäubung (Allogamie), d. h. eine Übertragung des Pollens auf Narben benachbarter Blüten des gleichen (Geitonogamie) oder womöglich eines anderen Individuums (Xenogamie). Die Übertragung des Blütenstaubes wird, je nach dem Bau der Blüten, durch Wind, durch Tiere oder, in seltenen Fällen, auch durch Wasser besorgt; dementsprechend kann man die Blüten in anemophile, zoidiophile und hydrophile einteilen (vgl. den speziellen Teil). Die zoidiophilen Blüten bilden bunte Blütenblätter, Duft oder Honig aus, wodurch die Bestäubungsvermittler angelockt werden. Die meisten Samenpflanzen haben sich also bei der Befruchtung von der Gegenwart von Wasser ganz frei gemacht; sie konnten zu ausgeprägten Landpflanzen werden.

Neben Pflanzen mit Allogamie fehlt es aber auch nicht an solchen, die Einrichtungen zur Beförderung der Autogamie haben, mag diese erst, wenn die Allogamie nicht geglückt ist, oder, wie bei den kleistogamen Blüten, von vornherein eintreten (vgl. den speziellen Teil).

Nach der Bestäubung treiben die Pollenkörner je eine schlauchförmige Ausstülpung, den Pollenschlauch, der in die Samenanlage bis zur Eizelle vordringt, nachdem er bei den Angiospermen zuvor durch den Griffel in das Fruchtknotengehäuse hinabgewachsen ist (vgl. Fig. 567, 569). Nachdem nun eine offene Verbindung zwischen dem Pollenschlauch und der Eizelle hergestellt ist, wird die Eizelle meist nur durch einen Kern des Pollenschlauches ohne Plasmahülle befruchtet. Die befruchtete Eizelle entwickelt sich in der anschwellenden Samenanlage zu einem vielzelligen Gewebekörper, dem Embryo, der sich schon hier meist in die Keimblätter, das Keimwürzelchen (Radicula) und oft in die Keimknospe (Plumula) gliedert: die Samenanlage aber wird durch Umbildung ihrer Gewebe zum Samen, wobei ihre äußeren Zellschichten die Samenschale liefern. Der Same, der in reifem Zustande abgeworfen wird und zur Vermehrung dient, ist also eine weiterentwickelte Samenanlage, die einen Embryo umschließt. Auch das Fruchtknotengehäuse entwickelt sich nach der Befruchtung der Eizelle weiter, und zwar zur Frucht. Diese kann sich als Ganzes mit den eingeschlossenen Samen von der Mutterpflanze ablösen (so bei den Beeren, Nüssen und Steinfrüchten), oder sie bleibt an der Pflanze sitzen, platzt auf und entläßt die Samen (so bei den Kapseln).

Wie bei allen Fortpflanzungskörpern wird auch bei den Samen und den sich loslösenden Früchten für eine Verbreitung gesorgt[117]. Dies geschieht mit den gleichen Mitteln wie die Pollenübertragung: durch Luft-, durch Wasserströmungen, durch Tiere, sowie endlich auch durch eine Eigentätigkeit der Pflanze. Der Bau der Samen und Früchte ist an ihre Verbreitungsmittel angepaßt (vgl. den speziellen Teil).

Früher oder später nach erfolgter Aussäung beginnt die Samenkeimung[118]. In der Regel tritt am keimenden Samen zunächst die Wurzel des Keimlings aus, indem sie die Samenschale durchbricht. Da diese Schale oft außerordentlich fest gebaut ist, so sind nicht selten besondere Austrittsstellen für die Keimwurzel ausgebildet (z. B. bei der Kokosnuß). Der Keimling wächst zunächst allein auf Kosten von Nährstoffen, die den Samen von der Mutterpflanze in besonderen Speicherorganen mitgegeben worden sind.

Eine sehr eigenartige ungeschlechtliche Fortpflanzung, die sich bei manchen Blütenpflanzen findet, täuscht eine geschlechtliche Fortpflanzung vor. Hier entstehen nämlich innerhalb der Samenanlage an Stelle der unterdrückten Eizelle aus anderen Zellen ungeschlechtliche Embryonen, die also später im Samen eingeschlossen sind[113] (Apogamie). Die Samen enthalten alsdann kein Geschlechtsprodukt, sondern sind zu

Organen der vegetativen Vermehrung geworden. Diese „Adventivkeimbildung“ ist in der Regel mit Polyembryonie, d. h. Ausbildung vieler Keime in einem Samen verbunden (Funkia ovata, Citrus aurantium, Caelebogyne ilicifolia u. v. a.).

2. Die Vorgänge der Zellverschmelzung bei der Befruchtung und ihre Folgen. Die Befruchtungsvorgänge selbst, in ihrer einfachsten Form, kann man am besten beobachten bei den Geschlechtszellen niederer Organismen, wo diese Zellen gleich gestaltet sind, also an Isogameten (Fig. 227). Bei solchen Formen läßt sich leicht feststellen, daß nicht bloß die Plasmakörper der beiden Zellen, sondern früher oder später auch ihre Kerne verschmelzen. Dagegen vereinigen sich die Chromatophoren der beiden Geschlechtszellen nicht, wenn in ihnen solche vorhanden sind, was bei manchen Algen (Florideen, Chara u. a.) nicht der Fall ist; entweder leben sie nebeneinander in der befruchteten Zelle fort, oder es geht ein entsprechender Teil zugrunde, falls die Zahl der Chromatophoren in der Zelle konstant ist. Bei den Angiospermen dringt aber, nach unseren jetzigen Kenntnissen, nur ein männlicher Kern (Spermakern) ohne Plasma und ohne Chromatophoren in die Eizelle ein, um hier mit dem Eikern zu verschmelzen. Daraus hat man geschlossen, daß das Wesentliche bei der Befruchtung der Übertritt des männlichen Kernes in die Eizelle ist.

Wir haben bei der typischen Kernteilung gesehen, daß die Kerne eines Individuums stets eine konstante, für die Art bezeichnende Chromosomenzahl behalten. So bringt die männliche Zelle meist ebensoviele Chromosomen wie die weibliche mit. Diese Chromosomen verschmelzen bei der Kopulation der Geschlechtszellkerne nicht, so daß der Kopulationskern die doppelte Chromosomenzahl besitzt wie die Kerne der Geschlechtszellen[119]. Er ist diploid gegenüber den haploiden Kernen dieser Zellen.

Auch die Kerne, die durch Teilung aus dem Kopulationskerne hervorgehen, sind meist diploid. In jedem diploiden Kerne stammen meist ebensoviele Chromosomen von dem männlichen wie vom weiblichen Kerne. Kommen in den haploiden Kernen zwischen den einzelnen Chromosomen Größen- und Formunterschiede vor, die bei jeder Kernteilung wieder sichtbar werden, so sind die Chromosomen in den diploiden Kernen paarweise gleich groß und gleich gestaltet. Diese paarweise gleichen Chromosomen, von denen immer eines von dem Vater, das andere von der Mutter stammt, liegen in den Kernplatten meist nebeneinander (Fig. 14).

Da die Kerne der Geschlechtszellen aller Individuen einer Rasse stets haploid, die Kopulationskerne aber und meist auch ihre Teilungsprodukte diploid sind, so müssen irgendwo im Entwicklungsgange des Individuums aus den diploiden Kernen wieder haploide werden; sonst müßte ja von Generation zu Generation die Zahl der Chromosomen sich verdoppeln! Dieser Vorgang vollzieht sich in der Reduktionsteilung[120], d. h. einer eigenartigen Kernteilung, wobei nicht die Längshälften der Chromosomen, sondern die ganzen Chromosomen zur Hälfte auf die beiden Tochterkerne gleichmäßig verteilt werden. Sie tritt im Entwicklungsverlaufe an ganz bestimmter Stelle ein, die bei verschiedenen Organismen freilich recht verschieden sein kann. So ist für den Entwicklungsgang sexueller Organismen ein regelmäßiger Wechsel von Haploidie und Diploidie der Kerne (ein Kernphasenwechsel) bezeichnend.

Bei vielen Algen ist aber gleich die erste Teilung des befruchteten Eikernes die Reduktionsteilung, so daß alle Zellen des Organismus, also auch seine Geschlechtszellen, mit Ausnahme der befruchteten Eizelle, haploid sind. Bei anderen (z. B. bei Fucus) erfolgt die Reduktion erst bei Bildung der Geschlechtszellen, so daß umgekehrt alle Zellen des Körpers mit Ausnahme der Geschlechtszellen diploide Kerne haben. Oft ist aber der Kernphasenwechsel mit einem Generationswechsel verbunden (vgl. S. 175).

Bei manchen Pflanzen wird indes der Reduktionsvorgang aus dem Entwicklungsgange dadurch ausgeschaltet, daß sie diploide Eizellen bilden[112], [113]. Ein solches Ei, das somit bereits über die doppelte, sonst erst durch die Befruchtung geschaffene Zahl von Chromosomen verfügt, entwickelt sich ohne Befruchtung, also parthenogenetisch weiter. So ist es bei den S. 165 genannten unbefruchteten Eizellen der Samenpflanzen, Marsiliaceen und von Chara, während bei anderen Algen die haploide Eizelle parthenogenetisch sich zu einer neuen Pflanze entwickeln kann. Erwähnt sei hier, daß man vielfach dann nicht von Parthenogenesis, sondern von Apogamie (vgl. S. 171) spricht, wenn diploide und nicht mehr befruchtungsfähige Geschlechtszellen, also ohne Befruchtung, sich weiter entwickeln.

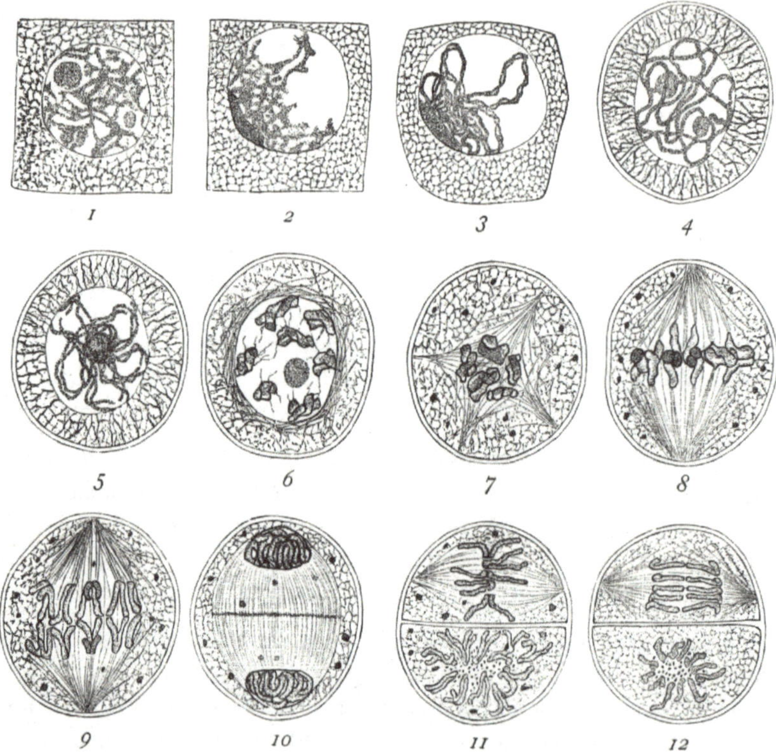

Fig. 231. Pollenmutterzellen einer Lilie in Teilung, etwas schematisiert. Nach Fixierung mit Chromosmiumessigsäure und Eisenhämatoxylinfärbung. Die Chromatophoren nach solcher Fixierung und Färbung nicht sichtbar. Erklärung im Text. Nach STRASBURGER.

Eigentümlich ist es für die Reduktionsteilung, die man im Gegensatze zu der gewöhnlichen Mitose oder typischen Teilung auch heterotypische Teilung oder Meiosis nennt, daß der Kerninhalt in der Prophase, und zwar im Spiremstadium vorübergehend einseitig zusammengeballt ist (Synapsis, Fig. 231, *2*, *3*). Besonders bezeichnend für den weiteren Verlauf der Teilung ist aber, daß sich die väterlichen und mütterlichen Chromosomen paarweise fest, zu den Gemini, aneinanderlegen oder gar vorübergehend vereinigen. Die Zahl dieser Gemini, in denen die Chromosomen auffällig kurz und dick werden, ist natürlich halb so groß wie die Zahl der Chromosomen in den Gewebezellen derselben Pflanze. In dem Zustand der sog. Diakinese (*5*, *6*), der auf die Synapsis folgt, sind die Gemini annähernd gleichmäßig an der Kernwand verteilt. Nun beginnen Plasmafäden sich von außen der Kernwandung anzuschmiegen (*6*), worauf die Kernwandung schwindet und aus den Plasmafäden die Anlage der Kernspindel hervorgeht, die zunächst mehrpolig ist (*7*), allmählig aber zweipolig (*8*) wird. Die Gemini werden nun zu einer äquatorialen Kernplatte angeordnet (*8*). Bald erfolgt hier die Trennung der zu Paaren vereinigten Chromosomen (*9*). Bei dieser Trennung werden somit nicht Längshälften von Chromosomen, sondern ganze Chromosomen voneinander geschieden, die zur Hälfte dem einen, zur Hälfte dem anderen Tochterkern zugeteilt werden. Das hat zur Folge, daß die Zahl der Chromosomen, die jedem Tochterkern zufällt, nur die Hälfte jener Zahl ist, die die Gewebezellen derselben Pflanze in ihren Kernen enthalten, und daß beide Tochterkerne teils männliche, teils weibliche Chromosomen bekommen: Da sich bei der Bildung der Gemini in der Reduktionsteilung immer gleichgestaltete Chromosomen aneinanderlegen, von denen eines dem Vater, das andere der Mutter entstammt, und da bei dieser Teilung die Chromosomen sich voneinander trennen, um regellos in die beiden Tochterkerne einzugehen, so muß jeder dieser haploiden Tochterkerne einige Chromosomen vom Vater, die übrigen von der Mutter erben. Welche vom einen, welche vom anderen Elter stammen, darüber scheint der Zufall zu entscheiden. Die Bildung der Tochterkerne vollzieht sich wie bei einer gewöhnlichen Kernteilung (*10*). Rasch folgt aber auf die Reduktionsteilung meist eine zweite Teilung, die homöotypische Teilung, die im wesentlichen typisch verläuft (*11*, *12*). In der homöotypischen Teilung trennen sich also Längshälften von Chromosomen wie in der typischen Teilung voneinander. Ein Unterschied gegenüber der letzteren besteht aber darin, daß die Chromosomen nicht in der Prophase dieser Teilung längs gespalten werden, sondern, wie es scheint, bereits in der Prophase der vorausgegangenen Reduktionsteilung, freilich ohne daß die gebildeten Hälften getrennt werden. So bilden zwei schnell aufeinanderfolgende Kernteilungen, die hetero- und die homöotypische, ein bezeichnendes Merkmal der meisten Reduktionsvorgänge.

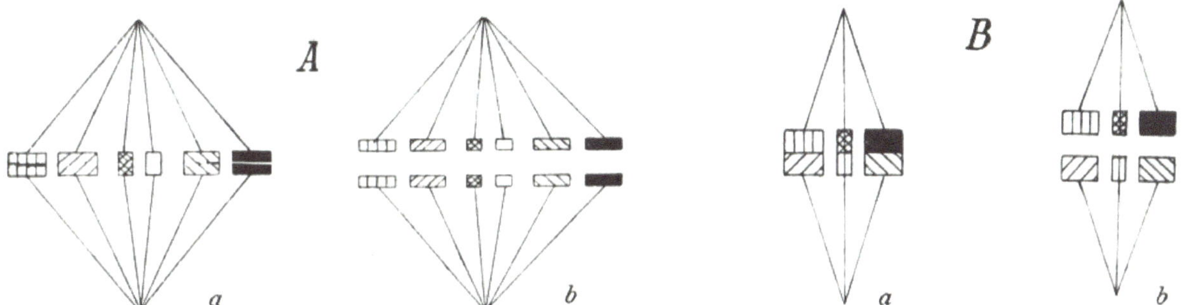

Fig. 232. In *A* schematische Darstellung der Äquationsteilung, in *B* der Reduktionsteilung. Nach STRASBURGER.

Der grundsätzliche Gegensatz, der zwischen der typischen Teilung und der Reduktionsteilung besteht, soll auch schematisch deutlich gemacht werden. Die Fig. 232 stellt in *A* eine typische Kernteilung dar, die also auf Längsspaltung der Chromosomen beruht. Es sind sechs längsgespaltene, zur Kernplatte angeordnete Chromosomen eingezeichnet und durch verschiedene Schraffierung kenntlich gemacht. Die zwei mittleren sind in Frontansicht, die vier anderen in Seitenansicht gezeichnet. In *Ab* sieht man die getrennten Längshälften dieser Chromosomen auf ihrem Wege nach den Spindelpolen begriffen. Fig. 232 *B* ist dagegen ein Schema der Reduktionsteilung. Die sechs in entsprechender Weise wie in Fig. 231 *A* gekennzeichneten Chromosomen sind in *Ba* zu drei Gemini vereinigt. Die beiden seitlichen Gemini sind in Seitenansicht, der mittlere Geminus ist in Frontansicht gezeichnet. In *Bb* haben sich die beiden Chromosomen jedes Geminus getrennt. Sie werden nach den Spindelpolen geschafft, um hier die Tochterkerne zu bilden. Diese Teilung ist mit einer Reduktion der Chromosomenzahl von sechs auf drei in den beiden Tochterkernen verbunden. Im Gegensatz zu der Reduktionsteilung, die eine Verschiedenheit der Teilungsprodukte bedingt, weil sie ganze, untereinander verschiedene Chromosomen trennt, wird die typische Kernteilung wohl auch als Äquationsteilung bezeichnet, da sie in den Längshälften der Chromosomen völlig übereinstimmende Teilungsprodukte liefert.

Über die Fragen, wann und wie die Chromosomen bei der Reduktionsteilung sich zu Paaren aneinanderlegen oder auch vorübergehend zu einheitlichen Gebilden vereinigen, sind die Ansichten noch geteilt. Möglicherweise erfolgt die Reduktionsteilung überhaupt nicht nach einem einheitlichen Schema. Meist scheinen sich die Chromosomen dabei paarweise nebeneinander (Parasyndese), bei manchen Pflanzen dagegen mit den Enden aneinander zu legen (Metasyndese).

Bei der Wiedertrennung der paarweise miteinander verkoppelten Chromosomen scheint ein Austausch von Chromosomensubstanz zwischen den Paarlingen möglich zu sein[121].

D. Generationswechsel[122]. Mit der Fortpflanzung ist bei den Pflanzen meist ein Generationswechsel, d. h. im typischen Falle ein regelmäßiger Wechsel mindestens zweier, durch ihre Fortpflanzungsweise voneinander verschiedener Generationen verbunden, die häufig morphologisch ganz verschiedene und selbständige Individuen sind. Der Entwicklungsgang eines solchen Gewächses setzt sich alsdann meist aus zweierlei Individuen zusammen, die in regelmäßigem Wechsel aufeinanderfolgen, häufig äußerlich und innerlich ganz verschieden gebaut sind und verschiedene Fortpflanzungsorgane erzeugen. Die eine Generation pflanzt sich nur vegetativ fort, man nennt sie Sporophyt; die andere, der Gametophyt, auch sexuell. Als typisches Beispiel für einen solchen Generationswechsel sei der Entwicklungsgang der Farnpflanze erwähnt: Das beblätterte Farnkraut erzeugt nur ungeschlechtliche Sporen in Sporangien, ist also der Sporophyt. Die Sporen werden ausgestreut und keimen nicht zu einem neuen beblätterten Farn, sondern zu einem kleinen, thallösen Gebilde aus, dem Prothallium (Fig. 97), das die Antheridien und Archegonien ausbildet und sich sexuell fortpflanzt, also der Gametophyt ist. Erst die befruchtete Eizelle wird wieder zu einer beblätterten Farnpflanze. Jede der genannten Fortpflanzungszellen der einen Generation erzeugt also nur die andere Generation; so folgen Sporophyt und Gametophyt (desgleichen ungeschlechtliche und geschlechtliche Fortpflanzung) in regelmäßigem Wechsel aufeinander. Sporophyt und Gametophyt können aber auch gleichen Bau besitzen (z. B. bei der Braunalge Dictyota).

Sehr häufig kommt es vor, daß nicht beide Generationen selbständige Individuen sind, sondern daß die eine dauernd mit der anderen, wie ein Schmarotzer mit seinem Wirt, verbunden bleibt. In diesem Falle läßt sich erst durch genaue Untersuchung feststellen, daß ein Generationswechsel vorhanden ist. So ist es bei den Moosen und bei den Samenpflanzen. Bei den Moosen ist nämlich das Moospflänzchen die geschlechtliche Generation, der Gametophyt, der die Antheridien und Archegonien erzeugt; die gestielte Mooskapsel, die mit der Moospflanze dauernd verbunden bleibt, ist dagegen eine Generation für sich, der Sporophyt, also nicht, wie es den Anschein hat, ein Glied der Moospflanze. Bei den Samenpflanzen ist die beblätterte Pflanze wie die Farnpflanze ein Sporen erzeugender Sporophyt; aus den Sporen gehen stark reduzierte männliche und weibliche Prothallien hervor, von denen die ersteren in die Pollenkörner und Pollenschläuche, die letzteren dauernd in die Samenanlagen der Blüten eingeschlossen bleiben.

Wo ein Generationswechsel im Pflanzenreich vorkommt, pflegt mit ihm der Kernphasenwechsel verbunden zu sein, so bei vielen Algen, Pilzen, den Moosen, Farn- und Samenpflanzen. Der aus der befruchteten Eizelle entstandene Sporophyt ist diploid; der Bildung seiner Sporen geht die Reduktionsteilung unmittelbar voraus; infolgedessen sind die Sporen selbst, der daraus sich entwickelnde Gametophyt und seine Geschlechtszellen haploid. Dementsprechend ist z. B. die beblätterte Generation der Farn- und Samenpflanzen ebenso wie die Mooskapsel diploid; das Moospflänzchen, das Farnprothallium und die reduzierten Prothallien der Samenpflanzen sind dagegen haploid.

Sehr merkwürdig sind einige Fälle, wo aus vegetativen Zellen der einen Generation ohne weiteres sich die andere, dann also mit gleicher Chromosomenzahl entwickeln kann. Bei einer Form von Athyrium filix femina geht aus solchen vegetativen Prothallienzellen, deren Kerne diploid sind, ohne Verschmelzung die diploide Farnpflanze hervor, die unter Ausschaltung der Sporen und der Reduktionsteilung aus ebenfalls diploiden Zellen des Blattrandes wieder diploide Prothallien erzeugt (Aposporie). Nach YAMANOUCHI kann aber auch (bei Nephrodium molle) aus einer haploiden Prothallialzelle ohne Verschmelzungsvorgänge eine haploide Farnpflanze entstehen. Ferner kann man auf experimentellem Wege durch Regeneration aus zerschnittenen Mooskapselstielen, die als Sporophytengewebe diploid sind, eine diploide Moospflanze, also einen diploiden Gametophyten erziehen, der auch diploide und gleichwohl befruchtungsfähige Geschlechtszellen hervorbringt. Durch Befruchtung entstehen tetraploide Mooskapseln, die wiederum auf dem Wege der Regeneration selbst tetraploide Moospflanzen liefern können. Eine direkte Beziehung zwischen der Chromosomenzahl und der Ausbildung der Generation besteht also offenbar nicht[112], [113].

Vierter Abschnitt. Die Deszendenzlehre und die Entstehung der Anpassungen.

A. Die Deszendenztheorie[123]. Eine der allerwichtigsten theoretischen Fragen der Morphologie ist die, wie die organischen Formen unserer Erde und ihre morphologischen Baueigentümlichkeiten entstanden sind. Die frühere Annahme, die Einzelarten seien selbständig und unabhängig voneinander erschaffen worden (Schöpfungstheorie), ist allmählich, namentlich infolge der Vertiefung unserer morphologischen Kenntnisse und unter dem Einflusse der Werke DARWINs, durch die Deszendenztheorie völlig verdrängt worden, wie schon in der Einleitung hervorgehoben wurde; d. h. durch die Vorstellung, daß die Organismen, die jetzt die Erde bewohnen, aus anderen und oft einfacher gebauten sich entwickelt haben, die in früheren Erdepochen gelebt haben (vgl. S. 1 ff.). Die Deszendenz- oder Abstammungslehre durchdringt heute als eine grundlegende Theorie der Biologie die morphologische Forschung in allen ihren Teilen so vollständig, daß es für den Morphologen unerläßlich ist, sich mit den zahlreichen Indizienbeweisen vertraut zu machen, wodurch sie uns geradezu aufgezwungen wird. Solche Beweise liefert vor allem die Systematik, die Morphologie, die Pflanzen- und Tiergeographie und die Paläontologie.

1. Systematische Beweise. Nach der Schöpfungstheorie sind die Arten unabhängig voneinander erschaffen worden und im wesentlichen konstante, d. h. nur so wenig veränderliche Gebilde, daß aus einer Art nicht andere Arten, sondern höchstens Varietäten als mehr oder weniger erbliche Abänderungen hervorgehen können. Diese Lehre fordert also scharfe Grenzen zwischen den Spezies und deutliche Unterschiede im Wesen der Arten und in dem der Varietäten. Dem Systematiker, der sich in das Studium irgendwelcher Lebewesen vertieft, fällt es aber immer wieder auf, daß sich überhaupt keine Merkmale auffinden lassen, wodurch sich Varietäten durchgreifend von Arten unterscheiden. Das Maß der morphologischen Verschiedenheiten zwischen den Arten einer Gattung, den Varietäten einer Art oder zwischen Arten und Varietäten ist eben ganz und gar unbestimmt. Auch hat sich im Laufe der Zeit gezeigt, daß die Arten gar keine selbständigen morphologischen Einheiten sind, sondern in vielen Fällen sehr umfangreiche Formenkreise von „Kleinarten" (z. B. in den Gattungen Erophila, Rubus, Rosa, Hieracium, Quercus), deren scharfe Abgrenzung gegen andere Arten, d. h. andere solche Formenkreise, zudem oft sehr schwierig, ja manchmal kaum möglich ist. Auch sind die erblich konstanten Kleinarten oft viel weniger voneinander verschieden als viele sog. Varietäten. So ist es oft lediglich Sache des Geschmackes, des „systematischen Taktes", ob man eine Form als Art oder Varietät auffassen und wie man eine Art umgrenzen will. Denn auch die Regel, an die man früher wohl glaubte, die Kreuzungen zwischen den unabhängig voneinander erschaffenen Arten seien unfruchtbar, zwischen den Varietäten einer Art aber fruchtbar, hat sich als nicht richtig erwiesen; es gibt fruchtbare und unfruchtbare Bastarde zwischen zwei Varietäten und zwischen zwei Arten. Aber nicht nur Übergänge zwischen Arten kommen vor, sondern oft selbst zwischen Gattungen oder gar Familien, so daß es manchmal auch hier der Willkür des Systematikers überlassen bleibt, die Grenzen zu ziehen. Alle diese Tatsachen werden nur verständlich, wenn man annimmt, daß die Arten nicht selbständig erschaffen, sondern erblich veränderlich sind, d. h. daß aus einer Spezies durch erbliche Umwandlungen andere hervorgehen können, durch stärkere Veränderungen aus den Arten einer Gattung neue Gattungen, schließlich aus einer Familie andere Familien. Ohne diese Annahme bleibt es auch völlig unbegreiflich, daß es möglich ist, die Organismen überhaupt in Gruppen niederer und höherer Ordnung (Arten, Gattungen, Familien, Klassen usw.) zu bringen, die sich teils einander koordinieren (wie die Arten einer Gattung, die Gattungen einer Familie), teils einander subordinieren lassen (wie die Gattungen der Familie, die Arten der Gattung), und daß die Gruppen der ausgestorbenen Organismen, die in früheren Erdepochen lebten, zwischen die der lebenden meist zwanglos eingeordnet werden können. Alle Schwierigkeiten fallen sofort weg, wenn man die Organismen als blutsverwandt betrachtet und das natürliche System als den Ausdruck der näheren und ferneren Verwandtschaft, also gewissermaßen als eine genealogische Anordnung (Stammbaum) der Lebewesen ansieht.

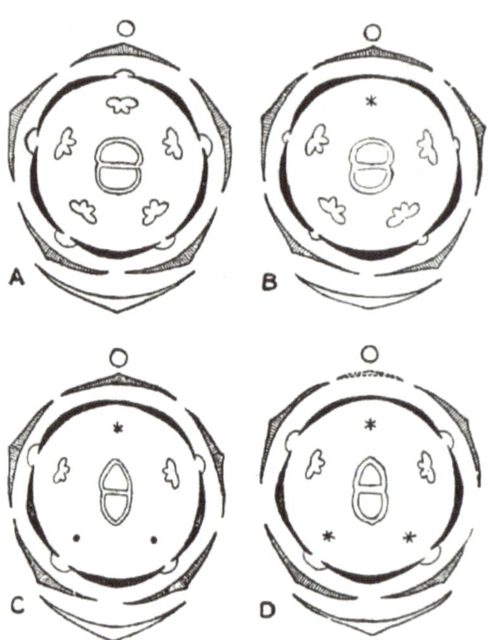

Fig. 233. Blütendiagramme von Scrophulariaceen. *A* Verbascum nigrum, *B* Digitalis purpurea, *C* Gratiola officinalis, *D* Veronica Chamaedrys. *A*, *C*, *D* nach EICHLER. Die unfruchtbaren Staubgefäße sind durch schwarze Punkte, vollständig geschwundene durch Sterne angedeutet.

2. Morphologische Beweise. Unverständlich für die Schöpfungstheorie, sofort einleuchtend bei Annahme der Deszendenzlehre sind ferner einerseits die gemeinsamen, morphologischen Baupläne, die den Angehörigen einer systematischen Gruppe, einer Gattung, einer Familie, einer Klasse, in gewissem Sinne sogar allen Organismen der Erde (im zelligen Bau, Protoplasma) zugrunde liegen, andererseits das Vorkommen von einzelnen Eigenschaften bei einer Gruppe, bei der man sie nach ihrem Bauplan eigentlich gar nicht erwarten sollte (z. B. die Spermien im Pollenschlauch der Zykadeen). Die großen Gruppen der Moose, Farne und Gymnospermen haben bei allen morphologischen Verschiedenheiten doch im wesentlichen den gleichen Entwicklungsgang, den gleichen Generationswechsel und die gleichen Geschlechtsorgane. Nur mit der Annahme der Blutsverwandtschaft kann man ferner verstehen, daß so oft die Organe verschiedener Arten bei genauerer morphologischer Untersuchung trotz gleichem Bau und gleichen Funktionen doch verschiedenen Grundformen entsprechen, also nur analog sind, daß sie umgekehrt aber auch dann einander homolog gefunden werden, wenn sie völlig verschieden gebaut sind und ganz verschiedenen Funktionen dienen, oder daß auch die Organe eines und desselben Organismus trotz ganz verschiedenem Bau und verschiedenen Funktionen doch so oft homolog sind. Dornen und Ranken z. B. sind „umgewandelte" Blätter, Nebenblätter, Sproßachsen oder Wurzeln; die Keimblätter, Nieder-, Hoch-, Kelch-, Kronblätter, die Staubgefäße und die Fruchtblätter einer Pflanze sind sämtlich nichts anderes als „umgewandelte" Laubblätter. Alle diese Umwandlungen und Weiterbildungen von Organen haben offenbar während der phylogenetischen Entwicklung stattgefunden. Ebenso weisen die funktionslos gewordenen, reduzierten Organe, die man bei manchen Formen findet, auf die Abstammung von solchen Formen hin, bei denen die Organe noch wohl ausgebildet waren: In der Familie der Scrophulariaceen (Fig. 233) finden wir Formen mit fünf Staubgefäßen bei Verbascum bis zu solchen mit nur zwei halben bei Calceolaria; in der Gattung Scrophularia ist eines der fünf zwar noch vorhanden, aber reduziert; bei Digitalis fehlt das reduzierte; bei Gratiola sind nur zwei fruchtbare vorhanden, außerdem noch zwei reduzierte, bei Veronica nur zwei fruchtbare, bei Calceolaria nur zwei halbe. Reduzierte, nutzlose Organe sind aber für die Schöpfungstheorie schwer verständlich. Gelegentlich beobachtet man wohl auch, daß bei einer Form plötzlich eine fremdartige Eigenschaft auftaucht, die man nur als einen Rückschlag (Atavismus) zu längst verloren gegangenen Eigenschaften von Vorfahren auffassen kann, z. B. Fruchtbarwerden reduzierter Staubgefäße, Auftreten von reduzierten oder fruchtbaren Staubgefäßen an Stellen, wo solche in der phylogenetischen Entwicklung verloren gegangen waren. Auf eine

Blutsverwandtschaft der Organismen deutet ferner die weitgehende Ähnlichkeit der Embryonen selbst sehr verschiedener Organismen hin, wofür namentlich das Tierreich viele auffallende Beispiele liefert; weiter die Tatsache, daß manchmal die Embryonen viel höher gegliedert sind als die ausgebildeten Organismen (so bei manchen reduzierten Organismen, z. B. vielen Parasiten), und daß die Jugendblätter an den Keimlingen mancher Gewächse, die an extreme Lebensbedingungen einseitig angepaßt sind, den Folgeblättern nicht so einseitig angepaßter Arten der gleichen Gattung entsprechen (z. B. bei Acacia, vgl. Fig. 140). Ja nicht selten wiederholt eine Art mehr oder weniger in ihrer ontogenetischen Entwicklung die Entwicklung, die man aus sonstigen Gründen als ihre phylogenetische ansehen muß (biogenetisches Grundgesetz).

3. Geographische Beweise. Geographische Schranken, Hindernisse für freie Wanderung (wie z. B. hohe Gebirge, Meere für Landpflanzen oder Ländermassen für Meeresorganismen) stehen mit den Verschiedenheiten der Flora und Fauna der einzelnen Wohngebiete, Länder, Kontinente und Meere in auffälligem Zusammenhang. Die Organismenwelten zweier Kontinente sind durchschnittlich in Familien, Gattungen usw. um so verschiedener, je schwieriger die Verbindungen sind und früher waren, weil die Formen in einem jeden solchen Land sich selbständig phylogenetisch weiter entwickelten. Zwei Gebiete haben dagegen um so mehr gemeinsame Formen, je leichter ein Formenaustausch möglich war. Sehr allgemeine Regel ist, daß die Bewohner eines Gebietes mit denen desjenigen nächsten Gebietes am engsten verwandt sind, aus dem sich die Einwanderung aus geologischen und geographischen Gründen mit Wahrscheinlichkeit annehmen läßt. Das gilt z. B. für die Kap Verdischen Inseln und das afrikanische Festland, für die Galapagosinseln oder Juan Fernandez und die Nachbargebiete von Amerika. Je abgeschlossener aber ein Wohnbezirk, etwa eine Insel, von der übrigen Welt ist, um so reicher pflegt sie an ihm eigentümlichen Formen, Endemismen, zu sein. Das sind teils solche Formen, die sich von anderen nicht endemischen oft nur wenig unterscheiden und offenbar aus ihnen in solchen Gebieten erst nach deren Abschließung entstanden sind, ohne sich darüber hinaus haben ausbreiten zu können (progressive Endemismen), teils auch solche, die als Reste früher weiter verbreiteter Formen in dem Gebiet ohne Verwandte sind, vielfach als Zeugen untergegangener Floren angesehen werden können und in diesem Falle hohes Alter aufweisen (Reliktendemismen).

4. Paläontologische Beweise. Die Paläontologie endlich zeigt uns, daß Arten in der Geschichte unseres Planeten völlig erlöschen, andere dafür auftauchen, ferner daß nicht selten in benachbarten Erdschichten die Formen sich zu Formenreihen fortschreitender Organisationshöhe anordnen lassen, und daß die Formengruppen, deren Arten wir als die am reichsten gegliederten ansehen, erst verhältnismäßig spät in der Erdgeschichte, die Angiospermen z. B. erst in der Kreidezeit, erschienen sind. Vor allem aber hat diese Wissenschaft uns heute fehlende, ausgestorbene Zwischenglieder zwischen Gattungen, Familien und Klassen kennen gelehrt, d. h. Formen, die in ihren Baueigentümlichkeiten zwischen diesen vermitteln. Daß sie nicht häufiger sind, hängt offenbar mit der großen Unvollständigkeit unserer geologischen Urkunden zusammen. Auf botanischem Gebiete ist die wichtigste dieser Zwischengruppen die der Pteridospermeen oder Cycadofilices. Das sind Gewächse der Karbonformation, die zwischen Farnen und Zykadeen vermitteln, d. h. Blätter wie Farne, Samen aber wie die Zykadeen und anatomischen Bau teils wie jene, teils wie diese gehabt haben.

5. Direkte Beweise für die Veränderlichkeit der Arten. Alle diese verschiedenartigen Indizienbeweise gewinnen aber noch dadurch ganz wesentlich an Bedeutung, daß es gelungen ist, die Inkonstanz mancher Arten direkt zu beobachten. Bei sorgfältiger Untersuchung sehen wir nämlich in der freien Natur, viel häufiger aber in der Kultur, bei Organismen gelegentlich erbliche Veränderungen auftreten, die den systematischen Wert von Varietäten oder Arten haben. Auch ist es im Experimente auf verschiedenen Wegen geglückt, solche erblich konstanten Veränderungen, also die Erzeugung neuer Formen zu erzwingen. Derartige Beobachtungen sind zugleich deshalb sehr wertvoll, weil sie uns Einblicke in das Problem der Artbildung, der Entstehung neuer morphologischer Eigenschaften erlauben.

B. Entstehung der Anpassungen. Alle bisherigen Beobachtungen weisen darauf hin, daß die erblichen Änderungen der Organismen bald diese, bald jene Eigenschaften betreffen und in kleineren oder wohl auch größeren Sprüngen, und zwar ganz regellos erfolgen. Daraus erklärt sich die große Mannigfaltigkeit der organischen Formen. Diese sprunghaften Veränderungen können bald schädlich, bald gleichgültig, bald nützlich für den Organismus sein. Sind sie so schädlich, daß der Organismus damit nicht mehr lebensfähig ist, so verschwinden derartige Varianten meist ebenso schnell, wie sie entstanden sind (z. B. Keimlinge, die die Eigenschaft verloren haben, Chlorophyll auszubilden). Wieweit solche erblichen Veränderungen unter dem Einflusse äußerer erfaßbarer Bedingungen entstehen, bleibt im einzelnen noch zu erforschen.

Seitdem man sich auf den Boden der Deszendenzlehre gestellt hat, hat man erkannt, daß eine besondere Erklärung noch die Entstehung der für die Organismen so bezeichnenden Anpassungsmerkmale bedarf. Mit der Erkenntnis, daß die Lebewesen regellos erblich abändern, ist ja noch keinerlei Einsicht in die auffällige Tatsache gewonnen, daß der Organismus vielfach so ausgesprochen an seine Umwelt, ferner ein Organ in seinem Bau mehr oder weniger an seine Funktionen angepaßt ist und nützlich reagiert. Dieser Zustand der Anpassung, dieses erbliche Angepaßtsein muß phylogenetisch irgendwie entstanden sein; wie, darauf geben uns alle Beobachtungen und Versuche bis jetzt keine unmittelbare Antwort. Erklärungen hat man auf ganz verschiedenem Wege versucht. Die wichtigsten Hypothesen in dieser Hinsicht sind der Lamarckismus und der Darwinismus.

1. Der Lamarckismus[124] geht von der Tatsache aus, daß manche Organismen je nach der Umgebung, in der ihre Keimzellen auskeimen und sich zum fertigen Organismus entwickeln, verschiedene Gestalt annehmen, ohne daß diese Lebewesen dadurch die Fähigkeit verlören, sich in anderer Umgebung dieser entsprechend zu entwickeln. So gibt es Pflanzen, die sowohl auf dem Lande wie im Wasser leben können (man nennt sie amphibische) und die je nach den Außenbedingungen, in denen sie sich entwickeln, verschiedene Formen annehmen. Auf dem Lande ausgesät, nehmen sie Gestalt und inneren Bau typischer Landpflanzen an; bei Kultur im Wasser gleichen sie typischen Wasserpflanzen. Manche Pflanzen bilden bei Trockenkultur xerophile Merkmale aus, bei Kultur in feuchter Luft dagegen hygrophile. Diese Befähigung, in verschiedener Umgebung mit Ausbildung verschiedener Merkmale zu reagieren, nennt man Modifikationsfähigkeit. Solche Modifikationen (vgl. Physiologie S. 285) sind nicht in dem Sinne erblich, daß die Samen z. B. einer amphibischen Pflanze, die sich im Wasser zur Wasserpflanze entwickelt hat, bei Aussaat auf dem Lande nun ebenfalls die Wasserform lieferte. Vielmehr entsteht auf dem Lande immer die Land-, im Wasser stets die Wasserform, von welcher Form auch immer die Samen entnommen sein mögen.

Man hat nun in diesen Wirkungen der Außenwelt auf solche modifizierbaren Pflanzen ein direktes „Sichanpassen“ erblicken wollen und dem Organismus die Fähigkeit zugeschrieben, auf jede äußere Einwirkung, auch auf solche, die ihm in der Natur nicht zu begegnen pflegen, mit einer nützlichen Reaktion zu antworten. So wie an äußere Faktoren, so soll auch ein Sichanpassen an neue Funktionen möglich sein; jedes „Bedürfnis“ nach einem Organ soll auf die Bildung eines solchen hinwirken. Und weiter nimmt der Lamarckismus an, daß jede einmal entstandene Veränderung, insbesondere jede durch Außenfaktoren oder durch „Bedürfnisse“ bewirkte Abänderung auch erblich sei oder zum mindesten mit der Zeit erblich werden könne. Wenn also eine Pflanze Generationen hindurch sich immer wieder an das Wasserleben oder an das Leben im Schatten oder Leben auf Kosten eines anderen Organismus im obigen Sinne direkt anpaßt, so sollen die so gewonnenen Baueigentümlichkeiten allmählich fixiert werden; d. h. sie sollen auch dann auftreten, wenn die Anlässe dazu nicht mehr vorhanden sind. Zu dieser Auffassung ist zunächst zu bemerken, daß die Annahme, „ein Bedürfnis nach einem Organ könne die Bildung eines solchen bewirken“, eine unklare Überlegung ist. Sodann muß man betonen, daß von einem Erblichwerden solcher Wirkungen äußerer Bedingungen, die wir Modifikationen genannt haben, schlechterdings nichts zu bemerken ist. Schon aus diesem Grunde ist der Lamarckismus abzuweisen. Zweitens aber hieße es an ein Wunder glauben, wenn man annehmen wollte, daß der Organismus von vornherein auf beliebige Außenfaktoren nützlich reagierte. In der Tat sehen wir auch nicht ganz selten Reaktionen auf neue ungewohnte Reize eintreten, die durchaus „gleichgültig“ oder gar schädlich erscheinen. So krümmen sich Droseratentakeln auf hohe Temperatur hin so ein, als wären sie mit einem Insekt in Berührung gekommen; abgeschnittene Blätter können bei vielen Pflanzen durch Ausbildung von Wurzeln sich manchmal jahrelang am Leben erhalten, auch wenn ihnen die Möglichkeit der Sproßbildung abgeht. Wenn andererseits auf verschiedene Reize, denen gewisse Organismen an ihren verschiedenen Standorten ausgesetzt sind, wie Wasser, Luft, Licht, Schatten usw., ein direktes Sichanpassen zu folgen scheint, so kann man diese Erfolge auch anders deuten. Man kann annehmen, daß solche Organismen schon die Befähigung, d. h. die Anlagen besitzen, die ihnen je nach den äußeren Bedingungen bald diese, bald jene Entwicklung einzuschlagen erlauben. Die Außenfaktoren erzeugen also nicht solche Befähigungen oder

Anlagen, sondern sie bewirken nur ihre Entfaltung oder Nichtentfaltung. Wie aber jene Anlagen historisch entstanden sind, warum manche Lebewesen sie besitzen, andere nicht, warum also z. B. nur manche angepaßt sind, im Wasser in der Gestalt von Wasserpflanzen, auf dem Lande in der Gestalt von Landpflanzen zu leben, das eben bleibt wie eine jede andere Anpassung noch immer zu erklären. Und hier versagt der Lamarckismus völlig.

2. Der Darwinismus[123], [125]. DARWIN geht von der Tatsache aus, daß die beschränkten Lebensbedingungen auf unserer Erde keine unbegrenzte Vermehrung der Organismenmenge erlauben. Fast jedes Lebewesen liefert aber während seines Einzeldaseins so viele Keime, daß, wenn alle aufkämen, schon nach ganz kurzer Zeit die Erde allein von einer Art übervölkert sein würde. Nur wenige Nachkommen eines Individuums bleiben aber am Leben, weil nämlich die Umwelt so viele in jedem Entwicklungsstadium von der Keimzelle an vernichtet. Die Nachkommen jedes Individuums unterliegen dem „Kampfe ums Dasein" mit der Umwelt, wozu wir natürlich auch die anderen Organismen der gleichen oder anderer Arten zu rechnen haben. Wären alle Nachkommen ganz gleich, so könnte allein der Zufall darüber entscheiden, welche am Leben bleiben. Solche Zufälle haben auch sicher eine große Bedeutung. Da aber zuweilen unter den Nachkommen erbliche Verschiedenheiten bestehen, so werden in der Regel diejenigen in diesem Kampfe bevorzugt sein, die an dem Platze, wohin sie der Zufall verschlagen hat, durch ihre Besonderheiten erhaltungsfähig oder erhaltungsfähiger als die anderen sind. Es findet also eine Auslese (Selektion, natürliche Zuchtwahl) statt. Und wenn nun die ausgelesenen Varianten ihre Eigenschaften an ihre Nachkommen übertragen, bei denen sich die erblichen Variationen und der Kampf wiederholen, dann muß die Entwicklung zu immer besser angepaßten Formen führen. Entstehen können Organismen mit ganz beliebigen Eigenschaften, nützlichen, gleichgültigen oder schädlichen. Da alle mit schädlichen Eigenschaften früher oder später wieder verschwinden müssen, bleiben nur solche übrig, die besser angepaßt sind als die Besiegten, sich aber außerdem auch noch in vielen gleichgültigen Eigenschaften von diesen unterscheiden können. Nützlichkeit (d. h. Angepaßtsein) erklärt sich also nach dem Lamarckismus überhaupt nicht, da dieser das nützliche Reaktionsvermögen der Organismen auch gegenüber ihnen völlig fremden, neuen Außenverhältnissen als gegeben hinnehmen muß, nach dem Darwinismus dagegen aus den Vorzügen besser erhaltungsfähiger erblicher Eigenschaften im Kampfe ums Dasein. Darin liegt der große Fortschritt der DARWINschen Theorie gegenüber dem Lamarckismus. Sie wird, wie wir sahen, durch alle Beobachtungen unterstützt, die wir über die Entstehung neuer erblicher Eigenschaften bei Organismen bisher gemacht haben, wenn auch bei Annahme des Darwinismus noch immer mancherlei Schwierigkeiten zu überwinden bleiben.

Zweite Abteilung.
Physiologie[126].

Die Physiologie hat die Aufgabe, die **Lebenserscheinungen** zu beschreiben, ihre Abhängigkeit von äußeren Faktoren zu studieren und sie soweit wie möglich auf ihre Ursachen zurückzuführen. Wie Chemie und Physik, so forscht also auch die Physiologie nach den Ursachen des Geschehens, sie ist eine Wissenschaft mit kausaler Fragestellung. Doch muß sie notwendigerweise auch die Bedeutung des Geschehens für den Organismus mit in Betracht ziehen. Wie in der Fragestellung, so folgt die Physiologie auch in ihrer Arbeitsmethode der Physik und Chemie: sie bedient sich in erster Linie des Experimentes.

Die **Hauptergebnisse** der physiologischen Forschung sind folgende:

1. Einen grundsätzlichen Unterschied zwischen den Lebenserscheinungen der Tierwelt und der Pflanzenwelt gibt es nicht. Das ist nicht überraschend, weil schon morphologisch Tier und Pflanze nur in ihren extremen Ausbildungen scharf unterscheidbar sind. Auf physiologischem Gebiet aber hat sich, je weiter die Forschung vorschreitet, desto deutlicher gezeigt, wie ähnlich das Leben in den beiden Hauptreichen verläuft. Dementsprechend gibt es eigentlich nur eine Physiologie, die Physiologie der Organismen. Ein Lehrbuch der Botanik hat aber selbstverständlich nur die Physiologie der Pflanzen darzustellen; doch soll, wo es nützlich erscheint, auf analoge Vorkommnisse im Tierreich kurz hingewiesen werden.

2. In mancher Hinsicht reagiert die lebende Pflanze nicht anders als beliebige tote Körper. Trotz ihres hohen Wassergehaltes ist sie im allgemeinen ein fester Körper und hat die physikalischen Eigenschaften eines solchen. Schwere, Festigkeit, Elastizität, Leitungsfähigkeit für Wärme und Elektrizität kommen ihr in gleicher Weise zu wie leblosen Körpern. So wichtig diese Eigenschaften nun auch für das Bestehen und für das Leben der Pflanze sind, so bedingen sie doch noch nicht das Leben selbst.

3. Die eigentlichen Lebenserscheinungen scheinen nämlich auf den ersten Blick recht verschieden zu sein von den Vorgängen, die man bei leblosen Körpern antrifft. So lange der Organismus in voller Lebenstätigkeit ist, können wir eine ununterbrochene Kette von Veränderungen an ihm wahrnehmen, die sich in dreifach verschiedener Weise äußern:

I. Ein Organismus besteht selbst dann, wenn eine Vergrößerung durch Wachstum nicht mehr erfolgt, keineswegs aus einer gleichbleibenden Stoffmasse. Während die äußere Form konstant bleibt, finden im Innern fortwährend Veränderungen statt; neue Stoffe werden von außen aufgenommen, werden im Innern umgewandelt und auch wieder nach außen abgegeben. Der Organismus besitzt einen Stoffwechsel.

II. Gewöhnlich aber verläuft dieser Stoffwechsel nicht in der Weise, daß die Stoffaufnahme der Stoffabgabe gleichkommt, sondern es wird mehr aufgenommen als abgegeben; die Masse nimmt zu, der Organismus wächst. Wachstum kennen wir auch an chemischen Ausfällungen (Niederschlägen) oder an Kristallen. Hier pflegt es indes so zu verlaufen, daß eine wesentliche Veränderung der Form nicht erzielt wird (bei Kristallen), oder daß die Gestaltsveränderung eine zufällige, keine gesetzmäßige ist (Niederschläge). Der Organismus aber nimmt unter gesetzmäßiger Gestaltsveränderung ganz bestimmte, immer wiederkehrende Formen an; er macht eine Entwicklung durch, und diese führt früher oder später zur Entstehung von neuen Organismen, Tochterindividuen; es tritt Fortpflanzung ein. Wachstum, Entwicklung und Fortpflanzung sind für die Lebewesen ungemein charakteristische Vorgänge.

Manche Niederschläge haben unter Umständen eine gewisse äußerliche Ähnlichkeit mit Pflanzen. Bringt man z. B. in eine mit Gelatine versetzte Lösung von gelbem Blutlaugensalz und Kochsalz etwas Kupfervitriol, dem Zucker zugegeben wurde, so bildet sich ein Niederschlag von Ferrocyankupfer, der zusehends wächst und in seiner Gestalt an Pflanzen erinnert. Es fehlt dieser „künstlichen Pflanze“ aber nicht nur die innere Struktur der wirklichen Pflanze, sondern vor allem auch die Fortpflanzung und die gesetzmäßige Entwicklung.

III. Endlich zeigen die Organismen Bewegungsvermögen; sie ändern entweder im ganzen den Ort, oder sie bringen kleinere oder größere Teile in andere Lagen. Da auch Anorganismen und tote Organismen Bewegungen ausführen können, so ist für die Lebewesen nur die Art und Weise, wie die Bewegung zustande kommt und unterhalten wird, charakteristisch.

In der Natur treten die drei genannten Prozesse, der Stoffwechsel, die Entwicklung und die Bewegungen, fast stets gleichzeitig auf. Der Stoffwechsel ist ohne Stoffbewegungen undenkbar, die Entwicklung ist immer mit stofflichen Veränderungen und mit Bewegungen verknüpft, die Bewegungen endlich können ohne Stoffwechsel und ohne Gestaltswechsel nicht stattfinden. Dennoch können wir in unserer Darstellung die drei Prozesse gesondert betrachten und die Physiologie in drei Abschnitte einteilen, nämlich:

Die Lehre vom Stoffwechsel oder die chemische Physiologie, auch wohl Physiologie der Ernährung genannt.

Die Lehre von der Entwicklung, Physiologie der Gestaltung, Formwechsel.

Die Lehre von den Bewegungen.

4. Diese Lebenserscheinungen sind durchaus an das Protoplasma gebunden und beruhen auf der eigentümlichen Art, wie diese Substanz auf Einflüsse der Außenwelt reagiert, d. h. vor allem auf ihrer Reizbarkeit und Regulationsfähigkeit.

a) **Reizbarkeit.** Bei den Reaktionen des Organismus ist in der Regel der Zusammenhang zwischen Ursache und Wirkung nicht so durchsichtig wie bei physikalischen und chemischen Vorgängen. Das rührt daher, daß wir kaum jemals die nächsten, sondern meist nur ganz indirekte Folgen einer äußeren Einwirkung zu sehen bekommen. Auch kann je nach dem Zustand des Protoplasmas ein und derselbe Faktor ganz verschiedenartige Wirkung haben. Hierfür ein Beispiel:

Befestigt man einen biegsamen Stab in horizontaler Lage an einem Ende, so wird sich das freie Ende durch das Gewicht des Stabes bis zu einem bestimmten Punkte abwärts biegen. Dasselbe tut jeder Pflanzenteil, und bei toten Pflanzenteilen bleibt es dabei. Hat man zu dem Versuche jedoch einen lebendigen, wachsenden Stengel benutzt, dann zeigt sich nach einiger Zeit in diesem eine Wirkung der Schwerkraft, die im Vergleich zu ihrer rein physikalischen Wirkungsweise durchaus überrascht: Der wachsende Teil des Stengels richtet sich durch eigene Tätigkeit wieder auf; er krümmt sich dem Zug der Schwere entgegen. Macht man den Versuch mit einer Pfahlwurzel, so wird diese, unter Entfaltung von Kraftäußerungen, die ihr Eigengewicht erheblich übertreffen, sich senkrecht abwärts krümmen; ein Rhizom von Scirpus dagegen würde in der Horizontallage weiterwachsen und würde auch seine wachsende Spitze wieder wagerecht stellen, wenn man es aus dieser Lage gebracht hätte. Bei diesen drei Versuchen sind die physikalischen Bedingungen jedesmal die gleichen: Die Erdschwere wirkt auf einen horizontalen Pflanzenteil. Das Resultat aber fällt so verschieden wie nur möglich aus.

Man muß in solchen Fällen annehmen, daß zwar die Einwirkung von außen zunächst stets den gleichen Effekt hat wie in Anorganismen — in unserem Beispiele würde also die Schwerkraft stets zunächst einmal eine Druckwirkung bedingen —, daß aber diese primäre Veränderung innere Tätigkeiten der Pflanze veranlaßt, wobei vielfach der Außenfaktor als auslösendes Moment aufzutreten scheint. Solche Vorgänge werden erst verständlich, wenn wir den Organismus mit einem Mechanismus vergleichen. Der Zusammenhang zwischen dem schwachen Fingerdruck, den wir auf den Abzugsbügel eines Gewehres ausüben, und der Flugbewegung des Geschosses ist nicht einfach. Der Druck bewirkt zunächst die Entspannung einer Feder; die frei gewordene Energie treibt einen Schlagbolzen auf die Zündmasse; diese explodiert und bringt das Pulver zur Explosion; die dabei entstehenden Gase erst schleudern das Projektil aus dem Lauf. Es leuchtet ein, daß die Kraft des Schlagbolzens keinerlei Beziehung zur Kraft des Fingerdruckes hat, den der Schütze ausübt, und daß ebensowenig eine Beziehung zwischen der Größe der Expansionskraft des Pulvers und der Schlagbolzenkraft besteht. Es werden vorhandene Energien, die der gespannten Feder und die des Pulvers, ausgelöst. Solche Auslösungen, vor allem Auslösungen, die einander folgen, die eine Kette von Prozessen bilden, treten uns bei allen Lebenserscheinungen entgegen; sie sind freilich nicht so einfach und übersichtlich wie bei den Mechanismen, weil sie sich durchweg im Protoplasma abspielen. Auslösungen, die in der lebenden Masse aufgespeicherte Spannkraft in kinetische Energie verwandeln, seien als Reizerscheinungen, der auslösende Faktor als „Reiz“ bezeichnet (vgl. aber S. 322).

So wie die Leistung einer Maschine nur verständlich wird, wenn man ihren Bau kennt, so ist auch die Kenntnis des äußeren und inneren Baues der Pflanze Vorbedingung für physiologische Studien. Es hat sich aber gezeigt, daß das Verständnis der Funktion aus dem Bau bei der Pflanze nicht annähernd in dem Maße erzielt werden kann wie bei der Maschine; es handelt sich im Organismus eben nicht um ein Ineinandergreifen von Rädern oder anderen Mechanismen, sondern wesentlich um eine Folge chemischer Reaktionen.

b) Regulationen. Maschinen können aber nicht nur das Wesen der Auslösung versinnbildlichen, sondern sie können auch noch die zweite weitverbreitete Eigenschaft des Organismus klarmachen, nämlich seine Regulationsfähigkeit. So wie an einer Maschine z. B. die Geschwindigkeit automatisch auf einer gewissen Höhe erhalten wird, so sehen wir auch in der Pflanze bei zahllosen Prozessen eine Selbststeuerung eintreten, die Qualität und Quantität eines jeden Geschehens regelt. Wenn es auch in der anorganischen Welt nicht an regulatorisch verlaufenden Vorgängen fehlt, so treten uns doch diese nicht in der Häufigkeit entgegen wie im Organismus. Deshalb kann man die Regulationsfähigkeit neben der Reizbarkeit als ein besonders wichtiges Merkmal der lebenden Wesen betrachten.

Wenn nun auch die Lebenserscheinungen bisher noch nirgends gründlich aufgehellt sind, so kann uns das doch nicht an der Überzeugung hindern, daß sie sich lediglich durch ihre außerordentlich große Komplikation von den Vorgängen in der leblosen Natur unterscheiden und im Prinzip einer physikalisch-chemischen Erklärung zugänglich sind.

5. Die Lebenstätigkeit der Pflanze vollzieht sich nur, wenn zahlreiche Bedingungen, die sog. allgemeinen Lebensbedingungen, erfüllt sind, die man in zwei Gruppen, innere und äußere Ursachen, einzuteilen pflegt[127]. Die inneren Ursachen des Lebens sind an das Protoplasma geknüpft. Sein Bau, seine Organisation bedingen nicht nur, daß das Geschehen im Organismus die Charakterzüge des Lebendigen an sich trägt, sondern daß es auch je nach der Abstammung der betreffenden Plasmamasse spezifisch verschieden ausfällt. Demnach ist das Vorhandensein einer lebenden Plasmamasse die fundamentalste Lebensbedingung. Alle anderen Lebensbedingungen können wir nach Wunsch schaffen oder wegnehmen; das Protoplasma dagegen können wir nicht synthetisch herstellen, es entsteht nur im Organismus durch die Tätigkeit schon existierenden Plasmas.

Das Protoplasma kann aber nur bei ständiger Wechselwirkung mit der Außenwelt etwas leisten. Dabei fällt der Außenwelt eine dreifache Rolle zu: sie liefert erstens das Material zum Aufbau des Pflanzenkörpers; sie wirkt zweitens als auslösendes Moment (Reiz, S. 184); sie versorgt endlich die Pflanze mit der nötigen Energie, mag diese als chemische Energie mit den Stoffen von außen aufgenommen werden oder in Form von Ätherschwingungen eindringen.

Unter den äußeren Faktoren, die für das Leben von Wichtigkeit sind, kann man die notwendigen oder unentbehrlichen von den entbehrlichen unterscheiden. Als unentbehrliche Bedingungen für die Lebenstätigkeit nennen wir vor allem eine gewisse Temperatur und das Vorhandensein bestimmter Stoffe sowie das Fehlen anderer, die schädigend oder tödlich wirken (Gifte); dagegen ist das Licht keine solche allgemeine Lebensbedingung. Manche Pflanzen verlangen freilich wenigstens für ihre oberirdischen Organe direktes Sonnenlicht; andere meiden dies und suchen den Schatten auf (Schattenpflanzen); wieder andere können ihren ganzen Lebenszyklus in vollkommener Dunkelheit durchmachen.

Die notwendigen Faktoren sind ferner an ganz bestimmte Grenzen gebunden. Ein Zuviel von ihnen (Überschreiten des „Maximums“) wirkt ebenso schädlich auf die Pflanze wie ein Zuwenig (Überschreiten des „Minimums“), und oberhalb des Minimums sieht man die Lebensäußerungen an Intensität zunehmen bis zum „Optimum“ und oberhalb von diesem wieder abnehmen. Die drei Punkte, Minimum, Maximum und Optimum, die uns bei der Abhängigkeit jeder Lebenserscheinung von einem Außenfaktor entgegentreten, nennt man die Kardinalpunkte der Einwirkung dieses Faktors (Fig. 259). Sie sind indes keineswegs Konstanten; sie sind vielmehr für die einzelnen Organismen und Lebenserscheinungen verschieden: sie ändern sich ferner mit der Dauer der Einwirkung des Faktors, und sie hängen auch vom Zustand der Pflanze sowie von anderen äußeren Faktoren ab.

Jede Überschreitung des Minimums wie des Maximums eines äußeren Faktors führt früher oder später zum Tod. Dieser kann also z. B. durch zu hohe (Hitzetod) oder zu niedrige Temperatur (Erfrieren) erfolgen; er kann durch ein Zuviel oder Zuwenig an Licht, durch ein Zuviel oder Zuwenig eines Stoffes bedingt sein; ist z. B. zu wenig Wasser gegeben, so spricht man zunächst von Welken und dann von Vertrocknen; ist ein Stoff in zu großen, schädigenden Mengen gegeben, von Vergiftung.

Die meisten Pflanzen werden durch bestimmte niedere Temperaturen zum Erfrieren[128] gebracht, fast alle werden durch hohe Temperaturen, die noch weit vom Siedepunkte des Wassers entfernt sind, getötet; nur manche Cyanophyceen ertragen die sehr hohe Temperatur gewisser heißer Quellen.

Empfindliche Pflanzen, insbesondere Pflanzen tropischer Herkunft, sterben schon bei Temperaturen über Null. Andere werden durch die Eisbildung im Innern getötet, und wieder andere können mehrfach im Winter hart gefrieren, ohne Schaden zu nehmen. So erträgt in Nordsibirien Cochlearia fenestrata eine Temperatur von -46° C ohne Schädigung, und gewisse Waldbäume halten sogar -60° aus. Bemerkenswert ist die Widerstandskraft niederer Organismen gegen extreme Kältegrade. So ertrugen in Versuchen PICTETs Diatomeen längere Zeit eine Temperatur von -200° C.

Durch Steigerung der Lichtintensität kann man schließlich wohl jede Zelle zum Absterben bringen, mag nun das Licht dabei im einzelnen mehr thermisch oder mehr chemisch wirken. Viele Bakterien sterben schon im hellen Tageslicht ab, weshalb diesem eine wichtige hygienische Bedeutung in unseren Wohnräumen zukommt.

Das Lichtbedürfnis wechselt aber nicht nur bei verschiedenen Pflanzenarten und je nach Gewöhnung auch wieder individuell, sondern es kann sich das Optimum der Lichtwirkung bei demselben Einzelwesen mit der Entwicklung verschieben. Viele tropische Kulturpflanzen, z. B. Kakao und Kaffee, verlangen während ihrer Jugend Schatten und müssen daher durch besonders angepflanzte schattenspendende Pflanzen (Albizzia-Arten, Musa) zunächst geschützt werden, während sie später die volle Tropensonne ertragen oder gar nötig haben.

Unter den stofflichen Einflüssen kommt oft dem Wasser eine besonders in die Augen fallende Bedeutung zu. Wenn Licht und Temperatur in optimalem Maße geboten sind, wie das in den Tropen zutrifft, hängt die Entwicklung der Pflanze vor allem vom Wasser ab. Ist dieses reichlich geboten, und erfolgen die Niederschläge auch gleichmäßig über das ganze Jahr verteilt, dann sehen wir den üppigsten Pflanzenwuchs in der Formation des tropischen Regenwaldes auftreten. Eine regelmäßig wiederkehrende Trockenperiode bedingt den sommergrünen Wald, geringere Niederschläge lassen die Formation der Savannen entstehen und noch weniger ausgiebige Niederschläge endlich die Wüsten[129].

Weitgehende, mit Austrocknung verbundene Wasserentziehung ertragen nur wenige Pflanzen. — In vielen Fällen beruht der bei niederer Temperatur eintretende Tod nicht auf einer direkten Kältewirkung, sondern auf ungenügender Wasserversorgung; die Wurzeln können dem kalten oder gar gefrorenen Boden nicht so viel Wasser entziehen, wie die oberirdischen Organe verdunsten.

6. Die Überschreitung des Maximums oder des Minimums der äußeren Faktoren führt aber keineswegs immer sofort zum Tod. Vielfach kann der Organismus zunächst in einen Zustand übergehen, den man als latentes Leben bezeichnet. Äußerlich kann man es dem Organismus nicht immer ansehen, ob er sich im Zustand des aktiven Lebens, des latenten Lebens oder des Todes befindet. Das latente Leben hat mit dem toten Zustand das gemeinsam, daß jede Lebenstätigkeit unterbleibt; aus dem latenten Leben kann aber durch geeignete Einwirkungen das aktive Leben wieder erweckt werden, was beim toten Zustand unmöglich ist.

Nicht immer freilich ist der Eintritt des latenten Lebens einfach die Folge der Überschreitung der extremen Kardinalpunkte. Vielfach arbeitet die Pflanze auch aus inneren Ursachen auf die Herstellung latenten Lebens hin (Samen und Sporen).

Im latenten Leben befinden sich vor allem viele Dauerzustände der Pflanzen, wie die Samen und Sporen. Sie sind in der Regel viel widerstandsfähiger gegen Austrocknung, Hitze und Kälte als Organe, die im aktiven Zustand sind. So ist bekannt, daß Bakteriensporen im feuchten Zustand eine Zeitlang Temperaturen von 100° und mehr ertragen können; genau so verhalten sich einige Samen (Medicago-Arten). Andererseits widerstehen Sporen und Samen in trockenem Zustand sogar einer Temperatur von -253°[130].

Erster Abschnitt. Stoffwechsel[131].

I. Die stoffliche Zusammensetzung der Pflanze[132].

Jede Beschäftigung mit dem Stoffwechsel setzt die Kenntnis der chemischen Zusammensetzung der Pflanze voraus. Diese studiert man mit den Methoden der Chemie.

Wasser und Trockensubstanz. Ein gewisser Einblick in die Zusammensetzung der Pflanze wird freilich schon ohne besondere Hilfsmittel gewonnen. Daß die Pflanze aus Wasser und Trockensubstanz besteht, weiß jeder, der Pflanzen getrocknet, für das Herbarium hergerichtet hat. Er weiß auch, wie durch diesen Wasserverlust fundamentale physikalische Eigenschaften der Pflanze, wie Festigkeit und Elastizität, beeinflußt werden. Mehrjährige Zweige von Schlingpflanzen z. B. (Cobaea, Passiflora), die in frischem Zustande außerordentlich biegsam und elastisch sind, werden nach dem Trocknen an der Luft starr und spröde; sie brechen wie Glas, wenn man sie zu biegen versucht. Nimmt man die Wage zu Hilfe, so stellt man leicht fest, wie groß der Anteil des Wassers an der Gesamtmasse der Pflanzensubstanz ist. Dabei genügt es freilich nicht, die Pflanzen der Luft zu exponieren: vielmehr muß ihnen im Exsikkator oder in einer Temperatur von etwas über 100° auch der nicht unbeträchtliche Rest von Wasser entzogen werden, den sie im sog. „lufttrockenen" Zustand noch führen. Dann zeigt sich, daß der Wassergehalt sehr groß ist; er beträgt bei holzigen Teilen etwa 50%, bei saftigen Kräutern 70–80%, bei Sukkulenten und Früchten 85–95% und endlich bei Wasserpflanzen, namentlich Algen, 95–98% des Frischgewichts. Daß Körper mit so hohem Wassergehalt noch „fest" sein können, erscheint wunderbar, findet aber seine Erklärung durch nähere Studien über die Verteilung des Wassers (S. 188).

Asche. So wie uns die Austrocknung zur Unterscheidung von Wasser und Trockensubstanz führt, so können wir mit Hilfe der Verbrennung zwischen verbrennbarer oder organischer Substanz und unverbrennbarer oder Aschensubstanz unterscheiden. Der Aschengehalt der Pflanzen fällt beim Verbrennen von Holz, beim Rauchen einer Zigarre ohne weiteres auf; daß auch winzige Zellhautfragmente oder Stärkekörner Asche hinterlassen, weist das Mikroskop nach. Über die quantitativen Verhältnisse gibt die Analyse Aufschluß, die vor allen Dingen zeigt, daß die verschiedenen Organe einer Pflanze nicht den gleichen Aschengehalt aufweisen; die Blätter z. B. pflegen mehr zu enthalten als die Stengel. So hat man gefunden, daß in den Blättern von Brassica rapa rund 20%, in den Stengeln 10% der Trockensubstanz aus Asche besteht (vgl. S. 204).

Aber auch je nach dem Standort und anderen äußeren Einflüssen kann die Aschenmenge variieren. Andererseits können wieder verschiedene Spezies, selbst wenn sie den gleichen äußeren Bedingungen ausgesetzt sind, doch ganz verschiedene Mengen von Asche führen.

Wenn auch die Mehrzahl der überhaupt auf der Erde vorkommenden Grundstoffe in der Asche von Pflanzen gefunden worden ist, so treten doch nur wenige Elemente in so großer Menge in ihr auf, daß man sie quantitativ zu bestimmen pflegt. Es sind dies von Metalloiden Cl, S, P, Si und von Metallen Na, K, Mg, Ca, Fe.

Organische Substanz. Die organische Substanz besteht in erster Linie aus den Elementen H, O, N und C; sie werden bei völliger Verbrennung in flüchtige Stoffe übergeführt, nämlich in Kohlensäure, Wasser, Ammoniak oder freien Stickstoff. Auch in der Asche sich findende Elemente können in der lebenden Pflanze organisch gebunden sein. — Der Masse nach nimmt stets der Kohlenstoff die erste Stelle in der organischen Substanz ein, denn die Trockensubstanz besteht etwa zur Hälfte aus ihm. Auch ohne chemische Untersuchung erkennt man den reichen Gehalt der Pflanze an diesem Element durch das „Verkohlen" jedes beliebigen Teiles, wenn er erhitzt wird. Die Betrachtung eines Stückes Holzkohle, in dem sich die feinste Holzstruktur erhalten hat, läßt weiterhin darauf schließen, wie gleichmäßig die Verteilung des Kohlenstoffes in der Substanz und wie vorherrschend seine Masse in dieser ist.

Herkunft der Stoffe. In größerer Menge finden sich somit nur folgende 13 Elemente in der Pflanze:

H, Cl, O, S, N, P, C, Si und Na, K, Mg, Ca, Fe.

Während des Wachstums nimmt ihre Menge dauernd zu; sie werden demnach fortwährend von außen aus dem Boden, dem Wasser, der Luft oder aus anderen Organismen aufgenommen.

In der Regel werden nur Gase und Flüssigkeiten in die Pflanze eindringen. Die starre Zellwand gestattet festen Körpern den Zutritt ins Innere erst, nachdem sie gelöst sind. Wo die Zellwand aber fehlt, wie bei Flagellaten und Schleimpilzen, da kann das nackte Protoplasma auch feste Körper umfließen und so ins Innere aufnehmen.

Die Tiere stimmen in ihrer chemischen Zusammensetzung im wesentlichen mit der Pflanze überein. Die Stoffaufnahme erfolgt aber bei ihnen zunächst in das Darmsystem. Der Unterschied gegenüber den Pflanzen ist indes nicht so groß, als er auf den ersten Blick zu sein scheint; denn im allgemeinen treten die Stoffe auch erst, nachdem sie flüssig geworden sind, in die Zellen ein.

II. Die Nährstoffe, ihre Aufnahme und ihre Bewegung in der Pflanze.

Die aufgenommenen Stoffe können notwendige, überflüssige oder schädliche sein. Das läßt sich in jedem einzelnen Fall nur durch das Experiment feststellen, denn es wäre ein großer Irrtum, zu glauben, daß alle konstant vorkommenden Stoffe auch notwendig sind. Es hat sich vielmehr gezeigt, daß im allgemeinen nur 10 von den eben genannten 13 Elementen wirklich unentbehrlich sind. Die notwendigen Stoffe kann man als Nährstoffe bezeichnen. Sie treten fast alle nicht als Elemente, sondern als Verbindungen in die Pflanze ein. Nur eines von ihnen, der Sauerstoff, findet sowohl in Verbindungen als auch in freiem Zustand Verwendung in der Pflanze. Wir unterscheiden a) Wasser, b) in Wasser gelöste Salze, c) Gase als die drei Hauptgruppen von Nährstoffen.

Ohne dauernde Zufuhr von Nährstoffen kann die Pflanze nicht existieren. Das ist für die wachsende Pflanze selbstverständlich; denn hier tritt ja eine Körpervergrößerung auf Kosten der von außen aufgenommenen Stoffe ein. Aber auch die ausgewachsenen Teile bedürfen ständig neuer Stoffzufuhr, da ihr „Stoffwechsel" mit ständigen Stoffverlusten verbunden ist.

a) Das Wasser.

Die ganze Fülle von chemischen Prozessen, die den Stoffwechsel der Pflanze ausmachen, vollzieht sich in wässeriger Lösung. Daher ist das Wasser ein ganz unentbehrlicher Bestandteil der Pflanze; alle lebenstätigen Pflanzenteile sind stark wasserdurchtränkt: die Zellwände sind mit Wasser imbibiert, im Zellumen finden sich die großen mit wässerigen Lösungen erfüllten Vakuolen vor, und der Träger des Lebens, das Protoplasma, ist stets etwa zu 75% oder mehr aus Wasser aufgebaut. Nur in diesem Zustand der annähernden Wassersättigung vermag die Pflanze voll zu vegetieren; jeder stärkere Wasserentzug vernichtet entweder das Leben völlig oder setzt wenigstens alle Lebensäußerungen so sehr herab, daß man sie nicht mehr nachweisen kann.

Bei den Vegetationsorganen, insbesondere der höheren Pflanzen, führt meist schon ein weitgehendes Welken zum Tod; nur selten können Pflanzen, wie gewisse Sukkulenten, etwa 9/10 ihres Wassergehaltes einbüßen, ohne geschädigt zu werden. Um so auffallender ist es, daß manche epiphytische und xerophile Farne, gewisse Isoëtes-Arten Algiers und Selaginella lepidophylla, die in den regenarmen Hochebenen Zentralamerikas zu Hause ist, durch einen bis zur „Lufttrockenheit" fortschreitenden Wasserverlust nicht getötet werden, sondern in latentem Leben verharren, um sofort bei Wiederbefeuchtung weiter zu wachsen. Bei niederen Pflanzen, vor allem bei Flechten und Moosen, ist diese Austrocknungsfähigkeit viel weiter verbreitet und gestattet ihnen die Besiedelung von Felsen, Baumrinden und ähnlichen Standorten, an denen sie nur unmittelbar während und nach einem Regen wasserdurchtränkt sind, um bald darauf wieder, von der Sonne ausgedörrt, zu pulverisierbaren Massen zu erstarren.

Bei Samen und Sporen ist in der Regel mit der Ablösung von der Mutterpflanze eine Austrocknung verbunden, die fast überall gut und lange ertragen wird. Auch hier hört während des wasserarmen Zustandes jede Lebensäußerung auf.

Manche Samen verlieren ihre Keimkraft im trockenen Zustand erst nach einem oder einigen Jahren, manche schon nach Tagen, und wieder andere sollen ein Austrocknen überhaupt nicht vertragen. — Es muß aber hervorgehoben werden, daß Pflanzenteile auch im Zustande völliger Lufttrockenheit immer noch etwa 9–14% Wasser enthalten. Selbst über der Schwefelsäure des Exsikkators bewahren Samen noch wochenlang 6 und mehr Prozent Wasser. Aber auch den weitgehenden Wasserverlust durch Trocknung bei 110° oder durch Einwirkung von absolutem Alkohol vertragen manche Samen und Sporen ganz gut.

Aufnahme des Wassers.

Wasseraufnahme der Zelle. Alle Teile der Zelle sind, wie bemerkt, wasserdurchtränkt. Die Zellhaut führt das Wasser zwischen ihren kleinsten Teilchen in so feiner Verteilung, daß man auch mit Hilfe der stärksten Vergrößerungen Wasser und feste Substanz nicht unterscheiden kann. Läßt man das Wasser verdunsten, so treten nicht etwa an seiner Stelle lufterfüllte Hohlräume auf, sondern es findet eine Zusammenziehung der Zellhaut statt. Umgekehrt ist die Wasseraufnahme in trockene oder in nicht voll wassergesättigte Zellhäute mit einem Aufquellen verbunden. Unter „Quellung“[133] versteht man die Volumvergrößerung, die ein Körper durch Einlagerung von Flüssigkeit erfährt. Bei gegebener Temperatur ist die aufgenommene Menge Flüssigkeit eine begrenzte. — Es gibt Substanzen, die in Alkohol oder Xylol usw. quellbar sind; die pflanzliche Zellhaut aber quillt in Wasser. Dabei nehmen die Wände der Holzzellen etwa 1/3 ihres Gewichts, die Membranen mancher Algen und einzelner Samen- und Fruchtschalen das Mehrfache ihres Gewichts an Wasser auf. Die Wasseraufnahme erfolgt mit beträchtlicher Energie und dementsprechend auch gegen bedeutende Widerstände.

Das lufttrockene Protoplasma mancher Samen und Sporen nimmt gerade wie die Zellwand Wasser durch Quellung auf. Ähnlich wie Gummi arabicum verliert es aber dabei den Charakter des festen Körpers und geht in eine kolloidale Lösung über. In der gewöhnlichen, lebenstätigen Zelle hat dann das Protoplasma in der Regel die Eigenschaften einer solchen, doch können auch einzelne Partien festere Konsistenz annehmen. Kolloidale Lösungen haben ja stets die Neigung, aus dem flüssigen (Sol-) Zustand in den Gelzustand überzugehen.

Der Zellsaft endlich ist immer eine molekulare Lösung von Kristalloiden in Wasser, denen auch Kolloide beigemengt sein können.

Nur eine Zelle, die nicht vollkommen wassergesättigt ist, kann ihrer Umgebung Wasser entziehen. Es fragt sich also, wann ist die Zelle wassergesättigt? Für die Zellwand ist diese Frage rasch beantwortet: Sättigung ist eingetreten, wenn das Quellungsmaximum erreicht ist. Viel schwieriger ist es, für das Protoplasma und den Zellsaft die Grenzen der Wasserkapazität zu bestimmen. — Halten wir uns zunächst an den Zellsaft! Wir nehmen der Einfachheit halber zunächst an, er bestehe lediglich aus Kristalloiden, und er sei direkt von einer Zellhaut umschlossen, ohne durch Protoplasma von ihr getrennt zu sein. Wir füllen also einen Schlauch aus Zellulose mit einer Lösung, z. B. von Kochsalz, und tauchen ihn in Wasser; dann wird ein Diffusionsprozeß beginnen. Wasser bewegt sich ins Innere des Schlauches, Salz dagegen tritt aus dem Innern aus. Und wenn auch die Zellhaut dem Durchtritt der Salze einen größeren Widerstand entgegensetzt als dem des Wassers, so wird der Diffusionsprozeß doch so lange fortgesetzt werden, bis innerhalb und außerhalb überall die gleiche Konzentration herrscht. Eine Wand, die für Wasser und Salz durchlässig ist, wirkt also auf die Diffusionsbewegung, die in jeder freien Flüssigkeitsmasse eintritt, nur insofern ein, als sie die Geschwindigkeit dieses Vorganges verringert. Im Endzustand aber herrscht gleiche Konzentration des Salzes auf beiden Seiten der Membran.

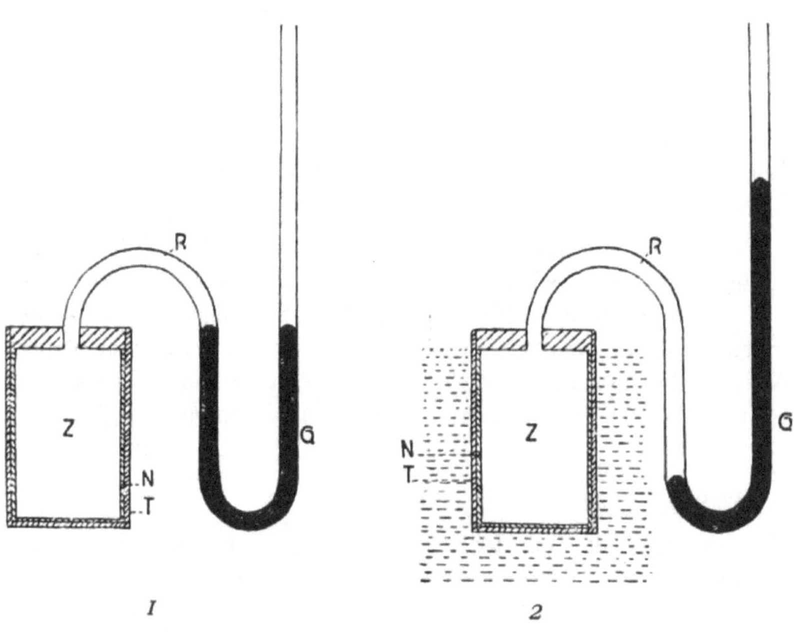

Fig. 234. Osmometer. Schematisch. *T* Tonzelle, *N* Niederschlagsmembran, *R* Manometer, *Q* Quecksilber, *Z* Zuckerlösung. *1* Osmometer nach Füllung mit der Lösung in Luft. *2* Dasselbe nach Eintauchen in Wasser. Ein osmotischer Druck ist aufgetreten, das Quecksilber dementsprechend im Manometer gestiegen. Nach URSPRUNG.

Wesentlich anders verläuft der Diffusionsprozeß, wenn die Wand aus einer Substanz besteht, die für Wasser wohl, für Salz dagegen gar nicht permeabel ist. Solche Membranen nennt man semipermeabel, und man erhält sie z. B., wenn man eine Kupfervitriollösung mit Ferrocyankalium oder Leim mit Gerbsäure in Berührung bringt. Da die semipermeablen Membranen nur eine geringe Festigkeit besitzen, kann man aus ihnen nicht wie aus Zellulose Schläuche herstellen. Man verleiht ihnen die nötige Festigkeit dadurch, daß man sie auf einer porösen Wand von gebranntem Ton auflagert; man benutzt also die bekannten, bei gewissen galvanischen Elementen zur Verwendung kommenden Tonzellen und lagert ihnen auf der Innenseite eine Schicht von Ferrocyankupfer auf. Füllt man dann die so vorbereitete Tonzelle mit einer Salzlösung, verschließt sie und taucht sie in Wasser ein, so kann wohl das Wasser nach innen, aber nicht das Salz nach außen wandern; die Diffusion findet also einseitig statt und als Folge davon tritt ein Druck im Zellinnern auf, den man als osmotischen Druck zu bezeichnen pflegt. — Ähnlich wie Kochsalz können auch andere Salze, doch auch andere Verbindungen, sofern sie nur wasserlöslich sind und Ferrocyankupfer schlecht durchwandern können, einen osmotischen Druck erzeugen.

Zum Nachweis und zur Messung des osmotischen Druckes[134] bedient man sich seit PFEFFER (1877) der eben geschilderten Tonzelle, die eine Niederschlagsmembran von Ferrocyankupfer auf der Innenseite erhalten hat. Sie wird mit Zuckerlösung gefüllt, verschlossen und mit einem Quecksilbermanometer versehen. Das Quecksilber stellt sich dann in beiden Schenkeln in gleiche Höhe ein (Fig. 234 *1*). Wird nun die Tonzelle in Wasser eingetaucht, so dringt dieses ins Zellinnere ein, und es entsteht ein Innendruck („osmotischer Druck"), der sich am Steigen des Quecksilbers im rechten Schenkel bemerkbar macht (Fig. 234 *2*). Das Steigen erfolgt anfangs rasch, später langsam, und schließlich — nach vielen Stunden — ist der Maximaldruck erreicht. Er tritt dann auf, wenn durch den Druck der Quecksilbersäule dem weiteren Eindringen von Wasser ein Ziel gesetzt wird. Die Höhe des Quecksilberstandes gibt also direkt das Maß für den osmotischen Druck, den man in Atmosphären anzugeben pflegt.

Messungen mit solchen „Osmometern" haben ergeben, daß der osmotische Druck innerhalb gewisser Grenzen der Konzentration der angewandten Lösung proportional ist; für eine 1%ige Rohrzuckerlösung fand PFEFFER 2/3 Atm. Vergleicht man mit Rohrzucker andere nicht dissoziierte organische Substanzen, so zeigt sich, daß allgemein die osmotische Wirkung der Zahl der gelösten Moleküle proportional geht; äquimolekulare Lösungen sind isosmotisch. Es ist deshalb zweckmäßig, statt der prozentischen Lösungen molekular-normale Lösungen zu verwenden, im allgemeinen volumnormale. Bei dissoziierenden Verbindungen, z. B. den Salzen, wirken auch die einzelnen Ionen neben den undissoziierten Molekülen. Eine Lösung von 0,1 Mol. KNO_3 hat deshalb eine viel größere osmotische Wirkung als 0,1 Mol. Rohrzucker.

Vergleichen wir diese Tonzelle mit einer Pflanzenzelle, so entspricht die Zellhaut der Wand der Tonzelle, das Protoplasma dagegen dem Ferrocyankupfer; denn das Protoplasma ist, wenigstens solange es lebendig ist, annähernd semipermeabel, die Zellwand dagegen permeabel. [Es wird freilich S. 207 gezeigt werden, daß die Impermeabilität des Protoplasmas für viele gelöste Körper nicht besteht, und es mag hier betont sein, daß es auch semipermeable Zellhäute gibt[135].] Es wird also auch in die pflanzlichen Zellen Wasser einströmen, ohne daß Salz austritt, und somit wird ein osmotischer Druck entstehen. Das Protoplasma dehnt sich unter diesem Innendruck ohne wesentlichen Widerstand aus; die Zellhaut dehnt sich zwar ebenfalls aus, aber sie übt auch vermöge ihrer Elastizität einen erheblichen Gegendruck aus. Dieser nimmt mit dem Anwachsen des Innendruckes zu und führt schließlich dahin, daß weiteres Wasser nicht mehr aufgenommen werden kann.

Auf den Wassergehalt des Protoplasmas wollen wir nicht näher eingehen; es sei nur bemerkt, daß auch er begrenzt sein muß, weil das Protoplasma sich einerseits unter dem Druck des Zellsaftes, andererseits unter dem der Zellhaut befindet.

Die Dehnung der Zellwand unter dem Einfluß des Innendruckes ist oft eine recht beträchtliche; sie hängt einerseits von der Größe des Druckes, andererseits von den elastischen Eigenschaften der Zellhaut selbst ab. Sehr häufig können Zellwände durch den Innendruck um 10–20%, manchmal sogar um 50% gedehnt werden. Sticht man die Zelle an oder tötet man ihr Protoplasma, so hört der Druck auf, und die Membran zieht sich elastisch auf ihre ursprüngliche Länge zusammen; während der Dehnung war sie also gespannt, jetzt ist sie entspannt (Fig. 235). Diese Spannung aber hat für die Pflanzenzelle eine große Bedeutung; durch sie wird die Zellhaut fester, gerade wie auch ein dünner Kautschukballon durch Einpressung von Luft gegen Gestaltsänderung widerstandsfähiger wird. Eine Zelle, deren Haut durch den Innendruck gespannt ist, heißt turgeszent. Dementsprechend nennt man auch den Innendruck „Turgordruck“[136].

Der Turgordruck kann bei embryonalen Zellen des Vegetationspunktes, die noch keine Vakuolen führen, lediglich auf der Quellung des Protoplasmas beruhen. Bei der typischen ausgewachsenen Zelle aber pflegt man von dem dünnen Protoplasma ganz abzusehen und zu sagen, daß der osmotische Druck der Vakuolenflüssigkeit direkt auf die Zellmembran einwirkt und diese spannt.

Diese Festigung der Pflanze durch die elastische Dehnung der Zellhaut ist sehr wichtig, sie ist die einfachste und vielfach alleinige Art der Zellenfestigung. Sie ist aber natürlich von der Gegenwart einer genügenden Wassermenge abhängig; nimmt man eine pralle Zelle aus dem Wasser und läßt sie an der Luft Wasser abgeben, so verschwindet immer mehr die Spannung ihrer Wand und damit die Festigkeit; die Zelle wird schließlich welk, d. h. schlaff. Durch erneute Wasserzufuhr kann der frühere turgeszente Zustand wieder hergestellt werden. Solange eine Zelle das Maximum ihres Wassergehaltes nicht besitzt, wirkt sie wie eine Saugpumpe, sie hat also ein „Saugvermögen“. Um dieses Saugvermögen[137] oder diese Saugkraft voll zu verstehen, kehren wir nochmals zu der PFEFFERschen Zelle (Fig. 234) zurück. Diese entwickelt nach der Füllung mit der Rohrzuckerlösung in dem Moment, wo wir sie in Wasser tauchen, ein großes Saugvermögen; ihre Saugkraft nimmt aber offensichtlich in dem Maße ab, als mit dem Eindringen von Wasser sich der Innendruck steigert; schließlich wenn der volle Innendruck eingetreten ist, der maximale „osmotische Druck“ sich ausgebildet hat, ist die Saugkraft = Null geworden. Um die Größe der Saugkraft beim Beginne des Versuches zu messen, wird man nach Eintauchen des Osmometers (Fig. 234 *1*) in Wasser den Quecksilberdruck soweit erhöhen müssen, daß überhaupt kein Wasser einströmen kann. Die Höhe dieser Quecksilbersäule ist dann das Maß für die Saugkraft, und ein Versuch zeigt, daß diese so groß ist wie der osmotische Druck, den die Lösung entwickeln kann. Und von dieser Höhe sinkt dann, wenn Wasseraufnahme ermöglicht wird, die Saugkraft bis auf den Wert Null. In den zwischen den Extremen gelegenen Stadien findet man ihren Wert so, daß man von der ursprünglichen Saugkraft des Inhaltes den jeweiligen Manometerdruck abzieht. In ganz entsprechender Weise wird die Saugkraft der pflanzlichen Zelle gefunden, indem man von der Saugkraft des Zellsaftes den Druck der Zellhaut abzieht.

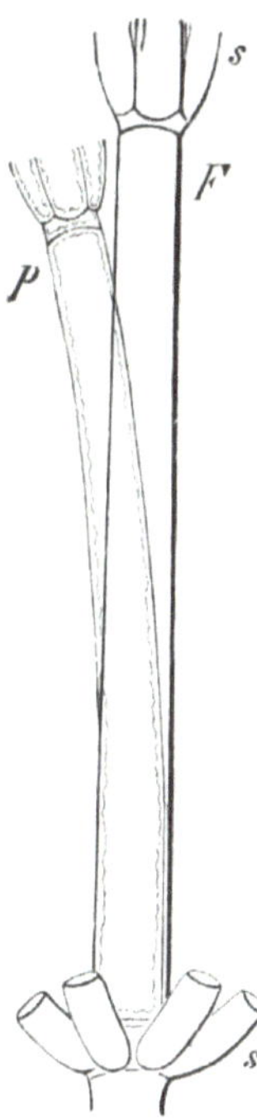

Fig. 235. Einzelliges Stammglied einer Nitella (Characee) etwa 6mal vergrößert. *F* Frisch und durch Turgordruck gespannt. *P* Dasselbe nach zerstörtem Turgordruck, schlaff, kürzer und schmäler; *ss* Seitenglieder. Nach NOLL.

Da man an der Pflanzenzelle kein Manometer anbringen kann, ist auch eine direkte Messung des osmotischen Druckes in ihr unmöglich. Doch kann man auf Umwegen, nämlich durch Studium der plasmolytischen Erscheinungen zu diesem Ziele gelangen. Bringt man eine turgeszente Zelle in eine Salzlösung, die osmotisch wirksamer ist als der Zellsaft, so tritt zunächst eine Verkürzung der Zelle ein, die bis zur völligen Entspannung der Membran geht, sodann aber erfolgt eine Abhebung des Protoplasmas von der Zellwand, weil ja die Zellwand sich nicht weiter verkürzen kann, während das Protoplasma dauernd der sich weiter verkleinernden Vakuole folgt. Diese Abhebung („Plasmolyse") beginnt an den Ecken und führt schließlich zu einer Abrundung des Plasmas im Innern der Zellhaut (Fig. 236). Es ist im Grunde gleichgültig, welche Stoffe man zur Plasmolyse verwendet; sie dürfen nur das Plasma nicht schädigen, und das Plasma muß für sie impermeabel sein. Am besten eignet sich Rohrzucker, während der früher viel benutzte Kalisalpeter doch sehr stark eindringt.

Hat man durch systematisches Ausprobieren diejenige Konzentration des Plasmolytikums gefunden, die gerade die erste Abhebung des Protoplasmas an den Ecken der Zelle bewirkt, so kann man sagen, daß diese „plasmolytische Grenzkonzentration" denselben osmotischen Wert besitzt wie der Zellsaft dieser entspannten Zelle. Wenn z. B. festgestellt ist, daß die Grenzkonzentration 0,2 Mol. Rohrzucker ist, so ist der Zellsaft isosmotisch mit 0,2 Mol. Rohrzucker, man sagt auch, der Zuckerwert des Zellsaftes beträgt 0,2 Mol. Da man nun in physikalischen Versuchen (z. B. mit Osmometern, doch auch mit anderen Methoden) den osmotischen Druck verschiedener Konzentrationen von Rohrzucker bestimmt hat[138], so weiß man, wie groß der osmotische Druck in einer solchen Zelle beim Eintauchen in Wasser werden kann. Wenn die Zellwand stark verdickt ist und dementsprechend so gut wie gar nicht dehnbar ist, dann kann auch der Zellsaft nicht durch eindringendes Wasser verdünnt werden, und eine solche Zelle kann den physikalisch ermittelten Wert als maximalen osmotischen Druck bekommen. Bei dehnbarer Membran aber tritt mit dem Wachsen des Zellvolumens bei der Wasseraufnahme stets eine Verdünnung des Zellsaftes ein. Nehmen wir an, die plasmolysierte Zelle dehne ihr Volumen bei Wasseraufnahme bis zur Sättigung auf das Doppelte aus, so wird also die Konzentration ihres Zellsaftes und damit ihr osmotischer Druck auf die Hälfte des Wertes sinken, den er bei fehlender Volumzunahme erreichen könnte. Nur bei sorgfältiger Berücksichtigung der Volumänderungen kann man also aus dem „Zuckerwert" Schlüsse auf den tatsächlichen osmotischen Druck in einer Zelle machen. In den meisten Fällen ist der osmotische Wert nicht mit Zucker, sondern mit KNO_3 bestimmt worden. In gewöhnlichen Zellen ist der Salpeterwert 0,15–0,30 Mol.; er kann aber auch auf 3 und mehr Mol. ansteigen. Im übrigen pflegt er selbst bei Nachbarzellen eines Gewebes um 0,1–0,2 Mol. zu differieren und je nach Außenbedingungen zum Teil periodisch zu schwanken[139].

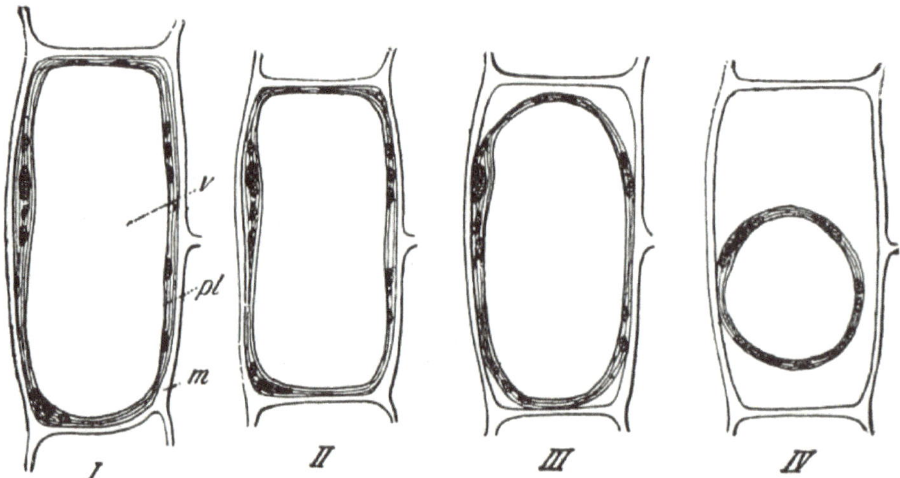

Fig. 236. Schema der Plasmolyse an einer jungen Zelle aus dem Rindenparenchym des Blütenstiels von Cephalaria leucantha (Compositae). *m* Zellhaut, *pl* Protoplasma, *v* Vakuole. *I* in Wasser. *II* in 4%iger Salpeterlösung. *III* in 6%iger Salpeterlösung. *IV* in 10%iger Salpeterlösung. Nach DE VRIES.

Die Ausdrücke osmotischer Druck, Turgordruck, Saugkraft werden in der Literatur vielfach in verschiedenem Sinn gebraucht. Sie sind hier durchweg im Anschluß an URSPRUNG[136], dessen Ausführungen uns klar und folgerichtig scheinen, gefaßt. Besonders betont sei noch, daß manche Chemiker von einem osmotischen Druck auch bei Lösungen sprechen, die nicht durch eine semipermeable Membran von Wasser getrennt sind, die also einen meßbaren Druck nicht erzeugen. Diese Ausdrucksweise will kaum etwas anderes bedeuten, als daß eben die Lösung den betreffenden osmotischen Druck erzeugen kann, wenn sie durch eine semipermeable Wand von Wasser getrennt ist.

Die Abhebung der Protoplasten von der Zellwand erfolgt nicht so glatt, wie die schematische Figur 236 das darstellt. In Wirklichkeit pflegt das Plasma durch feine Fäden mit der Haut verbunden zu bleiben; diese reißen später durch. Es ist wohl möglich, daß, wie HANSTEEN ausführt, das Protoplasma ursprünglich gar nicht scharf von der Zellhaut getrennt ist und daß die bei der Plasmolyse entstehende Oberfläche eine künstliche ist, die keineswegs dieselben Eigenschaften zu haben braucht wie die ursprüngliche Hautschicht.

Die Plasmolyse kann durch Überführung der Zelle in reines Wasser wieder rückgängig gemacht werden. Es tritt dann wieder die alte Turgeszenz ein. Tötet man aber das Protoplasma, so verliert es seine Semipermeabilität, und die Herstellung der Turgeszenz ist unmöglich. Besonders anschaulich tritt eine derartige Veränderung des Protoplasmas durch Abtöten bei Zellen mit gefärbtem Zellsaft (z. B. rote Rüben) vor Augen, weil hier dann sofort der Farbstoff in die Umgebung übertritt, während solche Zellen im lebenden Zustand tagelang im Wasser liegen können, ohne es zu färben.

Der Salpeterwert der Zelle ist zunächst einmal spezifisch verschieden. Besonders hohe Werte finden sich z. B. bei den Grasknoten (0,5–1,0 Mol.) und bei Wüstenpflanzen (3,0 Mol.). Die höchsten Werte aber treten in Pflanzen auf, die wie die Meeres- und Strandpflanzen in Salzlösungen oder wie viele Pilze in konzentrierten Zuckerlösungen gedeihen. In beiden Fällen muß, um eine Turgeszenz zu ermöglichen, der osmotische Wert des Zellsaftes den der Außenlösung übersteigen, und er paßt sich stets dem letzteren an; er ist nicht ein für allemal gegeben, sondern er ist regulationsfähig[140]. Man begreift, daß Zellen mit so hochkonzentriertem

Zellsaft sofort platzen, wenn sie aus ihrer bisherigen Umgebung in reines Wasser oder in schwächere Lösungen überführt werden.

Außerdem ist aber der Salpeterwert auch bei den einzelnen Organen einer Pflanze verschieden. Das zeigt z. B. die folgende Tabelle (nach BLUM):

	Fagus Mol.	Urtica Mol.
Epidermis Blattunterseite	0,365	0,498
Schwammparenchym	0,571	0,635
Palisadenparenchym	**1,017**	**1,015**
Äußere Rinde (Stengel)	0,671	0,472
Kambium	0,634	0,548
Holzmarkstrahl	0,938	—

Wasseraufnahme vielzelliger Pflanzen. Bei vielen niederen Pflanzen beteiligen sich alle lebenden Zellen an der Wasseraufnahme; bei anderen komplizierteren dagegen grenzen nur die „Außenzellen" an die wasserhaltige Umgebung an, und sie allein können demnach der Wasseraufnahme dienen. Beim Kormus ist die Wasseraufnahme — wenigstens bei den typischen „Landpflanzen" — auf die Epidermiszellen der Wurzeln beschränkt. Die oberirdischen Teile sind schon durch die mehr oder minder stark entwickelte Kutikula ungeeignet für die Wasseraufnahme, so daß sie in der Natur nie so viel Wasser aufnehmen, als die Pflanze nötig hat. Die Wurzel dagegen ist durch ihre äußere Gestalt wie durch die feinere Struktur ihrer Oberhaut hervorragend zur Wasseraufnahme geeignet. Der Umstand, daß das Wasser im gewöhnlichen Boden in unsichtbar feiner Verteilung auftritt und von den Oberflächenkräften der Bodenpartikelchen festgehalten wird, macht eine große Oberfläche der aufnehmenden Wurzel notwendig. Eine solche wird einerseits durch eine reiche Verzweigung des Wurzelsystems, andererseits durch die Ausbildung von Wurzelhaaren hergestellt, die mit den kleinsten Bodenteilchen verwachsen (Fig. 237).

Fig. 237. Die Spitze eines Wurzelhaars mit Bodenteilchen verwachsen. Vergr. ca. 240. Nach NOLL.

Durch die zahllosen feinen Seitenwürzelchen und die aus ihnen entspringenden Wurzelhaare ist die Pflanze mit dem Boden verbunden und kann das kapillar in diesem festgehaltene Wasser aufnehmen, sobald sich in den Haaren durch Wasserverlust ein Saugvermögen eingestellt hat. Auch einem Boden, der sich schon trocken anfühlt, vermag die Pflanze noch Wasser zu entziehen. Bei dauernder Wasseraufnahme aus so trockenen Böden erfolgt schließlich Welken der Pflanze; aber auch in welkem Zustand geht die Wasseraufnahme noch fort, freilich nie so weit, daß auch die letzten Spuren dem Boden entzogen werden könnten. Weiter als unsere typischen Landpflanzen gehen nach FITTING die Wüstenpflanzen, weil ihre Zellsäfte ungewöhnlich hohe Konzentration besitzen und deshalb ein sehr starkes osmotisches Saugvermögen entwickeln können[141].

Es leuchtet ein, daß Zellen mit hohem Salpeterwert eine höhere Saugkraft entwickeln können als solche mit niedrigem Salpeterwert. Allein die Bestimmung des Salpeterwertes gibt kein Maß für die in der Zelle tatsächlich bestehende Saugkraft ab; diese hängt ja von der Wassersättigung ab.

Andere Arten der Wasseraufnahme. Manche Pflanzen nehmen das Wasser nicht aus dem Boden auf; sie gehören vor allem zu zwei ganz verschiedenen ökologischen Gruppen: zu den Epiphyten und zu den Wasserpflanzen. Über die morphologischen und anatomischen Eigentümlichkeiten, die eine Aufnahme von Regen oder Tau durch oberirdische Organe ermöglichen, ist schon S. 157 berichtet.

Bewegung des Wassers in der Pflanze.

Eine Bewegung des Wassers von der Wurzel nach den oberirdischen Teilen muß schon aus dem Grund erfolgen, weil Wasser zum Aufbau neuer Zellen in den wachsenden Teilen unentbehrlich ist. Tatsächlich braucht aber die Pflanze ungemein viel mehr Wasser, als das zu ihrem Aufbau nötige, weil sie große Wassermassen in Dampfform, geringere in tropfbar flüssiger Form an den oberirdischen Teilen abgibt. Der erste Vorgang ist unter dem Namen Transpiration, der zweite als Guttation bekannt.

Transpiration[142].

Wie jede freie Wasserfläche, wie jeder mit Wasser gequollene Körper, z. B. Gelatine, Leim, muß auch die Pflanzenzelle Wasser an die Luft abgeben, solange diese nicht völlig dunstgesättigt ist. Die Wasserabgabe ist bei manchen Pflanzenteilen (z. B. bei Wurzeln, bei submersen Teilen, bei Schattenpflanzen), wenn sie trockener Luft ausgesetzt werden, so groß, daß sie kollabieren, schlaff, welk werden und schließlich vertrocknen. Anders verhalten sich z. B. die Blätter unserer gewöhnlichen Landpflanzen. An ihnen ist zunächst nichts von Wasserabgabe zu bemerken. Doch auch sie welken, wenn es lange nicht regnet, wenn also die Wasseraufnahme aus dem Boden erschwert ist. Unterbindet man ihnen die Wasserzufuhr völlig, indem man sie abschneidet, so tritt das Welken schneller ein. Stellt man aber die abgeschnittenen Zweige in Wasser, so nehmen sie dieses mit der Schnittfläche auf und welken nicht. Daß sie für gewöhnlich an ihrem Standort nicht welken, beruht also offenbar darauf, daß Wasser in demselben Maß von unten her nachgeschoben wird, wie es oben verdunstet. Es läßt sich denn auch die Abgabe von Wasserdampf mit einfachen Mitteln nachweisen.

In sehr anschaulicher Weise wird die Transpiration durch Verfärbung von sog. Kobaltpapier demonstriert; Filtrierpapier, das mit einer Lösung von Kobaltchlorür getränkt ist, zeigt im Zustand völliger Trockenheit eine blaue Farbe; bei Wasserzutritt wird es rot. Legt man nun ein Stückchen blaues Kobaltpapier z. B. auf ein Blatt und bedeckt es zur Abhaltung der atmosphärischen Feuchtigkeit mit einer Glasplatte, so weist die beginnende Rotfärbung auf Transpiration hin, zugleich lassen sich aus der geringeren oder größeren Geschwindigkeit des Eintretens und Fortschreitens der Farbenänderung Schlüsse auf die Quantität des abgegebenen Wassers ziehen. Exakte Nachweise in dieser Hinsicht kann freilich nur die Wägung bringen. Sie muß an einer Pflanze ausgeführt werden, deren Blumentopf durch passende Umhüllung völlig an jeder Wasserabgabe verhindert ist. Es zeigt sich, daß die Wasserdampfabgabe der Pflanze in der Regel so groß ist, daß schon im Verlaufe einer Viertelstunde ein Gewichtsverlust eintritt, der beträchtlich genug ist, um ihn ohne jede Schwierigkeit auf einer gewöhnlichen Wage feststellen zu können. Über die Größe der Transpiration, die man zweckmäßigerweise auf die Einheit der transpirierenden Fläche beziehen wird, läßt sich nichts Allgemeines aussagen, da sie von vielen äußeren Umständen, z. B. von Temperatur, Licht, Wasserzufuhr usw., außerdem auch von der Struktur der Pflanze abhängt.

Der Vorgang der Transpiration vollzieht sich in folgender Weise. Eine der Luft exponierte Zelle muß von dem Quellungswasser ihrer Zellhaut dauernd Wasser an die Luft abgeben; dieser Prozeß würde bis zur Lufttrockenheit der Zellhaut weitergehen, wenn nicht von innen her Nachschub erfolgte. Ein solcher tritt nun aber in der Tat aus dem Protoplasma ein. Die nicht völlig gesättigte Zellhaut übt einen Zug auf das Wasser des Protoplasmas aus, und das Protoplasma sucht Deckung für den Verlust aus dem Saftraum. So pflanzt sich also die Wasserbewegung bis ins Zellinnere fort und bewirkt eine Verringerung des Turgordruckes. Damit ist dann eine Saugkraft in dieser Zelle hergestellt und die Bedingung zur Wasseraufnahme aus einer Nachbarzelle gegeben, die selbst nicht transpiriert; und so setzt sich die Wasserabgabe von der verdunstenden Oberflächenzelle in die Tiefe der Gewebe fort. Die Größe der Transpiration hängt vor allem davon ab, wie groß die Wasserdurchlässigkeit der Zellhaut ist. Handelt es sich um eine gewöhnliche Zellulosewand, so ist die Transpiration demnach groß; ist aber die Zellwand mit Wachs und Kutikula bedeckt oder mit Kutikularsubstanz imprägniert, so gibt sie wenig Wasser ab. Vergleichende Versuche mit Kobaltpapier lassen dementsprechend an geeigneten Objekten leicht erkennen, wie die Transpiration mit der Zunahme der Dicke der Kutikularschichten abnimmt, bis sie schließlich so gut wie ganz verschwindet. Ähnlich wie Kutikularschichten wirken Korkhäute. Jedermann weiß, wie lange Zeit Äpfel oder Kürbisse, d. h. Früchte mit wohl ausgebildeter Kutikula, oder Kartoffelknollen, die mit einer Korkhaut versehen sind, ohne Wasseraufnahme turgeszent bleiben. Wenn aber die Laubblätter im allgemeinen derartige Schutzmittel gegen Transpiration nicht in dem Maße besitzen, so ist das kein Nachteil für die Pflanze; denn die Transpiration ist nicht etwa ein Übel, sondern sie ist nötig, einerseits weil sie die Temperatur der Pflanze herabsetzt, die in der prallen Sonne leicht lebensgefährlich hoch werden könnte, andererseits weil sie eine rasche Bewegung der sehr verdünnten Nährsalze bewirkt und endlich weil sie diese verdünnten Lösungen eindickt. So haben wir denn auch Einrichtungen kennen gelernt (S. 144), die man als Förderungsmittel für die Transpiration bezeichnen kann. Dahin gehört vor allem die große Flächenausdehnung der Blätter.

Nun ist aber die Transpiration nicht auf unmittelbar an die Luft grenzende Zellen beschränkt; auch zahllose Binnenzellen können Wasserdampf abgeben, wenn sie an Interzellularräume angrenzen. Die lufterfüllten Interzellularen müßten freilich nach kurzer Zeit völlig wasserdampfgesättigt sein, wenn sie ringsum abgeschlossen wären. In Wirklichkeit aber finden sich, wie wir gesehen haben, Kommunikationswege zwischen der Atmosphäre und den Interzellularen, von denen die wichtigsten die Spaltöffnungen (S. 43) sind. Aus ihnen kann der Wasserdampf austreten, und so wird erzielt, daß die Wasserdampfsättigung der Interzellularenluft keine vollständige ist. Den aus den Spaltöffnungen austretenden Wasserdampf kann man leicht mit Kobaltpapier nachweisen. Legt man dieses gleichzeitig auf Ober- und Unterseite eines Blattes, das nur auf der Unterseite Spaltöffnungen führt, so zeigt sich, daß hier rasche Farbenänderung eintritt, während an der Oberseite die blaue Farbe lange Zeit erhalten bleibt.

Diese Ausführungen zeigen, daß man zwischen kutikulärer und stomatärer Transpiration unterscheiden kann. Bei der typischen Landpflanze spielt zweifellos die stomatäre Transpiration die Hauptrolle; bei Pflanzen, die feuchte Lokalitäten bewohnen, nimmt aber auch die kutikuläre Transpiration beträchtliche Dimensionen an. Die Spaltöffnungen sind zwar außerordentlich feine Poren in der Epidermis — vgl. S. 43 —, aber sie sind in sehr großer Zahl vorhanden und zudem außerordentlich zweckmäßig angeordnet. NOLL hat berechnet, daß ein einziges mittelgroßes Kohlblatt mit etwa 11 Millionen, ein Blatt der Sonnenblume mit etwa 13 Millionen Luftspalten versehen ist. Die Transpiration erfolgt also durch zahllose, zwar sehr enge, aber sehr dicht stehende Öffnungen in der Kutikula, die selbst so gut wie kein Wasser durchläßt. BROWN und ESCOMBE aber haben gezeigt, daß durch eine solche siebartig durchlöcherte Membran, die über den transpirierenden Mesophyllzellen ausgespannt ist, unter Umständen ebensoviel Wasser diffundieren kann, wie wenn die Mesophyllzellen frei der Luft exponiert wären. Wenn das richtig ist, muß man fragen, warum denn die Pflanze überhaupt einen derartig komplizierten Apparat aufbaut und nicht die freie Transpiration aus ungeschützten Zellen vorzieht. Der Grund liegt darin, daß die Spaltöffnungen nicht nur die Transpiration fördern, sondern auch ganz aufheben können, daß sie die Transpiration **regulieren**, was einer Kutikula nicht möglich ist. Die Weite der eigentlichen Spalte kann nämlich durch Vorgänge in den Schließzellen verändert werden; ist die Spalte geschlossen, so ist die Transpiration fast Null, ist die Spalte weit geöffnet, so erfolgt maximale Transpiration. Da nun Öffnen und Schließen der Spalten nach Bedürfnis der Pflanzen erfolgt, so haben wir es in den Spaltöffnungen mit Organen zu tun, die in wunderbar zweckmäßiger Weise reagieren. Die Öffnung der Spalten wird vielfach durch Beleuchtung und durch einen gewissen Feuchtigkeitsgrad der Luft verursacht; umgekehrt wirken Verdunklung oder trockene Luft auf ein Schließen der Spalten hin.

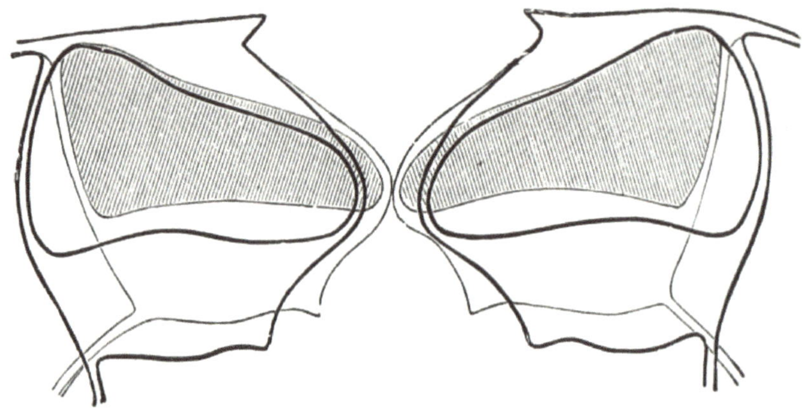

Fig. 238. Spaltöffnung von Helleborus spec. im Querschnitt. Die dicken Linien zeigen die Form der Schließzellen bei geöffnetem Spalt, die feineren Linien bei geschlossenem Spalt. Nach SCHWENDENER. Der Saftraum der Zellen im geschlossenen Zustand wurde hier schraffiert; er ist sichtlich kleiner als bei geöffneten Schließzellen.

Die Bewegungen der Schließzellen sind Reizbewegungen und erfolgen durch Turgordruck. Vermöge der eigenartigen Verdickungen der elastischen Zellwände der Schließzellen (S. 45) führen Druckschwankungen in ihnen nämlich zu Gestaltsveränderungen, derart, daß eine Steigerung des Turgordruckes die Krümmung der Zellen vermehrt, eine Abnahme sie vermindert. Der erste Vorgang hat demgemäß das Öffnen, der zweite den Verschluß der Spalten zur Folge, wie das aus der Abbildung Fig. 238 ohne weiteres hervorgeht (vgl. auch Fig. 47–49).

Eine Zunahme des Turgordruckes könnte schon dadurch zustande kommen, daß der osmotisch wirksame Inhalt der Schließzellen mehr Wasser aufzunehmen in die Lage käme; tatsächlich erfolgt er aber dadurch, daß bei Zunahme der Beleuchtung und der Luftfeuchtigkeit der osmotische Wert der Schließzellen ganz beträchtlich zunimmt. Dieser Wert nimmt umgekehrt bei Verdunklung und Trockenheit ab.

Der maximale osmotische Wert der Schließzellen kann auf 1 Mol., ja selbst auf 2 Mol. NaCl steigen gegenüber 0,15 Mol. der gewöhnlichen Epidermiszellen. Bei Wasserentziehung (durch Austrocknung oder Zuckerlösung) oder durch Verdunklung sinkt der osmotische Wert der Schließzellen unter Umständen noch unter den der Epidermiszellen[143].

Die Spaltöffnungen sind vorzugsweise auf den Blattflächen zu finden, die Blätter sind demnach als Organe der Transpiration (und Assimilation S. 215) zu betrachten. Die Leistungen der Blätter im Verdunsten von Wasser sind denn auch außerordentlich überraschend[144]. Eine kräftige Pflanze, beispielsweise eine Sonnenblume von Manneshöhe, verdunstet an einem hellen Tage über ein Liter Wasser, und man hat festgestellt, daß ein Morgen mit Kohlpflanzen in 4 Monaten zwei Millionen Liter, ein solcher mit Hopfen 3–4 Millionen Liter Wasser verdunstet. Für eine einzeln stehende Birke mit etwa 200000 Blättern berechnete VON HÖHNEL das verdunstete Wasser an einem heißen, trockenen Tage auf etwa 300–400 Liter, im Tagesdurchschnitt auf 60–70 Liter. Ein Hektar Buchenhochwald verdunstet im Durchschnitt 20000 Liter täglich. Auf je 100 g Blattsubstanz berechnet, verbraucht in einer Vegetationsperiode die Rotbuche 75 Liter, die Tanne aber nur 7 Liter. Im Durchschnitt verdunstet eine Pflanze für jedes Gramm Trockensubstanz, das sie in ihren oberirdischen Teilen bildet, 250–900 g Wasser.

Die Flächenentwicklung und die feinere Organisation des Blattes (Zahl und Weite der Spaltöffnungen, Ausbildung von Kutikula und Behaarung) beeinflussen die Wasserabgabe außerordentlich stark; deshalb versteht man es, daß verschiedene Pflanzen sehr ungleich stark transpirieren. Aber auch ein und derselbe Sproß transpiriert nicht immer gleichmäßig; das kommt daher, daß äußere und innere Ursachen einerseits physiologische Folgen haben, indem sie die Weite der Spaltöffnungen verändern, und daß sie andererseits die Transpiration auch rein physikalisch ebenso beeinflussen wie die Verdunstung eines freien Wasserspiegels. Wärme, Trockenheit und Bewegung der Luft steigern die Verdunstung physikalisch, während Beleuchtung und Feuchtigkeit sie physiologisch fördern. Beide Momente wirken zusammen dahin, daß am Tage die Verdunstung im allgemeinen stärker ist als des Nachts. Pflanzen, die, wie Impatiens parviflora, an heißen trockenen Tagen leicht welken, werden daher nachts wieder frisch.

Vergleicht man die Transpiration eines Blattes mit der Evaporation einer gleichen Fläche reinen Wassers, die unter gleichen Außenverhältnissen steht wie das Blatt, so gibt das Verhältnis Transpiration : Evaporation, das immer kleiner als 1 ist und als relative Transpiration[145] bezeichnet wird, ein Maß für die physiologisch wirksamen Momente im Blatt, vor allem also für die regulierende Tätigkeit der Stomata.

Dieser Begriff muß indes noch mit Vorsicht verwendet werden, denn SIERP hat gezeigt, daß bei steigender Windgeschwindigkeit die Evaporation der freien Wasserfläche ganz anderen Gesetzmäßigkeiten folgt als die Wasserabgabe durch multiperforate Membranen, die relative Transpiration also bei verschiedenen Außenbedingungen auch ohne organische Regulationen ganz ungleiche Werte haben kann. Der Einfluß des Windes, der in den Studien von BROWN und ESCOMBE ganz zurücktrat, ist erst neuerdings voll gewürdigt worden; er ist um so wichtiger, als die Luft in der Natur niemals so unbewegt ist, daß eine Diffusion aus einem Blatt in der Weise vor sich geht, wie BROWN und ESCOMBE das annahmen. — Während bei ganz ruhiger Luft auch die Gestalt des Blattes und die Gestalt der ganzen Pflanze für die Größe der Transpiration von Bedeutung sein könnten, ist bei bewegter Luft stets nur die transpirierende Fläche wirksam (SIERP).

Über die Öffnungsweite[146] der Spaltöffnungen orientiert man sich durch direkte Beobachtung mit dem Mikroskop, Anwendung von Kobaltpapier (S. 195) oder durch die „Infiltrationsmethode“: sind die Stomata geöffnet, so dringen Flüssigkeiten wie Petroleum, Alkohol usw. leicht ein und injizieren das ganze Interzellularensystem, das Blatt wird also durchsichtig. Legt man quer über ein Blatt einen Streifen schwarzen Papiers, so schließen sich unter diesem die Spaltöffnungen. Nach Behandlung mit Alkohol ergibt sich das Bild der Fig. 239. Sehr anschaulich wird das Offensein der Spaltöffnungen auch mit der „Gasdiffusionsmethode“ demonstriert. Werden z. B. rote, anthozyanhaltige Blätter mit offenen Spalten in ammoniakhaltige Luft gebracht, so tritt in wenigen Sekunden eine Blaufärbung ein, die bei geschlossenen Spalten ausbleibt. In neuester Zeit ist ganz besonders das von DARWIN zuerst konstruierte Porometer ausgiebig zu Messungen über die Öffnungsweite der Stomata benutzt worden. Es besteht aus einer kleinen Glasglocke (Fig. 240 *G*), die mit Leim einem Blatt (*B*) aufgedichtet wird. Die Luft im Innern wird durch Saugen bei *Q* etwas unter Atmosphärendruck gebracht; ihr Druck kann an einem Wassermanometer abgelesen werden. Die Geschwindigkeit des Ausgleiches zwischen dem Atmosphärendruck und dem Druck in der Glocke gibt ein Maß für den Öffnungszustand der Spaltöffnungen.

Daß die Spaltöffnungen vortrefflich regulatorisch wirken, kann man daraus entnehmen, daß in unserem Klima die Schwankungen im Wassergehalt eines Blattes nur etwa 1% betragen[147]. Ein so geringfügiger Wasserverlust führt freilich schon zum Welken.

Fig. 239. Ein Blatt der Syringe wird in der Mitte verdunkelt, an den Enden dem Licht exponiert. Nur die beleuchteten Spaltöffnungen bleiben offen und lassen absoluten Alkohol eindringen. Nach MOLISCH.

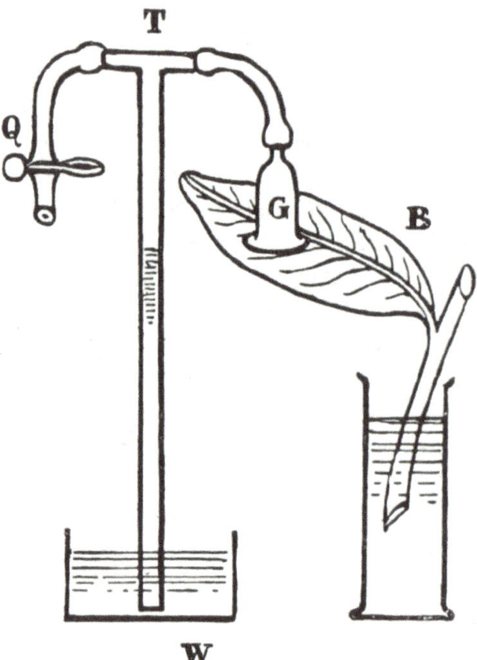

Fig. 240. Porometer nach DARWIN. *B* Blatt, *G* Glasglocke, *T* Manometer, *Q* Quetschhahn, *W* Wasser.

Erst nach Eintritt des Welkens schließen sich die Stomata; eine ganz ideale Regulation vermögen sie also nicht auszuüben. Es konnte mehrfach gezeigt werden[148], daß dem Spaltenverschluß bei starker Transpiration zunächst eine ganz unzweckmäßige Erweiterung der Spalten vorausgeht, die ihrerseits das Welken beschleunigt. Wie alle Regulation hinkt also auch die der Stomata etwas nach. — Nach den Angaben einiger Autoren[149] sieht es so aus, als ob außer den Spaltöffnungen noch ein anderer Faktor die Transpiration herabzusetzen vermöchte. Abgeschlossene Resultate liegen noch nicht vor.

Pflanzen trockener Standorte, die mit dem aufgenommenen Wasser haushälterischer verfahren müssen als die typische Landpflanze, zeigen eine Fülle von Einrichtungen, die sie vor übermäßiger Transpiration schützen (vgl. S. 144), können andererseits auch einen viel größeren Wasserverlust ohne Schaden ertragen als unsere einheimische Flora (LIVINGSTON). Umgekehrt finden sich bei Pflanzen sehr feuchter Lokalitäten Einrichtungen zur Förderung der Transpiration. Gelingt es dem Blatt durch Wärmeabsorption von außen her oder durch Wärmeproduktion aus eigenen Mitteln (S. 241) seine Temperatur über die der Umgebung zu heben, so ist selbst in dunstgesättigter Luft noch eine Transpiration möglich. In der Guttation liegt endlich ein Mittel der Pflanze vor, auch nach völligem Aufhören der Transpiration noch Wasser abzugeben.

Guttation[150].

Die Ausscheidung tropfbar flüssigen Wassers aus unverletzten Pflanzen ist ungleich seltener wahrzunehmen als die Transpiration, denn sie findet nur unter engbegrenzten Bedingungen statt, nämlich dann, wenn die Pflanze wassergesättigt, die Luft dunstgesättigt ist. In der Natur bemerkt man sie dementsprechend bei uns nur am frühesten Morgen nach einer regenlosen, aber feuchtwarmen Nacht. Man sieht da an den Blatträndern und Spitzen mancher Pflanzen glitzernde Wassertropfen ansitzen, die langsam an Größe zunehmen, abfallen und durch neue Tröpfchen ersetzt werden. Es handelt sich aber nicht etwa um Taubildung, sondern um Tropfen, die von den Blättern selbst ausgeschieden werden. Mit der Zunahme der Temperatur verschwinden sie dann, weil die Pflanze nicht mehr voll wassergesättigt ist. Erhöht man aber den Wassergehalt der Pflanze, entweder indem man ihre Verdunstung herabsetzt (z. B. durch Überstülpen einer Glasglocke), oder indem man Wasser künstlich in abgeschnittene Zweige einpreßt, so tritt die Tropfenausscheidung alsbald wieder auf.

Die Tropfen treten bei den Gräsern an der Blattspitze, bei Alchimilla an den Blattzähnen, bei Tropaeolum (Fig. 241) an den stumpfen Ausbuchtungen des Blattes auf; sie kommen entweder aus sog. Wasserspalten (S. 99) oder aus gewöhnlichen Spaltöffnungen, oder sie werden von Apikalöffnungen oder von Haaren (manchmal auch von Brennhaaren) sezerniert. Alle solche wasserausscheidenden Organe nennt man Hydathoden.

Ungleich verbreiteter als in unserem Klima findet sich die Wasserausscheidung im feuchten, tropischen Urwald. Besonders auffallend ist sie bei manchen großblätterigen Araceen, an deren Blattspitzen das Wasser oft in kurzen Zwischenräumen abtropft. Bei Colocasia nymphaeifolia kann es sogar auf kurze Strecken fortgeschleudert werden; dabei scheidet ein einziges Blatt zuweilen 190 Tropfen in der Minute, in einer Nacht oft 1/10 Liter aus. — Auch an einzelligen Pflanzen, so an Schimmelpilzen, ist oft eine reichliche Ausscheidung von Wassertröpfchen durch die Zellwand und die Kutikula hindurch wahrzunehmen, die hier, wie auch bei Wasserpflanzen, durchlässig ist.

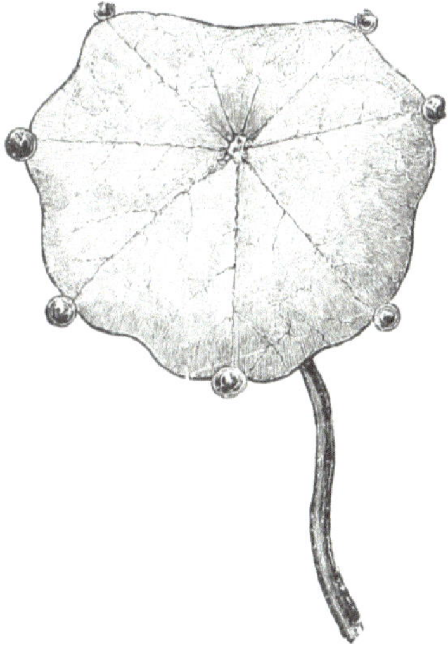

Fig. 241. Ausscheidung von Wassertropfen aus einem Blatte der Kapuzinerkresse (Tropaeolum majus). Nach NOLL.

Die Ausscheidung flüssigen Wassers kann unter ungünstigen Transpirationsbedingungen, vor allem bei submersen Wasserpflanzen, die Verdunstung in gewissem Sinne vertreten oder ersetzen. Ihre Bedeutung für die Pflanze deckt sich aber insofern nicht mit der Transpiration, als in den Tropfen sehr häufig mineralische oder organische Substanzen mit ausgeschieden werden. Diese Stoffe sind manchmal so reichlich im ausgestoßenen Wasser enthalten, daß sie nach dessen Verdunstung als kleine Krusten zurückbleiben. Auf diese Weise entstehen die Kalkschüppchen der Steinbrecharten, die Salzmassen mancher Halophyten (S. 206). STAHL hat wahrscheinlich gemacht, daß in der Ausscheidung solcher gelöster Salze (Exkretion) die physiologische Hauptrolle der Guttation liegen kann, da manche derartige Stoffe, wenn sie sich in den Zellen anhäufen, schädlich wirken. Daß bei den Aussonderungen der Nektarien, bei den Verdauungsdrüsen der Insektivoren (S. 222) und bei den Ausscheidungen mancher Narben nicht das Wasser, sondern der gelöste Körper das wichtigste ist, versteht sich von selbst. Bei manchen Nektarien ist die Ausscheidung weitgehend unabhängig vom Wassergehalt und kann auch noch an der welkenden Pflanze weiter gehen.

Bluten. Einen Wasseraustritt aus der Pflanze kann man vielfach nach Verwundungen beobachten; regelmäßig sieht man ihn an beschnittenen Bäumen und Sträuchern im Frühjahr, z. B. besonders stark an der Rebe. Auch an Stauden, die man dicht über der Erde abgeschnitten hat, läßt sich leicht ein Wasseraustritt aus der Wunde zeigen. Man spricht vom Tränen oder Bluten der Wunden und stellt leicht fest, daß das Wasser aus den Gefäßen hervorquillt und daß es auch gegen hohen Widerstand ausgepreßt wird (Blutungsdruck).

Die Figur 242 zeigt, in welcher Weise man den Blutungsdruck, den ein Stammstumpf *s* produziert, mit Hilfe eines Manometers messen kann. Die Quecksilbersäule wird bei gewissen Pflanzen bis zu 50 und 60, unter günstigen Bedingungen aber bis zu 140 Zentimeter (Birke) oder noch höher emporgedrückt. Diese Druckkräfte könnten also eine Wassersäule bis zu 6, 8 und 18 Metern halten.

Besonders reichlich ist der Wasseraustritt, wenn die Erde feucht und warm ist; er dauert dann je nach der Pflanze und ihrem Entwicklungszustand oft mehrere Tage bis Monate an, und das ausgeschiedene Wasser beträgt unter Umständen bis zu einigen Litern und mehr; bis zu 1 Liter am Tag bei der Rebe, bis 5 Liter bei der Birke, 10 bis 15 Liter bei Palmen. Bei längere Zeit hindurch blutenden Pflanzenteilen bemerkt man eine gewisse Periodizität der Blutungsmenge; nachts wird mehr ausgeschieden als am Tag.

Der „Blutungssaft" führt außer mineralischen Salzen zuweilen erhebliche Mengen von organischen Substanzen (gelöste Eiweißstoffe, Asparagin, Säuren, besonders aber Kohlehydrate) mit sich; bei einigen Pflanzen ist der Zuckergehalt dieses Saftes so groß, daß Zucker technisch daraus gewonnen werden kann. So liefert der Zuckerahorn Nordamerikas mit 1/2% Zucker im Saft in einem Frühjahr etwa 2–3 Kilo von einem Baum. Solcher Saft kann auch gleich Most oder Biermaische zu berauschenden Getränken vergoren werden und liefert dann Birkenwein, Palmwein oder die „Pulque" der Mexikaner. Diese wird aus dem Safte blühreifer Agaven gewonnen; eine einzelne Pflanze kann in 4–5 Monaten nahezu 1000 Liter Saft ausscheiden.

Ursachen der Wasserausscheidung[151]. Bei der Tropfenausscheidung an der intakten Pflanze handelt es sich nur zum Teil um Wasserausscheidung aus Oberflächenzellen. In anderen Fällen wird Wasser in die Gefäße eingepreßt und tritt dann an Orten geringeren Widerstandes zutage (S. 99). Auch bei den Erscheinungen des Blutens wird Wasser aus Parenchymzellen in die Hohlräume der Gefäße gedrückt, und wenn das auch ganz besonders häufig in der Wurzel stattfindet, so fehlt der Vorgang doch in den Stengeln und Blättern durchaus nicht.

Allen geschilderten Vorkommnissen gemeinsam ist also in letzter Linie eine einseitige Flüssigkeitsausscheidung aus lebenden Zellen. Auf die Ursachen einer solchen Drüsentätigkeit der Zellen kann hier nicht eingegangen werden.

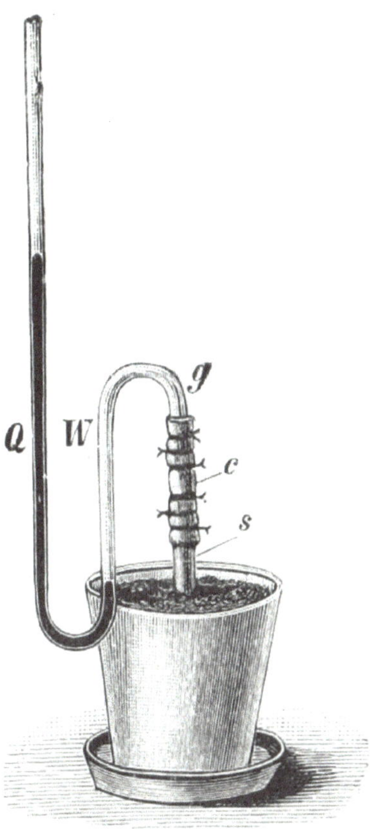

Fig. 242. Demonstration des Wurzeldruckes an einer Georgine. Auf den glatt abgeschnittenen Stumpf *s* ist mittels Kautschukschlauchs *c* das gebogene Glasrohr *g* aufgesetzt. Das aus der Erde durch die Wurzel aufgenommene Wasser *W* wird so kräftig ausgepreßt, daß es den Druck der Quecksilbersäule *Q* überwindet. Nach NOLL.

Leitung des Wassers[152].

Das Wasser, das teils in Dampfform namentlich von den Blättern abgegeben wird, teils durch Hydathoden oder Wunden in flüssiger Form der Pflanze entströmt, ist im allgemeinen von der Wurzel aufgenommen worden. Es hat also einen Weg zuruckzulegen, der schon bei einjährigen Pflanzen nach Metern messen kann, bei den Riesen des Pflanzenreiches aber etwa 100 m beträgt (Eucalyptus amygdalina 110 m; Sequoia gigantea 95 m Stammhöhe). Durch osmotische Saugung von Zelle zu Zelle würde diese Wasserbewegung viel zu langsam stattfinden, um die Verluste decken zu können. Tatsächlich erfolgt denn auch die Strömung des Wassers zur Deckung der Transpiration, der sog. Transpirationsstrom, im Gefäßteil der Leitbündel bzw. bei Bäumen im Holzkörper. Das kann man schon aus einem uralten Versuch, dem sog. Ringelungsversuch, entnehmen. Werden an einem Aste eines Baumes eine Strecke weit die Gewebe bis auf den Holzkörper fortgenommen, so bleiben zunächst, d. h. solange nicht eine Austrocknung oder Zersetzung des Holzkörpers an der entrindeten Stelle eingetreten ist, die Blätter dieses Astes ebenso frisch wie die eines anderen, nicht geringelten Astes; das beweist, daß der Transpirationsstrom nicht durch die Rinde, sondern durch den Holzkörper sich bewegt. Entfernt man dagegen aus einem Zweige sorgfältig eine Strecke weit den Holzkörper und läßt die Rinde größtenteils im Zusammenhang, so welken die Blätter über der Operationsstelle so rasch wie an einem völlig abgeschnittenen Zweige. Man kann diese Versuche ebensogut an intakten Pflanzen ausführen wie an abgeschnittenen, in Wasser gestellten Zweigen; denn letztere nehmen wenigstens eine Zeitlang (solange keine sekundären Änderungen an der Schnittfläche eingetreten sind) das Wasser ebenso lebhaft direkt mit dem Holzkörper auf wie intakte Pflanzen mit der Wurzel. Wird ein abgeschnittener Zweig mit seiner Schnittfläche in eine Lösung von Gelatine gestellt, und läßt man dann die Gelatine, die eine Strecke weit in die Gefäße eingedrungen ist, erstarren, so hat der Holzkörper seine Leitfähigkeit für Wasser verloren.

Man sieht daraus, daß das Lumen der Gefäße für die Leitung des Wassers unentbehrlich ist. Aber freilich, in der lebenden Pflanze sind die Gefäße nicht nur mit Wasser gefüllt, sondern sie führen wenigstens in Zeiten lebhafter Transpiration immer auch Luft.

Entsprechend ihrer Aufgabe findet man die Gefäßteile in Wasserpflanzen und Sukkulenten, in denen gar keine oder eine sehr schwache Transpiration besteht, nur spärlich entwickelt. Dagegen besitzen die transpirierenden Blattflächen ein außerordentlich reiches Leitbündelgewebe, das zudem durch vielfache Anastomosen dafür sorgt, daß jeder beliebige Punkt auch bei Nichtfunktionieren des nächsten Verbindungsstranges doch genügend Wasser enthält. Die Fig. 128 gibt von diesem Berieselungssystem eines Blattes noch keine vollständige Vorstellung, denn die feinen, nur mikroskopisch nachweisbaren Stränge sind in ihr gar nicht dargestellt. Auch in den Zuleitungen zu den Blättern, in den Stämmen, findet man, insbesondere bei den in die Dicke wachsenden Bäumen, ein außerordentlich leistungsfähiges Wasserleitungssystem. Es ist freilich nicht mehr das gesamte Holz eines dicken Stammes, welches der Wasserleitung dient; sie ist vielmehr stets auf die jüngsten Jahresringe beschränkt. Wo Kernholz (S. 135) gebildet wird, ist dieses von der Leitung völlig ausgeschlossen.

Über die bewegenden Kräfte des Transpirationsstromes ist man noch nicht im klaren. Man wird in erster Linie an eine Druckwirkung von unten oder eine Saugwirkung von oben her denken und für erstere den Blutungsdruck, für letztere den Vorgang der Transpiration verantwortlich machen. Allein der Blutungsdruck kommt aus mehreren Gründen nicht in Betracht, und ob die Saugkraft der Transpiration ausreicht, um Wasser bis zum Gipfel hoher Bäume dauernd in ausreichender Menge zu heben, erscheint zweifelhaft. Eine allseitig anerkannte Lösung des vielumstrittenen Problems existiert demnach heute nicht.

Bezüglich des Blutungsdruckes der Wurzel (Wurzeldruck) ist folgendes zu bedenken: Bei vielen Pflanzen erreicht der Wurzeldruck nur sehr geringe Höhe oder fehlt ganz. Aber auch bei Pflanzen mit kräftigem Wurzeldruck ist die von der Wurzel gelieferte Wassermenge erheblich geringer als die bei der Transpiration verbrauchte. Bei einigermaßen starker Transpiration kommt der Wurzeldruck daher in der geschilderten Weise überhaupt nicht zur Geltung. Wird eine kräftig verdunstende Pflanze am Wurzelstumpf abgeschnitten, so tritt aus diesem zunächst gar kein Wasser hervor, im Gegenteil, der Stumpf saugt dargebotenes Wasser begierig in sich auf (es herrscht also ein Druck unter Atmosphären-Größe). Erst nach seiner vollen Sättigung beginnt eine Auspressung. Im Freien kommt der Wurzeldruck nur dann zur Geltung, wenn bei feuchter kühler Luft, wie zumal des Nachts, die Transpiration sehr vermindert ist. Am günstigsten liegen die Umstände dazu im Frühjahr, wenn bei höchstem Wassergehalt des Holzes das transpirierende Laub noch nicht entfaltet ist. Bei Verletzungen des Holzkörpers quillt dann der „Saft“ aus Tracheen und Tracheïden in Tropfen hervor. Ein Blutungsdruck über Atmosphärengröße bei belaubten Bäumen dürfte nur im tropischen Urwald vorkommen.

Daß die Transpiration eine Saugung von Zelle zu Zelle bewirkt, ist schon hervorgehoben (S. 196), und es ist ohne weiteres verständlich, daß diese sich dann von den Parenchymzellen in die angrenzenden Gefäße fortsetzt. Auch ist diese Saugkraft leicht zu demonstrieren.

Ein abgeschnittener, in Wasser gestellter Sproß zeigt durch sein Frischbleiben an, daß er das Wasser bis in seine obersten Zweigspitzen zu heben vermag. Er leistet aber noch mehr: luftdicht mit einem langen wassergefüllten Rohre verbunden, vermag er leicht eine Wassersäule von 2 Metern und mehr emporzusaugen; wird das untere Ende des Rohres in Quecksilber gebracht, dann wird selbst dieses bis zu ansehnlicher Höhe gehoben. Kräftige, sonst unverletzte Koniferenzweige sind imstande, das Quecksilber unter Umständen bis weit über Barometerhöhe zu heben, ohne zu welken. Bedingung für eine solche Saugung ist einerseits ein luftdichter Abschluß der Wasserbahnen, andererseits eine nicht unbeträchtliche Kohäsion der Flüssigkeiten, die gehoben werden. Tatsächlich erreicht denn auch die Kohäsion des Wassers ganz gewaltige Werte; nach den Messungen von URSPRUNG und RENNER etwa 300 Atmosphären. So konnte man zu der Vorstellung kommen, daß der Zug der Transpiration durch die Kohäsion des Wassers bis in die Wurzelspitzen sich fortpflanze. Die Versuche RENNERs, die den Nachweis beträchtlicher negativer Drucke in den Leitbahnen transpirierender Pflanzen erbracht zu haben schienen, sind von anderer Seite stark angezweifelt worden[153].

Somit ist die Kohäsionstheorie[154] noch nicht bewiesen. Wenn wirklich die Saugung durch Kohäsion des Wassers nach unten weitergegeben werden soll, dann müßten die Gefäße kontinuierlich mit Wasser erfüllt sein, während man tatsächlich Luft- und Wassersäulchen in ihnen gefunden hat. Mit Eintreten eines Zuges müssen sich die Luftbläschen expandieren, und in der Tat findet man in lebhaft transpirierenden Zweigen stark verdünnte Luft in den Gefäßen. Werden solche Gefäße unter Quecksilber durchschnitten, so stürzt dieses unter dem äußeren Luftdruck auf weite Strecken in sie hinein. Jedenfalls erfolgt das Reißen der Wasserfäden in Gefäßen durchaus nicht immer, weil die Kohäsion überwunden, sondern auch, weil die Adhäsion an die Wand dem Zug nicht mehr gewachsen ist, oder weil Luft durch die Wand tritt. Dadurch wird es verständlich, daß das Reißen in verschiedenen Elementen bei ganz verschiedener Spannung erfolgt, während die Kohäsion ja stets gleich groß sein muß. Es ist auch schon der Gedanke ausgesprochen worden, daß zweierlei Typen unter den Gefäßen existieren: 1. leitende (Tracheïden) mit hoher Inhaltsfestigkeit und 2. speichernde (Tracheen), die, weil in ihnen das Wasser leicht reißt, dieses auch leicht abgeben können[155]. — Die Vertreter der Kohäsionstheorie nehmen an, daß neben solchen lufthaltigen Bahnen immer auch völlig mit Wasser erfüllte existieren, und daß nur diesen eine Leitfähigkeit zukomme, während die anderen als Wassermagazine von Bedeutung sein sollen. — Es ist aber keineswegs ausgeschlossen, daß auch den lebenden Elementen, die in keinem Holzteil fehlen, eine Rolle bei der Hebung des Wassers zukommt.

b) Die Nährsalze.

Die Nährsalze, die von einer Pflanze aufgenommen werden, finden sich fast alle in der Asche wieder; nur die Stickstoffverbindungen fehlen. Demnach kann uns die nachstehende Tabelle über den Gehalt einiger Kulturpflanzen an Aschenbestandteilen schon einen gewissen Einblick in die Menge und die Verteilung der Nährsalze geben.

Pflanzenteile	Asche in 100 Tln. der Trocken-substanz	In 100 Teilen der Asche sind enthalten:								
		K_2O	Na_2O	CaO	MgO	Fe_2O_3	Mn_3O_4	P_2O_5	SO_3	SiO_2	Cl
Roggen (Körner)	2,09	32,10	1,47	2,94	11,22	1,24	—	**47,74**	1,28	**1,37**	0,48
„ (Stroh)	4,46	22,56	1,74	8,20	3,10	1,91	—	**6,53**	4,25	**49,27**	2,18
Erbsen (Samen)	2,73	43,10	0,98	**4,81**	7,99	0,83	—	**35,90**	3,42	0,91	1,59
„ (Stroh)	5,13	22,90	4,07	**36,82**	8,04	1,72	—	**8,05**	6,26	6,83	5,64
Kartoffel (Knolle)	3,79	60,06	2,96	2,64	4,93	1,10	—	16,86	6,52	2,04	3,46
Weintraube (Beere)	5,19	56,20	1,42	10,77	4,21	0,37	—	15,58	5,62	2,75	1,52
Tabak (Blätter)	17,16	29,09	3,21	36,02	7,36	1,95	—	14,66	6,07	5,77	6,71
Baumwolle (Faser)	1,14	36,96	13,16	17,52	5,36	0,60	—	10,68	5,94	2,40	7,60
Fichte (Holz)	0,21	19,66	1,37	33,97	11,27	1,42	22,96	2,12	2,64	2,73	0,07

Zu diesen Zahlen ist zu bemerken, daß sie keine konstanten Verhältnisse ausdrücken, daß vielmehr die Zusammensetzung der Asche je nach dem Kulturboden wechseln kann. Auch ist es vielleicht nicht ganz überflüssig, darauf aufmerksam zu machen, daß diese Oxyde der Mehrzahl nach erst bei der Veraschung gebildet werden. In der lebenden Zelle waren Salze gegeben und vor allem vielfach die Metalle an organische Säuren gebunden.

Man sieht aus dieser Tabelle zunächst einmal, wie allgemein verbreitet die Aschensubstanzen sind, erkennt aber andererseits auch sofort, daß sie in verschiedenen Pflanzen, ja sogar in verschiedenen Teilen einer Pflanze, in recht ungleicher Menge vorkommen. So findet sich z. B. in den Samen viel Phosphorsäure, dagegen wenig Kieselsäure und Kalk; das Stroh aber verhält sich gerade umgekehrt. Die Kartoffel enthält viel K_2O und wenig CaO, während Fichtenholz reichlich CaO und wenig K_2O besitzt.

Trotz ihrer allgemeinen Verbreitung wird man die Aschensubstanzen zunächst für Ballast, für eine zufällige Verunreinigung der organischen Pflanzensubstanz zu halten geneigt sein. Allein jeder Versuch, eine Pflanze aschenfrei zu erziehen, zeigt die Unentbehrlichkeit dieser Stoffe.

Daß die mineralischen Inhaltsstoffe der Pflanze wesentliche Bestandteile der Pflanzennahrung ausmachen, sprach zuerst BERTHOLLET 1803 aus; später (1832) betonte es KARL SPRENGEL, dann auch LIEBIG. Exakt bewiesen wurde diese wichtige Tatsache aber erst 1842 durch WIEGMANN und POLSTORFF.

Fig. 243. Buchweizen in Wasserkultur. *I* In Nährlösung mit Kali. *II* In Nährlösung ohne Kali. Beide gleich stark verkleinert. Nach NOBBE.

Zwei Wege bieten sich, um diesen Nachweis zu führen und zugleich zu zeigen, ob alle oder nur gewisse Aschensubstanzen notwendig sind. Einmal kann man die Pflanze in künstlichem Boden kultivieren, der aus unlöslichen Substanzen (wie Platin, reiner Kohle, reinem Quarz) besteht und dem dann die in Frage stehenden Stoffe beigemengt werden. Bequemer ist der andere Weg, die sog. Wasserkulturmethode. Es hat sich gezeigt, daß viele Pflanzen ihr Wurzelsystem statt in Erde auch in Wasser entwickeln können. Man hat es dann in der Hand, diesem Wasser der Reihe nach alle Elemente der Asche in verschiedenen Verbindungen zuzusetzen und so zu erproben, was nötig, was überflüssig ist. Ein Blick auf Fig. 243 *I* zeigt, daß in einer solchen „Nährlösung" von passender Zusammensetzung die Pflanze (Buchweizen) gut gedeiht; sie produziert Wurzeln, Sprosse, Blüten und Früchte und vermehrt dabei ihr Trockengewicht auf das Hundert- oder Tausendfache, gerade wie wenn sie in gutem Boden stände. In destilliertem Wasser dagegen wächst sie zwar anfangs ganz normal, stellt aber bald ihr Wachstum gänzlich ein und bleibt ein außerordentlich kümmerliches Gewächs.

Nährlösungen werden in recht verschiedener Zusammensetzung verwendet[156]. Besonders häufig wird die KNOPsche Lösung benutzt (Wasser 1000, Kalziumnitrat 1, Magnesiumsulfat 0,25, saures phosphors. Kalium 0,25, Kaliumnitrat 0,25, Eisenchlorid Spur). Die V. D. CRONEsche Lösung (Wasser 1000, Kaliumnitrat 1, Kalziumsulfat 0,5, Magnesiumsulfat 0,5, tert. Kalziumphosphat 0,25, Ferrophosphat 0,25), die statt des Ferrisalzes ein Ferrosalz enthält und die Phosphorsäure als fast ganz unlösliches Kalziumphosphat führt, wird manchmal mit Vorteil verwendet. Neuerdings sind von amerikanischen Forschern zahlreiche Salzkombinationen geprüft worden.

Der Erfolg einer solchen Wasserkultur lehrt, daß die typischen Landpflanzen mit einigen Verbindungen auskommen, die sich aus den Elementen K, Ca, Mg, Fe und H, O, S, P, N zusammensetzen — vorausgesetzt, daß ihnen außerdem noch der Sauerstoff und die Kohlensäure der Luft zur Verfügung stehen. Es sind also im ganzen 10 Elemente, aus denen sich die unentbehrlichen Nährstoffe aufbauen. Von ihnen interessieren uns an dieser Stelle nur die nach Ausschluß von H, O, C übrigbleibenden sieben, die als Nährsalze aus dem Boden bzw. dem Wasser aufgenommen werden müssen. Sechs davon finden sich in der Asche der Pflanze vor, eines, der Stickstoff, geht bei der Verbrennung in flüchtige Substanzen über. Daß diese sieben Elemente völlig unentbehrlich sind, ergibt sich daraus, daß das Fehlen jedes einzelnen auch durch den größten Überschuß der anderen oder eines ihm nahestehenden Elementes nicht kompensiert werden kann.

So kann z. B. Kalium im allgemeinen nicht durch Natrium, Lithium, Rubidium ersetzt werden. Niedere Organismen (Algen, Bakterien, Pilze) machen geringere Ansprüche als die höheren; sie können das Ca entbehren. Der Mangel eines notwendigen Elementes macht sich entweder nur in einer äußerst kümmerlichen Entwicklung der Pflanze bemerkbar (Fig. 243 *II*, Kalimangel) oder er ruft höchst charakteristische Veränderungen an ihr hervor. Am bekanntesten in dieser Beziehung ist die Wirkung des Eisenmangels. Ohne Eisen ergrünen die Pflanzen nicht (Chlorose). Bei Kalkmangel machen sich schwere Schädigungen (Vergiftungen) bemerkbar.

Die genannten Elemente werden häufig auch schlechthin als „Nährstoffe" der Pflanze bezeichnet. Der Ausdruck ist indes nicht ganz korrekt, weil die Pflanze mit wenigen Ausnahmen die Elemente selbst gar nicht auszunützen vermag. H und O können das Wasser durchaus nicht ersetzen, und metallisches Kalium ist ebenso unverwendbar wie Schwefel. Die Pflanze bedarf ganz bestimmter Salze oder — da diese im Wasser zum Teil ionisiert werden — bestimmter Ionen. Von Kationen sind nötig: K^+, Ca^{++}, Mg^{++}, Fe^{++} (oder Fe^{+++}), von Anionen SO_4^{--}, $H_2PO_4^-$ und NO_3^-. Während nun der Phosphor und der Schwefel in keiner anderen Verbindung Verwertung finden kann, ist das beim Stickstoff anders; er kann auch als Kation NH_4^+ in vielen Fällen wohl ebenso gute Dienste leisten wie als NO_3^-.

So wie C, N, H und O beteiligen sich auch manche Nährsalzelemente am chemischen Aufbau wichtiger Pflanzenstoffe: so S und P, die im Eiweiß und in Eiweißderivaten vorkommen, so das Mg, das im Chlorophyllfarbstoff auftritt. Möglich ist es, daß auch die anderen Metalle in Verbindungen notwendiger Stoffe eingehen, sicher aber spielen sie auch noch eine ganz andere, nämlich eine physikalisch-chemische Rolle. Die Salze greifen in alle physiologischen Prozesse regulierend ein und erhalten das kolloidale Protoplasma in normalem Zustand.

Neben dem positiven Ergebnis der Notwendigkeit gewisser Salze hat die Wasserkultur auch gezeigt, daß viele normalerweise von der Pflanze aufgenommene Stoffe entbehrlich sind, so vor allem Natrium, Chlor und Silizium.

Das Natrium ist selbst bei den Halophyten, bei denen es in größter Menge gefunden wird, entbehrlich. Diese Pflanzen leben auf kochsalzhaltigem Boden, nicht weil sie das NaCl zu ihrer Entwicklung nötig haben, sondern weil sie es besser ertragen als andere Pflanzen, deren Konkurrenz also an solchen Lokalitäten ausgeschlossen ist. Ihre charakteristische sukkulente Ausbildung (Fig. 193) verlieren die Halophyten freilich mehr oder weniger, wenn ihnen das Kochsalz entzogen wird. Den Diatomeen und gewissen Meeresalgen scheint Na unentbehrlich zu sein[157].

Silizium ist auch den Schachtelhalmen und den Gräsern, die sehr reichlich SiO_2 führen, entbehrlich; dagegen brauchen es die Diatomeen, deren Schalen fast ganz aus Kieselsäure bestehen. Diesem Umstande verdanken sie ihre Dauerhaftigkeit. Diatomeenschalen bilden ja als Kieselgur mächtige geologische Ablagerungen. Aluminium[158] ist zwar in kleinen Spuren allgemein verbreitet, wird aber nur von wenigen Pflanzen in beträchtlicher Menge aufgenommen (z. B. Lycopodium-Arten); nach STOKLASA soll es den Wasserpflanzen unentbehrlich sein. Jod, im Meerwasser kaum in Spuren analytisch nachweisbar, wird in Meeresalgen trotzdem reichlich aufgespeichert, so daß diese lange Zeit das Material für die Jodgewinnung bildeten. Ob es diesen Pflanzen entbehrlich ist, wissen wir nicht.

Entbehrliche Aschenbestandteile können der Pflanze insofern nützlich sein, als sie die unentbehrlichen Bestandteile in allgemeineren Eigenschaften, so als Basen zur Neutralisation von Säuren u. dgl., vertreten und damit die unentbehrlichen Stoffe für ihre speziellen Wirkungen, in denen sie unersetzbar sind, in vollem Umfange disponibel machen. So kann Na partiell das K und Ca bis zu einem gewissen Grade das Mg ersetzen. Auch können manche Stoffe und Stoffgemische der Pflanze nützlich und zu ihrem Gedeihen förderlich werden, ohne gerade unentbehrlich zu sein. So gedeihen viele Pflanzen, z. B. der Buchweizen besser, wenn ihnen Chloride zur Verfügung stehen, und die Kieselerde wirkt u. a. in hohem Grade nützlich durch die größere Widerstandsfähigkeit, die sie den Geweben verleiht. Auch hat man gefunden, daß die Gegenwart gewisser, an sich nicht wertvoller Stoffe die Giftwirkungen anderer zum Teil auch nötiger Stoffe aufheben kann.

Daß auch die Tiere die Salze ebenso nötig haben wie die Pflanzen, ist bekannt. Einzelerfahrungen scheinen hier aber nur sehr wenig vorzuliegen. Man darf vielleicht sagen, daß im Tierreich dieselben Elemente notwendig sind wie in der Pflanze, daß aber Na und Cl dazu treten.

Aufnahme der Nährsalze. Die Nährsalze können nur in gelöstem Zustande von Oberflächenzellen der Pflanze aufgenommen werden. Es erhebt sich also die Frage, wie gelöste Stoffe durch die Zellwand und das Protoplasma bis in die Vakuole gelangen können. Es wurde ja bei Besprechung der Plasmolyse (S. 192) hervorgehoben, daß das Protoplasma semipermeabel, d. h. wohl für Wasser, aber nur schwer für gewisse, in Wasser gelöste Stoffe permeabel ist. Wäre diese Impermeabilität eine vollständige, so könnten sich im Zellinnern unmöglich Nährsalze vorfinden; tatsächlich ist sie aber vielleicht für keinen Stoff eine absolute, und wir kennen stufenweise Übergänge von Stoffen, die ebenso leicht durch das Plasma dringen wie das Wasser, bis zu solchen, die fast gar nicht durchgehen. Nicht zu langsam eindringende Stoffe bewirken eine vorübergehende Plasmolyse. Außerordentlich rasch diffundierende Stoffe, z. B. Alkohol, Äther, Chloralhydrat, verursachen keine Plasmolyse.

Die Permeabilität des Protoplasmas ist keine konstante. Sie wird wenigstens für manche Stoffe durch Außenumstände verändert[159]; Alkalisalze z. B. bewirken eine zunehmende Impermeabilität für sie selbst. Aber auch Erdalkalisalze können die Permeabilität für Alkalisalze vermindern. Nicht das Gesamtprotoplasma, sondern nur die äußerste Hautschicht ist für Aufnahme oder Nichtaufnahme eines Stoffes maßgebend. Auch der Übertritt der Stoffe in den Zellsaft wird durch eine Plasmahaut (die Vakuolenwand) reguliert. Die Eigenschaften dieser beiden Plasmahäute bedingen also zusammen mit dem Speichervermögen, von dem alsbald die Rede sein soll, das sog. Wahlvermögen der Zelle; dieses äußert sich darin, daß eine Pflanze manche in ihrer Umgebung häufige Stoffe gar nicht oder in ganz geringer Menge aufnimmt, und daß verschiedene Spezies in der Stoffaufnahme stark differieren.

Aus demselben Boden nimmt die eine Pflanze vorzugsweise Kieselsäure, die andere vornehmlich Kalk, eine dritte Kochsalz auf. Besonders lehrreich in dieser Beziehung sind die Meeresalgen, die von einer Lösung umspült werden, die etwa 3% Kochsalz, dagegen wenig Kalisalze enthält. Trotzdem nehmen ihre Zellen verhältnismäßig wenig Kochsalz, dagegen reichlich Kalisalze auf.

Jeder Stoff, für den die Grenzschichten des Protoplasmas permeabel sind, kann so lange in die Vakuole diffundieren, bis die Konzentrationsdifferenz zwischen dieser und der Umgebung ausgeglichen ist. Mit der Herstellung dieses physikalischen Gleichgewichtes hört aber die Diffusion keineswegs immer auf; in nicht wenigen Fällen findet sich schließlich eine bestimmte Substanz in der Zelle in relativ viel größerer Menge als in der Umgebung. Das trifft z. B. für das Jod in den Meeresalgen zu; dieses ist ja im Meer selbst nur spurenweise, in den Tangen aber in so ansehnlicher Menge vorhanden, daß man es aus ihnen technisch gewinnen kann. Die Zelle hat also ein Speichervermögen, und sie speichert die Stoffe dadurch, daß sie sie in eine unlösliche oder in eine nicht diffusible Form bringt.

Ganz vorzüglich eignen sich gewisse organische Farbstoffe[160], wie z. B. Methylenblau, zum Nachweis des Eindringens und der Speicherung. Viele Zellen enthalten in den Vakuolen Gerbstoffe und andere Stoffe, die mit dem eintretenden Farbstoff eine Verbindung eingehen, die nicht diffusibel oder gar unlöslich ist. Demnach sieht man auch in äußerst verdünntem Methylenblau die Vakuole tief blau werden oder in ihr blaue Niederschläge auftreten. — Besonders zu betonen ist, daß das Protoplasma selbst ungefärbt bleibt und nicht im mindesten geschädigt wird; totes Plasma würde ja den Farbstoff stark speichern.

Ein genaues Studium des Durchtritts von Farbstoffen durch das Protoplasma hat wertvolle Einblicke in die Ursachen der Permeabilität gestattet, ohne z. Z. zu einer allseits anerkannten Theorie zu führen. — Vorauszuschicken ist die Bemerkung, daß nicht alle Zellen sich gleich verhalten. So nehmen z. B. die an Gefäße angrenzenden die sauren Farbstoffe leicht auf, während sonst fast nur basische Farben durchgelassen werden. Da nun die basischen Farbstoffe in den Lipoiden, d. h. in Fetten und fettähnlichen Körpern (Lezithin, Cholesterin) löslich sind, die Säuren aber nicht, so hat man die Vorstellung entwickelt[161], die Hautschicht des Protoplasmas bestehe aus einer Lipoidschicht, und diese Ansicht hat mit einigen Modifikationen auch heute noch recht viel für sich. Denn die anderen Hypothesen, die ausgesprochen wurden, haben sich alle schwerwiegender Einwände zu erwehren, z. B. die Ultrafiltertheorie[162], nach der das Eindringen der Farbstoffe lediglich von ihrer Teilchengröße abhängen soll, das Protoplasma also wie ein Sieb wirken würde; die Haftdrucktheorie[163], nach der die Fähigkeit eines Stoffes, die Oberflächenspannung des Wassers zu erniedrigen, maßgebend für seine Aufnahme in die Zelle sein soll.

Wie in unseren Wasserkulturen, so nehmen auch in der Natur manche Pflanzen die Nährsalze aus dem Wasser auf. Dies ist der Fall bei manchen Wasserpflanzen, bei denen dann die ganze Oberfläche in den Dienst dieser Aufnahme gestellt sein kann. Da die Nährsalze nur spärlich in den Gewässern vorkommen, so ist es verständlich, daß die Wasserpflanzen eine recht große Oberfläche zu ihrer Aufnahme benötigen; so erklärt sich zum Teil das häufige Vorkommen fein zerteilter Blätter bei ihnen. Aber nicht allen Wasserpflanzen genügen die im Wasser gelösten Nährsalze. Manche nehmen mit Hilfe ihrer Wurzeln aus dem Boden am Grunde der Gewässer Stoffe auf und gedeihen nicht, wenn sie der Wurzeln beraubt werden.

Ganz allgemein erfolgt bei den Landpflanzen die Nährsalzaufnahme aus dem Boden. Im Wasser des Erdbodens sind die in unserer Nährlösung gegebenen oder ähnliche Salze stets vorhanden, aber manche von ihnen in so minimalen Mengen, daß sie nur für kurze Zeit Pflanzenwachstum gestatten. Wo solches längere Zeit anhält, da müssen andere Quellen für die Nährsalze bestehen. In der Tat gibt der Nährsalzgehalt des Bodenwassers keinen Maßstab für die Fruchtbarkeit des Bodens ab; denn die Pflanze ist nicht auf diesen allein angewiesen, sie kann vielmehr auch im Boden „absorbierte" Stoffe aufnehmen und selbst Gesteine aufschließen. Die Erschließung erfolgt in erster Linie durch Ausscheidung von Kohlensäure aus den Wurzelhaaren. In kohlensäurehaltigem Wasser sind viele Stoffe ungemein viel leichter löslich als in reinem Wasser.

Die Lösung fester Gesteine durch die Pflanze läßt sich besonders bequem an glatt polierten Marmorplatten demonstrieren, auf denen man Wurzeln hat wachsen lassen; der Verlauf der Wurzeln wird durch Ätzfiguren wiedergegeben.

Es fehlt nicht an Angaben, wonach solche Gesteinslösungen auch durch stärkere Säuren als Kohlensäure zustande kommen sollen; aber es liegt keinerlei Beweis vor, daß höhere Pflanzen aus lebenden Zellen andere Säuren ausscheiden als CO_2. Wenn so schwer lösliche Substanzen wie Feldspat und Glimmer von gewissen Flechten gelöst werden, so ist hier an der Ausscheidung einer stärkeren Säure[164] aus der Pflanze um so weniger zu zweifeln, als ja Pilze und Bakterien sehr häufig in ihrem Stoffwechsel solche Stoffe produzieren und ausscheiden. Da nun im Boden eine große Menge von Bakterien lebt, so müssen auch diese eine Rolle bei der Auflösung schwer löslicher Gesteine spielen.

Auch die aus toten Wurzelhaaren und Wurzelhaubenzellen austretenden sauren Salze dürften bei der Lösung der Gesteine von Bedeutung sein.

Manche Böden, vor allem die tonigen und humösen, nicht aber die Sandböden, haben die Fähigkeit, Kali- und Ammoniaksalze, in geringerem Grade auch Kalk- und Magnesiumsalze, in der Weise festzuhalten, daß diese Stoffe zwar nicht leicht ausgewaschen werden, aber doch der Pflanze zugänglich sind. Man schreibt dem Boden ein Absorptionsvermögen für die genannten Stoffe zu. Dieses besteht aber nicht für alle Nährsalze; so werden z. B. Sulfate und Nitrate nicht absorbiert.

Wenn das Substrat der Pflanze außer Wasser und Nährsalzen auch noch andere Stoffe, z. B. gelöste organische Stoffe enthält, so können diese in der gleichen Weise aufgenommen werden wie die besprochenen Substanzen. Der Erfolg der Wasserkultur beweist aber, daß wenigstens die typische grüne Pflanze auf solche Stoffe nicht angewiesen ist. Anders ist das bei Pilzen und anderen Pflanzen, die den Pilzen in ihrem Stoffwechsel gleichen (S. 219).

Neben Wasser und den Nährsalzen können auch gelöste Gase durch die Wurzel aufgenommen werden; von diesen wird im allgemeinen nur dem Sauerstoff eine Bedeutung zukommen. Hauptquelle für die Gasaufnahme bildet die Atmosphäre.

Wanderung der Nährsalze. Die aufgenommenen Nährsalze bleiben nicht in den Epidermiszellen der Wurzel bzw. des Sprosses, sondern sie wandern von der Aufnahmestelle aus durch die ganze Pflanze. Für diese Wanderungen gibt es zwei Wege, den der Diffusion und den der Massenströmung. Bedingung für die Diffusion ist, daß Zellwand und Protoplasma für die betreffende Substanz permeabel sind, und daß ein Konzentrationsunterschied zwischen dem Ausgangspunkt und dem Ziel der Wanderung besteht. Bei dem Übertritt von Stoffen aus einer Vakuole in die Vakuole der Nachbarzelle müssen diese zunächst ins Protoplasma, dann in die Zellwand, dann wieder ins Protoplasma und endlich in die Vakuole übertreten. Eine besondere Schwierigkeit bei dieser Wanderung scheint die Zellwand zu bieten, wenigstens wenn sie dick ist. Dementsprechend sind alle dickeren Zellhäute mit Tüpfeln versehen, und die Schließhäute der Tüpfel sind noch von zarten Protoplasmafäden (Plasmodesmen, S. 36) durchsetzt; ja bei gewissen Elementen der Pflanze, den Siebröhren, werden die Tüpfelschließhäute resorbiert, und es gehen dementsprechend dickere Stränge von Protoplasma in die Nachbarzelle hinüber. Die Untersuchungen von BROWN und ESCOMBE haben ergeben, daß eine feinperforierte Wand der Diffusion keinen wesentlichen Widerstand leistet.

Auch innerhalb der Zelle können Diffusionsbewegungen eintreten, wenn gelöste Stoffe nicht überall gleiche Konzentration aufweisen. Jede Diffusionsbewegung verläuft nun recht langsam. Ein mg NaCl z. B. braucht, um aus 10%iger Lösung einen Meter weit in Wasser zu diffundieren, fast ein Jahr; andere Stoffe diffundieren noch erheblich langsamer. Die Geschwindigkeit der Mischung kann aber erheblich beschleunigt werden, wenn zu der molekularen Diffusionsbewegung eine Massenströmung hinzutritt, wie wir sie im gewöhnlichen Leben und im Laboratorium durch Umrühren herstellen. Eine solche Mischung innerhalb der Zelle kann z. B. durch die Protoplasmabewegung erzielt werden. — Je länger nun eine Zelle ist, desto geeigneter wird sie zum Stofftransport durch die Pflanze, weil dann nur noch selten, nämlich an den Enden der Zelle, die langsame Diffusionsbewegung eintreten muß, während im übrigen Massenbewegungen Platz greifen können.

Wo es der Pflanze auf besonders lebhafte Stoffbewegung ankommt, da verwendet sie Massenströmungen in Röhren, die sie sich durch Auflösung von Querwänden in ganzen Zellzügen herstellt (Tracheen), und so sehen wir, daß die Nährsalze innerhalb der Pflanze mit dem Transpirationsstrom wandern. Bei der „Wasserbewegung" in den Leitbündeln wird demnach kein reines Wasser, sondern eine sehr verdünnte Nährlösung transportiert, und die Transpiration hat in erster Linie den Erfolg, diese Nährlösung einzuengen, in zweiter Linie, sie rasch überallhin zu führen. Sonst wäre die Transpiration schwer verständlich, und die Pflanze hätte sie gewiß allgemein eingeschränkt. Da wo sie tatsächlich eingeschränkt ist (vgl. S. 144), haben wir es mit Pflanzen zu tun, die wegen geringer Versorgung mit Nährsalzen und auch wohl mit Kohlensäure nur langsam wachsen. — Erwähnt muß freilich werden, daß offenbar auch gelegentlich ein Überfluß an Nährsalzen im Innern der Pflanze auftritt, der schädliche Wirkungen ausüben kann, und von dem die Pflanze vor allem durch Guttation (S. 200) sich zu befreien sucht.

Nährsalze und Landwirtschaft. Wenn die Pflanze somit immer neue Nährsalze aus dem Boden aufnimmt, so muß dieser allmählich an diesen Stoffen verarmen, wenn nicht für Ersatz gesorgt wird. In der Natur geschieht das dadurch, daß die absterbenden und abfallenden Teile wieder auf und in die Erde gelangen und ihren Gehalt an Nährsalzen neu aufkommendem Leben zur Verfügung stellen. Bei landwirtschaftlichem Betrieb aber werden große Mengen Pflanzensubstanz mit der Ernte entfernt, und ihr Nährsalzgehalt geht dem Acker verloren; höchstens ein Bruchteil davon kehrt mit dem Miste der Tiere dahin zurück. Auf dem Gehalte des Mistes an Nährsalzen beruht wenigstens zum Teil seine wachstumsfördernde Wirkung, die dem Praktiker seit alten Zeiten bekannt ist. Da indes diese Nährsalze der Quantität nach nicht genügen, um den Verlust zu decken, muß die Landwirtschaft zur künstlichen Düngung[165] greifen. Unter den Düngestoffen sind vor allen Dingen solche wichtig, die Stickstoff, Kalium und Phosphorsäure enthalten. Als stickstoffhaltige Substanzen finden neben dem Guano (der auch Phosphorsäure enthält) Chilisalpeter, schwefelsaures Ammonium und die neuerdings künstlich aus Luftstickstoff dargestellten Verbindungen, Kalziumcyanamid, salpetersaurer Kalk und vor allem Ammoniumbikarbonat und Harnstoff Verwendung. Kaliumsalze verschiedener Art werden für landwirtschaftliche Zwecke in großen Mengen bergmännisch gewonnen; das wichtigste unter ihnen ist wohl der Karnallit. Als Phosphorsäurequellen dienen die Thomasschlacke und das Superphosphat. Erstere ist tertiärer phosphorsaurer Kalk, der bei Verhüttung phosphorhaltiger Erze entsteht und äußerst fein zermahlen als „Thomasmehl" verwendet wird. Superphosphat wird durch Aufschließen von phosphorsaurem Kalk mit Schwefelsäure gewonnen.

Boden und Pflanzengeographie. Nach den mitgeteilten Erfahrungen sollte man glauben, daß ein Boden, der eine Pflanzenspezies zu ernähren vermag, auch für jede andere geeignet sein müßte. Tatsächlich zeigt uns aber die Pflanzengeographie[166], daß die Beschaffenheit des Bodens einen weitgehenden Einfluß auf die Verteilung der Pflanzen ausübt. Das hängt damit zusammen, daß verschiedene Pflanzen an die Menge und Löslichkeit der notwendigen Stoffe verschiedene Ansprüche machen, ferner damit, daß neben den nötigen auch überflüssige Verbindungen in einem Boden sein können, die auf die einzelnen Spezies ganz verschieden wirken. $CaCO_3$ z. B. und ebenso NaCl wirken auf manche Pflanzen giftig, während andere große Dosen dieser Stoffe ertragen können.

Es kommt indes bei der Pflanzenverteilung in ihrer Abhängigkeit vom Boden keineswegs bloß auf chemische Verhältnisse an. Auch die physikalischen Eigenschaften der Böden spielen eine große Rolle. Endlich kann auch eine Pflanze an einem Ort, der ihr an sich zusagen würde, deshalb fehlen, weil ihre Samen nie dahin gelangt sind.

c) Gase.

Wasser und Nährsalze werden, wie wir gesehen haben, im allgemeinen dem Boden entnommen, aber auch die Luft enthält Stoffe, die notwendig zum Gedeihen vieler Pflanzen sind, die also Nährstoffe genannt werden müssen. Es sind das die Kohlensäure und der Sauerstoff. Diese werden denn auch im allgemeinen aus der Luft aufgenommen; nur die submersen Wasserpflanzen beziehen sie aus dem Wasser. Im letzteren Falle erfolgt ihre Aufnahme genau so wie die von anderen gelösten Stoffen.

Sauerstoff. Entzieht man einer Pflanze den Sauerstoff, so werden meist alle Lebensäußerungen sistiert (vgl. S. 257). Diese Tatsache erscheint nicht wunderbar, da auch dem menschlichen Organismus der Sauerstoff unentbehrlich ist. (Weiteres s. S. 240.)

Kohlensäure. Viel weniger plausibel ist es dagegen für den Laien, daß auch die Kohlensäure der Pflanze unentbehrlich sein soll. Und doch ist das so. Wir setzen einer Wasserkultur keinerlei Kohlenstoffquelle zu, die Pflanze vermehrt aber trotzdem ihren Kohlenstoffgehalt; da bleibt keine andere Möglichkeit, als daß sie die Kohlensäure der Luft benützt. Kohlensäure ist in der gewöhnlichen Luft in einer Menge von etwa 0,3 pro Mille enthalten; ein Liter enthält also 0,3 ccm. Läßt man diese Luft über grüne Pflanzen streichen, die an hellem Licht stehen, so zeigt sich, daß ihr Kohlensäuregehalt abnimmt oder verschwindet; farblose Teile, wie Wurzeln, oder nichtgrüne Organismen, wie die Pilze, verhalten sich anders, sie absorbieren keine Kohlensäure. Wird nun ein grüner Pflanzenteil in einer Glasglocke gehalten, durch die man kohlensäurefreie Luft hindurchleitet, so stellt er bald sein Wachstum ein, und jede Vermehrung der Trockensubstanz hört völlig auf. Kohlensäure ist demnach ein unentbehrlicher Nährstoff; sie ist offenbar die Quelle für den Kohlenstoff der grünen Pflanze. Die in der Luft vorhandene prozentual geringe Menge reicht zur Ernährung dieser völlig aus (S. 216). Es zeigt sich ferner, daß die Zufuhr von organisch gebundenem Kohlenstoff zum Boden oder zur Nährlösung die Kohlensäure der Luft nicht entbehrlich macht; für die grüne Pflanze, die wir einstweilen allein im Auge haben, ist jedenfalls CO_2 die beste Kohlenstoffquelle. Auch genügt es durchaus nicht, wenn wir einer solchen Pflanze die Kohlensäure im Boden oder in der Nährlösung zur Verfügung stellen. Sie muß unbedingt den Blättern geboten werden.

Andere Gase. Sauerstoff und Kohlensäure sind die einzigen Gase, die den gewöhnlichen Pflanzen notwendig sind. Der atmosphärische Stickstoff dagegen ist für die Mehrzahl der Pflanzen ohne jede Bedeutung (vgl. S. 224).

Aufnahme der Gase. Kohlensäure und Sauerstoff dringen zum Teil in die Epidermiszellen, zum größeren Teil aber durch die Spaltöffnungen in die Interzellularen und von diesen aus in die inneren Gewebe.

Weder in der Zellwand noch im Protoplasma existieren lufterfüllte Räume oder Kanäle, durch die Gase ins Zellinnere gelangen können. Deshalb ist eine Aufnahme der Gase nur in dem Grade möglich, als sie in der Zellhaut und im Protoplasma bzw. in dem diese Teile durchdringenden Wasser löslich sind. Die gelösten Gase verhalten sich dann gerade wie andere gelöste Stoffe, sie diffundieren in die Zelle. Je wasserreicher eine Zellhaut ist, desto leichter diffundieren die Gase durch sie. Die gewöhnliche Zellhaut ist in trockenem Zustande für Gase auf dem Wege der Diffusion nur sehr wenig durchlässig[167]; allein in der Natur findet sie sich ja immer mehr oder weniger wassergesättigt vor. Dagegen ist die Kutikula sehr wenig imbibitionsfähig für Wasser und stellt deshalb dem diosmotischen Gasdurchtritt erhebliche Schwierigkeit entgegen; doch ist sie keineswegs völlig undurchlässig.

Der Hauptsache nach erfolgt also die Gasdiffusion gar nicht durch die eigentliche Zellhautsubstanz, sondern durch die Stoffe, mit denen diese imprägniert ist. Da nun Kohlensäure in Wasser viel leichter löslich ist als Sauerstoff, so ist es begreiflich, daß sie auch schneller die wassergetränkte Zellhaut durchsetzt als der Sauerstoff. Aller Wahrscheinlichkeit nach gilt das gleiche auch bei der Kutikula. Da aber die Partiärpressung des Sauerstoffes in der Luft eine relativ ansehnliche, die der Kohlensäure dagegen eine recht geringe ist, so kann tatsächlich zwar Sauerstoff, nicht aber Kohlensäure in genügender Menge durch die Kutikula hindurch, und deshalb sehen wir, daß fast alle Organe, die nur Sauerstoff aufzunehmen haben, ohne Spaltöffnungen sind, daß dagegen an den Kohlensäure aufnehmenden Organen stets Spaltöffnungen sich vorfinden.

Nicht nur in der Luft, sondern auch im Boden finden die Pflanzen in der Regel so viel Sauerstoff, daß er in genügender Menge durch die Epidermiszellen eindringen kann. Eine Ausnahme bilden nur solche Organe, die in sauerstoffarmem Sumpfboden leben. Gehören diese einer Pflanze an, deren Sprosse sich in der Luft ausbreiten, so erfolgt die Sauerstoffaufnahme in der Regel in diesen Luftsprossen; weite Interzellularen, die stets bei den Sumpfpflanzen ausgebildet sind, sorgen dann dafür, daß der Sauerstoff auch den unterirdischen Teilen zuströmen kann. Manchmal aber (besonders bei Palmen und Mangrovepflanzen) werden besondere, aus dem Boden aufsteigende Atemwurzeln (Pneumatophoren, Fig. 186) ausgebildet, die an der Luft Sauerstoff aufnehmen.

Die Spaltöffnungen sind für den Gasaustausch je nach der Öffnungsweite der Spalte sehr verschieden leistungsfähig. Ihr Verschluß, der aus Gründen der Wasserversorgung unter Umständen nötig ist, hat nicht nur die Aufhebung der Transpiration zur Folge, sondern er unterbindet auch das Eindringen von CO_2 in die Pflanze.

Es ist schon bei Gelegenheit der Wasserdampfabgabe darauf hingewiesen worden, daß die Spaltöffnungen trotz ihrer geringen Größe durch die enorme Zahl und dichte Anordnung die Diffusion fördern. Das gilt auch für die Aufnahme der Kohlensäure. Dementsprechend konnte denn auch gezeigt werden, daß beispielsweise ein Quadratmeter Blattfläche von Catalpa in der Zeiteinheit etwa 2/3 der Kohlensäuremenge absorbiert, die ein Quadratmeter 3–10%iger Natronlauge, frei der Luft ausgesetzt, dieser entreißt.

Die Bewegung der Gase von Zelle zu Zelle sowie ihr Austausch zwischen den Zellen und den Interzellularen erfolgt durch Diffusion; bei ihrer Bewegung in den Interzellularen können aber auch Massenströmungen erfolgen, wenn Druckzustände bestehen. Solche werden aber in der Interzellularenluft durch Erwärmung und Abkühlung oder durch Deformation der Pflanze erzielt. Die Interzellularen sind ein weitverzweigtes System untereinander und mit der Atmosphäre kommunizierender Lufträume. Ihre Austrittsöffnungen werden in erster Linie durch die Spaltöffnungen, daneben auch durch Lentizellen und ähnlich funktionierende Organe gebildet (S. 43, 50); durch sie erfolgt ebensowohl Diffusion wie Massenbewegung der Gase.

Der Zusammenhang der Interzellularen unter sich und mit der Außenwelt läßt sich experimentell leicht feststellen. Es gelingt nämlich, Luft aus den Spaltöffnungen oder den Lentizellen austreten zu lassen, wenn man sie in die Interzellulargänge einpreßt; auch umgekehrt treten bei mäßiger Saugung aus den freigelegten Interzellularen dauernd große Mengen von Luft heraus, die nur durch Spaltöffnungen und Lentizellen ihren Weg in die Pflanze gefunden haben können. Das S. 199 geschilderte Porometer läßt die Wegsamkeit der Spaltöffnungen und der Interzellularen für Luft besonders deutlich hervortreten.

In hervorragendem Maße sind luftführende Interzellularräume bei Wasserpflanzen und Sumpfgewächsen entwickelt (vgl. S. 142), wo sie oft bis zu zwei Drittel des Gesamtvolumens einnehmen. Die untergetauchten Wasserpflanzen verschaffen sich auf diese Weise eine Binnenatmosphäre, mit der ihre Zellen einen lebhaften Gaswechsel unterhalten können, da die Binnenatmosphäre durch Diffusionsvorgänge wieder mit der Umgebung in langsamem Austausch steht. Im übrigen sind diese Pflanzen bei ihrem Gaswechsel ganz auf Diffusionsvorgänge angewiesen, da ihnen Spaltöffnungen usw. zu fehlen pflegen. Aber auch Pflanzen, die Spaltöffnungen besitzen, können daneben auf diosmotischem Wege Gase gewinnen, vorausgesetzt, daß die Kutikula ihrer Epidermis gasdurchlässig ist.

III. Die Assimilation der Nährstoffe.

Die Pflanze wächst, sie bildet beständig neue Organe, und zur Herstellung dieser bedarf sie fortwährend neuer Nährstoffe. Die Nährstoffe ihrerseits werden aber nach ihrer Aufnahme verändert, es geht aus ihnen Pflanzensubstanz hervor; sie werden assimiliert, wie man zu sagen pflegt. Unter Assimilation eines Stoffes versteht man dementsprechend seine Überführung in Pflanzensubstanz. Besonders interessant sind solche Assimilationsvorgänge, bei denen tiefgreifende Veränderungen erfolgen, z. B. Überführung von anorganischen in organische Verbindungen, namentlich dann, wenn es uns mit künstlichen Mitteln noch nicht gelingt, die entsprechenden Reaktionen auch außerhalb des Organismus herbeizuführen. Ein solcher Prozeß ist z. B. die Assimilation des Kohlenstoffes bei der grünen Pflanze; hier geht aus Kohlensäure organische kohlenstoffhaltige Substanz hervor.

A. Assimilation des Kohlenstoffes.

1. Assimilation der Kohlensäure bei grünen Pflanzen.

In Wasserkultur nimmt die Trockensubstanz einer grünen Pflanze zu; diese aber besteht zur Hälfte aus Kohlenstoff, den wir der Nährlösung nicht zugesetzt haben. Sie bezieht ihn aus der Kohlensäure der Luft; sie führt die CO_2 unter Mitwirkung des Sonnenlichtes in Zucker über. Dabei wird auch Wasser mitverarbeitet und Sauerstoff ausgeschieden; der Prozeß vollzieht sich also nach der Formel

$$6\ CO_2 + 6\ H_2O = C_6H_{12}O_6 + 6\ O_2.$$

Nimmt man an, daß die Kohlensäure der Luft (das Kohlendioxyd, CO_2) bei ihrer Lösung in der Zelle durch Wasseraufnahme zu H_2CO_3 wird, so dürfte sich die Zuckerbildung in zwei Hauptschritten vollziehen; beim ersten wird Sauerstoff abgespalten und Formaldehyd[168] gebildet:

$$H_2CO_3 = H_2CO + O_2,$$

beim zweiten wird der Aldehyd zu Zucker kondensiert:

$$6\ H_2CO = C_6H_{12}O_6.$$

Es muß also für jedes verschwindende Volum Kohlensäure das gleiche Volum Sauerstoff auftreten. In der Tat haben eudiometrische Bestimmungen gezeigt, daß das zutrifft (WILLSTÄTTER). Der auftretende Sauerstoff kann aber, auch wenn er nur qualitativ nachgewiesen wird, als Indikator der Kohlensäurezerlegung dienen. So kann man z. B. eine in sauerstoffreiem Raum befindliche Pflanze bei Gegenwart von Phosphor dem Licht exponieren; die dann auftretenden Phosphordämpfe beweisen die Bildung von Sauerstoff. Oder man kann aus der Bewegung gewisser Bakterien, die zuvor unbeweglich im Wasser lagen, auf die Sauerstoffproduktion einer grünen Pflanze schließen (S. 290). Am anschaulichsten aber ist der Assimilationsnachweis mit Hilfe gewisser Wasserpflanzen, wie Helodea oder Potamogeton. Werden abgeschnittene, unter Wasser befindliche Sprosse oder Blätter dieser Pflanzen dem Licht exponiert, so sieht man alsbald einen lebhaften, kontinuierlichen Strom von Blasen der Schnittfläche enteilen. Fängt man das Gas in einem Reagenzglas (Fig. 244) in größerer Menge auf, so zeigt sich, daß es zwar keineswegs aus reinem Sauerstoff, aber doch immerhin aus einem sauerstoffreichen Gemisch besteht; ein glimmender Holzspahn beginnt in ihm zu brennen.

Das Auftreten von Sauerstoffblasen erklärt sich in folgender Weise. Die im Wasser gelöste Kohlensäure gelangt durch Diffusion in die grünen Zellen der Pflanze und wird da zerlegt. Der auftretende Sauerstoff ist viel weniger löslich als die Kohlensäure, und deshalb wird er in Gasform abgeschieden. Er tritt in die Interzellularräume, bewirkt hier eine Vermehrung des Druckes, und diese wird die Ursache des Austretens von Gasblasen an jeder Schnittstelle.

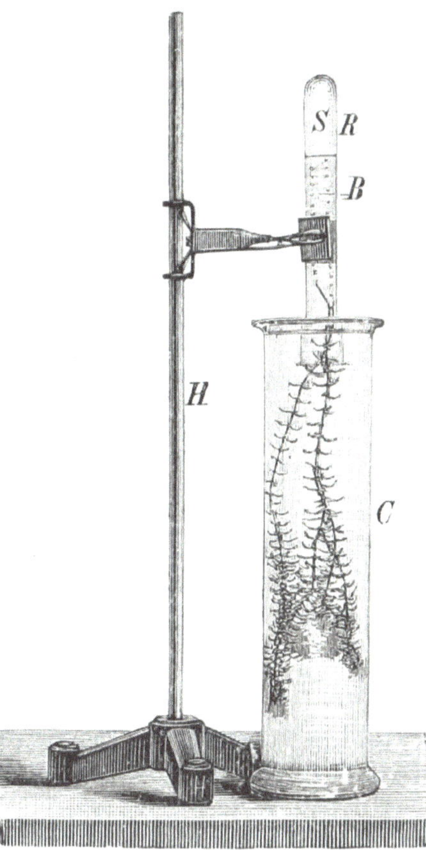

Fig. 244. Ausscheidung von Sauerstoff durch assimilierende Pflanzenteile. In dem Glaszylinder *C* befindet sich in Wasser eine frisch abgeschnittene Wasserpflanze (Helodea canadensis). Die Schnittflächen sind in ein ebenfalls mit Wasser gefülltes Probierröhrchen *R* eingeführt. Die ausgeschiedenen Sauerstoffbläschen *B* steigen darin auf und sammeln sich oben bei *S*. Nach NOLL.

Die Grundlagen unserer Kenntnisse über die CO_2-Assimilation der grünen Pflanze wurden durch die Forschungen von PRIESTLEY, INGENHOUSZ, SENEBIER und Th. de SAUSSURE am Ende des 18. und am Anfang des 19. Jahrhunderts gewonnen. Diese Entdeckung ist außerordentlich bedeutsam, weil die Bildung organischer Substanz aus Kohlensäure durch die grüne Pflanze der Prozeß ist, der allen anderen Organismen, vor allem also auch den Tieren, das Leben auf der Erde ermöglicht (vgl. S. 220).

Mit Hilfe der Gasblasenmethode läßt sich leicht der Beweis für die oben aufgestellte Behauptung erbringen, daß nur chlorophyllführende Pflanzenteile, und diese nur im Licht imstande sind, CO_2 zu assimilieren. So sieht man z. B. den Blasenstrom einer Helodea, der am hellbeleuchteten Fenster lebhaft war, in dem Maße, als man die Pflanze in die Tiefe eines Zimmers bringt, langsamer werden und schließlich bei einer Lichtintensität erlöschen, die unserem Auge noch gut das Lesen erlaubt. Innerhalb gewisser Grenzen läuft die Assimilation der Lichtintensität proportional. Entsprechende Versuche kann man auch mit künstlichen Lichtquellen ausführen; sie zeigen, daß alle gebräuchlichen Beleuchtungsarten bei der CO_2-Assimilation verwendbar sind. Die Strahlen verschiedener Wellenlänge haben aber nicht alle die gleiche Bedeutung für die CO_2-Assimilation[169].

Um die Assimilation im Licht verschiedener Wellenlängen zu untersuchen, bedient man sich entweder spektral zerlegten oder durch Absorption monochromatisch gemachten Lichtes. Zur Absorption können die von Schott u. Gen. hergestellten Rot- und Blaugläser verwendet werden, oder man benutzt doppelwandige Küvetten, deren Wandraum mit passenden Lösungen gefüllt ist.

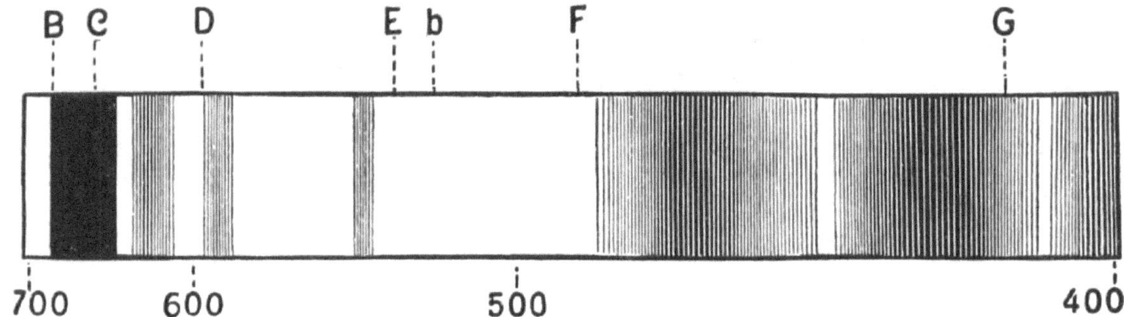

Fig. 245. Absorptionsspektrum des Chlorophylls nach GR. KRAUS. Oben sind die FRAUNHOFERschen Linien *B*, *C* usw. angegeben, unten die Wellenlänge 700–400 $\mu\mu$. An den dunkeln bzw. schraffierten Stellen ist das Licht ausgelöscht bzw. geschwächt.

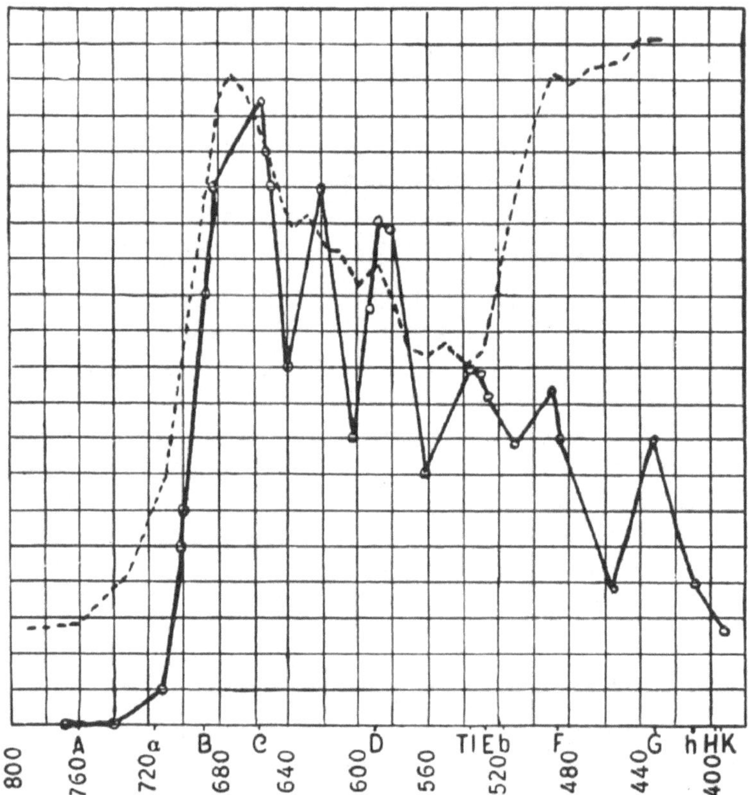

Fig. 246. Die ausgezogene Linie zeigt die Abhängigkeit der Stärkebildung von der Wellenlänge des Lichtes, wenn die auffallende Lichtenergie für alle Strahlen gleich ist. Die punktierte Linie stellt die vom grünen Farbstoff lebender Blätter absorbierte Strahlung dar, wobei die eintretende Strahlung = 100 gesetzt wird. Auf der Abszisse sind die Wellenlängen des Lichtes in $\mu\mu$ und einige FRAUNHOFERsche Linien angegeben (Gitterspektrum). Nach URSPRUNG.

Im großen und ganzen ist die assimilatorische Wirksamkeit auf die sichtbaren Strahlen von rund 0,4–0,8 μ beschränkt, doch ist sicher nachgewiesen, daß auch ultrarote und ultraviolette verwertet werden können. Wie sich die einzelnen Wellenlängen verhalten, ist sehr viel untersucht, aber bis heute doch nicht ganz sicher entschieden. Zweifellos hat das Licht von 0,68 μ, das maximal absorbiert wird, auch eine besonders starke assimilatorische Wirkung. Nach ENGELMANN soll allgemein eine weitgehende Übereinstimmung zwischen Lichtabsorption im Chlorophyll und Assimilation bestehen. URSPRUNG hat Bohnenblätter in jeweils zwei Ausschnitten eines Spektrums assimilieren lassen, die auf gleiche Lichtenergie abgestimmt waren, und hat so die Stärkebildung in allen Wellenlängen untersucht. Seine Resultate sind in der Fig. 246 dargestellt; es zeigt sich der erwartete Parallelismus, der freilich in Blau und Violett aufhört, weil da durch Verschluß der Spaltöffnungen die Zufuhr an CO_2 zu gering wurde. KNIEP und MINDER haben die Assimilation in verschiedenfarbigem Licht mit der Gasblasenmethode untersucht: sie fanden, daß blaues Licht ebenso wirksam ist wie rotes, wenn es gleiche Energie liefert.

Auch gewisse als Purpurbakterien bezeichnete Organismen, die zwar kein Chlorophyll, wohl aber andere eigenartige Farbstoffe führen, zerlegen CO_2; anscheinend nützen sie dabei gerade die Strahlen am meisten aus, die das Chlorophyll am wenigsten absorbiert und verwertet[170].

Wenn das Sonnenlicht in der Natur ein unentbehrlicher Faktor bei der CO_2-Assimilation ist, dann wird es erst voll verständlich, warum die Laubblätter, deren wesentlichste Funktion in der CO_2-Assimilation besteht, flächenförmig ausgestaltet sind. Ihre große Oberfläche gestattet ihnen, viel Licht zu absorbieren. Und nicht nur eine große Fläche, sondern auch eine geringe Dicke müssen die Laubblätter haben, wenn sie ihrer Funktion gut nachkommen sollen. In der Tat zeigte sich in Versuchen WILLSTÄTTERs, daß Sonnenlicht, das durch zwei Laubblätter hindurchgegangen ist, keine assimilatorische Wirkung mehr auszuüben vermag. Die Blätter müssen aber außerdem viel Chlorophyll enthalten. Daß das zutrifft, zeigt schon die dunkelgrüne Farbe der Blätter. Ein Blick ins Mikroskop bestätigt es. Die Stengel haben viel weniger Chloroplasten als die Blätter; die Wurzeln und andere unterirdische Organe haben keine.

Jeder Versuch zeigt nun, daß chlorophyllfreien Organen das Vermögen der CO_2-Assimilation gänzlich abgeht. Das gilt nicht nur für die äußerlich sichtbaren groben Organe der Pflanze, sondern auch für die feinsten Teile der Zelle. Der Zellkern, das farblose Protoplasma geben im Sonnenlicht keinen Sauerstoff ab — das kann man mit Hilfe von Bakterien (S. 213) leicht nachweisen. Nur die Chloroplasten, und diese nur wenn sie „Chlorophyll" führen, sind die tätigen Organe der CO_2-Assimilation; etiolierte, panaschierte und chlorotische Chloroplasten sind nicht funktionsfähig.

Bei rotblätterigen Abarten grüner Pflanzen (Rotbuche, Rotkohl) ist das Chlorophyll ganz wie in den grünen Stammformen entwickelt und nur durch einen roten Farbstoff in der Epidermis oder in tieferliegenden Zellen verdeckt. Über die Farbstoffe der Rotalgen, Braunalgen und Diatomeen vgl. S. 15.

Nur ein verhältnismäßig geringer Teil, wenige Prozente, des einfallenden und absorbierten Lichtes wird übrigens bei der CO_2-Assimilation verwendet[171]. Daß aber Licht als solches bei der CO_2-Assimilation verschwinden muß, ist klar; denn woher anders sollte der Energiegehalt der organischen Substanz, die im Assimilationsprozeß erzeugt wird, stammen, als aus der Lichtenergie. Tatsächlich dient diese in der organischen Substanz enthaltene Energie der Pflanze zur Unterhaltung ihres Lebensgetriebes, und auch die durch unsere Dampfmaschinen erzeugten Kräfte sind auf die Assimilationsarbeit jener Pflanzen zurückzuführen, deren Holz oder deren verkohlte Reste (Kohle, Braunkohle, Torf) unter dem Maschinenkessel verbrennen. Denn beim Verbrennen dieser reduzierten Kohlenstoffverbindungen zu Kohlensäure wird nur die Energie wieder frei, die zuvor bei der Überführung der Kohlensäure in diese Brennstoffe gebunden wurde. Demnach handelt es sich bei der Bildung organischer Substanz nicht nur um den Gewinn von unentbehrlichen Baustoffen, sondern auch von Energie in einer Form, die eine leichte spätere Verwendung auch an anderen Orten ermöglicht (S. 237).

Da bei der CO_2-Assimilation ein Energieaufwand nötig ist, so wird die S. 212 aufgeführte Formel vollständiger so geschrieben:

$$6\ CO_2 + 6\ H_2O + 684000\ cal = C_6H_{12}O_6 + 6\ O_2.$$

Nach den Untersuchungen von BROWN und PURIEWITSCH kann man annehmen, daß ein Blatt in der Natur etwa 80% des auffallenden Sonnenlichtes absorbiert; davon wird weitaus der größte Teil zur Erwärmung verwendet, denn nur etwa 0,5–6% dienen der Assimilation. Unter besonderen Versuchsbedingungen, bei schwachem, gelbem Licht, das voll absorbiert wurde, konnte WARBURG eine Ausnützung bis zu 70% für assimilatorische Zwecke feststellen[172].

Wie jede Lebensfunktion ist auch die Assimilationstätigkeit eines Chloroplasten von einer ganzen Menge von inneren und äußeren Faktoren abhängig. Zu den inneren gehört das Vorhandensein des Chlorophyllfarbstoffes und seine Einlagerung in einen lebendigen Chloroplasten; der Farbstoff als solcher, aus der Pflanze herausgelöst, vermag so wenig die Kohlensäure zu zerlegen wie ein Chloroplast, der den grünen Farbstoff aus irgendwelchen Gründen nicht entwickelt hat (im Dunkeln gebildeter, in eisenfreier Nährlösung entstandener Chloroplast, Leukoplasten der unterirdischen Teile oder der Epidermis), oder ihn verloren hat (Chromoplast). Da aber die Assimilation keineswegs immer dem Chlorophyllgehalt proportional erfolgt, muß man mit WILLSTÄTTER[173] annehmen, daß neben dem Chlorophyllfarbstoff noch ein anderer Faktor wesentlich ist, mag das nun das Protoplasma der Chloroplasten oder ein in ihm enthaltenes Enzym (S. 229) sein.

Von äußeren Faktoren ist vor allem das schon besprochene Sonnenlicht zu nennen. Nächst ihm dann die Gegenwart von Kohlensäure. Da diese nur in geringer Menge in der Luft vorhanden ist und durch andere Verbindungen nicht ersetzt werden kann (auch nicht durch Kohlenoxyd), so müßte das Leben der Pflanze und damit die Existenz aller Organismen schließlich aufhören, wenn nicht fortwährend neue Kohlensäure auf der Erde entstände. Man schätzt die Menge des Kohlensäurevorrates in der Luft auf 2100 Billionen kg, die Menge der Kohlensäure, die jährlich von den grünen Pflanzen des Festlandes konsumiert wird, auf 50–80 Billionen kg; demnach würden die Pflanzen in einigen 30 Jahren diesen Vorrat erschöpfen[174].

Die Luft erhält andauernd große Kohlensäuremengen durch die Atmung von Organismen, durch Verbrennung von Holz und Kohle und durch vulkanische Tätigkeit. Ein erwachsener Mensch atmet täglich etwa 900 g Kohlensäure (245 g C) aus, die ganze Menschheit, zu 1400 Millionen gerechnet, also allein schon etwa 1200 Millionen Kilo CO_2 (340 Millionen Kilo C). Weitere große Massen von CO_2 liefern die übrigen Tiere, dann aber auch die Pflanzen, insbesondere Pilze und Bakterien (vor allem die Bodenbakterien). Die aus sämtlichen Schornsteinen der Erde entweichende Kohlensäure liefert enorme Werte, da allein in Deutschland im Jahre 1911 neben 73 Millionen Tonnen Braunkohlen 161 Millionen Tonnen Steinkohlen gefördert wurden; letztere würden schon etwa 400000 Millionen Kilogramm Kohlensäure ergeben, also etwa 1⁄5000 der Gesamtmenge der in der Atmosphäre enthaltenen CO_2.

Die Festlegung der Kohlensäure durch die grüne Pflanze und die Neuentstehung durch die angeführten Prozesse scheint annähernd zu einem Gleichgewicht zu führen. Man findet fast stets etwa 3 Liter CO_2 in 10000 Liter Luft; im Winter ist bei uns die Menge etwas größer (3,0–3,6 Liter) als im Sommer (2,7–2,9 Liter). (Die Luft des Bodens ist wegen der Tätigkeit der Bakterien CO_2-reicher.) Diese 3 Liter CO_2 wiegen etwa 7 g; davon sind aber 8⁄11 Sauerstoff und nur 3⁄11 Kohlenstoff. In den 10000 Liter Luft sind demnach nur 2 g Kohlenstoff enthalten. In einem Baume von 100 Zentnern Trockengewicht sind etwa 50 Zentner oder 2500 Kilo Kohlenstoff angesammelt. Um diesen zu erlangen, muß der Baum also etwa 1250000 × 10000 Liter = etwa 12 Millionen Kubikmeter Luft von ihrer Kohlensäure befreit haben. Bei der Berücksichtigung solcher Zahlen findet man es begreiflich, daß die Entdeckung INGENHOUSS' ungläubig aufgenommen, später ganz zurückgewiesen und vergessen wurde. Erst LIEBIG brachte sie in Deutschland wieder zur Geltung, und heute steht sie über allen Zweifel erhaben da. Die angeführten Zahlen haben aber nichts Ungeheuerliches, wenn man bedenkt, daß trotz des geringen Prozentgehaltes der Atmosphäre an Kohlensäure sich der tatsächlich vorhandene Vorrat auf etwa 2100 Billionen Kilo berechnet, in denen 560 Billionen kg Kohlenstoff enthalten sind. Den Pflanzen steht aber der ganze Vorrat des Luftmeeres zur Verfügung, da sich die Kohlensäure durch Diffusion und Luftströmungen immer wieder gleichmäßig ausbreitet.

Nach SCHRÖDER soll in den Landpflanzen der Erde der Kohlenstoff von 1100 Billionen Kilogramm CO_2 festgelegt sein, also etwa die Hälfte des in der Luft enthaltenen; fast 90% davon kommt auf das Holz der Bäume. Die Tierwelt scheint ganz außerordentlich viel weniger Kohlenstoff zu enthalten, etwa 1% des in den Pflanzen angesammelten.

Submerse Wasserpflanzen nehmen die im Wasser gelöste Kohlensäure auf. Hier schwankt ihre Menge in sehr beträchtlicher Weise je nach der Temperatur. Bei 15° C enthält der Liter Wasser ungefähr ebensoviel CO_2 als ein Liter atmosphärischer Luft. Neben der Kohlensäure spielen aber auch die gelösten Bikarbonate, die in Karbonat und CO_2 dissoziieren, eine wichtige Rolle für den Kohlenstoffgewinn der Wasserflora. Eine künstliche Bereicherung des Wassers durch Einleiten von Kohlensäure vermehrt bis zu einem gewissen Grade die Assimilation.

Die geringe Menge der in der Luft enthaltenen Kohlensäure macht eine große aufnehmende Fläche notwendig. Somit sind auch aus diesem Grunde, nicht nur wegen der Lichtabsorption, die Laubblätter flächenförmig gestaltet. Eine Vermehrung des CO_2-Gehaltes der Luft hat, wenn sie nicht zu weit geht, eine vermehrte Assimilation zur Folge. Demnach kann durch künstliche Anreicherung der Luft mit CO_2 eine ganz erhebliche Steigerung der landwirtschaftlichen Produktion erzielt werden. Es unterliegt keinem Zweifel mehr, daß die günstigere Wirkung der Stallmistdüngung gegenüber der Zufuhr von mineralischem Dünger u. a. auch durch die fortgesetzte starke CO_2-Produktion von Bakterien[175] bedingt ist, die im Boden die nötigen organischen Nährstoffe finden und die ihre Atmungskohlensäure aus dem Boden in die Luft übertreten lassen.

Wie alle Lebensprozesse ist auch die CO_2-Assimilation von der Temperatur abhängig. Sie beginnt bei Temperaturen hart unter Null, erreicht ihren größten Wert bei etwa 37° C und hört bei etwa 45° C wieder auf.

Diese Kardinalpunkte haben nicht nur bei verschiedenen Pflanzen eine differente Lage, sondern sie bleiben auch bei einer bestimmten Pflanze nicht konstant. Insbesondere gilt das für das Optimum, da dieses im Laufe einiger Stunden von 37° auf 30° sinken kann. — Bei hellem, warmem Wetter erreicht die Assimilation ihren vollen möglichen Wert nicht, weil dann der Zufluß von Kohlensäure nicht genügend ist.

Andere weniger wichtige Faktoren sollen nicht im einzelnen aufgeführt werden; erwähnt sei nur, daß zahlreiche Substanzen eine temporäre oder schließlich auch dauernde Beschränkung oder Vernichtung der Assimilationsfähigkeit bewirken können.

Bis vor kurzem nahm man mit BLACKMAN an, daß bei gleichzeitiger Einwirkung der zahlreichen Faktoren, die für die CO_2-Assimilation wichtig sind, immer einer, nämlich der im geringsten Ausmaß vorhandene, die Größe der Assimilation bestimme (Gesetz des Minimums). Neuere Untersuchungen[176] haben aber gezeigt, daß unter Umständen ebensowohl durch Steigerung der Beleuchtungsstärke wie durch Zunahme der Kohlensäure eine Vermehrung der Assimilation eintreten kann. — Entsprechende Resultate sind übrigens auch bei den Nährsalzen gefunden worden, wo früher nach LIEBIG das Minimumgesetz zu gelten schien.

Produkte der Assimilation der Kohlensäure. Wir nahmen oben an, es werde Zucker aus der Kohlensäure gebildet. In der Tat zeigt die Analyse eine Zunahme des Zuckergehaltes der Laubblätter bei Besonnung. Nicht immer und nicht ausschließlich wird freilich Traubenzucker nachweisbar sein, meist treten andere, kompliziertere Kohlehydrate auf. Diese lassen sich alle auf Hexosen wie Traubenzucker zurückführen, schließlich entsteht durch Zusammentreten mehrerer Hexosenmoleküle bei gleichzeitigem Wasseraustritt Stärke [$(C_{12}H_{20}O_{10})_n$]. Stärke findet sich in Chloroplasten beleuchteter Laubblätter sehr häufig, doch keineswegs allgemein. — Hält man die Blätter einige Zeit im Dunkeln, so verschwindet die Stärke. Bringt man umgekehrt entstärkte Pflanzenteile ans Sonnenlicht, so bilden sich in ihren Chloroplasten oft in überraschend kurzer Zeit (5 Minuten) neue Stärkekörnchen, die dann bald an Größe zunehmen und schließlich die Substanz des Chloroplasten an Masse übertreffen. Da nun die Stärke mit Jodlösung sich blau färbt, kann man das Eintreten der Assimilation leicht makroskopisch demonstrieren (SACHSsche Methode).

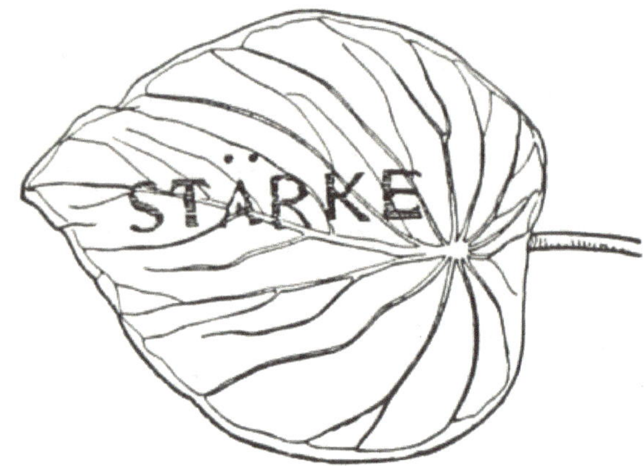

Fig. 247. Assimilationsversuch mit dem Blatt der Aracee Ariopsis peltata. Verkleinert.

Blätter, die sich am Licht befanden, werden zunächst durch Alkohol ihrer grünen Farbe beraubt; sie bläuen sich dann nach Jodzusatz. Bei größerem Gehalt an Stärke tritt tiefe Blaufärbung ein, bei noch größerem endlich Schwarzfärbung. Die entstehende Farbennuance erlaubt also zugleich eine gewisse Schätzung der Quantität der Stärke. Um auch kleinere Mengen Stärke sichtbar zu machen, empfiehlt es sich, die entfärbten Blätter vor der Anwendung der Jodlösung in Kalilauge oder in Chloralhydratlösung zu legen, um die Stärkekörnchen durch Aufquellen zu vergrößern. — Mit dieser Methode des Assimilationsnachweises kann man auch sehr schön zeigen, daß nur an beleuchteten Stellen Stärke auftritt. Wird dem Blatt eine Schablone aus undurchsichtigem Material aufgelegt, die etwa das Wort „Stärke“ als Ausschnitt besitzt, so ergibt sich nach Beleuchtung und Behandlung mit Jod das Bild der Fig. 247: das Wort Stärke erscheint blau auf hellem Grunde. Statt einer Schablone kann man auch, wie MOLISCH gezeigt hat, ein geeignetes photographisches Negativ dem Blatt auflegen; nach Belichtung und Behandlung mit Jod erhält man dann eine positive Photographie (Fig. 248). Mit der gleichen Methode läßt sich auch unschwer der Nachweis erbringen, daß panaschierte Blattteile nicht assimilieren.

Bei manchen Pflanzen, z. B. vielen Monokotylen, kommt es in den Chloroplasten überhaupt nicht zur Bildung von Stärke, und das Assimilationsprodukt tritt gelöst in den Zellsaft über. Sorgt man aber für eine starke Anhäufung des Assimilationsproduktes, so findet auch hier Stärkebildung statt; in anderen Zellen dieser Monokotylen, in den Spaltöffnungsschließzellen und den Zellen der Wurzelhaube wird stets Stärke gebildet. Übrigens wird bei den anderen Pflanzen stets nur ein Bruchteil, bei Helianthus z. B. 1⁄6 der Assimilationsprodukte in Stärke umgewandelt, der Rest bleibt als Zucker erhalten oder wird sonst irgendwie verwertet. Man sieht daraus, daß man die Menge der gebildeten Stärke nicht ohne weiteres als Maß der Assimilation betrachten darf.

Daß die Stärkebildung nicht mit der Kohlensäureassimilation direkt zusammenhängt, sondern nur die Folge einer gewissen Anhäufung von Zucker in der Zelle ist, ergibt sich auch daraus, daß man Stärkebildung im Finstern erzielen kann, wenn man Blätter auf Zuckerlösungen von geeigneter Konzentration schwimmen läßt. Statt Zucker kann man mit gleichem Erfolg auch andere organische Stoffe verwenden, auch solche, die den Kohlehydraten ferner stehen, wie z. B. Glyzerin.

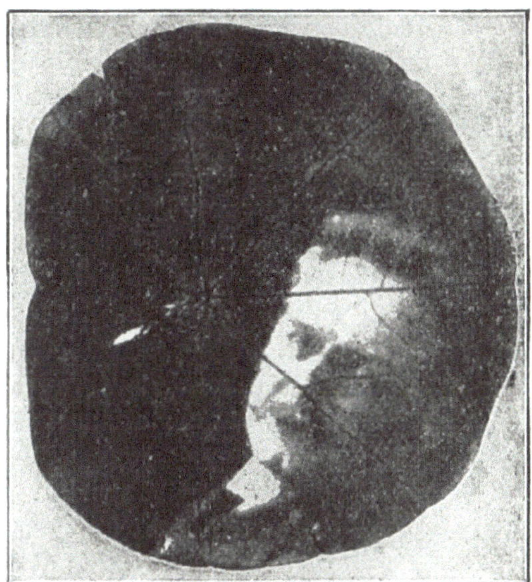

Fig. 248. Ein stärkefreies Blatt von Tropaeolum wurde mit einem Negativ-Porträt bedeckt der Sonne exponiert. Nach Assimilation ruft Jodlösung ein positives Bild hervor. Nach MOLISCH.

Bei manchen Algen kommen nicht Zucker und Stärke, sondern andere Assimilationsprodukte vor, z. B. Florideenstärke.

Was für Stoffe die sog. „Fettröpfchen" sind, die vielfach in assimilierenden Zellen auftreten, und was für eine Beziehung zum Assimilationsprozeß sie haben, ist noch nicht aufgeklärt.

Die Quantität der Assimilate hängt einerseits von der Pflanzenspezies ab, die wir untersuchen, andererseits von den äußeren Umständen, unter denen die Pflanze weilt. Es hat sich gezeigt, daß unter möglichst günstigen Verhältnissen der Quadratmeter Blattfläche pro Stunde 0,5–1 g Trockensubstanz produzieren kann. — Wenn man bedenkt, wie viele Quadratmeter Blattfläche auf der Erde Tag für Tag assimilatorisch tätig sind, so bekommt man einen Begriff von der ungeheuren Produktion von organischer Substanz in dieser größten aller chemischen Fabriken. SCHRÖDER schätzt die organische Substanz, die durch die Landpflanzen jährlich gebildet wird, im Mittel zu 35 Billionen kg. Allein die deutsche Ernte enthielt im Jahre 1912 rund 9 Milliarden Kilo an Assimilaten im Getreide (Roggen, Weizen, Spelt und Gerste).

Es gibt zwei Methoden[177] zur Bestimmung der Assimilationsmenge. Die eine rührt von SACHS her. Nach seinem Vorgang verfährt man in folgender Weise: Am Morgen werden Teile von Blättern, gewöhnlich Hälften, sorgfältig ihrer Fläche nach ausgemessen, dann getrocknet und gewogen. Am Abend werden gleichgroße Flächen (die restierenden Hälften), die den Tag über dem Licht exponiert waren, ebenfalls getrocknet und gewogen. Die Gewichtszunahme bedeutet den Gewinn der Pflanze an C-Assimilaten (SACHSsche Blatthälftenmethode). — Eine ganz andere Methode zur quantitativen Bestimmung der CO_2-Assimilation rührt von KREUSLER her und ist auch von GILTAY und BROWN benutzt worden. Man bringt ein an der Pflanze befindliches Blatt in einen abgeschlossenen Raum, der von einem konstanten Luftstrom durchflossen wird, und bestimmt nun die Menge Kohlensäure, die von dem Blatt der durchströmenden Luft entrissen wird. Die Menge von Zucker oder Stärke, die aus einer gegebenen Menge von Kohlensäure gebildet werden kann, läßt sich ja leicht berechnen.

2. Kohlenstoffgewinn einiger Bakterien[178].

Gewisse Bakterien, von denen auch später (S. 238) die Rede sein wird, zeichnen sich dadurch aus, daß sie bei Gegenwart von Karbonaten im Dunkeln und ohne Chlorophyll in rein anorganischer Nährlösung ihre

Substanz vermehren; so die Nitrit- und Nitratbakterien, die Wasserstoff-, Eisen- und gewisse Schwefelbakterien sowie die Methanbakterien. Manche von ihnen sind durchaus auf den Kohlenstoffgewinn aus CO_2 angewiesen, während andere, vor allem die Wasserstoffbakterien, daneben unter Umständen auch organisch gebundenen Kohlenstoff zu nutzen verstehen.

Über die Produkte der Kohlenstoffassimilation dieser Bakterien wissen wir noch gar nichts. Auch ist der Gewinn an organisch gebundenem Kohlenstoff gering. Es verdankt also jedenfalls nur ein ganz minimaler Bruchteil organischer C-Verbindungen, die momentan auf der Erde vorhanden sind, ihre Entstehung diesen Bakterien. Die Kohlensäureassimilation bei ihnen bleibt darum nicht minder interessant, zumal sie in wesentlich anderer Weise erfolgt als bei der grünen Pflanze. Vor allem findet sie ohne Gegenwart von Licht statt. Demnach muß hier eine andere Energiequelle beim Aufbau der organischen Substanz tätig sein als bei der grünen Pflanze; es ist die Energie, die durch Oxydation des Ammoniaks, des Nitrits, des Eisenoxyduls, des Schwefelwasserstoffes, Methans oder Wasserstoffes gewonnen wird. Man kann die Bildung der organischen Substanz bei der grünen Pflanze eine Photosynthese, bei den angeführten Bakterien eine Chemosynthese nennen.

3. Kohlenstoffgewinn der Heterotrophen.

Den Gewinn des Kohlenstoffes aus der Kohlensäure betrachtet man als typische Kohlenstoffassimilation der Pflanze, doch ist dieser Modus keineswegs der einzige im Pflanzenreich. Da er — von den eben besprochenen Bakterien sehen wir jetzt ab — an die Gegenwart von Chlorophyll und von Sonnenlicht gebunden ist, kann er bei den unterirdischen Pflanzenteilen, bei allen nichtgrünen Pflanzen und bei sämtlichen Tieren nicht in Betracht kommen. In der Tat sind diese auf organische Kohlenstoffverbindungen angewiesen, die direkt oder indirekt der Assimilationstätigkeit grüner Pflanzenteile entstammen. Man nennt alle Organismen, die in ihrer Ernährung von der Tätigkeit der grünen Pflanzen abhängig sind, heterotroph; die grünen Pflanzen und die soeben besprochenen Bakterien werden als autotroph bezeichnet. Doch auch die Autotrophen hängen von anderen Organismen ab. Es wird noch zu zeigen sein, daß das Leben auf der Erde nur dadurch sich kontinuierlich erhält, daß jede einseitige Veränderung der Stoffe, die sich unter dem Einfluß bestimmter Organismen ergibt, durch die Tätigkeit anderer Organismen wieder kompensiert wird. — Schon durch ihre Lebensweise, vor allem durch ihren Wohnort, weisen die heterotrophen Organismen darauf hin, daß sie andere Ansprüche auf Nährstoffe machen als autotrophe. Sie finden sich entweder als Parasiten auf oder in lebenden Pflanzen und Tieren, oder sie leben als Saprophyten von toten Organismen oder Derivaten derselben.

Die Ansprüche, die von heterotrophen Pflanzen an die Kohlenstoffquelle gemacht werden, lassen sich am besten bei saprophytischen Bakterien und Pilzen studieren. Man kann diese Organismen auf verschieden zusammengesetzten Substraten kultivieren und aus ihrem Gedeihen Rückschlüsse auf den Nährwert der dargebotenen Verbindungen ziehen. Die zur Kultur dienenden Nährlösungen müssen neben den unentbehrlichen Aschensubstanzen und einer Stickstoffquelle (etwa einem Ammoniumsalz) im allgemeinen Zucker als C-Quelle enthalten; sie sollen für Schimmelpilze schwach sauer, für Bakterien meistens schwach alkalisch oder neutral reagieren und werden oft durch Zusatz von Gelatine oder Agar-Agar in den festen Aggregatzustand übergeführt. In der Regel kann der Zucker durch zahlreiche andere organische Substanzen mehr oder minder gut ersetzt werden, z. B. durch andere Kohlehydrate, durch Fette, Eiweiß und Eiweißabbauprodukte, durch organische Säuren usw. usw. Während man nun für einen einzelnen Organismus diese C-Quellen nach ihrem Nährwert in eine bestimmte Reihenfolge bringen kann, ist das generell ganz unmöglich, denn es gibt nicht wenige Saprophyten, die sich ganz besonderen Bedingungen angepaßt haben, und die gerade solche C-Quellen mit Vorliebe verzehren, die bei der Mehrzahl der anderen kaum einen Nährwert besitzen (z. B. Ameisensäure, Kohlenwasserstoffe, Oxalsäure).

Aber selbst solche Saprophyten, die mit recht verschiedenen Kohlenstoffverbindungen auskommen (Omnivore), haben doch ein sehr feines Unterscheidungsvermögen für diese. So wird von dem Schimmelpilz Penicillium aus gewöhnlicher Weinsäure zunächst überwiegend die Rechtsweinsäure, von einer Bakterienart dagegen zuerst die Linksweinsäure verarbeitet. In einem Gemisch von Glykose und Glyzerin wird erstere von

Aspergillus bevorzugt. Das Glyzerin wird also durch den Zucker vor dem Verbrauch geschützt (Elektion der Nährstoffe), während es, allein dargeboten, völlig aufgebraucht wird.

Sehr bemerkenswert ist die Fähigkeit mancher Pilze, auch solche organische Verbindungen auszunutzen, die wie Stärke, Zellulose usw. in Wasser unlöslich sind und demnach erst nach zuvoriger Verwandlung und Lösung aufnahmefähig werden. Diese Pilze und Bakterien scheiden Stoffe besonderer Art (Enzyme; vgl. S. 229) aus, die imstande sind, die betreffenden Stoffe zu spalten und damit löslich zu machen.

Die Saprophyten sind nach dem Gesagten durch die Art ihrer Assimilationstätigkeit charakterisiert: sie können den ersten Schritt der Assimilation des Kohlenstoffes, den die grüne Pflanze mit Hilfe des Lichtes vollzieht, nicht ausführen. Dagegen besteht aller Wahrscheinlichkeit nach im weiteren Verlauf der Assimilation, in dem Aufbau komplizierter Verbindungen, die den Körper zusammensetzen, aus der gebotenen einfachen organischen Verbindung kein Unterschied gegenüber den Autotrophen.

Über heterotrophe Blütenpflanzen vgl. auch S. 226.

Den Saprophyten stehen dann Parasiten gegenüber, die wir in reicher Auswahl bei Pilzen und Bakterien finden; doch fehlen sie auch unter den Algen, Cyanophyceen und den höheren Pflanzen nicht ganz.

Daß nun diese Parasiten oder wenigstens viele von ihnen Nährstoffe aus dem Wirte aufnehmen, sieht man dem letzteren oft direkt an; er kann durch den Parasiten schwer geschädigt, ja sogar schließlich getötet werden. Welche Stoffe aber im einzelnen es sind, die der Parasit aufnimmt und zu seinem Gedeihen bedarf, ist schwer zu sagen. Da vielfach nur Organismen einer bestimmten Verwandtschaft (Familie, Gattung, Art, Kleinart) von einer Parasitenspezies befallen werden, muß man annehmen, daß diese bezüglich Qualität und Quantität ihrer Nahrung ganz spezifische Anforderungen macht. Eine solche Vermutung wird noch dadurch unterstützt, daß man die Mehrzahl der Parasiten nicht unabhängig von ihrem Wirt kultivieren kann.

A. Assimilation des Stickstoffes.

Wenn die grüne Pflanze den Kohlenstoff als Kohlensäure aus der Luft bezieht, wo dieses Gas in relativ sehr geringer Menge vorhanden ist, so könnte man glauben, daß der Riesenvorrat von Stickstoff in der Atmosphäre die erste und die beste Quelle für den Bezug dieses Baustoffes sei. Jede Wasserkultur lehrt indes auf das eindringlichste, daß der Luftstickstoff von der typischen grünen Pflanze nicht ausgenützt werden kann. Läßt man den gebundenen Stickstoff aus der Nährlösung weg, so ist es mit dem Gedeihen der Pflanze vorbei.

In der KNOPschen Nährlösung war der Stickstoff als salpetersaures Salz geboten, und diese Form gilt auch heute noch als die beste für die höhere Pflanze. Immerhin muß zugegeben werden, daß auch gewisse Ammoniumverbindungen, z. B. schwefelsaures oder salzsaures Ammonium, den Nitraten gleichwertig sind, da sie nicht wie z. B. kohlensaures Ammonium durch alkalische Reaktion die Pflanze schädigen. Auch organische Stickstoffverbindungen können als Nährstoffe dienen, so z. B. Aminosäuren, Säureamide, Amine usw., doch ist wohl mit keiner von ihnen ein so guter Erfolg zu erzielen wie mit Salpetersäure. Auch salpetrigsaure Salze können eine brauchbare Stickstoffnahrung abgeben, wenn sie nicht durch zu hohe Konzentration schädigen.

Über die Assimilation der Salpetersäure und des Ammoniaks sind wir nicht annähernd so gut orientiert wie über die der Kohlensäure. Wir kennen den Ort der Assimilation nicht genau, wir wissen über die mitwirkenden äußeren Umstände nicht so gut Bescheid, und wir sind endlich über die auftretenden Produkte nicht ganz im klaren. In letzter Linie handelt es sich vor allem um Bildung von Eiweiß, also um eine sehr viel kompliziertere Substanz als die Kohlehydrate sind, eine Substanz, die neben C, H und O stets ca. 15 bis 19% N und außerdem auch noch S, eventuell auch P enthält. Einen Einblick in den Bau des Eiweißmoleküls haben uns vor allem die methodischen Studien über den Eiweißabbau gegeben. Sie zeigten, daß im Eiweiß eine große Anzahl von Aminosäuren durch Wasserabgabe miteinander verkettet sind. So wie nun EMIL FISCHER künstlich durch Zusammenschweißen von Aminosäuren und darauffolgende Kondensation eiweißähnliche Körper (Polypeptide) hergestellt hat, so wird es aller Wahrscheinlichkeit nach auch in der Pflanze sich darum handeln, daß zunächst solche Aminosäuren gebildet und dann gekoppelt werden. Betrachtet man nun die einfachste Aminosäure, das Glykokoll $NH_2CH_2 \cdot CO_2H$, das freilich in der Pflanze nicht sehr verbreitet ist, so zeigt sich, daß diese sich von der Essigsäure ableiten läßt, wenn man ein am Kohlenstoff hängendes H-Atom durch eine NH_2-Gruppe ersetzt. Es muß also die aufgenommene HNO_3 reduziert werden, wenn ihr Stickstoff zum Aufbau von Eiweiß verwendet werden soll. Diese Reduktion ist unabhängig von Sonnenlicht und Chlorophyll; auch im Dunkeln und von farblosen Teilen wird Salpetersäure assimiliert[179]. — Indirekt freilich wird das Chlorophyll und ebenso das Licht von Bedeutung für die Eiweißsynthese sein können, insofern als auch C-haltige organische Substanz für den Eiweißaufbau nötig ist, und diese in der Sonne vom Chlorophyll gebildet wird. Wegen ihres reichlichen Gehaltes an Kohlehydraten werden deshalb die Laubblätter besonders zur Eiweißbildung geeignet sein; sie sind aber durchaus nicht in dem Grade „Organe der Eiweißbildung", wie sie Organe der Kohlehydratbildung sind. Auch kann man bei vielen Pflanzen (vor allem bei den Ruderalpflanzen, z. B. Chenopodium, Amarantus, Urtica) die Salpetersäure noch in den Blättern nachweisen, bei der Mehrzahl scheint sie schon sofort nach ihrer Aufnahme in der Wurzel verändert zu werden.

Ebensowenig wie über die Assimilation der Salpetersäure sind wir über die Assimilation des Ammoniaks unterrichtet. Da hierbei nicht erst eine Reduktion nötig ist, sollte man das Ammoniak für leichter assimilierbar halten als die Salpetersäure; in den Fällen, wo bei der Wasserkultur ein Zusatz von Ammoniak weniger günstig wirkt als Salpetersäure, werden wahrscheinlich irgendwelche Nebenwirkungen des NH_3 in Betracht kommen.

Die hypothetischen Zwischenprodukte zwischen den aufgenommenen Stickstoffverbindungen und dem fertigen Eiweiß, d. h. verschiedene Aminosäuren und ihnen nahestehende Substanzen, fehlen wohl keinem Pflanzenteil. Besonders verbreitet sind Leucin, Tyrosin und Asparagin. Aber nur selten wird man mit Bestimmtheit entscheiden können, ob diese Stoffe synthetisch aus Ammoniak oder Salpetersäure, oder ob sie durch Eiweißabbau entstanden sind (vgl. S. 231).

Außer im Eiweiß finden wir den Stickstoff auch noch in den Lezithinen und den organischen Pflanzenbasen. Erstere sind komplizierte Ester, in denen sich Glyzerin mit zwei Molekülen Fettsäure, einem Molekül Phosphorsäure und der N-haltigen Base Cholin verbunden hat. Sie fehlen keinem lebenden Protoplasma. — Die meisten organischen Basen (Alkaloide) dürften Nebenprodukte der N-Assimilation sein und keine Verwendung mehr finden.

Wenn man im allgemeinen sagen kann, daß die typische autotrophe Pflanze den Stickstoff als Salpetersäure ebensogut oder besser zu assimilieren versteht wie als Ammoniak, so trifft das für die Mehrzahl der Pilze nicht zu. Nur wenige von ihnen nehmen überhaupt mit Salpetersäure vorlieb; in der Regel gelten Ammoniumsalze als beste anorganische N-haltige Nahrung für sie. Es ist oft behauptet worden, daß manche Pilze mit so einfachen Stickstoffverbindungen nicht auskommen, oder daß sie wenigstens leichter und sicherer aus organischen N-Verbindungen die komplizierteren Körpersubstanzen aufbauen. Da aber offenbar viele Fehlerquellen bei diesen Untersuchungen nicht berücksichtigt wurden, bedarf diese Frage einer erneuten Untersuchung[180].

An dieser Stelle müssen auch die insektenfressenden, fleischfressenden oder karnivoren Pflanzen genannt werden[181] (vgl. S. 158). Es sind das Pflanzen, die mit Einrichtungen zum Fangen und Festhalten kleiner Tiere, Insekten vor allen Dingen, versehen sind, und die dann durch ausgeschiedene Enzyme die Beute soweit als möglich auflösen, verdauen und resorbieren. Alle diese Insektivoren besitzen Chlorophyll; es kann ihnen also gewiß nicht in erster Linie auf den Gewinn organisch gebundenen Kohlenstoffes ankommen. Es ist auch bekannt, daß sie ohne tierische Nahrung ganz gut gedeihen, doch wird durch Zufuhr einer nicht zu großen Menge animalischer Substanz eine entschiedene Förderung erzielt, die sich in vermehrter Frucht- und Samenproduktion kenntlich macht. Es ist sehr wahrscheinlich, aber keineswegs bewiesen, daß die Karnivorie auf den Gewinn von brauchbarem Stickstoff hinausläuft. Ob dieser an den Wohnorten der Insektivoren — sie wachsen vielfach in nährsalzarmem Torfmoor oder Wasser — nur der Quantität nach unzureichend ist, oder ob seine Qualität da nicht optimal ist, muß dahingestellt bleiben. Die Möglichkeit besteht zweifellos, daß organisch gebundener Stickstoff diesen Pflanzen besonders zuträglich ist. Daneben ist es freilich auch nicht ausgeschlossen, daß die Insektivoren nicht allein Stickstoff, sondern auch andere Nährsalze, vor allem Kali und Phosphorsäure, aus ihrer Beute gewinnen. Ob diese Nährsalze dann in organischer Bindung ausgenützt werden oder ob sie bei dem Verdauungsprozeß in anorganische Form übergeführt werden, wissen wir nicht. Im letzteren Falle würde der Nutzen der Insektivorie vor allem darin gesucht werden müssen, daß mehr Nährstoffe gewonnen werden, als der Boden bietet.

Vollkommen geklärt ist die Karnivorie auch heute noch nicht. Man hat darauf hingewiesen, daß die Insektivoren mehrfach ein sehr schwaches Wurzelsystem besitzen; das trifft aber für Nepenthes nicht zu. Eine Mykorrhiza (S. 226), die wahrscheinlich eine vermehrte Aufnahme von Bodensalzen bewirkt, fehlt den Insektivoren aber allgemein.

Die fleischfressenden Pflanzen scheinen dem Laien in ihrer Ernährungsweise weit von den anderen Pflanzen abzuweichen und mehr an die Tierwelt heranzukommen. Wie die Tiere, so nützen auch die Insektivoren feste Nahrung aus, die sie durch ausgeschiedene Enzyme verflüssigen, ehe sie sie in ihre Zellen aufnehmen. Daß bei den Tieren die „Verdauung" der Nahrung im Magen sich vollzieht, bei den Insektivoren aber manchmal wenigstens in einem Gebilde, das dem Magen vergleichbar ist (Kannen usw.), macht die Ähnlichkeit der beiden Gruppen besonders groß. Es verdient aber hervorgehoben zu werden, daß in physiologischer Hinsicht manche Pilze und Bakterien den Tieren entschieden näher stehen. Denn sie können wie Tiere ihre gesamte Nahrung durch Verdauung fester organischer Körper gewinnen, während ja die Insektivoren wenigstens bezüglich des Kohlenstoffes autotroph sind.

An die Insektivoren schließen sich gewisse phanerogame Parasiten[182] an, die oben S. 221 nicht erwähnt worden sind, weil sie durch den Besitz grüner Blätter schon anzeigen, daß sie bezüglich des Kohlenstoffes autotroph sind. Trotzdem sind sie ausgesprochene Parasiten, die sich nur dann normal entwickeln, wenn ihr Wurzelsystem mit fremden Wurzeln oder zur Not auch mit denen der Artgenossen durch Haustorien verbunden ist. So leben z. B. die Santalacee Thesium und auch viele Rhinanthaceen; von letzteren zeigt Tozzia, zumal in den ersten Entwicklungsstadien, die parasitische Lebensweise am meisten ausgeprägt. Unsere einheimische, in Baumkronen wurzelnde Mistel besitzt, wie viele ihrer fremdländischen Verwandten (Loranthaceen), ebenfalls noch stattliche Blätter und ist so reich an Chlorophyll, daß sie ihren Bedarf an Kohlehydraten vollständig selbst zu decken vermag. Wasser und Nährsalze aber entnimmt sie der Wirtspflanze. Dementsprechend ist ihr Wurzelsystem weitgehend reduziert. Das gleiche trifft auch für die oben genannten Rhinanthaceen zu. In welcher Form sie die Nährsalze aus dem Wirt entnehmen, ist indes noch unbekannt.

In scharfem Gegensatz zu den Karnivoren, die vielleicht durch organisch gebundenen Stickstoff gefördert werden, stehen gewisse Mikroorganismen, die bezüglich ihres Stickstoffgewinnes autotroph, bezüglich ihrer Kohlenstoffassimilation dagegen durchaus heterotroph sind. Wir sprechen von den Organismen, die imstande sind, den atmosphärischen Stickstoff zu binden. Der Nachweis ihrer Existenz wurde erst am Ende des vorigen Jahrhunderts, vor allem durch die Arbeiten von WINOGRADSKY, HELLRIEGEL und WILFARTH erbracht[183].

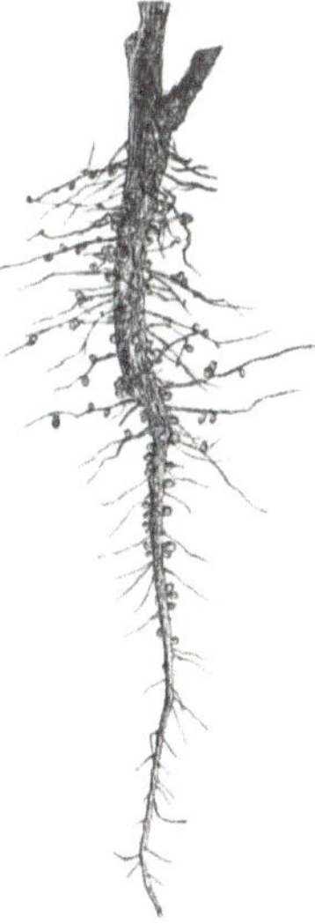

Fig. 249. Eine aus dem Boden gehobene Wurzel der Feldbohne (Vicia faba), dicht besetzt mit Bakterienknöllchen. Verkleinert. Nach NOLL.

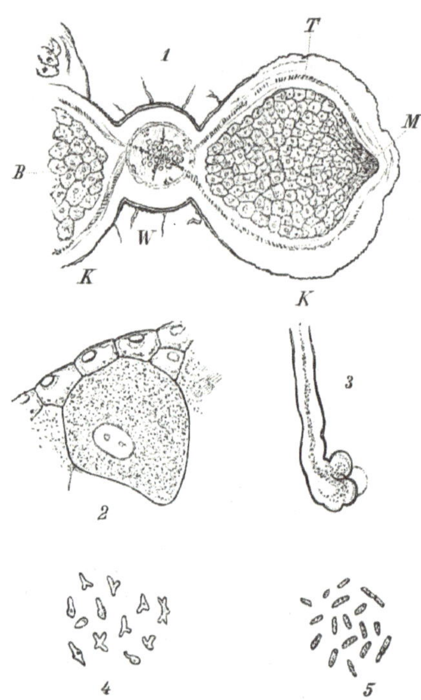

Fig. 250. *1* Junge Knöllchen *K* auf einer Wurzel *W* von Vicia faba. *B* Großzelliges mit Bakterienmasse angefülltes Gewebe, bei *M* dessen „Meristem“. *T* Tracheïdenzüge. Vergr. 60fach. *2* Eine mit Tausenden von Bakterien erfüllte Zelle des Knöllchens, mit benachbarten nicht infizierten Zellen. Vergr. 320fach. *3* Ein infiziertes Wurzelhaar mit dem „Infektionsfaden“ im Innern. Vergr. 320fach. *4* Formen von „Bakteroiden“. *5* Unveränderte Bakterien. Vergr. 1200fach. Nach NOLL.

Es sind zunächst einmal gewisse heterotrophe Bakterien, wie Clostridium Pasteurianum und Verwandte sowie Azotobacter chroococcum, die im einzelnen unter recht verschiedenen äußeren Bedingungen im Boden des Ackers freien Stickstoff binden und damit eine für ihr eigenes Gedeihen wie für das vieler anderer Organismen außerordentlich wichtige Eigenschaft besitzen, die auch für die Landwirtschaft von großer Bedeutung ist. Im Wasser scheinen wieder andere Bakterien im gleichen Sinne tätig zu sein. Eine nach neueren Untersuchungen immer größer werdende Zahl niederer Pilze scheint die gleiche Befähigung, wenn auch meist in geringerem Grade, zu besitzen. Neben diesen freilebenden gibt es auch noch im Innern von höheren Pflanzen auftretende Mikroorganismen von gleicher Wirksamkeit. Unter diesen sind am besten studiert die verschiedenen Formen des Bacillus radicicola, die die Wurzeln von Leguminosen befallen und an ihnen in oft großer Zahl gallenartige Knöllchen (Fig. 249 u. 250) erzeugen. Soviel wir wissen, handelt es sich hier um eine Art gegenseitigen Parasitismus, d. h. um eine auf wechselseitiger Ergänzung beruhende Lebensgemeinschaft, wie sie von DE BARY als Symbiose bezeichnet worden ist. Die Leguminosen erscheinen dann, abweichend von den meisten grünen Pflanzen, als Stickstoffsammler[184], was durch GILBERT und LAWES in England, durch SCHULTZ-LUPITZ in Deutschland zuerst festgestellt worden ist.

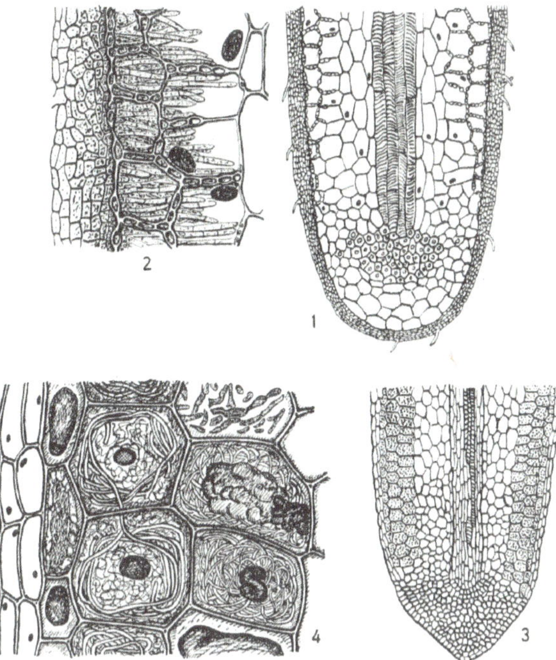

Fig. 251. *1* Längsschnitt durch die Wurzelspitze von Pinus silvestris mit ektotropher Mykorrhiza. Vergrößert. *2* Ein Teil der Fig. 1 stärker vergrößert; vom äußeren Pilzmantel gehen Hyphen aus, die zwischen die Zellen der Rinde dringen. *3* Längsschnitt durch die Wurzelspitze von Neottia. Drei Zellreihen mit dunklem Inhalt führen die Pilze (endotrophe Mykorrhiza). Vergrößert. *4* Ein Teil der Fig. 3 stärker vergrößert. Die mittlere pilzbewohnte Schicht besteht aus Pilzwirtzellen, in denen die Pilze erhalten bleiben; die äußere und die innere sind Verdauungszellen. Nach WERNER MAGNUS. (KNY, Wandtafeln.)

Die stabförmigen Bakterien dringen durch die Wurzelhaare, deren Wand sie lokal zur Aufquellung bringen, in die Rinde der Wurzel ein, verursachen hier die genannten Wucherungen der Parenchymzellen und füllen diese mit einer Bakterienmasse an, die schließlich in abnorm gebildete vergrößerte und verzweigte, aber noch wachstums- und teilungsfähige Formen, die sog. Bakteroiden, übergeht. Während die Bakterien von dem Überschuß der Kohlehydrate ihres Wirtes, in der ersten Zeit auch noch von dessen Eiweiß zehren, kommt den Bakteroiden die Fähigkeit zu, den atmosphärischen Stickstoff zu binden. Die Leguminose aber kann andauernd den Bakteroiden den gebundenen Stickstoff entziehen. Man hat berechnet, daß Lupinen pro Hektar auf diesem Wege bis zu 200 kg Stickstoff zu gewinnen vermögen, also mehr als in 300 Doppelzentnern Stallmist durchschnittlich enthalten ist. Demnach hat diese Stickstoffbindung eine große Bedeutung für die Landwirtschaft, und man sucht sie durch Impfung der Felder mit wirksamem Boden oder mit Reinkulturen besonders virulenter Bakterien zu fördern. Bei der Kultur der Seradella (Leguminose) ist denn auch durch Impfung eine erhebliche Steigerung der Produktion erzielt worden; während der ungeimpfte Boden 5 kg Frischgewicht pro Ar ergab, wurden nach Impfung 400 kg pro Ar geerntet. — Stehen der Leguminose genügend Nitrate im Boden zur Verfügung, so vermag sie mit diesen vorzüglich zu gedeihen; da die Nitrate zugleich auf Bacillus radicicola schädlich wirken, so kommt es unter diesen Umständen gar nicht zur Knöllchenbildung.

Außer bei den Leguminosen kommen auch bei Alnus, Elaeagnus und Casuarina regelmäßig Wurzelknöllchen durch Infektion mit niederen Pflanzen zustande. Elaeagnus und Alnus können den freien atmosphärischen Stickstoff assimilieren, wenn ihre Wurzeln Knöllchen besitzen. Auch Podocarpus hat die gleiche Befähigung. Hier aber handelt es sich um die Verbindung der Wurzel mit einem Pilz, um eine „Mykorrhiza“[185].

Eine Mykorrhiza findet sich bei zahlreichen Pflanzen, vor allem solchen, die im Humus der Wälder und Heiden leben. Man unterscheidet zwei Extreme, die durch Zwischenstufen verbunden sind, als ekto- und endotrophe Mykorrhiza. Bei der ersteren (Fig. 251, *1*, *2*) umgibt ein Mantel von Pilzhyphen die Wurzel und umhüllt auch schon deren Vegetationspunkt (viele unserer Bäume, Monotropa); bei der letzteren (Fig. 251, *3*, *4*) lebt der Pilz in den Zellen gewisser Wurzelschichten und sendet nur einzelne Fäden in den Boden (Orchideen, Ericaceen, viele Liliaceen). — Die endotrophen Mykorrhizapilze werden von den Zellen der Wurzel teilweise verdaut; es müssen also alle dabei freiwerdenden Stoffe der Phanerogame zugute kommen. Wenn auch noch nicht ganz sichergestellt ist, ob der Pilz die Fähigkeit hat, atmosphärischen Stickstoff zu binden, so kann man doch wohl sagen, die endotrophe Mykorrhiza sei einigermaßen klargelegt. Sie ist auch in manchen Fällen als eine ganz unentbehrliche Assoziierung erkannt, insofern als bei den Orchideen vielfach schon die Keimung, bei den Ericaceen die Weiterentwicklung des Keimlings unterbleibt, wenn der Pilz fehlt. Weniger klar liegen die Verhältnisse bei der ektotrophen Mykorrhiza. Hier stehen sich noch immer mehrere Anschauungen unvermittelt gegenüber: nach der einen soll der Pilz ein reiner, also auch im Grunde schädlicher Parasit sein; nach der zweiten ist die Blütenpflanze der Parasit; die dritte nimmt eine wirkliche Symbiose zwischen beiden Organismen an und stellt sich mit STAHL die Beziehungen zwischen beiden etwa in folgender Art vor: der Pilz nimmt sehr energisch Nährsalze aus dem Boden und versorgt mit diesen auch die autotrophe Blütenpflanze; diese liefert dem Pilz dafür organische Nahrung. Da aber eine ektotrophe Mykorrhiza sich auch bei farblosen Phanerogamen (z. B. Monotropa) findet, so muß wenigstens hier an einen Parasitismus der Blütenpflanze gedacht werden.

Das gleiche dürfte bei endotropher Mykorrhiza für die nichtgrünen Orchideen (Neottia, Coralliorhiza, Epipogon) gelten, die also nicht saprophytisch vom Humus leben, sondern offenbar von den Mykorrhizapilzen ernährt werden.

Die Konsortien von Algen und Pilzen, die man Flechten nennt, finden gewöhnlich eine Deutung, die der dritten bei der ektotrophen Mykorrhiza angeführten entspricht[186].

Neuerdings sind in den Blättern von tropischen Pflanzen (Rubiaceen und Myrsinaceen) Knöllchen gefunden worden, die einer Infektion durch Bakterien ihren Ursprung verdanken. Während aber bei den Leguminosen die Infektion immer von dem zufälligen Zusammentreffen zwischen Bakterien und Blütenpflanze abhängt, wird bei den genannten Pflanzenfamilien schon dem Embryo in der Mutterpflanze eine gewisse Bakterienmasse mitgegeben; und wenn diese künstlich ferngehalten wird, erfolgt die Entwicklung bei Ardisia anomal. Daß auch hier eine Assimilation von freiem Stickstoff stattfindet, ist wenigstens für die Rubiaceen erwiesen[187].

C. Assimilation der übrigen Stoffe.

Die **Schwefelsäure** schließt sich im Stoffwechsel der Pflanze am engsten an den Stickstoff an, da sie ja ebenfalls zum Aufbau von Eiweißstoffen, die etwa 1⁄2–11⁄2% S enthalten, Verwendung findet. Wo und unter welchen Bedingungen ihre Assimilation stattfindet, ist noch unklar; nur so viel ist bekannt, daß dabei eine Reduktion stattfinden muß. Bei einigen Pflanzen findet Schwefel nicht nur im Eiweiß, sondern auch in anderen Verbindungen Verwendung.

Die **Phosphorsäure** schließt sich insofern an die Schwefelsäure an, als sie zum Aufbau wenigstens gewisser Proteïnsubstanzen (Nukleoalbumine) und vor allem der Nukleoproteïde der Zellkerne in einer Menge von 0,3–3% dient. Im Gegensatz zur Schwefelsäure wird die Phosphorsäure bei ihrer Aufnahme in diese Moleküle nicht reduziert. Auch die in keiner Pflanze fehlenden Lezithine (vgl. S. 222) enthalten Phosphor; ebenso das besonders im Samen auftretende Phytin.

Die **Metalle**. Kalium, Kalzium, Magnesium und Eisen sind, wie z. B. durch die Wasserkulturmethode gezeigt wurde, ebenso unentbehrlich wie irgendeiner der bisher besprochenen Stoffe; es ist zum mindesten für Kalium und Magnesium sehr wahrscheinlich, daß sie am Aufbau gewisser Verbindungen teilnehmen, die für die Existenz der Pflanze wesentlich sind. Vermutlich enthält z. B. das Protoplasma solche Stoffe. Aber auch andere Substanzen können sie enthalten; so ist z. B. für den Chlorophyllfarbstoff ein beträchtlicher Gehalt an Magnesium nachgewiesen. Man glaubte früher irrtümlicherweise, das Chlorophyll enthalte Eisen, weil in einer Nährlösung ohne Fe die Chloroplasten gelb bleiben (Chlorose S. 205). Wir wissen jetzt, daß das Chlorophyll eisenfrei ist und daß auch nichtgrüne Pflanzen Eisen nötig haben; deshalb gewinnt die Vermutung an

Wahrscheinlichkeit, daß das Protoplasma selbst Eisen bedürfe, und daß die Chlorose bei Fe-Mangel die Folge eines kranken Protoplasmas sei.

Kalium, Magnesium und Eisen müssen demnach, da sie in die Pflanzensubstanz übergehen, irgendwo assimiliert werden. Wo und wie das geschieht, ist noch unbekannt. — Etwas anders liegt die Sache beim Kalzium. Es ist bei manchen Pflanzen (Algen) entbehrlich, bei anderen hat es jedenfalls in erster Linie eine schützende Wirkung, insofern als es Giftwirkungen, die von Eisen, Magnesium, Kalium und Natrium, aber auch von Phosphorsäure, Schwefelsäure, Salpetersäure und Salzsäure ausgehen, aufzuhalten vermag. Es ist aber nicht wahrscheinlich, daß auch bei den höheren Pflanzen seine Unentbehrlichkeit durch diese Schutzwirkung allein bedingt ist.

Bei Besprechung der Insektivoren und gewisser grüner Parasiten ist darauf hingewiesen worden, daß diese vielleicht die Aschensubstanzen bereits in organischer Bindung aufnehmen. Sicheres ist aber nicht bekannt.

Wasser. Daß das Wasser unentbehrlich für die Pflanze ist, wissen wir. Wenn es aber ohne chemische Umwandlung als Wasser in den Pflanzenkörper eingelagert wird, werden wir nicht von „Assimilation" sprechen. So z. B. bei dem Wasser, das die Vakuole füllt, oder das in Plasma und Zellhaut eingelagert ist. Anders wenn das Wasser chemisch gebunden wird. Das findet z. B. notwendigerweise statt, wenn aus Kohlensäure Kohlehydrate entstehen und wahrscheinlich auch anderwärts. In diesen Fällen kann man demnach von einer Assimilation des Wassers mit dem gleichen Recht reden, wie man von Assimilation der Kohlensäure spricht.

IV. Wanderung und Wandlung der Assimilate.

Die Assimilate dienen in erster Linie als Baustoffe zum Aufbau neuer Pflanzensubstanz, also zur Herstellung neuer Zellen; daneben finden sie auch Verwendung als Reserven, als Wanderstoffe, und ein Teil von ihnen wird als Betriebsstoffe verbraucht, während andere in Exkrete oder Sekrete übergeführt werden.

Nur selten findet das Wachstum an den Stellen statt, die assimilatorisch tätig sind; die Kohlensäureassimilation z. B. erfolgt größtenteils in ausgewachsenen Laubblättern, während das Wachstum in der Nähe der Vegetationspunkte, räumlich mehr oder minder weit von den Blättern entfernt, sich vollzieht. Auch zeitlich fällt Organbildung und Assimilationstätigkeit nur teilweise zusammen. Viele Pflanzen haben Zeiten lebhafter Assimilation, die mit geringer Organbildung verbunden ist; und abwechselnd damit dann umgekehrt Zeiten lebhaften Wachstums bei geringer oder gänzlich fehlender Assimilationstätigkeit. Unsere Bäume verlieren im Herbst die Blätter, unsere Stauden die ganzen oberirdischen Organe; beide müssen im Frühjahr erst neue Assimilationsorgane bilden, ehe sie mit erneuter Assimilation beginnen, und zu dieser Organbildung brauchen sie gespeicherte Assimilate. Auch jeder keimende Same lebt zunächst auf Kosten der Assimilate einer älteren Generation. Solche gespeicherte Assimilate nennt man Reservestoffe. Sie können am Ort ihrer Bildung deponiert sein, oder sie können sich an sekundärer Lagerstätte befinden. Den ersten Fall illustriert jedes Laubblatt, das am Abend eines hellen Sommertages mit Stärke überfüllt ist. Den zweiten sehen wir bei Samen, die in einem besonderen Nährgewebe (Endosperm) oder in den Kotyledonen die Reserven beherbergen, doch auch an Vegetationsorganen, die als Reservestoffbehälter schon an ihrer Gestalt kenntlich sind, so die angeschwollenen Blätter der Zwiebeln, die angeschwollenen Stengel (z. B. Kartoffel) oder Wurzeln (z. B. Rübe). Wenn Assimilate in diese Reservestoffbehälter gelangen sollen, so müssen sie wandern, und wenn sie aus diesen Behältern austreten und für Organbildung verwendet werden sollen, so müssen sie abermals wandern. Viele Reservestoffe oder Assimilate sind aber zunächst in einer Form gegeben, die ihnen den Übertritt von Zelle zu Zelle ganz unmöglich macht, sie sind fest; man denke an die Stärke. Andere sind zwar gelöst, aber sie besitzen so große Moleküle, daß sie wenig diffusionsfähig sind (z. B. Inulin). Aus diesen Gründen sieht man die Reservestoffe in der Regel einer Umwandlung („Mobilisierung") unterworfen, ehe ihre Wanderung beginnt.

A. Mobilisierung der Reservestoffe.

Bei der Mobilisierung der Reservestoffe handelt es sich meist um eine wenig tiefgreifende Veränderung, eine sog. Hydrolyse, d. h. um eine unter Wasseraufnahme vor sich gehende Zerspaltung in kleinere Moleküle. Diese ist bei den drei Grundtypen der Reservestoffe, den Kohlehydraten, den Fetten, den Eiweißkörpern gesondert zu betrachten.

1. Hydrolyse der Kohlehydrate.

Die **Stärke** ist einer der wichtigsten Reservestoffe der Pflanze. Sie bildet bei Samen sowie bei Knollen und Zwiebeln nicht selten die Hauptmasse der Reserven. In der Kartoffelknolle besteht 20%, im Weizensamen 70% der frischen Substanz aus ihr. Auch im Mark, dem Holzparenchym, den Markstrahlen und der Rinde der Bäume ist sie in reicher Menge enthalten. Chemisch gilt heute die Stärke als ein polymerisiertes Maltoseanhydrid, dem wahrscheinlich die Formel $(C_{12}H_{20}O_{10})_n$ zukommt[188]. Sie ist völlig unlöslich; um wanderungsfähig zu werden, muß sie abgebaut worden. In unseren Fabriken geschieht das durch Behandlung mit Säuren. Der im Handel befindliche Traubenzucker wird durch Behandlung von Kartoffelstärke mit Schwefelsäure gewonnen. Entsprechend der Formel

$$(C_{12}H_{20}O_{10})_n + 2_n\ H_2O = n\ C_6H_{12}O_6$$

wird das Stärkemolekül unter Wasseraufnahme in n Glykosemoleküle zerspalten. In der Pflanze geht aber die Hydrolyse unter dem Einfluß eines besonderen Stoffes, der Diastase, vor sich. Es ist das eine Substanz, die man mit Wasser oder Glyzerin aus der Pflanze herauslösen kann. Durch Zusatz von Alkohol wird sie aus dem Extrakt ausgefällt und kann nach abermaliger Lösung wieder die gleiche Wirkung auf Stärke ausüben wie zuerst. Nach Erhitzung wird sie aber unwirksam. WILLSTÄTTER hat durch Adsorption Enzyme, darunter auch eine Diastase, weitgehend gereinigt und hat gezeigt, daß sie weder zu den Kohlehydraten noch zu den Proteinen gehört. Von anderen Enzymen unterschied sich dieses Präparat nur durch seine Wirkung auf Stärke, chemisch aber gar nicht; nach dem Erhitzen war überhaupt jeder Unterschied verschwunden. So birgt die Frage nach der chemischen Natur der Diastase und anderer Enzyme noch viele Rätsel[189].

Diese Diastase hat nun eine ganz ähnliche Wirkung auf Stärke wie die Schwefelsäure, aber sie baut freilich die Stärke nicht so vollständig ab wie die Säure, sondern sie macht nach Bildung des Disaccharids Maltose halt. Man bezeichnet die Schwefelsäure und ebenso die Diastase als einen Katalysator. Katalysatoren aber nennt man Stoffe, die die Geschwindigkeit einer freiwillig verlaufenden chemischen Reaktion ändern. In erster Linie handelt es sich um die Beschleunigung von Reaktionen. In unseren Laboratorien bedienen wir uns zur Beschleunigung von Reaktionen vor allem einer erhöhten Temperatur; dieses Mittel kann der Organismus nicht weitgehend verwenden, weil sein Leben an enge Temperaturgrenzen gebunden ist. In zweiter Linie beschleunigen wir Reaktionen durch anorganische Katalysatoren. Da viele von diesen, z. B. die oben verwendete Schwefelsäure, das Protoplasma schädigen, so begreifen wir, daß im Organismus besondere, unschädliche Katalysatoren auftreten. Diese nennt man Enzyme[190] und findet sie bei Pflanzen wie bei Tieren in gleicher Weise vor. Während nun viele anorganische Katalysatoren auf sehr verschiedenartige chemische Vorgänge Einfluß haben, sind die organischen Katalysatoren von ganz spezifischer Wirkungsweise; Diastase z. B. wirkt nur auf Stärke ein. Da der Katalysator nicht oder nicht dauernd in die Reaktion eingeht, so kann eine kleine Menge von ihm eine sehr große Masse hydrolysieren, wenn für dauernde Abfuhr der Reaktionsprodukte gesorgt ist.

Die Diastase findet sich in zahlreichen Pflanzenorganen, insbesondere solchen, die viel Stärke enthalten, z. B. in Laubblättern, in keimenden Samen. Der Diastasegehalt eines Organs ist aber kein konstanter, vielmehr wird er nach Bedürfnis der Pflanze reguliert, auch kann die Diastase durch Bildung von anderen Enzymen in ihrer Wirkung gehemmt werden (Antienzyme). Hier treffen wir also wieder einen der vielen Regulationsvorgänge, die für den Organismus so charakteristisch sind.

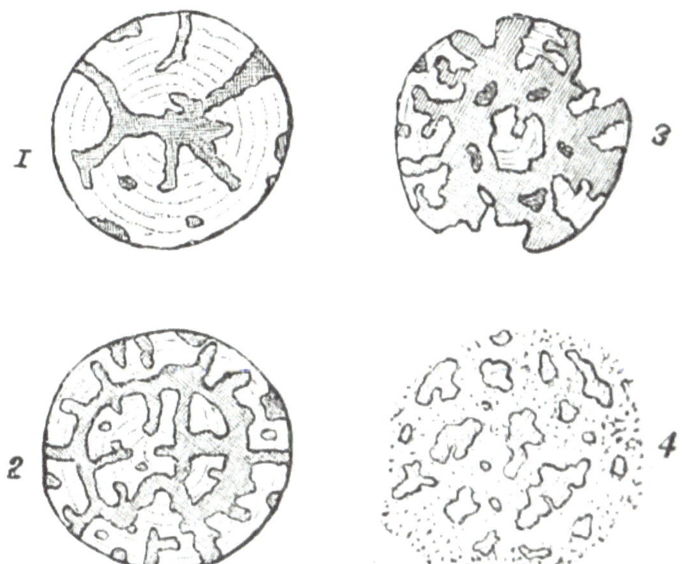

Fig. 252. Korrodierte Stärkekörner aus keimender Gerste. *1*, *2*, *3*, *4* aufeinanderfolgende Stadien der Auflösung, die sich in einem Samen nebeneinander vorfinden. Nach NOLL.

In der Pflanze wirkt die Diastase auf die Stärkekörner; diese werden unter ihrem Einfluß korrodiert, sie schmelzen von außen her ab, doch geht dieses Abschmelzen meist etwas unregelmäßig vor sich, so daß die Körner andere Gestalt annehmen. An einzelnen Punkten frißt die Diastase rascher in die Tiefe und zerlegt so das Korn unter Benutzung präexistierender Spalten und Kanäle in kleinere Stücke, die dann weiter abschmelzen (Fig. 252). Außerhalb der Pflanzen kann man die Diastasewirkung am besten an einem dünnen Stärkekleister demonstrieren, der nach Zusatz von Diastase im Laufe von Minuten oder Viertelstunden in Zucker übergeht. Dementsprechend bemerkt man an Proben, die man mit Jod versetzt, daß die anfangs bläuliche Färbung einer weinroten, endlich einer gelben Farbe weicht.

Auch **Zellulose**, die chemisch der Stärke sehr nahe steht[188], tritt häufig als Reservestoff auf. In dem Endosperm vieler Samen, besonders auffallend bei den Palmen (z. B. Elfenbeinpalme), sieht man die Zellwände außerordentlich stark verdickt. Die Verdickungsschichten werden bei der Keimung aufgelöst. Auch hier ist ein Enzym tätig (die sog. Zytase), das nun aber freilich nicht jede beliebige Zellulose anzugreifen vermag. Gerade typische Zellulose (S. 31) wird nicht von ihm angegriffen, wohl aber von einem anderen Enzym, der Zellulase.

Das **Inulin**, das namentlich bei den Kompositen und Campanulaceen verbreitet ist, geht in ähnlicher Weise aus Fruktose hervor wie die Stärke und die Zellulose aus Maltose[188]. Im Gegensatz zu diesen beiden Kohlehydraten kommt es stets nur in gelöstem Zustand in den Pflanzen vor. Trotzdem ist es nicht ohne weiteres wanderungsfähig und wird bei der Keimung durch ein Enzym in Fruktose abgebaut.

Auch Rohrzucker findet sich sehr häufig als Reservestoff und wird in großer Menge z. B. im Zuckerrohr und in der Zuckerrübe gespeichert. Er wird durch das weit verbreitete Enzym „Invertin“ in Dextrose und Lävulose gespalten.

2. Die Fette.

Wenn wir auch die unter den Reservekohlehydraten erwähnten Körper nicht aus Dextrose bzw. Lävulose herstellen können, so begreifen wir doch, daß es der Pflanze ebenso leicht wird, sie aufzubauen wie abzubauen. Viel schwieriger ist es zu verstehen, wie die Pflanze Fette (Glyzerinester verschiedener Fettsäuren vgl. S. 25) aus Kohlehydraten zu bilden vermag. Fette fehlen wohl keinem lebenden Protoplasma; es wurde ja schon mehrfach auf die allgemeine Verbreitung des Lezithins hingewiesen, das ein Fettderivat ist. In besonders großen Mengen aber treten die Fette als Reservestoffe auf. In den assimilierenden Laubblättern freilich nicht, wohl aber in vielen reifen Samen, wo sie an Stelle verschwindender Kohlehydrate treten. Bei der Keimung werden sie durch das Enzym Lipase in Fettsäure und Glyzerin zerspalten. Die Fettsäure als solche kann die wasserdurchtränkte Zellhaut schon leichter durchwandern als das Fett, doch dürfte sie in der Regel keine allzu großen Strecken in der Pflanze zurücklegen, vielmehr rasch wieder in Kohlehydrate verwandelt werden. — Fettes Öl findet sich außerdem im Fleisch (Perikarp) mancher Früchte, z. B. bei der Ölpalme und Olive, und wird dann nicht mehr in den Stoffwechsel der Pflanze hereingezogen.

3. Die Eiweißkörper.

Das Eiweiß findet sich in den Reservestoffbehältern teils gelöst, teils in kristallinischer oder amorpher Form. Die Kristalle kommen frei im Plasma, Zellkern oder den Chromatophoren vor, in den Samen aber besonders in den Aleuronkörnern, wo sie von den Globoiden (vgl. S. 26) begleitet werden.

Die hydrolytischen Abbauprodukte der Eiweißkörper sind vor allem Aminosäuren, deren weite Verbreitung in der Pflanze schon erwähnt wurde. Namentlich wenn eiweißreiche Samen, wie z. B. Rizinus. Pinus u. v. a. keimen, wird man die reichlich auftretenden Aminosäuren als Abbauprodukte des Eiweißes betrachten dürfen. Aminosäuren, die sich an anderen Stellen vorfinden, können ja immer auch beim Eiweißaufbau entstanden sein. Das Eiweißmolekül zerfällt nicht sofort und nicht ausschließlich in Aminosäuren. Der Abbau erfolgt durch allmähliche Zertrümmerung des Riesenmoleküls, wobei zunächst Albumosen auftreten, dann Peptone und dann erst Aminosäuren. Neben letzteren treten Ammoniak, ferner auch schwefelhaltige und eventuell phosphorhaltige Spaltungsprodukte und wohl auch allgemein Kohlehydratgruppen auf.

Dieser hydrolytische Abbau des Eiweißes vollzieht sich unter dem Einfluß von „proteolytischen" Enzymen (Proteasen), die aller Wahrscheinlichkeit nach große Ähnlichkeit mit den entsprechenden Enzymen des Tierkörpers haben. Demnach hätten wir zu unterscheiden:

1. Pepsine, die das Eiweißmolekül nur wenig tief, bis zu Albumosen und Peptonen abbauen.
2. Erepsine, die das Pepton in Aminosäuren überführen.
3. Trypsine, die Eiweiß direkt bis zu den Aminosäuren abbauen.
4. Desamidasen, die aus Aminosäuren Ammoniak abspalten.

Die Abbauprodukte des Eiweißes erfahren in der Pflanze rasch Veränderungen; demnach ist das Gemisch stickstoffhaltiger organischer Verbindungen, das man bei einer im Dunkeln gehaltenen Pflanze erhält, nicht identisch mit den durch Hydrolyse von Eiweiß außerhalb der Pflanze entstehenden Spaltungsprodukten. Es folgen nämlich in der Pflanze auf die primäre Spaltung sofort wieder Synthesen, die z. B. zur Bildung von Amiden führen. Unter den Amiden steht an Verbreitung das Asparagin obenan. Sehr reichlich findet es sich in Gramineen und Leguminosen; im Liter Preßsaft von Bohnenkeimlingen z. B. ist es bis zu 15 g enthalten. Bei Cruciferen und Cucurbitaceen wird es durch das Glutamin ersetzt, während in den Koniferen einer Diaminosäure, dem Arginin, die entsprechende Rolle zuzufallen scheint. Bei solchen Synthesen wird vor allem die Anhäufung des giftigen Ammoniaks vermieden; die Amidbildung in der Pflanze hat eine ähnliche Bedeutung wie im Tierkörper die Harnstoffbildung: Asparagin und Harnstoff sind also entgiftetes Ammoniak. Die Entstehung von Asparagin ist aber an die Gegenwart von unoxydierten C-Atomen (also z. B. Kohlehydrat) gebunden, während Harnstoff aus NH_3 und oxydiertem Kohlenstoff, also auch im Hungerzustande, gebildet werden kann[191]. Noch weitergehend sind die Synthesen am Licht, wo aus den Eiweißspaltprodukten sofort wieder Eiweiß gebildet wird.

B. Wanderung der mobilisierten Reservestoffe.

Wenn die Reservestoffe durch geeignete Enzyme in lösliche Form gebracht oder in Substanzen von kleinerem Molekulargewicht verwandelt sind, dann können sie wandern; sie sind „mobilisiert". Bei diesen Bewegungen muß wie bei anderen Stoffwanderungen vor allem ein Diffusionsgefälle gegeben sein und dauernd unterhalten werden. Das geschieht dadurch, daß in den Zellen, die sich an die Reservestoffbehälter in größerer oder kleinerer Entfernung anschließen, ein lebhaftes Wachstum einsetzt. Solange dieses andauert, wird jedes zutretende Molekül rasch verwandelt, Zucker z. B. in Zellulose umgebildet, und dadurch Platz für nachrückende Moleküle geschaffen. Doch auch in nicht wachsenden Organen, z. B. Kotyledonen, Endospermen, stellt die Pflanze ein Diffusionsgefälle her, z. B. dadurch, daß die Zellen, die das Ziel der Wanderung sind, ein stärkeres Kondensationsvermögen für Zucker (Stärkebildung) haben als andere. Man kann das Diffusionsgefälle auch künstlich herstellen, wenn man Reservestoffbehälter unter geeigneten Vorsichtsmaßregeln einseitig mit großen Wassermassen in Berührung bringt. Auf diese Weise ist es z. B. gelungen, künstlich eine Entleerung von Samen, Zwiebeln usw. zu erzielen.

Da jede Diffusionsbewegung nur sehr langsam sich vollzieht, so muß bei Stofftransporten auf größere Entfernung eine Unterstützung durch Massenbewegung hinzutreten. So werden z. B. im Frühjahr die Reservestoffe, die im Holzkörper unserer Bäume deponiert sind, mit dem aufsteigenden Wasserstrom in den Gefäßen fortgerissen. Im Inhalt der Gefäße läßt sich zu dieser Zeit reichlich Glykose nachweisen. Umgekehrt wird sich der Strom von mobilisierten Reserven, der von den Laubblättern abwärts wandert, mindestens zum Teil in den Siebröhren bewegen. Im einzelnen bedarf hier aber noch vieles der Aufklärung[192].

Auch eine andere Stoffwanderung aus dem Laubblatt hat man beobachtet. Kurz vor dem Laubfall „vergilben“ die Blätter: während die grünen Farbstoffe des Chlorophylls gelöst und weggeführt werden, bleiben die gelben in den Chloroplasten zurück. Es werden dann wenigstens manche, keineswegs alle, der im Blatt enthaltenen nützlichen Stoffe in den Stengel übergeführt und bleiben so der Pflanze erhalten. Die Zellwände, ein protoplasmatischer Wandbelag und osmotisch wirksame Vakuolenstoffe bleiben, das Blatt fällt in turgeszentem Zustand ab; Kalium, Phosphorsäure und Stickstoff aber werden in den Stamm übergeführt[193].

C. Weitere Stoffmetamorphosen.

Regeneration der Reservestoffe. Früher oder später werden die durch Enzyme mobilisierten Reservestoffe wieder in feste oder hochmolekulare Stoffe zurückverwandelt. Dies geschieht unter allen Umständen am Ende ihrer Wanderung, einerlei, ob sie da wieder als Reservestoffe deponiert oder als Baustoffe verwendet werden. So kann z. B. im Blatt gebildete Glykose in einen Samen oder in eine Knolle wandern und dort zu Stärke oder zu Zellhaut transformiert werden. Bei Wanderung auf größere Strecken findet aber nicht nur am Endziele, sondern auch unterwegs fortwährend Reservestoffbildung statt. Das läßt sich besonders gut für Stärke zeigen. Auf den Bahnen der Zuckerwanderung kann in jeder Zelle sog. transitorische Stärke gebildet werden. Durch diese vorübergehende Stärkebildung wird das Konzentrationsgefälle unterhalten, das für dauernde Bewegung notwendig ist.

Andere Stoffwechselprodukte[194]. Mit den bisher genannten organischen Stoffen ist nur ein ganz kleiner Teil der „Pflanzenstoffe“ erwähnt. Es mag hier genügen, an die organischen Säuren, die Gerbstoffe, die Glykoside, die Alkaloide, Farbstoffe, ätherischen Öle, Harze, Gummiharze und Federharze (Kautschuk und Guttapercha) zu erinnern, um auf die Legion von Stoffen hinzuweisen, die aus den Assimilaten gebildet werden. Von diesen werden nur die organischen Säuren bei späterer Gelegenheit noch Besprechung finden (S. 235); alle anderen sind weder nach ihrer Entstehung noch nach ihrer physiologischen Bedeutung genügend erforscht. Bekannt ist nur, daß sie nach ihrer Bildung in der Regel keine weitere Verwendung mehr finden. Vermutlich handelt es sich also um Nebenprodukte des pflanzlichen Stoffwechsels.

Sie brauchen nicht nutzlos zu sein. In der Tat nimmt man für manche bittere oder giftige Stoffe an, daß sie Tiere vom Genuß der Pflanze abhalten; auch manche Farbstoffe sollen nützlich werden dadurch, daß sie Tiere anlocken, die Pollen, Samen oder Früchte verbreiten, oder daß sie schädliche Tiere abschrecken (Schreckfarben). Harze und Federharze endlich können, wenn sie austreten und erhärten, einen Wundverschluß liefern.

Das Reifen fleischiger Früchte. Eine sehr auffallende Umwandlung von Stoffen findet auch bei der Reife fleischiger Früchte statt. Auf einen freilich seltenen Fall (Fettbildung) ist schon oben hingewiesen worden.

Viel häufiger ist die Umwandlung von Stärke in Zucker sowie das Verschwinden der organischen Säuren und der Gerbstoffe. Die Früchte hören also auf, sauer oder bitter zu schmecken, sie werden süß. In diesem Zustand werden sie dann zur Nahrung für Tiere, die die Samen verbreiten. Die ganze Bedeutung der chemischen Vorgänge liegt hier also auf ökologischem Gebiet.

V. Atmung und Gärung.

Bei der höheren Pflanze wird niemals die ganze Menge der im Assimilationsprozeß erzeugten organischen Substanzen zu Bau- und Reservezwecken verwendet; stets wird ein Teil davon abgebaut, in anorganische Substanz rückverwandelt. Neben der Assimilation existiert immer auch Dissimilation. Die Bedeutung dieses Prozesses, der im allgemeinen unter Sauerstoffaufnahme vor sich geht und als Atmung bezeichnet wird, liegt nicht in dem Auftreten gewisser Stoffe, sondern in dem Freiwerden von Energie, die für die Pflanze unentbehrlich ist. Bei gewissen niederen Pflanzen erfolgt aber der Gewinn an freier Energie unter Umständen in anderer Weise. Hier werden meist organische Substanzen aus dem Substrat aufgenommen und (ohne erst weiter assimiliert zu werden) sofort wieder abgebaut. Im einzelnen können bei diesem Abbau Oxydationen, Reduktionen oder Spaltungen erfolgen; alle diese Prozesse werden als Gärungen zusammengefaßt. Andere niedere Organismen vermögen die bei der Oxydation gewisser anorganischer Stoffe freiwerdende Energie auszunützen. Diese verschiedenen Arten des Energiegewinnes sind durch Übergänge verknüpft.

Schienen früher die einzelnen Formen der Dissimilation zwar biologisch gleichwertig aber chemisch außerordentlich verschieden, so bricht sich nach den Ausführungen WIELANDs mehr und mehr die Anschauung Bahn, daß sie auch chemisch im Prinzip immer wieder auf die gleichen Vorgänge hinauslaufen. Denn es hat sich gezeigt, daß nicht dem Sauerstoff die aktive Rolle zukommt, die man ihm früher zuschrieb, sondern daß überall der Wasserstoff primär eingreift, daß Hydrierungen und Dehydrierungen zuerst einsetzen und daß die Rolle des Sauerstoffs auch von anderen Stoffen übernommen werden kann[195].

A. Atmung.

Unter Atmung in ihrer typischen Form versteht man die Oxydation organischer Substanz zu Kohlensäure und Wasser; dazu ist die Aufnahme von Sauerstoff aus der Umgebung nötig (vgl. S. 210).

Die Atmung der Pflanzen bietet sich dem Beobachter nicht so augenfällig dar wie die der höheren Tiere. Wie sich die Ernährung der grünen Pflanzen nur durch das eigens angestellte Experiment feststellen ließ, so bedurfte es gleichfalls besonderer Versuche, um zu erkennen, daß auch die Pflanzen atmen müssen, um zu leben, daß sie ganz wie Tiere Sauerstoff aufnehmen und Kohlensäure abgeben. SAUSSURE und DUTROCHET haben dies in den Jahren 1822 bis 1837 durch eingehende Untersuchungen bewiesen. Später leugnete man freilich die Existenz der Atmung bei den Pflanzen wieder unter Hinweis auf die Kohlensäurezersetzung und Sauerstoffabscheidung bei der Assimilation; man konnte sich nicht vorstellen, daß beide Prozesse gleichzeitig stattfinden könnten. Erst SACHS hat dann der richtigen Anschauung zum Sieg verholfen. Assimilation und Atmung sind zwei Lebensvorgänge, die ganz unabhängig voneinander in der Pflanze bestehen. Während nur die **grünen** Pflanzenteile, und zwar nur im Licht, bei der Assimilation Kohlensäure zerlegen und Sauerstoff ausscheiden, atmen **alle** Organe der höheren Pflanzen — genau wie die der Tiere — Tag und Nacht Sauerstoff ein und Kohlensäure aus. Wird bei der Assimilation organische Substanz gewonnen, so geht umgekehrt bei der Atmung solche verloren. Wenn grüne Pflanzen im Licht einen bedeutenden Überschuß organischer Substanz gewinnen, so verdanken sie diesen ausschließlich dem Umstande, daß die zeitweilige Produktion durch die Assimilationstätigkeit der Chlorophyllkörper die Verluste durch die ständige Atmung aller Organe übertrifft. So genügt nach BOUSSINGAULTs Schätzungen beim Lorbeer 1 Stunde Assimilation, um das Material für 30 Stunden Atmung zu beschaffen. Unterdrückt man die Assimilation, läßt man die Pflanze im Dunkeln verweilen, so verliert sie ganz beträchtlich an Trockengewicht.

Die Pflanzen produzieren in 24 Stunden durchschnittlich das 5–10fache ihres Volumens an Kohlensäure. Bei Schattenpflanzen ist die Produktion meist auf das 2fache Volumen beschränkt; die bekannte Zimmerpflanze Aspidistra bringt es aber nur auf die Hälfte ihres Eigenvolumens und kann sich eben deshalb auch mit der geringen Assimilation in sehr gedämpften Lichte begnügen.

Zum Nachweis der Atmung kann man entweder die Aufnahme von Sauerstoff oder die Abgabe von Kohlensäure durch die Pflanze benutzen. Läßt man eine Hand voll gequollener Samen am Grunde eines zylindrischen Glasgefäßes keimen und hält dessen Glasstöpsel einen Tag lang verschlossen, so ist der Sauerstoff, der sich zuvor in dem Gefäß befand, von den Keimlingen aufgezehrt; eine Kerze erlischt, wenn man sie in den Raum einführt. Eine andere Versuchsanordnung wird durch Fig. 253 illustriert. In dem umgekehrten Kolben befinden sich Keimpflanzen, Blüten oder Hutpilze; durch den Wattepfropfen *W* werden sie am Herabfallen verhindert. Die Öffnung des Kolbens ist durch Quecksilber gesperrt, im Hals befindet sich Kalilauge *K*. Die auftretende Kohlensäure wird dann von der Kalilauge absorbiert und das Quecksilber steigt. Bei quantitativer Ausführung dieses Versuches ergibt sich, daß ein Fünftel des Luftvolumens verschwindet, daß also der ganze Sauerstoff der Luft aufgenommen wurde. Da sich aber ein abgeschlossenes Luftvolumen bei der Atmung von Pflanzen (wenn keine Kalilauge zugegen ist) nicht ändert, muß für jedes Volumen absorbierten Sauerstoffes ein gleichgroßes Volumen CO_2 gebildet werden; das Verhältnis der ausgeschiedenen Kohlensäure zum aufgenommenen Sauerstoff, der Atmungsquotient, ist gleich eins ($CO_2O_2 = 1$). Da Glykose das gewöhnliche Material der Atmung ist, so erfolgt diese nach der Formel:

$$C_6H_{12}O_6 + 6\ O_2 = 6\ CO_2 + 6\ H_2O.$$

Bei diesem Prozeß, der genau entgegengesetzt der CO_2-Assimilation verläuft, muß also auch Wasser auftreten, das freilich nicht so bequem wie der Verbrauch von Sauerstoff und die Produktion von Kohlensäure nachzuweisen ist. Quantitative Bestimmungen des Trockengewichtsverlustes und der Kohlensäure zeigen, daß letztere nicht ausreicht, den ersteren zu erklären; ein Teil der Trockensubstanz muß also zu Wasser geworden sein.

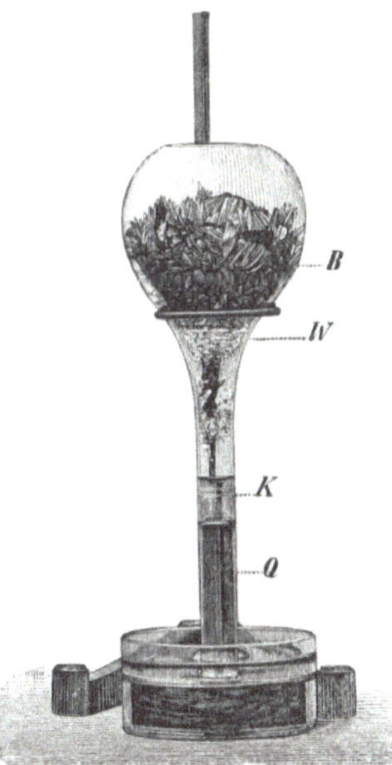

Fig. 253. Atmungsversuch. Der bauchige Teil des Glasgefäßes *B* ist mit Wucherblumen gefüllt. Die durch ihre Atmung erzeugte Kohlensäure wird von der Kalilauge *K* absorbiert und die Absorption angezeigt durch das Steigen des Quecksilbers *Q* in der Röhre. Nach NOLL.

Aber nicht unter allen Umständen bleibt ein abgeschlossenes Gasvolumen unter der Atmungstätigkeit von Pflanzen unverändert, nicht immer ist die auftretende Kohlensäure volumgleich mit dem verschwindenden

Sauerstoff. Kleine Abweichungen von diesem Verhältnis findet man wohl bei allen Pflanzen, beträchtliche z. B. beim Keimen fetthaltiger Samen und bei Blättern gewisser Sukkulenten (Crassulaceen). Das hängt damit zusammen, daß bei diesen Samen Fette veratmet werden, die viel sauerstoffärmer sind als die Kohlehydrate, und daß bei den Crassulaceen aus Kohlehydraten nicht Kohlensäure und Wasser, sondern bestimmte organische Säuren entstehen. Auch bei anderen Pflanzen treten solche Säuren auf, wenn auch nicht in so großer Menge. Sie dürften zum größten Teil beim Atmungsprozeß entstehen, doch können sie wohl auch im aufbauenden Stoffwechsel erzeugt werden. Vor allem ist da die Oxalsäure zu nennen, deren weite Verbreitung in Form von oxalsaurem Kalk ja bekannt ist. Ihre Bildung geht in dem Maße weiter, als ihre Neutralisation durch Kalk ermöglicht wird. Ohne solche Neutralisation aber wird ihre Entstehung eingeschränkt. Selbst in oxalatfreien Pflanzen kommt es zu einer vorübergehenden Bildung von Oxalsäure, die aber dann rasch durch ein oxydierendes Enzym weiter oxydiert wird.

Bei der Keimung fettreicher Samen wird sehr viel mehr Sauerstoff aufgenommen, als Kohlensäure abgegeben wird; oft so viel, daß in den ersten Tagen im Dunkeln trotz bestehender Atmung eine Zunahme des Trockengewichts erfolgt. Der Atmungsquotient ist also kleiner als 1. Die Hauptmenge dieses Sauerstoffes wird zur Umwandlung der sauerstoffarmen Fette in Kohlehydrate verbraucht; nur ein kleiner Teil dient zur Atmung.

Bei den Crassulaceen ist die Oxydation der Kohlehydrate eine unvollständige; nur ein Teil ihres Kohlenstoffs wird in CO_2 übergeführt, der übrige zur Bildung organischer Säuren verwandt. Deshalb erscheint weniger Kohlensäure, als man nach der Sauerstoffaufnahme erwarten sollte. Der Atmungsquotient ist kleiner als 1. — Dieser eigenartige Atmungsprozeß, der mit einer schon am Geschmack wahrnehmbaren Säurebildung im Zellsaft verbunden ist, hat für sukkulente Pflanzen eine große ökologische Bedeutung. Die auftretenden Säuren (Äpfelsäure und Oxalsäure vor allem) geben nämlich am Licht Kohlensäure ab. Diese kann dann sofort im Assimilationsprozeß wieder Verwertung finden, während bei der typischen Atmung wenigstens alle in der Nacht entstandene CO_2 entweicht und für die betreffende Pflanze verloren geht. Die Sukkulenten sparen also mit ihrem C-Vorrat, und das dürfte damit zusammenhängen, daß sie sich nicht so leicht mit Kohlensäure aus der Luft versehen können wie gewöhnliche Pflanzen. (Verringerung des Gasaustausches wegen Einschränkung der Transpiration.)

Wie gesagt, ist die Atmung bei den höheren Pflanzen allgemein verbreitet; sie findet sich nicht nur bei Pflanzenteilen, die chlorophyllfrei sind (vgl. die Versuche S. 234), sondern sie läßt sich auch in chlorophyllhaltigen Zellen nachweisen. Hier wird sie freilich am Licht durch den quantitativ sehr überwiegenden Assimilationsprozeß überdeckt; sie äußert sich also nur in einer Verminderung der Assimilationsprodukte. Dämpft man das Licht mehr und mehr ab, so verschwindet die Assimilation schließlich ganz, und die Atmung zeigt sich in voller Klarheit.

Wenn demnach Atmung in jeder einzelnen Zelle stattfindet, so ist sie in verschiedenen Organen und unter verschiedenen äußeren Bedingungen doch ihrer Intensität nach außerordentlich verschieden. Lebhaft wachsende Pflanzenteile, junge Pilze, keimende Samen, Blütenknospen und vor allem die Infloreszenzen von Araceen und Palmen zeigen eine sehr energische Atmungstätigkeit. Diese übertrifft bei manchen Bakterien und Pilzen nicht unbeträchtlich die des Menschen, wenn man sie an gleichen Gewichtsmengen Körpersubstanz mißt. In der Mehrzahl der Fälle, insbesondere bei Pflanzenteilen, die ganz oder überwiegend aus ausgewachsenen Geweben bestehen, ist aber der Sauerstoffkonsum und entsprechend die Kohlensäureproduktion ganz bedeutend geringer als bei den warmblütigen Tieren. — Unter den äußeren Einflüssen, die von Wichtigkeit für die Intensität der Atmung sind, müssen vor allem die Temperatur und der Sauerstoff genannt werden. Wie auf alle Lebensvorgänge, so wirkt auch auf die Atmung eine Zunahme der Temperatur zunächst beschleunigend. Die Produktion der Kohlensäure wird genau in der gleichen Weise wie viele andere chemische Vorgänge durch eine Temperatursteigerung um 10° ungefähr verdoppelt bis verdreifacht. Bald folgt aber auch hier mit weiter steigender Temperatur eine Abnahme der Atmung. Im Gegensatz zu anderen Erscheinungen ist der abfallende Ast der Kurve bei der Atmung ganz außerordentlich steil, so daß Optimum und Maximum fast zusammenfallen.

Man pflegt die Atmung als einen Verbrennungsprozeß zu bezeichnen. Wenn das richtig ist, sollte man glauben, daß die Menge des zur Verfügung stehenden Sauerstoffes von fundamentaler Wichtigkeit sei; insbesondere sollte man erwarten, daß die Atmung in reinem Sauerstoff enorm gesteigert, im sauerstoffreien Raum völlig sistiert werde. Keines von beiden trifft zu. In reinem Sauerstoff ist die Atmung nicht wesentlich vermehrt, und erst bei einem Sauerstoffdruck von 2–3 Atmosphären macht sich anfänglich eine Zunahme der Atmung bemerkbar, der aber bald eine als Absterbeerscheinung zu deutende Abnahme folgt. — Sehr viel auffallender ist die Tatsache, daß Pflanzen ohne Gegenwart von Sauerstoff fortfahren, Kohlensäure zu produzieren. Hier kann natürlich von einem „Verbrennungsprozeß“ nicht mehr die Rede sein; man spricht von „intramolekularer Atmung“[196], weil die auftretende Kohlensäure ihre Entstehung einer Umlagerung von Atomen im Molekül des Atmungsmateriales (Zucker) verdankt. Dabei zerfällt das Zuckermolekül und bildet neben Kohlensäure stets andere, nämlich stark reduzierte Substanzen, manchmal z. B. Alkohol, nach der Formel:

$$C_6H_{12}O_6 = 2\ C_2H_6O + 2\ CO_2.$$

Nimmt man statt dieser empirischen die Strukturformeln:

$$COH \cdot CHOH \cdot CHOH \cdot CHOH \cdot CHOH \cdot CH_2OH = CO_2 + CH_3 \cdot CH_2OH + CH_3CH_2OH + CO_2,$$

so sieht man, daß das Zuckermolekül in vier Stücke zerbricht, von denen zwei sauerstoffärmer, die beiden anderen sauerstoffreicher sind als die Molekülgruppen, aus denen sie hervorgehen. Es entziehen also bei dieser Art von Atmung gewisse Molekülgruppen anderen den gebundenen Sauerstoff.

Man nimmt an, daß Sauerstoffatmung und intramolekulare Atmung der Ausdruck ein und derselben Befähigung der Pflanze sind, mit anderen Worten, daß die Sauerstoffatmung bei Entziehung des Sauerstoffes in eine intramolekulare Atmung übergeht. Wenn das zutrifft, dann wird man sagen müssen, daß das Wesentliche bei der Atmung gar nicht in einer Oxydation besteht, sondern in einer Veränderung des Atemmaterials, bei der Produkte entstehen, die leicht Sauerstoff aufnehmen können. Die Materialien, die in der Pflanze veratmet werden, Kohlehydrate und Eiweiß, werden bei gewöhnlicher Temperatur nicht leicht oxydiert. Fette freilich, die auch als Atmungsmaterial dienen können, sind oxydabel; allein von ihnen wissen wir, daß sie in der Pflanze zuerst in Kohlehydrate verwandelt werden, ehe sie der Atmung verfallen. Die Pflanze muß also über Mittel besonderer Art verfügen, um die Oxydation ihrer Reservestoffe zu bewerkstelligen.

Die Vorstellungen, die man sich über den Chemismus der Atmung machen kann, haben sich in den letzten Jahren, vor allem durch die chemischen Studien WIELANDs und die physiologischen PALLADINs sehr geklärt[197]. Man darf jetzt annehmen, daß bei der Verbrennung des Atmungsmaterials der primäre Vorgang nicht etwa in einer Aktivierung des Sauerstoffs, im Auftreten von Ozon besteht, denn sonst müßten zahllose Stoffe in der Zelle verbrannt werden, und es könnte nicht eine „auswählende“ Verbrennung bestehen derart, daß leicht oxydable Stoffe verschont bleiben, schwer oxydable spielend oxydiert werden. Vielmehr besteht der primäre Vorgang in einer Anlagerung von Wasser an das Atmungsmaterial, z. B. an den Zucker. Hierauf erst findet eine Oxydation statt, und zwar in Form von Wasserstoffentziehung (Dehydrierung), wobei gleichzeitig CO_2 frei wird. WIELAND konnte nämlich zeigen, daß die Glykose in Gegenwart von Palladiumschwarz als Katalysator auch unter Sauerstoffabschluß bei niederen Temperaturen H und CO_2 abgibt; der Wasserstoff wird an das Palladiumschwarz gebunden, so daß sich der Prozeß mit zunehmender Wasserstoffsättigung des Palladiums abschwächt, jedoch weitergeht bei Gegenwart eines Wasserstoffakzeptors. Als solcher kann bei Luftabschluß z. B. Methylenblau unter Bildung seiner Leukoverbindung dienen, während bei Luftzutritt der Sauerstoff dessen Rolle übernimmt, wobei dann Wasser entsteht.

In den höheren Pflanzen scheint nun das Palladiumschwarz durch gewisse Enzyme ersetzt zu sein, die den Wasserstoff von der Additionsverbindung des Zuckers mit Wasser auf leicht reduzierbare Substanzen übertragen. Diese H-Akzeptoren hat PALLADIN „Atmungspigmente“ genannt. Von den Atmungspigmenten aber geht dann der Wasserstoff unter Einwirkung sog. Oxydasen an den Luftsauerstoff über, und es entsteht Wasser. Die Oxydasen, die auch Enzyme sind, übertragen also den Luftsauerstoff nicht auf den Zucker, sondern auf den Wasserstoff, der auf dem beschriebenen Wege aus dem Zucker frei gemacht wird. Sie sind in den Pflanzen ganz allgemein nachgewiesen.

Im Schema würde sich also die Zuckerveratmung so vollziehen:

1.

$C_6H_{12}O_6 + 6\ H_2O$

=

$6\ CO_2 + 24\ H$

2.

$24\ H + 6\ O_2$

=

$12\ H_2O$

$C_6H_{12}O_6 + 6\ O_2$

=

$6\ CO_2 + 6\ H_2O$

Fehlt der freie Sauerstoff, so muß natürlich die Gleichung einen anderen Verlauf nehmen. Entweder wird, wie bei gewissen Gärungen (S. 238), der Wasserstoff als solcher ausgeschieden, oder er wird zur Bildung weniger hoch oxydierter Verbrennungsprodukte, z. B. Alkohol, verwendet. Aller Wahrscheinlichkeit nach entstehen bei der Atmung aus dem Zucker zunächst die Stoffe, von denen unten bei der alkoholischen Gärung zu reden sein wird.

Auf den ersten Blick erscheint die Atmung als ein widersinniger Prozeß; es wird ja doch organische Substanz, die im Assimilationsprozeß aufgebaut wurde, wieder zerstört. Verständlich wird die Atmung erst, wenn man von ihrer stofflichen Seite ganz absieht und die energetische ins Auge faßt. In der Tat kommt es bei der Atmung für die Pflanze gar nicht in Betracht, daß CO_2 und Wasser entstehen; wichtig ist einzig und allein, daß freie Energie auftritt. Solche muß beim Abbau z. B. von Kohlehydraten entstehen, da ja zu deren Aufbau, wie wir sahen, ein Energieaufwand nötig ist; und diese frei werdende Energie ist für die Pflanze unentbehrlich, sie liefert die Betriebskraft für zahlreiche Lebenserscheinungen. Dementsprechend steht bald nach der Entziehung des Sauerstoffs die Protoplasmabewegung still; das Wachstum und die Reizbewegungen werden eingestellt. Alle diese Lebensäußerungen aber beginnen wieder, wenn nach nicht zu langer Zeit Sauerstoff von neuem der Pflanze zur Verfügung gestellt wird. Man kann sich wohl vorstellen, daß der Organismus Einrichtungen besäße, mit deren Hilfe er die ihm direkt von außen zufließende Energie, Licht und Wärme, als Betriebsenergie verwenden könnte. Allein tatsächlich sehen wir, daß er es vorzieht, die Sonnenenergie in Form von chemischer Energie zu speichern. Das hat für die Pflanze vor allem den einen großen Vorzug, daß die gespeicherte Energie durch Stoffwanderung außerordentlich leicht an andere Orte geführt werden kann (auch an solche, die wie z. B. Wurzeln im Dunkeln leben und nicht selbst die Speicherung ausführen können), und daß sie auch zu Zeiten verwendet werden kann, in denen ein Energiegewinn unmöglich ist (z. B. nachts).

Auch durch intramolekulare Atmung wird Energie frei; doch genügt diese bei den meisten Organismen nicht zur Aufrechterhaltung des ganzen normalen Lebensbetriebes, bei vielen nur zu kümmerlicher Fristung des Lebens. Während manche Samen bei intramolekularer Atmung viele Stunden oder Tage am Leben bleiben und einzelne sogar die gleiche Kohlensäuremenge ausgeben wie bei Sauerstoffatmung — bei der Mehrzahl vermindert sich diese Menge rasch —, tritt bei anderen Pflanzen wahrscheinlich durch die als Gifte wirkenden reduzierten Stoffe bald der Tod ein, und die Leistung der intramolekularen Atmung ist hier in jeder Hinsicht ganz unbedeutend. Umgekehrt erlangt sie bei gewissen Organismen, von denen alsbald die Rede sein soll, ganz außerordentlich große Bedeutung.

B. Oxydation anorganischer Substanz[198].

Während die meisten Pflanzen in der geschilderten Weise organische Substanz, vor allem Kohlehydrate, veratmen, haben sich gewisse Bakterien ganz andere Energiequellen erschlossen. So oxydieren die im Boden weitverbreiteten Nitritbakterien Ammoniak zu salpetriger Säure, und die mit ihnen vergesellschafteten Nitratbakterien oxydieren die salpetrige Säure weiter zu Salpetersäure. Mit Hilfe der so gewonnenen freien Energie vermögen sie dann — wie S. 219 schon berichtet wurde — auch Kohlensäure zu assimilieren; die frei gemachte chemische Energie tritt an die Stelle der Sonnenenergie bei den typischen autotrophen Pflanzen. Ein Abbau organischer Substanz fehlt hier völlig; es wird also die Gesamtmenge assimilierter Nahrung dauernd festgehalten, so daß diese Organismen außerordentlich ökonomisch arbeiten. Da aber das ihnen zur Verfügung stehende Ammoniak nur in begrenzter Menge und nur von anderen Organismen geliefert wird, so können die Nitrobakterien keine so dominierende Stellung in der Natur einnehmen wie die grünen Pflanzen.

An die Nitrobakterien schließen sich die Schwefelbakterien an, die Schwefelwasserstoff zu Schwefelsäure oxydieren, wobei sie intermediär Schwefel bilden und als Reservestoff in ihrem Körper speichern. In ähnlicher Weise gewinnen andere Bakterien bei der Oxydation von Methan zu Kohlensäure und Wasser die nötige Betriebsenergie. Daß diese überall in erster Linie zur Synthese organischer Substanz aus CO_2 dient, ist sehr wahrscheinlich.

Im Gegensatz zu diesen streng spezialisierten, autotrophen Bakterien ist die Verbrennung von Wasserstoff nicht die Eigenschaft ganz bestimmter „Wasserstoffbakterien“, sondern sie wird weit verbreitet von gewöhnlichen, typisch heterotrophen Bakterien ausgeübt, die daneben auch die Verbrennung organischer Substanz vollziehen. Offenbar ist es bei den sog. Eisenbakterien (z. B. Leptothrix ochracea) ähnlich, die vielleicht Eisen und Mangan nur dann wirklich nötig haben, wenn ihnen wenig geeignete organische Substanzen geboten werden.

C. Gärungen[199].

Mit der Entziehung des Sauerstoffes tritt intramolekulare Atmung ein; diese vermag zwar nicht bei höheren Pflanzen, wohl aber bei niederen die zur dauernden Erhaltung des Lebens nötige freie Energie zu liefern. Viele Bakterien, Pilze, auch gewisse Algen (Characeen) sind in auffallender Weise unabhängig vom Sauerstoff, sie nehmen mit geringen Spuren von ihm vorlieb, oder sie fliehen ihn überhaupt gänzlich und leben an sauerstoffreien Orten. Im Gegensatz zu dem verbreitetsten Typus von Organismen, die man aërobe oder Aërobionten nennt, heißen sie anaërobe oder Anaërobionten. Die beiden Extreme sind durch allerlei Abstufungen verbunden. Die echten Anaërobionten zersetzen organische Substanzen in sehr großen Mengen, und diese Zersetzung, die im Prinzip mit den Vorgängen bei der intramolekularen Atmung identisch ist, nennt man Gärung. Wie dort, so handelt es sich auch hier um Gewinnung gebundenen Sauerstoffs.

Das Prototyp der Gärung ist die alkoholische Gärung, die ganz besonders von Hefepilzen verursacht wird. Hier wird Zucker in Alkohol und Kohlensäure zerspalten, und dieser Vorgang hat bekanntlich eine große Bedeutung in der Technik (Bier-, Wein-, Branntweinbereitung). Der chemische Prozeß selbst ist der gleiche wie in der grünen Pflanze, die intramolekular atmet; im Gegensatz zu dieser aber vermag die Hefe in der Gärung einen vollen Ersatz für die Atmungstätigkeit zu finden. Sie ist aber nur so lange unabhängig vom Sauerstoff, als ihr ein geeignetes Gärmaterial (Zucker) zur Verfügung steht. Fehlt Zucker, so ist der Sauerstoff unentbehrlich, und es findet dann normale Atmung statt; ist Zucker und Sauerstoff gegeben, so tritt gleichzeitig Atmung und Gärung ein, es wird also ein Teil des Zuckers zu Kohlensäure und Alkohol, ein anderer zu Kohlensäure und Wasser verarbeitet. Es leuchtet ein, daß die Verarbeitung von Zucker zu Alkohol und Kohlensäure viel weniger Energie liefert als die vollständige Verbrennung zu Kohlensäure und Wasser. Deshalb versteht man es, daß die Hefe ungeheure Massen von Zucker verbraucht. Nur etwa 2% Zucker in der Nährlösung wird zum Aufbau von Körpersubstanz verbraucht (assimiliert), der Rest wird vergoren. Zur Ausführung einer so weitgehenden Spaltung des Zuckers besitzt die Hefe spezifische Enzyme, vor allem die Zymase.

Wenn bei der normalen Atmung die gesamte Verbrennungswärme der Glykose = 709 cal frei wird, so ist davon bei der Alkoholgärung die Verbrennungswärme von 2 Molekülen Alkohol 2 × 326 = 652 cal abzuziehen: somit werden nur 57 statt 709 cal frei.

Daß die chemische Tätigkeit der Hefe auf der Wirkung von Enzymen beruht[200], hat man schon lange vermutet. Erst E. BUCHNER aber gelang es, diese vom lebenden Plasma zu trennen. Da die „Zymase" im Gegensatz zu anderen Enzymen nicht aus der Zelle herauszudiffundieren vermag, mußte sie nach Aufreißen der Zellen durch hohen Druck aus diesen herausgepreßt werden. Die Zymase ist übrigens kein einheitliches Enzym, sondern ein Gemisch vieler Enzyme, die zusammen schließlich zur Alkoholbildung führen.

Im einzelnen dürfte nach NEUBERG[201] dieser Prozeß etwa so verlaufen, daß zunächst das Zuckermolekül in 2 Moleküle Methylglyoxal übergeführt wird, die Brenztraubensäure liefern; diese wird durch CO_2-Abspaltung in Acetaldehyd übergeführt. Acetaldehyd aber läßt sich als Zwischenprodukt der Gärung nachweisen und wird seinerseits auch direkt von der Hefe zu Alkohol reduziert.

Wenn auch die Hefe durch ihr Gärvermögen weitgehend unabhängig vom Sauerstoff ist, so kann man sie doch nicht zu den streng anaëroben Organismen rechnen, da sie in ihrem Wachstum durch freien Sauerstoff stark gefördert wird. Dementsprechend wird, da der chemische Umsatz von der Zahl der Hefezellen abhängt, mit der Zeit mehr Alkohol bei Sauerstoffzutritt als ohne solchen gebildet werden können. Andere Gärungsorganismen werden aber von freiem Sauerstoff direkt geschädigt und leben dementsprechend in der Natur nur an Orten, wo solcher fehlt. Zu diesen echten Anaërobionten gehören vor allem die Buttersäurebakterien, die Kohlehydrate aller Art, höhere Alkohole und Salze der Milchsäure in Wasserstoff und organische Säuren überführen, unter denen die Buttersäure nie fehlt. Sie spielen, da sie auch die sonst so schwer angreifbare Zellulose lösen, eine sehr große Rolle in der Natur: sie führen den von den Pflanzen in ihren Membranen festgelegten Kohlenstoff wieder in eine Form über, die eine weitere Verwendung durch andere Organismen gestattet, sie verhindern also ein Ausscheiden großer Mengen Kohlenstoffs aus dem Kreislauf der Stoffe (S. 240).

Auch bei der Buttersäuregärung soll das Kohlehydrat zunächst in Brenztraubensäure übergeführt werden, aus der dann durch eine Umlagerung Buttersäure neben freiem Wasserstoff auftritt. Indem für letzteren der freie Stickstoff als „Akzeptor" fungiert, soll es zur Bildung von Ammoniak, also zur Stickstoffbindung kommen; vgl. 224[195].

Es können hier nicht alle Gärungen angeführt werden. Es sei nur noch die Milchsäuregärung genannt, die in der Milchwirtschaft (Sauermilch, Käsebereitung, Kumys, Kefir) und auch sonst in der Praxis (Säuerung von Gemüsen, z. B. Sauerkraut) eine große Rolle spielt. Auch sie geht anaërob vor sich, indem das Zuckermolekül entweder direkt in zwei Moleküle Milchsäure gespalten wird oder neben Milchsäure auch CO_2 und H_2 entstehen läßt.

War bisher vorwiegend von der Vergärung der Kohlehydrate die Rede, so muß jetzt noch hervorgehoben werden, daß alle, auch die komplizierteren organischen Verbindungen des Pflanzen- und Tierkörpers, vor allem also die Eiweißkörper, vergoren werden können. Die Eiweißvergärung pflegt man als Fäulnis zu bezeichnen, wenn sie ohne Sauerstoffzufuhr erfolgt, als Verwesung, wenn Oxydationen möglich sind. In der Natur treten zunächst gewöhnlich aërobe Bakterien bei der Eiweißvergärung auf, die den anaëroben den Weg bahnen; eine scharfe Grenze zwischen Verwesung und Fäulnis existiert also nicht. Unter allen Umständen wird das Eiweiß zunächst hydrolytisch gespalten. Es treten also die früher erwähnten Spaltungsprodukte auf, vor allem Aminosäuren. Diese werden weiter verändert, zumeist unter Abspaltung ihrer NH_2-Gruppe und auch durch noch tiefergreifenden Abbau. Vielfach treten dann auch übelriechende Substanzen, wie Indol und Skatol, auf, die aber nicht bei jeder Eiweißgärung sich bilden müssen.

Es ist nicht möglich, eine scharfe Grenze zu ziehen zwischen den Dissimilationsvorgängen, die mit Eingreifen des Luftsauerstoffes und solchen, die ohne dieses sich vollziehen. Als Gärung müssen alle Dissimilationsprozesse, die von der typischen Atmung abweichen, bezeichnet werden. Demnach wäre auch die

Entstehung von Äpfelsäure und Oxalsäure bei den Crassulaceen so gut wie die Entstehung von Oxalsäure bei Pilzen und Bakterien als Gärung zu bezeichnen. Und eine ganz typische Oxydationserscheinung, die Überführung des Alkohols in Essigsäure und Wasser, die durch die Essigbakterien bewirkt wird, muß ebenfalls als Gärung betrachtet werden.

Wenn allen diesen Vorgängen im Grunde ein Gewinn von Sauerstoff gemeinsam ist, bald von freiem, bald von gebundenem, so müssen schließlich auch solche Prozesse, bei denen anorganische Stoffe den Sauerstoff liefern, hier angeschlossen werden. So leben gewisse Bakterien anaërob, wenn ihnen Nitrate als Sauerstoffquelle dienen, wenn also diese Nitrate etwa bis zu freiem Stickstoff reduziert werden (Denitrifikation), oder wenn Sulfate etwa in Schwefelwasserstoff übergeführt werden (Sulfatreduktion). Es gibt sogar Bakterien (Micrococcus selenicus), die zwar nicht anaërob sind, aber doch den freien Sauerstoff nicht zu nützen vermögen, vielmehr nur aus leicht reduzierbaren Stoffen, wie Natriumselenit, Natriumthiosulfat, Indigkarmin oder Methylenblau Sauerstoff entnehmen können[202].

Kreislauf der Stoffe. Werden organische Substanzen, wie das in der Natur mit den Resten abgestorbener oder den Exkreten lebender Organismen stets geschieht, verschiedenartigen Mikroorganismen preisgegeben, so arbeiten sich diese wechselseitig in die Hand, und Stoffwechselprodukte der einen werden von anderen weiter zersetzt, bis nur anorganische Materie übrig ist, bis die organischen Verbindungen „mineralisiert" sind. Als Endprodukte treten Kohlensäure, Wasser, Wasserstoff, Methan, Ammoniak, Stickstoff, Schwefelwasserstoff auf.

Alle diese Endprodukte der Gärung können wieder von anderen Organismen verwertet werden. Sehen wir von CO_2 und H_2O ganz ab, da diese zur Genüge besprochen sind, so wäre hervorzuheben, daß der Wasserstoff, das Methan, das Ammoniak und der Schwefelwasserstoff durch spezifische Bakterien oxydiert werden, daß der Stickstoff durch wieder andere Bakterien assimiliert wird. Durch dieses Zusammenarbeiten aller Organismen wird die einseitige Bildung und Anhäufung eines Stoffes verhindert; es entsteht ein fortwährender Kreislauf der Stoffe, durch den sich das Leben dauernd auf der Erde erhält. Existierte nur ein Typus von Organismen, so hätte dieser in kurzer Zeit durch seinen einseitigen Stoffwechsel sich jede Lebensmöglichkeit unterbunden.

D. Entwicklung von Wärme und Licht bei Atmung und Gärung.

Wärme[203]. Da die typische Atmung ein Oxydationsprozeß ist, so wird es begreiflich, daß eine Wärmeentwicklung mit ihr verbunden ist. Daß sich Pflanzen durch die Atmung aber meistens nicht fühlbar erwärmen, rührt daher, daß diese nicht ausgiebig genug ist, und daß die Transpiration der großen Flächen erhebliche Wärmeverluste herbeiführt, wodurch transpirierende Pflanzen meist sogar kühler als ihre Umgebung sind. — Auch bei einigen Gärungen werden nicht unbeträchtliche Wärmemengen frei, z. B. bei der Alkoholgärung. Bekannt ist ferner die Erhitzung, die in faulendem Mist eintritt und die in den „Mistbeeten" der Gärtner ausgenutzt wird.

Werden Transpiration und Wärmestrahlung verhindert und werden zur Untersuchung lebhaft atmende Pflanzen ausgewählt, dann läßt sich in der Tat eine Erwärmung nachweisen; sehr deutlich z. B. mit angehäuften Keimpflanzen oder Blütenknospen. Eine starke Erwärmung ist an blühenden Kolben von Araceen beobachtet worden, die ihre Temperatur um 10–20° C durch intensive Atmung erhöhen. Ein Gramm der Kolbensubstanz liefert dabei in einer Stunde bis zu 30 Kubikzentimeter CO_2, und in kurzer Zeit kann bei so intensiver Atmung die Hälfte der Trockensubstanz, der ganze Vorrat an Zucker und Stärke, veratmet werden. Auch in den großen Blüten der Victoria regia sind 15° C Temperaturerhöhung gemessen worden. Diese hohen Temperaturen in Blüten und Infloreszenzen locken Bestäubung vermittelnde Insekten an. — Besonders hohe Temperaturen erhält man, wenn Blüten, Blätter usw. in Dewargefäßen (z. B. Thermosflaschen) vor Wärmeverlusten bewahrt werden. Die Temperatur steigt dann unter Umständen auf 40–50° C und die Objekte sterben ab. Nach ihrem Tode erhöht sich dann die Temperatur durch die Tätigkeit von Mikroorganismen weiter.

Nach Verwundung wird die Atmung und auch die Erwärmung merklich gesteigert; das Gegenteil wird bei Hungerzuständen beobachtet.

Auch bei der Tabakfermentation findet eine beträchtliche Temperatursteigerung statt, und noch größer fällt diese aus, wenn feuchtes Heu oder feuchte Baumwolle in größeren Massen aufgetürmt sich selbst überlassen werden; es kommt dann durch die Entstehung leichtentzündlicher Gase schließlich zur Selbstentzündung. Am genauesten sind die Verhältnisse der Selbsterhitzung des Heus untersucht. Hier tritt zunächst durch die Atemtätigkeit des Bacillus coli ein Steigen der Temperatur bis auf 40° C ein; eine ganze Reihe von thermophilen Schimmelpilzen und Bakterien, deren Minimum etwa bei dieser Temperatur liegt, stellt sich dann ein; unter ihnen ist es namentlich der Bacillus calfactor, der die Temperatur bis zu 70° steigert. Schließlich gehen alle Organismen an der durch sie selbst produzierten Temperatur zugrunde; das Heu ist steril geworden.

Leuchten[204]. Unter denselben Bedingungen, die die Atmung unterhalten, bemerkt man bei einer beschränkten Zahl von Pflanzen ein Leuchten. Die bekanntesten leuchtenden Pflanzen sind gewisse Bakterien und das früher als „Rhizomorpha" beschriebene Myzelium eines baumtötenden Hutpilzes, der Armillaria mellea. Auf toten Fischen und Fleisch treten oft Überzüge unschädlicher leuchtender Bakterien (Bacterium phosphoreum, Pseudomonas lucifera u. a.) auf. Das Leuchten zahlreicher Tiere scheint durchweg von Bakterien hervorgebracht zu werden, die in ganz bestimmten Organen dieser Tiere regelmäßig zur Entwicklung kommen.

Das Leuchten verschwindet in sauerstoffreier Umgebung, stellt sich aber bei Zutritt freien Sauerstoffs sofort wieder ein. Leuchtbakterien lassen sich deshalb als empfindliches Reagens zum Nachweis der Assimilation benutzen. Alle Umstände, die die Atmung fördern, verstärken das Leuchten und umgekehrt. Ein Nutzen der Lichtentwicklung für die Produzenten ist nicht bekannt.

Zweiter Abschnitt. Entwicklung[205].

Die Entwicklungsphysiologie soll hier in drei Abschnitten behandelt werden. Der erste bringt Vorbemerkungen, die rein deskriptiv manches näher ausführen, was schon im morphologischen Teil besprochen ist. Dann erst folgt die kausale Entwicklungsphysiologie, deren Ziel ist, die aufeinanderfolgenden Vorgänge der Entwicklung nach ihren Ursachen zu verstehen und willkürlich abzuändern. Die Ergebnisse sind freilich zur Zeit noch weit vom Ziel entfernt, wir haben noch viel mehr Probleme als Lösungen.

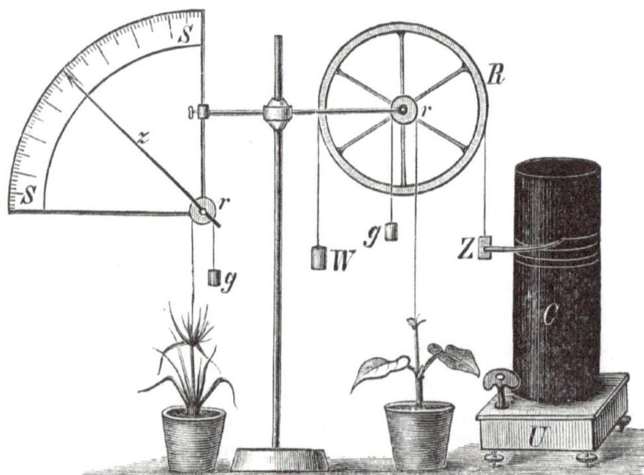

Fig. 254. Wachstumsmesser (Auxanometer). Links ein einfaches Hebelauxanometer (Zeiger am Bogen), rechts ein selbstregistrierendes Auxanometer. Nähere Erklärung im Text. Nach NOLL.

Es empfiehlt sich, diese Probleme in doppelter Weise zur Anschauung zu bringen: es sollen im 2. Abschnitt die Faktoren, die von Einfluß auf die Entwicklung sind, in den Vordergrund der Betrachtung gestellt werden, während umgekehrt im 3. Abschnitte gerade die Entwicklungsvorgänge das Einteilungsprinzip ergeben.

I. Vorbemerkungen.

Entwicklung, mit Gestaltsveränderung verbundenes Wachstum, ist eine der auffallendsten Lebenserscheinungen. Unter Wachstum versteht man nicht jede beliebige Volumvergrößerung. Wenn eine ausgetrocknete verschrumpfte Rübe im Wasser schwillt, so ist das kein Wachstum. Nur bleibende, nicht rückgängig zu machende Größenzunahme kann Wachstum genannt werden, mag dabei die Pflanze im ganzen Substanzgewinn oder -verlust erfahren. In der Regel ist freilich das Wachstum mit Substanzgewinn verbunden; die im Keller treibende Kartoffel aber erleidet durch Transpiration und durch Atmung Verluste, und doch wachsen ihre Triebe.

1. Wachstumsmessung.

Gesamtverlängerung. — Handelt es sich darum, die Zuwachsgröße einer Pflanze, d. h. die Gesamtverlängerung in der Zeiteinheit zu bestimmen, so kann man bei raschwüchsigen Organen, z. B. den Blütenschäften einer Agave, den Sprossen einer Bambusa, in bestimmten Zeitabschnitten (Tagen, Stunden) einen gewöhnlichen Maßstab anlegen und ablesen. — In der Regel aber ist es nötig, den Zuwachs der Pflanzen zum Zweck der Messung zu vergrößern. Das kann z. B. durch das Mikroskop geschehen, das den von der Pflanze durchschrittenen Raum beliebig zu vergrößern gestattet. Die bei gröberen Versuchsobjekten meist benutzte Methode der Vergrößerung ist aber die mittels Hebelübertragung. Die darauf beruhenden Apparate werden als Auxanometer bezeichnet.

Fig. 254 stellt links ein einfaches Auxanometer, den „Zeiger am Bogen" vor, mit dem der Zuwachs eines Blütenschaftes beobachtet wird. Ein dicht unter der Gipfelknospe befestigter Faden läuft über die kleine Rolle *r* und wird durch das Gewicht *g* straff gehalten, ohne einen störenden Zug auf den Schaft auszuüben. *z* ist ein mit der Rolle *r* fest verbundener Zeiger, der etwa 20mal so lang ist als der Halbmesser der Rolle, den jeweiligen Zuwachs des Schaftes also zwanzigfach vergrößert an der Skala *S* angibt.

Um die zu bestimmten Zeiten hier notwendigen Ablesungen zu ersetzen, hat man selbstregistrierende Auxanometer verwandt, deren Konstruktion in Fig. 254 rechts in einfacher Ausführung dargestellt ist. Der große Hebelarm wird durch einen Radius der größeren Rolle *R* gebildet, der kleine durch einen Radius der kleinen Rolle *r*. Bei der durch den Sproßzuwachs erfolgenden Drehung der Rollen hebt sich ein mit dem Zeiger *Z* versehenes Metallstück, das durch das Gegengewicht *W* äquilibriert ist. Der horizontale spitze Zeiger berührt rechts eine durch das Uhrwerk *U* in gleichmäßige Drehung versetzte, mit einem berußten Papier überzogene Trommel *C*, auf der der Zeiger einen weißen Strich hinterläßt. Dreht sich die Trommel in je einer Stunde einmal, dann gibt der senkrechte Abstand zwischen den Zeigerspuren den jeweiligen stündlichen Zuwachs in bekannter Vergrößerung selbsttätig an.

Im allgemeinen ist die Zuwachsgröße der Pflanzen so gering, daß man bei kurzer Beobachtungszeit überhaupt kein Wachstum bemerkt. Nur gewisse Pilze und die Staubfäden mancher Gräser wachsen so rasch, daß man die Verlängerung mit bloßem Auge wahrnehmen kann. Der Fruchtkörper des Gasteromyceten Dictyophora verlängert sich nach A. MÖLLER um 5 mm, die Staubfäden von Triticum (Weizen) nach ASKENASY um 1,8 mm in der Minute; das Ende der letzteren rückt also etwa mit der gleichen Geschwindigkeit vor wie die Spitze des großen Zeigers einer Taschenuhr. Die nach diesen Staubfäden am schnellsten wachsenden Pflanzenteile, nämlich die Blattscheiden der Bananen, stehen mit 1,1 mm, die Bambusschößlinge mit 0,75 mm, kräftige Kürbissprosse mit 0,1 mm, die Hyphen von Botrytis mit 0,034 mm in der Minute schon erheblich dagegen zurück; die allermeisten Pflanzen erreichen aber auch unter günstigen Verhältnissen nur einen viel geringeren Zuwachs (0,005 mm und darunter in der Minute).

Niemals bleibt die Zuwachsgröße eines Organs dauernd gleich: auch bei konstanten äußeren Verhältnissen sieht man vielmehr die Zuwachse zunächst von sehr kleinen Werten bis zu einem Maximum ansteigen und dann wieder allmählich auf Null abklingen. Man nennt diese Erscheinung „die große Periode des Wachstums". Ein Beispiel mag ihren Verlauf illustrieren:

Für das erste Stengelglied der Lupine wurden an aufeinanderfolgenden Tagen bei konstanter Temperatur im Dunkeln folgende Zuwachse (in Zehntelmillimeter) gefunden:

8, 9, 11, 12, 35, 43, 41, 50, 51, 52, **65**, 54, 43, 37, 28, 18, 6, 2, 0.

Nicht immer freilich verläuft diese Periode so regelmäßig; vielfach treten durch „stoßweise Änderungen" des Wachstums erhebliche Unregelmäßigkeiten in ihrem Verlauf ein.

Wachstumsverteilung. — In der Regel wächst ein Pflanzenteil nicht in seiner ganzen Ausdehnung, es gibt vielmehr an ihm ausgewachsene und wachsende Teile; und die wachsenden Abschnitte verlängern sich auch nicht etwa gleichmäßig, sondern sie bestehen aus verschieden rasch wachsenden Zonen, die allmählich ineinander übergehen. — Die Lage und die Länge der Wachstumszonen ist bei verschiedenen Organen nicht die gleiche. Die typische Wurzel hat eine einzige Wachstumszone, und diese liegt dicht hinter der Spitze und nimmt eine Länge von 5–10 mm ein; Luftwurzeln freilich haben eine Wachstumszone, die erheblich länger werden kann und im Extrem 1 m beträgt. Die Stengel verhalten sich ungleich. Solche, die keine scharf differenzierten Knoten besitzen, haben wie die Wurzeln bloß eine einzige Wachstumszone, aber die Länge der Wachstumszone ist immer beträchtlich, oft bis zu einem halben Meter. Wo aber typische Knoten ausgebildet sind, da haben wir so viele Wachstumszonen, als Internodien sich strecken, und diese sind entweder von weniger stark wachsenden Partien oder von ganz ausgewachsenen getrennt. Man spricht im letzteren Falle von interkalarem Wachstum; sehr schön ist dieses z. B, bei den Grashalmen ausgebildet, wo an der Basis jedes Internodiums eine Wachstumszone sich findet. Auch bei manchen Blättern, namentlich denen der Monokotylen, haben wir an der Basis eine interkalare Wachstumszone.

Die Verteilung des Wachstums wird dadurch festgestellt, daß man von Zeit zu Zeit die Entfernung gewisser natürlicher oder künstlich angebrachter Marken mißt.

So ist z. B. in Fig. 255 *I* eine Wurzelspitze dargestellt, die vom Vegetationspunkt aus (Punkt 0; darunter die Wurzelhaube) mit Tuschestrichen in Millimeterabstand versehen ist. 22 Stunden später sind diese Striche in der Weise auseinandergerückt, wie das Fig. 255 *II* zeigt. Das Wachstum ist also in der Wachstumszone ungleich; am oberen und unteren Ende verläuft es langsam und vermittelt so den Übergang zu der Partie, die das maximale Wachstum aufweist. Untersucht man den Zuwachs einer Querscheibe, z. B. des zwischen den Marken 0 und 1 gelegenen Millimeters, an aufeinanderfolgenden Tagen, so zeigt sich, daß sie erst langsam, dann schnell, dann wieder langsam wächst; mit anderen Worten: ein jeder Abschnitt der Wachstumszone zeigt die große Periode des Wachstums. Die verschiedenen von der Spitze aus abgetragenen Millimeter befinden sich in verschiedenen Stadien ihrer großen Periode; die 2 ersten sind im aufsteigenden Ast, 3 und 4 auf dem Gipfel, die übrigen im absteigenden Ast der Kurve. Entsprechendes gilt für andere Organe.

Zeitlich getrennte Wachstumsperioden treten z. B. an den Schäften von Taraxacum auf, die erste gelegentlich bei der Blütenentwicklung, die zweite bei der Fruchtbildung. Ähnlich verhalten sich andere Organe, deren Aufgabe zeitweise sich ändert (Blütenstiele bzw. Fruchtstiele von Linaria Cymbalaria, Arachis hypogaea, Tropaeolum).

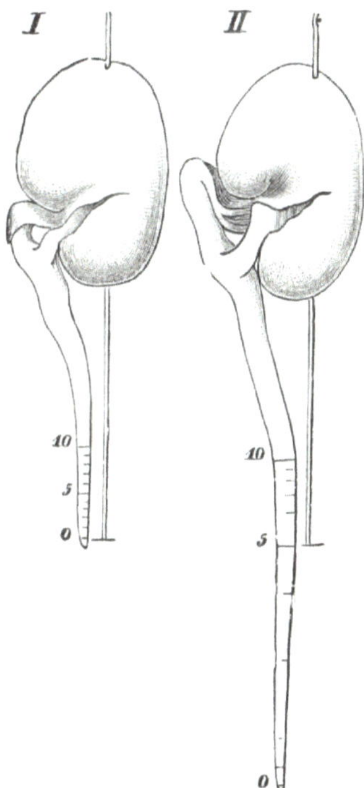

Fig. 255. Die Verteilung des Zuwachses an der Wurzelspitze einer Feldbohne (Vicia Faba). Bei *I* die Wurzelspitze durch Tuschemarken in 10 gleiche Querzonen von 1 mm geteilt. In *II* dieselbe Wurzel nach 22 Stunden. Die Tuschestriche sind durch ungleiches Wachstum der Zonen verschieden weit auseinandergerückt. Nach SACHS.

Wachstumsgeschwindigkeit. — Aus der Tatsache, daß in verschiedenen Organen ganz verschieden lange Zonen im Wachstum begriffen sind, kann man entnehmen, daß die Angaben über den Gesamtzuwachs eines solchen Organs, wie sie S. 243 gemacht wurden, keinen Schluß auf die eigentliche Wachstumsgeschwindigkeit, d. h. den Zuwachs der Längeneinheit in der Zeiteinheit zulassen. Bei den Sprossen von Bambusa z. B. ist die wachsende Zone viele Zentimeter, bei Botrytis nur 0,02 mm lang; wenn also Bambusa bei gleichen Außenverhältnissen etwa einen 20mal so großen Zuwachs in der Minute erfährt als Botrytis, so ist doch ihre Wachstumsgeschwindigkeit eine viel geringere. Zur Charakterisierung der Wachstumsgeschwindigkeit sind demnach Angaben der Verlängerung pro Minute in Prozenten der Wachstumszone nötig. Da ergibt sich dann eine Geschwindigkeit von 83% bei Botrytis, von nur 1,27% bei Bambusa; im Maximum hat man 220% bei gewissen Pollenschläuchen beobachtet, während manche noch immerhin ansehnlich wachsende Sprosse nur 0,5% ergeben.

Größe der Pflanze. Aus der Wachstumsgeschwindigkeit und der Größe der wachsenden Zone kann man die definitive Verlängerung eines Pflanzenteiles erst dann bestimmen, wenn man auch die Wachstumsdauer kennt. Durch die Variation dieser Faktoren ist die Größe der Pflanze wie auch ihrer Teile bestimmt, die, wie jedermann weiß, zwar in mannigfacher Weise von äußeren Faktoren abhängt, aber doch eine spezifisch verschiedene ist. Eine bestimmte Größe gehört so gut zu den spezifischen Eigenschaften eines Organismus wie seine Blattgestalt usw.; auch ist die ganze Organisation einer Pflanze derart, daß sie nur mit einer gewissen Größe verträglich ist.

2. Die Phasen des Wachstums.

Bei den einfachsten Pflanzen, niederen Algen, Pilzen, Bakterien, besteht die Entwicklung lediglich im Wachstum der Zelle mit darauffolgender Teilung. Diese Fälle sind in der Morphologie zur Genüge besprochen. Bei komplizierten Pflanzen findet sich zwar auch stets Zellenwachstum und häufig genug Zellteilung, aber beide Prozesse erscheinen unter das Gesamtwachstum untergeordnet, und dieses setzt sich vielfach aus drei verschiedenen, wenn auch zeitlich meist nicht scharf getrennten Phasen zusammen, der embryonalen Anlage der Organe, der Streckung und der inneren Ausgestaltung.

a) Embryonale Anlage. — Das embryonale Wachstum erfolgt normalerweise an **Vegetationspunkten**, und neue Vegetationspunkte entstehen im allgemeinen unmittelbar aus schon vorhandenen; nur bei den Wurzeln erfolgt die Ausbildung der Vegetationspunkte der Seitenglieder etwas verspätet aus Resten des Vegetationspunktes, die embryonalen Charakter beibehalten haben. Die charakteristischen Züge der Organbildung an Vegetationspunkten sind schon in der Morphologie behandelt. Dort wurde auch auf S. 64 und 65 die Symmetrie und die Polarität besprochen; auch diese werden häufig schon am Vegetationspunkt ausgebildet; ja die Polarität, der Gegensatz zwischen Basis und Spitze, wird bei den höheren Pflanzen schon in der Eizelle angelegt und bleibt, einmal entstanden, gewöhnlich dauernd erhalten. Hier aber muß noch betont werden, daß nicht alle Vegetationspunkte von ihresgleichen abstammen. Nicht nur durch die normale Organogenese, sondern auch durch Restitution kann die Entwicklung der Pflanze vonstatten gehen.

Unter **Restitution**[206] versteht man die Neubildung von Organen, die in der Regel nach Verstümmelung einer Pflanze auftritt und die an Orten erfolgen kann, wo an der unverletzten Pflanze keinerlei Wachstumstätigkeit eingetreten wäre. Man kann zwei Fälle von Restitution unterscheiden, je nachdem die Ersatzbildung aus der Wundfläche oder in einer gewissen Entfernung von ihr entsteht.

Die Wiederherstellung des verlorenen Organs von der Wundfläche aus findet sich bei niederen Pflanzen, z. B. bei Algen und Pilzen, nicht ganz selten, dagegen ist sie bei höheren Pflanzen von ganz beschränktem Vorkommen. Nur Gewebe, die noch embryonal sind, aber bei weitem nicht alle embryonalen Gewebe, sind dazu befähigt. Am häufigsten sind derartige Restitutionen am Vegetationspunkt der Wurzel beobachtet; hier wird nach Abtragung der Spitze durch einen Querschnitt diese wieder gebildet, wenn der Schnitt nicht weiter als etwa 0,5 mm von der Kuppe des Vegetationspunktes entfernt war. Längsgespaltene Wurzelvegetationspunkte pflegen sich derart zu ergänzen, daß eine solche Wurzel dann zwei Spitzen erhält. An Sproßvegetationspunkten kommt diese Art von Restitution nicht vor, an Blattanlagen ist sie sehr selten.

Dagegen ist die andere Art von Restitution ganz außerordentlich verbreitet im Pflanzenreich. Hier wird für das verlorene Organ dadurch Ersatz geschaffen, daß in der Nähe der Wunde ein neues gebildet wird oder ein in der Anlage schon vorhandenes auswächst. Auch für diese Art der Restitution liefern Algen und Pilze, vor allem aber die Laub- und Lebermoose, zahlreiche Beispiele, die hier nicht angeführt werden können. Wir beschränken uns auf die Betrachtung der Blütenpflanzen. Ganz besonders verbreitet ist bei diesen die Befähigung zur Wurzelbildung. Bei den Pelargonien, bei der Weide und bei vielen anderen Pflanzen hat man es durch Abtrennen der Sprosse in der Hand, an jeder beliebigen Stelle Wurzeln entstehen zu lassen; bei anderen Pflanzen sind es bevorzugte Orte, wie die älteren Knoten, an denen sie sich entwickeln. Nach der Wurzelbildung ergänzt sich aber der Stengel zu einer vollen Pflanze, wenn entweder vorhandene Blattachselknospen austreiben oder wenn neue Sproßvegetationspunkte auftreten. Auch abgeschnittene Blätter haben sehr oft die Fähigkeit, sich zu bewurzeln, doch ist mit dieser nur selten auch das Vermögen der Sproßbildung verbunden. Selbst aus abgeschnittenen Wurzeln können — wenn sie imstande sind, Knospen zu erzeugen — neue Pflanzen entstehen. Außer an Stengeln, Blättern, Wurzeln hat man auch schon an Ranken, Blüten und Früchten, vielfach unter Neubildung von Vegetationspunkten, Knospen, auftreten sehen. Wird der Vegetationspunkt einer Blütenpflanze zerstört, so kann aus dem Meristem oberhalb der jüngsten Blattanlagen ein Ersatzvegetationspunkt geschaffen werden. Ist hier die Restitution auf ganz embryonale Zellen beschränkt, so sehen wir in anderen Fällen ältere, zum Teil schon ausgewachsene Zellen wieder anfangen zu wachsen und sich zu teilen, also wieder embryonal werden. Vielfach bildet sich so zunächst ein besonderes Gewebe an der Wunde: der Kallus; im Innern dieser Zellwucherung treten dann Sproßanlagen auf. In wieder anderen Fällen sehen wir ausgewachsene Zellen, mögen das nun Parenchymzellen oder Epidermiszellen sein, direkt, d. h. ohne Kallusbildung, zu Vegetationspunkten werden. So stellt z. B. die Fig. 256 die Entstehung eines Begoniensprosses aus einer Epidermiszelle des Blattes dar.

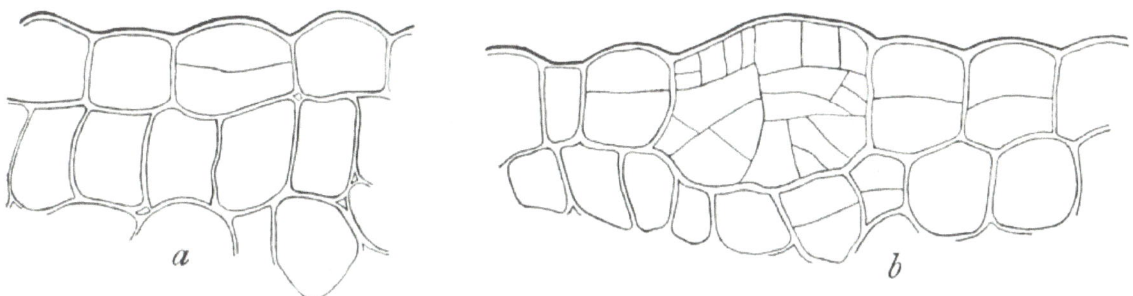

Fig. 256. Querschnitt durch das Blatt von Begonia. Vergr. 200. Bildung eines Adventivsprosses aus einer Epidermiszelle nach HANSEN. *a* Die Epidermiszelle hat sich einmal durchgeteilt. *b* Aus der Epidermiszelle ist ein vielzelliges Meristem geworden.

Nicht nur äußerlich sichtbare Organe, sondern auch Gewebe können sich aus ausgewachsenen Parenchymzellen bilden. So werden z. B., wenn die Leitbahnen unterbrochen worden sind, aus dem Parenchym neue Gefäße gebildet, die wieder eine Verbindung herstellen. Nicht immer freilich wird das entfernte oder unterbrochene Gewebe wieder gebildet; häufig kommt es zu Ersatzbildungen. So wird in der Regel die Epidermis durch Kork ersetzt, und nur ausnahmsweise kommt es zu ihrer echten, mit der Bildung von Spaltöffnungen verbundenen Wiederbildung.

Hier anzuschließen wäre auch die Neubildung der Epidermis, wie sie im normalen Verlauf der Entwicklung bei bestimmten Araceen sich einstellt, die Löcher in ihren Blattspreiten entstehen lassen. Bei Monstera deliciosa sterben einzelne Stellen der Spreite ganz junger Blätter ab. Um diese Stellen tritt das Mesophyll in Teilung ein und bildet aus der äußersten Zellschicht eine sekundäre Epidermis, die nunmehr die Löcher auskleidet und an die primäre Epidermis der beiden Blattflächen anschließt. — Auch sonst finden sich in der normalen Entwicklung vielfach Vorgänge, die man als Restitutionen betrachten kann; z. B. die wiederholte Korkbildung (S. 139).

Neben der Tatsache, daß Restitution eintritt, interessiert auch die Frage, wo sie sich einstellt. Und da zeigt sich dann vielfach, daß die Polarität, die an der intakten Pflanze auffällt, sich auch an der restituierenden geltend macht. So pflegen an Stengeln die Sprosse am Apikalende, die Wurzeln am Basalende aufzutreten, während an der Wurzel genau die entgegengesetzte Verteilung besteht. Auch bei niedrig organisierten Pflanzen zeigt sich oft eine Polarität in den Restitutionsprozessen. Wird z. B. ein Zellfaden einer Cladophora in Einzelzellen zerlegt, so bildet jede an der Basis ein farbloses Rhizoid, an der Spitze einen grünen Faden.

Fig. 257. Blatt von Begonia als Steckling behandelt. Mit den Restitutionssprossen. Nach STOPPEL.

An Laubblättern tritt bei Restitutionen dieser Gegensatz von Basis und Spitze nicht zutage. Das mag damit zusammenhängen, daß das restituierende Blatt nicht in die Neubildung eingeschaltet wird; es entsteht vielmehr an der Blattbasis eine völlig neue Pflanze, worauf das Blatt selbst abstirbt. In einzelnen Fällen treten auch die Neubildungen auf der ganzen Blattfläche ein (Torenia); manchmal läßt sich aber der Ort ihrer Entstehung durch Einschnitte in die Lamina beeinflussen: bei Begonia z. B. (Fig. 257) bilden sich die jungen Pflänzchen oberhalb der Schnitte.

Die besprochenen Erscheinungen der Restitution haben eine große Bedeutung für die Gärtnerei, da sie gestatten, Pflanzen ohne Zuhilfenahme von Samen rasch zu vermehren. Bei dieser künstlichen Vermehrung werden abgetrennte Teile von Pflanzen benutzt, um aus ihnen wieder vollständige Pflanzen zu erzielen. Das gelingt bei manchen Pflanzen leicht, bei anderen ist es schwieriger, bei wieder anderen ist es überhaupt nicht möglich. Das einfachste Verfahren ist die Fortpflanzung durch Stecklinge, d. h. das Einsetzen abgeschnittener Zweige in Wasser, Sand oder Erde, wo sie sich bewurzeln (Oleander, Pelargonien, Tradescantien, Fuchsien, Weiden usw.). Durch abgetrennte Blätter werden hauptsächlich die Schiefblätter (Begonien) vermehrt. Selbst im Zusammenhang mit ihrer Mutterpflanze erzeugen die Blätter mancher Gewächse jungen Nachwuchs (Bryophyllum). Auch aus Wurzeln und Wurzelstücken können einzelne Pflanzen vermehrt werden, wie z. B. der Löwenzahn (Taraxacum).

b) Streckung. Um in Funktion treten zu können, müssen sich die embryonalen Anlagen vergrößern und entfalten; das geschieht durch den Prozeß der Streckung in höchst eigenartiger, haushälterischer Weise. Die Vergrößerung erfolgt nämlich vor allem durch Einlagerung von Wasser („Schwellwasser"), das von außen aufgenommen werden kann. Organische Substanz muß nur zum Flächenwachstum der Zellhaut aufgewandt werden. Dagegen bedarf es keiner Vermehrung des Protoplasmas bei der Streckung; es wird also gerade die besonders kostbare N-haltige Substanz gespart. In dieser Hinsicht besteht ein großer Unterschied im Wachstum der Pflanzen gegenüber dem typischen Tier, dem eine der „Streckung" entsprechende Größenzunahme abgeht.

Schon die embryonale Zelle des Vegetationspunktes enthält in der Zellhaut und dem Protoplasma reichliche Wassermengen; die gesamte organische Substanz ist ja mit Wasser imbibiert. Bei fortgesetzter Wasseraufnahme von außen tritt aber eine Sonderung zwischen dem wasserdurchtränkten Protoplasma und den mit wäßriger Lösung gefüllten Vakuolen auf, und schließlich kommt es durch Verschmelzen der Vakuolen zur Ausbildung des einzigen zentralen „Saftraumes" und des peripheren Plasmaschlauches (vgl. S. 9, Fig. 3). Daß der Saftraum der Sitz osmotischer Kräfte ist, wurde schon früher (S. 191) ausgeführt; der Turgordruck aber ist eine unentbehrliche Bedingung für das Flächenwachstum der Zellhaut.

Zellen, deren Turgeszenz (S. 191) durch Wasserentzug aufgehoben ist, zeigen kein Wachstum mehr. Man nimmt deshalb an, daß die mechanische Dehnung der Zellhaut ihr Wachstum erleichtert oder erst ermöglicht. Man darf aber nicht glauben, daß irgendeine Proportionalität zwischen Wachstum und Dehnung existiere. Auch läßt sich die Dehnung durch den Turgordruck keineswegs durch eine beliebige mechanische Dehnung ersetzen. Das Protoplasma spielt eben beim Flächenwachstum der Zellhaut stets die Hauptrolle, und mit seiner Betätigung muß es wohl zusammenhängen, daß manchmal Zellhäute bei sehr schwacher Spannung ausgiebig wachsen.

Über die Vorgänge beim Zellhautwachstum, die man als Apposition und Intussuszeption bezeichnet, ist S. 29 das Nötige gesagt worden. Bei Flächenwachstum ohne Substanzaufnahme („plastische Dehnung"), dem dann gewöhnlich Lamellenanlagerung folgt, ist die Turgordehnung eine leichtverständliche Voraussetzung des Wachstums; bei Intussuszeptionswachstum erscheint uns der Turgordruck weniger notwendig.

Wenn durch Wachstum der Zellhaut erneute Wasseraufnahme ermöglicht wird, muß der Zellsaft zunächst verdünnt werden. Tatsächlich tritt eine solche Verdünnung nicht ein, weil das Protoplasma der wachsenden Zelle fortwährend die Konzentration des Zellsaftes zu regulieren vermag. Durch Überführung von Zucker in organische Säuren kann der osmotische Wert erheblich vergrößert werden; würde z. B. Oxalsäure aus Glykose gebildet, so könnte er auf das Dreifache seines früheren Wertes steigen. Umgekehrt kann er z. B. durch völlige Verbrennung von Zucker bei der Atmung ganz erheblich verringert werden.

Neben der Streckung in der Längsrichtung existiert auch eine Streckung in der Querrichtung (Dickenwachstum). Der Durchmesser der fertigen Wurzel, des fertigen Stengels z. B. ist größer, oft beträchtlich größer als unmittelbar am Vegetationspunkt. Man unterscheidet, wie S. 121 auseinandergesetzt ist, ein primäres vom sekundären Dickenwachstum. Nur das primäre Dickenwachstum ist ein reines Streckungswachstum; beim sekundären werden durch ein interkalares Meristem, das Kambium, zunächst neue embryonale Zellen geschaffen, die erst allmählich in Streckung übergehen.

Gewebespannung. Die Streckung der Zellen in die Länge und Weite erfolgt in einem Querschnitt eines Organs nicht immer gleichmäßig und gleichzeitig. Sehr verbreitet findet sich z. B. bei wachsenden Stengeln die Erscheinung, daß das Mark ein stärkeres Streckungsbestreben hat als die peripherischen Gewebe. Da eine Kontinuitätstrennung zwischen beiden nicht eintreten kann, kommt es zu Spannungen („Gewebespannung"); das Mark dehnt die Rindengewebe, diese komprimieren das Mark: die tatsächliche Länge des Organs ist eine aus antagonistischen Bestrebungen resultierende. Trennt man die Gewebe künstlich, so nimmt jedes seine spezifische Länge an, das Mark verlängert sich, die Rinde kontrahiert sich: die Spannung hört auf.

Diese in wachsenden Organen weit verbreitete Gewebespannung kann man in folgender Weise demonstrieren. Löst man in einem Sonnenblumensproß mit Hilfe des Korkbohrers das Mark eine Strecke weit aus seinem Zusammenhang mit den Nachbargeweben, so tritt es nach Entfernung des Bohrers an der Schnittfläche weit hervor (Fig. 258, *1*). Wird ein Sproß der Länge nach gespalten, so krümmen sich die beiden Hälften nach außen, da das Mark sich verlängert, die Epidermis sich verkürzt. Selbst an hohlen Sprossen, z. B. den Blütenschäften des Löwenzahns (Taraxacum), besteht eine Spannung zwischen inneren und äußeren Gewebeschichten. Wird ein Taraxacum-Stengel der Länge nach gespalten, so krümmen sich seine Teile nach außen (Fig. 258, *2a*), und diese Krümmungen nehmen noch erheblich zu (Fig. 258, *2b*) wenn das Objekt in Wasser gelegt wird.

Auch in Blättern und Wurzeln finden sich Gewebespannungen. Die Spannungen müssen nicht ausschließlich in der Längsrichtung eintreten; es gibt auch Querspannungen. So wird z. B. die Rinde von Bäumen, die sekundär in die Dicke wachsen, in tangentialer Richtung ganz beträchtlich gedehnt; sie kontrahiert sich also nach Loslösung vom Holzkörper.

Die Gewebespannungen bilden sich in geringer Entfernung vom Vegetationspunkt mit dem Beginne der Streckung allmählich aus, und sie verschwinden im allgemeinen wieder in der ausgewachsenen Zone. In einigen Fällen bleiben sie aber dauernd erhalten (S. 297). Sie sind von großer Bedeutung für die wachsenden Gewebe; sie vermehren die schon durch die Turgeszenz der Einzelzellen bedingte Festigkeit. Die Gewebespannung hat auch eine gewisse Ähnlichkeit mit der Turgeszenz der Einzelzelle; das zeigt sich am deutlichsten beim typischen Stengel: wie der Zellsaft durch den osmotischen Druck die Zellhaut dehnt, so expandiert das schwellende Mark die Rindenpartien. Wie aus der Dehnung der Zellhaut, so resultiert auch aus der der Rinde ein vermehrter Widerstand gegen Deformationen, also eine vergrößerte Festigkeit.

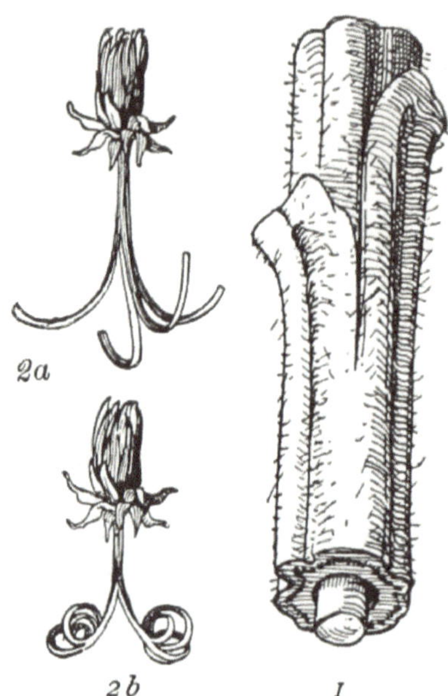

Fig. 258. *1* Sproß von Helianthus annuus nach Entfernung der Blätter; Mark mit dem Korkbohrer von der Peripherie getrennt. *2* Blütenstand von Taraxacum. Stiel der Länge nach übers Kreuz gespalten. *a* Sofort nach dem Spalten, *b* nach Einlegen in Wasser.

Die Gewebespannung wird dadurch aufgehoben, daß sämtliche Zellen schließlich die mittlere Länge dauernd annehmen, die ihnen durch die antagonistischen Bestrebungen diktiert wird. Manchmal aber zeigen gewisse Zellen, nachdem sie ihre größte Länge erreicht haben, ein ganz beträchtliches, mit Änderung ihrer Form verbundenes Kontraktionsbestreben. Sehr verbreitet kommt das z. B. bei Wurzeln vor, wo die Zellen der Rinde und die zentralen Partien durch zwischenliegende Gewebe, die sich kontrahieren, in Falten gelegt werden. Die Bedeutung dieser Wurzelkontraktion (S. 154), die eine Verkürzung der ausgewachsenen Teile um 10–70% herbeiführen kann, ist sehr groß. Sie bewirkt es z. B., daß die Blätter vieler „Rosettenpflanzen" trotz des andauernden Längenwachstums des Stammes doch immer dem Boden angedrückt bleiben; sie bedingt und reguliert das Eindringen vieler Knollen und Zwiebeln in eine bestimmte Tiefe der Erde; sie erhöht schließlich auch die Befestigung der Pflanze im Boden, da durch straffe Wurzeln eine größere Stabilität erzielt wird als durch schlaffe.

c) Innere Ausbildung. Die Zellen des typischen Vegetationspunktes des Sprosses und der Wurzel behalten andauernd ihre Wachstums- und Teilungsfähigkeit. Man nennt sie embryonale Zellen. Alle Organe, die mit solchen Zellen versehen sind, haben im Prinzip die Befähigung zu unbegrenztem Wachstum. Embryonale Gewebe finden sich nicht nur am Vegetationspunkt, sondern auch in den sekundären Meristemen (S. 40).

Ein Teil der embryonalen Zellen, in Organen mit begrenztem Wachstum sogar alle, verwandelt sich in somatische Zellen, Dauergewebe, die bald mit Wachstum und Teilung aufhören und früher oder später dem Tode verfallen (S. 272).

Die innere Ausbildung der Organe beginnt direkt hinter dem Vegetationspunkt und dauert sehr verschieden lang. Während Haare vielfach außerordentlich rasch fertiggestellt werden, wird die definitive Ausgestaltung von inneren Geweben oft erst nach Abschluß der Streckung vollendet; falls sekundäres Dickenwachstum eintritt, ist sie überhaupt nie abgeschlossen. Die Ausbildung von „Dauergeweben" aus den Ur- und Folgemeristemen ist im morphologischen Teil schon geschildert.

II. Die Faktoren der Entwicklung.

Wenn wir den Versuch machen, die Faktoren zu besprechen, die von Einfluß auf die Entwicklung sind, so kann es sich da immer nur um Beispiele handeln, die uns in möglichst charakteristischer Weise den Einfluß eines einzelnen solchen Faktors vor Augen führen sollen. An Vollständigkeit ist weder in der Aufzählung der Faktoren noch ihrer Wirkung gedacht. Wie in anderen Fällen, so können wir auch hier die Faktoren in zwei Gruppen bringen: äußere und innere.

A. Äußere Faktoren.

Als äußere Faktoren treten uns alle die Kräfte und Stoffe entgegen, die wir schon beim Stoffwechsel als physiologisch wirksam kennen gelernt haben, oder die bei den Bewegungen eine Rolle spielen.

Gewisse äußere Faktoren sind schon S. 185 genannt und als allgemeine Lebensbedingungen bezeichnet worden; ohne diese gibt es überhaupt keine Entwicklung. Neben der allgemeinen (formalen) Bedeutung können aber dieselben Faktoren auch noch eine andere Bedeutung für das Wachstum haben. Durch Wechsel in ihrer Intensität, Qualität, eventuell auch Richtung, können quantitative, ja sogar auch qualitative Änderungen in den Organen der Pflanzen hervorgerufen werden. Wir nennen diese Wirkungen „formativ" und stellen leicht fest, daß überall der Zusammenhang zwischen Ursache und Wirkung ein sehr komplizierter ist.

1. Temperatur[207]. Wie beim Stoffwechsel, so konstatieren wir auch jetzt, daß eine gewisse Temperatur unerläßliche formale Bedingung für das Wachstum ist.

Eine zu niedere Temperatur (etwa 0° oder weniger) und ebenso eine zu hohe (40–50° oder mehr) heben das Wachstum völlig auf. Zwischen dem Minimum und dem Maximum liegt dann, meist nicht in der Mitte, sondern dem Maximum genähert bei etwa 22–37° das Optimum (Fig. 259). Im einzelnen zeigen aber die Pflanzen, die verschiedene Klimate bewohnen, recht große Differenzen in der Lage der Kardinalpunkte (vgl. S. 185) der Temperatur. Daß auch die verschiedenen Individuen der gleichen Art große Unterschiede in der Abhängigkeit ihres Streckungswachstums von der Temperatur aufweisen, erkennt man z. B. an der ungleichen Entwicklung der Knospen der Roßkastanien im Frühjahr. Aber auch am einzelnen Individuum unterliegen die Wachstumsprozesse der verschiedenen Organe einer ganz differenten Beeinflussung durch die Temperatur.

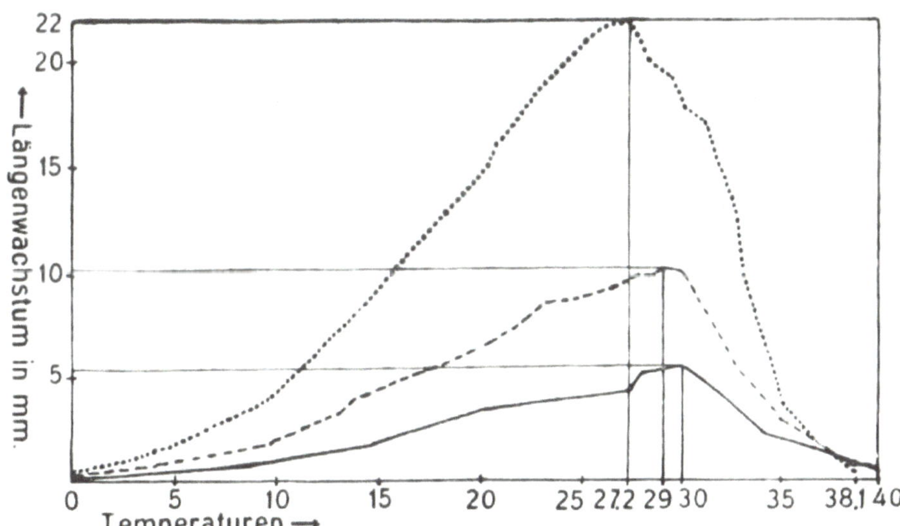

Fig. 259. Abhängigkeit des Wachstums von der Temperatur nach TALMA. Die Abszisse gibt die Temperatur. Die Kurven geben den Zuwachs der Wurzeln von Lepidium sativum an, und zwar die ausgezogene Linie in 31/2 Stunden, die gestrichelte in 7 Stunden und die punktierte in 14 Stunden. Man sieht, daß das Optimum mit der Dauer des Versuchs auf niedrigere Temperaturen rückt.

Bei Pflanzen tropischer Klimate kann beispielsweise das Minimum bei +10° C liegen, während unsere, oft die Schneedecke durchbrechenden, ersten Frühjahrspflanzen ebenso wie die Bewohner der Hochalpen und der polaren Regionen bei Temperaturen wenig über 0° noch kräftig wachsen. — Zahlreiche unserer Frühlingspflanzen zeigen, daß die Blütenentfaltung durch niedrigere Temperaturen gefördert werden kann als die Laubblattentfaltung.

2. Licht[208]. Das Licht ist wenigstens nicht allgemein eine so unentbehrliche Wachstumsbedingung wie die Temperatur. Es gibt Pflanzen (Bakterien und Pilze), die ihre ganze Entwicklung normal auch im Dunkeln vollziehen können. Wenn das bei der grünen Pflanze nicht der Fall ist, so liegt das zum Teil schon daran, daß hier das Licht ja zur Herstellung wichtiger Baustoffe unentbehrlich ist. Sind aber solche Pflanzen reichlich mit Reservestoffen versehen (Samen, Rhizome), so können sie meistens ohne Licht lange Zeit wachsen. Dabei nehmen sie freilich abnorme Gestalten an, von denen S. 252 noch die Rede sein soll. Es fehlt aber nicht an Organen, denen wenigstens vorübergehend eine gewisse Lichtmenge geboten werden muß, damit sie überhaupt ihre Entwicklung beginnen können (Samen und Sporen, S. 267). Andererseits gibt es für jedes Organ eine gewisse Lichtstärke, die das Wachstum sistiert. Diese ist bei Schattenpflanzen geringer als bei Lichtpflanzen.

Der Einfluß verschiedener Beleuchtungsstärke auf die Wachstumsgeschwindigkeit wurde früher dahin gedeutet, daß „Licht das Wachstum hemmt, Dunkelheit es fördert". Es gibt aber nur wenige einwandfreie Versuche, die über den Erfolg einer bestimmten konstanten Beleuchtungsstärke bei konstanter Temperatur berichten. In vielen Fällen muß jedoch diese alte Darstellung auch heute noch als wahrscheinlich gelten, wenn auch in dem eingehend studierten Fall von Avenakeimsprossen sich ergeben hat, daß das Licht am 1. Tag eine fördernde, erst späterhin eine hemmende Wirkung ausübt. Wird ein Avenakeimling eine Zeitlang bei konstanter Beleuchtung kultiviert und dann in eine höhere, aber ebenfalls konstante Beleuchtung gebracht, so zeigt sich auch hier die gleiche doppelte Wirkung des Lichtes, zuerst Förderung und dann Hemmung des Wachstums. Umgekehrt wirkt eine Abnahme der Beleuchtungsstärke: nach anfänglicher Abnahme folgt eine Zunahme des Wachstums.

Viel öfter ist in den letzten Jahren der Einfluß eines Lichtwechsels auf das Längenwachstum studiert worden. Es hat sich gezeigt, daß ebenso eine Zunahme wie eine Abnahme der Beleuchtung das bisher gleichförmige Wachstum ungleichförmig macht. In manchen Fällen tritt bei Beleuchtungszunahme zuerst Wachstumsbeschleunigung, dann Hemmung ein, manchmal aber wird auch der umgekehrte Erfolg beobachtet. Meist tritt bei dieser „Lichtwachstumsreaktion" (BLAAUW) nicht nur ein Wellenberg und ein Wellental auf, sondern es folgen einander mehrere Wellen von abnehmender Amplitude, bis dann der stationäre Zustand erreicht wird, der noch genauer zu erforschen ist.

Sehr groß sind die formativen Erfolge[209] des Lichtes, doch verhalten sich die einzelnen Organe dabei sehr verschieden. Das tritt nirgends deutlicher in Erscheinung als bei dauernder Verdunkelung. Wie eingangs bemerkt, kann eine solche bei Autotrophen nur bei genügender Versorgung mit Reservestoffen längere Zeit durchgeführt werden und bedingt dann ein völlig verändertes Wachstum und deshalb ein ganz fremdartiges Aussehen der Pflanzen. Diese als Etiolement oder Vergeilung bezeichnete Erscheinung kommt dadurch zustande, daß einzelne Organe im Wachstum gefördert, andere gehemmt werden. Bei Dikotylen findet man z. B. die Stengel stark überverlängert und schlaff. Überverlängert sind auch die Blattstiele, während die Blattspreiten klein bleiben und lange in der Knospenlage verharren (Fig. 260). Da im Dunkeln zwar die gelben Chloroplastenfarbstoffe, nicht aber der Chlorophyllfarbstoff gebildet werden kann, so erscheinen die Blätter etiolierter Pflanzen gelb, während die chloroplastenarmen Stengel weiß aussehen. Etiolement kommt aber auch bei nichtgrünen Pflanzen vor: gewisse Hutpilze z. B. verlängern bei Verdunkelung ihren Stiel ganz beträchtlich unter gleichzeitiger Verkleinerung der Hüte.

Auch im inneren Bau bestehen beträchtliche Differenzen zwischen der etiolierten und normalen Pflanze. In etiolierten Pflanzen sind die Gewebe wenig differenziert, es fehlen die verdickten Zellen.

Die Überverlängerung gewisser Organe bei gleichzeitiger Reduktion anderer hat in der Natur bei allen im Dunkeln austreibenden Samen und Rhizomen eine große ökologische Bedeutung. Die nur am Licht funktionierenden Teile werden zunächst noch nicht ausgebildet, die Baustoffe für sie, insbesondere auch für das Chlorophyll gespart; die starke Streckung der anderen Organe, die vorzugsweise auf Wassereinlagerung beruht, hat den Effekt, daß die lichtbedürftigen Teile möglichst bald aus der Dunkelheit herausbefördert werden.

Fig. 260. Zwei gleichalte Keimpflänzchen des weißen Senfs (Sinapis alba). *E* Im Dunkeln erwachsen, etioliert. *N* Bei gewöhnlicher Tagesbeleuchtung gewachsen, normal. Nach NOLL.

Auch ohne zu dem Extrem völliger Verdunkelung zu greifen, kann man weitgehende formative Erfolge durch verschiedene Beleuchtungsstärke erzielen. Am genauesten sind solche bei den Farnprothallien durch die Studien von KLEBS bekannt geworden. Er fand:

1. Bei schwachem Licht (Osramlampe von 27 MK) bilden die Prothallien oft mehr als 2 mm lange, unverzweigte Fäden ohne jede Zellteilung.

2. Bei etwas stärkerem Licht bleibt die Gestalt des Prothalliums die gleiche, aber es treten Querwände auf.

3. Bei etwa 250 MK hört der Zellfaden auf und wird durch die Zellfläche ersetzt. Bei passender Beleuchtungsstärke kann schon die zweite Zelle des Prothalliums zur Flächenbildung übergehen; die Fadenbildung wird also völlig unterdrückt.

4. Bei 500–1000 MK endlich treten Zellkörper auf.

Weitere formative Erfolge der Beleuchtungsstärke treten uns in der Gestalt und im Bau der Laubblätter entgegen. Schattenblätter weisen einen ganz anderen Bau auf als die in voller Sonne erwachsenen Blätter der gleichen Spezies. Sie sind dünner, ihre „Palisadenzellen" verjüngen sich nach unten trichterförmig, lassen weite Interzellularen zwischen sich und treten auch nur in einer Reihe auf, während am Licht die Palisaden höher werden und auch in mehreren Schichten sich ausbilden können.

Fig. 261. Taraxacum officinale. *1* in der Ebene, *2* im Hochgebirge kultiviert. Beide gleichmäßig verkleinert. Nach BONNIER.

Die Pflanzen der Alpen, die das Sonnenlicht länger, intensiver und in anderer Zusammensetzung erhalten als die der Ebene, weichen auch in ihrem ganzen Habitus (Fig. 261) weit von diesen ab. Ihre Vegetationsorgane sind gedrungen, ihre Blüten groß und intensiv gefärbt. Indes sind neben dem Licht auch andere Faktoren bei dieser Abänderung beteiligt.

Wo im Laufe der Entwicklung zweierlei Blätter produziert werden, wie z. B. bei Campanula rotundifolia, manchen Wasserpflanzen usw., da zeigen sich die Jugendblätter an die schwache, die Folgeblätter an eine hohe Beleuchtungsstärke gebunden (S. 270). Auch die definitive Größe einer Pflanze kann von der Beleuchtung abhängen. Die Fig. 262 zeigt die große Periode von Avena bei verschiedenen Beleuchtungen. Sie läßt ohne weiteres erkennen, daß in starkem Licht die Pflanzen viel kleiner bleiben als in schwachem Licht.

Die Wirkung der verschiedenen Strahlenarten[210], aus denen das weiße Tageslicht besteht, ist nicht die gleiche. Wenn Licht die Streckung des Stengels hemmt, so sind dabei die kurzwelligen blauen und violetten Strahlen wirksam, während sich rote Strahlen wie Dunkelheit verhalten.

Bei den Farnprothallien wird durch rotes Licht das Wachstum wie durch Dunkelheit gefördert, aber die Zellteilung gehemmt, während umgekehrt die blauen und violetten Strahlen das Wachstum hemmen, aber die Teilung fördern. Da das Licht nicht nur als Wachstumsreiz, sondern auch als Energiequelle tätig ist, so ist die Komplikation der Erscheinungen einigermaßen verständlich. — Ultraviolettes Licht schädigt die Pflanze, Radium- und Röntgenstrahlen wirken hemmend auf Wachstumsvorgänge ein, können aber wie Gifte (S. 257) in kleinen Mengen das Wachstum fördern[211].

Neben der Intensität und der Qualität des Lichtes hat auch seine Richtung eine große Bedeutung für die Ausgestaltung des Pflanzenkörpers. Einseitig einfallendes Licht führt zu Krümmungen (Phototropismus, vgl. S. 307). Aber auch auf Polarität und Symmetrie hat das Licht Einfluß. So kann z. B. bei niedrig organisierten Pflanzen an der Zelle, von der die Entwicklung ausgeht, die stärker beleuchtete Seite zur Spitze, die andere zur Basis werden. Oder es kann ein ursprünglich radiärer Vegetationspunkt durch einseitige Beleuchtung zu einem bilateralen oder dorsiventralen werden. Endlich kann auch ein Organ, nachdem es längst aus dem embryonalen Stadium herausgetreten ist, noch durch einseitige Lichtwirkung dorsiventral werden, z. B. indem es bloß auf der Schattenseite Wurzeln bildet. — Und wenn es gelingt, experimentell die äußere Symmetrie umzugestalten, so ist damit in der Regel auch der innere Bau verändert.

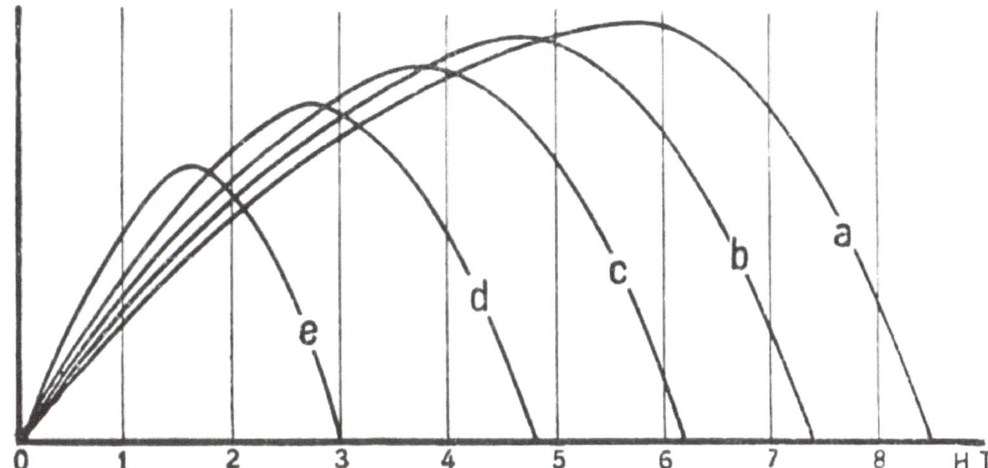

Fig. 262. Große Periode des Wachstums der Avenakoleoptile nach SIERP. Die Abszisse gibt die Zeit in halben Tagen an, die Ordinaten den Zuwachs. Kurve *a* bei Dunkelheit, *b, c*.. bei zunehmender Beleuchtungsstärke.

Bei der Keimung der Sporen von Equisetum wird die Richtung der ersten Scheidewand und damit die Lage von Basis und Spitze durch die Lichtrichtung bestimmt. Ein ähnlicher Einfluß des Lichtes auf die Polarität zeigt sich bei den Eizellen von Fucus und Dictyota. — Antithamnion cruciatum (eine Floridee) bildet in zerstreutem Licht aufeinanderfolgende Auszweigungen ungefähr in gekreuzter Stellung aus; bei einseitigem Lichteinfall aber stellen sie sich alle senkrecht zu den Strahlen in eine Ebene. Weitere Beispiele für solche durch einseitige Beleuchtung induzierte Dorsiventralität liefern die Zweige vieler Laubmoose, die Thalli der meisten Lebermoose und endlich die Prothallien der Farne, Gebilde, die ohne solche einseitige Lichtwirkung teils radiär, teils bilateral werden. So wird z. B. an den Farnprothallien und bei Marchantia die Oberseite durch die stärkere Beleuchtung bestimmt. Während nun bei Farnprothallien nach Umkehrung der Beleuchtungsrichtung der Neuzuwachs sich den neuen Lichtverhältnissen anpaßt, also die bisherige Oberseite zur Unterseite wird, ist der Marchantienthallus, wenn einmal die Dorsiventralität induziert ist, nicht mehr veränderlich. — Als Beispiel einer durch Beleuchtung induzierten Dorsiventralität bei höheren Pflanzen seien die Sprosse des Efeus und anderer Wurzelkletterer genannt, deren Kletterwurzeln auf der beschatteten Seite entstehen.

3. Schwerkraft. Dem Lichte können wir die Pflanze leicht entziehen; die Schwerkraft aber wirkt überall auf sie ein. Was wir da ändern können, ist nur die Richtung. Fällt die Schwerkraftrichtung mit der Richtung der Hauptwurzel und des Hauptsprosses zusammen, so bemerken wir keinerlei Einfluß: bildet sie aber einen Winkel mit diesen Organen, so treten ähnlich wie bei einseitig einfallendem Lichte Krümmungen auf (s. Geotropismus). Davon abgesehen, ist vor allem ein Einfluß der Schwerkraft auf die Polarität der Pflanzen konstatiert. Nirgends freilich in dem Maße, daß es gelänge, durch Umkehrung (Inversstellung) einer Pflanze etwa den Sproß in eine Wurzel zu verwandeln. Nicht einmal an der undifferenzierten Eizelle läßt sich durch die Schwerkraft die Polarität verändern. Sie wird fast überall durch innere Ursachen bedingt, und die Schwerkraft kann nur modifizierend eingreifen.

Werden abgeschnittene Weidenzweige in einem feuchten Raum aufgehängt, so bilden sich Wurzeln vorzugsweise nahe dem unteren Ende, und von den angelegten Knospen treiben nur die höchst stehenden aus (Fig. 263, *1*). Werden die Zweige aber in verkehrter Lage aufgehängt, so sind es die gleichen (jetzt nach unten schauenden) Knospen, die austreiben, und am basalen (nach oben schauenden) Ende bilden sich die größten Wurzeln (Fig. 263, *2*). Somit zeigt also der Versuch, daß in erster Linie innere Ursachen für den polaren Gegensatz bestehen. Da aber bei den invers gestellten Zweigen die Wurzelbildung erheblich nach abwärts, die Sproßbildung aufwärts verschoben ist, so muß auch die Schwerkraft mitbeteiligt sein. Nur ausnahmsweise ist es gelungen, durch Inversstellung eine vollkommene und eine dauernde Umkehrung der Polarität einer Pflanze zu erzielen. In den meisten Fällen sterben inverse Pflanzen bald ab; wo sie aber längere Zeit am Leben bleiben, zeigen sie schwere Störungen in ihrem anatomischen Bau[212].

Auch an schräg oder horizontal gelegten Zweigen macht sich ein Einfluß der Schwerkraft auf die inneren Dispositionen geltend. Letztere bringen es mit sich, daß die obersten Knospen am stärksten austreiben und sich zu Langtrieben entwickeln. Aus der Vertikallage gebrachte Zweige zeigen die basalen Knospen gefördert, die apikalen gehemmt. Bogig gekrümmte lassen die stärkst wachsenden Triebe am höchsten Punkt auftreten. In der Reben- und Obstzucht wird durch Verbiegung der Äste auf die Bildung schwächer wachsender Sprosse (Kurztriebe) hingewirkt, die erfahrungsgemäß leichter Blüten produzieren.

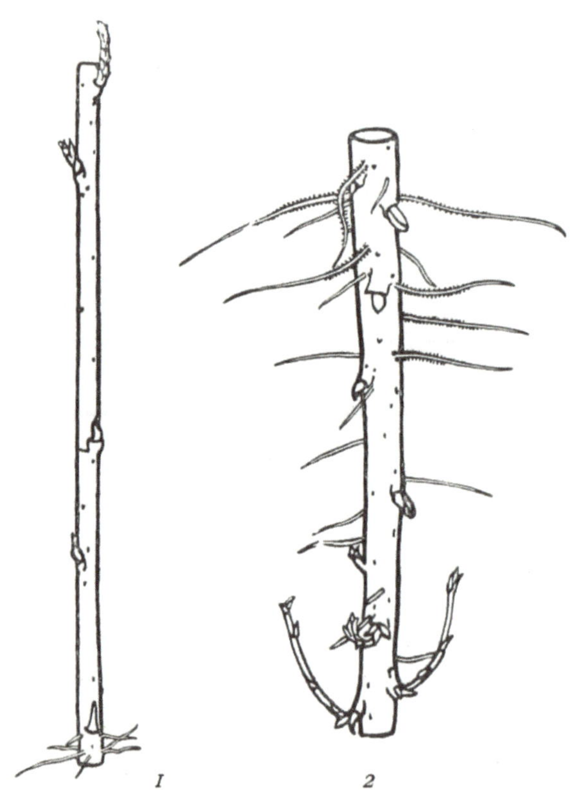

Fig. 263. Ein Zweig einer Weide, *1* in normaler Lage, *2* in inverser Lage im feuchten Raum treibend. Nach VÖCHTING.

4. Mechanische Einflüsse. Druck und Zug wirken in zweierlei Weise auf das Wachstum, einmal rein mechanisch, außerdem auch als Reiz. Mechanische Widerstände verlangsamen zunächst das Wachstum der Zellen und heben es schließlich ganz auf. Da aber das Flächenwachstum der Zellwand noch weiter geht, schwindet ihre Spannung schließlich ganz. Nach völliger Entspannung der Zellhaut aber wirkt der ganze Innendruck der Zelle auf die Widerlage ein, in manchen Fällen wird unter solchen Umständen der osmotische Wert des Zellsaftes noch vergrößert. So kommt es, daß Wurzeln Felsen sprengen können. Ist das Hindernis nicht zu überwinden, so veranlaßt die plastische Nachgiebigkeit der Membranen ein enges Anschmiegen an dasselbe; Wurzeln und Wurzelhaare, die in enge oder flache Hohlräume eindringen, füllen diese daher oft so vollkommen aus, als ob sie als flüssige Masse hineingegossen worden wären. — Von einem starken mechanischen Zug sollte man erwarten, daß er durch Unterstützung und Förderung der Dehnung das

Längenwachstum beschleunige. Tatsächlich macht sich aber eine Reizwirkung geltend, der Zug hat zunächst geradezu eine Verzögerung des Wachstums zur Folge, und erst später treten Beschleunigungen bis 20% auf.

Von anderen Reizwirkungen mechanischer Einflüsse nennen wir noch folgende: An gekrümmten Wurzeln treten Seitenwurzeln ausschließlich auf den Konvexseiten auf; die Ursache liegt wahrscheinlich in den Spannungsverhältnissen, die an den antagonistischen Seiten bestehen (Fig. 264). — Die Anlage der Haustorien von Cuscuta und die Ausbildung der Saugnäpfe an den Ranken mancher Parthenocissus-Arten (Fig. 207) wird durch Berührungsreiz ausgelöst.

Steigern sich mechanische Einflüsse bis zur Verwundung, so treten entweder einfache Heilungserscheinungen (S. 140) oder Restitutionen (S. 245) auf.

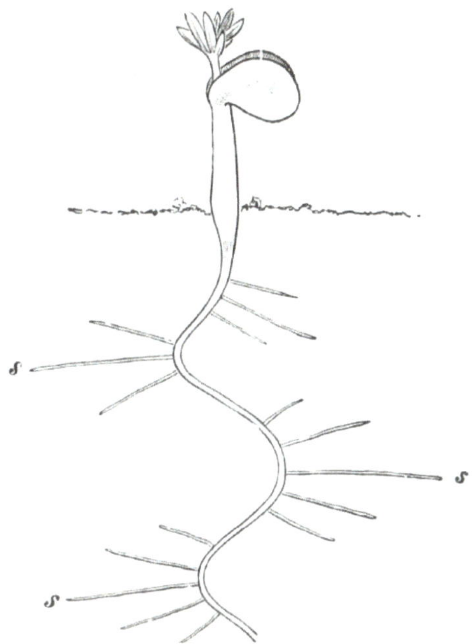

Fig. 264. Junge Lupine mit bogig gewachsener Hauptwurzel. Die Seitenwurzeln *s* ausschließlich auf den Konvexflanken entwickelt. Nach NOLL.

5. Stoffliche Einflüsse. Die Gegenwart der nötigen Nährstoffe in genügender Menge ist ebenso wie die Abwesenheit von Giften formale Bedingung für jedes Wachstum. Wenn auch, wie wir wissen, jeder einzelne Nährstoff unentbehrlich ist, durch eine Überfülle der anderen nicht ersetzt werden kann, so darf man doch für bestimmte Vorgänge einem einzelnen eine besondere Wichtigkeit zuschreiben. — Da die Streckung ganz überwiegend auf Wassereinlagerung beruht, so ist die Bedeutung der Wasserzufuhr für die wachsende Pflanze ohne weiteres einleuchtend. Nur die turgeszente Pflanze wächst, und der Wassergehalt des Bodens beeinflußt weitgehend die Größe der Pflanze und ihrer Zellen. Im trockenen Boden entstehen Zwerge[213]. Manche Pflanzen aber besitzen Wasserspeicher und sind dadurch etwas unabhängiger von direkter Wasseraufnahme; sie wachsen auf Kosten des gespeicherten Wassers. Vielfach kann auch das Wasser älteren Teilen entnommen werden, die dann vertrocknen, während an der Spitze Wachstum stattfindet; so bei der im Keller treibenden Kartoffel. Ganz anders wie der Wassergehalt des Bodens wirkt der Feuchtigkeitsgehalt der Luft. Durch ihn wird Form und anatomischer Bau weitgehend geändert. In feuchter Atmosphäre entwickeln sich lange Internodien und lange Blattstiele, die Blattfläche wird groß, aber sie bleibt dünn, und ihr Rand ist wenig ausmodelliert, die Behaarung tritt zurück. Die Gewebedifferenzierung ist sehr gering. Es besteht also in mehrfacher Hinsicht Annäherung an die etiolierte Pflanze. Eine lokale Überfüllung der Pflanze mit Wasser, wie sie nach Hemmung der Transpiration z. B. durch Überzüge von Paraffinöl auftritt, führt zur Anschwellung der Zellen und somit zur Intumeszenzbildung. Umgekehrt wird durch trockene Luft die anatomische

Differenzierung sehr gefördert; die Kutikula wird verstärkt, Kollenchym, Sklerenchym und Gefäße werden vermehrt, kurz es entstehen vielfach Abänderungen, die in feuchter Luft auf Transpirationssteigerung, in trockener auf Transpirationshemmung hinauslaufen, also zweckmäßige Abänderungen. Anpassungen.

Eine sehr auffallende Reizwirkung wird durch die dauernde Berührung mit flüssigem Wasser bei denjenigen Pflanzen erzielt, die eine solche überhaupt ertragen können; zweifellos handelt es sich da freilich nicht um eine einfache stoffliche Wirkung des Wassers, sondern um eine kombinierte Wirkung vieler Faktoren: neben dem Wasserüberfluß dürfte z. B. die Aufhebung der Transpiration, doch auch die Änderung der Beleuchtung und der Sauerstoffzufuhr wichtig sein.

Amphibische Pflanzen, d. h. solche, die befähigt sind, sowohl auf dem Lande wie im Wasser zu leben, entwickeln im Wasser oft ganz andere Formen als in der Luft. Dies tritt zumal in der Gestalt der Blätter hervor, die im Wasser häufig lineal und sitzend oder aber fein zerschlitzt, an der Luft dagegen gestielt und mit breiter Spreite ausgebildet werden (vgl. Fig. 140). Aber auch Blattstiele und Internodien zeigen im Wasser oft ein anderes Wachstum als in der Luft, und es erinnert ihr Verhalten im Wasser an die Überverlängerung im Finstern. Das ist besonders der Fall bei untergetauchten Wasserpflanzen, von denen gewisse Teile die Oberfläche erreichen müssen (Stengel von Hippuris, Blattstiele von Nymphaea). Diese Pflanzenteile sind durch verschieden starke Streckung unter Wasser imstande, ihre Länge der Höhe des über ihnen stehenden Wasserspiegels anzupassen, in flachem Wasser kurz zu bleiben, in tiefem sehr lang zu werden.

Auch die Gewebe der Wasserformen zeigen manche Abweichungen von denen der Landformen: in den Stengeln fehlen die verdickten Zellen, und auch die Leitbündel sind reduziert; die Blätter erinnern an Schattenblätter. In schroffstem Gegensatz zu den Wasserpflanzen stehen solche Landpflanzen, die bei geringer Wasserzufuhr bzw. bei starker Transpiration entstanden sind; hier sind die Leitbündel sehr kräftig entwickelt, und in der Epidermis werden Einrichtungen ausgebildet, die wir unter den Mitteln zum Schutz vor zu großer Transpiration kennen gelernt haben.

Neben den eigentlichen Nährstoffen, die zum Aufbau der Pflanzensubstanz Verwendung finden, verdient auch der Sauerstoff genannt zu werden. Obwohl sein Eintritt in die Pflanze mit einer Verminderung der organischen Substanz verbunden ist, ist er — bzw. die durch ihn bewirkte Atmung — doch ganz unentbehrlich für das Wachstum. Bei den Aërobionten wenigstens steht das Wachstum nach Sauerstoffentziehung völlig still; auch eine Verminderung oder Vermehrung des normalen Sauerstoffgehaltes der Luft beeinflußt es schon.

Aber auch Reize mannigfacher Art gehen von Stoffen aus, die auf die Pflanze einwirken.

Da sind zunächst die Gifte zu nennen, Stoffe, die schon in sehr geringer Konzentration das Wachstum und schließlich überhaupt das Leben sistieren. So tötet Kupfervitriol Algen, zumal Spirogyren, aber auch Erbsen in Wasserkultur, schon in der Verdünnung 1 : 25000000. Auffallenderweise wirken aber viele Gifte in starker Verdünnung geradezu stimulierend auf das Wachstum und bewirken eine bessere Ausnützung der Nährstoffe. Chemische Reizung anderer Art spielt vor allen Dingen bei der Keimung vieler Samen, Sporen und Pollenkörner sowie bei der Entwicklung der Früchte eine große Rolle. Viele parasitische Pilze und auch parasitische Phanerogamen (Orobanche, Lathraea) werden durch noch unbekannte, von ihren Wirten ausgehende Stoffe zum Wachstum gereizt. Bei Algen und Pilzen kann namentlich durch hohe Konzentration gewisser Nährstoffe eine beträchtliche Gestaltsveränderung hervorgerufen werden.

6. Einflüsse fremder Organismen. Pilze und Bakterien, die parasitisch in einer Pflanze leben, veranlassen nicht selten weitgehende Deformationen in ihr, die man Gallen[214] nennt. In einfacheren Fällen entsteht dabei nur eine Vergrößerung der Zellen, in komplizierteren treten qualitative Veränderungen der Organe ein. Noch viel auffallender sind die Gallenbildungen, die durch Tiere, vor allem Insekten an den Pflanzen hervorgebracht werden. Es entstehen Wucherungen, die dem Parasiten zur Wohnung und Nahrung dienen und die in ihrem Bau oft als durchaus nützlich für den Parasiten erscheinen: wir treffen Schutzschichten, Nährschichten und Deckelbildungen, die für die Pflanze selbst ganz ohne Bedeutung sind.

Die von dem Rostpilz Aecidium Euphorbiae infizierte Zypressenwolfsmilch (Euphorbia Cyparissias) wird unfruchtbar, bleibt unverzweigt, erhält kürzere aber breitere Blätter und erscheint in ihrem ganzen Aussehen so verändert, daß man sie kaum wieder erkennt. Blattläuse können Vergrünungen der befallenen Blütensprosse veranlassen, wobei statt Blumenblättern laubblattähnliche Gebilde entstehen. Besonders eigenartig sind die Gallen (Cecidien), deren Bildung durch Pilze und vornehmlich durch Tiere (Würmer und Arthropoden) bedingt wird. Der Eingriff dieser Organismen in die normale Entwicklung der befallenen Pflanze ist mehr oder weniger bedeutend, je nachdem er die embryonale Substanz der Vegetationspunkte oder ein schon angelegtes, jedoch noch in Ausbildung begriffenes, oder endlich ein schon fertiges Glied des Pflanzenkörpers trifft. Es können histoide Gallen entstehen, bei welchen es sich um Produkte abnormer Gewebebildung handelt, oder organoide, die auf Umbildung oder Neubildung der Glieder des Pflanzenkörpers beruhen. Die letzteren sind besonders lehrreich. Die Larve der Gallmückenart Cecidomyia rosaria, die über dem Vegetationspunkt der befallenen Weidensprosse sich entwickelt, veranlaßt die Verbildung der ganzen Sprosse, die Entstehung jener Gallen, die als Weidenrosen bekannt sind und Blattschöpfe aus stark veränderten Blättern und gestauchten Achsenteilen darstellen. Verschiedene Fliegen (Diptera) legen ihre Eier in noch unfertige Blätter und regen um so stärkere Anschwellungen und Rollungen an, je jünger die Blätter im Augenblick der Infektion waren. Unverändert in seiner Gesamtausbildung bleibt hingegen das Blatt der Eiche, das erst im schon weit entwickelten Zustand von Gallwespen der Gattung Cynips angestochen wird; hier wird nur eine lokale Wucherung des Blattgewebes gebildet, die zur Bildung der kugeligen gelben oder roten, an den Seitenrippen der Blattunterseite sitzenden Gallen führt.

Auch „Symbionten", d. h. friedlich zusammenlebende Organismen, von denen nicht der eine die Rolle des Wirtes, der andere die des Parasiten spielt, können sich formativ beeinflussen. Das sieht man z. B. bei den Flechten.

Es ist wahrscheinlich, daß bei der Beeinflussung durch fremde Organismen neben der Verwundung stoffliche Wirkungen die Hauptrolle spielen. Freilich konnte bisher nur in seltenen Fällen eine der Gallbildung ähnliche Deformation schon durch Einwirkung toter, aus dem Gallenbewohner extrahierter Substanzen erzielt werden. Auch Parasiten, die keine Gallbildung zur Folge haben, wirken durch ihre Gifte stofflich auf die Wirtpflanze ein. Umgekehrt kann die Wirtpflanze durch Bildung von Antikörpern den Parasiten schädigen oder ihn ganz am Eindringen hindern. So hat HEINRICHER gezeigt, daß manche Birnsorten leicht, andere schwer von der Mistel infiziert werden, und er hat wahrscheinlich gemacht, daß eine einmalige Infektion mit dem Schmarotzer den Wirt bei künftigen Infektionen widerstandsfähiger macht. Es kommen also auch im Pflanzenreich Immunitätserscheinungen vor, sie sind aber hier bei weitem nicht so eingehend untersucht wie bei Tieren[215].

7. Rückblick auf die äußeren Faktoren. Es hat sich gezeigt, daß eine Menge von äußeren Faktoren in einfacheren Fällen nur auf die Wachstumsgeschwindigkeit, in komplizierteren dagegen auch auf die schließliche Gestalt der Pflanze von Einfluß ist. Wir pflegen die Gestalt der Pflanze, die uns gewöhnlich in der Natur entgegentritt, als ihre normale Gestalt zu bezeichnen. Jede Abweichung von dieser, die unter dem Einfluß äußerer Faktoren entsteht, nennen wir eine Modifikation dieser normalen Gestalt. Es ist aber klar, daß auch die Normalform lediglich der Ausdruck ganz bestimmter Außenfaktoren ist, nämlich derjenigen, die gewöhnlich die Pflanzen während ihrer Entwicklung treffen. Mit anderen Worten, Normalform und Modifikation sind beide gleich gesetzmäßige Bildungen. Nicht die Modifikation, sondern nur die Konstellation von Außenbedingungen, unter denen sie entstanden ist, ist abnorm. Wenn auch manche dieser Veränderungen für die betroffene Pflanze ganz bedeutungslos sind oder gar, wie das bei den Gallen betont wurde, nur für den Veranlasser der Veränderung von Nutzen sind, so ist doch eine große Zahl von Reaktionen auf äußere Reize derart, daß die Pflanze einen Nutzen von ihnen hat. So haben wir z. B. die Überverlängerung beim Etiolement, die charakteristische Ausbildung der amphibischen Pflanzen im Wasser bzw. auf dem Lande, die Steigerung des Transpirationsschutzes bei Zunahme der Lufttrockenheit usw. usw. als nützliche Reaktionen, als Anpassungen zu bezeichnen, Woher es kommt, daß die Pflanze oft mit Anpassungen reagiert, ist an dieser Stelle nicht zu besprechen (S. 179). Im Gegensatz zu den Anpassungen nennen wir solche Modifikationen, die für die Pflanze nutzlos oder gar schädlich sind Mißbildungen.

B. Innere Faktoren.

Auf innere Faktoren müssen wir stets dann schließen, wenn eine Veränderung am Organismus bei Konstanz aller Außenfaktoren eintritt. Wir können die Innenfaktoren bei weitem nicht so gut analysieren wie die Außenfaktoren, und deshalb ist die Zurückführung mancher Erscheinungen auf „innere Ursachen“ oft nicht viel mehr als ein Geständnis unserer Unkenntnis.

1. Anlagen. Innere Ursachen sind zunächst einmal die „Anlagen“, die eine Pflanze von ihren Eltern mitbekommen hat; diese bewirken, daß aus der Spore eines Pilzes immer wieder dieser Pilz, aus dem Samen der Bohne wieder eine Bohne hervorgeht. Sie bewirken auch im einzelnen, daß eine bestimmte „Art“ bei gleichen Außenbedingungen in allen Individuen die gleichen Eigenschaften hat, wie z. B. Blütenfarbe, Blattgestalt, Größe usw. Den Bestand einer Spezies an Anlagen kann man im allgemeinen nicht experimentell verändern, ja man kann ihn nicht einmal ohne weiteres durch Beobachtung feststellen; erst das Vererbungsexperiment gibt über ihn Aufschluß. Deshalb kann auch erst bei Behandlung der Vererbung mehr von den „Anlagen“ gesagt werden (S. 280).

2. Korrelationserscheinungen[216]. Wenn auch äußere Faktoren einen weitgehenden Einfluß auf den inneren Bau der Pflanzen haben, so findet die Gewebedifferenzierung doch auch bei ganz konstanten äußeren Bedingungen statt — sie ist also durch innere Ursachen bewirkt. Was für Ursachen das im einzelnen sind, die eine embryonale Zelle in eine bestimmte Entwicklungsrichtung hineindrängen, das wissen wir nicht. Nur eins ist uns ganz sicher bekannt: aus jeder Zelle des Vegetationspunktes kann noch alles werden, alle Zellen sind ihren Anlagen nach gleich. Daß die eine sich so, die andere sich anders entwickelt, ist einzig und allein durch die Wechselbeziehungen oder Korrelationen bedingt, die zwischen den Zellen bestehen. Heben wir diese Beziehungen auf, heben wir den Zusammenhang zwischen den Zellen auf, so sehen wir bei den Erscheinungen der Restitution (S. 245) in der Tat ganz andere Leistungen von den Zellen vollführt, als sie im Zusammenhang zuvor zeigten. Und nicht nur embryonale Zellen, auch ausgewachsene können noch nach Aufhebung des Zusammenhangs mit den Nachbarzellen neue Leistungen übernehmen und dann auch neue Gestalten ausbilden. So können bei Restitutionsprozessen Zellen, die ausgewachsen waren und die bald abgestorben wären, wieder jung werden, und wir sehen z. B. aus einer Epidermiszelle (Fig. 256) die ganze Fülle von Zellarten sich bilden, die für die betreffende Pflanze charakteristisch sind. Es ist klar, daß ein Organismus, bei dem solche gegenseitige Beeinflussung der Zellen fehlt, nicht die Arbeitsteilung aufweisen kann, wie wir sie bei den höheren Pflanzen zu sehen gewohnt sind. Es sind also, mit anderen Worten, die Korrelationen mit zu den „Regulationen“ zu rechnen, ohne die ein Organismus undenkbar ist.

Nicht nur zwischen den Zellen, auch zwischen den äußeren Organen der Pflanze bestehen solche Korrelationen. Nimmt man diese auch für gewöhnlich nicht wahr, so treten sie doch sofort zutage, wenn man entweder ein Organ entfernt und nun die Reaktion des isolierten Organs sowie der Pflanze, von der es genommen ist, studiert, oder wenn man ein Organ künstlich an einen Platz bringt, an dem es vorher nicht war.

Im ersten Fall können zunächst einmal sog. Kompensationen auftreten: Durch Entfernung eines Organs werden andere größer. Die Blätter, die am Vegetationspunkt entstehen, verhindern ältere Blätter, ihre maximale Größe zu erreichen; wird der Vegetationspunkt entfernt, so nimmt demnach (z. B. beim Tabak) die Blattgröße zu. Das Austreiben einzelner Achselknospen verhindert zahlreiche andere am Streckungswachstum; werden aber die dominierenden Sprosse entfernt, so treiben die bisher ruhenden Knospen sofort aus. Man wird daraus schließen, daß auch in der normalen Entwicklung die Größe der Organe durch korrelative Einflüsse der Nachbarorgane mit bestimmt wird. In anderen Fällen sehen wir einen mehr qualitativen Erfolg der Entfernung eines Organs. Wird der Gipfel einer Tanne entfernt, so tritt einer der nächststehenden Seitenzweige an seine Stelle: er nimmt den aufrechten Wuchs des Hauptsprosses an und ordnet auch seine Nadeln so an, wie der Hauptsproß das tut. Wir dürfen also vermuten, daß für gewöhnlich die schräge Lage und die dorsiventrale Anordnung der Benadelung am Seitenzweig sich unter dem Einfluß des Hauptsprosses vollzieht. In diesen und in zahllosen anderen Fällen korrelativer Beeinflussung ist es übrigens keineswegs notwendig, ein Organ zu entfernen; meist genügt es, wenn es z. B. durch Eingipsung oder durch andere Mittel in seiner normalen Funktion gestört wird.

Daß an isolierten Organen je nach Umständen neue Wurzeln, neue Sprosse entwickelt werden, ist bei der Besprechung der Restitution S. 246 ausgeführt worden. So wie jede Zelle ursprünglich zu vielfacher Gestaltung befähigt ist, so sind es auch die Glieder. Nur die gegenseitige Beeinflussung hindert sie an so vielseitiger Betätigung.

Korrelationen können endlich noch dadurch nachgewiesen werden, daß man ein Organ an eine neue Stelle verpflanzt. Mit den Methoden der Transplantation, die aus der Praxis der Gärtnerei hervorgegangen sind, gelingt es bei manchen Pflanzen leicht, einen abgetrennten Teil an eine Wunde anwachsen zu lassen. Man nennt den zugefügten das „Pfropfreis", den anderen Komponenten die „Unterlage". Das Reis kann der gleichen Spezies entstammen wie die Unterlage oder von einer verwandten Pflanze entnommen sein. Bei solchen Transplantationen können auch korrelative Beeinflussungen auftreten. Eine solche ist z. B. schon darin gegeben, daß durch die Verwachsung die Restitution sowohl an der Unterlage wie am Reis unterbleibt. Es adoptiert gewissermaßen der eine Teil die Wurzeln des anderen, der andere die Sprosse des ersten, und damit entfällt die Notwendigkeit, solche Organe neu zu bilden.

Die künstliche Verwachsung spielt ähnlich wie die künstliche Vermehrung eine große Rolle in der Gärtnerei, bei der Veredelung. Es werden abgetrennte knospentragende Teile einer Pflanze, das sog. Edelreis, auf einer bewurzelten Pflanze, der sog. Unterlage, zur Verwachsung gebracht, weil es so rascher als durch künstliche Vermehrung oder gar durch Samen gelingt, hochwüchsige Exemplare einer Rasse oder Art herzustellen.

In der gärtnerischen Praxis haben sich verschiedene Methoden für die Verbindung der Pflanzenteile bei der Veredelung herausgebildet, von denen hier nur die wichtigsten erwähnt sein mögen. Unter Pfropfen versteht man solche Transplantationen, bei denen mit Knospen besetzte Zweige mit dem abgestutzten Stamm der Unterlage zur Verwachsung gebracht werden. Es wird dabei beachtet, daß wenigstens stellenweise die Kambialregionen der zu verbindenden Teile aufeinander stoßen. Man pfropft im übrigen entweder in den Spalt, in die Rinde oder in die Seite. Im ersten Falle wird das Ende der Unterlage längs gespalten, und in den Spalt wird entweder ein einziges Pfropfreis eingesetzt, das dann so stark sein kann wie die Unterlage, oder es wird auf jeder Seite peripherisch ein Reis zur Verwachsung gebracht; unter allen Umständen wird die Basis des Pfropfreises keilförmig zugespitzt. Bei dem Pfropfen in die Rinde wird das flach zugeschnittene Edelreis zwischen die durch einen Längsspalt klaffend gemachte Rinde und den Splint eingeschoben (Fig. 265 *I*). Bei dem Pfropfen in die Seite werden die Edelreiser, keilartig zugeschnitten, in seitliche Einkerbungen der Unterlage eingesetzt. — Wird die Unterlage schräg abgeschnitten und über ihr ein ebenfalls schräg zugeschnittenes Pfropfreis von gleicher Dicke so angesetzt, wie das Fig. 265 *II* zeigt, so spricht man wohl von Kopulieren. — Eine besondere Art der Transplantation ist das Okulieren (Fig. 165 *III*), wobei nicht ein Zweigstück, sondern eine Knospe, ein „Auge", unter die Rinde der Unterlage eingeschoben wird. Das Edelauge bleibt im Zusammenhang mit einem schildförmigen Rindenstück, das sich leicht vom Splint ablöst, wenn die Pflanzen „im Saft" sind. Durch einen **T**-förmigen Schnitt wird dann die Rinde der Unterlage gelockert, das Rindenschild des Edelauges eingeschoben und das Ganze dicht abgeschlossen. Auf das „treibende Auge" okuliert man im Frühjahr, auf das „schlafende", erst im nächsten Jahr austreibende Auge, im Sommer.

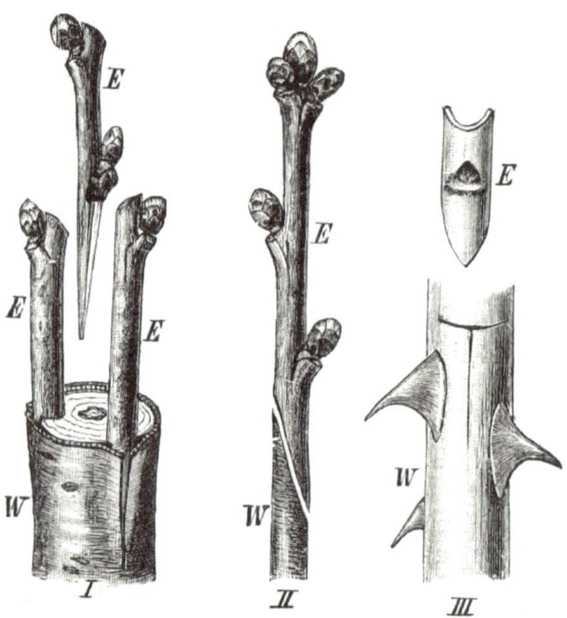

Fig. 265. Verschiedene Veredelungsweisen. *I* Pfropfen. *II* Kopulieren. *III* Okulieren. In allen Figuren bedeutet *W* Unterlage (Wildling) *E* Edelreis bzw. Edelauge. Nach NOLL.

Die Verwachsung erfolgt mit Hilfe eines an beiden Pflanzenteilen entstehenden Wundgewebes, des sog. Kallus (vgl. S. 140). In dem Kallus bilden sich nachträglich Gefäße und Siebröhren aus und verbinden die gleichartig funktionierenden Elemente beider Stücke. — Derartige Verwachsungen sind aber nur bei nahe verwandten Pflanzen möglich. So lassen sich die zu den Amygdalaceen gehörigen Obstbäume leicht verbinden, also Pfirsich, Aprikose, Mirabelle, Pflaume und Schlehe untereinander, ebenso die Pomaceen Birne und Quitte, Quitte und Weißdorn, nicht aber Apfel mit Pflaume oder gar, wie auch behauptet worden ist, mit Eiche u. dgl.

Die Polarität, die sich bei der Restitution so bemerkbar macht, tritt auch bei künstlich herbeigeführter Verwachsung sehr auffallend zutage. Ungleichnamige Pole einer Pflanze sind leicht zum Verwachsen zu bringen, gleichnamige verwachsen nicht oder schwieriger, und ihre Verbindung trägt dann dauernd einen schadhaften Charakter.

Unterlage und Pfropfreis beeinflussen sich in mannigfacher Weise. So gewinnen z. B. Teile einjähriger Pflanzen, wenn sie auf ausdauernde gepfropft werden, eine längere Lebensdauer. Ebenso läßt sich auch der entgegengesetzte Erfolg, Verkürzung der Lebensdauer durch Pfropfung, erzielen. Aber auch qualitative Erfolge können eintreten, die im Extrem so weit gehen, daß eine Laubknospe durch Aufpfropfung auf eine passende Unterlage zu einem Blütensproß umgewandelt werden kann. Die spezifischen Eigenschaften der beiden Komponenten bleiben indes bei der Transplantation erhalten; gewisse als „Chimären" bezeichnete Fälle scheinen dem auf den ersten Blick zu widersprechen, doch zeigt sich bei näherer Betrachtung, daß auch bei ihnen, obwohl sie äußerlich als Mittelbildungen zwischen den beiden Pfropfsymbionten erscheinen, dennoch keine „Vermischung" zweier Spezies vorliegt.

Chimären[217]. In unseren Gärten finden sich unter dem Namen Laburnum Adami und Crataegomespilus einige Pflanzen, die in mehrfacher Hinsicht an Bastarde (S. 278) erinnern, die aber zweifellos nicht durch sexuelle Vereinigung der Mutterpflanzen entstanden sind. Laburnum Adami (Fig. 266) ist eine Mittelbildung zwischen Laburnum vulgare und Cytisus purpureus und bildet sehr häufig Zweige aus, die man als „Rückschläge" zu Laburnum vulgare betrachten muß, seltener solche, die ganz wie Cytisus purpureus aussehen. Als Crataegomespilus oder Bronveauxhybriden werden einige Mittelformen zwischen Crataegus monogyna und Mespilus germanica bezeichnet, die ebenfalls sehr häufig Rückschläge zu den Stammformen bilden. Von den Bronveauxhybriden ist nun der Ursprung bekannt. Man weiß, daß die Mittelformen — es existieren deren mehrere differente — in der Nähe einer Pfropfstelle von Mespilus auf Crataegus zuerst in einem Garten in Bronveaux bei Metz entstanden sind. Daß Laburnum Adami ähnlichen Ursprungs ist, muß jetzt als sicher gelten. Man hat demnach die beiden Pflanzen als „Pfropfhybriden" betrachtet, d. h. als Bastarde die nicht durch Verschmelzung von Sexualzellen, sondern durch eine irgendwie beschaffene Beeinflussung vegetativer Zellen hervorgebracht worden sind.

HANS WINKLER hat solche „Pfropfbastarde" experimentell hergestellt. Er pfropfte Solanum nigrum (Nachtschatten) auf Solanum Lycopersicum (Tomate) und schnitt nach erfolgter Verwachsung den Stengel des Pfropfreises quer durch die Pfropfstelle ab. Unter den Adventivsprossen, die sich unmittelbar aus der Verwachsungsstelle der beiden Komponenten bildeten, befanden sich auch ausgesprochene Mittelbildungen zwischen Tomate und Nachtschatten. Und zwar traten zunächst solche Formen auf, die aus verwachsenen Längshälften der beiden aufeinander gepfropften Pflanzen bestanden; WINKLER nannte sie Chimären. Später aber stellten sich auch andere, äußerlich einheitlich erscheinende Mittelbildungen ein (Fig. 267), die zunächst als die gesuchten Pfropfbastarde gedeutet wurden. Nähere Untersuchung zeigte aber, daß auch sie als Chimären zu betrachten sind, da sie aus verwachsenen, sonst aber unveränderten Teilen der Tomate und des Nachtschattens bestehen. Es sind aber nicht Längshälften, die miteinander verwachsen sind, sondern Innen- und Außenschichten derart, daß die Schichten des Vegetationspunktes (vgl. S. 75 u. 269) aus Geweben verschiedener Spezies aufgebaut sind. Man nennt sie „Periklinalchimären" (Mantelchimären); im Gegensatz dazu heißen die der Länge nach verwachsenen Chimären „Sektorialchimären".

Auch Cytisus Adami und die Crataegomespili sind Periklinalchimären; echte Pfropfbastarde, bei denen durch Pfropfung eine Vermischung der Arteigenschaften in der einzelnen Zelle erfolgt wäre, sind bisher noch nicht bekannt.

Fig. 266. Laburnum Adami Poit. (Cytisus Adami Hort.) mit Rückschlagszweigen in seine beiden Stammformen: Laburnum vulgare (links) und Cytisus purpureus (rechts). Nach NOLL.

GRÖSSERES BILD

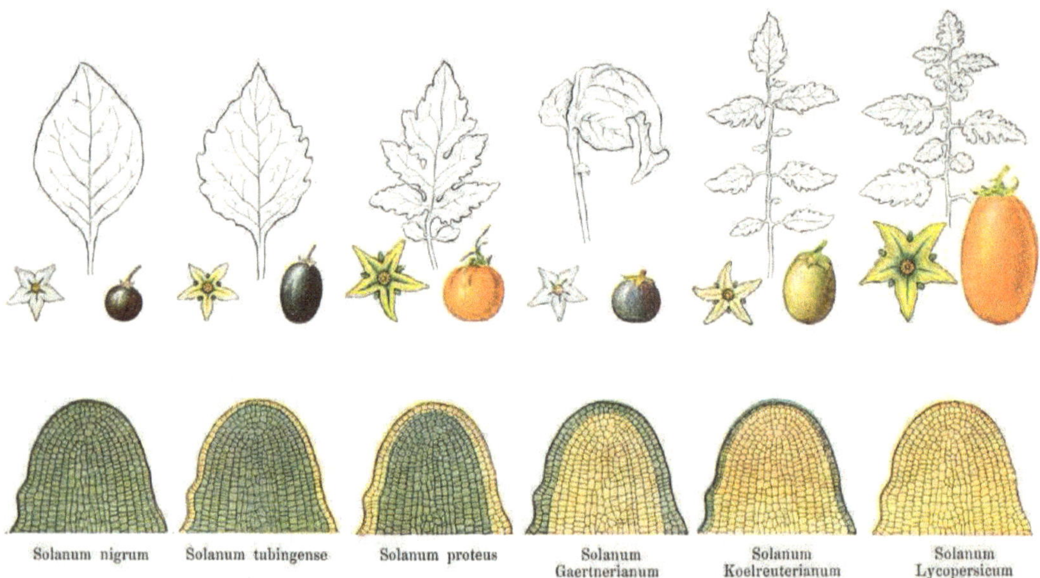

Fig. 267. Pfropfchimären zwischen Solanum nigrum und Solanum Lycopersicum. Nebst den Eltern. Original von H. WINKLER. Dargestellt ist jeweils ein Blatt, eine Blüte und eine Frucht sowie ein Schema des Vegetationspunktes. In letzterem sind die von Solanum nigrum stammenden Schichten grün, die von der Tomate herrührenden gelb gehalten.

GRÖSSERES BILD

Solanum tubingense hat das Dermatogen der Tomate, das Innere des Nachtschattens; bei Solanum Kölreuterianum ist es gerade umgekehrt; bei S. proteus sind die zwei äußeren Lagen von der Tomate, die übrigen vom Nachtschatten, und bei S. Gaertnerianum ist es wahrscheinlich umgekehrt (Fig. 267). Entsprechend stammt bei Cytisus Adami das Dermatogen von Cytisus purpureus, das Innere von Laburnum vulgare. Bei einer der Bronveauxhybriden, der forma „Asnieresii", ist ein Crataeguskern von einer Mispelepidermis bedeckt, die andere Form „Dardari" hat zwei oder mehr Mantelschichten von Mespilus. Diese Angaben beziehen sich auf den Bau des Vegetationspunktes und der aus diesem entstehenden Achsen. Die Blätter dagegen können nur bei Formen mit einschichtigem Mantel Chimären sein; wo aber der Mantelsymbiont zweischichtig auftritt, da muß er nach NOACK[218] das ganze Blatt aufbauen, da dieses nur aus Epidermis und Hypodermis des Vegetationspunktes sich herleitet. Demnach können diese Blätter keine Periklinalchimären sein; auffallenderweise zeigen sie aber doch Zwischenbildungen zwischen den Komponenten.

Wenn es gelingt, aus der einzelnen Schicht Adventivsprosse zu erzielen, so haben diese den reinen Speziescharakter dieser Schicht ohne jede Spur eines Einflusses des anderen Symbionten. — Über die Entstehung der Periklinalchimären wissen wir noch nichts sicheres, doch ist kaum daran zu zweifeln, daß die Vegetationspunkte der Adventivsprosse aus Zellen der beiden Komponenten sich aufbauen, und zwar derart, daß die eine Spezies die Bildung des Kernes, die andere die des Mantels übernimmt.

III. Der Entwicklungsgang und seine Abhängigkeit von äußeren und inneren Faktoren.

Der Entwicklungsgang besteht in einer Folge von Vorgängen, die sich bei einer bestimmten Spezies immer wieder in der gleichen Weise zu wiederholen pflegt. Doch lehren schon gelegentliche Beobachtungen in der Natur, erst recht aber Versuche, daß diese Folge veränderungsfähig sein muß. Die Aufgabe der

Entwicklungsphysiologie ist es, den Entwicklungsgang experimentell zu beherrschen und so Einblick in seine Ursachen zu gewinnen. Von großer Wichtigkeit ist es auch, die Teilprozesse der Entwicklung voneinander zu unterscheiden und durch ihre ungleiche Abhängigkeit von Außenfaktoren voneinander zu trennen.

Wenn wir auch sehr viele Einzelheiten eines Entwicklungsganges heute noch nicht experimentell beherrschen, so drängen uns doch die bisherigen Erfolge die Überzeugung auf, daß der typische Entwicklungsgang nur eine von vielen Möglichkeiten ist, die stets dann eintritt, wenn ein bestimmter Komplex von Ursachen gegeben ist, und daß jede Abweichung von diesem Ursachenkomplex auch in der Entwicklung der Pflanze ihren Ausdruck findet.

Alle Umgestaltungen aber fallen um so extremer aus, je jünger die Zellen sind, die beeinflußt werden. Wird bereits die embryonale Substanz eines Vegetationspunktes von ihrem normalen Entwicklungsgang abgelenkt, so kann ein ganz anderes Gebilde an Stelle des erwarteten treten. Oder es bilden sich Mittelformen von mehr oder weniger monströser Gestalt aus. Die embryonale Substanz der Vegetationspunkte ist noch zur Bildung aller Anlagen befähigt, die den Formenkreis der Spezies umfassen, und so kann z. B. an Stelle einer Blüte ein vegetativer Sproß entstehen, ja in seltenen Fällen kann sogar der Vegetationspunkt einer Wurzel sich unmittelbar als Sproß weiter entwickeln. Hingegen werden schon angelegte Blätter in ihrer Veränderung sich vornehmlich innerhalb des Formenkreises der Blattmetamorphose halten, Blumenblätter beispielsweise an Stelle von Staubblättern oder Fruchtblättern sich bilden. Je später der ändernde Einfluß auf die Anlage sich geltend macht, um so unvollkommener wird ihre Umwandlung sein.

Die Entwicklung der Organismen vollzieht sich nicht in ewig gleicher Tätigkeit, in andauernd gleichem Wachstum. Vielmehr sehen wir überall, meist periodisch, Veränderungen auftreten. So wechseln Perioden der Ruhe mit solchen der Wachstumstätigkeit; und während der letzteren sehen wir periodisch Zellteilungen auftreten, periodisch andere Blattformen und Sproßformen entstehen und Fortpflanzungsorgane sich bilden, periodisch auch kleinere und größere Teile absterben, bis schließlich der Tod des ganzen Organismus erfolgt.

A. Ruhe und Wachstumsbeginn[219].

Es ist schon früher ausgeführt worden, daß wir drei verschiedene Zustände in der Pflanze unterscheiden: den des aktiven Lebens, den des latenten Lebens und den des Todes. Es wurde auch erwähnt, daß im latenten Leben alle Lebensäußerungen stillstehen: alle Stoffwechseltätigkeit, selbst die Atmung, ist sistiert, und von Wachstum und Bewegung ist nichts zu bemerken. Im Gegensatz zum toten Zustand aber bleibt bei latentem Leben die Entwicklungsfähigkeit gewahrt.

Ruhezustände. Solches latentes Leben treffen wir bei den Samen, bei manchen Sporen der niederen Pflanzen, aber auch bei vielen ausgewachsenen Teilen und Knospen in ungünstiger Jahreszeit (Kälteperioden, Trockenperioden). Es wird aber nicht unbegrenzt von der Pflanze ertragen, selbst Samen und Sporen, die es am vollkommensten zeigen, büßen früher oder später die Entwicklungsfähigkeit ein, sie sterben. — In anderen Fällen sehen wir nicht alle Lebensfähigkeit unterdrückt, sondern einzig und allein das Wachstum sistiert. So z. B. bei unbefruchteten Eizellen.

Auf den ersten Blick möchte man glauben, daß die Ruhezustände während der ungünstigen Jahreszeit unmittelbar von dieser veranlaßt werden. Tatsächlich tritt aber auch bei vielen tropischen Bäumen periodisch ein Wachstumsstillstand ein; bei andauernd günstiger Temperatur und Wasserzufuhr sehen wir die Blattbildung nicht kontinuierlich vor sich gehen, sondern von Ruhepausen unterbrochen, so daß im Laufe eines Jahres mehrfaches Austreiben erfolgt. Und bei den einheimischen Pflanzen ist der Eintritt der Ruheperiode keineswegs durch die zu niedere Temperatur bedingt. Viele Bäume hören schon im Mai oder Juni mit der Blattentfaltung völlig auf. Auch zeigen unsere Bäume, in ein tropisches Klima versetzt, vielfach eine ähnliche Periodizität wie dort einheimische Pflanzen. Diese Erscheinungen werden noch nicht von allen Forschern gleichartig gedeutet. Auf der einen Seite wird angenommen, daß jede Periodizität im Wachsen der Pflanze durch eine Periodizität in der Außenwelt bedingt sei, die freilich nicht nur in der Zufuhr von Wärme und Wasser, sondern auch z. B. in der Aufnahme von Nährsalzen gegeben sein kann. Auf der anderen Seite nimmt man eine Periodizität aus inneren Ursachen an, die sich in Ländern mit wechselnden Jahreszeiten diesen anpaßt: die Bäume verlegen bei uns die Ruhezeit in den Winter, in anderen Ländern in die trockene Jahreszeit. Das ist durchaus nicht bei allen Pflanzen so. Es gibt bei uns einige Kräuter, wie z. B. Senecio vulgaris, die das ganze Jahr hindurch wachsen, wenn nur die äußeren Bedingungen es zulassen, und in den Tropen fehlt es erst recht nicht an dauernd wachsenden Pflanzen.

Eichen-, Buchen-, Apfel- und Birnbäume behalten in dem subtropischen Klima von Madeira ihre Ruheperiode bei; unter den noch gleichmäßiger günstigen Verhältnissen gewisser Tropengegenden, wie in den Bergen Javas, besteht eine Ruheperiode fort, aber sie verschiebt sich bei verschiedenen Individuen, ja sogar an den Ästen eines und desselben Baumes zeitlich derart, daß Eichen, Magnolien, Obst- und Mandelbäume wie gewisse dort einheimische Bäume zu gleicher Zeit belaubte und blattlose Zweige tragen.

Entwicklungsbeginn. Der Schluß des Ruhezustandes, der Wiederbeginn des Wachstums, ist vielfach lediglich mit der Herstellung der allgemeinen Wachstumsbedingungen gegeben. In anderen Fällen aber ist der Ruhezustand ein sehr fester. Die Herstellung der üblichen Wachstumsbedingungen genügt dann nicht, um ihn zu überwinden, doch läßt er sich manchmal durch besondere Reizmittel abkürzen.

Die Keimung der Samen erfolgt in der Regel nach Herstellung der allgemeinen Wachstumsbedingungen, vor allem also der nötigen Temperatur, Zufuhr von Sauerstoff und Wasser; doch fehlt es nicht an Beispielen, die spezielle Reize erfordern. Solche spezielle Reize heben auch die Entwicklungshemmung der Eizellen auf; für gewöhnlich werden sie mit der Befruchtung gegeben; doch können manche Eizellen auch ohne Befruchtung, z. B. durch Einwirkung von Chemikalien, zur Entwicklung angeregt werden (vgl. auch S. 277 Parthenogenesis).

Manche Samen machen eine längere Ruheperiode durch, ehe sie zu keimen beginnen. Zum Teil liegt das daran, daß sie erst nach der Loslösung von der Mutterpflanze voll ausreifen [„Nachreife“[220]], zum Teil aber auch daran, daß sie nur langsam Wasser aufnehmen. Vor allem fallen bei der Keimung große individuelle Differenzen auf. Es können einzelne Samen einer Pflanze oft jahrelang unverändert im Boden liegen, während gleichalte längst gekeimt haben; das hängt gewöhnlich mit der sog. Hartschaligkeit zusammen, d. h. mit einer außerordentlich erschwerten Quellungsfähigkeit der Schale. Diese scheint auch einen Grund dafür abzugeben, daß die Samen vieler Wasserpflanzen[221] in reinem Wasser nicht keimen können, während nach Zusatz von Säuren und Alkalien die Keimung beginnt. In einzelnen Fällen aber können auch völlig in Wasser gequollene Samen nicht keimen, solange ihnen nicht gewisse Stoffe oder Licht[222] geboten werden. Bei den sog. „Lichtkeimern“ sind meistens die roten oder gelben Strahlen wirksamer als die stark brechbaren, und es genügt oft eine erstaunlich kurze Belichtungszeit (Lythrum Salicaria 1/10 Sekunde bei 370 Hefner-Kerzen). Nicht selten vermögen eine gewisse hohe Temperatur oder chemische Einflüsse das Licht zu ersetzen. Chemische Reize spielen die Hauptrolle bei gewissen Parasiten (Orobanche, Tozzia), die nur in der Nähe ihrer Nährpflanzen keimen. — Als Gegenstück zu den Lichtkeimern mögen noch die Dunkelkeimer genannt sein (z. B. Amarantus), bei denen gerade das Licht die Keimung hindert oder verzögert.

Auch bei Sporen kann die Keimung entweder durch besondere Reize oder schon durch Herstellung der formalen Wachstumsbedingungen eingeleitet werden.

Ein auffallender und recht fester Ruhezustand findet sich bei unseren Laubbäumen. In einer bestimmten Jahreszeit, im Herbst oder früher, können ihre Knospen in keiner Weise zum Treiben gebracht werden (Stadium der Vollruhe). Späterhin aber (Nachruhe) bewirken nicht nur höhere Temperatur, sondern auch zahllose Reize (Frost, Wärme, Trockenheit, Dunkelheit, Beleuchtung, Ätherdämpfe, Azetylen, Tabakrauch, Verwundung, Wasserinjektion usw.) eine beträchtliche Verkürzung der Ruheperiode[223]; fast ebensogut kann aber auch kurz nach eingetretener Wachstumshemmung, in der Vorruhe, getrieben werden. Mit diesen Verhältnissen muß die gärtnerische Frühtreiberei rechnen.

Restitutionsreiz[224]. Wie bei den besprochenen Fällen von Wachstumsbeginn, so kann man auch bei den Restitutionen nach den Ursachen ihres Beginnens fragen. Und hier scheint die Antwort sehr einfach zu sein; sehen wir doch diese Erscheinungen in der Regel nach Verwundungen eintreten. Schon der Umstand, daß manchmal im Laufe der normalen Entwicklung Prozesse auftreten, die auffallend an Restitutionen erinnern, muß uns aber vorsichtig machen. So können z. B. in den Blattkerben von Bryophyllum junge Pflänzchen sich entwickeln, und bei gewissen Begonien entstehen nicht nur am abgeschnittenen Blatt, sondern auch auf der intakten Lamina Sproßbildungen. Durch Experimente ist denn auch für viele echte Restitutionen festgestellt worden, daß nicht die Entfernung eines Organs, sondern vielmehr die Störung seiner normalen Funktion ihre Bildung auslöst (S. 260).

Polarität. Die befruchtete Eizelle der Blütenpflanzen bildet, sowie ihre Wachstumshemmung aufgehoben ist, sofort zwei verschiedene Vegetationspunkte, einen, der den Sproß, einen anderen, der die Wurzel erzeugt. Entsprechende polare Differenzierungen, Ausgestaltung von Basis und Spitze finden sich auch bei viel einfacher gebauten Pflanzen. Wenn auch schon gezeigt worden ist, daß in manchen Fällen ein äußerer Faktor bestimmt, welcher Teil der jungen Pflanze Basis und welcher Spitze wird, so ist doch bei allen höheren Pflanzen das polare Wachstum eine durchaus spezifische, auf inneren Ursachen beruhende Erscheinung: so wenig wir eine apolare kuglige Alge zu polarem Wachstum veranlassen können, so wenig gelingt es, eine polar gebaute höhere Pflanze apolar wachsen zu lassen.

Die in der Eizelle entstandene Polarität bleibt auch im großen und ganzen dauernd erhalten. Bei einzelnen Pflanzen aber sehen wir aus inneren Gründen eine Veränderung eintreten. So bilden sich bei Platycerium- und Adiantum-Arten unter den Farnen, Neottia nidus avis unter den Orchideen Sprosse direkt aus dem Wurzelvegetationspunkt. Bei den Natterzungen (Ophioglossum), deren vegetative Vermehrung ganz auf der Bildung von Wurzelsprossen beruht, rücken die Sproßanlagen fast bis auf die Wurzelspitze. Auch der Scheitel mancher Farnblätter (Adiantum Edgeworthii) vermag unmittelbar in der Bildung einer Sproßanlage aufzugeben.

Symmetrie. Jeder Vegetationspunkt baut dann in der für ihn charakteristischen Weise das betreffende Organ weiter und sorgt zugleich für Anlage von Seitenorganen, die in einer ganz bestimmten Verteilung (radiär, bilateral, dorsiventral) auftreten. So sehen wir also eine gewisse Symmetrie schon am Vegetationspunkt gegeben, und diese kann wenigstens in vielen Fällen durch rein innere Ursachen bestimmt werden; in anderen Fällen haben äußere Faktoren einen maßgebenden Einfluß.

B. Wachstum und Zellteilung.

Auch das in Gang gesetzte Wachstum verläuft nicht immer gleichmäßig. Wohl sehen wir manche Algenzellen, wie Vaucheria, oder Pilze, wie Saprolegnia, eine gegebene Zelle durch Spitzenwachstum immer weiter verlängern. In der großen Mehrzahl der Fälle aber ist dieser Verlängerung ein Ziel gesetzt, indem nach Überschreitung einer gewissen Größe durch Teilung das Normalmaß der Zelle wieder hergestellt wird. Dieses ist freilich kein konstantes. Es hängt nicht nur von äußeren, sondern maßgebend auch von inneren Umständen ab. So sehen wir z. B. meistens unmittelbar am Vegetationspunkt die Teilungen rasch eintreten, während sie später bei andauerndem Wachstum seltener werden. Dementsprechend nimmt die Zellgröße vom Vegetationspunkt bis in die Zone der Dauergewebe im allgemeinen recht beträchtlich zu. Von großer Bedeutung für die Zellgröße ist auch die Kernmasse, die sie enthält. Es ist in einigen Fällen durch gewisse Eingriffe gelungen, das Doppelte oder gar Vierfache der normalen Kernmasse in einer Zelle anzusammeln, und es zeigte sich, daß vielfach alle Derivate solcher Zellen beträchtlich größer waren als die Norm[154].

Immerhin kann man aber ein mittleres Maß der Zelle als eine erbliche Eigentümlichkeit jeder Pflanzenspezies betrachten. Und wenn man verschieden große Arten vergleicht, so fällt es auf, daß die Zellgröße nicht so variiert wie die Außendimensionen; mit anderen Worten: große Pflanzen sind in erster Linie (nicht ausschließlich) durch eine große Zahl von Zellen bedingt[225].

Was im einzelnen die Ursachen der Teilung sind, ist noch wenig bekannt[226]. Zweifellos handelt es sich um eine recht komplizierte Folge von Erscheinungen; sehen wir doch, daß häufig nicht nur das Protoplasma, sondern auch der Zellkern bei diesem Prozeß eine Rolle spielt, insofern als er die Teilung einleitet.

Zweifellos spielen zunächst äußere Faktoren eine große Rolle. So haben wir schon gesehen, daß die Intensität und Qualität des Lichtes z. B. bei Farnprothallien einen maßgebenden Einfluß auf die Zellteilung ausübt (S. 252). Daneben wirken auch innere Faktoren, vor allem das Alter der Zelle mit: während die junge Zelle teilungsfähig ist, nimmt diese Fähigkeit mit dem Alter mehr und mehr ab — doch können Außeneinflüsse von neuem die Teilung ermöglichen; das sieht man vor allem bei den Restitutionen. Wie HABERLANDT[227] gezeigt hat, sind es die aus verwundeten oder auch nur mechanisch etwas geschädigten Zellen stammenden Stoffe, die von neuem zur Teilung anregen. Auch bei der Plasmolyse entstehen solche Stoffe, vielleicht durch Zerreißung von Plasmafäden, und auch körperfremde Gifte können im gleichen Sinne wirken. — In den Sproßvegetationspunkten der höheren Pflanzen und auch bei manchen Algen ist eine gewisse Periodizität der Zellteilung[228] nachgewiesen, sie tritt z. B. bei Spirogyra des Nachts ein, offenbar weil sie vom Licht gehemmt wird. Bei Wurzeln aber finden wir zu allen Tageszeiten Kernteilungen, doch nicht gleich viele. Ein Maximum liegt in den Vormittagsstunden. Hier müssen noch unbekannte Außenfaktoren oder innere Ursachen bei dieser Periodizität mitwirken.

Nicht nur die Tatsache, daß eine neue Zellwand auftritt, auch die Richtung, in der sie entsteht, ist ein Problem der Entwicklungsphysiologie. Man hat schon lange bemerkt, daß die Stellung der neuen Scheidewände auffallende Ähnlichkeit mit dem Verhalten dünner gewichtsloser Flüssigkeitslamellen (z. B. Seifenlamellen) zeigt. Diese haben die Tendenz, sich auf die kleinste mögliche Fläche zusammenzuziehen, und setzen sich deshalb im allgemeinen möglichst unter rechtem Winkel an etwa vorhandene Wände an. Trotz der großen Ähnlichkeit in der Anordnung von Zellwänden einerseits und Flächen „minimae areae“ andererseits darf man doch nicht behaupten, die junge Zellwand werde aus den gleichen Ursachen wie jene in die beobachteten Lagen gebracht; denn die Zellwand ist nie flüssig.

Sehr auffällig ist das Prinzip der rechtwinkligen Schneidung im Vegetationspunkt der Phanerogamen gewahrt. Hier treten uns, wenn wir das von SACHS herrührende Schema eines Längsschnittes betrachten (Fig. 268), die Zellwände in zwei Systemen von Parabeln entgegen, die sich rechtwinklig durchschneiden und einen gemeinsamen Brennpunkt besitzen. Das erste System (*I–VI* in Fig. 268) verläuft mehr oder weniger parallel mit der Oberfläche des Vegetationspunktes; wir nennen diese Zellwände Periklinen. Die senkrecht zu ihnen stehenden Wände (*I-II*) heißen Antiklinen.

Die Zellen des Vegetationspunktes sind noch alle gleich. Erst in einer gewissen Entfernung von ihm beginnt der Prozeß der Differenzierung. Die Zellen nehmen ungleiche Funktion und Hand in Hand damit ungleiche Formen an. Während die embryonalen Zellen noch befähigt sind, jedes beliebige Gewebe zu erzeugen, nimmt diese Befähigung mit dem Fortschreiten der Differenzierung ab, die Zellen werden mehr und mehr in eine bestimmte Entwicklung gedrängt (Determination). Im allgemeinen ist aber bei der Pflanze die Determination keine so feste, wie beim Tier. Das sieht man vor allem aus der weiten Verbreitung der Restitution.

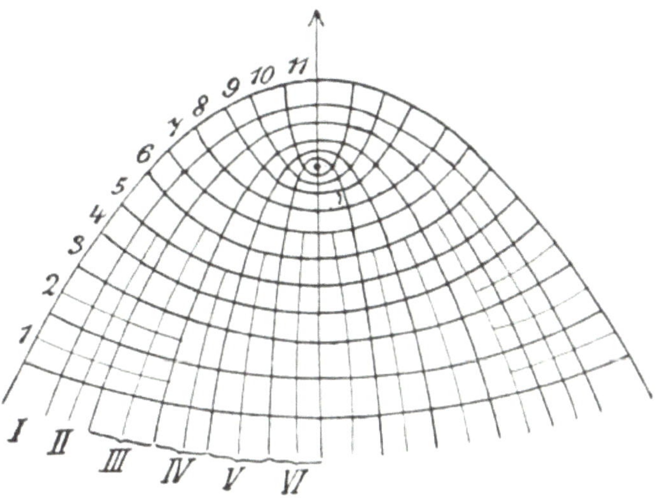

Fig. 268. Schema eines Sproßvegetationspunktes. Nach SACHS.

Was im einzelnen die Ursachen der Differenzierung und der Determination sind, ist unbekannt. Daß aber die Korrelationen bei diesen Prozessen eine große Rolle spielen, ist S. 259 ausgeführt worden.

C. Weitere periodische Änderungen in der vegetativen Gestaltung.

Während der Wachstumstätigkeit treten uns vielfach auch noch ganz andere periodische Erscheinungen entgegen. So sieht man z. B. periodische Änderungen in der Ausgestaltung der Blätter und Stengel, die nicht nur quantitativer, sondern auch qualitativer Art sind; es wechseln Laubblätter mit Nieder- und Hochblättern, Laubsprosse mit Rhizomen ab, wobei der Übergang ein allmählicher oder ein sprungweiser sein kann. Bei diesen Erscheinungen tritt uns wieder die Korrelation des Wachstums, von der S. 259 die Rede war, entgegen. Die Existenz oder besser: die Tätigkeit einer gewissen Menge von Laubblättern übt auf die weiter am Vegetationspunkt entstehenden Anlagen einen Einfluß dahin aus, daß diese zu Niederblättern, Knospenschuppen werden. Entfernt man die Laubblätter im Frühsommer, so bilden sich aus diesen Anlagen keine Niederblätter, sondern Laubblätter. In entsprechender Weise wirkt die Entfernung von Laubsprossen oft auf die unterirdischen Rhizome ein; sie veranlaßt diese aus dem Boden herauszuwachsen und an Stelle von Niederblättern Laubblätter zu bilden.

Außer Laub- und Niederblattbildung treffen wir bei manchen Pflanzen auch noch eine andere Art von Heterophyllie. Vielfach treten in der Jugend Blätter anderer Gestalt auf als später, und manchmal gelingt es, eine Pflanze zur erneuten Produktion der Jugendform zu zwingen, wenn die äußeren Bedingungen, unter denen sie sich bildete, wieder hergestellt werden. So folgen z. B. bei Campanula rotundifolia auf die schmalen Folgeblätter wieder runde Jugendblätter, wenn die Beleuchtungsintensität herabgesetzt wird. In ähnlicher Weise sind auch bei manchen Wasserpflanzen die Wasserblätter Jugendformen, die Schwimmblätter und die Luftblätter Folgeformen. Auch hier kann künstlich die Jugendform wieder hervorgerufen werden. Das ist aber nicht immer so. Manchmal wird der Vegetationspunkt selbst so stark alteriert, daß er nur noch Folgeblätter zu produzieren vermag.

Die „Schattenblätter" (S. 253) unserer Laubbäume gelten heute in erster Linie als Jugendblätter, denn sie hängen nicht so sehr direkt von der Beleuchtungsstärke ab, als von der Stellung am Sproß. Jeder Sproß beginnt mit Schattenblättern und bildet erst später Lichtblätter. Offenbar sind also Ernährungseinflüsse bei Ausbildung dieser Blattformen maßgebend.

Wie das Blatt, so kann auch der Stengel weitgehende Umbildung erfahren. So sehen wir ihn im Laubsproß aufrecht wachsen, im Rhizom horizontal im Boden oder auf dem Boden kriechen: bei den Windepflanzen streckt er seine Internodien über das sonst übliche Maß, bei Rosettenpflanzen ist er ungewöhnlich gestaucht; auch im Dickenwachstum haben wir weitgehende Differenzen: im Extrem erscheint der Stengel als Knolle. Alle diese verschiedenen Gestalten oder Wachstumsweisen sind die Folgen ganz bestimmter Einwirkungen, sie lassen sich demnach wenigstens zum Teil willkürlich erzielen, auch zu einer Zeit und an einem Ort, wo sie in der „normalen" Entwicklung nicht erwartet werden können.

Als ein Beispiel für die Beeinflußbarkeit des Stengels wollen wir die Knollenbildung bei der Kartoffel betrachten. Wie Fig. 201 darstellt, entwickeln sich gewöhnlich die Knollen am Ende von horizontalen Ausläufern, die ihrerseits aus der Basis des Laubtriebes im Boden entspringen. Die Knollenbildung erfolgt durch starkes Dickenwachstum am Ende der Ausläufer unter Sistierung des Längenwachstums. Wird aber der Laubtrieb rechtzeitig entfernt, so gehen statt der Knollen aus den Enden der Ausläufer gestreckte aufrechte Zweige hervor, die über den Boden gelangen und grüne Laubblätter erzeugen. Man kann also den typischen Entwicklungsgang der Kartoffel offenbar so abändern, daß es gar nicht zur Knollenbildung kommt. Andererseits lassen sich auch die Knollen willkürlich an ganz anderen Orten erzeugen; so kann z. B. bei niederer Temperatur die Hauptachse einer bestimmten Kartoffelsorte ganz kurz bleiben und sich sofort in eine Knolle verwandeln; bei anderen Sorten können Knollen nahe der Spitze der Laubsprosse, also in der Luft erzwungen werden, wenn man die Sproßspitze verdunkelt. Noch plastischer als die Kartoffel hat sich die Basellacee Boussingaultia baselloides erwiesen: hier kann man jede beliebige Knospe in eine Knolle umgestalten, und wenn Knospen fehlen, können Internodien oder Wurzeln knollig anschwellen. Es sieht so aus, als ob die Produktion einer gewissen Menge von Reservestoffen als Reiz wirke, dem die Bildung eines Reservestoffbehälters folge.

D. Lebensdauer[229].

Eine weitere hier zu besprechende Erscheinung äußert sich im Werden und Vergehen, in der Lebensdauer der Pflanze. Es gibt Pflanzen, wie Stellaria media, Senecio vulgaris, die in wenigen Wochen ihre ganze Entwicklung von der Samenkeimung bis zur Samenreife durchlaufen, bei denen auch jeder Same sofort keimen kann, so daß mehrere Generationen ohne Ruhe und unbekümmert um die Jahreszeit in einem Kalenderjahre auftreten. Mit der Ausbildung einer gewissen Anzahl von Samen stirbt die Pflanze ab; die Samen sorgen aber für die Forterhaltung ihres Typus. Ähnlich, aber doch mehr an die Jahreszeiten gebunden, sind zahlreiche „einjährige Pflanzen"; an sie schließen sich andere einmal fruchtende (monokarpische) Pflanzen an, bei denen der Ausbildung der Samen ein zwei- bis vieljähriges Stadium rein vegetativen Wachstums mit oder ohne eingeschobene Ruhezeiten vorausgeht. Vermutlich liegt bei ihnen allen in der Fruchtbildung die Ursache des Absterbens der Vegetationsorgane; denn man kann durch Verhinderung des Samenansatzes ihr Leben bedeutend verlängern. In einem Gegensatz zu ihnen stehen die Pflanzen, deren Prototyp unsere Bäume sind, die mehrfach fruchten, bei denen der Fortbestand des einzelnen Exemplars nicht mit der Samenbildung erlischt. Bei allen mehrjährigen Typen tritt nun neben der Jahresperiode noch eine andere Periodizität zutage: Ein Baum hat im ersten Jahre, als Keimpflanze, eine viel geringere Wachstumsintensität als manche Annuelle; er „erstarkt" aber allmählich, und sein Längenwachstum, sein Dickenwachstum, selbst die Elementarorgane seines Holzkörpers nehmen immer mehr an Größe zu. Manche Bäume erreichen ein hohes Alter und sind an sich zu unbegrenztem Leben befähigt. Von einem gewissen Höhepunkt ihrer Entwicklung an, werden aber ihre Jahrestriebe wieder kleiner, offenbar weil der Stoffaustausch zwischen Wurzeln und Blättern sich immer schwieriger gestaltet. Schließlich stirbt der Baum aus diesem Grunde oder weil Parasiten oder sonstige von außen kommende Störungen ihm ein Ende bereiten. Sorgt man dafür, daß in der Nähe der Vegetationspunkte der Sprosse immer neue Wurzeln sich bilden, so werden die Sprosse mit stets gleicher Intensität wachsen, und unter diesen Umständen ist ein Ende des Wachstums nicht abzusehen. Man kann dieses Experiment nicht bei jedem Baum ausführen, weil nicht alle leicht Wurzeln bilden; mit der Weide aber gelingt es leicht, wenn man Zweige als Stecklinge behandelt. Ist somit der Tod für den Vegetationspunkt abwendbar, so treten uns bei ausgewachsenen Zellen ganz andere Verhältnisse entgegen. Lange bevor der ganze Baum zugrunde geht, sind ihm schon einzelne Teile im Tode vorausgegangen. So werden die Blätter abgestoßen, nachdem sie ein oder mehrere Jahre funktioniert haben. Manchmal werden auch ganze Äste abgeworfen. In anderen Fällen freilich gehen sie ohne Abstoßung zugrunde und zerfallen allmählich am Ort ihrer Entstehung. Aber auch alle älteren Gewebe des Stammes gehen dem Tod entgegen; die peripherischen werden in Borke verwandelt, fallen ab oder bilden eine schützende Hülle für die übrigen Teile; im Zentrum geht das Holz in Kernholz über, wobei die letzten lebenden Elemente absterben. Nur die Vegetationspunkte und die Kambien sowie ihre jüngsten Derivate sind an einem älteren Baume noch am Leben. — So sehen wir also, daß jede Zelle, die ihren embryonalen Charakter verloren hat, aus Gründen, die wir nicht kennen, nach kürzerer oder längerer Frist dem Tode verfällt. Dieses Absterben aber läßt sich im allgemeinen nicht aufhalten. Trotzdem können wir nicht sagen, daß der Tod notwendig sei. Nur dadurch, daß gewisse Zellen sich entwickeln, sterben andere ab; der Tod ist also eine Korrelationserscheinung. Entfernen wir bei restitutionsfähigen Pflanzen, bevor die Dauergewebszellen zu alt geworden sind, die Vegetationspunkte, so können ausgewachsene und somit normalerweise dem Tode verfallene Zellen wieder embryonal werden und weiter leben. Bei niederen Pflanzen, denen der Gegensatz von embryonalen und ausgewachsenen Zellen fehlt, die nur aus embryonalen Zellen bestehen, kann demnach das Wachstum ein unbegrenztes sein, der Tod kann hier nur durch ungünstige Außenfaktoren herbeigeführt werden. Es fehlt indes nicht an Beispielen dafür, daß innere Faktoren tödlich wirken; so ist z. B, eine gelegentlich beobachtete Pflanzenrasse, die kein Chlorophyll bilden kann, dem Tod verfallen. In der Vererbungslehre sind vielfach letale Faktoren bekannt geworden, d. h. innere Anlagen, die — wenn sie zur Entfaltung kommen — den Tod des Organismus herbeiführen (vgl. S. 288, Oenothera).

Am besten bekannt oder abgeschätzt ist das Alter von Bäumen[230], über deren Anpflanzung zum Teil geschichtliche Daten vorliegen, während das Alter anderer Bäume oft Jahrhunderte weit über die geschichtliche Zeit zurückreicht. Die berühmte Linde bei Neuenstadt am Kocher in Württemberg ist annähernd 700 Jahre alt, eine Littauer Linde von 25,7 m Umfang hatte 815 Jahresringe, und ein Taxus in Braburn (Kent) wurde bei 18 m Umfang auf 2880 Jahre geschätzt. Sequoia gigantea, der Mammutbaum Kaliforniens, wird nach H. MAYR 4000 Jahre alt. Berühmt durch ihr Alter ist auch eine Wasserzypresse (Taxodium mexicanum) auf dem Friedhofe von St. Maria Tule bei Oaxaca in Mexiko (Fig. 603). Einer der ältesten Bäume Deutschlands dürfte eine ungefähr 1200jährige Eiche sein, die auf dem Gut Ivenak in Mecklenburg steht und in Brusthöhe einen Umfang von fast 13 m hat. — Auch Bryophyten erreichen oft ein hohes Alter; die an der Spitze fortwachsenden verkalkten Gymnostomumrasen und die Stengel der metertief ins Torfmoor hinabreichenden Sphagnaceen zählen ihr Dasein sicher nach vielen Jahrhunderten.

E. Fortpflanzung.

Über die Organe, die der Fortpflanzung dienen, ist das Nötige schon in der Morphologie gesagt; hier sind nur die Bedingungen und die Bedeutung der Erscheinung zu berücksichtigen und dann die Eigenschaften der Nachkommen zu besprechen.

1. Die Bedingungen der Fortpflanzung[231].

In der Natur scheint die Fortpflanzung mit einer gewissen Notwendigkeit auf das vegetative Wachstum zu folgen. Sie tritt gewöhnlich ein, wenn das vegetative Wachstum nachläßt, wenn die Pflanze ein gewisses Alter erreicht hat. Tatsächlich läßt sich aber zeigen, daß diese Aufeinanderfolge nicht notwendig ist, daß der natürliche Entwicklungsgang nur dann eintritt, wenn ganz bestimmte Bedingungen gegeben sind, und daß er durch andere Einflüsse sehr stark abgeändert wird.

Die Hauptfrage, die wir hier zu studieren haben, ist diese: unter welchen Bedingungen findet das vegetative Wachstum, unter welchen die Bildung von Fortpflanzungsorganen statt? Da diese Frage noch verhältnismäßig wenig studiert ist, so läßt sich nicht gut eine allgemeine Antwort auf sie geben. Wir müssen uns also darauf beschränken, an einigen Beispielen das Wesentlichste klar zu machen.

Niedere Pflanzen. Als Beispiel betrachten wir einen Pilz aus der Gattung Saprolegnia. Diese Pilze besitzen einen einzelligen, verzweigten, chlorophyllfreien Vegetationskörper. Sie finden sich in der Natur gewöhnlich auf toten Insekten, die ins Wasser gefallen sind, und ihr Thallus durchwuchert zunächst den Insektenleib. Nach einiger Zeit wächst er aber auch allseits aus diesem heraus in das Wasser. Das Ende dieser ausstrahlenden Fäden wird in der Regel durch eine Querwand abgegliedert, und sein Inhalt zerfällt in viele Schwärmsporen, die dann austreten, sich bewegen und schließlich an einem anderen Orte zu einer neuen Saprolegnia auskeimen. Später bilden sich an der alten Pflanze Eier und Spermazellen, und die ersteren entwickeln sich wenigstens bei manchen Spezies erst nach der Befruchtung weiter. Mit der Ausbildung der befruchteten Eier pflegt die Tätigkeit des Saprolegniapflänzchens beendet zu sein, es geht allmählich zugrunde.

G. KLEBS hat nun gezeigt, daß man diesen Entwicklungsgang von Saprolegnia völlig verändern kann; unter anderem ist es gelungen, die Entwicklung in folgender Weise zu lenken:

1. Der Thallus kann jahrelang rein vegetativ weiter wachsen, wenn stets für frische, gute Nährstoffe gesorgt wird.

2. Ein derartig gut ernährter Thallus geht bei Übertragung in reines Wasser rasch und vollständig in der Bildung von Sporangien auf.

3. In Lösungen von Leucin (0,1%) und Hämoglobin (0,1%) erfolgt zuerst kräftiges Wachstum, dann Bildung von Geschlechtsorganen; Schwärmsporen werden nicht gebildet. Diese treten aber auf, und zwar nach den Geschlechtsorganen, wenn man verdünntes Hämoglobin (0,01%) verwendet.

Es zeigt sich also, daß ganz bestimmte, wohl zu definierende Bedingungen für vegetatives Wachstum, andere für die Bildung von Geschlechtsorganen, wieder andere für das Auftreten von ungeschlechtlicher Fortpflanzung existieren.

Bedingungen der Blütenbildung[232]. Bei den Phanerogamen tritt die ungeschlechtliche Vermehrung durch besondere Brutknospen usw. stark zurück gegenüber der geschlechtlichen Fortpflanzung. Diese aber ist an die Ausbildung von Blüten geknüpft. Das Auftreten von Blüten scheint in der Regel an ein bestimmtes Alter gebunden. Es liegen aber Beobachtungen genug vor, daß auch schon an ganz jungen Exemplaren Blüten auftreten können. Demnach ist zu erwarten, daß die Bildung der Blüten geradeso wie andere Organbildung durch ganz bestimmte Bedingungen gekennzeichnet ist. In einzelnen Fällen ist es denn auch gelungen, diese näher zu erforschen. Für Sempervivum Funkii z. B. hat KLEBS folgendes festgestellt:

1. Bei lebhafter Kohlenstoffassimilation in hellem Licht und bei starker Aufnahme von Wasser und Nährsalzen wächst die Pflanze unbegrenzt rein vegetativ.

2. Bei lebhafter Kohlenstoffassimilation in hellem Licht, aber bei Einschränkung der Wasser- und der Nährsalzaufnahme tritt Blütenbildung auf.

3. Bei einer mittleren Wasser- und Nährsalzaufnahme hängt es von der Intensität der Beleuchtung ab, ob Blühen oder vegetatives Wachsen eintritt. Bei schwächerer Lichtintensität (bzw. bei Verwendung von blauem Licht) erfolgt nur Wachsen, bei stärkerer Beleuchtung (bzw. bei Verwendung roten Lichts) Blühen.

KLEBS unterscheidet bei der Blütenbildung von Sempervivum drei Phasen: 1. die Herstellung des Zustandes der Blühreife, 2. die Bildung der mikroskopisch nachweisbaren Blütenanlagen, 3. die Streckung der Infloreszenz. Diese drei Phasen sind an ganz verschiedene Bedingungen geknüpft und hängen deshalb in ganz verschiedener Weise von den Außenfaktoren ab. Die Blühreife ist bedingt durch ein starkes Überwiegen der C-Assimilation über die Prozesse, bei denen Kohlehydrate konsumiert werden, wie Atmung und vegetatives Wachstum. Da hohe Temperatur die Atmung steigert, Nährsalze das vegetative Wachstum fördern, so ergibt sich neben starker Beleuchtung niedrige Temperatur und Einschränkung der Nährsalze als notwendig für die Erzielung der Blühreife. Schon bestehende Blühreife kann durch hohe Temperatur vernichtet werden, sie kann durch niedere Temperatur selbst im Dunkeln lange konserviert und noch gesteigert werden. Wirkt somit in diesem Fall das Licht anscheinend nur, insofern es die Assimilation der CO_2 bedingt, so hat es bei der zweiten Phase eine ganz andere Bedeutung: eine gewisse Dauer der Beleuchtung ist hier ganz unerläßlich, und zwar sind ausschließlich die langwelligen Strahlen wirksam, während kurzwellige sogar den Zustand der Blühreife wieder vernichten. — In der Natur ist der blühreife Zustand schon im Herbst erreicht, es fehlt aber an einer genügend langen und intensiven Beleuchtung. Wird eine Dauerbelichtung mit Osramlampen, die reich an roten Strahlen sind, durchgeführt, so tritt die Blütenbildung um Monate verfrüht ein; je intensiver die Lichtquelle ist, desto kürzer kann die Belichtung sein. Je früher im Winter man diese Bestrahlung durchführt, desto länger muß sie sein; gegen Ende des Winters ist durch die dauernde Abkühlung der Zustand der Blühreife so weit gediehen, daß eine kurze Bestrahlung die Blüte bewirkt. Pausen, die in die Dauerbelichtung eingeschaltet werden können, dürfen nicht zu lang sein, sonst heben sie die Wirkung der Lichtperiode auf. — Die letzte Phase der Streckung endlich hängt wieder wie die erste nur von der ernährenden Wirkung des Lichtes ab; dementsprechend kann sie bei genügender Vorernährung auch im Dunkeln wenigstens zum Teil eintreten.

Eine ähnlich tiefdringende Analyse der Bedingungen des Blühens liegt bei anderen Objekten bisher noch nicht vor, doch lassen zahlreiche Beobachtungen und Versuche erkennen, daß allgemein das Licht, die Temperatur, die Nährsalze in erster Linie von Bedeutung für die Blütenbildung sind. Da dieselben Faktoren auch im vegetativen Leben unentbehrlich sind, so ist es nur das Maß, in dem sie gegeben sind, und vor allem ihre relative Menge, die darüber entscheidet, ob eine bestimmte Knospe zur Blüte wird oder vegetativ wächst.

Die Bedeutung des Lichtes für die Blütenbildung ergibt sich z. B. aus der lange bekannten Tatsache, daß der Efeu nur an hellem Standort, nicht aber im Schatten des Waldes blüht, obwohl er an letzterem Orte gut gedeiht. Das gleiche beweisen VOECHTINGs Versuche mit Mimulus Tilingii. Diese Pflanze stellt bei einer gewissen niederen Lichtintensität, die ihr vegetatives Wachsen noch gut erlaubt, die Blütenbildung gänzlich ein. Entsprechende Versuche hat KLEBS z. B. mit Veronica chamaedrys ausgeführt, und er gibt an, daß bei allen Pflanzen, die keine nennenswerten Massen von Reservestoffen führen, eine Lichtverminderung die Blütenbildung unterdrückt. Er betrachtet die vom Licht bewirkte Kohlenstoffassimilation als in erster Linie maßgebend für die Blütenbildung. — Bei einer gewissen Lichtintensität, die zur Ausbildung normaler Blüten nicht mehr ausreicht, entstehen bei manchen Pflanzen kleistogame Blüten.

Auch die Temperatur spielt offenbar eine wichtige Rolle. Eine andauernd hohe Temperatur verhindert das Blühen. So wachsen Pflanzen unserer Klimate in den Tropen eventuell dauernd vegetativ (Kirsche), und zweijährige einheimische Pflanzen, wie Rübe, Digitalis, kann man auch im zweiten Jahr am Blühen hindern, wenn man sie im Winter warm hält und weiter wachsen läßt. So ist es KLEBS gelungen, die Rübe mehrere Jahre lang rein vegetativ zu erhalten. Auch Glechoma, Sempervivum wuchsen, wenn sie an der Winterruhe verhindert waren, jahrelang vegetativ.

Endlich sind noch die Nährsalze zu erwähnen. Keimpflanzen können durch Nährsalzentziehung zu kümmerlichen Hungerpflänzchen gemacht werden, bei denen oft nach wenigen winzigen Laubblättern schon die Blütenbildung beginnt. Auch Versuche von MOEBIUS haben gezeigt, daß Gräser und Borrago bei geringer Salzzufuhr besser blühen als bei starker Düngung. Die Erhöhung der Fruchtbarkeit der Obstbäume, die man durch Beschneiden der Wurzeln erzielt, dürfte ebenfalls auf einer Einschränkung der Nährsalzaufnahme beruhen. Daß aber nicht alle Nährsalze in gleicher Weise wirken, hat besonders BENECKE betont, der nachweisen konnte, daß Verminderung der Stickstoffnahrung, Vermehrung des Phosphors zur Blütenbildung führt.

Werden, nachdem die Blütenbildung begonnen hat, wieder die Bedingungen für vegetatives Wachstum hergestellt, so kann ein schon zur Blüte prädisponierter Sproß zu vegetativem Wachstum zurückkehren. So bleiben, wenn Mimulus Tilingii in schwaches Licht gebracht wird, die bereits angelegten Blütenknospen unentwickelt, und ruhende Achselknospen der Brakteen entwickeln sich zu Laubsprossen. Es tritt eine Gestaltung der Pflanze ein, die außerordentlich stark vom gewohnten Aussehen abweicht.

Geschlechtsbestimmung. Die große Mehrzahl der Blüten sind Zwitterblüten, produzieren also sowohl männliche als auch weibliche Sexualzellen. — In anderen Fällen sehen wir eingeschlechtige Blüten allein oder neben den zweigeschlechtigen auftreten. Schon der Umstand, daß dann die weiblichen Blüten meist an anderen Stellen der Pflanzen sich finden als die männlichen, weist darauf hin, daß jede dieser Formen ihre spezifischen Bildungsbedingungen hat; welche diese sind, ist freilich unbekannt.

Ein Problem der Entwicklungsphysiologie wird die Geschlechtsbestimmung aber ganz besondere dann, wenn wir es mit sog. zweihäusigen Pflanzen zu tun haben, d. h. mit solchen, die in nur männlichen oder nur weiblichen Exemplaren vorkommen. Vgl. S. 284.

Die Befruchtung. Wenn Eizelle und Spermazelle verschmolzen sind, umgibt sich das Produkt allgemein mit einer Membran. Bei niederen Pflanzen entsteht so eine Zygospore oder Oospore, die gewöhnlich erst nach einer Ruheperiode keimt. Bei den höheren Pflanzen tritt sofort Wachstum und Zellteilung ein; es entsteht ein Embryo, der bei Moosen und Farnen alsbald in bestimmter Weise sich weiter entwickelt, während er bei den Phanerogamen nach kurzer Zeit in einen Ruhezustand verfällt. Zuvor geht von ihm aber noch eine Fülle von Reizwirkungen aus, die namentlich bei den Angiospermen hoch entwickelt sind. Die Samenanlage, in der der Embryo eingeschlossen ist, fängt an zu wachsen, sie vergrößert sich beträchtlich und erhält eine ganz charakteristische Struktur; sie wird zum Samen, der in der Regel erst nach Ablauf einer Ruheperiode keimt. Aber auch der Fruchtknoten fängt nach der Befruchtung lebhaft zu wachsen an und entwickelt sich zur Frucht.

Diese durch die Embryobildung ausgelösten Wachstums- und Gestaltungsvorgänge in Samenanlage, Fruchtknoten und eventuell auch noch in anderen Teilen der Blüte sind als Korrelationserscheinungen zu deuten; denn falls die Befruchtung verhindert wird, unterbleiben meist alle die Veränderungen, die aus der Blüte eine reife Frucht hervorgehen lassen: es tritt vielmehr eine andere korrelative Wirkung, die Abstoßung des ganzen, nun nutzlosen Organs, ein. Einzelne Pflanzen, zumal solche, die schon lange in Kultur genommen sind, können freilich eine Ausnahme machen; bei fast allen Varietäten von Bananen, bei der echten kernlosen Mandarine und den als Sultaninen bezeichneten Rosinen z. B. unterbleibt die Bildung der Embryonen; trotzdem aber entwickeln sich die Früchte. Der Anstoß zu dieser Entwicklung kann auch hier entweder von der bloßen Bestäubung der Narbe oder doch von der Befruchtung der Samenanlagen ausgehen, welch letztere dann aber früher oder später verkümmern, ohne der sonstigen Entwicklung der Frucht Eintrag zu tun. In manchen Fällen entwickeln sich sog. „taube“ Früchte aber auch ganz ohne den Anstoß der Bestäubung, wie die parthenokarpen[233] Früchte der Feige, der Gurke und gewisser Apfel- und Birnsorten.

Auch von Pollenkörnern und Pollenschläuchen, die sich auf der Narbe befinden, können Einflüsse ausgehen, die weithin geleitet werden. So tritt nach Bestäubung der Narbe der Orchideen vielfach ein Verschwellen der Narbe und des Gynostemiums ein, und es wird auch das Perianth plötzlich in seinem Wachstum gehemmt und zum Welken gebracht. Wie FITTING[234] zeigen konnte, geht diese Wirkung von löslichen, organischen, hitzebeständigen Substanzen aus, die leicht von der ungekeimten Pollenmasse getrennt werden können.

Mag nun eine einfache Spore oder ein komplizierter Embryo die Folge der Befruchtung sein, so unterscheidet sich dieses Produkt von den Zellen, die es bildeten, stets dadurch, daß es doppelte Kernmassen, also die doppelte Anzahl von Chromosomen aufweist (S. 172). Deshalb ist eine bald früher, bald später eintretende Reduktionsteilung, die wieder die einfache Zahl der Chromosomen herstellt, stets die notwendige Folge der Befruchtung.

2. Die Bedeutung der sexuellen Fortpflanzung.

Die Bedeutung der sexuellen Fortpflanzung ist nicht ohne weiteres zu erkennen. Viele Pflanzen kommen in der Natur oder in der Kultur ganz ohne sie aus und begnügen sich mit vegetativer Fortpflanzung.

Auf niedere Pflanzen, die noch gar keine sexuelle Fortpflanzung besitzen, ist schon hingewiesen (S. 165). Von höheren Pflanzen bringen z. B. die kultivierten Bananen, manche Dioscoreaceen, der Kalmus, Spielarten der Weinrebe, der Apfelsinen, Gartenerdbeeren überhaupt keine sexuellen Nachkommen mehr hervor. Der Knoblauch, der an Stelle der Blüten kleine Zwiebelchen bildet, die weiße Lilie und der durch Wurzelknöllchen sich vermehrende Ranunculus Ficaria u. a. bilden, falls sie ungestört ihre vegetativen Vermehrungsorgane zu entwickeln vermögen, kaum noch keimfähige Samen aus. Solche können aber unter Umständen, so z. B. manchmal an abgeschnittenen Blütenständen jener Pflanzen, noch gewonnen werden. Für gewöhnlich vermehren sie sich ausschließlich durch ungeschlechtliche Sprossung. Irgend eine Degeneration, die man früher bei ausschließlich vegetativer Vermehrung für unvermeidlich hielt, ist dabei nicht zu bemerken[235].

Wenn demnach die monogene Fortpflanzung für die Erhaltung der Art genügt, so muß doch die digene irgend etwas bieten, was die monogene nicht leistet; es wäre sonst unbegreiflich, daß die digene überhaupt entstanden ist, da sie ja viel komplizierter eingerichtet ist und viel weniger sicher zum Ziel führt als die vegetative Fortpflanzung.

Bei einseitiger Betrachtung der Algen und Pilze könnte man glauben, die sexuelle Fortpflanzung führe zur Ausbildung besonders widerstandsfähiger Keime, die demnach eine längere Ruhezeit unter ungünstigen Vegetationsverhältnissen überdauern können; denn tatsächlich sind die Zygosporen und Oosporen häufig sehr viel resistenter als die Schwärmsporen und Konidien. Aber schon bei den Farnen kehrt sich das Verhältnis um, die befruchtete Eizelle muß sofort die Bedingungen zur Weiterentwicklung finden, widrigenfalls sie zugrunde geht; dagegen ertragen die ungeschlechtlichen Sporen eine lange Ruhe.

Sehr häufig finden wir bei der digenen Fortpflanzung, daß die einzelne Sexualzelle entwicklungsunfähig ist. Erst durch die Verschmelzung wird früher oder später die Entwicklung ausgelöst. Demnach liegt eine Bedeutung der Befruchtung in der Aufhebung einer bestehenden Wachstumshemmung. Man kann sich aber nicht vorstellen, daß das ihre ursprüngliche und wesentliche Bedeutung ist. Viel wahrscheinlicher ist es, daß die Sexualzellen erst allmählich die Entwicklungsunfähigkeit erworben haben, weil durch diese die Verschmelzungsmöglichkeit gesichert wurde. Wenn jede Sexualzelle sofort nach ihrer Bildung wüchse, so würde sie in der Mehrzahl der Fälle zu wachsen beginnen, ehe sie mit einer anderen Sexualzelle verschmelzen konnte.

Diese Auffassung wird gestützt durch das Verhalten mancher Algen, bei denen nicht selten die Sexualzellen auch ohne Verschmelzung zu keimen vermögen; insbesondere können sich die Eizellen bei ihnen ohne Befruchtung weiter entwickeln. Im Anschluß an ähnliche Vorgänge im Tierreich nennt man diese Erscheinung Parthenogenesis. Bei den primitiven Algen ist Parthenogenesis möglich, weil hier die Entwicklungsunfähigkeit der Eizelle noch nicht erworben ist oder weil sie durch verschiedene Einwirkungen leicht behoben werden kann. So tritt z. B. bei der Alge Protosiphon durch hohe Temperatur parthenogenetische Entwicklung ein, und bei den Eiern niederer Tiere (Echinodermen) findet sich das gleiche z. B. nach Behandlung mit Lösungen von einer gewissen Konzentration. Man wird vielleicht vermuten dürfen, daß in den Fällen, wo die Entwicklung nur nach Befruchtung erfolgt, eine in der Spermazelle enthaltene Substanz die Entwicklung anregt.

Es fehlt freilich auch bei höheren Pflanzen nicht an Vorkommnissen, die man als Parthenogenesis[236] bezeichnen kann. So entwickelt sich die Eizelle mancher Kompositen, ferner bei Alchimillen, Thalictrum purpurascens, Wickstroemia indica, Ficus hirta, Marsilia Drummondii und Chara crinita ohne vorhergehende Befruchtung. Von den eben besprochenen Vorkommnissen unterscheiden sich aber diese Fälle dadurch, daß die betreffenden Eizellen in der Chromosomenzahl ihrer Kerne wie vegetative Zellen sich verhalten, diploid (S. 172) sind und überhaupt nicht für die Befruchtung eingerichtet zu sein scheinen (vgl. den speziellen Teil).

Wir kommen also zu der Überzeugung, daß in der Aufhebung einer bestehenden Entwicklungshemmung das Wesentliche der sexuellen Fortpflanzung nicht bestehen kann. Somit werden wir es in der Verschmelzung der Substanz zweier Zellen, in der dadurch bedingten Mischung väterlicher und mütterlicher Eigenschaften zu suchen haben. In diesem Punkt liegt jedenfalls der Hauptunterschied zwischen den beiden Fortpflanzungsarten: die vegetativ erzeugte Nachkommenschaft besteht aus unvermischten Abkömmlingen, die sexuell erzeugte aus Mischlingen. Der in den Nachkommen entfaltete Komplex von Eigenschaften weicht deshalb bei vegetativer Vermehrung von dem der Stammform in der Regel nicht ab. Die Varietäten, Sorten und Rassen vieler Kulturpflanzen können deshalb in der Regel nur durch Pfropfung oder Stecklingsbildung vermehrt werden. Im Gegensatz zu den vegetativen Abkömmlingen wird der sexuelle Nachkomme gewöhnlich der Mutterpflanze nicht völlig ähnlich sein können, sondern die Eigenschaften beider Eltern in sich vereinigen müssen. Je abweichender diese voneinander waren, desto größer wird der sichtbare Erfolg der Vermischung ausfallen.

F. Vererbung, Variabilität, Artbildung.

Vererbung[237]. Unter Vererbung versteht man die allbekannte Erscheinung, daß die Eigenschaften der Eltern sich bei den Nachkommen wieder finden. Eine solche Vererbung tritt uns ebenso bei der Zweiteilung einer Zelle, der einfachsten Form der Fortpflanzung, entgegen wie beim komplizierten Sexualakt. Daß die Tochterzellen der Mutterzelle gleichen, bedarf keiner Erklärung: ein Problem wird die Vererbung erst dann, wenn aus kleinen Teilen eines kompliziert gebauten Mutterorganismus, aus Keimen, die Nachkommen durch Entwicklung hervorgehen. Man schreibt solchen Keimen bestimmte „Anlagen" oder „Gene" zu, die es bewirken, daß ein Organismus in ganz bestimmter, spezifischer Weise auf äußere Faktoren reagiert. Daß diese Anlagen an die Chromosomen der Zellkerne gebunden sind, ist wahrscheinlich; über die Art und Weise aber, wie sie den Entwicklungsgang beeinflussen, wissen wir nichts.

Auch in den Sexualzellen der höheren Pflanzen müssen solche Anlagen vorhanden sein, und zwar sowohl in den männlichen wie in den weiblichen. Demnach muß also die befruchtete Eizelle die doppelte Anzahl von Anlagen besitzen — und dennoch geht nur ein einziger Organismus aus ihr hervor. Doch nicht nur in den Keimzellen, sondern in allen Zellen der Pflanze finden sich wenigstens ursprünglich die gleichen Anlagen; das zeigen uns die Erscheinungen der Restitution.

Zweifellos sind die Probleme der Vererbung am interessantesten bei der sexuellen Fortpflanzung, wo vor allem die Frage nach dem Anteil der beiden Eltern an der Gestaltung der Nachkommen von Bedeutung ist. Diese Frage aber kann nur an den Bastarden gelöst werden, weil die einzelnen Individuen einer reinen Art die gleichen Anlagen haben.

Bastarde[238]. In der Regel ist eine erfolgreiche Vereinigung der Sexualzellen nur dann möglich, wenn sie beide der gleichen „Art" angehören. Unter Umständen können aber auch Sexualzellen differenter Rassen, Arten, ja selbst Gattungen verbunden werden. Die Produkte solcher Befruchtung werden Bastarde (auch Hybriden oder Blendlinge) genannt. Man bezeichnet sie auch als Heterozygoten, aus zwei ungleichen Sexualzellen entstandene Individuen, im Gegensatz zu den Homozygoten, die aus Sexualzellen mit ganz identischen Anlagen entstehen. Je näher sich die Formen stehen, desto leichter bilden sie im allgemeinen auch Hybriden, doch ist das keine durchgängige Regel.

Seitdem man weiß, daß nicht nur die Eizelle, sondern auch der Embryosackkern mit einer Spermazelle verschmilzt, kann man auch die sog. Xenienbildung verstehen. Xenien sind aus verschmolzenen heterozygotischen Kernen entstandene Bastardendosperme.

Manche Familien neigen sehr zur Bastardbildung (Solanaceen, Caryophyllaceen, Iridaceen usw.), andere bilden nur schwierig oder überhaupt keine Bastarde (Papilionaceen, Koniferen, Convolvulaceen usw.). Auch verwandte Gattungen und Arten verhalten sich oft recht verschieden; Arten von Dianthus, Nicotiana, Verbascum, Geum sind leicht, die Arten von Silene, Solanum, Linaria, Potentilla dagegen schwer untereinander zu bastardieren. Eine Hybridisierung von nahe verwandten Arten will oft nicht gelingen, während fernerstehende gekreuzt werden können.

Auch in der freien Natur findet man Bastarde; insbesondere in den Gattungen Salix, Rubus, Hieracium und Cirsium ist das der Fall. Daß hybride Formen hier nicht häufiger sind, liegt einmal am Mangel zeitlicher oder räumlicher Gelegenheit zur Bastardierung, andererseits aber auch daran, daß der Pollen der eigenen Art bei gemischter Bestäubung meist allein zur Wirkung kommt.

Bastarde kann man oft daran erkennen, daß sie Zwischenformen der beiden verschiedenen Stammeltern sind; sie halten entweder zwischen beiden genau die Mitte, z. B. Nicotiana rustica ♀ × Nic. paniculata ♂ und Sorbus Aria × aucuparia (Fig. 269), oder gleichen in manchen Eigenschaften mehr dem Vater, in anderen mehr der Mutter. Selten nur kommt es vor, daß der Bastard bis auf verschwindende Merkmale wieder ganz dem Vater (gewisse Erdbeerbastarde) oder ganz der Mutter ähnlich ist. In weitaus den meisten Fällen fällt der

Bastard ganz gleich aus, einerlei ob die Pflanze *A* Vater oder Mutter ist; in einzelnen Fällen aber ist der Bastard

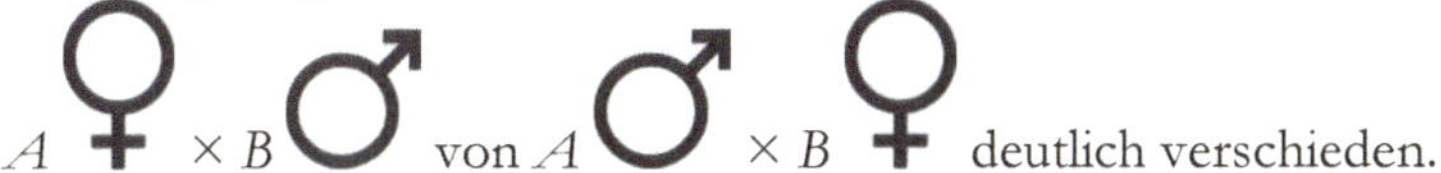 deutlich verschieden.

Häufig ist die Durchdringung der Eigenschaften bei den Bastarden eine vollständige. Hat die eine Art ganzrandige Blätter, die andere Art gefiederte, so kann der Bastard eine Mittelform, nämlich eichenähnlich (Fig. 269) gebuchtete Blätter besitzen. Hat die väterliche Art rote Blüten, die mütterliche aber gelbe, so kann der Bastard orangefarbige Blüten hervorbringen. Wird eine frühblühende Form mit einer spätblühenden gekreuzt, so kann die Blütezeit des Bastards in der Mitte liegen usw. — Es gibt aber auch, freilich seltener, eine andere Art von Bastarden, die man Mosaikbastarde genannt hat, bei denen Teile mit den Eigenschaften der Mutter abwechseln mit solchen, die die Eigenschaften des Vaters aufweisen.

Fig. 269. *1* Sorbus aucuparia, *2* Sorbus Aria und *3* ihr Bastard. Nach SCHLECHTENDAL, LANGETHAL und SCHENCK. (Flora v. Deutschl. 5. Aufl. von HALLIER.

GRÖSSERES BILD

Bei Bastarden treten auch bemerkenswerte neue Eigenschaften auf, verringerte Fruchtbarkeit, größere Neigung zu Abänderungen (Varietätenbildung) und oft eine üppigere Gestaltung („luxurierendes Wachstum").

Die Fruchtbarkeit ist oft so weit herabgesetzt, daß Bastarde zum Teil überhaupt nicht blühen (Rhododendron, Epilobium) oder doch unfruchtbar sind (daher „Blendlinge“) und sich sexuell nicht fortpflanzen; die Unfruchtbarkeit ist im allgemeinen um so größer, je weiter die Stammeltern in der Verwandtschaft auseinander standen; andere, wie Salix- und gewisse Hieraciumbastarde, bleiben dagegen fruchtbar.

Bastarde auch von nahe verwandten Arten bilden häufig kräftigere Vegetationsorgane, blühen früher, länger und reichlicher als die Stammeltern; dabei sind die Blüten oft größer, prächtiger und zur Füllung geneigt. Dieses luxurierende Wachstum und die gesteigerte Neigung zu Abänderungen machen die Bastarde ganz besonders wertvoll für die Gärtnerei und die Landwirtschaft.

Vererbung von Bastarden[239]. Dem ersten Forscher, der Bastarde experimentell zu wissenschaftlichen Zwecken erzog, JOSEPH GOTTLIEB KÖLREUTER (1761), waren diese aus ganz anderen Gründen von Interesse als uns heutzutage. Sie waren ihm ein unwiderleglicher Beweis für die Sexualität der Pflanzen, an der man so oft gezweifelt hatte. Heute sind die Vererbungsfragen, die sich an die Bastarde knüpfen, in erster Linie wichtig. Für das Studium der Vererbung aber sind Artbastarde viel zu kompliziert. Dagegen ist es bei Benutzung nächst verwandter Formen zuerst 1866 GREGOR MENDEL in Brünn gelungen, gewisse Gesetzmäßigkeiten zu entdecken, die unbeachtet blieben und erst, nachdem sie dann 1900 gleichzeitig von DE VRIES, CORRENS und TSCHERMAK wiederentdeckt worden waren, die wissenschaftliche Welt bewegten. Um zu diesen Gesetzen oder Regeln zu gelangen, mußte MENDEL die Bastarde in mehreren aufeinander folgenden Generationen verfolgen und mußte alle auftretenden Individuen statistisch betrachten.

1. Uniformität der Bastarde. In der ersten Generation sind alle Bastardpflanzen untereinander völlig gleich. Im Einzelfall können sie dabei entweder eine genaue Mittelbildung zwischen den Eltern vorstellen (intermediäre Vererbung), oder sie können ganz oder vorwiegend dem einen Elter gleichen (dominierende Vererbung).

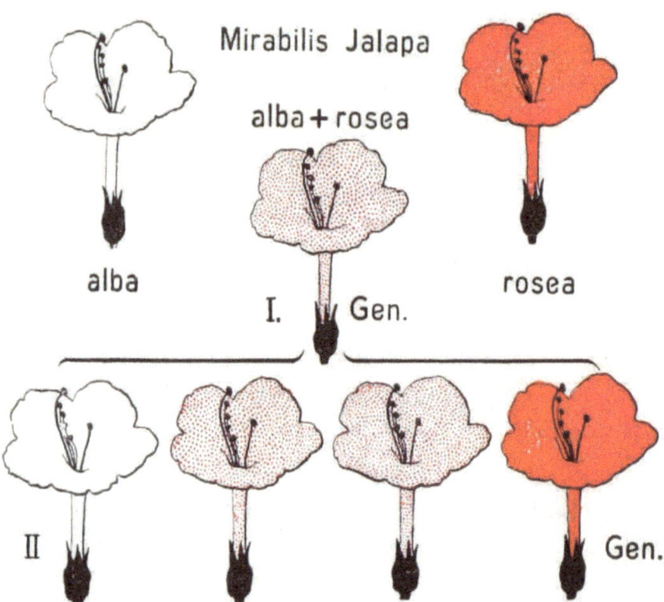

Fig. 270. Mirabilis Jalapa alba und rosea nebst ihrem Bastard in erster und zweiter Generation. Schema nach CORRENS.

Ein Beispiel für intermediäre Vererbung liefern die Bastarde von Mirabilis Jalapa rosea und alba, zwei Rassen der Wunderblume, die sich nur darin unterscheiden, daß die eine rote, die andere weiße Blüten besitzt. Der Bastard hat hellrote Blüten (Fig. 270). — Der andere Fall wird z. B. vom Bastard zwischen zwei Brennesseln geliefert, Urtica pilulifera und Dodartii, von denen die erste scharf gesägte, die zweite nur schwach gezackte Blätter besitzt. Hier ist die erste Bastardgeneration nicht von Urtica pilulifera zu unterscheiden, da alle Pflanzen mit scharf gesägten Blättern vorsehen sind (Fig. 271). Es bedurfte einer besonderen, gründlichen Untersuchung von CORRENS, um nachzuweisen, daß wenigstens in der Jugend ein kleiner Unterschied zwischen diesen Bastardpflanzen und reiner pilulifera besteht. In diesem Falle sagt man, Urtica pilulifera „prävaliert" oder „dominiert", während Dodartii sich „rezessiv" verhält. — Welche Merkmale bei der Kreuzung prävalieren werden, läßt sich nicht voraussagen, sondern nur durch Erfahrung bestimmen; meist sind es phylogenetisch ältere Merkmale, die prävalieren.

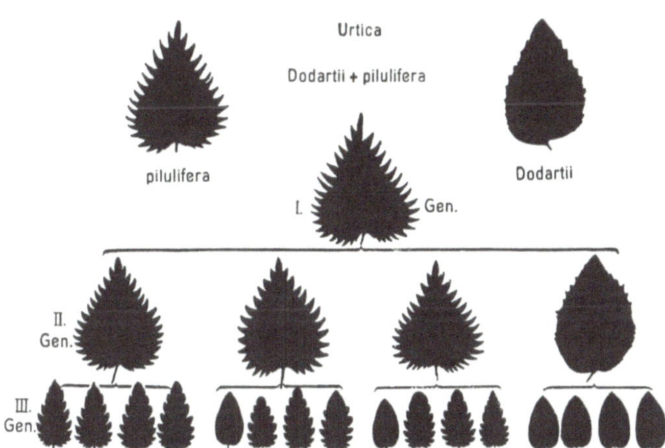

Fig. 271. Der Bastard von Urtica pilulifera und Urtica Dodartii in drei Generationen nebst den Eltern. Schema nach CORRENS.

2. Spaltungsregel. In der zweiten Generation der Bastardpflanzen, die durch Bestäubung der Blüten erster Generation mit ihrem eigenen Pollen oder dem von gleichen Pflanzen entsteht, tritt nun aber eine große Überraschung auf. Die zweite Generation ist nicht mehr gleichförmig, sondern besteht aus verschiedenen Pflanzen. In den einfachen Fällen von Mirabilis oder Urtica, wo die Eltern nur in einem einzigen Merkmal sich unterschieden, ist die Gesetzmäßigkeit der zweiten Bastardgeneration leicht zu erkennen: es treten bei Mirabilis dreierlei Pflanzen in ganz bestimmten Zahlenverhältnissen auf, nämlich 50%, die so aussehen wie die I. Bastardgeneration, 25% die der einen und 25% die der anderen Elternpflanze gleichen. Es blühen demnach 50% rosa, 25 rot und 25 weiß. Der Bastard ist also wenigstens zum Teil, hier zur Hälfte, wieder auseinander gefallen, indem ein Viertel reine Vaterpflanzen, ein anderes Viertel reine Mutterpflanzen und nur noch die Hälfte Bastarde sind. Daß diese Deutung richtig ist, ergibt die III. und alle folgenden Generationen, in denen bei weiter fortgesetzter Inzucht in der Tat alle Nachkommen der in Generation II weiß oder rot blühenden Pflanzen unverändert bleiben, während die Nachkommen der rosablütigen weiter im gleichen Verhältnis zerfallen. Diesen Zerfall nennt man das Spalten der Bastarde. In den folgenden Generationen treten die Mischlinge mit rosa Blüten der Zahl nach natürlich immer mehr gegen die roten und weißen Pflanzen zurück, so daß sie in der 8. Generation nur noch 0,75% ausmachen; dieser kleine Rest aber „spaltet" weiter.

Bei Dominanz des einen Merkmals gestaltet sich das Spalten, wie das Schema der Fig. 271 für Urtica zeigt, etwas anders. In der II. Generation gleichen 25% Urtica Dodartii; da sie auch in den folgenden Generationen unverändert bleiben, so sind sie reine U. Dodartii. 75% aber gleichen Urtica pilulifera. Sie sind indes nicht einheitlich; ein Drittel von ihnen ist reine Urtica pilulifera, zwei Drittel sind Mischlinge, die in den folgenden Generationen in der gleichen Weise spalten wie in der II., also im Verhältnis 3 : 1.

Theoretisch sucht man seit MENDEL die Spaltungsregel durch die Annahme zu verstehen, daß in den Mischlingen beiderlei Anlagen unverändert weiter bestehen und sich bei der Ausbildung der Geschlechtszellen zu gleichen Teilen auf diese verteilen. Die Geschlechtszellen der rosa blühenden Mischlinge besäßen demnach keinen Mischlingscharakter mehr, sondern hätten sich in rein „rote" und rein „weiße" Geschlechtselemente geschieden. Bei der Befruchtung wird dann die zu neuen Mischlingen führende Verbindung rot × weiß (weiß

♀ × rot ♂, rot ♀ × weiß ♂) doppelt so oft möglich sein als die Verbindung rot × rot oder weiß × weiß.

In sehr anschaulicher Weise werden die Tatsachen der Vererbung durch Symbole dargestellt. Man bezeichnet die einzelnen Anlagen oder Gene mit Buchstaben. Hat also eine bestimmte Pflanze die Gene *A*, *B*, *C*, *D*,... *X*, so wird ein durch Reinzucht erzeugter Nachkomme die „Erbformel" *AA*, *BB*, *CC*, *DD*... *XX* besitzen, denn er hat ja jeweils von Vater und Mutter die gleichen Anlagen mitbekommen. Unterscheiden sich aber die zwei geschlechtlich verschiedenen Keimzellen in einem Gen, so wird in diesem dann der Nachkomme heterozygot sein. Nennen wir die Anlage für Rotfärbung bei Mirabilis R (rot), so wird durch r das entsprechende nichtrote, also weiße Gen bezeichnet.

In diesem Fall könnte man ebensogut der Anlage für weiß den großen Buchstaben geben und rot als nicht weiß mit kleinen Buchstaben bezeichnen. Wenn aber Dominanz besteht, bezeichnet man stets das dominierende Merkmal mit großem, das rezessive Merkmal mit kleinem Buchstaben.

Indem man dann alle Merkmalspaare, in denen Gleichheit besteht, wegläßt, nimmt das Symbol für die Vererbung folgende Gestalt an:

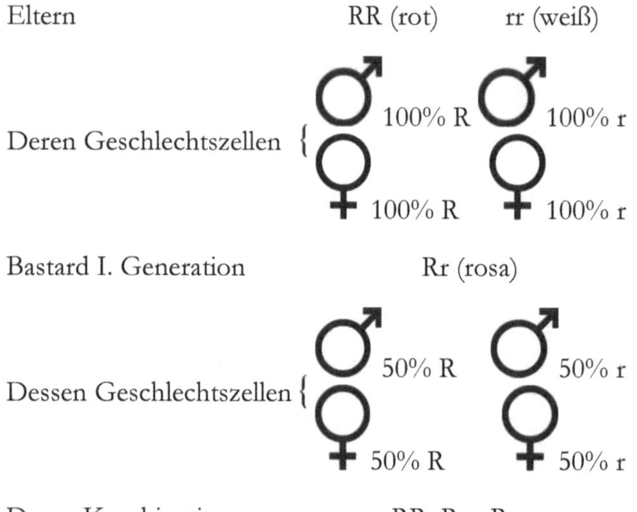

Deren Kombinationen RR, Rr, rR, rr.

Aus der letzten Zeile kann man also die Spaltung, die in der II. Generation eingetreten ist, direkt ablesen: 25% RR müssen rot, 25% rr weiß blühen; beide sind Homozygoten; 50% aber sind Heterozygoten rR, blühen rosa und spalten weiter. Wenn aber rot über weiß dominierte, so würde man ebenfalls aus dieser Zeile ablesen können, daß 25% weiße und 75% rote Blüten in der II. Generation auftreten müssen, und daß von letzteren 1/3 homozygotisch, 2/3 heterozygotisch sind.

3. Autonomie der Merkmale. Waren die Eltern in zwei Merkmalen statt in einem voneinander verschieden, liegen also statt Monohybriden sog. Dihybriden vor, so zeigt es sich, daß die einzelnen Merkmale beim Spalten unabhängig voneinander sich verteilen können (Autonomie der Merkmale). Dementsprechend können neue Kombinationen der Merkmale in den Nachkommen auftreten, was ebenso für die Pflanzenzüchtung wie für das Verhalten der Pflanze in der Natur von großer Bedeutung ist. Aus der Kreuzung einer Maissorte mit glatten, weißen und einer zweiten mit runzligen, blauen Körnern erhält man als neue Kombinationen glatte blaue und runzlige weiße Körner.

Dieses Resultat läßt sich leicht aus der nachstehenden symbolischen Darstellung entnehmen. Da glatt über runzlig dominiert, bezeichnen wir glatt mit G, runzlig mit g; da blau über weiß dominiert, schreiben wir B blau und b weiß.

Eltern: Gb gB

I. Generation: Gg Bb
glatt, blau

Keimzellen: GB Gb gB gb

Kombinationen dieser Keimzellen:

GB GB glatt blau	GB Gb glatt blau	GB gB glatt blau	GB gb glatt blau
Gb GB glatt blau	Gb Gb glatt weiß	Gb gB glatt blau	Gb gb glatt weiß
gB GB glatt blau	gB Gb glatt blau	gB gB runzlig blau	gB gb runzlig blau
gb GB glatt blau	gb Gb glatt weiß	gb gB runzlig blau	gb gb runzlig weiß

Man entnimmt diesem Schema, daß eine Spaltung in folgenden Verhältnissen eingetreten ist:

9 glatt blau: 3 glatt weiß: 3 runzlig blau: 1 runzlig weiß,

auch zeigt das Symbol, daß nur 4 von den 16 Kombinationen homozygotisch sind, nämlich

GB Gb gB gb

GB Gb gB gb.

Die 12 anderen sind Heterozygoten und spalten in der Folge.

Das wichtigste Resultat, das man diesen Vererbungsforschungen entnehmen kann, ist: daß zwei Organismen bei ganz verschiedenem Gehalt an Anlagen doch ganz gleich aussehen können; nicht das Aussehen, sondern nur die Vererbungsanalyse kann also den Gehalt an Anlagen aufdecken.

Rückkreuzung. Das Ergebnis einer Rückkreuzung eines Bastardes mit einer der Stammarten läßt sich am einfachsten unter Verwendung unserer Symbole verstehen. Wenn wir eine Pflanze AA mit einem Bastard Aa kreuzen, so bildet AA nur einerlei Geschlechtszellen A, während der Bastard Aa Geschlechtszellen A und a bildet. Demnach werden in 50% der Fälle A mit A, in anderen 50% A mit a zusammenkommen. Die Hälfte der Pflanzen sind wieder Bastarde, die andere Hälfte artreine Mutterpflanzen.

Geschlechtsbestimmung[240]. Es hat sich nun gezeigt, daß die Vererbung des Geschlechtes bei diözischen Pflanzen, von der S. 275 schon die Rede war, nach der MENDELschen Regel, genauer nach dem eben erörterten Schema der Rückkreuzung erfolgt. In Versuchen von CORRENS wurde die monözische Bryonia alba mit der diözischen Bryonia dioeca gekreuzt. Bryonia dioeca-Weibchen mit dem Pollen von Bryonia alba belegt, ergaben ausschließlich Weibchen; dagegen ergab die Kreuzung alba ♀ × dioeca ♂ 50% Männchen und 50% Weibchen. CORRENS deutet dieses Resultat so: es bestehen bei diözischen Pflanzen zwei Sippen, die nur durch Kreuzung sich erhalten können. Bei der Kreuzung dominiert das Merkmal männlich; weiblich ist rezessiv. Die Weibchen müssen im Geschlechtsfaktor homozygotisch sein (aa), die Männchen heterozygotisch (Aa). Es müssen sich in der Hälfte der Fälle die Faktoren aa kombinieren und das gibt Weibchen; in der anderen Hälfte aber A und a, und das gibt, weil A dominiert, Männchen. Bei den Versuchen mit Bryonia kommt zu dem geschlechtsbestimmenden Faktor A noch ein zweiter hinzu, den wir Z nennen und der aus einer monözischen eine diözische Pflanze macht. Die Erbformeln sind also:

Bryonia alba zzaa	Geschlechtszellen	za
„ dioeca Männchen ZZAa	„	ZA und Za
„ „ Weibchen ZZaa	„	Za.

Die beiden reziproken Kreuzungen lauten dann so:

dioeca ♀ + alba ♂ = Za + za = Zzaa; alle weiblich

alba ♀ + dioeca ♂ = { za + ZA = ZzAa; 50% männlich
za + Za = Zzaa; 50% weiblich.

Die Annahme, daß die weibliche Pflanze homozygot mit der Erbformel aa, die männliche heterozygot mit der Erbformel Aa ist, macht auch verständlich, warum in der Natur die Männchen annähernd in gleicher Menge vorzukommen pflegen wie die Weibchen. Da man ferner im allgemeinen nicht in der Lage ist, einen Einfluß auf die Paarung der Gameten auszuüben, so kann man das Verhältnis der beiden Geschlechter nicht ändern. In einigen Fällen ist das CORRENS aber doch geglückt, z. B. bei Melandrium. Wird hier die Narbe mit wenig Pollen bestäubt, so erhält man 43% ♂ Pflanzen, wird aber viel Pollen aufgetragen, so treten nur 30% ♂ auf. CORRENS erklärt dieses Resultat so: Die Pollenkörner mit der Anlage a, die also Weibchen geben, sind raschwüchsiger. Bei Aufbringen von viel Pollen findet eine Konkurrenz zwischen Eizellen und Pollenschläuchen statt, und die raschwüchsigen Schläuche haben mehr Wahrscheinlichkeit, zur Paarung zu kommen, als die langsam wachsenden. Auch in anderen Eigenschaften, wie z. B. Resistenz gegen Alkohol und gegen Austrocknung, unterscheiden sich die zweierlei Pollenkörner.

Gültigkeit der Mendelschen Regeln. — Diese Regeln sind nun nicht nur auf die Bastarde im gewöhnlichen Sinne des Wortes beschränkt, sondern sie beherrschen die Vererbung im Tierreich und Pflanzenreich weitgehend. Daß es keine Vererbung gäbe, die anderen Gesetzen unterliegt, kann man zur Zeit gewiß nicht sagen, denn es sind tatsächlich auch schon gut untersuchte Fälle bekannt, die sich nicht nach den Mendelschen Regeln richten[241]. Wohl aber kann man betonen, daß schon viele Erscheinungen, die anfangs den Mendelschen Regeln zu widersprechen schienen, bei näherer Betrachtung sich ihnen völlig unterordneten.

Auch manche auf den ersten Blick schwer verständliche Tatsache wird durch die Mendelschen Regeln erklärt. So hat man z. B. beobachtet, daß der Bastard zwischen einem weißblühenden und einem hellgelbblühenden Löwenmäulchen nicht etwa eine sehr hellgelbe Blüte, sondern eine rote Blüte besitzt. In der zweiten Generation treten Spaltungen ein; es entstehen auf 3 rote 6 blaßrote, 3 hellgelbe und 4 weiße Pflanzen. Wir können die Erklärung dieses Falles hier nicht bringen und benützen ihn nur, um darauf hinzuweisen, daß die rote Farbe zweifellos die Farbe der Stammform ist, von der sowohl die weißen wie die hellgelben Formen abstammen. Bei der Bastardierung können also Ahnenmerkmale (Atavismen) auftreten. Und das trifft nicht nur in diesem Beispiel zu, sondern ist eine häufige Erfahrung der Züchter.

Die Chromosomen als Träger der Gene[242]. Die Hypothese, daß die Chromosomen die Träger der Gene sind, nimmt mehr und mehr an Wahrscheinlichkeit zu. Bei der Befruchtung bringt die Eizelle genau ebenso viele Chromosomen mit, wie die männliche Zelle, und der diploide Organismus baut also seine Zellkerne aus väterlichen und mütterlichen Chromosomen in gleicher Zahl auf. Bei der Ausbildung neuer Sexualzellen aber erfolgt die Reduktionsteilung, bei der nach den Gesetzen des Zufalls die väterlichen und die mütterlichen Chromosomen auf die Tochterzellen verteilt werden. So wird die wichtige Tatsache, daß die Geschlechtszellen immer rein sind, nie Bastardnatur haben, in der einfachsten Weise erklärt. Im Bastard ist keine Vermischung der Gene eingetreten, sie blieben nebeneinander liegen; in den Geschlechtszellen werden sie wieder getrennt. Wenn wirklich die Chromosomen die Gene tragen, dann kann es in einem Organismus nur so viele unabhängig spaltende Gene geben, als Chromosomen vorhanden sind. Indes ist die Zahl der Chromosomen viel zu gering, als daß man annehmen könnte, jedes trage nur ein einziges Gen. Alle Gene aber, die in einem Chromosom vereinigt sind, spalten für gewöhnlich nicht, sie sind aneinander gekoppelt. In der Tat kennt man Faktoren genug, die in der Regel miteinander gekoppelt bleiben, und für ein tierisches Objekt, die Fliege Drosophila, ist durch MORGAN und seine Schule bis ins einzelne hinein festgestellt, daß wirklich nur so viele unabhängig spaltende Gruppen von Genen existieren, als Chromosomen vorhanden sind.

Variabilität[243]. Unter Variabilität versteht man die Tatsache, daß die Individuen, die zu einer Spezies gehören, nicht alle gleich sind. Vielfach ist die Variabilität überhaupt nur eine scheinbare, weil man die Spezies nicht eng genug begrenzt hat. So existieren bei Rosen, Brombeeren, Draba verna usw. viele einander nahestehende Arten nebeneinander. Der Eindruck, daß hier eine „variierende" Art vorliege, ist völlig falsch; jede der „elementaren Arten", aus denen sich die „Sammelart" zusammensetzt, erweist sich als konstant, macht keine Übergänge zu den anderen elementaren Arten.

Von solchen Fällen ist hier natürlich ganz abzusehen. Wir halten uns ausschließlich an möglichst eng begrenzte Arten, wenn möglich an die Nachkommenschaft einer sich selbst bestäubenden Pflanze, eine sog. reine Linie (JOHANNSEN). Und da zeigt sich, daß auch sie variiert. Wir können den Vorgang der Veränderung, die Variationen, auf zwei Ursachen zurückführen und demnach auch mit zweierlei Namen benennen: Modifikationen und Mutationen. Dazu kommen bei Kreuzung noch die Kombinationen.

Modifikationen. Darunter versteht man Variationen, die durch äußere Faktoren erzeugt sind. Es ist (S. 250 ff.) darauf hingewiesen worden, daß zahllose Außenfaktoren die Gestalt der Pflanze weitgehend beeinflussen. Groß sind z. B. die Unterschiede, die zwischen der Landform und der Wasserform einer amphibischen Pflanze oder der Ebenenform und der alpinen Form einer Art bestehen. Die in Fig. 261 (S. 253) abgebildeten Pflanzen sind Teile, eines und desselben Individuums, 1 wurde in der Ebene, 2 im Hochgebirge erzogen. Um die ganze Modifikationsfähigkeit einer Pflanze kennen zu lernen, muß man sie unter allen Kulturmethoden erziehen, unter denen sie überhaupt existieren kann; solche Versuche hat namentlich KLEBS in größerem Maßstabe mit Erfolg ausgeführt. Wenn es möglich wäre, zwei Pflanzen gleicher Abstammung unter ganz identischen äußeren Umständen zu erziehen, so müßten diese ununterscheidbar sein. Tatsächlich gelingt das nie, und dementsprechend weisen die homozygotischen Individuen einer reinen Linie auch bei möglichst gleichartiger Kultur doch zahlreiche quantitative Unterschiede auf. Betrachten wir z. B. die Samen einer reinen Linie von Bohnen, so können wir diese nach dem Gewicht in verschiedene Kategorien bringen und feststellen, wie viele Exemplare zu jeder Kategorie gehören. Das Resultat einer solchen Untersuchung gibt die Kurve Fig. 272. Es zeigt sich, daß diejenigen Gewichtskategorien am häufigsten vertreten sind, die dem Durchschnittsgewicht am nächsten stehen, und daß, je weiter eine Kategorie vom Durchschnitt entfernt ist, desto weniger Individuen zu ihr gehören. Das gleiche Resultat haben fast alle statistischen Aufnahmen von Variationen ergeben. Die Variationskurven, die man erhalten hat, stimmen immer mehr oder minder genau mit der sog. Zufallskurve überein. Das erscheint begreiflich; denn es sind stets mehrere äußere Faktoren tätig, die entweder eine Vergrößerung oder Verkleinerung der Größe, der Zahl oder des Gewichts bewirken können. Nur der Zufall entscheidet, welche Einwirkung stattfindet. Dann werden sehr selten alle Faktoren auf Verkleinerung, ebenfalls sehr selten alle Faktoren auf Vergrößerung hinwirken, und am häufigsten werden Kombinationen eintreten müssen, die ein mittleres Maß bewirken.

Sät man einen Samen einer reinen Linie aus, so ist es gleichgültig, ob man von einem kleinen, mittleren oder großen ausgeht. Die Variationskurve der nächsten Generation sieht nicht anders aus als die, von der man ausging. Auch die durch Kultur im Hochgebirge erzielten Veränderungen (Fig. 262) sind nicht erblich. Somit sind diese Modifikationen durchaus keine erblichen Veränderungen; sie dauern nur so lange oder wenig länger, als ihre Ursachen wirken.

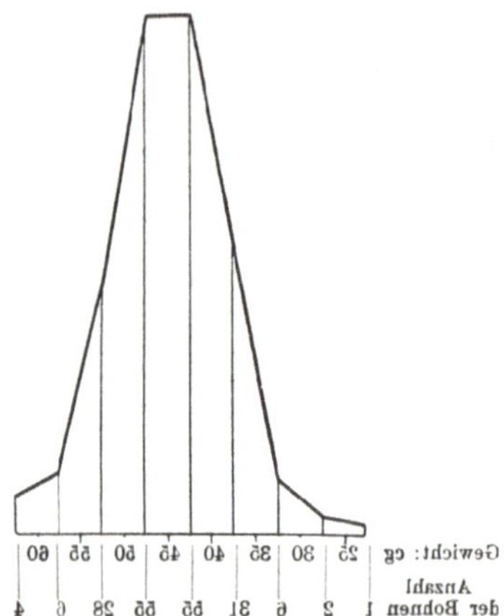

Fig. 272. Variationskurve der Gewichte der Samen einer reinen Linie von Bohnen. (Johannsens Linie K.). Nach BAUR.

Die Erfahrungen der Praxis scheinen diesem Resultat zu widersprechen. Bei dem sog. Selektionsverfahren greift man eine Pflanze mit besonderen Eigenschaften aus einer großen Menge heraus und sieht vielfach in ihren Nachkommen die gleichen Eigenschaften wieder auftreten. Das liegt daran, daß man in diesem Fall aus einem Gemisch von verschiedenen Rassen oder Linien eine einzelne isoliert hat, die ihre charakteristischen Eigenschaften auf ihre Nachkommen überträgt. Bei wirklich reinem Ausgangsmaterial hat die Selektion keinen Erfolg.

Kombinationen. Reine Linien können sich nur bei Selbstbestäubung oder vegetativer Vermehrung erhalten. Tritt dagegen Fremdbestäubung zwischen den einzelnen Linien einer Art ein, so werden homozygotische Individuen selten, Heterozygoten die Regel sein. Diese werden die Eigenschaften teils nur des einen, teils des anderen, teils auch beider Eltern besitzen; sie werden also verschieden aussehen. Diese Form von Variation ist äußerlich oft von der Modifikation nicht zu unterscheiden, denn auch sie kann in Form der

Zufallskurve auftreten; innerlich aber unterscheidet sie sich sehr wesentlich von ihr, denn sie ist erblich. Die Nachkommen variieren nach den MENDELschen Regeln. Diese Form der Variation wird Kombination genannt.

Unter Mutationen[244] endlich versteht man Variationen, die sich von den Kombinationen dadurch unterscheiden, daß sie keinesfalls durch Bastardierung entstehen, die ihnen aber darin gleichen, daß sie erblich sind. Mit Sicherheit können Mutationen nur im Experiment erkannt werden, wenn in den Nachkommen einer reinen Linie Individuen auftreten, die eine neue Eigenschaft besitzen oder eine Eigenschaft des Mutterorganismus nicht besitzen, und wenn ihre Nachkommen die Abweichung beibehalten. In der Tat hat man im Experiment das Auftreten solcher Mutationen sehr häufig beobachtet. BAUR fand z. B. bei seinen Antirrhinumkulturen im Durchschnitt 2‰ mutierte Sämlinge. Aber auch für viele in der Natur gefundene Variationen ist die Wahrscheinlichkeit groß, daß sie als Mutationen betrachtet werden dürfen. So z. B. das Chelidonium laciniatum, eine Mutation von Chelidonium majus mit gezackten Blättern, die zuerst 1590 in Heidelberg gefunden wurde (Fig. 273); Fragaria monophylla, eine zuerst im Jahre 1761 beobachtete Erdbeere, die sich durch einfache Blätter von der Stammform mit dreizähligen Blättern unterscheidet. Auch die merkwürdige kronblattlose Nicotiana tabacum virginica apetala, die während der Versuche von KLEBS auftrat, gehört hierher. Viele solcher Mutationen sind nicht einmal, sondern mehrfach aufgetreten. Das gleiche hat man bei den in Kulturen entstehenden Mutanten beobachtet. Alle diese Formen unterscheiden sich von den Mutterformen nur in einem einzigen Merkmal. Und in weitaus den meisten Fällen verhält sich dieses Merkmal bei der Kreuzung mit der Stammform rezessiv; doch fehlt es nicht an Mutationen, die sich als dominant erwiesen haben. Bei Selbstbestäubung bleiben die Mutanten unbegrenzt konstant.

Fig. 273. Habitus von Chelidonium majus (*1*) und von Chelidonium majus laciniatum (*2*). Nach LEHMANN.

Zahlreiche „Spielarten“ unserer Gärten beruhen auf derartigen Mutationen in einem Merkmal. Dahin gehören nicht nur die schon genannten geschlitztblättrigen Formen, sondern auch die Rassen mit Trauerwuchs, Pyramidenwuchs, die schmalblättrigen, krausblättrigen und rotblättrigen Abarten. Sie treten vor allem an Sämlingen auf, in manchen Fällen aber auch rein vegetativ an Seitenzweigen (vegetative Mutation). Verständlich ist, daß sie gewöhnlich heterozygotisch sind; homozygotisch können sie ja bei geschlechtlicher Entstehung nur dann sein, wenn beide zur Verschmelzung kommende Sexualzellen gleichartig mutiert hatten, und das ist offenbar ein seltener Zufall. In den genannten Antirrhinumkulturen BAURs kamen auf 1000 Sämlinge nur 0,05 homozygotische Mutanten.

Außer den besprochenen hat man auch andere Mutationen gefunden, die sich zum Teil weitgehend von diesen unterscheiden. Hier sei nur erwähnt, daß manchmal ein Mutant sich durch eine veränderte Anzahl von Chromosomen, z. B. durch Verdoppelung derselben, von der Mutterart unterscheidet, was sich dann äußerlich in der Größe der Pflanze geltend macht. Eine besondere Kategorie von Mutation findet sich bei Oenothera Lamarckiana[245] und einigen anderen Arten dieser Gattung. Historisch sind sie von besonderem Interesse, weil hier durch DE VRIES zum erstenmal exakt die Entstehung der neuen Formen beobachtet wurde. Aber echte Mutationen können wir heute diese Varianten schwerlich mehr nennen, da Oenothera Lamarckiana offenbar ein Bastard mit der besonderen Eigentümlichkeit ist, daß seine Eltern nicht mehr existenzfähig sind. Endlich wären noch die Mutationen der Bakterien zu nennen. Diese vermehren sich ja nur durch Zweiteilung; die Mutationen sind also vegetative, und sie treten hier nach Behandlung mit Giften auf, während wir bei den Mutationen höherer Pflanzen die Ursachen gar nicht kennen. Sollten sie in einzelnen Fällen auch hier durch äußere Faktoren bedingt sein, so wären sie deshalb doch scharf von den Modifikationen zu unterscheiden; denn bei Mutationen tritt eine Veränderung in den Anlagen auf, bei den Modifikationen nicht.

Artbildung. Eine Reihe von Gründen, auf die schon S. 176 ff. hingewiesen wurde, hat zu der Vorstellung geführt, daß die Organismen, die heute unsere Erde bewohnen, sich aus anderen entwickelt haben, die vor ihnen lebten. Diese Vorstellung, die unter dem Namen Deszendenztheorie[246] bekannt ist und eine große Wichtigkeit besitzt, nimmt also an, daß die „Art" nichts Konstantes, sondern etwas Veränderliches sei. Unter Hinweis auf das früher Gesagte (S. 176 ff.) haben wir an dieser Stelle nur zu betonen, daß von den bisher beobachteten Variationen ausschließlich die Mutationen und Kombinationen eine Rolle bei der Artbildung spielen konnten. In neuester Zeit mehren sich die Anzeichen dafür, daß die Bastardierung bei der Artbildung wichtig ist.

Dritter Abschnitt. Bewegungen.

Nicht minder allgemein wie Stoffwechsel und Entwicklung treten uns Bewegungserscheinungen an der lebenden Pflanze entgegen. Der Stoffwechsel ist mit einer fortgesetzten Bewegung der aufgenommenen rohen Nahrung sowie der Stoffwechselprodukte verknüpft. Diese Bewegungen sind zwar nicht direkt wahrzunehmen, aber darum nicht weniger sicher festgestellt; von ihnen war im ersten Abschnitt der Physiologie genügend die Rede. Daneben existiert eine Fülle von auch äußerlich sichtbaren, oft freilich nur langsam verlaufenden, manchmal aber auch ganz plötzlich eintretenden Ortsveränderungen, die entweder von der ganzen Pflanze oder von ihren einzelnen Organen ausgeführt werden.

Das Protoplasma selbst ist zu verschiedenen Bewegungsformen befähigt, sowohl im nackten Zustand (ohne Zellmembran) als auch eingeschlossen in einer Membran. Nackte Plasmakörper zeigen fast stets Bewegungen, aber auch behäutete Zellen besitzen das Vermögen der freien Ortsveränderung oft in hohem Grade. Vielzellige höhere und niedere Pflanzen befestigen sich jedoch meist am Orte ihrer Keimung durch Wurzeln und andere Haftorgane und verzichten damit ein für allemal auf einen Ortswechsel. Statt dessen haben sie aber sehr allgemein das Vermögen, die Lage und Richtung ihrer Organe durch Krümmung zu verändern. Dabei bedienen sie sich nicht nur ungleichen Wachstums, sondern sie lassen auch andere Prozesse eingreifen, die zu einer Gestaltsänderung führen. Durch solche Krümmungen werden in der Regel ihre Teile in Stellungen gebracht, die für ihre Funktion notwendig oder vorteilhaft sind; so werden die Stengel aufwärts, die Wurzeln abwärts, die Blätter mit der Oberseite nach dem Lichte hin gerichtet: Schlingpflanzen und Ranken umfassen die tragenden Stützen, und die Stengel vieler junger Keimpflanzen werden rückwärts so umgebogen, daß sie ohne Verletzung der Endknospe das feste Erdreich durchbrechen können.

Wir haben also zu unterscheiden zwischen lokomotorischen Bewegungen einerseits, Krümmungsbewegungen andererseits.

I. Lokomotorische Bewegungen[247].

A. Mechanik der lokomotorischen Bewegungen.

Ortsveränderungen kommen vor allem durch amöboide Bewegung, Zilienbewegung oder durch Protoplasmabewegung in der behäuteten Zelle zustande.

Die amöboide Bewegung freier Protoplasten ist eine kriechende Fortbewegung auf festem Substrat, bei der der nackte Plasmakörper der Amöben und Plasmodien einzelne Fortsätze nach einer oder mehreren Seiten austreibt; diese werden entweder alsbald wieder eingezogen, oder es folgt ihnen der ganze Plasmaleib in fließender Bewegung nach. Die Bewegung erinnert äußerlich an das Fließen eines zähen Flüssigkeitstropfens auf nicht benetzter Unterlage, und man nimmt an, daß die Arbeit der Bewegung wie dort von Oberflächenspannungen geleistet werde, die das reizbare Plasma lokal verändern kann.

Durch lokale Änderung der Oberflächenspannung können auch an Tropfen lebloser Substanzen (Öltropfen in Seifenlösung; Ölseifenschaum in Wasser; Quecksilbertropfen in 20% Salpetersäure und in Wechselwirkung mit Kaliumbichromatkristallen) ähnliche amöboide Bewegungen auftreten.

Die Zilienbewegung[248] ist eine Schwimmbewegung, bei der eigenartige Bewegungsorgane in Gestalt äußerst feiner, oft bei starker Vergrößerung kaum wahrnehmbarer Fädchen in Tätigkeit treten. Diese „Geißeln" oder „Zilien" sind kontraktile Fortsätze des Protoplasmas und finden sich zu 1, 2, 4 oder sehr zahlreich und in verschiedener Anordnung an den beweglichen Zellen (Fig. 222 und 226). Sie durchsetzen, wenn die Zelle nicht nackt ist, die Zellhaut und treiben durch ihre komplizierten Bewegungen den Plasmaleib oft mit ansehnlicher Geschwindigkeit durch das Wasser fort. Die winzigen Schwärmer von Fuligo varians legen dabei in 1 Sekunde 1 mm, das 60fache der eigenen Länge, zurück, die von Ulva noch 0,15 mm; andere sind träger. Einer der schnellsten Bazillen, der Choleravibrio, gebraucht 22 Sekunden für die Millimeterstrecke.

Die Geißeln bewirken nicht nur eine Vorwärtsbewegung, die geradlinig oder in einer Schraubenlinie erfolgt, sondern sie versetzen gleichzeitig auch den Organismus in eine Rotation um seine Längsachse. Bei Spirillum fand METZNER 40 Umdrehungen der Geißeln und 13 Umdrehungen des Bakterienkörpers in der Sekunde. Im einzelnen ist die Tätigkeit der Geißeln eine recht verschiedene. Schon ein einfaches Schwingen einer bogig gekrümmten Geißel in einem Kegelmantel kann die Schwimmbewegung herbeiführen. In anderen Fällen aber hat die Geißel die Gestalt einer Schraube, die ähnlich wie die Schiffsschraube oder ein Propeller je nach der Drehungsrichtung eine Vorwärts- oder Rückwärtsbewegung bewirkt. Während aber bei Mechanismen die Schraube starr ist, fest an einer Achse sitzt und durch Rotation der letzteren sich betätigt, muß die fest mit dem Zelleib verbundene Geißel eines Organismus ihre Schraube während ihrer Bewegung immer neu bilden. Nach BÜTSCHLIs Ausführungen nimmt man an, daß das in der Weise geschieht, daß eine schraubig verlaufende Linie größter Kontraktion fortgesetzt den Körper der Geißel umwandert. Auf andere und kompliziertere Bewegungen der Geißeln kann hier nicht eingegangen werden.

Die Diatomeen zeigen andere Formen der Bewegung. Die Arten, die einen Spalt (Raphe) in ihrer Kieselschale führen, gleiten oder schwimmen gewöhnlich in der Richtung ihrer Längsachse hin und her und ändern ihre Bewegungsrichtung durch Schwenkungen und Oszillationen. Aus der Art, wie sie kleine Körnchen ihrer Umgebung in Bewegung setzen, hat man schon früher auf einen aus der Raphe nach außen tretenden Plasmastrom geschlossen, der nach O. MÜLLER die Ursache der Bewegung sein soll[249]. — Die Zellen der Desmidiaceen führen mit Hilfe lokaler Gallertabscheidungen ihre eigenartigen Bewegungen aus; die Oszillarien scheinen sich ähnlich zu verhalten[250].

Neben solchen Ortsveränderungen der ganzen Zelle kennt man auch Bewegungen des Protoplasmas innerhalb der Zellhaut, bei denen vor allem die Rotations- und Zirkulationsbewegung zu unterscheiden sind (vgl. S. 11).

Bei diesen Bewegungen ist die äußerste Schicht des Protoplasmas, die an die Zellwand grenzt, stets in Ruhe. Das Protoplasma stützt sich also bei seiner Strömung nicht etwa auf die Zellwand, und deshalb kann die Bewegung nicht mit der einer Amöbe verglichen werden, die in die Zelle eingeschlossen ist. Auch dauert nach Abhebung des Protoplasmas von der Wand die Strömung noch eine Zeit lang fort; demnach müssen die Änderungen in den Oberflächenspannungen zwischen Protoplasma und Zellsaft die Ursache für diese Bewegungen sein.

Die Protoplasmaströmungen sind 1772 von CORTI entdeckt worden. Gute Beispiele für ihre Demonstration sind die Haare mancher Pflanzen, die Blattzellen mancher Wasserpflanzen, die langen Zellen der Characeen und Siphoneen.

B. Die Bedingungen der Lokomotion.

Da diese Bewegungen vom Protoplasma und seinen Organen ausgehen, so ist es begreiflich, daß sie an ein gewisses Ausmaß derjenigen Faktoren gebunden sind, die wir als allgemeine Lebensbedingungen kennen gelernt haben.

Das Auftreten und die Lebhaftigkeit aller dieser Bewegungen hängt demnach vor allem von günstiger Temperatur und bei den Aërobionten auch von der Gegenwart freien Sauerstoffes ab. Fakultative Anaëroben (Nitella) können auch bei Ausschluß des Sauerstoffs die Plasmabewegung wochenlang unterhalten. Obligat anaërobe Bakterien verlieren ihre Beweglichkeit bei Sauerstoffzutritt; umgekehrt gewinnen aërobe Bakterien, die bei Sauerstoffmangel unbeweglich waren, bei erneutem Sauerstoffzutritt ihre Beweglichkeit wieder (vgl. S. 213).

Überschreitung des „Minimums“ oder „Maximums“ dieser Faktoren bedingt zunächst Bewegungslosigkeit, Starrezustände (so Kälte-, Wärmestarre usw.), die anfangs noch durch Wiederkehr günstiger Bedingungen aufgehoben werden können, bei längerer Dauer aber schließlich zum Tode führen. In manchen Fällen genügt es, daß diese allgemeinen Lebensbedingungen erfüllt sind, in anderen aber muß die Bewegung durch einen besonderen Reiz ausgelöst werden. So ist z. B. bekannt, daß die Protoplasmabewegung vielfach erst nach Verwundung auftritt oder wenigstens durch einen solchen Eingriff stark beschleunigt wird. Bei gewissen Bakterien wird erst durch das Licht oder durch eine bestimmte Konzentration des Substrats die Bewegung erweckt. Ebenso kann aber auch durch äußere Einflüsse die Beweglichkeit aufgehoben werden, während bei den nur temporär bewegungsfähigen Objekten (Schwärmsporen, Spermien) auch innere Ursachen die Bewegung sistieren.

Eine ganz besondere Rolle spielen äußere Reize aber bei den lokomotorischen Bewegungen insofern, als sie diesen eine bestimmte Richtung geben. Ohne solche richtenden Reize bewegen sich die Plasmodien ziellos; die Richtung der Schwimmbewegungen und der Zirkulationsbewegung wechselt häufig und nur die Rotationsströme sind durch eine konstante Richtung ausgezeichnet.

C. Taxien.

Als richtende Reize kommen vor allem einseitig einwirkende Beleuchtung und ungleich im Wasser verteilte, gelöste Stoffe in Betracht. Die durch solche Faktoren erzielten Richtungsbewegungen werden als Taxien bezeichnet; durch Licht bewirkte heißen Phototaxis, durch gelöste Stoffe hervorgerufene Chemotaxis. (Weitere Taxien s. S. 293.)

Richtungsbewegungen führen die freibewegliche Pflanze oder das bewegliche Organ einer Zelle entweder zum Reizmittel hin oder von ihm weg; im ersten Falle spricht man von positiver, im zweiten von negativer Taxis. Welche von diesen verschiedenen Reaktionsweisen eintritt, hängt vielfach nicht nur vom Objekt, sondern auch von äußeren Umständen ab. Man unterscheidet ferner eine topische Reaktion, bei der eine Einstellung und Bewegung in der Richtung des wirksamen Reizes stattfindet, und eine phobische Reaktion, bei der ein Übergang zu einer anderen Intensität des Reizmittels die Reizbewegung auslöst.

1. Phototaxis.

Phototaktische Bewegungen[251] kann man am besten wahrnehmen, wenn man Wasser mit Volvocineen und Chlamydomonaden oder Schwärmsporen von Algen in einem Glasgefäß der einseitigen Beleuchtung etwa in der Nähe eines Fensters aussetzt. Nach kurzer Zeit ist die gleichmäßige Grünfärbung des Wassers verschwunden, da sich die beweglichen Organismen alle an der Lichtseite des Gefäßes angesammelt haben. Dreht man das Gefäß um 180°, so eilen die Algen sofort an die nunmehr belichtete Seite. Läßt man aber stärkeres Licht, etwa direktes Sonnenlicht einfallen, so sieht man dieselben Organismen, die bisher positiv reagierten, negativ phototaktisch werden und von der Lichtquelle wegschwimmen. Auch andere äußere Faktoren können eine solche „Umstimmung“ bewirken.

Bei manchen chlorophyllfreien Organismen, so den Plasmodien der Schleimpilze, kommt es auch bei niedrigen Lichtintensitäten gewöhnlich nur zu negativer Reaktion. Es gibt aber auch farblose Organismen, die positiv phototaktisch reagieren.

Man kennt phobische und topische Reaktionen bei der Phototaxis. Manche Organismen können sowohl phobisch als topisch reagieren, andere zeigen nur eine dieser Reaktionsweisen. — Phobotaktisch reagieren vor allem gewisse Bakterien, die auf den Übergang von Licht zu Dunkelheit mit einer Rückwärtsbewegung antworten. An einer stark beleuchteten Stelle werden sie dadurch gefangen, daß sie jedesmal, wenn sie durch ihre Bewegungen ins Dunkle geführt werden, zurückprallen (Lichtfalle). — Die topotaktischen Organismen stellen vor allem ihre Längsachse in die Lichtrichtung ein, um sich dann nach der Lichtquelle hin zu bewegen, wenn sie positiv reagieren, oder von ihr wegzuschwimmen, wenn sie negativ phototaktisch sind. Fallen Lichtstrahlen verschiedener Richtung gleichzeitig auf solche Organismen ein, so bewegen sie sich in der Resultierenden. Dieses „Resultantengesetz“ gilt nicht nur in Beziehung auf die Richtung, sondern auch in Beziehung auf die Intensität.

Im Experiment kann man Bedingungen herstellen (konvergentes Licht), die z. B. negativ topotaktische Schwärmer zwingen, indem sie sich von der Lichtquelle entfernen, in immer hellere Zonen zu eilen. In der Natur aber führen zweifellos die phototaktischen Bewegungen die Organismen an Orte optimaler Helligkeit.

Sehr auffallende Phototaxis besitzen die Chlorophyllkörner[252], deren Bewegungsmechanismus freilich noch ganz unbekannt ist. Diese Bewegungen bringen das Chlorophyllkorn in eine derartige Lage, daß es eine optimale Lichtmenge aufnehmen kann. Diese Lage wird bald durch Drehungen an Ort und Stelle, bald durch Wanderung an andere Stellen erreicht.

In den zylindrischen Zellen der Alge Mesocarpus befindet sich ein einziger Chloroplast, der die Gestalt einer rechteckigen Platte hat. Licht niedriger Intensität sucht er möglichst auszunutzen, indem er sich senkrecht zu der Richtung der Strahlen stellt (Flächenstellung); bei höherer Lichtintensität dreht sich die Platte um ihre Längsachse und bildet einen spitzen Winkel mit den Strahlen oder wendet ihnen schließlich gar die schmale Kante zu (Profilstellung), nimmt dann also sehr wenig Licht auf.

In den Blättern der Moose und der höheren Pflanzen sowie in den Prothallien der Farne wird eine Stellungsänderung der zahlreichen Chlorophyllkörner durch Verschiebung auf den Wänden der Zelle erreicht. In gemäßigtem Lichte werden die Chlorophyllkörner an denjenigen Wänden verteilt, die quer die Richtung der Lichtstrahlen schneiden (Fig. 274 *T*); sie gleiten aber alsbald an die den Lichtstrahlen parallel laufenden Seitenwände und werden der Lichtwirkung damit möglichst entzogen, wenn das Licht anfängt, zu stark zu werden (Fig. 274 *S*). Im Finstern oder bei sehr schwachem Licht kann eine dritte, aus der Fig. 274 *N* ersichtliche Art der Gruppierung eintreten, deren Ursache und Bedeutung hier nicht erörtert werden kann.

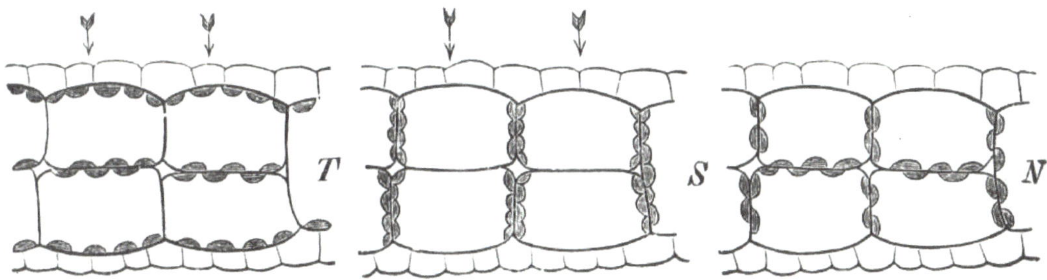

Fig. 274. Wechselnde Stellung der Chlorophyllkörner in den Zellen der untergetauchten Wasserlinse (Lemna trisulca) bei verschiedener Beleuchtung. *T* In diffusem Tageslicht. *S* In direktem Sonnenlicht. *N* Des Nachts. Die Pfeile geben die Richtung des einfallenden Lichtes an. Nach STAHL.

Die Chlorophyllkörner erfahren zudem bei Beleuchtungswechsel Formveränderungen; in gemäßigtem Lichte sind sie abgeflacht, in zu starkem und zu schwachem Lichte werden sie dicker und entsprechend kleiner. — Durch die Änderungen in der Anordnung der Chlorophyllkörner erscheint die Farbe grüner Organe in wechselnder Abtönung. In starker Besonnung sehen sie meist heller, in zerstreutem Licht dunkler grün aus.

2. Chemotaxis[253].

Eine Chemotaxis kommt, wie bemerkt, durch ungleiche Verteilung von im Wasser gelösten Stoffen zustande. Positive Chemotaxis führt zu einer Ansammlung der reizbaren Pflanze in der höheren Konzentration des Chemotaktikums.

Als Chemotaktikum funktionieren nicht beliebige, sondern ganz bestimmte Substanzen. So werden z. B. viele Bakterien von gewissen Nährstoffen, anorganischen wie organischen, z. B. Pepton, Zucker, Fleischextrakt, Phosphaten usf., „angelockt"; andere Stoffe, vor allem Säuren, Alkalien, „stoßen sie ab". Steht hier die Chemotaxis im Dienste des Nahrungserwerbes, so sehen wir sie bei den Spermien eine ganz andere Bedeutung gewinnen; diese männlichen Sexualzellen finden durch chemotaktische Anlockung die Eizellen. Fig. 356 zeigt die chemotaktische Anlockung der Spermien durch die weibliche Sexualzelle bei Ectocarpus. Auch Zellkerne und Chloroplasten können chemotaktische Bewegungen ausführen.

Chemotaxis freibeweglicher Organismen wird seit PFEFFER gewöhnlich in der Weise nachgewiesen, daß man den chemotaktisch empfindlichen Organismus in Wasser auf dem Objektträger hält und mit Deckglas bedeckt, während eine Glaskapillare, die mit dem Chemotaktikum gefüllt ist, unter das Deckglas geschoben wird. Nach kurzer Zeit erfolgt eine Ansammlung der chemotaktischen Organismen vor oder in der Kapillare. Manche stellen sich, wenn sie in das Diffusionsfeld eingetreten sind, in die Richtung des Diffusionsgefälles ein und steuern direkt auf das Diffusionszentrum los (topische Reaktion). Andere kommen nur zufällig an die Mündung der Kapillare und werden dann durch phobische Reaktion am Verlassen dieser Stelle gehindert.

Die Samenfäden der Farne werden durch Äpfelsäure bzw. äpfelsaure Salze in den Hals der Archegonien gelockt; bei den Lycopodien spielt Zitronensäure, bei den Laubmoosen Rohrzucker, bei den Marchantien Eiweiß die gleiche Rolle. Es sind oft äußerst geringe Substanzmengen, die eine kräftige Reizbewegung auslösen; so genügt schon eine 0,001prozentige Lösung von Äpfelsäure zur Anlockung der in reinem Wasser ziellos umherschwärmenden Farnspermien.

Die chemotaktischen Bewegungen kommen nur dann zustande, wenn das Chemotaktikum ungleich verteilt ist, wenn also Diffusion stattfinden kann. Aber auch homogene Lösungen der Chemotaktika sind nicht ohne Einfluß auf die chemotaktisch empfindlichen Organismen; sie setzen kurz gesagt deren Empfindlichkeit herab. Man bezeichnet diejenige minimale Konzentration des Chemotaktikums, die bei Benutzung der Kapillarenmethode gerade noch zu einer sichtbaren Ansammlung führt, als Reizschwelle. Durch Verwendung einer homogenen Lösung des Chemotaktikums wird nun die Reizschwelle erhöht. Es hat sich gezeigt, daß diese Erhöhung in streng gesetzmäßiger Weise verläuft. Für Farnspermien z. B. fand PFEFFER folgende Werte:

			Reizschwelle	
In Wasser			0,001%	Äpfelsäure
„	Äpfelsäure	0,0005	0,015%	„
„	„	0,001	0,03 %	„
„	„	0,01	0,3 %	„

Man sieht also, daß immer das gleiche Verhältnis zwischen der einseitig und der allseitig wirksamen Lösung bestehen muß; erstere muß 30mal so konzentriert sein wie letztere, wenn es zu einer Ansammlung kommen soll. Diese Gesetzmäßigkeit ist unter dem Namen WEBERsches Gesetz bekannt. Das WEBERsche Gesetz der Psychophysik hat wenigstens eine große Ähnlichkeit mit dem hier konstatierten. Es darf aber nicht vergessen werden, daß es sich dort um das Verhältnis zwischen Reiz und Empfindung, hier um das Verhältnis zwischen Reiz und Reaktion handelt.

Ist die Chemotaxis durch Sauerstoff bedingt, so spricht man von Aërotaxis. Sie findet sich z. B. bei Bakterien, die aus diesem Grunde zum Nachweis der Kohlensäureassimilation Verwendung finden können (S. 213).

Findet sich hier eine positive Aërotaxis typischer Aërobionten, so zeigen umgekehrt echte Anaërobionten negative Aërotaxis, und gewisse Bakterien, die an bestimmte niedere Sauerstoffspannungen angepaßt sind, können bald positive, bald negative Bewegungen ausführen und so die optimale Sauerstoffspannung aufsuchen.

An die Chemotaxis läßt sich die Erscheinung der Hydrotaxis anschließen, eine Richtungsbewegung, die durch ungleiche Verteilung des Wasserdampfes in der Luft veranlaßt wird. Eine positive Hydrotaxis kommt den Plasmodien der Myxomyceten zu, und sie geht zur Zeit der Sporenbildung in negative Hydrotaxis über.

Außer den genannten sind noch viele andere Taxien mehr oder weniger genau bekannt. Von Osmotaxis spricht man, wenn nicht die chemische Natur, sondern lediglich die Konzentration einer Lösung zu einer Ansammlung beweglicher Organismen führt. Bei der Thermotaxis wird durch ungleiche Wärmeverteilung, bei der Galvanotaxis durch galvanische Ströme, bei der Rheotaxis durch Wasserströme die Bewegung ausgelöst.

II. Krümmungsbewegungen.

Die **Arten der Krümmung**, die an den Organen festsitzender Pflanzen auftreten können, werden durch Fig. 275 illustriert. Ein vierkantiges Prisma hat gleich lange Kanten; wird es aber in einer Ebene gekrümmt, so müssen die Kanten der Konkavseite notwendig kürzer werden als die der Konvexseite. Eine Verlängerung der einen Seite, oder eine Verkürzung der anderen Seite, oder endlich gleichzeitige Verlängerung und Verkürzung antagonistischer Seiten müssen zur Krümmung führen. Wenn bei dieser Einbiegung der Stab in einer Ebene bleibt, spricht man von Krümmung (*II*) schlechthin, wenn aber der Stab aus der Ebene in den Raum hinaustritt (dadurch, daß die Biegung um schief zu der Längsachse gelegte Linien erfolgt), dann nennt man ihn gewunden (*IV*). Wenn endlich der Stab im ganzen zwar gerade bleibt, seine Kanten aber Schraubenlinien beschreiben, dann nennen wir ihn gedreht oder tordiert (*III*); die Torsion kommt durch eine Längendifferenz zwischen der Mittellinie und sämtlichen (untereinander gleichbleibenden) Kanten zustande.

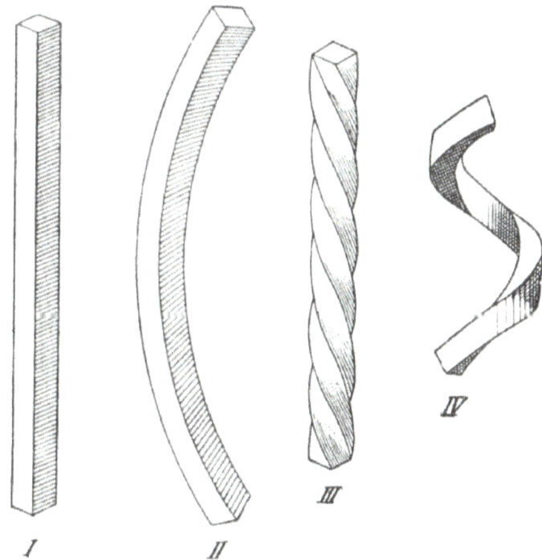

Fig. 275. Vierkantiges Prisma. *I* gerade, *II* gekrümmt, *III* gedreht, *IV* gewunden.

Mittel zur Ausführung der Krümmungen. Bei der Ausführung der Krümmungen handelt es sich, wie gezeigt wurde, stets um ungleiche Verlängerung oder Verkürzung eines Organs, also um Dimensionsänderungen. Zur Ausführung von Dimensionsänderungen aber stehen der Pflanze folgende Mittel zur Verfügung:

1. Wachstum. Es dient fast stets nur zur Verlängerung.

2. Turgordruck. Er kann, je nachdem er zu- oder abnimmt, sowohl eine Verlängerung als auch eine Verkürzung herbeiführen.

3. Wasserschwankungen in der Membran oder in toten Zellen. Sie können wieder ebensogut im Sinne einer Verlängerung wie einer Verkürzung wirken.

Nach den Mitteln, die zur Realisierung einer Dimensionsänderung Verwendung finden, kann man die pflanzlichen Krümmungsbewegungen einteilen in 1. Wachstumsbewegungen (Nutationen), 2. Turgeszenz- oder Variationsbewegungen und 3. hygroskopische Bewegungen. Da Wachstum und Turgordruck Lebenserscheinungen sind bzw. vom lebenden Protoplasma wesentlich beeinflußt werden, so sollen sie von den hygroskopischen Bewegungen getrennt behandelt werden. Denn diese letzteren sind keine Lebenserscheinungen; sie können zwar vereinzelt auch an lebenden Organen beobachtet werden, aber sie treten ebensogut an absterbenden oder an toten Organen auf, und sie werden ausschließlich von äußeren Faktoren bewirkt. Das Protoplasma ist nur insofern an diesen Bewegungen beteiligt, als es die Organe so aufbaut, daß sie bei Schwankungen des Wassergehaltes nicht einfache Längenänderungen, sondern Krümmungen erfahren.

A. Hygroskopische Bewegungen.

Bei den hygroskopischen Bewegungen kann man zwei recht verschiedene Fälle unterscheiden. Im ersten handelt es sich darum, daß die Zellwände durch Quellen sich verlängern oder durch Schrumpfen sich verkürzen. Bewegungsapparate, die auf diesem Prinzip beruhen, nennt man **Quellungsmechanismen**[254].

Die Quellung der Membranen hängt damit zusammen, daß das Imbibitionswasser nicht in vorgebildete Hohlräume aufgenommen wird, wie das bei dem Kapillarwasser eines porösen Körpers (Schwamm, Gips) der Fall ist, sondern daß es bei seiner Aufnahme die kleinsten Teilchen der Zellhaut auseinander drängt. Umgekehrt nähern sich diese wieder, wenn das Quellungswasser bei der Schrumpfung verdunstet. Wenn nun in einem Organ auf verschiedenen Seiten verschieden stark quellbare Schichten abgelagert sind, so müssen notwendig mit jeder Anfeuchtung und mit jedem Wasserverlust Krümmungen zustande kommen. Obwohl es sich dabei um rein physikalische Erscheinungen handelt, so können diese doch eine große Bedeutung für die Pflanze haben.

Das Aufspringen und Aufreißen reifer Samenbehälter ist die Folge ungleicher Kontraktionen beim Austrocknen. Hierbei werden oft Spannungen erzeugt, die bei plötzlicher Überwindung des Hindernisses die Samen weit fortschleudern (Euphorbiaceen, Geranium u. a.). Man nennt dieses Aufspringen beim Austrocknen Xerochasie. Im Gegensatz dazu findet umgekehrt bei manchen Wüstenpflanzen ein Öffnen der Früchte und die Ausstreuung der Samen bei Befeuchtung statt (Hygrochasie). Das beste Beispiel hierfür sind die Früchte von Mesembryanthemum linguiforme („Auferstehungssterne"). Ebenso verhält sich die „Jerichorose" (Anastatica hierochuntica). Diese zeichnet sich auch noch dadurch aus, daß die in frischem Zustand wie ein gewöhnliches niederliegendes Kraut erscheinende Pflanze im Zustand der Fruktifikation beim Austrocknen durch ungleiche Längenveränderung der Ober- und Unterseite der Äste zu einer Kugel sich einkrümmt. Bei Wasseraufnahme nimmt die Pflanze ihre ursprüngliche Gestalt wieder an und öffnet ihre Früchte; die Samen werden also nur ausgestreut, wenn sie Keimungsbedingungen finden. An Anastatica schließen sich einige andere Pflanzen an, die zum Teil den gleichen Namen „Jerichorose" führen (Odontospermum). Einzelne Früchte führen beim Wechsel ihres Wassergehaltes nicht nur Krümmungen, sondern auch Torsionen und Windungen aus, wie besonders die Teilfrüchtchen von Erodium gruinum (Fig. 276), die Früchte von Stipa pennata und von Avena sterilis. Diese Bewegungen führen dazu, den Samen in die Erde zu vergraben. Liegt eine Erodiumfrucht von der Gestalt der Fig. 276 *A* mit beiden Enden dem Boden auf, so macht ihre Spitze bei wechselndem Wassergehalt der Luft eine bohrende Bewegung. Die an ihr befindlichen schräg gerichteten Haare wirken dann so, daß nur ein Eindringen nach unten möglich ist.

Eine wichtige Rolle fällt den Quellungskrümmungen auch bei der Entleerung der Mooskapseln zu: an diesen sind es die Zähne des Peristoms, die durch ihre Bewegungen die Kapselöffnung hygroskopisch verschließen oder öffnen. Bei den Schachtelhalmen führt die in Form zweier paralleler Bänder sich ablösende Außenwand der Sporen sehr lebhafte hygroskopische Bewegungen aus.

Fig. 276. Teilfrüchtchen von Erodium gruinum. *A* in trockenem Zustande, aufgerollt. *B* in feuchtem Zustande, gerade gestreckt. Nach NOLL.

Um die Quellungsbewegungen hervorzurufen, ist eine direkte Benetzung nicht notwendig; die Membranen kondensieren bei wechselndem Feuchtigkeitsgehalt der Luft wechselnde Mengen Wasser; sie sind hygroskopisch. Deshalb benutzt man z. B. die Grannen von Erodium zur Messung der Luftfeuchtigkeit in Hygrometern und „Wetterhäuschen".

Den Quellungsmechanismen werden die **Kohäsionsmechanismen**[255] gegenübergestellt. Sie unterscheiden sich von jenen dadurch, daß die Zellwände während der Ausführung der Bewegung mit Wasser imbibiert bleiben. Bei eintretendem Wasserverlust verkleinert sich hier der Innenraum der Zelle. Als Beispiel für eine solche Krümmung betrachten wir die Bewegung des Polypodiaceensporangiums beim Austrocknen. Diese Sporangien sind gestielte, bikonvexe Körper, die innerhalb einer einschichtigen Wand die Sporen enthalten. Während im allgemeinen die Zellwände dünn sind, umgibt den Rand des Sporangiums etwa in der Ausdehnung eines Halbkreises ein sog. Ring (Annulus) von eigenartig verdickten Zellen (Fig. 277 *R*). Sie haben (Fig. 277, *2*) dünne Außenwände, nach innen sich verdickende Seitenwände und dicke Innenwände. Trockener Luft ausgesetzt, verlieren die Annuluszellen allmählich ihr Füllwasser. Es kommt aber nicht zu einer Loslösung des wäßrigen Inhaltes von der Zellwand und auch nicht zu einem Zerreißen der Flüssigkeit in sich, weil die Adhäsion an die Wand und die Kohäsion der Wassermoleküle untereinander sehr groß ist, mehr als 300 Atmosphären beträgt. Dagegen folgt die Zellwand unter Deformation dem abnehmenden Füllwasser: unter Einstülpung der zarten Außenmembranen (Fig. 277, *3*) nähern sich die derben seitlichen Zellwände einander und so entstehen sehr energische einseitige Verkürzungen des Kohäsionsgewebes, die zur Öffnung des Sporangiums führen. Dabei bleibt die Mehrzahl der Sporen an der Sporangiumwand haften. Nun aber tritt bei fortgesetzter Wasserverdunstung der Augenblick ein, da der Wasserrest dem wachsenden Zug der gespannten Membranen nicht mehr Widerstand zu leisten vermag. Die Flüssigkeit in den Annuluszellen reißt plötzlich in sich selbst, oder sie löst sich von der Wand los, und der Annulus springt unter Ausschleudern der Sporen in seine Anfangsstellung zurück. Er stellt also eine Wurfmaschine dar, welche die Sporen ziemlich weit ausstreut und ihnen so günstigere Entwicklungsbedingungen schafft, als wenn alle an einer Stelle niederfielen.

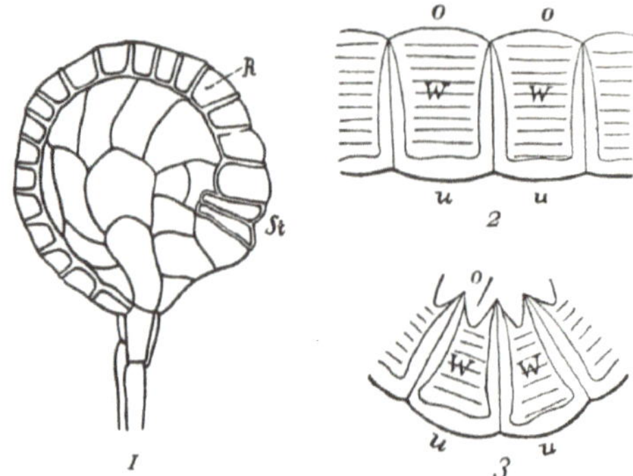

Fig. 277. *1* Sporangium von Polypodium falcatum nach CAMPBELL. *R* Ringzellen. *St* Stomium. *2* Ringzellen in ursprünglichem Zustand, gerade. *3* Nach teilweiser Verdunstung des Füllwassers *W*; die oberen Zellwände *o* eingestülpt, die unteren *u* in ihrer ursprünglichen Länge. *2*, *3* nach NOLL.

Kohäsionsmechanismen sind auch bei anderen Sporangien höherer Kryptogamen sowie in der Wandung der Staubbeutel ausgebildet und bewirken deren Öffnen. — Manche hygroskopische Krümmungen kommen durch gemeinsame Wirkung von Quellung und Kohäsion zustande.

B. Krümmungsbewegungen an der lebenstätigen Pflanze.[256]

Wie bei der lokomotorisch tätigen, so treten auch an der festgewachsenen Pflanze die Bewegungserscheinungen einesteils schon ein, wenn alle allgemeinen Bedingungen für die Lebenserscheinungen gegeben sind, andernteils aber erst dann, wenn ein bestimmter Faktor (Reiz) sich geltend macht, der entweder nur das Maß der Krümmung oder auch ihre Richtung bedingt. Man nennt die Bewegungen, die ohne solche spezifische äußere Reize erfolgen, autonome, die anderen induzierte oder paratonische.

1. Autonome Krümmungsbewegungen.

Wie bemerkt, genügt ein gewisses Ausmaß der äußeren Faktoren, an die das Leben gebunden ist (S. 185), um diese Krümmungen zu ermöglichen. Überschreitung ihres Minimums oder ihres Maximums führt zu Starrezuständen, macht die Pflanze bewegungslos. So kennen wir Kälte-, Wärme-, Dunkel-, Trockenstarre usw. Auch chemische Schädigungen (Giftwirkungen) führen zu Starrezuständen.

Eine autonome Bewegung ist auch das geradlinige Wachstum des Sprosses und der Wurzel mit seiner charakteristischen, rein aus inneren Ursachen entspringenden großen Periode. Eine ganze Reihe von Wachstumskrümmungen (Nutationen) schließt sich ihm an; ja, man kann wohl sagen, es gibt überhaupt kaum irgendwo wirklich geradliniges Wachstum. Die Spitzen der Organe beschreiben vielmehr eine außerordentlich unregelmäßige Kurve im Raume, sie führen die von DARWIN entdeckten „Zirkumnutationen" aus. Sind diese Krümmungen auch gewöhnlich so unbedeutend, daß man sie ohne besondere Hilfsmittel nicht wahrnehmen kann, so fehlt es doch nicht an Organen, die sehr auffallende und regelmäßig verlaufende autonome Wachstumskrümmungen zeigen.

So ist die Entfaltung der meisten Laub- und Blütenknospen eine Nutationsbewegung, die durch stärkeres Wachstum der Oberseite (Epinastie) der jugendlichen Blätter erfolgt. Besonders auffällig tritt das bei den in der Jugend durch verstärktes Wachstum der Unterseite (Hyponastie) eingerollten Blättern der Farne und mancher Cycadeen hervor. Der Keimstengel zahlreicher Pflanzen nimmt bei seinem Austritt aus dem Samen häufig eine scharfe Krümmung an, die ihm beim Durchbrechen des Bodens zustatten kommt, und eine ähnliche, mit dem Zuwachs der Triebe nach vorn weiterrückende Nutationskrümmung zeigen u. a. die Sprosse des wilden Weins (Parthenocissus quinquefolia).

Besonders auffällig werden die Nutationsbewegungen, wenn das Wachstum nicht eine Seite bevorzugt, sondern abwechselnd verschiedene Seiten fördert. Sehr schön läßt sich das an Blütenschäften der Küchenzwiebel beobachten. Diese zuletzt senkrecht gestellten Sprosse krümmen sich im halb erwachsenen Zustande oft derart, daß der Gipfel den Boden berührt. Solche Krümmungen sind aber nicht von langer Dauer, der Schaft streckt sich vielmehr wieder gerade, um bald darauf nach einer anderen Seite sich zu beugen.

Rückt die im Wachstum geförderte Seite in bestimmter Richtung rings um den Stengel herum, so wird dieser eine gleichsinnige kreisende Bewegung mit seinem Gipfel ausführen (kreisende oder rotierende Nutation). Diese Bewegungsform tritt vornehmlich ausgeprägt bei Ranken und Sprossen von Kletterpflanzen auf und ermöglicht es ihnen, Stützen in ihrem Bereiche sicher aufzufinden. In beiden Fällen wird neuerdings eine wesentliche Beteiligung von Geotropismus und Autotropismus angenommen und die reine Autonomie der Bewegung bezweifelt.

Neben diesen durch Wachstum bedingten Nutationen finden sich auch, aber freilich ungleich seltener, autonome Variationsbewegungen (S. 294); sie sind fast ganz auf Laubblätter beschränkt, und zwar auf solche, die an der Basis des Stieles, oder auch an der Basis ihrer weiteren Auszweigungen, Gelenkpolster besitzen. Sie finden sich vor allem bei Leguminosen und Oxalideen, doch auch bei Marsilia, und zeichnen sich durch einen Bau aus, der ihrer Funktion sehr zustatten kommt.

In den gewöhnlichen Parenchymzellen wird die Zellhaut allmählich fast ganz entspannt; deshalb kontrahieren sich ausgewachsene Zellen bei Plasmolyse nicht in dem Maße wie wachsende Zellen (vgl. Fig. 237), und sie werden umgekehrt bei einer Steigerung des Binnendruckes nur wenig gedehnt, weil sie derbwandig sind. In einzelnen Fällen aber, und zu diesen gehören gerade die Parenchymzellen der Gelenkpolster, bleibt die Zellhaut auch im ausgewachsenen Zustande durch den Turgordruck ganz beträchtlich gedehnt. Das sieht man nicht nur bei Ausführung der Plasmolyse, sondern man merkt es schon an der bestehenden lebhaften Gewebespannung.

Ein solches Gelenk einer Leguminose, z. B. der Bohne, zeigt die Leitbündel und das Sklerenchym, die im Blattstiel (Fig. 278, *1*) peripher angeordnet sind, zu einem zentralen, leicht biegsamen Strange vereinigt, der von einer mächtigen Hülle von Parenchym umgeben ist (Fig. 278, *2* u. *3*). Wird aus dem durch zwei Querschnitte isolierten Gelenk eine mittlere Gewebeschicht herausgespalten (Fig. 278, *4*), so zeigt sich schon an der Vorwölbung des Rindenparenchyms, oben und unten, die starke Spannung. Längsspaltungen, wie sie in Fig. 278, *5* angedeutet sind, lassen das Expansionsbestreben des Parenchyms gegenüber dem Leitbündel auf das deutlichste erkennen.

Es ist nun leicht einzusehen, daß eine allseitige Zunahme des Turgordruckes die Spannung zwischen Leitbündel und Parenchym steigert, somit die Festigkeit des Gelenkes erhöht. Dagegen wird eine einseitige Zunahme des Druckes, oder eine Abnahme des Turgordruckes auf der Gegenseite, oder endlich das Eintreten beider Prozesse zugleich eine Verlängerung der einen, eine Verkürzung der anderen Seite herbeiführen, wobei sich natürlich das Gelenk krümmt. Das Leitbündel wird dabei ebenfalls gebogen, es erfährt indes keine Veränderung in der Länge. Mit der Krümmung des Gelenkes ist aber eine passive Bewegung des ansitzenden Blattteiles verbunden.

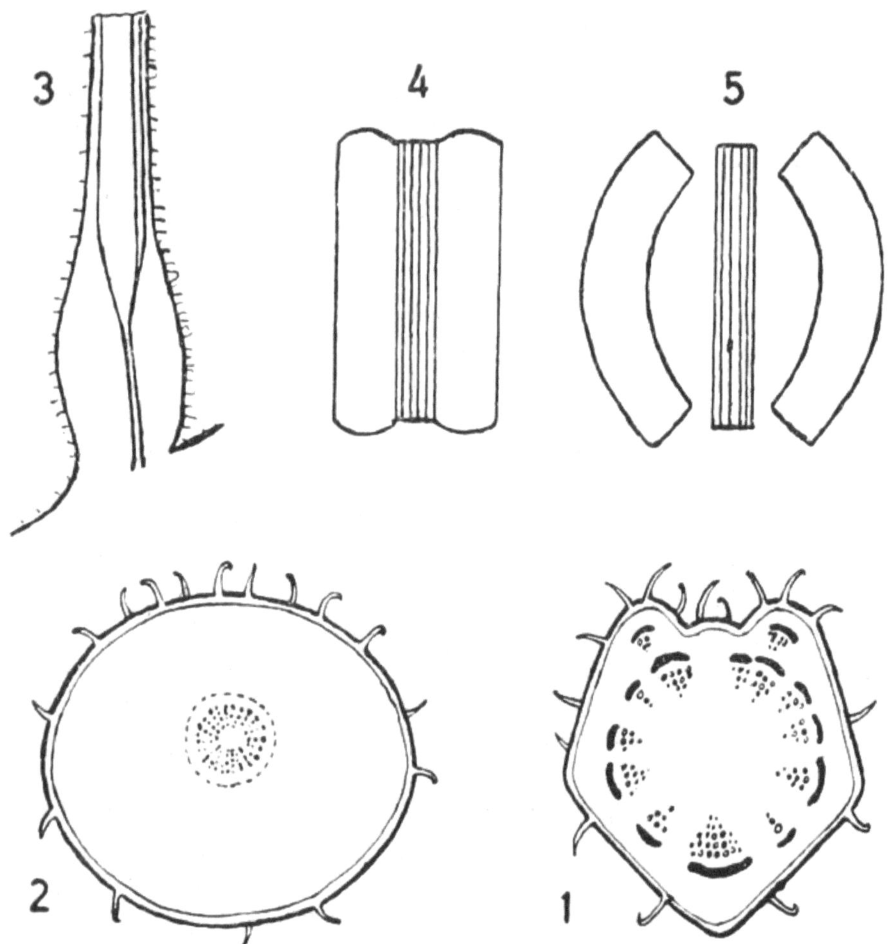

Fig. 278. *1* Querschnitt durch den Blattstiel der Buschbohne. *2* Desgl. durch das Gelenkpolster. *3* Längsschnitt durch das Gelenkpolster mit Übergang zum Blattstiel. *4* Mittlere Lamelle, in Wasser liegend. *5* Dieselbe nach Abtrennung der Rinde vom Leitbündel. *4* und *5* nach SACHS. Alles schwach vergrößert.

Autonome Variationsbewegungen fehlen wahrscheinlich keinem mit Gelenk versehenen Blatte; auffällige Dimensionen nehmen sie aber nur bei wenigen Pflanzen an.

So schwingen z. B. die kleinen Seitenblättchen von Desmodium gyrans in lang gestreckten Ellipsen bald gleichmäßig, bald mehr ruckweise. Bei relativ hoher Temperatur (30–35°) wird ihre Bewegung äußerst lebhaft, ein Umgang kann in einer halben Minute vollendet werden. Noch lebhafter schwingen die Blättchen von Oxalis hedysaroides, ihre Spitzen können einen Weg von 0,5 bis 1,5 cm in einer oder in wenigen Sekunden zurücklegen. Während die autonomen Bewegungen beider Pflanzen vom Licht gar nicht beeinflußt erscheinen, werden diejenigen von Trifolium pratense am Licht fast völlig unterdrückt; im Dunkeln aber macht das Endblatt Schwingungen von oft über 120 Bogengraden, die sich in 2–4stündigem Rhythmus wiederholen.

2. Paratonische Bewegungen (Reizbewegungen)[257].

Bei den induzierten oder paratonischen Bewegungen wirkt stets ein äußerer Faktor als Reiz, der die Bewegung auslöst. Nur durch solche Reizbewegungen bringen festgewachsene Organismen ihre einzelnen Organe in diejenige Stellung, in der sie ihre Funktion am besten ausüben können. Wenn die Organe einer Keimpflanze einfach in der Richtung weiter wüchsen, die sie bei der Ausstreuung des Samens zufällig einnehmen, müßten nicht selten die Wurzeln in die Luft, die Stengel in die Erde gelangen.

Licht, Wärme, Schwerkraft, stoffliche und mechanische Einflüsse der verschiedensten Art geben der Pflanze Mittel, sich in der Welt zu orientieren. Dabei verhalten sich verschiedene Organe einer Pflanze oft ganz verschieden gegen ein und dieselbe äußere Einwirkung. Die Stengel z. B. wachsen zum Licht hin, die Wurzeln vom Licht weg; beide wachsen in der Richtung der Strahlen weiter; die Blätter dagegen stellen sich mit ihren Flächen ungefähr senkrecht zu den einfallenden Strahlen. — Aber diese Reaktionsweise ist keine ein für allemal gegebene, sondern sie kann sich weitgehend ändern. Man sagt dann wohl, die „Stimmung" der Pflanze habe sich geändert, und konstatiert, daß solcher Stimmungswechsel teils durch innere Zustände, teils auch durch Außenfaktoren bestimmt wird.

Als Richtungsbewegungen oder Tropismen werden wir diejenigen Bewegungen zusammenfassen, die eine bestimmte Lage zu der Richtung des wirkenden Reizes herbeiführen. — Die übrigen Krümmungsbewegungen nennen wir Nastien; es sind durchweg Bewegungen, die zu einer bestimmten Lage in Beziehung auf die Pflanze, nicht in Beziehung auf die Richtung des Reizmittels führen.

a) Tropismen.

Bei den Richtungsbewegungen hat man orthotrope (parallelotrope) und plagiotrope Organe zu unterscheiden. Erstere stellen sich in die Richtung des Reizes, indem sie sich der Reizquelle nähern (positive Reaktion) oder sich von ihr entfernen (negative Reaktion). Die plagiotropen Organe stellen sich senkrecht oder schief zur Richtung des Reizes. Die Reaktionsweise eines bestimmten Organs kann durch äußere und innere Einflüsse eine Änderung erfahren. Je nach dem wirksamen Reiz werden diese Richtungsbewegungen als geotropische, phototropische usw. bezeichnet.

Die Tropismen der festgewachsenen Pflanzen entsprechen den Taxien der freibeweglichen. Ihre Bedeutung liegt wie dort in dem Aufsuchen günstiger Lebensbedingungen. Die wirksamen Reize, die positive bzw. negative Reaktionsweise sowie der Wechsel zwischen beiden sind vollkommen analog den bei den Taxien geschilderten Erscheinungen.

1. Geotropismus[258].

Es ist eine Erfahrungstatsache, daß die Stämme eines Tannenwaldes exakt lotrecht und demnach untereinander parallel stehen; die Äste und Blätter solcher Bäume aber nehmen andere Lagen ein. Betrachten wir statt eines Baumes die Keimpflanze von Zea, so finden wir, zunächst wenigstens, ausschließlich Organe, die sich in die Lotlinie einstellen. Zugleich aber bemerken wir hier leichter als an einem Baume das total verschiedene Verhalten der Wurzel und des Sprosses. Beide stehen in der Lotlinie, aber der Sproß verlängert sich in ihr aufwärts, die Wurzel abwärts. Bringen wir die Keimpflanze aus dieser ihrer natürlichen Lage heraus, legen wir sie z. B. horizontal, so sehen wir in beiden Organen eine Krümmung eintreten; die Wurzel krümmt sich abwärts, der Keimsproß aber aufwärts. Da diese Krümmungen nicht an der Stelle ausgeführt werden, wo Sproß und Wurzel zusammenstoßen, vielmehr in der Nähe der Spitze beider Organe, so bleibt ein je nach Umständen verschieden großes Stück der Achse horizontal gerichtet, und nur die beiden Enden werden durch die Krümmung in die natürliche Lage zurückgebracht, in der dann auch der weitere Zuwachs erfolgt. Daß die Schwerkraft es ist, die diesen aufrechten Wuchs der Hauptachse und der Hauptwurzel bedingt, das ergibt eigentlich schon die direkte Beobachtung, die zeigt, daß diese Organe auf unserer ganzen Erdkugel in der gleichen Weise orientiert sind, eben in der Richtung der Erdradien; denn außer der Schwerkraft kennen wir keine überall gegebene, in der Radiusrichtung wirkende Kraft. Doch nicht auf Grund dieses Gedankenganges, sondern durch die Versuche von KNIGHT (1806) hat sich in unserer Wissenschaft diese Erkenntnis Bahn gebrochen. KNIGHTs Versuche beruhen auf folgender Überlegung: Offenbar kann die Schwerkraft nur dann die Wurzel zum Abwärtswachsen, den Stamm zum Aufwärtswachsen veranlassen, wenn der Same in Ruhe und in derselben relativen Lage zur Richtung der Erdanziehung verbleibt; deshalb vermutet KNIGHT, „daß eine solche Beeinflussung durch stetigen und schnellen Wechsel der Lage des keimenden Samens aufgehoben werden könne, und daß man ferner in der Lage wäre, durch das Mittel der Zentrifugalkraft eine Gegenwirkung auszuüben".

Er befestigte also am Rande eines Rades eine Anzahl von keimenden Samen in möglichst verschiedenen Lagen, so daß die austretenden Wurzeln nach außen, nach innen und zur Seite hervorwachsen mußten, und ließ dieses Rad um eine horizontale Achse rotieren. Da er aber dem Rade eine sehr ansehnliche Geschwindigkeit erteilte, so wurde nicht nur die einseitige Wirkung der Schwerkraft aufgehoben, sondern gleichzeitig eine recht beträchtliche Zentrifugalkraft erzeugt, die nun ihrerseits die Keimlinge beeinflußte. Als Resultat ergab der Versuch, daß sämtliche Wurzeln radial nach außen, sämtliche Sprosse radial nach dem Zentrum des Rades wuchsen. Die Pflanze reagiert also auf die Zentrifugalkraft gerade so wie auf die Schwerkraft.

Ein anderes Experiment, das ebenfalls KNIGHT schon ausgeführt hat, läßt Schwerkraft und Zentrifugalkraft gleichzeitig, aber in verschiedener Richtung auf die Keimlinge einwirken. Die Pflanzen werden in Vertikalstellung auf einer horizontalen Scheibe befestigt, die um eine vertikale Achse rotiert, und wenn nun der Abstand der Pflanzen vom Zentrum und die Rotationsgeschwindigkeit so gewählt wird, daß der mechanische Effekt von Schwerkraft und Zentrifugalkraft gleich ist, dann wachsen die Wurzeln nach außen und unter 45° nach unten, die Stengel nach innen und unter dem gleichen Winkel nach oben; wird aber die Rotation gesteigert, so nehmen die Keimachsen immer mehr eine der Horizontalen sich nähernde Lage an. Daraus muß man schließen, daß die senkrecht nach unten wirkende Kraft nicht nur in ihrer Richtung, sondern auch in ihrer Größe mit der Schwerkraft übereinstimmt, d. h. daß sie eben wirklich die Schwerkraft ist. Die Pflanze vermag also zwischen Schwerkraft und Zentrifugalkraft keinen Unterschied zu machen. Beide Kräfte aber haben das miteinander gemein, daß sie den Körpern eine Massenbeschleunigung erteilen. Für die experimentelle Erforschung des Geotropismus ist diese Tatsache von größter Bedeutung, da man nur die Zentrifugalkraft, nicht aber die Schwerkraft in ihrer Intensität variieren kann.

Eine sehr wesentliche Ergänzung zu den KNIGHTschen Fundamentalversuchen brachten dann erst sehr viel später (1874) die Experimente von SACHS. Wie im ersten KNIGHTschen Versuche wurden auch in den Versuchen von SACHS die Pflanzen an der horizontalen Achse gedreht, aber die Geschwindigkeit der Umdrehung wurde sehr gering gewählt, so daß eine Umdrehung in 10–20 Minuten erfolgte. Dabei konnten nennenswerte Zentrifugalkräfte nicht entwickelt werden; da aber durch die fortwährende Drehung jede einseitige Schwerewirkung eliminiert ist, so wachsen Wurzeln und Sprosse in jeder beliebigen Richtung, die man ihnen zu Anfang gegeben hat. SACHS benutzte zu solchen Versuchen ein Drehwerk, das er Klinostat genannt hat.

Die Eigenschaft der Pflanze, unter dem Einfluß der Erdschwere eine bestimmte Lage einzunehmen, bezeichnet man als Geotropismus. Es hat sich gezeigt, daß es nicht nur orthotrope Organe gibt, die sich in die Richtung der Schwerkraft einstellen und dabei positiv geotropisch (nach unten) oder negativ geotropisch (nach oben) wachsen, sondern auch plagiotrope, die eine horizontale oder schräge Ruhelage besitzen. Die Stellungen der Seitenorgane sind also gleichfalls — wenn auch gewöhnlich nicht ausschließlich — von der Schwerkraft bedingt.

Negativ geotropisch sind alle gerade lotrecht nach oben wachsenden Pflanzenteile, seien es Stengel, Stämme, Blätter (von Liliifloren), Blütenschäfte, Blütenteile oder Wurzeln (wie die senkrecht aus dem Schlamm oder der Erde aufsteigenden Atemwurzeln von Sonneratien [Fig. 186, S. 143], Palmen u. a.). Werden derlei Organe aus ihrer aufrechten Lage herausgebracht, dann richten sie sich, soweit sie noch wachstumsfähig sind, wieder auf. Die Krümmung erfolgt durch das gesteigerte Wachstum der erdwärts gerichteten Flanke und das verminderte Wachstum der Gegenseite; die Folge ist eine Aufrichtung des fortwachsenden Endes.

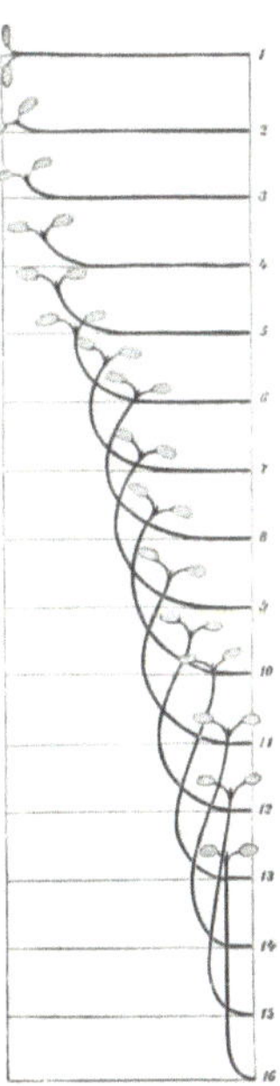

Fig. 279. Verlauf einer geotropischen Bewegung. Die Figuren *1–16* bezeichnen aufeinanderfolgende Stadien der geotropischen Krümmung einer im Halbdunkel erwachsenen Keimpflanze. Diese bei *1* horizontal gelegt, bei *16* wieder völlig aufgerichtet. Für die Zwischenstadien vgl. den Text. Schematisiert. Nach NOLL.

Der tatsächliche Verlauf der geotropischen Krümmung eines Stengels wird durch Fig. 279 dargestellt; sie zeigt, daß dieser Vorgang ein recht komplizierter ist. Eine im Halbdunkel erwachsene Pflanze wird in Nr. 1 horizontal gelegt. Ihr Wachstum ist dicht hinter den Keimblättern am lebhaftesten; deshalb tritt an dieser Stelle die erste geotropische Krümmung auf (Nr. 2, 3). Allmählich greift dann die Krümmung immer weiter basal um sich, geht also immer mehr auf die langsamer wachsenden Teile über. An der Grenze der Wachstumszone macht sie dann halt. Durch die Krümmung der Basalstücke werden (Nr. 7, 8) die Apikalstücke über die Vertikallinie hinausgeführt, es tritt eine „Überkrümmung" ein. Eine solche muß sich aber auch schon deshalb ergeben, weil jede geotropische Reizung nicht mit dem Moment des Einrückens in die Ruhelage aufhört, sondern noch lange nachwirkt. — Die Überkrümmung muß aber aus einem doppelten Grunde wieder verschwinden (Nr. 13–16). Einmal muß in dem übergekrümmten Teil eine neue, der bisherigen entgegengesetzte geotropische Krümmung ausgelöst werden, außerdem aber kombiniert sich mit dieser ein Bestreben, das man Autotropismus nennt (S. 315).

In einzelnen Fällen sind negativ geotropische Krümmungen auch an „ausgewachsenen"[259] Sprossen möglich, d. h. an solchen, die ohne einen geotropischen Reiz kein Längenwachstum mehr zeigen. So wird an verholzten Zweigen und Stämmen, die aus der Ruhelage gekommen sind, durch einen geotropischen Reiz das Kambium der Unterseite zu einem Längenwachstum veranlaßt, das dann zu einer Aufrichtung des Organs führt. Diese erfolgt um so langsamer und unvollkommener, je größer der Widerstand des passiv zu krümmenden Teils ist. Auch die sog. Knoten der Grashalme, die in Wirklichkeit Blattpolster (Fig. 138) sind, werden durch geotropischen Reiz zu neuem Wachstum angeregt. Erfolgt dieser Reiz allseitig, dreht man also den Grasknoten um seine horizontal gelegte Längsachse auf dem Klinostaten, so fangen alle Parenchymzellen gleichmäßig an, sich zu verlängern; wird aber der Knoten einfach horizontal gelegt, so beschränkt sich das Wachstum auf die Unterseite, während die Oberseite passiv komprimiert wird (Fig. 280). Durch solche Krümmungen in einem oder in mehreren Knoten werden die durch Wind oder Regen gelagerten Grashalme wieder aufgerichtet.

Positiver Geotropismus wird vornehmlich bei Pfahlwurzeln, vielen Luftwurzeln und den Keimsprossen mancher Liliaceen sowie den Rhizomen von Yucca beobachtet. Diese Organe erreichen die senkrechte Richtung nach abwärts aus jeder anderen Stellung und behalten sie dauernd bei. Die positiv-geotropischen Bewegungen werden ebenso wie die negativ-geotropischen durch aktives Wachstum ausgeführt. Die Wurzel sinkt also nicht etwa dem Gewichte ihrer Spitze folgend passiv in den Boden, sondern sie vermag einen das eigene Gewicht weit übertreffenden Gegendruck zu überwinden, kann also z. B. in das spezifisch viel schwerere Quecksilber eindringen. Bei der Krümmung wird das Wachstum auf der Oberseite gefördert, auf der Unterseite gemindert, während die Mittellinie mit unveränderter Geschwindigkeit weiter wächst[260]. Fig. 281 stellt den Verlauf der geotropischen Krümmung an der Wurzel dar.

Plagiogeotropisch sind viele Seitenzweige und Seitenwurzeln erster Ordnung. Diese Organe sind in der Ruhelage, wenn ihre Längsachse einen bestimmten Winkel mit der Lotrichtung bildet. Sehr häufig wird übrigens die natürliche schiefe Stellung von Pflanzenteilen nicht durch Geotropismus allein bewirkt. — Ein besonderer Fall von Plagiogeotropismus liegt in der horizontalen Ruhelage von Organen vor. Es sind besonders Rhizome und Stolonen, die solchen Transversalgeotropismus (Diageotropismus) zeigen und die aus jeder anderen Stellung mit der fortwachsenden Spitze immer wieder in die wagerechte Richtung zurückkehren, vorausgesetzt, daß sie sich in der richtigen Tiefenlage befinden. Ist das nicht der Fall, so wird zunächst durch aufwärts oder abwärts gerichtete Bewegungen diese erstrebt, und dann erst folgt horizontales Wachstum. Seitenzweige und Seitenwurzeln höherer Ordnung sind oft gar nicht geotropisch und stehen nach allen Seiten vom Mutterorgan ab.

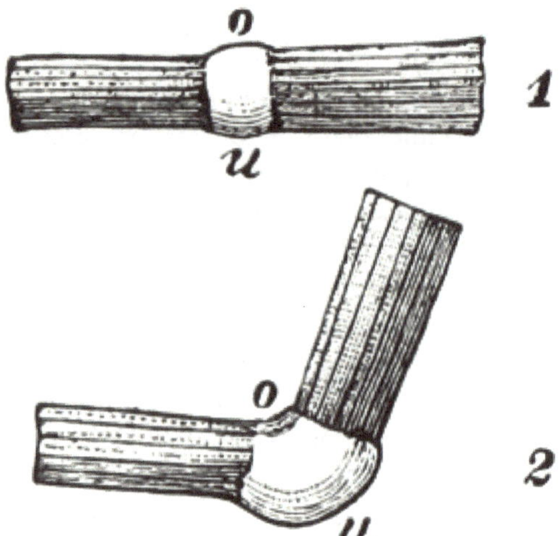

Fig. 280. Geotropische Aufrichtung eines Grasblattpolsters. *1* Der vorher aufrechte Halm horizontal gelegt. *2* Die Unterseite *u* des Polsters stark verlängert, die Oberseite *o* unverlängert (sogar etwas verkürzt). Die dadurch bedingte Krümmung hat das jüngere Halmstück um etwa 75° emporgerichtet. Nach NOLL.

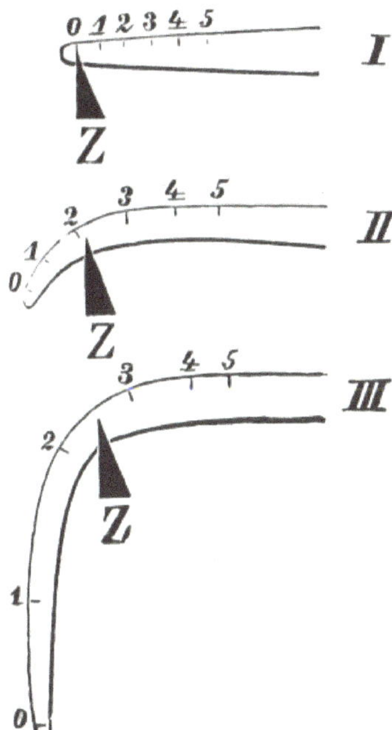

Fig. 281. Geotropische Krümmung einer Wurzel (Keimwurzel von Vicia Faba). *I* Die vorher senkrecht abwärts gewachsene Wurzel wagerecht gelegt und mit Tuschemarken versehen. *II* Dieselbe Wurzel nach 7 Stunden. *III* Dieselbe Wurzel nach 23 Stunden, wieder senkrecht abwärts gerichtet. *Z* Ein fester Index. Nach SACHS.

Eine besondere Art der geotropischen Orientierung tritt bei dorsiventralen Organen (Laubblättern, zygomorphen Blüten, S. 62) auf. Alle diese Organe bilden, ebenso wie die radiären plagiotropen, einen bestimmten Winkel mit der Lotlinie, sind aber nur dann in der Ruhelage, wenn auch die Dorsalseite nach oben, die Ventralseite nach unten schaut, während es bei radiären Organen nicht darauf ankommt, welche Flanke gerade oben liegt, wenn nur die Organ-Achse die richtige Neigung hat. Bei der Orientierung dorsiventraler Organe reichen dementsprechend einfache Krümmungen häufig nicht aus, sondern es kommt zu Torsionen.

Die Drehung der Fruchtknoten vieler Orchideen, der Blüten von Lobeliaceen, der Blattstiele an allen hängenden oder schräg gestellten Zweigen, wie auch die Umdrehung der Blätter der Alstroemerien und des Allium ursinum sind bekannte Beispiele für regelmäßig auftretende Orientierungstorsionen.

Unter den dorsiventralen Organen verdienen die mit Gelenkpolstern versehenen Laubblätter wieder besonders hervorgehoben zu werden, weil sie auch im ausgewachsenen Zustande durch geotropische Variationsbewegungen ihre Lage verändern können.

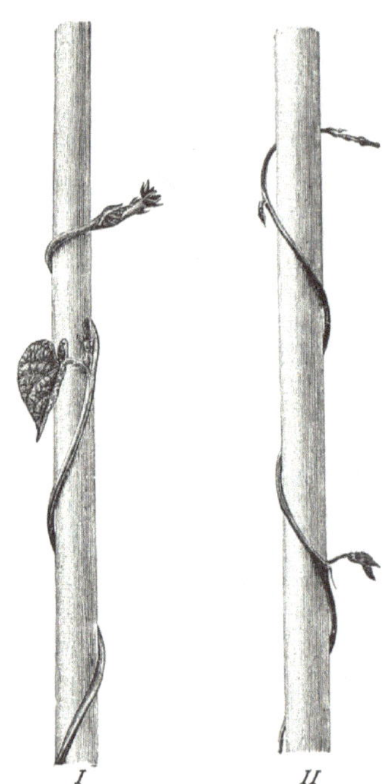

Fig. 282. *I* Linkswindender Sproß von Pharbitis. *II* Rechtswindender Sproß von Myrsiphyllum asparagoides. Nach NOLL.

Die Schlingpflanzen[261]. Die Schlingpflanzen, die in den verschiedensten Pflanzenfamilien auftreten, besitzen Sprosse, die sich nicht aus eigener Kraft zu halten vermögen, aber dennoch aufwärts wachsen. Die Stengel und Stämme anderer Pflanzen, die sich mit Aufwand großer Mengen von assimilierter Substanz (Holz, Sklerenchym) zu aufrechtem Wuchs gefestigt haben, werden von den Schlingpflanzen benutzt, um an ihnen die eigenen Assimilationsorgane in freier Luft und in vollem Licht auszubreiten. Die Ausnutzung fremder Assimilationsgerüste haben die Schlingpflanzen mit anderen Kletterpflanzen, wie den Rankenpflanzen und Wurzelkletterern, gemein. Sie erreichen ihr Ziel aber nicht durch die Ausbildung seitlicher Haftorgane, sondern durch schlangenartiges Winden ihrer Hauptachsen an den Stützen hinauf. Die ersten aus dem Samen oder aus unterirdischen Reservestoffbehältern sich entwickelnden Stengelglieder der Schlingpflanzen stehen in der Regel noch aufrecht. Bei weiterem Wachstum krümmt sich das freie Ende aber aktiv seitwärts über und nimmt eine mehr oder weniger schräge oder wagrechte Stellung an. Zugleich beginnt der so geneigte Gipfel wie ein Uhrzeiger sich im Kreise zu drehen, vgl. S. 297. Diese Bewegung dauert von dem Moment ihres Entstehens an so lange, als der betreffende Sproß im Wachstum verbleibt, und sie behält in der Regel eine bestimmte Richtung dauernd bei; bei der Mehrzahl der Windepflanzen erfolgt die kreisende Bewegung, von oben her gesehen, in der Richtung entgegengesetzt der Uhrzeigerbewegung (nach links, wie man gewöhnlich zu sagen pflegt); in der Richtung des Uhrzeigers, also nach rechts, kreist z. B. der Hopfen und das Geißblatt; verschiedene Winderichtung bei verschiedenen Individuen und selbst Wechsel der Richtung beim Einzelindividuum hat man z. B. bei Polygonum Convolvulus und Loasa lateritia beobachtet. Die linkskreisenden Pflanzen winden auch links (Fig. 282 *I*), d. h. die „Wendeltreppe", die sie bilden, steigt (von außen gesehen) von links unten nach rechts oben, von oben gesehen entgegen dem Uhrzeiger; die rechtskreisenden Pflanzen winden auch rechts (Fig. 282 *II*). Es besteht also eine enge Beziehung zwischen kreisender Bewegung und Winden.

Mit dem Beginn der kreisenden Bewegung ist noch nicht ohne weiteres eine Windebewegung gegeben; diese beginnt erst dann, wenn wir dem Sproß eine mehr oder minder lotrechte, nicht zu dicke Stütze bieten. Eine solche wird dann in lockeren und anfangs sehr flachen Schraubenlinien umwunden, die sich erst allmählich steiler aufrichten. Die Aufrichtung erfolgt durch negativen Geotropismus und geht bei nachträglicher Entfernung der Stütze — unter sonst geeigneten Umständen — in eine völlige Geradestreckung der Schraubenwindung über, wobei der Stengel dann gedreht erscheint; wird die Stütze nicht entfernt, so tritt nur ein Engerwerden der Windungen und demnach ein Druck auf die Stütze ein. Durch kreisende Bewegung und negativen Geotropismus kommt also die Windebewegung zustande. Die Stütze spielt insofern eine Rolle, als sie die sonst unvermeidliche Geradestreckung unmöglich macht. Sie muß mehr oder minder lotrecht stehen, weil sie sonst von dem überhängenden Gipfel gar nicht dauernd erfaßt werden kann.

Erleichtert wird das Winden noch dadurch, daß die Sprosse der Windepflanzen zuerst die Internodien stark strecken und ihre Blätter unentwickelt lassen. Sie ähneln hierin den etiolierten Pflanzen, und sie erreichen durch die späte Entfaltung der Blätter das regelmäßige Kreisen des Gipfels, das andernfalls durch Anstoßen von Blättern an die Stütze unmöglich gemacht würde. Der feste Halt an der Stütze wird vielfach durch Rauheit der Stengeloberfläche, durch Haare, Borsten, Riefen noch erhöht. Auch Torsionen, auf deren Ursache hier nicht eingegangen werden kann, wirken oft im gleichen Sinne.

Änderung der geotropischen Ruhelage. Die Ruhelage, die ein Organ nach einer bestimmten geotropischen Reizung einnimmt, ist nicht ein für allemal gegeben; vielmehr ändert sie sich durch innere und äußere Einflüsse. Man spricht von einer „Umstimmung" der geotropischen Reizbarkeit. Eine gewisse „Stimmung" der Pflanze betrachtet man demnach als die normale, und die bei ihr erfolgenden Reaktionen haben zur Einteilung in orthotrope und plagiotrope, in positiv und negativ geotropische Organe geführt.

Von den äußeren Faktoren, die Einfluß auf die geotropische Stimmung haben, nennen wir hier Licht und Temperatur, die Zentrifugalkraft, den Sauerstoff; von inneren die Entwicklungsphase, in der sich ein Organ befindet.

Die Veränderung der geotropischen Reaktion durch die Beleuchtung hat eine große Bedeutung für die Tiefenlage der Rhizome. Wenn ein Rhizom von Adoxa, etwa an einem Abhang wachsend, mit der Spitze ins Licht gerät, geht sein bisheriger Transversalgeotropismus sofort in positiven Geotropismus über, der das Rhizom wieder in den Erdboden führt. Indessen genügt offenbar auch der Lichteinfluß auf den oberirdischen Sproßteil oft schon, um ein unterirdisches Rhizom zu dirigieren. Wird das Rhizom von Polygonatum zu hoch im Boden eingepflanzt, doch immer noch so, daß es ganz von Erde bedeckt und verdunkelt ist, so wendet sich der Neuzuwachs schräg nach unten; wird es aber zu tief gesetzt, so wendet er sich nach oben (Fig. 283); bei richtiger Tiefenlage verhält er sich dagegen transversal-geotropisch. — Auch auf den Geotropismus der Seitenwurzeln wirkt das Licht sehr stark ein: bei Beleuchtung nähern sich die Seitenwurzeln erster Ordnung viel mehr der orthotropen Ruhelage als im Dunkeln.

Eine Wirkung der Temperatur läßt sich an den Stengeln mancher Frühjahrspflanzen beobachten. Bei Temperaturen in der Nähe von 0° legen sich diese vielfach dem Boden an, um sich erst bei höherer Temperatur orthotrop aufzurichten. — Durch Sauerstoffmangel werden manche Wurzeln und Rhizome negativ geotropisch und gelangen so in Regionen, wo ihnen mehr Sauerstoff zur Verfügung steht.

Umstimmungen durch innere Ursachen sehen wir z. B an Rhizomen, die in einem gewissen Entwicklungsstadium ihre diageotrope Lage aufgeben und orthotrop werden, oder an Blütenstielen, die nach der Befruchtung positiv geotropisch werden[262]. So werden die Früchte von Trifolium subterraneum und von Arachis hypogaea in die Erde eingegraben. — Auch am windenden Stengel haben wir eine Umstimmung kennen gelernt; er windet in der Jugend noch nicht.

Geotropismus als Reizerscheinung. Der Entdecker des Geotropismus, KNIGHT, suchte die geotropischen Bewegungen in rein mechanischer Weise zu erklären, was insbesondere für die positiv geotropischen Organe nicht schwierig erschien. Er stellte sich vor, daß diese einfach dem Zug der Schwere folgend in ihre Ruhelage gelangen. Später hat noch HOFMEISTER ähnliche Ansichten vertreten. Die richtige Auffassung, daß wir es mit komplizierten Reizbewegungen zu tun haben, bei denen die Erdschwere nur die Rolle des auslösenden Faktors spielt, verdankt man vor allem DUTROCHET, FRANK und SACHS. Schon die einzige Tatsache, daß die Wurzel auch gegen den Widerstand von Quecksilber eine geotropische Krümmung auszuführen vermag, hätte genügen müssen, um jede rein mechanische Auffassung zu widerlegen.

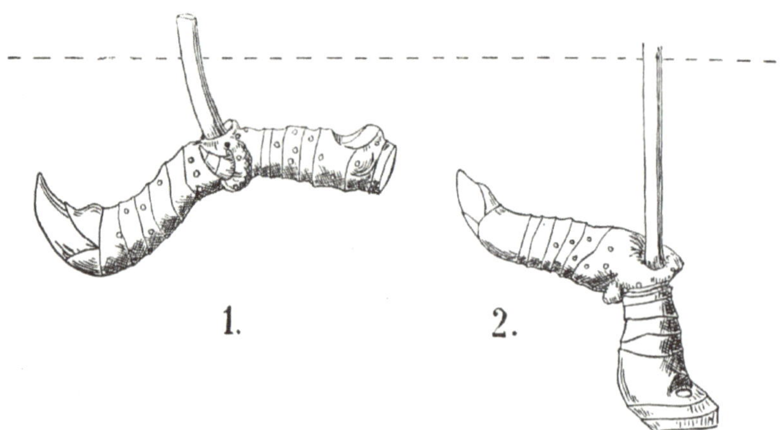

Fig. 283. Rhizome von Polygonatum. Nach RAUNKIAER. Die gestrichelte Linie stellt die Erdoberfläche vor. Die Blütenstengel sind abgeschnitten. Rhizom *1* war zu hoch eingepflanzt; seine Verlängerung geht abwärts (nur die Endknospe, aus der sich wieder ein Blütenstengel bildet, ist aufwärts gerichtet). Rhizom *2* war aufrecht und zu tief eingepflanzt; sein Zuwachs geht schräg nach oben.

Erst in neuerer Zeit hat man den Versuch gemacht, zu ergründen, welches die primäre Wirkung der Schwerkraft in der Pflanze ist[263]. Es kann keinem Zweifel unterliegen, daß es sich da um eine Druckwirkung handeln muß. Die Ersetzbarkeit der Schwerkraft durch Zentrifugalkraft spricht schon dafür. — Weiter aber zeigt sich, daß dieser Druck bei orthotropen Organen nur so weit zur Geltung kommt, als er senkrecht zur Längsachse steht; schief angreifende Schwerkraft wirkt also nur im Verhältnis ihrer senkrechten Komponente. („Sinusgesetz", weil die Größe dieser Komponente durch den Sinus des Einfallwinkels bestimmt wird.) Zwei unter einem Winkel angreifende Kräfte (Schwerkraft und Zentrifugalkraft) treten nach dem Parallelogramm der Kräfte zu einer Resultante zusammen (Resultantengesetz). — Endlich wissen wir, daß der Druck durchaus im Innern der Zellen wirken muß und in keiner Weise ersetzbar ist durch von außen kommende Wirkungen.

F. NOLL hat zuerst die Vorstellung entwickelt, daß irgendwelche Zellteile, die spezifisch schwerer sein müssen als das sie umgehende sensible Plasma, unter dem Einfluß der Schwerkraft einen einseitigen Druck auf dieses ausüben, worauf dann das Plasma die Wachstumsvorgänge im Sinne der Schwererichtung lenkt. NĚMEC und HABERLANDT haben dann die Vermutung ausgesprochen, daß solche spezifisch schwereren Körperchen („Statolithen") in gewissen Stärkekörnern zu suchen seien, die relativ rasche Fallbewegungen in der Zelle auszuführen vermögen und sich deshalb immer der nach unten schauenden Zellwand anlegen. Sie finden diese Stärkekörner bei den Stengeln in der Stärkescheide (S. 81), bei den Wurzeln in den Zellen der Haube. Sie nehmen an, daß nur in den mit solchen Stärkekörnern versehenen Teilen ein Schwerereiz direkt von Wirkung sei, daß er aber von diesen Punkten aus weiter geleitet werde. In der Tat hat man nachgewiesen, daß in der Wurzel vorzugsweise die Spitze den Schwerereiz aufnimmt. Nach Versuchen von STAHL und ZOLLIKOFER gelingt es in manchen Fällen, die Statolithenstärke zu lösen und damit auch den Geotropismus zum Verschwinden zu bringen, während Wachstum und phototropische Reaktionsbefähigung fortdauern. Damit ist gezeigt, daß die Stärkekörner hier für die Reizaufnahme nötig sind; aber freilich die leichte Beweglichkeit dieser Körner, die die Hypothese so eindrucksvoll gemacht hat, ist nach gewissen physiologischen Erfahrungen für die Reizperzeption ganz gleichgültig. Auch ist in anderen Fällen (Moosrhizoiden) nach Verschwinden der Stärke noch Geoperzeption möglich. Da müssen also, wie ja auch bei Pilzen, andere Statolithen tätig sein.

Im allgemeinen können wir auf geotropische Reizbarkeit eines Organs nur aus der eintretenden Krümmung schließen. In einzelnen Fällen aber läßt sich auch ohne solche Reaktion eine geotropische Reizbarkeit erkennen. So ist z. B. bei manchen Graskeimlingen, die ein wohl ausgebildetes Internodium unterhalb des Scheidenblattes besitzen (Paniceen), das Scheidenblatt in einem gewissen Moment ausgewachsen und deshalb nicht mehr geotropisch krümmungsfähig; daß es aber noch geotropisch reizbar ist, erkennt man daraus, daß nach einseitiger Einwirkung der Schwerkraft auf diese Scheide das Internodium sich krümmt, obwohl es selbst nicht geotropisch reizbar ist. Der geotropische Reiz muß ihm also von der Scheide her zugeleitet worden sein. Bei anderen Graskeimlingen (Poaeoideen) hat man bemerkt, daß die Spitze des Scheidenblattes viel stärker geotropisch reizbar ist als die Zone maximalen Wachstums, und eine ähnliche Abnahme der geotropischen Sensibilität von der Spitze nach der Basis zu liegt auch bei Wurzeln vor. Man kann nun mit Hilfe eines besonderen Apparats bei solchen Objekten Spitze und Wachstumszone durch Fliehkräfte entgegengesetzt geotropisch reizen und bemerkt dann, daß die Wachstumszone sich im Sinne der gereizten Spitze krümmt. Es findet also eine Reizleitung von der Spitze basalwärts statt, und der geleitete Reiz überwindet den in der Wachstumszone direkt induzierten vollkommen. — Es lassen sich also in solchen Fällen deutlich drei Prozesse trennen: Reizaufnahme (Perzeption), Reizleitung und Reizreaktion. Ein Organ kann perzipieren, ohne selbst zu reagieren, und umgekehrt kann auch ein Organ, das selbst nicht perzipiert, geotropisch reagieren. Wir haben allen Grund anzunehmen, daß diese drei Teile des Reizprozesses auch da unterschieden werden müssen, wo sie nicht so scharf sich trennen lassen.

Wir entnehmen schon diesen Ausführungen, daß der Grad der geotropischen Krümmung und die Geschwindigkeit, mit der sie eintritt, keineswegs ein Maßstab für die Größe der Reizung ist, da sie weitgehend von der Wachstumsbefähigung abhängen. Die Größe der geotropischen Reizung hängt zunächst einmal von der spezifischen Empfindlichkeit der gereizten Organe, außerdem aber auch von der „Reizmenge" ab, die es getroffen hat. Die Größe der Reizung eines gegebenen Organs ist direkt der „Reizmenge" proportional. Unter Reizmenge aber versteht man das Produkt aus der Intensität des Reizes und der Dauer seiner Einwirkung. Es ist also für den Erfolg gleichgültig, ob wir eine hohe Fliehkraft für kurze Zeit oder eine geringe entsprechend längere Zeit einwirken lassen.

Diese Gesetzmäßigkeit, das „Reizmengengesetz"[264], das enge Beziehungen zu den früher erwähnten Gesetzmäßigkeiten, dem Sinusgesetz und dem Resultantengesetz aufweist, gilt freilich nur innerhalb gewisser Grenzen. Es hat sich gezeigt, daß ein orthotropes Organ, horizontal gelegt, unter konstanten Außenbedingungen nach einer ganz bestimmten Zeit anfängt, sich zu krümmen. Die Zeit, die vom Beginn der Reizung bis zum Beginn der Reaktion verstreicht, nennt man die Reaktionszeit. Es ist aber zur Erzielung einer geotropischen Reaktion nicht nötig, ein Organ während der ganzen Reaktionszeit zu reizen. Es genügt vielmehr eine sehr viel kürzere Zeit, um an dem weiterhin senkrecht gestellten Organ durch Nachwirkung eine geotropische Krümmung zu erhalten. Die minimale Reizzeit, nach der noch eine gerade sichtbare Krümmung erfolgt, nennt man „Präsentationszeit". Nur für Reize, die solange oder etwas länger währen als die Präsentationszeit, gilt zunächst einmal das Reizmengengesetz; die Präsentationszeit ist also umgekehrt proportional der Reizintensität. Größere Reizmengen haben keine entsprechende Steigerung der geotropischen Krümmung zur Folge.

Wie andere Eigenschaften der Pflanze ist auch die Reaktionszeit und die Präsentationszeit weitgehenden Schwankungen unterworfen, so daß man bei statistischer Untersuchung typische Variationskurven erhält. TRÖNDLE fand als mittlere Reaktionszeit für Hafersprosse 32 Min., für Kressewurzeln 21 Min. Einzelne Haferkeime reagierten schon nach weniger als 14 Min., andere erst nach mehr als 49 Min. Bei den meisten Pflanzen sind die Reaktionszeiten aber größer. Die Präsentationszeiten sind häufig zu 2, 3 bis 10 und mehr Min. gefunden worden.

Reize unter Präsentationsdauer bleiben indes nicht wirkungslos. Bei Wiederholung summieren sie sich und führen schließlich zu einer Krümmung, wenn die Summe der Einzelreize die Präsentationszeit erreicht, und wenn die Pausen zwischen den Einzelreizen nicht zu groß waren. Eine untere Grenze für die Dauer des Einzelreizes konnte bis jetzt nicht gefunden werden.

2. Phototropismus [Heliotropismus][265].

Phototropische Krümmungen kommen bei einseitigem Lichteinfall zustande. Man beobachtet sie leicht bei Pflanzen, die am Waldrande wachsen oder die im Zimmer gehalten werden. Die Stengel der im Zimmer aufgestellten Pflanzen wachsen nicht wie im Freien bei allseitiger Beleuchtung aufrecht, sondern sind dem nächsten Fenster zugeneigt; sie sind orthotrop und positiv phototropisch. Im Gegensatz zu diesen Teilen findet man ihre Blattflächen senkrecht zu den einfallenden Lichtstrahlen gestellt, um möglichst viel Licht aufzufangen; die Blattflächen sind transversal phototropisch (lichtfangend). Weniger häufig hat man Gelegenheit, negativen Phototropismus, also ein Wegwachsen von der Lichtquelle, zu sehen. — In Fig. 284 sind die verschiedenartigen phototropischen Krümmungen, die an einer Wasserkultur des weißen Senfes bei einseitiger Beleuchtung eintreten, dargestellt.

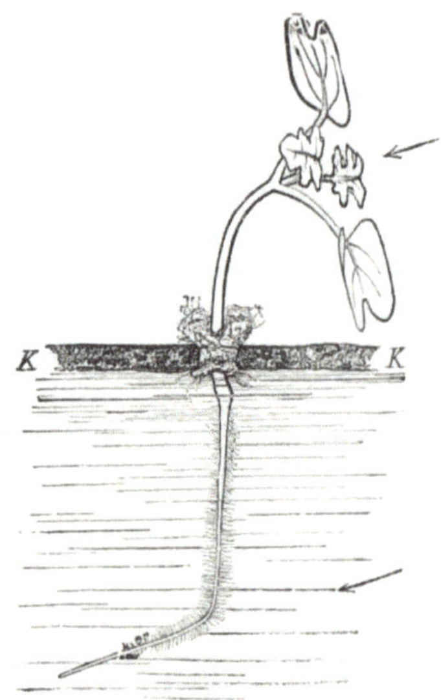

Fig. 284. Keimling des weißen Senfs in Wasserkultur, ursprünglich allseitig, dann einseitig beleuchtet. Stengel dem Lichte zugekehrt, die Wurzel abgewendet, die Blattflächen senkrecht zum Lichte ausgebreitet. *K K* Korkplatte (Schwimmer). Nach NOLL.

Phototropismus ist im Pflanzenreich weit verbreitet. Am häufigsten kommt der positive Phototropismus zur Beobachtung, er bildet die Regel bei den oberirdischen Vegetationsachsen. Viel seltener zeigt sich der negative Phototropismus, z. B. bei Luftwurzeln, zumal Kletterwurzeln (Ficus stipulata, Begonia scandens u. a.), beim hypokotylen Stammglied der keimenden Mistel, bei manchen, aber nicht allen Erdwurzeln (Sinapis, Helianthus), Ranken (zumal den mit Haftscheiben versehenen), am Stengel einzelner Kletterpflanzen. Haftwurzeln und Haftranken von Kletterpflanzen haben, wie auch die Keimwurzel der Mistel, von ihrem negativen Phototropismus den Vorteil, der dunklen Unterlage zugeführt zu werden. Wie später (S. 310) zu zeigen sein wird, kann die phototropische Reaktionsweise abgeändert werden, also z. B. ein sonst positiv reagierendes Organ zu negativen Krümmungen veranlaßt werden.

Zur genaueren Beobachtung der phototropischen Erscheinungen ist es notwendig, das einseitig einfallende zerstreute Tageslicht durch eine enger begrenzte Lichtquelle zu ersetzen. Dann zeigt sich vor allem, daß, wie bei den topophototaktischen Bewegungen, die Richtung des einfallenden Lichtes maßgebend ist für die phototropische Ruhelage. Jede Änderung der Strahlenrichtung hat auch eine Stellungsänderung der phototropischen Organe zur Folge. Das Gipfelende mancher positiv phototropischen Organe findet man völlig in der Richtung der Strahlen eingestellt.

Mit welcher Genauigkeit dies bei einzelnen Pflanzen geschieht, zeigt ein Versuch mit dem kleinen Pilze Pilobolus crystallinus. Seine Sporangienträger kommen aus feucht gehaltenem Pferde- und Kuhmist nach kurzer Zeit zahlreich hervor; sie sind positiv phototropisch und richten alle das schwarze Sporangium der Lichtquelle zu. Zur Zeit der Reife wird das Sporenköpfchen mit großer Gewalt geradeaus fortgeschleudert.

Hat man nun das Licht nur durch ein kleines verglastes Rundfenster seitlich in die Versuchskammer einfallen lassen, so findet man die klebrigen Sporangien alle dicht um das Zentrum der kleinen Lichtscheibe angeschossen, ein Zeichen, daß die Sporangienträger genau dorthin gerichtet waren (Fig. 285).

Es ist anzunehmen, daß bei gleichzeitigem Einfall zweier oder mehrerer Strahlenbüschel verschiedener Richtung und Stärke das Resultantengesetz gilt (vgl. S. 305).

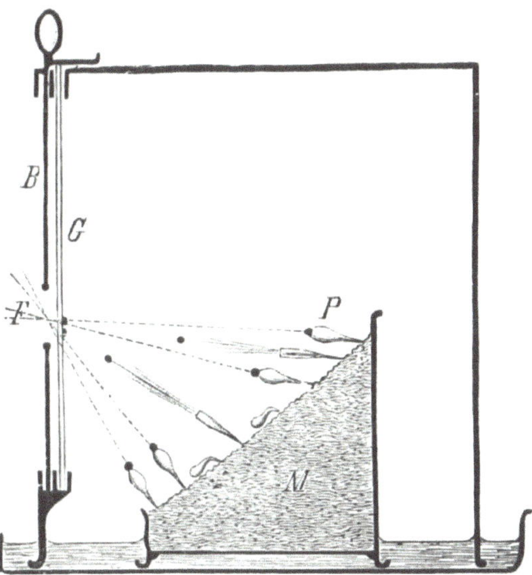

Fig. 285. Pilobolus crystallinus (*P*), seine Sporangien nach der Lichtscheibe abschießend. *G* Glasscheibe. *B* Blechschieber mit rundem Fenster *F*. *M* Kulturkasten mit Pferdemist gefüllt. Vgl. den Text. Nach NOLL.

Die positiv phototropischen Krümmungen kommen dadurch zustande, daß die dem Lichte zugewandte Seite langsamer, die vom Lichte abgewandte Seite dagegen stärker wächst als bei allseitiger Beleuchtung. Beim negativen Phototropismus besteht die umgekehrte Wachstumsverteilung. Im allgemeinen treten Krümmungen nur in der Strecke auf, die noch im Wachsen begriffen ist, und der Ort des lebhaftesten Wachstums pflegt zugleich derjenige der schärfsten Krümmungen zu sein.

Der Verlauf der phototropischen Krümmung entspricht vollkommen dem der geotropischen (S. 301). — Man hat früher versucht, das geförderte Wachstum der Schattenseite bei positiver phototropischer Reaktion durch beginnendes Etiolement, das gehemmte der Lichtseite durch die verzögernde Wirkung zu erklären, die das Licht auch auf das geradlinige Wachstum der Stengel ausüben sollte (S. 251). Diese Vorstellung, die lange Zeit verlassen war, ist neuerdings vor allem durch BLAAUW[266] in modifizierter Form wieder aufgenommen worden. Nach ihm sollen die Veränderungen des Längenwachstums, die man nach einer Änderung der Beleuchtungsstärke beobachtet, wenn sie an verschiedenen Flanken eines orthotropen Organs ungleich sind, direkt zu einer phototropischen Krümmung führen. Diese Veränderungen sind nicht bei allen Pflanzen gleich (vgl. S. 252) und bestehen bald in einer primären Wachstumsförderung, bald in einer Hemmung. So sucht BLAAUW, indem er ferner auch die verschiedene Durchsichtigkeit der Organe und die Lichtbrechung im Innern berücksichtigt, die bald positive, bald negative phototropische Reaktion oder auch das Ausbleiben jeglichen Phototropismus verständlich zu machen. Es muß anerkannt werden, daß in neuerer Zeit immer mehr ein weitgehender Parallelismus zwischen der Lichtwachstumsreaktion und dem Phototropismus festgestellt werden konnte. Daneben muß aber auch heute noch betont werden, daß manche Lücken in der Beweisführung der BLAAUWschen Theorie bestehen und daß diese bei der Übertragung auf andere Reizerscheinungen (Geotropismus und noch mehr Haptotropismus) großen Schwierigkeiten begegnet.

In einzelnen Fällen hat man[267] auch an Organen, deren Längenwachstum abgeschlossen ist, noch phototropische Krümmungen festgestellt. Dies trifft einmal für mehrjährige Bäume zu, bei denen wahrscheinlich das Kambium eine große Bedeutung für die beobachteten Krümmungen hat, andererseits finden sie sich auch an Knoten, wie z. B. denen der Gramineen und Commelinaceen, wo durch Licht allein oder nur bei gleichzeitiger Schwereeinwirkung das Längenwachstum wieder aufgenommen wird.

Hat sich ein Organ durch eine phototropische Krümmung in die Richtung des Lichtes eingestellt, so ist es auch allseitig gleich stark beleuchtet und befindet sich in seiner phototropischen Ruhelage. Sorgt man, ohne den Lichteinfall oder die Lichtintensität zu ändern, dafür, daß die Pflanze durch ein Uhrwerk (Klinostat) in dauernde Rotation um ihre vertikale Längsachse versetzt wird, so heben sich die auf verschiedene Seiten orthotroper Organe nacheinander einwirkenden phototropischen Reize auf; es bleiben also die phototropischen Krümmungen aus.

SACHS hat seiner Zeit die Vorstellung entwickelt, daß beim Phototropismus — ähnlich wie beim Geotropismus die Richtung der Schwerkraft — die Lichtrichtung maßgebend sei. Eine große Anzahl von Tatsachen spricht heute dafür, daß die phototropische Reizung vielmehr durch ungleiche Helligkeit an verschiedenen Stellen des phototropisch-empfindlichen Organs zustande kommt[268].

Wenn auch in einzelligen Schläuchen von einer bestimmten Lichtrichtung gesprochen werden kann, so dürfte das doch für vielzellige Gewebe, mit ungleich brechendem Zellinhalt und reichlichen lichtführenden Interzellularen bestimmt nicht möglich sein. Es lassen sich aber auch experimentell Bedingungen schaffen, wo zweifellos die phototropische Krümmung nicht in der Richtung der Strahlen verläuft. So z. B. wenn man Avena-Koleoptilen halbseitig von oben beleuchtet: da tritt die Krümmung senkrecht zu der Strahlenrichtung nach der beleuchteten Seite zu auf: oder wenn man Avena-Koleoptilen von innen her beleuchtet: die Krümmung erfolgt genau in entgegengesetzter Richtung wie die Strahlen; es ist also gleichgültig, ob die helle Hälfte der Koleoptile das Licht von außen oder von innen erhält.

Phototropische Krümmungen können im Licht aller Wellenlängen, die das sichtbare Spektrum bilden, ausgeführt werden. Bei gleicher Energie wirken aber die blauen und violetten Strahlen ungleich stärker phototropisch, wie sie ja auch phototaktisch sich wirksamer erweisen.

Der Transversalphototropismus findet sich bei Blättern und blattartigen Assimilationsorganen (wie Farnprothallien, dem Thallus von Lebermoosen, Algen) also bei dorsiventralen Gebilden. Bei diesen Organen überwiegt der transversale Phototropismus alle anderen Bewegungsreaktionen. Solche Organe stellen sich also im allgemeinen senkrecht zu dem hellsten diffusen Licht, das sie während ihrer Entwicklung trifft; bei dieser Einstellung führen einfache Krümmungen meist nicht mehr zum Ziel, es kommt zu Torsionen der Blätter oder der Internodien.

In sehr hellem, direktem Licht kann die transversale Stellung der Blattflächen durch andere, den intensiven Lichtstrahlen ausweichende Lagen ersetzt werden. Es hat also das Laubblatt ähnlich wie die Chlorophyllplatte von Mesocarpus die Fähigkeit, eine Profil- oder eine Flächenstellung einzunehmen und dadurch die Menge des einfallenden Lichtes zu regulieren. Die Blätter unserer Lactuca Scariola und des nordamerikanischen Silphium laciniatum, die blattartigen Sprosse mancher Kakteen, stellen sich auf sehr sonnigem Standort in die Meridianebene ein („Kompaßpflanzen"), so daß nur die Morgen- und Abendsonne ihre Fläche trifft, während die heißen Strahlen der Mittagssonne sie nur streifen.

Eine Reihe von Laubblättern besitzt an der Basis des Stieles bzw. auch am Grunde sekundärer und tertiärer Ausgliederungen Blattpolster (Fig. 134, 278), die Variationsbewegungen auszuführen vermögen. Dadurch sind diese Blätter in den Stand gesetzt, zeitlebens ihre Lage zu ändern und in jedem Moment die Stellung einzunehmen, die ihnen den optimalen Lichtgenuß verschafft. Sie erreichen also nicht eine „fixe" Lichtlage, die durch das stärkste während ihrer Entwicklung einfallende diffuse Licht bedingt ist, sondern sie nehmen bald Flächen-, bald Profilstellung zu dem gerade herrschenden Licht ein.

Stimmungswechsel[269]. Ein bestimmter Pflanzenteil reagiert nicht immer in gleicher Weise auf ein und denselben Reiz; vielmehr kann die Reaktionsweise durch das Alter oder durch äußere Einflüsse geändert werden. Man spricht in diesem Sinn auch hier von einer „Stimmung“ und einer „Umstimmung“ der Pflanze.

So sind die Blütenstiele der Linaria Cymbalaria zunächst positiv phototropisch; nach der Bestäubung werden sie aber bei gleichzeitiger starker Verlängerung (S. 244) negativ phototropisch und führen die jungen Samenkapseln zur Aussaat in Mauer- und Gesteinsspalten ein.

Von umstimmenden Außenfaktoren ist vor allen Dingen die Lichtmenge selbst zu nennen. Kleine einseitig auf Avena einfallende Lichtmengen führen ausschließlich zu positiv phototropischer Krümmung; größere Mengen bewirken eine schwächere positive Krümmung, der bald eine negative folgt; noch größere Mengen bedingen eine rein negative Reaktion. Bei weiterem Anwachsen der Reizmenge bemerkt man zunächst wieder positive und späterhin mindestens abgeschwächt positive, wenn nicht negative Reaktion. Inwieweit auch die Intensität der Beleuchtung die Ergebnisse beeinflußt, kann hier nicht besprochen werden.

Der Phototropismus ist gerade wie der Geotropismus eine Reizerscheinung[270]. Auch bei ihm lassen sich Reizaufnahme, Reizleitung und Reizreaktion unterscheiden. Auch bei ihm gibt es eine Präsentationszeit und eine Reaktionszeit. Ferner ist die Gültigkeit des Reizmengengesetzes sowohl bei der positiven wie bei der negativen Reaktion von Avena nachgewiesen, während es bei der nach noch stärkerer Beleuchtung auftretenden abermaligen positiven Reaktion nicht zutrifft. Weiter gilt ein Gesetz, das freilich nur einen Spezialfall des Reizmengengesetzes bildet, das aber deshalb von großer Bedeutung ist, weil es zuerst für die Lichtempfindung im menschlichen Auge nachgewiesen wurde. Dieses sog. TALBOTsche Gesetz[271] sagt aus, daß unterschwellige einseitige Lichtreize sich summieren können und daß die Summe der in den Einzelreizen der Pflanze zugeführten Lichtmengen genau den gleichen Effekt hat, wie wenn sie auf einmal, ohne Unterbrechungen gewirkt hätte. Vorausgesetzt ist dabei nur, daß die Einzelreize von nicht zu langen Verdunkelungen getrennt sind, da sonst die Wirkung des ersten abgeklungen ist, wenn der zweite einsetzt.

Lokalisation der phototropischen Reizung. Sehr häufig erfolgt die Aufnahme des Lichtreizes an derselben Stelle, an der auch die Bewegung ausgeführt wird. Bei gewissen Laubblättern aber ist die Lamina imstande, einen phototropischen Reiz zu perzipieren, ohne daß sie selbst auch die entsprechende Bewegung auszuführen vermag; diese erfolgt vielmehr erst, wenn der Reiz weiter geleitet ist, im Blattstiel. Der Blattstiel kann freilich auch auf direkte Reizung reagieren. Noch auffallendere Verhältnisse treffen wir bei den Keimlingen gewisser Gramineen an; bei manchen Paniceen ist nur die Spitze des sog. Kotyledons phototropisch reizbar, und nur das abwärts auf ihn folgende hypokotyle Glied ist phototropisch krümmungsfähig. Hier haben wir also eine ausgesprochene Trennung in Perzeptionsorgan und Bewegungsorgan; die Ähnlichkeit mit entsprechenden Vorkommnissen beim Geotropismus ist somit sehr auffallend. Aber auch an die Verhältnisse im Tierreich erinnert diese Differenzierung in Perzeptions- und Bewegungsorgan. Ein wesentlicher Unterschied liegt aber in der Art der Reiztransmission[272]. Denn es fehlen in der Pflanze spezifisch reizleitende Zellen („Nerven“) völlig, und der Reiz wird von Zelle zu Zelle weitergegeben, ja er kann sogar nach Unterbrechung des organischen Zusammenhanges durch seitliche Einschnitte auch dann weitergeleitet werden, wenn in den Einschnitt ein Blättchen von Gelatine gelegt wird; dagegen hört die Leitung auf, wenn in gleicher Weise ein Stanniolblättchen angebracht wurde. Schneidet man bei Gramineenkeimlingen die Spitze ab und setzt sie wieder dem Stumpf auf, so kann ein Reiz von der Spitze aus über die Wundstelle weg zur Basis geleitet werden; der Versuch gelingt selbst dann, wenn man die Spitze einer anderen Grasart dem Stumpf aufgelegt hat. Somit muß wohl ein diffundierender Stoff bei der Reizleitung eine Rolle spielen, und es liegt nahe anzunehmen, daß derselbe Stoff die Leitung besorgt, der bei der phototropischen Reizung entsteht. Mit anderen Worten, man muß sich vorstellen, daß die Pflanze über Stoffe verfügt, die unter dem Einfluß des Lichtes entstehen oder vergehen können und deren ungleiche Verteilung Phototropismus bewirkt. Warum deren Leitung aber nur in der Längsrichtung der Organe und nur basipetal erfolgt, ist noch ganz ungeklärt.

3. Chemotropismus[273].

Chemotropisch nennt man Richtungsbewegungen, die durch ungleichmäßige Verteilung von gelösten oder gasförmigen Stoffen in der Umgebung der Pflanze veranlaßt werden. Bei Pilzen und bei Pollenschläuchen sind solche Bewegungen konstatiert, die den Organismus in eine bestimmte Konzentration des betreffenden Stoffes, wohl die optimale, hineinführen. Dementsprechend fallen diese Bewegungen bei dem gleichen Organismus und beim gleichen Reizstoff bald positiv, bald negativ aus; positiv, wenn es gilt, eine höhere Konzentration zu gewinnen; negativ im entgegengesetzten Falle. — Als Reizstoffe kommen für die Pollenschläuche Zucker und Proteïne in Betracht; bei Pilzen außer diesen noch Pepton, Asparagin, Ammoniumverbindungen und Phosphate. Es fehlt auch nicht an Stoffen, die schon in sehr schwacher Konzentration stets nur abstoßende Wirkung ausüben, so z. B. freie Säuren und bei Pilzen Stoffwechselprodukte unbekannter Natur, die aus den Zellen heraus diffundieren. Auch bei Wurzeln ist eine chemotropische Reizbarkeit nachgewiesen, ohne daß man sagen könnte, diese spiele eine große Rolle in ihrem Leben.

Bei den bisher angeführten Beispielen von Chemotropismus waren die Reizstoffe feste Körper, die in Wasser gelöst wurden. Wenn dagegen die Pflanze durch ungleich im Raume verteilten Wasserdampf oder Gase zu einer Richtungsbewegung veranlaßt wird, so hat man dieser einen besonderen Namen zu geben für nötig befunden, obwohl im Prinzip kein Unterschied gegenüber den gelösten Substanzen besteht. Reizbewegungen durch Feuchtigkeitsdifferenzen nennt man hydrotropische, durch Gasdifferenzen bedingte aërotropische. Aërotropismus ist bei Pollenschläuchen, Wurzeln und Sprossen nachgewiesen, Hydrotropismus bei Wurzeln und Schimmelpilzen; positiv hydrotropisch sind z. B. die Wurzeln, die mit Hilfe dieser Reaktionsweise die feuchten Stellen in der Erde auffinden, negativ hydrotropisch verhalten sich z. B. Sporangienträger der Mucorineen, die aus dem feuchten Substrat herauswachsen. Diese Reaktionen können so energisch sein, daß sie eventuell andersartige (z. B. geotropische) Reize überwinden.

4. Traumatotropismus[274].

Eine einseitige Verwundung eines Pflanzenteils wird leicht zu einer Wachstumshemmung an der Wundstelle führen, so daß eine Krümmung entsteht, die auf ihrer Konkavseite die Wunde trägt. Eine solche Krümmung wäre keine tropistische Reizkrümmung. Unter Traumatotropismus versteht man demnach eine ganz andere Erscheinung, die vor allem bei Wurzeln leicht zu beobachten ist. Macht man an ihrem Vegetationspunkt einseitig einen Einschnitt, oder ätzt oder sengt man ihn einseitig an, so tritt in einiger Entfernung in der darüber liegenden Wachstumszone eine Krümmung ein, die man negativ traumatotropisch nennt, weil durch sie die Spitze der Wurzel von dem schädigenden Agens entfernt wird. Die senkrecht oberhalb der Wunde gelegene Stelle der Wachstumszone wächst also hier stärker als die Gegenseite. Das besondere Interesse dieses Tropismus liegt demnach darin, daß wir eine scharfe Trennung zwischen dem Ort der Reizaufnahme und dem Ort der Reizreaktion und dementsprechend auch eine ausgesprochene Reizleitung feststellen können.

Auch bei oberirdischen Organen ist gelegentlich ein negativer Traumatotropismus nachgewiesen worden, meistens aber zeigen diese einen positiven Traumatotropismus. Daß dieser nicht mit der eingangs erwähnten rein mechanisch erfolgenden einseitigen Wachstumshemmung verwechselt werden darf, daß er vielmehr eine echte Reizbewegung ist, ergibt sich schon daraus, daß er vielfach unter beträchtlicher Beschleunigung des mittleren Wachstums erfolgt, und daß Reizleitung auf weite Strecken bei ihm eine gewöhnliche Erscheinung ist. STARK hat gezeigt, daß ähnlich wie bei der phototropischen Reizleitung auch hier diffundierende Stoffe eine Rolle spielen, Stoffe also, die bei der Verwundung entstehen und die bei verschiedenen Spezies gleich oder ähnlich sind, so daß man den traumatischen Reiz aus einer Art in eine andere weiterleiten kann.

Es ist jetzt eine Anzahl von Tropismen besprochen, aber die ganze Reihe der bisher bekannt gewordenen tropistischen Erfolge ist damit lange nicht erschöpft. Vielmehr kennt man außerdem noch einen Thermotropismus, bei dem die Wärme, einen Rheotropismus, bei dem das fließende Wasser und einen Galvanotropismus, bei dem galvanische Ströme den Reiz abgeben. Auf diese Tropismen kann hier nicht eingegangen werden.

5. Haptotropismus [Thigmotropismus][275].

Eine Einkrümmung nach einseitiger Berührung findet namentlich bei Kletterpflanzen statt, die mit Hilfe solcher Greifbewegungen eine Stütze umfassen und sich an ihr befestigen. Die Einrichtung läuft also auf das gleiche hinaus wie bei den Windepflanzen, doch sind die Bewegungen hier durchaus keine geotropischen. Es sind Seitenorgane verschiedenen morphologischen Charakters (vgl. S. 155), die die Befestigung besorgen, und die entweder ihrer normalen Leistung und Ausbildung (als Laubblätter, Laubsprosse, Blütensprosse) treu geblieben, oder aber, wie dies meist der Fall ist, zu typischen „Ranken" geworden sind, um ausschließlich und in vollkommenster Weise der Umklammerung zu dienen. Die einseitige Berührung mit einem festen Körper bewirkt eine starke Wachstumsbeschleunigung, die maximal der Berührungsstelle gegenüber erfolgt und von da aus bis zur berührten Stelle allmählich ausklingt, so daß sie auch noch in der Mittellinie einen nennenswerten Betrag erreicht. So wird die berührte Stelle konkav, und der berührende Körper, die Stütze, wird umfaßt. Dies geschieht natürlich um so rascher und leichter, je dünner die Ranke und je kräftiger ihre Reaktion ist. Einige Ranken fassen sehr rasch (Passiflora, Sicyos, Bryonia), andere sind sehr träge (Smilax, Vitis). Da die Krümmung nach dem Anlegen der Ranke an die Stütze sich noch zu verengern strebt, so wird die letztere oft derart fest umwickelt, daß an weichen Stengeln und dgl. tiefe Eindrücke entstehen können.

Von großer Wichtigkeit für die Funktion der Ranken ist der Umstand, daß sie, wie PFEFFER gezeigt hat, nicht durch jeglichen Kontakt, sondern nur durch die Berührung mit den Unebenheiten eines festen Körpers zum Einkrümmen gereizt werden. Auch der heftigste Regenfall wirkt daher nicht als Berührungsreiz, und selbst der bis zur Quetschung gesteigerte Anprall reinen Quecksilbers geht ohne eine spezifische Reizwirkung vorüber, wogegen ein vom Luftzug bewegtes Baumwollfäserchen von 0,00025 mg Gewicht sie bereits auslösen kann.

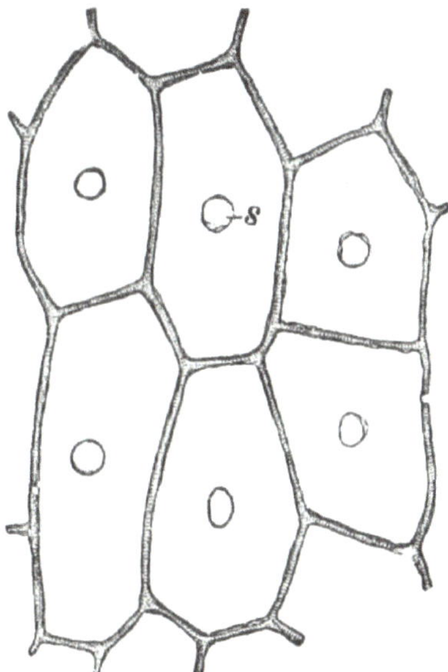

Fig. 286. Oberflächenansicht einiger Epidermiszellen der Rankenunterseite von Cucurbita Pepo mit Fühltüpfeln *s*. Vergr. 540. Nach STRASBURGER.

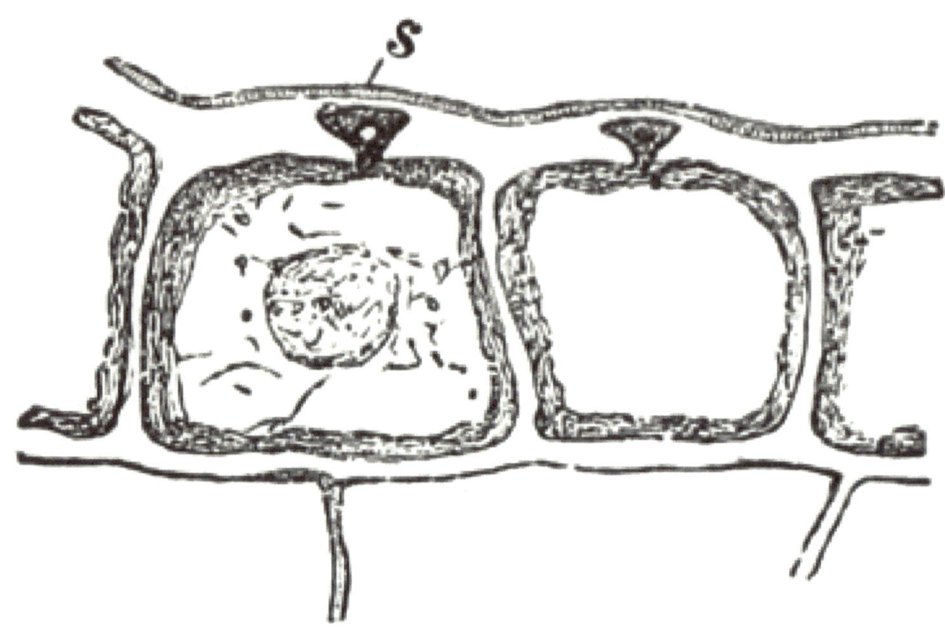

Fig. 287. Querschnitt durch ebensolche Epidermiszellen wie in Fig. 286; im Fühltüpfel *s* ein sehr kleiner Kalziumoxalatkristall. Vergr. 540. Nach STRASBURGER.

Aller Wahrscheinlichkeit nach wird die Aufnahme so schwacher Reize durch die sog. „Fühltüpfel" (Fig. 286, 287) begünstigt. Es sind das protoplasmaerfüllte und nach außen stark erweiterte Tüpfel in der Außenwand der Epidermiszellen. Sie finden sich z. B. bei den Cucurbitaceen, können aber selbst bei sehr reizbaren Ranken (z. B. bei Passiflora) auch fehlen.

Die Ranken mancher Pflanzen sind allseitig reizbar und krümmungsfähig (Cobaea, Eccremocarpus, Cissus), andere, so die der Cucurbitaceen u. a. mit eingekrümmtem Gipfel, sind nach FITTING zwar allseitig gegen Berührung empfindlich, krümmen sich aber nur auf eine einseitige Berührung der Unterseite ein, während eine gleichzeitige Reizung der Oberseite in der Hemmung der Einkrümmung zum Ausdruck kommt.

Manche einseitig empfindliche Ranken haben die Fühltüpfel nur auf der reizbaren Unterseite. Überhaupt sind die Ranken mehr oder weniger dorsiventral, und deshalb sind ihre Reaktionen oft schon mehr nastisch als tropistisch.

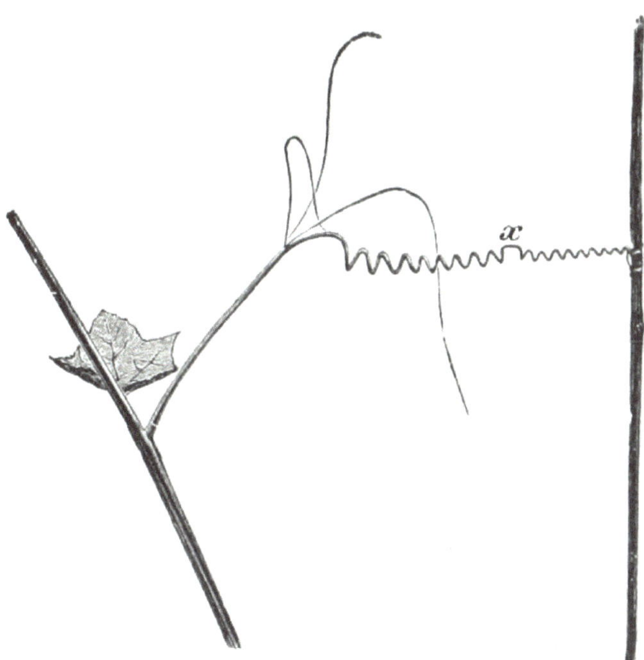

Fig. 288. Stengelstück mit Ranke von Sicyos angulatus, einer Cucurbitacee. Ein Rankenast hat mit seiner Spitze die aufrechte Stütze rechts erfaßt und seine freie Strecke bereits spiralig aufgerollt. Bei *x* Wendepunkt der Aufrollung. Nach NOLL.

Bei den vollkommensten Ranken bleibt die Krümmung nicht auf den unmittelbar gereizten Teil beschränkt. Abgesehen davon, daß durch das Umwickeln der Stütze immer weitere Stellen der Ranke gereizt werden, pflanzt sich die Krümmung auch auf Regionen fort, die unberührt blieben. Dadurch wird zunächst einmal die Rankenspitze um die Stütze gerollt. Später krümmt sich auch der übrige, zwischen Stütze und Muttersproß ausgespannte Teil der Ranke kräftig ein, so wie ja auch alternde Ranken, die keine Stütze gefunden haben, sich schraubig einrollen. Während aber in diesem Falle eine einzige Schraube entsteht, müssen bei Ranken, die sich oben an einer Stütze befestigt haben, im basalen Teil mindestens zwei einander gegenläufige Schrauben auftreten, die durch einen Wendepunkt (Fig. 288 *x*) getrennt werden. Durch diese schraubige Rollung wird der Stengel der Kletterpflanze nicht nur näher an die Stütze herangezogen, sondern auch elastisch daran aufgehängt und vor dem Abreißen durch plötzliche Erschütterung geschützt.

Auch in der anatomischen Ausbildung der Ranken treten, nachdem eine Stütze erfaßt ist, vorteilhafte Veränderungen auf. Die in der Knospenlage meist gerollte junge Ranke macht während ihrer Streckung, bei der unter Umständen eine tägliche Verlängerung um 90% erreicht wird, sehr lebhafte Nutationen (vgl. S. 297). Dabei ist sie dünn, biegsam und leicht zerreißbar; ihre Turgorfestigkeit wird, zumal nach der Spitze zu, nur von Kollenchym unterstützt. Diese Eigenschaften ändern sich aber bald, nachdem die Ranke gefaßt hat. Dann tritt oft eine erhebliche Verdickung, Verbreiterung und Erhärtung der umklammernden Teile ein, während die Zugfestigkeit des freien Teiles durch Verholzung und Sklerenchymbildung so erhöht wird, daß die Ranke nunmehr oft eine Last von mehreren Kilo zu tragen vermag. Diejenigen Ranken dagegen, die keine Stütze gefunden haben, pflegen zu verkümmern und abzufallen, nachdem sie sich zuvor oft von selbst noch eingerollt haben.

Ein Vorteil, den die Rankenkletterer vor den Schlingpflanzen voraus haben, ist der, daß sie nicht auf vertikale Stützen angewiesen sind. Die Art der Einrollung ihrer Ranken weist sie aber auch auf dünne Stützen an, da sie an dickeren abgleiten. Nur vereinzelte Rankenpflanzen haben sich von dünnen Stützen unabhängig gemacht und vermögen mittels besonderer Einrichtungen selbst an glatten Wänden emporzuklettern. Ihre Ranken sind nämlich negativ phototropisch und besitzen an oder dicht unter der Spitze kleine knopfartige Gewebewucherungen, die entweder von vornherein vorhanden sind oder erst durch den Berührungsreiz entstehen. Durch ihre Klebrigkeit haften diese Knöpfchen zunächst an der Wand und wachsen dann zu saugnapfähnlichen Scheibchen aus, deren Zellen sich wie Wurzelhaare so eng mit dem Substrat verbinden, daß man eher die später verholzende Ranke zerreißen, als die Haftscheiben ablösen kann. Fig. 208 zeigt derartige Ranken von Parthenocissus tricuspidata. Die Haftscheibchen sind hier an jungen Ranken schon als Knöpfchen vorgebildet. Bei anderen Arten des wilden Weins bilden sich die Haftscheiben aber erst nach der Berührung aus; ihre Ranken vermögen auch dünne Stützen zu umfassen.

Fig. 289. Teil eines kletternden Stengels von Maurandia scandens. Die unteren Teile der Blattstiele haben die Befestigung des Sprosses übernommen, indem sie die dünne Stütze rankenartig umklammern. Nach NOLL.

Fig. 289 zeigt ein Stück einer Kletterpflanze (Maurandia scandens), deren Blattstiele gleich Ranken reizbar sind. Hier wird die Stütze aber nur etwa einmal oder nur teilweise umfaßt. Ähnlich klettern mittels ihrer Blattstiele die bekannte Kapuzinerkresse und andere Tropaeolum-Arten, Solanum jasminoides, Nepenthes u. a. Bei manchen Tropenpflanzen sind Achselsprosse oder Nebenblätter zu rankenartigen „Kletterhaken“ geworden. Bei Gloriosa, Littonia und Flagellaria ranken fadenförmige Blattenden, und bei manchen Fumaria- und Corydalis-Arten umwickelt außer dem Fiederstielchen auch die Fiederspreite dünne Stützen. Selbst bei niederen Kryptogamen (Florideen) kommen rankende Thallusteile vor. — Die schmarotzenden Sprosse der Cuscuta (Fig. 218) sind zum Winden wie zum Ranken befähigt und machen von beiden Eigenschaften beim Erklimmen und Umklammern ihrer Nährpflanze abwechselnd Gebrauch.

Neuere Untersuchungen[276] haben gezeigt, daß der Haptotropismus sehr viel weiter verbreitet ist, als man bisher angenommen hatte. Etiolierte Keimlinge sind stets haptotropisch, aber auch ältere Sprosse grüner Pflanzen, insbesondere von Schling- und Kletterpflanzen verhalten sich häufig ebenso. Die Empfindlichkeit dieser Pflanzen weicht übrigens von der der Ranken insofern ab, als sie auch durch beliebige Erschütterungen (z. B. auch durch Wasserstrahlen) gereizt werden. Einen Nutzen scheinen sie alle aus diesen Befähigungen nicht zu ziehen.

STARK zeigte, daß beim Haptotropismus der Keimlinge das Resultantengesetz gilt; die Krümmung erfolgt also im Sinne der Resultierenden z. B. aus zwei an verschiedenen Flanken angreifenden Reizen. Er wies ferner nach, daß auch das WEBERsche Gesetz gilt. Werden opponierte Flanken verschieden stark gereizt, so erhält man nur bei gleichem Verhältnis der Reizgrößen die gleiche Einkrümmung. Auch wenn man zwei opponierte Flanken gleichstark reizt und eine einseitige Reizung senkrecht dazu einwirken läßt, gilt das WEBERsche Gesetz[277].

6. Autotropismus[278].

Es ist nötig, hier noch einer Erscheinung von allgemeiner Verbreitung zu gedenken, bei der nicht äußere, sondern innere, in der Pflanze selbst liegende Veränderungen als Reiz wirken. Ganz allgemein kann man nämlich beobachten, daß jede tropistische Krümmung, mag sie nun durch die Schwerkraft, das Licht oder einen anderen Faktor ausgelöst sein, nach Aufhören der Reizwirkung von einer Geradstreckung gefolgt wird. In den meisten Fällen wird sie durch Wachstumsprozesse bewerkstelligt, bei gekrümmten Wurzeln aber kann diese auch durch Kontraktion (S. 249) erfolgen. Dieses Bestreben eines ursprünglich geraden Organs, sich wieder gerade zu strecken, ebenso aber auch das Bestreben eines ursprünglich gekrümmten Organs, seine normale Gestalt wieder anzunehmen, nennt man Autotropismus. Auf manche solche autotropische Erscheinungen mußte früher schon hingewiesen werden. So wurde beim Geotropismus erwähnt, daß die über das Lot hinausgehende Krümmung autotropisch zurückreguliert wird. Es muß aber jetzt gesagt werden, daß jede geotropische Krümmung wieder mehr oder weniger rückgängig gemacht wird, wenn man die einseitige Schwerewirkung aufhebt, das Objekt also auf dem Klinostaten rotieren läßt, und daß ebenso phototropische Krümmungen zurückgehen, wenn die ungleiche Lichtverteilung beseitigt wird usf. Auch Ranken, die sich haptotropisch gekrümmt haben, können sich nach Aufhebung des Kontaktreizes wieder gerade strecken. Ja selbst bei Fortdauer der einseitigen Einwirkung läßt sich vielfach ein Rückgang in den tropistischen Krümmungen erkennen. Die physiologische Wirksamkeit der Reize nimmt also offenbar mit der Dauer ihrer Wirkung ab. Der Krümmungsausgleich kann zur völligen Geradstreckung führen, ja er kann sogar gelegentlich über das Ziel hinausschießen, zu einer neuen Krümmung in entgegengesetzter Richtung führen, die dann ihrerseits autotropisch ausgeglichen wird; so kann einer tropistischen Reizung ein Hin- und Herpendeln eines Sprosses folgen. Voraussetzung für das Eintreten des autotropischen Ausgleiches ist nur, daß die Pflanze noch wachstumsfähig ist. Und nicht nur nach tropistischer Reizung, sondern auch nach Krümmungen, die man durch mechanische Biegung einer Pflanze aufgezwungen hat, macht sich der Autotropismus geltend. Was im einzelnen der wirksame Reiz ist, der zur Wiederherstellung der ursprünglichen Körperform führt, wissen wir nicht, doch darf man vermuten, daß die Pflanze da auf innere Spannungen reagiert. So sieht man auch, daß wenn eine tropistische Krümmung mechanisch verhindert wird, nur Spannungen entstehen, auch ein Ausgleich dieser Spannungen autotropisch erfolgt.

b) Nastische Bewegungen[279].

Im Gegensatz zu den tropistischen und taktischen Reizbewegungen, bei denen die Richtung des Reizes in einer ganz bestimmten Beziehung zur Richtung der Bewegung steht, handelt es sich hier um Reaktionen, die entweder überhaupt durch nicht bestimmt gerichtete, also durch diffuse Reize veranlaßt werden, oder bei denen doch eine eventuelle Reizrichtung ohne Einfluß ist. Nastien sind dementsprechend auf dorsiventrale Organe beschränkt, und die Richtung der Bewegung wird hier stets allein von dem reagierenden Organ bestimmt und nicht von der Außenwelt; demnach dienen auch die Nastien nicht der Orientierung im Raum, wie das für die Tropismen der Fall ist. Ihre ökologische Bedeutung ist vielfach noch gar nicht klar; nach GOEBEL sollen sie z. T. völlig nutzlose Bewegungen sein.

Typische nastische Variationsbewegungen liegen bei den Spaltöffnungen[279] vor, deren Bau es mit sich bringt, daß auf Turgorschwankungen Veränderungen der bestehenden Krümmung der Schließzellen, Öffnen oder Schließen, eintritt. Man nimmt freilich wohl vielfach an, daß das bei Wasserverlust eintretende Schließen und das nach Beleuchtung eintretende Öffnen rein mechanisch erfolge; Wasserverlust wird ja eine Minderung der Zellhautspannung zur Folge haben, Lichtzufuhr wird, wenigstens wenn die Möglichkeit der Wasseraufnahme gegeben ist, diese Spannung durch Produktion von Assimilaten steigern. Es kann aber kein Zweifel bestehen, daß neben rein physikalischen Beeinflussungen vielfach auch echte Reizbewegungen eine Rolle spielen. So kann das Licht, so können auch manche andere Faktoren als Reize wirken, auf die hin das Protoplasma die Produktion osmotisch wirksamer Substanzen in bestimmtem Sinne lenkt.

Wie bei den Spaltöffnungen, so können auch bei anderen nastischen Bewegungen Licht und Wärme, chemische Substanzen, außerdem aber auch Erschütterungen die Rolle von Reizen spielen. Meist erfolgt die Bewegung eines bestimmten Organes auf mehrere dieser Reize hin in gleicher oder ähnlicher Weise.

1. Nyktinastische Bewegungen[280].

Viele Laubblätter und Blütenblätter nehmen bei Tag eine andere Ruhelage ein als bei Nacht. Je nachdem der Übergang von der einen zur anderen durch Schwankungen in der Lichtintensität, in der Temperatur oder in beiden Faktoren gleichzeitig bewirkt wird, unterscheidet man zwischen Photo-, Thermo- und Nyktinastie. Nach den mechanischen Mitteln bei ihrer Ausführung sind die Bewegungen teils Wachstums-, teils Variationsbewegungen.

1. Thermonastie. Durch Temperaturschwankungen bedingte Wachstumsbewegungen finden sich namentlich bei Blüten, so z. B. bei Tulipa, Crocus, Ornithogalum, Colchicum und Adonis. Diese Blüten bzw. ihre Perigonblätter oder Kronblätter zeigen nach Temperatursteigerung eine plötzlich einsetzende und nur eine gewisse Zeit währende Wachstumssteigerung, die auf der Innenseite dieser Blätter maximal ist. Die Blüten öffnen sich also. Umgekehrt schließen sie sich bei Abkühlung.

Äußerst empfindlich gegen Temperaturschwankungen erweisen sich die Blüten der Tulpe und des Crocus. Geschlossene Tulpen- und Crocusblüten, die man aus dem Freien ins warme Zimmer bringt, öffnen sich hier in kurzer Zeit, bei einer Temperaturdifferenz von 15–20° C schon in 2–4 Minuten. Empfindliche Blüten von Crocus reagieren schon auf eine Schwankung von 1/2° C, die der Tulpe auf 2–3° C.

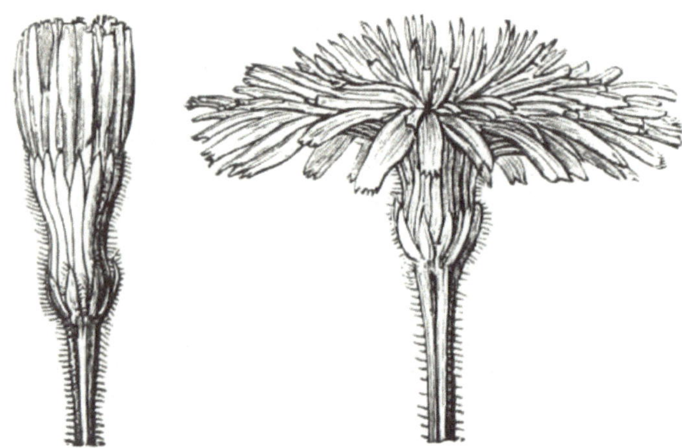

Fig. 290. Blütenköpfchen einer Composite (Leontodon hastilis), links durch Verdunkelung geschlossen, rechts nach Belichtung geöffnet. Aus DETMER, Physiol. Prakt.

2. Photonastie. In ähnlicher Weise öffnen sich andere Blüten (Nymphaea, Kakteen) und auch die Blütenköpfchen der Kompositen (Fig. 290) auf Erhellung und schließen sich nach Verdunkelung. Umgekehrt verhalten sich die „Nachtblüher", z. B. Silene noctiflora, Victoria regia, Nicotiana-Arten.

Die Bedeutung dieser Bewegungen dürfte darin liegen, daß die Geschlechtsorgane nur dann exponiert werden, wenn Insektenbesuch zu erwarten ist, zu anderen Zeiten aber vor den Unbilden der Witterung, vor allem vor Regen geschützt werden. Die Nachtblüher sind bei ihrer Bestäubung auf Nachtfalter angewiesen.

3. Nyktinastie. Viele Laubblätter führen nyktinastische Bewegungen aus, die in der Regel mehr vom Licht als von der Temperatur beeinflußt werden. In manchen Fällen, so z. B. bei Chenopodiaceen, Caryophylleen, Balsaminen, manchen Kompositen, sind es, wie bei den Blütenblättern, ausschließlich Wachstumsbewegungen; bei den Leguminosen, Oxalideen und anderen mit Gelenkpolstern versehenen Pflanzen sehen wir dagegen Variationsbewegungen, eintreten. Die ersteren sind natürlich von kurzer Dauer; sie hören auf, wenn die Blätter ausgewachsen sind; die anderen aber werden lange Zeit fortgesetzt. Bei den Variationsbewegungen tritt eine Erhöhung des Turgors mit der Verdunkelung wahrscheinlich in beiden Gelenkhälften ein, jedoch in der Konkavseite schwächer oder langsamer. Überall ist die Nachtstellung — die man auch „Schlafstellung" nennt,

obwohl diese Erscheinungen durchaus nichts mit dem „Schlaf" der Tiere zu tun haben — durch die vertikale Lage der Blattspreiten charakterisiert, wobei der Stiel oder das Polster entweder nach oben oder nach unten sich krümmt, die Lamina selbst also entweder ihre Unterseite oder ihre Oberseite nach außen kehrt. In der Tagstellung stehen die Flächen ungefähr horizontal oder senkrecht zum Lichteinfall (S. 309) (Fig. 291).

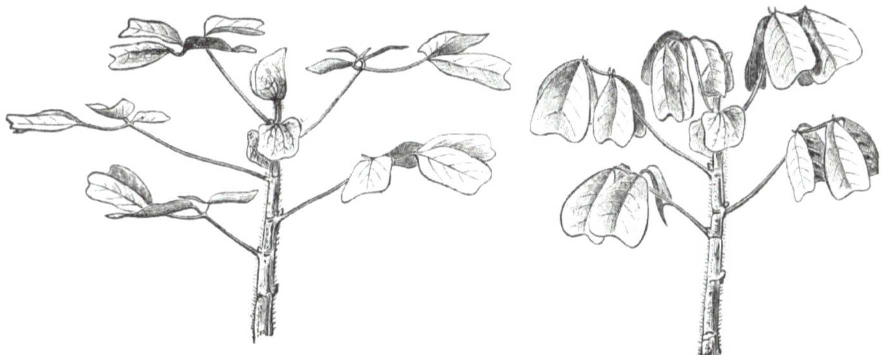

Fig. 291. Sproß von Amicia zygomeris (Leguminose). Links in zerstreutem hellem Tageslicht mit ausgebreiteten Blättchen, rechts nach Verdunkelung in Schlafstellung.

Daß es sich bei den geschilderten Erscheinungen nicht um Phototropismus handelt, ergibt sich daraus, daß die Tagstellung eintritt, einerlei, ob die Unterseite oder die Oberseite stärker beleuchtet ist, oder ob beide gleich hell gehalten werden. Entsprechendes gilt bei der Verdunkelung.

Die Bedeutung der nächtlichen Senkrechtstellung der Laubblätter liegt nach STAHL darin, daß durch sie die Taubildung vermindert und damit die Transpiration gefördert wird. Als Förderung der Transpiration kann auch die Tatsache gedeutet werden, daß vielfach die Spaltöffnungen auf der in der Schlafstellung geschützten Seite der Blätter liegen.

Übermäßig hohe Beleuchtung oder Temperatur veranlaßt die Blätter, die übliche Tagstellung zu verlassen und eine neue Lage aufzusuchen, die entweder mit der Nachtstellung äußerlich übereinstimmt oder ihr diametral entgegengesetzt ist. So sind die Fiederblättchen der Robinie nachts abwärts geschlagen, in zerstreutem Tageslicht flach ausgebreitet; in der heißen Mittagssonne richten sie sich steil aufwärts. — Dieser sog. „Tagesschlaf" findet sich nur bei den Gelenkblättern und vollzieht sich hier in mechanischer Hinsicht anders als die abendliche Lageveränderung: es tritt keine Turgeszenzsteigerung, sondern eine Erschlaffung ein, die auf zwei Seiten eines Gelenkes ungleich ist.

Periodische Bewegungen[281].

Wenn Blätter längere Zeit hindurch regelmäßige nyktinastische Bewegungen infolge des täglichen Lichtwechsels ausgeführt haben, so setzen sie diese Periodizität einige Tage lang auch in konstantem Licht oder konstanter Dunkelheit fort. Bei manchen Blättern läßt sich durch geeignete experimentelle Maßnahmen auch eine kürzer oder länger als 24 Stunden dauernde Schwingungsperiode herstellen, die dann ebenfalls eine Zeitlang nachwirkt. — Andererseits ist bei gewissen Blüten (Calendula) und Blättern (Phaseolus) festgestellt, daß es auch Bewegungen mit 24 stündiger Periode gibt, die nicht durch den Rhythmus der Beleuchtung und Verdunkelung sowie deren Nachwirkung bedingt sind. Daß diese Bewegungen autonom sind, ist ausgeschlossen. Man muß erwarten, daß noch irgendein Faktor gefunden wird, der für die Periodizität dieser Bewegungen verantwortlich gemacht werden kann. Die von STOPPEL ausgesprochene Ansicht, daß die Schwankungen in der elektrischen Leitfähigkeit der Atmosphäre maßgebend seien, konnte nicht bestätigt werden.

2. Chemonastie[282].

Im gleichen Verhältnis wie die Photonastie zum Phototropismus steht die Chemonastie zum Chemotropismus. Einerlei, von welcher Seite her ein chemischer Reiz (z. B. Dampf von Äther, Chloroform, Ammoniak) empfindliche Ranken trifft, immer wird diejenige Seite konkav, die wir als vorzugsweise haptotropisch empfindlich erkannt haben.

Diese chemonastischen Einkrümmungen der Ranken sind offenbar ohne jeden Nutzen für die Pflanze. Das gleiche gilt von den nastischen Bewegungen der Ranken, die nach Verwundung eintreten (Traumatonastie) oder die sich in ganz gleicher Weise ebenso bei Abkühlung wie bei Erwärmung zeigen (Thermonastie). Dagegen spielen die chemonastischen Bewegungen bei gewissen Insektivoren eine große Rolle.

Sehr ausgeprägte chemonastische Bewegungen sieht man an den Tentakeln von Drosera, die sich nach chemischer Reizung so einkrümmen, daß ihre Oberseite konkav wird, das Drüsenköpfchen also nach der Mitte der Blattscheibe gelangt (Fig. 212). Als Reizmittel dienen einmal solche Stoffe, wie Eiweiß, Phosphate usw., die Drosera zu ihrer Ernährung gebrauchen kann (S. 223), andererseits aber auch gleichgültige und sogar giftige Substanzen. Oft genügen minimale Spuren von ihnen (z. B. 0,0004 mg Ammoniumphosphat), um die Reizbewegung einzuleiten, und zwar müssen diese auf das Köpfchen des Tentakels gelangen, damit die Basis des Tentakels die Einkrümmung ausführt; es besteht also hier, ähnlich wie bei manchen anderen Reizbewegungen, ja noch schärfer als dort, eine Trennung zwischen dem Perzeptionsorgan, das den Reiz aufnimmt, und dem Bewegungsorgan, das die äußerlich sichtbare Reaktion ausführt. Der im Köpfchen aufgenommene Reiz muß zur Tentakelbasis geleitet werden.

Ein Insekt, das sich auf einem randständigen Tentakel niedergelassen hat, wird also durch dessen Krümmung in die Mitte der Blattscheibe gebracht. Die hier stehenden kurzgestielten Tentakel aber senden einen Reiz nach allen randständigen, die sich daraufhin sämtlich nach innen krümmen. So wird also das Insekt immer von vielen Drüsenköpfchen berührt und mit deren verdauendem Sekret übergossen.

Die durch Wachstum erfolgende Krümmung wird ganz in der gleichen Weise ausgeführt wie bei den Ranken; nach der Einkrümmung sind die Tentakel erheblich länger geworden. Mit dem Abschluß des Wachstums hört also die Bewegungsfähigkeit der Tentakel auf, diese können nur einige wenige Male die Krümmung ausführen. Mit den Ranken haben die Droseratentakel ferner noch gemeinsam, daß sie ebenfalls thigmo-, traumato- und thermonastisch reagieren. Zweifellos ist aber ihre chemonastische Reizbarkeit die größte und wichtigste. Chemische Reize lösen auch bei anderen Insektivoren Bewegungen aus, z. B. bei Dionaea und Pinguicula.

3. Seismonastie und Traumatonastie[283].

Bei der soeben erwähnten Insektivore Dionaea muscipula klappen die beiden Blatthälften (Fig. 215) nicht nur nach chemischen, sondern auch nach mechanischen Reizen zusammen. Im Gegensatz zu den nur nach Berührung mit festen Körpern erfolgenden haptotropischen Bewegungen der Ranken oder von Drosera wirkt hier jede durch einen Stoß erzielte Erschütterung als Reiz; die Bewegung kann also auch durch Regentropfen ausgelöst werden. Solche Bewegungen nennt man seismonastische.

Das bekannteste Beispiel für seismonastische Bewegungen liefert die Leguminose Mimosa pudica, ein tropischer Halbstrauch, der wegen seiner hohen Empfindlichkeit den Namen „Sinnpflanze“ erhalten hat. Die Blätter tragen am Ende eines langen Stieles 4 (eventuell 6) fingerartig auseinanderspreizende Sekundärstiele, die mit zahlreichen Paaren feiner Blättchen in fiederförmiger Anordnung besetzt sind (Fig. 292). An der Basis des primären und der sekundären Blattstiele sowie der Fiederblättchen finden sich Gelenkpolster, so daß alle Teile beweglich sind. Die Lichtlage der ungereizten Blätter zeigt Fig. 292 links. Wird das Blatt erschüttert, dann führen alle seine Teile bei günstiger Temperatur (25–30° C) und Feuchtigkeit sehr rasche Bewegungen aus, die dem Blatt ein völlig verändertes Aussehen geben. Die Fiederblättchen klappen nach oben und vorn zusammen, die Sekundärstiele legen sich nach vorn zu seitlich aneinander, und der Blattstiel senkt sich scharf nach unten

(Fig. 292 rechts). Die gereizte Pflanze erholt sich aber bald wieder und nimmt ihre frühere Blattstellung wieder an, wenn ihr Ruhe gelassen wird.

Fig. 292. Mimosa pudica. Links ungereizt in der Tagstellung, rechts durch Erschütterung gereizt, wodurch sich die Blätter zusammengefaltet und abwärts geschlagen haben. *B* Blütenköpfchen.

Der Stellung eines erschütterten Blattes äußerlich ähnlich ist seine Schlaf- oder Nachtstellung, doch sind die Spannungszustände, die zu den beiderlei Stellungen führen, in dem Gelenkpolster verschieden; auch in der Nachtstellung ist das Blatt noch mechanisch reizbar. — Wie die Schlafstellung, so wird auch die seismonastische Reizstellung durch Turgorschwankungen bewirkt, allein es handelt sich hier um eine Abnahme des osmotischen Druckes und eine Erschlaffung in den konkav werdenden Polsterhälften. Besonders am Hauptstielpolster kann man diese Erschlaffung der übrigens allein reizbaren Unterseite sehr deutlich erkennen; sie ist hier mit einem Austritt von Flüssigkeit aus den Zellen und einer Injektion der Interzellularen mit dieser Flüssigkeit verbunden.

Die gleiche Reizstellung wie nach Erschütterung nimmt das Blatt der Mimosa auch nach Verwundung (Einschneiden, Anbrennen, Anätzen) ein, und die Vorgänge im Gelenk sind bei einer solchen traumatonastischen Reizung die gleichen wie nach seismonastischer Reizung. Auch auf andere Reize: elektrische Schläge, plötzliche Temperaturänderungen, chemische Reize können ganz die gleichen Bewegungen an den Blättern beobachtet werden wie nach Stoßreiz.

Alle diese Reize sind in ihrer Wirkung aber nicht auf das zunächst betroffene Gelenk beschränkt, sondern werden weit fortgeleitet, im Extrem über die ganze Pflanze, überall zu einer Krümmung in den Gelenken führend. Am schnellsten und weitgehendsten erfolgt diese Reizleitung[284] bei den traumatischen Reizen; hier wird sie deshalb am besten näher zu schildern sein. Reizt man etwa ein einzelnes Fiederblättchen am Ende eines Sekundärstieles durch Anbrennen mittels eines Zündholzes, so klappen augenblicklich beide Endfiederchen nach oben, und es folgen ihnen rasch der Reihe nach sämtliche Fiederpaare bis zum Ansatz des Sekundärstieles. Von hier überträgt sich die Erscheinung auf die anderen Sekundärstrahlen, an denen jetzt die Blättchen in umgekehrter Reihenfolge, also spitzenwärts fortschreitend, zusammenschlagen. Haben sich auch die Sekundärstrahlen seitlich aneinander gelegt, und wähnt der Beobachter den Bewegungsvorgang abgeschlossen, dann überrascht ihn plötzlich noch einmal der Hauptstiel durch rasche Abwärtsbeugung. Von diesem einen Blatte aus kann sich der Reiz auch im Stengel, oft bis 50 cm weit, fortpflanzen und auf andere Blätter übertragen. Doch auch von der Wurzel aus kann sich der Reiz bis in die Blätter fortpflanzen.

Die Geschwindigkeit der Reizleitung kann nach Verwundung 10 cm, nach Stoß bis zu 3 cm in der Sekunde betragen, also recht ansehnlich sein. Immerhin steht sie hinter der Reizleitung in den Nerven des Menschen weit zurück. Wenn auch noch nicht sicher nachgewiesen ist, wie die Reizleitung bei Mimosa erfolgt, so steht doch fest, daß sie von der Leitung einer Erregung in den Nerven oder selbst von der Reizleitung in anderen pflanzlichen Fällen wesentlich verschieden ist. Denn der Reiz geht sicher auch über tote Strecken weg und bewegt sich auch in der lebenden Pflanze in toten Organen, nämlich in den Gefäßen des Holzes. Nach RICCA gelingt es, den Reiz auch durch eine mit Wasser gefüllte Glasröhre weiterzuleiten, und die von diesem Autor ausgesprochene Vermutung, daß es sich um eine Fortleitung von Stoffen handle, die bei Berührung oder Verwundung entstehen, hat manches für sich. Im übrigen scheint die Reizleitung nach Berührung etwas anders zu erfolgen als die nach Verwundung.

Ähnlich, doch weniger reizbar wie die Mimose sind manche andere Leguminosen und gewisse Oxalideen. So führen z. B. Robinia Pseudacacia und Oxalis acetosella auf kräftige mechanische Reize hin Bewegungen aus, die freilich viel unbedeutender sind als die der Mimose. In der Regel bedarf es bei diesen Pflanzen mehrerer Stöße, um den Reiz auszulösen, während bei Mimosa ein einziger genügt; auch vergrößert sich bei ihnen der Reizerfolg mit Zunahme der Stöße, während bei Mimosa jeder überhaupt wirksame Reiz unter normalen Bedingungen gleich die maximale Bewegung auslöst. Auch die Blattbewegungen nach Verwundung sind nicht auf Mimosa beschränkt.

Die Reaktionsfähigkeit der Mimose auf Stoßreiz hängt selbstverständlich weitgehend von Außenfaktoren ab, und jeder dieser Faktoren kann, wenn er im Übermaß oder in zu geringem Maß geboten wird, zu einem Starrezustand führen. Die Reizbewegungen der Mimose treten nur bei genügend hoher Temperatur lebhaft ein; unter einem gewissen Wärmegrad (15°) findet überhaupt keine Bewegung statt, es ist dann Kältestarre eingetreten. Bei etwa 40° Lufttemperatur tritt dagegen Wärmestarre, bei längerem Aufenthalt im Finstern Dunkelstarre ein. Im Vakuum, in Wasserstoff, in Chloroformdämpfen, Leuchtgas usw. tritt ebenfalls Bewegungslosigkeit ein, die teils durch Sauerstoffmangel, teils durch unmittelbare Giftwirkungen bedingt ist. Wirken die zu Starrezuständen führenden nachteiligen Verhältnisse nicht zu lange ein, dann kann der frühere reizbare Zustand wiedergewonnen werden. — Auch bei anderen Reizerscheinungen treten uns ähnliche Starrezustände entgegen.

Die Variationsbewegungen, die bei den Staubfäden einiger Berberideen (Berberis, Mahonia) und Kompositen (besonders schön bei Centaurea americana) auftreten, schließen sich in ihrer Mechanik an die der Blätter an. Die Staubfäden solcher Kompositen verkürzen sich nach mechanischer Reizung unter Geradestreckung auf ihrer ganzen Länge oft um 10–20% und lassen so den mit Pollen bedeckten Griffel aus der Staubbeutelröhre heraustreten (Fig. 293). Die Verkürzung erfolgt bei mäßiger Dickenzunahme, unter Wasseraustritt in die Interzellularen, durch die elastische Kontraktion der Membranen. Die Staubfäden von Berberis und Mahonia sind nur an der Innenseite ihrer Basis gegen Berührung empfindlich. Hier tritt dann auch die Verkürzung ein und verursacht, daß sich die Antheren auf die Narbe hinbiegen.

Die zweilippigen Narbenlappen der Griffel von Mimulus, Goldfussia, Martynia, Torenia und anderen Pflanzen schließen sich, wenn sie berührt werden, zusammen. Kurze Zeit darauf öffnen sie sich wieder und sind dann von neuem seismonastisch empfindlich. Ein Öffnen erfolgt auch dann, wenn Pollen auf die Narben gebracht wird und auf ihnen keimt. Unter seiner zerstörenden Einwirkung auf das Narbengewebe kommt es dann aber zu einer Schließbewegung, die keine Reizerscheinung ist.

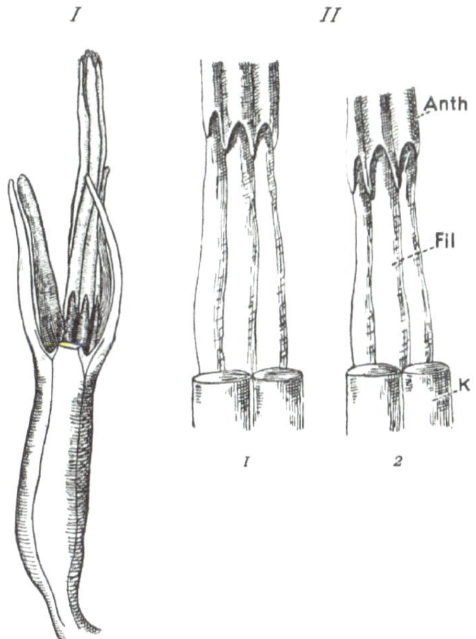

Fig. 293. Centaurea dealbata. *I* Blüte nach Abtragung eines Kronblattes. Vergr. 4. *II* Unteres Ende der Antherenröhre und die Filamente (nach Abtragung des Kronblattes). *1* ungereizt, *2* nach Reizung verkürzt. Vergr. 21.

Wenn auch die Extreme von Haptotropismus einerseits, Seismonastie andererseits eine ganz verschiedenartige Reizbarkeit aufweisen, so fehlt es doch nicht an Pflanzen, die in ihrer Empfindlichkeit zwischen Stoßreizbarkeit und Kontaktreizbarkeit vermitteln; namentlich gewisse etiolierte Keimlinge, deren Haptotropismus oben (S. 315) erwähnt wurde, sind dadurch ausgezeichnet, daß sie auch durch Wasserstrahl und durch Stoß — freilich schwächer als durch Streichen mit festen Körpern — gereizt werden können[285]. In bezug auf die Mechanik der Bewegung folgen nicht alle seismonastisch empfindlichen Pflanzen dem Beispiel der Mimose. Bei Dionaea soll die Krümmung in ähnlicher Weise wie bei den Ranken durch Wachstum erfolgen.

III. Rückblick auf die Reizerscheinungen[286].

Reizerscheinungen sind bei den Organismen ganz außerordentlich häufig. Bei den Bewegungen, die in diesem dritten Abschnitt der Physiologie behandelt wurden, spielen sie eine so große Rolle, daß hier fast ausschließlich von Reizen die Rede war. Aber auch im zweiten Abschnitt (Formwechsel) konnten die Reize nicht übergangen werden, und es zeigte sich, daß die gleichen Faktoren, die Bewegungen auszulösen vermögen, auch in der Formbildung der Pflanze die Rolle von Reizen spielen. Am wenigsten traten die Reize bei Behandlung des Stoffwechsels hervor, weil hier schon manche Erscheinung ihre exakte chemische Erklärung gefunden hat, die man früher als Reizwirkung zu betrachten geneigt war. Wenn auch zu hoffen ist, daß der Reizbegriff mehr und mehr eingeschränkt werden kann, so sind wir doch heute gewiß noch nicht so weit, ihn entbehren zu können, wie manche etwas stürmische Autoren glauben. Bei der Wichtigkeit des Gegenstandes empfiehlt es sich aber, das zerstreut Vorgebrachte hier am Schlusse kurz zusammenzufassen und dabei auch einen Blick auf die Reizerscheinungen im Tierreich zu werfen.

Zunächst ist hervorzuheben, daß im großen und ganzen die gleichen äußeren Faktoren in der Pflanze und im Tier eine Reizwirkung entfalten, nämlich das Licht, die Wärme, mechanische Einflüsse (Schwerkraft, Druck, Stoß), chemische Einflüsse, galvanische Ströme. Ein Unterschied zwischen den extremen Vertretern der zwei Reiche besteht nur insofern, als die Pflanzen nicht auf Schallwellen ansprechen.

Wenn man diesen Faktoren nun eine auslösende Wirkung zuschreibt (S. 184), so soll damit nur gesagt sein, daß sie nicht die Energie für das weitere Geschehen liefern, sondern daß sie die Verwendung anderer, in der Pflanze disponibler Energie veranlassen. Durchaus nicht soll etwa behauptet werden, daß notwendigerweise jede Proportionalität zwischen Reizgröße und Reizeffekt fehlen müsse. Es gibt ja Auslösungen, wie z. B. bei Mimosa, wo jeder überhaupt wirksame Stoßreiz die volle Senkung des Blattes herbeiführt, und solche Fälle zeigen die bloß auslösende Bedeutung des Reizes besonders klar. Allein wenn, wie vielfach bei geotropischen und phototropischen Reizen, eine Zeitlang wenigstens eine Proportionalität zwischen Reizgröße und Krümmungsgröße besteht, so spricht das in keiner Weise gegen Auslösung.

Sehr viel größere Schwierigkeiten stehen dem Auslösungsbegriff auf anderen Gebieten gegenüber. So hat KLEBS betont, daß bei vielen Entwicklungsvorgängen nicht ein einzelner Außenfaktor maßgebend sei, sondern daß eine quantitative Veränderung aller Lebensbedingungen eintreten müsse. Solche quantitative Änderung der Lebensbedingungen führt z. B. Blühen nach vorhergehendem vegetativem Wachstum herbei; rein quantitative Änderungen in der Lichtintensität können bei Farnprothallien weitgehend die Gestalt bedingen. Da ist es, ähnlich wie bei den unten noch zu nennenden stationären Reizen, schwer, an dem Begriff der Auslösung festzuhalten. Nach dem heutigen Stand unserer Kenntnisse kann man also nur sagen, daß eine einheitliche Definition für „Reize" nicht mehr möglich sei, es sei denn, daß man mit SACHS etwas unbestimmt sagt: „unter Reizbarkeit versteht man die eigentümliche Art, wie lebende Organismen auf Außenfaktoren antworten". Allenfalls kann man noch hinzufügen, daß die Eigentümlichkeit darin besteht, daß zwischen erstem Anlaß und letzter Reaktion sich zahllose Vorgänge einschieben. Gewiß wird der Reiz sehr häufig nur auslösend wirken, aber es ist möglich, daß er gelegentlich auch energetisch oder auch katalytisch, d. h. nur beschleunigend, wirkt.

Damit nun der Reiz vom Protoplasma aufgenommen werden kann, muß dieses im reizempfänglichen Zustand sich befinden. Es ist sehr wichtig zu konstatieren, daß dieser Zustand unter Umständen fehlen kann, unter denen andere Funktionen des Protoplasmas völlig normal ausgeübt werden. Die Reizempfänglichkeit („Empfindlichkeit") des Protoplasmas ist nämlich sehr weitgehend von Außeneinflüssen abhängig, und es können zum Teil dieselben Faktoren, die reizauslösend wirken, zum Teil auch andere die Empfindlichkeit hemmen oder auch steigern. Unter den hemmenden Stoffen sind besonders erwähnenswert die sog. Narkotika (Äther, Chloroform, Chloralhydrat), weil sie ja auch in der Tierphysiologie eine vergleichbare Rolle spielen. Sie können im Extrem eine bestimmte Reizbarkeit, z. B. die phototaktische, ganz aufheben, während Bewegungsfähigkeit erhalten bleibt. — In anderen Fällen fehlt dem Protoplasma die Reizbarkeit aus inneren Gründen. Endlich kann auch die Reizempfänglichkeit gegeben sein, aber sie kann doch nicht zu einem sichtbaren Erfolg führen, weil die Reaktionsbefähigung fehlt. So haben wir z. B. vielfach Grund zur Annahme, daß auch ausgewachsene Organe geotropisch reizbar sind; aber zu einer Krümmung kann es bei ihnen nicht kommen.

Jeder Reiz muß nun eine unsichtbare, für ihn charakteristische Veränderung im Protoplasma herbeiführen, die von einer ganzen Kette von weiteren Veränderungen gefolgt wird, deren letzte als „Reaktion" bezeichnet werden; man versteht darunter die äußerlich sichtbaren Erfolge der Reizung. Die primäre Veränderung muß aber vor allem eine gewisse Größe haben, damit schließlich ein äußerlich sichtbarer Effekt zutage treten kann. Es hat sich indes gezeigt, daß auch Reize, die diese „Schwelle" nicht erreicht haben, sog. unterschwellige Reize, wenn sie in passender Folge wiederholt werden, sich addieren können und schließlich doch zu einem sichtbaren Effekt führen. Somit muß man betonen, daß auch jeder einzelne unterschwellige Reiz einen Eindruck im Protoplasma hinterläßt.

In vielen Fällen genügt das einfache Vorhandensein des Reizfaktors, um an der reaktionsfähigen Pflanze eine Reizerscheinung auszulösen. Alle für das Leben unentbehrlichen Faktoren müssen in diesem Sinn als Reize betrachtet werden.

Für gewöhnlich sieht man aber von den durch die normalen Lebensbedingungen erzielten „stationären" Reizen ab und betrachtet nur diejenigen Einwirkungen als Reize, die durch Veränderungen im bisherigen Zustand erzielt werden. Die Veränderungen aber können entweder im Raum oder in der Zeit erfolgen. Wenn eine Veränderung nur in der Zeit stattfinden soll, muß ein bisher schon wirkender Faktor fernerhin seine Qualität oder Intensität ändern, oder ein neuer Faktor muß zu den bisherigen hinzutreten; dabei kann die Veränderung an dem reizbaren Organ allseits gleichmäßig erfolgen. Wir nennen solche Reize diffuse oder homogene. Besteht dagegen die Veränderung darin, daß ein Faktor einseitig ein Organ trifft (räumliche Änderung) oder wenigstens die eine Seite mehr als die anderen, so spricht man von einseitigen oder anhomogenen Reizen. Als Beispiele für diffuse Reizung führen wir an: das Fallen oder Steigen der Temperatur, die Veränderung der Lichtintensität und Lichtqualität, oder überhaupt das Auftreten von Licht nach zuvoriger Dunkelheit. Als Beispiele für anhomogene Reizung seien eine einseitige Erwärmung, eine einseitige Beleuchtung, eine einseitige Einwirkung von Chemikalien genannt. Es kann also ein und dasselbe Reizmittel zu diffuser wie zu anhomogener Reizung führen, und deshalb hat man nicht nur vom Reizmittel, sondern auch vom Reizanlaß, d. h. der Art der Einwirkung des Mittels zu reden. — Unter Umständen kann übrigens auch ein an sich homogener Reiz zu anhomogener Reizung führen, nämlich dann, wenn die Pflanze durch ihren Bau eine nur einseitige Wirkung des Reizes gestattet oder wenn sie einseitig empfindlicher ist. Dies trifft vor allem bei dorsiventralen Organen zu.

Von Reizen, die unseren eigenen Körper treffen, erlangen wir wenigstens vielfach dadurch Kenntnis, daß sie uns „zum Bewußtsein kommen“. Bei allen anderen Organismen aber können wir die Existenz der Reizbarkeit nur daran erkennen, daß einem Reiz früher oder später eine Reaktion folgt. Diese Reaktion kann darin bestehen, daß eine schon im Gange befindliche Aktion beschleunigt, gehemmt oder in andere Bahnen gelenkt wird, oder daß neue Aktionen ausgelöst werden. Die Aktionen selbst aber können sich entweder im Stoffwechsel oder im Formwechsel oder im Ortswechsel äußern, genauer gesagt, sie können ihren Hauptausdruck, den uns am meisten auffallenden Effekt, auf einem der genannten Gebiete haben.

Sicher liegt zwischen der Perzeption eines Reizes und der Reaktion immer eine Kette zahlloser Einzelvorgänge. Von diesen Teilvorgängen des Reizprozesses wissen wir im allgemeinen nicht viel. Manchmal aber, nämlich dann, wenn die Reaktion an anderer Stelle erfolgt als die Perzeption, ist ein Glied dieser Teilprozesse, nämlich die Reizleitung ohne weiteres bemerkbar. Die Unterscheidung dreier Einzelvorgänge: Reizperzeption, Reizleitung und Reizreaktion erinnert uns um so mehr an die Verhältnisse bei den höheren Tieren, je mehr besondere Organe für sie ausgebildet sind. So ist das Tentakelköpfchen von Drosera das Perzeptionsorgan, der obere Teil des Stieles das Leitungs-, der untere Teil das Reaktionsorgan.

Wenn der Physiologe von Empfindung, von Stimmung, von Sensibilität usw. redet, wenn er also Ausdrücke verwendet, die dem Seelenleben des Menschen entnommen sind, so will er damit zweifellos auf Ähnlichkeiten[287] hinweisen, die auf dem Gebiete der Reizerscheinungen in den beiden Reichen bestehen, aber es liegt ihm doch im allgemeinen ganz fern, der Pflanze eine „Seele“ zuzuschreiben. Wenn es erlaubt ist, von der Empfindlichkeit einer Wage und von der Empfindlichkeit eines Menschen zu sprechen, so ist auch nichts dagegen einzuwenden, wenn man von „Empfindung“ bei Tier und Pflanze redet, auch wenn weitgehende Differenzen bestehen. Es ist ja ganz allgemein üblich, alte Namen auf neue Begriffe zu übertragen, dem alten Wort also einen neuen Sinn unterzuschieben. Nötig ist dabei freilich zur Vermeidung von Mißverständnissen eine scharfe Definition. Daran hat es aber in der Regel gefehlt. Und so kommt es, daß der Ausdruck die Pflanze „empfindet“ die Reize dahin geführt hat, ihr eine Seele zuzuschreiben.

Es fragt sich nun, ob Gründe für eine solche Annahme sich finden lassen. In der Tat wird diese einerseits von ernsthaften Forschern, andererseits aber auch von populären Schriftstellern vertreten, welch letzteren es oft mehr auf die erzielte Sensation als auf die Exaktheit ankommt. — So reden dann solche Schriftsteller von „subjektiver Empfindung“, von „Wollen“ und „Denken“ bei der Pflanze; sie schreiben ihr also die ganze komplizierte Psyche des Menschen zu. Die Beweise für eine solche sind aber äußerst dürftig und beschränken sich schließlich auf einige Fälle von nützlicher Reaktion, denen man mit Leichtigkeit gegenteilige Beispiele an die Seite stellen kann. Namentlich bei den raschen Bewegungen der niederen Organismen entsteht leicht der Eindruck von „vernünftigem“ Handeln. Daß die Pflanze denkt, wird niemand ernstlich begründen können, und wenn man fragt, ob sie so empfindet wie wir, ob sie Bewußtsein hat, so kann man nur antworten: Darüber fehlt uns jede Kenntnis.

Wir können vom phylogenetischen Standpunkt aus nur sagen, daß Pflanzen und Tiere von denselben einfachen Organismen aus sich entwickelt haben. In beiden Reichen finden wir eine „Beantwortung“ von Reizen. Im Tier hat sich ein besonderes Organsystem ausgebildet, dessen einzige Funktion es ist, die Reize aufzunehmen und weiterzugeben. Ein solches Nervensystem mit seinen Zentren (Gehirn und Rückenmark) fehlt der Pflanze zunächst einmal in morphologischem Sinn; aber auch der Funktion nach kann man bei ihr ein Zentralorgan nicht finden. Daraus kann man aber nicht mit Sicherheit schließen, daß die Pflanze keine Psyche habe. Geht man im Tierreich abwärts zu immer einfacheren Formen, so schwindet ja auch mehr und mehr die zuverlässige Kenntnis der psychischen Befähigung. Es sind stets nur Analogieschlüsse, die uns die Annahme einer Psyche bei anderen Organismen als bei uns selbst nahelegen. Sie werden um so unsicherer, je weiter wir uns vom Menschen entfernen. Jedenfalls kann man gegen die Annahme einer primitiven Psyche bei der Pflanze keine ernstlichen Einwände machen.

Für die prinzipielle Gleichheit der Grundlage aller Reizerscheinungen kann man nun die Tatsache anführen, daß gewisse Gesetzmäßigkeiten ebenso bei der Reizbarkeit der einfachen Pflanze wie des komplizierten Tieres festgestellt worden sind: das Reizmengengesetz einerseits, das WEBERsche Gesetz andererseits. Das Reizmengengesetz sagt aus, daß weder die Intensität des Reizes noch seine Dauer allein maßgebend ist, daß es vielmehr auf das Produkt beider ankommt. Dieses Gesetz ist beim Geotropismus und Phototropismus nachgewiesen und ist uns dort auch in der Form des Sinusgesetzes, des Resultantengesetzes und des Talbotgesetzes entgegengetreten. Auch bei Tieren ist gelegentlich das Reizmengengesetz gültig befunden, und es ist ferner bei manchen anderen Vorgängen an der Pflanze beobachtet worden, z. B. bei der wachstumshemmenden Lichtwirkung an der Koleoptile von Avena und bei der Bildung des roten Farbstoffes in den Zellen des Buchweizens.

Gerade weil solche verhältnismäßig einfachen Vorgänge diesem Gesetz gehorchen, und weil es ferner auch bei der Lichtwirkung auf Silbersalze gilt, kann man sagen, hier haben wir es mit rein physikalischen und chemischen Dingen zu tun, die vor den eigentlichen physiologischen Erscheinungen liegen.

Wichtiger ist deshalb das WEBERsche Gesetz, das bei der Unterschiedsempfindung für Drucke beim Menschen aufgefunden wurde, nun auch bei den chemotaktischen und haptotropischen Bewegungen sicher nachgewiesen ist. — Aber freilich, es muß betont werden, daß das WEBERsche Gesetz durchaus nicht bei allen Reizerscheinungen weder bei der Pflanze noch beim Tiere gilt, und daß ihm selbst da, wo es zutrifft, gewisse Grenzen gezogen sind.

Als weitere Ähnlichkeit der Reizerscheinungen im Tier- und Pflanzenreich kann man noch die Tatsache anführen, daß man auch bei der Pflanze von verschiedenen Sinnen reden kann. Denn es hat sich gezeigt, daß, wenn auch die Reaktionen oft nach verschiedener Reizung, z. B. nach geotropischer und phototropischer ganz gleich ausfallen, doch die ersten physiologischen Wirkungen von Schwerkraft und Licht, ja selbst von verschiedenen Stoffen bei der Chemotaxis, ganz verschieden sind. Das muß man erstens daraus schließen, daß eine Summierung solcher Reizwirkungen nicht immer möglich ist, was doch der Fall sein müßte, wenn sie die gleichen primären physiologischen Wirkungen besäßen, und zweitens, daß durch homogene Reizung mit dem einen Agens keinerlei Abstumpfung der Empfindlichkeit für einseitige Wirkung der anderen erzielt werden kann.

Endlich mag noch darauf hingewiesen sein, daß auch die Erscheinungen der „Stimmung“ in beiden Reichen vorkommen. Äußere Faktoren aller Art wirken so auf den Reizprozeß ein, daß die Reaktion weitgehend geändert werden kann. Das kann schließlich dahin führen, daß die Richtung einer Reaktion sich ändert, eine sonst positive Taxis z. B. in eine negative übergeht.

Es mag sein, daß diese Analogien zwischen pflanzlicher und tierischer Reizbarkeit vielleicht nicht so tiefgehend sind, wie manche Forscher glauben. Jedenfalls muß man aber zugeben, daß die Annahme einer prinzipiellen Gleichheit beider einen sehr großen heuristischen Wert gehabt hat, da sie eben zur Auffindung vieler Gesetzmäßigkeiten geführt hat.

ZWEITER TEIL
Spezielle Botanik.

Die spezielle Botanik ist die spezielle Morphologie, Physiologie und Ökologie der Gewächse. Während der allgemeinen Botanik die Aufgabe zufiel, uns mit den Gesetzen bekannt zu machen, welche die Gestaltung, die Lebensvorgänge und die Anpassungen im ganzen Pflanzenreiche beherrschen, soll uns die spezielle Botanik in die Kenntnis der einzelnen Gruppen des Pflanzenreichs einführen. Auf Grund morphologischen Vergleichs der mannigfaltigen einzelnen Pflanzentypen miteinander versucht die spezielle Morphologie einen Einblick in die Phylogenie des Pflanzenreichs zu gewinnen. Die Lösung dieser Aufgabe würde uns den Schlüssel zur Aufstellung eines natürlichen Systems der Organismen liefern; denn als ein natürliches kann nur jenes gelten, das auf ihrer wirklichen Verwandtschaft fußt. Freilich wird jedes von uns aufgestellte „natürliche" System nur ein sehr unvollkommenes sein, da wir den phylogenetischen Zusammenhang nicht direkt feststellen können, sondern ihn nur indirekt aus dem morphologischen Vergleich erschließen müssen.

Einem solchen natürlichen System der Organismen, das nach dem wirklichen Zusammenhang zwischen den Lebewesen sucht, stehen die künstlichen Systeme gegenüber, die von vornherein nur ein praktisches Ziel ins Auge fassen und die Wesen so gruppieren wollen, daß man den Namen eines jeden derselben möglichst leicht auffinden oder bestimmen könne. Von allen künstlichen Systemen früherer Zeiten hatte für solche Zwecke das von CARL LINNÉ im Jahre 1735 aufgestellte Sexualsystem die größte Bedeutung gewonnen.

LINNÉ verwertete ausschließlich Merkmale, die sich auf die Verhältnisse der Geschlechtsorgane beziehen, und unterschied danach in seinem Sexualsystem im ganzen 24 Klassen von Pflanzen. In der letzten, 24. Klasse vereinigte er alle Gewächse ohne deutlich sichtbare Geschlechtsorgane und nannte sie Kryptogamen; von diesen waren damals nur verhältnismäßig wenige Formen bekannt, und die mannigfaltigen Fortpflanzungsverhältnisse dieser großen Gewächsgruppe lagen noch in tiefem Dunkel. Den Kryptogamen stehen die übrigen 23 Klassen als Phanerogamen oder Pflanzen mit deutlich sichtbaren Geschlechtsorganen, „in Blüten", gegenüber. Die Phanerogamenklassen unterschied LINNÉ zunächst nach der Verteilung der Geschlechter in den Blüten in solche mit Zwitterblüten (Klasse I-XX) und solche mit eingeschlechtigen oder mit teils eingeschlechtigen, teils zwitterigen Blüten (XXI-XXIII). Die zwitterblütigen teilte er weiter in drei Gruppen ein: Pflanzen mit freien Staubblättern (I-XV), solche mit verwachsenen Staubblättern (XVI-XIX) und solche, deren Staubblätter mit dem Fruchtknoten verwachsen sind (XX); die erste dieser drei Gruppen weiterhin nach der Zahl, der Insertion und den Längenverhältnissen der Staubblätter. Jede der 24 Klassen gliederte er in Ordnungen nach ähnlichen Gesichtspunkten. Manche der so von ihm erhaltenen Klassen und Ordnungen entsprechen natürlichen Verwandtschaftsgruppen, die indessen in seinem System bunt durcheinander gewürfelt sind; die meisten aber enthalten Pflanzen, die phylogenetisch einander sehr fern stehen.

Bereits LINNÉ hatte indessen auch versucht, natürliche Pflanzenfamilien aufzustellen (im Jahre 1738) und sie nach ihrer „Verwandtschaft" anzuordnen. Solange aber an die Unwandelbarkeit der Spezies geglaubt wurde, hatte die Bezeichnung Verwandtschaft und Familie in einem System der Organismen nur eine mystische Bedeutung. Sie bedeutete tatsächlich weiter nichts als eine Zusammenstellung ähnlich aussehender Wesen. Erst durch die Deszendenzlehre hat das natürliche System der Organismen seine reale Grundlage gewonnen.

Das System, das für die nachfolgende Darstellung zugrunde gelegt werden soll, ist das von ALEXANDER BRAUN aufgestellte, von EICHLER, ENGLER, WETTSTEIN, MEZ und anderen weiter ausgebildete natürliche System.

Wir gliedern das Pflanzenreich in folgende vier Hauptgruppen:

1. *Thallophyta*, Thalluspflanzen.
2. *Bryophyta*, Moospflanzen.

3. *Pteridophyta*, Farnpflanzen.

4. *Spermatophyta*, Samenpflanzen.

Erste Abteilung.
Thallophyten, Bryophyten, Pteridophyten.

Thallophyten, Bryophyten und Pteridophyten werden seit LINNÉ allgemein als Kryptogamen, die Samenpflanzen als Phanerogamen bezeichnet. Diesen beiden Hauptgruppen kommt indessen vom streng systematischen Standpunkt aus ungleicher Wert zu, denn die tiefer stehenden Vertreter der Phanerogamen nähern sich den höchstentwickelten Kryptogamen, nämlich den Farnpflanzen, aus denen sie hervorgegangen sind, entschieden mehr als diese den Moosen. Die Moose zeigen wie die Thallophyten noch einen Aufbau aus mehr oder weniger gleichartigen Zellen; beide Gruppen werden daher auch als Zellenpflanzen zusammengefaßt und den Gefäßpflanzen, die durch die Farnpflanzen und Samenpflanzen vertreten werden, gegenübergestellt. Da aber andererseits die Moose in mancherlei Beziehungen den Farnpflanzen näher stehen und mit diesen aus gemeinsamer Wurzel als gesondert weiter entwickelte Stämme hervorgegangen zu sein scheinen, so kann auch die Unterscheidung von Zellenpflanzen und Gefäßpflanzen nicht zur obersten Einteilung des Pflanzenreichs Verwendung finden.

Die Samenpflanzen oder Spermatophyten unterscheiden sich wesentlich durch ihre Verbreitung mittels Samen von den Kryptogamen, bei denen allgemein Sporen, das sind einzellige Keime, von der Mutterpflanze sich loslösen und den Ausgangspunkt für die Entwicklung eines neuen Individuums abgeben. Die Kryptogamen verdienen daher richtiger den Namen Sporenpflanzen. Bei den Samenpflanzen ist allerdings auch Sporenbildung vorhanden, allein die Sporenbehälter und Sporen, aus denen die Samen als vielzellige eigenartige Gebilde hervorgehen, entwickeln sich in Verbindung mit der Mutterpflanze weiter, und erst die Samen lösen sich von dieser ab.

Die Unterschiede zwischen Thallophyten, Bryophyten und Pteridophyten sind in Kürze folgende:

Die *Thallophyten* enthalten mannigfaltige Pflanzengestalten, die einen einzelligen oder einen mehrzelligen, mehr oder weniger reich verzweigten Thallus vorstellen. Die Fortpflanzung geschieht ungeschlechtlich oder geschlechtlich, meist ohne bestimmte Aufeinanderfolge beider Reproduktionsarten. Ein Generationswechsel ist nur bei höher stehenden Vertretern vorhanden.

Die *Bryophyten* und die *Pteridophyten* legen ihre Entwicklung in zwei regelmäßig miteinander abwechselnden Generationen zurück. Die ungeschlechtliche Generation bildet Sporen und wird daher Sporophyt genannt. Aus den Sporen geht die geschlechtliche Generation, der Gametophyt, hervor, der Geschlechtsorgane von charakteristischem Bau erzeugt; die männlichen heißen Antheridien, die weiblichen Archegonien. Aus der befruchteten Eizelle der Archegonien geht wiederum der Sporophyt hervor.

Bei den *Bryophyten* oder Moospflanzen stellt der Gametophyt stets einen Thallus vor, auch bei den höher stehenden Moosen, wo er zwar eine Gliederung in Stämmchen und Blättchen, aber noch keine echten Wurzeln und keine Leitbündel mit Gefäßen aufweist; der Sporophyt dagegen ist eine gestielte oder ungestielte, auf der geschlechtlichen Moospflanze halbparasitisch heranreifende Sporenkapsel.

Bei den *Pteridophyten* oder Farnpflanzen ist der Gametophyt ein kleiner Thallus, während der Sporophyt Gliederung in Stengel, Blätter und Wurzeln, mit echten Leitbündeln, also schon den Aufbau der Spermatophyten besitzt.

Die Moose und Farnpflanzen werden auf Grund des übereinstimmenden Baues ihrer weiblichen Sexualorgane, der Archegonien, auch als Archegoniaten vereinigt. Indessen treten diese Organe in etwas vereinfachter Form auch noch bei tiefer stehenden Spermatophyten (bei den meisten Gymnospermen) auf, so daß sich eine scharfe Abgrenzung der Archegoniaten von den höher stehenden Pflanzengruppen nicht durchführen läßt.

I. Thallophyta[288].

Die Thallophyten unterschied man früher in *Algen* oder *Algae*, *Pilze* oder *Fungi* und *Flechten* oder *Lichenes*. Algen sind Thallophyten, die Chromatophoren mit Farbstoffen, vor allem stets Chlorophyll, besitzen und dementsprechend zu selbständiger Ernährungsweise oder Autotrophie befähigt erscheinen, während die Pilze als heterotrophische Gewächse keine solchen Farbstoffe enthalten und saprophytische oder parasitische Lebensweise führen. Jedoch gibt es auch mixotrophe Algen, die nicht ausschließlich auf autotrophe Lebensweise angewiesen sind, sondern auch in mehr oder weniger hohem Maße organische Substanzen in ihrem Stoffwechsel verwerten können, also in fauligem Wasser gut gedeihen. Die Einteilung in Algen und Pilze hat nur physiologischen, keinen phylogenetischen Wert, da sie die Verwandtschaftsbeziehungen der einzelnen Klassen, in die beide Gruppen zerlegt werden müssen, nicht zum Ausdruck bringt. Der Thallus der früher als einheitliche Organismen betrachteten Flechten stellt eine Symbiose von Fadenpilzen mit Algen vor. Vom streng systematischen Standpunkt aus müssen die Flechtenpilze und die Flechtenalgen in die Klassen der ihnen nächstverwandten Organismen eingereiht werden; andererseits zeigen die Flechten so viel Übereinstimmendes in Bau und Lebensweise, daß eine zusammenfassende Behandlung im Anschluß an die Fadenpilze für unsere Zwecke vorzuziehen ist.

Die verwandtschaftlichen Beziehungen der 14 Klassen, in die wir die Thallophyten gliedern, bedürfen noch in vielen Punkten der Klärung und sollen nur mit Vorbehalt in folgender Zusammenstellung veranschaulicht werden:

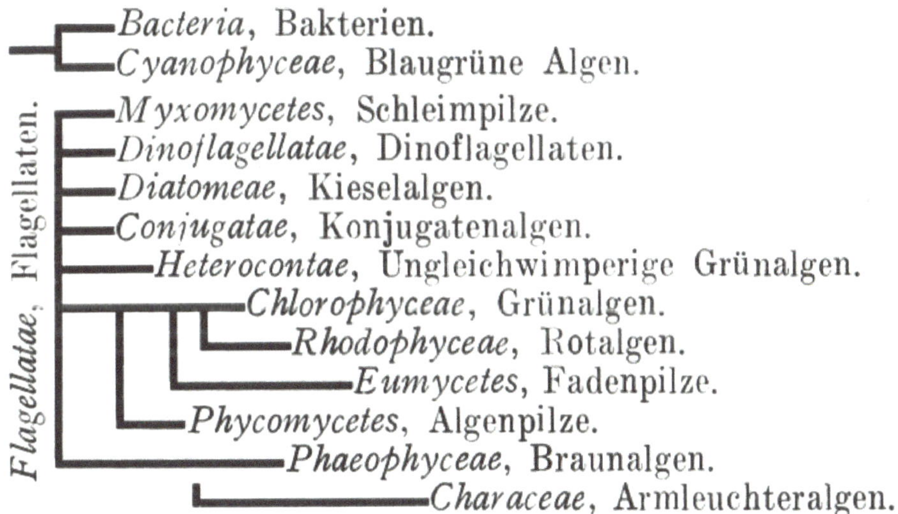

Zu den einfachsten Thallophyten gehören die Bakterien und die Cyanophyceen, die untereinander nähere Beziehungen aufweisen und die man daher auch als Schizophyta oder Spaltpflanzen zusammengefaßt hat. Obwohl einige Gründe für die Angliederung der Schizophyten an Flagellaten sprechen, erscheint es einstweilen noch angemessen, sie in besonderer Stellung den übrigen einfacheren Thallophyten gegenüber zu belassen, die mit mehr oder weniger großer Wahrscheinlichkeit auf Flagellaten als Ausgangsformen hinweisen. Die Flagellaten wurden und werden vielfach auch zu den niedersten Tieren gerechnet; in der Tat vereinigen sie pflanzliche und tierische Charaktere und sind auch als Ausgangsformen für niedere Tiere zu betrachten. Die Schleimpilze dürften als farblose Saprophyten ebenfalls von ihnen abstammen. Die Dinoflagellaten stellen nur einen weiter entwickelten Zweig der Flagellaten dar. Die einfachsten Formen der Heteroconten, der Grünalgen und der Braunalgen schließen an Flagellaten an, während dagegen eine direkte Verbindung der letzteren mit den Diatomeen und mit den Konjugaten auf größere Schwierigkeiten stößt.

Von der Hauptreihe der Grünalgen haben sich die Algenpilze abgezweigt; zweifelhaft ist die Anfügung der Rotalgen und der Fadenpilze, welche beide auf gemeinsame Wurzel zurückzugehen scheinen. Eine vorgerückte Stellung nehmen die Armleuchteralgen ein, die meist als höchst entwickelte Grünalgen aufgefaßt werden, in wichtigen Charakteren aber auch zu den Braunalgen einige Beziehungen aufzuweisen scheinen; ihr Ursprung ist uns rätselhaft.

Allgemein verbreiten und vermehren sich die Thallophyten durch ungeschlechtlich erzeugte Sporen, deren Bildungsweise große Mannigfaltigkeit aufweist. In vielen Fällen entstehen die Sporen durch Zellteilung im Innern von Zellen, die dann als Sporangien bezeichnet werden, in anderen Fällen entstehen sie durch Umbildung und Loslösung von Thalluszellen oder durch Zellsprossung. Die Sporen heißen Schwärmsporen, Zoosporen, wenn sie kontraktile Zilien besitzen, deren Schwingungen ihre Fortbewegung im Wasser bewirken; sie heißen Aplanosporen, wenn sie keine Zilien tragen. Im letzteren Falle können sie nackt sein bei Verbreitung im Wasser, oder mit Membran umgeben bei Verbreitung in der Luft.

Außer der ungeschlechtlichen ist auch geschlechtliche Fortpflanzung sehr verbreitet. Im einfachsten Falle besteht sie in Isogamie, d. h. in der Verschmelzung von zwei zwar äußerlich gleichgestalteten, physiologisch aber verschieden differenzierten Sexualzellen oder Gameten zu einer einzigen Zelle, der Zygote oder Zygospore. Die Organe, in denen die Gameten gebildet werden, heißen Gametangien. Planogameten sind mit Zilien begabt, Aplanogameten dagegen zilienlose Gametenzellen. Auf höheren Stufen ist die Isogamie in Heterogamie übergegangen; die Gameten sind in kleinere männliche und größere weibliche differenziert. Ist diese Differenzierung so weit vorgeschritten, daß wir männliche, meist mit Zilien versehene Zellen, Spermien (Spermatozoiden, Spermatozoen, Samenzellen), die in Antheridien erzeugt werden, und weibliche größere, reservestoffreichere, zilienlose, unbewegliche Zellen, Ovien (Oosphären, Eizellen), die in Oogonien entstehen, unterscheiden können, so sprechen wir von Eibefruchtung oder Oogamie. Die befruchtete Eizelle, die Zygote, wird als Oospore bezeichnet, wenn sie einen Dauerzustand eingeht; sie kann aber auch bei gewissen Gruppen ihre Entwicklung sofort beginnen. Man nimmt an, daß die Gameten aus ungeschlechtlichen Sporen phylogenetisch hervorgegangen sind. Gametangien, Oogonien, Antheridien sind bei den Thallophyten den Sporangien homologe Gebilde. Die sexuelle Fortpflanzung hat sich in verschiedenen Gruppen, also unabhängig mehrmals, herausgebildet. Parthenogenesis ist unter den Thallophyten verbreitet.

Während bei gewissen Thallophyten ausschließlich ungeschlechtliche, bei anderen nur geschlechtliche Fortpflanzung stattfindet, kommen bei vielen beide Formen der Fortpflanzung vor, sei es an derselben Pflanze neben- oder nacheinander, oder in einander ablösenden getrennten Generationen. Im allgemeinen ist aber bei den Thallophyten keine regelmäßige Aufeinanderfolge von ungeschlechtlichen und geschlechtlichen Generationen vorhanden, da äußere Faktoren auf die Art der Fortpflanzung von großem Einfluß sind[289]. Nur bei wenigen Gruppen (bei manchen Braunalgen, bei den Rotalgen und bei gewissen Fadenpilzen) folgt regelmäßig auf eine geschlechtliche Generation (Gametophyt) eine ungeschlechtliche (Sporophyt); ein solcher regelmäßiger Generationswechsel ist auch bei allen Archegoniaten vorhanden.

Bei der Kopulation zweier Sexualzellen erhält der Keimkern die doppelte Anzahl von Chromosomen; er wird diploid, während die Sexualzellen haploide Kerne besitzen (vgl. S. 172). Im Laufe der ontogenetischen Entwicklung muß also eine Reduktionsteilung der diploiden Kerne zu haploiden erfolgen. Wir unterscheiden somit eine haploide und eine diploide Phase im Entwicklungsgange der Gewächse. Die Reduktionsteilung erfolgt bei vielen Thallophytengruppen in der keimenden Zygote, kann aber auch selbst innerhalb eines Verwandtschaftskreises verschieden, an anderen Stellen einsetzen und ist somit ein Vorgang, der mit dem Beginn einer neuen Generation nicht notwendig verbunden zu sein braucht. Bei gewissen Braunalgen, Rotalgen und allen Archegoniaten erfolgt die Reduktion in den Sporangien, so daß hier regelmäßig der Gametophyt haploid, der Sporophyt diploid ausfällt. Die Wertigkeit der Kerne kann aber nicht als maßgebend für die spezifische Gestaltung der Generationen erachtet werden.

Die Keimzellen der von den Flagellaten abzuleitenden Thallophytenklassen, sowohl Schwärmzellen, als auch Gameten, sind in vielen Fällen zilientragende nackte Protoplasten von Flagellatencharakter. Selbst bei den Moosen und Farnen, sogar auch bei Cycadeen und Ginkgoaceen zeigt sich noch in der Gestalt der männlichen

Gameten, wenn sie auch sekundär verändert sind, dieses Zurückgehen in der Ontogenese auf die phylogenetischen Ausgangsformen.

Klasse I.
Bacteria, Bakterien oder Spaltpilze[288], [290]-[299].

Die Bakterien stellen sehr einfach gebaute, einzellige oder fadenförmige Organismen dar, die des Chlorophyllfarbstoffs ermangeln und meist saprophytische oder parasitische Lebensweise führen. Sie sind in enormer Arten- und Individuenzahl über die ganze Erde, in der Atmosphäre, im Wasser, im Boden, ferner auf und in toten oder lebenden Pflanzen und Tieren verbreitet. Man bezeichnet sie auch als Spaltpilze oder Schizomycetes, weil die Vermehrung ihrer einzelligen Formen nur durch Zweiteilung oder Spaltung der Zellen sich vollzieht, eine Vermehrungsweise, die übrigens auch bei den anderen einzelligen Pflanzen vorkommt.

Die Zellen der Bakterien sind von einer dünnen Membran umgeben und enthalten ein meist farbloses Protoplasma, das bei Plasmolyse sich von der Wand ganz oder teilweise zurückzieht und das im Innern des Wandbelag seinen einzigen Saftraum oder auch mehrere Vakuolen umschließen kann. In den Protoplasten sind zwar körnige Gebilde in Ein- oder Mehrzahl, sog. Chromatinkörner, beobachtet, die sich durch Farbstoffe intensiv färben lassen und von verschiedenen Autoren als Zellkerne gedeutet werden; indessen ist es bis jetzt nicht gelungen, unzweifelhafte Kernteilung (Karyokinese) an ihnen nachzuweisen, so daß das Vorhandensein von Kernen noch nicht sichergestellt ist.

Die Bakterien sind zum größten Teil außerordentlich winzige Organismen, und es gehören zu ihnen überhaupt die kleinsten bekannten Lebewesen. So messen die kugeligen Zellen der kleinsten Arten im Durchmesser nur 0,0008 mm, die stäbchenförmigen Zellen des Tuberkelbazillus haben nur 0,0015 bis 0,004 mm Länge, die meisten Arten etwa 0,001 mm Breite und 0,005 mm Länge.

Die einfachsten Formen der Spaltpilze sind winzige kugelrunde Zellen, Kokken. Formen mit stäbchenförmigen Zellen werden als Bakterium oder als Bazillus bezeichnet, Stäbchen mit kurz schraubiger Krümmung heißen Vibrio, längere Schrauben Spirillum. Die einzelligen Kokken, Stäbchen, Vibrionen können nach der Teilung in Zellketten vereinigt bleiben. Häufig kommt es vor, daß die äußeren Zellmembranschichten gallertartig aufquellen und so die Zellen oder Zellketten in Gallerte eingebettet werden. Ein solcher Zustand heißt Zoogloea.

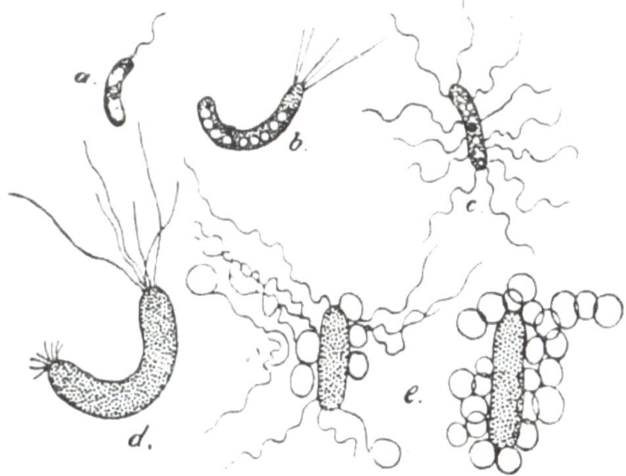

Fig. 294. Geißeltypen. *a* Vibrio cholerae. *b*, *d* Spirillum undula. *d* Entwicklung eines neuen Geißelbüschels bei der Teilung, *c* Bacillus Typhi, *e* Bacillus subtilis. Vergr. 2250. Nach A. FISCHER.

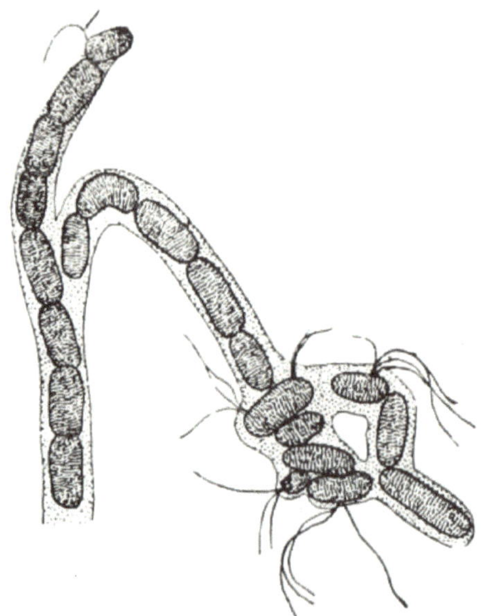

Fig. 295. Cladothrix dichotoma. Bildung der Schwärmstäbchen aus den Fadenzellen. Vergr. 1000. Nach A. FISCHER.

Diesen einzelligen, als *Haplobakterien* bezeichneten Formen stehen die *Trichobakterien* gegenüber, die meist einfache Zellfäden aufweisen (Leptothrix, Beggiatoa, Crenothrix), bei Cladothrix aber eine unechte Verzweigung der Fäden erreichen, die dadurch zustande kommt, daß eine Fadenzelle sich in der Längsrichtung geradlinig weiter teilt und dabei den über ihr gelegenen Teil des Fadens beiseite drängt.

Viele Bakterien sind durch Eigenbewegung ausgezeichnet, welche durch Schwingungen von feinen Plasmazilien vermittelt wird[291]. Diese Geißeln sind entweder über die Oberfläche verteilt (Heubazillus Fig. 296*a*, *d*; Typhusbazillus 294*c*; Tetanusbazillus 299*e*) oder sie entspringen von einem Punkte aus, entweder als Einzelgeißel oder als Geißelbüschel. Danach unterscheidet man peritriche, monotriche und lophotriche Bakterien. Eine polare Einzelgeißel hat der Cholerabazillus (Fig. 294*a*), ein polares Geißelbüschel Spirillum undula (Fig. 294*b*, *d*); ein seitenständiges Geißelbüschel die Schwärmzelle von Cladothrix (Fig. 295). Die Geißelbüschel können sich zu zöpfchenartigen Gebilden zusammendrehen; sie werden niemals eingezogen, sondern gehen vor der Sporenbildung oder durch ungünstige Einflüsse, oft unter vorheriger Einrollung (Fig. 294*e*), zugrunde.

Die Vermehrung und Verbreitung geschieht auf vegetativem Wege durch eine sehr ausgiebige Zweiteilung der Zellen, die bei gestreckten Formen stets quer zur Längsachse erfolgt, die Erhaltung der Art durch ungeschlechtliche Bildung von Dauersporen, die als Endosporen (Fig. 296*c*, 297*e*, *f*) entstehen, wohl überall in der Weise, daß die Spore im Zellplasma entweder in der Mitte oder näher einem Ende der Zelle sich abgrenzt und mit neuer Membran umgibt. Die Mutterzellmembran geht nach der Reife der Sporen durch Verquellen zugrunde. Sporen sind aber nicht bei allen Arten nachgewiesen.

1. Ordnung Haplobacteria. Einzellige Bakterien. Sie umfassen die Hauptmasse der Arten.

Obwohl ihr Formenkreis ein sehr einfacher ist, weisen ihre Arten eine ungemeine Mannigfaltigkeit in ihrem Stoffwechsel auf. Die meisten Bakterien haben Sauerstoff zu ihrer Atmung nötig wie die übrigen Pflanzen, sind also aërob; manche können aber auch ohne Sauerstoff sich weiterentwickeln, während gewisse Arten, wie z. B. die Buttersäurebakterien, der Starrkrampfbazillus, streng anaërob nur bei Abschluß von Sauerstoff gedeihen. Manche Bakterien erzeugen durch ihre Atmung beträchtliche Wärmemengen; darauf beruht die Selbsterhitzung von feuchtem Heu, Mist, Tabak, Baumwolle (*Bacillus coli* und *calfactor*. (Vgl. S. 241.)

Wir unterscheiden autotrophe, saprophytische und parasitische Arten, obwohl eine scharfe Trennung oft nicht möglich ist und die letztgenannten in Kulturen auf geeigneten Substraten auch saprophytische Lebensweise führen können.

Eine sehr bekannte saprophytische Art ist der Heubazillus, *Bacillus subtilis* (Fig. 296), der sich in dem Extrakt, den man durch Kochen von Heu gewinnt, in der Regel einstellt. Die Sporen bleiben trotz der Hitze dabei lebensfähig und keimen zunächst zu peritrich begeißelten, schwärmenden Stäbchen, die sich teilen und auch in kurzen Ketten zusammenhaften. An der Oberfläche der Flüssigkeit gehen die schwärmenden Stäbchen über in ruhende geißellose, die sich zu langen geschlängelten Ketten weiter teilen. Die Zellketten legen sich zu einer sog. Kahmhaut, einer besonderen Form von Zoogloeabildung zusammen. Nach Erschöpfung der Nährstoffe tritt dann Sporenbildung ein.

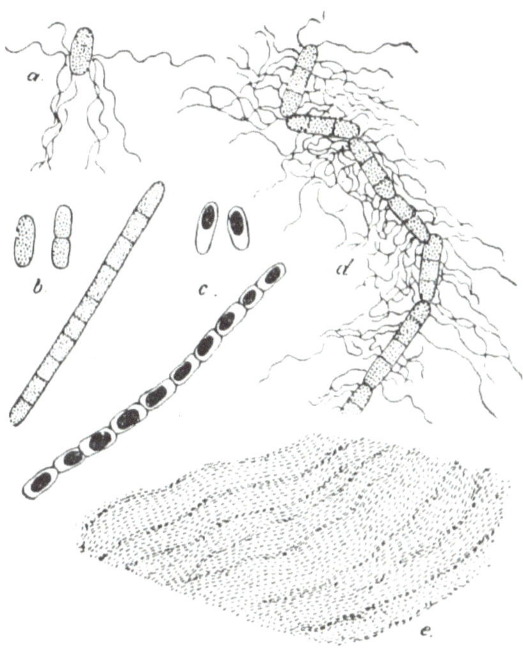

Fig. 296. Bacillus subtilis. *a*, *d* Bewegliches Stäbchen und Kette, *b* unbewegliche Stäbchen und Kette, *c* Sporen aus der Kahmhaut *e*. Vergr. *a-d* 1500, *e* 250. Aus A. FISCHER, Vorlesungen über Bakterien.

Zu den saprophytischen Bakterien gehören als wichtige Vertreter die zymogenen oder Gärungsbakterien und die saprogenen oder Fäulnisbakterien. Erstere oxydieren oder vergären hauptsächlich Kohlehydrate; letztere dagegen spalten stickstoffhaltige tierische und pflanzliche Substanzen, Eiweiß, Fleisch usw. unter Abscheidung übelriechender Gase. (Vgl. S. 238.)

Die *Essigbakterien* (Fig. 297*a*, *b*, *c*) oxydieren den Alkohol zu Essigsäure. Die Vergärung von Milchzucker zu Milchsäure wird durch den Formenkreis des *Bacillus acidi lactici* (Fig. 297*d*) bewirkt; die Bildung von Buttersäure aus verschiedenen Kohlehydraten bei Abschluß von Sauerstoff erfolgt durch *Clostridium butyricum* (Fig. 297 *e*) u. a., während gewisse Sumpfbakterien (Fig. 297 *f*) bei Sauerstoffabschluß die Vergärung der Zellulose zu Methan oder auch zu Kohlensäure und Wasserstoff besorgen. Der häufigste Fäulniserreger auf Fleisch, Eiweiß usw. ist *Bacillus proteus*.

Streptococcus (*Leuconostoc*) *mesenterioides* (Fig. 298), der Froschlaichpilz der Zuckerfabriken, wandelt den Zucker in Schleim um; seine kugeligen Zellen teilen sich zu rosenkranzartigen Ketten und umgeben sich mit dicken Gallerthüllen, deren Bildung in zuckerfreien Substraten unterbleibt.

Die Purpurbakterien, die sich auf in Wasser faulenden Substanzen bei Sauerstoffmangel und bei Zutritt von Licht entwickeln, enthalten nach MOLISCH[292] einen grünen und einen roten Farbstoff (Bakteriochlorin und Bakteriopurpurin). Letzterer spielt nach BUDER eine Rolle für photosynthetische Vorgänge; die Purpurbakterien scheinen die absorbierten Lichtstrahlen zu einer Assimilation der Kohlensäure unter Einbeziehung des freiwerdenden Sauerstoffs in den Stoffwechsel auszunutzen. Auch andere Pigmentbakterien scheiden Farbstoffe in ihren Zellen oder nach außen ab. Letzteres ist der Fall bei *Bacillus prodigiosus*, dessen ellipsoide, peritriche Stäbchen auf Milch oder Gebäck fuchsinrote Kolonien bilden und so die Veranlassung zu dem Wunderglauben an blutende Hostien gegeben haben.

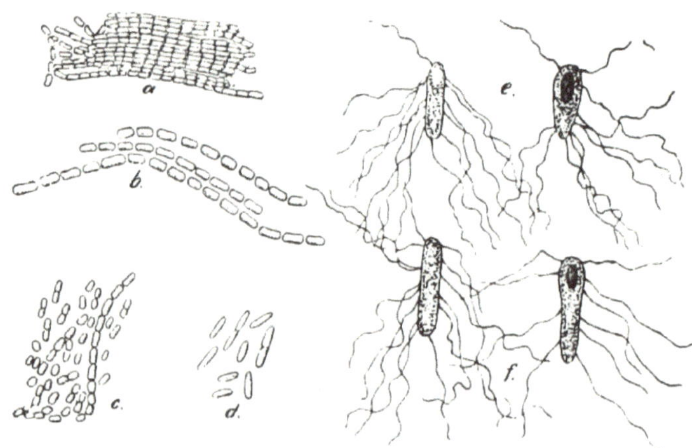

Fig. 297. Gärungsbakterien *a-c* Essigbakterien, *a* Bacillus aceti, *b* Bac. Pasteurianus, *c* Bac. Kützingianus, *d* Bac. acidi lactici, Milchsäurebazillus, *e* Clostridium butyricum, Buttersäurebakterie, *f* Plectridium paludosum, Gärungsbakterie aus Sumpfwasser. Vergr. 1000. Aus A. FISCHER, Vorles. über Bakt.

Die photogenen Bakterien erzeugen in ihren Zellen eine Substanz, die bei Oxydation leuchtet. *Bacterium phosphoreum* ist die verbreitetste, auf Fleisch vorkommende und sein Leuchten verursachende Leuchtbakterie[293].

Gewisse Bodenbakterien (*Clostridium Pasteurianum*, *Azotobacter chroococcum*) und Meeresbakterien sind imstande, den freien Stickstoff zu assimilieren.[294] Zu diesen stickstoffbindenden Formen gehören auch die symbiotisch in den Wurzelknöllchen der Leguminosen lebenden, unter der Bezeichnung *Bacillus radicicola* zusammengefaßten Arten von Bazillen, die im freien Zustand bewegliche, lophotrich begeißelte Stäbchen vorstellen (Fig. 249 u. 250), ferner *Mycobacterium Rubiacearum*, das analoge Bakteriengallen an den Blättern tropischer Rubiaceen erzeugt und mit diesen Pflanzen in dauernder Symbiose lebt[295]. Andererseits gibt es auch im Boden und sogar im Meere denitrifizierende Bakterien, die Nitrate und Nitrite unter Abscheidung von freiem Stickstoff zersetzen (vgl. S. 240).

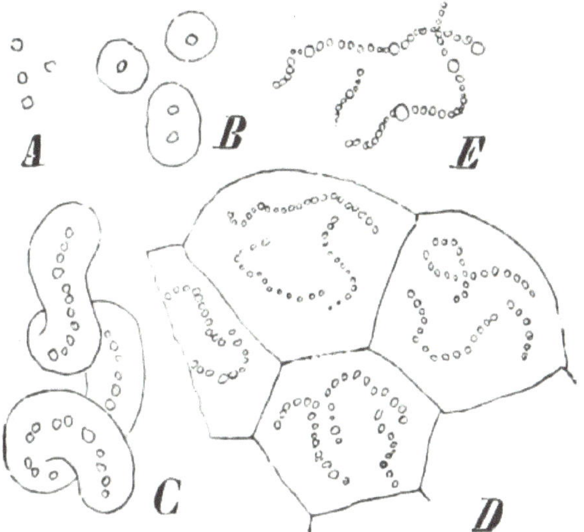

Fig. 298. Streptococcus mesenterioides. *A* Zellen ohne Gallerthülle. *B*, *C* Bildung der Gallertkörper. *D* Teil einer erwachsenen Zoogloea. *E* Rosenkranzartige Fäden der Zoogloea. Vergr. 620. Nach VAN TIEGHEM.

Die parasitischen Bakterien leben entweder in Pflanzen oder in Tieren. Als Bakteriosen erkannte Pflanzenkrankheiten sind z. B. die krebsartigen Geschwülste, die das von SMITH entdeckte, auch für Menschen pathogene *Bacterium tumefaciens* an höheren Pflanzen erzeugt, ferner die durch *Bacillus phytophthorus* hervorgerufene Schwarzbeinigkeit der Kartoffel[296].

Von den zahlreichen pathogenen Bakterien, deren schädliche Einwirkung auf die Gewebe und das Blut des tierischen und menschlichen Körpers durch Abscheidung von giftigen Substanzen, Toxinen, bedingt ist, sind als wichtigste Erreger von Infektionskrankheiten folgende zu nennen:

Staphylococcus pyogenes (Fig. 299 *a*), regellose oder traubenförmige Haufen von Kokken bildend, ist der häufigste Eitererreger, ebenso der regelmäßig bei Wundrose oder Erysipel und anderen Eiterungen auftretende, in Ketten wachsende *Streptococcus pyogenes* (Fig. 299 *b*), während *Micrococcus* (*Diplococcus*) *Gonorrhoeae* (Fig. 299 *c* u. 300 *a*), dessen semmelförmige Kokken paarweise nebeneinander liegen, den Tripper verursacht. Im Blut und in den Organen milzbrandiger Tiere findet sich der durch R. KOCH bekannt gewordene *Bacillus Anthracis* (Fig. 299 *d*, 300 *c*), dessen relativ große Stäbchen auch in kurzen Ketten vorkommen und in Kulturen reichlich Endosporen, ähnlich wie der Heubazillus bilden. Der im Erdboden verbreitete *Bacillus Tetani* (Fig. 299 *e*) ist der Erreger des Wundstarrkrampfes. Seine geraden, peritrich begeißelten Stäbchen wachsen nur in den Wunden selbst; sie bilden die Sporen in ihren keulig angeschwollenen Enden. *Bacillus influenzae* zeigt sehr zarte Kurzstäbchen, *Bacillus pestis* kleine dickere unbewegliche Stäbchen. Der LÖFFLERsche *Bacillus Diphtheriae* (Fig. 299 *f*) besteht aus kleinen, zuweilen an den Enden kolbig verdickten Stäbchen. Der KOCHsche Tuberkelbazillus *Mycobacterium tuberculosis* (Fig. 299 *g*, 300 *b*), der sich in allen tuberkulösen Geweben und Sekreten und auch im Sputum findet, ist für gewöhnlich ein schlankes Stäbchen, kann aber auch verzweigte Formen bilden; er ist unbeweglich, bildet keine Sporen und wird daher mit gewissen anderen Arten zu einer besonderen Familie der Mycobacteriaceen vereinigt[297]. Der Unterleibstyphus wird durch die peritrich begeißelten Stäbchen des *Bacillus typhi* (Fig. 299 *h*) verursacht. Die größte Ähnlichkeit mit letzterem hat der meist unschädliche, stets im Darm des Menschen anwesende Kolonbazillus, *Bacillus coli* (Fig. 299 *i*). Ebenfalls durch R. KOCH entdeckt wurde der Kommabazillus der asiatischen Cholera *Vibrio cholerae* (Fig. 299 *k*). Dieser findet sich nur im Darm in Form kurzer, schraubig gekrümmter Stäbchen mit polarer Einzelgeißel, nicht selten auch von längeren Schraubenketten.

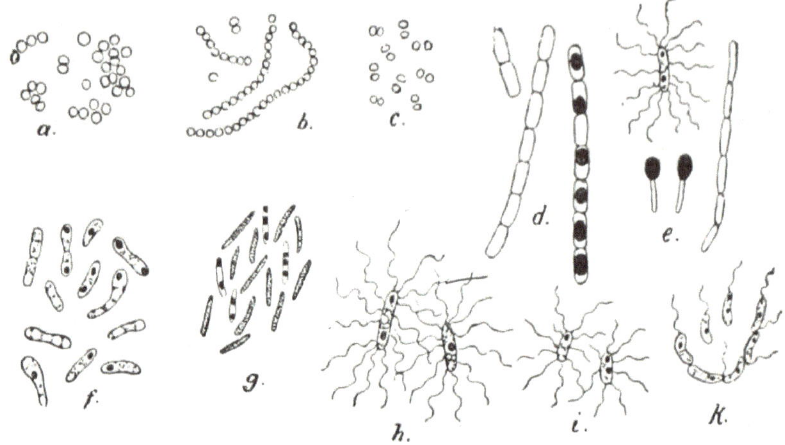

Fig. 299. Pathogene Bakterien. *a* Eiterkokken, *b* Erysipelkokken, *c* Tripperkokken, *d* Milzbrandbazillen, *e* Starrkrampfbazillen, *f* Diphtheriebazillen, *g* Tuberkelbazillen, *h* Typhusbazillen, *i* Kolonbazillen, *k* Choleravibrionen. Vergr. etwa 1500. Aus A. FISCHER, Vorles. über Bakt.

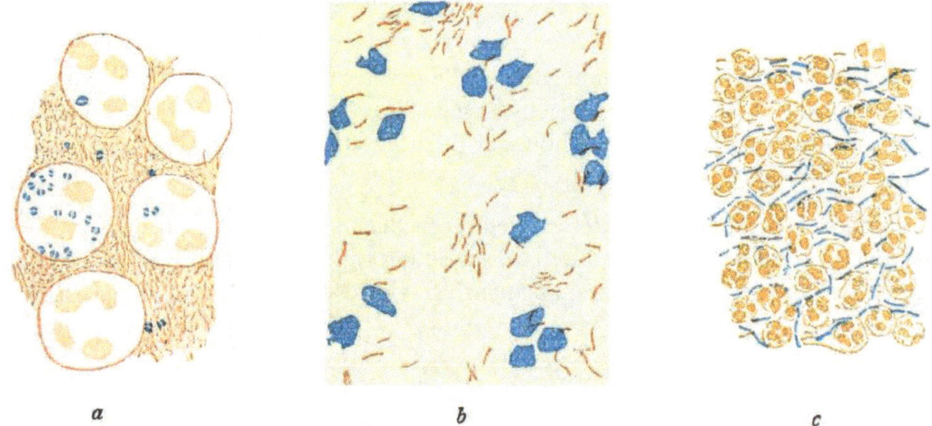

Fig. 300. Färbungspräparate (aus ZIEGLERs Lehrbuch der allgemeinen Pathologie). *a* Tripperkokken im Trippersekret, Schleim- und Eiterkörperchen mit Kokken (Methylenblau-Eosin), Vergr. 700; *b* Tuberkelbazillen im Sputum eines Lungenkranken (Fuchsin-Methylenblau), Vergr. 400; *c* Milzbrandbazillen in Milzbrandpusteln (Methylenblau-Vesuvin), Vergr. 350. Aus A. FISCHER, Vorles. über Bakterien.

Außer diesen bösartigen Parasiten gibt es aber auch zahlreiche mehr oder weniger harmlose, auf den Schleimhäuten, in der Mundhöhle (Fig. 80), im Darm lebende Arten, so z. B. die im Magen und Darm des Menschen auftretende *Sarcina ventriculi*, welche aus würfelförmigen Klumpen von Kokken besteht.

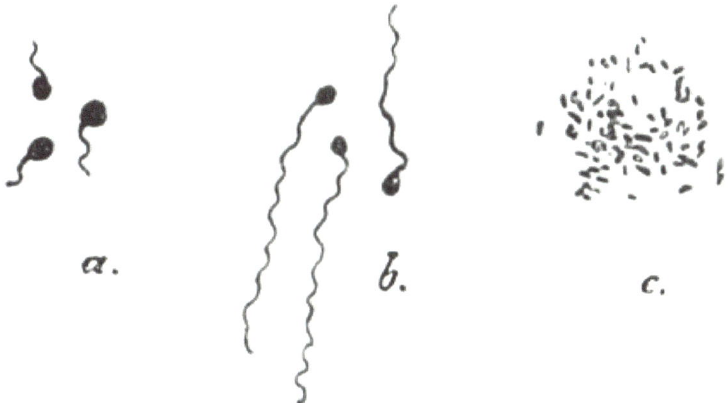

Fig. 301. Salpeterbakterien nach WINOGRADSKY. *a* Nitrosomonas europaea von Zürich, *b* Nitrosomonas javanensis von Java, *c* Nitrobakter aus Quito. Vergr. 100. Aus A. FISCHER, Vorl. über Bakt.

Den saprophytischen und parasitischen Formen stehen die autotrophen gegenüber, die sich trotz ihres Mangels an Chlorophyll ganz selbständig aus anorganischen Verbindungen ernähren. So verhalten sich die im Boden lebenden Nitritbakterien (*Nitrosomonas*) und Nitratbakterien (*Nitrobacter*), von denen erstere Ammoniak zu salpetriger Säure und letztere die salpetrige Säure zu Salpetersäure oxydieren. Beide benutzen als Kohlenstoffquelle die Kohlensäure, kommen also gänzlich ohne organische Substanzen aus (Fig. 301, vgl. auch S. 219).

2. Ordnung Trichobacteria. Fadenbakterien. Die Fadenbakterien umfassen nur einige Gattungen. Sie stehen in ihrer Organisation den fadenförmigen Cyanophyceen nahe und können, wenigstens zum Teil, von diesen als farblose Formen abgeleitet werden. Die meisten Arten leben saprophytisch im Wasser, einige auch autotroph.

Überall verbreitet in unreinen Gewässern ist die morphologisch am höchsten stehende *Cladothrix dichotoma.* Ihre feinen, aus stäbchenförmigen Zellen bestehenden, unecht verzweigten (vgl. S. 67), festsitzenden Fäden bilden schleimige Überzüge an Algen, Steinen oder Holzwerk. Sie vermehren sich durch zilientragende Schwärmzellen, die durch Teilung aus den Fadenzellen entstehen und durch Verquellen der Fadenscheide frei werden (Fig. 295). Nach dem Schwärmen setzen sich die Zellen fest und wachsen zu neuen Fäden heran.

Sehr häufig ist ferner der Brunnenfaden, *Crenothrix polyspora*, mit unverzweigten, festsitzenden, aber leicht zerbrechlichen Fäden, die Eisenoxydhydrat in ihren Scheiden speichern können. Er entwickelt sich oft in solchen Massen in Wasserleitungen, daß die Röhren sich verstopfen und das Trinkwasser ungenießbar wird. Bei Crenothrix zerfallen die Fadenzellen in der Scheide durch Teilung in zahlreiche geißellose, rundliche Zellen, welche die Vermehrung besorgen.

In Schwefelquellen und am Boden von Gewässern, wo durch Fäulnis organischer Stoffe Schwefelwasserstoff auftritt, siedeln sich zahlreiche Schwefelbakterien[298] an, unter denen die fadenförmige *Beggiatoa alba* (Fig. 302) am verbreitetsten ist. Die Schwefelbakterien ernähren sich auch autotroph, also ohne organische Substanzen, indem sie Ammoniumsalze und Kohlensäure in ihrem Stoffwechsel verwerten. Den für ihre Lebenstätigkeit nötigen Schwefelwasserstoff oxydieren sie zu Schwefel, den sie in rundlichen Tröpfchen gleichsam als Reservestoff aufspeichern und zu Schwefelsäure oxydieren, die weiterhin durch Karbonate neutralisiert wird. Bei fortschreitendem Schwefelwasserstoffmangel werden immer mehr Schwefeltröpfchen gelöst, die Querwände in den Fäden treten deutlicher hervor, die Fadenzellen runden sich schließlich ab und lösen sich voneinander los. So können die Beggiatoen sich leicht nach neuen Standorten verbreiten. Zu den Schwefelbakterien gehören auch einige Haplobakterien. (Vgl. S. 238.)

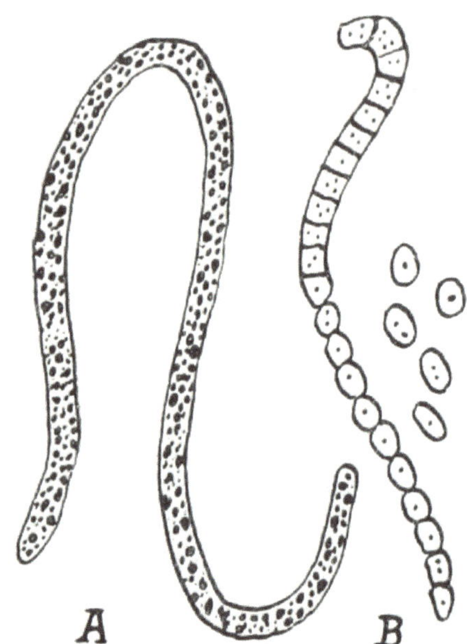

Fig. 302. Beggiatoa alba. *A* Faden mit Schwefeltröpfchen, Querwände nicht sichtbar. *B* Faden bei Mangel an Schwefelwasserstoff, in die Gliederzellen zerfallend. Vergr. 600. Nach DÜGGELI.

Zu den Eisenbakterien[299] gehört die in Wiesensümpfen und Bächen häufige, fadenförmige *Chlamydothrix* (*Leptothrix*) *ochracea*. Sie oxydiert kohlensaures Eisenoxydul zu Eisenoxydhydrat, das in den Fadenscheiden aufgespeichert wird, und kommt bei dieser Ernährungsweise mit Spuren organischer Nahrung aus. Andererseits gedeiht sie aber auch ohne Eisen recht gut in organischen Nährlösungen. Andere Eisenbakterien, so nach LIESKE *Spirophyllum ferrugineum*, sind rein autotroph. Sie gedeihen nur in Wasser, in dem außer geringen Mengen anorganischer Salze Eisenoxydulkarbonat gelöst ist. Sie oxydieren das Eisenoxydul zu Eisenoxydhydrat und speichern dieses auf. Diese Oxydationen scheinen die Energie für die Assimilation der Kohlensäure zu liefern.

Klasse II.
Cyanophyceae, Blaugrüne Algen oder Spaltalgen[288]· [300]·

Die Cyanophyceen sind einfach organisierte, teils einzellige, teils fadenförmige, blaugrün gefärbte Thallophyten, deren Zellen oder Fäden häufig durch Gallerte, die durch fortgesetzte Verquellung der Außenschichten ihrer Membranen entsteht, zu Kolonien vereinigt erscheinen. In zahlreichen Arten über die ganze Erde verbreitet, bewohnen sie die Gewässer oder vegetieren auf feuchtem Schlammboden, an feuchten Felsen oder Baumrinden in gallertartigen Massen oder feinfädigen Überzügen. Sie sind wie die rein grünen Algen autotroph.

Der Protoplast besitzt ein hohlzylindrisches oder hohlkugeliges peripherisches Chromatophor, welches außer Chlorophyll einen blauen Farbstoff, das Phykocyan, nach dem die Gruppe ihren Namen trägt, bei gewissen Arten außerdem auch rotes Phykoerythrin in verschiedener Menge enthält und als Assimilationsprodukte Glykoproteïde, die aus Glykose gebildet werden, liefert. Das innerhalb des Chromatophors befindliche, als Zentralkörper bezeichnete, farblose Plasma enthält chromosomenähnliche Gebilde; es ist als Zellkern gedeutet worden. Besondere Einschlüsse der Zellen sind ferner die aus Proteïnsubstanzen bestehenden Cyanophycinkörner, die vorwiegend in den Chromatophoren liegen. Die Membranen bestehen aus Zellulose und Pektinstoffen.

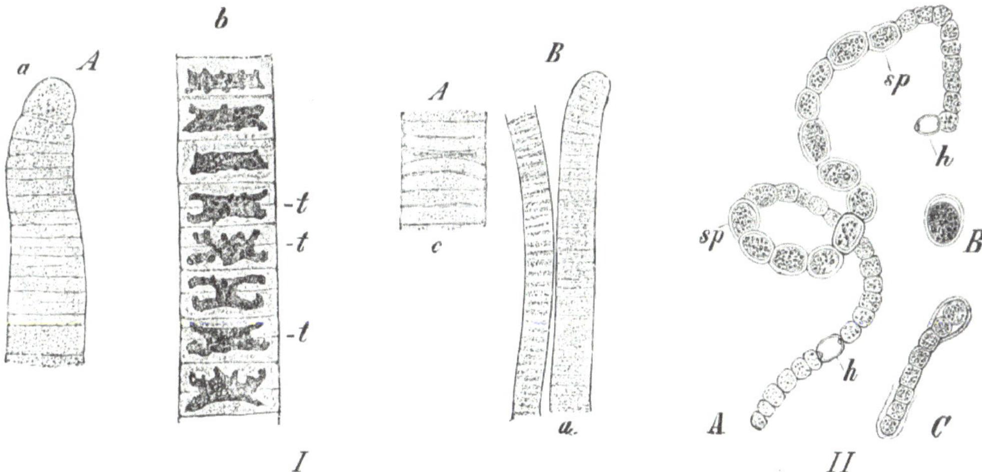

Fig. 303. *I A* Oscillaria princeps. *B* Oscillaria Froelichii. *a* Fadenenden, *b* und *c* Stücke aus dem inneren Teil des Fadens, *t* Zellen in Teilung. Nach Fixierung und Färbung. Vergr. von *A* 1080, von *B* 540. Nach STRASBURGER. *II* Nostoc Linckii, in Wasser schwimmende Art. *A* Fadenstück mit zwei Heterozysten *h* und einer Anzahl von Sporen *sp*. *B* Spore in Keimung. *C* Junger Faden aus der Spore hervorgegangen. Vergr. 650. Nach BORNET.

Die Vermehrung geschieht ausschließlich durch Zellteilung. Bei vielen Arten werden Sporen als Dauerzustände gebildet durch Vergrößerung und starke Wandverdickung einzelner Zellen (Fig. 303 *II*), also in anderer Weise als bei den Bakterien.

Wie die Bakterien als Spaltpilze, Schizomyceten, so werden die blaugrünen Algen als Spaltalgen, Schizophyceen, infolge ihrer Vermehrung durch Teilung oder Spaltung, bezeichnet. Beide Gruppen werden vielfach zu einer Klasse der Spaltpflanzen, Schizophyta, vereinigt. In der Tat zeigen sie vieles Gemeinsame, indessen ist zu bemerken, daß die für Bakterien charakteristischen Geißeln und Endosporen den Spaltalgen fehlen.

Die einfachsten Cyanophyceen bestehen aus blaugrünen rundlichen Zellen, so die Arten der Gattung *Chroococcus*. Bei *Gloeocapsa* (Fig. 35), deren Arten meist in gallertigen Überzügen an feuchten Felsen und Mauern auftreten, bleiben die Zellen nach der Teilung durch geschichtete Gallerthüllen zu mehrzelligen Kolonien verbunden.

Unter den fadenförmigen Arten, die teils unverzweigt sind, teils unechte Verzweigung aufweisen (Fig. 85) und die kein Spitzenwachstum zeigen, sind die überall im Wasser oder auf Schlammboden häufigen *Oscillaria*-Arten die einfachsten, da sich hier die meist von einer dicken Scheide eingeschlossenen Fäden aus gleichartigen scheibenförmigen Zellen zusammensetzen (Fig. 303 *I*). Die Fäden zergliedern sich in kurze Fadenstücke, Hormogonien, die aus der Scheide nach außen gelangen, der Vermehrung dienen und zu neuen Fäden heranwachsen. Die Gattung *Nostoc* besitzt rosenkranzförmige Fäden (Fig. 303 *II*); ihre Arten leben auf feuchtem Boden oder im Wasser in Form von unregelmäßig gestalteten oder kugeligen Gallertkolonien. Bei manchen fadenförmigen Cyanophyceen kommt es zur Ausbildung besonderer, wohl als Reservestoffbehälter dienender Zellen mit gelblichem Inhalt, Grenzzellen oder Heterozysten (Fig. 303 *II*, *h*), die nach einer Ruhezeit unter günstigen Umständen wieder ergrünen und keimen können.

Die fadenförmigen Blaualgen, besonders die Oscillarien, aber auch die Hormogonien von Nostoc und verwandten Gattungen, führen auf festen Unterlagen photo- und chemotaktische Kriechbewegungen aus. Das gewöhnlich unter Drehung um die Längsachse erfolgende Vorwärtsgleiten der Fäden kommt dadurch zustande, daß die Zellen aus Poren ihrer Längswände Schleim, ein nicht doppelbrechendes Kohlehydrat, nach rückwärts abscheiden[301].

Gewisse Cyanophyceen leben an der Oberfläche von Teichen und bedecken sie mit einer „Wasserblüte"; sie verdanken ihr Schwimmvermögen nach KLEBAHN winzigen Gasvakuolen, die im Zellplasma gelagert sind[302]. Eine in wärmeren Meeren schwimmende Art ist *Trichodesmium erythraeum*, das als „Seeblüte" dem Wasser rote Färbung verleiht (Rotes Meer).

Manche Blaualgen beteiligen sich an der Zusammensetzung der aus Pilzen und Algen bestehenden Flechten. Einige Arten leben endophytisch in Gewebehöhlungen anderer Pflanzen, so *Anabaena* in *Azolla*; *Nostoc*-Arten in gewissen *Lebermoosen*, in Wasserlinsen (*Lemna*), in den Wurzeln von *Cycas*; *Nostoc punctiforme* als fakultativer Parasit im Rhizom von *Gunnera*[303].

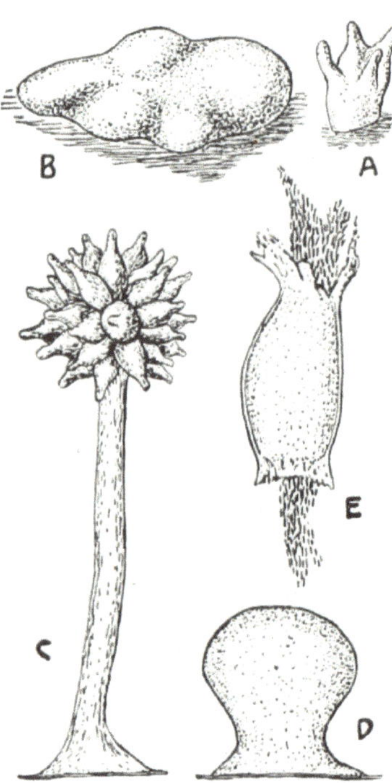

Fig. 304. *A* Myxococcus digitatus, hellroter Fruchtkörper auf Mist. Vergr. 120. *B* Polyangium primigenium, roter Fruchtkörper auf Kaninchenmist. Vergr. 40. *C* Chondromyces apiculatus, rotgelbe Fruchtkörper auf Antilopenmist. *D* Fruchtkörperanlage. Vergr. 45. *E* Einzelne Zyste in Keimung. Vergr. 200. *A*, *B* nach QUEHL, *C-E* nach THAXTER.

Unter Vorbehalt reihen wir hier die ***Polyangideae*** (*Myxobacteriaceae*)[312] an, die zuerst durch THAXTER genauer bekannt geworden sind und von ihm zu den Bakterien gerechnet wurden, nach VAHLE den Schleimpilzen näher stehen sollen, von JAHN aber wieder zu den Schizophyten gestellt werden und vielleicht als farblos gewordene Organismen aus dem Formenkreis der blaugrünen Algen hervorgegangen sein mögen. Sie sind sehr verbreitet und leben saprophytisch auf Mist von Tieren. Im vegetativen Stadium sind sie plasmodienähnliche Schwärme von stäbchenförmigen kleinen Zellen, die, in Schleim eingebettet, zusammenhalten, kriechende Bewegungen ausführen und schließlich meist lebhaft gefärbte Fruchtkörper bilden, in denen die Stäbchenzellen zu kugeligen Sporen sich umwandeln. Die Fruchtkörper, mit Wandung versehene Zysten, sind ungestielt oder erheben sich einzeln oder in Gruppen auf Stielen, deren Substanz ebenso wie die Zystenwände aus dicht nebeneinander gelagerten, von der Sporenbildung ausgeschalteten Stäbchenzellen hervorgeht. Bei der Keimung treten die aus den Sporen entstehenden Stäbchenschwärme aus der aufbrechenden Zyste hervor (Fig. 304).

Klasse III.
Flagellatae, Flagellaten[288], [304], [305].

Die Flagellaten bilden eine ungemein formenreiche Gruppe einzelliger, wasserbewohnender Organismen, die pflanzliche und tierische Eigenschaften in sich vereinigen und als Ausgangsformen einerseits für niedere Thallophyten, andererseits für Protozoën betrachtet werden können.

Der kontraktile oder amöboid sich bewegende Protoplast dieser Organismen ist nach außen durch eine dichtere Plasmahautschicht abgegrenzt. Er besitzt eine oder mehrere Zilien (Geißeln, Flagellen) als Bewegungsorgane, einen Zellkern, pulsierende Vakuolen und bei vielen Vertretern wohlausgebildete grüne oder gelbbraune Chromatophoren, vielfach auch einen roten Augenfleck. Als Assimilationsprodukt tritt meist Öl auf, aber auch Stärke oder andere Kohlehydrate. Andere Formen sind farblos und ernähren sich ausschließlich saprophytisch oder auch zugleich animalisch. Der Protoplast mancher Flagellaten, besonders der farblosen, aber auch gefärbter Arten, kann nämlich Formänderungen und kriechende Bewegungen ausführen (Amöbenzustand) und auch fadenförmige dünne Fortsätze, Pseudopodien (Rhizopodien), aussenden und wieder einziehen, durch welche die Aufnahme von Nahrungskörpern vermittelt wird (Fig. 305, 311).

Die meisten Vertreter leben als nackte freie Zellen, andere in mehr oder weniger komplizierten, durch Gallerte zusammengehaltenen Zellkolonien; gewisse Gattungen zeichnen sich aus durch die Bildung von eigenartigen, abstehenden, gestielten oder ungestielten, hornartigen Gehäusen, durch Kieselskelett oder durch Kalkhüllen.

Die Vermehrung geschieht auf rein vegetativem Wege durch Teilung der Zellen allgemein der Länge nach. Bei vielen Arten werden als Ruhestadien geißellose, mit Membran umgebene Dauerzellen oder Zysten erzeugt, die vielfach bei ihrer Keimung nach Teilung ihres Inhalts mehrere Tochterzellen ausschwärmen lassen (Fig. 310).

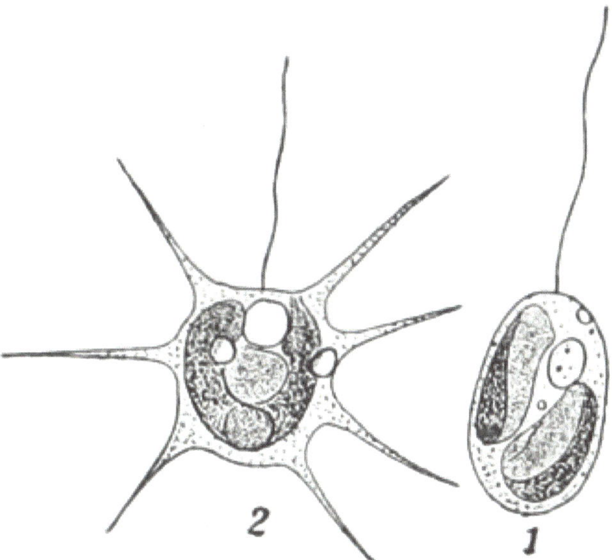

Fig. 305. Chrysamoeba radians. Im Süßwasser; mit 1 Zilie und 2 gelbbraunen Chromatophoren. *1* Gewöhnliche Form. *2* Amöboider Zustand mit Pseudopodien. Nach KLEBS.

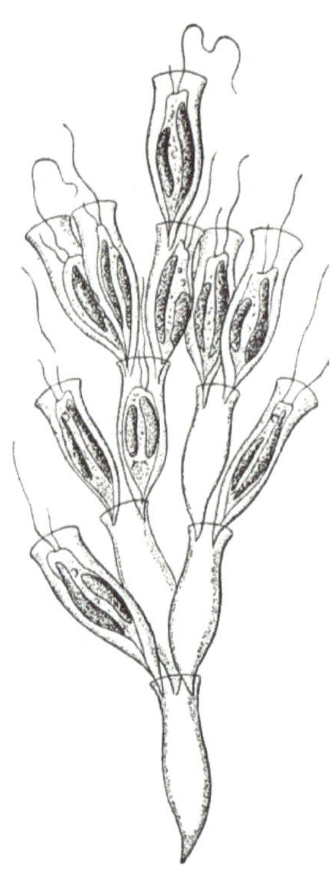

Fig. 306. Dinobryon Sertularia. Gehäuse und Kolonie bildend. Im Süßwasserplankton. Vergr. 600. Nach SENN.

Eine wichtige Flagellatengruppe sind die *Chrysomonadinen*, zu denen u. a. *Chrysamoeba* (Fig. 305) und das Kolonien bildende *Dinobryon* (Fig. 306) gehören. Sie zeichnen sich durch radiären Bau und durch meist gelbbraune, seltener durch rote oder blaugrüne Chromatophoren aus, die ein im Plasma abgelagertes besonderes Kohlehydrat (Leucosin) bilden. Als eine höher stehende Chrysomonadine gilt *Hydrurus foetidus* (Fig. 307), der in Form von Zellkolonien, bis 30 cm langer verzweigter, gallertartiger Fäden, an Steinen, in fließendem Wasser lebt. In der Fadengallerte liegen zahlreiche geißellose, durch Längsteilung sich vermehrende Zellen eingebettet. Diese liefern schließlich ausschlüpfende, tetraëdrisch gestaltete, einzilige Flagellatenschwärmer, die sich wieder festsetzen und zu neuen Gallertfäden heranwachsen. Auch einige andere verwandte Flagellaten sind zu solchen algenartigen Lebensformen vorgeschritten, bei denen das ruhende Stadium vorherrscht, während das bewegliche der Vermehrung und Ausbreitung dient. An die Chrysomonadinen schließen sich zwei eigenartige Familien mariner sehr kleiner Planktonorganismen an, die *Silicoflagellaten*[306], die sich durch ringförmige oder hutförmige, durchbrochene Kieselskelette auszeichnen (Fig. 308 *A*), und die *Coccolithophoriden*[307], die eine Hülle aus Kalkplättchen und Kalkstachelchen besitzen und sich durch meist zu 4 gebildete Schwärmsporen vermehren (Fig. 308 *B*, *C*). Aus dem Verwandtschaftskreise der Chrysomonadinen scheinen die Diatomeen und auch die Heteroconten hervorgegangen zu sein, so daß diese drei Gruppen auch als *Chrysophyta* zusammengefaßt werden können. Ihre gemeinsamen Merkmale sind u. a. die sehr häufige oder stete Zusammensetzung der Gehäuse- und Zellmembranen aus zwei Schalenstücken, die Verkieselung der Membran und die häufige Ungleichheit der Geißeln.

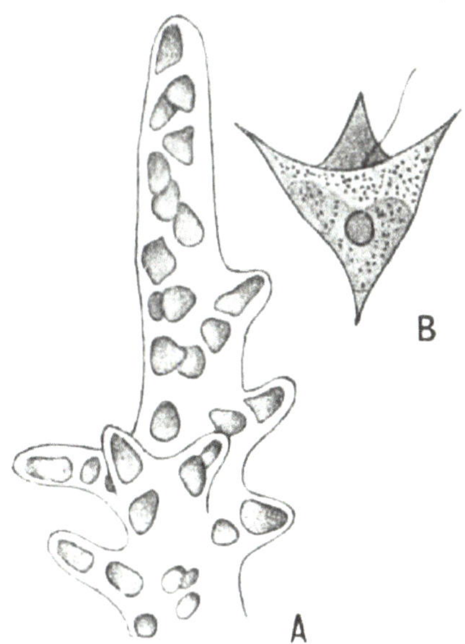

Fig. 307. Hydrurus foetidus. *A* Spitze eines Gallertlagerzweiges nach BERTHOLD. *B* Schwärmzelle nach KLEBS. Aus PASCHER, Flagellaten.

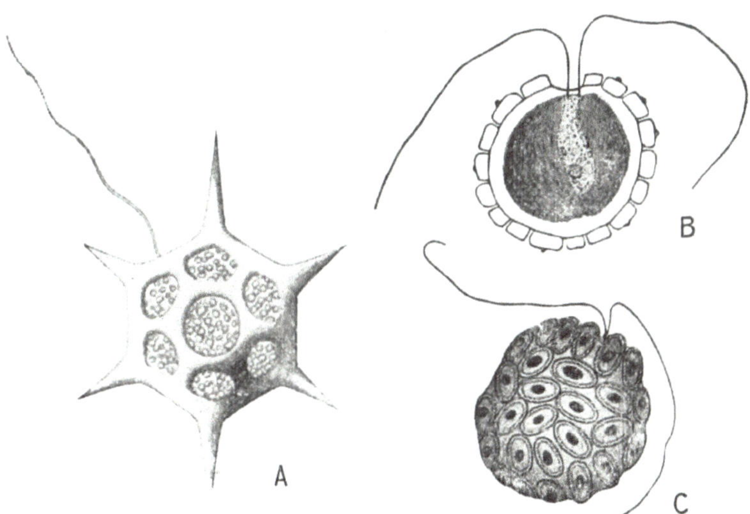

Fig. 308. *A* Distephanus speculum nach BORGERT. *B*, *C* Calyptrosphaera insignis aus der Adria, *B* im optischen Durchschnitt mit 2 braungelben Chromatophoren, *C* Außenansicht. Vergr. 1600. Nach SCHILLER.

Die etwas höher als die Chrysomonadinen differenzierten, meist gelbbraun, doch auch grün oder blaugrün gefärbten *Cryptomonadinen* unterscheiden sich von ihnen durch dorsiventrale, vorn schräg abgestutzte Protoplasten mit zwei ungleich langen, aus einer furchenartigen Vertiefung entspringenden Geißeln (Fig. 309). Zu ihnen gehört auch *Chrysidella* (*Zooxanthella*). Sie lebt in Symbiose mit zahlreichen Meerestieren (Radiolarien, Actinien usw.), in deren Plasma ihre gelben Ruhezellen liegen. Aus der Ruhezelle schlüpft später der Protoplast als begeißelter Flagellat aus. In die Verwandtschaft der Cryptomonadinen gehören die Dinoflagellaten. Auch schließen sich an sie einige Gattungen (*Phaeocystis*, *Phaeothamnion* u. a.) an, die den größten Teil ihres Lebens in unbeweglichen Gallertkolonien oder Zellverbänden verbringen und bereits an Braunalgen erinnern, aber nur mit Zweifel als Vorstufe zu solchen gerechnet werden können.

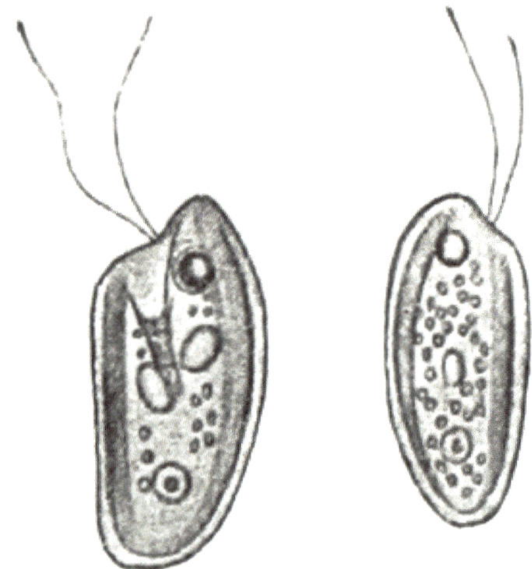

Fig. 309. Cryptomonas erosa. Vergr. 650. Nach STEIN.

Unter den mit grünen Chromatophoren versehenen Flagellaten ist der Ausgang für die Chlorophyceen zu suchen.

Die *Eugleninen*[308] sind eine hochstehende grüne Flagellatengruppe. *Euglena*-Arten (Fig. 310 *A*) treten oft in Dorfteichen in Form einer grünen „Wasserblüte" auf. Nahe verwandt mit ihnen sind ähnlich gestaltete, aber farblose saprophytische Formen. *Euglena gracilis* kann sogar durch Kultur in organischen Lösungen unter Lichtabschluß in eine hyaline Dunkelform mit Leukoplasten übergeführt werden. In dieser Gruppe scheint zum ersten Male bei Flagellaten sexuelle Fortpflanzung, Kopulation zweier gleichgestalteter Gameten vorzukommen; jedoch bedürfen die Angaben noch weiterer Bestätigung.

An die Flagellaten mit gefärbten Chromatophoren schließen wir die zahlreichen farblosen, saprophytisch oder animalisch lebenden Formen an, die aus ersteren hervorgegangen sein dürften. Für gewisse Vertreter läßt sich sogar noch nahe Verwandtschaft mit gefärbten auf Grund übereinstimmender Zellstrukturen nachweisen.

Bei den *Pantostomatinen* geschieht die Aufnahme von Nahrungskörperchen durch die ganze Oberfläche des Protoplasten meist mittels Pseudopodien (Fig. 311), bei den *Protomastiginen* meist nur an einer Mundstelle, bei den *Distomatinen* an zwei Mundstellen. Zur zweiten Gruppe gehören auch gewisse im Blut und im Darm von Tieren lebende Arten, die zum Teil Erreger gefährlicher tropischer Krankheiten sind, so *Trypanosoma brucei*, das die Tsetsekrankheit des Rindviehs, und *T. gambiense* (Fig. 312), das die Schlafkrankheit beim Menschen verursacht; beide werden durch Fliegen der Gattung Glossina übertragen.

Wir dürfen annehmen, daß aus farblosen Flagellaten die Myxomyceten ihren Ausgang genommen haben, ferner daß auch die niederen Protozoën (Rhizopoden) hier ihren Anschluß nach unten finden.

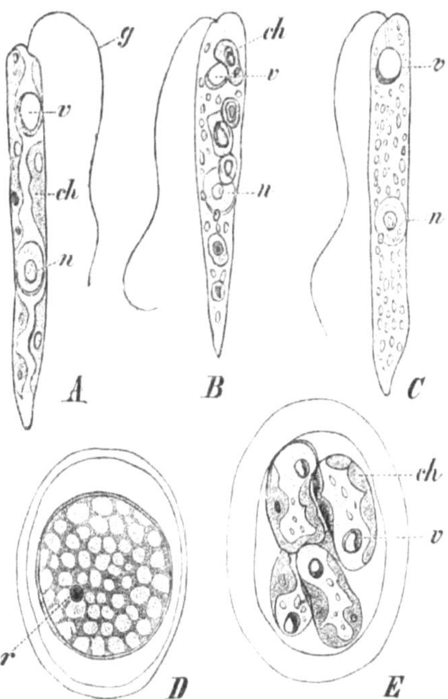

Fig. 310. Euglena gracilis. *A* Form mit grünen Chromatophoren *ch*, Zellkern *n*, Vakuole nebst rotem Augenfleck *v*, Geißel *g*. *B* Halbsaprophytische Form mit kleinen grünen Chromatophoren. *C* Farblose saprophytische Form, bei Lichtabschluß in Nährlösung gezogen. *D* Dauerzyste der Form *C*, *r* roter Augenfleck. *E* Keimung der Dauerzyste der Form *A* in vier später austretende Tochterzellen. *A*, *C* Vergr. 360, *B* 650, *D*, *E* 1000. (Nach ZUMSTEIN.)

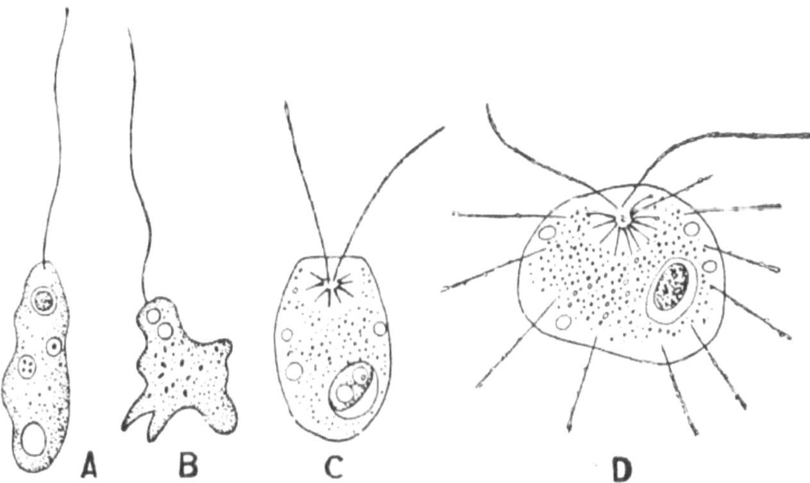

Fig. 311. Mastigamoeba invertens. *A* freischwimmend, *B* Amöbenzustand. Vergr. 1033. Dimorpha mutans, *C* mit eingezogenen, *D* mit ausgestreckten Pseudopodien. In einer Vakuole ein aufgenommenes Nahrungskörperchen. Vergr. 666. Nach LEMMERMANN.

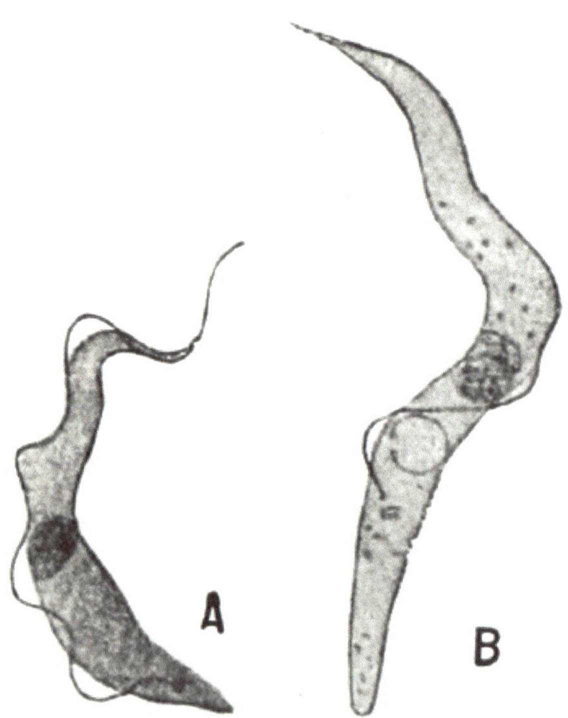

Fig. 312. Trypanosoma gambiense. *A* aus dem Blut infizierter Affen. Geißel eine undulierende Membran bildend. *B* aus der Fliege Glossina. Geißel im Innern. Nach MINCHIN.

Klasse IV.
Myxomycetes, Schleimpilze[288], [309], [310], [311].

Die Schleimpilze bilden eine eigenartige, von Flagellaten abgeleitete Gruppe niederer Thallophyten; sie nehmen ebenfalls eine Mittelstellung zwischen Pflanzen und Tieren ein und werden daher auch als *Mycetozoa* oder *Pilztiere* bezeichnet. Zunächst sei das Verhalten der umfangreichsten Ordnung, der *Myxogasteres*, dargestellt, die in zahlreichen Arten über die ganze Erde verbreitet sind. Im vegetativen Zustande bestehen diese Schleimpilze aus nackten, saprophytisch sich ernährenden Protoplasmamassen, den Plasmodien, welche zahlreiche kleine Zellkerne enthalten, des Chlorophylls vollständig ermangeln und als Reservestoff keine Stärke, sondern Glykogen bilden. Die Plasmodien (Fig. 4) finden sich mit Vorliebe auf dem Boden der Wälder, auf abgefallenen Blättern, auf und in faulendem Holz. Sie nehmen auch feste Nahrung auf, kriechen unter Formänderung und Verzweigung im Substrat umher und gelangen dort zu den für ihre Ernährung günstigsten Stellen hauptsächlich vermöge ihrer Befähigung zu chemotaktischen, hydrotaktischen und negativ phototaktischen Bewegungen. Vor der Sporenbildung aber ändern sich diese Reizbarkeiten; das Plasmodium kriecht dann aus dem feuchten Substrat dem Licht entgegen und wandelt sich je nach den Gattungen in einen einzigen oder in zahlreiche, dicht nebeneinander stehende Fruchtkörper um. Jeder Fruchtkörper (Sporangium) bildet an seiner Peripherie eine Hülle (Peridium) und in seinem Innern zahlreiche kleine, mit Membran umkleidete Sporen. Bei vielen Gattungen kommt es auch zur Ausbildung eines Capillitiums (Fig. 313 *A*, *B*, 314 *B*), das entweder aus freien oder aus netzförmig verbundenen feinen Röhrchen oder Fasern besteht und aus dem zwischen den Sporen befindlichen Plasma hervorgeht. Bei der Fruchtreife bricht das Peridium des Sporangiums auf; das Capillitium lockert sich, streckt sich hervor und die Sporen werden durch seine hygroskopischen Bewegungen und durch den Wind ausgestäubt. Die Gattung *Ceratiomyxa* verhält sich insofern einfacher, als ihre Fruchtkörper keine Hüllen besitzen, sondern die Sporen an der Oberfläche auf kleinen Stielchen tragen.

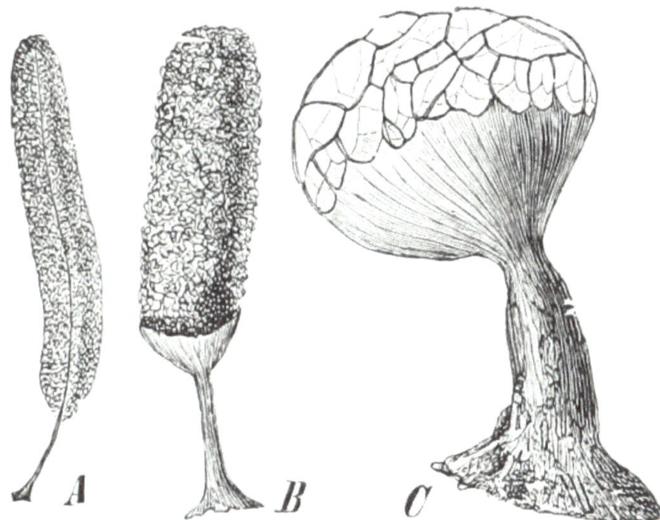

Fig. 313. Reife geöffnete Fruchtkörper nach Entleerung der Sporen. *A* Von Stemonitis fusca. Vergr. 10. *B* Von Arcyria punicea. Vergr. 12. *C* Von Cribraria rufa. Vergr. 32.

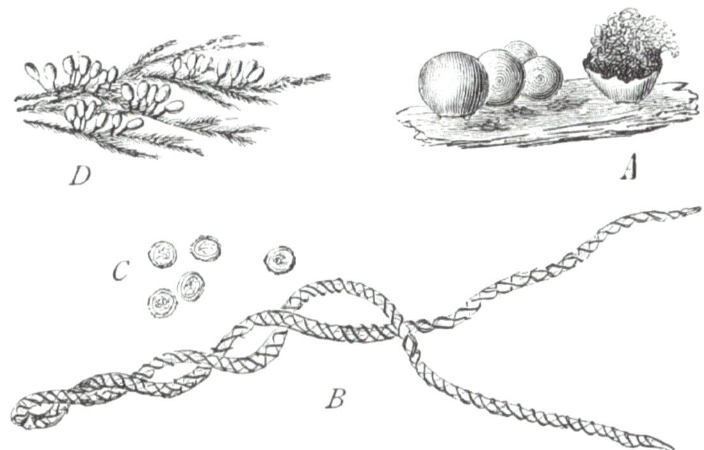

Fig. 314. *A-C* Trichia varia. *A* Sporangien geschlossen und geöffnet. Vergr. 6. *B* und *C* Capillitiumfaser und Sporen. Vergr. 240. *D* Leocarpus fragilis. Gesellige Einzelsporangien auf Moos. Nat. Gr.

Die Sporen (Fig. 315, *Chondrioderma*) keimen im Wasser oder auf nassem Substrat. Der aus der Sporenhaut austretende Protoplast erzeugt an seinem vorderen Ende nur eine einzige lange Zilie oder Geißel als Bewegungsorgan und wird so zu einer Schwärmspore (Fig. 315 *e–g*); sie besitzt einen Zellkern am vorderen Ende und eine pulsierende Vakuole am hinteren Ende. Schon innerhalb der Sporenhaut kann eine Zellteilung erfolgen, so daß dann zwei Schwärmsporen aus ihr entlassen werden. Die Schwärmsporen können sich bei gewissen Arten noch durch Zweiteilung vermehren. Nach einiger Zeit verlieren sie ihre Zilien und gehen in den Zustand der Myxamöben (Fig. 315 *i*, *k*) über. Die Amöben vermehren sich ebenfalls durch Teilung (Fig. 316 *A*, *B*). Unter ungünstigen Lebensbedingungen umgeben sie sich mit Membran und bilden Ruhezustände, sogenannte Mikrozysten, die unter günstigen Bedingungen wieder Schwärmsporen austreten lassen. Die Myxamöben verschmelzen nach JAHN[310] paarweise miteinander, wobei auch ihre haploiden Kerne kopulieren (Fig. 316 *C*).

Die so durch einen Sexualakt entstandenen einkernigen Amöbozygoten vereinigen sich zu größeren mehrkernigen Plasmodien. Diese nehmen auch noch weitere haploide Amöben auf, verdauen sie aber in Vakuolen(Fig. 316 *D*). Schließlich schreiten sie zur Fruchtkörperbildung. Die Kerne der Plasmodien sind diploid und erfahren wiederholte mitotische Teilungen (Fig. 316 *E*). Ihre letzte Teilung vor der

Sporenabgrenzung ist eine Reduktionsteilung, wodurch die Zahl der Chromosomen wieder auf die Hälfte verringert wird. Jeder so entstandene haploide Tochterkern wird zum Kern einer Spore. Die nicht zur Sporenbildung verwendeten Kerne gehen zugrunde. Bei *Ceratiomyxa* können die Sporen außer ihrem normalen Kern auch noch einen degenerierenden enthalten. Aus dem ersteren entstehen hier durch zweimalige Teilung in der reifen Spore vier Kerne, die sich bei der Keimung nochmals teilen, so daß schließlich acht Schwärmsporen aus einer Spore hervorgehen.

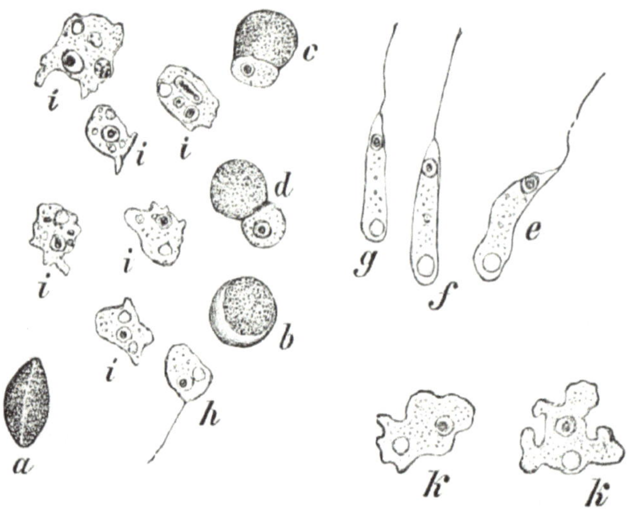

Fig. 315. Chondrioderma difforme. *a* eine trockene Spore, *b* eine geschwellte Spore, *c* und *d* Austritt des Inhaltes aus der Spore, *e*, *f* und *g* Schwärmsporen, *h* Übergang der Schwärmspore zur Myxamöbe, *i* jüngere, *k* ältere Myxamöben. Vergr. 540. Nach STRASBURGER. (Vgl. Fig. 4, S. 10.)

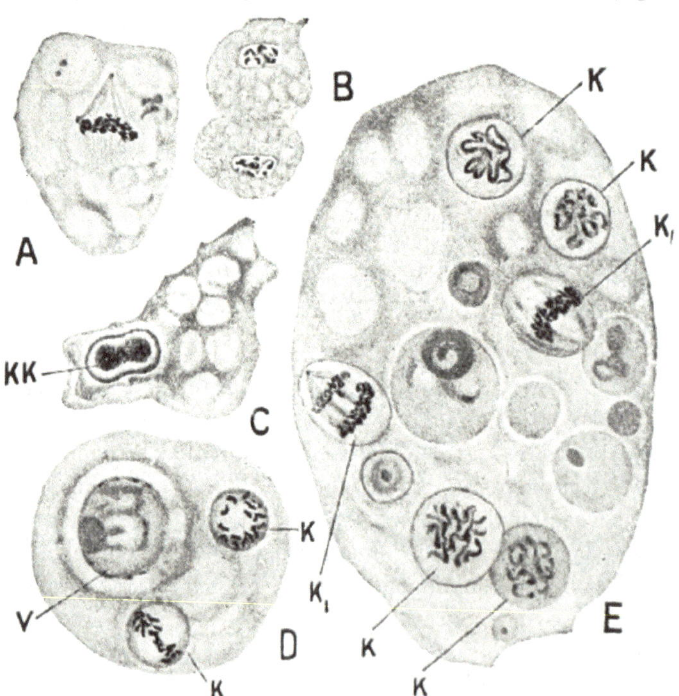

Fig. 316. Physarum didermoides. *A*, *B* Amöben in Teilung. *C* Kopulation zweier haploider Amöben, *kk* die beiden Kerne in Verschmelzung. *D* Zweikerniges Plasmodium, in der Verdauungsvakuole eine haploide Amöbe. *E* Sechskerniges Plasmodium in Kernteilung (k_1). Mit Verdauungsvakuolen. Nach JAHN.

In ihren Schwärmsporen und Myxamöben weisen die Myxomyceten auf flagellatenartige Organismen als ihre Ausgangsformen hin; auch sind plasmodienartige Zellfusionen bereits bei gewissen Flagellaten nachgewiesen.

Die stattlichsten Plasmodien, oft von über 30 cm Durchmesser, von lebhaft gelber Farbe und rahmartiger Beschaffenheit, bildet *Fuligo varians* (*Aethalium septicum*), die als sog. Lohblüte im Sommer auf feuchter Gerberlohe sehr verbreitet ist. Auf trockenem Substrat können diese Plasmodien unter Zerfall in zahlreiche, behäutete Zellen zu kugeligen oder strangartigen Dauerzuständen, sog. Sklerotien, sich umwandeln, die bei Zutritt von Feuchtigkeit wieder in die bewegliche Form übergehen. Die Plasmodien der meisten Schleimpilze besitzen solches Eintrocknungsvermögen und können somit ungünstige Perioden überdauern. Schließlich wird das Plasmodium zu einem gelblichen oder braunen, kuchenförmigen Fruchtkörper, der eine stark kalkhaltige Hülle besitzt, im Innern durch zahlreiche Wandungen gefächert ist, von einem fädigen Capillitium mit unregelmäßigen, Kalkkörnchen enthaltenden Blasen durchzogen wird und zahlreiche violettschwarze Sporen umschließt. Dieser Fruchtkörper ist somit aus zahlreichen verschmolzenen Einzelsporangien zusammengesetzt, während bei den meisten übrigen Schleimpilzen die Sporangien getrennt ausgebildet werden.

Bau und Beschaffenheit der Sporangien geben die Merkmale zur Unterscheidung der einzelnen Formen ab. Die meist braunen oder ockergelben Sporangien sind kugelig, oval oder auch zylindrisch, gestielt (Fig. 313, 314 *D*) oder ungestielt (Fig. 314 *A*). Gewöhnlich öffnen sie sich durch Absprengung oder Zerfall des oberen Teiles der Wandung, während der untere als Becher zurückbleibt (Fig. 313 *B*, 314 *A*); bei *Cribraria* (Fig. 313 *C*), deren Fruchtkörper kein Capillitium enthält, wird der obere Teil gitterartig durchbrochen, bei *Stemonitis* (Fig. 313 *A*) hingegen zerfällt das ganze Peridium, und das Capillitium entspringt einer Columella, der Fortsetzung des Stieles.

Die Ordnung der *Plasmodiophoraceae*[311] enthält einige wenige parasitäre Pilze, als Typus die *Plasmodiophora Brassicae*, die die sog. Kohlhernie an Brassica-Arten: knollenförmige Verdickungen am Strunk und an den Nebenwurzeln der befallenen Kohlpflanzen verursacht. Ihre Myxamöben leben in den Zellen dieser Wucherungen, und zwar in den Vakuolen des lebendigen Plasmas; sie zehren den Inhalt der Wirtszelle auf und verschmelzen zu Plasmodien, die schließlich die zahlreichen von Chitinmembranen umhüllten Sporen liefern. Im Plasmodium vollzieht sich vor der Sporenbildung eine der Reduktion der Chromosomenzahl dienende Kernteilung, die die Kerne für die Sporen liefert. Die Sporen werden bei der Verwesung der Pflanze frei und keimen wie bei Chondrioderma; die Myxamöben dringen wieder in die Wurzeln junger Pflanzen ein. Eine Peridiumbildung findet also nicht statt, so daß der Pilz einen einfacher organisierten oder infolge der parasitären Lebensweise in der Sporangienbildung reduzierten Schleimpilz vorstellt.

Die systematische Stellung der Ordnung ist noch zweifelhaft, da sie in einigen zytologischen Merkmalen Ähnlichkeit mit den zu den Phycomyceten gerechneten Chytridiaceen aufweist.

Klasse V.
Dinoflagellatae[288], [304], [313]-[315].

Die Dinoflagellatae oder Peridineen schließen sich an gewisse Flagellaten als weiter entwickelte Gruppe enge an, so daß sie auch zu diesen selbst gestellt werden könnten. Sie leben als einzellige, freischwimmende Organismen, teils im Süßwasser, überwiegend aber im Meere, wo sie zusammen mit Diatomeen einen wichtigen Bestandteil des Phytoplanktons abgeben. Ihre Zellen sind ausgezeichnet durch den Besitz von zwei langen Zilien, die in der Mitte der Bauchseite in einer Längsfurche entspringen; die eine Zilie ist nach hinten gestreckt, die andere dagegen legt sich wellig gebogen in eine den Körper umziehende Querfurche (Fig. 317). Der Protoplast besitzt einen Zellkern, Vakuolen verschiedener Art, zahlreiche gelbbraune Chromatophoren, die mehrere Farbstoffe enthalten. Als Assimilationsprodukt tritt Stärke oder Öl auf. Während bei den *Gymnodiniaceen* (Fig. 318 *d*) die Zellen nackt sind, ist dagegen bei den *Peridiniaceen* eine Zellulosewand vorhanden, die sich aus polygonalen, meist zierlich gezeichneten, von Poren durchbrochenen Platten zusammensetzt; die Querfurche wird von einer gürtelförmigen Plattenreihe eingenommen (Fig. 317).

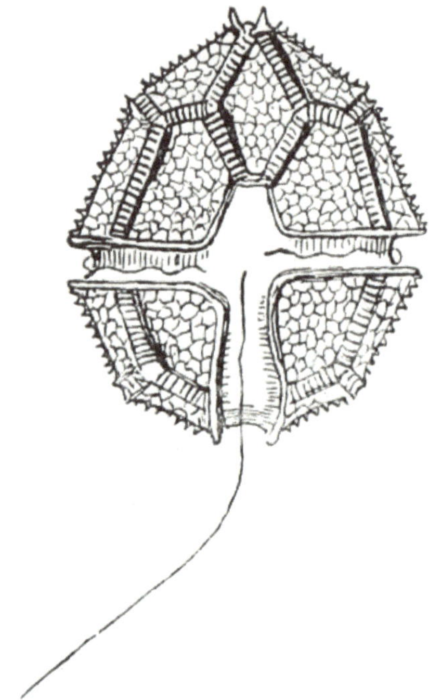

Fig. 317. Peridinium tabulatum. Nach SCHILLING.

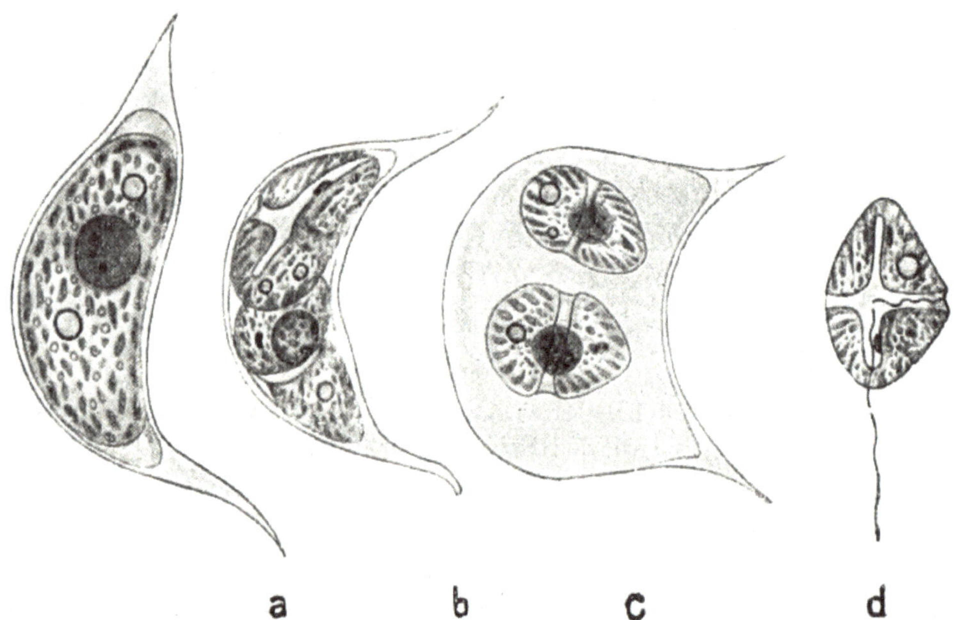

Fig. 318. Cystodinium Steinii. *a* Zyste, *b* Teilung in zwei Schwärmzellen, *c* Zyste in Quellung, *d* befreiter Schwärmer. Vergr. 480. Nach KLEBS.

Bei vielen Planktonperidineen (Fig. 319) zeichnen sich die Platten durch besondere Flügelbildungen aus, oder die Zellen besitzen lange hornförmige Fortsätze, Einrichtungen, die das Schweben und Steuern im Wasser ermöglichen[314].

Unter den Dinoflagellaten gibt es auch farblos gewordene, somit saprophytisch lebende Formen, deren Chromatophoren noch als Leukoplasten nachweisbar sind. Bei einigen Formen ist sogar tierische Lebensweise nachgewiesen, so bei dem im Süßwasser lebenden *Spirodinium hyalinum*, dessen Protoplast zum Zwecke der Nahrungsaufnahme die Geißeln verliert und zu einer, kleine Algenzellen aufnehmenden und verdauenden Amöbe wird.

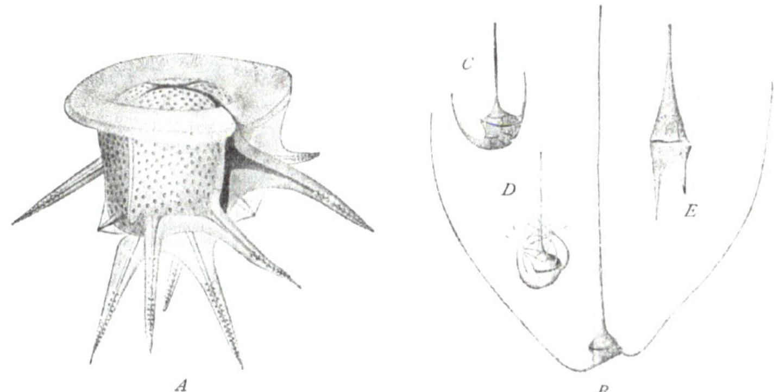

Fig. 319. Planktonperidineen. *A* Ceratocorys horrida var. africana, Ind. Ozean. Vergr. 250. *B* Ceratium tripos intermedium var. aequatoriale, Ind. Ozean. Vergr. 62. *C* Ceratium tripos gibberum und *D* Ceratium palmatum, Atl. Ozean. Vergr. 62. *E* Ceratium furca, Atl. Ozean. Vergr. 125. Nach G. KARSTEN.

Gewisse marine Peridineen (z. B. *Ceratium tripos*, *Peridinium divergens*) besitzen Leuchtvermögen; sie haben einen Hauptanteil am Meeresleuchten[293].

Die Vermehrung geschieht durch Zweiteilung meist im beweglichen Zustande der Zellen. Bei gewissen Gattungen (*Peridinium*, *Cystodinium*, [Fig. 318]) gehen die beweglichen Zellen kürzere oder längere Ruhezustände ein, bilden geißellose Zysten, in denen die Teilung erfolgt; die Tochterzellen treten dann aus der verquellenden Zyste als Schwärmzellen aus. Endlich kann auch das bewegliche Stadium ganz unterdrückt werden, und die beiden anfangs nackten Tochterzellen werden als behäutete geißellose und unbeweglich bleibende Zellen aus der Mutterhülle entlassen (*Hypnodinium*).

Einige Gattungen (*Ceratium*) bilden dickwandige Dauerzysten innerhalb des alten Membranpanzers.

Sexuelle Fortpflanzung ist bei Dinoflagellaten nicht mit Sicherheit nachgewiesen[315].

Fossile Dinoflagellaten sind zuerst aus der Kreideformation bekannt geworden.

Klasse VI.
Diatomeae, Kieselalgen[288], [304], [316]-[319].

Die Diatomeen (Bacillariaceae) stellen eine ungemein reichhaltige Klasse von einzelligen Algen vor, die teils im Süßwasser, teils im Meere, teils auf nassem Boden, meist in großer Menge gesellig vegetieren.

Die Zellen leben einzeln oder in Kolonien, entweder freischwimmend oder auf dünnen, aus Poren ausgeschiedenen Gallertstielchen festsitzend (Fig. 320). Bei gewissen Arten bleiben die Zellen in Bändern oder Zickzackketten durch kurze Gallertpolster vereinigt, oder sie sind in festsitzende schlauchförmige Gallertröhren eingeschlossen, die bei der im Meere lebenden Gattung *Schizonema* sich büschelig verzweigen. Der Umriß der Zellen ist höchst mannigfaltig, kreisrund, elliptisch, stabförmig, keilförmig, gerade oder gebogen, oft regelmäßig bilateral symmetrisch. Sehr charakteristisch ist die Verkieselung der aus Pektinstoffen bestehenden Zellmembran und ihre Zusammensetzung aus zwei Schalen, von denen die eine wie der Deckel einer Schachtel über die andere übergreift. Die Zelle bietet daher zwei verschiedene Ansichten dar, je nachdem man sie von der Schalenseite oder von der Gürtelseite betrachtet (Fig. 79).

Die Seitenwände beider Schalen sind durch die unter ihren Rändern sich ansetzenden Gürtelbänder gebildet; bei gewissen Gattungen wird die Gürtelseite noch durch Einfügung von ring- oder schuppenförmigen Zwischenbändern verlängert.

Häufig ist die Membran der Schalenseiten mit Querrippen, Warzen oder Gruben besetzt und vielfach auch von offenen Porenkanälen durchbohrt, welche der Gallertausscheidung dienen. Beim Glühen der Zelle auf einem Glimmerplättchen bleibt das Kieselskelett der Membran mit allen Strukturen zurück, beim Herauslösen der Kieselteile mit Flußsäure aber ebenso das Pektingerüst.

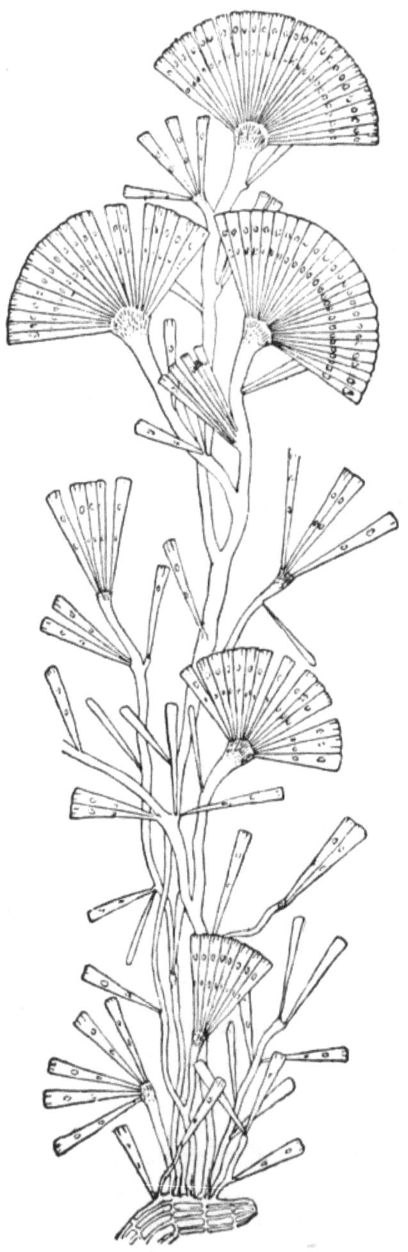

Fig. 320. Licmophora flabellata. Diatomeen-Kolonie mit verzweigten Gallertstielen. Nach SMITH, aus GOEBEL, Organographie.

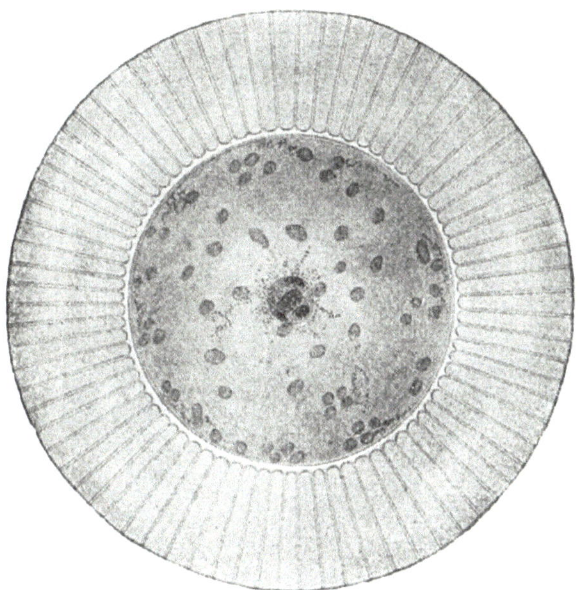

Fig. 321. Planktoniella Sol. Atl. Ozean. Scheibenförmige Planktondiatomee mit hohlem, von der Gürtelseite entspringendem Schwebeflügel. Plasma mit Kern und zahlreichen Chromatophoren. Vergr. 322. Nach G. KARSTEN.

Die Diatomeenzelle enthält einen Zellkern (Fig. 79) und entweder ein oder zwei bis vier (Fig. 324) große, flache, oft gelappte oder auch zahlreiche (Fig. 321) kleinere, durch Chlorophyll und gelbes Phykoxanthin braungelb gefärbte Chromatophoren, die häufig Pyrenoide führen. Im Zellplasma finden sich gewöhnlich einige Tropfen von fettem Öl, das an Stelle der Stärke als Assimilationsprodukt auftritt.

Die Diatomeen vermehren sich durch Zweiteilung, die sich immer nur nach einer Richtung hin vollzieht. Die beiden Schalen werden dabei durch den sich vergrößernden Plasmakörper an den Gürtelbändern auseinander geschoben: jede der beiden Tochterzellen erzeugt eine neue Schale, welche unter die von der Mutterzelle übernommene Schale mit ihren Rändern eingreift; dann trennen sich die Tochterzellen voneinander. Die beiden Schalen einer Zelle sind somit ungleichaltrig. Diese Art der Membranbildung hat, da die verkieselten Wände nicht wachstumsfähig sind, zur Folge, daß stets eine der Tochterzellen fortschreitend kleiner wird, und dies geht so fort bis zur Erreichung eines gewissen Minimums der Zellgröße. Alsdann tritt in der Regel die Bildung von Auxosporen ein, die mehrmals größer sind als die Zellen, aus denen sie hervorgegangen sind, und die bei ihrer Weiterentwicklung somit die Anfangsgröße der Zellen wieder herstellen.

Die sexuelle Fortpflanzung besteht in Kopulation gleichgestalteter Gameten.

Die Diatomeen umfassen zwei Ordnungen, *Centricae* und *Pennatae.*

Die Auxosporen wachsen bei den *Centricae*, die sich durch zentrischen Bau der Schalen auszeichnen, ohne vorhergehenden Kopulationsvorgang aus vegetativen Zellen heran, dagegen bei den mit fiedriger Schalenskulptur versehenen *Pennatae* aus den durch Gametenkopulation hervorgegangenen Zygoten. Die Pennaten haben diploide vegetative Zellen, und ihre Reduktionsteilung erfolgt bei der Bildung der Gameten, während die Centricae haploid sein dürften und schon bei der Teilung der Zygoten, die hier, soweit bekannt, durch Verschmelzung begeißelter Gameten gebildet werden, ihre einfache Chromosomenzahl erhalten. Die beiden Kieselalgengruppen zeigen somit scharfe Unterschiede.

1. Ordnung. Diatomeae centricae. Die Schalenseite ist zentrisch gebaut, mit radialer oder konzentrischer Anordnung der Wandskulpturen. Die überwiegende Mehrzahl der hierher gehörigen Arten lebt im Meere und beteiligt sich in hervorragendem Maße an der Zusammensetzung des Planktons[314]. Die Planktondiatomeen sind mit besonderen Schwimm- und Schwebeeinrichtungen, oft mit hornförmigen Fortsätzen oder Membranflügeln ausgestattet (Fig. 321 u. 322).

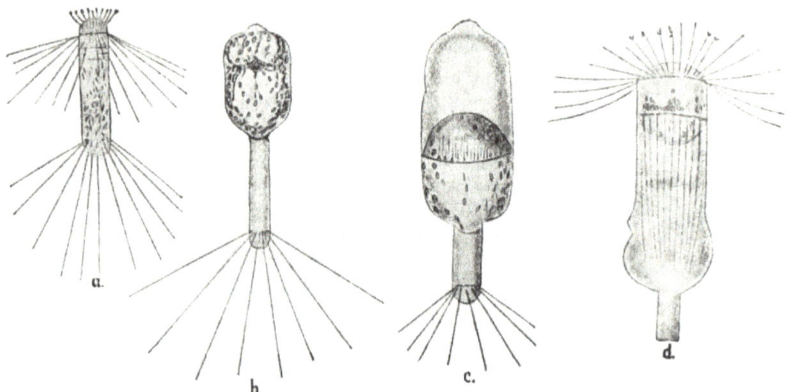

Fig. 322. Corethron Valdiviae. Antarktisches Plankton. *a* Zelle mit Schwebeborsten und Fangarmen, *b* Auxosporenbildung, Protoplast nach Abwerfen einer Schale aus der anderen hervortretend und zu etwa vierfachem Durchmesser herangewachsen, vom Perizonium umgeben, *c* Protoplast innerhalb des Perizoniums kontrahiert und die neue obere Schale ausbildend, *d* Perizonium oben aufgelöst. Die Auxospore bildet die untere Schale und tritt aus dem Perizonium hervor. Nach G. KARSTEN.

Die Auxosporenbildung der Centricae vollzieht sich als reiner Wachstumsvorgang in der Weise, daß der sich von den Schalen befreiende Plasmakörper einer Zelle zu einer vergrößerten Zelle heranwächst, die zunächst von einer schwach verkieselten Hülle (Perizonium) umgeben, in dieser die beiden neuen Schalen nacheinander ausscheidet (Fig. 322, 323 *B*).

Den Pennaten gegenüber zeichnen sich die Centricae durch bewegliche, mit Zilien versehenen Gameten aus. Die Bildung dieser bisher als Mikrosporen bezeichneten Sexualzellen wurde zuerst von BERGON bei *Biddulphia mobiliensis* (Fig. 323 *A–D*) untersucht. Hier teilt sich die Zelle zunächst in zwei sich gegeneinander abrundende Gametangien, deren Inhalt durch wiederholte Zweiteilungen in viele (32) Gameten zerlegt wird. Diese sind mit zwei gleich langen Geißeln versehen und schlüpfen als nackte Schwärmzellen aus den Behältern aus (Fig. 323 *C–E*). KARSTEN beobachtete an konserviertem Material von *Corethron Valdiviae*, daß die Mikrosporen paarweise zu Zygoten kopulieren, die heranwachsen und sich in je zwei Tochterzellen teilen. Jede Tochterzelle hat erst zwei Kerne, von denen einer später verschwindet; sie wächst allmählich zu einer fertigen Corethronzelle heran. Diese Vorgänge erinnern an das für Closterium zu schildernde Verhalten der Desmidiaceen. Auch bei einigen anderen Gattungen sind solche zweiwimperigen Gameten, und zwar von zweierlei Form, größere chromatophorenführende und etwas kleinere farblose, beobachtet worden (Fig. 323 *E*). Ihre Kopulation wurde in neuester Zeit von P. SCHMIDT an lebendem Material von *Melosira* festgestellt[317]. Die Geißeln der Gameten deuten auf phylogenetische Beziehungen der Diatomeen zu den Flagellaten, unter denen in erster Linie die Chrysomonadinen als Ausgangsgruppe in Betracht zu ziehen sind.

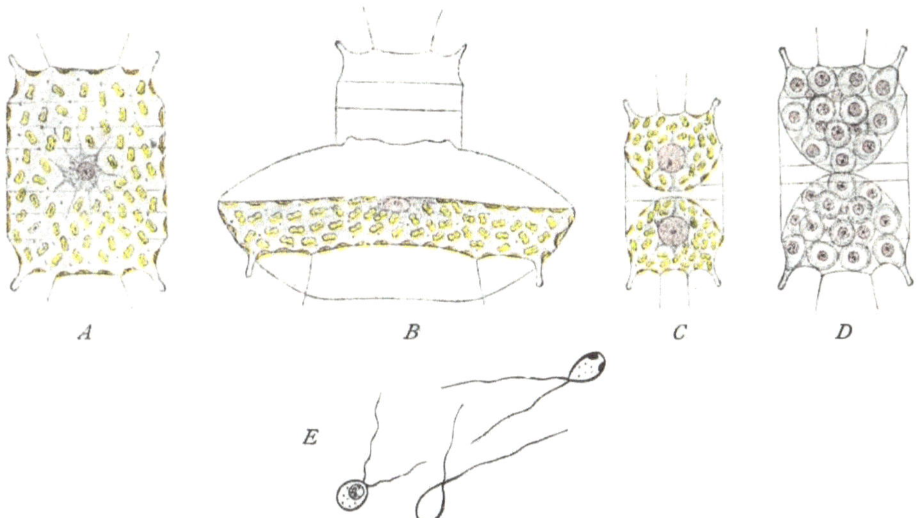

Fig. 323. *A-D* Biddulphia mobiliensis. *A* Gürtelbandansicht. *B* Auxosporenbildung. *C* Zelle in zwei Gametangien geteilt. *D* Gametenbildung in diesen. Vergr. 228. Nach P. BERGON. *E* Coscinodiscus, Gameten. Nach PAVILLARD.

2. Ordnung. Diatomeae pennatae. Sie sind meist grundbewohnende Kieselalgen. Die meist langelliptische oder stabförmige oder schiffchenförmige oder auch keilförmige Schalenseite zeigt fiedrige Anordnung ihrer Wandskulpturen (Fig. 320, 324, 325). Bei manchen Pennaten (Fig. 79) verläuft über die Schalenseite eine von zwei Endknoten ausgehende und in der Mitte zu einem Mittelknoten anschwellende Längsleiste oder Raphe, in welcher schraubig verlaufende Längsspalten die Zellwand durchsetzen. Die Formen mit Raphe zeichnen sich durch eine eigentümliche, ruckweise erfolgende Fortbewegung aus, deren Zustandekommen auf das in den Spalten befindliche und aus ihnen hervortretende strömende Plasma zurückgeführt wird. Die Bewegungen dieser Diatomeen werden durch äußere Reize veranlaßt.

Die Bildung der Auxosporen vollzieht sich in mannigfaltiger Weise. Wir gehen aus von dem Verhalten von *Navicula*, *Pleurosigma* u. a., auf das sich die anderen Typen zurückführen lassen; zwei Zellen legen sich hier nebeneinander und scheiden eine Gallerthülle aus. Ihre Kerne erfahren eine mit Chromosomenreduktion verbundene Tetradenteilung in je vier Kerne, nämlich zwei Großkerne und zwei Kleinkerne. Dann teilt sich jede Zelle in zwei Gameten, von denen ein jeder einen Großkern und einen Kleinkern mitbekommt. Die aus den Schalen hervortretenden Gameten kopulieren paarweise zu anfangs vierkernigen Zygoten; in diesen verschmelzen die Großkerne, während die Kleinkerne schwinden. Jede Zygote wächst innerhalb einer dünnen Hülle (Perizonium) zu einer mehrmals größeren Auxospore heran, die schließlich ihre beiden neuen Schalen ausbildet und die Reihe der vegetativen Zweiteilungen beginnt (Fig. 324).

Bei *Surirella* und *Cocconeïs* (Fig. 325) teilen sich die kopulierenden Zellen nicht in zwei Tochterzellen, sondern verschmelzen direkt miteinander; aber die Zellkerne erfahren noch Teilungen, und zwar teilt sich bei ersterer Gattung der Kern einer jeden Zelle zweimal, so daß ein großer Sexualkern und drei Kleinkerne entstehen, bei letzterer Gattung aber nur einmal in einen Großkern und einen Kleinkern. Die Großkerne verschmelzen, die Kleinkerne gehen zugrunde.

Bei *Achnanthes subsessilis* teilt sich der Inhalt einer Zelle in zwei austretende einkernige Tochterzellen, die sich alsdann zu einer Auxospore vereinigen.

Bei manchen Pennaten tritt die Sexualität zurück, und die Auxosporen entstehen parthenogenetisch. Bei *Synedra* teilt sich eine Mutterzelle in zwei zu Auxosporen heranwachsende Tochterzellen, deren Kerne zwar noch eine zweite Teilung ausführen, aber wieder verschmelzen; ebenso verhält sich *Rhabdonema arcuatum*, nur ist die zweite Kernteilung nicht mehr nachzuweisen.

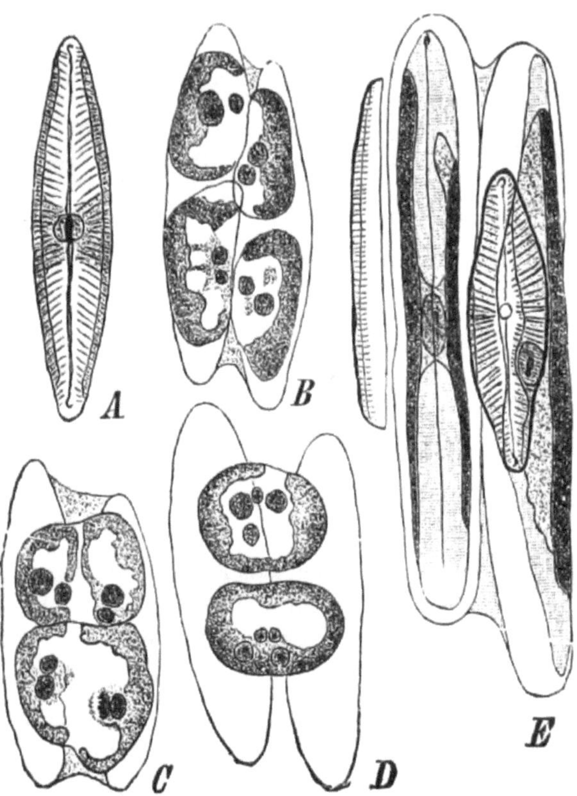

Fig. 324. Auxosporenbildung von Navicula viridula. *A* Zelle von der Schalenseite. *B* Zwei Zellen in je zwei Tochterzellen mit zwei Kernen geteilt. *C*, *D* Kopulation der Tochterzellen zu zwei anfangs vierkernigen Auxosporen. *E* Die beiden herangewachsenen Auxosporen. Vergr. 500. Nach G. KARSTEN.

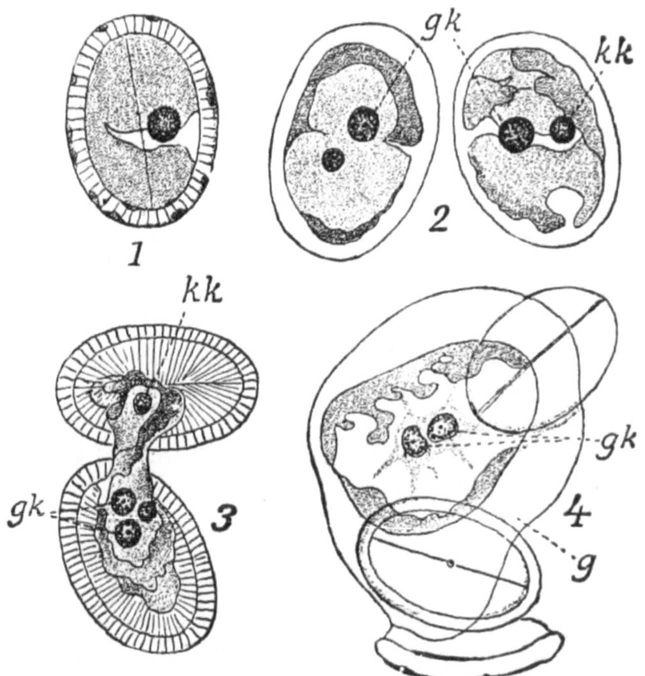

Fig. 325. Cocconeïs Placentula. *1* Vegetative Einzelzelle, *2* Zellenpaar vor der Kopulation, *3* und *4* in Kopulation. *gk* Großkern, *kk* Kleinkern, *g* Gallerte. Nach G. KARSTEN, aus OLTMANNS, Algen.

Rhabdonema adriaticum geht noch einen Schritt weiter; es stößt einen der beiden Tochterkerne aus dem Plasmakörper aus und entwickelt aus der ganzen Mutterzelle nur eine Auxospore.

Viele Pennaten siedeln sich mit Vorliebe an Stellen an, wo verwesende Substanzen reichlich vorhanden sind. Solche Arten können zu saprophytischer Lebensweise übergehen. Ihre Chromatophoren erleiden dabei unter Umständen eine bedeutende Verkleinerung und eine Entfärbung. Für einige marine *Nitzschia*-Arten ist sogar ausschließliche Ernährung aus organischen Substanzen und vollständiges Schwinden der Chromatophoren und Farbstoffe nachgewiesen[318].

Navicula ostrearia, eine im Mittelmeer vereinzelt auftretende, in den Austernparks der französischen Küsten aber sehr verbreitete und den Austern als Nahrung dienende Diatomee, zeichnet sich durch einen im Plasma enthaltenen himmelblauen Farbstoff, Marennin, aus. Das Marennin bewirkt Grünfärbung der Austern, in denen es sich unter Änderung seiner Farbe ablagert. Bei Neapel kommt sie auf Padina (S. 365) vor und verleiht ihr grüne Färbung[319].

Wegen ihrer außerordentlich feinen Membranskulptur dienen gewisse pennate Diatomeen als Testobjekte zur Prüfung von Mikroskopobjektiven, so namentlich *Pleurosigma angulatum*.

Fossile Diatomeen sind bis in den oberen Lias hinab nachgewiesen worden, in besonders reicher Fülle im Tertiär, wo ihre Schalen vielfach in größeren Massen abgelagert wurden, als Hauptbestandteil der Kieselgur (Bergmehl, Diatomeenerde), die zur Dynamitfabrikation Verwendung findet. Die tertiären Arten sind zum Teil mit jetzt noch lebenden identisch oder gehören meist denselben Gattungen an.

Klasse VII.
Conjugatae, Konjugaten[288], [304], [320]-[322].

Die Konjugaten bilden eine formenreiche Gruppe von einzelligen oder von unverzweigt fadenförmigen, im Süßwasser lebenden grünen Algen, die sich von den Chlorophyceen scharf unterscheiden. Ihre Zellen vermehren sich nur durch Zweiteilung, sind einkernig und haben im Gegensatz zu den Diatomeen eine kieselfreie Membran sowie große, verwickelt gebaute grüne Chloroplasten. Ungeschlechtliche Vermehrung durch Schwärmsporen fehlt ihnen ebenso wie den Diatomeen, mit denen sie auch in ihrer sexuellen Fortpflanzung zum Teil übereinstimmen. Diese besteht in der Kopulation oder Konjugation zweier gleichgestalteter, geißelloser Gameten zu einer Zygospore oder Zygote.

Die Konjugaten und Diatomeen sind daher auch zu einer nunmehr als unnatürlich zu betrachtenden Gruppe der *Zygophyceen* zusammengefaßt und in Rücksicht auf den Mangel von Zilien an den Gameten auch als *Acontae*, Geißellose, bezeichnet worden. Letztere Bezeichnung trifft indessen für gewisse Diatomeen, wie wir sahen, nicht mehr zu. Die Reduktionsteilung erfolgt bei den Konjugaten nach der Kopulation in den keimenden Zygoten, bei den Pennaten dagegen bei Bildung der Gameten. Beide Gruppen haben offenbar getrennt voneinander ihren Ausgang aus Flagellaten genommen.

1. Die *Mesotaeniaceae* umfassen als einfachste einzellige Konjugaten nur wenige Gattungen; sie besitzen eine einfache, nicht wie bei den Desmidiaceen aus zwei Hälften bestehende Membran ihrer kurzzylindrischen, in Gallerte an feuchten Orten lebenden Zellen. Die Kopulation zeigt Verschiedenheiten. Bei *Cylindrocystis* (Fig. 326) verschmelzen die Protoplasten von zwei Zellen als Gameten zu einer Zygote, beide Kerne vereinigen sich, während die vier Chloroplasten erhalten bleiben. Vor der Keimung teilt sich die Zygote schrittweise in vier Keimzellen, die dann aus ihr heraustreten. Im ersten Teilungsschritt vollzieht sich die Reduktion der Chromosomen. Bei *Spirotaenia* dagegen teilen sich erst die Protoplasten der beiden kopulierenden Zellen in

zwei Tochterzellen, die dann paarweise zu Zygoten verschmelzen. Auch sollen hier aus diesen nur zwei Keimlinge hervorgehen, indem die beiden anderen unterdrückt werden.

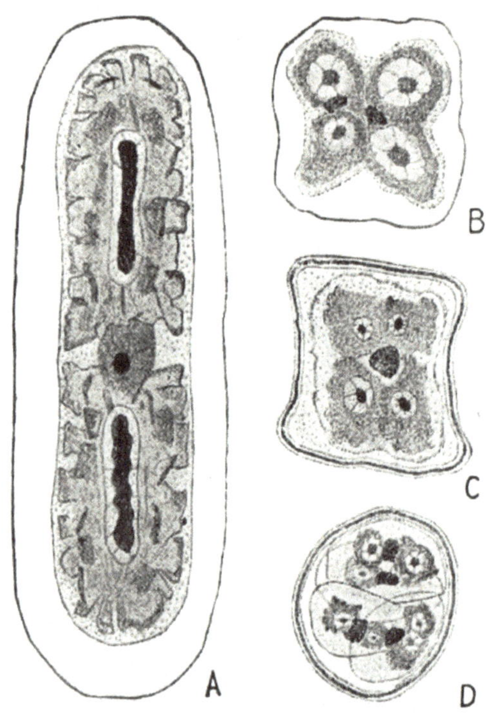

Fig. 326. *A* Cylindrocystis Brebissonii. Der Zellkern in der Mitte zwischen zwei großen viellappigen Chloroplasten mit langen Pyrenoiden. *B* Zygote vor, *C* nach der Verschmelzung der Kerne, *D* Zygote vor der Keimung mit vier Tochterzellen. Nach KAUFFMANN.

2. Die *Desmidiaceen* sind ebenfalls einzellige oder in Zellketten erscheinende Konjugaten; sie gehören zu den zierlichsten Algen der Torfmoore und Sümpfe und weisen ebenso wie die Diatomeen eine ungemeine Mannigfaltigkeit der Gestalt auf. Ihre Zellen bestehen aus zwei symmetrischen Hälften, die meist durch eine Einschnürung begrenzt sind. Jede Hälfte enthält einen großen Chloroplasten mit einigen Pyrenoiden oder Stärkeherden; in der Mitte der Zelle ist der Kern gelegen. Die Gesamtform ist sehr verschieden, bald abgerundet eckig (z. B. *Cosmarium*, Fig. 327 *A*, *B*), bald sternförmig (*Micrasterias*, Fig. 327 *D*). Häufig ist die Membran, die wie bei den Diatomeen aus zwei Hälften besteht, mit stachel- oder warzenartigen Verdickungen versehen und meist von Poren, die der Gallertausscheidung dienen, durchsetzt. Einige Gattungen zeigen keine Einschnürungen zwischen den beiden Hälften der Zelle, so z. B. *Closterium moniliferum* (Fig. 328 *F*)[321], dessen zwei Chromatophoren die Gestalt von kegelförmigen, mit Rippen besetzten Körpern haben, und das an den Zellenden je eine Vakuole mit winzigen, in Bewegung befindlichen Gipskristallen aufweist. Manche Desmidieen vollziehen phototaktische Bewegungen; sie stoßen an ihren Enden durch Poren der Membran Schleimfäden aus, mittels deren sie sich fortschieben und in die Richtung der einfallenden Lichtstrahlen stellen können.

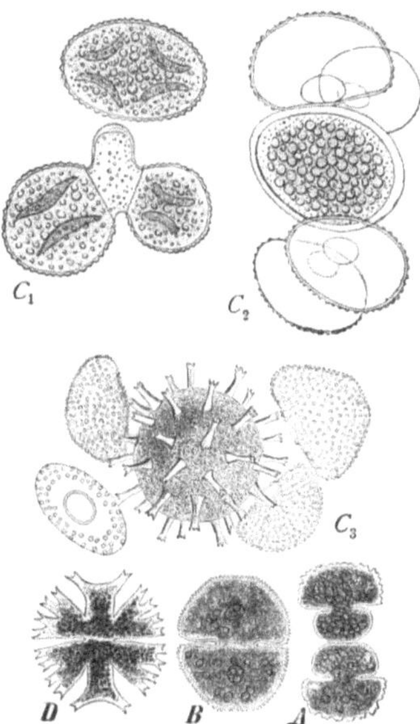

Fig. 327. *A* Cosmarium coelatum in Teilung. *B*, *C* Cosmarium Botrytis. C_1 Zwei gekreuzt stehende Zellen im Beginn der Kopulation, die untere Zelle zeigt den Kopulationskanal. C_2 Gameten zur jungen Zygote verschmolzen. C_3 Fertige Zygote. *D* Micrasterias Crux melitensis. Nach RALFS, C_2 und C_3 nach DE BARY.

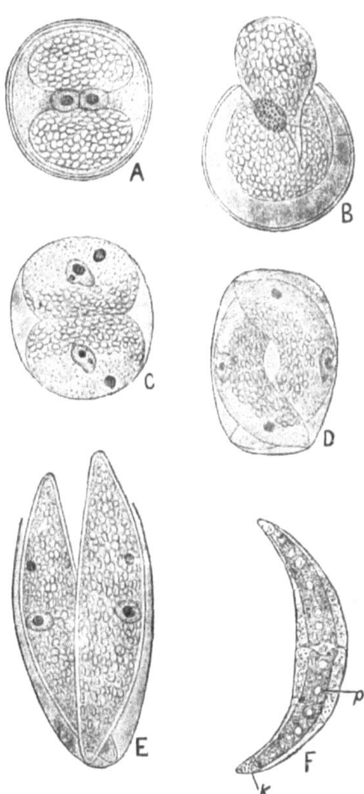

Fig. 328. Closterium. *A* Zygote vor der Keimung mit den beiden noch nicht verschmolzenen Gametenkernen. *B* Zygote in Keimung, Kerne zu einem vereinigt. *C* Teilung in zwei Zellen, jede mit einem Großkern und einem Kleinkern. *D* Weiterentwicklung der Keimlinge. *E* Heraustreten derselben aus der Membran. *F* Fertiges Stadium von Closterium moniliferum. *A–E* nach KLEBAHN.

Die Vermehrung geschieht durch Zweiteilung, die nach der Kernteilung durch eine in der Einschnürung der Zelle auftretende und dann sich spaltende Querwand vollzogen wird. Die Tochterzellen bilden sodann neue Zellhälften aus, indem sie sich nach der Teilungsfläche zu ausstülpen (Fig. 327 *A*).

Zur Kopulation legen sich zwei Zellen nebeneinander und umgeben sich mit Gallerte; die Zellwand bricht in der Einschnürung auf, die Protoplasten treten in die sich vorwölbenden, bald verschleimenden Kopulationskanäle und vereinigen sich zur Zygospore, deren Wandung häufig durch Stachelbildungen ausgezeichnet ist (Fig. 327 *C*). Neben oder an den reifen Sporen liegen die vier Membranhälften. Bei einigen Desmidieen werden die kopulierenden Zellen erst in je zwei Tochterzellen geteilt, die dann paarweise sich vereinigen.

Die in die Zygoten eingetretenen beiden Gametenkerne verschmelzen erst bei beginnender Keimung zu einem einzigen, der sich darauf nacheinander in vier Kerne, zwei große und zwei kleine, voraussichtlich unter Reduktion der Chromosomenzahl, teilt. Es werden aber nur zwei Keimzellen gebildet, von denen jede zwei ungleich große Kerne mitbekommt, deren kleinerer später schwindet (Fig. 328). Die zweizellige Keimung erscheint so als Reduktion der vierzelligen von Cylindrocystis. Die vier Chromatophoren der Zygote gehen zur Hälfte zugrunde, die beiden übrigbleibenden teilen sich vor der Keimung in je zwei.

3. Unter den fadenförmigen Konjugaten, den *Zygnemaceen*[322] ist am bekanntesten die Gattung *Spirogyra*, deren zahlreiche Arten als frei schwimmende, fädige grüne Watten im Frühjahr in ruhigen Gewässern häufig auftreten. Die aus längeren oder kürzeren Zellen bestehenden Fäden wachsen in die Länge unter Teilung und Streckung aller Zellen. Auch ist der Fadenverband kein inniger, denn die Zellen können sich unter Umständen leicht aus ihm lösen. Jede Zelle besitzt einen Kern und einen oder mehrere wandständige, bandförmige, schraubige Chloroplasten (Fig. 329 *C* und 17). Die Zellwand ist glatt und porenlos. Bei der Gattung *Zygnema* sind zwei sternförmige Chloroplasten vorhanden, bei *Mesocarpus* ein axiler bandförmiger. Die Fäden können sich in einer noch unbekannten Weise fortbewegen.

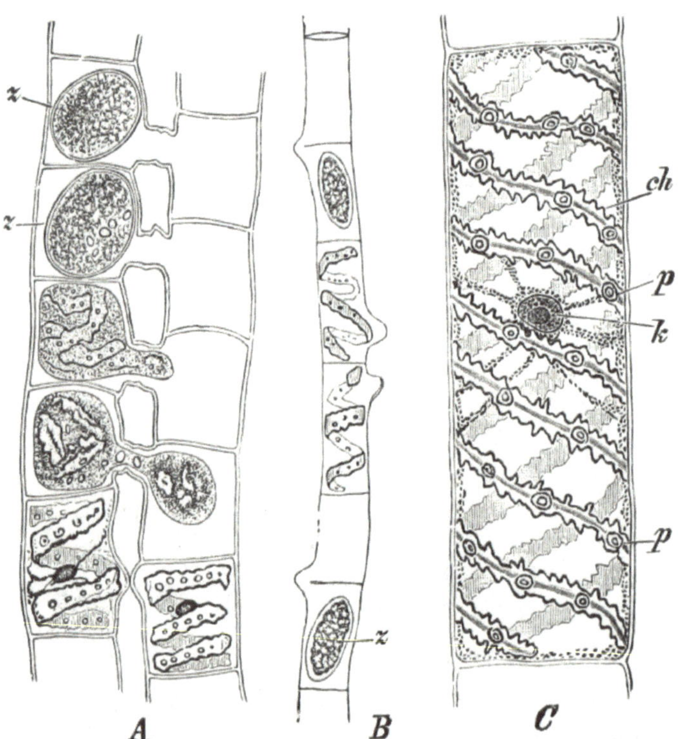

Fig. 329. *A* Kopulation von Spirogyra quinina. *z* Zygosporen. Vergr. 240. *B* Desgleichen von Sp. longata. Vergr. 150. *C* Zelle von Sp. jugalis, *k* Kern, *ch* Chromatophor, *p* Pyrenoide oder Amylumherde. Vergr. 256.

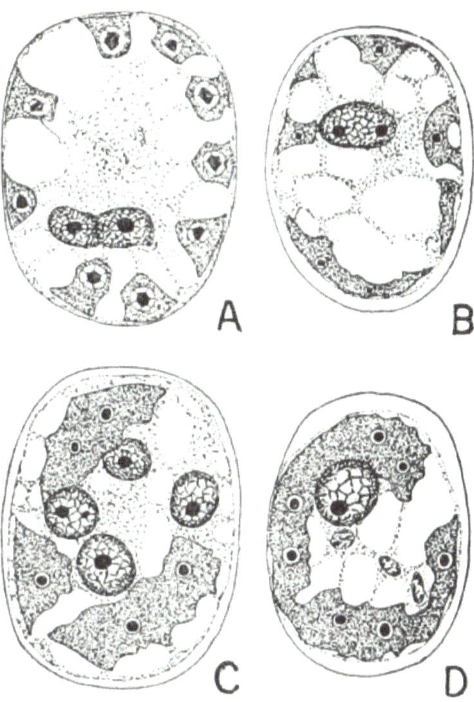

Fig. 330. Spirogyra longata. Junge und alte Zygoten. *A* Die beiden Sexualkerne vor der Kopulation, *B* nach der Verschmelzung, *C* Teilung des Zygotenkerns in vier haploide Kerne. *D* Die drei Kleinkerne in Zerfall. Chlorophyllbänder wandständig, durchschnitten gezeichnet. Nach TRÖNDLE.

Die Kopulation der Gameten vollzieht sich innerhalb der Membranen der Zellen, die durch Kopulationskanäle miteinander in offene Verbindung treten (Fig. 329). Der Protoplast der einen Zelle wandert dann durch den Kanal zu dem anderen hinüber. Ersterer kann als männlich, letzterer als weiblich bezeichnet werden. Plasma und Kerne verschmelzen miteinander, nicht aber die Chlorophyllkörper, von denen die in der männlichen Zelle befindlichen zugrunde gehen. So entsteht eine sich abrundende mit dicker dreischichtiger Membran umkleidete, dicht mit Fett und rotbraunen Schleimkugeln erfüllte Zygospore. Bei den meisten Spirogyren erfolgt die Kopulation von zwei, zuweilen auch von mehreren Fäden leiterförmig (Fig. 329 *A*). Zuerst legen sich diese dicht nebeneinander; dann wölben sich die gegenüberstehenden Zellen aufeinander zu und werden an den Berührungsstellen fest verbunden. Hier strecken sich die Wände zu kurzen Kanälen, wodurch die Fäden etwas voneinander geschoben werden. Schließlich wird die trennende Wand im Kanal aufgelöst.

Sind, wie es meist der Fall ist, die Fäden getrennt geschlechtig, so liegen die Zygosporen sämtlich im weiblichen Faden. Es gibt aber auch gemischt geschlechtige Arten, bei denen sie dann teils im einen, teils im anderen Faden liegen. Bei diesen letzteren Arten kann auch seitliche Kopulation von aufeinanderfolgenden geschlechtlich verschieden differenzierten Gameten eintreten (Fig. 329 *B*). Nach HEMLEBEN findet diese geschlechtliche Differenzierung in der Regel vor der letzten Zweiteilung der Fadenzellen statt und dem entspricht auch die Lagerung der Zygosporen.

Es gibt übrigens auch Gattungen, bei denen die Zygote mitten in den Kopulationskanal gelagert wird.

Der Kopulationskern der jungen Zygospore erfährt eine mit Chromosomenreduktion verbundene Tetradenteilung. Von den vier Kernen wird einer zum Kern des Keimlings, die drei übrigen werden zu Kleinkernen und gehen zugrunde (Fig. 330). Von den Chloroplasten der beiden Gameten werden die des übertretenden aufgelöst. So entsteht nur ein Keimling, der schlauchförmig auswächst und durch Zellteilung den Faden bildet.

Klasse VIII.
Heterocontae, Ungleichwimprige Grünalgen[288], [304], [323].

Die Heterocontae umfassen eine Anzahl Gattungen grüner Algen, die zu den Chlorophyceen gerechnet wurden, besser aber als selbständiger, aus Chrysomonadinen hervorgegangener Formenkreis zu betrachten sind.

Sie zeichnen sich aus durch gelbgrüne Färbung ihrer plattenförmigen Chromatophoren, die außer Chlorophyllgrün einen gelben, mit Säuren sich blau färbenden Farbstoff enthalten und als Assimilationsprodukt nie Stärke, sondern fettes Öl bilden, ferner fast stets durch zwei ungleich lange, etwas seitlich eingefügte Zilien ihrer Schwärmzellen, endlich in vielen Fällen durch Zusammensetzung ihrer pektinhaltigen und meist verkieselten Zellmembran aus zwei ineinander geschachtelten Teilen. Teils sind die Heteroconten einzellig, teils leben ihre Zellen in gallertigen Zellkolonien oder auf Gallertstielen, teils stellen sie Zellfäden vor.

Die Vermehrung erfolgt durch Schwärmsporen, bei gewissen Gattungen aber auch an deren Stelle durch endogene Aplanosporen; auch werden endogene Zysten gebildet, die wie die zuletzt genannten Sporen meist mit zweischaligen Kieselmembranen versehen sind. Bei einigen Gattungen sind außer Schwärmsporen auch diesen ähnliche, paarweise kopulierende Gameten beobachtet worden.

Die Heteroconten beteiligen sich mit mehreren einzelligen Gattungen (*Meringosphaera*, *Halosphaera*) an der Zusammensetzung des marinen Planktons.

An den Beginn der Klasse stellen wir flagellatenartige Formen, wie die im Süßwasser lebende *Chloramoeba heteromorpha* (Fig. 331), deren nackte, amöboid veränderliche Zellen einen Zellkern, 2–6 gelbgrüne Chloroplasten und am Vorderende über einer Vakuole zwei sehr ungleich lange Geißeln besitzen. Chloramoeba gehört zu den niederen grünen Organismen, die bei Kultur im Dunkeln in Nährlösung farblos werden und zu unselbständiger Ernährung übergehen. Ruhestadien werden von derbwandigen Dauerzellen gebildet.

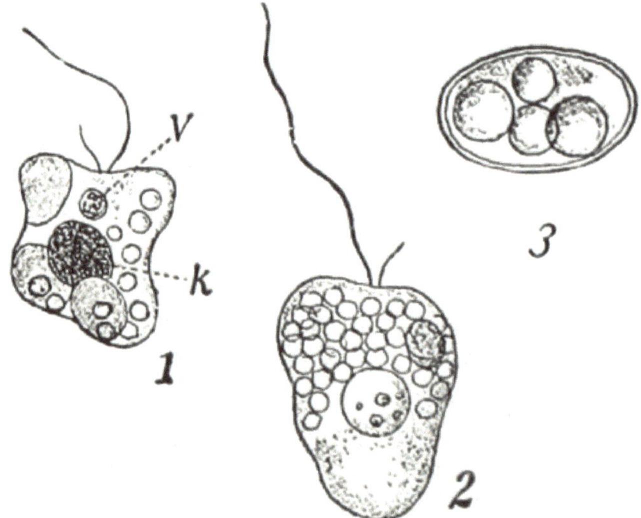

Fig. 331. Chloramoeba heteromorpha. *1* Grüne Form. *2* Farblose Form. *v* Vakuole, *k* Kern. *3* Dauerzelle. Nach BOHLIN, aus OLTMANNS, Algen.

Unter den höher stehenden Heteroconten ist besonders die im Süßwasser sehr verbreitete Gattung *Conferva* (*Tribonema*) (Fig. 332) zu nennen, deren Arten unverzweigte Zellfäden vorstellen mit eigenartig gebauter Membran, die aus zwei in der Mitte der Zelle durch einen schräg-ringförmigen Spalt getrennten Stücken besteht und bei der Teilung durch Einschiebung eines neuen, im Längsschnitt H-förmigen Membranstückes verlängert wird. Die Zoosporen entstehen zu 1 oder 2 aus den Fadenzellen. Außer Zoosporen werden auch, unter Zerfall der Fäden, geißellose derbwandige Aplanosporen erzeugt.

Die Mehrzahl der Heteroconten besitzt einkernige, nur gelegentlich zweikernige Zellen. Doch gehören auch Gattungen mit mehrkernigen Zellen wie *Ophiocytium* und *Sciadium* in diese Klasse.

Zu den Heteroconten stellen wir mit Vorbehalt auch *Botrydium granulatum* (Fig. 333), eine auf feuchtem Lehmboden sehr verbreitete Alge, deren einzelliger, aber vielkerniger Thallus die Form von einer etwa 2 mm großen, birnförmigen, grünen, unterwärts mit farblosem verzweigtem Rhizoïd festgeankerten Blase aufweist. Die Zoosporen werden in großer Zahl erzeugt, treten aus einem Loch am Scheitel aus, besitzen zwei Chloroplasten, eine endständige Geißel, umgeben sich nach dem Schwärmen mit Membran und keimen zu neuen Blasen heran. Geschlechtliche Fortpflanzung ist nicht bekannt[289].

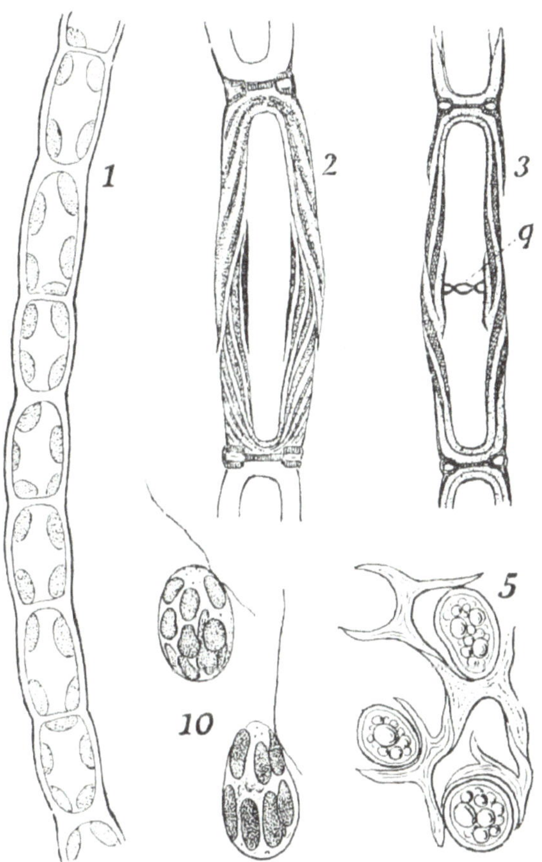

Fig. 332. Conferva bombycina. *1* Faden, *2*, *3* Zellwandbildung, *q* Querwand, *5* Aplanosporenbildung unter Zerfall der Fäden, *10* Zoosporen mit ungleich langen Geißeln. Nach GAY (*1*, *5*), BOHLIN (*2*, *3*), LUTHER (*10*). Aus OLTMANNS, Algen.

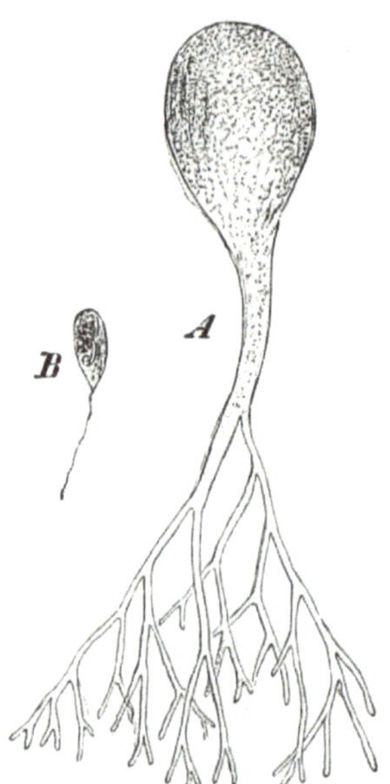

Fig. 333. Botrydium granulatum. *A* Vergr. 28. *B* Eine Schwärmspore. Vergr. 540. Nach STRASBURGER.

Klasse IX.
Chlorophyceae, Grünalgen[288], [304], [324]-[335].

Nach Ausscheidung der ebenfalls grünen Konjugaten und Heteroconten verbleiben die Chlorophyceen als eine natürliche, in mehreren Reihen aufsteigende Gruppe von Algen, von denen der größere Teil in Süßwasser oder an feuchten Orten, manche größere Arten aber auch an den Meeresküsten leben, während sie am marinen Plankton keinen Anteil haben. Ihre mit Membran umhüllten Zellen zeichnen sich aus durch rein grün gefärbte, fast stets Stärke bildende und häufig Pyrenoide führende Chloroplasten. Ihre ungeschlechtlichen Schwärmsporen haben birnförmige Gestalt und besitzen bei den typischen Vertretern zwei oder vier gleich lange Geißeln (daher auch die Bezeichnung Isocontae für die Gruppe), und im unteren Teil einen gebogenen oder auch becherförmigen Chloroplasten. Bei einigen Gattungen treten an Stelle der Schwärmsporen unbewegliche Aplanosporen auf; bei gewissen höher stehenden Gattungen (Oedogonium, Vaucheria) sind die Schwärmsporen weniger einfach gebaut, lassen sich aber auf die ursprünglicheren Formen zurückführen.

Die Schwärmsporen gelangen durch phototaktische Bewegungen an Orte, die ihnen für ihre Keimung die günstigsten Lichtbedingungen bieten (vgl. S. 291).

Die sexuelle Fortpflanzung geschieht meist durch Kopulation von Gameten, die den Zoosporen ähnlich sind. Bei den Endgliedern aller Gruppen mit Ausnahme der Protococcales hat sich aber an Stelle dieser Isogamie bereits Oogamie herausgebildet. Die Reduktionsteilung erfolgt, soweit untersucht, bei der Keimung der Zygoten.

Von den fünf Ordnungen der Chlorophyceen schließen sich die *Volvocales* am nächsten an die Flagellaten an, von denen sie sich aber durch den Besitz von Zellmembranen unterscheiden; sie umfassen ebenso wie auch die *Protococcales* einzellige oder Zellkolonien bildende Formen. Die *Ulotrichales* und *Siphonocladiales* stellen Zellfäden vor, die bei ersteren aus einkernigen, bei letzteren aus großen vielkernigen Zellen bestehen und in den einfachsten Fällen unverzweigt, bei höher stehenden Formen oft vielfach verzweigt sind. Die *Siphonales* endlich haben einen aus einer einzigen schlauchförmigen, vielkernigen Zelle aufgebauten Thallus.

Die Grünalgen stellen sicher eine sehr alte Gruppe niederer Pflanzen vor. Mit Sicherheit sind aber nur die durch Kalkabscheidungen widerstandsfähigen Thalli mariner *Siphonocladiales* bis in das Silur abwärts nachgewiesen worden. Diese Kalkalgen spielten namentlich in der Trias eine bedeutende Rolle und erreichten dort eine große Formenfülle.

1. Ordnung. Volvocales. Sie zeichnen sich dadurch aus, daß die Zellen, die einen Kern und einen Chloroplasten enthalten, auch während ihres vegetativen Zustandes die Geißeln behalten, also ständig beweglich bleiben. Darin verhalten sie sich wie Flagellaten.

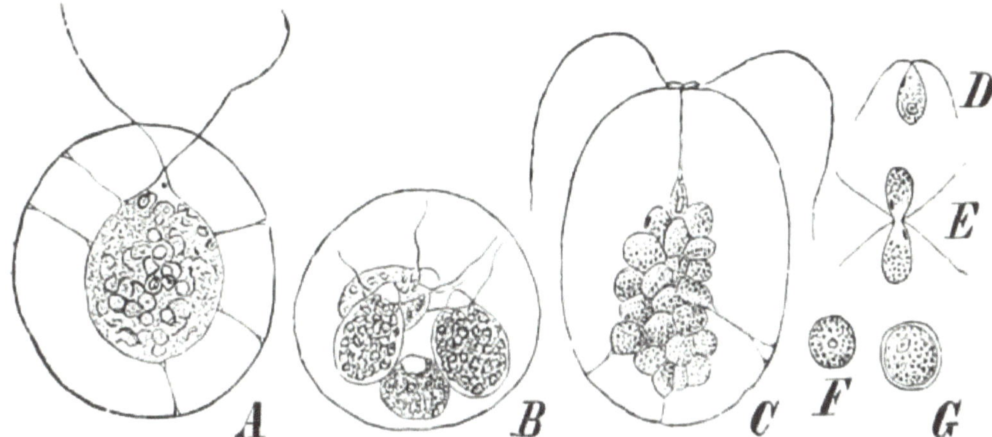

Fig. 334. *A*, *B* Haematococcus pluvialis. *A* Schwärmende Zelle. *B* Bildung der Schwärmsporen. Vergr. 360. *C-G* Haematococcus Bütschlii. *C* Gametenbildung. Vergr. 400. *D* Gamet. *E* Kopulation zweier Gameten. *F*, *G* Zygoten. Vergr. 800. *C-G* nach BLOCHMANN.

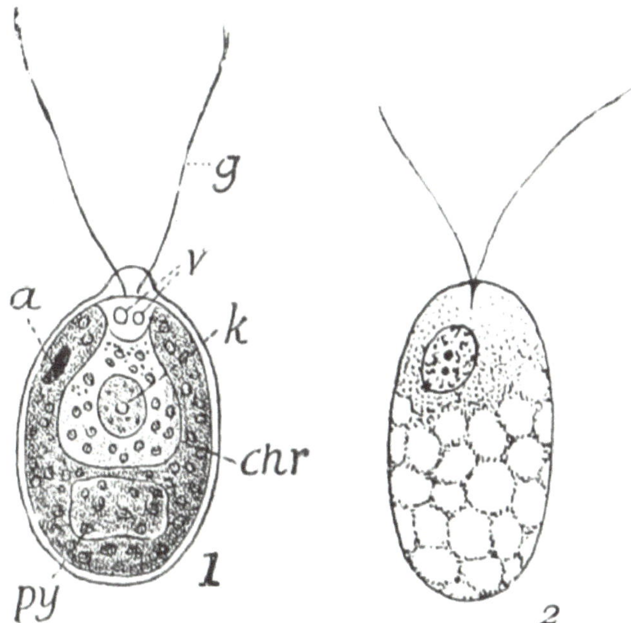

Fig. 335. Chlamydomonas angulosa, nach DILL. *g* Geißeln, *v* Vakuole, *k* Kern, *chr* Chromatophoren, *py* Pyrenoid, *a* Augenfleck. *2* Polytoma uvella, nach DANGEARD. Aus OLTMANNS, Algen.

Chlamydomonas (Fig. 335) und *Haematococcus* (Fig. 334) gehören zu den freischwimmenden einzelligen Formen[325]. Bei ersterer Gattung liegt die Membran dicht dem Protoplasten an, der vorn zwei Geißeln und einen roten Augenfleck besitzt; bei letzterer dagegen ist der Protoplast bis auf einige Fortsätze von der Membran durch eine Gallertschicht getrennt. *Haematococcus pluvialis* tritt häufig in Regenpfützen auf und zeichnet sich ebenso wie die auf Firnfeldern den „roten Schnee“ verursachende *Chlamydomonas nivalis* durch einen roten Farbstoff, Hämatochrom (= Karotin), in seinen Zellen aus. Die Vermehrung geschieht ungeschlechtlich durch Schwärmsporen, die zu 2–8–16 in einer Mutterzelle gebildet und durch Zerreißen der Membran frei werden, und außerdem geschlechtlich durch Kopulation kleiner, zweiwimperiger, gleichartiger Gameten, die in größerer Menge (64 oder noch mehr) in der Mutterzelle entstehen und paarweise mit den Vorderenden zu ruhenden Zygoten sich vereinigen. Bei *Chlamydomonas coccifera* ist nach GOROSCHANKIN[326] im Gegensatz zu den übrigen Arten eine weitgehende Differenzierung der Gameten eingetreten. Einzelne Zellen werden zu großen, zilienlosen weiblichen Gameten oder Eizellen, andere teilen sich und liefern je 16 kleine, zweizilige männliche Gameten. Der Übergang zur Oogamie vollzieht sich hier also schon bei einzelligen Algen.

Polytoma uvella, die wie Chlamydomonas gebaut ist, verdient Erwähnung, weil sie eine farblose, saprophytisch sich ernährende Form darstellt (Fig. 335, *2*).

Mehrere Chlamydomonaden verlieren unter gewissen Bedingungen ihre Geißeln. Die Zellen teilen sich weiter, werden aber durch die gallertig aufquellenden Zellwände noch in Kolonien zusammengehalten (sog. Palmella-Stadium). Unter günstigen Bedingungen werden die Zellen wieder beweglich.

Die Gattungen *Pandorina*, *Eudorina*, *Volvox* u. a. vereinigen ihre zweiwimperigen Zellen zu freischwimmenden Kolonien oder Cönobien. *Volvox* (Fig. 336) als höchststehende Form zeigt hohlkugelige Kolonien, deren zahlreiche Protoplasten durch feine Fortsätze noch in Verbindung bleiben, so daß eine solche Kolonie bereite als ein Individuum oder auch als eine einfache Form eines Plasmodiums aufgefaßt werden kann. Bei *Volvox* sind die Geschlechtszellen in Eier und Spermatozoiden differenziert. Die Eizellen entstehen durch Vergrößerung einzelner Koloniezellen, sind groß, grün, unbeweglich und von Gallerte umgeben, während die viel kleineren, langgestreckten, nackten hellgrünen Spermien unter ihrem schmalen farblosen Vorderende seitlich zwei lange Zilien tragen und durch Teilung von Koloniezellen in zahlreiche Tochterzellen entstehen. Nach Kopulation der Eizelle mit einem Spermium wird die Eizelle zu einer derbwandigen, ruhenden Oospore, in der sich bei der Keimung die Reduktionsteilung des Zygotenkerns abspielt[327]. Volvox vermehrt sich vegetativ durch Teilung einzelner Koloniezellen zu neuen Tochterkolonien, ein Vorgang, welcher der Schwärmsporenbildung der einfacheren Gattungen entspricht. Außer Volvox zeichnet sich auch noch *Eudorina* durch Oogamie aus.

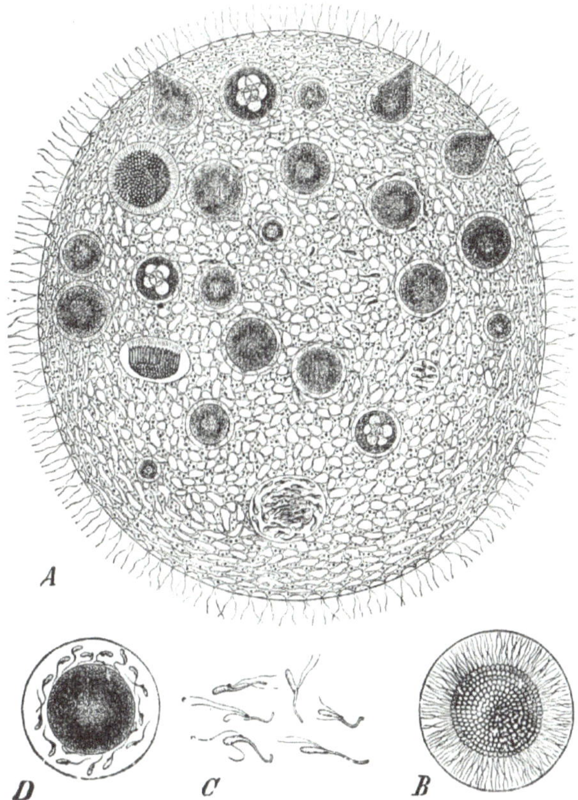

Fig. 336. Volvox globator. *A* Kolonie mit Eizellen und Spermiengruppen in verschiedenen Entwicklungsstadien. Vergr. 165. *B* Spermienbündel, aus einer Zelle durch Teilung entstanden. Vergr. 530. *C* Spermien. Vergr. 530. *D* Eizelle, in der Gallertmembran von Spermien umschwärmt. Vergr. 265. Nach F. COHN.

2. Ordnung. Protococcales. Einzellige oder in Zellkolonien verschiedener Form lebende grüne Algen, deren vegetative Zellen aber keine Zilien tragen, also unbeweglich sind. Meist ist nur ein Kern und ein Chloroplast in der Zelle vorhanden. Die Vermehrung geschieht durch Zoosporen, an deren Stelle aber bei manchen Gattungen auch zilienlose Aplanosporen treten. Die geschlechtliche Fortpflanzung besteht in Kopulation gleichgestalteter Gameten; sie ist aber nur bei einigen Gattungen nachgewiesen und scheint bei den einfacheren Formen überhaupt noch nicht zur Ausprägung gekommen zu sein.

Zu den einfachsten Formen gehören die einzelligen Gattungen *Chlorococcum* und *Chlorella*[328], [329]. Erstere bildet kugelige Zellen, die in Süßwasser, aber auch auf feuchten Substraten vorkommen. Die Vermehrung geschieht ungeschlechtlich durch Teilung der Zellen in eine Anzahl von ausschlüpfenden Zoosporen (Fig. 337), an deren Stelle unter gewissen Umständen auch zilienlose Aplanosporen gebildet werden können. *Chlorella vulgaris* (Fig. 338) ist eine ungemein verbreitete Alge, deren kleine grüne Zellen häufig symbiotisch im Plasma von niederen Tieren, Infusorien, Hydra, Spongilla, Planarien leben und sich ausschließlich durch Teilung der Zellen in 2, 4 oder 8 austretende Aplanosporen vermehren, die sich mit Membran umgeben und heranwachsen.

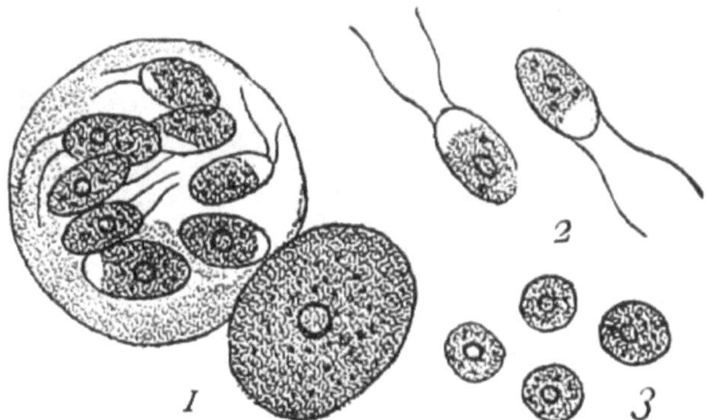

Fig. 337. Chlorococcum (Chlorosphaera) limicola. *1* Vegetative Zelle und Zelle in acht Zoosporen geteilt. *2* Freie Zoosporen. *3* Dieselben nach Umhüllung mit Membran. Nach BEIJERINCK, aus OLTMANNS, Algen.

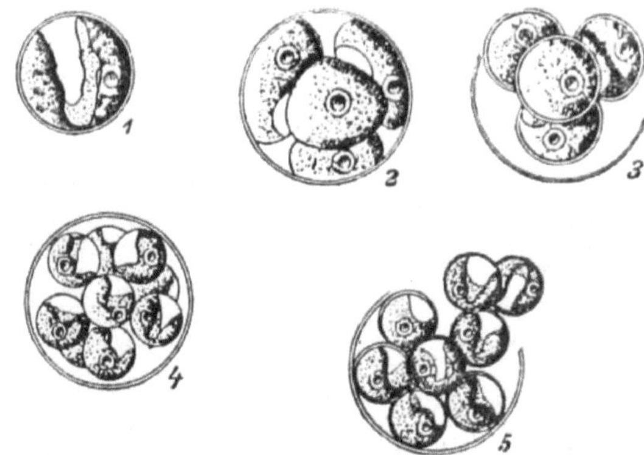

Fig. 338. Chlorella vulgaris. *1* Zelle. *2*, *3* Teilung in vier Aplanosporen. *4*, *5* Desgleichen in acht. Nach GRINTZESCO.

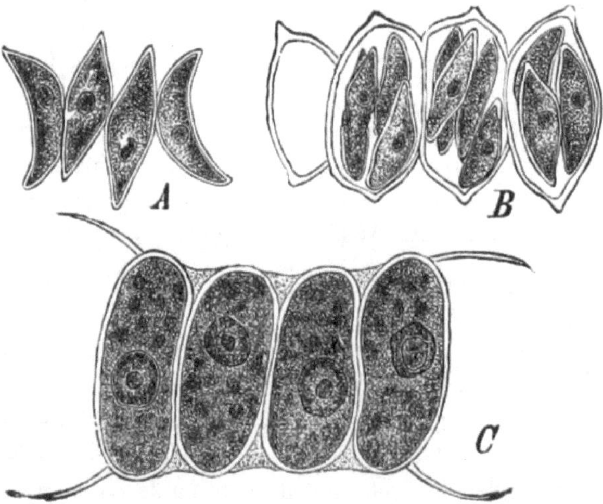

Fig. 339. *A* Scenedesmus acutus. *B* Desgleichen in Teilung. *C* Scenedesmus caudatus. Vergr. 1000. Nach SENN.

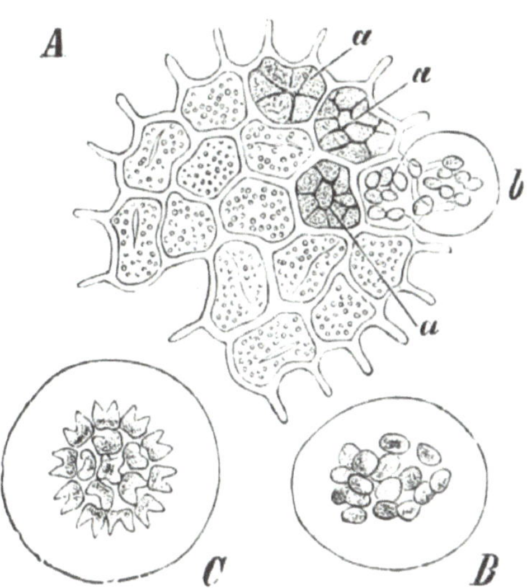

Fig. 340. Pediastrum granulatum. *A* Alte Zellfamilie, entleert bis auf die drei Zellen *a*; die Zelle *b* entläßt 16 Schwärmzellen. *B* Zellfamilie nach dem Austritt. *C* Zellfamilien 41/2 Stunden später. Vergr. 300. Nach AL. BRAUN.

An Chlorella schließen wir die im Süßwasser sehr verbreitete Gattung *Scenedesmus* (Fig. 339) an, welche Zellkolonien einfachster Art, meist aus je vier Zellen in einer Querreihe vorstellt. Die häufigste Art, *S. acutus*, hat spindelförmige Zellen, während *S. caudatus* an jeder Endzelle zwei lange, hornförmige Membranfortsätze besitzt. Jede Zelle teilt sich der Länge nach in vier zilienlose und sich mit Membran umgebende Tochterzellen, die nach Verlassen der alten Membran eine neue Kolonie bilden. Reicher zusammengesetzte Zellkolonien treffen wir bei *Pediastrum* (Fig. 340) an in Form von zierlichen, freischwimmenden Täfelchen. Die Bildung ungeschlechtlicher, mit zwei Zilien versehener Schwärmsporen findet in der Weise statt, daß der Inhalt einer Zelle sich in eine Anzahl (bei dem abgebildeten *P. granulatum* in 16) Schwärmsporen teilt, welche, von einer gemeinsamen Blase umgeben, durch einen Riß in der Wandung austreten, sich sodann in der Blase bewegen und schließlich zu einer neuen heranwachsenden Zellfamilie zusammenlegen. Neben der ungeschlechtlichen tritt bei Pediastrum auch geschlechtliche Fortpflanzung auf. Die Gameten sind den Schwärmsporen ähnlich, nur kleiner, und entstehen in den Zellen in größerer Zahl; sie schwimmen frei im Wasser und kopulieren paarweise zu Zygoten. Beide Gameten sind gleich gestaltet. Die Weiterentwicklung der Zygoten zu den Zellfamilien ist noch nicht ganz lückenlos bekannt.

Ähnlich ist auch der Entwicklungsgang des Wassernetzes, *Hydrodictyon utriculatum*[289], [330], einer der zierlichsten freischwimmenden Süßwasseralgen, deren zylindrische vielkernige Zellen zu einer Kolonie in Form eines sackförmigen, langgestreckten, vielmaschigen Netzes verbunden sind.

Hierher gehört auch *Protosiphon botryoides*, eine auf Schlammboden meist gemeinsam mit dem habituell ähnlichen *Botrydium* (S. 352) lebende Alge, deren blasenförmige bis 5 mm breite, nach unten in einen farblosen Wurzelschlauch sich verlängernde Zelle einen netzförmig durchbrochenen Chloroplasten und zahlreiche Kerne enthält und sich durch Sprossung und Teilung vermehrt. Fortpflanzung erfolgt durch Isogamie. Protosiphon zeigt, daß der Thallus schon bei den Protococcales siphonalen Charakter annehmen kann.

Die Protococcales leiten wir ebenso wie die Volvocales von Flagellaten ab. Im Gegensatz zu den Volvocales hat aber bei ihnen, wie auch weiterhin bei allen höherstehenden Algen, der unbewegliche zilienlose Zustand der Zellen die Oberhand gewonnen, so daß bei einigen Gattungen sogar auch die Sporen keine Geißeln mehr erzeugen, obwohl im allgemeinen gerade in den Keimzellen der Algen der Flagellatencharakter sich recht zähe erhält. Hand in Hand mit der Aufgabe der Beweglichkeit erfolgt dann bei den Arten mit ruhenden Einzelzellen eine fortschreitend reichere Ausgestaltung der äußeren Zellform.

3. Ordnung. Ulotrichales. Sie bezeichnen den einzelligen Grünalgen gegenüber einen Fortschritt in der äußeren Gliederung des Thallus, der stets mehrzellig erscheint und meist aus einfachen oder verzweigten Zellfäden besteht. Die Zellfäden sitzen entweder mit einer farblosen Fußzelle am Substrat unter Wasser fest (Fig. 342 *A*) oder schwimmen frei. Bei der im Meere lebenden Gattung *Ulva* (*Ulva lactuca*, Meersalat) besteht der Thallus aber aus großen blattartigen, grünen, zweischichtigen Zellflächen (Fig. 81, Keimpflanze), bei *Enteromorpha* ist er zylindrisch oder abgeflacht bandförmig (Fig. 341); in der Jugend auch hier zweischichtig, wird er später innen hohl, so daß die Wandschicht nur aus einer Zellage besteht. Die Ulotrichales leben im Süßwasser oder im Meere. Nur einige Formen (*Chroolepideen*) wachsen als Luftalgen an Felsen, Baumstämmen, in den Tropen auch auf Blättern. Hierzu gehört die auf Steinen in Gebirgen wachsende *Trentepohlia* (oder *Chroolepus*) *Jolithus*, deren Zellfäden infolge Hämatochromgehaltes rot erscheinen und einen veilchenartigen Geruch besitzen (Veilchenstein).

Die Zellen besitzen stets nur einen Zellkern und meist auch nur einen Chloroplasten. Die ungeschlechtliche Fortpflanzung vollzieht sich durch zilientragende Schwärmsporen, die geschlechtliche besteht entweder in Kopulation von Planogameten, oder die Geschlechtszellen sind in Eizellen und Spermien differenziert.

Fig. 341. Enteromorpha compressa. Häufige Grünalge der Nordseeküsten. 1/2 nat. Gr.

Ulothrix zonata[297] (Fig. 342 *A*), der typische Vertreter der Gruppe, ist eine der häufigsten Fadenalgen. Sie besteht aus unverzweigten, mit einer Rhizoïdzelle festsitzenden Fäden ohne Spitzenwachstum; ihre kurzen Zellen enthalten einen bandförmigen Chloroplasten. Die ungeschlechtliche Fortpflanzung geschieht durch vierzilige Schwärmsporen (Zoosporen) (*C*), die einzeln oder durch fortgesetzte Zweiteilung zu mehreren in einer Fadenzelle gebildet werden und durch ein seitlich entstehendes Loch aus der Zellmembran ausschlüpfen (*B*), umherschwärmen und dann zu neuen Fäden auswachsen. Die geschlechtlichen Schwärmzellen, Planogameten, bilden sich in gleicher Weise aus Fadenzellen oder Gametangien, aber in viel größerer Zahl (*D*, *E*); sie sind kleiner und besitzen nur zwei Zilien, außerdem einen roten Augenfleck und einen Chloroplasten, wie die Schwärmsporen; Ulothrix ist morphologisch isogam, physiologisch aber heterogam, denn Gameten, die aus ein und demselben Faden stammen, kopulieren nicht miteinander, sondern nur solche von getrennter Herkunft; sie verschmelzen dann paarweise zu Zygoten (*F-H*), welche die Zilien einziehen, sich abrunden und mit Membran umkleiden. Die Zygote stellt einen Ruhezustand dar, sie wird zu einem kleinen einzelligen

Keimpflänzchen (*J*); ihr Inhalt teilt sich in mehrere Zellen, aus denen die neuen Ulothrixfäden wieder heranwachsen. Übrigens können sich die Planogameten unter Umständen auch parthenogenetisch ohne Kopulation direkt weiter entwickeln. Damit ist die Mannigfaltigkeit der Schwärmerbildung noch nicht erschöpft, denn die Fäden können außer den oben genannten Schwärmsporen mit vier Wimpern auch kleinere ungeschlechtliche, aber gametenähnliche Mikrozoosporen mit vier oder zwei Wimpern erzeugen, welche bei Temperaturen über 10° meist zugrunde gehen, bei solchen unter 10° nach einigen Tagen zur Ruhe kommen und dann langsam keimen. Die Alge ist insofern von Interesse, als bei ihr die sexuelle Differenzierung der Gameten noch in einem Anfangsstadium steht.

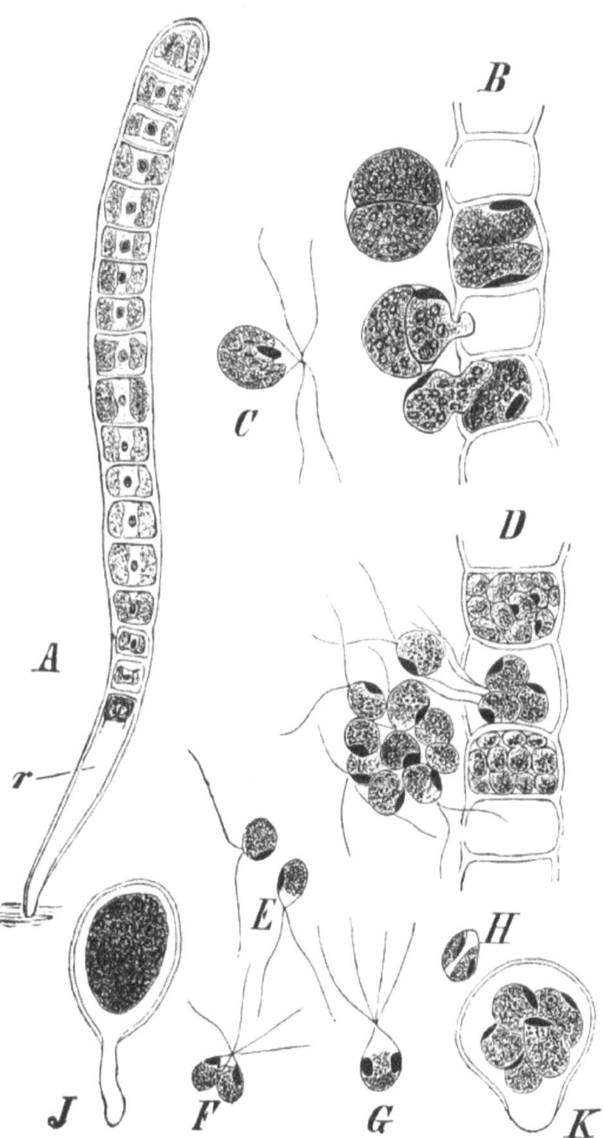

Fig. 342. Ulothrix zonata. *A* Junger Faden mit Rhizoïdzelle *r*. Vergr. 300. *B* Fadenstück mit ausschlüpfenden Schwärmsporen, zu zwei in jeder Zelle. *C* Einzelne Schwärmspore. *D* Gametenbildung und Entleerung eines Fadenstückes. *E* Gameten. *F*, *G* Kopulation der Gameten. *H* Zygote. *J* Zygote nach der Ruheperiode. *K* Zygote, deren Inhalt in mehrere Zellen sich geteilt hat. *B-K* Vergr. 482, nach DODEL.

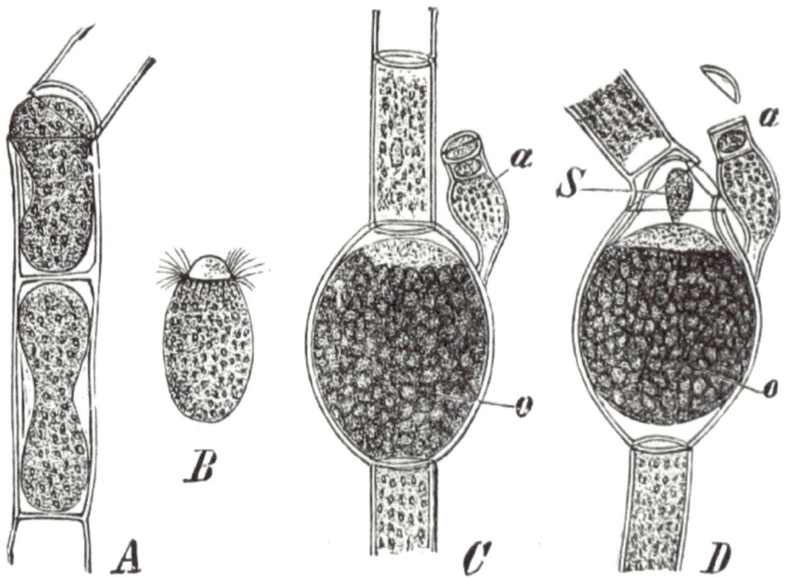

Fig. 343. *A*, *B* Oedogonium. *A* Schwärmsporen beim Ausschlüpfen. *B* Schwärmspore. *C*, *D* Oed. ciliatum. *C* Vor der Befruchtung. *D* Während der Befruchtung. *o* Oogonien, *a* Zwergmännchen, *S* Spermatozoid. Vergr. 350. Nach N. PRINGSHEIM.

Als Beispiel oogamer Ulotrichales sei die Gattung *Oedogonium*[331] genannt, an die sich *Bulbochaete* anschließt. Während letztere verzweigte Zellfäden aufweist, hat erstere Gattung unverzweigte Fäden, deren Zellen einen aus zahlreichen zusammenhängenden Bändern bestehenden Chloroplasten besitzen. Die ungeschlechtlichen Schwärmsporen (Fig. 343 *B*) sind bei Oedogonium besonders groß, haben ein farbloses Vorderende, an dessen unterem Rande zahlreiche Zilien in Form eines Kranzes entspringen. Sie entstehen in Einzahl aus dem ganzen Inhalt einer Fadenzelle (Fig. 343 *A*) und schlüpfen unter Aufbrechen dieser Zelle aus, um alsbald zu neuen Fäden auszukeimen, nachdem sie sich mit ihrem farblosen Ende festgesetzt haben. Die Oogonien gehen aus einzelnen Fadenzellen hervor, indem diese tonnenförmig anschwellen und ihren Inhalt zu einer großen Eizelle ausbilden. Am oberen Ende des Oogoniums entsteht in der Membran ein Loch und unter diesem ein farbloser Empfängnisfleck an der Eizelle. An anderen Stellen desselben oder eines anderen Fadens werden die Spermien erzeugt, und zwar meist zu je zwei in relativ niedrig bleibenden Fadenzellen, den Antheridien. Die Spermien sind kleiner als die ungeschlechtlichen Schwärmsporen, aber wie diese mit einem Zilienkranz versehen. Sie schlüpfen durch die Öffnung in das Oogonium und verschmelzen mit der Eizelle, die dann zu einer großen derbwandigen Oospore wird. Bei der Keimung teilt sich ihr Inhalt in vier große Schwärmsporen, welche ausschlüpfen und neue Fäden bilden. Fig. 344 stellt die Bildung dieser Sporen für *Bulbochaete* dar.

Bei gewissen Oedogonien liegen die Verhältnisse weniger einfach. Die Spermien werden nämlich bei diesen in kleinen, nur aus wenigen Zellen bestehenden Pflänzchen, sog. „Zwergmännchen“ erzeugt. Diese Pflänzchen entwickeln sich aus spermienähnlichen Schwärmsporen (Androsporen), die sich nach dem Ausschwärmen auf den weiblichen Fäden, ja sogar auch direkt auf den Oogonien festsetzen und zu den wenigzelligen Zwergmännchen heranwachsen, deren obere Zellen die Spermien erzeugen. Fig. 343 *C* zeigt ein reifes Zwergmännchen auf einem noch geschlossenen Oogonium, *D* den Eintritt der Befruchtung, das Spermium auf dem Empfängnisfleck, die obere Wandung des Zwergmännchens deckelartig abgesprengt.

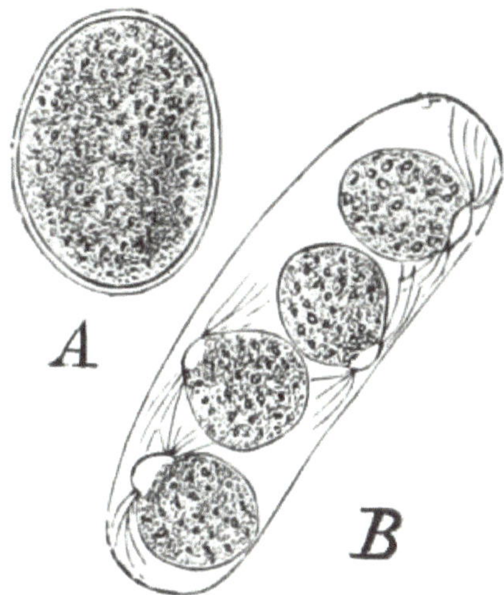

Fig. 344. Bulbochaete intermedia. *A* Oospore. *B* Bildung von vier Schwärmsporen aus der keimenden Oospore. Vergr. 250. Nach N. PRINGSHEIM.

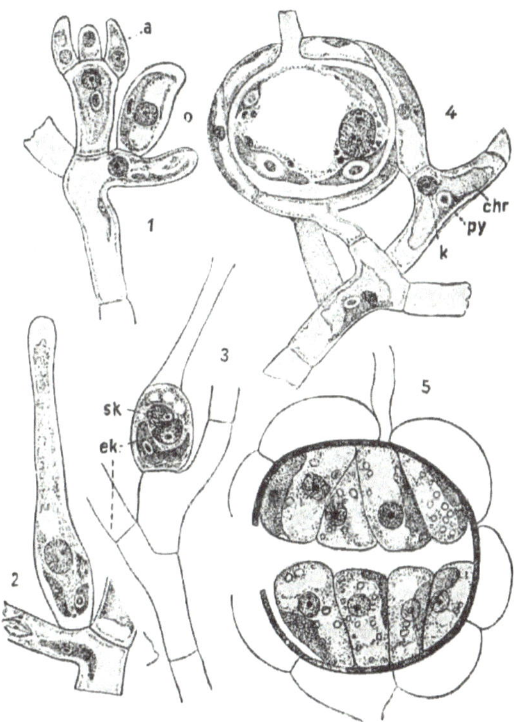

Fig. 345. Coleochaete pulvinata. *1* Antheridium *a* und junges Oogon *o*, *2* Oogonium kurz vor der Öffnung, *3* dasselbe befruchtet, *ek* Eikern, *sk* Spermakern, *4* Oospore durch Umwachsung zur „Frucht“ entwickelt, *5* keimende Oospore. Nach OLTMANNS.

Die Gattung *Coleochaete*[332] zeichnet sich ebenfalls durch Oogamie aus (Fig. 345). Ihr flaschenförmiges Oogonium hat einen farblosen Hals, der sich an der Spitze zur Aufnahme des Spermiums öffnet. Die Antheridien sind endständig und erzeugen nur je ein mit zwei Geißeln versehenes Spermium. Die heranwachsende, kugelige Oospore wird in ein einschichtiges, pseudo-parenchymatisches Gewebe eingeschlossen, indem von der Tragzelle des Oogoniums und benachbarten Zellen Zellfäden aussprossen und sie dicht umhüllen. So entsteht eine Oosporenfrucht. Bei der Keimung führt der Kern der Oospore eine Reduktionsteilung aus. Hierauf entsteht ein 16–32zelliger Körper, der die Oosporenhülle durchbricht und aus jeder Zelle eine Schwärmspore entläßt, die sich zu einem neuen Thallus entwickelt. Coleochaete vermehrt sich ungeschlechtlich durch zweiwimperige Schwärmsporen, die in Einzahl in Thalluszellen gebildet werden.

4. Ordnung. Siphonocladiales. Die hierher gehörigen, meist reich verzweigten Algen unterscheiden sich von den Ulotrichales durch große, vielkernige Zellen, deren Chloroplasten entweder in Einzahl groß und netzförmig gestaltet erscheinen oder als zahlreiche kleine Plättchen auftreten.

Die Gattung *Cladophora* mit zahlreichen Arten im Süßwasser und im Meere kann als wichtigster Vertreter genannt werden. *Cl. glomerata* (Fig. 84) ist eine der häufigsten Flußalgen, oft fußlange verzweigte Fadenbüschel bildend, die an der Basis mit rhizoïdartiger Zelle festsitzen und Spitzenwachstum aufweisen, das bei anderen Vertretern der Ordnung noch nicht zur Ausbildung gelangt ist. Der Bau der Zellen ist aus Fig. 7, 9 und 18 zu ersehen. Die Verzweigung erfolgt an den oberen Enden der Zellen durch Ausstülpung und Abgrenzung von Astzellen. Die Vermehrung geschieht durch zweiwimperige (Fig. 346), bei den marinen Arten der Gattung durch vierwimperige Zoosporen, die in großer Zahl meist aus den oberen Zellen der Fäden entstehen und durch ein seitliches Loch aus diesen Sporangien austreten. Die geschlechtliche Fortpflanzungsweise ist Isogamie wie bei Ulothrix.

Nur bei einer Gattung, der im Süßwasser in Form einfacher Fäden vorkommenden *Sphaeroplea annulina*, ist die sexuelle Fortpflanzung zur Oogamie vorgeschritten.

Manche Vertreter der Ordnung leben im Meere, z. B. *Siphonocladus*, und haben zum Teil einen reich gegliederten, aber stets aus verzweigten Zellfäden aufgebauten Thallus, der bei gewissen Gattungen durch Kalkinkrustationen eine korallenartige Beschaffenheit annimmt. Als Beispiel solcher Kalkalgen sei die zierliche, im Mittelmeer heimische *Acetabularia mediterranea* (Fig. 347) genannt. Der dünne Stiel des Thallus sitzt mittels einiger Rhizoiden fest, der Schirm besteht aus zahlreichen, dicht zu einer Fläche zusammenschließenden radialen Schläuchen, deren jeder als ein Gametangium aufzufassen ist. Ihr Inhalt aber bildet die zweiwimperigen Gameten nicht direkt, sondern zerfällt erst in eine große Zahl derbwandiger Zysten, welche ruhend überwintern und dann zahlreiche, paarweise kopulierende Gameten entlassen. Die Zygoten keimen sehr bald und wachsen schrittweise zu neuen Pflanzen heran.

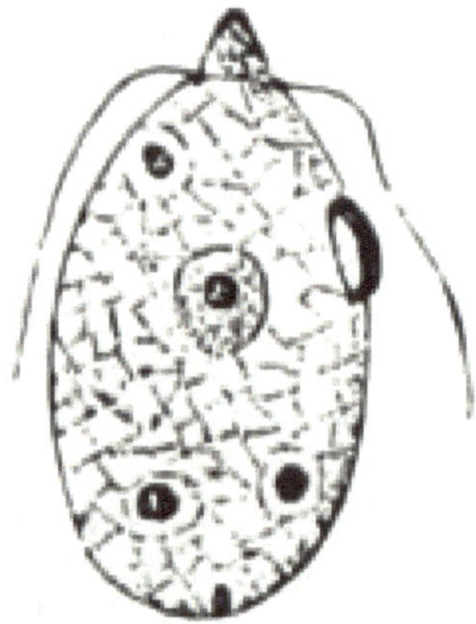

Fig. 346. Cladophora glomerata. Schwärmspore. Vergr. 500. Nach STRASBURGER. Hierzu Fig. 84.

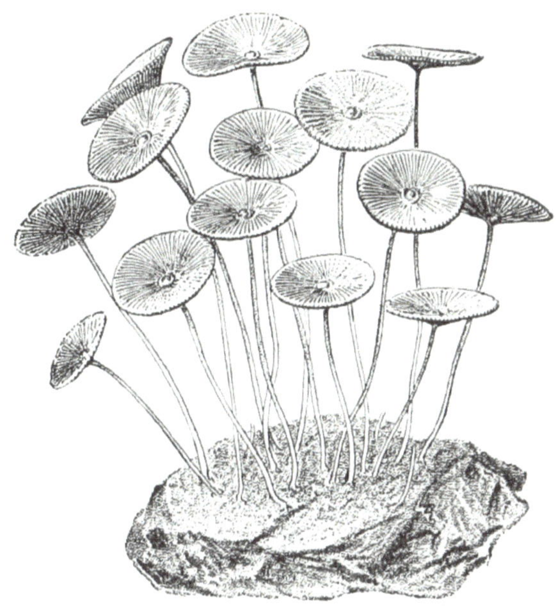

Fig. 347. Acetabularia mediterranea. Kalkalge. Nat. Gr. Nach OLTMANNS.

5. Ordnung. Siphonales. Die Siphoneen oder Schlauchalgen unterscheiden sich von den vorhergehenden Gruppen dadurch, daß in ihrem äußerlich mehr oder weniger reich gegliederten Thallus zunächst keine Querwände vorhanden sind. Die Zellhaut umschließt somit eine einzige Plasmamasse, in welcher zahlreiche Zellkerne und zahlreiche kleine grüne Chloroplasten enthalten sind. Ähnliche Thallusformen kehren bei den Phycomyceten oder Algenpilzen wieder.

Die meisten Siphoneen leben im Meere und gehören infolge ihres eigenartig gegliederten Thallus zu den interessantesten Algentypen. So besitzt die in vielen Arten in wärmeren Meeren vertretene Gattung *Caulerpa*[333] eine kriechende, an der Spitze fortwachsende Hauptachse, die nach unten farblose Rhizoiden in den Boden entsendet, nach oben dagegen grüne, bei den einzelnen Arten sehr verschieden gestaltete Thallusglieder trägt. Bei der mediterranen *C. prolifera* (Fig. 348) sind diese Glieder blattartig, entweder einfach oder durch wiederholte Aussprossungen verzweigt. Dabei umschließt die ganze Pflanze nur einen einzigen Zellraum, der von netzförmig verbundenen Zellstoffbalken durchsetzt wird. In den farblosen Thallusteilen enthält das Plasma stärkebildende Leukoplasten.

Die Gattung *Bryopsis* hat einen zierlich federförmig verzweigten Thallus[334]. Bei den in wärmeren Meeren lebenden *Halimeda*-Arten setzt er sich aus scheibenförmigen Gliedern, ähnlich wie eine Opuntia im kleinen, zusammen und erhält durch Kalkablagerungen eine korallenartige Beschaffenheit. Die Glieder sind aus verzweigten und miteinander verflochtenen Schläuchen gebildet.

Bei *Bryopsis* hat sich eine Differenzierung der kopulierenden zweiziligen Gameten in größere, mit einem grünen Chromatophor versehene weibliche und dreimal kleinere, nur ein kleines gelbliches Chromatophor führende männliche vollzogen; bei *Vaucheria* und *Dichotomosiphon* ist bereits Oogamie scharf ausgeprägt[335]. Diese letzteren Algen kommen im Süßwasser vor oder bilden auf feuchtem Boden kleine Rasen. Ihr Thallus besteht aus einem fadenförmigen, verästelten und im Substrat mit farblosen Rhizoïden befestigten Schlauch (Fig. 349 *D*).

Die Bildung der ungeschlechtlichen *Schwärmsporen* geschieht bei Vaucheria in anderer Weise als bei den übrigen Siphonales. Einzelne Zweigenden schwellen zur Bildung des Sporangiums etwas an und grenzen sich mit einer Querwand ab (Fig. 349). Der Inhalt der Endzelle verwandelt sich nun in eine einzige, sehr große, grüne, mit bloßem Auge schon sichtbare Schwärmspore, die einen farblosen, zahlreiche Kerne enthaltenden Saum besitzt und vor jedem Kern je zwei Zilien hervorstreckt. Bei der Entleerung reißt der Sporangiumscheitel auf, und die Spore zwängt sich unter Drehung um ihre Längsachse aus der Öffnung hervor. Morphologisch entspricht die Vaucheriaspore der Gesamtheit der Zoosporen eines gewöhnlichen Sporangiums.

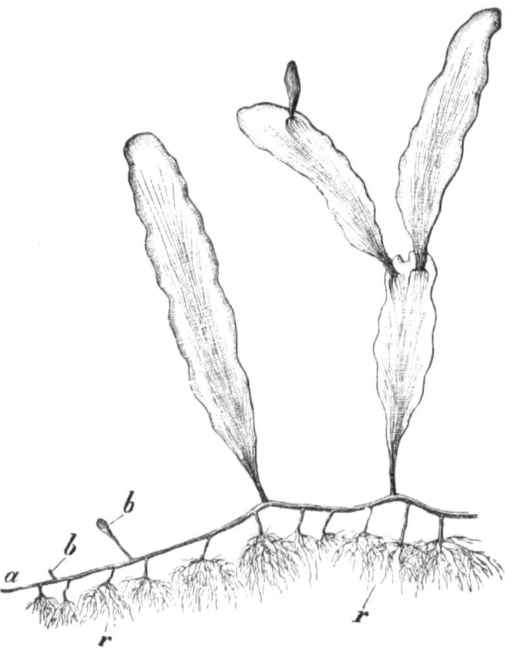

Fig. 348. Caulerpa prolifera. Die feinen Linien auf den Thallusblättern bezeichnen die Plasmaströme. *a* Fortwachsende Spitze der Thallusachse, *bb* junge Thalluslappen, *r* Rhizoïden. **1⁄2** nat. Gr.

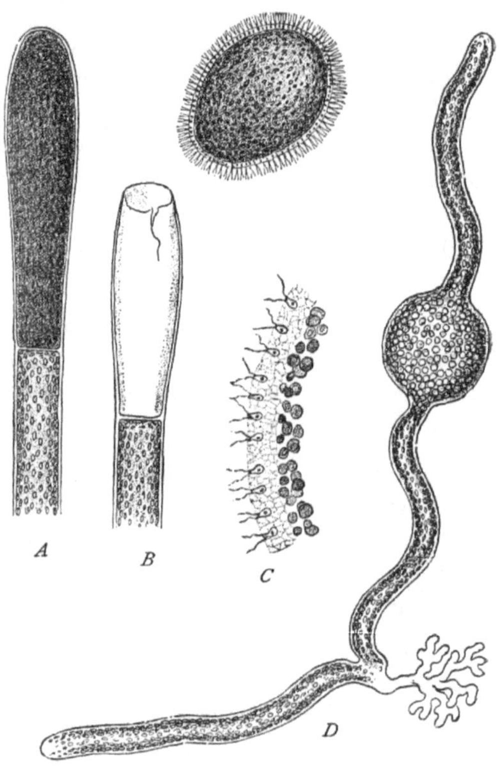

Fig. 349. Vaucheria sessilis. *A* Anlage des Sporangiums. *B* Aus dem Sporangium ausgeschlüpfte Zoospore. *C* Ein Stück der Peripherie einer Zoospore. *D* Keimpflanze aus einer Zoospore mit Rhizoïd. *A*, *B* nach GÖTZ, *D* nach SACHS, aus OLTMANNS Algen, *C* nach STRASBURGER.

Die sexuelle Fortpflanzung von Vaucheria weicht bedeutend von der Gametenkopulation der übrigen Siphoneen ab, ist aber von dieser als der ursprünglicheren Befruchtungsart abzuleiten. Oogonien und Antheridien entstehen an den Thallusfäden als Ausstülpungen, die durch eine Scheidewand abgegrenzt werden (Fig. 350 *o* und *a*). Die Oogoniumanlage enthält anfangs zahlreiche Kerne, die aber nach OLTMANNS und HEIDINGER alle bis auf den zurückbleibenden einzigen Eikern vor der Scheidewandbildung wieder in den Tragfaden zurückwandern. Im reifen Zustande besitzt das Oogon eine schnabelartige, mit farblosem Plasma angefüllte Vorstülpung, an welcher es sich öffnet. Ein Ballen Plasma tritt zunächst aus, und die Eizelle rundet sich ab. Das in seiner Anlage ebenfalls vielkernige Antheridium ist mit seinem Tragast ein hornförmig gekrümmtes Gebilde (*a*); es bildet einkernige Spermien, öffnet sich bei der Reife an seiner Spitze und entleert seinen schleimigen Inhalt, aus dem die winzigen, völlig farblosen, mit zwei seitlich inserierten Zilien versehenen Spermien herausschwärmen, um an dem farblosen Empfängnisfleck des Oogoniums sich anzusammeln. Ein Spermium dringt ein und vollzieht die Befruchtung durch Verschmelzung seines Kerns mit dem Eikern. Die befruchtete Eizelle umgibt sich mit einer Membran, geht als Oospore in einen Ruhezustand über und keimt dann zu einem neuen Faden aus.

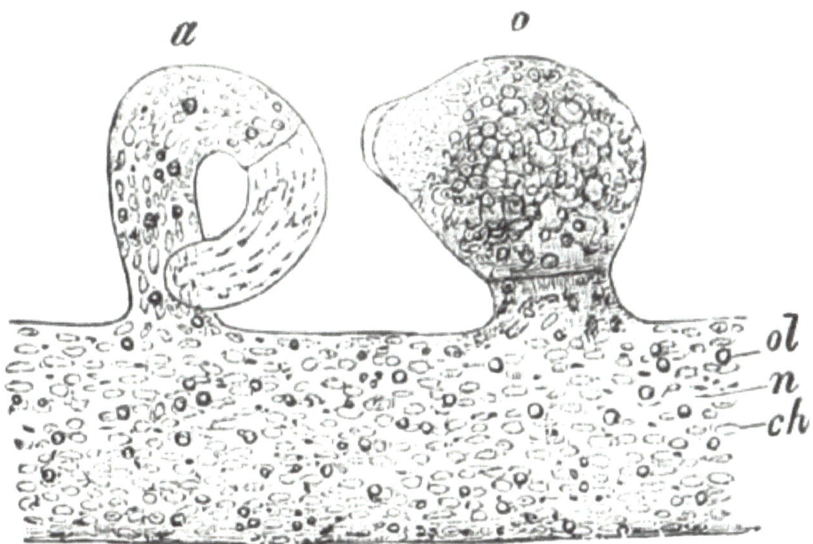

Fig. 350. Vaucheria sessilis forma repens. Fadenstück mit Oogonium *o*, Antheridium *a*, *ch* Chromatophoren, *n* Zellkerne, *ol* Öltropfen. Vergr. 240. Nach STRASBURGER.

Klasse X.
Phaeophyceae, Braunalgen[288], [304], [336]-[344].

Die Phaeophyceen scheinen wie die Chlorophyceen ihren phylogenetischen Ausgang von Flagellaten genommen zu haben; in ihrer vegetativen Gestaltung erreichen sie aber höhere Stufen als die Grünalgen.

Sie sind mit Ausnahme einiger Süßwasserarten Meeresalgen, die ihre größte Entwicklung in den kälteren Ozeanen finden. In der Gestalt ihres Thallus herrscht eine ungemeine Mannigfaltigkeit. Die einfachsten Vertreter (z. B. *Ectocarpus*) zeigen unverzweigte oder verzweigte, festsitzende Fäden, die aus einfachen Zellreihen bestehen. Sodann gibt es Formen mit zylindrischem, reich verzweigtem, vielzelligem Thallus, z. B. *Cladostephus*, dessen Hauptzweige mit dichtem Filz von kurzen vielzelligen Seitenzweigen bedeckt sind (Fig. 89), oder mit bandförmigem, dichotomisch verzweigtem, vielzelligem Thallus (z. B. *Dictyota*, Fig. 83). Diese Vertreter wachsen an ihren Thallusenden vielfach mittels großer Scheitelzellen weiter (Fig. 89 und 90). Andere Arten haben scheiben- oder blasenförmigen Thallus.

Die höchste Entwicklung erfahren die Braunalgen in den Ordnungen der *Laminariaceen* und *Fucaceen.* Zu den ersteren gehört die in den nördlichen Meeren verbreitete Gattung *Laminaria*, deren Thalli einem großen einfachen oder gefingerten, gestielten Blatt gleichen, das an seiner Stielbasis mittels eines verzweigten, wurzelähnlichen Haftorganes befestigt ist.

Bei *Laminaria digitata* und *L. Cloustoni* (Fig. 352) zeigt das handförmig geteilte Thallusblatt ein sehr eigenartiges Wachstum, indem es an seiner Basis eine interkalare wachstumsfähige Zone besitzt, die jährlich gegen Ende des Winters ein neues Blatt auf dem perennierenden Stiel erzeugt. Das alte wird dabei emporgehoben und stirbt allmählich ab; das neue spaltet sich in mehrere zugespitzte Lappen. Die Laminarien erreichen riesige Dimensionen; so wird der Zuckertang *L. saccharina* (Nordsee) mit ungeteiltem, ebenfalls sich jährlich erneuerndem Thallusblatt bis 3 m lang und der Stiel über 1 cm dick.

Die größten Thalli unter den Phaeophyceen besitzen gewisse Laminariaceen der kälteren Ozeane, vor allem die *Macrocystis pyrifera* (Fig. 351). Ihr in einer Tiefe von 2–25 m festsitzender Thallus verzweigt sich nach SKOTTSBERG[336] anfangs dichotomisch. Einzelne Thallussprosse wachsen zur Wasseroberfläche und an dieser flottierend zu großer Länge heran; ihre Achsen tragen einseitig lange herabhängende Thalluslappen, die an der Basis je eine große Schwimmblase besitzen und durch Spaltung der endständigen weiterwachsenden Thallusfläche gebildet werden. SKOTTSBERG maß in der Antarktis Exemplare von 70 m Länge, FRYE, RIGG und CRANDALL bestimmten an der kalifornischen Küste die Thalluslänge bis zu 45,7 m. Sehr bemerkenswert sind ferner die antarktischen *Lessonia*-Arten, die eine schenkeldicke verzweigte Hauptachse mit überhängenden langen Thallusblättern an den Zweigen entwickeln und mehrere Meter Höhe erreichen, also Algen mit baumartigen Habitus vorstellen.

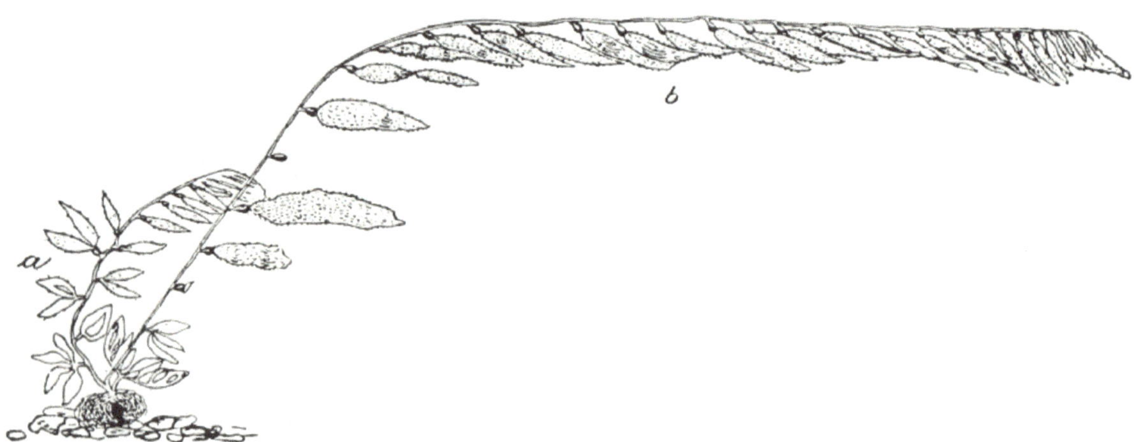

Fig. 351. Macrocystis pyrifera Ag. *a* Junger, *b* älterer Thallussproß. **1/80** nat. Gr. Nach *Skottsberg*.

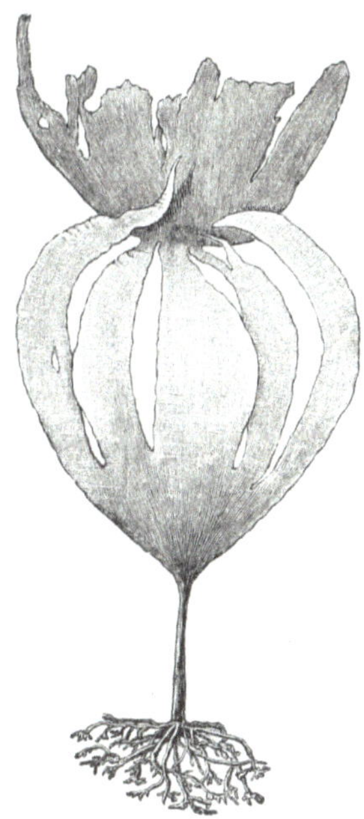

Fig. 352. Laminaria Cloustoni, Nordsee. Sporophyt im April-Stadium. Auf 1/3 verkleinert. Offizinell.

Fig. 353. Fucus serratus, Helgoland. 1/3 nat. Gr. Links Endstück eines älteren Thallus mit Konzeptakeln.

Die Fucaceen[337] bleiben hinter den Laminarien an Größe zurück. Am bekanntesten sind von nordeuropäischen Formen *Fucus vesiculosus*, der Blasentang, mit runden luftführenden Blasen in dem bandförmigen, gabelig verzweigten Thallus, *F. platycarpus* ohne Blasen, *F. serratus* mit gezähntem Thallus (Fig. 353). Sie sitzen mit Haftscheiben dem Substrat an und wachsen gesellig in der Brandungszone; ihr Thallus erreicht über 1 m Länge. Die höchste Gliederung erlangt der Thallus bei *Sargassum* durch eine scharfe Sonderung in zylindrische Achsen und in Seitenäste, die je nach ihrer Funktion laubblattartig, hochblattartig oder als fruktifizierende Seitenäste oder endlich als Schwimmblasen ausgebildet erscheinen.

Bemerkenswert sind die *Sargassum*-Arten, die in wärmeren Zonen der Ozeane oft in großen, lebhaft bräunlichgelben Massen freischwimmend auftreten. In dem nach ihnen benannten Sargasso-Meer des Atlantischen Ozeans treten nach BÖRGESEN zwei Arten, *S. natans* (= S. bacciferum) und *S. fluitans* mit solcher ausschließlich pelagischer Lebensweise auf; sie vermehren sich seit altersher nur durch vegetative Sprossung und stammen ursprünglich wohl von festsitzenden Arten der westindischen und tropisch amerikanischen Küsten ab[338]. Auch im Pazifischen Ozean kommt *S. natans* vor.

Die Zellen der Phaeophyceen[339] enthalten meist nur einen Zellkern und mehrere scheibenförmige, ovale oder gelappte, braune Chromatophoren, die den Algen eine gelbbraune oder dunkelbraune Gesamtfärbung verleihen; außer den allgemein verbreiteten Chlorophyllfarbstoffen enthalten sie noch einen besonderen gelben Farbstoff, das Phykoxanthin (Fucoxanthin). Als Stoffwechselprodukt entsteht hieraus Glykose das Polysaccharid Laminarin, das als Reservestoff dient, ferner auch Mannit. In den Zellen findet man allgemein verbreitet blasenartige Vakuolen, die einen gerbstoffartigen Stoff, Fucosan, ein Nebenprodukt des Assimilationsprozesses enthalten. Bei den höheren Formen zeigt sich bereits eine ziemlich weitgehende anatomische Differenzierung des Thallus. Die äußeren Zellschichten sind in der Regel als Assimilationsgewebe ausgebildet, die inneren als Speicherzellen. Bei den Laminariaceen und Fucaceen finden sich im Thallus Schläuche, die wie die Siebröhren der Kormophyten gebaut sind und wohl auch der Leitung eiweißartiger Stoffe dienen (vgl. S. 69).

Selbst bei den stattlichsten Meeresalgen, auch bei den Rotalgen, fehlen in den Geweben allgemein die lufterfüllten Interzellulargänge. Nach KNIEP ist sowohl der assimilatorische Gaswechsel als auch besonders der Atmungsstoffwechsel dickfleischiger Algen dementsprechend sehr träge; andererseits sollen Gase sehr leicht durch Algenmembranen diffundieren können.

Wir unterscheiden vier Ordnungen der Braunalgen. Die *Phaeosporeen* umfassen die Formen mit einfacherem Bau ihres meist fädigverzweigten Thallus; sie vermehren sich ähnlich wie die einfacheren fadenförmigen Grünalgen ungeschlechtlich durch Zoosporen, geschlechtlich durch zilientragende Gameten. Auf höherer Stufe stehen zunächst die *Tilopteridaceen* und *Dictyotaceen*, bei denen die Sexualzellen in große unbewegliche Eizellen und kleine zilientragende Spermien geschieden sind. Die Sexualorgane werden bei ihnen an besonderen Individuen erzeugt, den Geschlechtspflanzen oder Gametophyten; aus der befruchteten Eizelle geht eine der geschlechtlichen gleichgestaltete ungeschlechtliche Generation, der Sporophyt, hervor, der ungeschlechtliche Sporen erzeugt. So ist also hier ein regelmäßiger Generationswechsel ausgeprägt, der übrigens bei gewissen Phaeosporeen auch schon hervortritt. Auch bei den *Laminariaceen* herrscht Oogamie und regelmäßiger Generationswechsel; Sporophyt und Gametophyt sind aber wesentlich voneinander verschieden, der letztere nur ein kleines fädig verzweigtes Zwergpflänzchen. Die *Fucaceen* zeichnen sich durch Oogamie aus, erzeugen keine Sporen und entbehren also des Generationswechsels.

Die Zoosporen, Gameten und Spermien besitzen spindelförmige Gestalt, stets einen roten Augenfleck und zwei seitlich eingefügte Geißeln, eine nach vorn, die andere nach hinten gerichtet. Sie haben große Ähnlichkeit mit gewissen gelbbraunen Flagellaten.

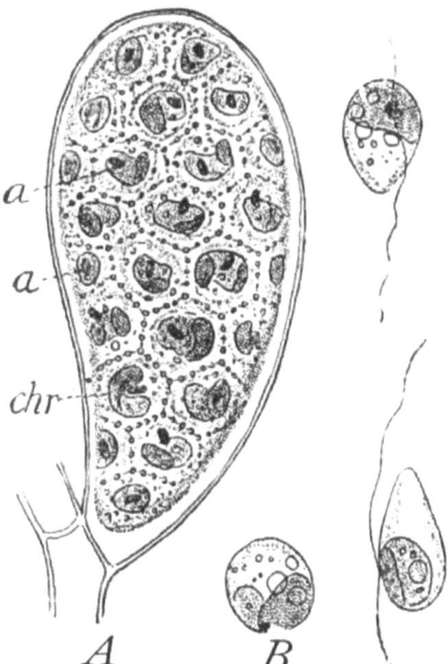

Fig. 354. *A* Pleurocladia lacustris. Unilokuläres Sporangium mit noch eingeschlossenen Zoosporen, *a* Augenfleck, *chr* Chromatophor nach KLEBAHN. *B* Chorda filum, Zoosporen nach REINKE. Aus OLTMANNS, Algen.

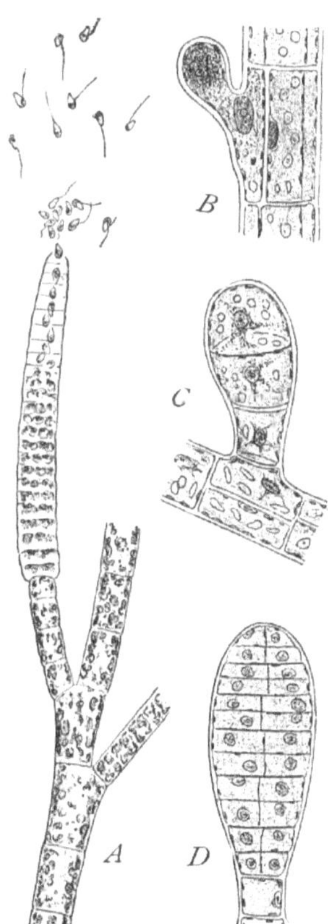

Fig. 355. *A* Ectocarpus siliculosus. Plurilokuläres Sporangium in Entleerung (nach THURET). *B*, *C*, *D* Sphacelaria cirrhosa, desgl. in Entwicklung nach REINKE. Aus OLTMANNS, Algen.

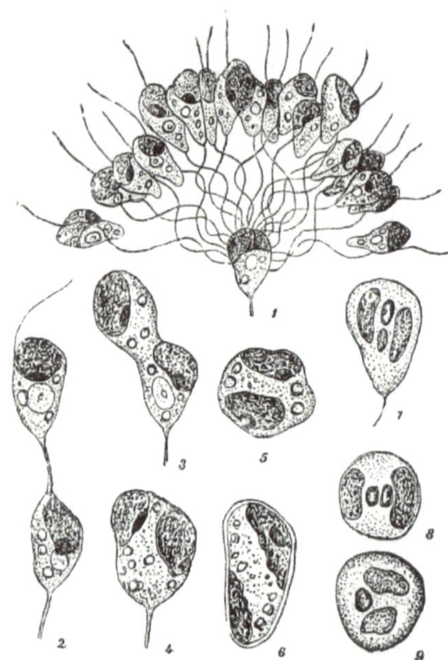

Fig. 356. Ectocarpus siliculosus. *1* Weiblicher Gamet von vielen männlichen Gameten umgeben, von der Seite gesehen. *2–5* Verschmelzung der Gameten. *6* Keimling nach 24 Stunden. *7–9* Vereinigung der Zellkerne bei der Kopulation, nach fixiertem und gefärbtem Material, *1–5* nach BERTHOLD, *6–9* nach OLTMANNS.

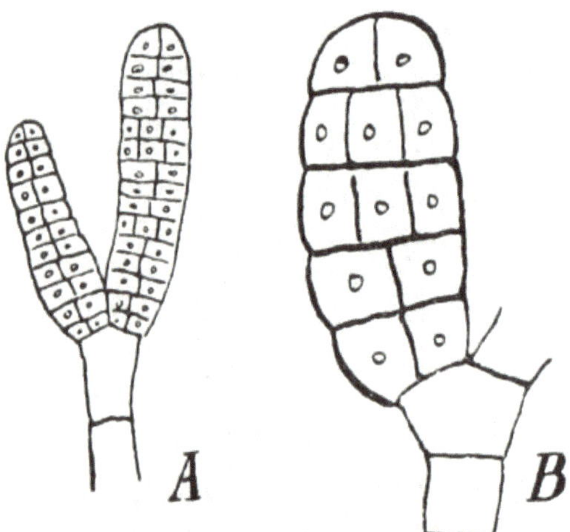

Fig. 357. *A* Antheridium. *B* Oogonium von Cutleria multifida. Vergr. 400. Nach REINKE.

1. Ordnung. Phaeosporeae. Hierher gehört die Mehrzahl der Formen. Sie vermehren sich durch ungeschlechtliche Schwärmsporen, die in großer Anzahl in einfächerigen (unilokulären) Sporangien erzeugt werden und nach dem Ausschwärmen bald keimen (Fig. 354).

Außer einfächerigen werden von den Phaeosporeen auch mehrfächerige (plurilokuläre) Sporangien erzeugt (Fig. 355), die in jedem Zellenfach nur eine, selten mehrere Schwärmsporen bilden. Bei einigen Gattungen ist Kopulation dieser Schwärmsporen beobachtet worden. Wir haben sie demnach als Planogameten und ihre Sporangien als Gametangien zu bezeichnen. Allerdings ist die Sexualität verschieden stark ausgeprägt, und die aus plurilokulären Sporangien entlassenen Schwärmer keimen vielfach auch ohne Kopulation zu neuen Pflanzen, wie dies unter den Chlorophyceen auch für Ulothrix bemerkt wurde.

Als Beispiel für Kopulation sei *Ectocarpus siliculosus* (Fig. 355) genannt, bei dem bereits ein Unterschied in dem Verhalten der im übrigen gleichgestalteten Gameten festzustellen ist, derart, daß männliche und weibliche, beide in besonderen, diözisch oder monözisch verteilten Gametangien erzeugt, zu unterscheiden sind. Die weiblichen Gameten setzen sich fest und zahlreiche männliche Gameten berühren sie mit ihren Zilien. Schließlich verschmilzt ein männlicher Gamet mit dem weiblichen zu einer Zygote (Fig. 356 *2–9*), die zuletzt nur einen Kern, aber zwei Chromatophoren enthält, sich mit einer Membran umgibt und dann ohne Ruhezustand zu einer neuen Pflanze heranwächst.

Bei anderen Phaeophyceen ist der Unterschied zwischen den Gameten auch in Form und Größe ausgeprägt, und besonders in der Familie der *Cutleriaceen* ist ein entschiedener Übergang von Isogamie zur Oogamie, eine Differenzierung der Gametangien in Antheridien und Oogonien (Fig. 357), festzustellen.

Bei gewissen Phaeosporeen hat sich bereits ein regelmäßiger Generationswechsel herausgebildet, so u. a. bei den *Cutleriaceen*[340]. Die haploiden geschlechtlichen Pflanzen alternieren mit diploiden ungeschlechtlichen, an denen die Reduktionsteilung in den Zoosporangien sich vollzieht. Bei *Zanardinia* sind beide Generationen gleich gestaltet, besitzen einen scheibenförmigen Thallus, bei *Cutleria* dagegen sind sie verschieden, indem die Sexualpflanzen aufrechte gabelig zerschlitzte Sprosse, die Sporangienpflanzen (*Aglaozonia*) dagegen flache, gelappte, niederliegende Scheiben vorstellen. Der Generationswechsel wird indessen bei Cutleria nicht überall strenge eingehalten; aus Sporangienpflanzen oder aus Geschlechtspflanzen können auch die gleichnamigen Generationen wieder hervorgehen. Die Eizellen entwickeln sich öfters parthenogenetisch zu Sporophyten.

2. Ordnung. Tilopteridaceae[341]. Nur wenige Vertreter, die sich in vegetativer Hinsicht an einfachere Phaeosporeen (Ectocarpus) anschließen, so die nordatlantische *Tilopteris Mertensii.* Die Oogonien erzeugen nur je eine große Eizelle, die Antheridien kleine zweizilige Spermien. In den ungeschlechtlichen Sporangien tritt keine Sonderung in einzelne Sporen ein, sondern ihr Inhalt wird zu einer einzigen großen, mit Membran versehenen Monospore mit meist 4 Kernen, während bei den Dictyotaceen sich an ihrer Stelle 4 freie Sporen bilden.

3. Ordnung. Dictyotaceae[342]. Hierher gehören nur wenige in vegetativer Hinsicht weiter als vorige Ordnung vorgeschrittene Gattungen, z. B. die mediterrane, fächerförmig gestaltete *Padina Pavonia*, die in europäischen Meeren verbreitete bandförmige, typisch gabelig verzweigte *Dictyota dichotoma* (Fig. 83). Die Sporen entstehen ähnlich wie bei den Rotalgen, meist zu vier als sog. Tetrasporen, seltener zu acht, und sind membranlos, unbeweglich, ohne Zilien, also als Aplanosporen zu bezeichnen (Fig. 358 *1*). Man kann die Tetrasporangien von den unilokulären der Phaeosporen ableiten. Oogonien und Antheridien stehen bei Dictyota je gruppenweise zusammen; sie bilden sog. Sori (Fig. 358 *3*, *2*), die aus nebeneinander stehenden Rindenzellen nach Abgliederung je einer Stielzelle hervorgehen. An den Antheridiengruppen bleiben bei Dictyota die peripheren Zellen steril und bilden eine Art Hülle. Die Oogonien erzeugen nur je eine große einkernige, ausschlüpfende Eizelle, die vielzelligen Antheridien, die mit den plurilokulären Gametangien übereinstimmen, aus jeder Zelle je ein Spermium, das im Unterschied zu den übrigen Braunalgen nur eine einzige lange, seitlich inserierte Zilie besitzt. Die Zygoten keimen, ohne einen Ruhezustand zu erfahren.

Dictyota ist zweihäusig. Die haploiden männlichen und weiblichen Sexualpflanzen gehen hervor aus den ungeschlechtlich erzeugten Tetrasporen; aus den befruchteten Eizellen entstehen diploide Pflanzen, welche ungeschlechtliche Tetrasporen erzeugen. Die Reduktion der Chromosomenzahl von 32 auf 16 findet bei der Tetradenteilung in den Sporangien statt. So liegt hier ein regelmäßiger Generationswechsel vor; Gametophyt und Sporophyt zeigen aber im Bau ihres Thallus keinen morphologischen Unterschied.

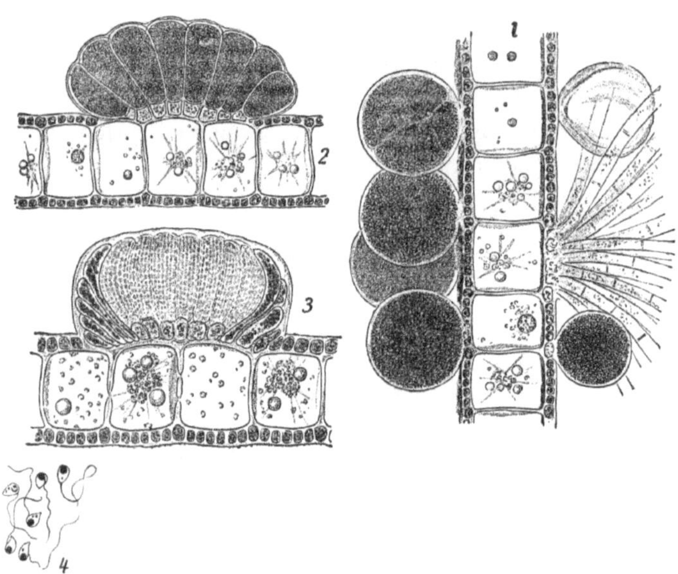

Fig. 358. Dictyota dichotoma. Thallusquerschnitte. *1* mit mehreren Tetrasporangien, davon eins entleert, *2* mit Oogoniumgruppe, *3* mit Antheridiengruppe, nach THURET, *4* Spermien, nach WILLIAMS. Aus OLTMANNS, Algen.

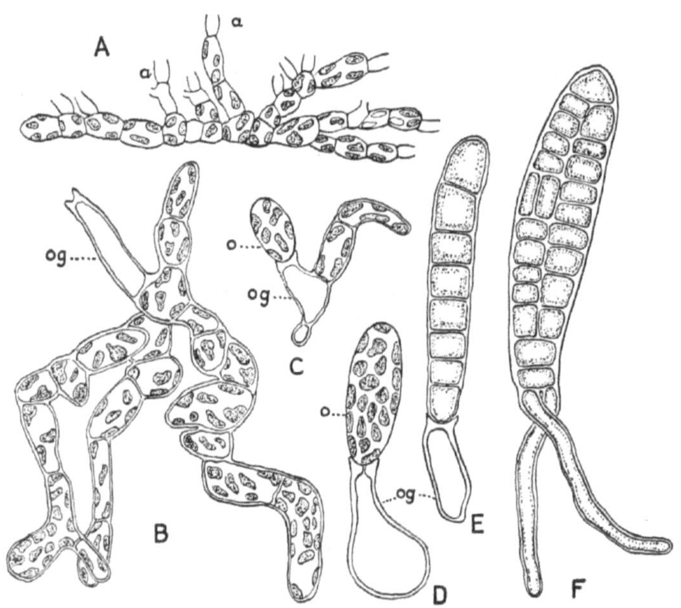

Fig. 359. Laminaria digitata. *A* Männlicher Gametophyt, *a* entleerte Spermatangien. *B* Größerer, *C* kleiner, *D* auf das Oogonium reduzierter weiblicher Gametophyt, *og* Oogonium, *o* Eizelle. *E* Junger Sporophyt, noch auf dem entleerten Oogonium sitzend. *F* Weiteres Stadium mit zwei Rhizoïden. *A* Vergr. 600, *B* 292, *C* 322, *D* 625, *E* 322, *F* 390. Nach H. KYLIN.

4. Ordnung. Laminariaceen[343]. Der erst in den letzten Jahren entdeckte regelmäßige Generationswechsel dieser stattlichsten aller Braunalgen entspricht dem der Farne insofern, als auch hier die Gametophyten, durchaus verschieden von den Sporophyten, nur winzige Zwergpflänzchen vorstellen. Der diploide Sporophyt erzeugt keulenförmige oder zylindrische Sporangien, die in ausgebreiteter oberflächlicher Schicht angeordnet sind. Jede Oberflächenzelle des Thallus setzt sich fort in eine mittlere keulenförmige sterile Zelle oder Paraphyse, neben denen die Sporangien als kürzere Zellen entspringen. In den Sporangien vollzieht sich die Reduktionsteilung. Aus den zweiziligen Schwärmsporen entwickeln sich winzige männliche und weibliche, haploide Geschlechtspflänzchen (Fig. 359), die aus Zellfäden sich aufbauen, die ersteren reicher verzweigt, die letzteren dagegen nur wenigzellig und im Extrem sogar nur aus einer schlauchförmigen Zelle gebildet. Die männlichen Gametophyten erzeugen die Antheridien an den Zweigspitzen neben- oder auch hintereinander als einzellige Gebilde, die nur je ein Spermium liefern; an den weiblichen kann jede Zelle zu einem eineiigen Oogonium werden. Die nackte Eizelle tritt durch ein Loch an der Spitze des Oogoniums hervor, bleibt aber vor der Mündung liegen und wächst dann nach der Befruchtung zum Keimling des Sporophyten (Fig. 359 *E*, *F*) heran. Oogonien und Antheridien sind den Gametangien der Phaeosporeen homolog.

Für *Laminaria saccharina* hat PASCHER an kultivierten jungen Keimpflänzchen des Sporophyten eine ausnahmsweise frühzeitig eintretende Sporangienbildung beobachtet. Es kann also auch der für gewöhnlich stattlich ausgebildete Sporophyt unter bestimmten äußeren Bedingungen auf einer einfacheren Entwicklungsstufe stehen bleiben. Wir gewinnen so einen Gesichtspunkt für die Erklärung des Zustandekommens des auffallenden Dimorphismus der Generationen.

5. Ordnung. Fucaceae[344]. Bei den Fucaceen fehlt die ungeschlechtliche Sporenbildung, dagegen ist sexuelle Fortpflanzung vorhanden und als Oogamie ausgeprägt. Bei Fucus sitzen die Oogonien und Antheridien in besonderen krugförmigen Vertiefungen, sog. Conceptacula, die zu vielen in die letzten angeschwollenen Auszweigungen des Thallus eingesenkt und für die ganze Familie sehr charakteristisch sind (vgl. *Fucus serratus*, Fig. 353). Bei *F. platycarpus* enthalten die Konzeptakeln (Fig. 360) sowohl Oogonien als Antheridien, bei *F. vesiculosus* dagegen herrscht Diözie. Der Innenwand der Conceptacula entspringen zahlreiche, unverzweigte, sterile Haare, sog. Saftfäden oder Paraphysen, die zum Teil als Büschel nach außen hervortreten, und zwischen ihnen die Oogonien und Antheridien. Die Antheridien sitzen als ovale Zellen dicht gedrängt an reich verzweigten, kurzen Fäden (Fig. 380 *a*, 361 *1*). Der Inhalt des Antheridiums teilt sich in 64 Spermien; er wird als Ganzes, von der dünnen inneren Wandschicht umgeben, entleert (Fig. 361 *2*) und entläßt dann die birnförmigen, hauptsächlich aus Kernsubstanz bestehenden, mit zwei verschieden langen seitlichen Zilien, einem orangegelben Chromatophor und einem roten Augenfleck versehenen Spermien. Die Oogonien (Fig. 360 *o*, 361 *3*) sind große rundliche, auf einzelligem Stiel sitzende, gelbbraune Gebilde, deren Zellhaut acht große, aus der Oogoniummutterzelle durch Teilung entstandene Eizellen umschließt. Der Oogoniuminhalt tritt, von einer dünnen Hülle umgeben, aus der aufplatzenden Oogoniumwand heraus; die Hülle verquillt am oberen Teil, stülpt sich teilweise zurück, und die nackten braunen Eier werden nun frei ins Wasser entleert (Fig. 361 *4*, *5*). Dort haften die Spermien in großer Menge ihnen an, versetzen sie durch ihre Zilien in rotierende Bewegung, wobei die Befruchtung durch ein Spermium erfolgt (Fig. 361 *6*). Nach der Befruchtung umgibt sich das Ei mit Membran, setzt sich fest und wächst unter Teilung zu einer neuen Pflanze heran.

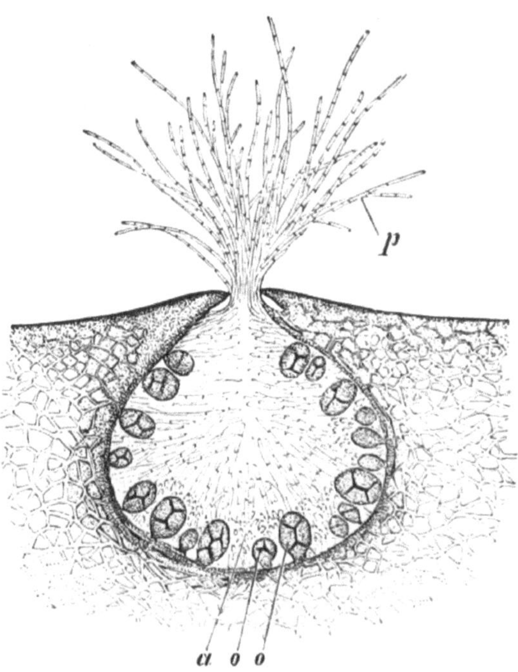

Fig. 360. Fucus platycarpus. Monözisches Conceptaculum mit Oogonien verschiedenen Alters *o* und Antheridienbüscheln *a*, Paraphysen *p*. Vergr. ca. 25. Nach THURET.

Bei anderen Fucaceen werden in dem Oogonium nur vier, zwei oder schließlich auch nur ein befruchtungsfähiges Ei erzeugt; immer aber teilt sich der eine Kern der Oogoniumanlage nach OLTMANNS in acht Kerne, wovon dann in diesen Fällen vier, zwei oder einer zu Eikernen ausgebildet werden, die übrigen als befruchtungsunfähige Eikerne zugrunde gehen.

Da die Fucaceen der ungeschlechtlichen Sporenbildung ermangeln, so fehlt ihnen der für Laminaria charakteristische Generationswechsel. Der aus der befruchteten Eizelle hervorgehende Fucus-Thallus, der durchaus dem Laminarien-Thallus gleichwertig ist, hat diploide Zellkerne, deren Reduktion erst in den Anlagen der Oogonien und Antheridien, und zwar in den ersten zwei Teilungsschritten erfolgt, so daß vier haploide Kerne erzielt werden, die im Oogonium dann noch eine, im Antheridium noch vier Teilungen bis zur Bildung der Sexualzellen erfahren. Bei Fucus ist also nur eine ganz kurze haploide Phase zu erkennen. Die Entwicklung und Beschaffenheit der Sexualorgane, namentlich der Oogonien, läßt die Deutung zu, daß sie morphologisch den Sporangien der Laminarien homolog sind, daß aber in ihnen an Stelle von Sporen Gameten differenziert werden. Die Fucaceen bezeichnen somit das Endglied in der Reduktion des Gametophyten, die bei den Laminarien noch nicht ganz so weit vorgeschritten erscheint.

Nutzpflanzen der Phaeophyceen sind: die früher offizinellen *Laminaria digitata* und *L. Cloustoni* (Pharm. germ.), deren Thallusstiele getrocknet als Quell-Stifte (*stipites Laminariae*) in der Chirurgie Verwendung fanden. — Verschiedene Laminariaceen und Fucaceen lieferten früher aus ihrer Asche (Varec, Kelp) Jod; auch wird Soda aus ihnen gewonnen. Viele Laminarien sind reich an Mannit (z. B. *Lam. saccharina*), dienen zur Gewinnung seiner und werden auch, besonders von Chinesen und Japanern, als Nahrung genossen.

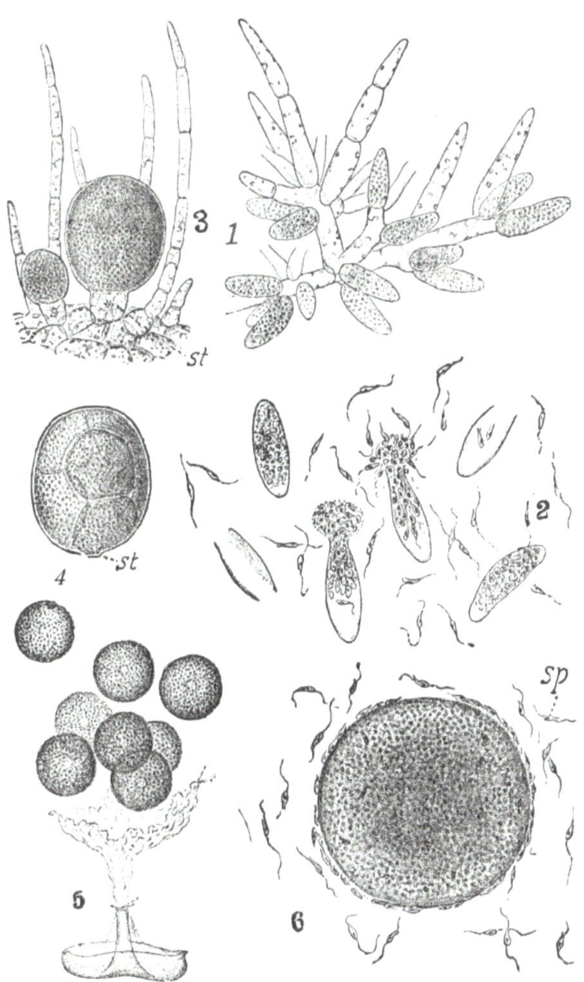

Fig. 361. Fucus. *1* Antheridiumstand. *2* Antheridien in Entleerung. *3* Oogonium in acht Eizellen geteilt. *4* Nach der Ablösung vom Stiel *st*. *5* Befreiung der Eier. *6* Ei von Spermien umschwärmt. Nach THURET, aus OLTMANNS, Algen, Hdw. d. Nat.

Klasse XI.
Characeae, Armleuchtergewächse[288], [304], [345].

Die Characeen oder Charophyten bilden eine nach oben und unten hin isoliert stehende Gruppe von hochentwickelten grünen Thallophyten. Ihr Ursprung ist zwar bei den Chlorophyceen gesucht worden, jedoch gestatten sie infolge des eigenartigen Baues ihrer Sexualorgane keinen unmittelbaren Anschluß an oogame Grünalgen, verraten dagegen in einigen morphologischen Charakteren Analogien mit Braunalgen, von denen sie aber durch rein grüne Färbung der Chromatophoren abweichen. Man kann sie nicht etwa als Vorläufer der Moose ansehen, wenn auch ihre Karyokinese mit derjenigen der Archegoniaten weitgehende Übereinstimmung zeigt.

Die Characeen vegetieren in Form von oft über fußhohen Wiesen in Teichen und Bächen. Sie sind ausgezeichnet durch ihren regelmäßigen Aufbau; ihre Hauptachsen bestehen aus langen Internodien und kurzen Knoten, an denen aus wenigen Gliedern bestehende Seitenäste und Quirle entspringen (Fig. 362). Diese Seitenachsen sind entweder einfach oder tragen an ihren Knoten kurze Ausstrahlungen zweiter Ordnung. In der Achsel eines Seitenastes entspringt in jedem Quirl eine der Hauptachse ähnliche Seitenachse. So kommt ein armleuchterartiger Habitus zustande. Am Grunde sind die Achsen mittels farbloser, verzweigter, aus den Knoten entspringender fädiger Rhizoïdwurzeln im Substrat befestigt. Diese zeigen ebenfalls eine Gliederung in lange Fadenzellen und zwischen ihnen stehende kurze, hier einseitig gerichtete Knotenzellen, aus denen die Verzweigung erfolgt.

Haupt- und Seitenachsen wachsen an ihren Spitzen mittels Scheitelzellen, die durch Querwände Segmente abteilen; jedes Segment teilt sich nochmals durch eine Querwand, und nun entwickelt sich aus der unteren Zelle die langgestreckte, ungeteilt bleibende Internodienzelle; aus der oberen Zelle dagegen unter weiterer Teilung die Knotenscheibe, ferner die Seitenachsen und an dem unteren Teil der Hauptachsen auch die Rhizoïden. Während bei *Nitella* die Internodiumzellen nach außen hin frei bleiben, werden sie bei den meisten Arten von *Chara* mit einer Schicht längs verlaufender Zellreihen, die an den Knoten aus den Basilarzellen der Seitenachsen hervorwachsen, dicht umschlossen; diese morphologische Eigentümlichkeit wird in ähnlicher Art bei gewissen Braunalgen (z. B. Spermatochnus) angetroffen.

Die Zellen enthalten je einen normalen, auf karyokinetischem Wege entstandenen Zellkern. In den langen Internodialzellen aber teilt sich dieser amitotisch in zahlreiche Kerne, die in dem einen großen Saftraum umschließenden und lebhafte Strömung aufweisenden Plasmabelag verteilt liegen. Die grünen Chloroplasten sind rundlich und in großer Zahl vorhanden.

Fig. 362. Chara fragilis. Ende eines Hauptsprosses. Nat. Gr.

Ungeschlechtliche Fortpflanzung mittels Sporen fehlt vollständig; die sexuelle Fortpflanzung besteht in Eibefruchtung. Die weiblichen Organe, hier als Eiknospen bezeichnet, sind eiförmige, mit bloßem Auge sichtbare Gebilde und stehen ebenso wie die kugeligen, rotgefärbten männlichen Organe an den Knoten der Seitenachsen. Meist sind die Pflanzen monözisch, einige Arten auch diözisch. Die befruchtete Eizelle wird zu einer Oospore. Die Characeen zeigen also keinen Generationswechsel, sondern stets Aufeinanderfolge von Gametophyten.

Das männliche Organ (Fig. 363 *A*) geht aus einer sich zunächst in 8 Zellen teilenden Mutterzelle hervor. Jeder Oktant wird durch 2 tangentiale Wände in 3 Zellen zerlegt. So ergeben sich 8 äußere flache Wandzellen (Schilder), die durch einspringende Wände unvollständig gefächert werden: 8 mittlere Zellen (Griffzellen), die sich radial strecken, und 8 innere Zellen (primäre Köpfchenzellen), die rundliche Form annehmen. Infolge stärkeren Flächenwachstums der 8 Schilder entsteht im Innern des Organs ein Hohlraum, in den die Griffzellen mit ihren aufsitzenden Köpfchenzellen hineinragen. Letztere bilden 3–6 sekundäre Köpfchenzellen, und aus diesen sprossen nun in den Hohlraum hinein je 3–5 lange, aus scheibenförmigen Zellen bestehende, einfache, spermatogene Zellfäden, die aus jeder Zelle ein spiralig gewundenes, mit zwei Zilien versehenes Spermium (Fig. 363 *C*) entlassen. Morphologisch erinnern diese Zellfäden oder Antheridien an die plurilokulären Braunalgengametangien, die z. B. bei Stilophora ebenfalls aus einfachen Zellreihen bestehen und in Gruppen (Sori) beieinanderstehen. Das männliche Organ der Characeen, das als Ganzes zwar gewöhnlich Antheridium genannt wird, enthält also 8 Antheridiengruppen von endogener Entwicklung und sollte demnach als Antheridienstand bezeichnet werden.

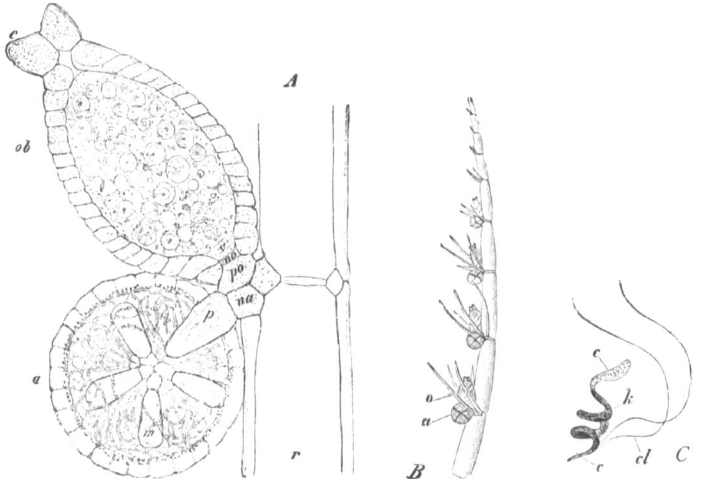

Fig. 363. Chara fragilis. *A* Medianer Längsschnitt durch eine Seitenachse *r*, *a* Antheridiumstand, und zwar *na* Basilarknotenzelle, *p* Stiel, *m* die Griffzellen, aus deren aufsitzenden Zellen die spermatogenen Zellfäden entspringen, *ob* Eiknospe, und zwar *po* Stielzelle, *no* die Knotenzelle, *v* die Wendungszelle, *c* das Krönchen. Vergr. 60. *B* Ganze Seitenachse. Vergr. 6. *C* Spermium, *k* Kern, *cl* Zilien, *c* Plasma. Vergr. 540. Nach STRASBURGER.

Die Eiknospe (Fig. 363 *ob*) besteht aus einem Oogonium, das nur eine einzige mit Öltropfen und Stärkekörnern dicht gefüllte Eizelle enthält, anfangs frei hervorragt und dann von 5 schraubig gewundenen Hüllschläuchen dicht umschlossen wird. Letztere endigen in den Krönchen *c*, zwischen dessen Spalten die Spermien eindringen. Am Grunde des Oogoniums finden sich bei *Chara* eine, bei *Nitella* drei kleine sog. Wendungszellen, die von der anfangs einzelligen Oogoniumanlage abgeteilt wurden. Diese Teilungen entsprechen den ersten Teilungen in den Mutterzellen des männlichen Organs. Die Eiknospe kann daher als ein auf ein einziges Oogonium reduzierter Oogoniumstand betrachtet werden.

Nach der Befruchtung umgibt sich die Eizelle mit einer dicken farblosen Haut, und auch die Innenwände der Hüllschläuche verdicken sich, werden braun und mit einer Schicht von amorphem kohlensaurem Kalk bedeckt, während die äußeren weichen Zellwände der Schläuche bald nach dem Abfallen der Frucht vergehen.

Bei der Keimung der Oospore teilt sich nach OEHLKERS und ERNST der Kern schrittweise in vier Kerne: die erste Teilung ist eine heterotypische. Dann wird die Membran an der Spitze durch die sich hier vorwölbende Zygotenzelle geöffnet. Drei Kerne verbleiben im Bauchteil der Zygote, wo sie degenerieren, der vierte, sich vergrößernde Kern aber wandert in die hervortretende Ausstülpung, die dann durch eine Querwand abgegrenzt wird. Aus dieser Zelle geht unter weiterer Teilung ein einfach gestalteter, fadenförmiger, mehrgliedriger Keimling hervor, an dessen erstem Knoten Rhizoïden entspringen, während am zweiten einige einfache Seitenachsen stehen, sowie eine oder mehrere Hauptachsen, aus deren weiterer Verzweigung die fertige Pflanze heranwächst. Das diploide Stadium beschränkt sich also bei den Characeen nur auf die Oosporen, während die Armleuchterpflanzen selbst haploid sind.

Bemerkenswertes Verhalten zeigt *Chara crinita.* Nach ERNST kommen von dieser diözischen Art die haploiden, 12 Chromosomen führenden männlichen und weiblichen Geschlechtspflanzen nur sehr zerstreut vor, weit verbreitet dagegen diploide 24 Chromosomen führende weibliche Pflanzen, die sich vermittelst diploider Eizellen parthenogenetisch vermehren und die aus der Kreuzung der *Ch. crinita* mit anderen Arten hervorgegangen sein sollen. Nach WINKLER aber könnte diese Diploidie durch Verdoppelung der Chromosomenzahl in der Scheitelzelle einer weiblichen haploiden Pflanze zustande gekommen sein oder eher dadurch, daß von den bei der Reduktionsteilung in der Zygote entstehenden 4 Kernen die beiden weiblich differenzierten wieder miteinander verschmelzen. Es liegt also hier somatische Parthenogenese und nicht, wie man früher annahm, generative vor[346].

Einige Characeen zeichnen sich durch die Bildung besonderer, mit Stärke dicht gefüllter Knöllchen in der unteren Partie der Achsen aus. Diese dienen als Überwinterungsorgane und gehen entweder aus Knoten mit verkürzten Astquirlen hervor (so bei *Tolypellopsis stelligera*, wo sie sternförmige Gestalt haben) oder entsprechen modifizierten Rhizoïden (z. B. bei *Chara aspera*, wo sie kugelige, weiße Gebilde vorstellen).

In fossilem Zustand sind Characeen (in Form von Zygoten) schon aus dem Jura sicher nachgewiesen. Vielleicht gehören auch gewisse devonische Fossilien hierher.

Klasse XII.
Rhodophyceae, Rotalgen[288], [304], [324], [347], [351].

Die Rotalgen, Rhodophyceen oder Florideen, bilden eine scharf umgrenzte Gruppe höherer Algen, deren phylogenetischer Ursprung vielleicht bei höher stehenden Grünalgen zu suchen ist, die jedoch auch Beziehungen zu den Braunalgen zeigt. Sie sind wie die letzteren fast ausschließlich Meeresalgen und bewohnen vorzugsweise die tieferen Algenregionen an den Küsten. Nur wenige Gattungen (*Batrachospermum* z. B.) wachsen im Süßwasser, am Boden fließender Gewässer.

Der Thallus der Rotalgen weist große Mannigfaltigkeit auf. Die einfachsten Formen stellen verzweigte Zellfäden dar (z. B. *Callithamnion*). Bei anderen baut sich der verzweigte, zylindrische Thallus aus mehreren Zellen im Querschnitt auf. Zahlreiche Formen besitzen einen breiter oder schmäler bandförmigen und oft reich fiederig oder gabelig verzweigten Thallus (z. B. *Chondrus crispus* Fig. 364, *Gigartina mamillosa* Fig. 365). Sodann gibt es Arten, die in Form von Zellflächen der Unterlage aufliegen. Alle Florideen sitzen an der Basis mittels Haftfäden oder Haftscheiben fest. Eine der reicher gegliederten Formen ist z. B. die *Delesseria sanguinea* (*Hydrolapathum* Fig. 88) des Atlantischen Ozeans. Der blattartige, einer Basalscheibe entspringende Thallus ist hier mit Mittel- und Seitenrippen versehen. Im Herbst gehen die Spreiten zugrunde; die Hauptrippen aber bleiben als Achsen stehen, um im nächsten Frühjahr neue Thallusblätter zu treiben. Die Familie der *Corallinaceen*, deren Gattungen teils einen zierlich verzweigten, teils einen krustenförmigen Thallus aufweisen, zeichnet sich dadurch aus, daß in und um die Membranen kohlensaurer Kalk massenhaft abgelagert wird, so daß diese Algen etwa den Eindruck von Korallen machen. Die Kalkflorideen vegetieren hauptsächlich an Küsten mit starker Brandung, besonders in den Tropen.

Die Rotalgen sind meist rot oder violett, auch purpurschwarz oder braunrot gefärbt. Ihre scheibenförmigen, ovalen oder gelappten Chromatophoren treten in größerer Zahl und dichter Lagerung in den Zellen auf und enthalten außer Chlorophyll einen roten Farbstoff, das Phykoërythrin, bei gewissen Arten außerdem auch blaues Phykozyan; sie gehen aus farblosen spindelförmigen Leukoplasten der Scheitelzellen und Keimzellen hervor. Als Assimilationsprodukt wird aus Glykose nicht echte Stärke erzeugt, sondern ein anderes Kohlehydrat, die Florideenstärke, in Form von rundlichen, oft geschichteten, mit Jod sich rötlich färbenden Körnchen. Auch Öltröpfchen kommen vor. Die Zellen sind einkernig oder auch mehrkernig.

Fig. 364. Chondrus crispus. Nach einem Exemplar von Helgoland. **1⁄2** nat. Gr. Offizinell.

Fig. 365. Gigartina mamillosa. *s* Warzenförmige Fruchtkörper. **3⁄4** nat. Gr. Offizinell.

Die Fortpflanzung geschieht bei den Florideen einerseits ungeschlechtlich mittels Sporen, andererseits geschlechtlich mittels Befruchtung weiblicher Organe durch männliche Zellen.

Die ungeschlechtlichen Sporen werden auf zweierlei Weise gebildet. Im ersten Falle sind es nackte, runde, unbewegliche, einkernige Zellen ohne Zilien, die zu vier durch Teilung in einem Sporangium entstehen. Die

Sporangien sitzen als rundliche Körper an den Thallusfäden oder sind dem Thallus eingesenkt; sie entlassen die vier Sporen aus einem Querriß ihrer Wandung. Infolge ihrer Entstehung zu vieren nennt man die Florideensporen Tetrasporen (Fig. 366). Sie vertreten die Rolle der Schwärmsporen der übrigen Algen und finden sich in ähnlicher Weise nur bei den Dictyotaceen unter den Braunalgen wieder. Die Tetrasporangien führen in der Regel anfangs einen Kern, der sich dann in die vier Sporenkerne teilt. In einigen Fällen (*Martensia, Nitophyllum*) aber sind sie zwar anfangs vielkernig, dann aber degenerieren alle Kerne bis auf einen, der die vier Sporenkerne liefert. Den Tetrasporangien gleichwertig sind die in der Gruppe der *Nemalionaceen* auftretenden, nur je eine Spore entlassenden Monosporangien, sowie auch die zahlreiche Sporen erzeugenden Polysporangien der *Ceramiaceen.*

Die zweite Form ungeschlechtlicher Sporen der Rotalgen sind die Karposporen (vgl. S. 374), die in Einzahl aus endständigen Karposporangien als kugelige, anfangs nackte, zilienlose Protoplasten entleert werden, also äußerlich sich den Monosporen nähern.

Die Ausbildung der Sexualorgane, besonders der weiblichen, ist sehr eigenartig und von dem Verhalten der übrigen Algen sehr abweichend. Sie sei an dem Beispiel von *Batrachospermum moniliforme*, einer einheimischen Süßwasserfloridee, erläutert. Diese Alge besitzt einen in Gallerte gehüllten, bräunlichen, aus wirtelig verzweigten Fäden bestehenden Thallus, der im Herbst fruktifiziert. Die Sexualorgane sitzen in den Zweigquirlen an kurzen, dicht zusammengedrängten Seitenästchen.

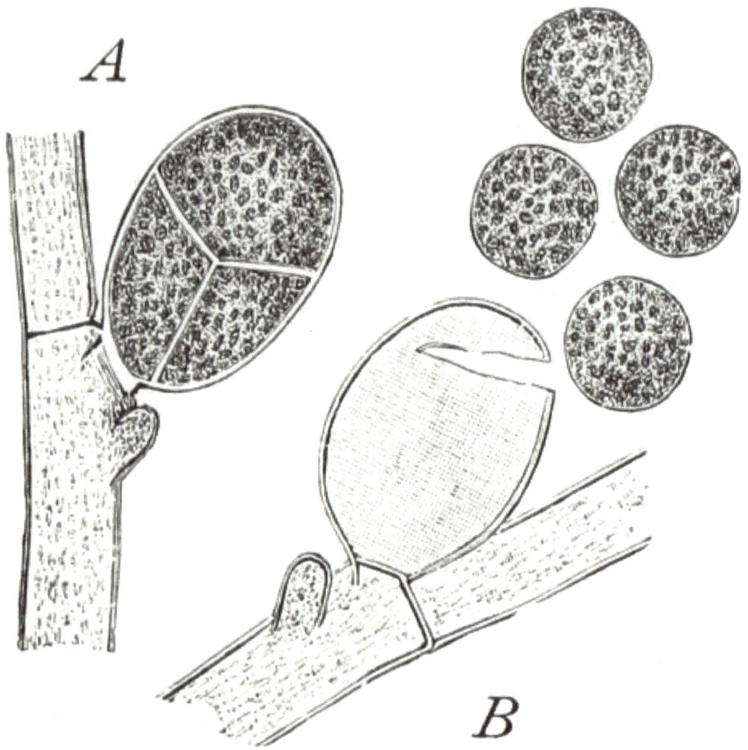

Fig. 366. Callithamnion corymbosum. Tetrasporenbildung. *A* Geschlossenes, *B* entleertes Sporangium mit den vier ausgetretenen Tetrasporen. Nach THURET.

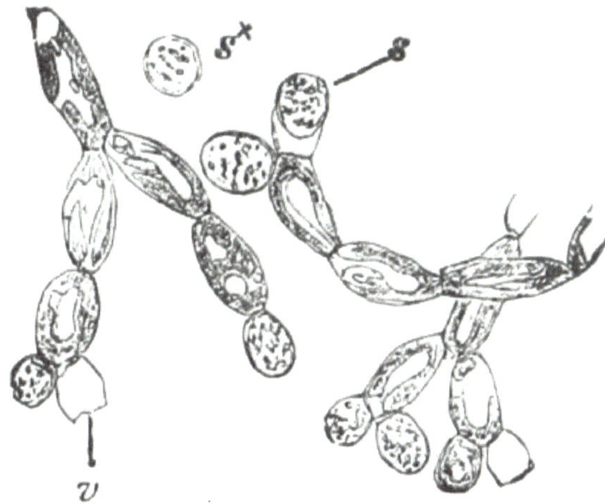

Fig. 367. Batrachospermum moniliforme. Wirtelzweige mit Antheridien. Bei *s** ein Spermatium, bei *s* ein solches im Augenblick der Entleerung, bei *v* ein leeres Antheridium. Vergr. 540. Nach STRASBURGER.

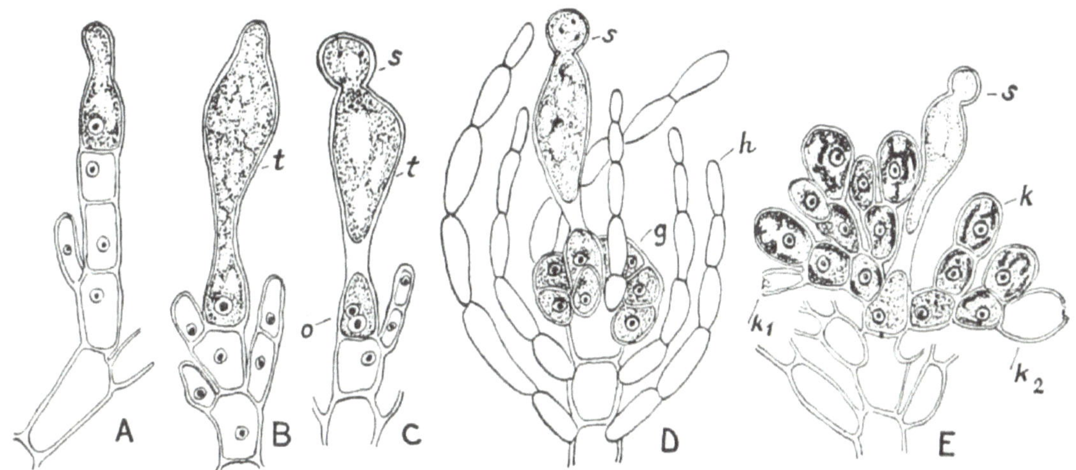

Fig. 368. Batrachospermum moniliforme. *A* Anlage eines Karpogons am Ende eines Zweiges. *B* Reifes Karpogon, *t* Trichogyn. *C* Nach Befruchtung durch ein Spermatium *s*, Eizelle *o* mit den beiden kopulierenden Sexualkernen. *D* Gonimoblasten *g* und Hüllfäden *h*. *E* Teil eines reifen Gonimoblasten mit den Karposporen k, k_1 und k_2 entleert. *A–D* Vergr. 960, *E* Vergr. 720. Nach H. KYLIN.

Die Antheridien, auch Spermatangien genannt (Fig. 367), sprossen meist in Zweizahl aus den Endzellen der Wirtelzweige hervor. Jedes Antheridium besteht aus nur *einer Zelle*, deren gesamtes Plasma in die Bildung eines einzigen Spermatiums aufgeht. Die Spermatien werden aus der zurückbleibenden Zellhaut entleert, sind rundlich, farblos, anfangs einkernig, nur bei *Batrachospermum* und *Nemalion* später zweikernig. Sie sind nackte Zellen, können sich nicht selbständig bewegen wie die mit Zilien versehenen Spermien der übrigen Algen und verdanken diesem Unterschied ihre besondere Bezeichnung. Die weiblichen Organe, hier Karpogonien genannt, sitzen ebenfalls an Zweigenden, zwischen den Antheridien tragenden Ästen. Das Karpogon (Fig. 368) besteht aus einer langen, im unteren Teil flaschenförmig angeschwollenen, im oberen Teil keulenförmig gestalteten Zelle. Der Basalteil enthält Eikern und Chromatophoren, der obere wird als Trichogyn bezeichnet und fungiert als Empfängnisorgan für die Spermatien, die zu einem oder mehreren an seiner Spitze festhaften, sich mit einer Membran umgeben und dann ihren Inhalt durch eine entstehende Öffnung in das Karpogon unter Zurücklassung ihrer Membran entlassen. In der Regel enthält das junge Karpogon der Florideen zwei Zellkerne, von denen der in dem Trichogyn vorhandene später degeneriert. Bei *Batrachospermum* aber ist nur ein Kern im Bauchteil sicher nachgewiesen, und bei *Nemalion* soll die Bildung des Trichogynkernes nach

CLELAND meist unterbleiben. Trotz ihres auffallend verschiedenen Baues sind beide Sexualorgane der Rotalgen als homolog zu erachten[348].

Nachdem Spermakern und Eikern miteinander verschmolzen sind, grenzt sich die Eizelle vom Trichogyn durch eine Querwand ab, wird aber nicht zu einer Oospore, sondern aus den Seitenflächen des Bauchteils des Karpogons wachsen vielmehr sich weiter verzweigende Zellen oder Zellfäden hervor, die sporogenen Fäden oder *Gonimoblasten.* Zugleich sprossen aus den Tragzellen des befruchteten Karpogons Hüllzweige, die sich um diese Gonimoblasten lagern und mit ihnen eine sog. Hüllfrucht, Zystokarp, bilden. Die sporogenen Fäden erzeugen in ihren anschwellenden Endzellen die kugelrunden, einen Kern und ein Chromatophor führenden Sporen, die man hier als Karposporen bezeichnet. Sie werden aus den zurückbleibenden Hüllen der Endzellen entleert. Aus den Karposporen entwickelt sich bei *Batrachospermum* zunächst ein aus Zellfäden bestehender Vorkeim, der aus seinen Endzellen ungeschlechtliche, einzellige, nackte, erst nach ihrer Festsetzung sich mit Membran umgebende Sporen (Monosporen) erzeugt. Diese dienen der Vermehrung des Vorkeims. Schließlich wachsen einzelne Zweige des Vorkeims zu den geschlechtlich differenzierten Thallusfäden heran. Die Sporenbildung am Vorkeim entspricht der Tetrasporenbildung der übrigen Florideen.

Die Bildung der Antheridien[349] sowohl, wie auch der oft sehr verwickelt gebauten Zystokarpien folgt bei den Florideen verschiedenen Typen. Überall aber lassen sich die Karposporen nach OLTMANNS in ihrer Entstehung als Abkömmlinge der befruchteten Eizelle nachweisen.

Als Beispiel für reichere Ausbildung der karposporenbildenden Generation sei die an den wärmeren europäischen Küsten verbreitete *Dudresnaya coccinea*, mit büschelig reich verzweigtem Thallus, gewählt (Fig. 369). Die Karpogonäste bestehen aus etwa sieben Zellen; die endständige Karpogonzelle trägt ein sehr langes Trichogyn. Nach der Befruchtung treibt die Karpogonzelle einen Zellfaden nach unten, der sich weiterhin verlängert und verzweigt und schrittweise mit bestimmten, dichten Inhalt führenden vegetativen Zellen, den Auxiliarzellen, durch Fusion in Verbindung tritt. Die ersten Auxiliarzellen liegen in dem Karpogonast, die folgenden in anderen Seitenästen. Alle Kerne des sporogenen Fadens sind durch Teilung des befruchteten Eikerns hervorgegangen. Die Fusionen mit Auxiliarzellen führen nicht zu Kernverschmelzungen, sondern dienen nur der Ernährung der sporogenen Fäden. Aus der Karpogonzelle kann noch ein zweiter und dritter sporogener Faden in gleicher Weise entspringen. Aus den blasenförmig angeschwollenen Zellen der sporogenen Fäden, die mit den Auxiliarzellen fusionierten, sprossen nun je zwei Ausstülpungen hervor, welche sich weiter teilen und zu rundlichen Sporenhaufen entwickeln, aus denen die Karposporen schließlich entlassen werden.

Wir können somit bei allen Rotalgen zwei Generationen unterscheiden, einmal die geschlechtliche, den Gametophyt, der Eizellen und Spermatien bildet, und dann die aus der befruchteten Eizelle hervorgehende ungeschlechtliche, Karposporen erzeugende Generation, den Sporophyt. Beide sind in ihrer Gestaltung wesentlich voneinander verschieden, erstere eine selbständige Pflanze, letztere in ihrer Entwicklung und Ernährung von dieser abhängig, und vielleicht als eine eingeschobene, aus der Zygote neu hervorgegangene Bildung aufzufassen.

Die in Tetrasporangien oder in ihnen gleichwertigen Monosporangien oder Polysporangien erzeugten Sporen stellen eine zweite Form ungeschlechtlicher Sporen vor, durch die eine Vermehrung der Geschlechtspflanzen bewirkt wird. Sie können in einzelnen Fällen (*Nemalion*) übrigens ganz fehlen.

Bei gewissen Gattungen treten diese Sporangien ausschließlich auf den Geschlechtspflanzen selbst auf; bei der Mehrzahl der Gattungen aber gehen aus den Karposporen zunächst Pflanzen hervor, die nur Tetrasporen erzeugen, und aus den Tetrasporen erst die meist diözischen Geschlechtspflanzen, so daß dann die Entwicklung in drei Generationen, Gametophyt, Karposporophyt und Tetrasporophyt, verläuft. Von der geschlechtlichen Hauptgeneration hat sich hier also eine rein ungeschlechtliche, ihr im übrigen morphologisch gleiche und ihr vorangehende Generation abgespalten. Bei manchen Rotalgen mit solchem Entwicklungsgang tritt noch eine weitere Komplikation hinzu, indem an dem Gametophyten auch noch Tetrasporen oder diesen gleichwertige Monosporen erzeugt werden, aus denen dann wiederum Gametophyten hervorgehen.

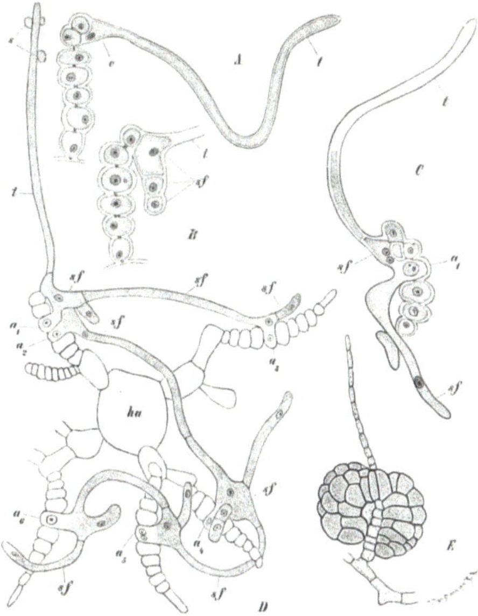

Fig. 369. Dudresnaya coccinea. *A* Karpogon-Ast, Karpogon *c* mit Trichogyn *t*. *B* Nach der Befruchtung, Karpogon zum sporogenen Faden *sf* ausgewachsen. *C* Verbindung dieses Fadens mit der ersten Auxiliarzelle a_1. *D* Die Verzweigung des sporogenen Fadens und Verbindung mit sechs Auxiliarzellen a_1–a_6. Die Zellen a_3–a_6 sind Ästen eingefügt, die von der Achse *ha* entspringen. Schema. *E* Reifer Karposporenknäuel aus einem Ast hervorgegangen. Vergr. *A–C* ca. 500, *D* 250, *E* 300. *A–D* nach OLTMANNS, *E* nach BORNET.

Das Verhalten der Zellkerne und ihre Reduktionsteilung ist erst für eine kleine Zahl von Arten untersucht worden, wobei sich prinzipiell bemerkenswerte Verschiedenheiten in der Verteilung der haploiden und diploiden Phasen auf die Generationen herausgestellt haben[350].

Bei *Scinaia* tritt nach SVEDELIUS die Reduktion der Chromosomenzahl bei der ersten Teilung des befruchteten Eikernes auf, so daß nur dieser diploid ist, der Karposporophyt, die Karposporen und die aus letzteren hervorgehenden Gametophyten aber haploid werden. Der Gametophyt vermehrt sich hier außerdem noch ungeschlechtlich durch haploide Monosporen an Stelle der fehlenden Tetrasporen. Ebenso verhält sich nach KYLIN *Batrachospermum*, ferner *Nemalion*, bei welchem aber weder Monosporen noch Tetrasporen am Gametophyten vorkommen.

Es steht zu erwarten, daß bei allen Rotalgen mit einfachem Generationswechsel die Reduktionsteilung nach dem *Scinaia*-Typus verläuft, der als der primitive angesehen werden darf.

Bei denjenigen Rotalgen, die ihre Entwicklung in drei Generationen zurücklegen, ist dagegen die Reduktionsteilung in das Tetrasporangium verlegt, so daß die aus den Tetrasporen hervorgehenden Gametophyten haploid sind, während die Karposporophyten, die Karposporen und die aus letzteren hervorgehenden Tetrasporophyten hier die diploide Phase darstellen. So verhalten sich *Polysiphonia*, *Griffithia*, *Delesseria*, *Nitophyllum*, *Rhodomela*. Tritt nun in solchen Fällen an dem haploiden Gametophyten außerdem noch eine ungeschlechtliche Sporenbildung auf, so muß diese naturgemäß ohne Reduktionsteilung erfolgen. So verhält sich nach SVEDELIUS der Gametophyt von *Nitophyllum punctatum*, der außer Sexualorganen auch noch Monosporangien bildet, durch deren Sporen er eine weitere Vermehrung erfährt. Diese Monosporangien entsprechen den an den Tetrasporophyten auftretenden Tetrasporangien, sind anfangs vielkernig, erzeugen aber unter Degeneration aller Kerne bis auf einen und unter Wegfall einer Reduktionsteilung nur je eine haploide Monospore.

Besonderes Interesse verdient eine kleine Nordseefloridee *Harveyella mirabilis*[351], welche auf einer anderen Rotalge, der *Rhodomela subfusca*, parasitisch in Form von kleinen weißlichen Polstern auftritt.

Chromatophoren sind in ihren Zellen nicht mehr nachweisbar, so daß diese Floridee sich wie ein Pilz ernährt. Ebenso verhalten sich noch einige andere Arten.

Offizinell sind *Gigartina mamillosa* (Fig. 365) mit zäpfchenförmigen, 2–5 mm langen, dem Thallus aufsitzenden Zystokarpien und *Chondrus crispus* (Fig. 364) mit ovalen, der Thallusfläche eingesenkten, etwa 2 mm langen Zystokarpien und mit Tetrasporangienlagern an den Thallus-Endsegmenten. Beide leben an den Nordseeküsten als purpurrote Algen; getrocknet sind sie von hellgelblicher Farbe und liefern, besonders Chondrus, das offizinelle Carrageen oder irländische Moos (Pharm. germ., austr., helv.), das zur Gallertbereitung verwendet wird. — Verschiedene Florideen liefern das ebenfalls zur Gallertbereitung benutzte Agar-Agar; so *Gelidium corneum* und *cartilagineum* das Agar von Japan; *Sphaerococcus* (*Gracilaria*) *lichenoides* das Agar von Ceylon (auch Fucus amylaceus genannt); *Eucheuma spinosum* das Agar von Java und Makassar.

Klasse XIII.
Phycomycetes, Algenpilze[288], [352], [353], [355]-[363].

Im Bau des Thallus und auch der Sexualorgane zeigen die meisten Algenpilze nähere Beziehungen zu den Schlauchalgen oder Siphoneen, unter denen vielleicht ihr phylogenetischer Ursprung zu suchen ist; indessen deuten gewisse Formen auch auf andere niedere grüne Algen hin, so z. B. die *Basidiobolaceen* auf Conjugaten und die *Chytridiaceen* als einfache Algenpilze auf Protococcales und Flagellaten. Wenn zurzeit die Phykomyceten noch als geschlossene Klasse aufgeführt werden, so geschieht dies mit dem Vorbehalt ihrer späteren Auflösung in mehrere an die entsprechenden Algenklassen anzugliedernde Reihen.

Im einfachsten Falle, bei Chytridiaceen, besteht der Thallus aus einer einfachen Zelle, die in den ersten Stadien sogar einen membranlosen Protoplasten vorstellt. Bei den höher stehenden Formen weist der schlauch- oder fadenförmige, meist reich verzweigte Thallus, wie bei Vaucheria, bis zur Bildung der Fortpflanzungsorgane keine Querwände auf und umschließt ein einheitliches Plasma, in welchem zahlreiche sehr kleine Zellkerne, aber keine Chromatophoren enthalten sind. Die Pilzfäden bezeichnet man als Hyphen, den ganzen Thallus als Myzelium. Meist sind die Hyphen ungegliedert, nur in wenigen Fällen tritt eine Gliederung der Hyphen durch Querwände ein. Die Algenpilze leben teils saprophytisch im Wasser auf faulenden Pflanzen oder Tieren oder an der Luft auf verwesenden organischen Substanzen, teils parasitisch in den Geweben von höheren Pflanzen oder auch von Insekten.

Die ungeschlechtliche Vermehrung geschieht durch Sporen, die meist in Sporangien erzeugt werden. Das gesamte Protoplasma der Sporangien zerklüftet sich in zahlreiche Sporenzellen, die bei den wasserbewohnenden Gattungen als zilientragende Schwärmsporen entlassen werden (Fig. 372), bei den terrestrischen dagegen vor der Entleerung bereits mit Membran umkleidet und so der Verbreitung in der Luft angepaßt sind (Fig. 378). Bei gewissen Gattungen werden neben den Sporangien oder auch ausschließlich Konidien gebildet durch Hervorsprossung und Abschnürung von Sporenzellen aus Hyphen, die dann meist als Konidienträger sich vom Substrat erheben. Die Verbreitung der Konidien findet ebenfalls in der Luft statt.

Die Sexualorgane bieten viel Eigenartiges. Nach ihrer Beschaffenheit unterscheiden wir bei den höher stehenden Phykomyceten die beiden Gruppen der Oomyceten und Zygomyceten. Bei den Oomyceten, die den Siphonales noch am nächsten stehen, differenzieren sich Oogonien und Antheridien, und letztere entleeren durch schlauchartige Ausstülpungen ihren Inhalt in erstere, die dann nach der Befruchtung Oosporen liefern. Nur bei Monoblepharis werden noch freie Spermien gebildet. Bei den Zygomyceten sind die beiden Sexualorgane von gleicher Beschaffenheit und liefern eine Zygospore. Sie sind aber meist vielkernig und entsprechen dann morphologisch je einem ganzen Gametangium der isogamen Grünalgen. Bei den einfacheren Phykomyceten, den Archimyceten, sind nur in wenigen Fällen Sexualorgane, Antheridien und Oogonien oder auch einander gleiche Gameten beobachtet worden.

Vielkernige Gametangien, Oogonien und Antheridien, die ihre Gameten nicht trennen und einzeln ausschlüpfen lassen, sondern direkt miteinander kopulieren, werden insgemein als Cönogameten bezeichnet.

1. Ordnung. Archimycetes[355].

Die hierher gehörigen *Chytridiaceen* sind mikroskopisch kleine, in Algen, Wasserpilzen, Wassertieren oder in den Zellen von Landpflanzen schmarotzende Pilze, deren Thallus nur bei einigen höher stehenden Gattungen die Form eines kleinen verzweigten Myzeliums aufweist, bei den meisten Vertretern aber eine einfache, in der Wirtszelle lebende Zelle vorstellt. Die ungeschlechtliche Vermehrung erfolgt durch ein- oder zweizilige Schwärmsporen, die sich auf der Nährpflanze festsetzen und ihren Protoplasten in die Wirtszelle eintreten lassen. Der Protoplast wächst heran, bleibt anfangs membranlos, umgibt sich dann mit Membran und wird zu einem vielkernigen Sporangium, das zahlreiche einkernige Schwärmsporen, meist aus einem halsförmigen Fortsatz, nach außen entläßt. Auch werden dickwandige Dauersporangien gebildet, die erst nach längerer Ruhe Schwärmsporen erzeugen. So verhält sich u. a. *Olpidium Brassicae* (Fig. 370), das in der Stengelbasis junger Kohlpflanzen schmarotzt und sie zum Absterben bringt.

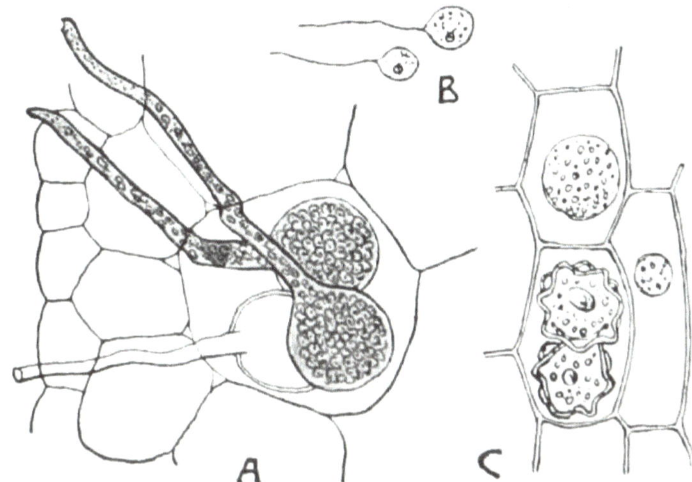

Fig. 370. Olpidium Brassicae. *A* Drei Zoosporangien, eines entleert. Vergr. 160. *B* Zoosporen. Vergr. 520. *C* Dauersporangien. Vergr. 520. Nach WORONIN.

Geschlechtliche Fortpflanzung, der Bildung der Dauersporangien vorausgehend, ist nur bei wenigen Vertretern sicher nachgewiesen. Bei dem auf Vicia unijuga schmarotzenden *Olpidium Viciae* sind die eingeißeligen Schwärmsporen teils asexuell, und aus ihnen gehen nach ihrem Eindringen in eine Wirtszelle nach wenigen Tagen wieder Zoosporangien hervor, teils aber kopulieren sie als Planogameten paarweise miteinander zu einer dann mit zwei Geißeln versehenen nackten Zygote, die sich auf der Nährpflanze festsetzt, mit Membran umgibt und ihren Protoplasten in eine Epidermiszelle entleert. Hier entwickelt sich die Zygote zu einem Dauersporangium, in welchem erst die beiden Gametenkerne kopulieren und dessen Inhalt zahlreiche Zoosporen liefert.

Ähnlicher Entwicklungsgang ist von CURTIS auch für *Synchytrium* (*Chrysophlyctis*) *endobioticum* nachgewiesen. Dieser sehr schädliche Pilz, der als Erreger des Kartoffelkrebses warzenförmige, später zerfallende und verfaulende Wucherungen an Knollen und Sprossen seiner Nährpflanze hervorruft, breitet sich in neuerer Zeit in Europa aus. Seine mehrere Jahre lebensfähig bleibenden derbwandigen Dauersporangien entlassen im Frühjahr einzilige Zoosporen, die in junge Knollenzellen eindringen und hier zu größeren, mit orangegelber äußerer und hyaliner innerer Membran versehenen Zellen (Prosorus) heranwachsen. Ihr

Protoplast tritt dann in das Plasma der Wirtszelle aus, zehrt es auf und teilt sich in eine Gruppe (Sorus) von rundlichen, dünnwandigen Einzelsporangien, die je 200–300 einzilige kleine Schwärmsporen bilden und nach Verquellung des umliegenden Knollengewebes nach außen entlassen. Diese Zoosporen entwickeln sich in gleicher Weise wieder zu neuen Sori. Außer dieser ungeschlechtlichen Vermehrung kommt aber auch geschlechtliche vor. Die den Zoosporen gleichgestalteten Gameten kopulieren paarweise zu Zygoten, die als nackte Zellen wieder in die Kartoffeln eindringen und in ihren Wirtszellen zu Dauersporangien heranwachsen. Ob Sporangien oder Gametangien in den Sori gebildet werden, scheint von äußeren Lebensbedingungen abzuhängen.

Bei der auf Saprolegniafäden schmarotzenden *Olpidiopsis* vollzieht sich die Kopulation in anderer, mehr an das Verhalten der höheren Phykomyceten erinnernder Weise. Größere weibliche und kleinere männliche Protoplasten, beide anfangs noch membranlos, liegen in den Nährzellen nebeneinander, wachsen heran, werden vielkernig, umgeben sich mit Zellulosewänden, und nun tritt der Inhalt des männlichen in den weiblichen über, der zu einer dickwandigen Oospore wird; die Kerne scheinen paarweise zu verschmelzen. Das Schicksal der Oospore ist unbekannt. Außerdem vermehrt sich Olpidiopsis durch zweigeißelige, in Sporangien gebildete Zoosporen.

2. Ordnung. Oomycetes.

1. Nur bei der kleinen primitiven Familie der *Monoblepharidaceen*[356] entlassen die Antheridien freie Spermien, während bei den übrigen Oomyceten der vielkernige Antheridiuminhalt sich nicht mehr in freie Spermien sondert.

Die *Monoblepharis*-Arten finden sich an Pflanzenresten im Wasser, vermehren sich ungeschlechtlich durch einzilige Schwärmsporen, die in größerer Zahl in Sporangien erzeugt werden. Die meist terminal stehenden Oogonien enthalten nur eine Eizelle (Fig. 371); die den Sporangien ähnlichen Antheridien entlassen eine Anzahl von einziligen Spermien. Diese gelangen zu den Oogonien, deren Wandung sie an der Spitze auflösen, und dringen so zur Eizelle vor, die dann nach der Befruchtung zu einer stachelig behäuteten Oospore wird.

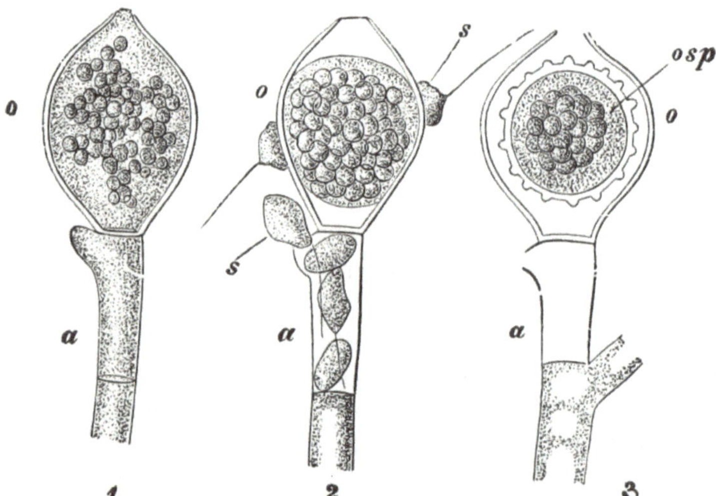

Fig. 371. Monoblepharis sphaerica. Ende eines Fadens mit einem Oogonium *o* und dem darunter liegenden Antheridium *a*, in *1* vor der Bildung der Eizelle und der Spermien, in *2* die letzteren *s* austretend und an dem Oogonium hinaufkriechend, in *3* reife Oospore *osp*, das Antheridium entleert. Vergr. 800. Nach CORNU. Aus V. TAVEL, Pilze.

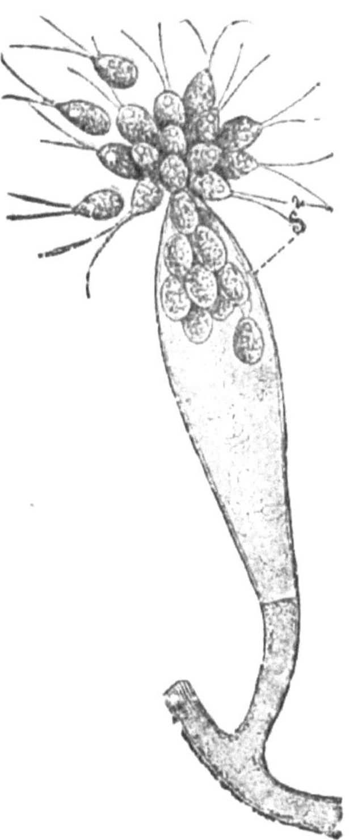

Fig. 372. Saprolegnia mixta. Sporangium die zweiziligen Zoosporen s^2 entlassend. Nach G. KLEBS.

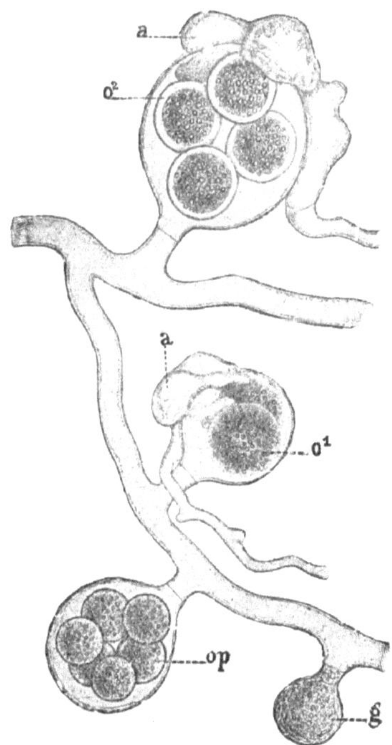

Fig. 373. Saprolegnia mixta. Faden mit Geschlechtsorganen. *a* Antheridium, das einen Befruchtungsschlauch in das Oogonium hineingetrieben hat, o^1 Eizelle, o^2 Oospore mit Membran umgeben, *op* parthenogenetische Oosporen, *g* junges Oogonium. Nach G. KLEBS.

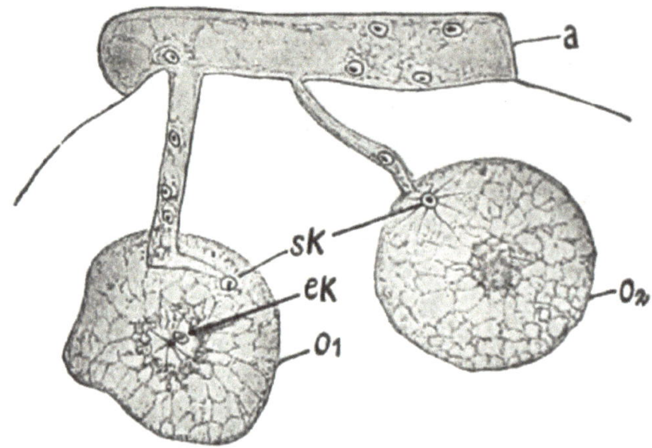

Fig. 374. Achlya polyandra. Befruchtung zweier Eizellen *o* eines Oogoniums durch zwei Schläuche des Antheridiums *a*. *ek* Eikern, in o_2 der Eikern nicht im Schnitt getroffen, *sk* Spermakerne. Nach TROW.

2. An die erste Familie schließen sich die *Saprolegniaceen*[357] an, die mit ihren Myzelien ebenfalls im Wasser meist saprophytisch an der Oberfläche faulender Pflanzen, Insekten und sogar auf lebenden Fischen vegetieren. Sie vermehren sich ungeschlechtlich durch keulenförmige Sporangien (Fig. 372), aus denen zahlreiche, mit zwei Zilien begabte Schwärmsporen nach außen entleert werden. Bei *Saprolegnia* umgeben sich diese mit endständigen Geißeln versehenen Sporen nach dem Schwärmen unter Einziehung ihrer Geißeln mit kugeliger Hülle, schlüpfen aber bald aus ihr von neuem aus, in anderer Gestalt, nämlich als bohnenförmige Schwärmer mit seitlicher Geißeleinfügung. Diese kommen schließlich zur Ruhe, werfen die Zilien nun ab und entwickeln sich zum Myzel. Bei anderen Gattungen tritt nur eine Form von Schwärmsporen auf. An älteren Myzelfäden entstehen die Geschlechtsorgane (Fig. 373, 374). Die Oogonien bilden mehrere oder viele Eizellen (bis 50), selten nur eine einzige aus. Sie enthalten anfangs viele Kerne, die aber zum größten Teile zugrunde gehen; die übrig bleibenden teilen sich nochmals mitotisch in Tochterkerne, von denen ein Teil wiederum degeneriert, während um die übrigen sich die stets einkernigen Eizellen abgrenzen. Die Antheridien enthalten ebenfalls mehrere, sich nochmals mitotisch teilende Kerne. Sie treiben einfache oder sich verästelnde Befruchtungsschläuche in die Oogonien bis zu den Eizellen, in die nun je ein männlicher Kern eintritt, um mit dem Eikern zu verschmelzen. Hierauf bilden sich die Eizellen zu derbwandigen Oosporen um, bei deren Keimung die Reduktionsteilung vollzogen wird. Bei einigen Formen dieser wie auch der vierten Familie kann die Bildung der Antheridien gelegentlich oder auch stets ausbleiben; die Eisporen reifen dann ohne Befruchtung (Fig. 373 *op*). Eine in Abwässern massenhaft vegetierende wasserreinigende Saprolegniacee ist *Leptomitus lacteus*, von dem nur Vermehrung durch Schwärmsporen bekannt ist.

3. Die *Peronosporaceen*[358] sind parasitische Pilze, deren Myzel in den Geweben höherer Landpflanzen lebt (Fig. 87). Gewisse Arten bewirken in nassen Jahren epidemische Erkrankungen von Kulturgewächsen, so vor allem die *Phytophthora infestans*, der um 1830 aus Amerika bei uns eingeschleppte Pilz der bekannten Kartoffelkrankheit (Kraut- und Knollenfäule). Seine Myzelfäden leben interzellular, senden kurze Saugschläuche oder Haustorien in die Zellen hinein und verursachen die Braunfärbung und das Absterben der von ihnen befallenen Organe. Bis jetzt sind bei dieser Art Geschlechtsorgane, die man bei Kultur des Pilzes auf gewissen Nährböden zur Entwicklung bringen kann, auf der Kartoffelpflanze selbst noch nicht beobachtet, sondern nur ungeschlechtliche Sporangien, die als ovale Gebilde auf verzweigten, vorzugsweise auf der Blattunterseite aus den Spaltöffnungen herauswachsenden Sporangienträgern gebildet werden (Fig. 375). Diese erscheinen dem bloßen Auge als weißer Schimmel. Die Sporangien werden endständig angelegt und durch eine Querwand abgegliedert; dann wächst der Träger neben dem Sporangium vorbei, so daß es eine seitliche Stellung erhält. Noch vor der Teilung des Inhaltes lösen sich die Sporangien (*B*) ab, werden durch den Wind verbreitet und tragen so zur raschen Ausbreitung der Epidemie bei. Die Entwicklung der Schwärmsporen aus den Sporangien erfolgt nur in Wasser, somit nur bei nassem Wetter. Der Sporeninhalt teilt sich in mehrere, mit

zwei Zilien versehene, ausschlüpfende Schwärmsporen (*C, D*), die zu einem neuen, in das Blatt eindringenden Myzelfaden auskeimen. Die Sporangien können auch direkt ohne Teilung des Inhaltes und ohne Bildung von Schwärmsporen zu Keimschläuchen auswachsen. Es läßt sich somit bei dem Kartoffelpilz, wie auch bei anderen Peronosporeen eine Umbildung von Sporangien zu Konidien verfolgen, die hier mit dem Übergang von der aquatischen zur terrestrischen Lebensweise zusammenhängen dürfte.

Plasmopara viticola, mit reich verästelten Sporangienträgern, ist ein sehr schädlicher, aus Amerika stammender Parasit, der Pilz des falschen Mehltaues der Blätter und Beeren des Weinstockes. Eine sehr häufige Art ist *Albugo candida* (= *Cystopus candidus*) auf Cruciferen, besonders Capsella, weiße Auftreibungen der Stengel verursachend. Die Sporangien werden bei dieser Art in Ketten am Myzelium unter der Epidermis der Nährpflanze erzeugt und entleeren bei Regenwetter zahlreiche Schwärmsporen.

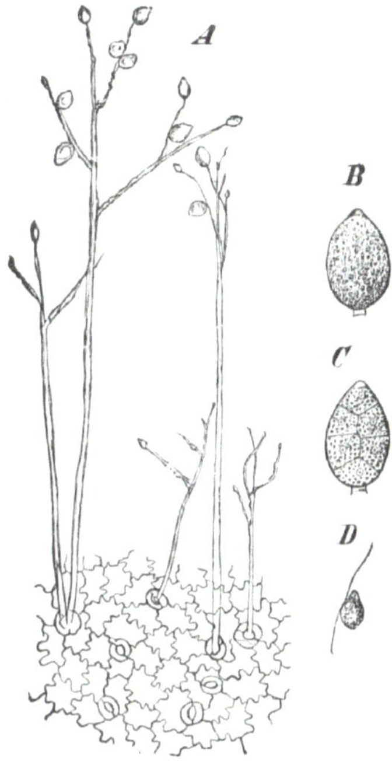

Fig. 375. *A* Blattepidermis von Solanum tuberosum mit Sporangienträgern der Phytophthora infestans. Vergr. 90. *B* Sporangium. *C* Ein solches mit geteiltem Inhalt. *D* Eine Schwärmspore. *B–D* Vergr. 540. Nach STRASBURGER.

Die Sexualorgane der Peronosporeen, die an Vaucheria (Fig. 350) erinnern, entstehen meist im Innern der Nährpflanze, die Oogonien als kugelige Anschwellungen von Hyphenenden, die Antheridien als schlauchförmige Ausstülpungen meist dicht unter den Oogonien (Fig. 376). Beide Organe werden durch Querwände abgegrenzt und enthalten viele Kerne, die dann eine einmalige Teilung erfahren. Im Verhalten der Kerne zeigen sich bei den einzelnen Arten interessante Verschiedenheiten. Bei *Peronospora parasitica*, *Albugo candida* und *lepigoni*, *Pythium*, *Plasmopara*, *Sclerospora* differenziert sich im Plasma des Oogoniums eine einzige große zentrale Eizelle oder Oosphäre, die im reifen Zustand nur einen Eikern in der Mitte enthält, während die übrigen Kerne sämtlich in dem peripherischen sog. Periplasma liegen. Die Antheridien treiben in das Oogonium einen Fortsatz, der sich an der Spitze in die Eizelle öffnet und nur einen männlichen Zellkern eintreten läßt. Die Oosphäre grenzt sich sodann durch eine Membran ab, die Kerne verschmelzen aber erst nach einiger Zeit, und das Periplasma wird zur Bildung der äußeren Sporenmembran, des Episporiums, verbraucht. Bei Peronospora parasitica ist die reife Oospore einkernig, bei Albugo durch Teilung des Keimkerns vielkernig. *Albugo Bliti* und *A. Portulacae* legen zwar ebenfalls eine zentrale Oosphäre, von Periplasma umgeben, an; sie enthält aber zahlreiche Kerne, und auch der Antheridiumschlauch führt zahlreiche Kerne in sie ein, die paarweise mit den weiblichen Kernen kopulieren. Aus dieser zusammengesetzten Eizelle geht dann eine vielkernige Oospore hervor. Das Verhalten beider Arten kann als ein ursprüngliches betrachtet werden, während die einkernigen Eizellen der zuerst genannten Vertreter sich von den vielkernigen ableiten lassen. Eine vermittelnde Stellung nimmt nun *Albugo Tragopogonis* ein, deren Eizelle zwar vielkernig angelegt ist, aber schließlich doch nur einen weiblichen Kern infolge Schwindens der übrigen enthält. Die überzähligen Kerne in den Oogonien und Antheridien können als funktionslos gewordene Gametenkerne betrachtet werden, ähnlich wie die überzähligen Eikerne bei gewissen Fucaceen. Die Oosporen keimen entweder direkt zu einem Myzelium aus oder erzeugen zunächst Schwärmsporen. Die Keimkerne in den Oosporen sind diploid; ihre erste Teilung, die schon vor der Keimung erfolgen kann, ist eine Reduktionsteilung.

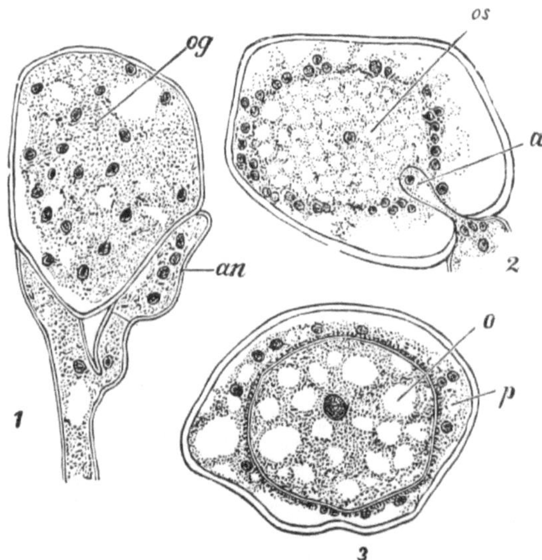

Fig. 376. Befruchtung der Peronosporeen. *1* Peronospora parasitica. Junges vielkerniges Oogonium *og* und Antheridium *an*. *2* Albugo candida. Oogonium mit der zentralen einkernigen Oosphäre und dem Befruchtungsschlauch *a* des Antheridiums, der den männlichen Kern einführt. *3* Desgl. Befruchtete Eizelle *o* umgeben von dem Periplasma *p*. Vergr. 666. Nach WAGER.

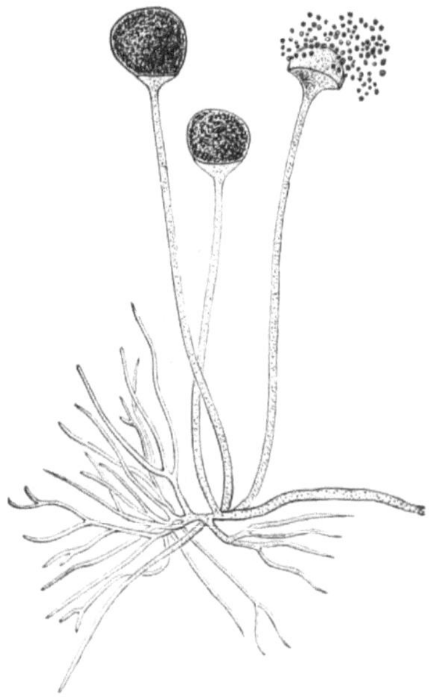

Fig. 377. Rhizopus nigricans. Teil eines Myzeliums mit Sporangien, das rechts befindliche die Sporen entleerend mit stehenbleibender, halbkugeliger Columella. Vergr. 38.

3. Ordnung. Zygomycetes.

Zu der ersten Familie, den *Mucoraceen*[359] gehören terrestrische Schimmelpilze, die auf pflanzlichen und tierischen Stoffen saprophytisch vegetieren. Die ungeschlechtliche Vermehrung geschieht durch unbewegliche behäutete Sporen aus Sporangien oder durch Konidien. Die sexuelle Fortpflanzung besteht in der Kopulation zweier gleichwertiger Cönogameten zu einer Zygospore.

Eine der verbreitetsten Arten ist der Kopfschimmel, *Mucor mucedo*, dessen Myzel weiße Schimmelrasen auf feuchtem Brot, Mist, Fruchtsäften bei Abschluß von frischer Luft bildet, ferner auf gleichen Substraten der Ausläufer treibende *Mucor stolonifer* (= *Rhizopus nigricans*) mit bräunlichem Myzelium. Bei den Mucor-Arten entstehen die kugeligen Sporangien (Fig. 377) an den Enden von senkrecht sich erhebenden Myzelschläuchen durch Abgrenzung mittels Querwand, die sich kegelförmig als sog. Columella (Fig. 378) in das Sporangium vorwölbt. Das Plasma des Sporangiums zerfällt durch fortgesetzte Zerklüftung in zahlreiche Sporen, die durch Zerfließen der Sporangienwandung unter Aufquellen einer zwischen ihnen liegenden Zwischensubstanz entleert werden. Bei den auf Mist häufig sich entwickelnden *Pilobolus*-Arten wird das Sporangium durch den stark turgeszierenden und unterhalb der Columella schließlich aufplatzenden Träger weit abgeschleudert. (Vgl. S. 308.) Nach HARPER sind bei *Pilobolus* die Sporen zweikernig, bei *Sporodinia* vielkernig (Fig. 379).

Unter gewissen Bedingungen wird die ungeschlechtliche Fortpflanzung abgelöst durch die sexuelle, die darin sich zeigt, daß an den Myzelschläuchen keulenförmige Äste hervorkommen, paarweise mit den Enden aufeinander stoßen (Fig. 380) und dann erst dort die vielkernigen Cönogameten durch je eine Querwand abgrenzen. Die Gameten verschmelzen nun zu einer Zygospore mit warzenbesetzter Membran. Über das Verhalten der Kerne bei der Kopulation liegen bis jetzt nur wenige Angaben vor. Bei *Sporodinia*, *Phycomyces* und anderen Gattungen kopulieren die in die Zygospore eintretenden Gametenkerne paarweise miteinander. Die Zygosporen keimen nach längerer Ruhe; in der Regel schließen die Keimschläuche ihre Entwicklung mit der Bildung von Sporangien ab (Fig. 380, *5*). Die Reduktionsteilung soll nach BURGEFF bei *Phycomyces* in der Anlage des Sporangiums, das den aus der Zygospore hervorgehenden Keimschlauch abschließt, stattfinden.

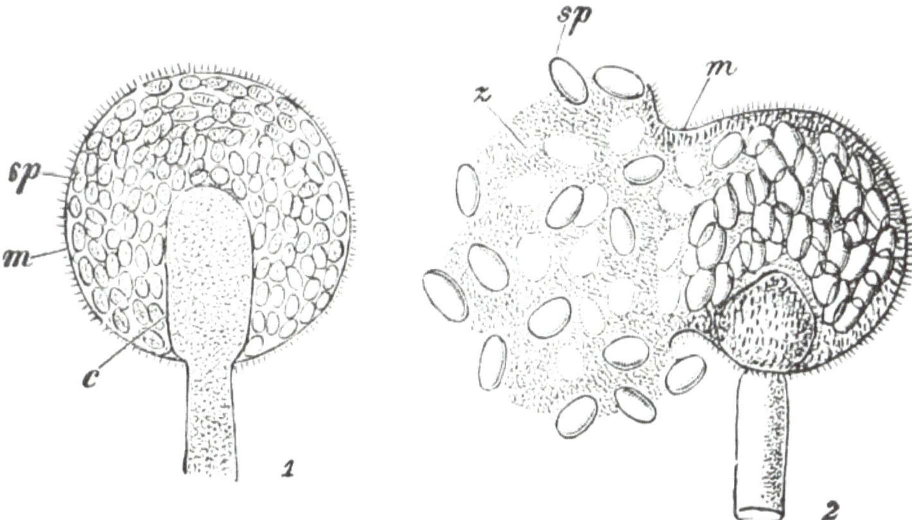

Fig. 378. *1* Mucor mucedo. Sporangium im optischen Längsschnitt, *c* Columella, *m* Membran, *sp* Sporen. *2* Mucor mucilagineus. Sporangium in der Sporenentleerung begriffen, die Membran *m* zerfließend, die Zwischensubstanz *z* stark aufquellend. *1* Vergr. 225. *2* Vergr. 300. Nach BREFELD. Aus V. TAVEL, Pilze.

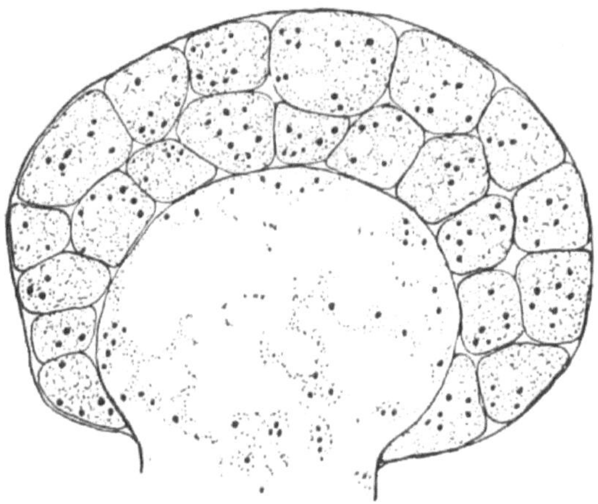

Fig. 379. Sporodinia grandis. Schnitt durch ein reifes Sporangium. Sporen mehrkernig. Vergr. 425. Nach HARPER.

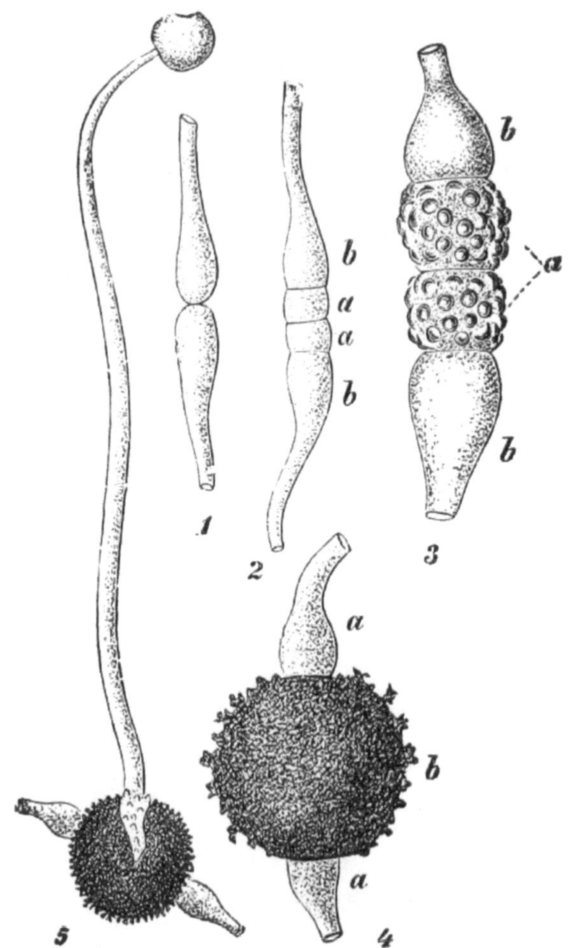

Fig. 380. Zygosporenbildung von Mucor mucedo. *1* Die Konjugationsäste. *2* Abgrenzung der Gameten *a* von den Suspensoren *b*. *3* Weiteres Stadium, die Warzen der Membran beginnen ihre Bildung. *4* Reife Zygospore *b* zwischen den Suspensoren *a*. *5* Keimung der Zygospore mit einem Sporangium. *1–4* Vergr. 225, *5* Vergr. ca. 60. Nach BREFELD. Aus V. TAVEL, Pilze.

Interessant ist der von BLAKESLEE für die meisten Mucorineen erbrachte Nachweis von diözischen (heterothallischen) Myzelien, so bei *Mucor Mucedo* und *Rhizopus nigricans*; Zygosporen werden nur dann gebildet, wenn solche mit + und - bezeichneten Myzelien, die zwar äußerlich nicht unterscheidbar, physiologisch aber verschieden differenziert sein müssen, aufeinander stoßen. Bei einigen Mucorineen (*Sporodinia grandis*) dagegen entstehen die kopulierenden Gameten auf ein- und demselben, also homothallischen Myzelium. Bei sonst heterothallischen Arten, wie *Phycomyces nitens*, können unter gewissen Umständen homothallische Myzelien auftreten oder auch neutrale, die nur Sporangien bilden[360].

Innerhalb der Gruppe der Zygomyceten ist eine Rückbildung der Sexualität zu verfolgen: Bei gewissen Mucorineen werden zwar die Konjugationsschläuche paarweise angelegt; es findet aber keine Verschmelzung mehr statt, sondern die Endzellen bilden sich direkt zu Sporen aus, die man dann als Azygosporen bezeichnet; endlich bei anderen Formen werden die an ihren Enden Azygosporen bildenden Schläuche einzeln am Myzelium angelegt. Bei vielen Arten stellt sich die Zygosporenbildung nur selten ein.

Bei *Mucor mucedo* unterliegt die Größe und die Sporenzahl der Sporangien auffallenden Schwankungen. Bei der Gattung *Thamnidium* hat sich ein Dimorphismus der Sporangien ausgebildet, ein größeres vielsporiges steht am Ende des Trägers und eine größere Anzahl keiner, wenigsporiger, sog. Sporangiolen, an wirtelig verzweigten Seitenästen des Trägers. Letztere können sogar unter bestimmten Ernährungsbedingungen einzellig bleiben und auf diese Weise zu Konidien werden. Bei der tropischen Gattung *Choanephora* ist der Dimorphismus am weitesten gegangen, indem hier neben den großen Sporangien auf besonderen Trägern Konidien erzeugt werden. Endlich gibt es Zygomyceten (z. B. *Chaetocladium*), bei denen ausschließlich Konidien als ungeschlechtliche Fruktifikation auftreten. So lassen sich also in derselben Pilzgruppe alle Übergänge vom vielsporigen Sporangium bis zur einzelligen Konidie feststellen.

Rhizopus nigricans enthält in seinem Zellsaft ein auf Tiere tödlich wirkendes Gift[361].

2. Die Familie der *Entomophthoraceen*[362] stellt eine kleine Gruppe meist parasitisch in den Leibern von Insekten und Raupen lebender Pilze vor, deren vielkernige, meist verzweigte Myzelschläuche einzellig bleiben oder später in Zellen sich zergliedern, die dann im Blut durch den ganzen Tierkörper verbreitet werden. Sie vermehren sich ungeschlechtlich durch vielkernige oder einkernige Konidien, die einzeln an den Enden der Myzeläste entstehen und bei der Reife abgeschleudert werden, geschlechtlich durch Zygosporen, an deren Stelle aber auch häufig Azygosporen gebildet werden.

Am bekanntesten ist *Empusa Muscae*, der Schimmelpilz der Stubenfliege (Fig. 381). Die abgeschleuderten, vielkernigen Konidien umgeben die Fliegen, die durch den Pilz infiziert und getötet wurden, mit einem weißen Hofe, der besonders auffällt, wenn die Fliegen an Fensterscheiben haften.

3. *Basidiobolaceen*[363]. *Basidiobolus ranarum*, ein auf Froschmist saprophytischer Pilz, muß von der vorhergehenden Gruppe abgetrennt werden. Sein verzweigtes Myzel ist vielzellig, die einzelnen Zellen enthalten je einen großen Kern. Die im reifen Zustand abgeschleuderten, einkernigen Konidien entstehen einzeln an ihren Tragzellen. Eigenartig verläuft die Bildung der Zygosporen. Zwei benachbarte Zellen eines Fadens schwellen an und kopulieren, nachdem sie vorher zwei schnabelartige Fortsätze getrieben und diese durch Querwände als vergängliche und bei der Kopulation nicht beteiligte Zellen abgegrenzt haben. In der Zygospore teilen sich die beiden Gametenkerne in vier Kerne, von denen ein Paar zugrunde geht, das andere Paar aber verschmilzt. In diesen Vorgängen und auch in der Struktur der Zellkerne zeigen sich Ähnlichkeiten mit Konjugaten.

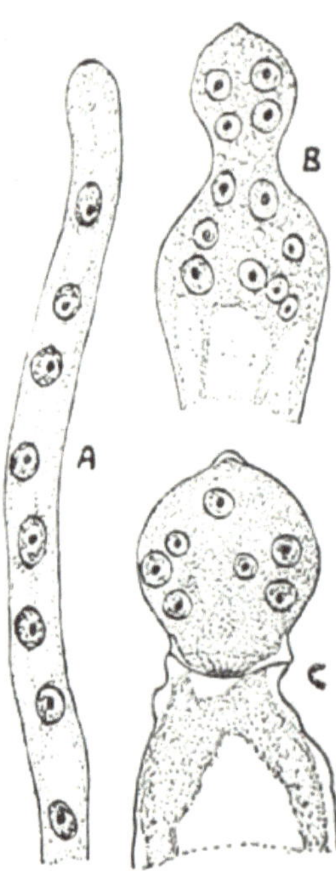

Fig. 381. Empusa Muscae. *A* Myzelschlauch aus einer Fliege. *B* Junger, aus solchem Schlauch entstandener und nach außen hervorgebrochener Konidienträger. *C* Bildung der Konidie, in welche die zahlreichen Kerne des Trägers hineingewandert sind. Vergr. 450. Nach OLIVE.

Klasse XIV.
Eumycetes, Fadenpilze[288], [296], [352], [353], [364]-[392].

Zu dieser ungemein formenreichen Klasse gehören zwei große Gruppen terrestrischer Pilze, die *Askomyceten* und die *Basidiomyceten*, über deren phylogenetische Ableitung noch Unsicherheit herrscht. Es ist versucht worden, sie von den Phykomyceten abzuleiten; indessen spricht nicht nur die Beschaffenheit des Thallus dagegen, sondern auch der Bau der Sexualorgane und die Entwicklung der Fruchtkörper, die im besonderen bei den Askomyceten einige Beziehungen zu den Rotalgen zeigen, während zu den Grünalgen keinerlei Anknüpfungspunkte erkennbar sind. Die Basidiomyceten lassen sich durch eine ihrer einfacheren Ordnungen, die der Uredineen oder Rostpilze, auf die Askomyceten zurückführen. Andererseits scheinen die Basidiomyceten durch eine ihrer einfacheren Ordnungen, die der Uredineen oder Rostpilze, mit den Askomyceten verknüpft zu sein.

Wie bei den Phykomyceten besteht der vegetative, an saprophytische oder parasitische Lebensweise vortrefflich angepaßte Thallus der Eumyceten aus reichverzweigten, farblosen Zellfäden oder Hyphen, deren Gesamtheit als Myzelium (Fig. 86) bezeichnet wird. Die Hyphen sind aber gegliedert, sie bestehen aus Zellreihen. In diesen weisen die einzelnen Zellen eine meist dünne, chitinhaltige Membran auf und in ihrem farblosen Plasma winzige Zellkerne, die oft zu mehreren (Fig. 6), doch in bestimmten Fällen zu zweien oder auch nur in Einzahl vertreten sind. Die Zellen enthalten keine Chromatophoren und nie echte Stärke, an deren Stelle vielmehr Glykogen, oft in sehr beträchtlicher Menge, und Fett treten. Die Hyphen durchziehen das Substrat und entnehmen ihm die für ihren Aufbau erforderlichen Substanzen. Bei manchen Pilzen bilden sie durch reiche Verzweigung Gewebekörper (Flechtgewebe oder Plektenchym). Wenn die Fäden dabei dicht zusammenlagern und sich in kurze Zellen teilen, so entsteht ein dem echten Parenchym überaus ähnliches Gewebe (Pseudoparenchym) (Fig. 36), das bei gewissen Arten erzeugt wird, wenn sie aus ihren Myzelien vegetative Ruhezustände, sog. Sklerotien bilden; diese sind knollige oder strangartige feste Körper, die unter bestimmten Bedingungen wieder auskeimen. Ferner bestehen die Fruchtkörper aus lockerem oder dichterem Flechtgewebe (Fig. 37).

Gewisse Fadenpilze bilden an den Wurzeln humusbewohnender grüner Pflanzen die weit verbreiteten Mykorrhizen (S. 226). Die Bestimmung der hier in Betracht kommenden Pilzarten, die wohl beiden Unterklassen entstammen, ist nur auf experimenteller Grundlage sicher zu stellen. Von MELIN wurde auf diese Weise nachgewiesen, daß *Boletus*-Arten (S. 406) Mykorrhizen an Kiefern und Lärchen liefern[354].

Die beiden Unterklassen unterscheiden sich durch die Art der ungeschlechtlichen Sporenbildung. Für sämtliche Askomyceten ist der Askus charakteristisch, ein keulenförmiger Sporenschlauch, der eine bestimmte Zahl von Sporen (meist 8) in eigenartiger Weise durch freie Zellbildung erzeugt (Fig. 382), während die Basidiomyceten an Stelle des Askus die Basidie aufweisen, die von verschiedener Gestalt, entweder schlauchförmig einzellig oder vierzellig die Sporen in bestimmter Zahl (meist 4) durch Zellsprossung abgliedert (Fig. 398, 399, 401, 402, 404, 411).

1. Unterklasse. Ascomycetes, Schlauchpilze[288], [296], [352], [353], [364]-[378].

Die Schlauchpilze besitzen in ihren typischen Vertretern Sexualorgane, Oogonien, die hier als Askogone oder wie bei den Rotalgen als Karpogone bezeichnet werden, und Antheridien. Nur für eine geringe Zahl von Gattungen sind die Sexualorgane näher untersucht; sie zeigen eine auffallende Mannigfaltigkeit in ihrer Gestaltung. Unter Hinweis auf die spezielle Darstellung seien hier nur einige Typen kurz erwähnt.

1. Bei den Laboulbenieen (Fig. 397) zeigen das Karpogon mit seinem Trichogyn und die Antheridien, von denen Spermatien gebildet werden, große Ähnlichkeit mit den gleichnamigen Gebilden der Rotalgen.

2. Die Flechten bildenden Askomyceten (Fig. 431, 432) schließen sich am nächsten an die erstgenannte Gruppe an; ihr Karpogon ist aber ein schraubig gewundener, vielzelliger Faden mit Trichogyn; die Spermatien werden in besonderen krugförmigen Einsenkungen des Thallus, den Spermogonien, erzeugt. Auch bei einigen nicht flechtenbildenden Schlauchpilzen kommen solche Organe vor.

3. Einem anderen Typus folgen *Pyronema*[372] (Fig. 391) und verwandte Gattungen, *Ascodesmis* (= *Boudiera* CLAUSSEN)[372], *Monascus*[366], *Aspergillus*[369], bei denen die Befruchtung eines vielkernigen, mit Trichogyn versehenen Karpogons durch ein vielkerniges Antheridium stattfindet, die beide als Cönogameten (S. 377) zu bezeichnen wären. Hier schließt sich auch *Lachnea*[367] an.

4. Bei den Erysibeen (Fig. 383) kopuliert ein einkerniges Antheridium direkt mit einem einkernigen Oogonium.

Andere Gattungen weisen in der Gestaltung der Karpogone und Antheridien Übergänge von dem Verhalten der Flechtenpilze zu dem von Pyronema und dem der Erysibeen auf, so daß wir vielleicht erstere als primitive, letztere als reduzierte Schlauchpilze betrachten können[365].

Bei gewissen Schlauchpilzen sind die Sexualorgane zwar noch vorhanden, aber eine Befruchtung der Karpogone findet nicht mehr statt, oder sie sind mehr oder weniger rückgebildet. Öfters kommt es vor, daß Antheridien nicht mehr ausgebildet werden.

Das Karpogon liefert nicht eine ruhende Oospore, sondern verbleibt im Zusammenhange mit der Mutterpflanze und läßt askogene Zellfäden aussprossen, die sich verzweigen und schließlich an ihren Enden die Sporenschläuche oder Asci bilden. Die aus einem Karpogon, in gewissen Fällen auch aus einer Gruppe benachbarter Karpogone hervorgegangenen Fäden und Asci vereinigen sich zu einem Fruchtkörper, an dessen Zusammensetzung und Umhüllung auch vegetative, dem Myzel der Mutterpflanze entsprossene und stets von den askogenen scharf geschiedene Zellfäden sich beteiligen. Das die Geschlechtsorgane erzeugende, aus den Askosporen hervorgegangene Myzel stellt die geschlechtliche Generation (Gametophyt) vor, das aus dem Karpogon hervorgegangene, in den Sporenschläuchen endigende Fadensystem dagegen die ungeschlechtliche (Sporophyt).

In oder an den Fruchtkörpern gewisser Gruppen der Schlauchpilze stehen die Asci parallel nebeneinander in einer Schicht (Hymenium), und zwischen ihnen finden sich in der Regel Saftfäden (Paraphysen), die dem sterilen Fadensystem der Fruchtkörper entstammen.

Bei einigen Ordnungen der Schlauchpilze fehlen die Sexualorgane und Fruchtkörper, vielleicht infolge von Rückbildung, vollständig; die Asci entstehen dann direkt aus den Myzelien.

Der Askus geht aus der endständigen Zelle eines askogenen Fadens hervor, die bei ihrer Anlage zwei Kerne mitbekommt. Beide Kerne verschmelzen miteinander, und aus dem Verschmelzungsprodukt gehen dann durch dreimalige Teilung acht Kerne hervor, um die sich auf dem Wege freier Zellbildung nach der in Fig. 21 dargestellten Weise die acht Sporen mittels Membranen abgrenzen (Fig. 382 und 392).

Im Gegensatz zu den Sporangien der Phykomyceten wird nicht das gesamte Plasma des Sporenschlauches zur Bildung der Askosporen verbraucht; diese liegen vielmehr meist in einer Längsreihe angeordnet in dem übriggebliebenen glykogenhaltigen Periplasma.

Das Ausstäuben der Sporen geschieht bei den Ordnungen der Diskomyceten und Pyrenomyceten aktiv infolge Verquellens des Epiplasmas, wodurch die Sporen aus den Schläuchen einige Millimeter weit herausgeschleudert werden. Bei ersterer Ordnung erfolgt sie als Wirkung des Reizes, den Licht- und Wärmestrahlen auf das Hymenium ausüben. Die Sporen werden durch aufsteigende Luftströmungen verbreitet. Bei den übrigen Askomyceten werden die Sporen durch Zerfall der Fruchtkörper frei[367].

In seltenen Fällen teilen sich die acht Kerne vor der Abgrenzung ihrer Zellen weiter; so entstehen zahlreiche freie Askussporen, bei *Thecotheus* z. B. 32; häufiger aber vollziehen sich Teilungen der acht Zellen nach dieser Abgrenzung und führen zur Bildung von acht zwei- oder mehrzelligen Sporenkörpern an Stelle von acht Einzelsporen.

Das Verhalten der Sexualkerne bei und nach der Befruchtung der Karpogone ist nur für wenige Fälle sicher erkannt. Für einige Askomyceten (*Pyronema*, *Monascus*) ist in neuerer Zeit festgestellt, daß im Karpogon die Sexualkerne sich nur dicht nebeneinander lagern, daß sie sich in den askogenen Fäden konjugiert weiterteilen und daß erst in der Askusanlage die Abkömmlinge je eines männlichen und je eines weiblichen Kerns miteinander verschmelzen. So erscheint die Kopulation der Sexualkerne vom Karpogon in den Askus hinausgeschoben und der Befruchtungsvorgang in zwei Stadien zerlegt.

Soweit sich aus den bisherigen Angaben schließen läßt, scheint bei den Schlauchpilzen allgemein die Reduktion der Chromosomen nach der Vereinigung der beiden Kerne in der Askusanlage bei der ersten Teilung des Fusionskerns sich abzuspielen.

In dem Entwicklungsgange der Schlauchpilze tritt vor der Fruchtkörperbildung vielfach noch eine ungeschlechtliche Vermehrung mittels Konidien auf; diese sind behäutete Sporen, die durch Zellsprossung an den Enden einfacher oder verzweigter Hyphenäste, der Konidienträger (z. B. Fig. 385), entstehen und sich abgliedern.

Von zahlreichen Fadenpilzen ist bis jetzt nur solche Konidienvermehrung bekannt, nicht aber die Askusfrüchte. Man bezeichnet sie daher als Fungi imperfecti, wobei die Frage offen steht, ob nicht in gewissen Fällen die Askusbildung ganz in Wegfall gekommen ist.

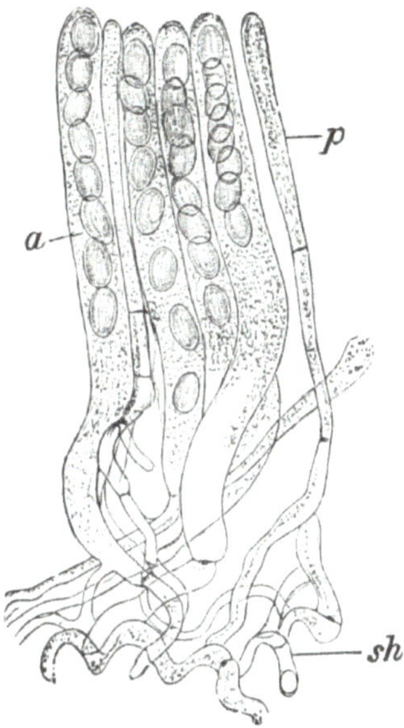

Fig. 382. Teil des Hymeniums von Morchella esculenta. *a* Asci, *p* Paraphysen, *sh* subhymeniales Gewebe. Vgr. 240. Nach STRASBURGER.

Nach der Beschaffenheit der Fruchtkörper unterscheiden wir zunächst die Ordnungen der *Erysibeen*, *Plectascineen* und *Pyrenomyceten* mit geschlossenen oder mit krugförmigen Fruchtkörpern (Perithecium), der *Discomyceten* mit offenen Fruchtkörpern (Apothecium), der *Tuberineen* mit anfangs offenen, später fast geschlossenen Fruchtkörpern.

Diesen Ordnungen reihen wir die *Exoasceen* an, bei denen die Asci ohne Fruchtkörperbildung aus den Hyphenzellen hervorgehen, ferner die sehr einfachen *Saccharomyceten* oder Hefepilze. Beide Gruppen können als reduzierte Askomyceten aufgefaßt werden.

Die *Laboulbenieen* endlich, deren Asci in kleinen Perithecien eingeschlossen sind, nehmen eine isolierte Stellung ein.

Die verwandtschaftlichen Beziehungen dieser Ordnungen zueinander sind noch nicht geklärt.

1. Ordnung. Erysipheae, Mehltaupilze[296]·[352]·[368]. Die kleinen kugeligen Perithecien besitzen eine geschlossene Hülle (Peridie), die schließlich unregelmäßig aufplatzt und die Askosporen entläßt. Die Asci stehen im Zentrum der Frucht in Einzahl oder zu mehreren büschelig angeordnet.

Die Mehltaupilze überziehen als Parasiten die Blätter höherer Pflanzen spinnwebartig und entsenden aus ihren Hyphen Haustorien oder Saugfortsätze in die Epidermiszellen. In einzelnen Fällen lebt das Myzel auch interzellulär im Blattgewebe. Die Perithecien sind in den weißen Überzügen als kleine, mit eigentümlichen Anhängseln versehene, kugelige, schwarze Körperchen zu erkennen. Im einfachsten Falle (z. B. bei der Gattung *Sphaerotheca*) umschließt das Perithecium nur einen einzigen Askus mit acht Sporen, der von sterilen Hyphen oder Hüllfäden in mehreren Schichten dicht umwachsen ist. Bei den Gattungen *Erysibe* und *Uncinula* dagegen finden sich in jedem Perithecium mehrere, bei *Phyllactinia* 12 bis 25 Asci vor. Die Zahl der Sporen beträgt meist vier oder auch nur zwei, indem nicht alle acht Kerne des Askus zur Sporenbildung verwendet werden. Wie HARPER nachgewiesen hat, besteht die erste Anlage des Peritheciums aus einem Oogonium und einem Antheridium. Beide werden an Hyphenästen als einkernige Sexualzellen abgegrenzt, stehen dicht nebeneinander, und der männliche Kern tritt durch ein Loch in der Zellwand in das Oogon über (Fig. 383, *1–4*). Nach der Befruchtung wird das Oogonium von Hüllfäden, die aus seiner Stielzelle oder auch aus derjenigen des Antheridiums entspringen, umgeben (*5*) und zu einem mehrzelligen Gebilde weiterentwickelt (*6*), aus dessen vorletzter, zweikerniger Zelle bei *Sphaerotheca* nach vorausgegangener Kernvereinigung und

Reduktionsteilung der achtsporige Askus entsteht, während bei *Erysibe* und bei *Phyllactinia* diese Zelle ausschließlich oder wenigstens vorwiegend askogene Schläuche treibt, die ihrerseits die hier in Mehrzahl vorhandenen Asci bilden. Die Mehltaupilze vermehren sich, bevor sie zur Peritheciumbildung übergehen, zunächst durch Konidien, die an kleinen aufrechten Myzelzweigen in Form von Ketten von der Spitze nach abwärts fortschreitend, abgegliedert und durch den Wind verbreitet werden.

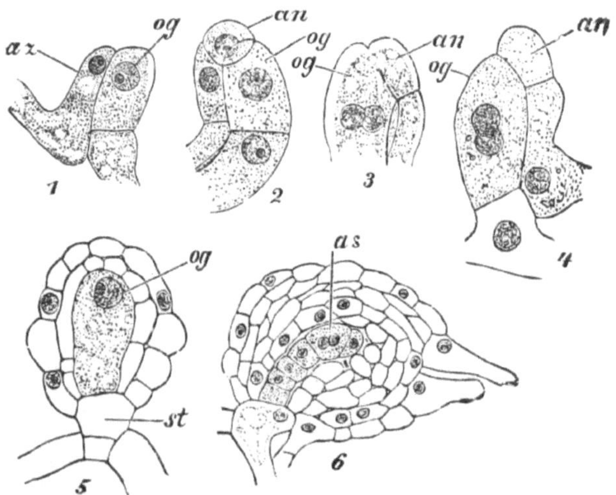

Fig. 383. Sphaerotheca Castagnei. *1* Oogonium *og* und Antheridiumzweig *az*. *2* Abgrenzung des Antheridiums *an*. *3* Übertritt des Antheridiumkernes zum Oogoniumkern. *4* Befruchtetes Oogonium, in *5* mit zwei Lagen Hüllfäden aus der Stielzelle *st*. *6* Mehrzelliges Askogon durch Teilung des Oogoniums hervorgegangen, die vorletzte zweikernige Zelle, *as*, liefert den Ascus. Nach HARPER.

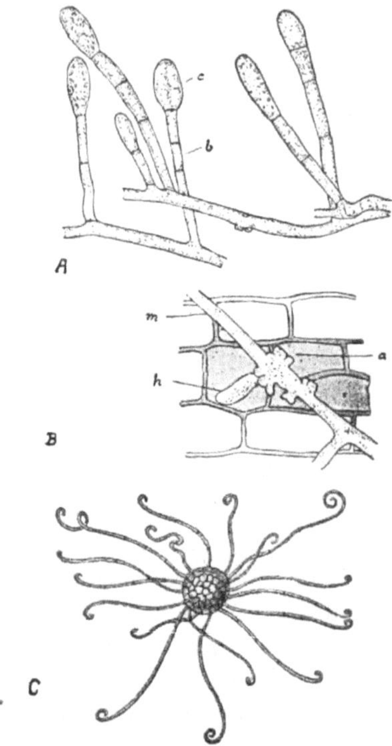

Fig. 384. Uncinula necator. *A* Konidienbildung, *c* Konidie, *b* Konidienträger. *B* Myzelfaden *m*, der auf Epidermiszellen die Anheftungsscheiben *a* und ein Haustorium *h* gebildet hat. *C* Perithecium mit Anhängseln. Aus SORAUER, LINDAU, REH. Handb. der Pflanzenkrankheiten, II_1, S. 246, 1921.

Der auf Blättern und Beeren von Vitis in Amerika, seit 1845 auch in Europa erschienene, sehr schädliche Mehltau des Weinstocks ist die als *Oidium Tuckeri* bezeichnete Konidienfruktifikation von *Uncinula necator* (= *U. spiralis*), deren Perithecien mit an der Spitze spiralig eingerollten Anhängseln versehen sind. Sie erscheinen nur selten bei uns, während sie in Nordamerika regelmäßig im Spätherbst auftreten (Fig. 384). Auch der bei uns seit 1907 sehr verbreitete Eichenmehltau, *Microsphaera quercina* vermehrt sich hauptsächlich durch Konidien und erzeugt nur sehr selten die Perithecien, deren lange Anhängsel an der Spitze mehrfach gegabelt sind.

2. Ordnung. Plectascineae. Die Perithecien sind rundlich, haben eine geschlossene Peridie und enthalten die Asci im Innern in unregelmäßiger Anordnung.

1. *Aspergillaceae*[369]. Fruchtkörper klein, nicht unterirdisch. Hierher gehören zwei der gemeinsten Schimmelpilze, *Aspergillus* (*Eurotium*) *herbariorum* und *Penicillium crustaceum*, die saprophytisch auf organischen Stoffen leben. Beide vermehren sich anfangs in reichlichem Maße nur durch Konidien, bevor sie zur Bildung der Perithecien übergehen.

Die Konidien von *Aspergillus herbariorum* sind unter dem Namen Gießkannenschimmel bekannt; sein Konidienträger zeigt am oberen Ende eine kugelige Anschwellung, von der radial angeordnete Konidienketten entspringen (Fig. 385). Die Träger stehen reihenweise nebeneinander und erscheinen als anfangs weißer, später blaugrüner Schimmel auf feuchten Vegetabilien, Früchten, Brot usw. Einige Arten von Aspergillus können auch als pathogene Pilze Erkrankungen bei Wirbeltieren und Menschen hervorrufen, so bewirkt *A. fumigatus*, der in gärenden Heuhaufen vorkommt und bei 40° C sein Temperaturoptimum erreicht[370], die Mykosen des Ohrgangs, des Rachens und der Lunge.

Die ebenfalls blaugrünen Schimmelrasen von *Penicillium crustaceum*, dem überall verbreiteten Pinsel- oder Brotschimmel, bestehen dagegen aus verzweigten Konidienträgern (Fig. 385). *Penicillium brevicaule*, auf modrigem Papier vorkommend, wird zum Nachweis von Arsen benutzt, da es auf arsenhaltigen Substraten (Tapeten) in seinem Stoffwechsel das stark riechende Diäthylarsin abscheidet.

Die Perithecien von *Aspergillus* und *Penicillium* erscheinen später am Myzel, bei letzterer Gattung treten sie nur selten auf. Sie sind verwickelter gebaut als bei den Erysibeen. In ihrer ersten Anlage sind Sexualorgane, ein Antheridium und ein mit Trichogyn versehenes Karpogon, nachgewiesen. In den reifen Früchten erscheinen die Schlauchwandungen und das sterile, die Asci umgebende Hyphengewebe bis auf die unregelmäßig aufplatzende Fruchtwand aufgelöst.

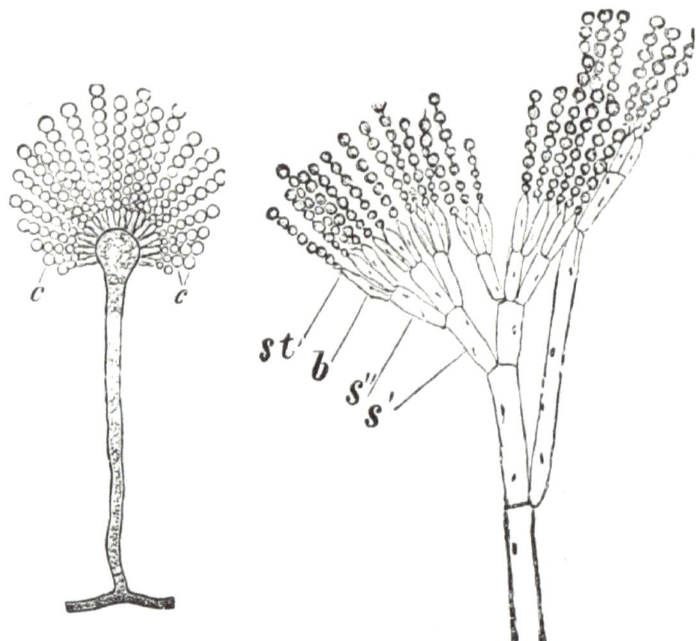

Fig. 385. Konidienträger von Aspergillus herbariorum (links), von Penicillium crustaceum (rechts).

2. Die *Elaphomycetaceae* besitzen unterirdische, knollenförmige, trüffelähnliche Fruchtkörper, deren Peridie gegen den zu einer pulverigen Sporenmasse reifenden Askuskomplex scharf abgesetzt ist. Offizinell war früher und wird jetzt noch zu Tierarzneien gebraucht die in Nadelwäldern Europas häufige Hirschtrüffel, *Elaphomyces cervinus* (Boletus cervinus) mit walnußgroßen, gelbbraunen, bitter schmeckenden Fruchtkörpern.

3. Die *Terfeziaceae* unterscheiden sich von den vorigen durch eine nicht scharf abgesetzte Peridie ihrer Fruchtkörper. Hierher gehören die besonders im Mittelmeergebiet verbreiteten *Terfezia*-Arten mit eßbaren trüffelähnlichen Fruchtkörpern.

3. Ordnung. Pyrenomycetes, Kernpilze. Außerordentlich formenreiche Gruppe von Pilzen, die teils parasitisch auf Pflanzenteilen, teils saprophytisch auf faulem Holz, Mist usw. leben. Einige wenige Gattungen befallen parasitisch verschiedene Insektenlarven. Die Pyrenomyceten charakterisieren sich durch die krugförmige Gestalt ihrer Askusfrüchte oder Perithecien, die an ihrer Spitze eine offene Mündung und in ihrem Grunde ein Hymenium aus Sporenschläuchen und haarförmigen, oft verzweigten Saftfäden oder Paraphysen (Fig. 386) besitzen. Die Seitenwände des Peritheciums sind bis zur Mündung ausgekleidet mit ähnlichen Hyphenhaaren, den Periphysen. Die Askosporen werden aus der Mündung nach außen entleert.

Die einfachsten Pyrenomyceten besitzen freie, dem Myzel aufsitzende, meist schwarz gefärbte, kleine Perithecien (Fig. 386), so die Gattungen *Sphaeria* und *Podospora.* Bei anderen Kernpilzen aber erscheinen die Perithecien zu mehreren oder vielen dicht nebeneinander eingebettet in einen rundlichen, polsterförmigen oder keulenförmigen, zuweilen verzweigten Myzelkörper von pseudoparenchymatischer Struktur. Man bezeichnet diesen als Stroma.

Der Peritheciumbildung gehen in dem Entwicklungsgang der meisten Kernpilze mannigfaltige Nebenfruktifikationen, hauptsächlich Konidien voraus, die in verschiedener Weise von den Myzelfäden teils direkt, teils auf besonderen Trägern abgegliedert werden und zur Ausbreitung des Pilzes beitragen. Häufig erscheinen die Konidienträger zu Fruchtkörpern vereinigt. Eine besondere Form solcher Früchte sind die bei manchen Gattungen auftretenden Pykniden, kleine kugelige oder flaschenförmige Gebilde, die als Auskleidung verzweigte Hyphenfäden besitzen, an deren Spitzen die Konidien, hier Pyknosporen (oder Pyknokonidien) genannt, abgegliedert werden (Fig. 387). Die Pykniden und ihre Sporen stimmen in ihrer Bildung mit den Spermogonien und Spermatien der Flechtenpilze überein und mögen wohl auch als die ursprünglichen männlichen Organe der Askomyceten zu betrachten sein.

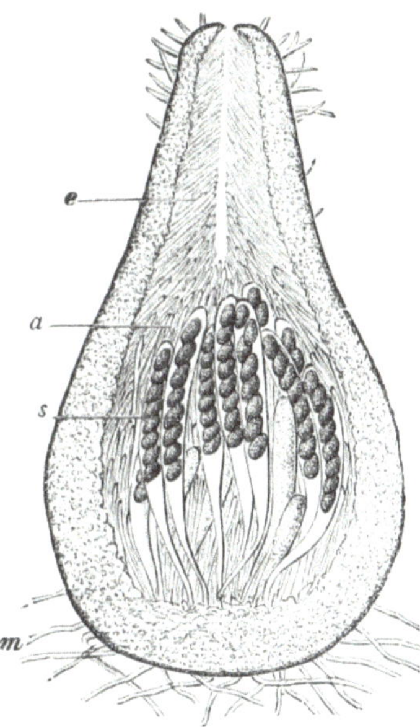

Fig. 386. Perithecium von Podospora fimiseda im Längsschnitt. *s* Die Asci, *a* die Paraphysen, *e* die Periphysen, *m* Myzelfäden. Vergr. 90. Nach V. TAVEL.

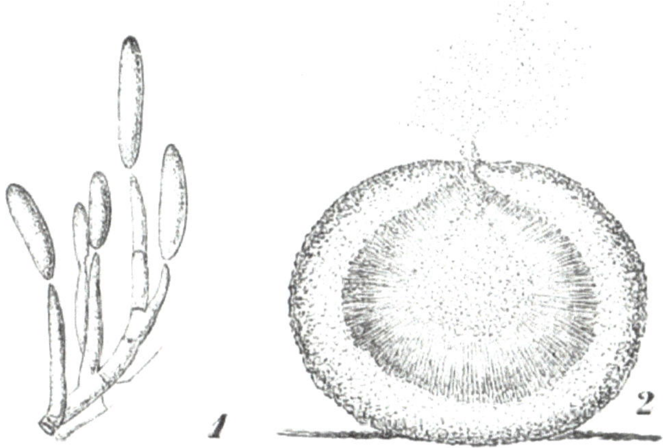

Fig. 387. *1* Konidienabschnürung an den Konidienträgern aus der Pyknide von Cryptospora hypodermia. Vergr. 300. Nach BREFELD. *2* Pyknide von Strickeria obducens, im Durchschnitt. Vergr. 70. Nach TULASNE. Aus V. TAVEL, Pilze.

Wichtig als offizinelles Gewächs und als Schädling der Roggenfelder ist *Claviceps purpurea*, der Pilz des Mutterkorns. Er lebt parasitisch in den jungen Fruchtknoten von Gramineen, hauptsächlich des Roggens. Diese werden im Frühsommer durch die Askosporen infiziert. Das Myzel überwuchert die Fruchtknoten und geht bald zur Bildung von Konidien über, die auf kurzen seitlichen Trägern in kleinen Köpfchen vereinigt abgegliedert werden (Fig. 388 *A*). Zugleich findet Ausscheidung eines süßen Saftes statt, mit dem die massenhaft erzeugten Konidien zu Tropfen zusammenfließen. Dieser sog. Honigtau des Getreides wird von Insekten aufgesucht, auf andere Blüten übertragen und so der Pilz verbreitet. Das Myzel geht nach Aufzehrung des Fruchtknotengewebes schließlich in ein Sklerotium über, dadurch, daß die Hyphenfäden dicht zusammenwachsen und namentlich an der Peripherie unter Querteilung ein geschlossenes Pseudoparenchym bilden (Fig. 36). Diese langgestreckten, schwarzviolett gefärbten, aus der Kornähre mit schwach hornförmiger Krümmung hervorragenden Sklerotien werden als Mutterkorn, Secale cornutum, bezeichnet (Fig. 388 *B*). Die mit Reservestoffen (Fett) dicht angefüllten Sklerotien fallen zu Boden und keimen erst im nächsten Frühsommer zur Zeit der Roggenblüte. Es kommen Hyphenbündel aus ihnen hervor, die zu langgestielten, blaßrot gefärbten Köpfchen heranwachsen (*C*). In letzteren werden zahlreiche eingesenkte Perithecien, gleichmäßig über die Oberfläche verteilt, erzeugt (*D*, *E*). Jedes Perithecium enthält eine Anzahl Asci mit acht langen, fadenförmigen Askosporen, die aus der Mündung hervorgepreßt werden und, durch den Wind verbreitet, auf die Grasähren gelangen.

Nectria galligena, ein sehr schädlicher Parasit in der Rinde einiger Laubbäume, besonders Apfel- und Birnbaum, verursacht den sog. Krebs der Obstbäume; sie bildet im Winter und Frühjahr zahlreiche kleine, rot gefärbte Perithecien[371].

Offizinell ist Secale cornutum (Pharm. germ., austr., helv.), Mutterkorn, das Sklerotium von *Claviceps purpurea.*

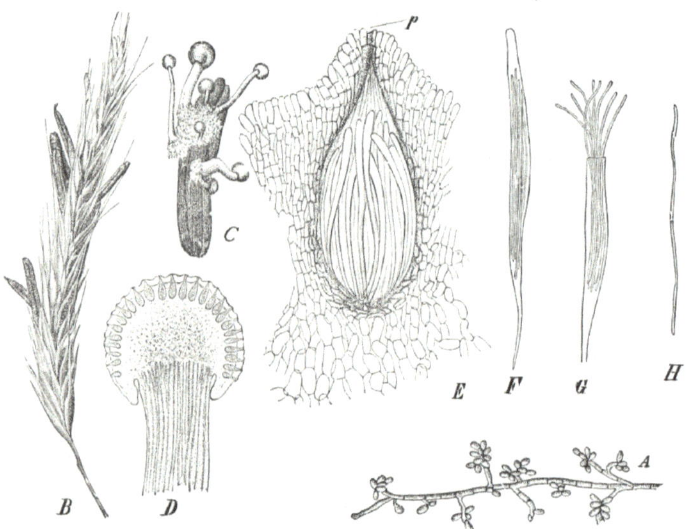

Fig. 388. Claviceps purpurea. *A* Konidienbildender Myzelfaden. *B* Roggenähre mit mehreren reifen Sklerotien. *C* Gekeimtes Sklerotium mit gestielten, zusammengesetzten Fruchtkörpern. *D* Längsschnitt durch einen Fruchtkörper mit zahlreichen Perithecien. *E* Einzelnes Perithecium stärker vergrößert. *F* Geschlossener Askus mit acht fadenförmigen Sporen. *G* Austreten der Sporen. *H* Einzelne Spore. *A* nach BREFELD, *C–H* nach TULASNE, *B* phot. nach der Natur. — Offizinell und giftig.

4. Ordnung. Discomycetes, Scheibenpilze[372]**.** Die formenreichen Diskomyceten unterscheiden sich von den übrigen Ordnungen dadurch, daß ihre reifen Schlauchfrüchte das aus Sporenschläuchen und aus Saftfäden oder Paraphysen bestehende Hymenium offen an ihrer Oberseite tragen (Fig. 382, 390).

Fig. 389. Peziza aurantiaca. Nat. Größe. Nach KROMBHOLZ.

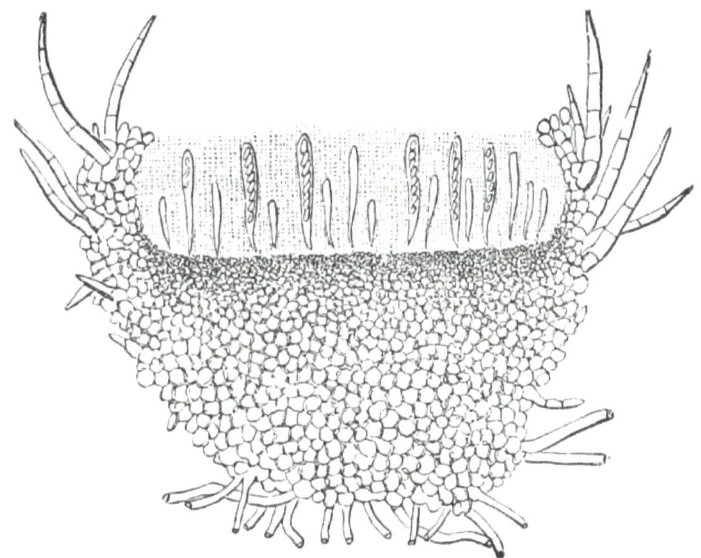

Fig. 390. Lachnea pulcherrima. Sporenreifes geöffnetes Apothecium. Zwischen den Paraphysen sind alte und junge Schläuche verteilt. Nach WORONIN. Aus V. TAVEL, Pilze.

Die überwiegende Mehrzahl der Diskomyceten, als deren Typus die Gattung *Peziza* gelten kann, vegetiert auf lebenden oder toten Pflanzenteilen, besonders auf altem Holz, zum Teil aber auch als Erdpilze in Humusboden. Sie besitzen napf- oder becherförmige, fleischige oder lederartige Askusfrüchte, meist von geringem Durchmesser. Eine der größten Formen ist die erdbewohnende *Peziza aurantiaca* (Fig. 389) mit bis 7 cm breiten, unregelmäßig becherförmigen Früchten, die lebhaft orangerot gefärbt sind, während die Mehrzahl der Arten graue oder braune Färbung aufweist. Solche Becherfrüchte bezeichnet man als Apothecien.

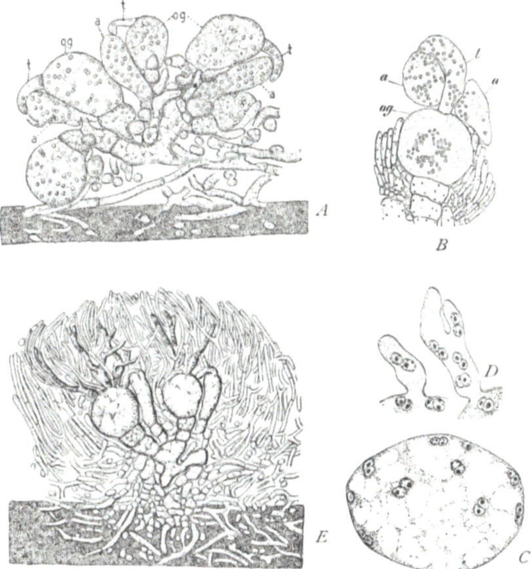

Fig. 391. Pyronema confluens. *A* Anlage eines Apotheciums, Oogonien *og* mit Trichogynen *t*, Antheridien *a*. Vergr. 450. *B* Fusion des Antheridiums mit der Trichogynspitze. Vergr. 300. *C* Querschnitt, Paarung der männlichen und weiblichen Kerne im Oogonium. Vergr. 1000. *D* Einwanderung der Paarkerne in die askogenen Schläuche des Oogoniums. Vergr. 1000. *E* Junges Apothecium. Die den Oogonien entspringenden askogenen Schläuche verzweigen sich und werden von sterilen Hyphen eingehüllt. Vergr. 450. *B* nach HARPER, *A*, *C*, *D*, *E* nach CLAUSSEN.

Die Apotheciumentwicklung sei an dem Beispiel des zuerst von R. HARPER eingehend untersuchten *Pyronema confluens* dargestellt, dessen etwa 1 mm breite, fleischige, gelbliche oder rötliche, gesellig beisammenstehende Fruchtkörper häufig auf Brandstellen in Wäldern gefunden werden. Das Myzelium erzeugt eine Rosette von mehreren größeren Karpogonen und kleineren Antheridien als Anlage eines Apotheciums (Fig. 391 *A*). Das Karpogon oder Askogon ist ein kugeliges, vielkerniges Oogonium, dessen Scheitel eine vielkernige, schnabelförmig gebogene Zelle, das Trichogyn, aufsitzt. Aus einem benachbarten Myzelfaden entspringt das keulenförmige, vielkernige Antheridium, dessen Spitze mit dem Trichogynscheitel mittels Durchbrechung der Wandung in offene Verbindung tritt. Die männlichen Kerne wandern zunächst in die Trichogynzelle ein (*B*), dann nach Durchbrechung der Basalwand des Trichogyns in das Oogonium, während die Trichogynkerne zugrunde gehen. Nun grenzt sich die Eizelle wieder ab und treibt zahlreiche askogene Schläuche, die die Kerne aus ihr aufnehmen, sich verzweigen und schließlich die Asci bilden (*E*), während die sterilen Hyphen und die Paraphysen zwischen den Schläuchen aus den Hyphenzellen unterhalb der Sexualorgane entspringen. Nach HARPER sollen die männlichen und weiblichen Kerne im Karpogon paarweise miteinander kopulieren; nach neuerer Untersuchung von CLAUSSEN aber legen sie sich nur dicht nebeneinander (*C*) und bleiben auch in den askogenen Fäden, in denen sie sich konjugiert weiter teilen, deutlich voneinander getrennt (*D*). Die Zellen der askogenen Fäden führen in der Nähe des Askogons bis zu acht Kernpaare, weiter oben aber nur ein Kernpaar. Erst in der zweikernigen Anlage des Askus findet die Kopulation der beiden Kerne, also eines männlichen mit einem weiblichen Sexualkernabkömmling, zum Askuskern statt (Fig. 392).

Bei manchen Diskomyceten ist eine mit Geschlechtsverlust verbundene Rückbildung der Sexualorgane eingetreten. Entweder funktionieren die Antheridien nicht mehr oder sind ganz unterdrückt, und in extremen Fällen fehlen auch die Askogone, an deren Stelle nur Hyphenknäuel sich erkennen lassen. Stets aber lassen sich die askogenen Hyphen in den Fruchtkörperanlagen nachweisen.

Die Asci entstehen an den Enden der askogenen Hyphen in verschiedener Weise, entweder direkt aus den zweikernigen Endzellen, meist aber indem diese je einen seitlichen, rückwärts gerichteten, hakenförmigen Auswuchs bilden, worauf sich das Kernpaar konjugiert teilt (Fig. 392 *A*). Seine beiden unteren Tochterkerne liefern die Kerne für die Hakenzelle *h* und die Stielzelle *s*, die sich durch Querwände von der endständigen, die beiden oberen Tochterkerne aufnehmenden Askusanlage *a* abgrenzen (*B*). Hierauf verschmelzen die beiden Kerne des jungen Askus (*C*). Dieser wächst heran und bildet nach dreimaliger Teilung seines Kernes die acht Askosporen (*D*). Die Hakenzelle tritt in offene Verbindung mit der Stielzelle *s*, so daß eine zweikernige Fusionszelle entsteht, die nun ebenfalls zu einer neuen Askusanlage schreiten kann. So entstehen komplizierte askogene Hyphensysteme.

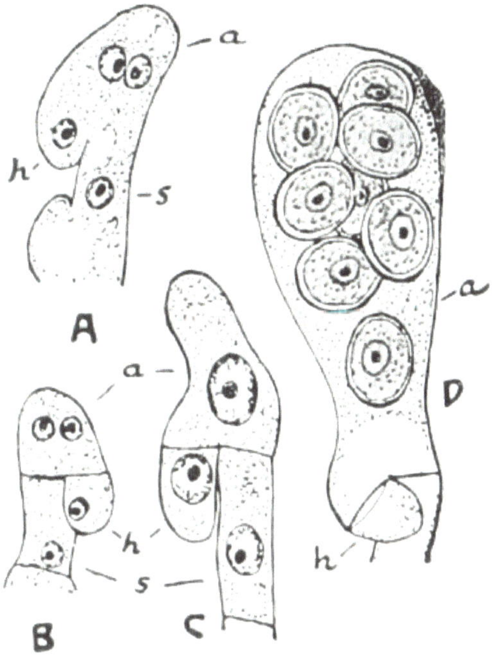

Fig. 392. Askus-Entwicklung. *A–C* Pyronema confluens. Nach HARPER. *D* Junger Askus mit acht Sporen von Boudiera. Nach CLAUSSEN. Erklärung im Text.

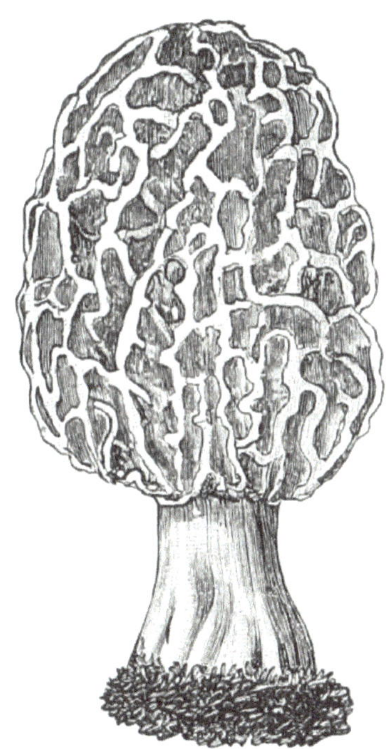

Fig. 393. Morchella esculenta. **4⁄5** nat. Gr.

Die eigenartigste Ausbildung erfährt der Fruchtkörper der Diskomyceten in der Gruppe der *Helvellaceen* oder Morchelpilze, die mit ihrem Myzel im Humusboden vegetieren. Bei der Gattung *Morchella*, Morchel (Fig. 393), besteht der große Fruchtkörper aus einem aufrechten dicken Stiel, auf dem ein kegelförmiger oder abgerundeter Hut mit grubiger Oberfläche sich erhebt. Sexualität ist bei den Morcheln noch nicht nachgewiesen. Das Hymenium (Fig. 382) mit seinen achtsporigen Ascis überzieht die Oberfläche des Hutes. Die Morcheln sind vorzügliche Speisepilze[373], besonders *M. esculenta*, die Speisemorchel, mit blaßgelbbraunem, eiförmigem Hut, bis 12 cm hoch, *M. conica*, die Spitzmorchel, mit dunkelbraunem, kegelförmigem Hut, bis 20 cm hoch, u. a. Verwandt sind die ähnlich gestalteten *Lorcheln*, deren Hut aber mützenförmig herabgeschlagen, unregelmäßig gelappt und blasig aufgetrieben ist, so *Gyromitra esculenta*, mit schwarzbraunem Hut und weißlichem Stiel. Die Lorcheln sind eßbar, enthalten aber in frischem Zustand die Helvellasäure, die unter Umständen giftig wirken kann; starke Erhitzung beim Braten der Pilze oder längeres Abbrühen ist anzuraten[374].

5. Ordnung. Tuberineae, Trüffelpilze[375]. Die Trüffelpilze sind saprophytische, im Humus der Wälder unterirdisch (hypogäisch) lebende Askomyceten, die zu den Mykorrhizen bildenden Pilzen gehören. Die Askusfrüchte, unter der Bezeichnung Trüffeln bekannt, stellen knollenförmige Körper vor. Sie sind von einer dicken Hülle umgeben und von nach außen mündenden Gängen durchzogen, deren Wandungen von Hymenien aus keulenförmigen Ascis bedeckt sind (Fig. 394). Die Sporen werden zu wenigen in den Ascis erzeugt, bei den echten Trüffeln (*Tuber*) meist zu vier und meist mit stacheligem oder netzförmig verdicktem Epispor versehen. Sie gelangen durch Zerfall der Asci und der Fruchtkörperwandung in den Boden.

Manche Tuberaceen liefern eßbare Fruchtkörper[373] von aromatischem Geschmack. Sie werden mit Hilfe dressierter Hunde oder Schweine besonders in Frankreich und Italien gesammelt. Die wichtigsten sind die schwarzen Trüffeln, *Tuber brumale*, *melanosporum* (Perigord-Trüffel), *aestivum* und *mesentericum*, die außen schwarzbraun gefärbt und mit Warzen versehen sind, ferner die weiße Trüffel, *Choiromyces maeandriformis*, die außen blaßbraun, innen weiß gefärbt ist.

Die Fruchtkörper werden in frühester Jugend offen angelegt, wie bei den Diskomyceten, mit denen die Trüffeln verwandt sind.

6. Ordnung. Exoasceae[376]. Die wichtigste Gattung ist *Taphrina* (einschl. *Exoascus*), deren Arten als parasitische Pilze auf verschiedenen Bäumen leben und teils als einjährige Pilze sich nur in den Blättern entwickeln und fleckiges Erkranken derselben bewirken, teils mit ihrem Myzel im Gewebe der Nährpflanzen überwintern, somit jährlich wiederkehrende Krankheiten an diesen verursachen. Das Myzel veranlaßt dann häufig die befallenen Sprosse zu reichlichen anomalen Verzweigungen, die man als Hexenbesen bezeichnet. So erzeugt *Taphrina Carpini* Hexenbesen auf der Weißbuche, *Taphrina Cerasi* solche auf Kirschbäumen. *Taphrina deformans* bewirkt die Kräuselkrankheit der Pfirsichblätter. *Taphrina Pruni* dagegen schmarotzt in den jungen Fruchtknoten der Pflaumen, die sie zu hohlen Pilzgallen, sog. Taschen, umbildet; ihr Myzel überwintert in den Zweigen.

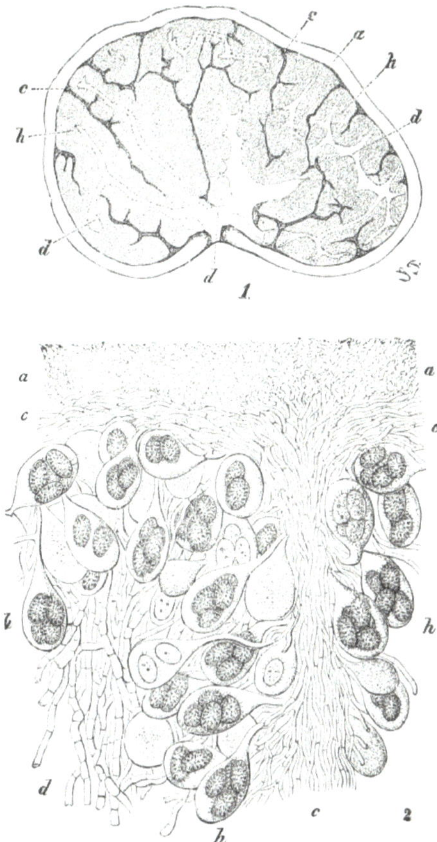

Fig. 394, Tuber rufum. *1* Ein Fruchtkörper im Vertikalschnitt. Vergr. 5. *a* Die Rinde, *d* lufthaltiges Gewebe, *c* dunkle Adern lückenlosen Gewebes, *h* das askusbildende Gewebe. *2* Ein Stückchen des Hymeniums. Vergr. 460. Nach TULASNE. Aus V. TAVEL, Pilze.

Die Askusbildung vollzieht sich, soweit bisher bekannt, in der Weise, daß das Myzelium zwischen die Epidermis und die Kutikula der Blätter oder der Fruchtknoten eindringt und sich hier reichlich verzweigt. Die einzelnen Hyphenzellen schwellen an und bilden meist unter Abgliederung einer basalen Stielzelle je einen die Kutikula nach außen durchbrechenden Askus, der wie bei den übrigen Schlauchpilzen anfangs zwei Kerne aufweist und nach Verschmelzung beider in drei Teilungsschritten acht Sporen erzeugt (Fig. 395). Die zahlreichen Asci stehen dicht nebeneinander.

Die Sporen sprossen in Wasser oder zuckerhaltiger Nährlösung, häufig sogar schon in den noch geschlossenen Schläuchen direkt zu Konidien aus, eine Form der Konidienvermehrung, die als Hefesprossung bezeichnet wird; so bei *Taphrina Pruni.*

Die Exoascaceae sind vielleicht als reduzierte Askomyceten aufzufassen, bei denen die Sexualorgane vollständig rückgebildet wurden.

7. Ordnung. Saccharomycetes, Hefepilze, Sproßpilze[377]. Die zur Gattung *Saccharomyces* vereinigten Bier-, Branntwein- und Weinhefen stellen sehr einfache, einzellige Pilze vor, die nur in Form von kugeligen, ovalen oder zylindrischen Zellen auftreten. Sie enthalten einen Kern und vermehren sich fortgesetzt durch Zellsprossung (Fig. 396). Myzelbildung fehlt, höchstens bleiben die Zellen in Ketten eine Zeitlang vereinigt. Nach Erschöpfung des Substrats, bei freiem Zutritt von Sauerstoff und bei günstiger Temperatur bilden die Hefen Asci, die äußerlich den Hefezellen gleichen, im Innern aber einige wenige Sporen erzeugen. Bei manchen Hefepilzen ist eine mit Kernverschmelzung verbundene Kopulation zweier Zellen beobachtet, so bei *Saccharomyces Ludwigii*, dessen vier Sporen im Askus keimen und dann paarweise durch je einen schnabelartigen Kopulationskanal fusionieren, worauf dieser zum Keimschlauch sich verlängert und mit der Abgliederung von

Hefezellen beginnt, ferner bei der Ingwerbierhefe *Zygosaccharomyces* und bei *Schizosaccharomyces*, deren Hefezellen mittels langer Schläuche vor der Sporenbildung kopulieren. Diese Kernfusionen entsprechen vielleicht derjenigen im jungen Askus der übrigen Askomyceten.

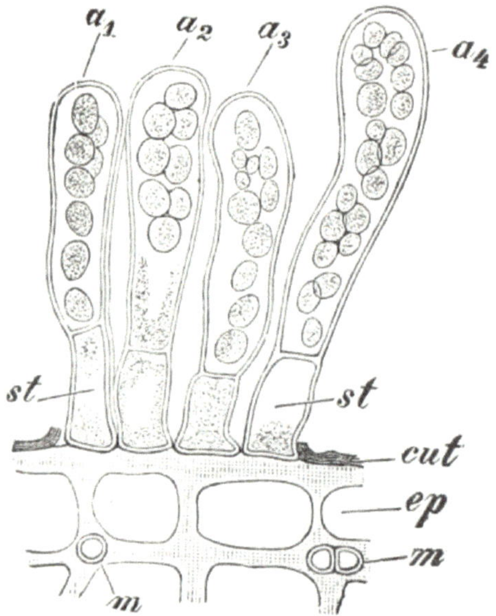

Fig. 395. Taphrina Pruni. Querschnitt durch die Epidermis einer infizierten Pflaume. Vier reife Asci. a_1 a_2, mit acht Sporen, a_3, a_4 mit Konidiensprossung aus den Sporen, *st* Stielzelle des Askus, *m* Myzel quer durchschnitten, *cut* Kutikula, *ep* Epidermis. Vergr. 600. Nach SADEBECK.

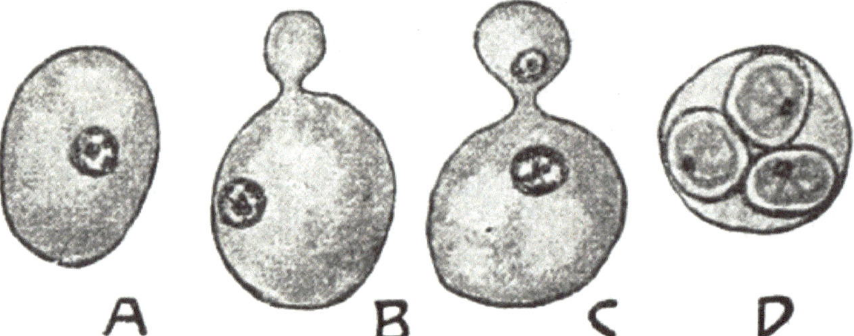

Fig. 396. Saccharomyces cerevisiae. *A* Hefezelle. *B*, *C* In Sprossung. *D* Askus mit Sporen (in Vierzahl gebildet). Vergr. 1125. Nach GUILLIERMOND.

Die Hefepilze sind in physiologischer Beziehung als Gärungserreger bemerkenswert; sie bewirken vermittels der von ihnen erzeugten Zymase die Spaltung von Trauben- und Fruchtzucker in Alkohol und Kohlensäure (vgl. S. 238). Die Bierhefe, *Saccharomyces cerevisiae*, ist nur in der kultivierten Form bekannt; der Weinhefenpilz, *S. ellipsoideus*, dagegen tritt in der Natur schon im Boden der Weinberge in Sporenform auf und gelangt von dort auf die Trauben und so in den Most. Beide Arten kommen in verschiedenen Rassen vor, die in Reinkulturen gezüchtet werden, um so in den Gärungsbetrieben Verwendung zu finden. Außer Saccharomyces gehören zu den Hefepilzen noch einige andere Gattungen, die zum Teil auch Myzelien bilden.

Die Hefen sind selbständige Pilze, wenigstens ist bis jetzt der Nachweis nicht geführt, daß sie in den Entwicklungsgang anderer Fadenpilze gehören, wenn auch bei verschiedenen Gattungen der Exoasceen und Ustilagineen ebensolche Hefesprossung zu beobachten ist. Ob sie reduzierte Askomyceten vorstellen oder zusammen mit einigen Gattungen sehr einfacher Schlauchpilze an den Beginn der Klasse gehören, bleibt noch unentschieden.

Infolge ihres Gehaltes an leichtverdaulichen Nährstoffen, besonders Eiweiß und Glykogen, auch etwas Fett, hat Hefe einen bedeutenden Nährwert und findet daher gereinigt und bei 125° C getrocknet als Nährhefe Verwendung. Aus Hefe läßt sich eine plastische hartgummiartige Masse, Ernolith, gewinnen, die zu technischen Zwecken (Druckstöcken) unter Heißpressung gebraucht wird.

8. Ordnung. Laboulbenieae[378]. Diese durch THAXTER genauer bekannt gewordenen eigenartigen Askomyceten sind winzige, auf Insekten, besonders Käfern, parasitisch lebende Pilze mit zwei- bis vielzelligem Thallus, der mittels eines spitzen Fortsatzes der untersten Zelle in der Chitinhaut befestigt ist oder auch mittels Rhizoiden in den Körper des befallenen Insektes eindringt. Als Beispiel sei der auf Stubenfliegen in Europa verbreitete *Stigmatomyces Baerii* genannt. Die zweizellige, mit Schleimhülle versehene Spore (Fig. 397 *A*) setzt sich mit der unteren Spitze fest (*B*); beide Zellen teilen sich sodann (*C*), und aus der oberen Zelle geht ein Anhängsel mit mehreren einzelligen, flaschenförmigen Antheridien (*D*, *an*) hervor, aus welchen die nackten, zilienlosen, kugeligen Spermatien entleert werden, während die untere Zelle zunächst in vier Zellen (*D a*, *b*, *c*, *d*) sich teilt, von denen *a* sich vorwölbt und einen vielzelligen weiblichen Apparat liefert. Die eigentliche Eizelle (*Eac*), Karpogon genannt, ist von einer Hülle umgeben und über ihr stehen zwei Zellen (*Etp*, *t*), von denen die oberste als Trichogyn frei hervorragt und als Empfängnisorgan für die Spermatien fungiert. Das Karpogon teilt sich nach der Befruchtung in drei Zellen, von denen die obere verschwindet, die untere (*F*, *st*) steril bleibt, die mittlere aber zu den Sporenschläuchen auswächst, die je vier zweizellige spindelförmige Sporen erzeugen (*G*). Die Sexualkerne treten im Karpogon nur paarweise dicht zusammen und teilen sich dann konjugiert weiter; erst in den Askusanlagen vollzieht sich die Kopulation der Kerne. Bei gewissen Arten fehlen die Antheridien; nach FAULL erhält das Karpogon in diesen Fällen einen zweiten Kern aus der Tragzelle des Trichogyns.

Actinomycetes, Strahlenpilze[379].

Die Stellung der Strahlenpilze im System ist zur Zeit noch durchaus unsicher. Im vegetativen Zustand bestehen sie aus sehr feinen monopodial verzweigten Fäden (Hyphen) von Bakteriendicke (0,5–0,8 μ). Der Fadeninhalt erscheint homogen, doch zerfallen die Fäden leicht in Bruchstücke und könnten daher doch wohl in Zellen gegliedert sein. Stärker färbbare Körnchen im Plasma sind vielleicht Zellkerne. Chlorophyll fehlt. Rundliche oder zylindrische Sporen entstehen reihenweise durch Teilung und Zerfall der Hyphenenden in kurze Zellen. Da weder Sexualorgane noch die für Algenpilze oder für Fadenpilze besonders charakteristischen Sporenbildungen bei den Strahlenpilzen nachgewiesen sind, fragt es sich, ob sie primitive Organismen oder ob sie als reduzierte Fadenpilze etwa den Ascomyceten anzuschließen sind. Von den Bakterien unterscheiden sie sich durch die Verzweigung der Hyphen und andere Sporenbildung, andererseits stimmen sie vielfach mit ihnen in Vorkommen und Lebensweise überein. In zahlreichen Rassen sind sie überall im Erdboden, an Pflanzen und Tieren, auf allen möglichen Substraten verbreitet, meist als Saprophyten, einige auch als Parasiten. So ist *Actinomyces scabies* der Erreger der Schorfkrankheit der Kartoffeln und Rüben. Eiterige Geschwüre beim Rind erzeugt *A. bovis*, ähnliche Krankheiten, besonders Eiterungen im Kiefer, beim Menschen *A. hominis*. Übrigens ist die Unterscheidung bestimmter Arten bei dem jetzigen Stand unserer Kenntnisse und bei der großen Variabilität der Rassen in Kulturen noch nicht durchführbar.

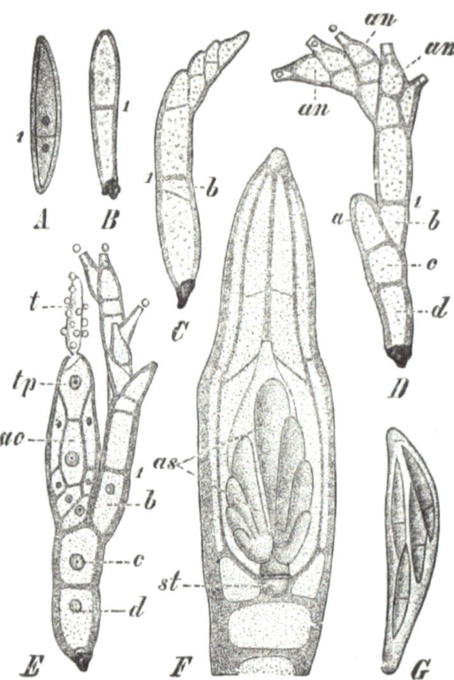

Fig. 397. Stigmatomyces Baerii. Erklärung im Text. *A* Spore, *B*, *F* Aufeinanderfolgende Stadien. *D* Mit Antheridien an, aus denen Spermatien austreten. *E* Oben mit Antheridien, links mit ausgebildetem weiblichem Apparat. *F* Perithecium mit sich entwickelnden Sporenschläuchen. *G* Reifer Sporenschlauch. Nach THAXTER.

2. Unterklasse. Basidiomycetes[288], [352], [353], [380]-[392].

Die Basidienpilze scheinen keine Sexualorgane mehr zu besitzen; nur bei den *Uredineen* oder Rostpilzen treten noch Gebilde auf, die man als überkommene, aber funktionslos gewordene männliche Organe deuten kann, und sogar auch noch Zellen, die den Karpogonen der Askomyceten zu entsprechen scheinen. An Stelle der Asci treten die ihnen gleichwertigen Basidien, die aber durch Zellsprossung die Basidiosporen, bei den meisten Vertretern in der Zahl vier, erzeugen. Ihre Anlagen zeigen insofern Übereinstimmung mit denen der Asci, als in sie ebenfalls zwei Zellkerne eintreten, die miteinander verschmelzen. Auf diese Kernverschmelzung (Karyogamie) scheint allgemein eine Reduktionsteilung zu folgen. In zwei Teilungsschritten entstehen so die vier Sporenkerne, die in die Aussprossungen der Basidie hineinwandern (Fig. 398).

Der bei den Askomyceten vorhandene Generationswechsel läßt sich bei den Basidiomyceten innerhalb der Gruppe der Uredineen noch in ähnlicher Form erkennen, bei den übrigen Gruppen aber mangels der Sexualorgane nicht mehr feststellen. Als Ersatz einer Kopulation von Sexualzellen kommen Zellfusionen in Betracht, die zweikernige Zellen liefern. Jedes Kernpaar entspricht zwar einem diploiden Kern, aber erst in der Anlage der Basidien kommt eine Verschmelzung der beiden haploiden Kerne eines Paares zu einem wirklich diploiden zustande, der dann bei seiner Teilung gleich wieder haploide Kerne liefert.

Die Basidien treten in drei verschiedenen Formen auf. Bei den Ordnungen der *Uredineen* und *Auricularieen* ist ihr oberer Teil durch Querwände in vier Zellen geteilt, von denen eine jede an ihrem oberen Ende eine auf einem dünnen Stielchen (Sterigma) sitzende Spore erzeugt (Fig. 404, 409). Bei den *Tremellineen* dagegen teilt sich die Basidie durch zwei Längswände in vier mit langen schlauchförmigen Sterigmen versehene Zellen (Fig. 399). Bei den *Exobasidiinen*, *Hymenomyceten* und *Gasteromyceten* ist der Basidienträger einzellig, ungeteilt; er bildet an seinem Gipfel vier Sporen, die meist auf Sterigmen sitzen, seltener ungestielt sind (Fig. 398, 421 *2*). Von

Interesse ist das Verhalten der *Ustilagineen*, indem bei der einen Familie dieser Pilze quergeteilte Basidien, bei der anderen dagegen ungeteilte Basidien auftreten. Die Zahl der gebildeten Sporen ist hier nicht scharf begrenzt, sondern oft sehr groß.

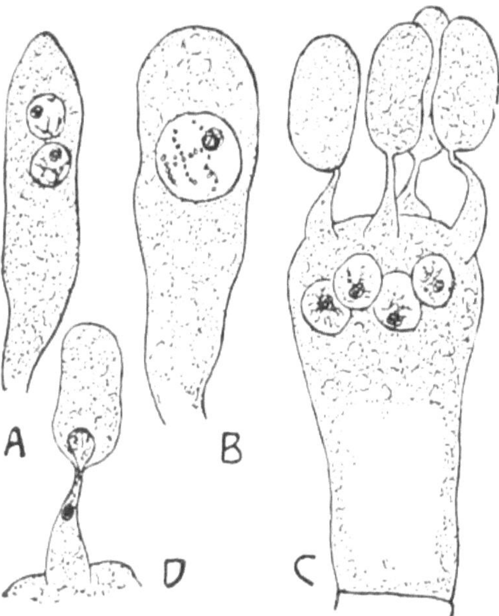

Fig. 398. Armillaria mellea. *A* Junge Basidie mit den beiden primären Kernen. *B* Nach Verschmelzung der beiden Kerne. — Hypholoma appendiculatum. *C* Basidie vor dem Übertritt der aus dem sekundären Basidienkern entstandenen vier Kerne in die jungen scheitelständigen Basidiosporen. *D* Übertritt des Zellkernes durch das Sterigma in die Basidiospore. Nach RUHLAND.

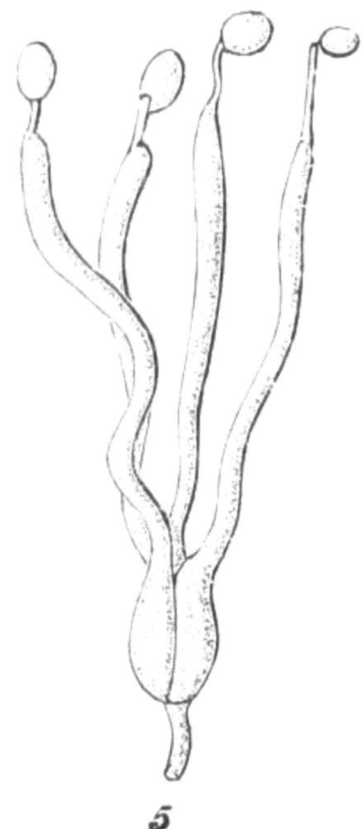

Fig. 399. Basidie einer Tremellinee (Tremella lutescens). Vergr. 450. Nach BREFELD. Aus V. TAVEL, Pilze.

Außer den Basidien treten wie bei den Askomyceten auch hier Konidien als Nebenfruktifikationen in dem Entwicklungsgang mancher Arten auf. Von der Konidienbildung verschieden ist die Entstehung ungeschlechtlicher Sporen durch Abrundung, Membranverdickung und schließliche Abtrennung der Hyphenzellen (Chlamydosporen nach BREFELD). So entstehen reihenweise die Brandsporen der *Ustilagineen*, endständig die Rostsporen der *Uredineen*. Bei ersteren gehen die Basidien unmittelbar aus den keimenden Brandsporen hervor (Fig. 401), bei letzteren aus bestimmten Rostsporen (Fig. 404 *2*). Beide Gruppen unterscheiden sich dadurch scharf von den übrigen Basidiomyceten, bei denen, abgesehen von einigen einfacheren Formen, von den Myzelien durch Hyphenverflechtung Fruchtkörper angelegt werden, an deren Oberfläche oder in deren Innerem dann die Basidien, meist in besonderen Schichten oder Hymenien zur Bildung gelangen. Diese Fruchtkörper entsprechen denen der Askomyceten, nur fehlen in ihren Anlagen die Sexualorgane. Die den Rost- und Brandsporen entsprechenden Basidienanlagen gehen hier aus Hyphenzellen der Fruchtkörper hervor, ohne daß Chlamydosporenbildung eintritt.

1. Ordnung. Ustilagineae, Brandpilze[381]. Die Brandpilze leben parasitisch in höheren Pflanzen. Besonders dienen die Gramineen als Nährpflanzen. Gewisse Arten sind dem Getreide in hohem Maße schädlich: sie erzeugen in den Fruchtständen von Hafer, Gerste, Weizen, Hirse, Mais die als Getreidebrand bekannten Krankheiten.

Das Myzelium bildet die Brandsporen, indem seine Hyphen sich durch Querwände in kurze Zellen teilen, die anschwellen, sich abrunden, ihre Membran aufquellen lassen und sich als Sporen innerhalb der später verschwindenden Gallerthüllen mit einer neuen Membran umgeben. So zerfällt das Myzelium in eine dunkelbraune oder schwarze Masse von Brandsporen. Diese sind Dauersporen, werden von den Wirtspflanzen aus durch den Wind zerstreut und keimen nach der Winterruhe zu den Basidien aus, deren Bildung bei den beiden Familien der Brandpilze, den *Ustilaginaceen* und den *Tilletiaceen*, nach verschiedenen Typen erfolgt.

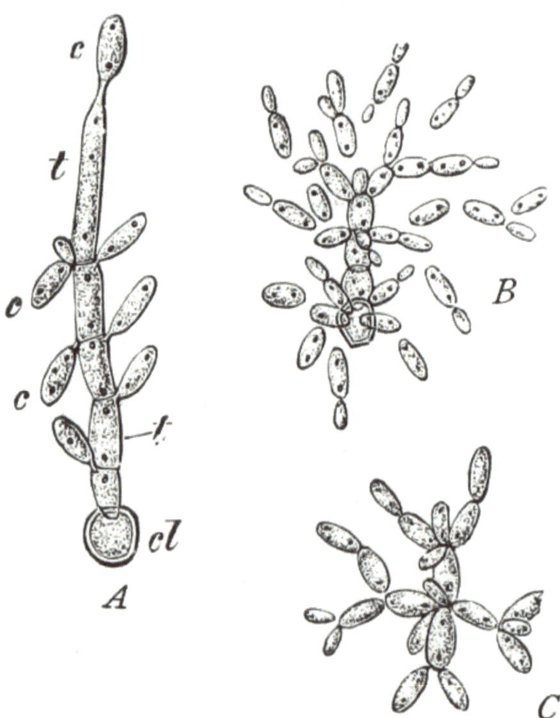

Fig. 400. Ustilago. *A* In Nährlösung keimende Brandspore *cl* mit der Basidie (Promyzel) *t*, den Basidiosporen (Sporidien) *c*. Vergr. 450. *B* In Nährlösung sprossende Konidien. Vergr. 200. *C* Sproßverband von Konidien. Vergr. 350. Nach BREFELD. Aus V. TAVEL, Pilze.

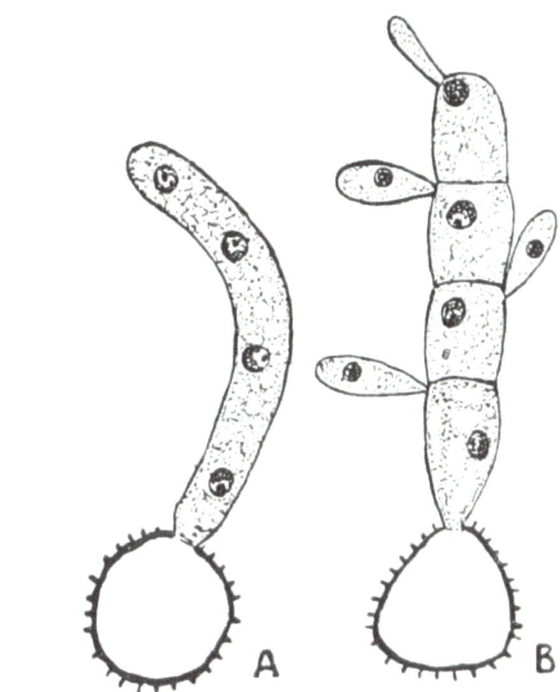

Fig. 401. Ustilago scabiosae. *A* Aus der Brandspore gekeimte junge Basidie mit vier Kernen. *B* Sporenbildung an der vierzelligen Basidie. Nach HARPER.

Als wichtigster Vertreter der *Ustilaginaceen* ist die Gattung *Ustilago* zu erwähnen. *Ust. Avenae, Hordei, Tritici*, die früher als *U. Carbo* zusammengefaßt wurden, verursachen den Staubbrand in den Fruchtknoten von Hafer, Gerste, Weizen, *Ust. Maydis* an den Halmen, Blättern und Infloreszenzen des Mais die Bildung von großen, mit schwarzem Brandsporenpulver erfüllten, geschwürartigen Beulen und Blasen. *Ust. violacea* lebt in Caryophyllaceen (Lychnis, Saponaria), deren Staubbeutel von ihr an Stelle des Pollens mit Brandsporen erfüllt werden. An weiblichen Lichtnelkenpflanzen bewirkt der Pilz in den Blüten die Entwicklung von Staubgefäßen mit brandigen Antheren.

Die Brandsporen von Ustilago keimen nach der Ruhezeit auf dem Boden zu einem kurzen Schlauch (Promyzel), der sich durch drei bis vier Querwände teilt (Fig. 401) und die Basidie vorstellt; diese bringt seitlich am oberen Ende ihrer einzelnen Zellen sowie an ihrer Spitze die eiförmigen, hier einkernigen Basidiosporen (Sporidien) hervor. Wenn reichlich Nährstoffe dem Pilz zur Verfügung stehen, wie bei Kultur in Nährlösungen, werden beständig neue Sporen in großer Zahl abgegliedert (Fig. 400), und diese vermehren sich dann, indem sie fortgesetzt in Konidien weitersprossen. Sind keine reichlichen Nährstoffe im Substrat vorhanden, so erfolgen bei manchen Brandpilzen paarweise Fusionen zwischen den Konidien oder zwischen den Zellen des Promyzels (Fig. 403). Auf den Getreideäckern findet die Konidienbildung im feuchten gedüngten Boden statt, also bei saprophytischer Ernährungsweise, und die aus Konidien oder Fusionszellen schließlich hervorgehenden Fäden gehen zur parasitischen Lebensweise über, indem sie in Getreidekeimlinge eindringen und diese bis zur Vegetationsspitze durchwachsen, wo später die Infloreszenzen angelegt werden. In letzteren entwickelt sich das Myzel weiter und schließt mit der Erzeugung der Brandsporen ab.

Außer der Infektion junger Pflanzen kommt auch eine Infektion der Blüten vor, indem Brandsporen oder am Boden gebildete Konidien auf die Narben gelangen und dort zu Myzelien auskeimen, die in die Samenanlagen eindringen und schließlich im Keimling überwintern. Entweder findet ausschließlich Blüteninfektion statt, so bei *Ustilago Tritici, Hordei*, oder vorwiegend Infektion der Keimpflanzen, so bei *U. Avenae, Sorghi, Panici miliacei, Crameri*, während der Maisbrand mit seinen Konidien alle Teile noch junger Maispflanzen infizieren kann und sich auf die infizierte Stelle beschränkt.

Die Tilletiaceen führen ähnliche Lebensweise wie die Ustilaginaceen. Am bekanntesten sind *Tilletia Tritici* (auch *T. Caries* genannt) und *Till. laevis*, die Pilze des Stein- oder Stinkbrandes des Weizens. Die Weizenkörner werden vom Pilz mit schwärzlichen, nach Heringslake riechenden Brandsporen erfüllt, die bei ersterer Art netzförmig verdickte, bei letzterer glatte Wandung besitzen. Im Gegensatz zu den Ustilaginaceen erzeugt der Keimschlauch nach vorausgegangener mehrmaliger Teilung seines Kernes die hier fadenförmigen Basidiosporen nur an seinem Scheitel, in wirteliger Anordnung zu 8 bis 16 (Fig. 402 *A*). Sie zeigen die Eigentümlichkeit, daß sie paarweise miteinander in Verbindung treten (*B*) und somit auch paarweise abfallen. Die Sporenpaare keimen leicht aus und erzeugen an ihren Keimschläuchen wiederum je eine Konidie, aber von sichelförmiger Gestalt (Fig. 402 *C*). Bei reichlicher saprophytischer Ernährung wachsen die Keimschläuche zu größeren Myzelien heran, an denen in reichem Maße solche sichelförmigen Konidien an der Luft abgegliedert werden (*D*). Tilletia weist somit im Gegensatz zu Ustilago zweierlei Formen von Konidien auf. Im übrigen stimmt die Entwicklung bei beiden Gruppen überein.

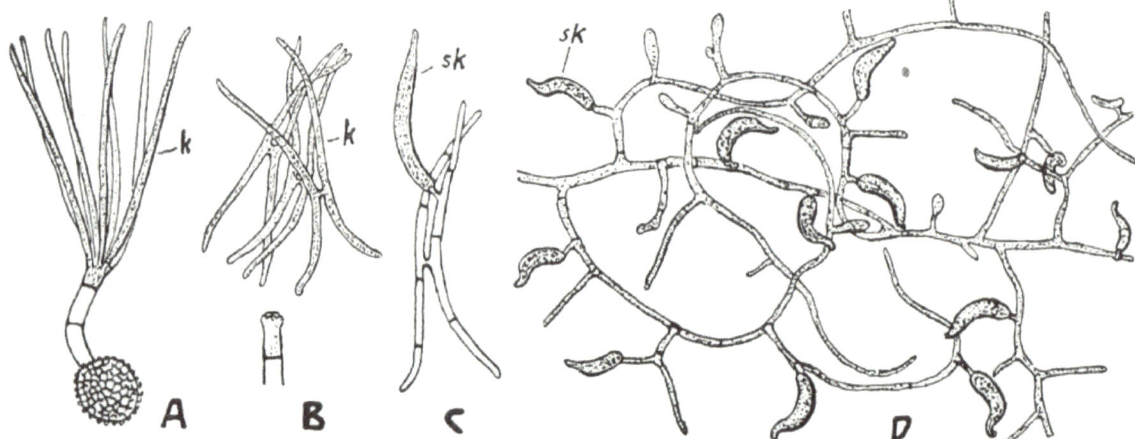

Fig. 402. Tilletia Tritici. *A* Die aus der Brandspore hervorgegangene Basidie mit vier Paaren endständiger Sporen *k*. Vergr. 300. *B* Ablösung der fusionierten Sporenpaare. Vergr. 250. *C* Ein solches in Keimung mit sichelförmiger Sekundärkonidie *sk*. Vergr. 400. *D* Myzelium mit sichelförmigen Konidien. Vergr. 350. Nach BREFELD.

Bezüglich des Verhaltens der Kerne der Brandpilze ist zu bemerken, daß allgemein in die jungen Brandsporen zwei Kerne eintreten, die dann verschmelzen. Bei der Keimung der Brandsporen ist eine Reduktionsteilung zu erwarten. Die Zellen des Promyzels und die Sporidien sind einkernig und bezeichnen den Beginn der haploiden Phase. Die Zweikernigkeit der Zellen wird nun auf verschiedene Weise erreicht. Bei *U. Maydis*, *Doassansia Sagittariae* besteht das parasitische Myzel aus einkernigen Zellen, und erst kurz vor der Sporenbildung fusionieren benachbarte Hyphenzellen durch Lösung der Querwand paarweise miteinander, wodurch zweikernige, die Sporen liefernde Zellen entstehen. Dagegen erhält bei *U. carbo* und wohl den meisten Brandpilzen das parasitische Myzel zweikernige Zellen dadurch, daß die Sporidien oder die aus ihnen hervorgehenden Konidien oder sogar schon die Promyzelzellen oder auch die Zellen der aus ihnen oft entstehenden verzweigten Myzelien paarweise fusionieren (Fig. 403). Ähnlich verhält sich auch *Tilletia*, bei der die Sporidien bereits vor ihrer Loslösung paarweise in Verbindung treten; aus der einen Sporidie tritt der Kern in die andere über. Die bei der Keimung aus ihr hervorgehenden Hyphenzellen und sekundären Sporidien, ebenso die Zellen des parasitischen Myzeliums sind demgemäß sämtlich zweikernig.

Für Ustilago violacea hat KNIEP nachgewiesen, daß die aus Sporidien hervorgehenden Konidien nicht miteinander kopulieren, wenn sie Abkömmlinge nur eines Sporidiums sind. Physiologische Geschlechtsdifferenzierung führt hier zur Bildung zweier zwar äußerlich gleicher, innerlich aber heterogener Sorten von Sporidien. Solche Geschlechtsdifferenzierung bei Ustilagineen dürfte sich nach KNIEP und RAWITSCHER bereits bei der Reduktionsteilung den Brandsporenkerns in die zwei ersten Promyzelkerne vollziehen, von denen einer und seine Abkömmlinge das eine Geschlecht (+), der andere das andere Geschlecht (–) erhält.

Bei den Brandpilzen sind somit haploide und diploide Phasen nicht übereinstimmend festgelegt.

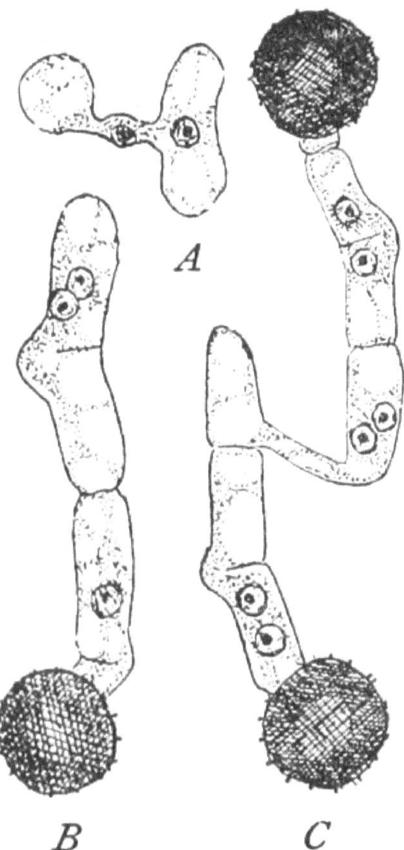

Fig. 403. Ustilago Carbo. *A* Kopulierende Sporidien. *B* Die zwei obersten Zellen eines Promyzels zu einer zweikernigen Zelle kopuliert. *C* Kopulation zwischen zwei Promyzelien. Vergr. 1000. Nach RAWITSCHER.

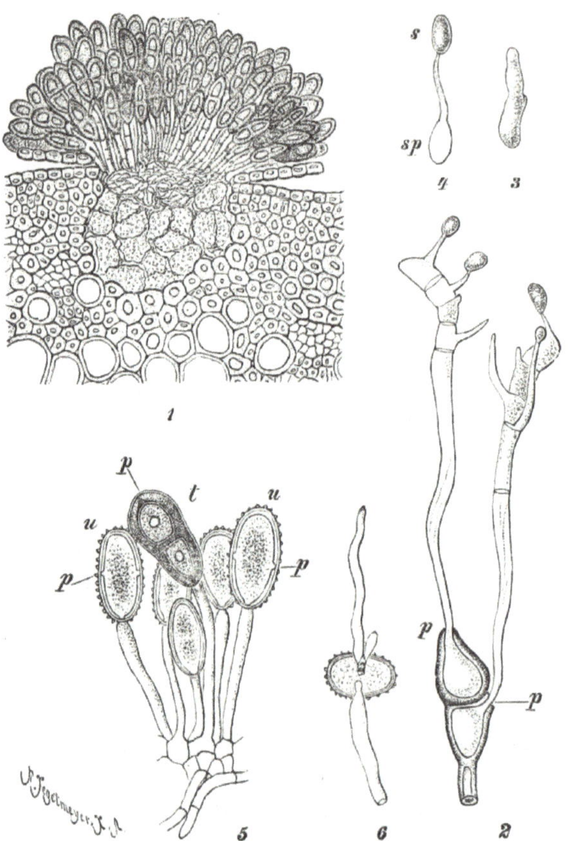

Fig. 404. Puccinia graminis. *1* Querschnitt durch einen Getreidehalm mit einem Teleutosporenlager. *2* Keimende Teleutospore mit zwei Basidien. *3* Vegetativ, *4* fruktifikativ keimende Basidiospore. Letztere mit Sekundärspore, welche gebildet wird, wenn zur Infektion einer Pflanze keine Gelegenheit geboten ist. *5* Gruppe von Uredosporen *u*, untermischt mit einer Teleutospore *t*, *p* die Keimsporen. *6* Keimende Uredospore. *1* Vergr. 150. *2* Vergr. ca. 230. *3*, *4* Vergr. 370. *5* Vergr. 300. *6* Vergr. 390. *2*, *3*, *4* nach TULASNE. *5*, *6* nach DE BARY. Aus V. TAVEL, Pilze.

2. Ordnung. Uredineae, Rostpilze[382]-[386]. Die Rostpilze leben als Parasiten mit ihren Myzelien in den Interzellularräumen hauptsächlich der Blätter höherer Pflanzen und sind die Erreger der sehr verbreiteten Rostkrankheiten. Von den Brandpilzen unterscheiden sie sich durch viel mannigfaltigere Sporenbildungen.

Auch hier entstehen Basidien nicht direkt am Myzel, sondern bei der Keimung besonderer Sporen, der Teleuto- oder Wintersporen, die für fast sämtliche Rostpilze charakteristisch sind. Diese Sporen werden in kleinen Gruppen unter der Epidermis der Nährpflanze aus den Endzellen dicht nebeneinander stehender Hyphenäste gebildet, entweder einzeln oder häufig zu zwei oder mehr in kurzer Kette; sie sind dickwandige, den Winter überdauernde Ruhesporen (Fig. 404, *1* und *5 t*). Die Sporenlager durchbrechen gewöhnlich die Epidermis. Die Sporen besitzen anfangs, wie auch alle Zellen des sie bildenden Myzels, zwei Kerne; in reifem Zustande aber sind letztere zu einem Kern verschmolzen.

Bei der Keimung wächst aus der Teleutosporenzelle eine Basidie (Promyzel) hervor, die sich, wohl allgemein unter Reduktionsteilung ihres Kernes, in vier Zellen quer teilt und aus jeder Zelle auf einem Sterigma eine Basidiospore (Sporidie) erzeugt, die nur einen Zellkern enthält (Fig. 404, *2*). Die Sporen werden durch den Wind verbreitet und keimen im Frühjahr auf den Blättern von Nährpflanzen derselben Art oder einer anderen Art zu einem interzellulären Myzelium, dessen Zellen sämtlich einkernig bleiben. Aus diesem Myzelium entwickeln sich nun zweierlei Gebilde, und zwar Spermogonien an der Blattoberseite, Äcidien an der Blattunterseite.

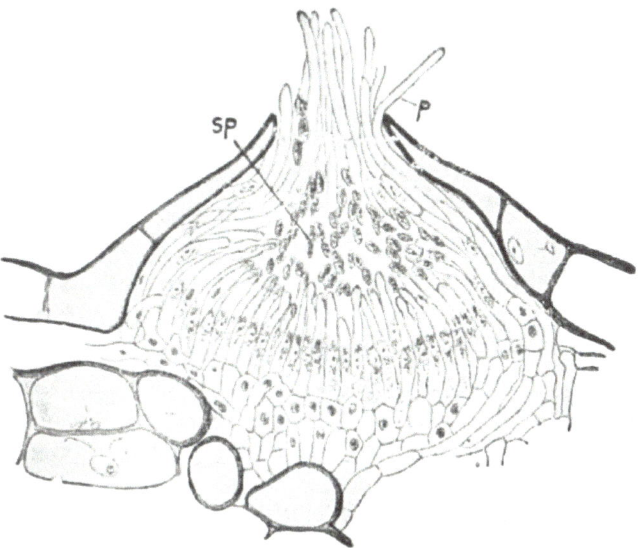

Fig. 405. Gymnosporangium clavariaeforme. Spermogonium auf Crataegusblättern, die Epidermis durchbrechend. *sp* Spermatien, *p* sterile Saftfäden oder Paraphysen. Nach BLACKMAN.

Die Spermogonien (Fig. 405) sind krugförmige Gebilde, deren Grund von Hyphenenden ausgekleidet wird, welche die mit je einem Zellkern ausgestatteten Spermatien abgliedern. Sie entsprechen morphologisch den gleichnamigen, bei gewissen Askomyceten auftretenden männlichen Sexualorganen, die unter den Basidiomyceten nur bei Uredineen zwar noch vielfach erhalten bleiben, aber keine Funktion mehr ausüben und auch ganz fehlen können. Die Spermatien vermögen in Nährlösungen kurze Keimschläuche zu treiben, sind aber nicht imstande, auf Blättern neue Infektionen hervorzurufen.

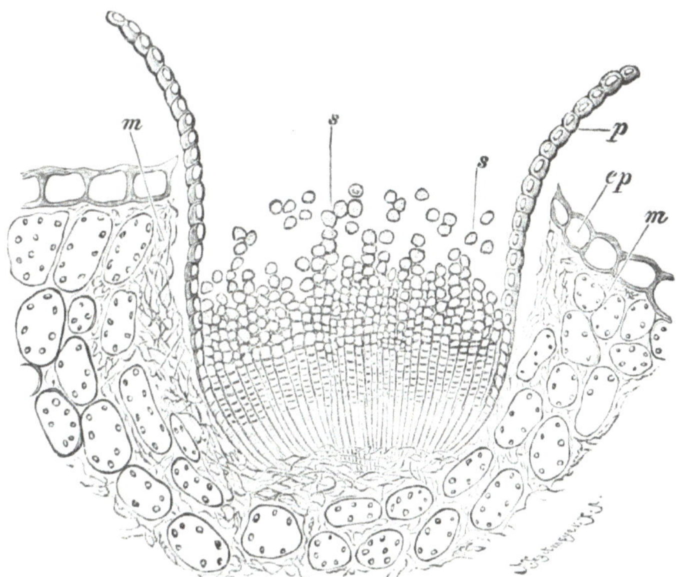

Fig. 406. Puccinia graminis. Äcidium auf Berberis vulgaris. *ep* Epidermis der Blattunterseite, *m* interzellulares Myzel, *p* Peridie, *s* Sporenketten. Vergr. 142.

Die Äcidien (Fig. 406) sind anfangs geschlossene, später sich öffnende, becherförmige Fruchtkörper, die zahlreiche, dicht nebeneinander stehende, von basalen Trägern abgegliederte Sporenketten enthalten. Meist umgibt eine einschichtige, aus dickwandigen Zellen bestehende Hülle (Peridie) das Äcidium. Die von BLACKMAN[382] an dem auf Brombeerblättern vorkommenden Rost, *Phragmidium violaceum*, untersuchte Entstehung eines solchen Organs erfolgt in der Weise, daß die unter der Blattoberhaut gelegenen Hyphenenden zunächst eine sterile, bald vergängliche Zelle an ihrer Spitze abgrenzen, und daß die darunter gelegene fertile Zelle anschwillt (Fig. 407 *A*). Sie enthält nur einen Kern; aber sie wird zweikernig dadurch, daß der Zellkern einer anstoßenden Myzelzelle in sie hinüberwandert, ohne daß Kernverschmelzung eintritt (konjugierte Kerne). Diese zweikernige „basale" Zelle teilt sich nun in eine Kette von zweikernigen Sporenmutterzellen, die nochmals je in eine obere zweikernige Äcidiospore und eine untere, ebenfalls zweikernige, aber steril bleibende, bald zusammenschrumpfende Zwischenzelle zerlegt werden (*B*, *C*).

Nach CHRISTMAN[383] vollziehen sich diese Vorgänge in etwas anderer Weise bei dem auf Rosen schmarotzenden *Phragmidium speciosum* (Fig. 408) und ebenso nach neueren Untersuchungen auch bei *Puccinia* und anderen Gattungen. Die Äcidiumentwicklung dieser Formen darf als die typische gelten. Zwar teilen sich auch hier die Hyphenenden (*A*) in eine obere, sterile, vergängliche Zelle und in eine untere fertile Zelle (*B*); die fertilen Zellen verschmelzen aber paarweise miteinander (*C*), indem ihre Wandung im oberen Teile aufgelöst wird. Die beiden Kerne teilen sich darauf gleichzeitig und nebeneinanderliegend (konjugierte Teilung) in je zwei Tochterkerne, von denen zwei in den unteren Teil, zwei in den oberen Teil der Zelle rücken (*D*). Dieser grenzt sich nunmehr als erste Sporenmutterzelle durch eine Querwand ab. Die Bildung der Äcidiosporenketten erfolgt im übrigen wie zuvor dargestellt. Eine Peridie wird bei Phragmidium nicht angelegt, wohl aber bei Puccinia u. a.; sie geht hervor aus den steril bleibenden peripherischen Sporenketten und den die Decke des Peridiums bildenden Endzellen der mittleren Sporenreihen.

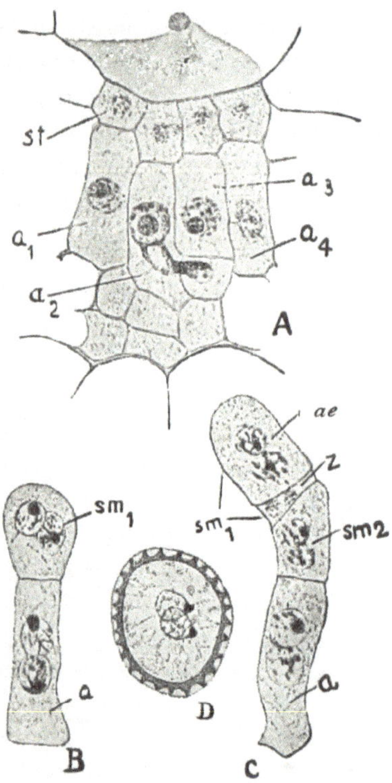

Fig. 407. Phragmidium violaceum. *A* Teil einer Äcidiumanlage, *st* sterile Zelle, *a* fertile Zellen, bei a_2 Übertreten des Kernes einer benachbarten Zelle. *B* Bildung der ersten Sporenmutterzelle sm_1 aus der Anlage *a* einer Sporenkette. *C* Weitere Teilung, aus sm_1 die Äcidiospore ae und die Zwischenzelle *z* gebildet, sm_2 die zweite Sporenmutterzelle. *D* Reife Äcidiospore. Nach BLACKMAN.

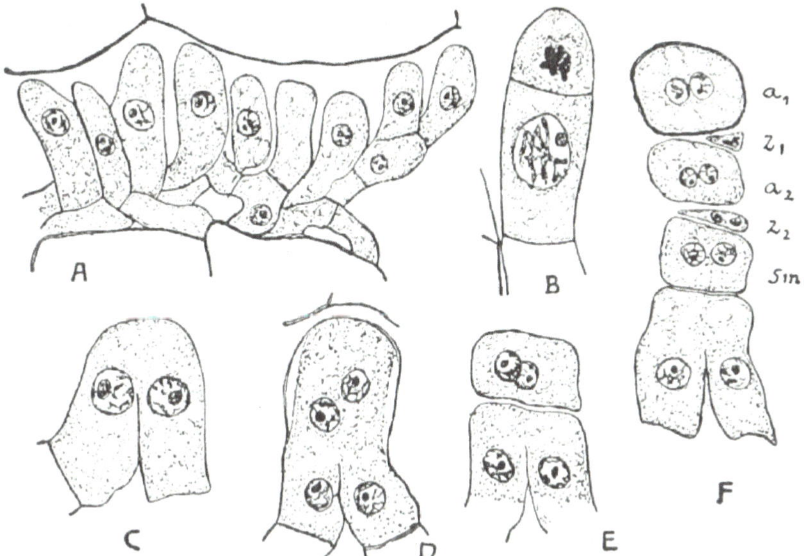

Fig. 408. Phragmidium speciosum. *A* Erste Anlage eines Äcidiums unter der Blattepidermis von Rosa. *B* Teilung einer Hyphenendzelle in die obere sterile vergängliche und die untere fertile Zelle. *C* Kopulation zweier benachbarter fertiler Zellen. *D* Weiteres Stadium, erste Kernteilung vollendet. *E* Abgliederung der ersten Äcidiosporenmutterzelle. *F* Kette von Äcidiosporen a_1 a_2, Zwischenzellen z_1 z_2, die zuletzt gebildete Mutterzelle *sm* noch nicht geteilt. Nach CHRISTMAN.

Die reifen zweikernigen Äcidiosporen (Fig. 407 *D*) stäuben aus, infizieren eine neue Wirtspflanze, und aus jeder Spore geht wieder ein interzellulares Myzelium hervor, das dann bald im Sommer zur Bildung von Uredo- oder Sommersporen übergeht. Diese entstehen in kleinen rundlichen oder strichförmigen Lagern, einzeln aus den anschwellenden Endzellen ihres Trägers (Fig. 404, *5* und *6*) und enthalten, wie auch die Zellen des ganzen, aus der Äcidiospore hervorgehenden Myzels, zwei Kerne. Sie besorgen im allgemeinen die Ausbreitung des Pilzes im Sommer. Später werden dann in denselben oder in anderen Lagern die Teleutosporen gebildet, in denen erst die Kopulation der beiden Kerne zu einem einzigen stattfindet, wie dies überhaupt in den Basidienanlagen zu geschehen pflegt.

Die beiden Formen der Zellfusionen in den Anlagen der Äcidien sind auch noch bei anderen Uredineen nachgewiesen und können nur als Ersatz ehemaliger Befruchtungsvorgänge angesehen werden. Wenn wir die Uredineen von den Askomyceten ableiten wollen, müssen wir die Spermatien als funktionslos gewordene männliche Sexualzellen ansehen und die sog. fertilen Zellen der Äcidienanlagen mit den Karpogonen vergleichen. Zieht man den Vergleich noch weiter, so würden in dem Entwicklungsgang der Uredineen diese fertilen Zellen den Anfang von diploiden ungeschlechtlichen Generationen vorstellen, die nach Bildung von Äcidio-, Uredo- und Teleutosporen in den den Ascis entsprechenden Basidien ihren Abschluß finden, während die haploide geschlechtliche Generation aus den Basidiosporen hervorgeht und in den Äcidiumanlagen endigt. Die Übereinstimmung zwischen Askomyceten und Uredineen zeigt sich auch in dem Verhalten der Sexualkerne, die in den Sexualorganen nur sich paaren, bei den Schlauchpilzen aber erst in den Askusanlagen, bei den Rostpilzen erst in den Basidienanlagen endgültig miteinander kopulieren.

Die drei Sporenformen der Uredineen zeigen nach CHRISTMAN in ihrer Entwicklung aus den sie bildenden „basalen" Zellen gewisse Übereinstimmung, so daß sie als morphologisch gleichwertig angesehen werden können.

Der Entwicklungsgang der Rostpilze ist also höchst kompliziert. Entweder treten die verschiedenen Sporenformen im Laufe des Jahres an ein und derselben Nährpflanze auf; solche Uredineen bezeichnet man als autözische. Oder Spermogonien und Äcidien finden sich auf der einen Nährspezies, Uredo- und Teleutosporen dagegen auf einer anderen, der ersteren im System oft sehr ferne stehenden Pflanze. Bei diesen letzteren heterözischen Arten liegt also ein Wirtswechsel des Parasiten vor. Neben solchen sehr wählerischen gibt es aber auch pleophage heterözische Rostpilze, deren Äcidien oder deren Uredo-Teleutosporen auf zahlreichen verschiedenen Nährpflanzen auftreten[384].

Als Beispiel für Heterözie sei *Puccinia graminis*, der häufigste Getreiderostpilz, erwähnt, der seine Uredo- und Teleutosporen an Blättern und Halmen von Gräsern, besonders Roggen, Weizen und Gerste erzeugt. Die Äcidien und Spermogonien dieser Art entwickeln sich auf den Blättern der Berberitze (Berberis vulgaris). Im Frühjahr treiben zunächst die überwinterten Teleutosporen ihre Basidien, von denen die vier Basidiosporen sich ablösen (Fig. 404, *2*), um auf die Berberitzenblätter durch den Wind verbreitet zu werden. Der Keimschlauch dringt ein und entwickelt sich zum Myzel, aus dem bald an der Blattoberseite die Spermogonien, auf der Unterseite die Äcidien (Becherrost, Fig. 406) entstehen. Die rotgelben Äcidiosporen stäuben aus der Peridie aus und gelangen auf Gräser. Das aus ihnen hervorgehende Myzel bringt im Sommer zunächst die Uredosporen (Fig. 404, *5*) hervor. Die Uredosporen sind einzellig, mit vier äquatorialen Keimporen in der außen mit kleinen Warzen bedeckten Wandung versehen und enthalten rotgelbe Fettröpfchen in ihrem Plasma. Sie keimen auf Getreide und verbreiten rasch die Rostkrankheit. Gegen Ende des Sommers werden in denselben Lagern (Fig. 404, *1*) die dunkelbraunen, stets zu zwei vereinigten, dickwandigen Teleutosporen mit je einem Keimporus erzeugt, von denen im nächsten Jahr die Entwicklung von neuem anhebt. Auch kann in dem durch Uredosporen infizierten Wintergetreide der Pilz überwintern und mit Übergehung von Basidiosporen und Berberis-Äcidium im nächsten Sommer seine Uredo- und Teleutosporen bilden[385].

Nicht alle Uredineen weisen einen so reich gegliederten Entwicklungsgang auf. Rostpilze, die sämtliche Sporenarten erzeugen, heißen Eu-Formen, solche ohne Uredo: Opsis-Formen, solche ohne Äcidien: Brachy-Formen, solche ohne Äcidien und Uredo: Mikro-Formen. Bei denjenigen Rostpilzen, die keine Äcidien besitzen, finden wir in den aus den Basidiosporen hervorgehenden Myzelien einkernige Zellen, später aber, vor der Bildung der Teleutosporen, zweikernige Zellen. Die Zweikernigkeit der Zellen wird bei ihnen, wie bereits für einzelne Fälle festgestellt wurde, in den Anlagen der ersten Uredosporen oder, wenn solche fehlen, in den Anlagen der Teleutosporen (z. B. bei *Puccinia Malvacearum*) durch Kopulation zweier Zellen ähnlich wie in den oben geschilderten Äcidiumanlagen erreicht, ein Verhalten, das die Homologie der drei genannten Sporenformen bestätigt.

Abweichend von allen übrigen Rostpilzen und einfacher verhält sich *Endophyllum*[386], dessen Arten auf Sempervivum und auf Euphorbia schmarotzen und weder Uredo- noch Teleutosporen bilden. Das aus den Basidiosporen hervorgehende, aus einkernigen Zellen bestehende Myzel bildet Spermogonien und Äcidien; in den Anlagen der Äcidiosporenketten erfolgen Zellfusionen nach Art von Phragmidium, wodurch sie zweikernig werden. Die reifen Äcidiosporen verhalten sich nunmehr wie die Teleutosporen der übrigen Rostpilze; ihre beiden Kerne verschmelzen zu einem einzigen; dann keimen die Sporen aus zu Basidien mit vier einkernigen Basidiosporen und erfahren vorher eine Reduktionsteilung ihrer Kerne (Fig. 409). Vielleicht kann *Endophyllum* als eine primitive Form betrachtet werden. Ebenso verhält sich auch *Caeoma nitens*[387].

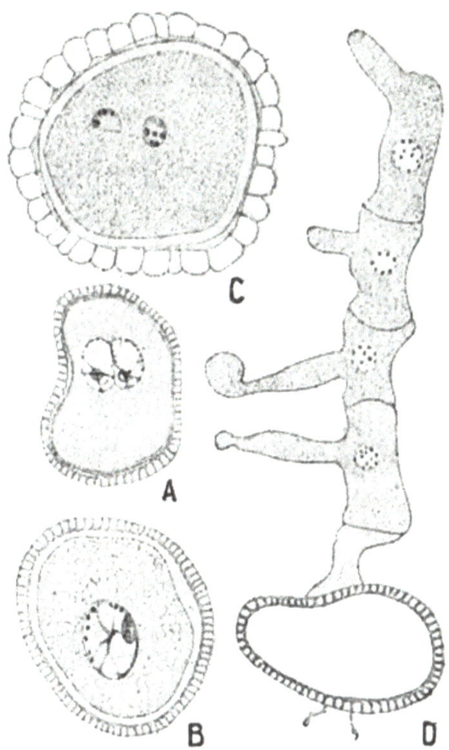

Fig. 409. Endophyllum Sempervivi. *A* Junge noch zweikernige Äcidiospore. *B* Reife einkernige Spore. *C* Keimende Spore, deren Kern sich bereits in zwei Kerne geteilt hat. *D* Äcidiospore zu einer jungen vierzelligen Basidie ausgekeimt. Nach HOFFMANN.

3. Ordnung. Auricularieae. Basidien wie bei den Uredineen quergeteilt, mit vier Sporen. Hierher nur wenige Formen, unter denen am bekanntesten der als Volksheilmittel noch vielfach verwendete Holunderschwamm oder das Judasohr, *Auricularia sambucina* ist, mit gallertartigen, dunkelbraunen, muschelförmigen Fruchtkörpern, die aus alten Holunderstämmen hervorbrechen und auf ihrer Innenseite das Basidienhymenium tragen.

4. Ordnung. Tremellineae, Zitterpilze. Basidien der Länge nach geteilt (Fig. 399). Die Fruchtkörper der Zitterpilze sind von gallertartiger Beschaffenheit, lappig oder runzlig gefaltet und auf ihrer Oberseite mit dem Basidienhymenium überkleidet. Nur wenige Gattungen, saprophytisch in faulenden Baumstämmen, aus deren Oberflächen die Fruchtkörper hervorkommen.

5. Ordnung. Exobasidiineae. Die Fruchtkörperbildung fehlt hier, vielmehr entstehen die keulenförmigen, ungeteilten, an ihrem Gipfel vier Sporen auf dünnen Sterigmen tragenden Basidien frei aus den Myzelfäden, so bei *Exobasidium Vaccinii*, einem auf Ericaceen, besonders Preißel- und Heidelbeeren auftretenden Pilz, dessen Myzel Auftreibungen der befallenen Pflanzenteile verursacht. Die Basidien werden in Lagern unter der Epidermis gebildet und brechen durch diese nach außen hervor (Fig. 410). Als Nebenfruktifikationen treten bei dieser Gattung, wie bei manchen anderen, Konidien auf, die als schmal spindelförmige Zellen vom Myzel abgegliedert werden und der Basidienbildung vorausgehen.

6. Ordnung. Hymenomycetes[373]. Die Basidien sind ungeteilt und tragen an der Spitze auf dünnen Sterigmen vier Sporen (Fig. 411 *sp*). Sie werden an Fruchtkörpern erzeugt, die durch Verflechtung von Hyphen entstehen, und sind in Schichten oder Hymenien angeordnet. An der Zusammensetzung dieser beteiligen sich die Saftfäden oder Paraphysen (Fig. 411 *p*) und vielfach auch die ebenfalls sterilen Zystiden (*c*), einzellige Schläuche, die sich durch größeren Umfang auszeichnen.

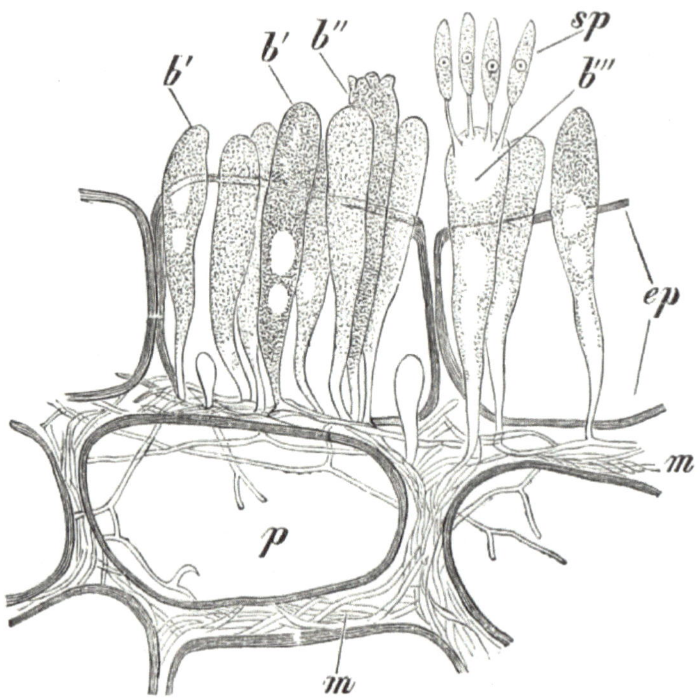

Fig. 410. Exobasidium Vaccinii. Querschnitt durch die Stengelperipherie von Vaccinium. *ep* Epidermis, *p* Rindenparenchym, *m* Myzelfäden in den Interzellularräumen, *b* die nach außen hervorbrechenden Basidien, *b′* noch ohne Sterigmen, *b″* Anlage der Sterigmen, *b‴* mit vier Sporen. Vergr. 620. Nach WORONIN.

Die vier Sporen werden vermittels des osmotischen Druckes der Basidien von den Sterigmen nacheinander eine kurze Strecke weit abgeschleudert; sie haften überall leicht an. Ihr freies Herabfallen von den Hymenien wird aber durch die Paraphysen begünstigt, die die Basidien voneinander trennen. Die Zystiden sind nach KNOLL Wasser und Schleim abscheidende Organe. In einzelnen Fällen mögen sie auch noch andere Funktionen erfüllen, so bei *Coprinus*-Arten das Auseinanderhalten der Lamellen und somit die Sicherung des Sporenfalles[388].

Da bei den Hymenomyceten wie auch bei den ihnen nächst verwandten Ordnungen besondere Sexualorgane fehlen, die Basidien aber den Schläuchen der Askomyceten entsprechen und anfangs wie diese zwei miteinander kopulierende Kerne aufweisen, so entsteht die Frage, ob in dem Entwicklungsgang beider Pilzgruppen noch weitere Homologien bestehen, und wie bei ersteren die Zweikernigkeit der Basidienanlage zustande kommt[389].

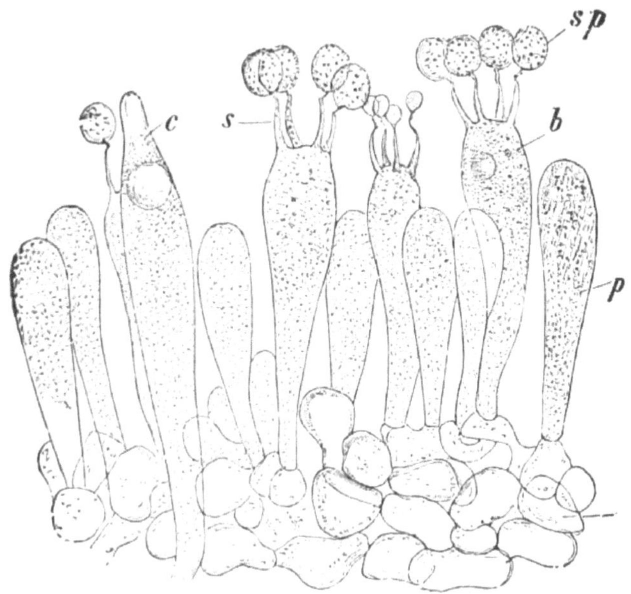

Fig. 411. Russula rubra. Teil des Hymeniums. *sh* Subhymeniale Schicht, *b* Basidien, *s* Sterigmen, *sp* Sporen, *p* Paraphysen, *c* ein Zystide. Vergr. 540. Nach STRASBURGER.

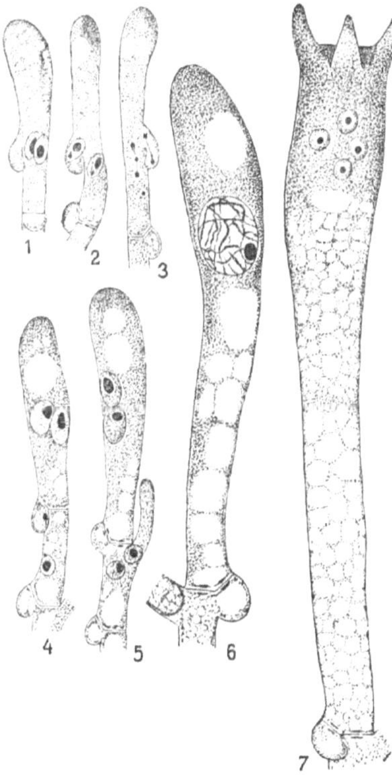

Fig. 412. Armillaria mucida, Schnallenbildung und Basidienentwicklung. *1* Beginn der Schnallenbildung in der zweikernigen Endzelle. *2* Ein Zellkern nach der Schnallenausbuchtung gerückt. *3* Konjugierte Kernteilung. *4* Schnallenzelle und Stielzelle abgegrenzt von der Basidienanlage. *5* Fusion dieser beiden Zellen. *6* Die beiden Kerne der Basidienanlage zu einem vereinigt. *7* Junge Basidie mit den vier Basidiosporen, oben mit vier Sterigmenanlagen (eine davon verdeckt). Nach H. KNIEP.

Neuere Untersuchungen, besonders von KNIEP, ergaben, daß wohl bei den meisten Hymenomyceten die aus den Basidiosporen hervorgehenden Myzelien aus einkernigen Zellen bestehen, daß aber dann früher oder später schon vor und unabhängig von der Fruchtkörperbildung weiterhin Zweikernigkeit sich einstellt, daß die Kernpaare in den Zellen sich konjugiert weiterteilen und daß diese Paarkernigkeit mit der eigenartigen Bildung von Myzelschnallen Hand in Hand geht bis zu den Anlagen der Basidien. Nur wenige Hymenomyceten haben vielkernige Hyphenzellen und erst kurz vor der Basidienbildung paarkernige. Die Myzelschnallen entstehen sowohl an den langzelligen vegetativen Hyphen als auch an den kürzeren und dickeren Hyphen, aus denen die Hymenien hervorgehen, in gleicher Weise als seitliche, hakenförmig nach unten gerichtete, kurze Ausstülpungen, je eine etwa in der Mitte einer endständigen Hyphenzelle (Fig. 412, *1*). Hierauf wandert der eine der beiden Kerne zum Teil in diese Ausstülpung ein und teilt sich hier (*2*, *3*); gleichzeitig teilt sich auch der andere Kern, zwischen dessen Tochterkernen darauf eine Querwand dicht unterhalb der Schnalle entsteht. In die Endzelle des Fadens wandert auch der obere Tochterkern des Schnallenkerns ein, während der untere in der Schnalle selbst verbleibt. Diese grenzt sich durch eine Querwand von der Endzelle ab, fusioniert mit der tieferstehenden Zelle und läßt ihren Kern in sie übertreten. Durch diese Schnallenbildung erhalten also beide Fadenzellen ihre neuen Kernpaare als Abkömmlinge des ursprünglichen Kernpaares. Vielleicht liegt die Bedeutung dieses umständlichen Vorganges in der Sicherung einer solchen Verteilung der Schwesterkerne auf zwei getrennte Fadenzellen. Die zweikernige Endzelle wird zur Anlage der Basidie. Beide Kerne kopulieren miteinander und teilen sich dann in vier Sporenkerne (Fig. 412, *5*, *6*, *7*). Wie bei den Askomyceten vollzieht sich also auch bei den Basidiomyceten der Befruchtungsvorgang in zwei Stufen, Zellkopulation bei der ersten Schnallenbildung und Kernkopulation in den Basidien.

Die Schnallenbildung entspricht nach KNIEP genau der Hakenbildung vieler Askomyceten, bei denen sie aber nur auf die askogenen Hyphen beschränkt ist.

KNIEP hat den Nachweis erbracht, daß die Myzelien wohl der meisten Hymenomyceten heterothallisch sind, wie bei Mucorineen (S. 382). Schnallenbildung und als Folge davon Paarkernigkeit, ferner Fruchtkörperbildung tritt nur ein, wenn sexuell verschieden differenzierte Myzelien miteinander, jedenfalls durch Anastomosen, in Verbindung treten. Die beiden Kerne einer jeden Myzelzelle entstammen dann verschiedenen Myzelien. Diese sexuelle Differenzierung wird nach KNIEPs Feststellung bei *Aleurodiscus polygonius* bei der ersten Reduktionsteilung in der Basidie vollzogen, so daß von ihren vier Basidiosporen zwei das eine Geschlecht (+), zwei das andere (–) erhalten.

Nicht alle Basidiomyceten sind getrenntgeschlechtlich. Es gibt auch solche mit zweikernigen homothallischen Myzelien, die Fruchtkörper mit normalen Basidien bilden. Die Paarkernigkeit der Hyphenzellen stellt sich dann an ein und demselben Einspor-Myzelium ein, bei *Hypochnus* nach KNIEP bereits durch Teilung des Basidiosporenkerns.

Das Paarkernmyzel bezeichnet die diploide Phase, die haploide beginnt in der Basidie, endigt unbestimmt mit dem Beginn der Schnallen, bei Hypochnus aber bereits mit dem einkernigen Anfangsstadium der Basidiospore. Der Generationswechsel ist also infolge Unterdrückung der Sexualorgane nicht mehr bei allen Vertretern in gleicher Weise ausgeprägt.

Übrigens gibt es auch einzelne sexuell reduzierte Basidiomyceten (z. B. *Coprinus fimetarius*), bei denen die Schnallenbildung unterbleiben kann und die Zellen der aus den Sporen hervorgehenden Myzelien stets einkernig sind. So entstehen haploide Fruchtkörper, in denen die Kernverschmelzung in der einkernigen Basidienanlage ausfällt, trotzdem aber Basidiosporen erzeugt werden.

Die meisten Hymenomyceten leben mit ihrem Myzelium im humushaltigen Boden der Wälder oder im faulenden Holz, in absterbenden Baumstämmen und erheben ihre Fruchtkörper, die gemeiniglich als Schwämme bezeichnet werden, über die Oberfläche des Substrats. Das Myzel der im Boden vegetierenden Formen breitet sich an der Peripherie immer weiter aus und nimmt eine von Jahr zu Jahr immer größer werdende, ringförmige Zone ein. Infolgedessen erscheinen dann auch die jährlich hervorkommenden Schwämme bei ungestörter Entwicklung in Ringen angeordnet, die vom Volk Hexenringe genannt werden. Weniger zahlreiche Hymenomyceten vegetieren parasitisch in der Rinde und dem Holze von Holzgewächsen.

Die fortschreitend reichere Gestaltung der mannigfachen Basidienfruchtkörper dient zur Einteilung der Hymenomyceten.

1. Die Thelephoraceen erzeugen einfach gestaltete Fruchtkörper meist von korkig lederartiger Beschaffenheit; sie bilden auf Baumstümpfen teils flache Krusten von rundlichem oder getapptem Umriß, und das Basidienhymenium überzieht die glatte Oberseite dieser Krusten; oder die flachen Fruchtkörper heben sich in horizontaler Richtung vom Substrat ab, bilden halbkreisförmige, oft dachziegelartig gruppierte Hüte, und das Hymenium ist auf ihrer Unterseite entwickelt, so bei dem an Laubholzstämmen häufigen *Stereum hirsutum*. Eigenartige trichterförmige schwarze Fruchtkörper hat *Craterellus cornucopioides*, die Totentrompete, ein wohlschmeckender Speisepilz.

2. In der Gruppe der Clavariaceen haben die von dem Hymenium an ihrer Oberfläche bedeckten Fruchtkörper die Form von fleischigen Keulen oder sind korallenartig verzweigt. Die größeren, reich verästelten Formen liefern minderwertige Speiseschwämme, so *Clavaria flava* mit gelbem Fruchtkörper, und *Clavaria Botrytis* (Fig. 413), von blaßrötlicher Farbe, beide als Hahnenkamm oder Korallenschwamm bezeichnet, ferner der krause Ziegenbart, *Sparassis crispa*, auf Sandboden in Nadelwäldern auftretend, mit blattförmigen, reich verzweigten Ästen, bis 1⁄2 m im Durchmesser erreichend.

3. Die Hydnaceen oder Stachelschwämme besitzen Fruchtkörper mit stachelartigen Auswüchsen, auf denen die Hymenien als Überzug entwickelt werden. Die einfachsten Hydneen haben krustenförmige Fruchtkörper, auf deren Oberseite diese Stacheln stehen, andere dagegen gestielte, hutförmige, fleischige Fruchtkörper, die auf der Hutunterseite die abwärts gerichteten Stacheln tragen. Zu letzteren gehören verschiedene eßbare Schwämme, so *Hydnum imbricatum*, der Habichtsschwamm, in Kiefernwäldern, mit braunem, oben schwärzlich beschupptem, bis 15 cm breitem Hut, ferner *Hydnum repandum*, der Stoppelschwamm (Fig. 414) mit gelblichem Hut.

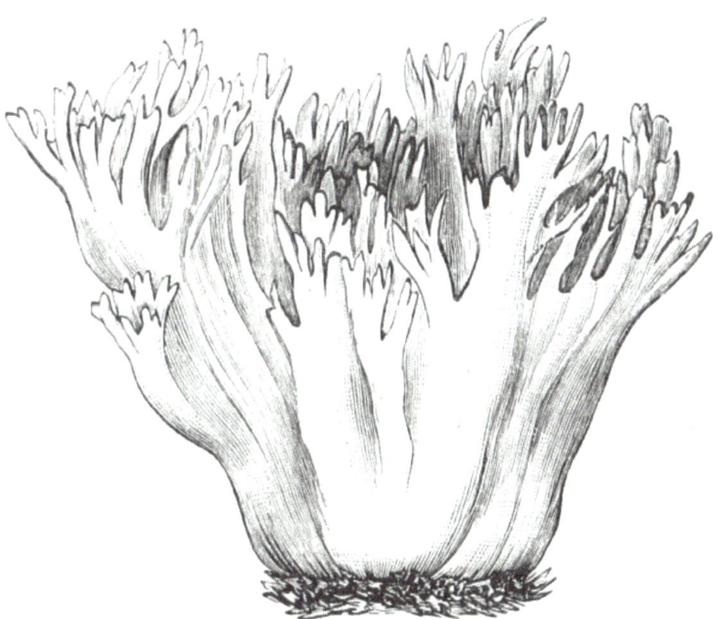

Fig. 413. Clavaria Botrytis. Verkl.

Fig. 414. Hydnum repandum. Verkl.

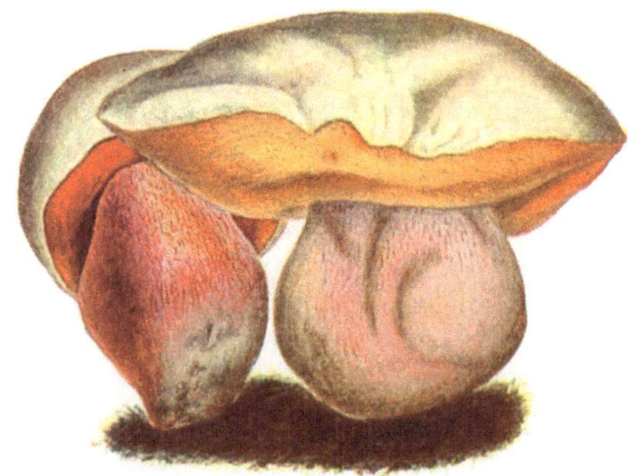

Fig. 415. Boletus Satanas, Satanspilz. 1/2 nat. Gr. Nach KROMBHOLZ. Giftig. Verkl.

4. Bei den artenreichen *Polyporaceen* oder Löcherschwämmen besitzen die gestielten oder sitzenden Hüte in der Regel auf ihrer Unterseite röhrenförmige Vertiefungen oder tiefgewundene Gänge oder dicht zusammenstehende Röhrchen, und das Basidienhymenium ist in diesen auf der Innenseite entwickelt. Hierher gehört die Gattung *Boletus*, Röhrling, mit großen, fleischigen, auf Waldboden auftretenden, gestielten Hüten, deren Unterseite mit einer dicken Schicht von feinen Röhrchen bekleidet ist. Die Arten sind teils vorzügliche Speisepilze, so u. a. *B. edulis*, der Steinpilz, *B. badius*, der Maronenpilz, *B. elegans*, der schöne Röhrling, und *B. luteus*, der Butterpilz, teils aber sehr giftig, wie der Satanspilz, *B. Satanas* (Fig. 415), mit fahlweißlichem, bis 20 cm breitem Hut, gelb bis purpurrot gefärbtem und mit roter Netzzeichnung versehenem Stiel und erst blutroter, dann orangeroter Hutunterseite. Wegen seines bitteren Geschmacks ungenießbar ist der dem Steinpilz ähnliche Gallenröhrling, *B. felleus*, der sich durch hellrosa Röhren statt weißer von ihm unterscheidet. Von den zahlreichen Arten der Gattung *Polyporus* ist offizinell der südeuropäische, an Lärchen vorkommende *Polyporus officinalis*, dessen unregelmäßig knollige, weiße Fruchtkörper einen bitteren harzartigen Bestandteil enthalten. Verwandt mit Polyporus ist der ebenfalls offizinelle Feuer- oder Zunderschwamm, *Fomes fomentarius*. Sein Myzelium lebt parasitisch in Laubbäumen, besonders Buchen, und erzeugt große konsolförmige, bis 50 cm breite und 35 cm dicke, mehrjährige Fruchtkörper mit harter, grauer Rinde und wergartiger, den Zunderschwamm liefernder Innenmasse. Auf der Unterseite stehen die engen Hymeniumröhren in übereinander lagernden Jahresschichten. Der ähnliche *Fomes igniarius*, unechter Zunderschwamm (Fig. 416), besonders an Eichen auftretend, ist rotbraun gefärbt, viel härter und liefert nur einen schlechten Zunder.

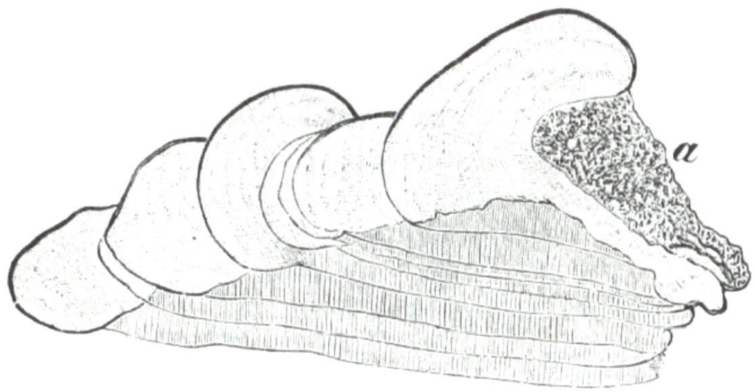

Fig. 416. Fomes igniarius. Durchschnitt durch einen mehrjährigen Fruchtkörper mit Zuwachszonen. *a* Befestigungsstelle des halbkreisförmigen Hutes. **1/2** nat. Gr.

Fig. 417. Psalliota campestris. Champignon, rechts junger Fruchtkörper. Verkleinert.

Manche Polyporeen sind sehr schädliche Parasiten der Waldbäume, so *Fomes annosus*, an Kiefern und Fichten. Eine sehr schädliche saprophytische Art ist *Merulius lacrymans*, der Hausschwamm[390], dessen Myzelium in feuchtem Bauholz, in erster Linie in Nadelholz, vegetiert und dieses zerstört; an der Oberfläche des Holzes und an Mauerwerk bildet sein Myzel große grauweiße Watten mit derben, sich verzweigenden Strängen, die neben gewöhnlichen Hyphen siebröhrenartige Hyphen zur Leitung von Wasser und Nährstoffen und verdickte Faserhyphen enthalten. Die Hyphen zeichnen sich durch schnallenförmige Verbindungen ihrer aufeinanderfolgenden Zellen aus. Die aus Ritzen hervorkommenden, im jungen Zustand weißen, unregelmäßig lappigen Fruchtkörper tragen das Hymenium auf ihrer grubigen Oberfläche und sind bei der Reife mit rostbraunen Sporenmassen bedeckt. Trockenlegung und gute Durchlüftung der infizierten Räume ist das sicherste Mittel zur Bekämpfung des Hausschwammes. Nahe verwandt mit ihm ist der in Wäldern vorkommende *Merulius silvester*.

5. Als artenreichste Gruppe sind schließlich die *Agaricaceen* oder Blätterschwämme zu nennen, deren Hüte auf der Unterseite radiale Lamellen tragen, die mit dem Hymenium überzogen sind. Die Fruchtkörperanlagen sind rundliche Körper, in denen sich bald der Stiel und der Hut differenzieren. Bei vielen Blätterpilzen spannt sich eine dünne Hyphenhaut (Velum) in dem jungen Fruchtkörper vom Hutrand quer zum Stiel; sie reißt später ein und kann als ringförmiger, festsitzender oder verschiebbarer Hautlappen (Annulus) am Stiele verbleiben (Fig. 417). Manche Arten besitzen auch eine oben am Stiel hängende Haut (Manschette, Armilla), die sich unter dem Hut von der Stieloberfläche ablöst. Bei *Amanita* (Fig. 418–420) und Verwandten ist eine gemeinsame Hülle vorhanden, die am Grunde des Stiels als Volva und auf dem Hut in weißen Fetzen zurückbleibt.

Manche Blätterschwämme Mitteleuropas werden als vorzügliche Speiseschwämme geschätzt, so vor allem der auch in Kultur genommene Champignon oder Egerling, *Psalliota campestris* (Fig. 417), mit weißlichem Hut und erst weißen, dann rosenroten, zuletzt braunschwarzen Lamellen; ferner der Pfifferling oder Eierschwamm, *Cantharellus cibarius*, mit dottergelbem, kreiselförmigem Hut; der Reizker, *Lactaria deliciosa*, mit rotgelbem Hut und rotgelbem Milchsaft in besonderen Hyphenschläuchen; *Lactaria volema*, der Brätling, mit rotbraunem Hut, dickem Stiel und weißem Milchsaft; *Tricholoma equestre*, der Grünling, mit braungelber Hutoberseite, sonst schwefelgelb gefärbt; der Parasolschwamm, *Lepiota procera*, mit weißem braunbeschupptem Hut; der Kaiserling, *Amanita caesarea*, mit orangefarbigem, oben anfangs einige dicke lose weiße Hautfetzen tragendem Hut und gelben Lamellen. Eßbar sind auch die bräunlichen Fruchtkörper des Hallimasch, *Armillaria mellea*, der als sehr verderblicher Baumparasit an Laub- und Nadelhölzern auftritt; sein Myzel zeichnet sich aus durch Bildung photogener Substanzen, die das Leuchten des infizierten Holzes im Dunkeln bedingen[293]. Bemerkenswert sind ferner die als Rhizomorphen bezeichneten Dauerzustände seines Myzels, schwarze verzweigte Stränge unter der Rinde oder zwischen den Wurzeln der Nährbäume.

Verhältnismäßig gering ist die Zahl der giftigen Blätterschwämme. In erster Linie sind zu nennen der Fliegenschwamm, *Amanita muscaria* (Fig. 418), mit weißen Lamellen; die oft mit dem Champignon verwechselten, tödlich wirkende Gifte enthaltenden Knollenblätterschwämme, nämlich die besonders giftige, auf der Hutoberfläche heller oder dunkler grünlich gefärbte *A. phalloides* (Fig. 419), die rein weiße *A. verna* und die gelblichweiße *A. mappa* (Fig. 420), alle drei mit weißen Lamellen und mit dickknolligem Stielfuß, der bei den zwei erstgenannten Arten eine große gelappte Scheide trägt, bei der dritten Art aber nur kantig gesäumt ist; der Speiteufel, *Russula emetica*, mit rötlichem Hut und weißen Lamellen; der Giftreizker, *Lactaria torminosa*, mit rotbraunem, zottigem Hut und weißem Milchsaft.

Fig. 418. Amanita muscaria, Fliegenpilz. 1/2 nat. Gr. — Giftig.

Fig. 419. Amanita phalloides. Grünlicher Knollenblätterschwamm. 1/2 nat. Gr. — Sehr giftig.

Fig. 420. Amanita mappa. Gelber Knollenblätterschwamm. 1/2 nat. Gr. — Giftig.

Ökologisch sehr interessant ist die südbrasilianische Agaricinee *Rozites gongylophora*, deren Myzel nach A. MÖLLER von den Blattschneiderameisen in ihren Nestern auf herbeigeschleppten und zerkauten Blattstückchen regelrecht kultiviert wird. Das Myzel erzeugt hier kugelige, dicht mit Plasma erfüllte Anschwellungen seiner Hyphenenden, die sog. Kohlrabiköpfchen, welche den Ameisen als Nahrung dienen. Die Ameisen verhindern die Entwicklung der Konidien, die als Nebenfruktifikation dem Pilze eigen sind und nur bei Kultur des Myzels ohne Ameisen gebildet werden, erhalten also den Pilz in ihren Nestern stets in seinem vegetativen Zustande. Die Fruchtkörper finden sich nur selten auf den Nestern; sie haben in ihrer Form Ähnlichkeit mit denen des Fliegenschwamms, zu dessen Verwandtschaft Rozites gehört. Im tropischen Asien wird nach HOLTERMANN das Myzel von *Agaricus Rajab* von Termiten in ihren Nestern kultiviert[391].

Offizinell: *Fomes fomentarius*, liefert Fungus Chirurgorum (Pharm. germ. austr.). — *Polyporus officinalis* (= Boletus laricis) Lärchenschwamm liefert Agaricus albus (Pharm. helv.) oder Fungus Laricis (Pharm. austr.), Agaricinum (Pharm. germ.) und Acidum agaricinum (Pharm. helv.).

7. Ordnung. Gasteromycetes, Bauchpilze[373]. Die Gasteromyceten haben geschlossene Fruchtkörper, die sich erst nach der Sporenreife öffnen, wobei die als Peridie bezeichnete äußere Hyphenrinde in charakteristischer Weise aufplatzt. Die von der Peridie umschlossene sporenbildende Innenmasse wird insgesamt als Gleba bezeichnet. Die Gleba ist von zahlreichen Kammern durchsetzt, die von dem Basidienhymenium ausgekleidet werden, oder sie ist erfüllt von locker verflochtenen Hyphen, deren Zweige in Basidien endigen.

Das Myzel lebt saprophytisch im Humusboden der Wälder und Wiesen. Die Fruchtkörper aber erheben sich über die Oberfläche. Nur die Gruppe der *Hymenogastreen* besitzt unterirdische, trüffelähnliche Fruchtkörper.

Verhältnismäßig einfach gebaut ist der Fruchtkörper von *Scleroderma vulgare*, dem Hartbovist, dessen breitkugelige, meist 5 cm dicke Basidienfrucht eine weißlich braune, lederartige, am Scheitel rissig gefelderte Peridie besitzt (Fig.421, *1*). Die im reifen Zustande schwarze Gleba ist von zahlreichen sterilen Adern durchzogen und erfüllt mit birnförmigen Basidien, die vier sitzende kugelige Sporen tragen (Fig. 421, *2*). Der Hartbovist gilt als giftig und wird zuweilen mit Trüffeln verwechselt.

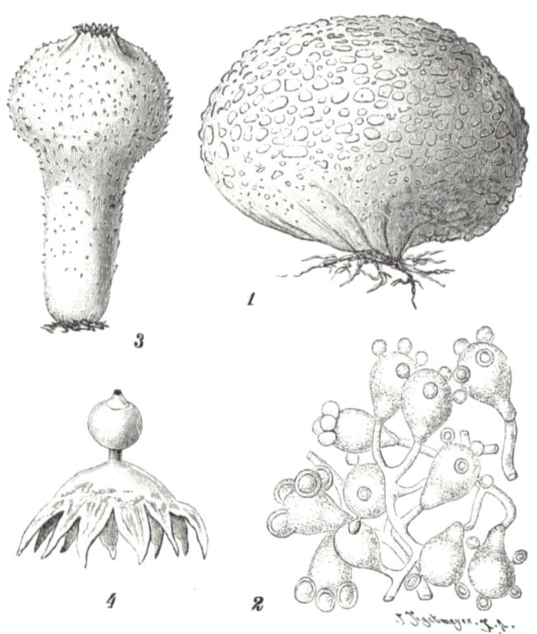

Fig. 421. *1* Scleroderma vulgare, Fruchtkörper. *2* Basidien aus demselben. Nach TULASNE. *3* Lycoperdon gemmatum. *4* Geaster granulosus. *1*, *3*, *4* in nat. Gr. *2* vergrößert.

Die Gattungen *Bovista* und *Lycoperdon* (Fig. 421, *3*), Boviste und Stäublinge, haben ebenfalls kugelige, bei letzterer Gattung auch gestielte, anfangs weißliche, später bräunliche Fruchtkörper. Sie erreichen bei dem Riesenbovist *Lycoperdon Bovista* sogar bis 1/2 m Durchmesser. Ihre Peridie ist in Form von zwei Schichten entwickelt, von denen sich die äußere bei der Reife gewöhnlich ablöst und die innere sich am Scheitel öffnet. Die Kammern der Gleba werden hier von einem regelmäßigen Hymenium aus Basidien ausgekleidet. Eine Eigentümlichkeit der Boviste besteht ferner in dem Auftreten von Capillitiumfasern in den Kammern der Gleba; das sind braune dickwandige, verästelte Hyphen, welche die Auflockerung der Sporenmasse besorgen. Die jungen, noch weißen Boviste sind eßbar, die reifen dagegen enthalten Harnstoff.

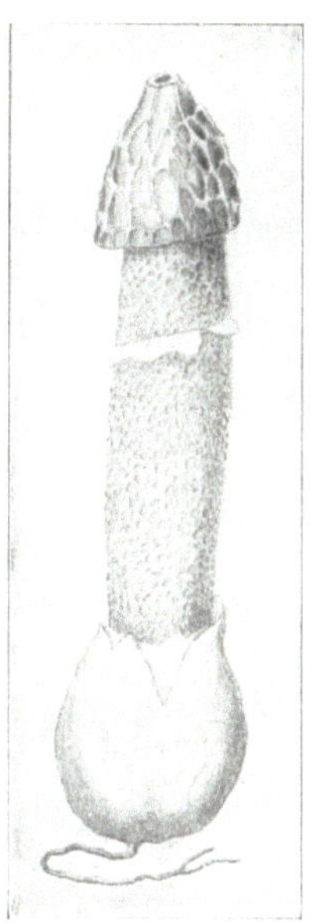

Fig. 422. Ithyphallus impudicus. 1/2 nat. Gr.

Bei *Geaster* (Fig. 421, *4*), Erdstern, ist die Peridie der Fruchtkörper ebenfalls als doppelte Hülle ausgebildet. Die äußere Hülle breitet sich in sternförmigen Lappen aus, die innere öffnet sich am Scheitel mit einem Loch.

Die höchste Ausbildung erreichen die *Phallaceen*[392], als deren bekanntester Vertreter *Ithyphallus impudicus*, die Stinkmorchel, in Wäldern Deutschlands einheimisch, zu nennen ist. Dieser Pilz galt vielfach als giftig. Früher wurde er zu Gichtsalben verwendet. Sein Fruchtkörper ähnelt den echten, zu den Diskomyceten gehörenden Morcheln, hat aber eine ganz andere Entwicklungsgeschichte. Er ist etwa 15 cm hoch, hat einen langen, innen hohlen, netzförmig gekammerten, weißen Stiel und einen glockenförmigen, mit der braungrünen, im reifen Zustand zu Schleim verflüssigten, sporenhaltigen Glebamasse überzogenen Hut, unter dem am Stiel noch die Reste eines zarthäutigen Schleiers (Indusium) haften, der den Hut auf seiner Innenseite anfangs bedeckte (Fig. 422). Der junge Fruchtkörper bildet einen eiförmigen weißen Körper (Hexenei oder Teufelsei genannt) und wird von einer doppelwandigen Hülle mit gallertartiger Mittelschicht ganz umschlossen. Im Innern der Hülle oder Peridie (auch Volva genannt) differenziert sich das Hyphengewebe in den axilen Stiel und in den glockenförmigen Hut. Im Umkreise des Hutes wird die Gleba ausgebildet. Bei der Reife streckt sich der Stiel rasch in die Länge, sprengt dabei die an seiner Basis als Scheide zurückbleibende Hülle und hebt den glockenförmigen Hut mit der Gleba empor. Letztere erzeugt aasartig riechende Stoffe und lockt dadurch Aasinsekten an, die die Sporen verbreiten.

Klasse XV.
Lichenes, Flechten[288], [352], [393]-[399].

Die Flechten sind symbiotische Organismen; sie bestehen aus Fadenpilzen, und zwar aus Askomyceten, nur in ganz vereinzelten Fällen aus *Basidiomyceten*, die mit einzelligen oder fädigen Algen, *Cyanophyceen* oder *Chlorophyceen*, gemeinsam vegetieren und so einen eigenartigen zusammengesetzten Thallus, ein Konsortium, bilden. Die Flechtenalgen und die Flechtenpilze sind im natürlichen System in die Gruppen der nächstverwandten Algen und Pilze einzureihen. Doch besitzen die Flechten untereinander so viel Übereinstimmendes in Bau und Lebensweise und haben sich als Konsortien phylogenetisch weiter entwickelt, daß sie zweckmäßiger als besondere Klasse behandelt werden.

Der Pilz ernährt sich von den durch die assimilierenden Algenzellen erzeugten organischen Stoffen; er umspinnt mit seinen Hyphen die Algen (Fig. 423), kann aber auch Haustorien in sie hinein entsenden und als Parasit sogar ihren Inhalt aufzehren, auch als Saprophyt abgestorbene Algenzellen ausnutzen. Andererseits gewährt der Pilz den Algen bestimmte Vorteile, liefert ihnen die anorganischen Stoffe und Wasser, wahrscheinlich auch organische Verbindungen.

Der größere Vorteil in dieser mutualistischen Symbiose mag auf seiten des Pilzes liegen, vor allem bei solchen Flechten, die auf sterilem, jeglicher organischen Stoffe barem Gestein wachsen, während der Pilz bei Humusboden- oder Baumrindenbewohnern wenigstens einen Teil seiner Nahrung saprophytisch aus dem Substrat beziehen kann. Wenn auch die Algen in manchen Fällen vom Pilz stärker ausgenützt werden, so erfahren sie doch eine ausgiebige Vermehrung, und beide können infolge ihres Zusammenlebens auch an Orten gedeihen, wo weder Pilz noch Alge für sich allein leben könnte.

Den Flechten eigene Stoffwechselsekrete sind die zahlreichen, nur den Gallertflechten fehlenden Flechtensäuren, deren Bildung durch das chemische Zusammenwirken von Pilz und Alge bedingt ist und deren Ablagerung an der Oberfläche der Hyphenmembranen in Form von Kristallen oder Körnchen erfolgt. Ihre Rolle als Schutzmittel gegen Tierfraß (Schnecken) scheint nach ZOPF nicht von allgemeiner Bedeutung zu sein[394].

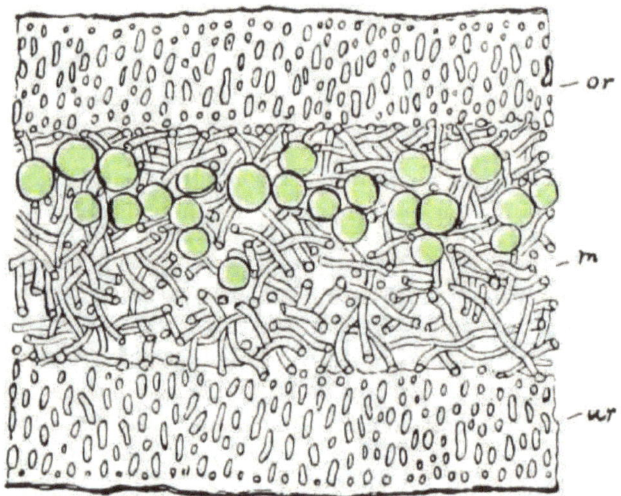

Fig. 423. Cetraria islandica. Querschnitt durch den Thallus. *or* Rindenschicht der Oberseite, *ur* der Unterseite, *m* Markschicht mit den grünen Algenzellen von Cystococcus humicola. Vergr. 272.

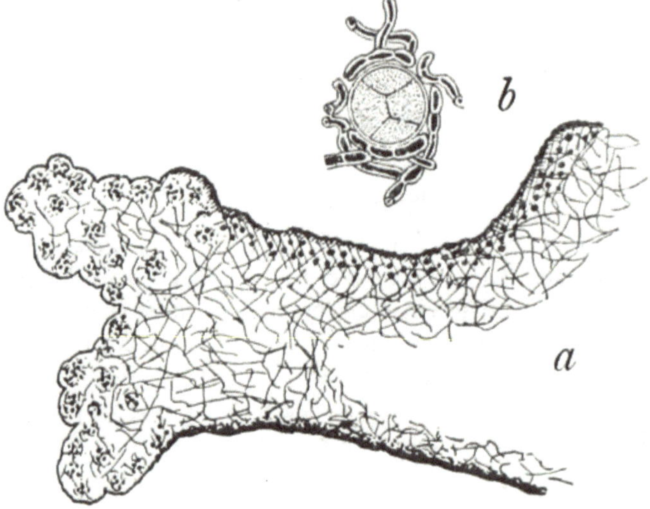

Fig. 424. Parmelia physodes. Soral (*a*) und Soredium (*b*). Nach BITTER und NIENBURG.

Die Flechten sind in großer Artenzahl über die ganze Erde verbreitet; selbst in den Polarländern und auf den höchsten Berggipfeln dringen sie viel weiter vor als die Moose. Ihre Hauptentwicklung erfahren sie in feuchten Gebirgsregionen, wo sie oft in geselliger Vegetation den Boden, die Felsblöcke und Baumstämme überziehen oder in Form langer Bärte massenhaft von den Baumästen herabhängen. In der Arktis bilden sie auf trockenem Boden ausgedehnte Flechtentundren.

Die einfachsten Flechten sind die Fadenflechten; sie bestehen aus Algenfäden, die der Länge nach von Pilzhyphen umsponnen sind. Als Beispiel sei *Ephebe pubescens* genannt, deren vielästige verzweigte Fäden an feuchten Felsen in Form schwärzlicher Filzlager auftreten.

Sodann unterscheidet man Gallertflechten, mit gallertigem, laubartigem Lager. Ihre Algen sind Chroococcaceen und Nostocaceen mit aufquellenden Membranen. In der Algengallerte verlaufen die Pilzhyphen. Von einheimischen Gattungen gehört z. B. *Collema* hierher.

Sowohl bei den Faden- als Gallertflechten sind Algen und Pilzhyphen gleichmäßig im Thallus verteilt, und dieser wird daher als ungeschichtet oder homöomer bezeichnet. Die Algen bestimmen hier in erster Linie seine Form.

Die übrigen Flechten weisen dagegen einen geschichteten oder heteromeren Thallus auf. Die Flechtenalgen, unter denen die einzellige Protococcacee *Cystococcus humicola* die häufigste, von fadenförmigen die zu den Ulotrichales gehörige *Trentepohlia umbrina* zu nennen ist, treten hier in Schichten auf, die von einer aus dicht verflochtenen Pilzhyphen bestehenden Rindenschicht bedeckt werden (Fig. 423). Man unterscheidet unter den heteromeren Flechten Krustenflechten, deren Thallus in Form von Krusten an Baumstämmen, an Felsen oder auf dem Erdboden festgewachsen ist oder mittels Pilzhyphen etwas in das Substrat eindringt; ferner Laubflechten (Fig. 428), deren Thallus laubartig, klein- oder großlappig ist und auf der Unterseite entweder nur in der Mitte oder bis auf die freien Ränder mittels rhizoïdartiger Pilzhyphen (Rhizinen) angewachsen ist; endlich Strauchflechten (Fig. 425, 427), mit verzweigtem, fadenförmigem oder bandförmigem, an der Basis angeheftetem, zuweilen auch frei auf dem Substrat liegendem Thallus.

Das Wachstum der Flechtenthalli ist im allgemeinen ein recht langsames. So beträgt der jährliche Zuwachs an den Thalluslappen gewisser Laubflechten nur wenige Millimeter; *Parmelia furfuracea* erreicht bei günstiger Belichtung in 10 Jahren nur einen Durchmesser von 31 × 60 mm[395].

An den natürlichen Standorten entwickeln sich die Flechtenpilze nur dann aus ihren Sporen weiter, wenn sie die ihnen zusagenden Algenzellen zur Verfügung haben. Nur für wenige Flechten ist festgestellt, daß ihr Pilz auch ohne Algen in der Natur existenzfähig ist, so für die tropische *Cora pavonia* (Fig. 433), deren Pilz zu den Basidiomyceten gehört und auch algenfreie Fruchtkörper erzeugen kann, die denen der Pilzgattung *Thelephora* gleichen. Wohl aber ist es gelungen, aus den Sporen gewisser flechtenbildender Askomyceten unter Zufuhr geeigneter Nährlösung Myzelien zur Entwicklung zu bringen.

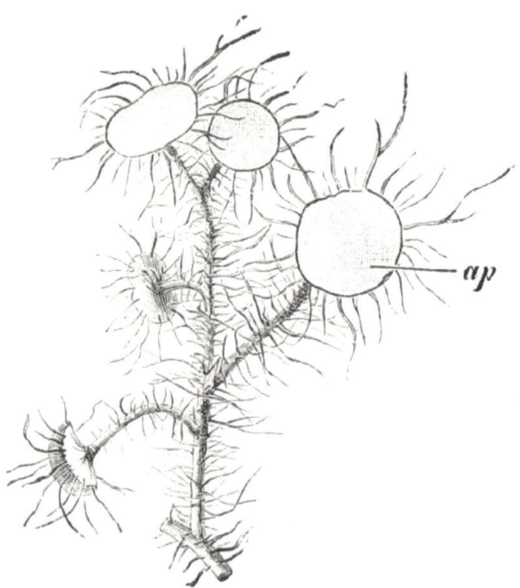

Fig. 425. Usnea florida. *ap* Apothecium. Nat. Gr.

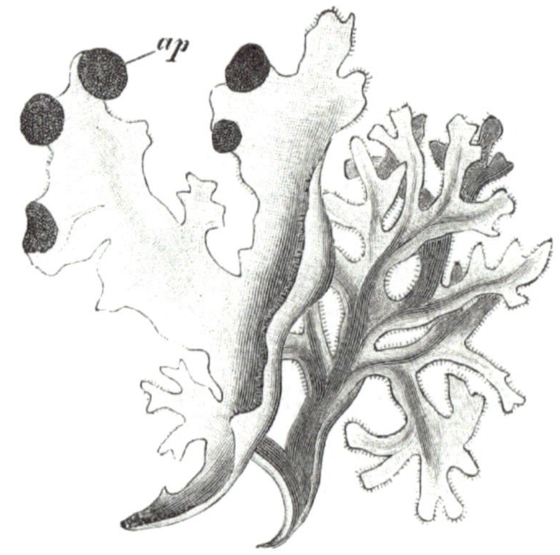

Fig. 426. Cetraria islandica. *ap* Apothecium. Nat. Gr. — Offizinell.

Viele Flechten vermehren sich vegetativ dadurch, daß Teile des Thallus sich lostrennen und wieder mit Rhizinen festsetzen. Die meisten heteromeren Flechten besitzen ferner in der Bildung von Soredien ein ausgezeichnetes Mittel vegetativer Vermehrung: Kleine Gruppen von sich teilenden Algenzellen werden dicht von Myzelfäden umsponnen, lösen sich los und bilden Körperchen, die unter Aufreißen von Thallusrinde als staubartige Masse frei werden, um durch den Wind verbreitet, anderswo wieder zu einer Flechte heranzuwachsen. Häufig entstehen die Soredien am Thallus in scharf umschriebenen Brutstätten, den Soralen (Fig. 424, 427).

Im Flechtenthallus fruktifizieren nur die Flechtenpilze, nicht aber die stets vegetativ bleibenden Flechtenalgen.

Nur bei einigen Gattungen (*Endocarpon*) finden sich besondere klein ausgebildete Algenzellen auch in den Früchten vor, werden mit den Sporen gemeinsam ausgeworfen und von den Keimschläuchen des Flechtenpilzes alsbald umsponnen.

1. Ascolichenes. Nur wenige Flechtengattungen haben krugförmige Perithecien; ihre Pilze gehören daher zu den Pyrenomyceten, so die Laubflechte *Endocarpon*, die Krustenflechte *Verrucaria*. Die meisten Gattungen aber besitzen schüssel- oder scheibenförmige Apothecien, die wie die Fruchtkörper der Diskomyceten gebaut sind. Von Strauchflechten gehört hierher als eine der häufigsten Arten die an Baumstämmen festsitzende *Usnea florida*, die Bartflechte, mit großen, am Rande bewimperten Apothecien (Fig. 425); die breit bandförmige, verzweigte, an Bäumen wachsende *Ramalina fraxinea*; ferner die an Küstenfelsen der warmen Zone verbreiteten *Roccella*-Arten mit gabelig verzweigtem, drehrundem oder bandförmigem Thallus (Fig. 427). Eine Mittelstellung zwischen Strauch- und Blattflechten nimmt die auf den Gebirgen und im Norden der nördlichen Hemisphäre weitverbreitete offizinelle *Cetraria islandica*, das isländische Moos (Fig. 426), ein, mit gegabelten, blattartigen Thalluslappen, welche braun, auf der Unterseite weißlich gefärbt sind und die Apothecien an ihren Rändern tragen. Zu den Laubflechten gehören die zahlreichen, an Bäumen und Felsen wachsenden Arten von *Parmelia* (Fig. 428). Eine eigenartige Krustenflechte ist die Schriftflechte, *Graphis scripta*, deren grauweißer Thallus auf Rinde, besonders von Buchen, lebt und deren Apothecien die Form von schwarzen schmalen, strichförmigen oder gegabelten, an Schriftzüge erinnernden Rinnen haben.

Fig. 427. Roccella tinctoria DC. Kanarische Inseln. Mit randständigen Soralen. Nach WIESNER, Rohstoffe.

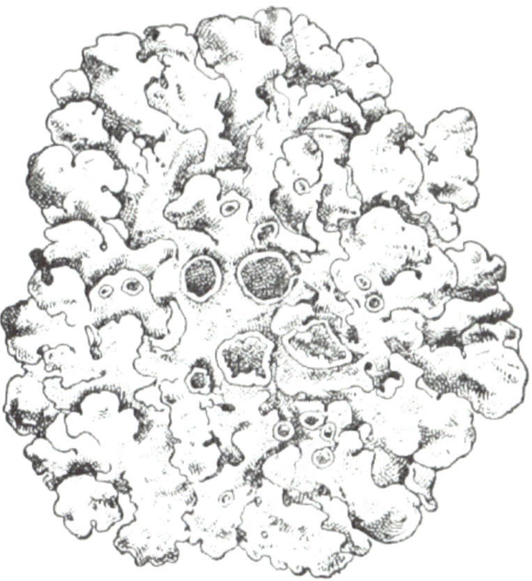

Fig. 428. Parmelia acetabulum, an Bäumen. Nach REINKE.

Eine besondere Entwicklung erfährt der Flechtenthallus bei der vielgestaltigen erdbewohnenden Gattung *Cladonia*. Auf einem aus horizontalen, dem Substrat aufsitzenden, gekerbten Schüppchen bestehenden primären Thallus erheben sich vertikale Gebilde (Podetien) von sehr verschiedener Gestalt und Größe. Sie sind bei manchen Arten, so bei *Cladonia pyxidata*, der Becherflechte, und bei *Cladonia coccifera* (Fig. 429) gestielt kreiselförmig und tragen am Becherrand oder seinen Aussprossungen, die bei ersterer Art braunen, bei letzterer roten rundlichen Apothecien. Bei anderen Arten sind die Podetien zylindrisch, einfach oder gegabelt; bei *Cladonia rangiferina*, der Renntierflechte, die über die ganze Erde verbreitet ist und rasenbildend in den nordischen Tundren auftritt, sind die Podetien (Fig. 430) zierlich verästelt; ihr Primärthallus geht frühzeitig zugrunde.

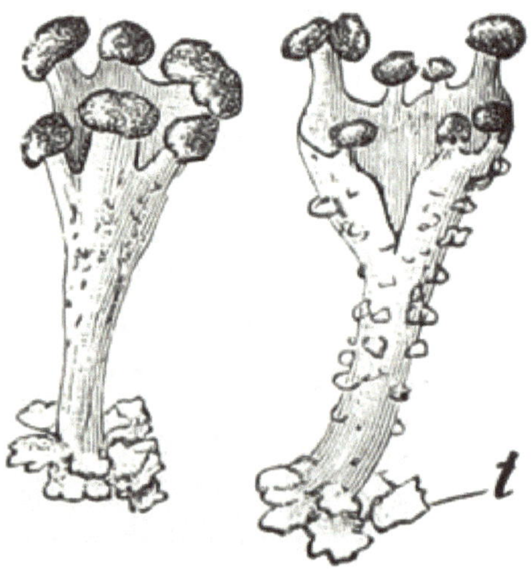

Fig. 429. Cladonia coccifera. *t* Thallusschüppchen. Nat. Gr.

Fig. 430. Cladonia rangiferina. *A* Steril. *B* Mit Askusfrüchtchen an den Astenden. Nat. Gr.

Die Askusfrüchte, Apothecien und Perithecien, nehmen, wie zuerst Stahl und in neuerer Zeit besonders BAUR[396] nachgewiesen hat, ihren Ursprung aus befruchteten Karpogonen, weiblichen Sexualorganen, die im jungen Thallus oft in sehr großer Anzahl angelegt werden. Das Karpogon (Fig. 431) ist hier ein vielzelliger, im unteren Teile mehrfach schraubig gewundener Faden, der sich in ein langzelliges, mit seiner Spitze aus dem Thallus hervorragendes Trichogyn fortsetzt. Die Zellen enthalten je einen Kern, führen im unteren Teile des Karpogons dichteres Plasma und sind durch Tüpfel verbunden. Abgesehen von der Vielzelligkeit erinnern diese Gebilde an die Karpogone der Florideen. Als männliche Sexualzellen erscheinen die in krugförmigen Behältern, den Spermogonien (Fig. 432), erzeugten Spermatien, deren Entwicklung auf verschiedene Art erfolgt[397]. Entweder ist die Innenwand der Spermogoniumhöhlung mit einfachen oder verzweigten Hyphenästen ausgekleidet, die an ihren Enden die Spermatienzellen abgliedern (*Peltigera*, *Parmelia*), oder das Spermogonium ist anfangs von Hyphengewebe dicht erfüllt, später aber durch dessen Auseinanderweichen von Hohlräumen durchsetzt, aus deren Wandzellen die Spermatien auf sehr kleinen und dünnen Stielchen hervorsprossen (*Anaptychia*, *Physcia*, *Sticta*). Die Spermatien werden, in Schleimmassen eingebettet, aus ihren Behältern entleert, kopulieren mit den klebrigen Spitzen der Trichogyne (Fig. 431 *B*) und erscheinen dann leer, ohne Kern; darauf kollabieren die Zellen des Trichogyns, gehen später zugrunde, während die mittleren Zellen des schraubigen Karpogons anschwellen, sich auch noch weiter teilen und nun zu den askogenen Hyphen aussprossen, die an ihren Enden die Asci bilden. Die vegetativen Hyphen und die Paraphysen der Früchte entspringen aus den unter dem Karpogon befindlichen Hyphen. Entweder nur ein oder auch mehrere Karpogone zusammen liefern eine Frucht. Das Verhalten der Sexualkerne bedarf noch eingehender Untersuchung. Solche Karpogone sind bereits bei manchen Gattungen als Anlage der Früchte nachgewiesen, indessen erscheinen sie bei einigen (*Peltigera*, *Solorina*) reduziert und besitzen kein Trichogyn mehr; diese Flechten sind anscheinend apogam geworden. Spermogonien werden bei ihnen überhaupt nicht mehr gebildet, oder sind, wie bei *Nephromium*, deutlich in Rückbildung begriffen. Von A. MÖLLER wurde festgestellt, daß die Spermatien auch vegetativ auskeimen können; indessen kann dies nicht als Beweis gegen die ursprünglich sexuelle Natur dieser Gebilde gelten, da es sich möglicherweise um Funktionswechsel handelt.

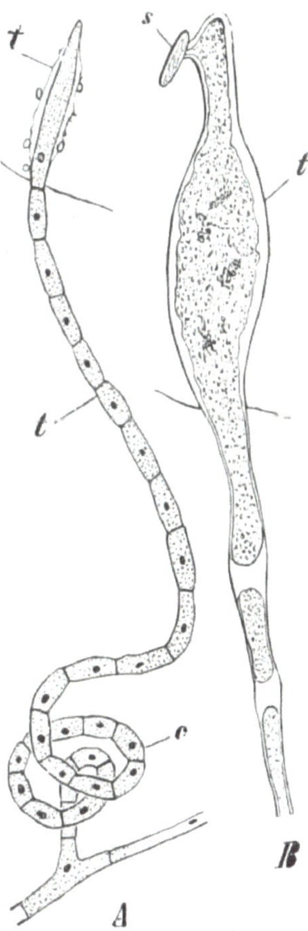

Fig. 431. Collema crispum. *A* Karpogon *c* mit Trichogyn *t*. Vergr. 405. *B* Spitze des Trichogyns mit Spermatium *s*. Vergr. 1125. Nach E. BAUR.

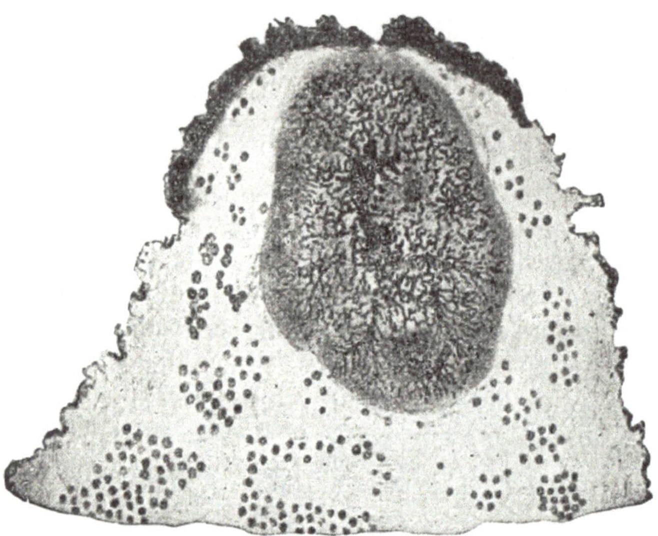

Fig. 432. Anaptychia ciliaris. Reifes Spermogonium. Vergr. 192. Die runden Zellen im Thallusgewebe stellen die grünen Algenzellen vor. Nach GLÜCK.

Sehr merkwürdig verhält sich nach F. BACHMANN *Collema pulposum*. Die Spermatien entstehen hier im Innern des Thallus zu wenigen gruppenweise an den Hyphen und lösen sich nicht ab; die langen Endzellen der Trichogyne bleiben im Thallus, wachsen auf sie zu und fusionieren mit ihnen[398].

2. Basidiolichenes (Hymenolichenes)[399]. Als Typus der *Basidiolichenen* ist die in den Tropen weitverbreitete, auf dem Erdboden oder an Bäumen lebende *Cora pavonia* zu nennen. Der Pilz der Cora ist eine Thelephoree (vgl. S. 405), deren halbkreisförmige, gelappte, dachziegelartig gruppierte Fruchtkörper auch ganz ohne Algen gefunden werden. Tritt der Pilz in Symbiose mit einzelligen Chroococcusalgen, so resultiert als Fruchtkörper die typische *Cora pavonia* (Fig. 433), die wie ein Thelephorafruchtkörper auf ihrer Unterseite ein durch Risse gefeldertes Basidienhymenium entwickelt. Tritt dagegen derselbe Pilz mit den Fäden der blaugrünen Alge Scytonema in Symbiose, so bildet sich, wenn der Pilz überwiegt, die Flechte zu strahlig fädigen, an Baumästen abstehenden Scheiben mit dem Hymenium auf der Unterseite aus (*Dictyonema*-Form), und wenn die Alge formbestimmend ist, in Form von feinfädigen filzigen Überzügen auf Baumrinde mit unregelmäßigen, an den vom Lichte abgewandten Stellen des Thallus erscheinenden Hymenien (*Laudatea*-Form).

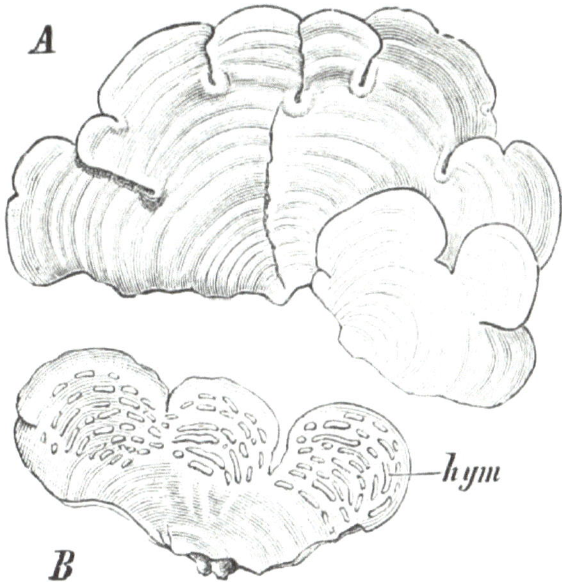

Fig. 433. Cora pavonia. *A* Von oben. *B* Von unten. *hym* Hymenium. Nat. Gr.

Offizinell ist *Cetraria islandica*, Lichen islandicus (Pharm. germ., austr., helv.), die beim Kochen die bittere Licheningallerte liefert. Als Volksmittel wird auch noch die Lungenflechte *Lobaria pulmonaria* (Muscus pulmonarius), die stattlichste einheimische, an Bäumen wachsende Laubflechte, gebraucht.

Die Mannaflechte, *Lecanora esculenta*, ist eine ursprünglich auf Gestein lebende alpine Krustenflechte des Orients. Sie zerfällt in Stücke, die zu kugeligen Knollen von 7–12 mm Durchmesser heranwachsen und vom Winde weithin in die Steppen und Wüsten Südrußlands, Kleinasiens und Nordafrikas verbreitet werden. Hier dienen sie den Eingeborenen als Nahrungsmittel, den Tartaren zur Bereitung von Erdbrot. Auch *Cetraria islandica* (Fig. 426) kann nach Auswässerung ihrer Bitterstoffe wegen ihres reichen Gehalts an Kohlehydraten (Flechtenstärke) als Nahrungsmittel zu Brot und zu Gallerte verwendet werden. *Cladonia rangiferina* (Fig. 430) bildet die wichtigste Nahrung der Renntiere, kann auch nach Entbitterung als Futter für Vieh und Geflügel benutzt werden und dient in Norwegen zur Gewinnung von Alkohol. In Japan wird eine an Stärke und Gallerte reiche felsbewohnende Laubflechte, *Gyrophora esculenta*, mit kreisrundem, 3–13 cm großem, in der Mitte dem Substrat angewachsenem bräunlichen Thallus, als wohlschmeckendes Nahrungsmittel viel benutzt.

Einige an Flechtensäuren besonders reiche Arten werden zur Darstellung der Farbstoffe Orseille, Persio, französischer Purpur und Lackmus verwertet, in erster Linie *Roccella*-Arten (besonders *R. Montagnei*, *R. tinctoria* (Fig. 427), *R. fuciformis* und *R. phycopsis*, die an Küstenfelsen wärmerer Länder wachsen, ferner die Krustenflechte *Ochrolechia tartarea* im nördlichen Europa und Amerika.

II. Bryophyta, Moospflanzen[288], [400], [401]-[425].

Die Moospflanzen umfassen die *Lebermoose* (*Hepaticae*) und die *Laubmoose* (*Musci*). Sie sind in ihrer äußeren Gliederung zwar noch Thallophyten, unterscheiden sich aber von diesen durch den eigenartigen Bau ihrer Geschlechtsorgane, der Antheridien und Archegonien, die in ähnlicher Ausbildung auch bei den Pteridophyten wiederkehren. Bryophyten und Pteridophyten werden daher den Thallophyten gegenüber auch als *Archegoniaten* bezeichnet.

Außer der sexuellen Fortpflanzung findet allgemein bei den Moosen wie auch bei den Pteridophyten eine ungeschlechtliche durch einzellige, mit Membran umkleidete, an die Verbreitung in der Luft angepaßte Sporen statt. Beide Fortpflanzungsweisen wechseln stets miteinander ab und sind auf zwei scharf geschiedene Generationen verteilt, eine geschlechtliche (Gametophyt), welche die Sexualorgane erzeugt, und eine ungeschlechtliche (Sporophyt), welche die Sporen hervorbringt. Die geschlechtliche Generation geht aus der Spore hervor, die ungeschlechtliche aus der befruchteten Eizelle. Die Zahl der Chromosomen der Zellkerne ist im Sporophyt doppelt so groß als im Gametophyt. Bei der Vereinigung der Sexualkerne wird die doppelte Chromosomenzahl gewonnen, bei der Teilung der Sporenmutterzellen dagegen die Reduktion auf die Hälfte vollzogen. Dieser regelmäßige Generationswechsel ist charakteristisch für alle Archegoniaten. Bei den Bryophyten stellt die Moospflanze den haploiden Gametophyten, die gestielte Sporenkapsel den diploiden Sporophyten dar; bei den Pteridophyten ist der Gametophyt eine kleine Thalluspflanze, der Sporophyt hingegen ein stattlicher Kormophyt.

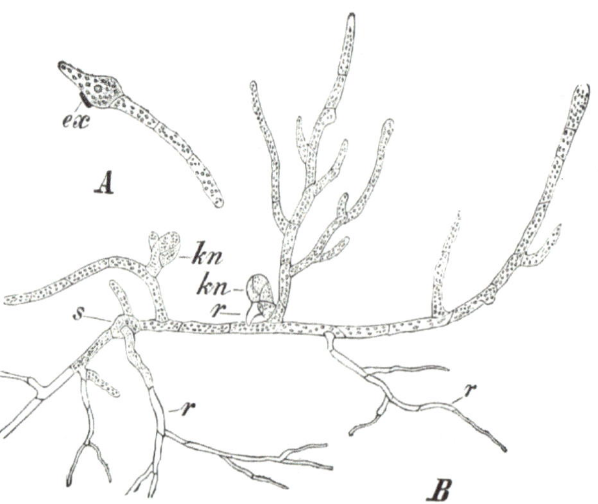

Fig. 434. Funaria hygrometrica. *A* Keimende Spore, *ex* Exine. *B* Protonema mit Knospen *kn* und Rhizoïden *r*, *s* Spore. Vergrößert. Nach MÜLLER-THURGAU.

Die die geschlechtliche Generation liefernde Spore, deren Wand aus zwei Häuten, einer äußeren kutinisierten Exine und einer inneren zarten Intine besteht, keimt unter Sprengung ihrer Exine zu einem Schlauche aus, der bei den Lebermoosen alsbald an seinem vorderen Ende zur Ausbildung der Moospflanze schreitet, während er bei den meisten Laubmoosen zunächst ein aus verzweigten Zellfäden bestehendes Protonema erzeugt. Dieses gliedert sich in chlorophyllführende aufwärts wachsende Fäden und in farblose, in den Boden eindringende Rhizoïden (Fig. 434). An dem Protonema entstehen aus seitlichen Knospen die beblätterten Moospflanzen. Protonema und Moospflanze stellen aber, auch wo sie in solcher Weise voneinander abgesetzt sind, nur die eine, geschlechtliche Generation der Pflanze vor. Alle Moose wachsen mittels Scheitelzellen heran (S. 70). Viele Lebermoose weisen noch einen aus dichotomisch verzweigten Lappen bestehenden Thallus (Fig. 448 u. 449) auf, der an seiner Basis oder an seiner Unterseite mittels Rhizoïden festgeheftet ist; sie wiederholen somit den vegetativen Aufbau mancher Algen. Bei höheren Lebermoosen und bei allen Laubmoosen ist dagegen eine scharfe Gliederung der Pflanze in Stämmchen und kleine Blättchen durchgeführt (Fig. 451 u. 458). An den unteren Teilen der Stämmchen entspringen Rhizoïden; echte Wurzeln fehlen den Moosen, die sich somit in ihrer äußeren Gestaltung nicht über die Stufe eines reichgegliederten Thallus erheben, wie wir ihn beispielsweise bei Sargassum unter den Braunalgen antreffen. Die Moosstämmchen und Blätter sind von einfacher anatomischer Struktur; sie werden, wenn überhaupt, nur von sehr einfachen, aus gestreckten Zellen gebildeten Leitbündeln durchzogen. Die Sexualorgane, Antheridien und Archegonien entspringen, in der Regel zu mehreren, bei thallösen Formen dem Rücken des Thallus, bei den in Stengel und Blätter gegliederten Formen auf dem Scheitel des Stämmchens oder seiner Äste.

Die Antheridien[401] (Fig. 435) oder männlichen Organe sind auf einem mehrzelligen Stiele sitzende, kugelige oder keulenförmige Gebilde, deren dünne, meist einschichtige Wandung zahlreiche kleine kubische Zellen umschließt, von denen eine jede sich schließlich in zwei Spermienzellen diagonal oder quer teilt[402].

Das Öffnen des Antheridiums vollzieht sich bei den Laubmoosen an seiner Spitze in einer aus einer oder mehreren Zellen bestehenden besonderen Öffnungskappe, deren schleimhaltiger Inhalt aufquillt und so die Kutikula aufsprengt (Fig. 440 *A*); bei den Lebermoosen ist die Kappe nicht scharf abgegrenzt, die schleimhaltigen aufquellenden Wandzellen reißen im oberen Teile des Antheridiums unregelmäßig auseinander. Nun werden die Spermienzellen entleert, aus denen durch Verquellung ihrer Wandung die Spermien als kurze, etwas gewundene Fäden frei werden, die nahe am Vorderende zwei lange feine Zilien tragen (Fig. 435).

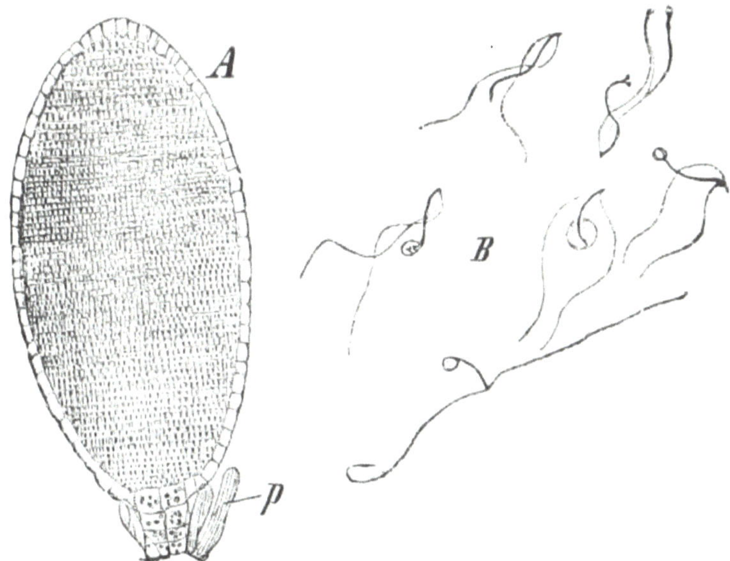

Fig. 435. Marchantia polymorpha. *A* Ein fast reifes Antheridium im Durchschnitt, *p* Paraphysen. Vergr. 90. *B* Spermien. Vergr. 600. Nach STRASBURGER.

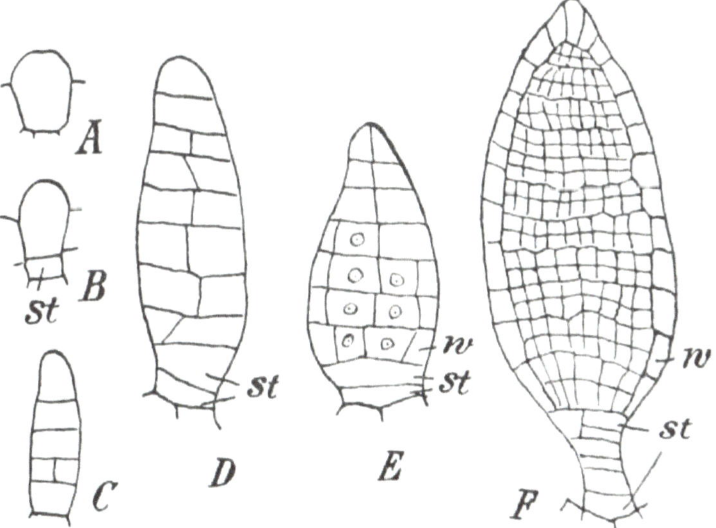

Fig. 436. Antheridiumentwicklung von Fegatella conica, einem Marchantiaceen-Lebermoos. *A* Einzellige Anlage. *B* Die Stielzelle *st* abgetrennt. *C*, *D* Querscheibenzellen abgeteilt, die sich durch senkrechte Wände fächern. *E* Anlage der Wandschicht *w*. *F* Halbreifes Stadium. *A–E* Vergr. 400. *F* Vergr. 220. Nach BOLLETER.

Die Entwicklung des Antheridiums erfolgt durch Teilung einer Oberflächenzelle; nur bei *Anthoceros* (Fig. 445) wird es endogen angelegt. Bei den übrigen tiefer stehenden Lebermoosen (*Marchantiales*) teilt sich diese Zelle in scheibenförmige Quersegmente, die durch senkrechte Wände in je vier Zellen zerlegt werden, worauf in diesen Quadranten durch tangentiale Wände die peripherischen Wandzellen sich von den inneren, das spermatogene Gewebe liefernden Zellen abteilen (Fig. 436 *A–F*). Bei den höheren Lebermoosen (*Jungermanniales*) wird die Ausgangszelle in drei Quersegmente zerlegt, von denen nur das oberste den Antheridienkörper liefert, indem es sich zunächst senkrecht in zwei Zellen teilt: dann wird in diesen durch je zwei schiefe aufeinanderfolgende Längswände die Anlage der Wandung und die des spermatogenen Gewebes geschieden. Bei den Laubmoosen (*Musci*) hingegen baut sich das Antheridium auf aus Segmenten einer zweischneidigen Scheitelzelle, die aus der obersten Querscheibe durch zwei schräge Wände herausgeschnitten wird. Die einzelnen Segmente werden dann in peripherische Wandzellen und je eine, spermatogenes Gewebe liefernde Innenzelle zerlegt (Fig. 437 *A–F*).

Die Archegonien (Fig. 438)[401] stellen kurzgestielte, flaschenförmige Organe vor, deren Wandung einen Bauchteil und einen Hals unterscheiden läßt. Der Bauchteil umschließt eine große Zentralzelle, deren Inhalt kurz vor der Reife in die Eizelle und in eine am Grunde des Halses gelegene Bauchkanalzelle zerfällt. An diese schließt im Halse eine zentrale Reihe von Halskanalzellen an, deren Zahl bei den Lebermoosen geringer (4 oder 8), bei den Laubmoosen größer (etwa 10–30 oder noch höher) ist. Die Öffnung des Halses geschieht dadurch, daß seine obersten schleimhaltigen Zellen aufquellen, die Kutikula zerreißen und sich, oft in Form von vier Lappen, zurückrollen (Fig. 440 *B*)[403]. Die Kanalzellen verquellen alsdann zu Schleim. Da der Befruchtungsvorgang sich nur im Wasser vollziehen kann, so erfolgt er bei den Landformen nur nach Benetzung durch Regen oder Tau. Die Bewegungsrichtung der Spermien, die auf die Archegonien zusteuern und den Hals hinab zum Ei gelangen, wird bestimmt durch besondere Stoffe, die aus dem weiblichen Organ herausdiffundieren.

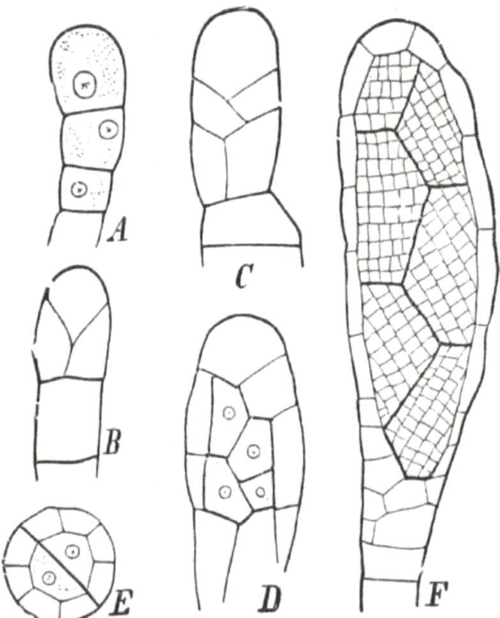

Fig. 437. Antheridiumentwicklung von Funaria hygrometrica, einem Laubmoos. *A* Querteilung der Anlage. *B* Bildung der Scheitelzelle aus der obersten Zelle. *C* Teilungen der Scheitelzelle. *D* Scheidung in Wandung und Anlage des spermatogenen Gewebes. *E* Desgleichen im Querschnitt. *F* Älteres Stadium. Nach D. CAMPBELL.

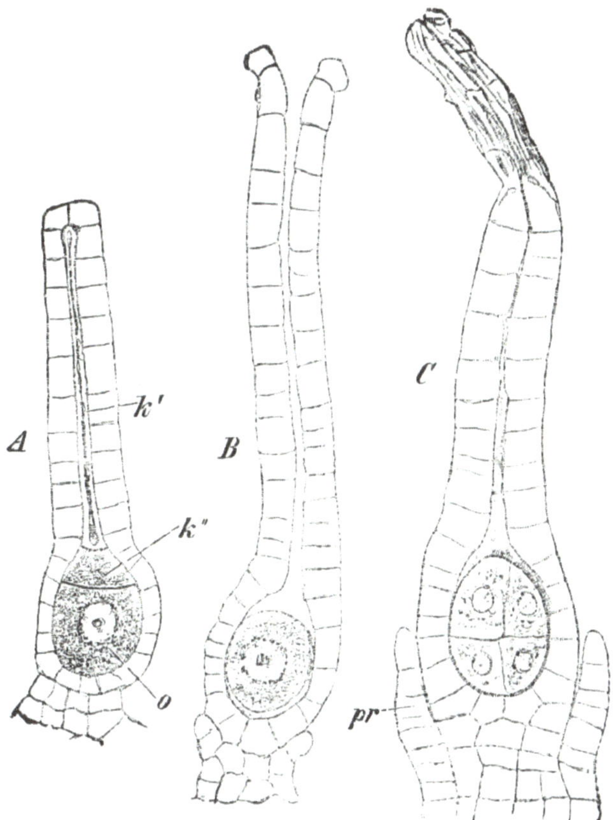

Fig. 438. Marchantia polymorpha. *A* Junges, *B* geöffnetes, *C* befruchtetes Archegonium mit achtzelligem Keimling, *k'* Halskanalzellen, *k"* Bauchkanalzellen, *o* Ei, *pr* Pseudoperianth. Vergr. 540. Nach STRASBURGER.

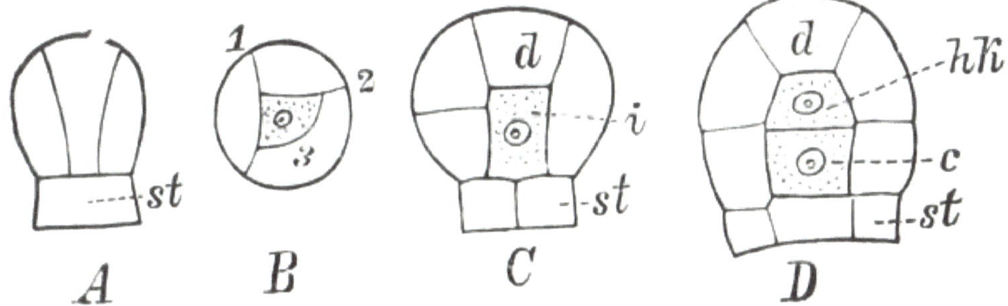

Fig. 439. Entwicklung des Lebermoosarchegoniums. *A* (Längsschnitt) und *B* (Querschnitt) Teilung der oberen Zelle durch drei Wände. *C* Die mittlere Zelle in Deckelzelle *d* und Innenzelle *i* geschieden. *D* Die Innenzelle geteilt in Anlage der Halskanalzellen *hk* und Zentralzelle *c*, die die Eizelle und Bauchkanalzelle liefert. *st* Stielanlage. Nach GOEBEL.

Die Samenfäden der Laubmoose werden von Rohrzuckerlösung angelockt, diejenigen des Lebermooses Marchantia von Proteïnstoffen, außerdem bei Versuchen auch von Kalium-, Rubidium- und Cäsiumsalzen[404].

Die Entwicklung des Archegoniums vollzieht sich aus einer Oberflächenzelle. Bei den Lebermoosen teilt sie sich in eine den Stiel liefernde untere Zelle und in eine obere Zelle, die durch drei Längswände in drei äußere und eine mittlere zerlegt wird, diese wiederum durch eine Querwand in eine Deckelzelle und eine Innenzelle. Aus den äußeren Zellen geht die Wandung des Hals- und Bauchteiles hervor, aus der Innenzelle die

Halskanalzellen, Bauchkanalzelle und Eizelle (Fig. 439). Bei den Laubmoosen dagegen wird in der Ausgangszelle durch zwei schiefe Wände eine zweischneidige Scheitelzelle abgeteilt, deren Segmente den Stiel aufbauen. Dann wird die endständige zweischneidige Zelle durch drei schräge Wände und eine Querwand in eine dreischneidige, unten abgestutzte Scheitelzelle, eine unter dieser liegende Zentralzelle und drei peripherische Wandzellen zerlegt. Die Zentralzelle liefert die Eizelle, Bauchkanalzelle und Halskanalzellen, die Scheitelzelle dagegen aus ihren Segmenten die Wandung des Halsteils und durch Querteilung auch noch die obersten Halskanalzellen. Die Sphagnaceen nehmen nach MELIN eine Mittelstellung ein, insofern der Stiel wie bei den Laubmoosen, der Archegoniumkörper aber ähnlich wie bei den Lebermoosen ohne dreiseitige Scheitelzelle gebildet wird.

Antheridien und Archegonien sind, wie aus gelegentlich auftretenden intermediären Gebilden hervorgeht, homologe Organe; Bauchkanal- und Halskanalzellen würden demnach funktionslos gewordene Gametenzellen vorstellen. Die Bauchkanalzelle ist in der Regel kleiner als die Eizelle, kann aber zuweilen gleichwertig mit der Eizelle ausgebildet werden. Auch können sich gelegentlich mehrere Eizellen in einem Archegoniumbauch entwickeln, so bei Sphagneen vier oder noch mehr.

Nach der Befruchtung teilt sich die Zygote und entwickelt sich im Archegonium weiter zum Embryo, ohne erst einen Dauerzustand durchzumachen (Fig. 438 *C*). Der Embryo wächst heran zum Sporogon, das die ungeschlechtliche Generation vorstellt, die aber zeitlebens mit der anderen Generation verbunden bleibt und wie eine halbparasitische Pflanze von dieser zum Teil die zu ihrer Entwicklung nötigen Substanzen bezieht. Das Sporogon ist ein kürzer oder länger gestielter, rundlicher oder ovaler Sporenbehälter, in welchem zahlreiche Sporen erzeugt werden. Allgemein entstehen die Sporen der Moose, wie auch die der Farnpflanzen und Samenpflanzen zu vier, in Tetraden, durch zweimalige, mit Reduktion der Chromosomenzahl verbundene Teilung der Sporenmutterzellen, die sich vorher voneinander loslösen und abrunden.

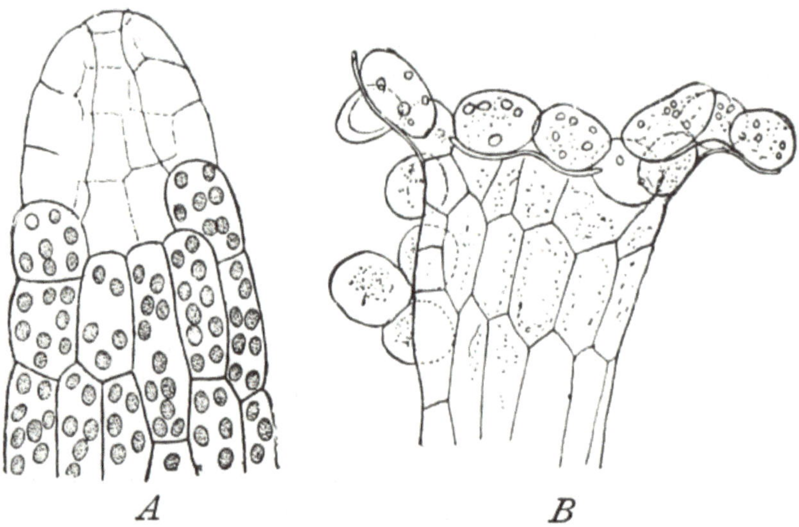

Fig. 440. *A* Spitze des entleerten Antheridiums von Polytrichum mit Resten der Öffnungskappe, halbiert gezeichnet. Nach GOEBEL. *B* Geöffneter Hals des Archegoniums von Mnium undulatum. Nach ZIELINSKI.

Bei den Laubmoosen dringt der untere, als Saugorgan dienende Teil des Embryos in das sich oft stark vergrößernde Gewebe des Archegoniumstieles, in manchen Fällen sogar bis in das Gewebe des Stämmchens ein. Dieses Gewebe und der mitwachsende Archegoniumbauch bilden dann zusammen die Hülle, die schließlich von dem sich streckenden Embryo durchbrochen wird. Der oberste, aus dem Archegoniumbauch hervorgegangene Teil der Hülle wird dabei als Calyptra oder Haube emporgehoben, während der untere als Scheide den Sporogonstiel an seiner Basis umgibt. In ähnlicher Weise wird auch die Hülle bei einem Teil der

Lebermoose (so in der Regel bei den Marchantiales) gebildet; bei den übrigen aber wächst der Embryo mit seiner Basis in das unter dem Archegonium befindliche Thallus- oder Stämmchengewebe mehr oder weniger tief hinein; auch kann in bestimmten Fällen das dem Archegonium benachbarte Gewebe zu einem beutelartigen, meist in den Boden eindringenden Gebilde, dem Marsupium, heranwachsen, in welches das Archegonium mit seinem Embryo hineinversenkt erscheint. So kommt es schließlich für diesen zur Bildung eines eigenartigen Schutz- und Ernährungsorganes.

Die Entwicklung der Sporogone[405] zeigt bemerkenswerte Verschiedenheiten. Bei den niederen Lebermoosen (*Marchantiales*) teilt sich die Zygote quer und längs in 8, dann radial weiter in 16 Zellen und diese durch perikline Wände in äußere und innere Zellen (Fig. 441). Aus der unteren Hälfte des Embryos geht der Fuß und der kurze Stiel hervor, aus der oberen die Kapsel, deren zentrale Zellen, das Archespor, das vielzellige sporogene Gewebe liefern. Diese Zellen werden zum Teil zu Sporenmutterzellen; zum Teil bleiben sie steril und dienen zunächst als Nährzellen für die ersteren (Fig. 441 *C*). Dann wachsen die Nährzellen meist zu faserförmigen Gebilden mit schraubenbandförmigen Wandverdickungsleisten heran, zu Schleudern (Elateren), die nach der Öffnung ihrer Kapsel durch ihre hygroskopischen Bewegungen die Sporen auflockern und ausstreuen. Nur bei den *Ricciaceen* werden sämtliche Zellen des inneren Gewebes zu Sporenmutterzellen, und das ganze Sporogon ist hier zu einer rundlichen ungestielten Kapsel mit einschichtiger Wand vereinfacht.

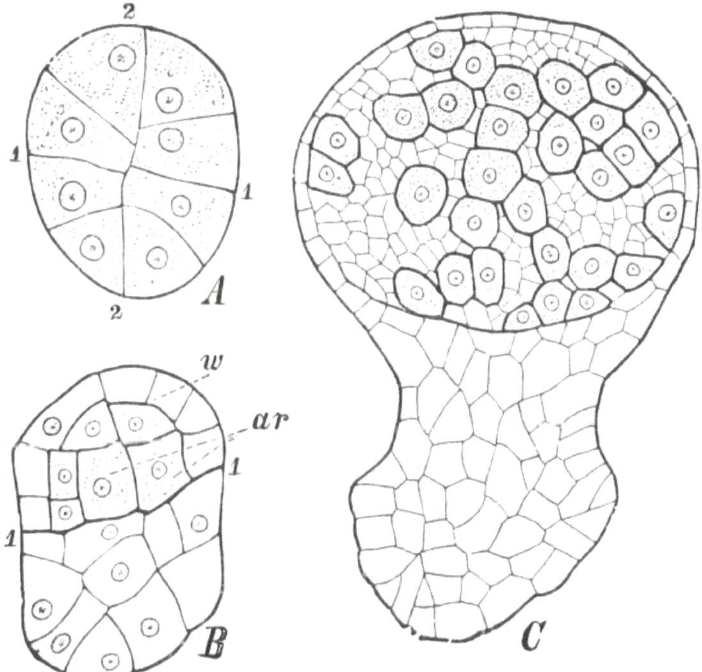

Fig. 441. Sporogonentwicklung von Corsinia marchantioides, einem Marchantiaceen-Lebermoos. *A* Die Zygote in 16 Zellen geteilt. *B* Die untere Hälfte des Embryos entwickelt sich zum Fuß, die obere zur Kapsel, *w* Wandzellen, *ar* Archespor. Vergr. 170. *C* Älteres Sporogon. In der Kapsel die aus dem Archespor hervorgegangenen Sporenmutterzellen und kleineren sterilen Zellen. Letztere erfahren bei Corsinia keine Weiterentwicklung zu Elateren. Vergr. 90. Nach K. MEYER.

Bei den höheren Lebermoosen (*Jungermanniales*) teilt sich die Zygote erst einigemale quer, die unterste Zelle wird meist zu einem ein-, selten mehrzelligen Saugorgan, die oberen Zellen liefern Fuß, Stiel und Kapsel. Aus dem sporogenen Gewebekomplex gehen auch hier neben den Sporenmutterzellen sterile Zellen hervor, die bei den meisten Gattungen wiederum zu Elateren sich weiterentwickeln.

Die Lebermoosgruppe der *Anthocerotales* weicht im Bau des Sporogons bedeutend von den vorher genannten ab und nähert sich in einigen Eigentümlichkeiten den Laubmoosen (vgl. S. 423).

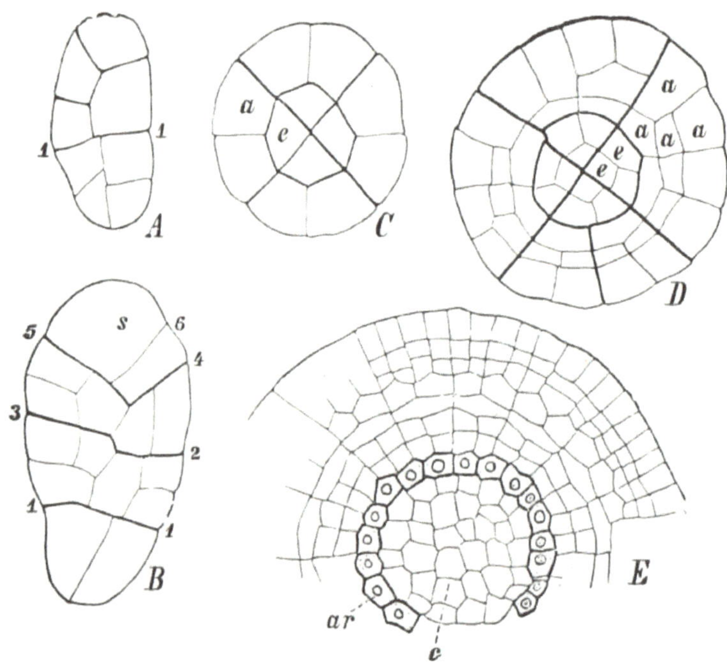

Fig. 442. Sporogonentwicklung von Funaria hygrometrica, einem Laubmoos. *A*, *B* Längsschnitt. Erste Teilungen der Zygote, *s* Scheitelzelle. *C–E* Querschnitt. *C* Teilung in Endothecium *e* und Amphithecium *a*. *D* Weitere Teilungen. *E* Älteres Sporogon, im Endothecium die äußerste Zellschicht, das Archespor *ar*, abgeteilt von der Columella *c*. Nach CAMPBELL.

Bei den Laubmoosen besitzt das Sporogon einen axilen, der Stoffleitung dienenden Strang sterilen Gewebes, eine Columella, in deren Umkreis das Archespor in Form einer meist einfachen Zellschicht angelegt wird. Bei den *Sphagnales* (Fig. 454 *C*) und den *Andreaeales* überwölbt die Archesporschicht kuppelförmig die Columella, bei den *Bryales* (Fig. 460) dagegen hat sie die Form eines Zylindermantels. Der langgestreckte Embryo baut sich aus Quersegmenten auf, die bei den Sphagnales durch Querteilung der Zygote entstehen; bei den übrigen Laubmoosen aber, deren Zygote zuerst auch quergeteilt wird, treten in der oberen Zelle schiefe Wände auf und die von ihnen gebildete zweischneidige Scheitelzelle scheidet nach beiden Seiten hin Quersegmente ab, die sich dann weiter teilen. In den Quersegmenten, die die Mooskapsel liefern, findet zunächst eine Längsteilung statt, dann in den so entstandenen Quadranten durch perikline Wände die Zerlegung in äußere Zellen (Amphithecium) und innere Zellen (Endothecium) (Fig. 442). Das Archespor entsteht nur bei den Sphagnales als innerste Zellschicht des Amphitheciums, bei allen übrigen Laubmoosen dagegen als äußerste Zellschicht aus dem Endothecium. Es liefert ausschließlich Sporen, aber keine sterilen Zellen (Fig. 443).

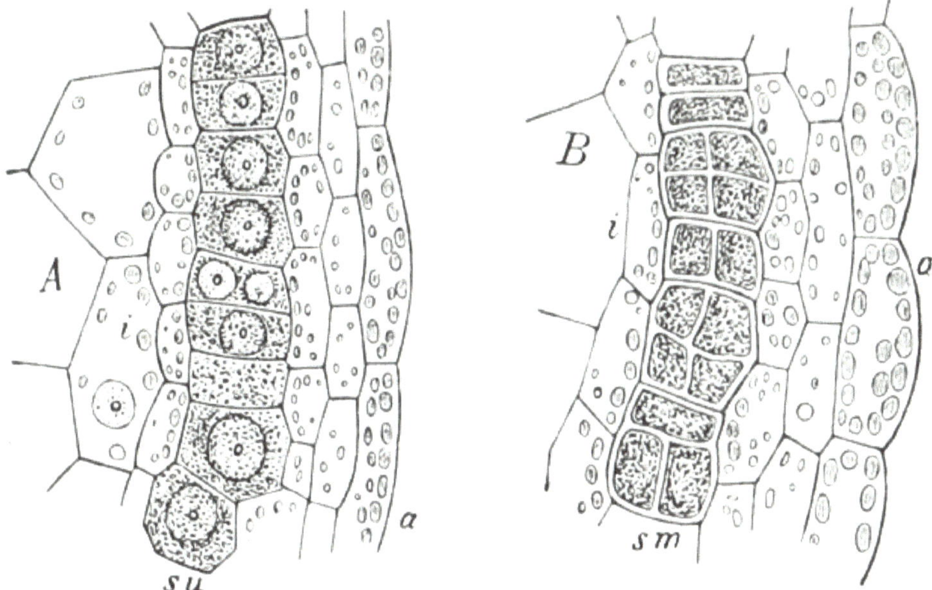

Fig. 443. Funaria hygrometrica. Querschnitt durch das Archespor (*A su*) und die aus ihm hervorgegangenen, noch nicht isolierten Sporenmutterzellen (*B sm*). Nach GOEBEL.

Die Moose sind bis auf wenige, sekundär zum Leben im Wasser übergegangene Formen Landpflanzen im Gegensatz zu den Algen und zeigen dementsprechende Anpassungen in ihrer anatomischen Struktur. So sind alle ihre oberirdischen Teile von einer Kutikula überzogen. Die bemerkenswerte Kleinheit der Moose im Vergleich zu den Farnpflanzen steht in Zusammenhang mit ihrem einfachen zelligen Aufbau, mit dem Mangel echter Gefäße und echter Wurzeln. Manche Arten sind winzige Pflänzchen, die größten Laubmoose sind die neuseeländischen *Dawsonien*, deren einfache beblätterte Stämmchen bis 50 cm Höhe erreichen.

Viele Moose besitzen rötliche, bräunliche, einige sogar fast schwarze Färbung, die in den meisten Fällen durch besondere Membranfarbstoffe (Anthocyane und Phlobaphene), seltener durch gefärbten Zellsaft bedingt ist[406].

Die Moose weisen eine ungemeine Regenerationsfähigkeit aus abgeschnittenen Stücken aller ihrer Organe auf; ferner ist bei ihnen vegetative Vermehrung durch Brutkörper und Brutknospen sehr verbreitet, die am Thallus, an den Stämmchen, an den Blättern, am Protonema in verschiedener Art entstehen und sich loslösen[407].

Die phylogenetische Ableitung der Bryophyten von einer bestimmten Algengruppe begegnet Schwierigkeiten. Zwischen den Moosen einerseits, den höherstehenden Grünalgen und den Characeen andererseits sind keine einen Übergang vermittelnde Formen bekannt. Der morphologische Vergleich ergibt vielmehr eher eine Anknüpfung der Moose an Braunalgen, deren vielfächerige, bei einigen Gattungen bereits in Antheridien und Oogonien differenzierte Gametangien als homologe Vorläufer der Antheridien und Archegonien der Archegoniaten gelten dürfen. So zeigt das Antheridium der niederen Lebermoose noch ganz übereinstimmenden Zellenaufbau mit Braunalgengametangien (vgl. Fig. 436, 355, 357); es unterscheidet sich von ihnen durch den Besitz einer sterilen, schützenden Wandschicht, deren Differenzierung als eine Anpassung an terrestrische Lebensweise angesehen werden kann. Ferner zeigt sich unter den Braunalgen, z. B. bei Dictyota, ein mit dem der Moose übereinstimmender Generationswechsel. Gametophyt und Sporophyt haben allerdings dort in ihrem vegetativen Bau gleiche Form. Den Tetrasporangien des Dictyotasporophyten entsprechen die Sporenmutterzellen des Moossporophyten, deren endogene Anlage in zusammenhängenden Schichten auf den Einfluß terrestrischer Lebensweise sich zurückführen ließe. Der Sporophyt der Moose geht frühzeitig zur Entwicklung seiner Sporen über, beschließt damit sein Wachstum, ohne erst eine Gliederung in vegetative Organe zu erfahren, und wird so wesentlich verschieden von dem Gametophyten, dessen Gestaltung bei den thallösen Lebermoosen mit dem Thallus gewisser Braunalgen manche Analogien aufweist[408].

Die beiden scharf geschiedenen Klassen der Bryophyten charakterisieren sich kurz folgendermaßen:

1. *Hepaticae, Lebermoose.* Geschlechtliche Generation mit schwach entwickeltem und meist nicht scharf abgesetztem Protonema, ihr Thallus entweder flächenförmig und gabelteilig oder in Stämmchen mit dorsiventral angeordneten Blättchen gegliedert. Der Sporenbehälter erzeugt bei den meisten außer Sporen auch Elateren. Nur bei einer Ordnung, den Anthocerotales, wird in der Kapsel eine Columella ausgebildet.

2. *Musci, Laubmoose.* Vorkeim der geschlechtlichen Generation meist kräftig entwickelt, scharf abgesetzt, Thallus stets in Stämmchen und Blättchen gegliedert. Die Blätter in spiraliger, mehrzeiliger, seltener in zweizeiliger Anordnung, Stämmchen also poly- oder seltener bisymmetrisch beblättert. Sporenbehälter stets ohne Elateren, aber mit Columella.

Fossile Moose. Die Lebermoose sind primitiver organisiert als die Laubmoose, scheinen auch älter zu sein, da ihre fossilen Reste vereinzelt bis zum Karbon hinab, mit einiger Sicherheit aber erst im Mesozoikum gefunden werden, während die ersten Laubmoose aus der oberen Kreide bekannt wurden. Die meisten fossilen Moosreste entstammen dem Tertiär und zeigen größte Ähnlichkeit mit heutigen Gattungen.

Klasse I.
Hepaticae, Lebermoose[288], [400], [401], [409]-[415]

Die Mehrzahl der Lebermoose bewohnt feuchte Standorte und besitzt dementsprechend hygrophile Struktur. Echte Wasserpflanzen sind unter ihnen nur spärlich vertreten. Manche zarte Jungermanniaceen leben versteckt in Laubmoosfilzen. Weniger zahlreich sind Formen, die extrem trockene Standorte auf Baumrinden und Felsen oder auf dem Boden bewohnen und xerophilen Bau sowie Einrichtungen zum Wasserspeichern besitzen. Unter den epiphytischen Arten sind die kleinen, epiphyllen, d. h. auf Blättern lebenden Lebermoose feuchter Tropenwälder bemerkenswert. Im allgemeinen spielen die Lebermoose keine bedeutende Rolle in der Zusammensetzung kryptogamer Pflanzenformationen.

Die Rhizoïden vieler Lebermoose, namentlich der Jungermanniaceen, sowie auch die chlorophyllfreien Thallusgewebe bei Marchantiaceen werden häufig von endophytischen Pilzfäden (u. a. des Mucor rhizophilus) besiedelt, die den Moosen keinen besonderen Nutzen, aber auch keinen bedeutenden Schaden bringen[410].

Die Lebermoose zerfallen nach dem Bau der Sporogone und der Gliederung der geschlechtlichen Generation in drei Ordnungen, von denen die *Anthocerotales* und *Marchantiales* ausschließlich Thalluspflanzen, die *Jungermanniales* teils ebensolche, teils aber Formen mit dorsiventral beblättertem, seltener, und zwar nur in der Gruppe der Haplomitrieen, mit radiär gebautem, beblättertem Stämmchen umfassen.

1. Ordnung. Die Anthocerotales[411], eine isoliert stehende Gruppe, die nur wenige Formen umfaßt, können als eine primitive Moosordnung gelten. Ihr Sporogon zeichnet sich durch einen reicheren inneren Bau aus, als das der übrigen Lebermoose, bei denen es eine fortschreitende Vereinfachung erfahren hat.

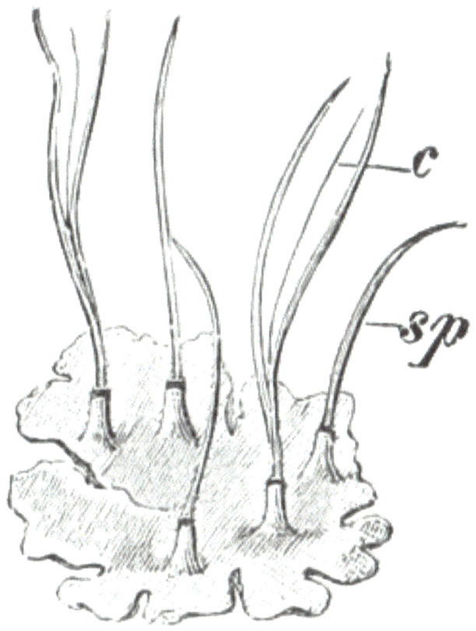

Fig. 444. Anthoceros laevis. *sp* Sporogon, *c* Columella. Nat. Gr.

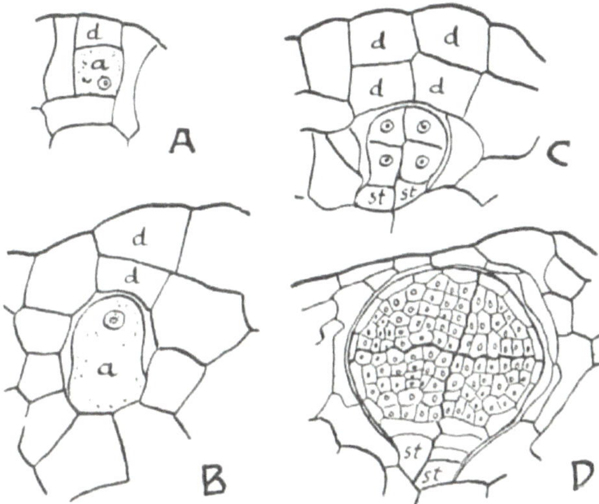

Fig. 445. Anthoceros Pearsoni. Entwicklung des endogenen Antheridiums. *d* Deckzellen, *st* Stielzellen, *a* Anlage des Antheridiums. Nach D. CAMPBELL.

Der Gametophyt hat die Gestalt eines gelappten, am Boden mittels Rhizoïden festgewachsenen Thallus. Seine Zellen enthalten zum Unterschied von allen anderen Moosen nur einen einzigen großen pyrenoidführenden Chlorophyllkörper. Auf der Unterseite, seltener auf der Oberseite finden sich Spaltöffnungen. Die Antheridien stehen einzeln oder zu vier im Innern geschlossener Höhlungen unter der Oberseite des Thallus (Fig. 445). Die Höhlung wird erst bei der Reife der Antheridien vermittels Schleimbildung in den Deckzellen geöffnet. Die Anlage der männlichen Organe ist also hier abweichend von allen übrigen Archegoniaten sekundär zu einer endogenen geworden, indem eine Oberflächenzelle sich zunächst in eine die Decke liefernde äußere (*d*) und eine innere (*a*), die Mutterzelle der Antheridien, teilt. Die Archegonien sind in die Oberseite des Thallus eingesenkt und werden nach der Befruchtung von einer durch Wucherung des Thallusgewebes entstehenden, mehrschichtigen Hülle (Marsupium) überwölbt, die später von der Kapselfrucht durchbrochen wird und eine Scheide an deren Basis bildet. Die befruchtete Eizelle teilt sich im Gegensatz zu den übrigen Moosen zunächst durch eine Längswand in zwei Zellen, diese dann weiter durch Querwände. Das aus dem Embryo hervorgehende Sporogon besitzt einen angeschwollenen, mit rhizoïdähnlichen Schläuchen im Thallus befestigten Fuß und eine ungestielte, lang schotenförmige, mit zwei Längsklappen aufspringende Kapsel, in deren Längsachse eine aus wenigen Zellreihen bestehende Columella sich befindet (Fig. 444). Diese wird kappenförmig von der schmalen sporenbildenden Zellschicht bedeckt. Außer Sporen erzeugt letztere auch Schleudern; sie sind hier mehrzellig, vielgestaltig, oft gegabelt. Im Gegensatz zu allen übrigen Lebermoosen reift der Kapselteil dieses Sporogons nicht gleichzeitig heran, sondern von der Spitze ausgehend unter andauernder Fortentwicklung an seiner Basis. Auch enthält die Sporogonwand Chlorophyll und besitzt Spaltöffnungen, die sonst bei Lebermoosen nicht auftreten.

An der Unterseite des Thallus der Anthocerotaceen werden durch Auseinanderweichen benachbarter Zellen Spalten erzeugt, die in Höhlungen führen, welche Schleim enthalten. In diese dringen häufig Nostocfäden ein, um sich dort zu endophytischen Kolonien zu entwickeln[412].

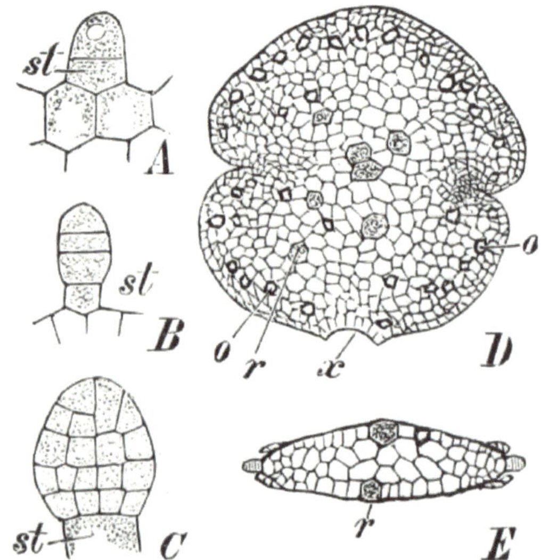

Fig. 446. Marchantia polymorpha. *A–C* Brutkörperentwicklung, *st* Stielzelle, *D* Brutkörper von der Fläche, *E* im Querschnitt, *x* Ablösungsstelle, *o* Ölzellen, *r* Rhizoïdanlagen. *A–C* Vergr. 275. *D–E* Vergr. 65. Nach KNY.

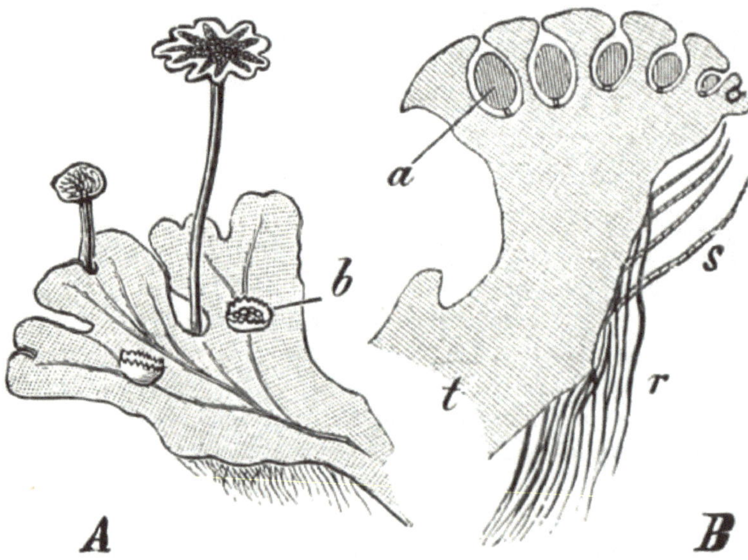

Fig. 447. *A* Männliche Pflanze von Marchantia polymorpha, *b* Brutkörbchen. Nat. Gr. *B* Antheridiumstand mit den eingesenkten Antheridien *a*, *t* Thallus, *s* Ventralschuppen. *r* Rhizoïden. Etwas vergr.

2. Ordnung. Die Marchantiales[413] besitzen zum Teil recht komplizierten Aufbau. Als Typus sei die an Quellen häufige *Marchantia polymorpha* geschildert. Sie bildet bis 2 cm breite, sich gabelig verzweigende Thalluslappen (Fig. 447 *A*, Fig. 448 *A*) mit schwachen Mittelrippen. An der Unterseite entspringen einschichtige Zellamellen oder Ventralschuppen und die Rhizoïden, die den Thallus befestigen und ihm Wasser zuführen; sie sind zum Teil glattwandig, zum Teil aber mit zapfenförmigen, nach innen vorragenden Wandverdickungen versehen (Fig. 31). Diese Zäpfchenrhizoïden verflechten sich längs der Mittelrippe zu einem Strange. Die Dorsiventralität des Thallus macht sich auch im anatomischen Aufbau geltend. Auf der Oberfläche des Thallus bemerkt man schon mit bloßem Auge eine rhombische Felderung. Jedes Feld entspricht einer unter der obersten Zellschicht befindlichen, von geschlossenen seitlichen Wänden abgegrenzten Luftkammer, die durch eine Atemöffnung in der Mitte des Feldes nach außen führt (Fig. 95 *A*, *B*). Die Öffnung besteht aus einem kurzen Kanal mit einer aus mehreren ringförmigen Stockwerken von je vier Zellen gebildeten Wandung. Vom Boden der Kammer erheben sich zahlreiche kurze, aus rundlichen Zellen bestehende Fäden, die Chlorophyllkörner enthalten und das Assimilationsgewebe vorstellen. Auch in den Kammerwänden und in der Epidermis befindet sich Chlorophyll, aber in geringerer Menge. Im übrigen besteht der Thallus aus großen chlorophyllarmen, als Speicherzellen dienenden Parenchymzellen, die an der Unterseite von einer einschichtigen geschlossenen Zellschicht bedeckt werden. Auf die Ausbildung der Luftkammern ist die Belichtung von großem Einfluß. Bei sehr schwacher Belichtung kann ihre Bildung ganz unterbleiben.

Auf den Mittelrippen der Oberseite des Thallus treten in der Regel becherförmige Auswüchse mit gezähntem Rand, die Brutbecher oder Brutkörbchen (Fig. 447 *b*) auf, in denen eine Anzahl von flachen Brutkörperchen sich befinden. Sie entstehen, wie Fig. 446 zeigt, durch Hervorwölbung und weitere Teilung einzelner Oberflächenzellen und sitzen mit einer Stielzelle (*st*) fest, von der sie sich (*D* bei *x*) ablösen. Sie haben an den beiden Einschnürungsstellen zwei Vegetationspunkte und bestehen aus mehreren Schichten von Zellen, von denen eine Anzahl mit Ölkörpern erfüllt ist (*D*, *o*), andere, farblose, als Anlagen der späteren Rhizoïden dienen. Ölhaltige Zellen treten auch im fertigen Thallus zerstreut auf und sind überhaupt bei Lebermoosen sehr verbreitet. Mit Hilfe der Brutkörperchen kann sich Marchantia in reichlichem Maße vegetativ vermehren. Die Dorsiventralität des aus dem isolateralen Brutkörper hervorgehenden Thallus wird durch den Einfluß des Lichtes bedingt.

Die Sexualorgane, Antheridien und Archegonien, werden von besonderen aufstrebenden Zweigen des Thallus getragen. Im unteren Teile sind diese Zweige stielartig zusammengerollt, im oberen Teile verzweigen sie sich sternförmig. Antheridien und Archegonien sind diözisch verteilt. Die männlichen Zweige schließen mit einer lappig gerandeten Scheibe ab, an deren Oberseite die Antheridien eingesenkt sind, und zwar ein jedes in einen flaschenförmigen Hohlraum, der mit einer engen Öffnung nach außen mündet (Fig. 447 *B* u. 435). Diese Höhlungen werden von Luftkammern führendem Gewebe getrennt. Die Spermien sammeln sich oben auf dem Hut in einem Wassertropfen, der durch den welligen Hutrand gehalten wird.

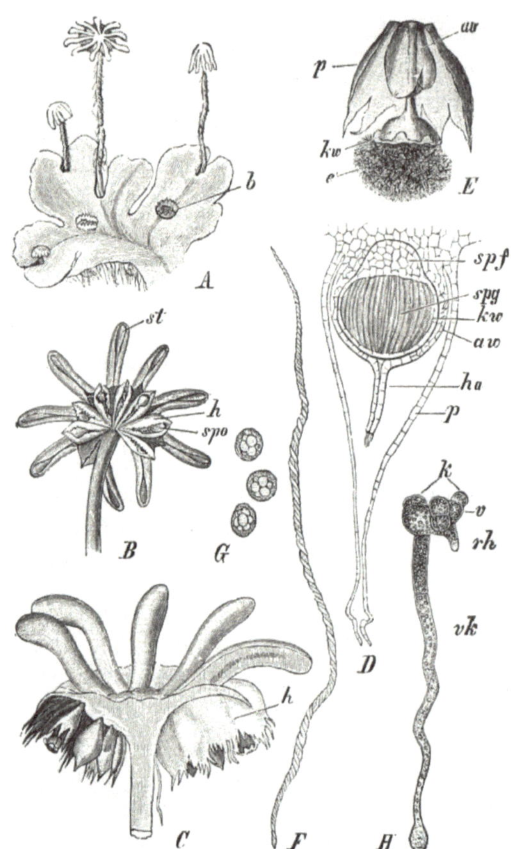

Fig. 448. Marchantia polymorpha. *A* Weibliche Pflanze mit vier verschiedenalterigen Archegoniumständen, *b* Brutkörbchen. Nat. Gr. *B* Archegoniumstand von unten, *st* Strahlen, *h* Hülle, *spo* vortretende Sporogone. Vergr. 3. *C* Derselbe halb durchschnitten. Vergr. 5. *D* Junges Sporogon im Längsschnitt, mit dem Fuß *spf*, dem sporenbildenden Gewebe *spg*, der Kapselwandung *kw*, der Archegoniumwandung *aw*, dem Archegoniumhals *ha*, dem Perianth *p*. Vergr. 70. *E* Aufgesprungenes Sporogon, Sporen mit Elateren *e*. Vergr. 10. *F* Ein einzelner Elater. *G* Reife Sporen. Vergr. 315. *H* Gekeimte Spore mit Keimschlauch *vk* und Keimscheibe *k*, letztere mit der Scheitelzelle *v* und dem Rhizoïd *rh*. Vergr. 100. *C, E* nach BISCHOFF. *B, D, F–H* nach KNY.

Die weiblichen Zweige (Fig. 448 *A*) schließen mit einem meist neunstrahligen Schirm ab. Die Oberseite des Schirmes ist zwischen den Strahlen umgeschlagen und trägt hier die Archegonien, die somit der Unterseite des Schirmes zu entspringen scheinen. Sie bilden radiale Reihen zwischen den Strahlen. Jede dieser Reihen wird von einer zierlich gezähnten Hülle (Perichaetium) (*B, C, h*) umgeben. Die Gestalt der Archegonien ist aus Fig. 438 ersichtlich.

Die Befruchtung erfolgt bei Regenwetter, indem Regentropfen die Samenfäden enthaltende Flüssigkeit von den männlichen Hüten auf die weiblichen Schirme spritzen, deren Epidermiszellen papillenförmig vorspringen und ein oberflächliches Kapillarsystem darstellen, in welchem die Samenfäden zu den Archegonien hinabgeleitet werden.

Nach der Befruchtung entwickelt sich die Eizelle zu einem vielzelligen Embryo (Fig. 438 *C*), dieser zu einem gestielten ovalen Sporogon. Seine Kapsel hat eine einschichtige Wandung, deren Zellen Ringfaserverdickungen aufweisen. Nur am Scheitel ist die Wandung zweischichtig, hier beginnt auch das Einreißen der Kapsel, indem das Deckelstück zerfällt und die Wandung in Form mehrerer Zähne sich zurückkrümmt. Die reife Kapselfrucht ist anfangs noch bedeckt von der eine Zeitlang mitwachsenden Archegoniumwandung (Fig. 448 *DE, aw*), die aber bei der Streckung des Stieles durchbrochen wird und an der

Basis als Scheide zurückbleibt. Außerdem wird die Kapsel von einer vier- bis fünfspaltigen, dünnhäutigen Hülle, dem Perianth, umgeben, das schon vor der Befruchtung aus dem kurzen Stiel des Archegoniums ringsum als sackartige Hülle hervorzusprossen beginnt (Fig. 438 *C*, *pr*, 448 *D*, *E*, *p*). Die Kapsel entläßt Sporen und Elateren (Fig. 448 *F*, *G*).

Marchantia war früher als Mittel gegen Leberkrankheiten offizinell, daher auch die Bezeichnung Lebermoose.

Die *Ricciaceen*[414] weisen zwar eine weitgehende Vereinfachung ihrer Sporogone auf, schließen sich aber an einfacher gebaute Marchantiaceen als reduzierte Formen an. Ihr dichotomisch gelappter Thallus bildet auf Schlammboden am Ufer der Gewässer oder auf feuchten Äckern kleine Rosetten. *Riccia natans* schwimmt mit ihren breiten Thalluslappen auf der Oberfläche des Wassers nach Art der Lemnaceen (Fig. 449 *C*). *Riccia fluitans* (Fig. 449 *A*), vielleicht eine Sammelart von submersen Formen verschiedener terrestrischer Arten, hat dagegen schmale, reicher verästelte Thalluslappen. Diese beiden wasserbewohnenden Arten können aber auch auf Schlammboden niederliegende Rosetten bilden (Fig. 449 *B*). Der Thallus besteht an der Oberseite ähnlich wie bei Marchantia aus einem von schizogen entstandenen Luftkammern durchzogenen, assimilierenden Gewebe; an seiner Unterseite trägt er feine Rhizoïden und außerdem eine Reihe von quergestellten Ventralschuppen, die wie erstere sich an der Nährstoffaufnahme beteiligen. Beide Organe fehlen vollständig der submersen Form von *Riccia fluitans*.

Antheridien und Archegonien sind auf der Oberseite eingesenkt. Aus der Eizelle entwickelt sich nach der Befruchtung ein ungestieltes kugeliges Sporogon mit einschichtiger Wandung. Die Wandung wird vor der Sporenreife aufgelöst, und die Sporen werden durch Verwitterung der sie umgebenden Zellen des Thallus frei. Elateren fehlen.

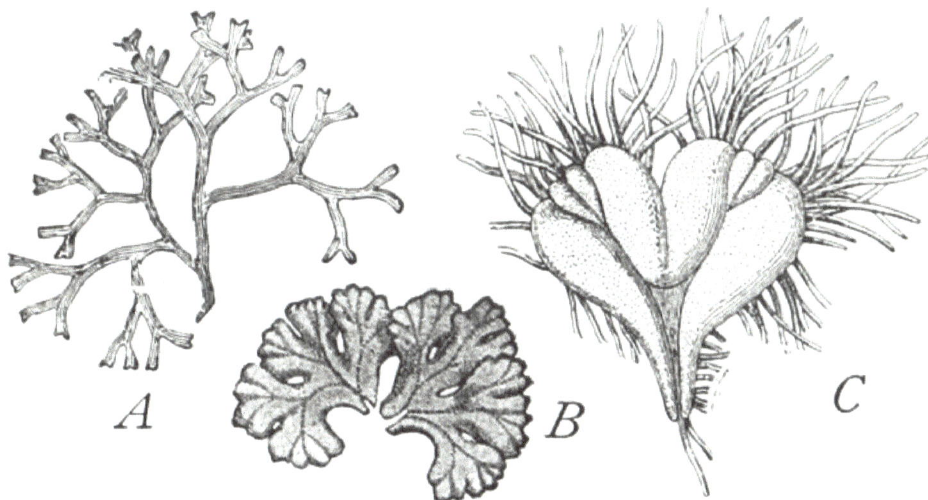

Fig. 449. *A* Riccia fluitans, untergetaucht schwimmende Form. *B* Riccia natans, Landform. Nat. Gr. *C* Riccia natans. Schwimmform mit langen Ventralschuppen. Vergr. 2. *B* Nach GOEBEL, *C* nach BISCHOFF.

3. Ordnung. Die Jungermanniales, meist kleine, auf Erde oder an Baumstämmen, in den Tropen auch auf Blättern von Waldpflanzen lebende Lebermoose, weisen in ihren einfacheren Formen einen breitlappigen Thallus wie Marchantia auf, z. B. die auf feuchtem Erdboden häufige *Pellia epiphylla*, oder einen schmal bandförmigen, dichotom verzweigten, ähnlich wie Riccia fluitans, so die an Baumstämmen oder Felsen lebende *Metzgeria furcata* (vgl. Fig. 94). Sodann gibt es Formen, deren breitlappiger, mit Mittelrippe versehener Thallus bereits eine schwache Ausbildung von blattähnlichen Gliedern an seinem Rande aufweist, so die erdbewohnende *Blasia pusilla* (Fig. 450). Die Mehrzahl aber besitzt eine deutliche Gliederung in ein niederliegendes oder aufstrebendes, reichverzweigtes, dorsiventrales Stämmchen und in einschichtige Blättchen ohne Mittelnerv, die in zwei Zeilen an den Flanken des Stämmchens mit schiefer Stellung ihrer

Spreite angeordnet sind (Fig. 451). Bei gewissen Gattungen tritt zu diesen zwei Zeilen von Flankenblättern auch noch eine bauchständige Reihe von kleineren und anders beschaffenen Blättchen, Amphigastrien oder Bauchblättern, hinzu, so bei *Frullania Tamarisci* (Fig. 452), einem zierlich verzweigten, an Felsen und Baumstämmen häufigen Lebermoos von bräunlicher Farbe. Die Flankenblätter gliedern sich häufig in einen Oberlappen und einen Unterlappen. Der letztere erscheint bei gewissen Arten, die an ihren Standorten zeitweise der Gefahr des Vertrocknens ausgesetzt sind, sackartig ausgebildet und dient als kapillarer Wasserbehälter, so bei *Frullania Tamarisci.* Die Flankenblätter sind entweder oberschlächtig, wenn der Hinterrand eines Blattes von dem Vorderrand des nächstunteren überdeckt wird (Fig. 452 *Frullania*), oder unterschlächtig, wenn der Hinterrand eines Blattes über dem Vorderrand des nächstunteren liegt (Fig. 451).

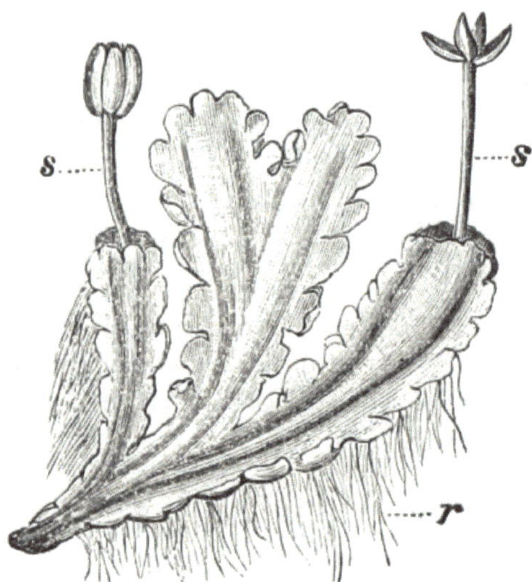

Fig. 450. Blasia pusilla mit Sporogon *s*, *r* Rhizoïden. Vergr. 2.

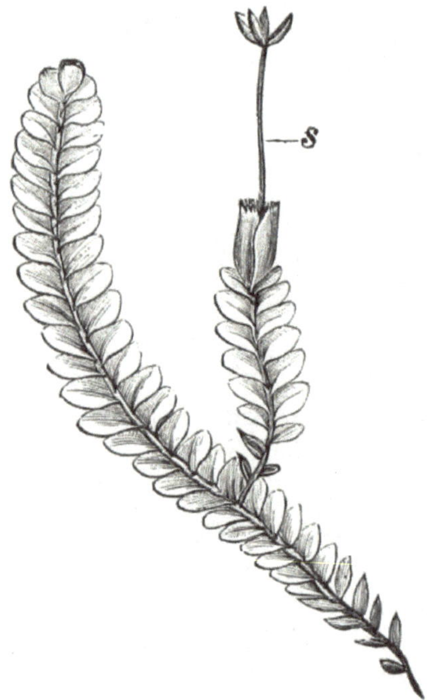

Fig. 451. Plagiochila asplenioides mit Sporogon *s*. Nat. Gr.

Das Sporogon besitzt einen langen zarten und weichen Stiel; es ist schon fertig ausgebildet, ehe es bei der rasch erfolgenden Streckung des Stiels die Archegoniumwand durchbricht und als häutige Scheide an seinem Grunde zurückläßt; es weist eine kugelige, meist in vier Klappen sich öffnende Kapsel auf, bildet keine Columella aus und erzeugt Sporen und Elateren. Bei einigen Gattungen (*Pellia*, *Aneura*) sind in der Kapsel Elaterenträger vorhanden, die aus Gruppen steriler elaterenähnlicher Zellen bestehen. Die Kapselwandzellen sind mit ringförmigen oder leistenartigen Verdickungen versehen oder gleichmäßig verdickt bis auf die dünnen Außenwände. Das Aufspringen erfolgt durch die Kohäsion des schwindenden Füllwassers unter Einbiegung der dünnen Außenwände.

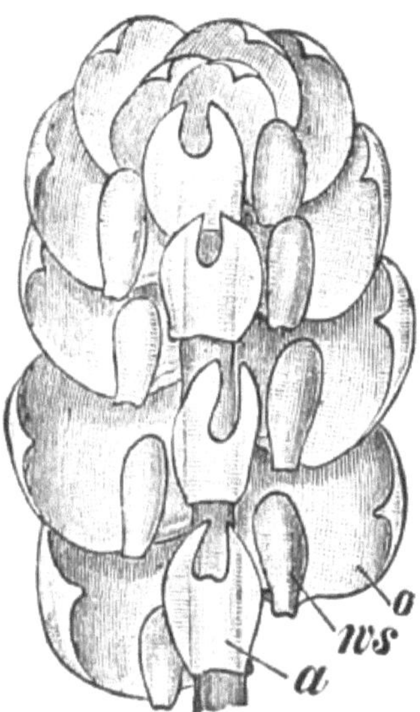

Fig. 452. Frullania Tamarisci, von unten. *o* Flankenblatt, *ws* als Wassersack ausgebildeter Unterlappen des Flankenblattes, *a* Amphigastrien. Vergr. 35.

Fig. 453. Haplomitrium Hookeri. *a* Anlagen neuer Sprosse, *r* Rhizome, *o* untere Grenze des oberirdischen Sprosses. Nach GOTTSCHE.

Nach der Stellung der Sporogone gliedert sich die Mehrzahl der Jungermanniales in zwei Gruppen. 1. Bei den *Anacrogynae* wird der Scheitel zur Archegoniumbildung nicht mit verwendet, die Sporogone stehen rückenständig und sind an ihrer Basis von einem scheidenartigen Auswuchs des Thallus, einem Perichaetium, umgeben. Hierher gehören die thallösen Formen (*Pellia*, *Metzgeria*) und die Übergangsformen zu den beblätterten Formen (*Blasia*). 2. Bei den *Acrogynae* dagegen stehen die Archegonien und somit auch die Sporogone am Ende des Stengels oder seiner Äste und sind von einem aus besonders gestalteten Blättchen gebildeten, nach der Befruchtung heranwachsenden Perianth umhüllt. Hierher die dorsiventral beblätterten Formen (z. B. *Plagiochila*, *Frullania* und die artenreiche Gattung *Jungermannia*). 3. Eine vorgerückte Stellung nehmen die *Haplomitrieae* ein, die noch gewisse Beziehungen zu den Anacrogynen aufweisen. Sie werden nur durch zwei Gattungen vertreten, von denen *Calobryum* in den Tropen, *Haplomitrium Hookeri* (Fig. 453) als einzige Art in Europa, vielleicht als Überbleibsel präglazialer Lebermoose, vorkommt. Sie weichen von allen übrigen Lebermoosen ab durch radiären Bau ihrer dreizeilig oder ringsum beblätterten Sprosse. Die Sexualorgane sind bei ersterer Gattung in terminalen Ständen vereinigt, bei letzterer zwischen den oberen Blättern verteilt.

Klasse II.
Musci, Laubmoose[288], [400], [401], [415]-[422].

Die Laubmoose sind in ungemeiner Formenfülle in allen Zonen verbreitet, sie wachsen auf trockenem Erdboden, in Sümpfen, an Felsen, an Baumstämmen, in tropischen Wäldern auch als Epiphyten auf den Baumästen, seltener im Wasser, und zeigen dementsprechend sehr verschiedene Strukturen. Für sehr trockene Standorte sind besonders dichte Polster oder Rasen charakteristisch, während die typischen Bodenbewohner unserer Wälder in ausgebreiteten lockeren oder dichteren Filzen vegetieren. In feuchten Bergwäldern der Tropen und Subtropen besiedeln Laubmoose oft in unglaublichen Mengen die Äste in Form schwellender Polster oder in Form lang herabhängender Schleier[416]. Ausgedehnte Bestände bilden die Torfmoose in Mooren, ferner rasenbildende Arten (besonders *Polytrichum*) auf feuchtem Boden in den arktischen Moostundren.

Das reich verzweigte Protonema der Laubmoose erscheint dem bloßen Auge als ein feiner grüner Filz (Fig. 434). Es entsendet in den Boden Rhizoïden, chlorophyllfreie verzweigte Fäden, die sich durch schräge Stellung ihrer Querwände auszeichnen. Am Protonema entstehen die Knospen der Moospflänzchen als seitliche Ausstülpungen einzelner Zellen des Hauptfadens, meistens aber der Anfangszellen der Protonemazweige. Diese Ausstülpungen werden durch eine Querwand abgetrennt, teilen sich weiter in eine oder auch in zwei Stielzellen und eine anschwellende Endzelle, die bei ihrer weiteren Teilung die dreiseitig pyramidale Scheitelzelle des Moospflänzchens liefert[417]. Letzteres ist stets in Stengel und Blättchen gegliedert. Die Laubmoose unterscheiden sich leicht von den beblätterten Jungermanniaceen durch die spiralige Anordnung ihrer Blättchen, die nur selten zweizeilig gestellt sind. Bei solchen Laubmoosen, die niederliegende Stengel haben, sind die Blättchen bei spiraliger Anordnung häufig einseitswendig oder gescheitelt, so daß zwar ein Gegensatz von Ober- und Unterseite, aber in anderer Weise als bei den Lebermoosen, zustande kommt.

Der Moosstengel wird von Zellen aufgebaut, die nach der Oberfläche zu enger und dickwandiger werden. Bei verschiedenen Gattungen, z. B. bei *Polytrichum*, bei *Mnium* (Fig. 96), findet sich in der Achse des Stengels ein zentrales Leitbündel aus langgestreckten Zellen vor. Diese Wasser und organische Substanzen leitenden Bündel stehen auf niederer Stufe der Differenzierung: sie führen weder echte Siebröhren noch echte Gefäße, enthalten aber neben lebendigen Elementen auch plasmaleere wasserhaltige Zellen. Sie fehlen ganz den *Sphagnaceen* oder Torfmoosen, die an sumpfigen Standorten leben. Der Stengel dieser Formen zeigt eine eigentümliche Ausbildung der peripherischen Zellschichten, die plasmaleer sind, mit großen offenen Poren untereinander und mit der Atmosphäre in Verbindung stehen und spiralige Verdickungsleisten als Aussteifungen an ihren Wandungen besitzen, somit einen Bau aufweisen, der sie befähigt, Wasser mit Leichtigkeit aufzusaugen und als kapillare Wasserbehälter und Leitungsbahnen zu dienen.

Die Blätter mancher Moose bestehen nur aus einer Schicht von polygonalen chlorophyllführenden Zellen; meist aber sind sie in der Mittellinie mehrschichtig und von einem aus dem Zentralstrang des Stengels entspringenden Bündel langgestreckter Zellen durchzogen. Den Torfmoosblättern geht letzteres ab, dagegen sind sie eigenartig differenziert, indem ihre einschichtige Blattfläche ähnliche plasmaleere wasserspeichernde Zellen führt wie die Stengelperipherie. Diese Zellen sind hier groß, langgestreckt und ebenfalls mit queren Verdickungsleisten und offenen Poren versehen. Zwischen ihnen bilden die chlorophyllhaltigen, schmalen Zellen ein zusammenhängendes Netz. Außer den Torfmoosen zeigt auch noch die Familie der Leucobryaceen eine ähnliche Differenzierung der Blattzellen (z. B. *Leucobryum glaucum*).

Eigenartigen Blattbau, der sich als Anpassung an die Wasseraufnahme und Schutz gegen Trockenheit darstellt, besitzt unter den Laubmoosen u. a. *Polytrichum commune*, der gemeine Widerton, dessen mehrschichtige Blätter auf der Oberseite zahlreiche einschichtige, dichtstehende Längslamellen aus chlorophyllhaltigen Zellen tragen, die das assimilierende Gewebe vorstellen und in den Zwischenräumen Wasser leiten und festhalten. Bei Trockenheit faltet sich das Blatt mittels Kohäsionsmechanismus zusammen und legt sich dicht dem Stamm an, wodurch die zarten Lamellen in eine vor übermäßiger Transpiration geschützte Lage gebracht werden[418]. Überhaupt können viele Laubmoose unbeschadet große Trockenheit vertragen.

Am Grunde des Stengels entspringen die fadenförmigen, verzweigten Rhizoïden (Fig. 456, 458), die chlorophyllfrei sind, sonst aber den gleichen Bau aufweisen wie das Protonema und auch gelegentlich zu solchem auswachsen und neue Moospflänzchen in derselben Weise wie dieses erzeugen können.

Die Sexualorgane stehen bei den Laubmoosen in Gruppen an den Enden der Hauptachsen oder kleiner Seitenzweiglein, umgeben von den obersten Blättchen, die oft als besondere Hüllblättchen, Perichaetium, ausgestaltet sind (Fig. 458). Zwischen den Sexualorganen steht gewöhnlich eine Anzahl von mehrzelligen, oft mit kugeligen Endzellen versehenen Safthaaren oder Paraphysen. Die Stände sind entweder zwitterig oder einhäusig oder zweihäusig. Bei gewissen getrenntgeschlechtlichen Laubmoosen erscheinen die aus besonderen Sporen hervorgehenden männlichen Pflanzen im Vergleich zu den weiblichen als winzige Zwergpflänzchen, die nach Bildung einiger weniger Blättchen bereits zur Erzeugung der Antheridien übergehen[419]. Die Antheridien und Archegonien der Laubmoose unterscheiden sich entwicklungsgeschichtlich von denen aller übrigen Archegoniaten durch den Aufbau ihres Körpers aus Segmenten einer bei ersteren Organen zweischneidigen, bei letzteren aber dreischneidigen Scheitelzelle.

Das Sporogon der Laubmoose[420] weist in seiner Kapsel ein zentrales Säulchen aus sterilem Gewebe, die Columella, auf, in deren Umkreis der Sporensack mit den Sporen liegt (Fig. 460). Die Columella fungiert als Nährstoffzuleiter und Wasserspeicher für die sich bildenden Sporen, denen die plasmareichen Zellen der Sporensackwandung die Nährstoffe zuführen. Elateren werden nie gebildet. Im jungen Sporogon liegt außerhalb des Sporensackes ein wohlentwickeltes Assimilationsgewebe, das von einer Epidermis bedeckt wird. Bei den meisten Laubmoosen sind im unteren Teile der Kapselwandung Spaltöffnungen ausgebildet. Die reife Kapsel zeigt eine Fülle eigenartiger Strukturen, die zu ihrer Öffnung dienen und das Ausstreuen der Sporen vermitteln. Der Kapselstiel, die Seta, hebt die Kapsel empor, so daß der Wind die Sporen leicht weithin verbreiten kann. Im einzelnen weist die Gestaltung des Sporogons bei den drei Ordnungen der Laubmoose, nämlich den *Sphagnales*, den *Andreaeales* und den *Bryales*, mancherlei Verschiedenheiten auf.

1. Ordnung. Sphagnales[421]. Sie umfassen nur die Familie der Sphagnaceen oder Torfmoose mit der einzigen, allerdings sehr formenreichen Gattung *Sphagnum*. Sie leben an sumpfigen Orten und bilden große Polster, die an ihrer Oberfläche von Jahr zu Jahr weiterwachsen, während die tieferen Schichten absterben und schließlich in Torf übergehen. Die Stämmchen verzweigen sich reichlich; ein Teil ihrer Zweige wächst aufwärts und bildet das gipfelständige Köpfchen, ein anderer abwärts und umhüllt den unteren Teil des Stämmchens (Fig. 454 *A*). Diese abwärtswachsenden Zweige sind peitschenförmig gestreckt. Ein Zweig unter dem Gipfel entwickelt sich alljährlich ebenso stark wie der Muttersproß, der damit eine falsche Gabelung erhält. Indem nun die Stämmchen von untenher allmählich absterben, werden die nacheinander erzeugten Tochtersprosse zu selbständigen Pflanzen. Einzelne Zweige des Köpfchens fallen durch ihre besondere Gestalt und Färbung auf; sie erzeugen die Geschlechtsorgane. Die männlichen Zweige tragen neben den Blättern die runden gestielten Antheridien, die weiblichen Zweige an ihrer Spitze die Archegonien. Die Sporogone entwickeln nur einen kurzen Stiel mit angeschwollenem Fuß, sind längere Zeit von der Archegoniumwand oder Kalyptra eingeschlossen und sprengen diese an der Spitze, lassen sie also an ihrer Basis als Scheide zurück (*B*, *C*). In der kugeligen Kapsel wird die hier halbkugelige Columella von dem sporenbildenden Gewebe (*spo*) kuppelförmig überlagert. Die Kapsel öffnet sich mittels eines abspringenden Deckels. Das reife Sporogon ist mit seinem erweiterten Fuß in das angeschwollene obere Ende einer nach der Befruchtung des Archegoniums sich emporstreckenden stielförmigen Verlängerung der Stengelspitze, des Pseudopodiums (*ps*), eingesenkt. Auf den eigentümlichen Bau der Blätter und der Stengelrinde ist bereits oben hingewiesen. Eigenartig sind die Vorkeime der Torfmoose gestaltet. Die Spore keimt zu einem kurzen Faden aus, der dann in eine Zellfläche übergeht, auf der die Stammknospen entstehen.

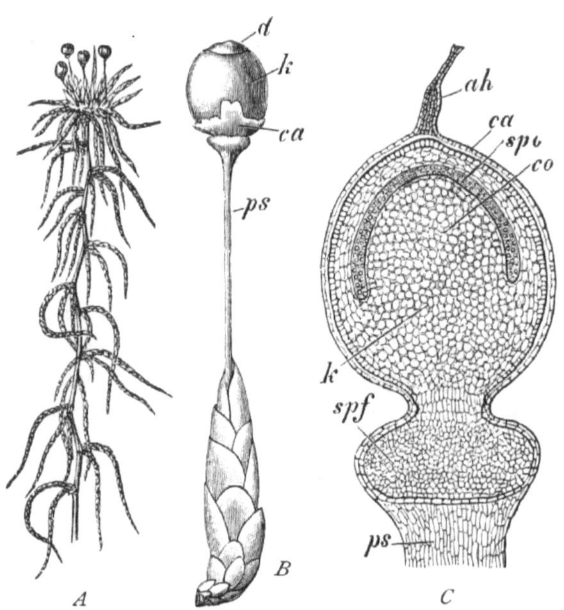

Fig. 454. *A* Sphagnum fimbriatum. Mit vier reifen Sporogonen. Nat. Gr. — *B* Sphagnum squarrosum. Reifes Sporogon am Ende eines kleines Zweiges, *ca* durchrissene Kalyptra, *d* Deckel. Vergr. — *C* Sphagnum acutifolium. Junges Sporogon im Längsschnitt, *ps* Pseudopodium, *ca* Archegoniumwand oder Kalyptra, *ah* Archegoniumhals, *spf* Sporogonfuß, *k* Kapsel, *co* Columella, *spo* Sporensack mit Sporen. *B*, *C* nach W. P. SCHIMPER.

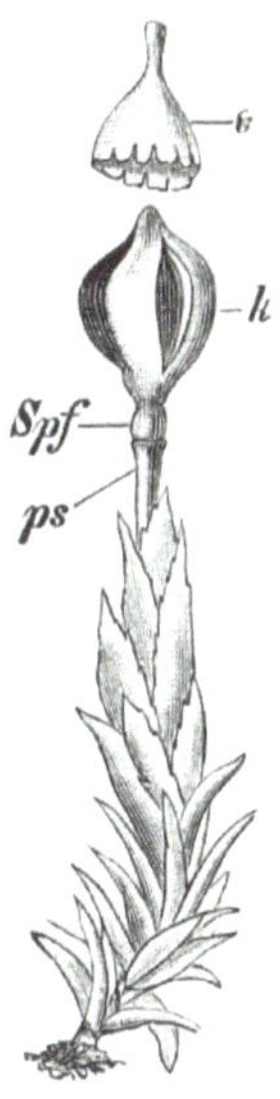

Fig. 455. Andreaea petrophila. *ps* Pseudopodium, *Spf* Sporogonfuß, *k* Kapsel, *c* Kalyptra. Vergr. 12.

2. Ordnung. Andreaeales. Sie umfassen nur die Gattung *Andreaea*, deren Arten kleine bräunliche Moospolster an Felsen vorstellen. Die Sporogone stehen an der Spitze des Stengels. Die anfangs von einer mützenförmigen Kalyptra bedeckte Kapsel öffnet sich in eigentümlicher Weise mittels vier an der Spitze und Basis verbundener Klappen (Fig. 455); der Stiel bleibt kurz und besitzt an seiner Basis einen erweiterten Fuß (*Spf*), welcher, wie bei Sphagnum, in ein Pseudopodium (*ps*) eingesenkt ist. Die Columella ist wie bei Sphagnum von dem Sporensack kuppelförmig überlagert. Das Protonema ist anfangs ein kleiner Zellkörper, der zu einem verzweigten bandförmigen Gebilde auswächst.

3. Ordnung. Bryales[422]. Hierzu gehört die Mehrzahl der Familien. Die Moosfrucht erreicht bei ihnen höchste Differenzierung. Das Sporogon besteht aus einem elastischen Stiel, der Seta (Fig. 456 *s*), die am Grunde mit ihrem Fuß in das Gewebe der Mutterpflanze eingesenkt ist, und aus der Kapsel, die anfangs von der später abfallenden Haube oder Kalyptra bedeckt wird. Die Haube geht aus dem den oberen Teil des Sporogonembryos umschließenden Archegoniumbauch hervor, während der Hals vertrocknet und als Spitze noch auf ihr sitzen bleibt. Die Bauchwand löst sich an ihrer Basis an einer vorgebildeten Trennungslinie mit dem Beginn der Sporogonstreckung los und dient als Schutz für die heranreifende Kapsel. Sie besteht aus mehreren Schichten von Zellen, erzeugt bei manchen Moosen, namentlich trockenen Standortes, Haare, die ihrem Bau nach Protonemafäden begrenzten Wachstums entsprechen. Bei gewissen Moosen (z. B. *Funaria*) erweitert sich die junge Haube bauchig und dient als Wasserspeicher für die junge Kapsel[423]. Der oberste Teil der Seta unter der Kapsel wird als Apophyse bezeichnet. Sie ist bei *Mnium* klein und nur durch eine ganz schwache Einschnürung von der Kapsel abgesetzt (Fig. 462 *A*, *ap*), dagegen bei *Polytrichum commune* in Form eines Ringwulstes (Fig. 456 *ap*) und am auffälligsten, als rot oder gelb gefärbter Kragen, bei den nordischen *Splachnum*-Arten entwickelt, bei denen sie durch ihre Färbung und zugleich auch durch Abscheidung aasartig riechender Duftstoffe im Dienste der Anlockung von sporenverbreitenden Fliegen steht[424]. Die Kapsel wird der Länge nach von der Columella durchzogen, in deren Umkreis der Sporensack liegt. Der obere Teil der Kapselwandung ist in Form eines Deckels mit oder ohne schnabelartige Spitze ausgebildet. Unterhalb des Deckelrandes ist eine schmale Zone der Kapselwandungszellen als sog. Ring differenziert. Der Ring, dessen Zellen aufquellenden Schleim enthalten, vermittelt das Absprengen des Deckels bei der Reife. Am Rande der Kapselöffnung, zunächst von dem Deckel bedeckt, befindet sich bei den meisten Laubmoosen ein in der Regel von Zähnen gebildeter Mundbesatz, das Peristom, das den übrigen Moosen fehlt.

Fig. 456. Polytrichum commune, verzweigtes Exemplar (Stengel in der Regel einfach), *rh* Rhizoïden, *s* Seta, *c* Kalyptra, *ap* Apophyse, *d* Deckel. Nat. Gr.

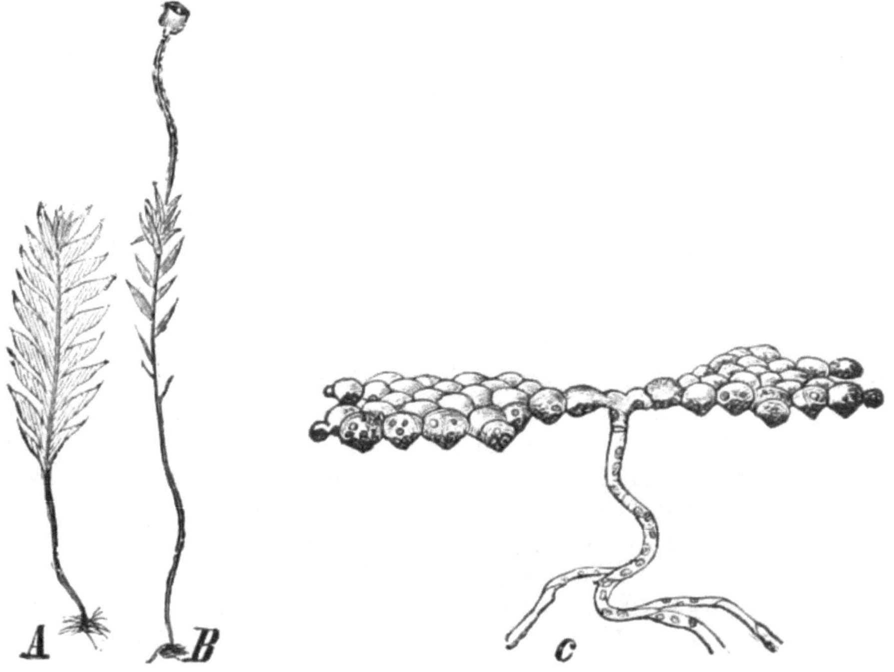

Fig. 457. Schistostega osmundacea. *A* Sterile, *B* fertile Pflanze. Vergr. 5. *C* Protonema. Vergr. 90. *C* Nach NOLL.

Fig. 458. Mnium undulatum. Orthotroper Sproß mit endständigem, von Hüllblättchen umgebenem Antheridiumstand. Seitensprosse plagiotrop. Nach GOEBEL.

Fig. 459. Scleropodium purum. Nat. Gr.

Das Peristom von *Mnium hornum* (Fig. 462) möge als Beispiel dienen; es ist doppelt. Das äußere besteht aus 16 am Innenrande der Kapselwandung inserierten, quergestreiften Zähnen. Das innere Peristom liegt dem äußeren dicht an und setzt sich zusammen aus schmalen Lamellen und Fäden, die mit Querleisten an der Innenfläche besetzt und in ihrem unteren Teile zu einer gemeinsamen Membran verschmolzen sind. Zwischen zwei äußeren Peristomzähnen stehen jedesmal zwei Wimpern des inneren Peristoms.

Die Entwicklungsgeschichte ergibt, daß die Zähne und Wimpern aus einer der an die Innenseite des Deckels anschließenden Zellschichten durch stellenweise Verdickung der gegenüberstehenden Wände angelegt werden (Fig. 461), und zwar die Zähne aus den Außenwänden, die Wimpern aus den inneren Wänden dieser Zellschicht. Die Querleisten entsprechen den Ansatzstellen der Querwände. Bei dem Öffnen der Kapsel trennen sich die Zähne und Wimpern in den dünnbleibenden Wandungsstellen.

Bei den *Polytrichaceen* entstehen die Peristomzähne nach einem besonderen Typus; sie bauen sich hier aus langgestreckten verdickten ganzen Zellen auf.

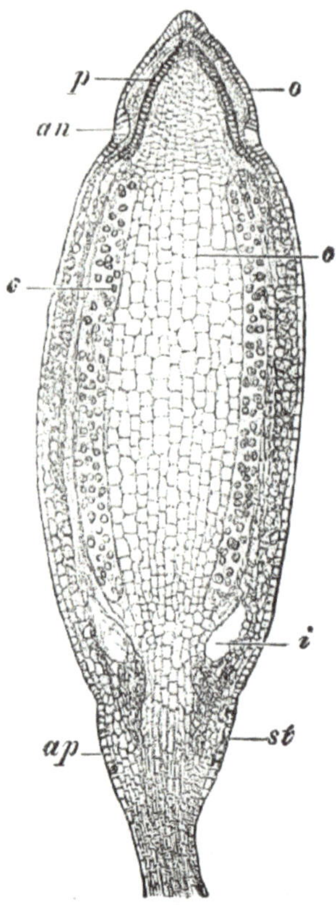

Fig. 460. Mnium hornum. Medianer Längsschnitt durch ein halbreifes Sporogon. *o* Deckel, *p* Peristom, *an* Ring, *c* Columella, *s* Sporensack mit Sporen, *i* ringförmiger Hohlraum, *ap* Apophyse, *st* Spaltöffnung. Vergr. 18. Nach STRASBURGER.

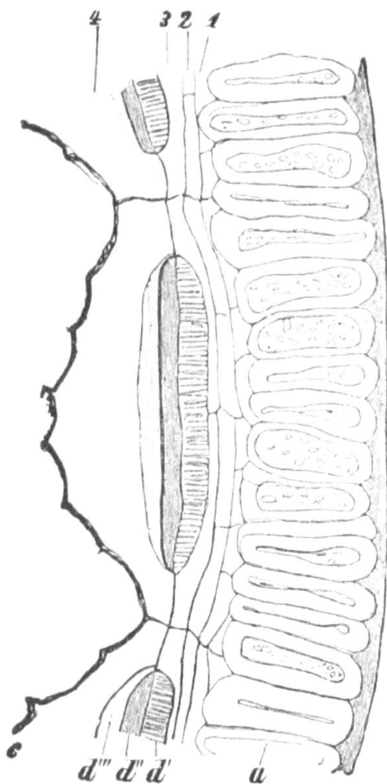

Fig. 461. Mnium hornum. Querschnitt durch den Kapselrand. *a* Zellen des Ringes, *1–4* aufeinanderfolgende Zellschichten, *d'* die in der dritten, *d''* die in der vierten Zellschicht entstandene Verdickungsmasse der Zähne, *d'''* vorspringende Querleisten, *c* verschmolzene Wimpern. Vgr. 240. Nach STRASBURGER.

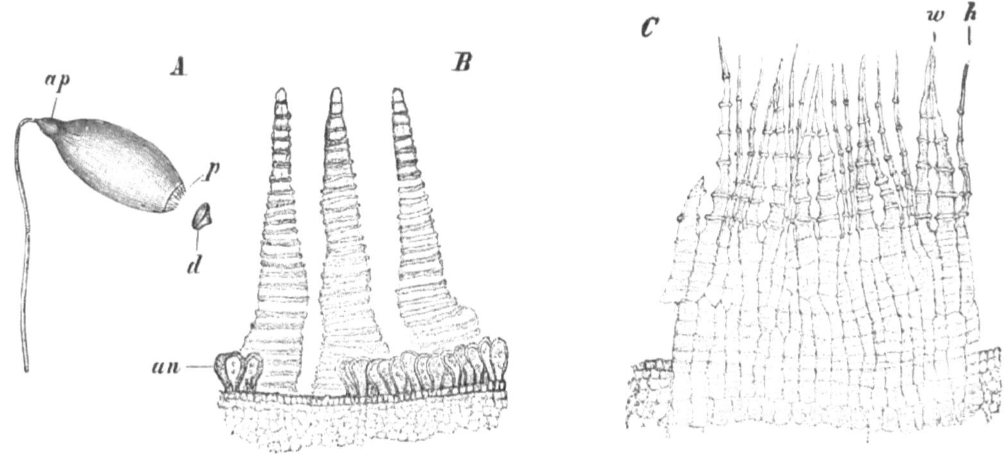

Fig. 462. Mnium hornum. *A* Kapsel mit einem Stück der Seta, *ap* Apophyse, *p* Peristom, *d* abgesprengter Deckel. *B* Drei Zähne des äußeren Peristoms von außen gesehen, *an* Ring. *C* Inneres Peristom, *w* die breiteren, *h* die schmäleren Wimpern, von innen gesehen. *A* Vergr. ca. 4. *B*, *C* Vergr. 60.

Im Bau des Peristoms herrscht große Mannigfaltigkeit. Seine Zähne führen hygroskopische Bewegungen einwärts und auswärts aus und bewirken so ein allmähliches Ausstreuen der Sporen aus der Kapsel.

Gestalt der Kapsel, des Peristoms, des Deckels und der Haube geben die wichtigsten Gattungsunterschiede ab. Die Bryales teilt man bislang in zwei übrigens kaum natürliche, große Unterordnungen nach der Stellung der Archegonien oder der Kapseln ein.

a) Bei den *Acrocarpi* stehen die Archegonien und somit auch die Sporogone am Ende des Hauptstengels. Von häufigeren Arten gehören hierher *Mnium undulatum* (Fig. 458) und *hornum*, *Polytrichum commune* (Fig. 456), *Funaria hygrometrica.* Eine sehr eigentümliche Ausbildung des Protonemas treffen wir bei dem in Erdlöchern oder in Höhlen lebenden Leuchtmoos *Schistostega osmundacea* (Fig. 457). Die fertilen Sprosse dieses Mooses sind einfach oder verzweigt, spiralig beblättert und tragen auf langer Seta eine peristomlose Kapsel; die sterilen Sprosse dagegen sind zweizeilig beblättert. Der Vorkeim allein leuchtet smaragdgrün, indem seine nach unten linsenförmig ausgebauchten Zellen die durch die Chlorophyllkörner hindurch gehenden Lichtstrahlen reflektieren. Bei einigen winzigen Moosen (*Archidium*, *Phascum*, *Ephemerum*) erfährt das Sporogon bedeutende Vereinfachung seiner Struktur; Deckel-, Ring- und Peristombildungen unterbleiben, und die Kapselwand öffnet sich unregelmäßig durch Verwesen.

b) Bei den *Pleurocarpi* wachsen die Hauptachsen unbegrenzt weiter, und die Archegonien, somit auch die Sporogone, stehen auf besonderen, kurzen Seitenzweigen (Fig. 459). Hierher gehören zahlreiche, meist reich verzweigte, Rasen oder Pilze bildende Arten, darunter unsere größten Waldmoose, die den Familien der *Neckeraceen* und *Hypnaceen* entstammen, ferner auch die in Bächen und Flüssen flutende *Fontinalis antipyretica.*

III. Pteridophyta, Farnpflanzen[288], [400], [426]-[449].

Die Pteridophyten umfassen die Farne nebst den Wasserfarnen, die Schachtelhalme und die Bärlappgewächse und stellen die am höchsten entwickelten Kryptogamen vor. Wie bei den Bryophyten vollzieht sich auch hier der Entwicklungsgang in zwei miteinander abwechselnden Generationen. Die geschlechtliche Generation trägt Antheridien und Archegonien, die ungeschlechtliche geht aus der befruchteten Eizelle hervor und erzeugt ungeschlechtliche einzellige Sporen. Aus der Keimung der letzteren entsteht wieder die geschlechtliche Generation. Da die Reduktionsteilung bei der Sporenbildung eintritt, so ist die geschlechtliche Generation haploid, die ungeschlechtliche diploid.

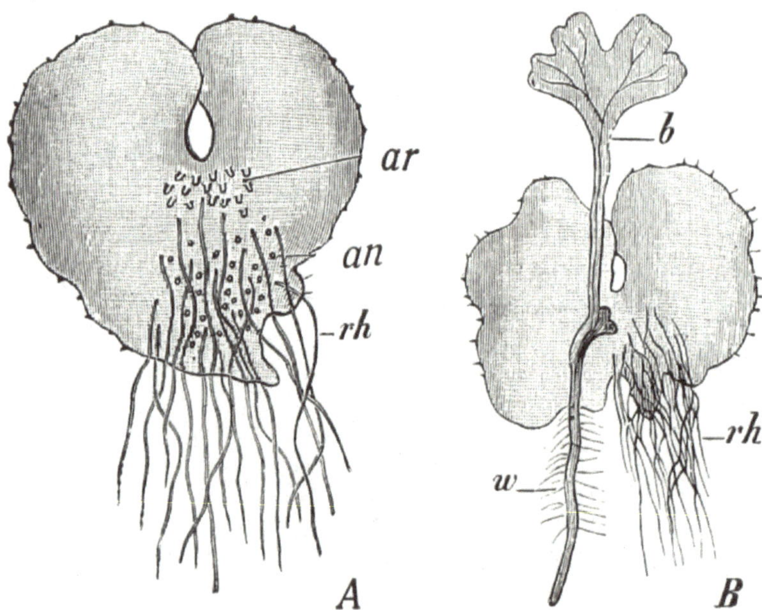

Fig. 463. Dryopteris (Aspidium) filix mas. *A* Prothallium von der Unterseite mit Archegonien *ar*, Antheridien *an*, Rhizoïden *rh*. *B* Prothallium mit jungem, aus einer befruchteten Eizelle entstandenem Farnpflänzchen, *b* erstes Blatt, *w* Wurzel. Vergr. ca. 8.

Die geschlechtliche Generation, der Gametophyt, wird als Prothallium bezeichnet. Dieses erreicht keine bedeutende Größe, bei einzelnen Farnen höchstens einige Zentimeter Länge, und gleicht dann in seinem Aussehen einem einfachen thallösen Lebermoos; es besteht aus einem grünen blattartigen, auf der Unterseite mit Rhizoïden am Boden befestigten Thallus (Fig. 463 *A*). In einigen Fällen ist das Prothallium verzweigt fadenförmig ausgebildet, in anderen Fällen halb oder ganz unterirdisch in Form von knollenförmigen, farblosen Gewebekörpern mit saprophytischer Lebensweise und mit endophytischen Fadenpilzen nach Art der Mykorrhizen; in gewissen Abteilungen der Pteridophyten endlich erleidet es eine Rückbildung und bleibt in der Spore mehr oder weniger eingeschlossen. An dem Prothallium entstehen die Geschlechtsorgane, Antheridien (Fig. 470, 477), in denen zahlreiche, meist schraubig gewundene, vielzilige oder nur zweizilige Spermien erzeugt werden, und Archegonien (Fig. 471, 478), die je eine Eizelle ausbilden. Die Befruchtung ist wie bei den Moosen nur in Wasser, also bei Benetzung der Prothallien möglich. Eine aus dem Archegonium in das umgebende Wasser ausgeschiedene Substanz induziert den Spermien die Bewegungsrichtung nach der Eizelle. Das spezifische Reizmittel der Samenfäden ist für Farne, Salvinia, Equisetum, Selaginella und Isoëtes Äpfelsäure oder deren Salze, für Lycopodium Zitronensäure. Aber auch andere Dikarbonsäuren, gewisse Metallsalze, sogar auch einige Alkaloide vermögen als Lockmittel zu dienen, und die einzelnen Gattungen zeigen dabei verschiedenes Verhalten. Die chemotaktischen Sensibilitäten der Samenfäden können sich auf mehrere Stoffe erstrecken[427].

Nach der Befruchtung der Eizelle durch ein Spermium entwickelt sich aus ihr, wie bei den Bryophyten, die ungeschlechtliche Generation, hier das kormophytische Farnkraut.

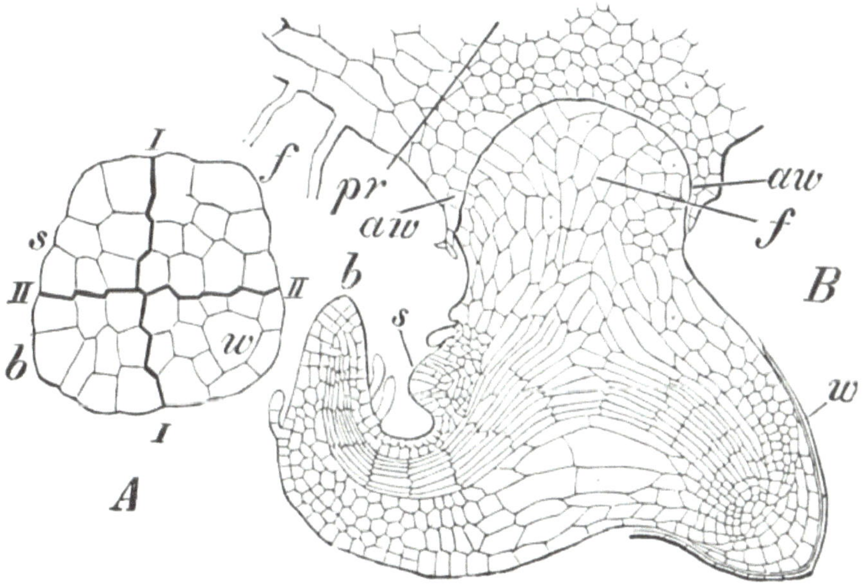

Fig. 464. *A* Pteris serrulata. Aus dem Archegonium befreiter Embryo im Längsschnitt. *I* Basalwand, *II* senkrecht zu dieser stehende Quadrantenwand, *f* Anlage des Fußes, *s* des Stammscheitels, *b* des ersten Blattes, *w* der Wurzel. Nach KIENITZ-GERLOFF. *B* Pteridium aquilinum. Weiter entwickelter Embryo, mit dem Fuß *f* im erweiterten Archegoniumbauch, *aw*, steckend, *pr* Prothallium. Vergr. Nach HOFMEISTER.

Die ungeschlechtliche Generation, der Sporophyt, ist bei den Pteridophyten eine in äußerer Gliederung und innerer Struktur hochdifferenzierte Pflanze mit Stengel, Blättern und Wurzeln. Bei der Mehrzahl der Pteridophyten, so bei den Farnen und Schachtelhalmen, teilt sich die befruchtete Eizelle, nachdem sie sich mit einer Zellulosemembran umgeben hat, zunächst durch eine Basalwand in zwei Zellen und jede dieser dann durch zwei zur Basalwand senkrecht stehende, sich kreuzende Wände in Oktanten. Unter weiterer Teilung dieser acht Zellen entsteht ein noch im Archegonium eingeschlossener Gewebekörper, an welchem der Stammscheitel, das erste Blatt, die erste Wurzel und neben dieser ein der Keimpflanze der Pteridophyten eigentümliches Organ, der sog. Fuß, angelegt werden (Fig. 464 *f*). Der Fuß ist ein höckerartig vorspringender

Gewebekörper, mit welchem die junge Keimpflanze in dem durch Wachstum sich erweiternden Archegoniumbauch eingefügt bleibt; er sorgt als Saugorgan für ihre Ernährung, bis die Wurzel in den Boden gedrungen ist, die ersten Blätter sich entfaltet haben und die Keimpflanze somit selbständig sich ernähren kann. Bei manchen Bärlappgewächsen (Lycopodium, Selaginella) wird in verschiedener Weise ein ein- oder wenigzelliger Embryoträger oder Suspensor gebildet. Das Prothallium geht nach Entwicklung der Keimpflanze in der Regel bald zugrunde. Aus dem Stammscheitel des Embryo entwickelt sich ein einfacher oder sich gabelig, ohne Beziehung zu den Blättern verzweigender, aufrechter, radiärer oder niederliegender, dorsiventraler Stamm, der in schraubiger oder quirliger Anordnung die Blätter trägt. Die Farnpflanzen bilden echte, aus verschiedenartigen Geweben aufgebaute Wurzeln, wie wir sie auch bei den Samenpflanzen vorfinden. Auch die Blätter stimmen im wesentlichen in ihrer Struktur mit denen der Phanerogamen überein. Die drei Grundorgane wachsen bei den meisten Pteridophyten mittels Scheitelzellen heran (Fig. 100, 101, 153); bei Lycopodium und Isoëtes läßt sich im Vegetationskegel keine solche mehr erkennen, während Selaginella Scheitelzellwachstum und Übergänge zu Wachstum mittels zahlreicher Initialzellen zeigt. Stämme, Wurzeln und Blätter werden von wohl differenzierten Leitbündeln durchzogen, die hier zum ersten Male im Pflanzenreich erscheinen und als wasserleitende Elemente vorwiegend Treppentracheïden führen. Die Leitbündel im Stamm und im Blatt der Pteridophyten sind nach verschiedenen Typen, überwiegend aber nach dem konzentrischen und nach dem radialen, gebaut (vgl. S. 85 ff., Fig. 465, 466). Sekundäres Dickenwachstum durch Kambiumtätigkeit kommt bei den jetzt lebenden Familien nur ganz vereinzelt vor, zeichnete aber die Stämme von gewissen fossilen Pteridophytengruppen aus.

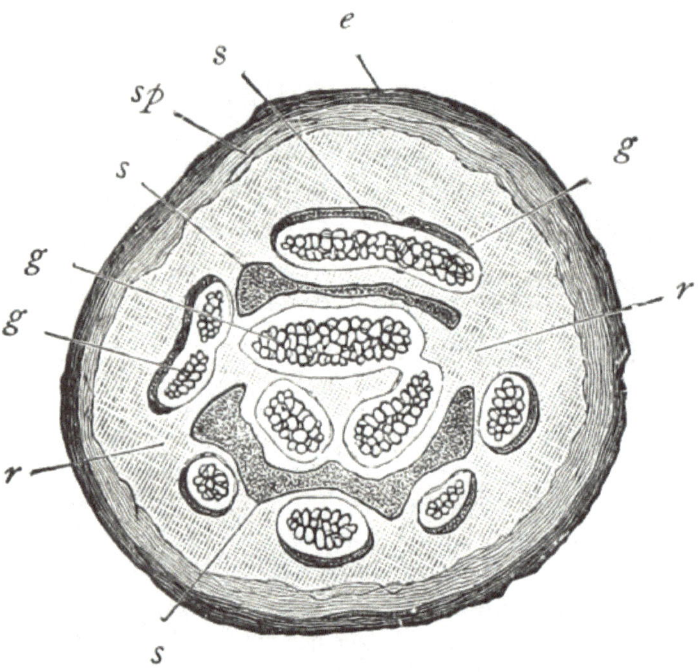

Fig. 465. Querschnitt durch das Rhizom von Pteridium (Pteris) aquilinum. *g* Leitbündel, *s* Sklerenchymplatten, *sp* peripherischer Sklerenchymfaserring, *r* Rinde, *e* Epidermis. Vergr. 7.

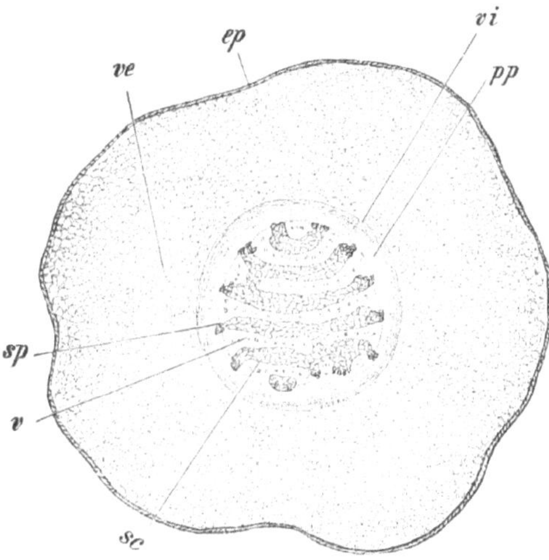

Fig. 466. Querschnitt durch den Stengel von Lycopodium complanatum. *ep* Epidermis, *ve*, *vi* und *pp* äußere, innere und innerste Partie der primären Rinde. Diese umgibt das aus mehreren Holzteilen und Siebteilen zusammengesetzte zentrale Leitbündel, in welchem *sc* Treppentracheïden, *sp* Ring- und Schraubentracheïden, *v* Siebteile sind. Vergr. 26. Nach STRASBURGER.

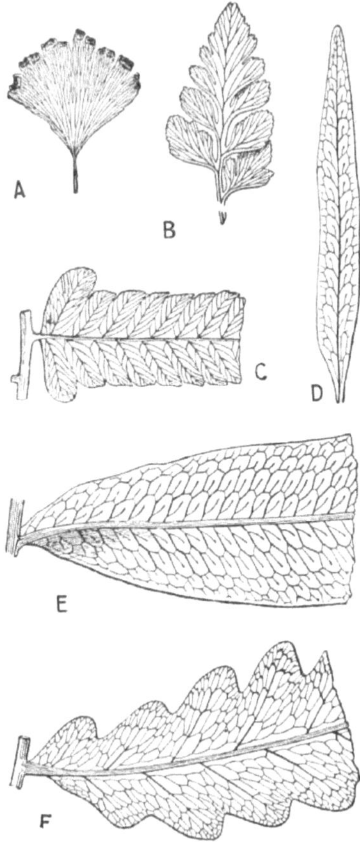

Fig. 467. Blattaderung bei Farnen. *A* Adiantum capillus veneris (Venatio Cyclopteridis). *B* Asplenium adiantum nigrum (V. Sphenopteridis). *C* Asplenium esculentum (V. Goniopteridis). *D* Polypodium serpens (V. Marginariae). *E* Polypodium nereifolium (V. Goniophlebii). *F* Onoclea sensibilis (V. Sageniae).

Der Leitbündelverlauf in den Blättern, die Venation, liefert wichtige Merkmale für die systematische Gruppierung namentlich bei den Farnen (Fig. 467). Während in den einfachen Blättern der Schachtelhalme und Bärlappe nur ein Mittelnerv vorhanden ist, verzweigen sich in den Farnblättern die Nerven in mannigfaltigster Weise, entweder gabelig oder fiederig und mit freien Ästen, oder sie anastomosieren zum Teil zu einem System von Maschen. In diesen polygonalen Maschen können die letzten Auszweigungen blind endigen.

An den Blättern, in einzelnen Fällen in den Blattachseln, werden auf ungeschlechtlichem Wege die Sporen in besonderen Behältern oder Sporangien erzeugt (Fig. 468). Die sporangientragenden Blätter heißen Sporophylle. Die Sporangien umschließen das sporogene Gewebe, dessen Zellen sich abrunden, voneinander loslösen und die Sporenmutterzellen darstellen, die eine Reduktionsteilung ihrer Kerne ausführen und je vier oft tetraëdrisch angeordnete Sporen (Sporentetraden) liefern. Im Umkreis des sporogenen Gewebes befinden sich plasmareiche, die Ernährung der Sporen vermittelnde Zellen, sog. Tapetenzellen, die bei den Lycopodinen erhalten bleiben, bei Farnen und Schachtelhalmen aber ihre Membranen auflösen und sich zu einem die Sporenmutterzellen umgebenden Periplasmodium vereinigen, dessen Zellkerne eine Vermehrung durch amitotische Teilungen erfahren. Es wandert dann zwischen die sich aus dem Tetradenverband lösenden jungen Sporen ein, ernährt sie, beteiligt sich an der Bildung der Sporenhäute und wird dabei aufgebraucht[428]. Die Wand der reifen Sporangien ist entweder einschichtig oder mehrschichtig. Die jungen Sporenzellen umgeben sich bei ihrer Lösung aus dem Tetradenverband zunächst mit einer kutinisierten Membran, dem Exospor, innerhalb dessen eine dünne Zellulosehaut, das Endospor, abgeschieden wird. In vielen Fällen wird dem Exospor von dem Periplasmodium noch ein Perispor aufgelagert, so bei den Schachtelhalmen, Wasserfarnen und gewissen Farnkräutern.

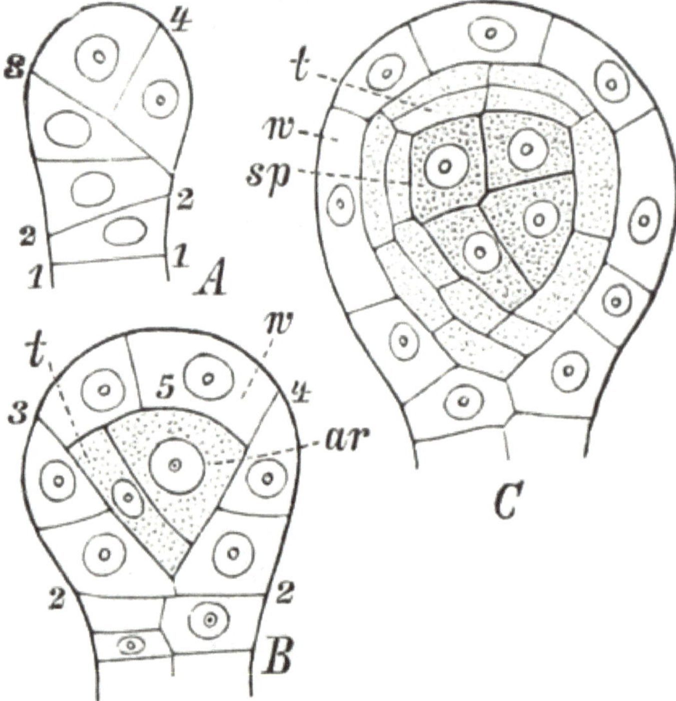

Fig. 468. Entwicklung des Sporangiums von Asplenium. *A* Erste Teilungen der aus einer Oberflächenzelle hervorgehenden Anlage. *B* Teilung in peripherische Wandanlage *w* und zentrale Zelle *ar* (Archespor), die bereits eine Tapetenzelle *t* abgeteilt hat. *C* Älteres Stadium. Das Archespor hat sich in Tapetenzellen und sporogenes Gewebe *sp* geteilt. Vergr. 300. Nach SADEBECK.

Bei der Mehrzahl der Pteridophyten sind die Sporen von gleicher Beschaffenheit, und bei der Keimung geht aus ihnen ein Prothallium hervor, an dem sowohl Antheridien als auch Archegonien entstehen. In gewissen Fällen können aber auch die Prothallien diözisch sein. Diese Trennung der Geschlechter erstreckt sich bei einigen Pteridophytengruppen auch schon auf die Sporen und führt zur Ausbildung von zweierlei Formen von Sporen, Makrosporen, die in Makrosporangien entstehen und bei der Keimung nur weibliche Prothallien liefern, und Mikrosporen, die in Mikrosporangien erzeugt werden und männlichen Prothallien den Ursprung geben. Danach hat man also zwischen gleichsporigen oder isosporen (oder homosporen) und verschiedensporigen oder heterosporen Ordnungen zu unterscheiden, ein Unterschied, der aber nicht zur Gesamteinteilung verwertet werden kann, da er sich in gleicher Weise in systematisch getrennten Klassen, also mehrmals, herausgebildet hat.

Die Übereinstimmungen in der Struktur der Antheridien, der Archegonien und der Sporenmutterzellen sprechen für Verwandtschaft der Farnpflanzen mit den Moosen. Obwohl beide Gruppen ihren phylogenetischen Ausgang aus einer gemeinsamen Algengruppe (vgl. S. 421) genommen haben mögen, müssen wir getrennte Weiterentwicklung annehmen. Vor allem kann der Farnsporophyt nicht von dem ihm entsprechenden Moossporophyten, dem Sporogon, abgeleitet werden. Während dieses, ohne vegetative Ausgliederungen, frühzeitig mit der Sporenbildung seinen Abschluß erreicht, gliedert sich der Farnembryo in Stamm, Blatt und Wurzel. Als eine ganz neue Struktur erscheinen in den Geweben der Farnpflanze die Tracheïden, deren Besitz sie befähigte, zu größeren, reich gegliederten und sogar zu baumartigen Landpflanzen sich weiter zu entwickeln, im Gegensatz zu den Moosen, die infolge ihres einfachen zelligen Aufbaus und des Mangels an ausgiebigen Wasserbahnen keine großen Dimensionen erreichen können. Die Farnpflanze geht erst in einem späteren Stadium zur Erzeugung der Sporen über. Die Sporenmutterzellen werden im Innern besonderer Blattausgliederungen angelegt; diese heißen zwar allgemein noch „Sporangien“, sind aber den Thallophyten-Sporangien nicht homolog. Daher würde es sich empfehlen, für die sog. Farnsporangien eine neue Bezeichnung (Sporotheken) zu wählen. Den Thallophytensporangien entsprechen vielmehr bei den Farnen und Moosen die Sporenmutterzellen, die am ehesten mit den Tetrasporangien der Braunalgen und Rotalgen verglichen werden können.

Der Gametophyt der Farnpflanzen schließt seine Entwicklung frühzeitig mit der Bildung von Geschlechtsorganen ab. Die typischen Farnprothallien erheben sich nicht über das Jugendstadium eines Thallus, während umgekehrt bei den Moosen gerade die geschlechtliche Generation eine fortschreitende Entwicklung aufweist[408].

Die Pteridophyten gliedern sich in folgende Klassen:

1. *Filicinae*, Farne. Stengel einfach oder verzweigt, mit wohlentwickelten, abwechselnden, meist reichgegliederten Blättern, die hier als Wedel bezeichnet werden. Sporophylle mit zahlreichen, der Unterseite entspringenden Sporangien, die entweder frei oder zu mehreren in Soris vereinigt oder in besonderen Blattabschnitten eingeschlossen sind. Spermien mit vielen Zilien.

   1. Unterklasse *Filicinae eusporangiatae*. Reife Sporangien mit derber mehrschichtiger Wandung ohne Ring. Isospor.
   2. Unterklasse *Filicinae leptosporangiatae*. Reife Sporangien mit einschichtiger Wandung.
      1. Ordnung. *Filices*, Farne im engeren Sinne. Isospor. Sporangien mit Ring.
      2. Ordnung. *Hydropterides*, Wasserfarne. Heterospor. Sporangien ohne Ring.

2. *Equisetinae*, Schachtelhalme. Stengel einfach oder quirlig verzweigt, mit quirlig gestellten, einfachen, selten gabelig geteilten, oder schuppenartigen, zu geschlossenen Scheiden verwachsenen Blättern. Sporophylle am Ende der Zweige zu einem ährenförmigen Sporangienstand vereinigt, schildförmig, auf der Unterseite mit mehreren Sporangien. Spermien mit vielen Zilien.

   1. Ordnung. *Equisetaceae*. Schachtelhalme. Isospor. Krautige Pflanzen.

2. Ordnung. *Calamariaceae.* Schachtelhalmbäume. Isospor oder Heterospor. Baumartige Pflanzen. Ausgestorben.

3. *Sphenophyllinae.* Keilblattgewächse.

1. Ordnung. *Sphenophyllaceae.* Stengel schlank, quirlig beblättert. Sporophylle mit 1–4 Sporangien, in ährenförmigen Ständen. Isospor, vereinzelt heterospor. Ausgestorben.

4. *Lycopodinae.* Bärlappartige Gewächse. Stengel einfach oder gabelig verzweigt. Wurzeln gabelig verzweigt. Blätter einfach, meist abwechselnd gestellt. Sporangien derbwandige Kapseln, stets einzeln in den Achseln oder am Grunde der Oberseite der Sporophylle.

1. Ordnung. *Lycopodiaceae.* Bärlappe. Isospor. Spermien zweizilig. Kräuter mit gegabelten Stengeln.

2. Ordnung. *Selaginellaceae.* Selaginellen. Heterospor. Spermien zweizilig. Kräuter mit gegabelten Stengeln und kleinen Blättchen.

3. Ordnung. *Psilotaceae.* Homospor. Spermien vielzilig. Stengel krautig, gegabelt, mit abwechselnden einfachen oder schuppenförmigen Blättern. Statt Wurzeln Rhizome mit Wurzelhaaren. Sporophylle gegabelt, auf der Oberseite nahe der Basis je ein 2- oder 3-fächeriges Sporangium tragend. Isospor.

4. Ordnung. *Isoëtaceae.* Brachsenkräuter. Heterospor. Spermien vielzilig. Stengel knollig, mit Dickenzuwachs, einfach, Blätter pfriemlich.

5. Ordnung. *Sigillariaceae.* Siegelbäume, Heterospor. Baumartig. Stamm einfach oder wenig gegabelt. Ausgestorben.

6. Ordnung. *Lepidodendraceae.* Schuppenbäume. Heterospor. Reich gabelig verzweigte Bäume. Ausgestorben.

5. *Pteridospermeae.* Samenfarne. Pflanzen vom Habitus großer Farne, heterospor, mit Mikrosporangien und mit samenartigen Makrosporangien. Aus eusporangiaten Farnen hervorgegangen. Ausgestorben.

Klasse I.
Filicinae, Farne[288], [400], [426], [429].

Zu den Farnen im weiteren Sinne gehört die Hauptmasse der heute lebenden Pteridophyten. Nach dem Bau ihrer Sporangien werden sie in zwei Unterklassen unterschieden. Bei den Eusporangiaten besteht die derbe Sporangienwand aus mehreren Zellschichten und öffnet sich mittels eines Längsrisses, bei den Leptosporangiaten dagegen ist sie im reifen Zustand nur einschichtig und reißt quer oder längs auf. Erstere haben am Grunde der Wedel Nebenblätter oder Scheiden, die den letzteren fehlen. Auch in der Beschaffenheit der Prothallien und im Bau der Sexualorgane zeigen sich Unterschiede. Die Sporen besitzen nur bei einigen Gruppen der Leptosporangiaten eine dem Exospor aufgelagerte äußere Hülle, das Perispor.

In früheren Erdperioden waren die Eusporangiaten reich vertreten; heute umfassen sie nur zwei Familien mit wenigen Gattungen. Allem Anschein nach stellen sie ältere Farntypen dar, die den Ausgangsformen der Filicinen noch am nächsten zu stehen scheinen. Neben ihnen erscheinen bereits in paläozoischer Zeit die Leptosporangiaten, von denen später, in der Kreideperiode und im Tertiär, die Hydropterides als kleine Gruppe sumpf- und wasserbewohnender Farne sich abzweigten. Bei diesen haben sich die bei allen übrigen Farnen noch gleichartigen Sporen in Mikro- und Makrosporen differenziert.

1. Unterklasse. Eusporangiatae.

Die *1. Ordnung*, die *Marattiaceen*[430], vielleicht die primitivsten aller heutigen Farne, umfaßt etwa 20 stattliche tropische Farne mit dicken Stammknollen und meist sehr großen, an der Basis mit je zwei Nebenblättern versehenen Wedeln. Die Sporangien stehen an der Wedelunterseite in Gruppen, Sori, entweder frei (*Angiopteris*) oder zu einem in Fächern aufspringenden, kapselartigen, ovalen Gebilde verwachsen. Das

Prothallium hat die Form eines lebermoosähnlichen, grünen, herzförmigen, zuweilen gegabelten, mehrschichtigen und langlebigen Thallus, dessen unterseits entspringende, fast ganz eingesenkte Sexualorgane wie bei folgender Ordnung beschaffen sind; seine Zellen beherbergen endophytische Fadenpilze.

Die *2. Ordnung*, die *Ophioglossaceen*[431], enthält ebenfalls nur wenige Arten. Bei uns heimisch sind die Natterzunge, *Ophioglossum vulgatum* (Fig. 469 *E*) und verschiedene Arten der Mondraute, *Botrychium* (Fig. 469 *A*). Beide haben einen kurzen Stamm, an dem jährlich meist nur ein einziges, mit Blattscheide versehenes Blatt sich entfaltet, das bei ersterer Gattung zungenförmig, bei letzterer gefiedert ist. Diese Blätter tragen an ihrer Oberseite einen im oberen Teile des Stieles entspringenden fertilen Blattabschnitt, der bei Ophioglossum einfach zylindrisch ist und die Sporangien in zwei Reihen in das Gewebe eingesenkt trägt, bei Botrychium dagegen fiederartig verzweigt und mit großen rundlichen Sporangien auf seiner Innenseite dicht besetzt ist. Aus dem Verlauf der Leitbündel und gelegentlichen Rückschlagsbildungen läßt sich schließen, daß der fertile Blattabschnitt aus der Vereinigung zweier basaler Blattfiedern hervorgegangen ist.

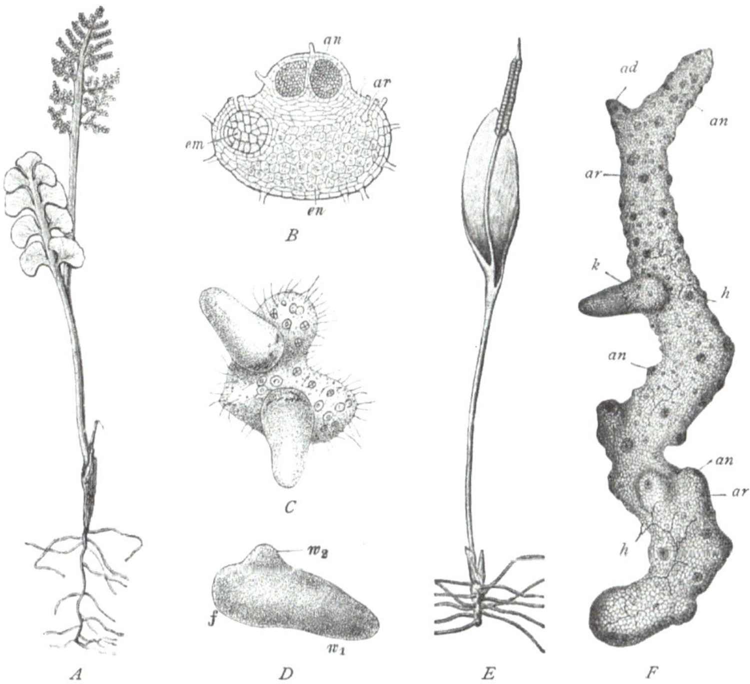

Fig. 469. Botrychium Lunaria. *A* Sporophyt. 1/2 nat. Gr. *B* Prothalliumquerschnitt mit Antheridium *an*, Archegonium *ar*, Embryo *em*, Pilzfäden *en*. Vergr. 45. *C* Prothallium mit zwei Embryonen, deren Wurzeln hervortreten. Vergr. 16. *D* Embryo mit Wurzel *1* und *2* und Fuß. Vergr. 16. — Ophioglossum vulgatum. *E* Sporophyt mit Knospe für das nächste Jahr. 1/2 nat. Gr. *F* Prothallium. *an* Antheridien, *ar* Archegonien, *k* junge Keimpflanze mit erster Wurzel, *ad* Adventivsproß, *h* Pilzhyphen. Vergr. 15. *B–D*, *F* nach BRUCHMANN.

Sehr eigenartige und von den Marattiaceen abweichende Beschaffenheit zeigen die besonders durch BRUCHMANN bekannt gewordenen monözischen Prothallien, unterirdische, chlorophyllfreie, saprophytische, wie die Mykorrhizen gewisser Samenpflanzen von Pilzfäden durchzogene, langlebige Knöllchen, bei Ophioglossum (Fig. 469 *F*) zylindrisch einfach oder verzweigt und radiär gebaut, bei Botrychium oval oder herzförmig und dorsiventral (Fig. 469 *B*, *C*). Antheridien (Fig. 470) und Archegonien (Fig. 471) sind in das Gewebe eingesenkt; erstere umschließen einen großen Komplex von Samenzellen und öffnen sich bei der Reife dadurch, daß eine mittlere Deckzelle wohl infolge Verschleimung ihrer Wände abgeworfen wird. Das Spermium besteht aus einem schraubig gewundenen Körper mit anhaftendem Bläschen und zahlreichen Zilien (Fig. 470 *E*). Die Antheridien gehen aus oberflächlich gelegenen Zellen (Fig. 470 *A–C*) hervor, ebenso auch die Archegonien (Fig. 471 *A–C*), deren kurzer Halsteil sich etwas hervorstreckt und nach Verquellung der Halskanalzelle (*hk*) sich öffnet, während der Bauchteil eingesenkt bleibt und die Eizelle (*o*) umschließt. Der Embryo führt bei manchen Arten eine Reihe von Jahren hindurch ein unterirdisches Dasein; seine erste Wurzel wird zunächst angelegt und tritt bald aus dem Archegonium hervor (Fig. 469 *C*, *F*, *k*), während erst viel später das erste Blatt und die Scheitelzelle des Stammes zur Differenzierung kommen. Bei einigen Botrychium-Arten liefert die sich teilende Eizelle einen langen mehrzelligen Embryoträger oder Suspensor, an dessen Spitze erst der eigentliche Embryokörper gebildet wird. In dieser Eigentümlichkeit zeigt sich eine Übereinstimmung mit den Lycopodinen (vgl. Fig. 495 u. 500), die mit den Eusporangiaten im übrigen in keiner engeren Verwandtschaft stehen.

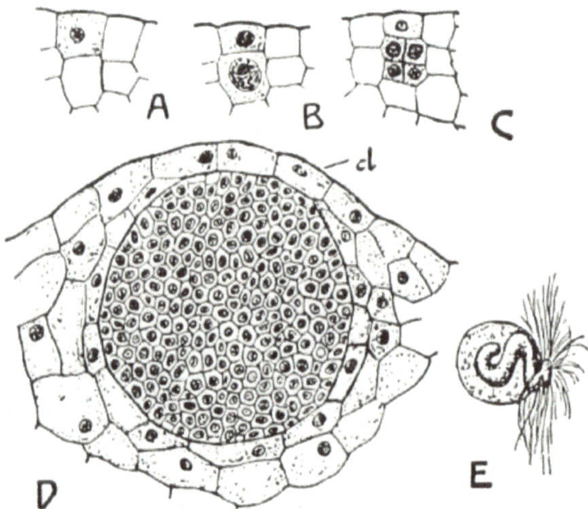

Fig. 470. Ophioglossum vulgatum. *A–C* Entwicklung des Antheridiums aus einer oberflächlichen Zelle, die obere Zelle in *C* liefert die Deckzellen, die untere die Spermienzellen. *D* Antheridium noch geschlossen, *d* Deckzellen. *E* Spermium. Nach BRUCHMANN.

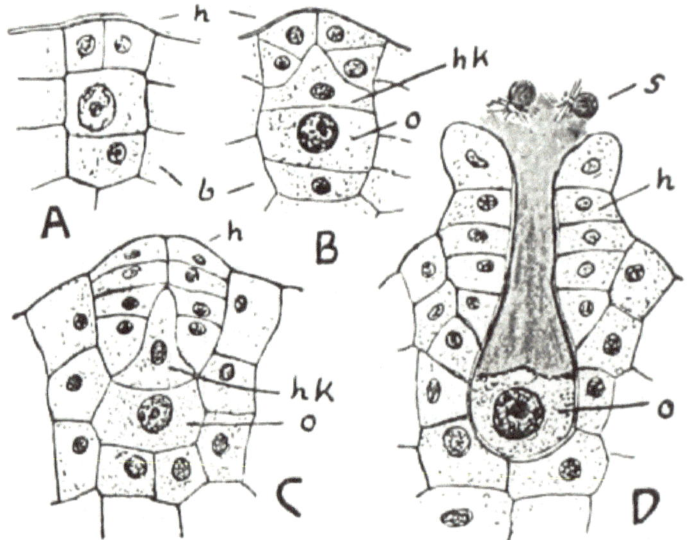

Fig. 471. Ophioglossum vulgatum. *A–C* Entwicklung des Archegoniums. *D* Reifes Archegonium geöffnet mit zwei Spermien *s* vor der Mündung. *h* Halszellen, *hk* Halskanalzellen, *o* Eizelle, *b* Basalzelle. Nach BRUCHMANN.

2. Unterklasse. Leptosporangiatae.

1. Ordnung. Filices.

Die Filices sind in außerordentlicher Fülle von Arten in allen Erdteilen verbreitet; ihre Hauptentwicklung erreichen sie in den Tropen. Hier treffen wir auch die stattlichsten Vertreter an, die Baumfarne (*Cyathea, Alsophila, Dicksonia*), welche die besondere Familie der *Cyatheaceen* bilden. Der holzige, meist etwa armdicke Stamm der Baumfarne (Fig. 472) ist unverzweigt und trägt an seinem Ende eine Rosette von sehr großen, mehrfach gefiederten Blättern oder Wedeln, die nach dem Absterben große Blattstielnarben hinterlassen. Der Stamm ist mittels zahlreicher Adventivwurzeln im Boden befestigt und ist auch von solchen dicht umhüllt. Die meisten Farne leben als krautartige bodenständige Pflanzen, besitzen ein wagerechtes oder aufsteigendes, wenig verzweigtes Rhizom und meist an seinem Ende eine Rosette reichgefiederter Blätter. So verhält sich u. a. der in Wäldern sehr häufige Wurmfarn *Dryopteris* (*Aspidium*) *filix mas*, dessen Rhizom als wurmtreibendes Mittel offizinell ist (Fig. 473). Bei dem gewöhnlichsten einheimischen Farnkraut, dem Engelsüß, *Polypodium vulgare*, sind die Blätter einfach gefiedert und entspringen einzeln auf der Oberseite des kriechenden, verzweigten Rhizoms. Auch gibt es manche Farne, welche ungeteilte Blätter aufweisen, so die Hirschzunge, *Scolopendrium vulgare* (Fig. 474). In den Tropen wachsen zahlreiche krautartige Farne als Epiphyten auf den Bäumen.

Wie Fig. 472 zeigt, sind die Blätter in der Knospe eingerollt, eine Eigentümlichkeit, die sämtlichen Farnen und auch den Wasserfarnen zukommt. Im Gegensatz zu der Mehrzahl der Phanerogamenblätter bleibt bei den Farnblättern der an ihrer Spitze befindliche Vegetationspunkt länger tätig.

Die meisten Farne sind an ihren Stämmen, Blattstielen und zum Teil auch den Blättern mit bräunlichen, einschichtigen, oft gefransten Spreuschuppen (Schuppenhaaren oder Paleae) bekleidet.

Die Sporangien werden in großer Zahl auf der Unterseite der Blätter erzeugt. Die Sporophylle sind in der Regel nicht von den sterilen Laubblättern in ihrer äußeren Form verschieden. Nur bei einigen Gattungen sind sie wesentlich anders gestaltet. Als einheimische Vertreter sind hier der Straußfarn, *Struthiopteris germanica*, ferner *Blechnum spicant* zu nennen, bei denen gedrungene, dunkelbraune Sporophylle zu mehreren im Innern der Rosette grüner Wedel stehen.

Im Bau der Sporangien zeigen die einzelnen Familien Unterschiede.

Es sei zunächst das Verhalten der Mehrzahl unserer einheimischen Farne dargestellt, die zu der umfangreichen Familie der *Polypodiaceen* gehören. Die Sporangien erscheinen hier in verschieden gestalteten Häufchen, sog. Sori, vereinigt. Sie entspringen auf einem hervortretenden Blattgewebepolster, dem Receptaculum (Fig. 473 *A*), und werden bei vielen Arten vor der Reife von einem häutigen Auswuchs der Blattfläche, dem sog. Schleier, Indusium, bedeckt und geschützt (Fig. 473 *B*, *C*). Das einzelne Sporangium (Fig. 475) geht aus einer einzigen Epidermiszelle durch Teilung hervor (Fig. 468), besteht im reifen Zustande aus einer kleinen Kapsel mit mehrzelligem, dünnem Stiel und mit einschichtiger Wandung und enthält eine größere Anzahl von Sporen, die nur bei einigen Gattungen (*Asplenium*, *Aspidium*, *Acrostichum* und Verwandte) ein sackartiges Perispor aufweisen. Sehr charakteristisch für die Polypodiaceen ist der Ring, Annulus, der über den Rücken und Scheitel des Sporangiums bis zur Mitte der Bauchseite als vortretende Zellenreihe mit stark verdickten Radial- und Innenwänden verläuft.

Fig. 472. Alsophila crinita, Baumfarn von Ceylon. Verkl.

Beim Austrocknen der Kapselwand werden durch den Kohäsionszug des schwindenden Wassers in den Annuluszellen die dünnen Außenwände nach innen eingestülpt, der Ring also an seiner Außenseite verkürzt und dadurch das Aufreißen der Sporangien in einer Querspalte zwischen den breiten Endzellen des Ringes verursacht. Ist der Kohäsionszug des Wasserrestes schließlich überwunden, so erfolgt ein elastisches, die Sporenausstreuung beförderndes Zurückschnellen des Ringes, worauf das Sporangium infolge Austrocknens und Kontraktion der dünnen Membranteile dauernd geöffnet bleibt (vgl. Fig. 277)[432].

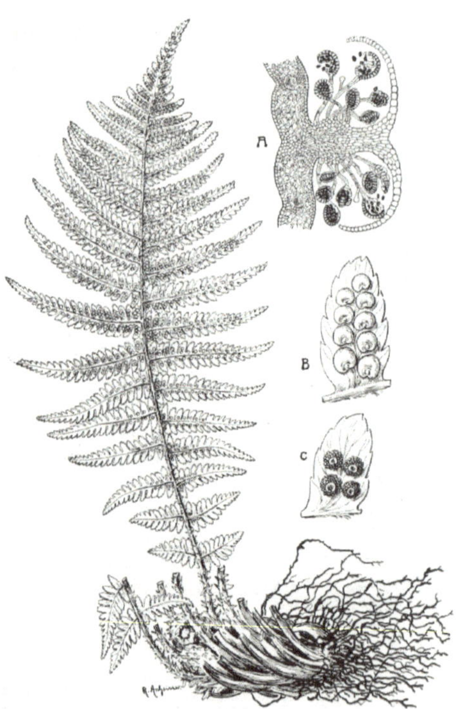

Fig. 473. Dryopteris (Aspidium) filix mas. **2/5** nat. Gr. *A* Sorus, quer durchschnitten. Vergr. 20. Nach KNY. *B* Fiederchen mit jungen, noch vom Schleier bedeckten Soris. *C* Desgleichen in älterem Stadium mit geschrumpftem Schleier. Schwach vergrößert. — Offizinell.

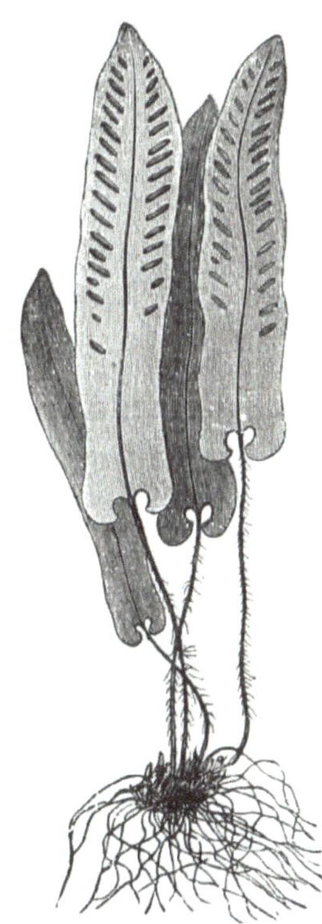

Fig. 474. Scolopendrium vulgare. 1⁄4 nat. Gr.

Die Form und Insertion der Sori, das Vorhandensein und die Gestalt oder das Fehlen der Indusien geben die wichtigsten Gattungsunterschiede ab. Bei *Scolopendrium* (Fig. 474) sind die Sori strichförmig, bestehen aus zwei parallel über je einen Blattnerven laufenden Streifen und werden an beiden Seiten von einem lippenförmigen, einschichtigen Indusium bedeckt, das bei der Reife zurückklappt. Bei *Dryopteris* (*Aspidium*) (Fig. 473) dagegen treffen wir zahlreiche rundliche Sori, bedeckt mit einem weißlichen, nierenförmigen, dem Receptaculumscheitel eingefügten Indusium, und die Sporangien tragen öfters an ihrem Stiel ein gestieltes, köpfchenförmiges Drüsenhaar. Bei *Polypodium vulgare* sind die rundlichen Sori ganz ohne Schleier. Bei dem Adlerfarn, *Pteridium aquilinum*, stehen die Sporangien an den Rändern der Blattfiedern in ununterbrochener Linie und werden von dem nach unten eingeschlagenen Blattrande bedeckt.

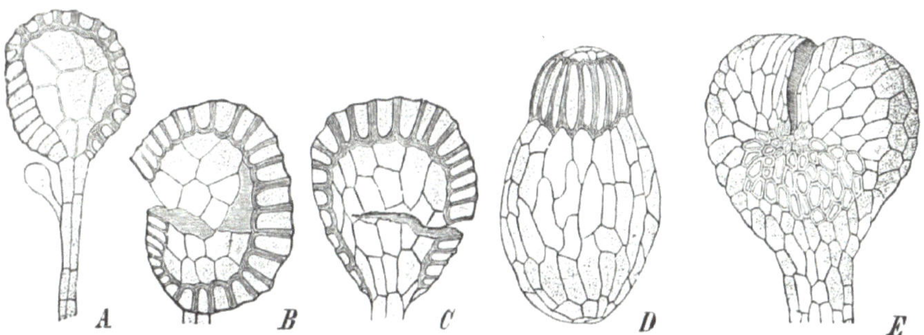

Fig. 475. Sporangien. *A* Von Dryopteris (Aspidium) Filix mas. Am Stiel ein Drüsenhaar. *B* und *C* von Alsophila armata, von zwei entgegengesetzten Seiten gesehen. *D* Von Aneimia caudata. *E* Von Osmunda regalis. *A–D* Vergr. 70, nach der Natur. *E* Vergr. 40. Nach LÜRSSEN.

Außer den Polypodiaceen umfassen die Farne noch andere, vorwiegend tropische Familien, deren Sporangien in der Ringbildung und dementsprechend auch im Öffnungsmechanismus Verschiedenheiten zeigen. So besitzen die *Cyatheaceen* oder Baumfarne Sporangien mit vollständigem, in schiefem Verlauf über den Scheitel ziehendem Ring (Fig. 475 *B*, *C*); die *Hymenophyllaceen*, die ausgezeichnet sind durch zierliche dünnhäutige Wedel von einfachster anatomischer Struktur und überwiegend als Epiphyten in tropischen Wäldern, in wenigen Vertretern auch noch im atlantischen Europa, *Hymenophyllum tunbridgense* sogar noch in Luxemburg und in der sächsischen Schweiz an feuchten Sandsteinfelsen, vorkommen, haben einen vollständigen, schief über das Sporangium laufenden Ring; die tropischen *Schizaeaceen* und *Gleicheniaceen* dagegen einen quer gestellten Ring, der bei ersteren nahe der Spitze (Fig. 475 *D*), bei letzteren etwa in der Mitte des Sporangiums verläuft, während die *Osmundaceen*, die bei uns durch den Königsfarn, *Osmunda regalis*, vertreten werden, auf dem Rücken unter dem Scheitel des Sporangiums nur eine kleine Gruppe dickwandiger Zellen aufweisen (Fig. 475 *E*). Bei den drei zuletzt genannten Familien öffnen sich die Sporangien mittels Längsspalte, bei den drei ersten Familien dagegen mittels quergestellter oder schiefer Spalte. So ergeben sich zwei Hauptgruppen, die longiciden und breviciden Leptosporangiaten, von denen erstere den Eusporangiaten näher stehen[433].

Alle Filices sind homospor. Ihr Prothallium hat meist die Gestalt eines flachen, herzförmigen, kleinen Thallus von der für *Dryopteris* in Fig. 463 dargestellten Form. Antheridien und Archegonien entstehen an der dem einfallenden Licht abgewandten Seite, normal also an der Unterseite.

Fig. 476. Trichomanes rigidum. Teil eines Prothalliums mit Archegonienträgern *A*, davon einer mit Keimpflanze. Nach GOEBEL.

Bei gewissen *Hymenophyllaceen* (*Trichomanes*) aber ist das Prothallium fädig verzweigt und trägt an seinen Ästen die Antheridien und auf besonderen mehrzelligen Seitenästen die Archegonien (Fig. 476). Im Aufbau erinnern diese Prothallien an das Protonema der Laubmoose.

Die Antheridien und Archegonien[434] zeigen denjenigen der Eusporangiaten gegenüber einige Unterschiede. Die Antheridien (Fig. 477) werden an jungen Prothallien angelegt und sind kugelig vorgewölbte Gebilde, die ohne Stiel mitten auf einer Prothalliumzelle sitzen und aus dieser durch papillenartige Vorwölbung, Abgrenzung durch eine Querwand und weitere Teilung hervorgegangen sind. Ihre Wand besteht aus zwei ringförmigen Zellen und einer Deckelzelle, die bei einigen Familien in zwei oder mehr Zellen sich teilt, bei den Polypodiaceen aber meist einfach bleibt. Die Spermienzellen gehen aus der zentralen Zelle durch Teilung hervor. Die Entleerung der Antheridien geschieht durch den Druck der schleimerfüllten und aufquellenden Ringzellen, welche die ebenfalls aufquellende Deckelzelle absprengen. So gelangen die rundlichen Spermienzellen ins Wasser und entlassen nach einiger Zeit je ein pfropfenzieherartig gewundenes, mit zahlreichen Zilien an den vorderen Windungen besetztes Spermium, an dessen Hinterende ein Bläschen befestigt ist, das einige kleine Körnchen enthält und einen unverbrauchten Rest des Inhaltes der Mutterzelle darstellt.

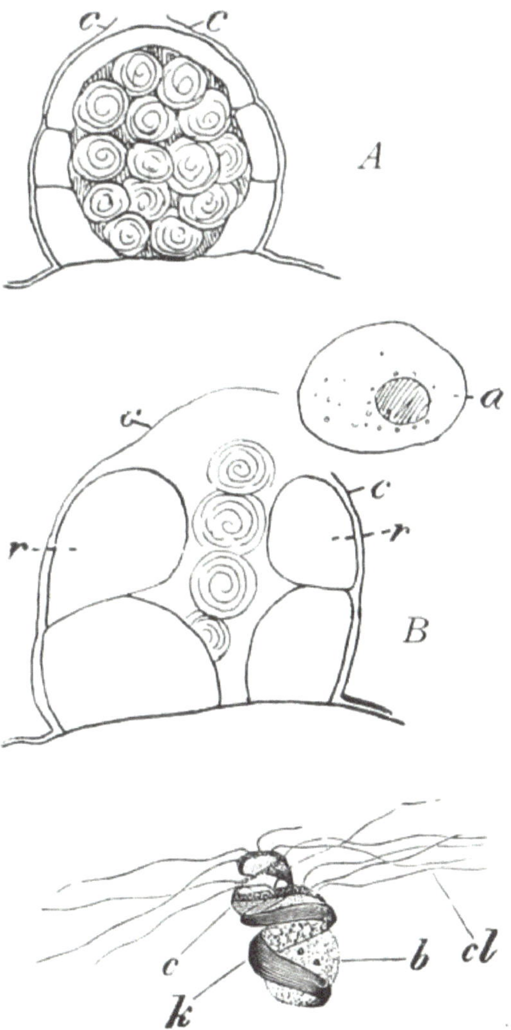

Fig. 477. *A* Reifes Antheridium von Woodsia ilvensis. Die Kutikula *c* ist geplatzt. *B* Geöffnetes Antheridium, *d* Deckelzelle, *r* aufgequollene Ringzelle. Nach SCHLUMBERGER. — *C* Spermium von Struthiopteris germanica. *k* Zellkern, *cl* Geißeln, *b* Blase aus einer Vakuole hervorgegangen, *c* Plasma. Vergr. 850. Nach SHAW.

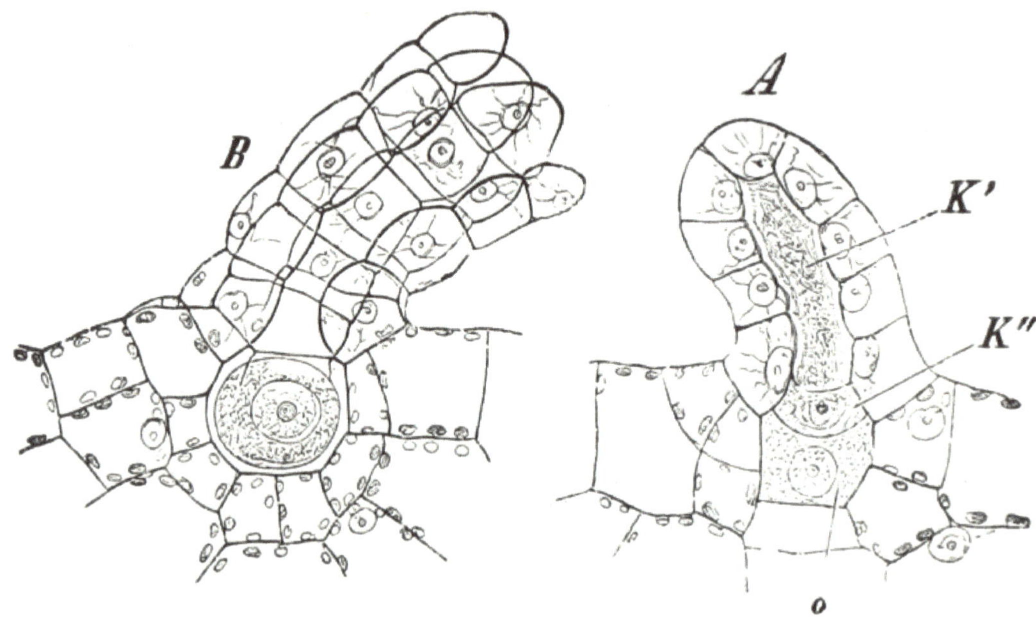

Fig. 478. Polypodium vulgare. *A* Junges Archegonium. *K'* Halskanalzelle, *K''* Bauchkanalzelle, *o* Ei. *B* Geöffnetes Archegonium. Vergr. 240. Nach STRASBURGER.

Die Archegonien (Fig. 478) entstehen in dem mehrschichtigen mittleren Teile älterer Prothallien durch Teilung einzelner Zellen. Ihr Halsteil ist länger als bei den Eusporangiaten, besteht aus vier Zellreihen und schließt eine zentrale langgestreckte Halskanalzelle ein. Im Bauchteile befindet sich die große Eizelle, über ihr die Bauchkanalzelle. Die Kanalzellen werden aufgelöst und erfüllen den Kanal mit einer stark lichtbrechenden Substanz, die bei Wasserzutritt stark aufquillt; das Archegonium öffnet sich an seiner Spitze. Die Embryoentwicklung ist aus Fig. 464 zu ersehen.

Ausnahmsweise kann bei gewissen Farnkräutern der Sporophyt auf dem Prothallium durch vegetative Knospung sich entwickeln, ohne daß Sexualorgane mitwirken oder ausgebildet werden (Apogamie), und umgekehrt kommt es auch vor, daß an den Farnwedeln keine Sporen, sondern direkt Prothallien erzeugt werden (Aposporie).

Giftig: *Pteridium aquilinum*, der Adlerfarn, enthält einen Giftstoff, der bei Pferden Erkrankungen und selbst den Tod herbeiführt.

Offizinell ist *Dryopteris* (*Aspidium*) *filix mas*, Rhizoma Filicis (Pharm. germ., austr., helv.), ferner das südeuropäische *Adiantum Capillus Veneris*, Frauenhaar, dessen Blätter benutzt werden: Folium Adianti seu Herba Capilli Veneris (Pharm. helv.). Auch das nordamerikanische *Adiantum pedatum* liefert Folium Adianti (Pharm. helv.). Die seidenähnlichen, glänzendbraunen Gliederhaare am Grunde der Blattstiele verschiedener Baumfarne, besonders von *Cibotium Baranetz*, im tropischen Asien und auf den pazifischen Inseln, liefern die als Wundwatte und auch als Polstermaterial benutzten Paleae haemostaticae (Pennawar Djambi auf Sumatra, Pakoe-Kidang auf Java, Pulu in Amerika) (Pharm. austr.).

2. Ordnung. Hydropterides, Wasserfarne[435]-[438].

Zu den Wasserfarnen gehören nur wenige Gattungen wasser- oder sumpfbewohnender Kräuter. Sie sind sämtlich heterospor. Die Makro- und Mikrosporangien werden in besonderen, an der Basis der Blätter sitzenden Behältern, sog. Sporangienfrüchten oder Sporokarpien, eingeschlossen. Auch besitzt ihre einschichtige Wandung keinen Ring. Die Sporen sind von eigenartigen Perisporien umgeben.

Die Wasserfarne umfassen die beiden Familien der *Marsiliaceen* (mit drei Gattungen) und der *Salviniaceen* (mit zwei Gattungen). Zu ersterer gehört die Gattung *Marsilia*, die bei uns durch *M. quadrifolia* vertreten ist (Fig. 479 *A*). Sie hat eine kriechende, verzweigte Achse mit einzeln stehenden, langgestielten Blättern, deren Spreite aus zwei nahe beieinander stehenden Fiederblattpaaren sich zusammensetzt. Über der Basis des Blattstiels entspringen paarweise, bei anderen Arten in noch größerer Anzahl, die gestielten ovalen Sporokarpien, von denen ein jedes seiner Anlage nach dem assimilierenden sterilen, hier aber ungegliedert bleibenden Blatteil entspricht. Die jungen Blätter sind, wie bei den Farnen, an der Spitze schneckenförmig eingerollt.

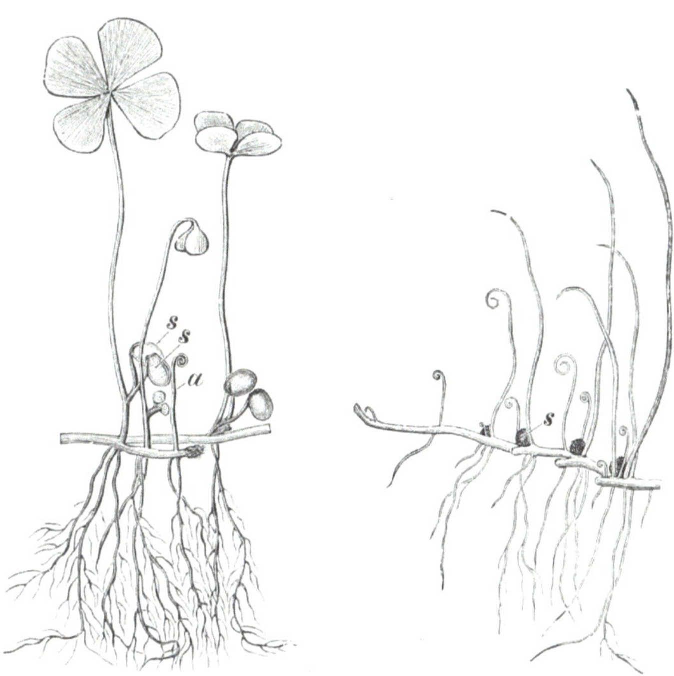

Fig. 479. Wasserfarne. *A* Marsilia quadrifolia. *a* Junges Blatt, *s* Sporokarpien. *B* Pilularia globulifera. *s* Sporokarpien. Verkleinert. Nach BISCHOFF.

Die Gattung *Pilularia*, zu der als einheimische Art *P. globulifera*, ebenfalls auf sumpfigen Wiesen wachsend, gehört, unterscheidet sich von Marsilia durch einfache lineale Blätter, an deren Grunde die kugeligen, in der Anlage dem sterilen Blattstiel entsprechenden Sporokarpien einzeln entspringen (Fig. 479).

Die zweite Familie, *Salviniaceen*, enthält frei schwimmende Wasserpflanzen. Die erste Gattung *Salvinia* ist in unserer Flora durch *S. natans* vertreten, deren wenig verzweigter Stengel an jedem Knoten drei Blätter trägt; die beiden oberen sind als ovale Schwimmblätter ausgebildet, das untere dagegen ist in zahlreiche, in das Wasser herabhängende, fadenförmige, behaarte Zipfel geteilt und übernimmt die Funktion der fehlenden Wurzeln. An diesen Wasserblättern sitzen am Grunde der basalen Zipfel zu mehreren die kugeligen Sporokarpien (Fig. 480 *A*), die bei den Salviniaceen eine andere Entwicklungsgeschichte zeigen als bei den Marsiliaceen. Die Sporangien entspringen auf einem säulenförmigen Receptaculum, das seiner Anlage nach einem modifizierten Wasserblattzipfel entspricht. Die Hülle dagegen ist als Indusium aufzufassen; sie entsteht als Neubildung in Form eines Ringwalles, der krugförmig und schließlich hohlkugelförmig über das Receptaculum und seinen Sporangiensorus emporwächst, am Scheitel aber dicht zusammenschließt. Die zweite Gattung *Azolla* ist vorwiegend tropisch und stellt zierliche, reichverzweigte Schwimmpflänzchen vor mit dicht aufeinanderfolgenden Blättchen in zweizeiliger Anordnung. Jedes Blatt hat zwei Lappen, von denen der obere schwimmt und assimiliert, der untere ins Wasser taucht und an der Wasseraufnahme sich beteiligt. Der obere Lappen enthält eine Höhlung, die mit enger Öffnung nach außen mündet und stets Fäden der blaugrünen Alge Anabaena Azollae beherbergt. Zwischen diesen wachsen aus der Wand der Höhlung Haare hinein, eine Erscheinung, die auf das Bestehen eines symbiotischen Verhältnisses zwischen Azolla und Anabaena hindeutet.

Azolla besitzt zarte lange Würzelchen an der Unterseite des Stengels und Sporenfrüchte, die meist zu zweien am Unterlappen des Blattes einzelner Seitenzweige entspringen.

Der Bau der Sporangien und Sporen und die Entwicklung der Prothallien zeigen manche Unterschiede den Filices gegenüber. Sie mögen zunächst für die *Salviniaceen* an dem Beispiel von *Salvinia natans*[435] erläutert werden. Die Sporokarpien enthalten entweder Mikrosporangien in größerer Zahl oder Makrosporangien in geringerer Zahl (Fig. 481 *A*, *ma*, *mi*). Beiderlei Sporangien erinnern in ihrem Aufbau und ihrer Entwicklung an die Sporangien der leptosporangiaten Farnkräuter; sie sind gestielt, besitzen im reifen Zustande eine einschichtige dünne Wandung, aber keinen Ring (*B*, *D*). Die Mikrosporangien umschließen 64 Mikrosporen, die in einer schaumigen, erhärteten Zwischensubstanz eingebettet liegen, und zwar, ihrer Entstehung in Tetraden aus den Sporenmutterzellen entsprechend, zu je vier genähert (*C*). Die schaumige Zwischensubstanz geht aus dem Plasma der in einschichtiger Lage gebildeten Tapetenzellen hervor.

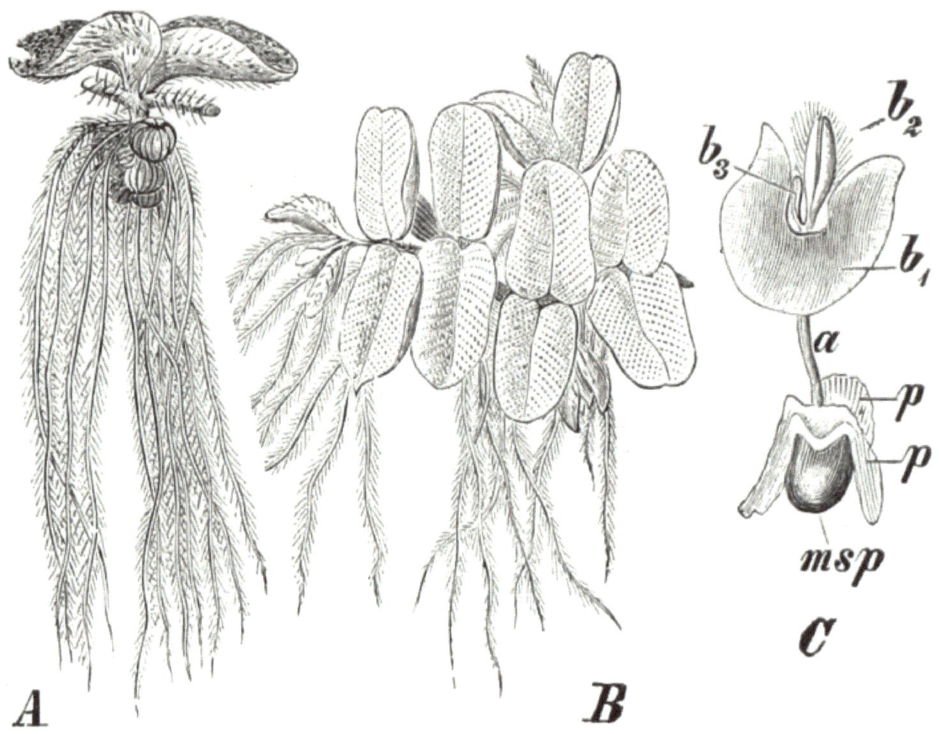

Fig. 480. Salvinia natans. *A* von der Seite. *B* Von oben. Verkleinert. Nach BISCHOFF. *C* Keimpflanze, *msp* Makrospore, *p* Prothallium, *a* Stengel, b_1 b_2 b_3 die drei ersten Blätter. b_1 das sog. Schildchen. Vergr. 15. Nach N. PRINGSHEIM.

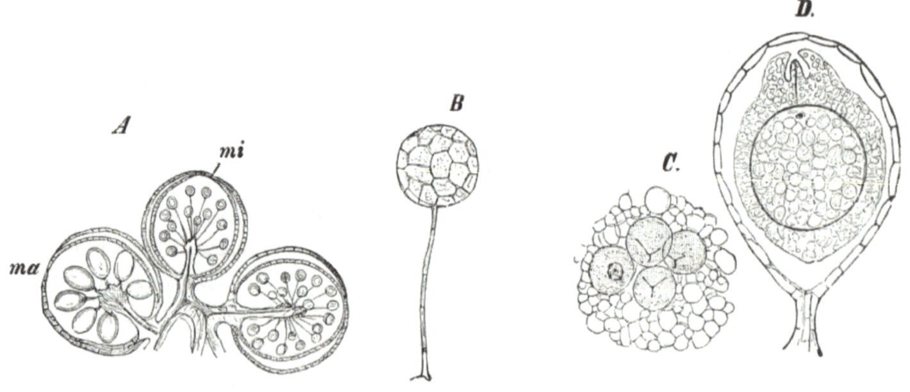

Fig. 481. Salvinia natans. *A*, *ma* Makrosporokarp, *mi* Mikrosporokarp im Längsschnitt. Vergr. 8. *B* Ein Mikrosporangium von außen. Vergr. 55. *C* In schaumige Zwischensubstanz eingebettete Mikrosporen. Vergr. 250. *D* Makrosporangium und Makrospore, im Längsschnitt. Vergr. 55. Nach STRASBURGER.

Die Mikrosporangien platzen nicht auf; die Mikrosporen entwickeln nur je ein kurzes schlauchförmiges männliches Prothallium, das nach außen durch die Sporangienwand hervortritt, nur aus wenigen Zellen sich aufbaut und nur zwei Antheridien enthält (Fig. 482). Jedes Antheridium erzeugt im ganzen vier Spermien, die durch Aufbrechen der Zellwände nach außen gelangen. Obwohl somit dieses Prothallium sehr vereinfacht erscheint, läßt es sich unschwer auf die Prothallien der Filices zurückführen.

Die Makrosporangien sind größer als die Mikrosporangien und besitzen ebenfalls eine einschichtige Wandung (Fig. 481 *D*), enthalten aber nur eine einzige große Makrospore, da nur eine der 32 angelegten Sporen auf Kosten der übrigen sich weiter entwickelt. Die Makrospore ist mit eckigen Proteïnkörnern, mit Öltröpfchen und Stärkekörnern dicht erfüllt; an ihrem Scheitel liegt dichteres Plasma und der Kern. Ihre braune Sporenwand (Exospor) ist von einer dicken schaumigen Hülle, dem Perispor, überlagert, die der Zwischensubstanz des Mikrosporangiums entspricht und wie diese aus dem Tapetenzellplasma hervorgeht. Die Makrospore bleibt von der Sporangiumwand umschlossen, wird mit dieser von der Mutterpflanze frei und schwimmt an der Wasseroberfläche. Bei ihrer Keimung teilt sie sich in eine scheitelständige kleinere Zelle, aus der ein kleinzelliges weibliches Prothallium hervorgeht, und in eine darunter liegende große Zelle, die mit ihrem Reichtum an Reservestoffen zu dessen Ernährung dient und sich nicht weiter teilt, obwohl ihr Kern durch freie Kernteilung zahlreiche, wandständige Tochterkerne liefert. Die Sporenhaut platzt in drei Klappen auf, ebenso springt die Sporangienwand auf, und das grüne Prothallium ragt nun als kleines sattelförmiges Gebilde etwas hervor. Es entwickelt drei bis fünf Archegonien; aber nur die befruchtete Eizelle eines von ihnen kommt zur Weiterentwicklung und zur Bildung eines Embryo, der mit seinem Fuß im erweiterten und schließlich gesprengten Archegoniumbauch steckt (Fig. 483). Das erste Blatt der Keimpflanze (Fig. 480 *C*) hat schildförmige Gestalt, es schwimmt auf der Oberfläche des Wassers.

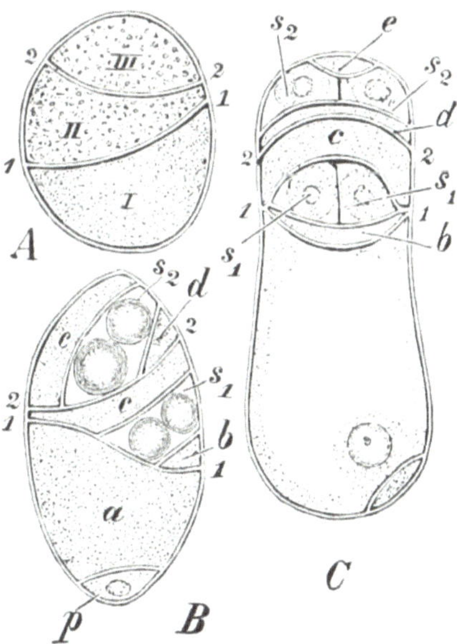

Fig. 482. Salvinia natans. Männliche Prothallien. *A* Teilung der Mikrosporen in die drei Zellen *I–III*. Vergr. 860. *B* Fertiges Prothallium von der Flanke. *C* Von der Bauchseite. Vergr. 640. Zelle *I* hat sich in die Prothalliumzellen *a* und *p* geteilt, *p* ist als Rhizoïdzelle zu deuten; Zelle *II* in die sterilen Zellen *c*, *b* und die beiden spermatogenen Zellen s_1, von denen jede zwei Spermien bildet; Zelle *III* in die sterilen *e*, *d* und die beiden spermatogenen Zellen s_2. Die Zellen s_1 s_1 und s_2 s_2 stellen zwei Antheridien vor, die Zellen *b*, *c*, *d*, *e* deren Wandungszellen. Nach BELAJEFF.

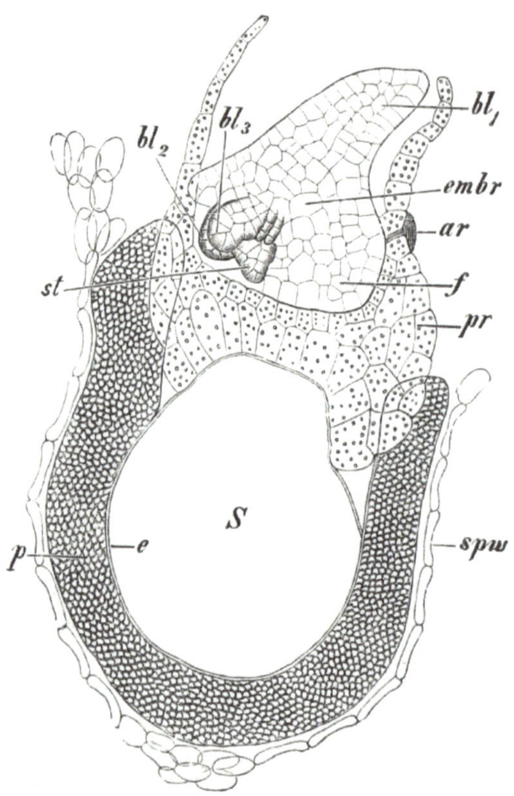

Fig. 483. Salvinia natans. Embryo im Längsschnitt, Prothallium *pr*, *s* Sporenzelle, *e* Exospor, *p* Perispor, *spw* Sporangiumwand, *embr* Embryo, *f* Fuß, *bl*, *bl₂ bl₃* die drei ersten Blätter, *st* Stammscheitel. Vergr. 100. Nach PRINGSHEIM.

Bei *Azolla*[436] verläuft der Entwicklungsgang in ähnlicher Weise, aber die Sporangien und Sporen zeigen einige Besonderheiten. Die Mikro- und Makrosporocarpien entwickeln sich anfangs in gleicher Weise; ein jedes legt ein einziges Makrosporangium an, das von der Hülle umwallt wird, und aus dessen Stiel dann innerhalb der Hülle die Mikrosporangien hervorsprossen. Im Mikrosporokarp schrumpft die Anlage des Makrosporangiums, und nur die Mikrosporangien entwickeln sich weiter; im Makrosporokarp gelangt dagegen nur das Makrosporangium zur Ausbildung. In den Mikrosporangien werden die 64 Sporen durch eine schaumige Zwischensubstanz, die von dem Periplasmodium geliefert wird, zu 5–8 rundlichen Ballen, den Massulae, vereinigt. Jede Massula ist an der Oberfläche mit gestielten Widerhäkchen, Glochiden, Auswüchsen der Zwischensubstanz besetzt. Die Sporangiumwand platzt auf und entläßt die Massulae, die im Wasser zu den Makrosporen gelangen. In den Makrosporangien werden 32 Makrosporen angelegt, aber nur eine Spore wächst weiter, verdrängt alle anderen und preßt schließlich auch die Wandung des Makrosporangiums zusammen, so daß diese dicht an die eiförmige Sporenfruchtwandung zu liegen kommt. Das Perispor umgibt die Makrospore als schaumige, mit Vertiefungen und fadenförmigen Verlängerungen versehene Haut und bildet an ihrem Scheitel einen Aufsatz von drei birnförmig gestalteten Gebilden, den Schwimmkörper. Die Massulae haken sich in das Perispor fest. Die Sporenfrucht reißt am unteren Teile auf, ihr Scheitel verbleibt an der freigewordenen Makrospore in Form eines Schirmes. Die Prothalliumbildung stimmt im wesentlichen mit Salvinia überein, an den wenigzelligen männlichen Prothallien, die aus den Massulae hervorwachsen, entsteht aber nur je ein einziges Antheridium mit acht Spermien.

Fig. 484. Marsilia salvatrix. *A* Sporokarp in nat. Gr., *st* Stiel. *B* In Wasser aufgesprungenes Sporokarp mit dem hervortretenden Gallertring. *C* Dieser (*g*) zerrissen und gestreckt mit den Sorusfächern *sr*, Sporokarpschale *sch*. *D* Unreifer Sorus. *m* Makrosporangien, *mi* Mikrosporangien. Nach J. SACHS und J. HANSTEIN.

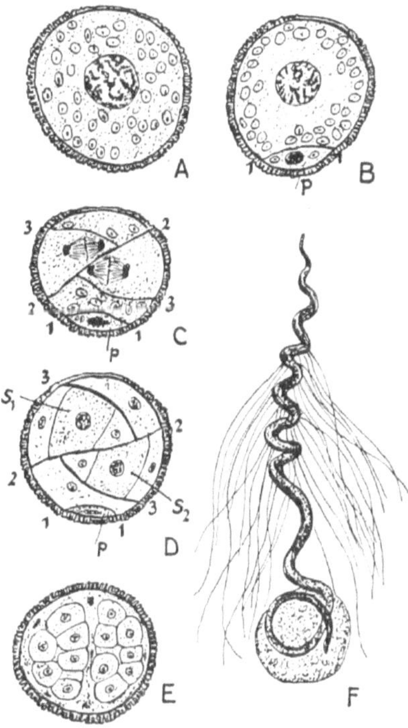

Fig. 485. Marsilia quadrifolia. Entwicklung des männlichen Prothalliums aus der Spore *A*. In *B* durch Wand *1* eine kleine Prothalliumzelle (rudimentäre Rhizoïdzelle) *p* abgeteilt, *C* und *D* weitere Teilungen. s_1 und s_2 die Mutterzellen der spermatogenen Zellen in beiden Antheridien. *E* Reifes Stadium, die beiden Gruppen von je 16 Spermienzellen, aus s_1 und s_2 hervorgegangen, liegen in dem durch Auflösung der peripheren sterilen Zellen gebildeten Plasma. *F* Ein Spermium stark vergrößert, die Zilien entspringen einem bandförmigen, dem schraubig gewundenen Kerne anliegenden Blepharoplasten. Nach LESTER W. SHARP.

Die Sporokarpien der *Marsiliaceen*[437] sind komplizierter gebaut, enthalten bei *Pilularia globulifera* vier Fächer, jedes mit einem Sorus, bei *Marsilia* zahlreiche Fächer (14–18) mit je einem Sorus, in zwei Reihen nebeneinander gelagert. Die Sori beider Gattungen führen zugleich Makro- und Mikrosporangien. Sie entstehen wie bei manchen Farnen am Blattrande der Sporophyllanlage aus Oberflächenzellen, die dann nachträglich vom umgebenden Gewebe überwallt werden. So liegen sie schließlich eingebettet im Sporophyllgewebe, dessen äußere Wandschichten zu einer harten Schale sich differenzieren. Nach einer Ruhezeit keimen die Sporokarpien in Wasser. Bei *Pilularia* quillt das die Sori umgebende Gewebe stark auf, sprengt die Schale am Scheitel vierklappig auf und tritt als Schleimmasse mit den Sporangien hervor, aus denen ebenfalls durch Verquellung der Wandungen die Sporen frei werden. Prothalliumentwicklung und Befruchtung erfolgen in dieser mehrere Tage lang sich haltenden Schleimmasse. Die Sporokarpschale von *Marsilia* dagegen wird zweiklappig aufgesprengt. Eine den Sorusfächern an Rücken- und Bauchnaht des Sporokarps ringförmig anliegende knorpelige Gewebemasse quillt stark gallertig auf, sprengt die Bauchnaht, tritt hier hervor, zieht die Sori, die von häutigen Hüllen umgeben sind, mit heraus, verlängert sich wurmförmig und reißt schließlich durch (Fig. 484).

Aus der Mikrospore geht innerhalb der Sporenhülle ein reduziertes männliches Prothallium hervor, das im fertigen Zustand nur zwei Antheridien mit je 16 Spermienzellen umschließt und nach dem Aufplatzen der Hülle die korkzieherartig gewundenen, mit zahlreichen Zilien versehenen Samenfäden entläßt (Fig. 485).

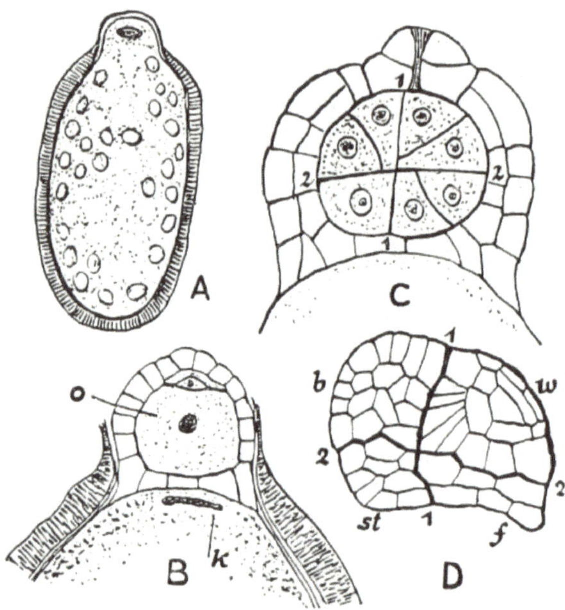

Fig. 486. Marsilia vestita. *A* Makrospore, am Scheitel der Kern und das Plasma, aus dem das in *B* dargestellte weibliche Prothallium hervorgeht; *o* Eizelle des Archegoniums, darüber Bauchkanal- und Halskanalzelle; *k* Kern der in der Sporenhülle verbleibenden großen Sporenzelle. *C* Junger Embryo im Archegonium nach den ersten Teilungen, *1* Basalwand, *2* Quadrantenwand. *D* Späteres Stadium, *w* Wurzelanlage, *b* erstes Blatt, *st* Stamm, *f* Fuß. *A* Vergr. 60, *B* 360, *C* 525, *D* 260. Nach D. CAMPBELL.

Die dickwandige Makrospore entwickelt in ähnlicher Weise wie bei Salvinia an ihrem aufspringenden Scheitel aus dem hier befindlichen dichteren Plasma, das von der großen, in der Hülle verbleibenden Sporenzelle durch eine Zellwand abgeteilt wird, ein kleines, wenigzelliges, im Längsschnitt sattelförmiges, ergrünendes Prothallium, das nur ein einziges Archegonium erzeugt, also weitestgehende Vereinfachung aufweist (Fig. 486).

Die Entwicklung des Embryos folgt dem Typus der leptosporangiaten Farne, indem die Eizelle sich erst durch eine längsgerichtete Basalwand, dann durch eine Querwand in Quadranten teilt, die darauf in Oktanten zerlegt werden. Aus den beiden oberen Oktantenpaaren geht die Wurzel und das erste Blatt, aus den unteren der Fuß und der Stammscheitel hervor (Fig. 486 *C D*). Das Prothallium wächst eine Zeitlang mit und umhüllt den Embryo; es treibt aus seinen unteren Zellen einige farblose Rhizoïden. Findet keine Befruchtung statt, so entwickelt sich aus ihm ein kleiner, längere Zeit lebender Thallus, der keine neuen Archegonien mehr erzeugt.

Für gewisse neuholländische Marsilien der Gruppe *Drummondi* ist parthenogenetische Keimbildung nachgewiesen worden[438].

Klasse II.
Equisetinae, Schachtelhalme[288]. [400]. [426]. [429]. [439].

1. Ordnung. Equisetaceae. Die Schachtelhalme umfassen nur die Gattung *Equisetum*, die in vergangenen Erdperioden bis in die Trias zurückreicht und heute nur noch in 20 weit verbreiteten Arten vertreten ist. Diese sind teils Land-, teils Sumpfpflanzen. Sie zeigen einen sehr charakteristischen Aufbau ihrer ungeschlechtlichen Generation. Aus einem im Boden kriechenden Rhizom entspringen aufrechte Halme von meist nur einjähriger Lebensdauer. Bei *Equisetum arvense* (Fig. 488), dem Ackerschachtelhalm, sowie auch bei anderen Arten werden seitliche kurze Rhizomäste in Form von rundlichen Knollen als Reservestoffbehälter und Überwinterungsorgane ausgebildet. Die oberirdischen Halme bleiben entweder einfach, oder sie verzweigen sich in quirlig gestellte Äste zweiter, dritter usw. Ordnung. Alle Achsen sind aus gestreckten Internodien zusammengesetzt, innen von einem zentralen und von peripherischen Luftgängen sowie von einem Kreis von kollateralen Leitbündeln durchzogen (Fig. 487).

An den Knoten sitzen abwechselnde Quirle von zugespitzten, unterwärts in eine den Stengel umschließende Scheide verwachsenen Schuppenblättern. Die Internodien sind mit ihrer Basis in diese Scheiden eingeschachtelt. Die Seitenzweige werden in den Blattachseln angelegt und brechen quer durch die Scheiden nach außen hervor. Entsprechend der geringen Größe und ungeeigneten Beschaffenheit der Blattspreiten übernehmen die Halme die Funktion der Assimilation und bilden das chlorophyllführende Gewebe aus.

Die Sporangien werden von besonders gestalteten Blättern, Sporophyllen, erzeugt. Diese sind in mehreren Quirlen an den Enden der Sprosse angeordnet und bilden somit zapfenförmige Sporophyllstände (Fig. 488), die in ihrem Aufbau den männlichen Blüten der Koniferen gleichen und auch als Blüten zu bezeichnen sind. Der unterste Quirl ist steril, bildet einen kurzen Kragen. Die Sporophylle selbst haben die Form eines gestielten Schildes, an dessen Unterseite 5–10 sackförmige, mit Längsriß aufspringende Sporangien sitzen (Fig. 488 *B*, *C*). Das sporenbildende Gewebe ist im jüngeren Sporangium von einer mehrschichtigen Wandung umgeben. Während die inneren Lagen als Tapetenzellen ihre Wandung auflösen und ihr Plasma zum Periplasmodium wird, das zwischen die sich abrundenden Sporen eindringt und bei der Bildung der Sporenwand aufgebraucht wird, bleibt bei der Reife nur die äußerste Zellschicht als definitive Wandung erhalten; ihre Zellen erhalten Spiral- und Ringfaserverdickungen; die Sporangien gleichen darin den ihnen homologen Pollensäcken der Phanerogamen. Das Aufspringen geschieht durch Kohäsionszug des schwindenden Füllwassers und durch die Kontraktion der dünnen Membranteile beim Austrocknen. Das geöffnete Sporangium entleert zahlreiche grüne Sporen mit eigenartig gebauter Wand. Der aus Endospor und Exospor zusammengesetzten eigentlichen Sporenwand wird von dem Periplasmodium ein Perispor aufgelagert. Diese äußere Schicht besteht aus zwei schraubig gewundenen, parallel laufenden, an ihren Enden löffelförmigen Bändern (Elateren), die sich beim Austrocknen der Sporen ablösen, aber an einer Stelle in ihrer Mitte miteinander und mit dem Exospor verbunden bleiben; sie breiten sich aus, legen sich bei Zutritt von Feuchtigkeit aber wieder zusammen und mögen durch ihre hygroskopischen Bewegungen dazu dienen, die Sporen, die meist diözische Prothallien bilden, gruppenweise zu verketten und zu verbreiten (Fig. 488 *D*, *E*).

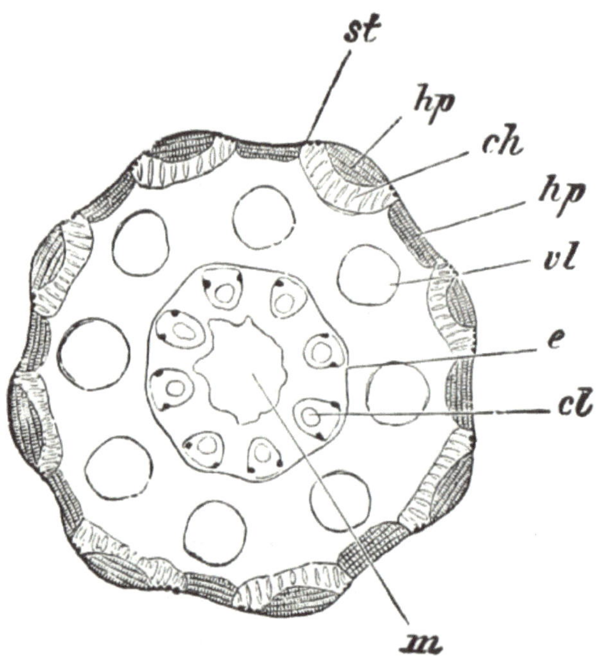

Fig. 487. Equisetum arvense. Stengel quer, *m* lysigene Markhöhle, *e* Endodermis, *ci* Karinalhöhlen in den kollateralen Leitbündeln, *vl* Vallekularhöhlen, *hp* Sklerenchymstränge in den Riefen und Rippen, *ch* chlorophyllführendes Gewebe der Rinde, *st* Spaltöffnungsreihen. Vergr. 11. Nach STRASBURGER.

Bei gewissen Schachtelhalmen hat sich ein Unterschied in der Ausgestaltung der oberirdischen Halme herausgebildet. Teils bleiben sie steril und verzweigen sich reichlich, teils tragen sie an ihrem Ende die Blüten und verzweigen sich dann später sparsamer oder überhaupt nicht in unfruchtbare Seitenzweige. Am ausgeprägtesten ist dieser Unterschied bei *Equisetum arvense* und *E. Telmateja*, bei denen die fertilen Halme ganz einfach sind, an ihrem Ende mit einer einzigen Blüte abschließen (Fig. 488) und sich auch durch den Mangel des Chlorophylls und ihre blaßrötliche Färbung von den vegetativen Halmen unterscheiden. Sie verhalten sich also gleichsam wie parasitische Sprosse, die aus dem Rhizom ihre Nahrung beziehen.

Das im tropischen Amerika einheimische *Equisetum giganteum* ist die größte Art der Gattung, sie erhebt sich kletternd im Gesträuch mit ihren 2 cm dicken, quirlig verzweigten Halmen bis über 12 m Höhe.

Die Sporen sind sämtlich von gleicher Beschaffenheit und keimen zu thallösen Prothallien aus. Diese sind meist diözisch (Fig. 489); weibliche bedürfen zu ihrer Entwicklung guter Ernährung, bei schlechter bilden sie Antheridien. Die weiblichen Prothallien sind bedeutend größer als die männlichen und verzweigen sich reichlicher in dorsiventrale krause Lappen, an deren Grunde die Archegonien sitzen. Diese sind ganz ähnlich wie bei den Farnen beschaffen, nur sind die obersten Zellen des aus vier Zellreihen bestehenden Halses stark verlängert und biegen sich bei der Öffnung des Archegoniums stark nach außen um. Die Spermien besitzen wie bei den Farnen zahlreiche Zilien (Fig. 489 *III*). Am Embryo treten die ersten Blätter gleich in einem Quirl angeordnet auf und umwallen ringförmig den Stammscheitel, der mit dreiseitiger Scheitelzelle weiterwächst (Fig. 489 *IV*, 100, 101).

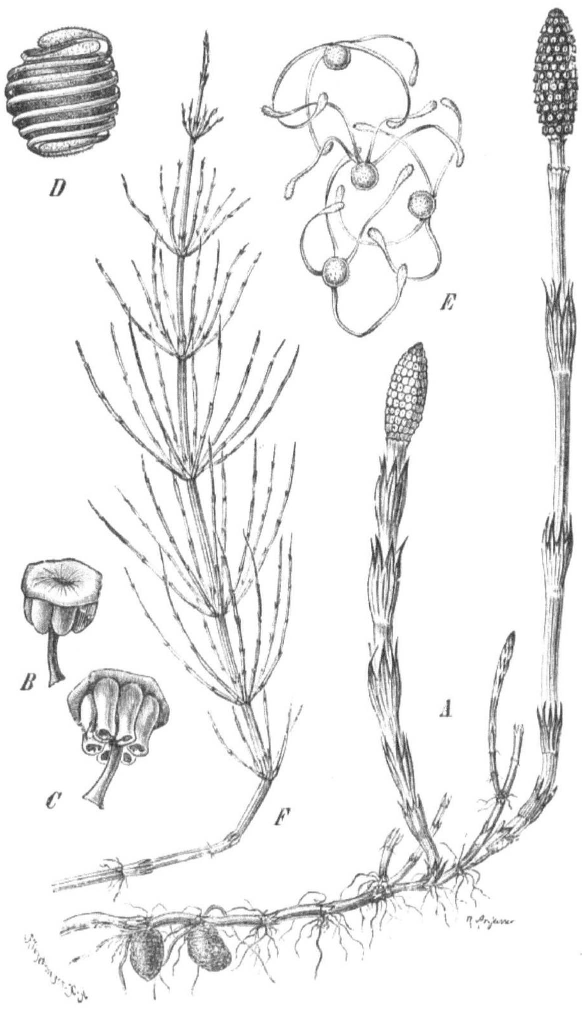

Fig. 488. Equisetum arvense. *A* Fertile Halme, dem knollentragenden Rhizom entspringend, mit vegetativem Halm noch in der Knospe. *F* unfruchtbarer vegetativer Halm. *B* und *C* Sporophylle mit Sporangien, in *C* aufgesprungen. *D* Spore mit den beiden Spiralbändern (Elateren) des Perispors. *E* Sporen mit den in trockenem Zustand ausgebreiteten Spiralbändern. *A*, *F* **1/2** nat. Gr. *B*, *C*, *D*, *E* Vergr.

Die äußeren Membranen der Stengelepidermis sind bei den Schachtelhalmen mehr oder weniger stark mit Kieselsäure imprägniert, in besonderem Maße bei *Equisetum hiemale*, das ebenso wie auch *E. arvense* infolgedessen zum Scheuern von metallenen Gefäßen, zum Polieren von Holz und zu ähnlichen Zwecken Verwendung findet.

Giftig: In einigen Equisetum-Arten sind giftig wirkende Stoffe nachgewiesen. Heu mit viel Schachtelhalmen untermischt ist für das Vieh schädlich.

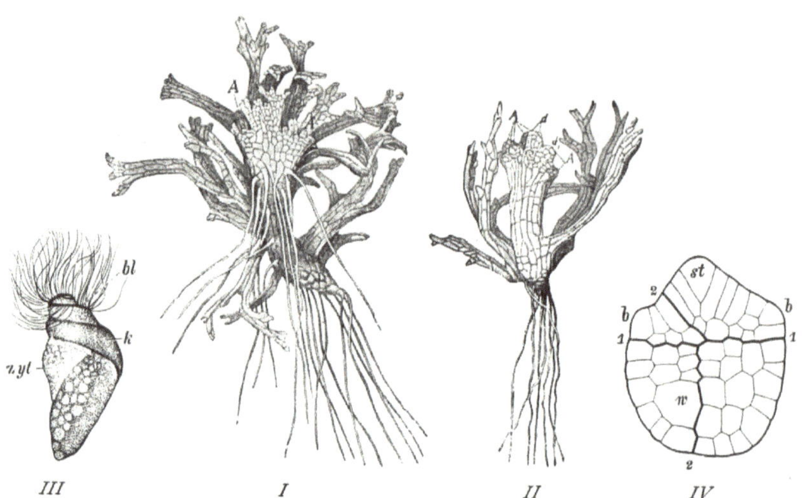

Fig. 489. *I*, *II* Equisetum pratense. *I* Weibliches Prothallium von der Unterseite, mit Archegonien *A*. *II* Männliches Prothallium mit Antheridien *A*, *d* deren Deckzellen. *I* Vergr. 17. *II* Vergr. 12. Nach GOEBEL. *III* Equisetum arvense. Spermium, *k* Kern, *bl* Blepharoplast (Zilienbildner) und Zilien, *zyt* Zytoplasma. Vergr. ca. 1250. Nach SHARP. *IV* Equisetum arvense. Embryo. *1*, *2* Oktantenwände. Aus der über der Basalwand *1* liegenden Hälfte entsteht der Stamm *st* und der erste Blattquirl *b*, aus der unteren Hälfte die Wurzel *w* und der Fuß. Vergr. 165. Nach SADEBECK.

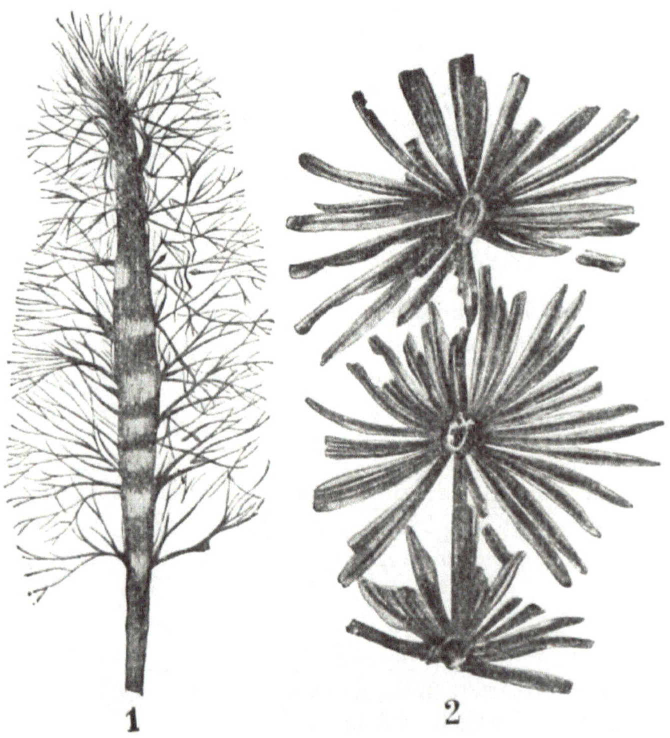

Fig. 490. *1* Asterocalamites radiatus, nach STUR. *2* Annularia stellata, nach SEWARD. Aus LOTSY, Botan. Stammesgeschichte.

Offizinell: Die sterilen Halme von *Equisetum arvense* liefern Herba Equiseti (Pharm. austr.).

*2. **Ordnung. Calamariaceae***[450]. Die ausgestorbenen, im Paläozoikum sehr reich entwickelten, besonders im Karbon sehr häufigen Calamariaceen waren habituell den Schachtelhalmen ähnliche, in einzelnen

Arten wohl bis 30 m hohe, baumartige Gewächse, deren mit Periderm bedeckte, hohle, monopodiale, quirlig verzweigte Stämme (*Calamites*) sekundäres Dickenwachstum aufwiesen. Ihre Blätter (*Annularia*, Fig. 490) standen in abwechselnden Quirlen, waren schmal-lanzettlich, anfangs zu einer Scheide verbunden, später sich trennend und in dem ältesten Typus *Asterocalamites* (Fig. 490) noch dichotom geteilt, also farnblattähnlich. Die Sporangienstände hatten bei dieser Gattung ähnlichen Bau wie bei Equisetum, bei den übrigen Vertretern aber waren sie zusammengesetzt aus abwechselnden Quirlen von Schuppenblättern, zwischen denen superponierte Quirle von besonderen Sporangienträgern standen. Jeder solcher Träger hatte die Form eines gestielten Schildes und trug unter diesem vier Sporangien (Fig. 491). Bei *Calamostachys* waren die Sporangienträger ein Stück über die zugehörigen Sporophylle in die Höhe gerückt, bei *Palaeostachya* standen sie in den Achseln dieser; sie können morphologisch als besondere Auswüchse der schuppenförmigen Sporophylle angesehen werden. Interessant ist die Tatsache, daß unter den Calamarien neben isosporen bereits heterospore Arten vertreten waren.

Klasse III.
Sphenophyllinae, Keilblattgewächse[450].

Diese kleine, ausschließlich paläozoische Klasse nimmt eine vermittelnde Stellung zwischen Equisetinen und Lycopodinen ein, schließt sich aber im vegetativen Aufbau an erstere näher an.

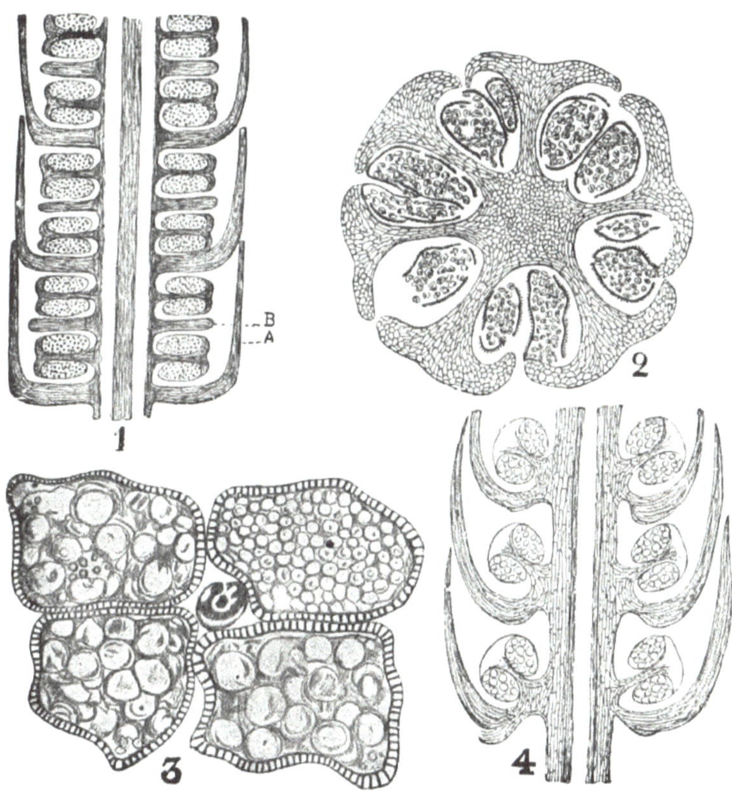

Fig. 491. *1* Calamostachys Binneyana. Sporangienstand im Längsschnitt, *2* im Querschnitt. *3* Calamostachys Casheana. Querschnitt durch den Stiel eines Sporangienträgers, das drei Makrosporangien und ein Mikrosporangium trägt. *4* Palaeostachya. Sporangienstand mit axillären Sporangienträgern, Längsschnitt. Nach SCOTT und HICKLING. Aus LOTSY, Botanische Stammesgeschichte.

Fig. 492. *1* Sphenophyllum, verzweigte Stengel mit linearen und keilförmigen wirteligen Blättern, der rechte Zweig mit längerem Sporangiumstand. Nach SCOTT. *2* S. emarginatum. Nach SEWARD. Aus LOTSY, Bot. Stammesgeschichte.

Die Sphenophyllinen waren durch zwei Gattungen vertreten. *Cheirostrobus* aus dem untersten Karbon besaß reich gegliederte Blüten von ähnlichem Bau wie bei den Calamarien. Die vom Devon bis Perm verbreiteten *Sphenophyllum*-Arten waren krautige Landpflanzen, anscheinend Kletterpflanzen, deren langgliedrige verzweigte Stengel ein axiles dreistrahliges markloses Leitbündel mit sekundärem Zuwachs aufwiesen. Sie waren mit übereinander stehenden, meist sechszähligen Quirlen keilförmiger oder gabelig geteilter Blätter, und mit ährenförmigen Equisetum-ähnlichen Blüten, deren Sporophylle ein bis vier Sporangien trugen, ausgestattet (Fig. 492).

Klasse IV.
Lycopodinae, Bärlappgewächse[288], [400], [426], [429].

Die Lycopodinen unterscheiden sich durch den Habitus ihrer Sporophyten und ihre Sporangienentwicklung scharf von den übrigen Pteridophyten.

Sie waren bereits in der paläozoischen Periode reich vertreten und umfaßten auch baumartige Vertreter hauptsächlich in den ausgestorbenen Ordnungen der *Sigillariaceae* und *Lepidodendraceae.*

Die heute noch lebenden zahlreichen Arten sind sämtlich krautige Gewächse und gehören den Gattungen *Lycopodium*, *Selaginella*, *Psilotum* und *Tmesipteris*, *Isoëtes* an, die sich auf vier Ordnungen verteilen.

Charakteristisch für die Sporophyten ist die gabelige Verzweigung ihrer Wurzeln und Stengel (Fig. 144 u. 146), ferner die einfache Form ihrer Blätter. Die beiden erstgenannten Gattungen besitzen gestreckte Stengel und kleine Blättchen, Isoëtes dagegen gestauchte knollige Stengel und lange pfriemliche Blätter. Während bei Filicinen und Equisetinen die Sporophylle stets zahlreiche Sporangien erzeugen, tragen sie hier diese Organe stets in Einzahl am Grunde der Blattoberseite oder in der Blattachsel. Bei manchen Lycopodinen sind die Sporophylle von den sterilen Blättern kaum verschieden, bei den meisten aber anders gestaltet und an den

Sproßenden zu ährenförmigen Sporophyllständen oder Blüten, ähnlich wie bei Equisetum, vereinigt. Die Sporangien sind im Verhältnis zu den Blättern relativ groß und besitzen eine derbe mehrschichtige Wand ohne Ring. Die innerste Schicht der Wandung, die Tapetenschicht, wird nicht aufgelöst. Daher weist auch die Membran der Sporen kein ihr aufgelagertes Perispor auf. Der Raum zwischen den sich entwickelnden Sporenzellen ist nur mit schleimiger, ihre Ernährung vermittelnder Flüssigkeit erfüllt. Die Sporangien öffnen sich meist mit zwei Klappen, die in einer über den Scheitel laufenden Spalte sich voneinander trennen. Die Spalten sind durch zwei Reihen dünn bleibender Zellen vorgebildet. Nur bei Isoëtes werden die Sporen durch Verwesung der Sporangiumwand frei. Während Lycopodium und Psilotum isospor sind, treffen wir bei Selaginella und Isoëtes Heterosporie an und zugleich eine weitgehende Reduktion und sehr eigenartige Ausbildung der Prothallien; bei Lycopodium und Psilotum dagegen sind die Prothallien wohl entwickelt und zeigen gewisse Ähnlichkeiten mit denen der Ophioglossaceen. Man kann die vereinfachten Prothallien der Selaginellen und Isoëten mit Jugendzuständen der Lycopodium-Prothallien vergleichen, die dann keine vegetative Weiterentwicklung erfahren hätten, sondern frühzeitig zur Gametenbildung gelangt wären.

Lycopodiaceen und *Selaginellaceen* stehen einander näher in der Gliederung des Embryos, der sich bei beiden durch den Besitz eines Embryoträgers auszeichnet, und in der primitiveren Struktur ihrer nur zwei Zilien tragenden Spermien. Die *Isoëtaceen* dagegen zeichnen sich durch trägerlosen Embryo und ebenso wie die *Psilotaceen* durch vielzilige Spermien aus. Danach unterscheiden wir *Lycopodinae biciliatae* und *pluriciliatae*. Schon im Karbon waren krautige Lycopodinen vorhanden, die Vorläufer von *Lycopodium* und *Selaginella*, während *Isoëtes* erst aus der unteren Kreide sicher bekannt ist, die Psilotaceen reichen bis in das Devon zurück.

1. Ordnung. Lycopodiaceae[440]. Die zahlreichen Arten der Gattung *Lycopodium*, Bärlapp, sind krautige, meist erdbewohnende Gewächse; in den Tropen gibt es auch viele epiphytische Formen mit schlaff herabhängenden Sproßbüscheln. Eine der häufigsten Arten unserer Flora ist *Lycopodium clavatum* (Fig. 493). Der Stengel dieser wie auch anderer Arten kriecht weit über den Boden hin, gabelt sich in aufsteigende Äste und ist dicht mit linealpfriemlichen kleinen Blättchen besetzt. Auf der Unterseite der Stengel entspringen dichotom verzweigte Wurzeln. Die ährenförmigen Blüten stehen zu zwei oder mehreren an den Enden von aufrechten, dichotom verzweigten Stengeln und tragen breit schuppenförmige, lang zugespitzte Sporophylle, die am Grunde ihrer Oberseite je ein großes nierenförmiges, zweiklappig aufspringendes Sporangium mit zahlreichen winzigen Sporen erzeugen (Fig. 493 *H*). Das einheimische *Lycopodium Selago* weicht in seinem Habitus von den übrigen Arten ab: seine gegabelten Stengel stehen alle aufrecht, und die Sporophyllstände sind von der vegetativen Region der Zweige nicht abgesetzt.

Die Sporangien sind isospor. Da die Sporen bis zu ihrer Reife in Tetraden verbunden bleiben, behalten sie ihre kugeltetraëdrische Gestalt bei. Ihr Exospor ist mit netzförmigen Verdickungsleisten versehen oder mit rundlichen Grübchen getüpfelt (Fig. 493 *J*, *K*).

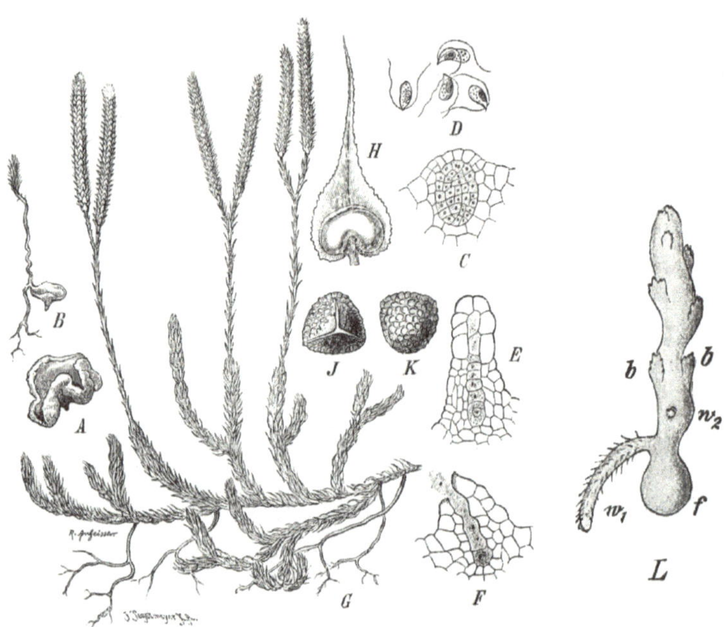

Fig. 493. Lycopodium clavatum. *A* Älteres Prothallium. *B* Prothallium mit junger Pflanze. *C* Antheridium, noch geschlossen, Längsschnitt. *D* Spermien. *E* Jüngeres, noch geschlossenes, *F* befruchtungsreifes geöffnetes Archegonium. *G* Sporangientragende Pflanze. **1⁄2** nat. Gr. *H* Ein Sporophyll mit aufgesprungenem Sporangium. *J* und *K* Sporen in zwei Ansichten. *L* Junge unterirdische chlorophyllfreie Keimpflanze, mit Fuß *f*, Wurzel *w* und Schuppenblättern *b*. Vergr. 10. *A–F*, *L* nach BRUCHMANN.

Während die Sporophyten der Lycopodien im wesentlichen übereinstimmenden Bau aufweisen, zeigen dagegen die aus den Sporen hervorgehenden Prothallien bemerkenswerte Verschiedenheiten. Bei *L. clavatum* (Fig. 493 *A*, *B*) und dem nahe verwandten *L. annotinum* stellen sie unterirdische, saprophytisch lebende, weißliche Knöllchen dar, die anfangs kreiselförmig gestaltet, später durch Auswachsen der Randpartien zu vielgestaltigen, becherförmigen, wulstig gelappten, bis etwa 2 cm großen Gewebekörpern werden, die mit langen, der Wasseraufnahme dienenden Haaren oder Rhizoïden besetzt sind und auf ihrer oberen Fläche zahlreiche Antheridien und Archegonien tragen. Die Sporen keimen erst nach 6–7 Jahren und liefern auf Kosten ihrer Reservestoffe zunächst einen fünfzelligen Keimling, der nach einer Ruhezeit erst dann sich weiterentwickelt, wenn Pilzfäden in seine unteren Zellen eintreten (Fig. 494 *A*, *B*). Die endophytischen Pilzfäden bewohnen auch in älteren Prothallien nur die peripheren Gewebe, zum Teil treten sie aber wieder ins Freie aus den als Durchlaßzellen dienenden Fußzellen der Wurzelhaare und umspinnen diese [441]. Nach 12–15 Jahren tritt erst die Geschlechtsreife ein, und die gesamte Lebensdauer der Prothallien mag etwa 20 Jahre betragen. Bei *L. complanatum* (Fig. 494 *C*) sind diese Gewebekörper rübenförmige, bei *L. Selago* an der Basis kegelförmige, dann zylindrische dorsiventrale Knöllchen, die bei letzterer Art auch an der Oberfläche des Erdbodens sich entwickeln können und dann ergrünen. Anders dagegen verhält sich das auf feuchtem Torfboden lebende kleine *L. inundatum* unserer Flora und das tropische mit aufrechten, reichverzweigten Sprossen versehene *L. cernuum*, deren Prothallien kleine, im Boden steckende und mit Rhizoïden befestigte chlorophyllarme Gewebekörper vorstellen, die am oberen Ende grüne, oberirdische Thalluslappen entsenden. Die Archegonien entspringen am Grunde dieser Thalluslappen, die Antheridien auch auf den Lappen selbst. Alle Lycopodiumprothallien enthalten in ihren peripheren Geweben endophytische Pilzfäden nach Art der Mykorrhizen.

Die Prothallien sind sämtlich monözisch. Die Antheridien (Fig. 493 *C*) sind in das Gewebe etwas eingesenkt und umschließen zahlreiche Spermienzellen; jede Zelle entläßt ein ovales, unter seiner Spitze zwei Zilien tragendes Spermium (Fig. 493 *D*). Die Archegonien (Fig. 493 *E*, *F*) sind ähnlich wie bei den Farnen beschaffen, an ihrem Halsteil gehen die obersten Zellen beim Öffnen zugrunde. Die Zahl der Halskanalzellen ist bei den einzelnen Arten verschieden (1, 3 bis 5, oder 6 bis 10, sogar bis 20).

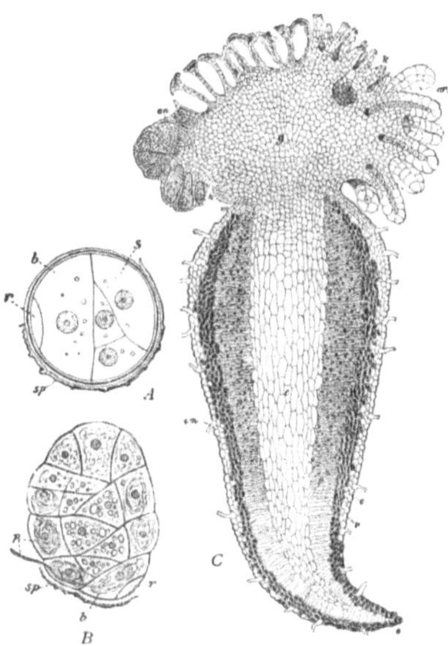

Fig. 494. Lycopodium annotinum. *A* Fünfzelliger farbloser Sporenkeimling, mit Rhizoïdzelle *r*, Basalzelle *b*, Scheitelzelle *s*, Sporenhaut *sp*. Vergr. 580. *B* Junger Keimling, in dessen unteren Zellen der endophytische Pilz *p* wohnt. Die Scheitelzelle in drei Scheitelmeristemzellen geteilt. Vergr. 470. — Lyc. complanatum. *C* Reifes Prothallium mit Antheridien *an*, Archegonien *ar*, *k* junger Embryo. Vergr. 26. Nach BRUCHMANN.

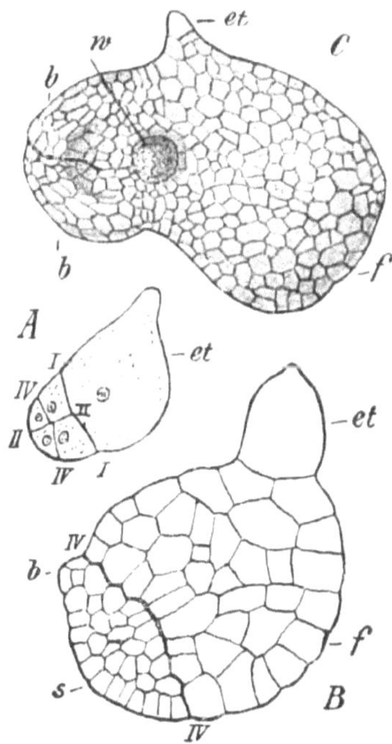

Fig. 495. Lycopodium complanatum. Embryoentwicklung. *A* Embryo mit den ersten Teilungen; die Basalwand *I* teilt die Anlage des Embryoträgers *et* von der Anlage des Embryokörpers ab, die Transversalwände *II* und *III* (letztere in der Ebene des Schnittes) sowie die Querwand *IV* liefern zwei vierzellige Stockwerke, von denen das zwischen *I* und *IV* gelegene den Fuß liefert, das unterste den Sproßteil. Vergr. 112. *B* Mittleres Stadium, *s* Stammscheitel, *b* Blattanlage, *f* Fuß. Vergr. 112. *C* Embryo kurz vor dem Herauswachsen aus dem Prothallium. *bb* die beiden ersten, den Stammscheitel bedeckenden Blätter, *w* die erste Wurzel. Vergr. 40. Nach BRUCHMANN.

Der Embryo bleibt während seiner Entwicklung (Fig. 495) im Prothallium eingeschlossen. Er besitzt einen kugeligen, bei *L. complanatum* keulenförmigen und warzigen Fuß als Saugorgan für die Keimpflanze; unter dem Fuße differenziert sich die Anlage des Sprosses, dessen erste Blätter schuppenartig sind und aus dessen basalem Teile die erste Wurzel hervorkommt. Zwischen Sproß und Fuß befindet sich der Embryoträger oder Suspensor, ein Gebilde, das als anfängliches Saug- und Ernährungsorgan des Embryos dient.

Offizinell sind die Sporen von *Lycopodium clavatum* und anderen Arten (Lycopodium, Pharm. germ., austr., helv.). Sie werden als Hexenmehl bezeichnet.

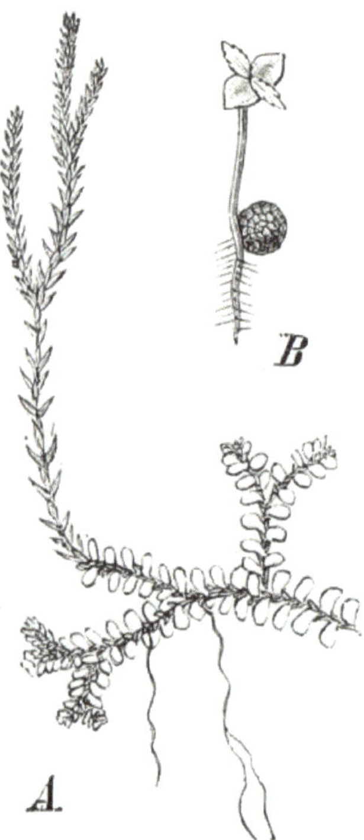

Fig. 496. *A* Selaginella helvetica. Nat. Gr. Nach der Natur. *B* S. Kraussiana, Keimpflänzchen mit der Makrospore. Vgr. Nach BISCHOFF.

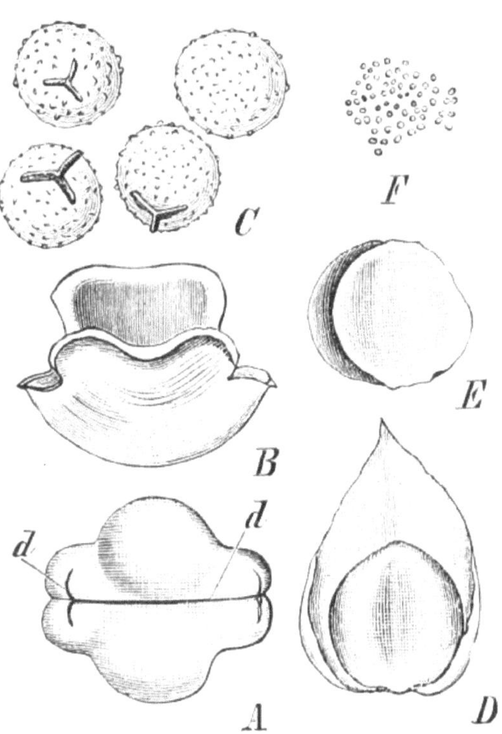

Fig. 497. Selaginella helvetica. *A* Makrosporangium von oben mit Dehiszenzlinie *d*. *B* Geöffnet von der Seite, die vier Makrosporen *C* ausgeschleudert. *D* Mikrosporangium in der Achsel des Schuppenblattes von innen. *E* Geöffnet. *F* Mikrosporen. Vergr. ca. 15.

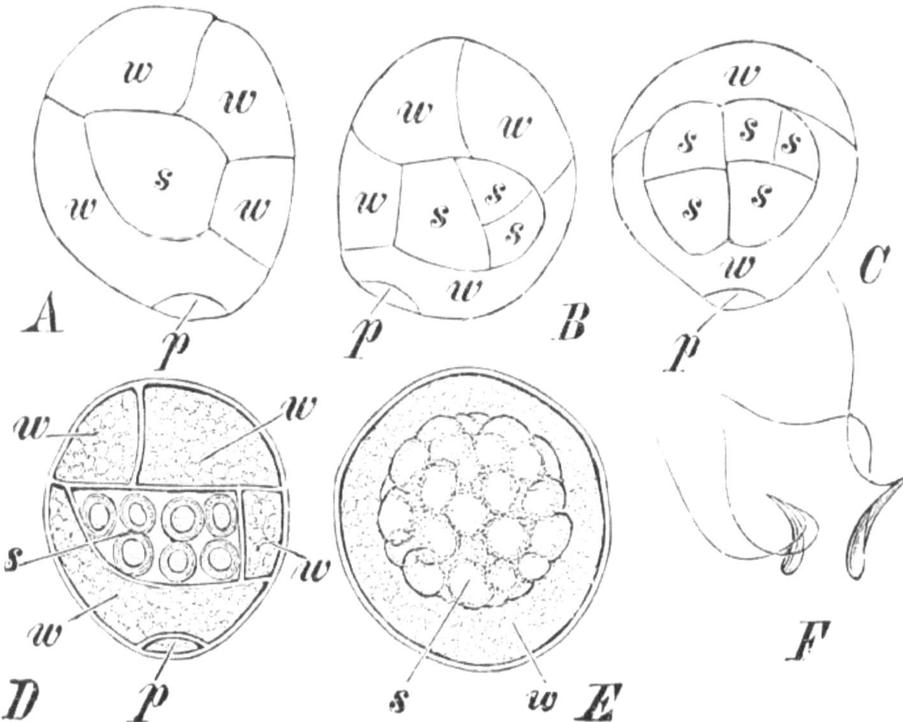

Fig. 498. *A–E* Selaginella stolonifera. Vergr. 640. Keimung der Mikrosporen, aufeinander folgende Stadien, *p* Prothalliumzelle, als Rhizoïdzelle aufzufassen, *w* Antheridiumwandzellen, *s* spermatogene Zellen, *A*, *B*, *D* von der Seite, *C* vom Rücken. In *E* die Prothalliumzelle nicht sichtbar, die Wandzellen, aufgelöst, umgeben die Spermienzellen. *F* Sel. cuspidata. Spermien. Vergr. 780. Nach BELAJEFF.

2. Ordnung. Selaginellaceae[442]. Die Gattung *Selaginella* ist bei uns nur durch wenige, in den Tropen dagegen durch zahlreiche Formen vertreten. Diese besitzen teils niederliegende, teils aufrechte, reich gabelig, mit sympodialer Ausbildung verzweigte Stengel; einige sind rasenbildend, andere klettern sogar mit mehrere Meter langem Stengel im Gesträuch empor. Gewisse xerophile Arten (*S. lepidophylla* im tropischen Amerika u. a.) können monatelang, ja mehrere Jahre lang Trockenheit ertragen, wobei sie ihre rosettig angeordneten Sprosse mittels Kohäsionsmechanismus zusammenschließen; bei Eintritt von Regen breiten sie sich wieder aus[443]. Im allgemeinen haben die Selaginellen ähnlichen Habitus wie die Lycopodien. Der Stengel ist mit kleinen, schraubig oder dekussiert in vier Zeilen stehenden, schuppenartigen Blättchen, und zwar meist in dorsiventraler Ausbildung besetzt, so bei der in den Alpen heimischen *Selaginella helvetica* (Fig. 496), deren Stengel zwei Reihen kleiner, sog. Oberblätter und zwei Reihen diesen gegenüberstehender größerer Unterblätter trägt (vgl. auch Fig. 141). Eigentümlich ist den Selaginellen, daß ihre Wurzeln nicht unmittelbar dem beblätterten Stengel, sondern zu je einer oder mehreren an den Enden von kürzeren oder längeren, verzweigten oder unverzweigten Wurzelträgern[444] endogen entspringen. Diese sind zylindrische, blattlose nach unten wachsende, wurzelähnliche Sprosse, eigenartige Organe, die paarweise stets an Gabelungsstellen der Stengel, gekreuzt mit dessen Gabelästen exogen entstehen; sie sind befähigt, zu beblätterten Sprossen weiterzuwachsen, wenn die normalen Sprosse zurückgeschnitten werden. Schon an dem Keimling entstehen ganz kurze Wurzelträger, aus deren Spitzen die ersten Wurzeln endogen sich bilden. Die Blätter der Selaginellen sind ausgezeichnet durch eine am Grunde der Blattoberseite entspringende kleine häutige Ligula, die als Organ der Wasseraufnahme ein sehr rasches Aufsaugen von Regentropfen durch die beblätterten Sprosse vermittelt[445]. Die epidermalen Assimilationszellen der Blätter führen bei manchen Arten, ähnlich wie bei Anthoceros, nur je einen großen muldenförmigen Chloroplasten[446].

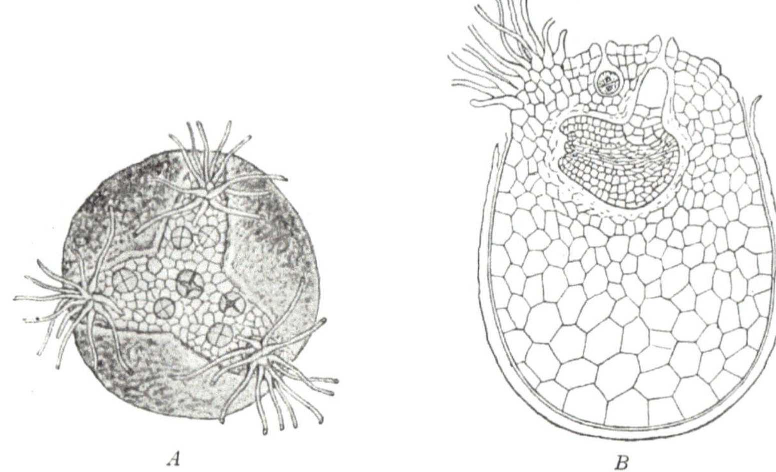

Fig. 499. Selaginella Martensii. *A* Aufgesprungene Makrospore von oben. Prothallium mit drei Rhizoïdhöckern und mehreren Archegonien. Vergr. 112. *B* Längsschnitt, zwei Archegonien mit sich entwickelnden Embryonen. Vergr. 112. Nach BRUCHMANN.

Die endständigen Sporophyllstände oder Blüten sind einfach oder verzweigt, vierkantig radiär, seltener dorsiventral. Jedes Sporophyll trägt nur ein über der Blattachsel aus dem Stengel entspringendes Sporangium. In ein und derselben Blüte treten sowohl Makro- als auch Mikrosporangien auf. In den ersteren (Fig. 497 *A–C*) gehen die angelegten Sporenmutterzellen alle zugrunde bis auf eine, welche die vier großen, paarweise gekreuzten und die Sporangienwand buckelig vorwölbenden Sporen liefert. Das durch einen Kohäsionsmechanismus erfolgende Aufspringen vollzieht sich auf vorbezeichneter Dehiszenzlinie mit zwei auf einem basalen, kahnförmigen Teile stehenden, sich zurückkrümmenden Klappen; durch den Druck des sich verengenden Kahnteils werden die Sporen dann herausgeschleudert. In den flachen Mikrosporangien sind zahlreiche kleine Sporen vorhanden. Die Öffnung geschieht hier in ähnlicher Weise, nur ist der kahnförmige Teil viel kürzer, die Klappen reichen fast bis zur Basis.

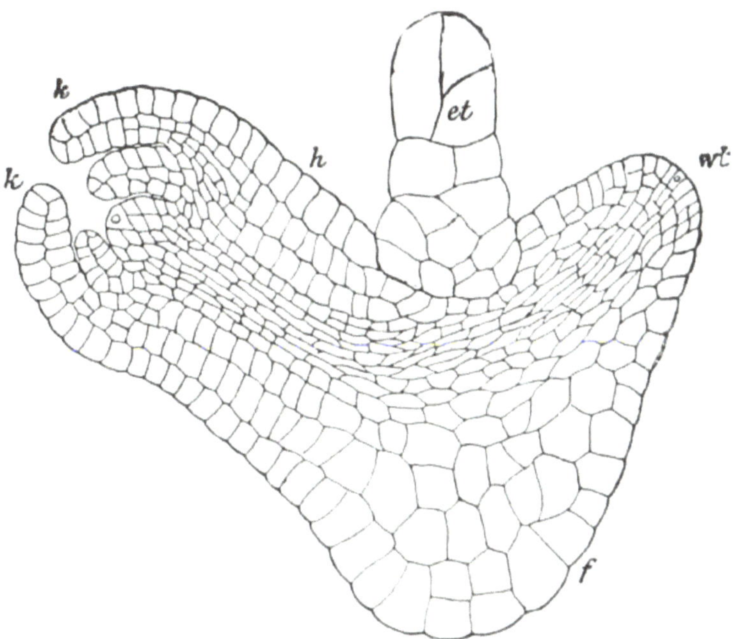

Fig. 500. Selaginella Martensii. Embryo vor dem Hervorbrechen aus dem Prothallium im Längsschnitt. *f* Fuß. *wt* Wurzelträger, *et* Embryoträger, *k* Keimblätter mit Ligula. Vergr. 150. Nach BRUCHMANN.

Die Mikrosporen beginnen ihre Weiterentwicklung schon innerhalb des Sporangiums. Die Sporenzelle teilt sich zunächst in eine kleine linsenförmige, der Rhizoïdzelle von Salvinia entsprechende Zelle, und in eine große Zelle, die nacheinander in acht sterile Prothallien- oder Wandzellen und zwei oder vier zentrale spermatogene Zellen zerlegt wird (Fig. 498 *A*). Durch weitere Teilung der letzteren Zellen, die ein einziges Antheridium vorstellen, entstehen die sich abrundenden Spermienmutterzellen in größerer Anzahl (*B–D*). Die Wandzellen lösen alsdann ihre Wände auf und werden zu einer Schleimschicht, in welcher die zentrale Masse der Spermienzellen eingebettet liegt (*E*). Die kleine Prothalliumzelle (*p*) bleibt hingegen erhalten. Das ganze männliche Prothallium ist bis zu diesem Stadium von der Mikrosporenhaut noch umschlossen; schließlich bricht diese auf und die Spermienzellen werden frei, um die keulenförmigen, an der Spitze mit zwei langen Zilien versehenen Samenfäden zu entlassen.

Auch die Makrosporen beginnen, allerdings nicht bei allen Arten, ihre Weiterentwicklung schon, wenn sie noch im Sporangium eingeschlossen liegen. Der Zellkern teilt sich in Tochterkerne, die in dem Wandplasma am Scheitel sich verteilen, und nun erfolgt hier die Ausbildung von Zellwänden. So wird vom Scheitel bis zur Basis fortschreitend die Spore mit großen Prothalliumzellen angefüllt; zugleich beginnt aber auch in derselben Richtung die weitere Teilung dieser Zellen in kleinzelliges Gewebe. Bei einigen Arten wird zunächst nur am Scheitel eine kleinzellige Scheibe von Zellen angelegt, die durch verdickte getüpfelte Innenwände (Diaphragma) sich von der großen unteren Zelle abgrenzen, und diese teilt sich erst später in großzelliges Gewebe. In dem kleinzelligen Gewebe am Scheitel werden einige wenige Archegonien angelegt, und zwar manchmal bereits, wenn die Spore noch nicht vom Prothalliumgewebe ganz ausgefüllt ist. Meist werden die Archegonien erst gebildet, wenn die Sporen aus dem Sporangium entleert sind; öfters findet aber die Befruchtung auch noch auf der Mutterpflanze statt.

Die Sporenwand springt am Scheitel in den drei Sporenkanten auf; das kleinzellige farblose Prothallium tritt etwas hervor und bildet auch einige Rhizoïden auf drei Gewebehöckern, die zum Sprengen und Aufsperren der Wand wie zum Festhalten von Wasser dienen. Es erfolgt dann die Befruchtung von einem oder wenigen Archegonien und die direkte Weiterentwicklung der befruchteten Eizellen zum Embryo (Fig. 499).

Die Entwicklung des Embryos, an dem wir den ein- oder mehrzelligen Embryoträger, den Sproßvegetationskegel mit den ersten Blattanlagen, die ersten Wurzelträger und den Fuß unterscheiden, verläuft in auffallend verschiedener Weise innerhalb der Gattung. Die befruchtete Eizelle teilt sich zunächst quer; aus der oberen, hypobasalen Zelle geht bei *S. Martensii* und Verwandten der Embryoträger allein hervor, aus der unteren, epibasalen Zelle dagegen der Hauptkörper des Embryos (Fig. 500); bei *S. denticulata, helvetica* und den meisten anderen Arten aber liefert die obere Zelle außer dem Embryoträger auch noch den Fuß und Wurzelträger. Der Sproßscheitel mit dem ersten Blattpaar wächst nach oben, die Wurzel abwärts; die junge Keimpflanze bleibt mit ihrem Fuß in dem Prothalliumgewebe der Makrospore stecken (Fig. 496 B). Bei einigen Arten (*S. rubricaulis, spinulosa, helvetica*) bleiben die Archegonien geschlossen. und die Eizelle entwickelt sich parthenogenetisch zum Embryo. Bei *S. Kraussiana* und Verwandten ist der Embryoträger nach BRUCHMANN rückgebildet, aber in seiner Funktion ersetzt durch einen eigenartigen Embryoschlauch, der aus der Membran der Eimutterzelle hervorgehen soll; in diesem soll sich die Anlage des Embryos abgrenzen und dann in das Nährgewebe hinabwandern.

3. Ordnung. Psilotaceae[447]. Von jetzt lebenden Formen gehören zu dieser anscheinend sehr primitiven Ordnung nur *Psilotum* mit zwei tropischen Arten und *Tmesipteris* mit einer australischen Art. Bemerkenswert ist das gänzliche Fehlen von Wurzeln. Die gabelig verzweigten Sprosse tragen in schraubiger Anordnung kleine einfache Blätter und in ihren oberen Teilen die Sporophylle, die stets tief gegabelt sind und auf ihrer Innenseite am Grunde je ein derbwandiges zwei- oder dreifächeriges Sporangium besitzen.

Die in neuerer Zeit erst bekannt gewordenen Prothallien beider Gattungen sind im Substrat verborgene, zylindrische, verzweigte, farblose, von einem Phykomycetenmyzel nach Art der Mykorrhizen durchzogene, nur einige Millimeter große Thalli, die auf ihrer Oberfläche zahlreiche Antheridien und Archegonien entwickeln. Die Spermien haben zahlreiche Zilien.

Die im Devon vertretenen *Rhyniaceen* scheinen zu den Anfangsformen der Psilotaceen zu gehören und sind insofern besonders bemerkenswert, als ihr wurzelloser, gabelig verzweigter Stengel noch keine blattartigen Ausgliederungen zeigte, äußerlich also noch einem Algenthallus glich, und an seinen Enden Sporangien trug, die bei *Hornea* eine Columella, ähnlich wie die Laubmoossporogone, aufwiesen[448].

4. Ordnung. Isoëtaceae[449]. Hierher gehört nur die Gattung *Isoëtes*, Brachsenkraut, (Fig. 501), die als selbständiger Zweig der in früheren Erdperioden viel formenreicheren Klasse anzusehen ist. Die Isoëtes-Arten sind teils untergetauchte, teils auf feuchtem Boden lebende, perennierende Kräuter mit knolliger, gestauchter, selten dichotom gegabelter Achse, die nach unten ein Büschel von dichotom verzweigten Wurzeln, nach oben eine dichte Rosette von langen pfriemförmigen, von vier Luftkanälen durchzogenen Blättern trägt. Die Stammknolle zeichnet sich aus durch sekundäres Dickenwachstum mittels eines Kambiums, das nach außen Rinde, nach innen Tracheiden und aus Prismenzellen bestehendes Parenchym, das das hier fehlende Phloëm vertritt, abscheidet. Die Blätter verbreitern sich am Grunde zu einer breiten Scheide und sind an der Innenseite über ihrer Basis mit einer länglichen grubenartigen Vertiefung, der Fovea, versehen. Die Sporophylle tragen im Grunde der Fovea je ein Sporangium; im übrigen gleichen sie den Laubblättern, die den innersten Teil der Rosette einnehmen. Über der Fovea ist die Ligula, die hier als schleimbildendes Organ dient, als dreieckiges Häutchen mit eingesenkter Basis eingefügt. Im Habitus weicht also Isoëtes von den übrigen Ordnungen bedeutend ab, mit Selaginella ist ihr die Ligula gemeinsam; daher werden auch Isoëtes und Selaginella als Ligulatae bezeichnet, zu denen auch die fossilen Sigillariaceen und Lepidodendraceen gehören.

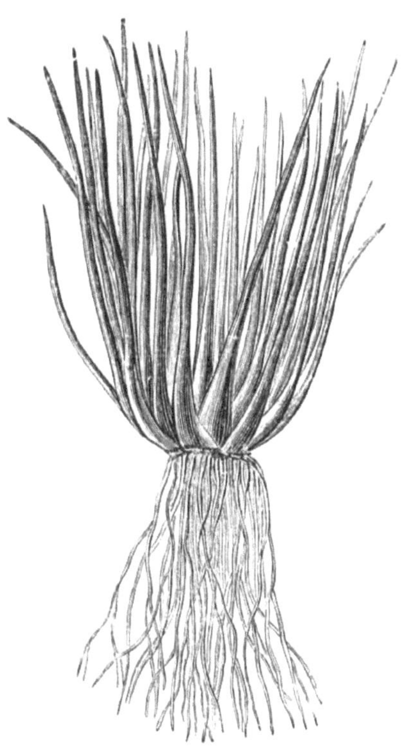

Fig. 501. Isoëtes lacustris. 1/2 nat. Gr.

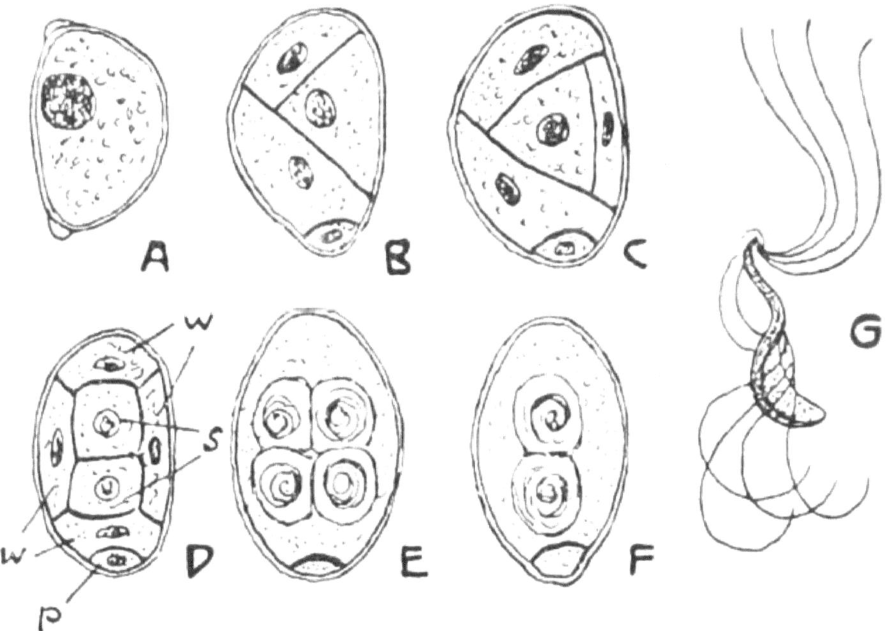

Fig. 502. *A–F* Isoëtes setacea. Vergr. 640. *A* Mikrospore von der Seite. *B–D* Teilung der Spore, *p* Prothalliumzelle, *w* die vier Wandzellen, *s* spermatogene Zellen. *E* Die Wandzellen aufgelöst, umgeben die vier Spermienzellen, Flächenansicht. *F* Desgleichen, Seitenansicht. *G* Isoëtes Malinverniana, Spermium. Vergr. 780. Nach BELAJEFF.

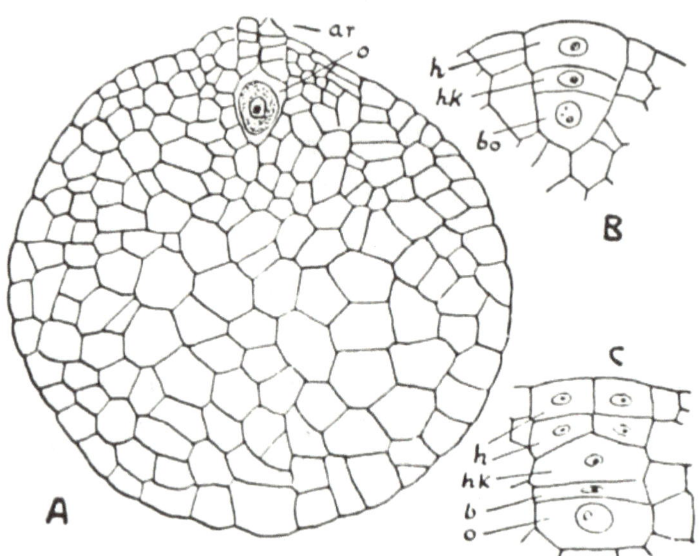

Fig. 503. Isoëtes echinospora. *A* Weibliches Prothallium mit Archegonium *ar*, Eizelle *o*. *B*, *C* Entwicklung des Archegoniums aus einer oberflächlichen Zelle, *h* Halszellen, *hk* Halskanalzelle, *b* Bauchkanalzelle, *o* Eizelle. Vergr. 250. Nach CAMPBELL.

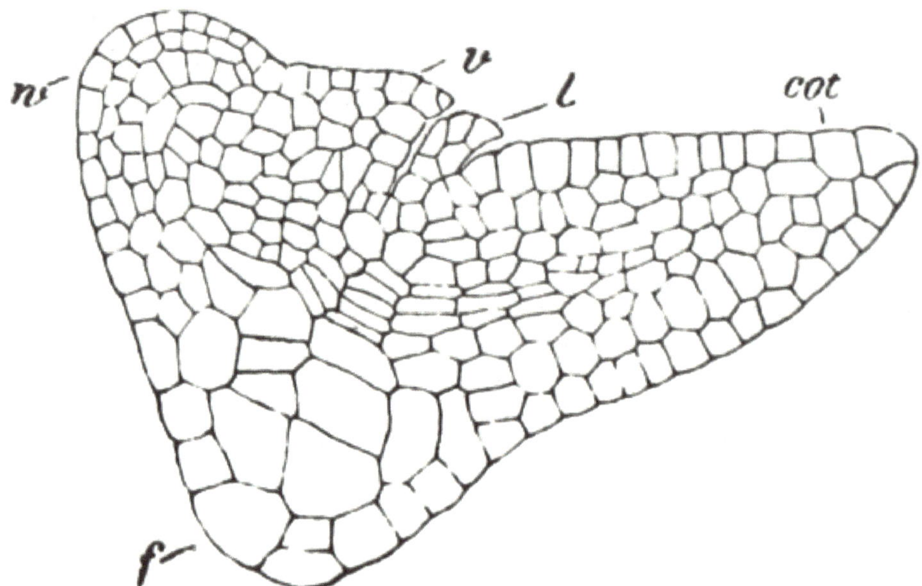

Fig. 504. Isoëtes echinospora. Embryo vor dem Herauswachsen aus dem Prothallium; Längsschnitt. *cot* Keimblatt, *l* Ligula, *v* Scheide an der Basis des Keimblattes, in dessen Achsel der Stammscheitel sich bildet, *w* Wurzel, *f* Fuß. Vergr. 200. Nach CAMPBELL.

Die Makrosporangien, die hier im Unterschied zu Selaginella noch zahlreiche Makrosporen ausbilden, sitzen an den äußeren Blättern der Rosette, die ihnen ähnlichen Mikrosporangien an den auf diesen folgenden Blättern. Beide sind hier von querverlaufenden sterilen Gewebesträngen, Trabeculae genannt, durchsetzt und unvollständig gefächert. Die Sporen werden erst durch Verwesung der Behälter frei.

Die Entwicklung der geschlechtlichen Generation geschieht in ähnlicher Weise wie bei Selaginella. Das reduzierte männliche Prothallium entwickelt sich bereits in der Spore (Fig. 502). Auch hier wird die Sporenzelle in eine kleine linsenförmige Prothalliumzelle (*p*) und eine größere, die Anlage eines einzigen Antheridiums, zerlegt. Die große Zelle teilt sich weiter in vier sterile Wandzellen (*w*), welche allseitig zwei zentrale spermatogene Zellen umschließen. Aus beiden entstehen je zwei Spermienzellen (*E*), im ganzen also vier, die nach dem Auflösen der Wandzellen und Aufplatzen der Sporenhülle nach außen gelangen; eine jede entläßt nun ihren schraubig gewundenen und am vorderen Ende mit einem Zilienbüschel besetzten Samenfaden (*G*).

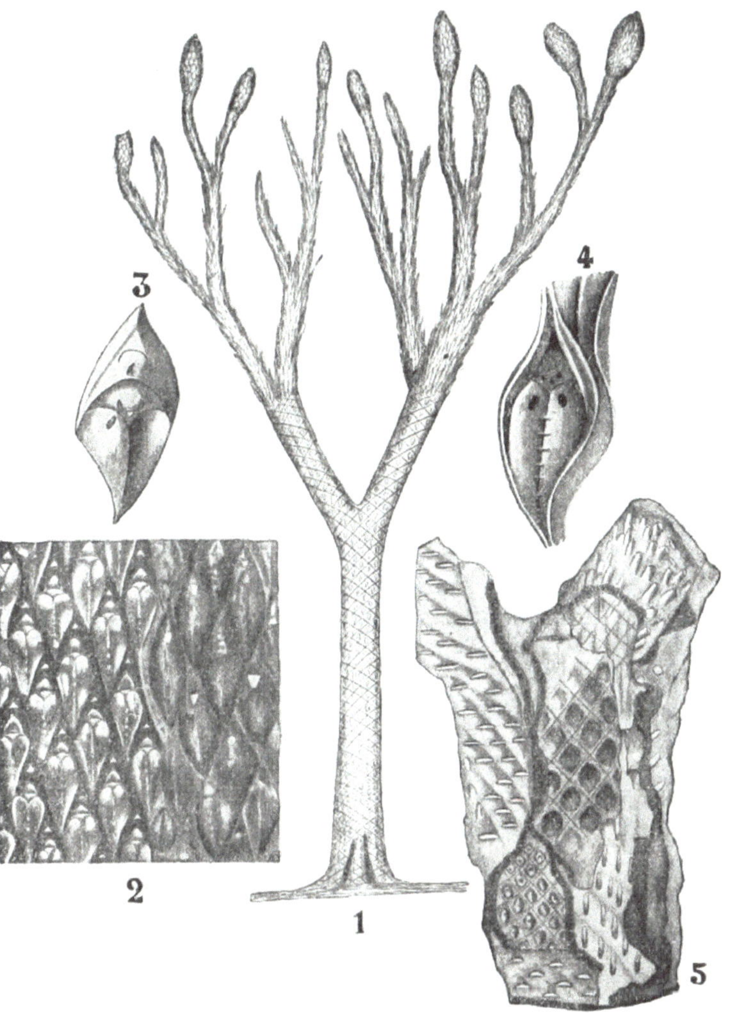

Fig. 505. *1* Lepidodendron, Rekonstruktion, entworfen von POTONIÉ. *2* L. aculeatum. Schaftstück, Hohldruck nach STERNBERG. *3* und *4* Lepidodendron, Blattpolster, nach POTONIÉ. *5* Rindenstück, nach SEWARD. Aus LOTSY, Botanische Stammesgeschichte.

Wie bei Selaginella bleibt auch hier das einfach gebaute weibliche Prothallium (Fig. 503) in der Makrospore eingeschlossen und ist nicht zu selbständigem Wachstum befähigt. In seiner Bildung zeigt es wie bei Selaginella Annäherung an die Koniferen, indem zunächst der Kern der Makrospore in zahlreiche, freie, wandständige Tochterkerne sich teilt, bevor die Zellwände, vom Scheitel der Spore zur Basis längs der Wandung fortschreitend, angelegt werden. Die ganze Spore wird so mit einem Prothallium gefüllt, an dessen Scheitel einige wenige Archegonien zur Entwicklung kommen. Der Embryo (Fig. 504) besitzt im Gegensatz zu den übrigen Lycopodinen keinen Embryoträger.

5. Ordnung. Sigillariaceae[450]. Die Siegelbäume sind vom Kulm ab nachgewiesen, waren im Karbon am artenreichsten und scheinen im Rotliegenden ausgestorben zu sein. Sie waren stattliche Gewächse mit mächtigen, in die Dicke wachsenden, säulenförmigen, einfachen oder nur wenig gegabelten Stämmen, oben mit langen pfriemlichen, einfachen, oberseits am Grunde mit Ligula versehenen Blättern besetzt und am Schafte bedeckt mit den Längszeilen sechseckiger Blattnarben, mit stammbürtigen, langgestielten, zapfenförmigen Blüten, deren Sporangien in Einzahl auf jedem Sporophyll gebildet wurden und heterospor waren.

6. Ordnung. Lepidodendraceae[450], [451]. Die Schuppenbäume, vom Oberdevon bis in das Rotliegende, besonders aber im Karbon verbreitet, waren ebenfalls baumartige bis etwa 30 m hohe Pflanzen, aber mit dichotom verzweigten, rhombisch gefelderten, in die Dicke wachsenden Stämmen, an denen oben die meist schraubig angeordneten, schmalen, bis 15 cm langen, mit Ligula versehenen Blätter auf rhombischen Blattkissen saßen (Fig. 505). Die zapfenförmigen Blüten (*Lepidostrobus*, Fig. 506) entsprangen endständig oder am Stamme selbst und enthielten Makro- und Mikrosporangien, je eins auf jedem Sporophyll. Die Zahl der Sporen im Makrosporangium war eine größere als bei Selaginella. In der Makrospore entwickelte sich ein Prothallium von ähnlichem Bau wie bei dieser Gattung.

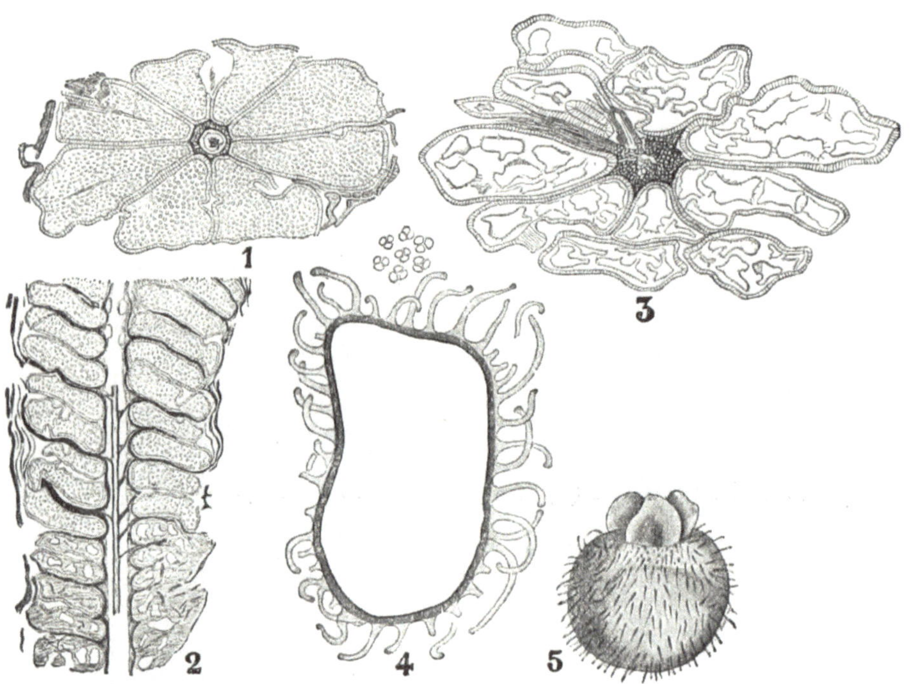

Fig. 506. Lepidostrobus Veltheimianus. *1* Mikrosporangien, Querschliff, rechts Tetraden von Mikrosporen. *2* Sporangienstand, Längsschliff, oben mit Mikro-, unten mit Makrosporangien. *3* Makrosporangien, Querschliff. *4* Makrospore im Längsschliff. *5* Makrospore, wahrscheinlich infolge der Keimung aufgesprungen. *1–5* nach SCOTT, KIDSTON, BINNEY. Aus LOTSY, Bot. Stammesgeschichte.

Von hohem Interesse ist die Auffindung samenähnlicher Gebilde bei einigen paläozoischen Lycopodinen (*Lepidocarpon*, *Miadesmia*), die daher auch als *Lepidospermeae* von den übrigen Ordnungen abgesondert werden können. Das Makrosporangium war bei ihnen bis auf eine enge Furche von einem Integument umhüllt und zum Teil auch von dem Sporophyll bedeckt. Nur eine einzige Makrospore kam in ihm zur Entwicklung; das Prothallium blieb wie bei Isoëtes in der Spore eingeschlossen. Die Mikrosporen wurden in Lepidostrobus-ähnlichen Blüten erzeugt. Wahrscheinlich gelangten die ausstäubenden Mikrosporen zu den Makrosporangien bereits auf der Mutterpflanze, von der sich später die Makrosporophylle samt ihren Sporangien loslösten.

Klasse V.
Pteridospermeae, Samenfarne[450], [452]

Soweit unsere Kenntnisse reichen, stellen die *Equisetinae* und *Sphenophyllinae* Seitenzweige des Pteridophytenstammes dar, die keine Weiterentwicklung zu höheren Pflanzen erfuhren. Aus den *Lycopodinen* aber scheinen die Koniferen sich entwickelt zu haben, während aus den *Filicinae* bereits im Paläozoicum die ersten Samenpflanzen, die *Pteridospermeae* (*Cycadofilices*) hervorgegangen sind, die, auf einer höheren Stufe der Organisation als sämtliche übrigen Pteridophyten stehend, ein verbindendes Glied zwischen den Farnkräutern einerseits und den Cycadeen andererseits vorstellen. Sie sind bereits im Perm wieder ausgestorben.

Fig. 507. Lyginodendron. Wedel (Sphenopteris Hoeninghausii). Verkl. **1⁄3**. Nach POTONIÉ.

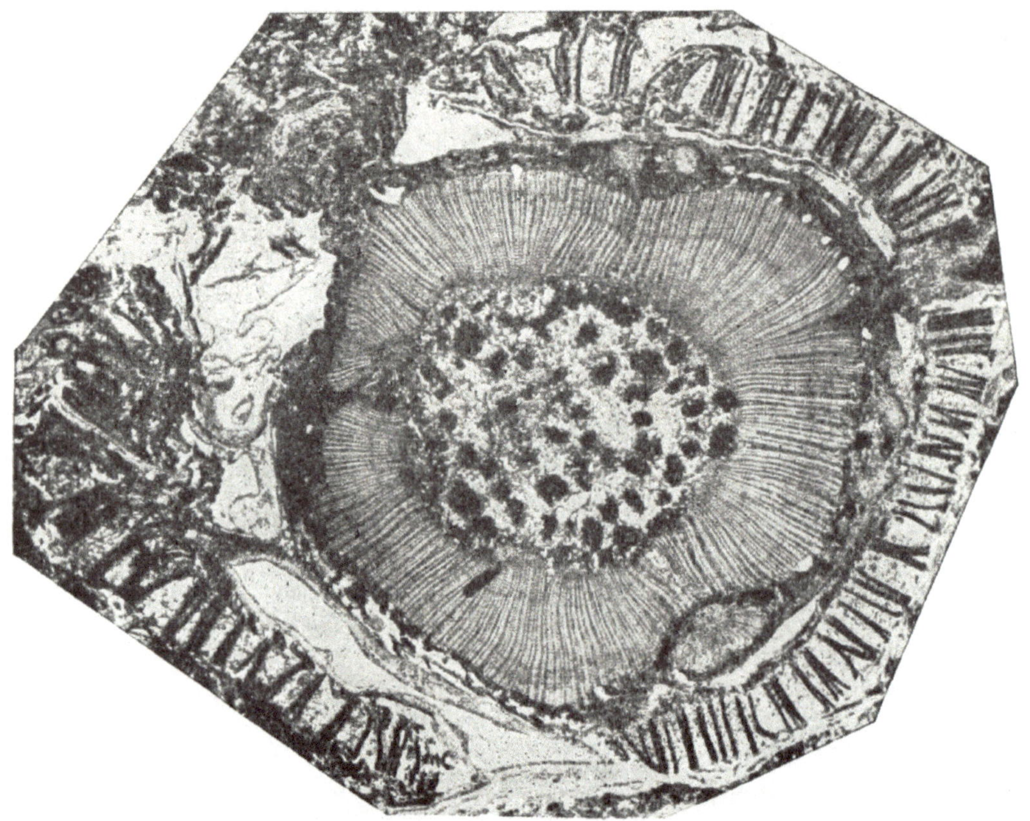

Fig. 508. Lyginodendron oldhamium. Stammquerschliff. Vergr. 21/2. Nach SCOTT.

In ihren stattlichen vegetativen Organen trugen sie den Charakter von eusporangiaten Farnen, im besonderen von Marattiaceen, zur Schau. Ihre Wedel (*Sphenopteris* Fig. 507, *Neuropteris*) waren reich gefiedert, der Blattstiel über der Basis gegabelt. Die axillär verzweigten Stämme (*Lyginodendron*) zeichneten sich durch sekundäres Dickenwachstum mittels eines Kambiums aus, das nach innen im Umkreis des großen zentralen Marks einen aus radial gereihten Elementen bestehenden Holzkörper, nach außen eine Phloëmzone abschied (Fig. 508). In der Rinde verliefen Blattspurbündel, die den Holzkörper durchsetzten und an die primären Gefäßstränge in der Markperipherie anschlossen. Auch die Wurzeln wurden sekundär verdickt.

Die Samenfarne waren heterospor. Ihre Sporangien entsprangen an Wedeln, die kaum von gewöhnlichen Farnwedeln verschieden waren. Mikrosporangien sind noch nicht bekannt; die als *Crossotheca* bezeichneten und hierher gerechneten Sporangien scheinen nicht zu Lyginodendron zu gehören. Die Makrosporangien (*Lagenostoma*, Fig. 509), bis zur Anheftungsstelle an der Basis frei, mit einem Integument versehen, waren von einer Cupula umhüllt und hatten ähnlichen Bau wie die Samenanlagen der Cycadeen; die Makrosporophylle waren aber noch nicht wie bei diesen zu zapfenartigen Blüten angeordnet.

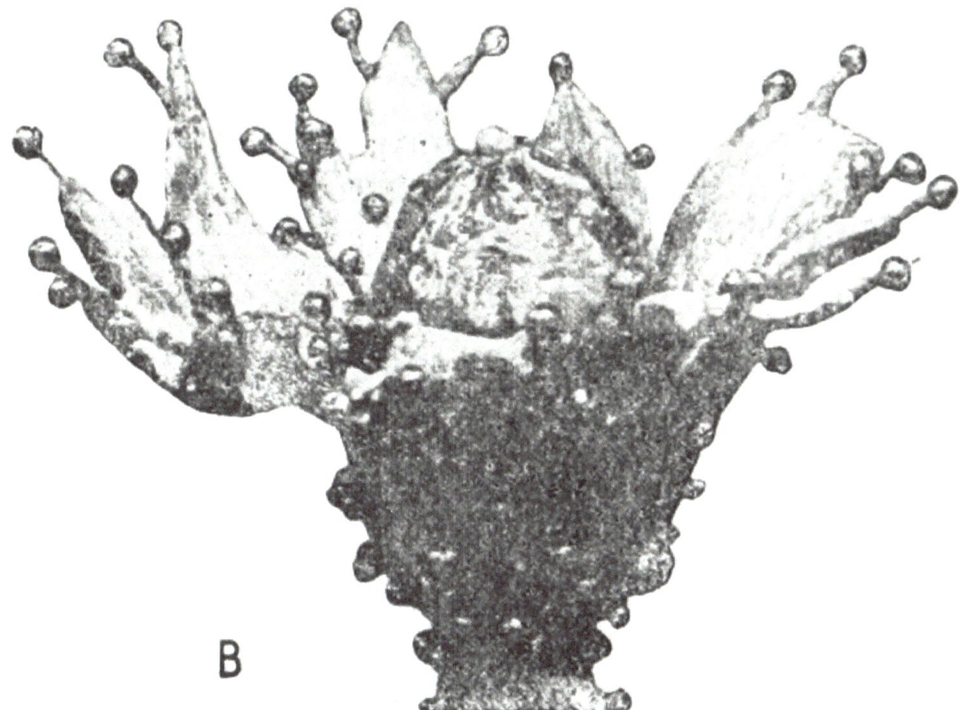

Fig. 509. Lyginodendron oldhamium. Makrosporangium (Lagenostoma). Die offene Cupula mit gestielten Drüsen besetzt, Rekonstruktion. Nach SCOTT.

Zweite Abteilung.
Spermatophyta oder Samenpflanzen.

Übergang von den Farnpflanzen zu den Samenpflanzen[453]. Der scharf ausgeprägte Generationswechsel ist eines der wesentlichen Merkmale der Pteridophyten: Aus der Spore entsteht der selbständig lebende haploide Gametophyt, das meist nur kurzlebige Prothallium, aus dessen befruchteter Eizelle der ebenso selbständige diploide Sporophyt, das Farnkraut, der Schachtelhalm oder Bärlapp hervorgeht. Das Auftreten der Heterosporie führte zu weiterer Reduktion der Prothalliumpflanze, welche damit der Aufgabe, beiderlei Sexualorgane hervorzubringen, überhoben ward und nur verminderter Ausbildung bedurfte. So hatte das männliche Prothallium, in der Mikrospore entwickelt, nur noch Antheridien zu bilden, welche die Spermien lieferten; daneben blieb lediglich eine kleine funktionslose vegetative Zelle des Prothalliums erhalten. Auch das weibliche, in der Makrospore sich ausbildende Prothallium, bei Salvinia noch ergrünend und aus der Makrospore hervortretend, hat bei Selaginella und Isoëtes die Fähigkeit selbsttätiger Ernährung bereits verloren. Es beginnt seine Entwicklung schon innerhalb des mütterlichen Makrosporangiums, und die frei gewordenen Makrosporen öffnen sich schließlich nur, um den Spermien Zugang zu den scheitelständigen Archegonien zu gewähren. Aus der befruchteten Eizelle wächst ohne Ruhepause der Embryo zu dem jungen Sporophyten heran.

Von diesen am höchsten differenzierten Archegoniaten unterscheiden sich die einfachsten Samenpflanzen (Spermatophyten) nur unwesentlich.

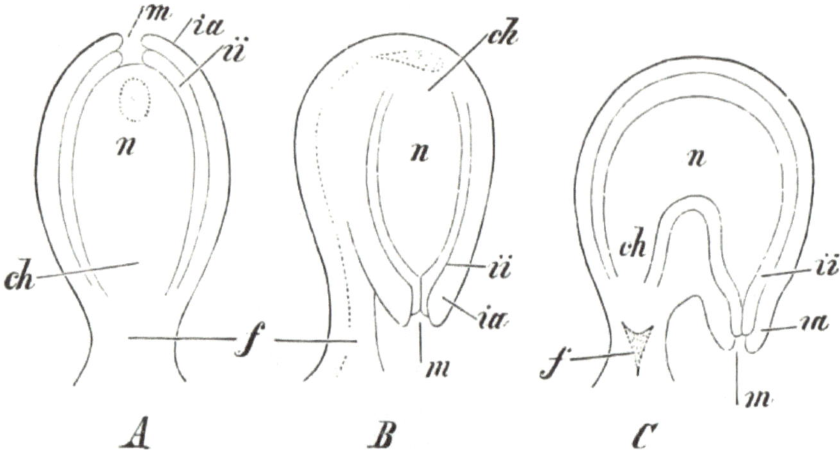

Fig. 510. *A* atrope, *B* anatrope, *C* kampylotrope Samenanlage. Schematisch und vergrößert. Modifiziert nach A. F. W. SCHIMPER. Erklärung im Text.

Die Makrospore, hier von altersher als Embryosack bezeichnet, bleibt stets im Makrosporangium, der Samenanlage (Fig. 510), eingeschlossen. Diese besteht aus dem Nucellus (*n*) und einer oder zwei von seinem Grunde, der Chalaza (*ch*), aus rings emporwachsenden Hüllen, den Integumenten (*ii*, *ia*), welche nur über dem Nucellusscheitel einen schmalen Zugang, die Mikropyle (*m*), freilassen. Mit einem oft sehr kurzen Stiele, dem Funiculus (*f*), ist ein solches Makrosporangium dem Sporophyll, hier Makrosporophyll oder Fruchtblatt genannt, angefügt. Die Ansatzstelle einer oder mehrerer Samenanlagen trägt den Namen Placenta. Ist der Nucellus die geradlinige Fortsetzung des Funiculus, so nennt man die Samenanlage gerade, atrop. Sehr viel häufiger erleidet der Funiculus unterhalb der Chalaza eine scharfe Krümmung, so daß die Samenanlage mit dem äußeren Integumente an ihm entlang zurückläuft; sie ist dann umgewendet, anatrop. Die in solchem Falle noch am reifen Samen kenntliche Verwachsungslinie von Funiculus und äußerem Integument heißt die Samennaht oder Raphe. Endlich kann der Nucellus selbst gekrümmt sein, man spricht dann von einer kampylotropen Samenanlage (Fig. 510 *C*).

Innerhalb einer solchen Samenanlage findet sich in der Regel nur ein einziger Embryosack vor. Wie im Makrosporangium (von Selaginella z. B.) durch Tetradenteilung vier Makrosporen entstehen, so werden auch in den Samenanlagen von der Embryosackmutterzelle vier Tochterzellen gebildet, von denen aber drei zugrunde gehen, während die vierte sich zur Makrospore, dem Embryosacke, entwickelt. Der Embryosack der einfachsten Samenpflanzen gleicht der Makrospore auch darin, daß er mit Prothalliumgewebe, hier Endosperm genannt, ausgefüllt ist, an dessen Scheitel ein oder mehrere Archegonien stehen, deren Eizelle besondere Größe besitzt. Die befruchtete Eizelle wächst zum Keim oder Embryo noch innerhalb der Makrospore und auf Kosten der Mutterpflanze heran. Erst nachdem der Embryo eine bei den verschiedenen Pflanzen verschieden hohe, aber für die betreffende Art charakteristische Stufe der Entwicklung erreicht hat, stellt er das Wachstum ein und geht nach Trennung von der Mutterpflanze einer Ruheperiode entgegen. Er ist von den entsprechend weiter entwickelten und in ihrer Ausbildung ihm angepaßten übrigen Teilen des Makrosporangiums umgeben, nämlich dem Prothallium oder Endosperm, dem Nucellus und der aus den Integumenten hervorgegangenen Schale. Das ganze aus der Samenanlage entstandene Gebilde wird Samen genannt. Diese Weiterentwicklung des geschlossenen Makrosporangiums zum Samen ist das charakteristische Merkmal der Samenpflanzen oder Spermatophyten.

Die Mikrosporen der Samenpflanzen heißen seit altersher Pollenkörner. Sie entstehen in großer Anzahl in den Mikrosporangien oder Pollensäcken, die einzeln oder in Mehrzahl von den Mikrosporophyllen, den Staubblättern (Stamina), erzeugt werden. Der die Pollensäcke führende Teil der Staubblätter heißt Anthere.

Die Bildung der Pollensäcke wird durch eine Teilung der auf die Epidermis folgenden Zellschicht der Anthere eingeleitet, die parallel zu der Oberfläche erfolgt und das primäre Archespor von den Schichtzellen trennt. Diese zerfallen in drei verschiedene Zellagen (Fig. 511), deren direkt unter der Epidermis liegende äußerste Lage bei den Angiospermen die Faserschicht gibt, die sich bei den Gymnospermen aus der Epidermis selbst bildet. Die mittlere Zellschicht geht später zugrunde, während die innerste die Tapetenschicht liefert, und das Archespor in weiteren Teilungen die Pollenmutterzellen gibt, deren jede, wie bei den Bryo- und Pteridophyten durch eine Tetradenteilung in vier Tochterzellen, die Pollenkörner, zerfällt. Diese sind kugelige bis ellipsoidische Körper; sie werden von einer Membran umhüllt, die eine äußere kutinisierte Exine und eine aus pektinreicher Zellulose bestehende Intine erkennen läßt.

Für die Beförderung der Pollenkörner zu den Samenanlagen wird bei den Samenpflanzen der Wind oder Beihilfe von Tieren in Anspruch genommen, während alle Farnpflanzen sich des Wassers als Transportmittel ihrer männlichen Sexualzellen bedienen. Die fortschreitende Rückbildung des männlichen Prothalliums, das schon bei den heterosporen Pteridophyten auf einzelne Zellen beschränkt war, führt bei den Samenpflanzen dahin, daß bei der Keimung des Pollenkornes, wenn von den bei vielen Gymnospermen noch gebildeten, sehr vergänglichen Prothalliumzellen (Fig. 512) abgesehen wird, nur noch zwei Zellen zu beobachten sind: eine vegetative und eine Antheridiumzelle. Die erstere wächst zu einem langen Schlauch, dem Pollenschlauche, aus, der durch chemotropische Reizbarkeit (vgl. S. 311) zu den Eizellen geleitet wird; letztere, die Antheridium-Mutterzelle, wandert in den Pollenschlauch ein und bildet dort früher oder später zwei generative oder Spermazellen, welche im Schlauche (daher die Bezeichnung Siphonogamen) vorwärtsgleitend in den Embryosack eindringen und zur Eizelle gelangen.

Das Ergebnis dieser Übersicht läßt sich also dahin zusammenfassen, daß die Samenpflanzen die Reihe der Pteridophyten fortsetzen und ihnen im Besitze eines Generationswechsels gleichen. (Vgl. Schema S. 467.[454]) Die immer reicher und mannigfaltiger werdende Gestaltung und Ausgliederung des Sporophyten ist aber von einer fortschreitenden Rückbildung des Gametophyten begleitet. Der Sporophyt hält die weibliche Geschlechtsgeneration während ihrer ganzen Entwicklung eingeschlossen; erst in und mit dem fertigen Samen, der den Beginn der nächsten ungeschlechtlichen Generation als Embryo in sich birgt, wird sie von dem Sporophyten getrennt.

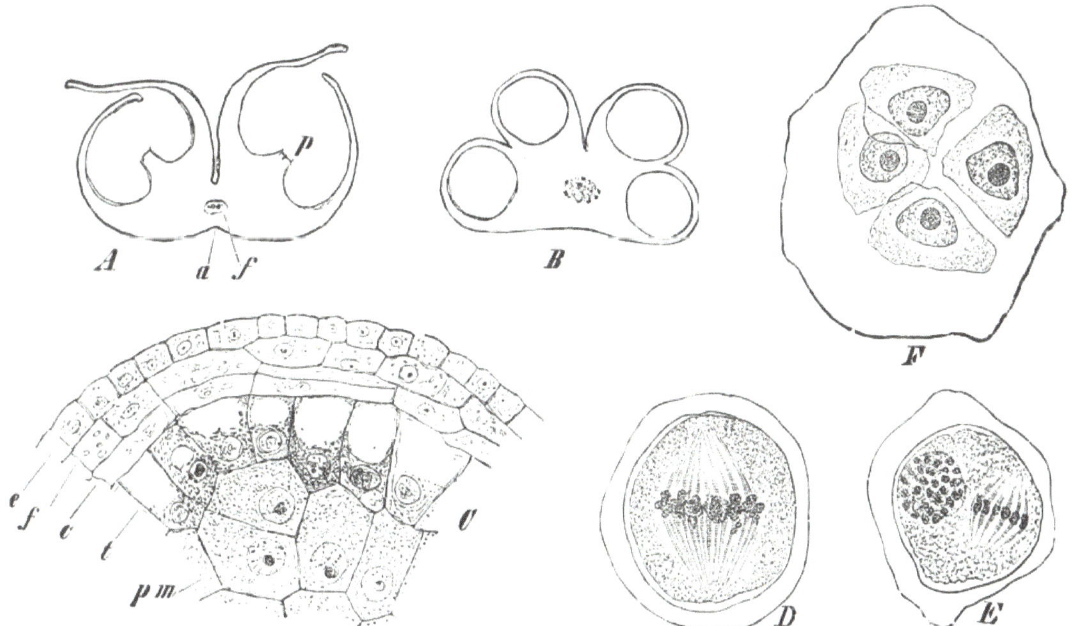

Fig. 511. Hemerocallis fulva. *A* Querschnitt durch eine fast reife Anthere, mit ihren durch den Schnitt geöffneten Fächern, *p* die Scheidewand zwischen den Fächern, *a* Furche am Konnektiv, *f* Leitbündel. Vergr. 14. *B* Querschnitt durch eine junge Anthere. Vergr. 28. *C* Teil des Querschnittes aus einem Fache, *e* Epidermis, *f* die spätere Faserschicht, *c* später verdrängte Wandschicht, *t* die sich später auflösende Tapetenschicht, *pm* Pollenmutterzellen. Vergr. 240. *D*, *E* Pollenmutterzelle von Alchimilla speciosa in Teilung begriffen. Vergr. 1125. *F* fertige Pollentetrade von Bryonia dioica. Vergr. 800. Nach E. STRASBURGER.

In voller Übereinstimmung mit dieser Darlegung des innerhalb der Samenpflanzen weiter zu verfolgenden Generationswechsels stehen die Ergebnisse der Untersuchungen über die Reduktionsteilung[455] der Sporenmutterzellen (vgl. S. 173). Die einer Pflanze zukommende Zahl von Chromosomen verringert sich bei den zur Bildung der Sexualgeneration führenden Teilungen auf die Hälfte, und erst der Befruchtungsakt stellt für den Embryo die volle Chromosomenzahl wieder her. So verfügt der Sporophyt stets über die diploide, der Gametophyt über die haploide Zahl der Kernfadensegmente.

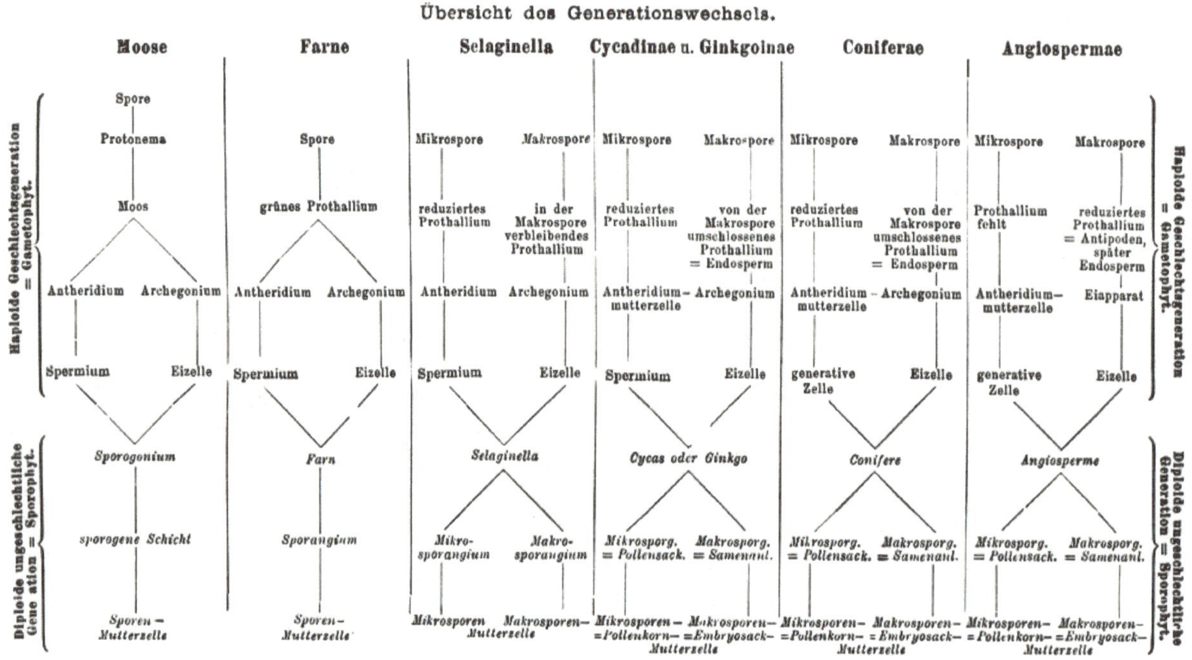

GRÖSSERES BILD

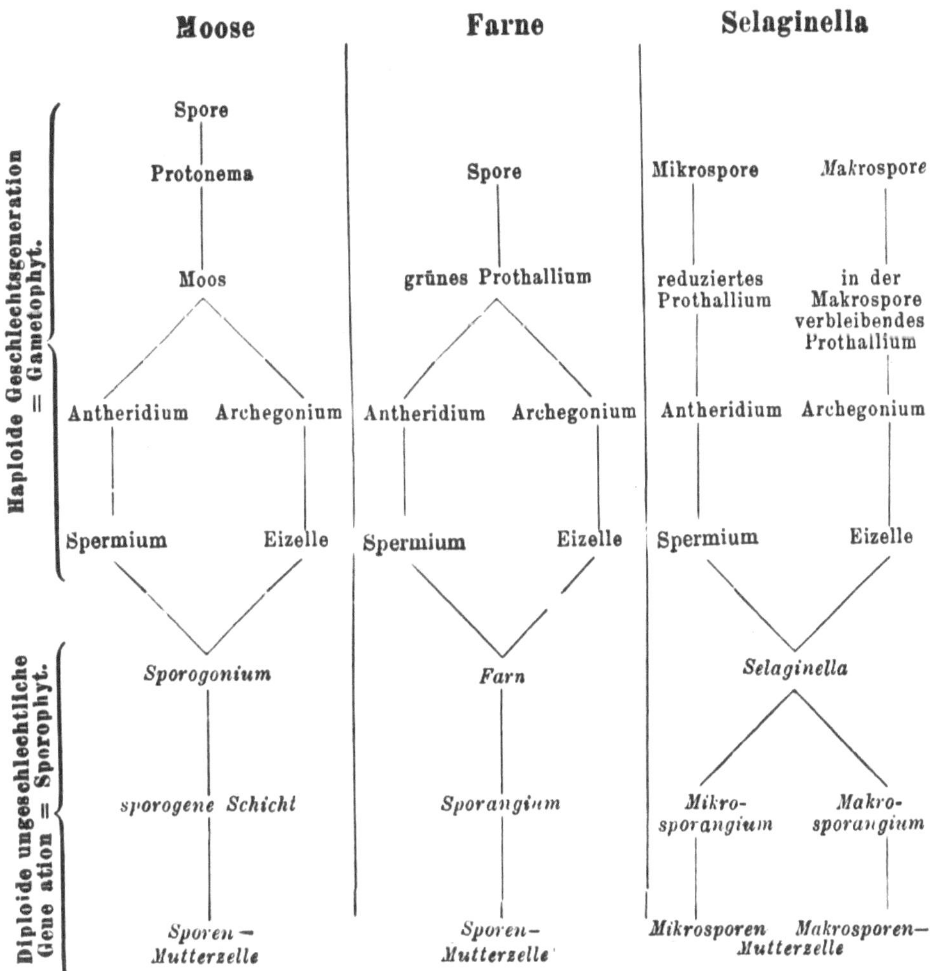

Generationswechsel; linker Teil des Schemas.

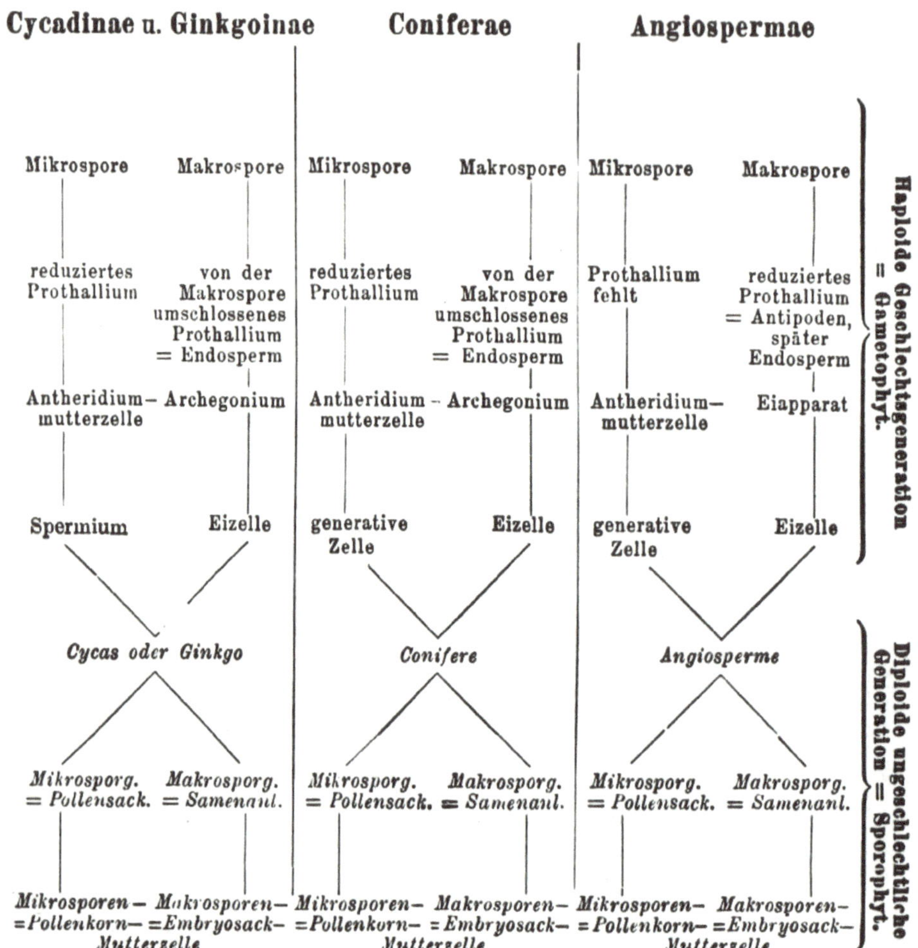

Generationswechsel; rechter Teil des Schemas.

Die Samenpflanzen zerfallen in zwei Klassen, die ihrem ganzen Aufbau nach erheblich verschieden sind: 1. die Gymnospermen oder nacktsamige Pflanzen, und 2. die Angiospermen oder bedecktsamige Pflanzen. Die Fruchtblätter der Angiospermen treten zur Bildung geschlossener Hohlräume, der Fruchtknoten, zusammen, in denen die Samenanlagen sich entwickeln; die Fruchtblätter der Gymnospermen bleiben offen, sie tragen die Samenanlagen frei auf ihrer Oberseite oder an ihren Rändern.

Die Gymnospermen sind die phylogenetisch älteren Pflanzenformen; sie sind einfacher gebaut und schließen im Verhalten ihrer Geschlechtsgeneration unmittelbar an heterospore Farnpflanzen an.

Die Angiospermen zeigen eine viel größere Mannigfaltigkeit im morphologischen wie anatomischen Aufbau. Ihre Entwicklung weicht von jener der Gymnospermen erheblich ab und läßt die Beziehung zu den Archegoniaten nicht mehr so deutlich erkennen.

Paläontologische Befunde zeigen uns dementsprechend Gymnospermenähnliche oder ihnen gleichende Formen neben Übergängen von den Farnpflanzen in den Gesteinsschichten des Devon, in der Steinkohlenformation und im Perm, während die Angiospermen erst viel später, in der Kreideformation, sicher nachweisbar werden.

Morphologie und Ökologie der Blüte[456].

1. Morphologie. Die **Gymnospermen**blüten sind stets eingeschlechtig, diklin, Mikro- und Makrosporophylle bleiben getrennt und bilden die männlichen oder die weiblichen Blüten. Beide Geschlechter finden sich entweder auf einem Individuum: die Pflanze ist einhäusig, monözisch, oder sie sind auf verschiedene verteilt: dann ist die Art zweihäusig, diözisch. Gymnospermenblüten haben außer den Sporophyllen, also den Staubblättern und den Fruchtblättern, nur bei den Gnetaceen andere, als Hülle dienende Blattgebilde aufzuweisen.

Die männlichen Blüten der Gymnospermen stellen Sprosse begrenzten Längenwachstums dar, deren Achse mit Sporophyllen in meist schraubiger Anordnung dicht besetzt ist. Ihre Knospenschuppen bleiben oft noch an der Basis der entfalteten Blüte erhalten (Fig. 512).

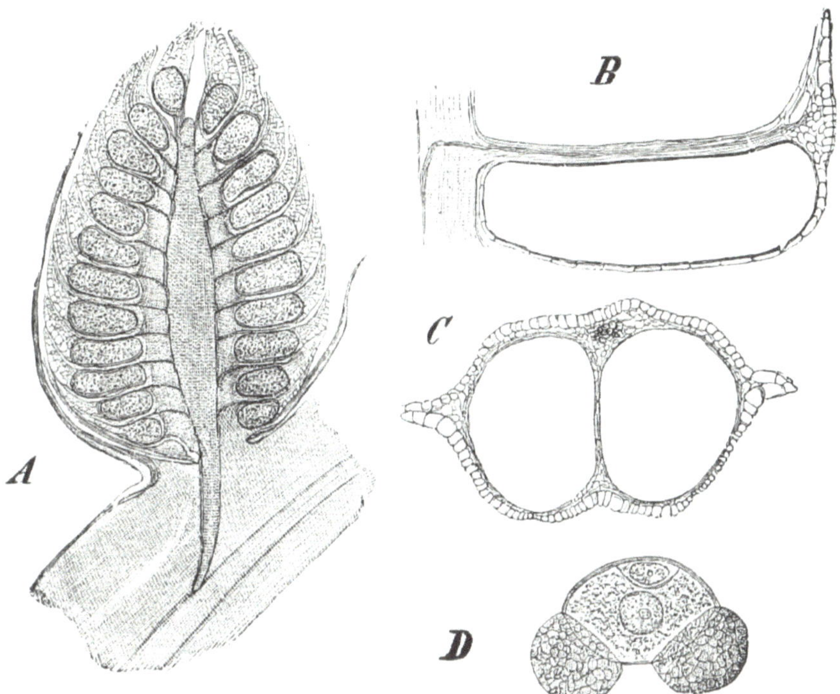

Fig. 512. Pinus montana. *A* Längsschnitt durch eine fast reife männliche Blüte. Vergr. 10. *B* Längsschnitt durch ein einzelnes Staubblatt. Vergr. 20. *C* Querschnitt durch ein Staubblatt. Vergr. 27. *D* Ein reifes Pollenkorn von Pinus silvestris. Vergr. 400. Nach E. STRASBURGER.

Die Mikrosporangien stehen in Zwei- oder Mehrzahl auf der Unterseite der Sporophylle. Ihre Öffnung wird, wie bei den Sporangien der Pteridophyten, durch eigenartige Ausbildung meist der äußersten, als „Exothecium" bezeichneten Zellage der Wandung herbeigeführt. Die Pollenkörner sind rundlich, häufig mit zwei Luftsäcken versehen, welche die Verbreitung durch den Wind erleichtern (Fig. 512 *A–D*), Bei der Keimung entledigen sie sich ihrer äußeren derben Wandschicht, der Exine, vollständig; diese wird durch Dehnung des Plasmakörpers zum Platzen gebracht.

Die weiblichen Blüten sind bei zahlreichen Gymnospermen den männlichen ähnlich, insofern auch sie aus einer Achse und zahlreichen, in schraubiger Anordnung daran sitzenden Sporophyllen bestehen, also Zapfen darstellen. In anderen Fällen weichen sie aber erheblich von ihnen ab und sind überhaupt von einer weit größeren Mannigfaltigkeit; so kann über die Einzelheiten erst im speziellen Teil berichtet werden (S. 511 ff.).

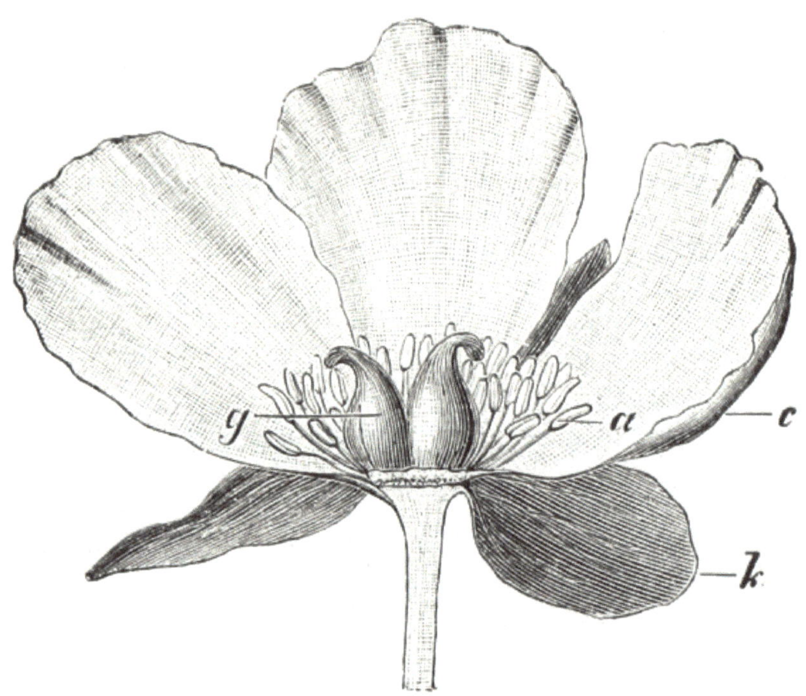

Fig. 513. Blüte von Paeonia peregrina. *k* Kelch, *c* Krone, zusammen das Perianth, *a* Andröceum, *g* Gynäceum, vorderer Teil der Blüte entfernt. **1/2** nat. Gr. Nach H. SCHENCK.

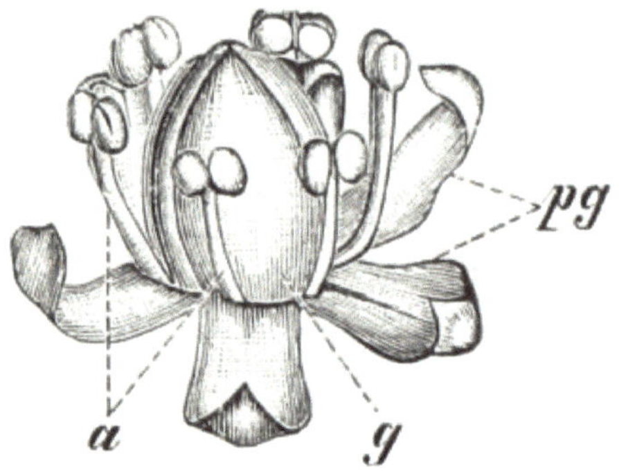

Fig. 514. Blüte von Acorus Calamus nach A. ENGLER. *pg* Perigon. *a* Andröceum, *g* Gynäceum. Vgr.

Die **Angiospermen** zeigen dagegen in der Regel die Vereinigung von Mikro- und Makrosporophyllen in einer Blüte, die danach zwittrig oder hermaphroditisch heißt. (Ausnahme z. B. Querciflorae.) Daneben sind in den Angiospermenblüten meist farbige, d. h. vom grünen Laubblatt verschiedene Hüllblätter, insgesamt Perianth genannt, vorhanden (Fig. 513, 514). (Ausnahme z. B. Querciflorae.) Der schraubigen Anordnung gymnospermer Sporophylle an den langgestreckten Achsen ihrer Blüten gegenüber fällt die meist wirtelige Stellung der Hüllblätter wie der Sporophylle um sehr verkürzte Achsen in den meisten angiospermen Blüten auf. (Ausnahme z. B. Polycarpicae.) Wirtelige Stellung der verschiedenen Blütenblätter, farbiges Perianth und Zwittrigkeit sind also charakteristisch für Angiospermenblüten, ohne aber allen Angiospermenblüten eigen zu sein. Der wichtige Faktor der Pollenübertragung ist für diese Verschiedenheiten verantwortlich zu machen. Wo der Wind diese Funktion übernommen hat, bietet die Streckung der Achse, die freie Stellung der weiblichen Empfängnisorgane nur Vorteile. Sind aber Tiere, Insekten oder Vögel, für die Bestäubung in Anspruch genommen, so ist Ausbildung des Perianths als eines weithin sichtbaren Schauapparates oder anderer Lockmittel notwendig, die etwa auf Formgefühl oder Geruchsinn wirken, und die Form der Blüte, Anordnung ihrer Sporophylle wie der Orte für Absonderung süß schmeckenden Nektars müssen sich den Körperformen oder den Gewohnheiten der betreffenden Tiere anbequemen. Diesem Umstande ist der unendliche Farben- und Formenreichtum angiospermer Blüten zum großen Teil zuzuschreiben.

Bei gewissen Angiospermen findet man hermaphrodite und eingeschlechtige Blüten an demselben Individuum, man nennt diese Erscheinung Polygamie; und zwar liegt Andro- oder Gynomonözie vor, je nachdem männliche oder weibliche Blüten neben Zwitterblüten vorkommen. Sind verschiedene Individuen einer Art teils mit Zwitterblüten, teils mit eingeschlechtigen Blüten versehen, so ist Andro- (bzw. Gyno-)diözie vorhanden.

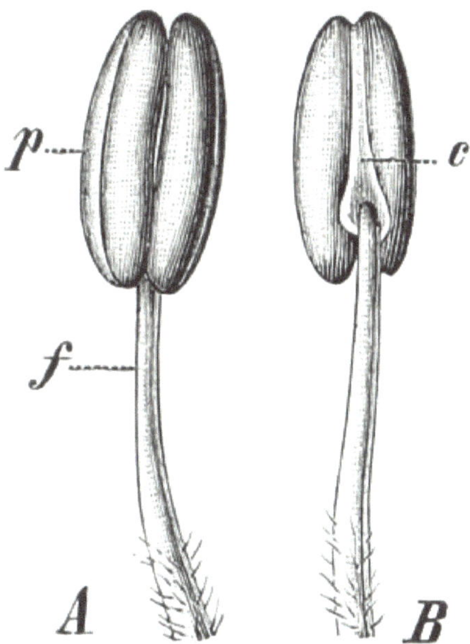

Fig. 515. Staubblätter von Hyoscyamus niger. *A* Von vorn, *B* von hinten. *f* Filament, *c* Konnektiv, *p* eine Theca. Vergr. Nach A. F. W. SCHIMPER.

Das Perianth angiospermer Blüten besteht aus meist zwei Wirteln, welche gleich geformt und gefärbt sein können (z. B. Lilium) und dann als Perigon bezeichnet werden, oder sie gliedern sich in einen äußeren grünen Kelchblattkreis und einen inneren gefärbten Kreis, die Krone oder Korolle (z. B. Rosa). Der äußere Wirtel umhüllt und schützt die Blütenknospe. In jeder vollzähligen Blüte folgen zwei Kreise von Mikrosporophyllen oder Staubblättern auf das Perianth, und ein Wirtel von Fruchtblättern, Makrosporophyllen, schließt die Blüte. Die Wirtel alternieren der Regel nach. Die gesamten Staubblätter pflegt man als Andröceum, die Fruchtblatter als Gynäceum zusammenzufassen.

Jedes Staubblatt besteht aus einem fadenförmigen Träger, dem Filament, und der Anthere, welche aus den beiden Thecae zusammengesetzt ist; sie werden durch das Konnektiv miteinander und dem Filament verbunden (Fig. 515). Jede Theca umfaßt ein Paar von Pollensäcken. Die Anthere kann ihre Thecae der Innenseite der Blüte, also dem Fruchtblattkreise, zuwenden oder sie nach außen kehren; sie heißt danach intrors oder extrors. Dem Öffnen einer reifen Theca dient meist (Ausnahme *Ericaceae*) die eigenartige Ausbildung der hypodermalen Faserschicht (Fig. 511 *C f*), „fibröse Schicht" oder Endothecium genannt, während die Gymnospermen, bis auf Ginkgo (vgl. S. 511), gleich den Farnen ein „Exothecium" besitzen. In der Regel wird die Scheidewand zwischen den beiden Pollensäcken beim Öffnen zerrissen, so daß sie dann nur ein Fach bilden (Fig. 511 *A*). Die Mikrosporen selbst sind in ihrer Ausrüstung verschieden; bei anemophilen Pflanzen auf die Verbreitung durch Wind angewiesen, sind sie glatt, trocken und leicht. Bei den von Tieren besuchten Blüten dagegen pflegen sie klebrig oder mit Stacheln und Vorragungen der Exine versehen zu sein, die ein besseres Haften am Haarkleid der bestäubenden Tiere ermöglichen. Sie unterscheiden sich von denen der Gymnospermen auch dadurch, daß bei ihrer Keimung die Exine nicht völlig abgeworfen zu werden braucht, weil sie von vornherein mit mehr oder weniger zahlreichen Durchtrittstellen für die Pollenschläuche ausgerüstet wird (Fig. 516). Sterile Staubblätter, welche keinen fruchtbaren Pollen hervorbringen, werden Staminodien (vgl. z. B. Scitamineen) genannt.

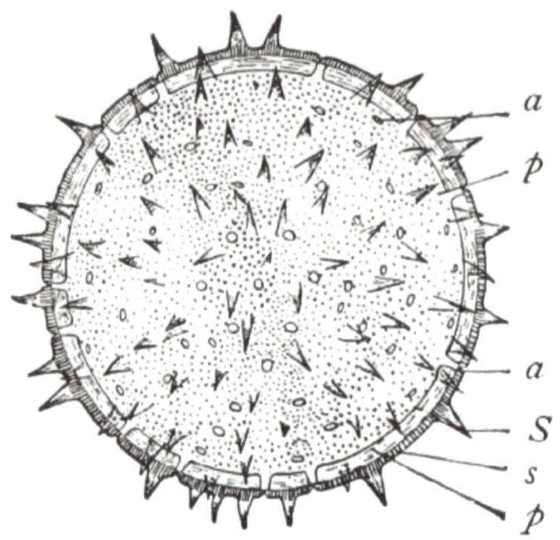

Fig. 516. Pollenkorn von Malva silvestris. *S* Stacheln der Exine, *s* Stäbchenschicht der Exine, *a* Austrittstellen der Pollenschläuche, *p* Stäbchen von oben. Nach A. MEYER.

Den Abschluß der Blüte bildet stets das Gynäceum. Seine Fruchtblätter, oder Karpelle, können frei bleiben und jedes für sich eine Frucht bilden (Fig. 517, 520 *A*), man spricht dann von einem apokarpen Fruchtknoten, oder sie verwachsen miteinander und stellen ein synkarpes Gynäceum (Fig. 518) dar. Die Fruchtblätter tragen ihre Samenanlagen meist am Rande auf mehr oder weniger deutlichen Wucherungen, den Placenten (Fig. 517 *p*). Apokarpe Fruchtknoten werden demnach an ihren beiden zusammenschließenden Rändern, an der sog. Bauchnaht, je eine Reihe von Samenanlagen führen; die ihr gegenüberstehende Rückennaht wird von der Mittelrippe des Blattes gebildet. In synkarpen Fruchtknoten treten die Samenanlagen ebenfalls meist an den Rändern der miteinander verwachsenen Fruchtblätter auf (Fig. 519 *pl*).

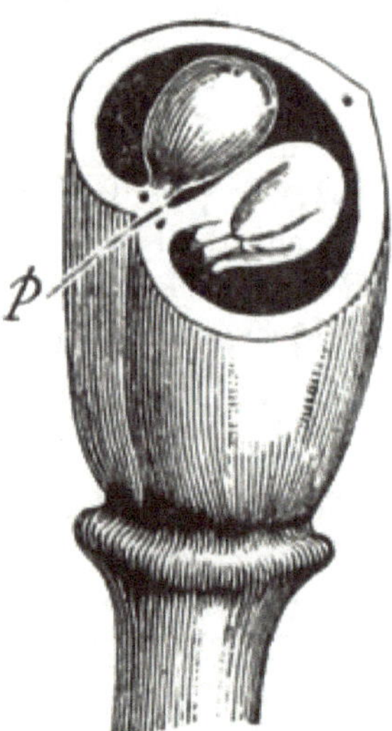

Fig. 517. Delphinium consolida. Querschnitt durch den Fruchtknoten mit Samenanlagen an der Plazenta *p*. Nach ENGLER-PRANTL.

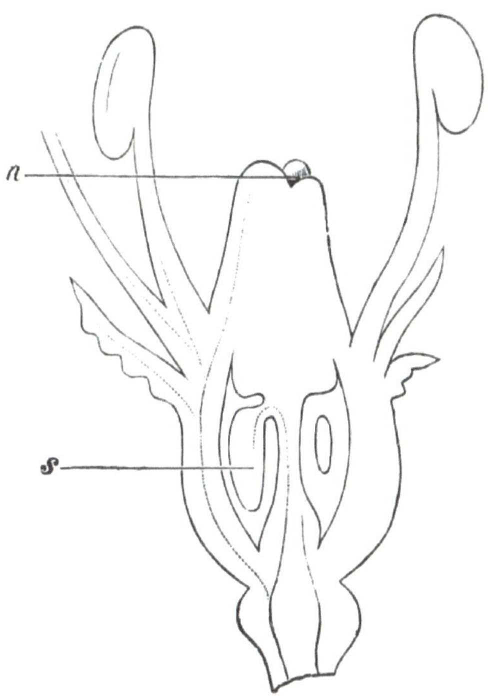

Fig. 518. Sambucus nigra. Blütenlängsschnitt. *s* Samenanlage, *n* Narbe. Nach TSCHIRCH-ÖSTERLE.

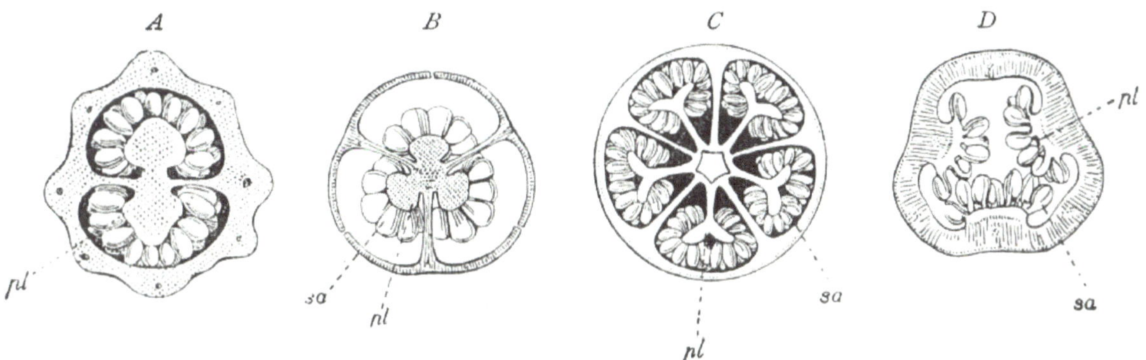

Fig. 519. Querschnitt von Fruchtknoten. *A* Lobelia. *B* Diapensia. *C* Rhododendron. *D* Passiflora. *pl* Plazenta, *sa* Samenanlagen. Nach LE MAOUT et DECAISNE.

Die Samen werden parietal genannt, wenn die Placenten der Wandinnenseite als flache Wülste entspringen (Fig. 519 *D*). Tritt durch weiteres Eindringen der Karpellränder eine Fächerung des Fruchtknotens ein, so rücken die Placenten und ihre Samenanlagen gleichfalls nach innen vor; sie werden zentralwinkelständig, wie Fig. 519 *B* zeigt. Nur die aus den Karpellrändern selbst gebildeten Scheidewände pflegt man als echte zu bezeichnen gegenüber den z. B. bei den Cruciferen vorhandenen falschen (Fig. 701), die aus Wucherungen der Fruchtblätter oder ihrer Nähte hervorgehen. Durch Beteiligung der Blütenachse, welche im Zentrum zwischen den Fruchtblättern emporwächst und sich von dem Karpellgewebe nicht scharf trennen läßt, kommt eine sog. Zentralplacenta zustande (z. B. Primulaceen). Die ursprünglich vorhandenen Scheidewände bleiben schon in früherem Alter im Wachstum zurück oder werden aufgelöst, so daß die mit dem Karpellgewebe emporgehobenen Samenanlagen an einer zentralen, von den Fruchtblättern überkleideten Achse sitzen, während die Außenteile der Fruchtblätter sie als einheitliche Wand umgeben.

Jedes einzelne Fruchtblatt im apokarpen Gynäceum setzt sich nach oben in einen stielartigen Griffel (Stylus) fort und endet in einer sehr verschieden gestalteten Narbe (Stigma), die als Empfängnisapparat dient und dementsprechend papillös, feucht und klebrig zu sein pflegt (Fig. 520 *D*). In einem völlig synkarpen Fruchtknoten ist nur ein einheitlicher Griffel und eine Narbe vorhanden. Fig. 520 stellt ein apokarpes Gynäceum (*A*), ein synkarpes (*C*) und einen nur im unteren Teil verwachsenen Fruchtknoten mit freien Griffeln (*B*) dar.

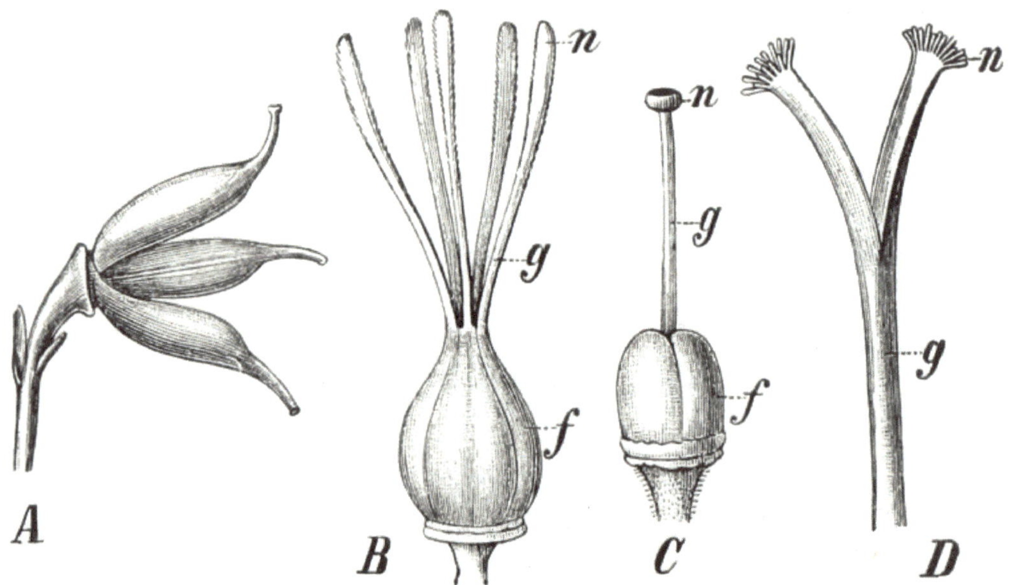

Fig. 520. Verschiedene Formen des Gynäceums. *A* Von Aconitum Napellus. *B* Von Linum usitatissimum. *C* Von Nicotiana rustica. *D* Griffel und Narbe von Achillea millefolium. *f* Fruchtknoten, *g* Griffel, *n* Narbe. Vergr. Nach BERG und SCHMIDT.

Fig. 521. Fruchtknoten von Conium maculatum mit hängenden Samenanlagen im Längsschnitte. Raphe ventral. Nach TSCHIRCH-ÖSTERLE.

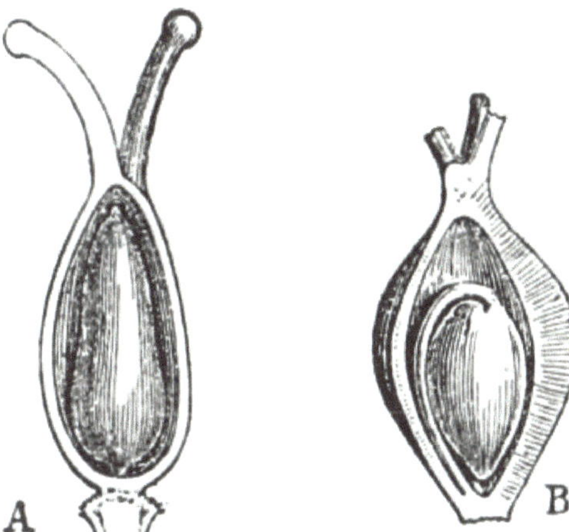

Fig. 522. Fruchtknoten mit aufrechter Samenanlage, im Längsschnitte. *A* Von Fagopyrum esculentum (atrop). *B* Von Armeria maritima (anatrop). Vergr. 20. Nach DUCHARTRE.

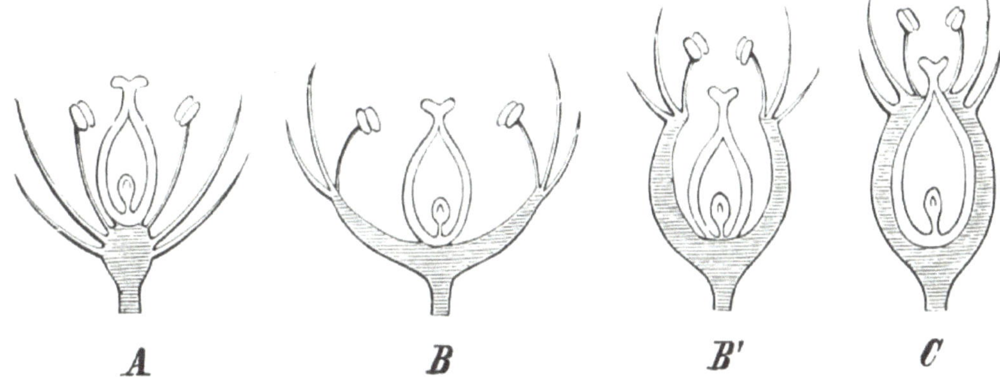

Fig. 523. *A* Oberständiger Fruchtknoten (hypogyne Blüte). *B*, *B'* Mittelständiger Fruchtknoten (perigyne Blüten). *C* Unterständiger Fruchtknoten (epigyne Blüte). Nach A. F. W. SCHIMPER.

Die Lage der Samenanlagen im Fruchtknoten kann aufrecht, hängend, wagerecht oder schräg zur Achse sein (Fig. 521, 522). Bei anatropen Samenanlagen ist die Raphe ventral gelegen, wenn sie der Bauchseite des Fruchtblattes zugekehrt ist, dorsal, wenn sie gegen die Rückenseite sieht.

Eine große Mannigfaltigkeit der Blütenformen wird ferner durch verschiedene Gestaltung der Blütenachse und entsprechend geänderte Lage des Gynäceums bedingt. Die schematischen Figuren (Fig. 523 *A–C*) geben einige der häufigeren Fälle wieder. Eine Verdickung des Achsenendes gegenüber dem Tragstiele ist meist vorhanden, häufig eine Verbreiterung und Vorwölbung oder Aushöhlung und Vertiefung. Stehen an einfach kegelförmiger Achse die alternierenden Quirle der Blüte übereinander, so ist das Gynäceum als Abschluß der oberste Kreis, es ist oberständig, die übrige Blüte selbst wird also unterständig oder hypogyn (Fig. 524 *1*). Wird aber durch starke Verbreiterung des Achsenendes zu einem flachen Blütenboden, Receptaculum (Hypanthium), oder zu einem ausgehöhlten Blütenbecher (Fig. 523 *B*, *B1*), ein breiter Rand zwischen Andröceum und Gynäceum eingeschoben, so spricht man von einer perigynen Blüte, einem mittelständigen Fruchtknoten (Fig. 524 *2*). Schließt sich endlich die ausgehöhlte Blütenachse mit ihren Kelch, Krone und Andröceum tragenden Rändern oben wieder zusammen, so daß die Fruchtblätter mit ihr verwachsen, so ist das Gynäceum unterständig, die Blüte oberständig oder epigyn (Fig. 524 *3*). Der Deutlichkeit halber soll im folgenden stets die Bezeichnung von der Stellung des Gynäceums hergeleitet werden, also nur vom oberständigen, mittelständigen oder unterständigen Fruchtknoten die Rede sein.

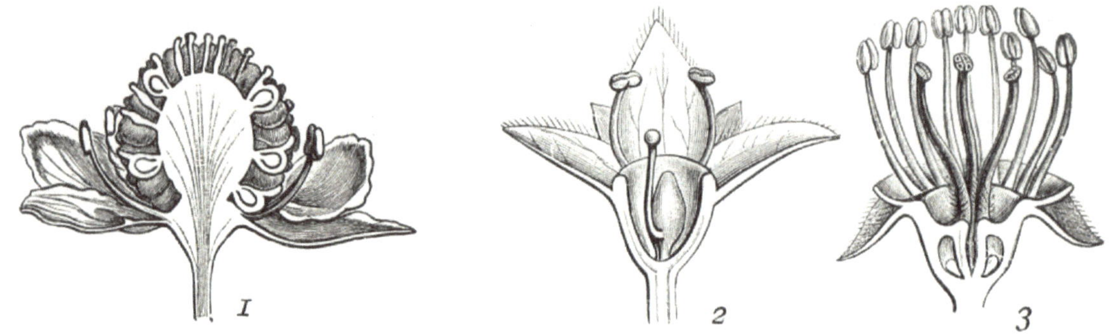

Fig. 524. Blütenlängsschnitte. *1* Ranunculus sceleratus mit zahlreichen oberständigen apokarpen Fruchtblättern auf kegelförmiger Blütenachse (hypogyne Blüte). Vergr. (Nach H. BAILLON). *2* Alchimilla alpina, mittelständiger Fruchtknoten (perigyne Blüte). *3* Pirus malus, unterständiger Fruchtknoten (epigyne Blüte). Vergr. Nach W. O. FOCKE.

Ökologisch wichtige Gebilde der Blüte sind endlich die Nektarien, bestimmte Stellen der Achse oder anderer Blütenteile, die zuckerreiche Flüssigkeit (Nektar, Honig) zur Anlockung der bestäubenden Tiere ausscheiden.

Eine typische Angiospermenblüte führt ihre Organe also in fünf miteinander alternierenden Wirteln, von denen zwei auf das Perianth, zwei auf das Andröceum, einer auf das Gynäceum entfallen. Sie ist fünfwirtelig, pentazyklisch. Die Zahl der Glieder ist entweder für alle Wirtel dieselbe, so z. B. für eine regelmäßige Monokotylenblüte drei, eine Dikotylenblüte fünf, oder es tritt besonders innerhalb der zum Andröceum und Gynäceum gehörenden Wirtel eine Vermehrung oder Verminderung der Zahl ein. Auch kann z. B. im Andröceum ein Wirtel ganz ausfallen oder die Wirtelzahl vermehrt werden. Blüten mit nur einem Andröceumwirtel heißen haplostemon, solche mit zwei Wirteln diplostemon. Steht der äußere Andröceumwirtel (und dementsprechend derjenige der Fruchtblätter) nicht alternierend mit dem Kronblattwirtel, sondern direkt vor ihm, so ist das Andröceum obdiplostemon.

Das Diagramm (S. 77) einer fünfwirteligen Monokotylenblüte, derart orientiert, daß der Querschnitt der Infloreszenzachse oben, derjenige des Deckblattes (vgl. S. 106) sich unten befindet, ergibt Fig. 525, dasjenige einer ebensolchen Blüte dikotyler Art Fig. 526.

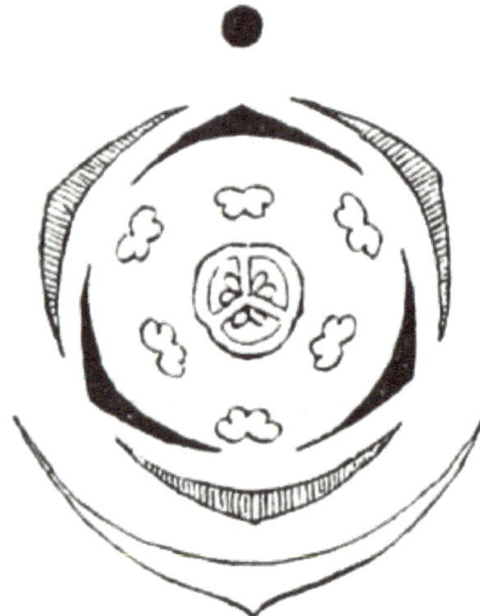

Fig. 525. Diagramm einer pentazyklischen Monokotylenblüte (Lilium).

Fig. 526. Diagramm einer pentazyklischen Dikotylenblüte (Viscaria).

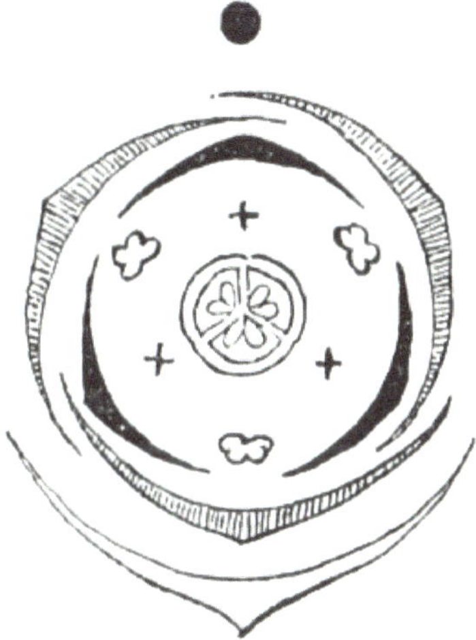

Fig. 527. Theoretisches Diagramm einer Irisblüte. Der fehlende Staubblattquirl ist durch Kreuze bezeichnet.

Nach A. W. EICHLER.

Beide Diagramme sind sog. empirische Diagramme. Von einem theoretischen Diagramm spricht man dagegen, wenn nicht nur die tatsächlich vorhandenen Organe eingetragen werden, sondern auch solche, deren früheres Vorhandensein man aus phylogenetischen Gründen annehmen muß; so ist z. B. bei den mit den Liliaceen nahe verwandten Iridaceen nur einer, und zwar der äußere Staubblattwirtel vorhanden, der innere, dessen Gegenwart der Verwandtschaft nach zu erwarten wäre, ist ausgefallen. Somit erhalten wir, wenn die Stellung der fehlenden Glieder mit Kreuzen in das empirische Diagramm eingetragen wird, das beistehende theoretische Diagramm der Iridaceen (Fig. 527). Gelegentlich kommen derartige dem theoretischen Diagramm entsprechende „vollständige" Irisblüten vor, und es ist HEINRICHER[454] gelungen, eine solche Blütenform durch Generationen hindurch aus Samen weiter zu ziehen. Ein derartiges auf Merkmale der Vorfahren weisendes Rückschlagen wird als „Atavismus" bezeichnet (vgl. S. 178).

Zu einem kurzen Ausdruck eines solchen Diagramms bedient man sich der sog. Blütenformeln, d. h. man setzt für jeden Wirtel ein Buchstabenzeichen, etwa Kelch = K, Corolle = C, oder aber Perigon = P, Andröceum = A, Gynäceum = G und die Zahl der Glieder im Wirtel dahinter. Bei starker Vermehrung der Glieder kann das Zeichen ∞ gesetzt werden. Verwachsung der Glieder eines Wirtels wird durch eine Klammer um die betreffende Zahl, die Stellung des Fruchtknotens durch einen unter (oberständig) oder über (unterständig) der Zahl angebrachten Strich angedeutet. Die Blütendiagramme (Fig. 525, 526) wären also zu schreiben: P3 + 3,

A3 + 3, G (3) für Monokotylen und K5, C5, A5 + 5, G(5) für Dikotylenblüten, für eine Ranunkel K5, C5, A ∞, G ∞, für den Schierling: K5, C5, A5, G (2), für Artemisia endlich: KO, C (5), A (5), G (2).

Fig. 528. Atavistische Form von Iris pallida Lam. abavia. Nach E. HEINRICHER.

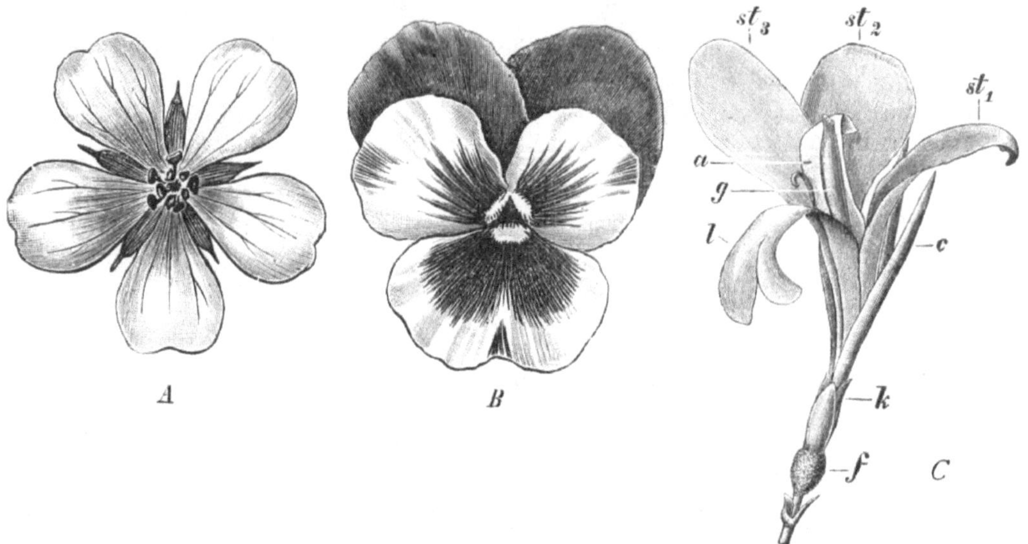

Fig. 529. *A* Radiäre (aktinomorphe) Blüte von Geranium sanguineum. *B* Dorsiventrale (zygomorphe) Blüte von Viola tricolor. Nach A. F. W. SCHIMPER. *C* Asymmetrische Blüte von Canna iridiflora. *f* Fruchtknoten, *k* Kelch, *c* Krone, *l* Labellum, *st 1–3* die übrigen Staminodien, *a* fertile Anthere, *g* Griffel. **1⁄4**, nat. Gr. Nach H. SCHENCK.

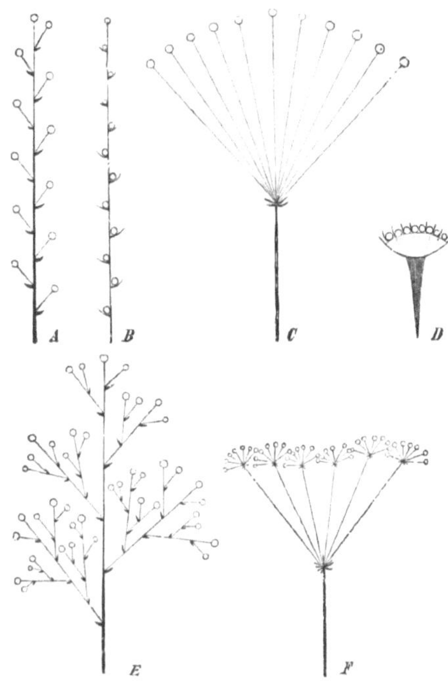

Fig. 530. Schemata razemöser Blütenstände. *A* Traube. *B* Ähre. *C* Dolde. *D* Köpfchen. *E* Rispe. *F* Zusammengesetzte Dolde oder Doppeldolde.

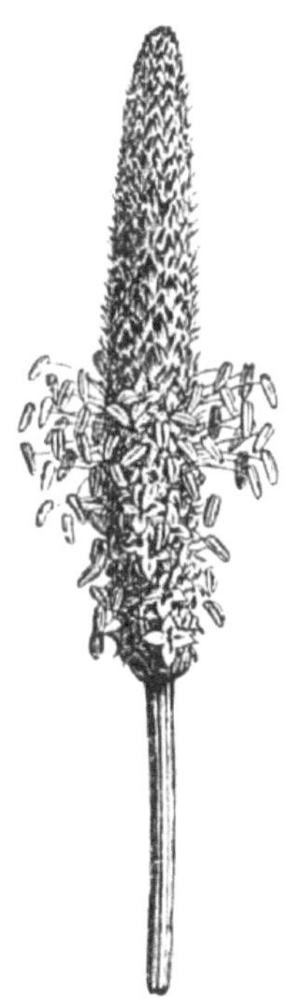

Fig. 531. Blütenähre von Plantago lanceolata. Nach DUCHARTRE.

Fig. 532. Blütenkätzchen von Corylus americana. Nach DUCHARTRE.

Durch Verschiebung der Blütenglieder, ungleiche Größe oder Unterdrückung einzelner sind aus dem ursprünglich strahligen, radiären (aktinomorphen) Bau (Fig. 529 *A*) abweichende Gestalten hervorgegangen (vgl. S. 65 f.), die entweder dorsiventral (zygomorph) (Fig. 529 *B*), oder aber völlig asymmetrisch geworden sind (Fig. 529 *C*). In den Blütenformeln werden radiäre Blüten mit ⊕, dorsiventrale mit ↓ gekennzeichnet, z. B.: für den Goldregen ↓ K(5), C5 A(5 + 5), G1. Dorsiventrale Blüten pflegen immer eine ganz bestimmte Lage zur Richtung der Schwerkraft anzunehmen. Unter Pelorien versteht man radiäre Bildungsabweichungen sonst dorsiventraler Bluten.

Blütenstände (Infloreszenzen).

Die im vorstehenden beschriebenen Blüten der Angiospermen stehen in verhältnismäßig seltenen Fällen einzeln, viel häufiger sind sie zu mehreren oder vielen auf Verzweigungssysteme verteilt, die man als Blütenstände oder Infloreszenzen bezeichnet. Von den vegetativen Verzweigungen unterscheiden sich die Blütenstände durch die gedrängte, dichte Stellung ihrer Seitenzweige, durch die meist schuppenförmige Ausbildung der Deckblätter oder Brakteen und der Vorblätter, in deren Achseln die Seitenzweige oder Einzelblüten stehen, und durch das Austreiben aller Achselknospen, wenigstens in vielen Fällen. In den Infloreszenzen der Cruciferen fehlen die Hochblätter vollkommen.

Fig. 533. Traube von Linaria striata. Blüten mit Deckblättern *d*. Nach A. F. W. SCHIMPER.

Fig. 534. Doldiger Blütenstand der Kirsche. Nach DUCHARTRE.

Fig. 535. Blütenrispe von Yucca filamentosa. Verkl. Nach A. F. W. SCHIMPER.

A. Die Hauptachse wächst stärker als die Seitensprosse.

I. Die Blütenstände können, wie die vegetativen Verzweigungen, Monopodien (vgl. S. 110) sein, so daß die Hauptachse dem Wachstum ihrer Seitenzweige stets überlegen bleibt (oder die Seitensprosse wachsen ebenso stark); solche razemösen Blütenstände treten in verschiedenen Formen auf (Schemata Fig. 530):

α) Seitenachsen unverzweigt.

1. **Traube**, gestielte Einzelblüten an der verlängerten Hauptachse, Schema 530 A. Fig. 533.

2. **Ähre**, sitzende Einzelblüten an der verlängerten Hauptachse, Schema 530 B. Fig. 531.

Ist die Achse fleischig verdickt, so heißt die Ähre Kolben wie bei den Araceen. Fällt die Ähre nach dem Verblühen (der Fruchtreife) als Ganzes ab, so heißt sie Kätzchen Fig. 532.

β) Seitenachsen verzweigt.

3. Rispe, eine verlängerte Hauptachse, deren Seitenachsen Trauben sind. Schema 530 *E*. Fig. 535.

B. Die Haupt- und Seitenachsen wachsen gleich stark.

4. **Dolde**, eine Anzahl von Seitenachsen, die alle gleichmäßig mit der in eine Einzelblüte ausgehenden Hauptachse wachsen. Schema 530 *C*. Fig. 534.

5. **Zusammengesetzte Dolde**, eine Dolde, die an Stelle der Einzelblüten wiederum Dolden trägt. Schema 530 *F*. Fig. 666.

6. **Köpfchen**, sitzende Einzelblüten an einer verkürzten und oben verbreiterten Hauptachse. Schema 530 *D* (Compositae). Fig. 799.

II. Oder die jeweilige Hauptachse wird jedesmal von ihren Seitenachsen überholt; dann liegen zymöse Blütenstände vor, die sich nach Zahl und Stellung der Seitensprosse in Pleiochasium, Dichasium und Monochasium unterscheiden. Diese Verzweigungen sind S. 111 bereits ausführlich beschrieben und im Grundriß dargestellt (Fig. 152). Auch sind dort die monochasialen Verzweigungssysteme, Sichel und Fächel, wie die aus dem Dichasium ableitbaren Schraubel und Wickel behandelt, so daß hier nur auf die Abbildung eines typischen Dichasiums (Fig. 536) und diejenige des Wickels (Fig. 537) hingewiesen zu werden braucht.

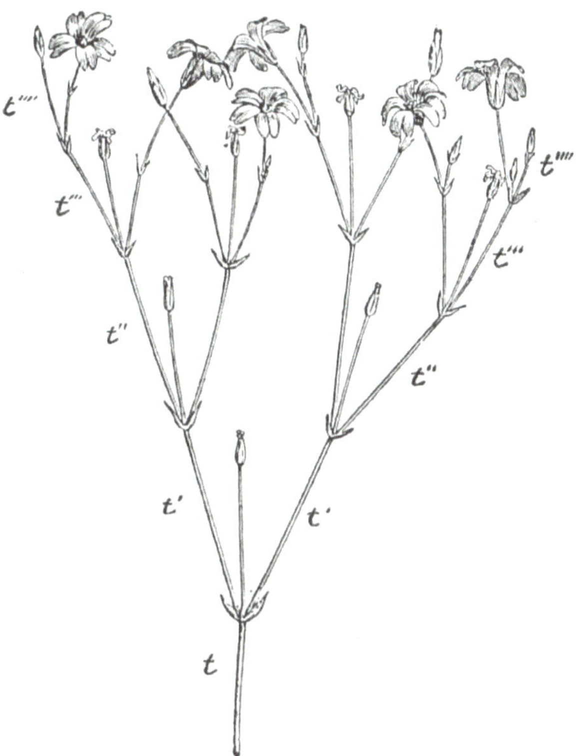

Fig. 536. Zymöser Blütenstand (Dichasium) von Cerastium collinum. *t*–*t''''* die aufeinanderfolgenden Achsen. Nach DUCHARTRE.

Fig. 537. Blütenwickel von Heliotropium curassavicum. Nach ENGLER-PRANTL.

2. Ökologie. Die **Blütenbestäubung**[457] (vgl. S. 170). Viele sonst rätselhaft bleibende Unterschiede im Bau der Blüten und in der Anordnung ihrer Organe werden verständlich, wenn man sie ökologisch betrachtet. Gemeinsam ist es allen Blüten, Nachkommenschaft auf sexuelle Weise hervorzubringen; die Wege, die zu diesem Ergebnisse führen, sind aber sehr verschieden. Gegenüber den Bryophyten und Pteridophyten, bei welchen die Vereinigung der Geschlechtszellen unter Zuhilfenahme des Wassers sich vollzieht, sind die Samenpflanzen, die keine freibeweglichen männlichen Geschlechtszellen entlassen, und deren Eizellen dauernd im Gewebe der Mutterpflanze eingeschlossen bleiben, gezwungen, andere Wege einzuschlagen. Eine besondere Art der Zuführung der Pollenkörner zu den von ihren Makrosporangien umschlossenen Makrosporen und der darin befindlichen Eizelle wird notwendig. Es müssen die zum Empfange des Pollens bereiten Narben (oder Mikropylen) bestäubt werden.

Eine sehr große Zahl von Samenpflanzen bedient sich der bewegten Luft, des Windes, als Übermittler des Pollens, wie z. B. unsere gesamten Koniferen und auch die Mehrzahl der einheimischen Laubbäume: die Ulme, Eiche, Buche, Hainbuche, ferner unsere Gräser, besonders die Getreidearten. So einfach die Verhältnisse in diesem Falle zu liegen scheinen, so bedarf es doch mancherlei notwendiger Voraussetzungen für einen sicheren Erfolg dieser Übertragungsart.

Vor allem müssen solche windblütigen oder anemophilen Pflanzen eine ungeheuere Masse von Pollen erzeugen, da naturgemäß nur ein geringer Bruchteil den Ort seiner Bestimmung erreichen kann. So sieht man wohl zur Zeit, da unsere Nadelwälder in Blüte stehen, ungezählte Mengen des in die Luft entführten Pollenstaubes bei eintretendem Regenwetter als dichten gelben „Schwefelregen“ niederfallen.

Fig. 538. Alnus glutinosa. *1* Blühender Zweig mit kleinen aufrechten weiblichen und hängenden männlichen Kätzchen und Blatt. *2* Eine Deckschuppe mit männlichen Blüten. *3* Weibliches Kätzchen. *4* 2 weibliche Blüten mit Deckschuppe. *5* Fruchtstand. *6* Frucht. **3⁄4** nat. Gr., *2–6* vergr.

Die anemophilen Pflanzen und Blüten haben nun einige Charakterzüge gemein, die in Beziehung zu der Windbestäubung stehen und keineswegs als bloße Zufälligkeiten gelten können. Das gilt in erster Linie für den Bau der männlichen Blütenstände. Sie haben oft die Form mehr oder minder lang herabhängender Kätzchen (Fig. 538) angenommen, die eine große Zahl von Mikrosporophyllen vereinigen und so orientiert sind, daß der Wind nach Öffnung der Sporangien alle Sporen ausfegen oder ausschütteln kann; z. B. Eichen (Fig. 690), Birken (Fig. 683), Erlen (Fig. 538), Haselnuß, Hainbuchen (Fig. 684), die auffallend langen Walnußkätzchen (Fig. 679), dasselbe gilt für die aufrechten Koniferenblüten(Fig. 604). Gleiche Bedeutung kommt der Befestigung der Gramineen-Antheren auf langen schwanken Filamenten zu (Fig. 539). Einige Urticaceen (Pilea-Arten, Brennesseln usw.) schleudern ihren Pollen bei Öffnung der Fächer mit Hilfe der elastisch gespannten Filamente als leichte Staubwölkchen in die Luft. Wie die Infloreszenzen und Blüten, so haben auch die Pollenkörner der Anemophilen charakteristische Merkmale. Sie sind leicht und glatt, bei einigen Nadelhölzern sogar mit zwei lufthaltigen Flugblasen (Fig. 512 *D*) versehen, die ein längeres Schweben in der Luft ermöglichen.

Die weiblichen Blüten pflegen der lebhaften Farben zu entbehren und besitzen keine Nektarien. Ihre Narben, die den Pollen auffangen, sind jedoch besonders mächtig entwickelt und mit langen Federhaaren versehen (Fig. 539) oder pinselförmig, federförmig oder lang fadenförmig ausgezogen. Bei vielen Gymnospermen, besonders deutlich bei Taxus, scheidet die Mikropyle des Makrosporangium zur Blütezeit einen Flüssigkeitstropfen aus, an dem die Pollenkörner hängen bleiben und beim Eintrocknen des Tropfens auf den Scheitel des Nucellus niedergesogen werden; in anderen Fällen gleiten die Pollenkörner zwischen den auseinander gespreizten Sporophyllschuppen der zapfenförmigen, aufgerichteten Blüten hinab, bis sie am Grunde zwischen die Integumentfortsätze gelangen und an den feuchten Mikropylenöffnungen haften.

Endlich ist aber auch der Zeitpunkt des Blühens nicht bedeutungslos. Die Ulme blüht lange vor ihrer Belaubung bereits im Februar oder März, die Haselnuß, Pappel und Erle (Fig. 538) machen es ebenso, und bei Walnuß, Eiche, Hainbuche und Birke, ja auch bei der Rotbuche sieht man die Blüten mit den ersten Blättern hervorbrechen und ihre Blütezeit vollenden, bevor die Belaubung voll entwickelt ist. Es würde im anderen Falle eine ungeheuere Menge von Pollenkörnern an der Behaarung und in den Falten der großen Laubblätter hängen bleiben und damit noch mehr Blütenstaub, als so schon der Fall ist, seiner eigentlichen Bestimmung entzogen werden. Bei den Nadelhölzern ist die Blattform viel weniger hinderlich, und außerdem sehen wir bei ihnen die weiblichen Blütenzapfen in den Spitzen ihrer Kronen (Abies) oder am Gipfel der Baumpyramiden (Picea) hervorsprossen, während die männlichen Blüten sich mehr an den unteren Zweigen entwickeln. Der bei trockenem, warmem Wetter entleerte Pollen wird von der bei Sonnenschein sich erwärmenden und an den Bäumen entlang aufsteigenden Luft mit emporgeführt und erreicht so die hoch über seiner Bildungsstätte stehenden weiblichen Zapfen mit ihren zahlreichen Samenanlagen.

Sehr gering ist die Zahl derjenigen Samenpflanzen, bei denen das Wasser eine Rolle bei der Pollenübertragung zu spielen hat; es handelt sich ausschließlich um submerse Wasserpflanzen, die sich ihrem Medium nicht entziehen können und als wasserblütige oder hydrophile Gewächse neben die anemophilen treten (z. B. Zostera, das Seegras Vallisneria spiralis und Helodea, die Wasserpest).

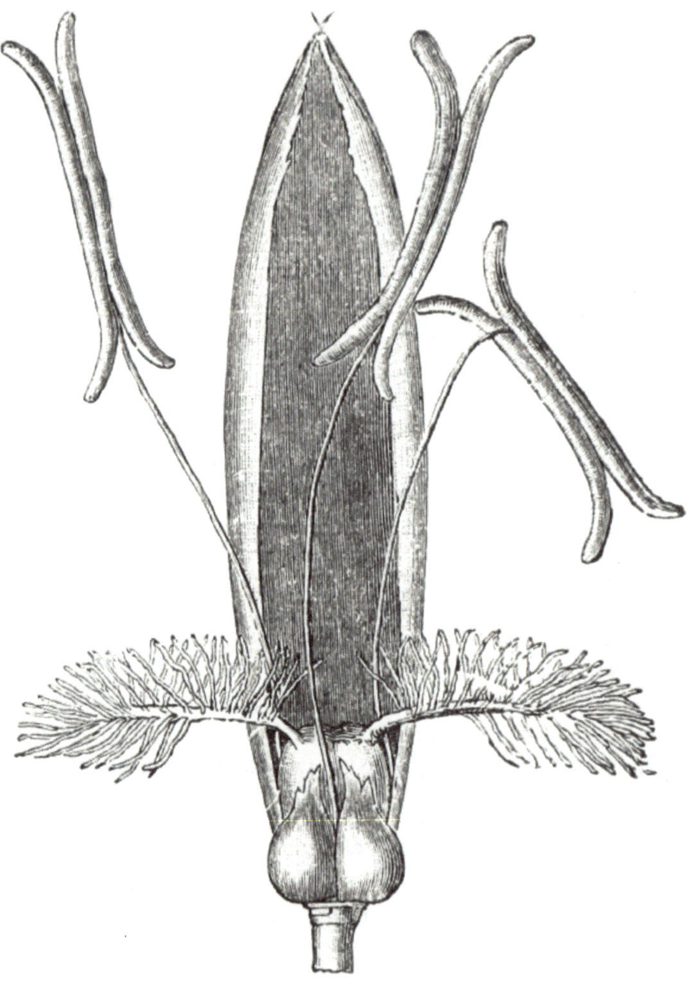

Fig. 539. Anemophile Blüte von Festuca elatior. Nach H. SCHENCK.

Für die große Mehrzahl der Samenpflanzen jedoch kommen weder Wind noch Wasser, sondern Tiere, und zwar in erster Linie Insekten als Pollenüberträger in Betracht. Auf Insekten zur Pollenübertragung angewiesene Pflanzen heißen entomophil.

Seit KONRAD SPRENGEL in seiner berühmten Schrift „Das entdeckte Geheimnis der Natur im Bau und in der Befruchtung der Blumen 1793" die Wechselbeziehungen zwischen den die Blumen besuchenden Insekten und den Formen und Farben der Blumen aufgedeckt hatte, ist kein anderes Gebiet der Biologie so eifrig durchforscht worden wie die Blütenökologie, die man schon begann mit dem Begriff der Pflanzenbiologie überhaupt zu verwechseln. Um so merkwürdiger ist es, daß sich niemand die Frage vorgelegt hatte, ob denn die unserem Auge sich darbietenden Farben auch von den Insekten in gleicher Art wahrgenommen werden könnten? Freilich erschien es schwer, sich das Auftreten der ganzen Farbenpracht unserer Wiesen und Obstbäume anders zu denken, denn als „Schauapparat" für die Nahrung suchende Insektenwelt, deren Hunger zu befriedigen die Blumen eigene Vorkehrungen in ihren Nektarien besitzen, obwohl ja auch nicht entomophile Blüten, wie diejenigen unserer Koniferen, die Narben von Corylus u. a., intensive Farben entwickeln.

Es ist das Verdienst von C. HESS[458], dieser Frage nachgegangen zu sein. Auf Grund seines Nachweises, daß die Bienen, die wichtigsten Blütenbestäuber, in einem Merkmal mit farbenblinden Menschen übereinstimmen, darf man eine Rot-Grün-Farbenblindheit bei Bienen im allgemeinen annehmen, während HESS für völlige Farbenblindheit eintrat.

Durch eine Reihe sorgfältiger, experimenteller Arbeiten hat V. FRISCH[459] diese Meinung zu entkräften gewußt und höchst interessante innigere Beziehungen zwischen Bienen und Blütenbesuch festgestellt. Er unterscheidet bei den Blütenbesuchen der Bienen zwischen „Suchern" und „Sammlern". Die Sucher finden neue ergiebige Nektarquellen mittels der Farben (es wurde mit gelb und blau experimentiert) aus beträchtlicher Entfernung auf und erkennen in der Nähe an dem Blütendufte mit großer Genauigkeit die für sie geeigneten Blüten heraus. Sie übermitteln ihre Befunde den Stockgenossen mittels einer charakteristischen Zeichensprache und kehren mit einem oder mehr Sammlern zu der Fundstelle zurück, die nun stetig weiter ausgebeutet wird.

Unzweifelhaft bleibt also die Wechselwirkung zwischen Blumen und Insekten bezüglich des Farben-, Geruch- und Formensinns bestehen. Wenn eine Fernwirkung des Duftes für Bienen im allgemeinen nicht nachzuweisen war, so scheinen Falter, Sphingiden und Eulen darin abzuweichen. Denn welche Vorstellung sollte man sich von dem starken, gegen Abend sich steigernden Duft von Lonicera, Philadelphus usw. machen, wenn nicht die eines Anlockungsmittels für Nachtfalter, die dem Dufte entgegenfliegen und damit ihre Nahrungsquelle zu finden vermögen? Wie wollte man sich die Nektarien und die Ausgabe von großen Mengen eines so wichtigen Pflanzenreservestoffes wie Zucker erklären, wenn die Gäste, die ihn gierig aufsuchen, den Blüten nicht unentbehrlich wären? Wie endlich kann man den Blütenbau einer Salvia, einer Orchis, ja irgendeiner dorsiventral gebauten Blüte verstehen wollen, wenn man ihn nicht in Beziehung bringt zu den sie aufsuchenden, ihren Nektar saugenden und sie dabei bestäubenden Insekten? Die wechselseitigen Anpassungen der Blütenformen und der Insektenkörper sind so zahlreich, und die Erfahrung, daß sonst wohlgedeihende Pflanzen fern ihrer Heimat aus Mangel an den ihnen angepaßten Blütenbestäubern unfruchtbar bleiben — wie es z. B. bei der Vanille der Fall war, bis man die Blüten durch Menschenhand bestäubte —, nachgerade so häufig gemacht worden, daß man an dem Angepaßtsein von Blüten an bestimmte Insekten und umgekehrt nicht zweifeln kann.

Meist ist die Lage der vom Insekt aufgesuchten Nektarien derart, daß das Haarkleid der Tiere an ganz bestimmten Stellen Pollenkörner mitnehmen muß, die beim Besuche anderer Blüten auf die Narbe übertragen werden. Da ist es denn wichtig, daß solche entomophilen Pflanzen ihre Pollenkörner ganz anders ausrüsten als die vorher betrachteten anemophilen. Viele stachlichte Hervorragungen, rauhe oder klebrige Oberflächen oder das Zusammenbleiben in Tetraden, ja in ganzen Pollenfächern wie bei Orchis (Fig. 842) und Asclepias sind für den Pollen entomophiler Pflanzen charakteristisch. Daß solcher Pollen neben dem Nektar für manche Insekten ein besonders wertvolles, weil stickstoffhaltiges Nahrungsmittel bildet, wie für die Bienen, die ihn zum „Bienenbrot“ verkneten, ist ebenfalls von Bedeutung.

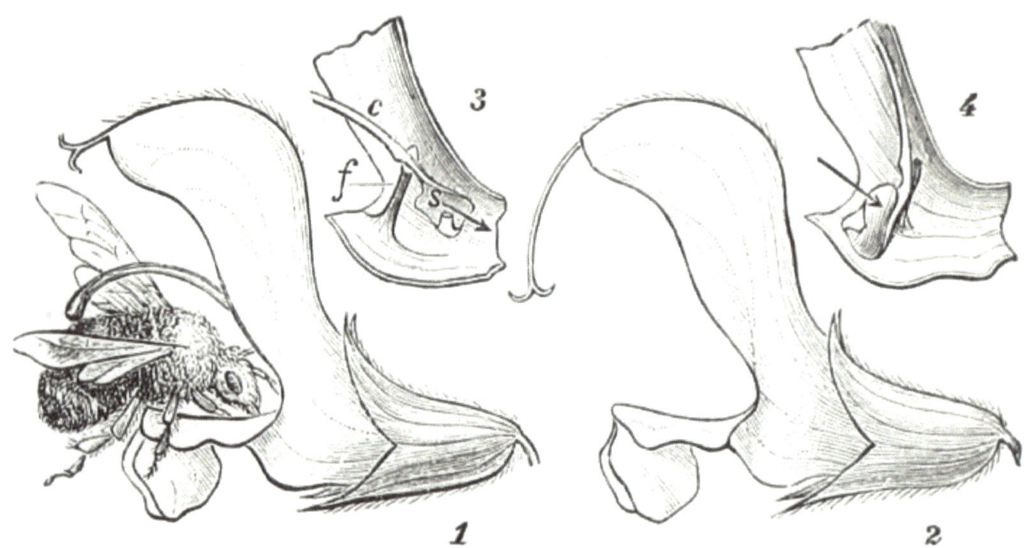

Fig. 540. Blütenbestäubung bei Salvia pratensis. (Erklärung im Text.) Nach F. NOLL.

Ein sehr inniges Zusammenwirken von Blütenbau und Insektenkörper bietet die Bestäubung von Salvia pratensis durch Hummeln. Fig. 540 *1* zeigt eine Salviablüte mit einer Nektar suchenden Hummel auf der Unterlippe. Salvia hat nur zwei Staubblätter, deren Antherenhälften ganz verschieden entwickelt sind: die eine ist steril und bildet eine Verschlußklappe in der Blumenkronröhre (Fig. 540 *4*), die andere sitzt am Ende eines langgestreckten Konnektivs, das diese fertile Hälfte unter die Wölbung der Oberlippe hinaufhebt. So ist ein ungleichseitiger Hebel gebildet, der drehbar an der Filamentspitze befestigt ist. Bei Einführung des Rüssels übt die Hummel einen Druck auf den kürzeren Arm, die fertile Antherenhälfte wird damit durch die Hebelwirkung des Konnektivs (*c*) um den Ansatzpunkt am Filament (*f*) gedreht und fest auf dem Haarkleid des Hummelhinterleibes abgestreift (Fig. 540 *1*, *3*). Beim Besuche einer älteren Blüte findet sie den Griffel weiter unter der Oberlippe hervorgewachsen (vgl. S. 483 Dichogamie) und seine Narbe genau an der Stelle jener Antherenhälfte, so daß von dort mitgenommene Pollenkörner auf dem sichersten Wege der Narbe übermittelt werden müssen.

Jedoch nicht die Nahrung allein zieht die Insekten zu den Blüten hin, auch der Fortpflanzungsinstinkt führt sie in einigen Fällen zum Blütenbesuch. Das mißfarbige Aussehen und der Aasgeruch mancher Araceen, Asclepiadaceen- und Aristolochiaceenblüten veranlassen Aasfliegen zum Besuch der Blüten, in denen sie ihre Eier ablegen und gleichzeitig Pollen anderer vorher besuchter Blüten übertragen. Die Bestäubung der Feigenblüten (Fig. 541) wird durch eine Gallwespe besorgt, welche in die krugförmigen Blütenstände einkriecht, ihre Eier in die kurzgriffeligen Gallblüten ablegt und dabei den vom „Caprificus“, den männlichen Blütenpflanzen, mitgebrachten Pollen den langgriffeligen weiblichen Samenblüten zuführt (Fig. 541). Yucca filamentosa endlich ist für ihre Fortpflanzung gänzlich auf eine Motte (Pronuba) angewiesen, welche ihre Eier in die Yucca-Fruchtknoten ablegt und die Narbe gleichzeitig bestäubt. Wenn auch die Raupen einen großen Teil der Samenanlagen fressen, so bleiben doch stets Samen übrig, während ohne Bestäubungsvermittler, wie die bei uns kultivierten Exemplare zeigen, überhaupt kein Samenansatz erfolgen kann.

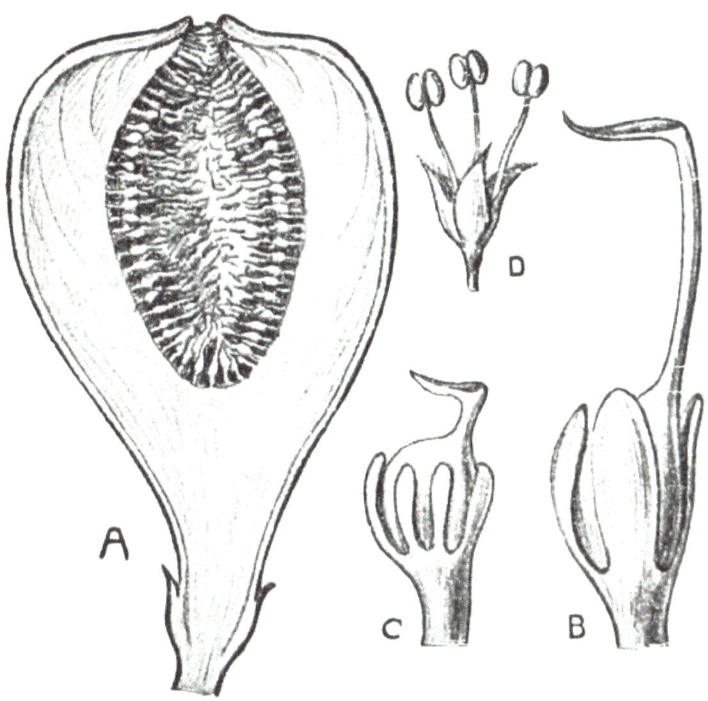

Fig. 541. Ficus carica. *A* Längsschnitt durch einen Blütenstand. *B* Samenblüte. *C* Gallenblüte. *D* Männliche Blüte. *B–D* vergr. *D* nach KERNER. *B, C* nach H. Graf SOLMS-LAUBACH.

Neben der Entomophilie spielt die auf amerikanische Kolibris und die Honigvögel der alten Welt sich beziehend Ornithophilie eine weit bescheidenere Rolle. Einen besonders merkwürdigen Fall von Anpassung zwischen einer Blüte und ihrem Bestäuber stellt die in unseren Gewächshäusern häufig kultivierte Strelitzia reginae dar (Fig. 542). Ihre drei äußeren Perigonblätter (*t*) sind lebhaft orangerot gefärbt; das große azurblaue Labellum (*p*) entspricht einem der inneren Perigonblätter, während die beiden übrigen (*p*) unscheinbar bleiben und den Zugang zum Nektarium überdachen, das reichlich Nektar austräufeln läßt. Staubblätter (*st*) und Griffel (*g*) liegen in einer das Labellum der Länge nach durchziehenden Rinne, deren Ränder leicht auseinanderklappen; die Narbe (*g*) ragt frei über das Labellum hinaus. Der in den gleichen Farben prangende Vogel, Nectarinia afra, fliegt zuerst die Narbe an und streift nachher, auf dem Labellum weiter vordringend, den Pollen der Staubblätter ab, den er auf eine nächste Narbe übertragen kann. Ebenso eigenartig ist der Bau der hängenden Marcgravia-Infloreszenzen mit Deckblättern, die zu Nektar haltenden Kannen umgewandelt sind; doch steht dieser nach neueren Beobachtungen nicht mit der Entomophilie in Beziehung[460]. Durch die angeführten Untersuchungen von HESS (S. 480) wird es erklärlich, daß die meisten ornithophilen Blüten intensiv rot gefärbt sind (Aloë, Clianthus, epiphytische Loranthaceen usw.), da die Empfindlichkeit für Rot beim Tagvogel jener für unser Auge ähnlich ist.

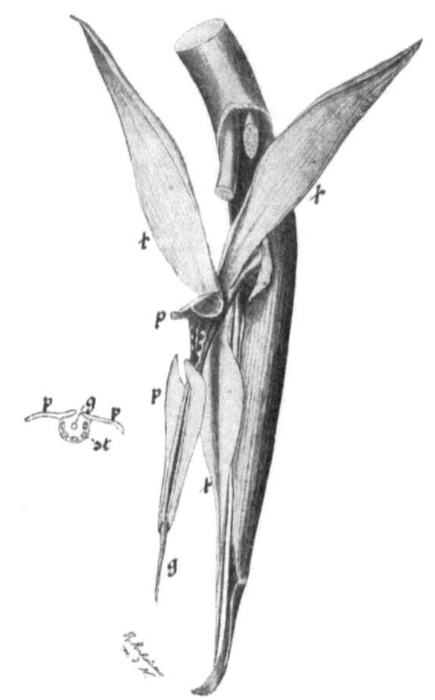

Fig. 542. Ornithophile Blüte von Strelitzia reginae und Querschnitt durch das große Labellum *p*. *t* Äußere, *p* innere Perigonblätter, *g* Griffel bzw. Narbe, *st* Staubblätter. Aus A. F. W. SCHIMPER, Pflanzengeographie.

Der Vollständigkeit halber seien auch noch die chiropterophilen Blüten erwähnt, z. B. diejenigen der Pandanacee Freycinetia, deren innere Deckblätter den großen Fledermäusen des Malayischen Archipels, den bekannten „fliegenden Hunden", ein beliebter Leckerbissen sind, wofür sie sich durch die Pollenübermittelung dieser diözischen Pflanze nützlich erweisen. Endlich sollen Calla palustris, Chrysosplenium und Aspidistra durch Schnecken bestäubt werden, sie wären demnach als malakophile Pflanzen zu bezeichnen.

Da die Mehrzahl angiospermer Pflanzen hermaphrodite Blüten besitzt, könnte es merkwürdig erscheinen, daß so mannigfache und verwickelte Anpassungen der Übertragung des Pollens auf andere Blüten, also der Kreuzung dienen müssen. Zunächst aber liefert oft die Bestäubung mit eigenem Pollen, die Selbstbestäubung oder Autogamie, minder guten Samenansatz, z. B. bei dem Roggen, oder bleibt ganz ohne Erfolg. Derartige „selbststerile" Pflanzen sind z. B. Lobelia fulgens, Corydalis cava, Cardamine pratensis. Ebenso wird Fremdbestäubung, Allogamie, eintreten müssen, wenn der Pollen nur nach Verwundung der Narbe zu keimen vermag, wie bei Laburnum vulgare; hier erfüllt nur Insektenbesuch, der in der Regel fremden Pollen mitbringen dürfte, die Keimungsbedingung und schließt damit blüteneigenen Pollen aus. Bei Orchideen aber wirkt der eigene Pollen vielfach direkt schädigend und läßt die damit belegte Blüte alsbald absterben.

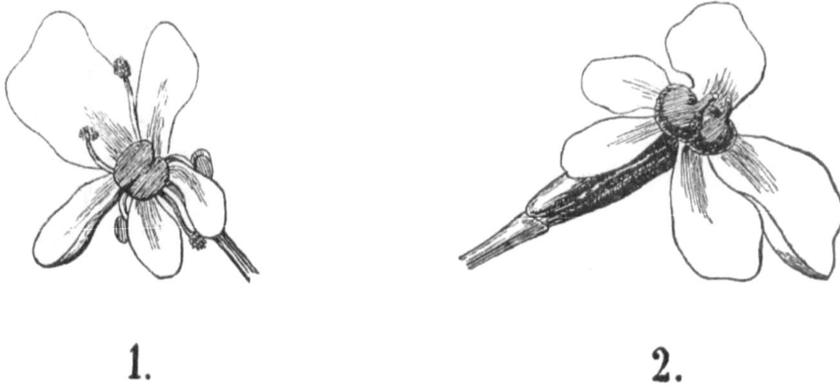

Fig. 543. Blüte von Anthriscus silvestris. Schwach vergr. *1* im männlichen, *2* im weiblichen Stadium. Nach H. MÜLLER.

Aber auch wo keine Selbststerilität besteht, gibt es zahlreiche und sehr mannigfaltige Einrichtungen, die eine Selbstbestäubung hermaphroditer Blüten völlig unmöglich machen und Fremdbestäubung begünstigen. Daß Diözie die Selbstbestäubung ausschließt, daß monözische Blütenverteilung wenigstens die Bestäubung mit blüteneigenem Pollen verhindern muß, bedarf ja keiner Erörterung. Ein gleiches Verhältnis wird dort vorliegen, wo die beiden Geschlechter einer hermaphroditen Blüte ungleichzeitig reifen. Dieser sehr häufige Fall wird als Dichogamie bezeichnet. Naturgemäß sind bei dichogamen Pflanzen zwei verschiedene Möglichkeiten vorhanden; entweder reifen die Staubblätter zuerst, und der Pollen wird entleert, bevor die Narben derselben Blüte belegungsfähig sind, die Pflanze ist protandrisch, oder umgekehrt der Griffel mit seinen Narben ist reif, bevor der Pollen verbreitet werden kann, die Pflanze ist protogyn.

Fig. 544. Blütenstand von Plantago media mit protogynen Blüten. Aus den mittleren noch geschlossenen Blüten ragt der bestäubungsfähige Griffel hervor (♀). Die unteren Blüten haben den Griffel bereits verloren, dafür aber die langen Staubblätter entfaltet (♂). Nach F. NOLL.

Die Protandrie ist der weitaus häufigere Fall der Dichogamie. So sind bei den Blüten der Kompositen, Campanulaceen, Lobeliaceen, Umbelliferen (Fig. 543), Geraniaceen, Malvaceen (Fig. 709) u. a. die Narben noch unentwickelt, wenn die Staubblätter ihre Pollenmassen entlassen. Auch bei Salvia (Fig. 540) ist Protandrie notwendige Voraussetzung der Fremdbestäubung. Bei der Protogynie dagegen wird die Bestäubung nur von seiten älterer Blüten möglich sein, deren Pollen nach Abblühen des Griffels und seiner Narben freigeworden ist. Hierher gehören die Plantaginaceen (Fig. 544), Scrophularia nodosa, Aristolochia Clematitis, Arum maculatum, Helleborus, Magnolia.

In gleichem Sinne wirkt die von DARWIN zuerst aufgedeckte Heterostylie, die freilich TISCHLER zufolge durch Ernährungseinflüsse verändert werden kann. Halten wir uns an das abgebildete Beispiel (Fig. 545) von Primula sinensis, so zeigt sich beim Vergleich von Blüten verschiedener Individuen, daß sie sich in der Länge ihrer Staubblätter und Narben unterscheiden. Man findet „langgriffelige“ Blüten, deren Narben den Eingang der Kronröhre verengern, deren Antheren dagegen tief unten in der Röhre sitzen; ein anderes „kurzgriffeliges“ Individuum zeigt die Antheren in Höhe der Narbe jener erstbetrachteten Blüte, die Narbe in Höhe ihrer Antheren. Ein und dasselbe Insekt kann natürlich nur gleich hochstehende Blütenorgane mit derselben Körperstelle berühren, also nur die sich ihrer Lage nach entsprechenden Blütenteile bestäuben, so daß Fremdbestäubung gesichert ist. Die Betrachtung der Pollenkörner und der Narbenpapillen läßt leicht erkennen, daß ihre Größenverhältnisse wechselseitige Bestäubung bedingen.

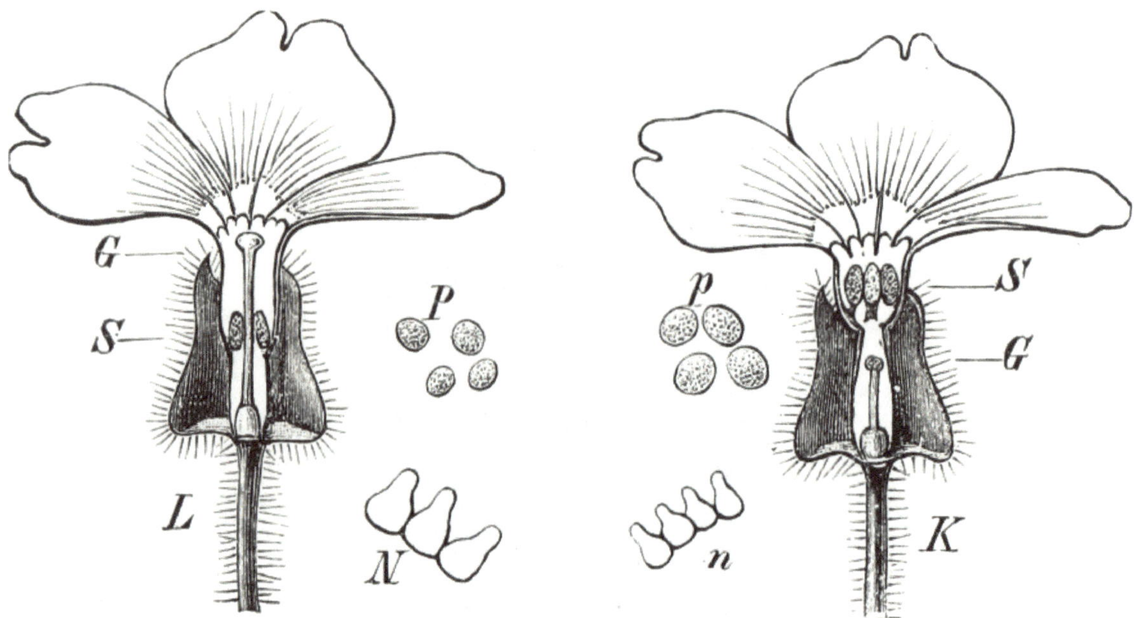

Fig. 545. Primula sinensis. Zwei heterostyle Blüten von verschiedenen Stöcken. Schwach vergrößert. *L* Langgriffelige, *K* kurzgriffelige Blütenform, *G* Griffel, *S* Staubbeutel. *P* Pollenkörner und *N* Narbenpapillen der langgriffeligen, *p* und *n* Pollenkörner und Narbenpapillen der kurzgriffeligen Form. *P*, *N*, *p*, *n* bei 110facher Vergrößerung. Nach F. NOLL.

Derartige „dimorphe“ Heterostylie finden wir noch bei Hottonia, Pulmonaria, Linum, Menyanthes; dagegen besitzen Lythrum salicaria und Oxalis-Arten dreierlei verschiedene Stellungen für Narben und Antheren, sie sind „trimorph heterostyle“ Pflanzen.

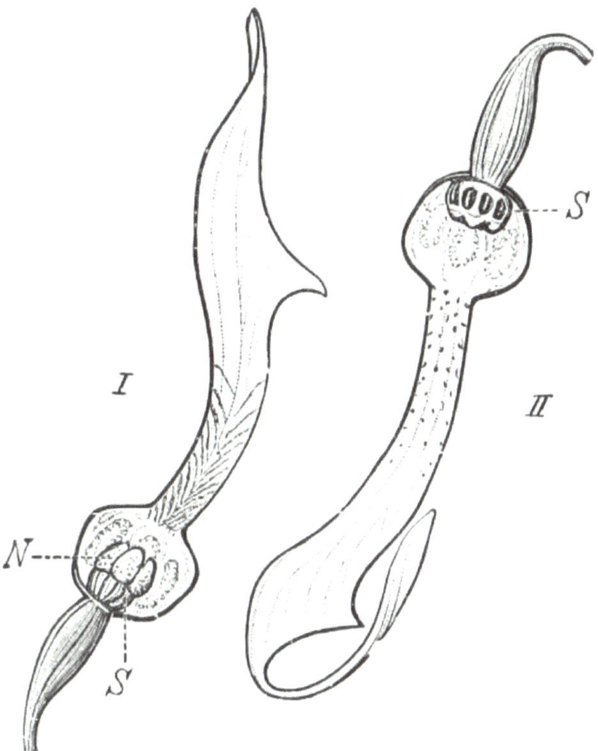

Fig. 546. Blüten von Aristolochia Clematitis, längs durchschnitten. *I* Junge Blüte. *N* Narben, *S* Staubbeutel. *II* Ältere Blüte, vgl. den Text. 2/1. Nach F. NOLL.

Bei zahlreichen Blüten ist endlich die Anordnung derartig, daß der Pollen durch seine Lage vollkommen verhindert wird, überhaupt mit der eigenen Narbe in Verbindung zu kommen. Dies Verhalten heißt Herkogamie. So trägt Iris ihre drei Antheren unter den Griffelwölbungen, Orchis heftet die beiden Pollinien über der Narbe fest, Asclepias schließt die fünf Pollinien an Griffelschwellungen mit Klemmkörperchen paarweise zusammen (vgl. Fig. 755).

Bisweilen wirken Herkogamie und Dichogamie zusammen: Die protogyne Blüte von Aristolochia Clematitis (Fig. 546) steht im ersten Blütenstadium mit geöffnetem Schlunde aufgerichtet. Kleine Insekten vermitteln die Bestäubung. Beim Einkriechen in den aufrecht stehenden Trichter können sie zwischen abwärts gerichteten Reusenhaaren hindurch in den Kessel vordringen. Ihrer Flucht aus diesem Gefängnis stehen aber eben jene Haare so lange entgegen, bis im zweiten Blütenstadium die Bestäubung der Narbe durch aus älteren Blüten mitgebrachten Pollen vollzogen ist. Dann öffnen sich die unter dem säulenförmigen Griffel befindlichen Antheren, die Blüte sinkt schlaff herab und die Insekten können mit frischem Pollen versehen über die gleichzeitig vertrocknenden Reusenhaare hinweg ins Freie gelangen und neue, jüngere Blüten aufsuchen. Alle diese mannigfaltigen und zum Teil direkt raffinierten Einrichtungen zur Erzielung der Kreuzung weisen darauf hin, daß es bei der Befruchtung darauf ankommen dürfte, derartige Geschlechtszellen zu vereinigen, die in ihren vererbbaren Eigenschaften weiter voneinander differieren, als es bei Abkömmlingen derselben Blüte der Fall sein könnte. Auch pflegen allogam erzeugte Nachkommen kräftiger zu sein als autogam entstandene.

Wenn nun trotzdem bei gewissen Pflanzen neben den für Wind- oder Insektenbestäubung eingerichteten großen chasmogamen Blüten kleine unscheinbare Blüten vorkommen, die sich niemals öffnen und nur der Selbstbestäubung dienen können, so lassen sich solche kleistogamen Blüten[461] wohl damit verständlich machen, daß diesen Pflanzen ein weiteres Propagationsmittel gegeben ist, das ihren Nachkommen wieder zu gelegentlicher Kreuzung mit Hilfe der großen chasmogamen Blüten verhelfen kann. Kleistogamie ist häufig oder regelmäßig vorhanden bei Impatiens-, Viola-, Lamium-, Stellaria-Arten, bei Specularia perfoliata, den unterirdischen Infloreszenzen von Lathraea squamaria, Juncus hufonius u. a.; Polycarpon tetraphyllum besitzt nur kleistogame Blüten.

Entwicklung der Geschlechtsgeneration bei den Samenpflanzen.

A. Bei den **Gymnospermen**[462] enthalten die Mikrosporen ein wenigzelliges Prothallium, das sich innerhalb der großen, später zum Pollenschlauch auswachsenden Zelle, deren Kern in Fig. 547 mit *k* bezeichnet ist, der Außenwand anlegt. Die ältesten (*p*) stellen den Rest vegetativer Prothalliumzellen dar. Auf sie folgt, als letzte abgegebene Zelle, die spermatogene Zelle (*sp*). Diese zerfällt früher oder später in die Mutterzelle des Antheridiums (Fig. 548 *B*[*m*]) und eine sterile Schwesterzelle, die jene an die übrigen Zellen des Prothalliums anheftet (*s*). Nur durch Ab- oder Auflösung der sterilen Schwesterzelle, die GOEBEL daher Dislokatorzelle nennt, kann also die Antheridium-Mutterzelle frei werden und in den Pollenschlauch einwandern. Sie bildet dabei, oder schon solange sie noch festsitzt, zwei Tochterzellen, die generativen Zellen, Spermazellen oder männlichen Geschlechtszellen.

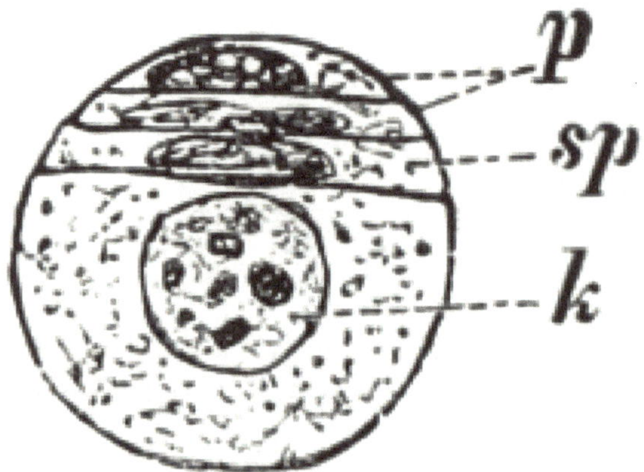

Fig. 547. Pollenkorn von Ginkgo biloba noch innerhalb des Mikrosporangiums. Vergr. 300. Nach E. STRASBURGER.

a) Cycadeen.

Bei den Cycadeen und bei Ginkgo erhalten diese Zellen noch die Form von Spermien, so daß sie sich hierin direkt an die spermiumbildenden heterosporen Archegoniaten anschließen. Die Entwicklung ist in Fig. 548 an Zamia dargestellt, und die Figurenerklärung gibt über die Einzelheiten Auskunft. Wie die Fig. 549 (*a*) weiter zeigt, bleiben die beiden Rücken an Rücken ausgebildeten Spermien eine Zeitlang an der sterilen Schwesterzelle des Antheridiums haften, nach ihrer Ablösung (*b*) runden sie sich ab und zeigen ihr verjüngtes Vorderende mit einem schraubig den Körper umlaufenden Zilienkranze versehen, der ihre Schwimmbewegung ermöglicht (Fig. 552).

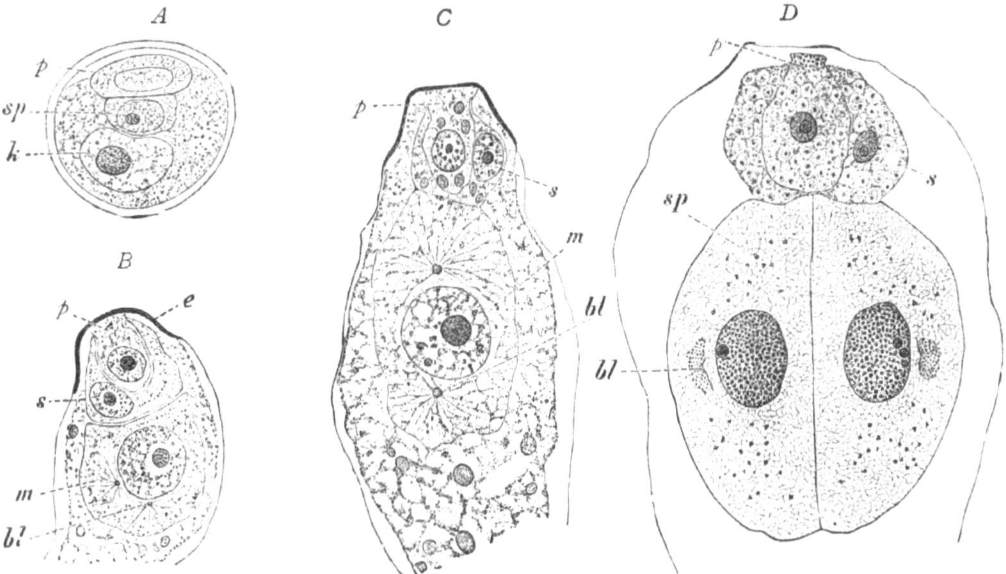

Fig. 548. Zamia floridana. Spermienbildung nach H. J. WEBBER. *A* Reifes Pollenkorn, 800. *B*, *C*, *D* Verschiedene Stadien der Antheridiumentwicklung, *B*, *C* 400, *D* 200. *k* Kern des Pollenschlauches, *sp* spermatogene Zelle, *p* erhaltene vegetative Prothalliumzelle, die (*B*) in die sterile Schwesterzelle *s* des Antheridiums hineinwächst, *m* Antheridium-Mutterzelle, d. h. Mutterzelle der Spermien. *e* Exine. In der Mutterzelle sind die großen sternförmigen Blepharoplasten *bl* sichtbar, welche die Zilien bilden werden, die in *D* als kleine Körnchen die Querschnitte des Zilienbandes zeigen. Stärkekörner sind im Pollenschlauch vorhanden, in *C* treten sie auch in der vegetativen Zelle und in der sterilen Schwesterzelle auf, in *D* erscheinen beide mit Stärke vollgepfropft, *D* zeigt die beiden aus der Spermienmutterzelle hervorgehenden Spermien *sp* durch eine Wand voneinander getrennt.

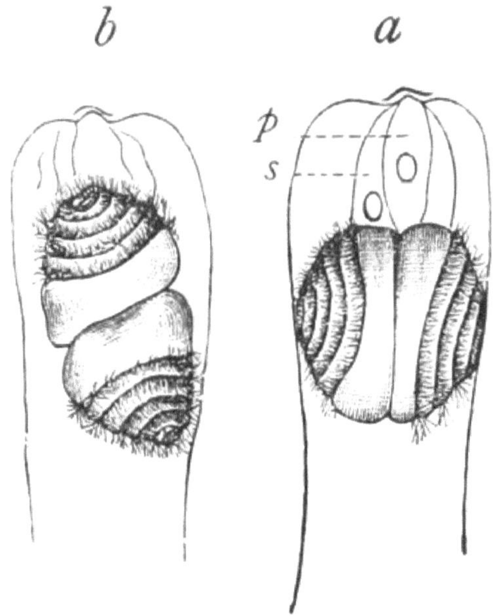

Fig. 549. Oberes Ende des Pollenschlauches von Zamia floridana mit vegetativer Prothalliumzelle *p*. steriler Schwesterzelle *s* und den beiden Spermien, *a* Vor Beginn der Bewegung, *b* nach Eintritt der Zilienbewegung. Die Prothalliumzellen sind zerrissen, die Trennung der beiden Spermien ist fortgeschritten. Nach H. J. WEBBER. Vergr. ca. 75.

Fig. 550. Zamia floridana. Frei schwimmendes reifes Spermium. Nach H. J. WEBBER. Vergr. 150.

Weibliche Zapfen von Zamia tragen eine Anzahl von Sporophyllen, deren sechseckige Oberflächenbilder genau aneinander passen. Jedes Sporophyll führt zwei Makrosporangien. Sie bestehen aus einem Nucellus und einem Integument. Zwischen den Integumenträndern bleibt über dem Nucellusscheitel die Mikropyle als offener Kanal erhalten. Zur Zeit des Stäubens der männlichen Zapfen weichen die einzelnen sechseckigen Makrosporophyllschilder auseinander, so daß der vom Winde herbeigeführte Pollen freien Zutritt findet. Auf dem Scheitel des Nucellus bildet sich zu dieser Zeit eine mehr oder minder tiefe Höhlung — die sog. Pollenkammer (Fig. 551) —, während die dabei aufgelösten Zellen, vielleicht in Gemeinschaft mit flüssiger Ausscheidung der angrenzenden Nucelluszellen, eine schleimige Masse darstellen, welche den Mikropylenkanal füllt und als Tropfen aus ihm hervorquillt. In diesen Tropfen gelangen die zwischen die Sporophylle eingedrungenen Pollenkörner und werden mit der eintrocknenden Flüssigkeit durch den Mikropylenkanal auf den Nucellus und in die Pollenkammer niedergesogen.

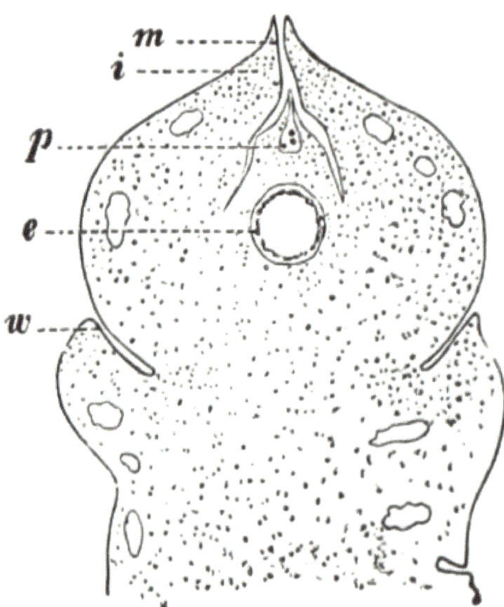

Fig. 551. Längsschnitt durch ein junges Makrosporangium von Ginkgo biloba nach COULTER und CHAMBERLAIN. Vergr. 35. *m* Mikropyle, *i* Integument, *p* Pollenkammer. *e* Embryosack, *w* Wucherung des Sporophylls.

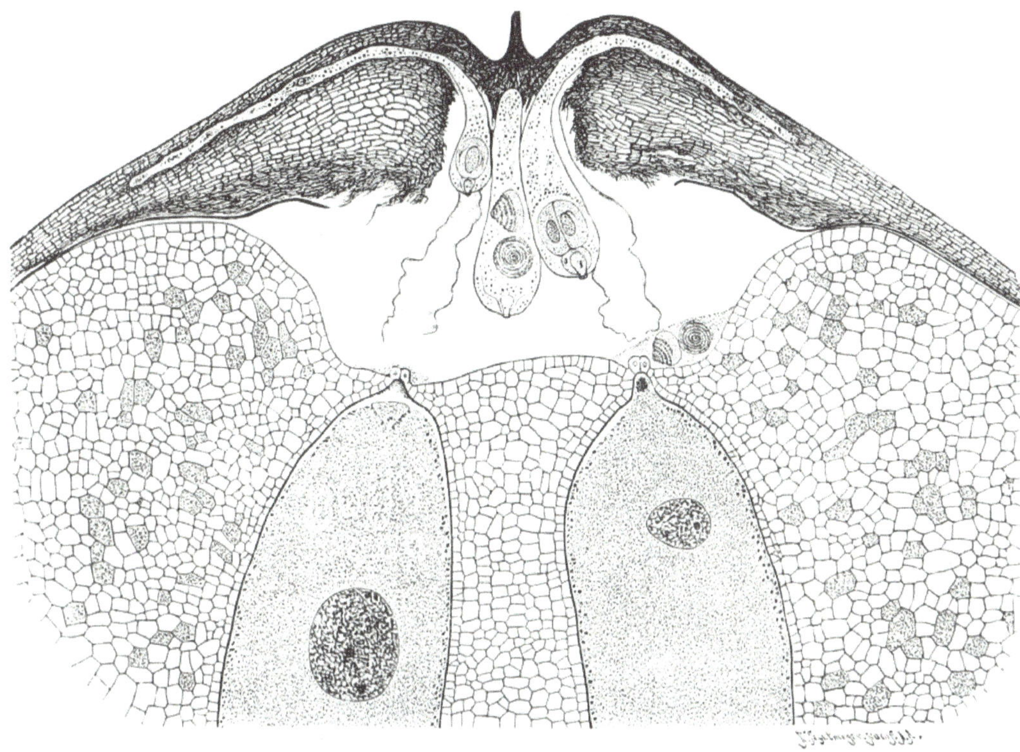

Fig. 552. Dioon edule. Oberer Teil eines Nucellus zur Zeit der Befruchtung. Die Pollenschläuche haben sich zunächst durch seitliche Auszweigungen im Nucellusgewebe fest verankert und sind dann aus der bereits zugewachsenen Pollenkammer heraus in den Nucellus tiefer eingedrungen. Sie haben die Archegonienkammer erreicht, und aus zweien ist der Inhalt bereits entlassen. Zwei große Archegonien ragen mit ihren Halszellen in die Archegonienkammer vor. Nach CH. J. CHAMBERLAIN.

Während der geschilderten Entwicklung der Mikrosporen zu Pollenschläuchen und der Bildung ihrer Spermien (Fig. 550) wächst der im Grunde des Nucellus liegende, mit Prothalliumgewebe bereits gefüllte Embryosack mächtig heran. Wie bei den Koniferen (Fig. 558) geht er aus der Tetradenteilung einer Embryosackmutterzelle hervor, die meist wie im Makrosporangium von Selaginella alle übrigen gleichen Anlagen verdrängt hat, und von deren vier Tochterzellen nur eine Makrospore, der Embryosack übrig bleibt. Der Nucellus schwindet fast bis zum Gipfel, und der Embryosack gelangt so in die Nähe der Pollenkammer. Am Scheitel des Embryosackes sind die großen Archegonien meist in Vierzahl vorhanden, je durch einige Gewebelagen voneinander getrennt. Jedes Archegonium besitzt einen Halsteil und gibt schließlich auch eine Kanalzelle ab. Gerade über den Archegonien findet sich eine Einsenkung im Prothallium, die Archegonienkammer (vgl. Fig. 552), bei Dioon z. B. von 2 mm Durchmesser und 1 mm Tiefe. In diese Höhlung wachsen die Pollenschläuche hinein und entlassen hier, sich vielleicht unter Mitwirkung der mit Reservestoffen gefüllten Prothallium- und Dislokatorzelle apikal öffnend, ihre Spermien zugleich mit einem Tropfen wäßriger Flüssigkeit, der ihnen einige Bewegung gestattet. Sie müssen beim Eindringen in das Archegonium ihre breite Form erheblich zusammenpressen, um die schmale Pforte zwischen den aufgebrochenen Halszellen hindurch zu passieren. Das Spermium streift im Eiplasma vordringend das Zilienband ab und vereinigt sich mit dem Eikern, womit die Befruchtung vollzogen ist. (Vgl. jedoch S. 491.) Aus der Vereinigung der Kerne entsteht der Keimkern (Fig. 553), der alsbald in Teilung eintritt. In seinen Tochterkernen werden in rascher Folge stets gleichzeitig verlaufende Weiterteilungen durchgeführt, bis nach der achten Teilung etwa 256 freie Kerne den Zellraum füllen. Sie drängen ins untere Ende des befruchteten Eies, wo Zellwandbildung zwischen ihnen eintritt.

Damit ist ein sog. Proëmbryo entstanden (Fig. 554), dessen fortwachsender Scheitel von dem zunächst aus nur wenig Zellen bestehenden Embryo gebildet wird. Die weiter zurückliegenden Zellen strecken sich stark und schieben als Embryoträger oder Suspensor den Embryo in das Prothallium hinein, das bei den Spermatophyten Endosperm genannt wird und als Nährgewebe für den heranwachsenden Embryo dient. Dieser besitzt schließlich an seinem in das Prothallium vorgeschobenen Ende zwei mächtige Keimblätter oder Kotyledonen, zwischen denen sich die Anlage der Stammknospe, die Plumula, birgt. Der unterhalb der Kotyledonen befindliche Teil des Stammes heißt Hypokotyl; er geht allmählich in die Hauptwurzel oder Radicula über, die stets gegen die Mikropyle gekehrt ist.

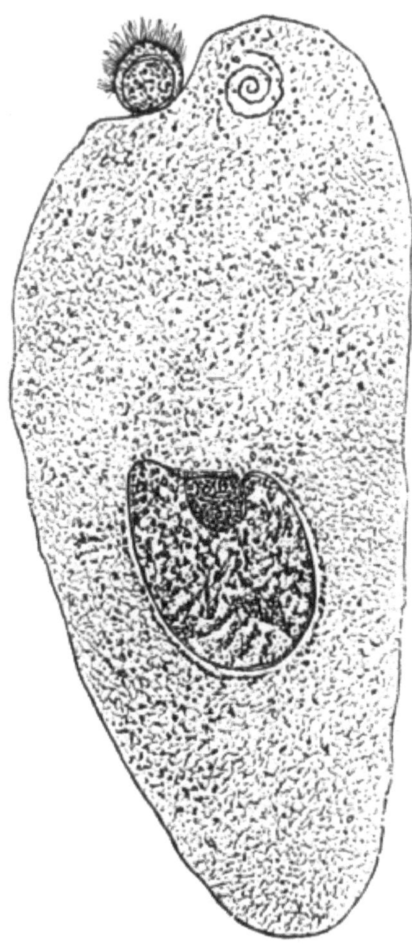

Fig. 553. Zamia floridana. Eizelle unmittelbar nach der Verschmelzung des eingedrungenen Spermakernes mit dem Eikern. Das abgeworfene Zilienband in der Spitze des Eies. Ein zweites Spermium versucht ins Ei einzutreten. Nach H. WEBBER. Vergr. 18.

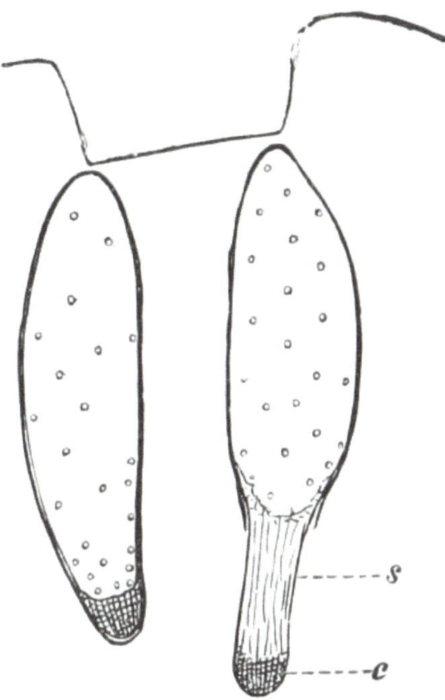

Fig. 554. Zwei junge Proembryonen von Dioon edule in ihrer Lage an der Archegonkammer. *s* Suspensor. *e* Embryo. Nach CH. CHAMBERLAIN.

b) Koniferen[463].

Die Koniferen zeigen eine vom geschilderten Entwicklungsgange abweichende Ausbildung ihrer keimenden Mikrosporen. Der Pollenschlauch entwickelt sich an der morphologischen Basis der Mikrospore. Die Prothalliumzellen, deren Zahl bei der sehr alten Gattung Araucaria (Fig. 555) größer als bei den übrigen Koniferen und Cycadeen ist, vergehen sehr bald (Fig. 556 *A*), und die generativen Zellen sind niemals mehr in Form von Spermien ausgebildet.

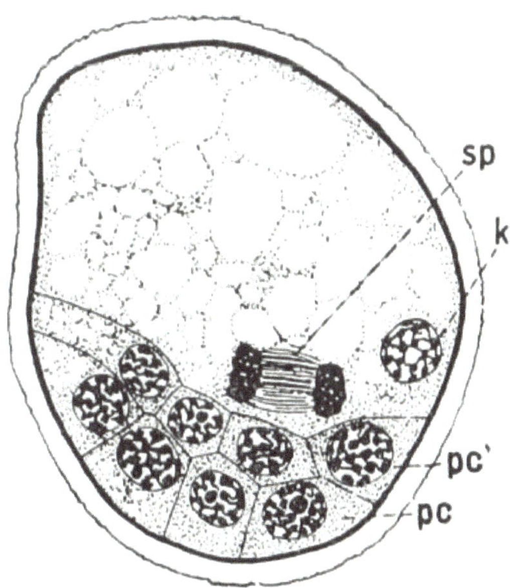

Fig. 555. Pollenkorn von Araucaria brasiliensis mit mehrzelligem Prothallium *pc*, *pc'* und sich teilender Antheridium-Mutterzelle *sp*. *k* Pollenschlauchkern. 616. Nach L. BURLINGAME.

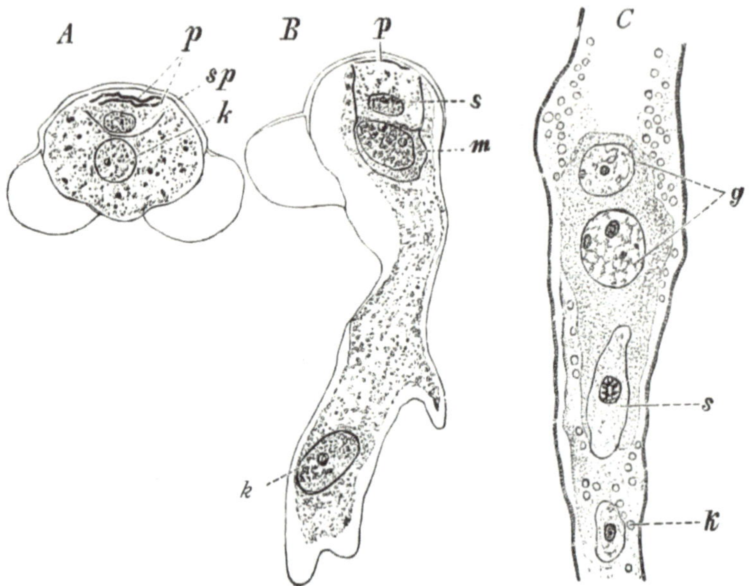

Fig. 556. Entwicklung des Pollenschlauches. *A*, *B* Pinus Laricio. 300. Nach COULTER und CHAMBERLAIN. *C* Picea excelsa. 250. Nach K. MIYAKE. *p* Reste der Prothalliumzellen. *sp* Spermatogene Zelle. *m* Antheridium-Mutterzelle, *s* deren sterile Schwesterzelle. *g* Generative Kerne von ungleicher Größe in gemeinsamer Plasmahülle. *k* Pollenschlauchkern.

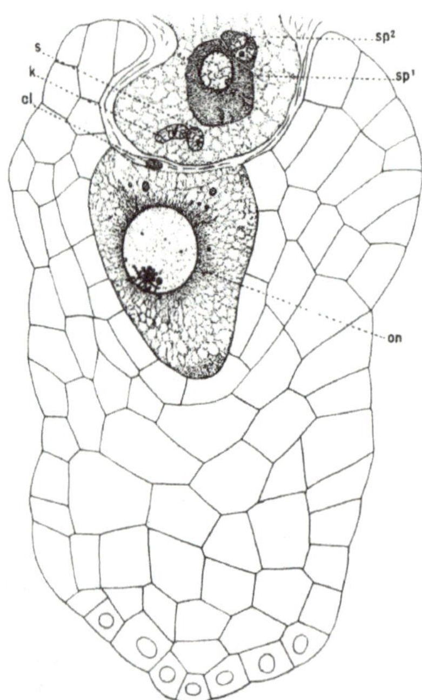

Fig. 557. Torreya taxifolia. Längsschnitt durch ein weibliches Prothallium mit großer Eizelle und Eikern (*on*); abgegebene Bauchkanalzelle (*cl*) und ein aufliegender Pollenschlauch mit Pollenschlauchkern (*k*), Kern der sterilen Schwesterzelle (*s*) und zwei Spermazellen (*sp*[1]), (*sp*[2]), von denen die größere (*sp*[1]) allein funktionsfähig ist. Nach COULTER und LAND.

Die Teilung der spermatogenen Zelle ergibt bei Araucaria neben der sterilen Zelle, dem Dislokator GOEBELS, die Antheridium-Mutterzelle, die durch eventuelles Platzen des Dislokators losgelöst wird. Sie liefert zwei zunächst gleichgroße Spermakerne in gemeinsamer Plasmahülle, doch scheint einer von ihnen häufig nach und nach zu schwinden. Das ist bei den Taxaceen zur Regel geworden. Fig. 557 von *Torreya taxifolia*, einer nordamerikanischen Taxacee, zeigt im Pollenschlauchende neben den Kernen des Schlauches (*k*) und der sterilen Schwesterzelle (*s*) einen sehr großen funktionsfähigen (*sp*^{1}) und einen um mehr als die Hälfte kleineren, nicht fertilen Spermakern (*sp*^{2}), jeder von eigener Plasmamasse umhüllt. Die Größendifferenz ist bei Taxus selbst noch erheblicher. Während nun die Cupressineen durchweg zwei gleiche Spermazellen besitzen, haben die Abietineen, ähnlich den Araucarien und Taxaceen zwei ungleich große generative Kerne in gemeinsamer Plasmamasse (Fig. 556). Der vorangehende größere allein ist fruchtbar.

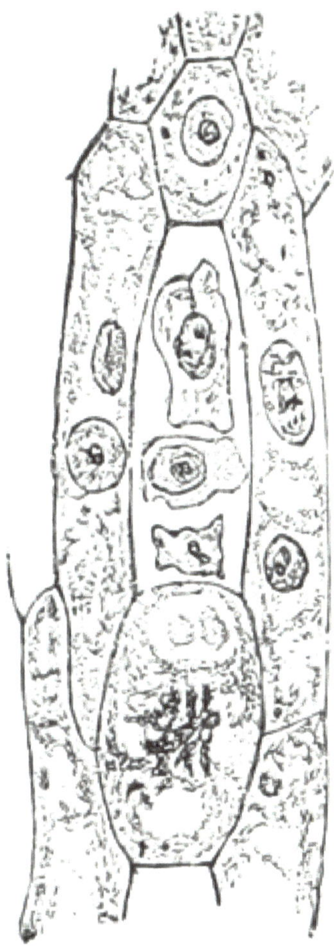

Fig. 558. Taxus baccata. Längsschnitt durch das sporogene Gewebe mit einer Embryosack-Mutterzelle, nach stattgehabter Tetradenteilung. Vergr. 250. Nach E. STRASBURGER.

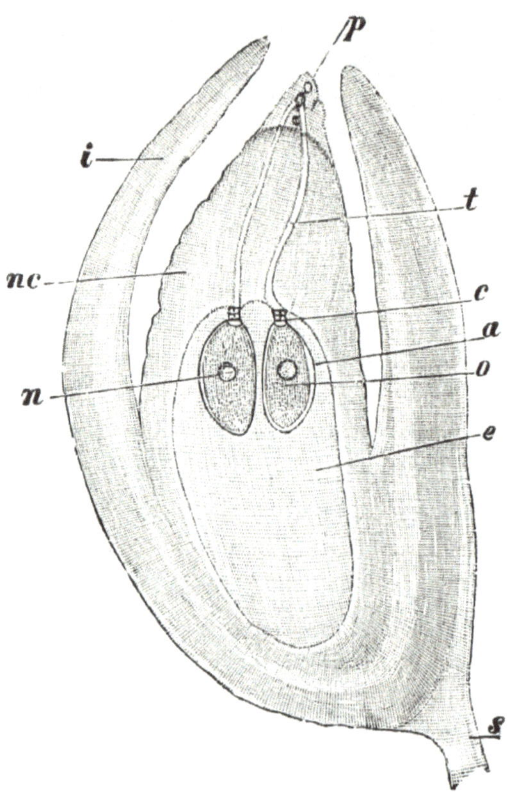

Fig. 559. Medianer Längsschnitt durch die empfängnisreife Samenanlage von Picea excelsa. Vergr. 9. *e* Embryosack mit dem Prothallium gefüllt, *a* Bauchteil, *c* Halsteil eines Archegoniums, *o* Eizelle, *n* Eikern, *nc* Nucellus, *p* Pollenkörner auf und in der Knospenwarze, *t* Pollenschläuche, *i* Integument, *s* Samenflügel. Nach E. STRASBURGER.

Die Makrosporophylle tragen in der Regel zwei Makrosporangien. Die meist nur in Einzahl vorhandene Makrosporenmutterzelle geht eine Tetradenteilung ein (Fig. 558); doch entwickelt sich von ihren vier Tochterzellen nur eine zum Embryosacke, der Makrospore. Sie verdrängt die Schwesterzellen und nach und nach den gesamten sporogenen Zellkomplex. Die Makrospore füllt sich unterdessen mit Prothalliumgewebe, das aus wiederholten Teilungen ihres Zellkernes und zugehörigen Zellplasmas hervorgeht und den ganzen Innenraum einnimmt (Fig. 559). Am Scheitel des Prothalliums werden Archegonien angelegt, die aus einer mächtigen Eizelle und einem kurzen Halsteil bestehen und denen der Pteridophyten und Cycadeen auch darin gleichen, daß kurz vor der Befruchtung eine kleine Bauchkanalzelle von der Eizelle abgegeben wird (Fig. 560), die bald zugrunde geht.

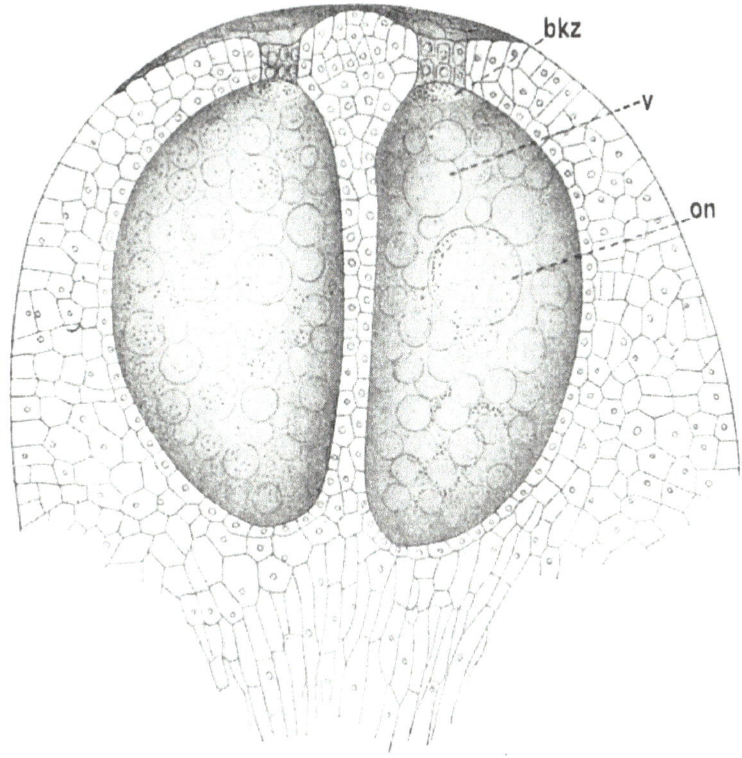

Fig. 560. Längsschnitt durch den Scheitel eines Embryosackes von Picea excelsa mit zwei Archegonien, deren Bauchkanalzelle bkz bereits abgeteilt ist, *on* Eikern, *v* Zahlreiche Eiweiß-Vakuolen. Nach E. STRASBURGER. 80.

Die Befruchtung selbst sei bei Torreya taxifolia dargestellt. Der Pollenschlauch ist nach Durchbrechung der oberen Abschlußwandung in die Eizelle eingebrochen, und der fertile Spermakern hat sich auf den Eikern gelegt, während das Plasma der Spermazelle beide Kerne umhüllt. Der übrige Inhalt des Pollenschlauches, wie er in Fig. 557 vorhanden war, findet sich in einer oberen Ecke der Eizelle zusammengedrängt.

Die weitere Verschmelzung der Kerne zum Keimkern zeigt Fig. 562 *A* für Picea excelsa.

In einigen Fällen (vielleicht aber bei allen Cycadeen und Koniferen) ist die Kernvereinigung weit komplizierter als bisher angenommen. So schildert HUTCHINSON für Abies balsamea den Vorgang der Verschmelzung derart, daß die beiden miteinander vereinigten Kerne sich jeder für sich teilen und dabei die haploide Chromosomenzahl erkennen lassen. Die Chromosomen treten dabei aber paarweise zusammen, was der eigentlichen Verschmelzung entsprechen dürfte, gerade wie es im Diakinesestadium der heterotypischen Teilung zu sehen ist. Dann wird durch Querteilung der Paare und Auseinanderweichen der beiden Längshälften die zu fordernde diploide Zahl hergestellt. CHAMBERLAIN schließt sich dieser Darstellung für die Cycadee Stangeria an.

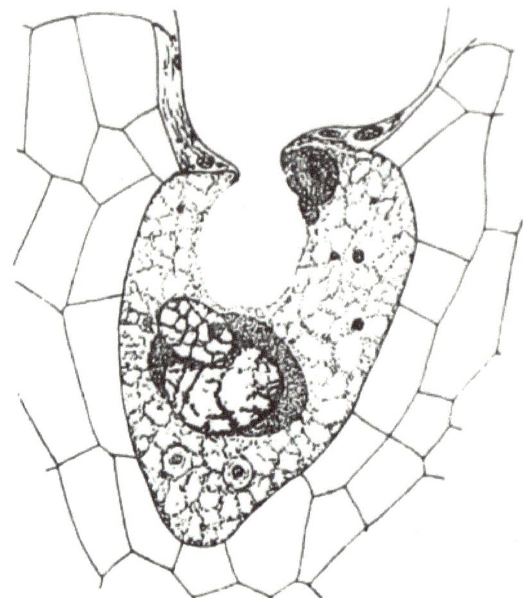

Fig. 561. Befruchtung bei Torreya taxifolia. Nach COULTER und LAND. Beschreibung im Text.

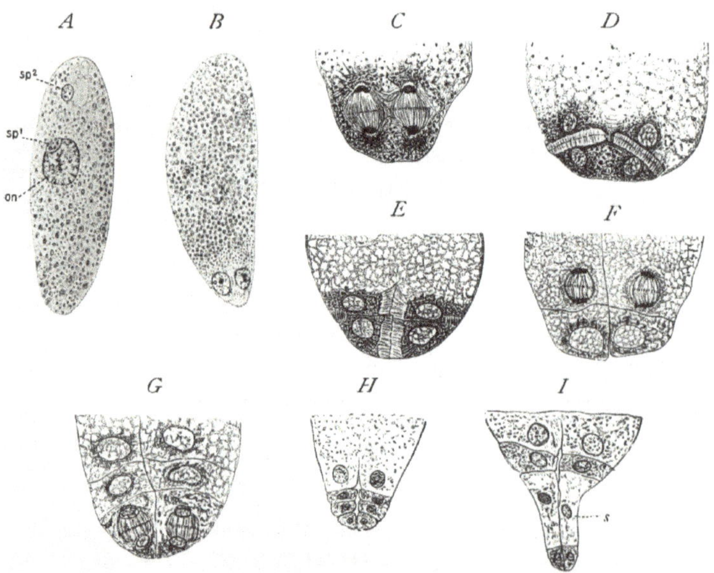

Fig. 562. *A*, *B* Picea excelsa. Vergr. 73. Nach K. MIYAKE. *C–I* Pinus Laricio. *C–G* Vergr. ca. 200. Nach N. I. KILDAHL. *H*, *I* Vergr. 104. Nach COULTER und CHAMBERLAIN. *on* Eikern, sp^1, sp^2 Spermakerne, *s* Suspensor. Beschreibung im Text.

Nach doppelter Teilung des Keimkernes wandern die vier Kerne ins untere Ende des Eies und ordnen sich in einer Ebene nebeneinander an (Fig. 562 *B*); da die weitere Entwicklung des Embryos nicht für alle Gattungen die gleiche ist, so sei sie hier zunächst für Pinus dargestellt.

Bei Pinus Laricio (Fig. 562) wandern die aus der zweifachen Teilung des Keimkernes entstandenen vier Kerne ebenfalls in die Basis der Keimzelle, ordnen sich in einer Fläche nebeneinander an und teilen sich wieder (*C*). Zwischen diesen acht Kernen, die in zwei Stockwerken übereinander liegen, bilden sich zunächst Querwände, dann Längswände aus; so entsteht ein achtzelliger „Proëmbryo" (*DE*). Die vier oberen Zellen bleiben jedoch gegen die Keimzelle hin offen, so daß ihr Plasma mit dem Keimzellplasma in Verbindung steht. Diese vier oberen Zellen treten zunächst in Teilung ein (*F*). Darauf folgt Teilung der unteren vier Zellen (*G*).

Der Proëmbryo besteht demnach jetzt aus vier Etagen von je vier Zellen. Das oberste Stockwerk bildet den Abschluß der Keimzelle. Die drei übrigen beteiligen sich an der weiteren Entwicklung in der Art, daß das obere, wohl als Rosette bezeichnete, durch eine stärkere Wand, die Basalplatte, völlig gegen das Ei abgeschlossen wird (Fig. 563 *p*). Das mittlere wächst zum Embryoträger oder Suspensor (Fig. 662 *I s*) aus und schiebt die letzte, zur Embryobildung bestimmte Etage vor sich her in das mit Nährstoffen gefüllte Prothalliumgewebe hinein.

Nach neueren Untersuchungen von BUCHHOLZ spalten sich die Suspensorzellen mit den jungen Embryoanlagen bei Pinus ausnahmslos auseinander (Fig. 563), so daß jedes befruchtete Archegonium vier Embryonen liefert und bei der durchweg erfolgenden Befruchtung von mehreren Archegonien eine außergewöhnlich starke Polyembryonie die Regel ist. Eine Querteilung der Suspensorzellen findet nicht statt, doch nehmen die an den Suspensor stoßenden oberen 1–3 Reihen von Embryozellen als „Embryonalschläuche" an der weiteren Verlängerung lebhaften Anteil, was insofern von Bedeutung ist, als nur der am weitesten ins nährstoffreiche Prothallium eingedrungene Embryo Aussicht hat, im Konkurrenzkampfe obzusiegen und als alleiniger Embryo erhalten zu bleiben.

Die Verschiedenheiten in der Embryobildung der Abietineen sind derart, daß Pinus und Cedrus etwa gleichaltrig, Tsuga erst in etwas späterem Alter ihre Embryoanlage spalten; bei Abies, Picea, Larix und Pseudotsuga unterbleibt eine Spaltung, und es wird stets nur ein einheitlicher Embryo aus jedem befruchteten Archegonium entwickelt. Er besitzt dann die vorher für Cycadeen geschilderte Gliederung, nur ist die Zahl der Keimblätter bei den Koniferen, besonders den Abietineen, oft höher als zwei.

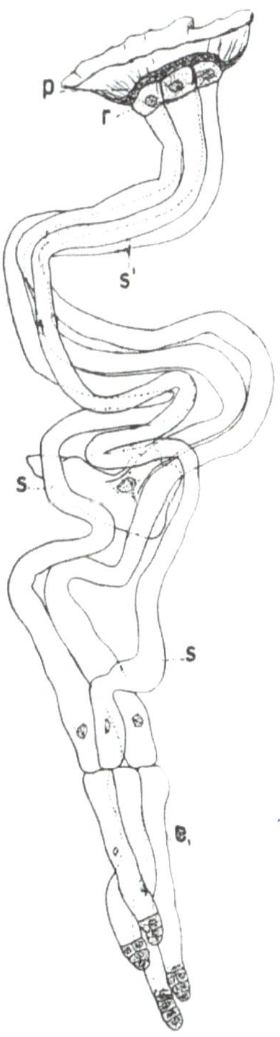

Fig. 563. Weiter entwickelter Embryo von Pinus Banksiana. *s* Suspensor, e_1 erster Embryonalschlauch, *r* Rosette, *p* Basalwand. 80. Nach J. T. BUCHHOLZ.

c) Gnetineen[464].

Die letzte Ordnung der Gymnospermen, die Gnetineen, zeigt eine abweichende und eigenartige Entwicklung. Zwar ist die Mikrosporenbildung und -keimung nicht erheblich von derjenigen der anderen Gymnospermen verschieden, wenn auch die Abgrenzung der generativen Zellen minder deutlich zu werden, ja teilweise zu fehlen scheint, so daß zwei gleich große Kerne in gemeinsamer Plasmahülle vorliegen. Aber bei den Makrosporen zeigen sich größere Abweichungen. Die Makrosporen von Ephedra und Welwitschia besitzen ein wohlausgebildetes Prothallium. Ephedra entwickelt am Scheitel Archegonien, die etwa denen der Koniferen gleichen. Welwitschia läßt 2–5 kernige Schläuche vom Prothalliumscheitel aus in das Nucellusgewebe hinein den eindringenden Pollenschläuchen entgegenwachsen; ihre Deutung als Archegonien wird durch die bauchige Erweiterung der Basis wahrscheinlicher. Gnetum endlich bildet kein Prothalliumgewebe, sondern zeigt den Embryosack (Fig. 564) lediglich mit zahlreichen im Plasma verteilten Eikernen gefüllt. Die beiden generativen Kerne des Pollenschlauches verschmelzen mit je einem weiblichen Kern, dann erst beginnt die Endospermbildung. Auf die Verwendung beider Spermakerne im Embryosack sei mit Rücksicht auf die „doppelte Befruchtung" der Angiospermen hingewiesen. Von allen beim Eindringen mehrerer Pollenschläuche in größerer Zahl entstandenen Keimzellen kommt nur ein Embryo zu voller Entwicklung.

B. Angiospermen[465]**.** a) Die Mikrosporen der Angiospermen bilden noch vor ihrem Verstäuben eine Antheridiummutterzelle (Fig. 565 *A m*), die sich uhrglasförmig von der großen vegetativen Pollenzelle abtrennt, ohne eine Zellulosehaut auszuscheiden. Sie löst sich allmählich von der Außenwandung und liegt zur Zeit der Pollenverbreitung als spindelförmiges Gebilde in der Mitte der Mikrospore neben dem vegetativen Pollenkern (*k*). Bei der Keimung auf der Narbe wandert der vegetative Kern und hinter ihm die Antheridiummutterzelle in den Pollenschlauch ein. Diese tritt in Teilung, und die beiden generativen Tochterkerne (*g*) bleiben ohne besondere Abgrenzung einer zugehörigen Plasmamasse frei im Pollenschlauch. Sie sind von länglich ovaler oder ellipsoidischer Form und wandern hintereinander im Schlauch abwärts. Den Gymnospermen gegenüber ist also das Fehlen sowohl der Prothalliumzellen und der sterilen Schwesterzelle des Antheridiums, wie einer Zellulosemembran für dieses, endlich das Auftreten nackter generativer Kerne statt generativer Zellen im Pollenschlauch hervorzuheben. Die Rückbildung des männlichen Prothalliums ist demnach so weit gegangen, daß nur die unumgänglich notwendigen Teile erhalten geblieben sind.

Ob das von HERRIG beobachtete Auftreten zweier Spermazellen bei künstlicher Keimung von monokotylen Pollenkörnern sich bei normaler Keimung ebenfalls zeigt, wäre zu untersuchen.

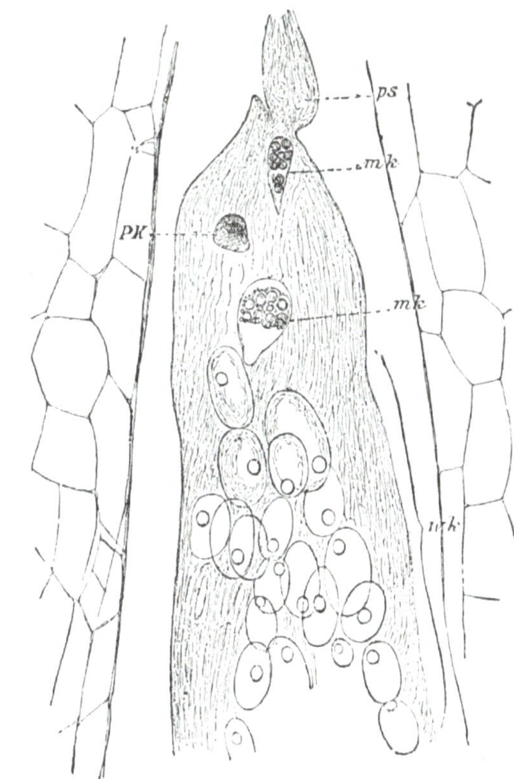

Fig. 564. Embryosackscheitel von Gnetum rumphianum. Kurz vor der Keimzellenbildung. *wk* Weibliche Kerne, *mk* männliche Kerne, *pk* Pollenschlauchkern, *ps* Pollenschlauch. Vergr. 500.

b) Makrosporen. Die für die Angiospermen charakteristische Abweichung von dem vorher geschilderten Entwicklungsgange des gymnospermen Makrosporangiums beginnt erst, wenn nach der Tetradenteilung der Makrosporenmutterzelle der allein zur Ausbildung gelangende Embryosack seinen Kern wiederum teilt (Fig. 566 *1–5*). Der „primäre Embryosackkern" teilt sich, die Tochterkerne weichen auseinander und teilen sich abermals und zum dritten Male. Hierauf erst tritt teilweise Zellbildung um diese Kerne ein (Fig. 566 *6–8*). Im oberen, der Mikropyle zugekehrten, wie im unteren Ende des Embryosackes entstehen drei nackte nur von Plasmahaut umgebene Zellen; die beiden übrigbleibenden „Polkerne" wandern gegeneinander in die Mitte der Zelle und vereinigen sich zum „sekundären Embryosackkern". Die Zellen des unteren Zellendes heißen Antipoden oder Gegenfüßlerinnen; sie entsprechen den vegetativen Prothalliumzellen, wie solche bei den Gymnospermen bis auf Gnetum die ganze Makrospore füllen.

Bei Peperomia hispidula und Pandanus u. a. ist die Zahl der Antipoden eine erheblich größere; ob dieses Verhalten vielleicht als primitives Merkmal zu deuten ist, muß bis auf weiteres dahingestellt bleiben.

Die drei oberen Zellen dagegen stellen den „Eiapparat" dar (Fig. 568). Zwei einander gleichende seitliche werden als Synergiden oder Gehilfinnen bezeichnet, die dritte, tiefer in den Embryosack hineinragende ist die Eizelle selbst. Die Gehilfinnen vermitteln den Übertritt des Pollenschlauchinhaltes in den Embryosack. Auch hier ist also die Reduktion fast bis an die Grenze des Möglichen gegangen; an Stelle der mehr oder minder zahlreichen Archegonien in der gymnospermen Makrospore ist nur eine Eizelle vorhanden. Die Synergiden kann man entweder als steril gewordene Archegonien oder mit TREUB und PORSCH als Halszellen des zum Eiapparat gewordenen Archegoniums ansprechen (Fig. 568).

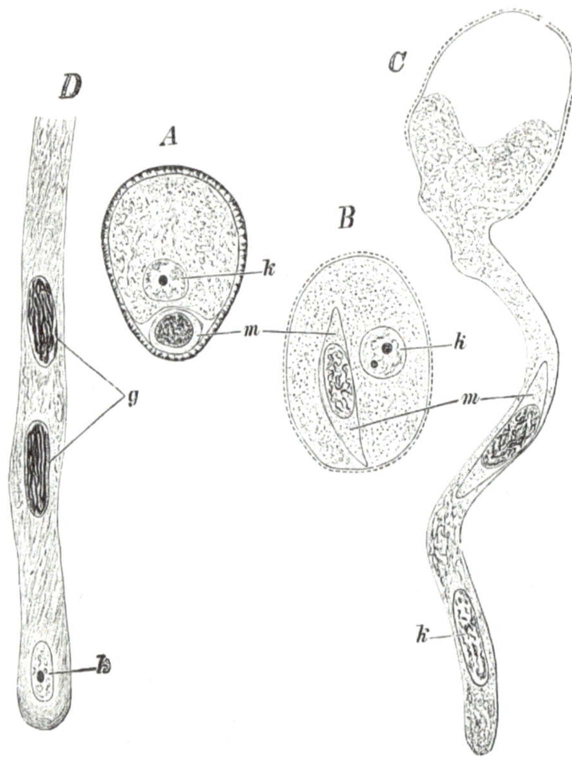

Fig. 565. Pollenkorn von Liliummartagon und seine Keimung. Vergr. 400. *k* Pollenkornkern, *m* Mutterzelle des Antheridiums, *g* generative Kerne. Nach E. STRASBURGER.

In manchen Fällen erfährt die Embryosackmutterzelle keine Tetradenteilung mehr, sondern liefert nur drei oder zwei Tochterzellen, oder sie wird ohne Teilung direkt zum Embryosack, der bei Cypripedium und Plumbagella seinen Inhalt unter Ausfall der letzten Teilung auf Eizelle, zwei Polkerne und einen Antipodenkern, oder bei Cypripedium in anderer Verteilung auf Eizelle, zwei Synergiden und einen Polkern, also jedesmal auf vier Kerne beschränkt, während bei den sich sonst ebenso verhaltenden Lilium-Arten die normale Achtzahl erreicht wird. Die Reduktionsteilung findet dann im Embryosack statt, ist also vom Ende der Sporophytengeneration in den Anfang der Gametophytengeneration verschoben. Für weiter sich findende Abänderungen der Embryosackbildung und -ausstattung vgl.[466].

Da ein direkter Zutritt der Mikrosporen zu den im Fruchtknoten eingeschlossenen Makrosporen hier ausgeschlossen ist, müssen sie auf der Narbe keimen (Fig. 567). Ihre Pollenschläuche durchwachsen die ganze Länge des Griffels, und in der Regel dringt dann ein Schlauchende durch die Mikropyle zum Nucellusscheitel vor. Dieser häufigste Fall des Pollenschlauchzutrittes wird als Porogamie bezeichnet. Doch sind neuerdings zahlreiche Abweichungen davon bekannt geworden.

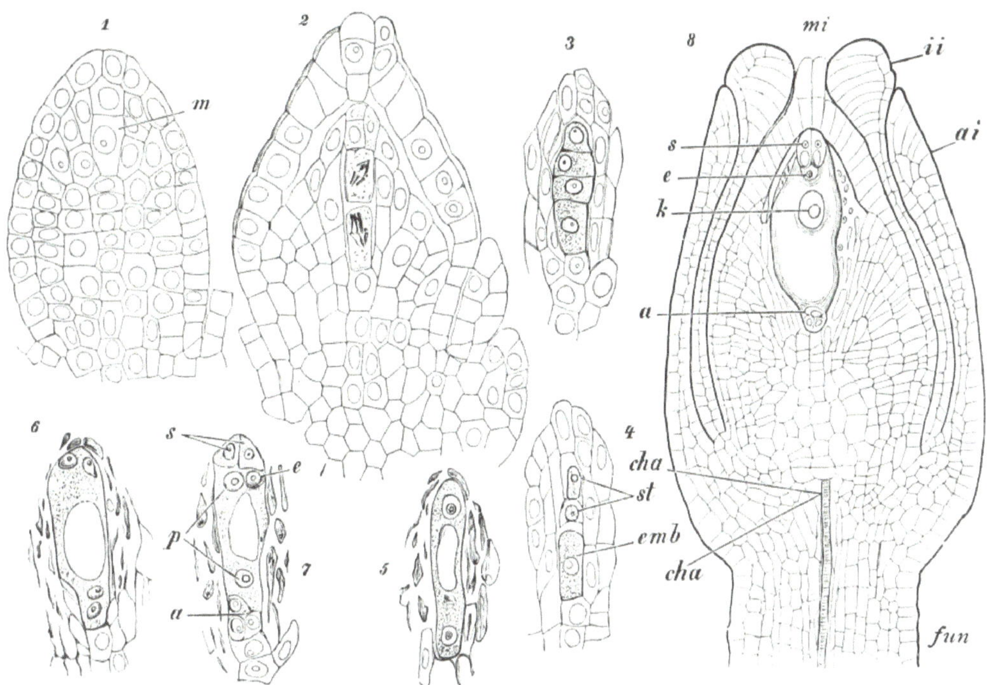

Fig. 566. Embryosackentwicklung von Polygonum divaricatum. *1–7* Vergr. 320, *8* Vergr. 135. *m* Embryosackmutterzelle, *emb* Embryosack, *st* sterile Schwesterzellen, *e* Eizelle, *s* Synergiden, *p* Polkerne, *a* Antipoden, *k* sekundärer Embryosackkern, *cha* Chalaza, *mi* Mikropyle, *ai*, *ii* äußeres und inneres Integument, *fun* Funiculus. Nach E. STRASBURGER.

Nachdem M. TREUB zuerst für Casuarina nachgewiesen hatte, daß die Pollenschläuche hier von der Chalaza her zu dem höchst eigenartig entwickelten, zahlreiche Makrosporen bergenden sporogenen Gewebe gelangen, ist eine größere Zahl derartiger, als Chalazogamen den normalen Porogamen gegenübergestellter Formen bekannt geworden. Es gehören hierher vor allem die Casuarinaceen, dann die Juglandaceen, Betulaceen, Ulmaceen, Celtoideen, Urticaceen, Cannabinaceen, Euphorbiaceen, die alle das gemeinsame Merkmal haben, daß sie ihre Pollenschläuche innerhalb der Gewebe der Samenanlage verlaufen lassen. Sie verschmähen also den Durchtritt durch die Mikropyle, die in einigen Fällen auch geschlossen wird (bei den Urticaceen) oder die bei den Euphorbiaceen durch den Obturator gedeckt ist, — und bahnen sich den Weg zum Embryosack teils von seinem Chalazaende (Fig. 569), teils von der Seite her zum Eiapparate, indem sie das zwischenliegende Gewebe durchbrechen. Da die genannten Familien nach der Auffassung vieler Autoren am unteren Ende der Dikotylenreihe stehen sollen, hat man in dieser Art des Pollenschlauchwachstums innerhalb der Gewebe eine Annäherung an die ursprünglicheren Verhältnisse bei den Gymnospermen erblicken wollen, wo ebenfalls zur Erreichung des Embryosackes das ganze darüberliegende Gewebe des Nucellus vom Pollenschlauche durchwachsen werden muß (Fig. 559). Weiter findet nun NAWASCHIN, daß auch bei der Entwicklung des Pollenschlauchinhaltes dieser Pflanzen deutliche Anzeichen einer gegenüber der Mehrzahl der Angiospermen niedrigeren Entwicklungsstufe vorhanden sind, indem die beiden generativen Kerne (bei Juglans), von einer gemeinsamen Plasmahülle umgeben, in den Embryosack eintreten, um hier erst allmählich nackt hervorzutreten und ihre Funktionen zu erfüllen. Aller Wahrscheinlichkeit nach handelt es sich in den genannten Familien aber um stark reduzierte Formenkreise, nicht, wie der genannte Autor meint, um aufsteigende; dem Aussehen nach können ja beide übereinstimmen.

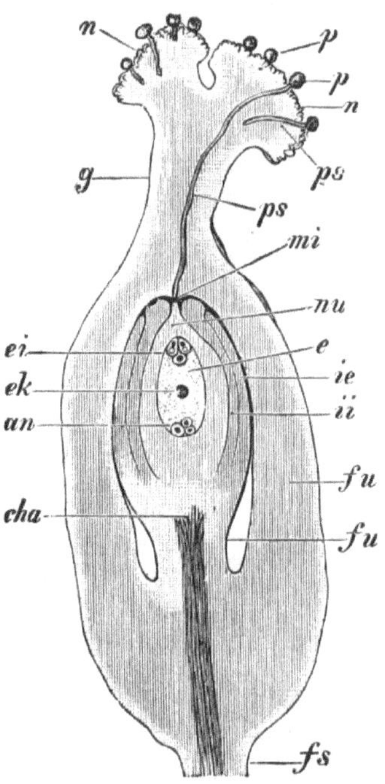

Fig. 567. Fruchtknoten von Polygonum convolvulus mit atroper Samenanlage (schematisiert). *fs* Stielartige Basis, *fu* Funiculus, *cha* Chalaza, *nu* Nucellus, *mi* Mikropyle, *ii* inneres, *ie* äußeres Integument, *e* Embryosack, *ek* Embryosackkern, *ei* Eiapparat, *an* Antipoden, *g* Griffel, *n* Narbe, *p* Pollenkörner, *ps* Pollenschläuche. Vergr. 48. Nach H. SCHENCK.

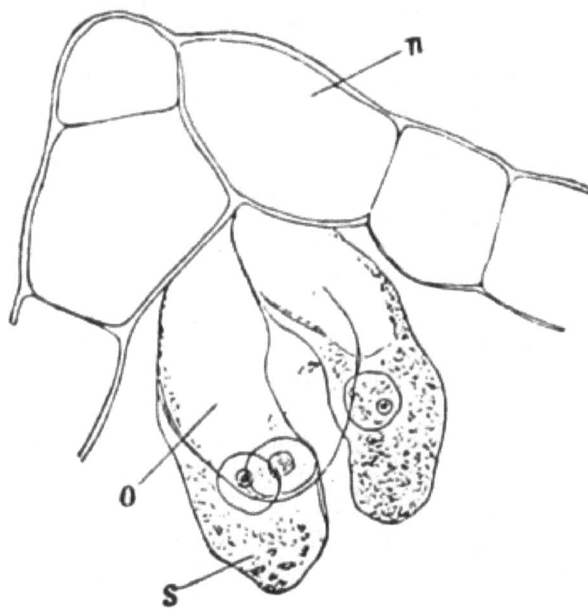

Fig. 568. Funkia ovata. Nucellusscheitel mit Eiapparat vor der Befruchtung, *o* Eizelle, *s* Synergide. Vergr. 390. Nach E. STRASBURGER.

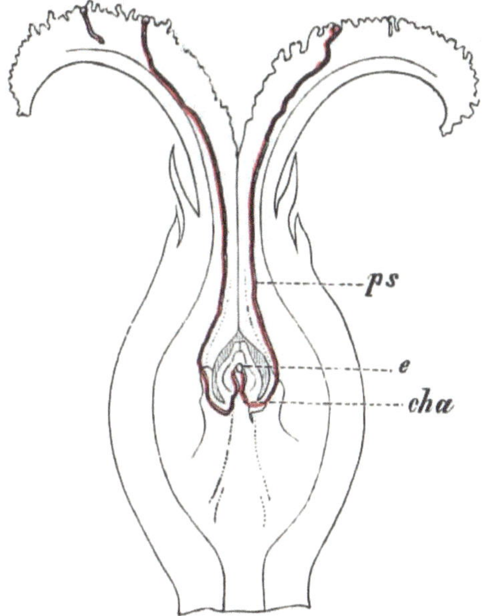

Fig. 569. Längsschnitt durch einen Fruchtknoten von Juglans regia zur Darstellung der Chalazogamie. Vergr. 6. *ps* Pollenschlauch, *e* Embryosack, *cha* Chalaza (schematisiert).

So gelangt der Pollenschlauch mit den beiden generativen Kernen an den Embryosack. Er entläßt seinen Inhalt, welcher durch eine der Synergiden zur Eizelle vordringt. Die betreffende Synergide stirbt ab. Einer der beiden generativen Kerne dringt in die Eizelle ein und verschmilzt mit dem Eikerne: die befruchtete Eizelle umgibt sich mit einer Zellulosemembran. Der zweite generative Kern ist am Ei vorbeigewandert und vereinigt sich mit dem großen „sekundären Embryosackkern" zum „Endospermkern" (Fig. 570, 571). Beide männlichen Kerne haben oft pfropfenzieherartig gewundene Form, so daß NAWASCHIN, der das Eindringen und Verbleiben des zweiten generativen Kernes zuerst beobachtet hatte, sie direkt mit den Spermien der Sporenpflanzen vergleicht. Die Weiterentwicklung pflegt sodann mit der Teilung des Endospermkernes einzusetzen, der zunächst eine große Zahl im plasmatischen Wandbelag verteilter Kerne liefert. Durch Ausbildung der Querwände zwischen den einzelnen von je einem Kern beherrschten Plasmabezirken und weitere Vermehrung dieser Zellen zu einem massiven Gewebekörper entsteht das Endosperm (Fig. 579 *A*).

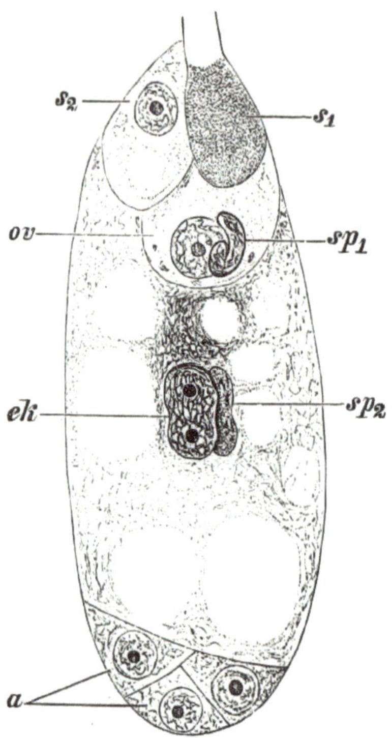

Fig. 570. Befruchtung von Lilium martagon. Einer der männlichen Kerne ist neben dem Eikern, der andere neben den gerade verschmelzenden Polkernen sichtbar. Schematisiert. (Bezeichnung wie Fig. 571.)

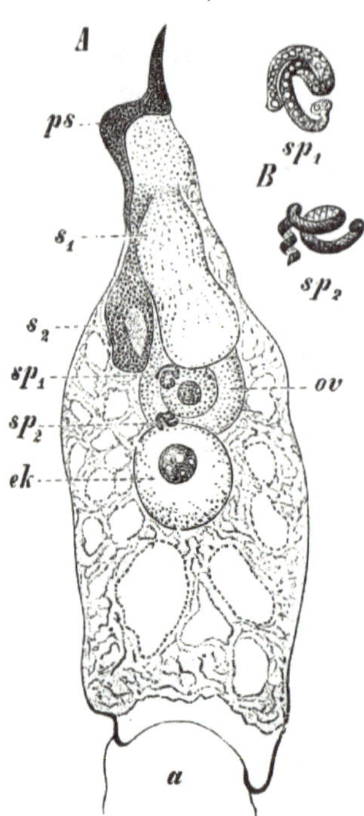

Fig. 571. *A* Embryosack von Helianthus annuus nach S. NAWASCHIN. *B* Die männlichen Kerne daraus stärker vergrößert. *ps* Pollenschlauch, s_1 s_2 Synergiden, sp_1 sp_2 männliche Kerne, *ov* Eizelle, *ek* Embryosackkern, *a* Antipoden.

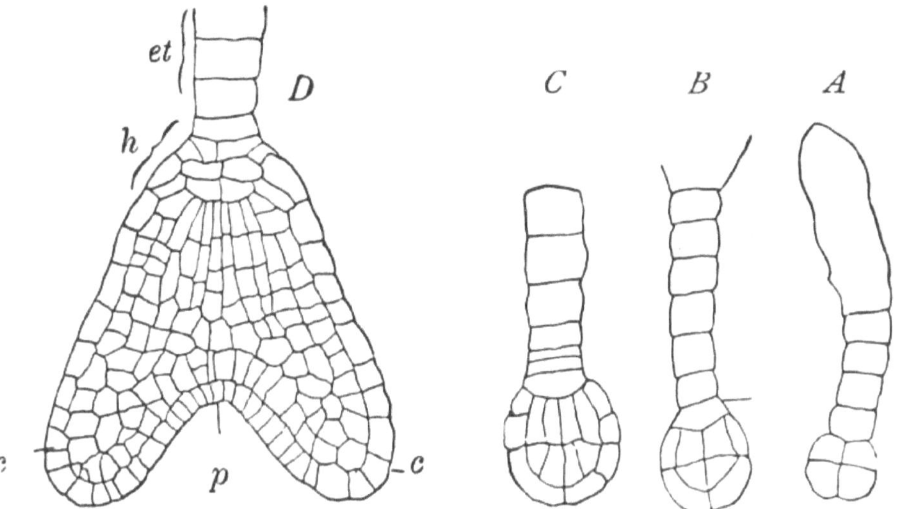

Fig. 572. Entwicklung des Keims von Capsella bursa pastoris. *h* Hypophyse, *et* Embryoträger, *c* Kotyledonen, *p* Plumula. Vergr. Nach J. HANSTEIN.

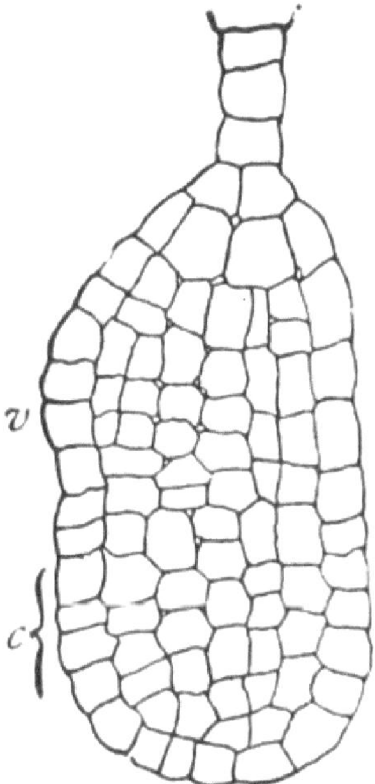

Fig. 573. Junger Keim von Alisma plantago. *c* Kotyledon, *v* Vegetationspunkt. Vergr. Nach J. HANSTEIN.

Übrigens ist bei zahlreichen Kompositen, ebenso bei Aponogeton, Potamogeton usw., das Endosperm von der ersten Teilung des sekundären Embryosackkernes an zellulär ausgebildet. Das Stadium der frei im Wandbelag verteilten Kerne fällt hier aus, wie übrigens auch schon W. HOFMEISTER es für verschiedene Familien angegeben hatte.

Das unterscheidende Merkmal im Entwicklungsgange des Angiospermen-Endosperms gegenüber dem Gymnospermen-Prothallium liegt demnach in der Unterbrechung seiner Bildung, in der „fraktionierten Endospermbildung". Zunächst wird in dem der Befruchtung harrenden Embryosack nur eine Andeutung des Prothalliums, die Antipoden, gegeben. Die eigentliche Endospermbildung dagegen ist von der

Weiterentwicklung des betreffenden Embryosackes abhängig gemacht und damit jeder Materialvergeudung vorgebeugt. Den Ausgangspunkt dazu bildet der sekundäre Embryosackkern, welcher einer Anregung zur Weiterentwicklung durch Vereinigung mit dem zweiten generativen Kern des Pollenschlauches zum Endospermkern bedarf. (Vgl. dazu das bei den Gnetaceen Gesagte.)

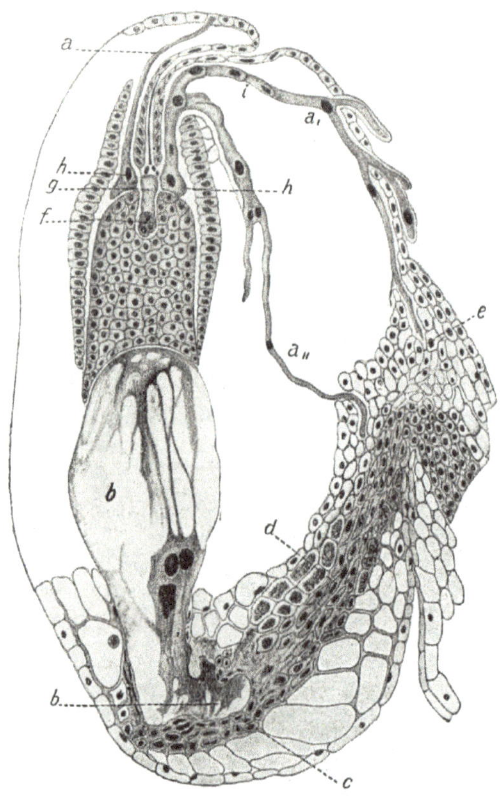

Fig. 574. Haustorien des befruchteten Embryosackes von Melampyrum nemorosum nach BALICKA-IWANOWSKA. *b* Haustorien des Chalazaendes, *c* Nährgewebe, *d* Leitbündelzweig, *e* Funiculus, *f* Embryo, *g* sein Suspensor, *a*, *a*, *a*· am Mikropylenende schon früh entstandene Haustorienschläuche, deren innere sich im Funiculus weit ausbreiten, zum Teil die Epidermis durchbrechen, *h* ihre Ansatzstellen, *i* Querwände im Schlauche.

Aus der befruchteten, alsbald mit fester Zellulosehaut bekleideten Eizelle, der Keimzelle, geht eine Zellreihe, der Vorkeim, hervor, welcher aus seiner Gipfelzelle die Hauptmasse des Embryos[467] entwickelt. Der Rest des Vorkeimes bildet den Embryoträger oder Suspensor. An der Grenze von Embryo und Suspensor liegt eine als Hypophyse (Fig. 572 *D h*) bezeichnete Zelle, die an dem Aufbau des unteren Embryoendes, der Radicula, in geringem Maße beteiligt zu sein pflegt. Je nach der Zugehörigkeit der betreffenden Pflanze zu der Unterklasse der *Monokotyledonen* oder *Dikotyledonen* ist die Gliederung des Embryokörpers verschieden. Die Dikotyledonen lassen zwei Keimblätter, Kotyledonen, am Scheitel des heranwachsenden Embryos hervorsprossen (Fig. 572) und bilden am Grunde des Spaltes zwischen beiden den Sproßvegetationspunkt, die Plumula; die Monokotyledonen dagegen besitzen der Regel nach einen scheitelständigen großen Kotyledon und einen seitlich gelegenen Vegetationspunkt (Fig. 573). Die Wurzel, Radicula, geht in beiden Fällen aus dem der Mikropyle zugekehrten Teile des Embryokörpers hervor; ihre Abgrenzung wird an älteren Embryonen deutlich.

Da der Embryosack nach eingetretener Befruchtung für den Aufbau des Keimlings, wie zur Füllung der Reservestoffbehälter im jungen Samen sehr erheblicher Zufuhr von Nährstoffen bedarf, so ist es verständlich, daß besondere Wege dafür eingeschlagen werden. Während im einfachsten Falle das Endosperm sich mächtig vergrößert und den ganzen Nucellus nach und nach verdrängt, sind häufig die Antipodenzellen, als der Chalaza nächst gelegene Teile, mit der Funktion der Embryosackernährung betraut. Sie erfahren dann starke Vermehrung und bisweilen eine mächtige Entwicklung. Aber auch andere Teile des Embryosackes selbst können zu langen Saugorganen, Haustorien, auswachsen, die bald aus der Mikropyle hervordringen, bald in der Chalazaregion das umliegende Gewebe weit durchziehen und das in vielen Fällen, besonders bei insektivoren und halbparasitisch lebenden Pflanzen, an diesem Orte vorher angehäufte, reiche Reservestoffmaterial der Makrospore zuführen (Fig. 574).

Völlig abweichende Entwicklung des Embryosackes und Embryos ist endlich bei Pflanzen zu finden, die unter ganz besonderen Lebensbedingungen vorkommen, wie die nur in reißenden Gebirgswässern tropischer und subtropischer Gebiete lebenden Podostemaceen. Hier kommt alles darauf an, daß während der kurzen Trockenzeit die Blütenanlage und -entwicklung auf Kosten vorher angesammelten Ernährungsmaterials vor sich gehe, und daß Bestäubung, Befruchtung und Samenentwicklung in abgekürztem Verfahren rasch durchlaufen werden, damit bei Wiederkehr des Wassers die reifen Samen ihre Keimungsbedingungen finden und der Vermehrung und Ausbreitung der Pflanzen dienen können.

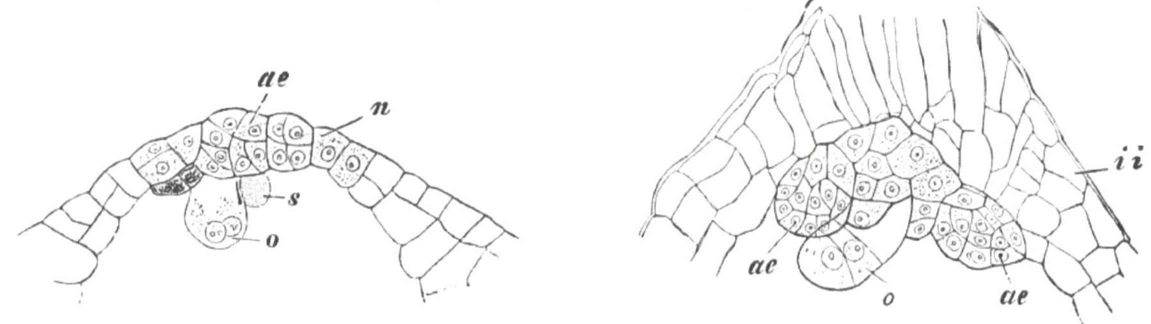

Fig. 575. Vegetative Sprossung aus dem Nucellus von Funkia ovata. (Apogamie.) *n* Nucellus, dessen Zellen am Scheitel Adventivkeime (*ae*) bilden, *s* Synergide, *o* aus der Eizelle entstandener Embryo mit Eikern und Spermakern, *ii* inneres Integument. Nach E. STRASBURGER.

In einzelnen Fällen ist Pflanzen die Fähigkeit sexueller Fortpflanzung mehr oder minder verloren gegangen[468] und durch eine oft nur bei genauerer Untersuchung als davon verschieden festzustellende anderweitige Vermehrung ersetzt worden. So unterlassen einige Pflanzen, wie Alchimilla, Thalictrum, Taraxacum, einige Urticaceen u. a. eine Reduktionsteilung bei der Anlage ihres Embryosackes. Daraus ergibt sich, daß die „Eizellen“ nicht befruchtungsfähig sind, sie sind keine normalen Geschlechtszellen, sondern besitzen vegetativen Zellcharakter. Derartige diploide „Eizellen“ sind nun ohne weitere Kernverschmelzung zur Fortentwicklung befähigt, und in Verbindung damit — oder als Ursache davon? — ist meist auch der Pollen unfruchtbar. Um die Übereinstimmung mit der zoologischen Terminologie zu bewahren, soll dies Verhalten, d. h. die Weiterentwicklung einer Eizelle ohne Befruchtung als „Parthenogenesis“ oder „jungfräuliche Zeugung“ bezeichnet werden.

Da nun neben der Weiterentwicklung solcher an Stelle von Eizellen stehender diploider Zellen auch Verdrängung normaler, haploider Eizellen durch vegetative Sprossungen, sog. „Adventivembryonen“ aus Nucelluszellen bekannt geworden ist, so mag diese Vortäuschung einer sexuellen Fortpflanzung die Bezeichnung „Apogamie“ erhalten. In einzelnen Fällen solcher Apogamie ist die Bestäubung der Narbe als Vorbedingung nachgewiesen worden, so bei Funkia (Fig. 575) und Citrus aurantium, während bei Caelebogyne ilicifolia und den Calycanthaceen ohne derartige in ihrer Beziehung nicht aufgeklärte Mitwirkung des Pollens die Adventivembryonen zustande kommen.

Unter „Aposporie“ endlich versteht man den völligen Ausfall der Sporenbildung oder aber Ausschaltung der Makrospore aus dem Entwicklungsgang; wenn z. B. bei Farnen aus diploiden Zellen des Blattrandes diploide Prothallien direkt hervorsprossen, oder bei Samenpflanzen Makrosporangien nicht entwickelt werden, sondern beliebige vegetative Zellen an ihre Stelle treten (Fig. 576).

Besonderes Interesse verdient nach den Untersuchungen von OSTENFELD und ROSENBERG die Gattung Hieracium, deren Samenanlagen die verschiedenartigsten Wege zur Embryobildung einschlagen können. Die Mehrzahl führt Tetradenteilung mit Chromosomenreduktion aus, aber nur einige solcher Samenanlagen gelangen in den Besitz eines normalen befruchtungsfähigen Embryosackes, weil dieser meist durch eine vegetative Zelle verdrängt wird. Eine derartige Verdrängung der Sporen — hier der Makrospore — wäre also Aposporie (Fig. 576). Außerdem werden auch Embryosäcke mit parthenogenetischer Eizelle ausgebildet.

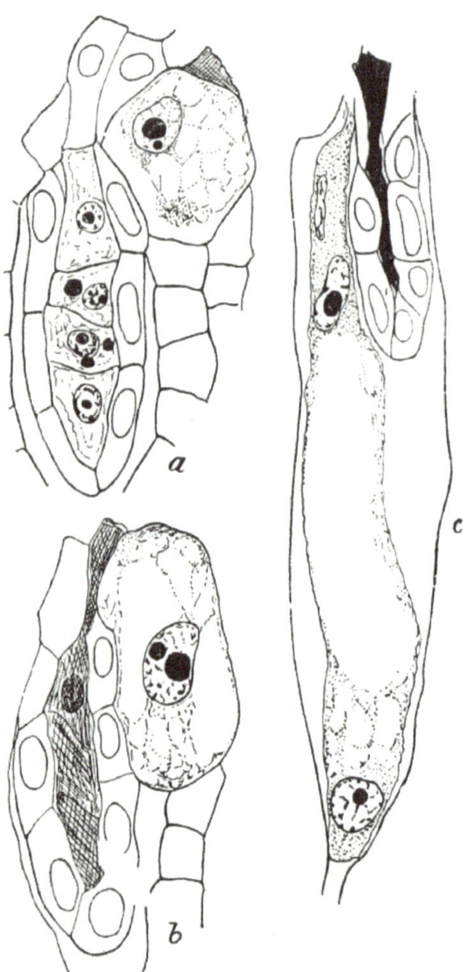

Fig. 576. Apospore Entstehung des Embryosackes von Hieracium flagellare. *a* Normale Makrosporentetrade, *b* und *c* ihre Desorganisation. Der diploide Embryosack geht aus einer bereits in *a* kenntlichen Integumentzelle hervor. Nach O. ROSENBERG aus A. ERNST 1918.

Der Samen.

Das ganze aus der Samenanlage nach stattgehabter Befruchtung entstehende Gebilde heißt Samen. Jeder Samen besteht aus dem mehr oder minder entwickelten Embryo, dem umgebenden Nährgewebe und der schützenden Schale. Diese geht in der Regel aus dem oder den Integumenten hervor, deren Zellen sich durch Verdickung, Verkorkung, Verholzung ihrer Wände zu einem wirksamen Schutzorgan gegen Austrocknen und Verletzungen für die darin schlummernde junge Pflanzenanlage umgestaltet haben. Ausbildung der Samenepidermis als Schleimzellen findet sich recht häufig, z. B. bei Quitten, Linum, zahlreichen Cruciferen

u. a. Der Schleim dient den Samen als erstes Befestigungsmittel und gleichzeitig zum Festhalten einer bei der Keimung nötigen Wassermenge. Sonstige Strukturen der Oberfläche wie Haare, Stacheln usw. haben ebenfalls die Bedeutung, das Festhaften zu sichern, wenn sie nicht zur Samenverbreitung in Beziehung stehen.

Besondere morphologisch bemerkenswerte Stellen der Schale sind: 1. Mikropyle, 2. Nabel oder Hilum, d. h. Funiculusabbruchstelle, endlich 3. die Raphe. S. 464 ist gezeigt worden, daß Mikropyle und Nabel an den beiden Polen einander gegenüber liegen, falls die Samenanlage atrop war, daß sie nebeneinander sich befinden bei Samen, die aus anatropen Samenanlagen hervorgegangen sind, und daß nur diese letzteren eine Raphe, also eine die Chalaza mit dem Hilum verbindende, bei der Trennung des Samens vom Funiculus entstehende Narbstelle besitzen können. Kampylotrope Samenanlagen ergeben den anatropen ähnliche Samen, doch ist der Embryo hier gekrümmt.

In gewissen Fällen ist die Funktion der Samenschale dadurch verändert, daß die Fruchtschale selbst den Schutz des oder der Samen übernimmt, indem sie ihre Wand oder deren innerste Schicht zu Steinzellen umbildet, also zu einer Nuß oder Steinfrucht wird. In solchen Fällen, wie Mandel, Lorbeer, Kirsche, Pfeffer u. a., pflegt die Samenschale reduziert zu sein; ihre verschiedenen Zellschichten werden zusammengedrückt, und eine Verstärkung oder Veränderung der Wandungen unterbleibt, da die schützende Fruchtwand eine besondere Ausrüstung der Samenschale unnötig macht.

Das Nährgewebe ist bei den Gymnospermen, abgesehen von Gnetum, schon zur Zeit der Befruchtung als Prothallium ausgebildet (vgl. S. 487). Es füllt den Embryosack aus und dient der Ernährung des hineinwachsenden Embryo; die umgebenden Reste des Nucellus werden verdrängt, so daß das Prothallium bis an die Samenschale reicht. Seine Zellen sind mit Stärke, Fett und Eiweiß als Reservestoffen vollgepfropft, die zur Entwicklung des Embryo bei der nach Ablauf einer Ruheperiode eintretenden Keimung Verwendung finden.

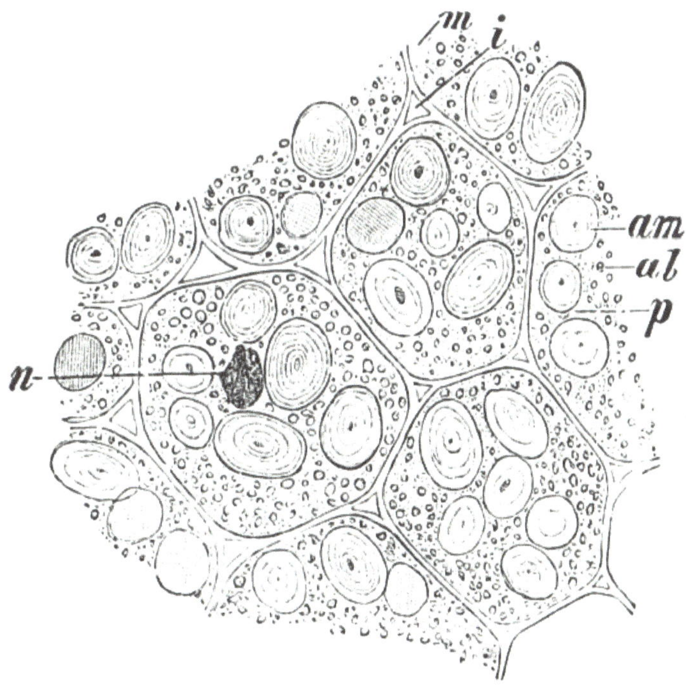

Fig. 577. Zellen der Erbsenkeimblätter mit Reservestoffen. *am* Stärkekörner, *al* Aleuronkörner, *p* Protoplasma, *n* Zellkern. Vergr. 160. Nach E. STRASBURGER.

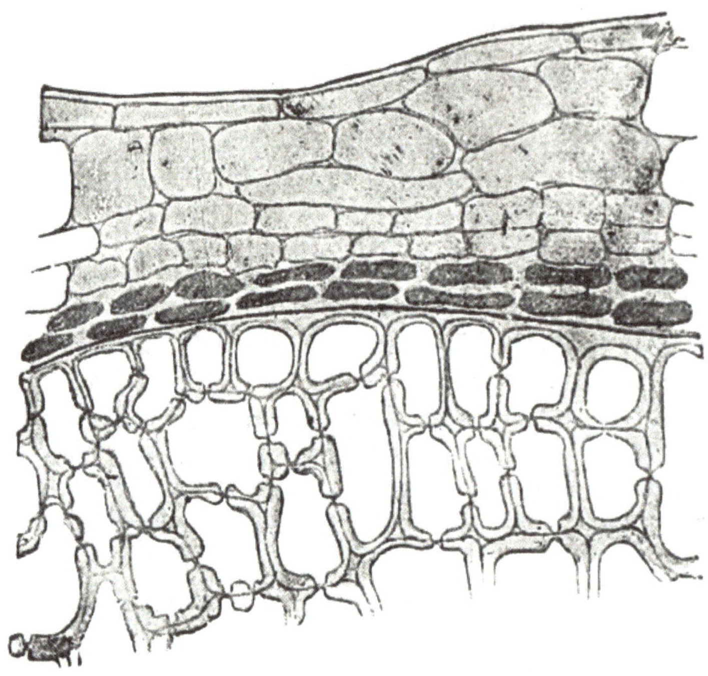

Fig. 578. Querschnitt des Colchicum-Samens. Innerhalb der Samenschale Reservezellulose des Endosperms.

Das Nährgewebe der Angiospermen (und von Gnetum) entsteht dagegen erst nach der Befruchtung der Eizelle aus der Vereinigung der beiden Polkerne zum sekundären Embryosackkern, der durch Aufnahme des zweiten Spermakernes den Anreiz zu weiterer Teilung erhält (vgl. S. 498). Seine Tochterkerne verteilen sich in der Regel rings im wandständigen Plasmaschlauch, und wenn die Zahl der Kerne eine hinreichend große geworden ist, zerfällt dieser Plasmakörper in zahlreiche Zellen, die für weitere Ausfüllung des ganzen Embryosackes mit Endospermgewebe sorgen.

Auch bei den Angiospermen verdrängt das Endosperm meist den ganzen Rest des Nucellus und häuft Reservestoffe, wie Stärke, fettes Öl, Aleuronkörner, in den Zellen an (Fig. 577) oder speichert in den sich stark verdickenden Wänden Zellulose als Reservezellulose (Fig. 578). In selteneren Fällen, so bei Piperaceen, Scitamineen usw., bleibt ein Rest des Nucellus vorhanden, der dann ebenfalls als Nährgewebe fungiert und den Namen Perisperm führt (Fig. 579 *B*). Wenn Lamellen des Perisperms oder auch der Samenschale in das Endosperm einwachsen, von dem sie in Farbe und Inhalt abweichen, so spricht man von ruminiertem Endosperm (Myristica Fig. 617, Areca).

In sehr zahlreichen Fällen aber, so bei den Leguminosen, Cruciferen u. a., wird nicht nur der Nucellus vom Endosperm, sondern auch dieses bereits vom Embryo völlig verdrängt, die Reservestoffe werden dann in den Keimblättern allein oder im ganzen Körper des Embryos aufgespeichert (Fig. 580).

Endlich ist noch eine meist wohl zur Samenverbreitung in Beziehung stehende Bildung, der Arillus, zu erwähnen, auch Samenmantel genannt. Er entsteht als fleischiger (Taxus) oder auch trockener (Pahudia javanica, Strelitzia reginae), meist lebhaft gefärbter Wulst am Funiculus und wächst an der Samenanlage bereits in ziemlich frühem Alter empor, indem er sie endlich mehr oder minder umhüllt (Fig. 581 *D*, 582). — Einen der Mikropyle benachbarten Auswuchs, der unter anderem besonders den Euphorbiaceen eigen ist, nennt man Caruncula (Fig. 581 *C*, *B*.).

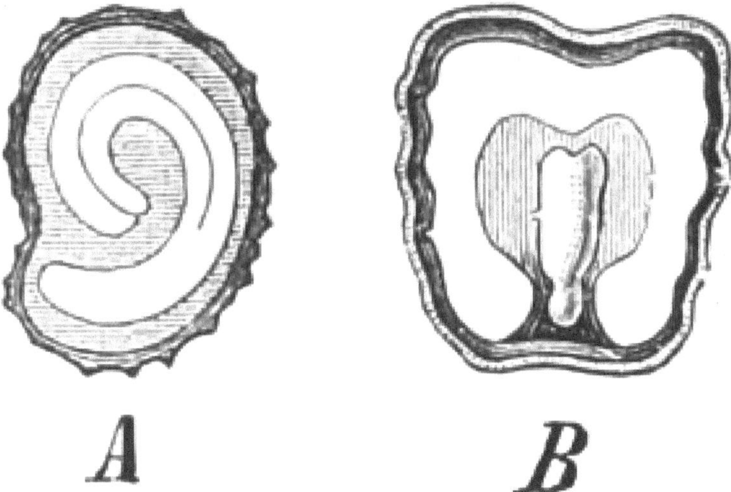

Fig. 579. *A* Samen von Hyoscyamus niger. Der dikotyle Keim in Endosperm eingebettet. *B* Samen von Elettaria cardamomum. Innerhalb der dunklen, von einem dünnen Arillus umhüllten Samenschale liegt zunächst weißes mehliges Perisperm, dann (schraffiert) ein öliges Endosperm und in der Mitte der monokotyle Keim. Nach BERG und SCHMIDT.

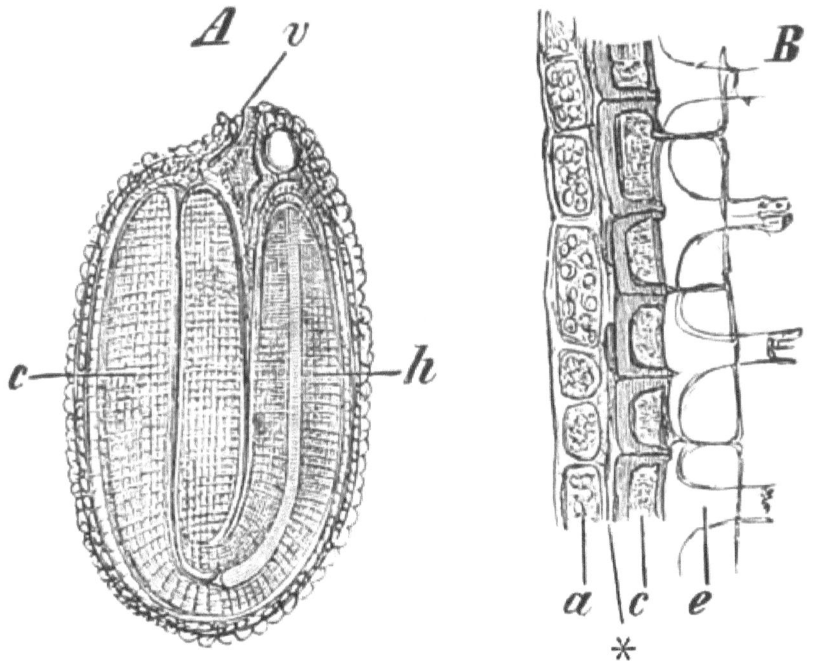

Fig. 580. Capsella bursa pastoris. *A* Längsschnitt durch den reifen Samen, *h* hypokotyles Glied, *c* Kotyledonen, *v* Leitbündel des Funiculus. Vergr. 26. *B* Partie aus dem Längsschnitt durch die Samenschale, *e* die gequollene Epidermis, *c* braune, stark verdickte Schicht, * zerdrückte Zellagen, *a* Aleuronschicht, einzige erhaltene Zellage des Endosperms. Vergr. 250. Nach E. STRASBURGER.

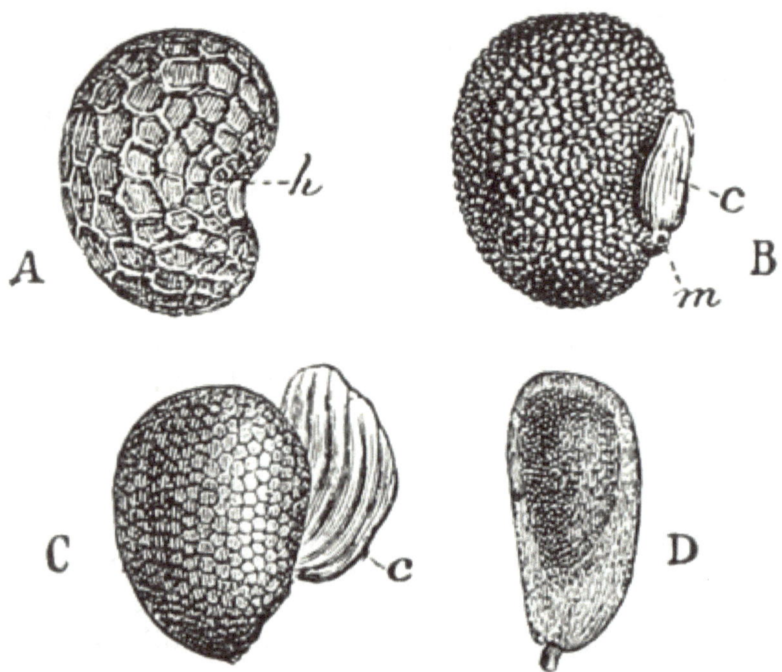

Fig. 581. *A* Samen von Papaver Rhoeas, *h* Hilum. *B* Samen von Corydalis ochroleuca, *m* Mikropyle, *c* Caruncula. *C* Samen von Chelidonium majus. *D* Samen von Nymphaea alba mit Samenmantel (Arillus). Nach DUCHARTRE.

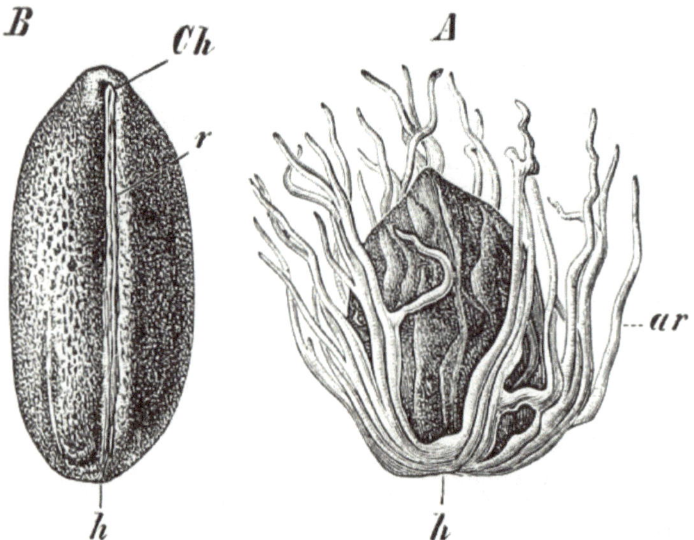

Fig. 582. *A* Myristica fragrans. Samen mit abgelöstem Arillus *ar.* *B* Myristica argentea. Samen nach Entfernung des Arillus. *Ch* Chalaza, *r* Raphe, *h* Hilum (Nabel). **3⁄4** nat. Gr. Nach O. WARBURG.

Die Frucht[469].

Doch nicht auf die Makrosporangien allein erstrecken sich die Folgen der Befruchtung, auch die Makrosporophylle, die Fruchtblätter, werden in Mitleidenschaft gezogen. Das aus ihnen, oft unter Mitwirkung des noch erhaltenen Kelches und der Blütenachse hervorgehende, außerordentlich verschieden gestaltete Gebilde, welches die Bedeutung hat, den in Entwicklung begriffenen Samen Schutz zu gewähren, nennt man die Frucht. Bei den Gymnospermen freilich, wo die Samenanlagen nackt auf den Fruchtblättern sitzen, hat man Früchte im eigentlichen Sinne nicht, da ja ein Fruchtknoten fehlt. So kann man bei Cycas, Ginkgo, Taxus, Podocarpus, Gnetum, Ephedra nur von Samen, nicht von Früchten sprechen. Wenn aber die Fruchtblätter nach der Befruchtung zusammenschließen, wie bei den verholzende Zapfen tragenden Gymnospermen und den Beerenzapfen von Juniperus, so ist ein der Angiospermenfrucht entsprechendes Gebilde gegeben, auf das man auch die Bezeichnung Frucht wird anwenden dürfen.

Eine große Mannigfaltigkeit in der Entwicklung der Angiospermenfrüchte läßt ja schon die verschiedenartige Ausbildung des Gynäceums erwarten. Denn die einfachste Definition der Frucht ist: der reife Fruchtknoten. Schwierigkeiten bereiten dabei die apokarpen Gynäceen.

Die zu vielen beisammenstehenden, aus apokarpen Gynäceen hervorgegangenen Einzelgebilde, z. B. der Rosaceen, sollen hier als Früchtchen, das ganze Gynäceum als Frucht (eventuell als Sammelfrucht) bezeichnet werden. So ist z. B. die Erdbeere eine durch Fleischigwerden des Blütenbodens entstandene Sammelfrucht, deren einzelne Körnchen je einem Früchtchen, und zwar einer Nuß, entsprechen; ebenso wäre beim Apfel nur das Kerngehäuse die Frucht, das fleischige Gewebe um das Gehäuse entstammt der um die Fruchtblätter ausgehöhlten und mit ihnen verwachsenen Blütenachse. Bei den Hagebutten hat man ebenso Sammelfrüchte vor sich; die Früchtchen sind die von dem fleischig gewordenen Blütenboden umhüllten harten Nüßchen (Fig. 583). Bei den aus synkarpen Gynäceen entstandenen Früchten kommt weiter die Ausbildung der Fruchtwand, des Perikarps, besonders in Betracht. Ihre äußere, mittlere und innerste Schicht werden als Exo-, Meso- und Endokarp unterschieden.

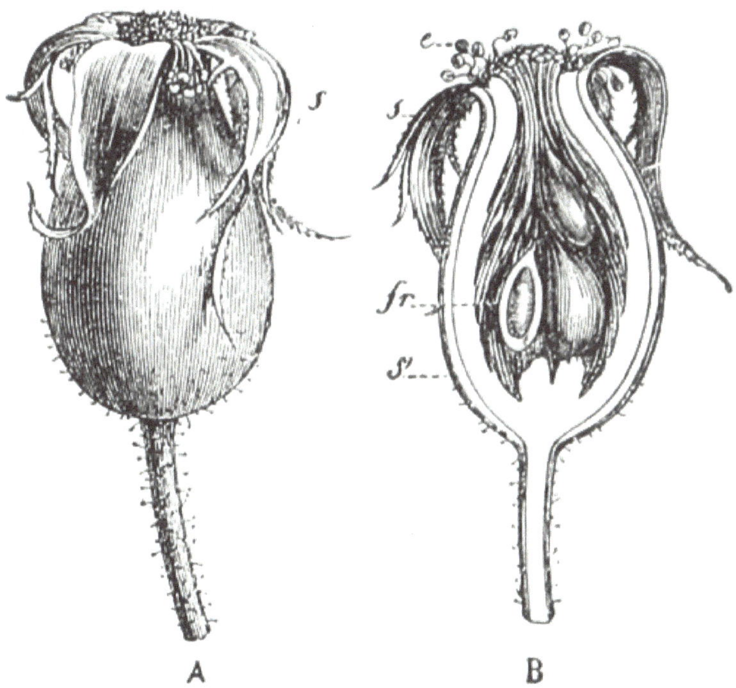

Fig. 583. Sammelfrucht von Rosa alba. Auf dem fleischigen Blütenboden *s'* sitzen die erhaltenen Kelchblätter und die als Nüßchen ausgebildeten Einzelfrüchte *fr. e* Vertrocknete Staubblätter. Nach DUCHARTRE.

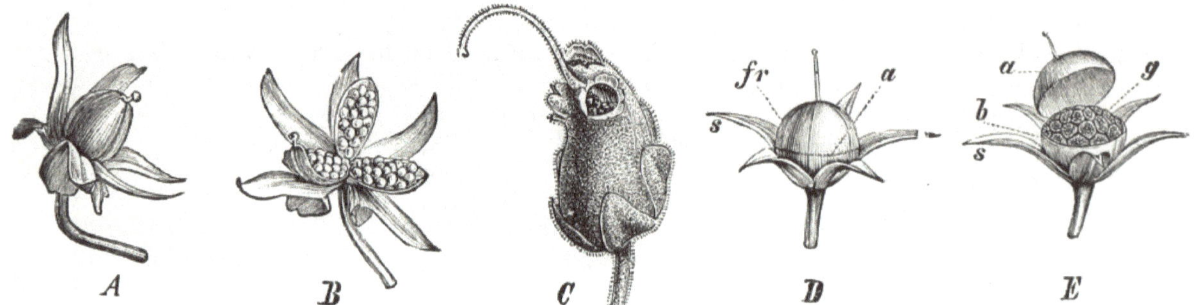

Fig. 584. Aufspringen der Kapselfrüchte. *A* Kapsel von Viola tricolor, vor dem Aufspringen. *B* Dieselbe nach dem Aufspringen. *C* Poricide Kapsel von Antirrhinum majus. Vergr. *D* Deckelkapsel von Anagallis arvensis, geschlossen. *E* Dieselbe geöffnet. Nach A. F. W. SCHIMPER.

Nach der Beschaffenheit dieses Perikarps ist folgende Einteilung der Fruchtformen aufgestellt:

1. Eine Frucht mit meist trockenem, bei der Reife sich öffnendem Perikarp heißt Kapsel (capsula) (Fig. 584). Geschieht die Öffnung durch Trennung der Karpelle in den Nähten, so ist die Kapsel septicid wie bei Colchicum (Fig. 812), tritt ein Längsspalt im einzelnen Fache ein, so heißt sie loculicid, z. B. Ornithogalum (Fig. 814), und werden bestimmt umschriebene Löcher dabei gebildet, so haben wir die poricide Kapsel, wie bei Papaver. Spezialfälle der Kapsel sind die Balgfrucht (springt an der Naht des einblätterigen Fruchtknotens auf [z. B. Aconitum, Fig. 520]), die Hülse (springt an der Naht und in der Mittelrippe auf), z. B. die Erbse, endlich die Schote der Cruciferen (öffnet sich durch Abspringen der Fruchtblätter von der falschen Scheidewand, an der die Samen hängen bleiben), wie bei Cheiranthus (Fig. 701 *A*).

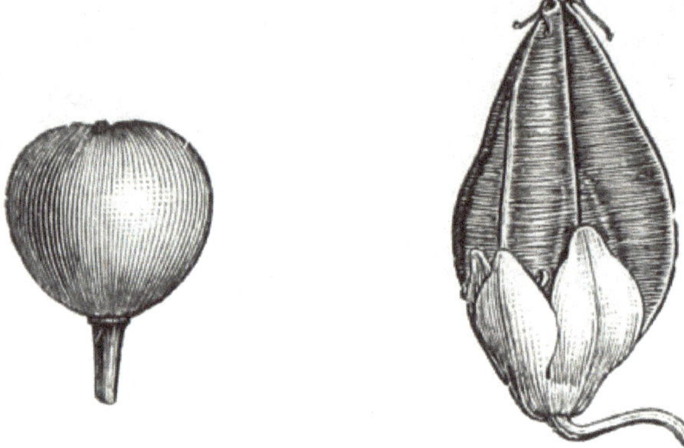

Fig. 585. Schließfrüchte. *A* Nuß von Fumaria officinalis. Vergr. 6. *B* Von Fagopyrum esculentum. Vergr. 2. Nach DUCHARTRE.

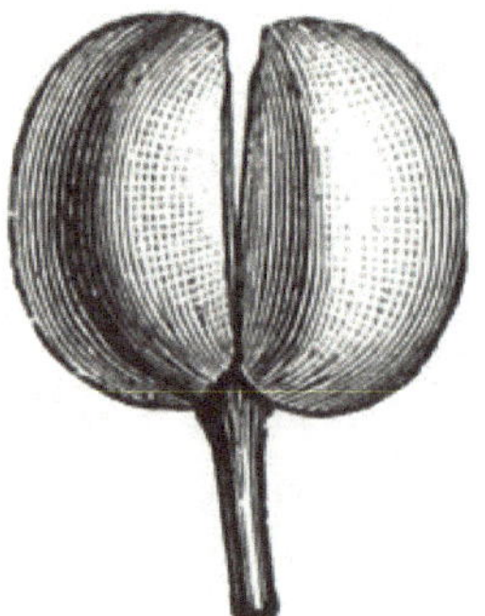

Fig. 586. Spaltfrucht von Galium Mollugo. Vergr. 6. Nach DUCHARTRE.

2. Alle andersgearteten Früchte, die sich bei der Reife nicht öffnen, kann man als Schließfrüchte der Kapsel gegenüberstellen. Nach der Ausbildung des Perikarps unterscheidet man dann:

a) Die Nuß (nux), eine Schließfrucht mit trockenem, hartem Perikarp, wie z. B. Haselnuß, Linde, *Helianthus*, *Fumaria*, *Fagopyrum* (Fig. 585).

b) Zerfällt eine trockene, aus mehreren Fruchtblättern bestehende Frucht bei der Reife in ihre Teilfrüchtchen, ohne daß diese sich öffnen, so wird sie Spaltfrucht (schizocarpium) genannt. Solche besitzen die Umbelliferen, auch *Malva*, *Galium* (Fig. 586).

c) Wird das Perikarp völlig und in allen Schichten fleischig, so ist die Frucht eine Beere (bacca), wie bei *Vaccinium*, *Vitis*, *Physalis* (Fig. 587).

d) Ist unter einem fleischigen Exokarp ein hartes, geschlossen bleibendes Endokarp vorhanden, so haben wir eine Steinfrucht (drupa). *Prunus* (Fig. 641) und *Juglans* (Fig. 671) sind bekannte Beispiele.

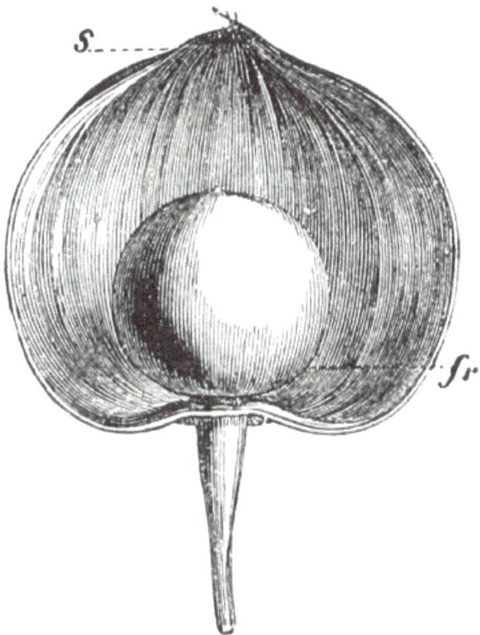

Fig. 587. Frucht von Physalis Alkekengi. Sie besteht aus der aus dem Fruchtknoten hervorgegangenen Beere *fr*, die vom herangewachsenen Kelch *s* umhüllt wird. Nach DUCHARTRE.

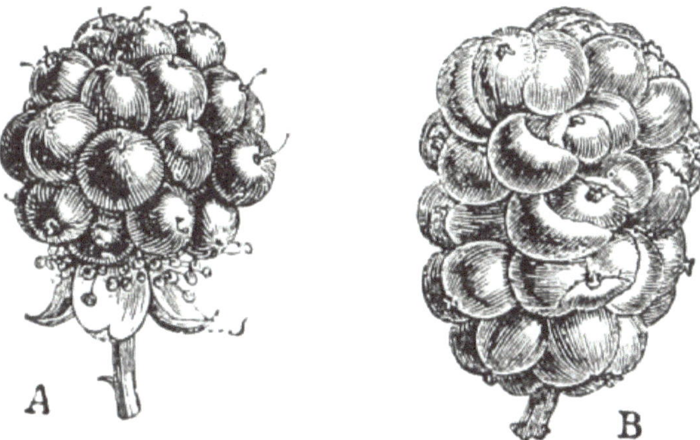

Fig. 588. *A* Sammelfrucht von Rubus fruticosus (Brombeere). *B* Scheinfrucht (Fruchtstand) von Morus nigra (Maulbeere). Nach DUCHARTRE.

Nimmt dagegen ein ganzer, aus einer Infloreszenz hervorgegangener Fruchtstand das Aussehen einer Einzelfrucht an, so spricht man von einer Scheinfrucht. Die Feige ist das bekannteste Beispiel einer solchen, wie sie überhaupt bei den Urticaceen und Moraceen besonders häufig sich findet. Der Vergleich einer Brombeere, die als Sammelfrucht aus einer Blüte hervorgeht, und einer Maulbeeren-Scheinfrucht wird die sehr große äußere Ähnlichkeit beider Gebilde erkennen lassen (Fig. 588).

Verbreitung der Samen[470].

Das wichtigste Mittel der Spermatophyten, ihre Art den unter gleichen Bedingungen mit ihnen zusammenlebenden Gewächsen gegenüber zu erhalten, ist möglichst reichliche Samenerzeugung; denn mit der Masse der Nachkommen steigt die Wahrscheinlichkeit, daß wenigstens einige davon ans Ziel gelangen. Aber die Zahl allein würde nur geringen Einfluß haben können, wenn alle Samen an den Ort ihrer Entstehung gebunden blieben; so ist neben der Zahl auch eine die Verbreitung begünstigende Ausrüstung von der größten Bedeutung, und Form wie Beschaffenheit von Frucht und Samen zeugen zur Genüge von dem tiefgreifenden Einfluß dieses Faktors auf ihre Ausgestaltung.

Als Verbreitungsmittel stehen den Samen der Pflanzen dieselben Agenzien zur Verfügung wie für die Pollenübertragung, also neben Luft- und Wasserströmungen die Tiere, und endlich menschliche Verkehrseinrichtungen; doch ist insofern ein Unterschied zu beachten, als die Pollenkörner fast durchweg von überaus geringem Gewicht und von minimaler Größe sind, während im Samen doch meist eine verhältnismäßig größere Menge von Reservestoffen abgelagert sein muß, die ihm ein höheres Gewicht und größere Masse verleihen. Trotzdem ist Samentransport durch Wind die alle anderen Möglichkeiten weitaus überwiegende Verbreitungsart.

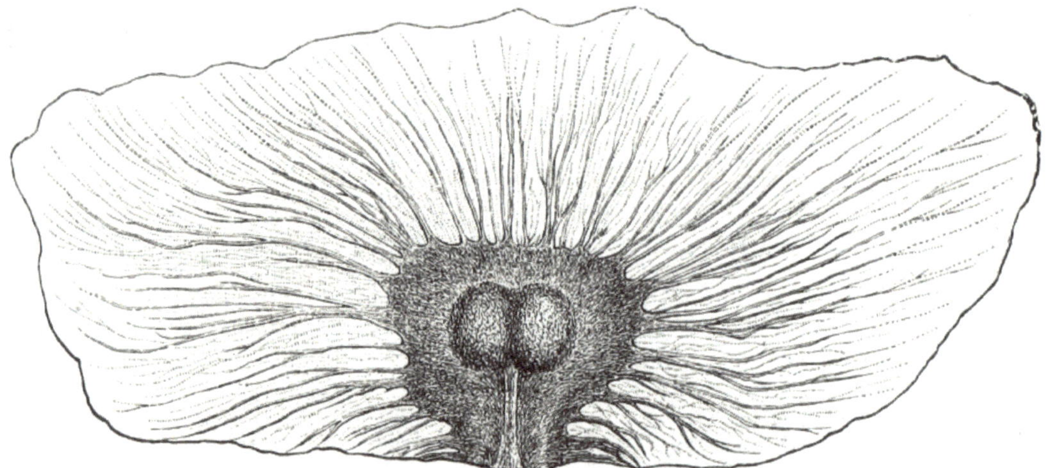

Fig. 589. Geflügelter Samen von Pithecoctenium echinatum in natürlicher Größe. Nach F. NOLL.

Die Ausrüstung der Samen für die Aussäung durch den Wind besteht vielfach nur in ihrem außerordentlich geringen Ausmaß an Größe und Gewicht; so zählen sie z. B. bei *Stanhopea* gewiß nach Millionen in jeder Kapsel, und ihr Gewicht ist für *Dendrobium attenuatum* auf etwa 1/200 mg bestimmt worden. So können diese Orchideen vermöge der Leichtigkeit und Menge ihrer Samen eine so hervorragende, nur von den mit ebenso leichten Sporen versehenen Farnen erreichte Rolle unter den epiphytischen Bewohnern feuchter Tropenwaldungen spielen. Weit häufiger ist eine Oberflächenvergrößerung und Darbietung einer Angriffsfläche für den Wind bei nicht ganz so leichten Samen zu beobachten, indem entweder die ganze Samenoberfläche kürzere oder längere Haare trägt, wie bei den Weiden (Fig. 691), Pappeln (Fig. 692) und der Baumwolle (Fig. 712), oder ein längerer Haarschopf dem Samen an einem Ende aufgesetzt ist, wie bei den Asclepiadaceen und Apocynaceen (Strophanthus, Fig. 754), vielen Gesneriaceen und Bromeliaceen. Ebenso häufig findet sich bei anderen Familien die Ausbildung einer richtigen Segelfläche aus einer äußerst dünnen und leichten Membran, wie sie bei unseren Fichten (Fig. 605) und Kiefern (Fig. 606) von der Fruchtschuppe abgespalten wird, bei Rhododendron, Bignoniaceen und bei Rubiaceen (Cinchona, Fig. 774) sich an jedem Samen ausbildet; nirgends wohl schöner als bei der Cucurbitacee Zanonia und der ihr fast gleichkommenden Bignoniacee Pithecoctenium echinatum, deren leichte seidig glänzende Flügel den fallenden Samen eine fast wagerechte Stellung einzunehmen erlauben und damit ein Hinschweben über weite Strecken bei dem leichtesten Luftzuge ermöglichen (Fig. 589).

Mannigfaltige andere Blüten- bzw. Fruchtorgane sind besonders in solchen Fällen, wo es sich um einsamige Früchte handelt, zu Flügeln oder Windsegeln umgestaltet worden, so die Kelchblätter bei Dipterocarpaceen, das große Hochblatt der Lindeninfloreszenz (Fig. 714), das Deckblatt mit den Vorblättern bei Carpinus (Fig. 684), meist aber die Fruchtknotenwandung, wie bei Betula (Fig. 683), Alnus, Ulmus (Fig. 693), Polygonaceen (Fig. 677 *D*). Acer (Fig. 736), Fraxinus (Fig. 749) oder den Früchtchen der Typhaceen, Eriophorum (Fig. 824), Dryas und Anemone (Fig. 630). Gleiche Bedeutung hat endlich ein Haarkelch (Pappus), der am oberen Rande der einsamigen Frucht entwickelt ist, wie bei Valerianaceen (Fig. 777) und Kompositen (Fig. 793 *B*, 791), besonders wenn er durch nachträgliche Verlängerung des Fruchtendes fallschirmähnlich wirken kann, wie bei Taraxacum (Fig. 794), Tragopogon u. a. Nach DINGLER beträgt die Fallverzögerung z. B. für die mit Haarschuppen versehenen Früchte von Cynara Scolymus bereits in der ersten Sekunde das Sechsfache im Vergleich zum freien Fall im luftleeren Raume, für Pinus silvestris das Siebenfache, für Pithecoctenium das Dreißigfache.

Weit beschränkter, aber für viele Gewächse von ganz hervorragender Bedeutung ist die Samen- oder Fruchtbeförderung durch Meeresströmungen. Die ganze Strand- und Küstenflora z. B. im Malayischen Archipel besteht nach SCHIMPERs Untersuchungen ausschließlich aus Pflanzen mit schwimmfähigen Früchten oder Samen, deren Ausrüstung dann stets mehr oder minder derjenigen der überall an Tropenküsten verbreiteten Kokosnuß (Fig. 806) entspricht. Ein dickes, aus grobem Fasergewebe bestehendes, von pergamentartigem Exokarp bedecktes Mesokarp erhält die Frucht schwimmfähig und schützt das spröde steinharte Endokarp vor dem Zertrümmertwerden beim Anprall an Felswände und Ufersteine. Derselbe oder doch ein sehr ähnlicher Bau findet sich bei Barringtonia speciosa und anderen Arten, bei Cerbera Odollam (Fig. 590), Terminalia Catappa, Nipa fruticans, den Pandanusarten und zahlreichen weiteren Vertretern auch der strauchigen und krautigen Dünen- und Strandflora; bei allen aber ist lange Schwimmfähigkeit ohne Beeinträchtigung ihrer Keimfähigkeit Bedingung für Verbreitung und Erhaltung der Art. Die Notwendigkeit beider Bedingungen zeigt z. B. die an allen Küsten des indischen Ozeans gelegentlich angespülte große Doppelfrucht von Lodoicea Seychellarum, die zwar schwimmfähig ist, aber den Transport auf dem salzigen Meere nicht zu ertragen vermag und so auf das geringe Verbreitungsgebiet einer kleinen Inselgruppe beschränkt bleiben mußte.

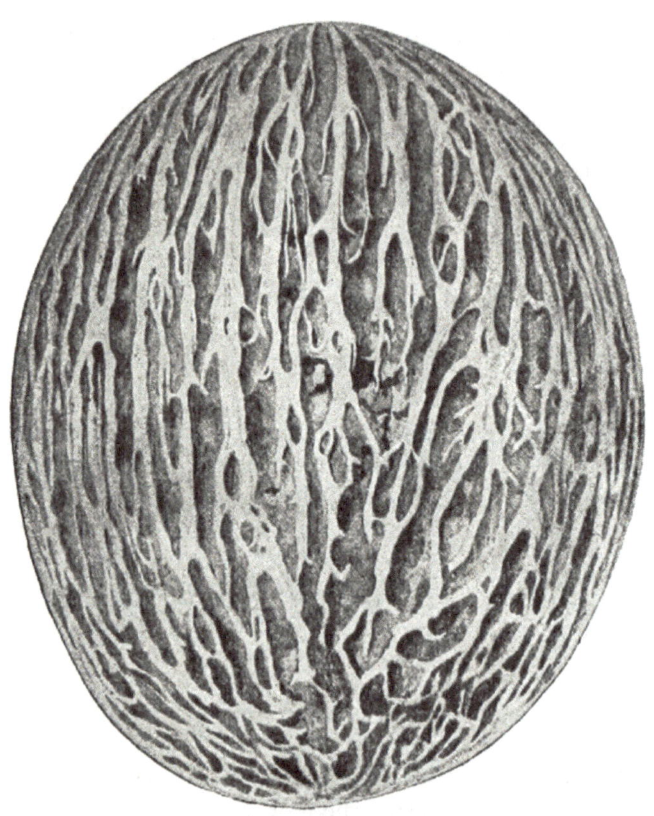

Fig. 590. Frucht von Cerbera odollam aus der Drift. Nach A. F. W. SCHIMPER. Hautartiges Exokarp und das Fleisch des Mesokarps fehlen, so daß das von groben Fasersträngen durchzogene, etwas abgeriebene Schwimmgewebe frei liegt.

Die Verbreitung von Früchten oder Samen durch Tiere beruht in der Regel darauf, daß fleischige Früchte Vögeln als Nahrung dienen, von denen die Samen unverdaut wieder abgegeben werden. In Mitteleuropa ist besonders der Holunder, Sambucus nigra, ein bekanntes Beispiel; für manche Samen scheint die Wanderung durch den Darm von Tieren die Keimfähigkeit zu bedingen. Besondere Anpassungen an die Samenverbreitung durch Tiere dürften in vielen Fällen die Arillusbildungen (vgl. S. 502) darstellen. Der Arillus von Taxus mit seiner intensiv roten Farbe, der einzige nicht giftige Teil des Baumes, wird von Amseln mit Vorliebe verzehrt, die roten Früchte von Evonymus europaea lassen geöffnet ihre mit hochrotem Arillus versehenen vier Samen hervorschauen, die von Rotkehlchen aufgesucht werden. Die Verbreitung der Muskatnüsse wird von einer großen Taubenart, die dem Arillus eifrig nachstellt, über die ganzen Molukken vermittelt. Endlich werden unsere Misteln im Winter, wenn wenig andere Nahrung zu finden ist, von Amseln und anderen Vögeln gern aufgesucht; die Samen der Misteln bleiben, vermöge ihres Viscinklebstoffes, beim Abwetzen des Schnabels an Zweigen haften und können dort zur Keimung gelangen. Die Verbreitung der Klettpflanzen Galium aparine, Lappa-Arten (vgl. Fig. 790 a), Bidens, Xanthium usw. durch das Wollkleid unserer Vierfüßler, die allgemeine Verbreitung der Wasserpflanzen von einem See oder Tümpel zu weit entfernten anderen durch die Wasservögel, die Verstreuung der Haselnüsse usw. durch Eichhörnchen bedürfen keiner weiteren Erklärung. Schließlich sei noch auf die Samenverbreitung durch Ameisen hingewiesen; diese Tiere werden durch ölreiche Anhängsel gewisser Samen und Früchte, wie die Caruncula, veranlaßt, sie in ihre Behausungen zu verschleppen.

Daß der Mensch durch Handel und Erwerbstätigkeit gewaltigen Einfluß auf die Verbreitung der Nahrungs- und Nutzpflanzen gewonnen hat, und daß mit diesen zugleich eine Menge der als Unkraut dazwischen lebenden Gewächse in ihren Samen über die bewohnten Teile der Erde verbreitet sind, ist durch zahlreiche Beispiele belegt und allgemein bekannt.

Die Keimung[471].

Samen, die alle Fährlichkeiten der Reise gut überstanden haben, bedürfen zur Keimung eines geeigneten Standortes. Kleinen Samen ist es nicht schwer, in Ritzen oder Rillen des Bodens Unterkunft zu finden, wo sie häufig, durch besondere Eigenschaften ihrer Oberfläche unterstützt, leicht festhaften bleiben. Größere Samen werden durch das fallende Laub die genügende Bedeckung erhalten. Die Früchtchen von Erodium und anderen Geraniaceen, von Avena sterilis, Stipa-Arten und sonstigen Gramineen gelangen mit Hilfe ihrer hygroskopischen Krümmungen in den Boden (vgl. S. 295, Fig. 276); rückwärts gerichtete Haare ihrer Oberfläche verhindern, daß sie wieder hinausgedrängt werden. Geotropisch abwärts wachsende Fruchtstiele (vgl. S. 304) sorgen für hinreichend tiefes Eingraben der Früchte bei Arachis hypogaea, Trifolium subterraneum, Okenia hypogaea u. a., negativer Phototropismus führt diejenigen von Linaria cymbalaria in die Ritzen der von der Pflanze bewohnten Mauern ein (vgl. S. 310).

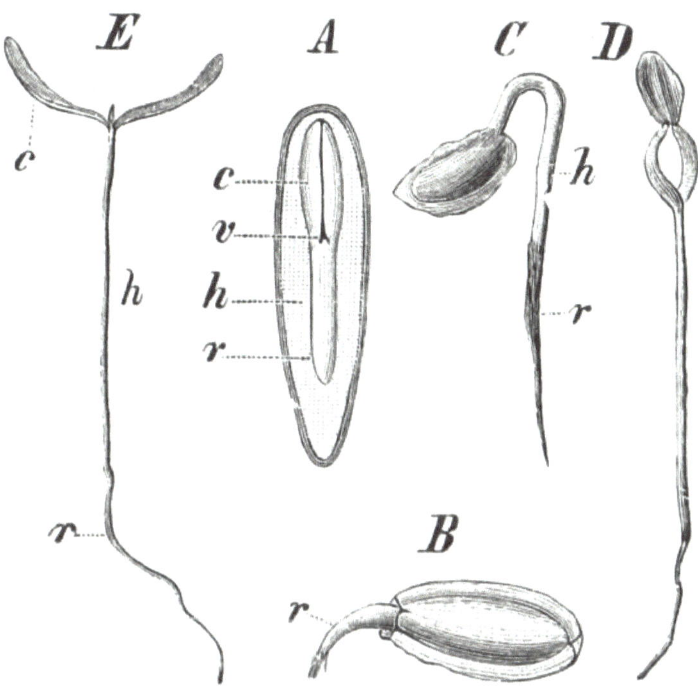

Fig. 591. Thuja occidentalis. Bei *A* medianer Längsschnitt durch den reifen Samen. In *B* bis *E* Keimungsstadien. *h* Hypokotyl, *c* Kotyledonen, *r* Radicula, *v* Stammvegetationskegel, *A* 5 mal, *B* und *C* 2 mal vergr. *D* und *E* nat. Größe. Nach H. SCHENCK.

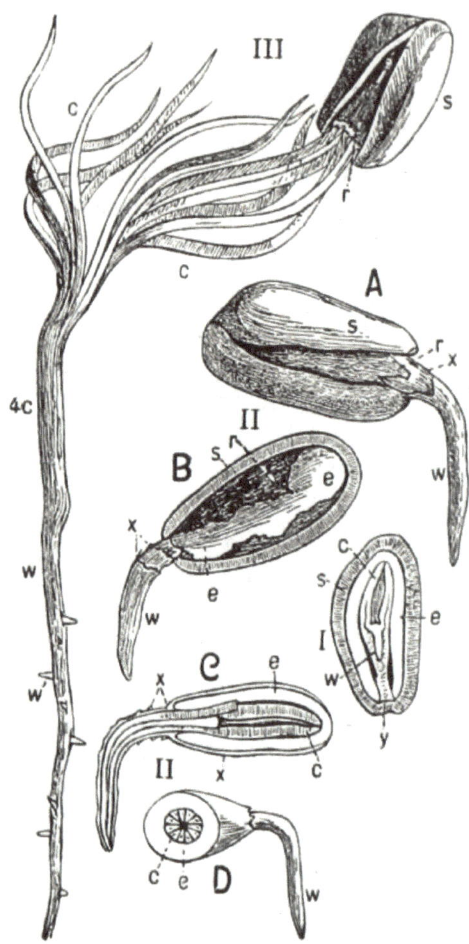

Fig. 592. Pinus pinea. Keimung nach J. SACHS. *I* Samenlängsschnitt. *y* Mikropylenende. *II* Keimungsbeginn. *s* Samenschale, *e* Endosperm, *w* Hauptwurzel, *x* der von ihr ausgestülpte Embryosack (zerrissen), *r* rote Samenhaut in der Schale. *III* Kotyledonen *c* verlassen den ausgesogenen Samen, *hc* Hypokotyl, *w'* Nebenwurzeln.

Finden die so geborgenen Samen dann hinreichend Feuchtigkeit, so quellen sie zunächst stark auf. Damit geht ihnen freilich bereits ein Teil ihrer großen Unempfindlichkeit gegen alle Fährlichkeiten, speziell Temperaturextreme und Trockenheit, wieder verloren, die sie nur ihrem sehr geringen Wassergehalt verdankten. Die nächste Aufgabe für den Samen ist alsdann die Sprengung der Samenschale, die meist von der Wurzel besorgt wird. Da die Orientierung der Wurzelspitze stets gegen die Mikropyle gerichtet ist, wird diese Stelle geringeren Widerstandes von der Wurzelspitze durchbohrt und durch Herauswachsen der stärkeren Teile des Hypokotyls auseinandergesprengt (Fig. 591, 592). Die aus dem Samen austretende Wurzel wendet sich alsbald geotropisch abwärts und sorgt durch Wurzelhaare, die am Wurzelhals, d. h. der Grenze von Wurzelanlage und Hypokotyl, besonders lang und zahlreich hervorbrechen, für schleunige Befestigung des Keimlings im Boden. Inzwischen wächst das Hypokotyl nach und nach aus der Samenschale heraus, während die Kotyledonen zum großen Teil noch darin stecken und die Reste der Reservestoffe aufsaugen (Fig. 591, 593 a). So ist eine mehr und mehr bis an die Insertionsstelle der Keimblätter sich hinaufziehende scharfe Krümmung des Hypokotyls unausbleiblich, und die bei weiterem Aufwärtswachsen sich steigernde Spannung muß schließlich die Kotyledonen aus der Samenschale herausziehen, worauf der Keimling eine aufrechte Lage einnimmt und die Blätter zur Assimilation ausbreitet, um ein selbständiges Leben zu beginnen. Die Zahl der Keimblätter ist meist 2, bei einigen Gattungen der Koniferen aber wechselt sie von 3–∞ (Fig. 592).

Die häufigste Form der Keimung ist charakterisiert durch die oberirdische Ausbreitung der Kotyledonen, sie heißt epigäische Keimung. Man findet sie bei den kleineren Samen fast ausschließlich.

Die hypogäische Keimung findet sich hauptsächlich bei großsamigen Dikotyledonen, deren Keimblätter als Reservestoffbehälter dienen, wie Vicia faba, Pisum, Aesculus, Juglans, Quercus u. a. Ihr Charakteristikum besteht darin, daß die Kotyledonen, nachdem die Wurzel sich im Boden befestigt hat, in der Samenschale verbleiben, während das epikotyle Stammende sich zwischen den Keimblättern emporrichtet und die Folgeblätter entwickelt. So scharf morphologisch die Trennung beider Keimungsformen ist, so wenig ist dieser Unterschied systematisch verwertbar; schon innerhalb der Papilionaceen z. B. finden sich mannigfache Übergangsstufen; Phaseolus vulgaris keimt epigäisch, Phaseolus multiflorus hypogäisch.

Die Keimung monokotyler Samen weicht von den beschriebenen Fällen dadurch ab, daß nach der Hauptwurzel der Kotyledon mit seinem Scheidenteil aus dem Samen austritt (Fig. 593 *b*), während das andere Ende des Keimblattes sehr lange im Samen verbleibt und als Saugorgan die im Endosperm aufgespeicherten Reservestoffe dem Keimling zuführt, dessen erstes Blatt alsbald aus dem Scheidenteil des Kotyledons hervortritt. Sehr harte Samenschalen weisen besondere Vorkehrungen auf, welche das Austreten der Wurzel erleichtern. So finden sich an der Kokosnuß drei Keimlöcher vor, den drei Fruchtblättern entsprechend. Dasjenige, vor welchem der einzige zur Entwicklung gelangende Keimling mit seinem Wurzelende liegt, ist von nur sehr dünner Schale überdeckt, die beiden anderen dagegen sind fest verschlossen. Die harte Steinschale der Palme Acrocomia sclerocarpa (Fig. 594) besitzt an der der Wurzel vorgelagerten Stelle einen leicht herausschiebbaren Pfropf; in der ganzen Familie der Scitamineen sind ähnliche Deckel vorhanden.

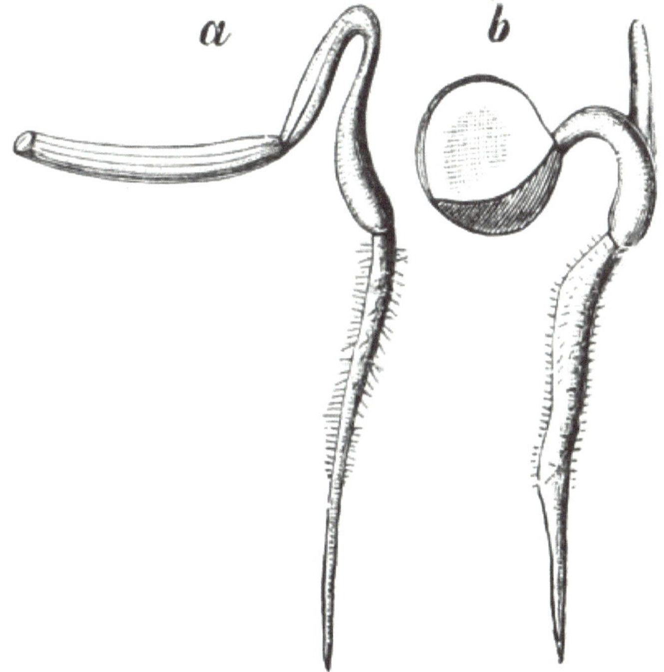

Fig. 593. Keimlinge von *a* Scorzonera humilis. *b* Iris pseudacorus. Nach G. KLEBS.

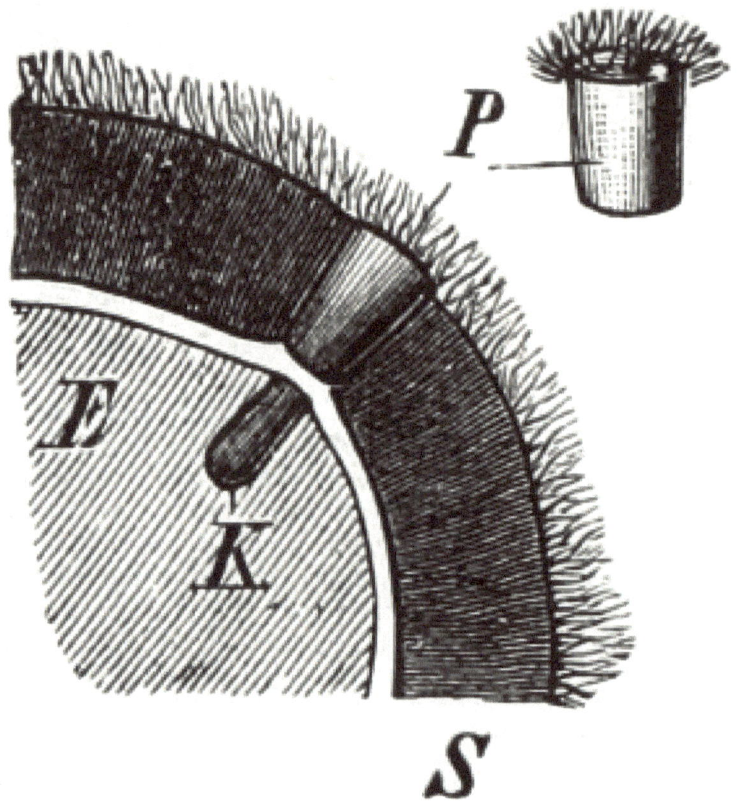

Fig. 594. Schnitt durch den oberen Teil der Frucht von Acrocomia sclerocarpa. *S* Steinschale, *P* Pfropf, *K* Keimling, *E* Endosperm. Nach E. PFITZER.

Ganz abweichende Verhältnisse, die hier nur kurz erwähnt werden können, zeigen die sog. „viviparen“ Pflanzen (Fig. 659). Die Viviparie stellt eine zum Standort in Beziehung stehende ökologische Anpassung der tropischen Mangrovepflanzen dar. Sie lassen ihre einsamigen Früchte bereits an der Mutterpflanze keimen, d. h. die Fruchtwandung wird vom mächtig heranwachsenden Keimling, der zunächst mit dem Radikularende aus der Mikropyle der Samenschale hervordringt, ebenfalls durchbrochen, und das ins Freie tretende Hypokotyl erreicht z. B. bei Rhizophora mucronata und Rh. mangle bis über 1 m Länge (vgl. Fig. 187 u. 659), so daß die vom Baum fallenden Keimlinge mit dem zugeschärften Wurzelende bei ihrem ansehnlichen Gewicht tief in den Schlamm eindringen, dort festen Fuß fassen und sich sogleich weiterentwickeln können.

Anordnung der Klassen, Ordnungen und Familien.

I. Klasse. Gymnospermae[472].

Die Gymnospermen sind nach morphologischen Gesichtspunkten (wie nach den Ergebnissen der Serodiagnostik (S. 524) nicht einheitlicher Abstammung. Vielmehr gehen die Cycadeen zwar auf die Cycadofilices (vgl. S. 461 Pteridospermeae) zurück, wohl vermittelst der Benettitaceae (vgl. S. 522, Cycadeoidea), aber die Coniferae würden auf die Lycopodinae ligulatae zurückzuführen sein, wobei die Deckschuppe dem Blatte, die Fruchtschuppe vielleicht der Ligula? entsprechen könnte. Die Abietineenzapfen bestehen demnach aus zahlreichen Makrosporophyllen, und jeder Zapfen entspricht einer Blüte, nicht einem Blütenstand, so daß sich ein direkter Anschluß an die spiralig aufgebauten Magnoliaceenblüten ergibt.

Fig. 595. Cycas revoluta-Gruppe aus einem Tempelgarten in Japan. Die mächtigsten Stämme in Japan von 8 m Höhe und 2 m Umfang. Nach E. R. WIELAND.

Die **1. Ordnung**, *Cycadinae*, enthält als einzige Familie die *Cycadaceae*. Die Cycadeen sind den Tropen und Subtropen angehörige Holzgewächse. Und zwar ist *Cycas* in Asien heimisch, *Macrozamia* und *Bowenia* in Australien, *Encephalartos* und *Stangeria* gehören Afrika an; dagegen besitzt Amerika die Gattungen *Dioon*, *Zamia*, *Ceratozamia* und *Microcycas*. Den Habitus eines Cycadeenhaines gibt Fig. 595 wieder, wo zahlreiche ansehnliche Exemplare von *Cycas revoluta*, darunter auch verzweigte, beisammenstehen.

Der Stamm ist mit Dickenwachstum begabt, er bleibt entweder unverzweigt oder stellt ein Sympodium dar und bringt große, gefiederte Laubblätter von mehrjähriger Dauer und lederiger Beschaffenheit in gipfelständiger Rosette abwechselnd mit schuppenförmigen Niederblättern hervor. Diese bekleiden gemeinsam mit den Basen der abgeworfenen Laubblätter die Oberfläche des säulenartigen oder knollenförmigen Stammes. In allen Teilen der Pflanzen finden sich Schleimgänge. Die Leitbündel sind kollateral, führen jedoch im Gefäßteil nur Tracheïden.

Die Blüten der Cycadaceae sind diözisch verteilt. Fig. 596 stellt eine blühende weibliche Pflanze von *Cycas revoluta* dar. Der Vegetationskegel des Stammes bildet hier abwechselnd Laubblätter und Makrosporophylle. Die Laubblätter sind in der Jugend gleich denen der Farne eingerollt. Ein Sporophyll ist in Fig. 596 *a* genauer wiedergegeben. Es zeigt noch die gefiederte Form der Laubblätter, entbehrt aber des Chlorophylls und ist dicht mit braunen Haaren bedeckt. Der Basis genähert trägt es zwei bis acht randständige Makrosporangien an Stelle von Fiedern. Jede blühbare weibliche Cycaspflanze durchläuft also in regelmäßigem Wechsel eine vegetative und eine Blütenperiode; die Blüte, von der Gesamtheit der Sporophylle dargestellt, wird stets durchwachsen, da dem Stamme die Fähigkeit sich zu verzweigen im allgemeinen fehlt. Dagegen vereinigen die männliche Cycaspflanze und die übrigen Cycadaceae ihre Sporophylle in terminalen Zapfenblüten von oft riesigen

Dimensionen; eine Seitenknospe des Stammes schiebt sodann diese terminalen Blüten beiseite und setzt in sympodialem Aufbau das Wachstum in ursprünglicher Richtung fort.

Fig. 596. Cycas revoluta, weiblich, blühend. Nach einer Photographie. *a* Makrosporophyll (Fruchtblatt) von Cycas revoluta (nach SACHS). *b* Mikrosporophyll (Staubblatt) von Cycas circinalis (nach RICHARD).

Derartige Zapfen bestehen aus zahlreichen Sporophyllen, die in spiraliger Stellung an der Achse aufeinander folgen. Mikrosporophylle sind auf ihrer Unterseite mit zahllosen Mikrosporangien übersät, wie Fig. 596 *b* für *Cycas* darstellt. Makrosporophylle der übrigen zapfenblütigen Cycadaceae beschränken die Zahl der Makrosporangien auf je zwei, welche dem *Cycas* gegenüber erheblich abgeänderten Sporophyll am Rande eingefügt werden, wie Fig. 597 für *Ceratozamia robusta* zeigt; Entwicklungsgeschichte vgl. S. 485.

Der einzige Vertreter der **2. Ordnung**, *Ginkgoinae*, die auf die Familie der *Ginkgoaceae* beschränkt ist, ist der aus Japan stammende, bei uns jetzt vielfach angepflanzte Baum *Ginkgo biloba*. *Ginkgo biloba* verliert jährlich seine langgestielten, ein- bis mehrfach zweilappigen, Adiantum ähnlichen Blätter. Bei diözischer Blütenverteilung sind die hüllblattlosen Staubblätter zahlreich an einer gestreckten Achse vereinigt, ihre Mikrosporangien besitzen ein „Endothecium“ (S. 470). Die Makrosporangien stehen zu zweien auf dem Gipfel kurzer Sprosse in einer kragenartig die Sporangien umgebenden Wucherung, dem Sporophyll (Fig. 598). Entwicklungsgeschichte vgl. S. 485.

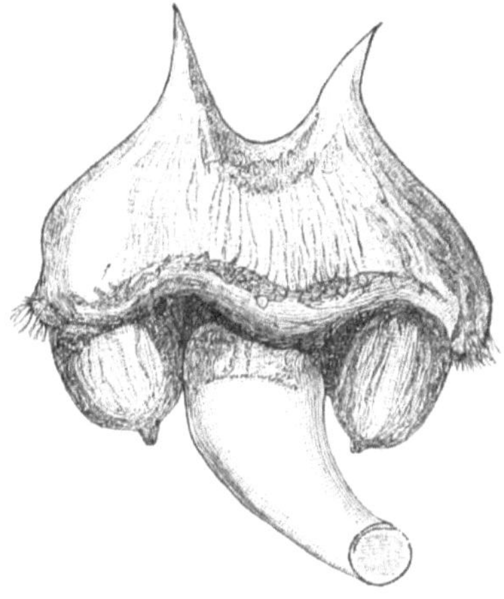

Fig. 597. Ceratozamia robusta. Ein Makrosporophyll mit zwei Makrosporangien. Nach K. GOEBEL.

In der **3. Ordnung Coniferae**, den Koniferen, sind die unter dem Namen der „Nadelhölzer" bekannten Pflanzen vereinigt. Stattliche Gewächse von baumförmigem oder strauchartigem Habitus, mit holzigen Stämmen versehen, zeichnen sie sich durch den gemeinsamen Charakter kleiner, ungeteilter, fester, flacher oder kantiger, meist xerophil gebauter Nadelblätter von meist mehrjähriger Dauer aus, so daß Nadelhölzer, bis auf wenige Vertreter, wie die Lärche, zu der „immergrünen" Vegetation zählen. Eine reiche Verzweigung in Lang- und Kurztriebe typischer Form findet sich bei den Gattungen Pinus, Larix und Cedrus. In allen Fällen aber sind Hauptstamm und Seitenzweige durch Wachstumsrichtung und -stärke scharf unterschieden, wenigstens an jüngeren Individuen. Im Alter nehmen die Bäume oft Schirmform an.

Fig. 598. Ginkgo biloba. Männlicher Kurztrieb mit Blüte und jungen Blättern. *a*, *b* Staubblätter, *c* weibliche Blüte, *d* Frucht, *e* Steinkern daraus, *f* derselbe im Querschnitt, *g* im Längsschnitt nach Ausbildung des Embryo, *h* weibliche Blüte mit ausnahmsweise zahlreichen gestielten Samenanlagen. — Männliche Blüte und

c in nat. Gr., *d* ein wenig verkleinert, die übrige Figur vergrößert. Nach L. C. RICHARD, *a–d* nach A. W. EICHLER.

Der Mangel an Tracheen im Holz, wie in den Gefäßteilen der jungen Pflänzchen, ist in anatomischer Hinsicht charakteristisch. Große Tracheïden mit eigenartigen Hoftüpfeln besonders auf den radialen Längswänden vertreten ihre Stelle und bilden Holzkörper von außerordentlicher Gleichmäßigkeit. Der Mehrzahl der Koniferen ist reicher Harzgehalt in allen Teilen eigen.

Die Nadelhölzer sind im Gegensatz zu den Cycadinae meist Bewohner gemäßigter Zonen, auch gehören sie mit zu den am weitesten gegen den Pol vordringenden Baumformen. Wo sie innerhalb der Wendekreise auftreten, handelt es sich meist um Arten, die hoch ins Gebirge hinaufsteigen.

Nach den Verschiedenheiten ihrer Blütenbildung werden die Koniferen auf zwei Familien verteilt.

Die *Taxaceae* sind charakterisiert durch weibliche Blüten mit einem oder wenigen Makrosporangien, die in der Regel mit einem Arillus versehen sind. Diese Blüten pflegen nicht zapfenförmig zu sein. Die Mehrzahl der Vertreter hat diözische Geschlechtsverteilung.

Die *Pinaceae* dagegen führen mehrere Samenanlagen in jeder weiblichen Blüte, welche aus zahlreichen, an einer Spindel zu Zapfen vereinigten Sporophyllen gebildet wird. Ein Arillus fehlt, und die Geschlechtsverteilung ist meist monözisch.

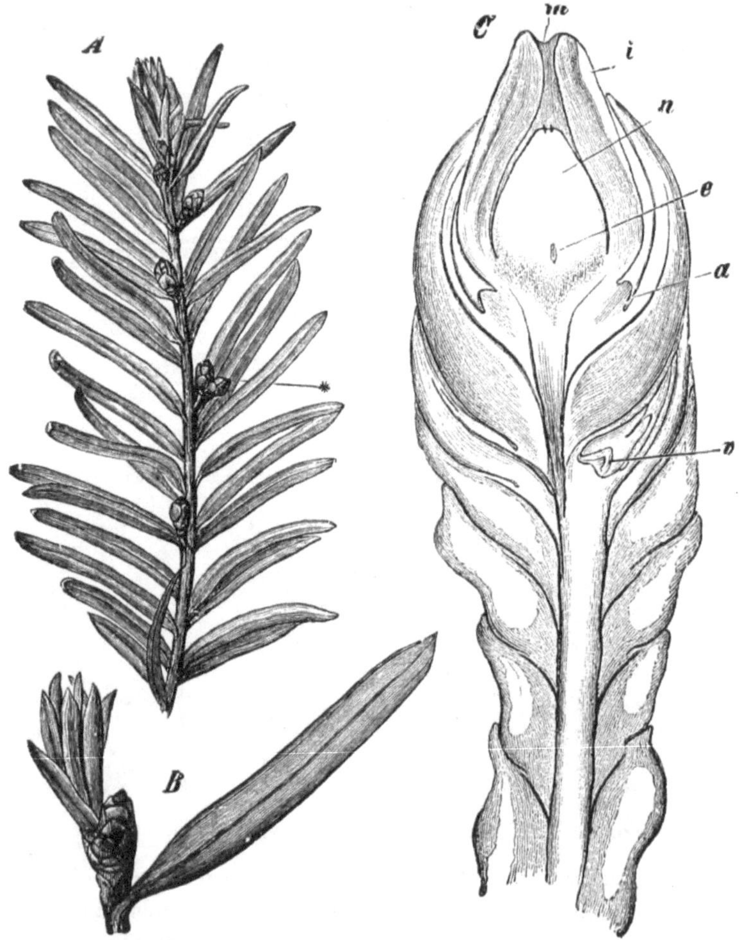

Fig. 599. Taxus baccata. *A* Habitusbild eines Zweiges mit weiblichen Blüten, bei * zwei Samenanlagen an demselben Primansprößchen. Nat. Gr. *B* Ein Blatt mit achselständiger Samenanlage. Vergr. 2. *C* Längsschnitt

durch die gemeinsame Mediane des Priman- und Sekundansprößchens, *v* Vegetationskegel des Primansprößchens, *a* Arillusanlage, *e* Embryosackanlage, *n* Nucellus, *i* Integument, *m* Mikropyle. Vergr. 48. — Nach E. STRASBURGER. Giftig.

Familie ***Taxaceae***. Die Angehörigen der Taxaceen sind in verschiedenen kleinen Gattungen teils auf der nördlichen Hemisphäre, wie *Taxus*, *Torreya*, *Cephalotaxus*, vorwiegend aber in zahlreichen Gattungen auf der südlichen Hemisphäre verbreitet. Als wichtigste von diesen ist die Gattung *Podocarpus* zu nennen, deren zahlreiche Arten sich als stattliche Bäume in den Bergwaldungen meist der asiatischen Tropen finden und in den gemäßigten Zonen Ostasiens und der australisch-neuseeländischen Inselwelt eine weite Verbreitung besitzen. Ihre weiblichen Blüten sind kleine Sprosse, deren Sporophylle fleischig anschwellen; 1 oder 2 davon tragen je eine anatrope, von fleischig werdendem Arillus umhüllte Samenanlage auf dem Gipfel. Die auf demselben oder auf einem anderen Individuum vorhandenen männlichen Blüten stellen kleine aufgerichtete Zäpfchen dar, die mit zahlreichen Mikrosporophyllen besetzt sind. Jedes Sporophyll trägt unterseits zwei Sporangien, deren Mikrosporen mit Flugblasen versehen sind.

Die Eibe, *Taxus baccata*, ist die einzige in Europa vorhandene Art der Familie (Fig. 599, 600). Jetzt vielfach in Anlagen gepflanzt, hat sie früher eine große Verbreitung als immergrünes Unterholz unserer Wälder besessen. Einzelne mächtige Exemplare finden sich in Nord- und Mitteldeutschland noch vor, größere Bestände sind wohl nur spärlich erhalten geblieben. Der Baum erreicht eine Höhe von etwa 10 m. Seine Zweige sind sämtlich als Langtriebe ausgebildet und tragen an den aufstrebenden Hauptästen allseitig, an den wagerecht ausgebreiteten Seitenzweigen nach rechts und links gescheitelt, flache Nadelblätter von mehrjähriger Dauer. Der Baum ist diözisch. Die Blüten sitzen auf der Unterseite der Zweige und entstehen als Achselsprosse vorjähriger Nadeln. Männliche Blüten werden von einer Anzahl Schuppenblätter am Grunde umhüllt und enthalten etwa 10 schildförmige Staubblätter, mit je 5–9 Pollensäcken (Fig. 600 *A*). Bei ihrer Öffnung wird die Außenwand nach Lösung an der Basis und den Seiten zurückgeschlagen; so ähnelt das Staubblatt einem nach unten aufgespannten Schirm, in dessen Höhlung die ausgefallenen Pollenmassen liegen bleiben, bis der Wind sie entführt. Die Pollenkörner von Taxus entbehren der Flugblasen. Weibliche Blüten (Fig. 599) entstehen meist einzeln als sekundärer Achselsproß der obersten Schuppe eines primären Triebes, dessen zur Seite gedrängter Vegetationskegel sich nicht weiter entwickelt. Sie bestehen aus einer einzigen atropen Samenanlage, die von einem Integument umhüllt wird. Die den Gymnospermen eigene Tropfenausscheidung aus der Mikropyle ist hier besonders gut zu beobachten. Während der Samenentwicklung bildet sich ein fleischiger Arillus aus, der als hochroter Becher den reifen Samen umgibt. Das Laub und der Samen, nicht aber der ihrer Verbreitung durch Vögel dienende süße Arillus, sind giftig.

Fig. 600. Taxus baccata mit Früchten. 1/2 nat. Gr. *A* Männliche Blüte nach RICHARD. — Giftig.

Familie ***Pinaceae***. In der Familie der Pinaceen sind die wichtigsten Nadelholzbäume enthalten, die sich nach Verschiedenheiten der Blattstellung und Lage der Samenanlagen auf zwei Unterfamilien verteilen lassen. Alle Formen mit gegenständigen oder quirlständigen Blättern fassen wir als *Cupressineae* zusammen. Diesen kommt auch eine aufrechte Stellung ihrer Samenanlagen zu.

Alle Formen mit wechselständigen Blättern bilden die Unterfamilie der *Abietineae*, welche fast ausnahmslos umgewendete Samenanlagen besitzen.

Unterfamilie ***Cupressineae***. Die Cupressineen haben teils quirlständige Nadeln, wie unser Wacholder (Fig. 601), teils schuppenförmige und dann dekussiert stehende Blätter wie Thuja-Arten und *Juniperus sabina* (Fig. 602). Doch zeigen die Keimpflanzen von Thuja noch nadelförmige Blätter, und einzelne Zweige der schuppig beblätterten Juniperus-Arten fallen ebenfalls häufig auf Nadelblätter und dreizählige Blattquirle zurück, so daß man diese als ältere Blattform aller Cupressineen zu betrachten berechtigt ist. *Taxodium distichum* trägt zweizeilig beblätterte hinfällige Kurztriebe.

Die Blüten der Cupressineen sind monözisch, nur bei Juniperus meist diözisch verteilt. Die männlichen sind bei Juniperus communis blattachselständig. Der kleine Sproß beginnt mit einer Anzahl anliegender Schuppenblätter (Fig. 601 *Aa*) und endet mit einigen Wirteln von schildförmigen Sporophyllen *c*, die auf der Unterseite je 2 bis 4 Mikrosporangien (*d*) tragen, welch letztere sich mit einem vertikalen, in Längsrichtung des Sporophylls verlaufenden Riß öffnen. Die Stellung der weiblichen Blüten ist die gleiche. Auf die Hülle der Schuppenblätter (Fig. 601 *B*) folgt ein Quirl Fruchtblätter (Fig. 601 *Cb*); jedes trägt schräg vor der Mittellinie eine aufrechte Samenanlage *c*. Nach der Befruchtung geht hauptsächlich aus dem Grunde der Sporophylle fleischiges Parenchym hervor, welches die drei Makrosporangien emporhebt und sich zwischen sie eindrängt, ohne jedoch den freien Raum ganz auszufüllen. Die drei Fruchtblätter wachsen dann über den Samenanlagen völlig zusammen. Eine Verwachsungsnarbe auf dem Scheitel kennzeichnet noch an der reifen Beerenfrucht die Grenzen der Fruchtblätter. Übrigens ist Juniperus die einzige Gattung der Cupressineen mit Beerenfrüchten; die anderen wie *Cupressus*, *Thuja*, *Taxodium* tragen Zäpfchen und führen ihre Samenanlage auf einer kaum abgegliederten Wucherung der Zapfenschuppen.

Fig. 601. Juniperus communis. **2/3** nat. Gr. — Zweig mit Früchten und Zweig mit männlichen Blüten. — Offizinell. *A* Männliche Blüte, *B* fertiler Zweig mit weiblicher Blüte, *C* weibliche Blüte, ein Fruchtblatt zurückgeschlagen, *D* Frucht nach BERG und SCHMIDT.

Juniperus communis, der Wacholder, ist ein auf der ganzen nördlichen Hemisphäre verbreiteter, stellenweise sehr häufiger Strauch. *Juniperus sabina*, der Sadebaum (Fig. 602), findet sich in den Alpen und sonstigen mittel- und südeuropäischen Gebirgen als niederliegender Strauch. Die Zypresse, *Cupressus sempervirens*, ist im Mittelmeergebiet zu Hause. *Thuja*-Arten, Lebensbäume genannt, werden als Ziersträucher und Bäume bei uns angepflanzt. Das sommergrüne *Taxodium distichum* bildet ausgedehnte Sumpfwälder an den Nordküsten des mexikanischen Golfes von Florida bis Galveston, während das immergrüne *Taxodium mexicanum* auf dem mexikanischen Hochplateau weit verbreitet ist, in zum Teil mächtigen Exemplaren, wie „dem großen Baum von Tule“, der von HUMBOLDT auf 4000 Jahre geschätzt, bei 50 m Höhe 44 m Stammumfang besitzt (Fig. 603).

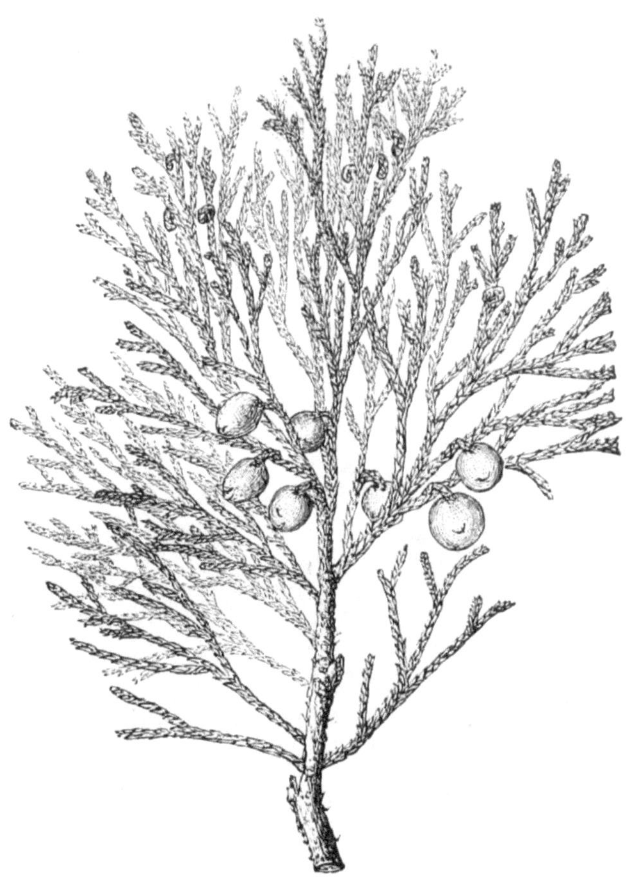

Fig. 602. Zweig von Juniperus Sabina mit Früchten. — Offizinell und giftig. Gez. H. SCHENCK.

Fig. 603. Taxodium mexicanum auf dem Kirchhofe Sa. Maria de Tule bei Oaxaka. Der große Baum von Tule, einer der ältesten Bäume der Erde. Nach einer Photographie.

Unterfamilie ***Abietineae***. Die männlichen Blüten (vgl. S. 479) bestehen lediglich aus einer am Grunde mit Schuppenblättern besetzten Achse, an der zahlreiche Staubblätter sich finden, die auf ihrer Unterseite Pollensäcke tragen. Ihre Zahl ist bei den *Abietineen* im engeren Sinne auf zwei beschränkt, sie steigt bei *Agathis* und *Araucaria* auf 5–15. Die Mikrosporen haben meist Flugblasen. Weibliche Blüten stellen durchweg Zapfen dar, sie bestehen also aus einer Achse und Zapfenschuppen, den Makrosporophyllen. Bei *Agathis* und *Araucaria* trägt jede Schuppe eine anatrope Samenanlage an der Basis. — Ähnlich liegen die Verhältnisse bei *Sequoia* und *Sciadopitys*, deren Schuppen aber stets mehrere (4–9) anatrope Samenanlagen auf einem sich schärfer abhebenden Auswuchs tragen. Bei den *Abietineen* im engeren Sinne ist die Trennung dieses Auswuchses von der Schuppe weiter durchgeführt; man findet eine zweite, mit der Zapfenschuppe am Grunde verbundene innere Schuppe, welche die beiden, stets anatropen Samenanlagen trägt. Die äußere Schuppe heißt Deckschuppe, die innere Fruchtschuppe (Fig. 604 *C*, 605 *5*). Die Fruchtschuppe wird erheblich stärker ausgebildet. Sie ist der verholzende, die Samenanlage schützende Teil. Schon zur Zeit der Blüte wird meist die Deckschuppe von der Fruchtschuppe überdeckt und erst bei genauer Untersuchung kenntlich. Doch gibt es einige Arten, z. B. *Abies*-Arten (Fig. 604), *Pseudotsuga Douglasi* usw., welche die Deckschuppe stets und in jedem Alter des Zapfens zwischen den Fruchtschuppen deutlich hervortreten lassen.

Wichtige Gattungen und Arten: *Agathis* (*Dammara*) ist im Malayischen Archipel und bis nach Neuseeland hinüber verbreitet. *Agathis australis* und *A. Dammara* liefern Kauri-Kopal, jedoch nicht das Dammaraharz. *Araucaria brasiliana* und *A. imbricata* sind stattliche Waldbäume Südamerikas. Zur Gattung *Sequoia* gehören die gewaltigen Baumgestalten der Mammutbäume aus der kalifornischen Sierra Nevada, *Sequoia gigantea*, deren Stämme über 100 m Höhe und 12 m Durchmesser erreichen, und die schöne, jener an Höhe und Dicke kaum nachstehende *S. sempervirens* der Küstengebirge.

Fig. 604. Abies pectinata. *A* Männliche Blüte, *f* Schuppen, *h* Sporophylle. *B* Deck- *d* und Fruchtschuppe *fr* von oben, *C* dieselben von unten. *Sa* Geflügelte Samen. Nach BERG und SCHMIDT. Offizinell. *D* Abies Nordmanniana mit reifen, zum Teil zerfallenen Zapfen, verkl. aus ENGLER-PRANTL.

Heimische Waldbäume: Die Edeltanne (Fig. 604 *A–C*), *Abies pectinata*, ihrer hellen Rinde wegen auch Weißtanne genannt, ist in den mittel- und südeuropäischen Gebirgen zu Hause. Der Baum führt in der vegetativen Region nur Langtriebe. Flache, unterseits mit zwei weißen Streifen versehene Nadeln, deren Spitze ausgerandet ist, stehen mehr oder weniger allseitig an dem Zweige, werden aber an den wagerechten, von oben belichteten Seitenästen durch Drehung ihres Grundes gescheitelt. Sie bleiben 6–8 Jahre erhalten, sollen bisweilen sogar 15 Jahre alt werden. Männliche Blüten entstehen achselständig auf der Unterseite oder den Flanken des Sprosses. Sie wachsen abwärts, so daß ihre der Sporophyll-Unterseite eingesenkten Pollensäcke aufwärts schauen. Durch eine schräge Längsspalte geöffnet, klafft die Wandung weit auseinander, und die Mikrosporen können leicht herausfallen. Weibliche Blüten entspringen oberseits und sind steil aufgerichtet. Die Deckschuppe ist hier etwas länger als die viel breitere Fruchtschuppe. Befruchtete Zapfen behalten ihre aufrechte Stellung; die Schuppen fallen bei der Reife von der Spindel ab, wobei die Samen frei werden. Ihre Ausbildung erfordert ein Jahr. *Abies Nordmanniana* aus dem Kaukasus (Fig. 604 *D*), *A. concolor*, *A. balsamea*, *A. nobilis*, alle drei aus Nordamerika, sind in Parkanlagen anzutreffen.

Picea excelsa, die Fichte (oder Rottanne) (Fig. 605), eine stattliche pyramidale Baumgestalt unserer Wälder. Kurztriebe fehlen. Langtriebe allseitig mit vierkantigen spitzen Nadeln besetzt, die 5–7 Jahre, an Haupttrieben bis 12 Jahre alt werden. Männliche Blüten meist an den Flanken vorjähriger Triebe. Sie krümmen sich zur Blütezeit aufwärts. Beide Pollensäcke öffnen sich durch einen Längsriß. Weibliche Zapfen stehen endständig an vorjährigen Trieben desselben Individuums, meist dem Gipfel genähert; sie sind zur Blütezeit gerade aufgerichtet. Die reifen Zapfen hängen und entlassen die Samen zwischen den geöffneten Schuppen hindurch, fallen dann als Ganzes ab; ebenso verhält sich *Tsuga canadensis*, die „Hemlokstanne". Die Samenentwicklung ist einjährig. *Picea orientalis* aus Kleinasien, die serbische *Picea omorica* und *Picea alba* aus Nordamerika, ferner *Picea engelmannii* und *Picea pungens*; beide als „Blautannen" bekannt, werden häufig angepflanzt.

Larix europaea, die Lärche (Fig. 607), gehört zu den wenigen laubabwerfenden Koniferen. Sie erneuert ihre zarten, kaum xerophilen Nadeln jährlich. Ihre Triebe sind in Langtriebe und Kurztriebe gegliedert. Erstere, allseitig mit schmalen, linealen Laubblättern bestanden, setzen die Verzweigung des pyramidenförmigen Baumes, dessen Seitenzweige oft tief herabhängen, fort. Kurztriebe entstehen in den Blattachseln an vorjährigen Langtrieben; sie bestehen aus einer Rosette von 30 bis 40 Blättern, denen der Langtriebe ähnlich, nur etwas kürzer. Die Blüten entsprechen in ihrer Stellung einem Kurztriebe. Männliche Blüten sind nach völliger Entwicklung abwärts gekrümmt, sie öffnen ihre aufwärts schauenden Pollensäcke wie bei Abies. Die weiblichen Zapfen stehen aufgerichtet, sie reifen in einem Jahr. *Cedrus*-Arten, immergrüne Waldbäume des Atlas, Libanon und Himalaya, sind in West- und Süddeutschland in Anlagen anzutreffen.

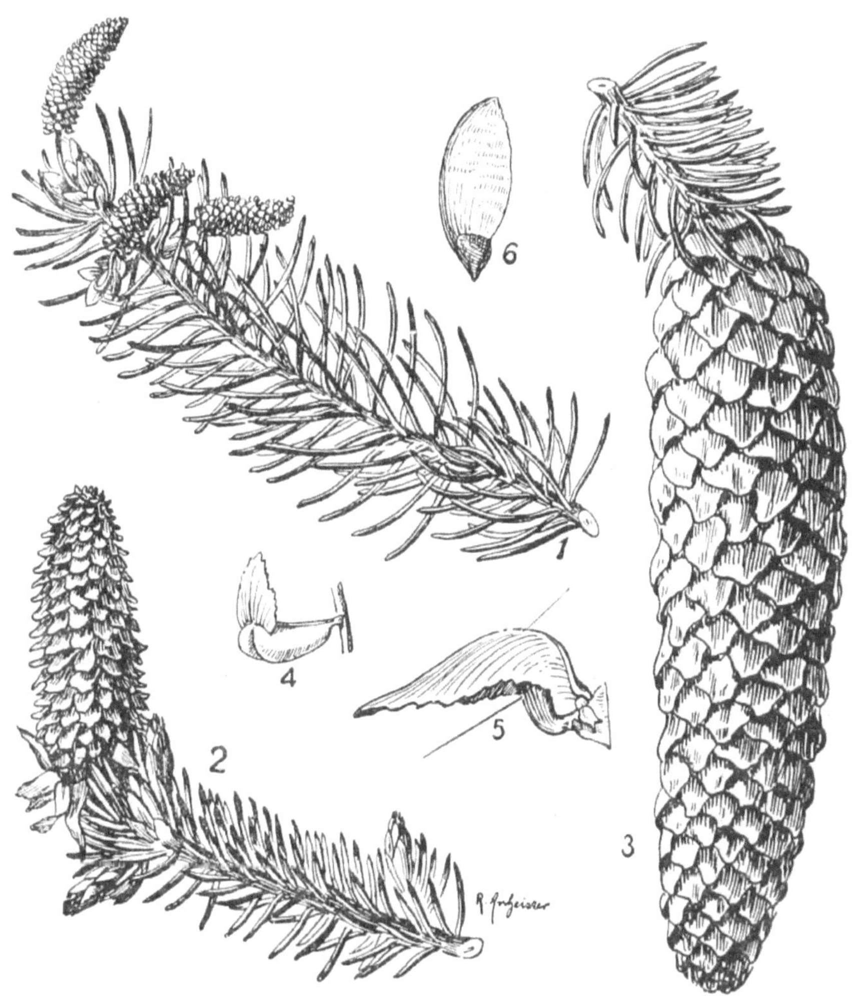

Fig. 605. Picea excelsa. **1/2** nat. Gr. *1* Zweig mit männlichen Blüten. *2* Endständige weibliche Blüte. *3* Hängender Fruchtzapfen. *4* Mikrosporophyll. *5* Makrosporophyll, Deckschuppe *d* von der nach außen umgeschlagenen größeren Fruchtschuppe *fr* überdeckt, eine Samenanlage am Grunde der letzteren. *6* Reifer Samen mit Flughaut aus einer abgelösten Lamelle der Fruchtschuppe gebildet. *4–6* vergr. — Offizinell.

Fig. 606. Pinus silvestris. 2/3 nat. Gr. *1* Neuer Jahrestrieb am Gipfel eines mit zahlreichen Kurztrieben besetzten Langtriebes. Am Grunde des jungen Langtriebes viele männliche Blüten je an Stelle eines Kurztriebes; weiter oben bräunliche Schuppenblätter mit je einer Kurztriebanlage in der Achsel. *2* Ebenso, jedoch eine weibliche aufgerichtete Blüte am Gipfel an Stelle eines Langtriebes. Zwei vorjährige, unreife, grüne Zapfen, umgebogen, am Gipfel des vorjährigen Langtriebes. *3* Zapfen des vorvorigen Jahres aufgesprungen, um die reifen Samen zu entlassen. *4* Ein Mikrosporophyll. *5* Makrosporophyll von der Oberseite, zeigt Fruchtschuppe mit zwei Samenanlagen am Grunde. *6* Dasselbe von der Unterseite, die kleine Deckschuppe unter der Fruchtschuppe freigelegt. *7* Reifer Samen mit dem von den Oberflächenschichten der Fruchtschuppe abgespaltenen Flügel. *4–7* vergr. Offizinell.

Die höchste Differenzierung der vegetativen Organe ist in der Gattung Pinus zu finden. *Pinus silvestris*, unsere gewöhnliche Kiefer (Fig. 606), mag als Beispiel dienen. Junge, 1 bis 2jährige Keimpflanzen führen nach Verlust der zahlreichen Keimblätter (Fig. 592) regelmäßig benadelte Langtriebe. An den älteren Exemplaren geht diese Benadelung völlig verloren und wird durch bräunliche Schuppenblätter ersetzt, in deren Achseln die von häutigen Niederblättern umscheideten zweinadeligen Kurztriebe stehen (vgl. Figurenerkl. 606). Die Nadeln fallen im 3. Jahre ab. Die Samen reifen im 2. Jahre. Sie werden durch Öffnung ihrer bis dahin fest aufeinander gepreßten Fruchtschuppen frei. Der Zapfen fällt dann als Ganzes vom Baume. *Pinus montana*, Zwergkiefer unserer Gebirge. *P. Laricio*, die Schwarzkiefer, aus Niederösterreich. *P. Pinea*, Pinie, und *P. Cembra*, Arve, beide, wie auch *P. Lambertiana*, Zuckerkiefer aus Nordamerika mit eßbaren Samen. Arve, Zuckerkiefer und die amerikanische *P. Strobus*, Weymouthskiefer mit fünfblätterigen Kurztrieben.

Giftig: *Juniperus sabina*, der Sadebaum und *Taxus baccata*, die Eibe.

Offizinell: *Juniperus communis*: Fructus Juniperi (Pharm. germ., austr., helv.). Oleum Juniperi (Pharm. germ., austr., helv.) und Lignum Juniperi (Pharm. austr., helv.), *Juniperus oxycedrus*: Oleum cadinum (Pharm. helv.). — *Juniperus Sabina*: Herba Sabinae (Pharm. austr., helv.). — *Larix europaea*: Terebinthina veneta (Pharm. helv.). — *Larix sibirica* (Nordrußland, Sibirien): Pix liquida (Pharm. germ.). Verschiedene *Pinus*-Arten, wie *P. silvestris*, *Laricio*, *Pinaster*, *Taeda*, *australis*, *cubensis* usw., wie auch *Abies pectinata* und *Picea excelsa* liefern Terebinthina,

Kolophonium, Ol. Terebinthina, Pix liquida (Pharm. germ., austr., helv.); *Pinus montana* liefert Ol. Pini Pumilionis (Pharm. austr., helv.). — *Pinus silvestris*: Turio Pini (Pharm. helv.). — *Callitris quadrivalvis*: Sandaraca (Pharm. austr.).

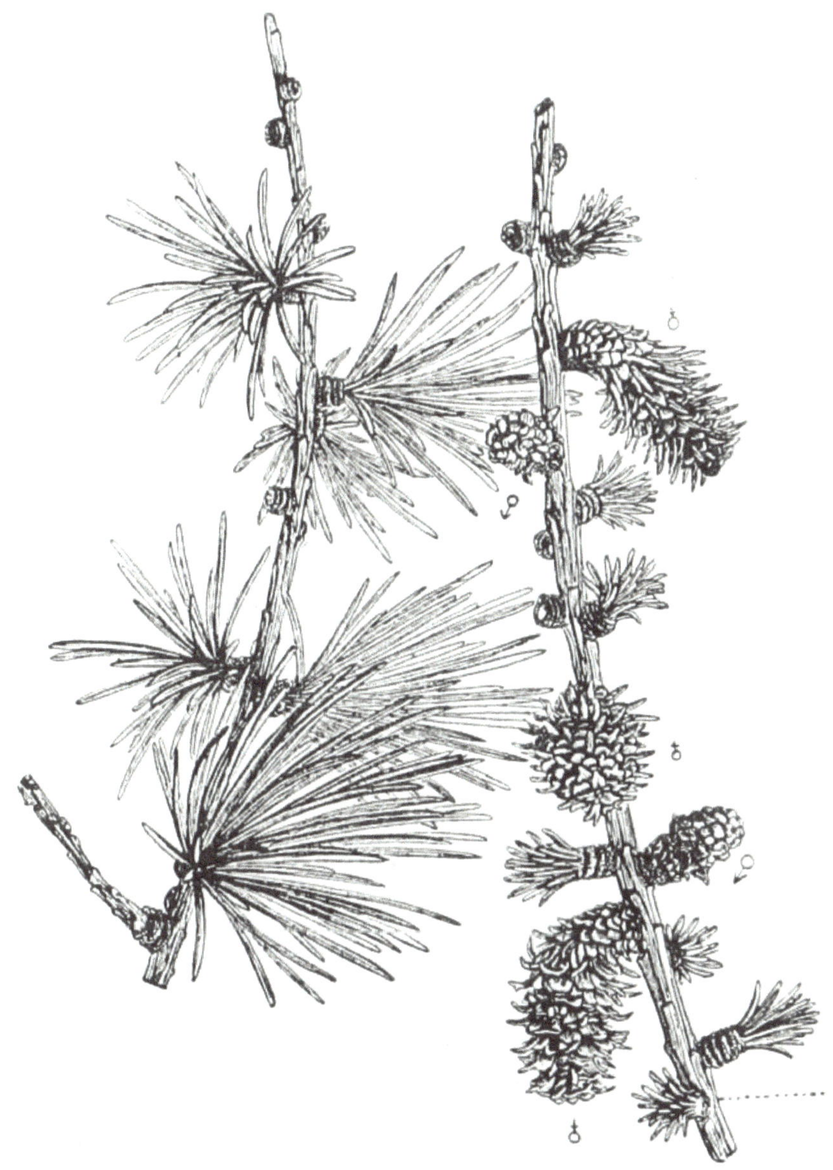

Fig. 607. Larix europaea. Vorjährige Langtriebe, rechts vegetative Kurztriebe tragend, links männliche und weibliche Blüten an ihrer Stelle. Offizinell. Aus ENGLER-PRANTL.

Die einzige Familie der **4. Ordnung**, *Gnetinae*, ist die der *Gnetaceae*. Nur drei Gattungen gehören ihr an: *Ephedra* (Fig. 608), blattlose Sträucher wärmerer, trockener Gegenden, vorwiegend der nördlichen Hemisphäre, *Welwitschia* (Fig. 609) mit der einzigen Art *W. mirabilis* aus den Wüsten Südwestafrikas, welche außer den hinfälligen Kotyledonen zeitlebens nur ein einziges Paar meterlanger, am Grunde fortwährend nachwachsender Blätter an dem nur gerade über die Erdoberfläche ragenden, keulig angeschwollenen Stammscheitel hervorbringt, und *Gnetum* (Fig. 611) mit paarig gestellten, breiten, netzadrigen Laubblättern versehene Bäume und Lianen der Tropen. Diese so verschieden aussehenden Gattungen stimmen überein in dem Besitze gegenständiger Blätter (bei Ephedra auf Schuppen beschränkt), in der Entwicklung echter Tracheen im sekundären Holz und Fehlen der Harzgänge, endlich in dem Auftreten einer Hülle in den meist diözisch verteilten Blüten (Fig. 610). Der Besitz dieser Blütenhülle verbietet es, die Gnetaceenzapfen als Blüten anzusprechen; es liegen hier also Infloreszenzen vor, und die Gnetaceenzapfen wären den Koniferenzapfen nicht homolog zu setzen. Wegen naher Beziehungen ihrer Entwicklung sowohl zu den Gymnospermen wie zu den Angiospermen ist die Familie geeignet, den Übergang zu vermitteln. Auch ist bei allen drei Gattungen Insektenbesuch der Blüten beobachtet worden, der zur Zeit freilich nur bei *Ephedra campylopoda* zur Bestäubung zu führen scheint. Über die Entwicklung der Geschlechtsgeneration vgl. S. 492.

Die fossilen Gymnospermen[473].

Reste von Gymnospermen sind, im Gegensatz zu Pteridophyten, in den ältesten paläozoischen Schichten, dem Kambrium und Silur, bisher nicht gefunden; sie treten zuerst im Devon auf, jedoch nur spurenweise, und erreichen erst in der Steinkohlenflora größere Bedeutung. Von den *Cycadofilices*, Stämmen mit sekundärem Dickenwachstum und farnähnlicher Belaubung, welche bisher immer den Pteridophyten zugerechnet wurden, trennen OLIVER und SCOTT neuerdings die *Pteridospermeae* ab, die sie kurz als farnähnliche Samenpflanzen charakterisieren. Diese sind im Anschluß an die Pteridophyten S. 461 behandelt.

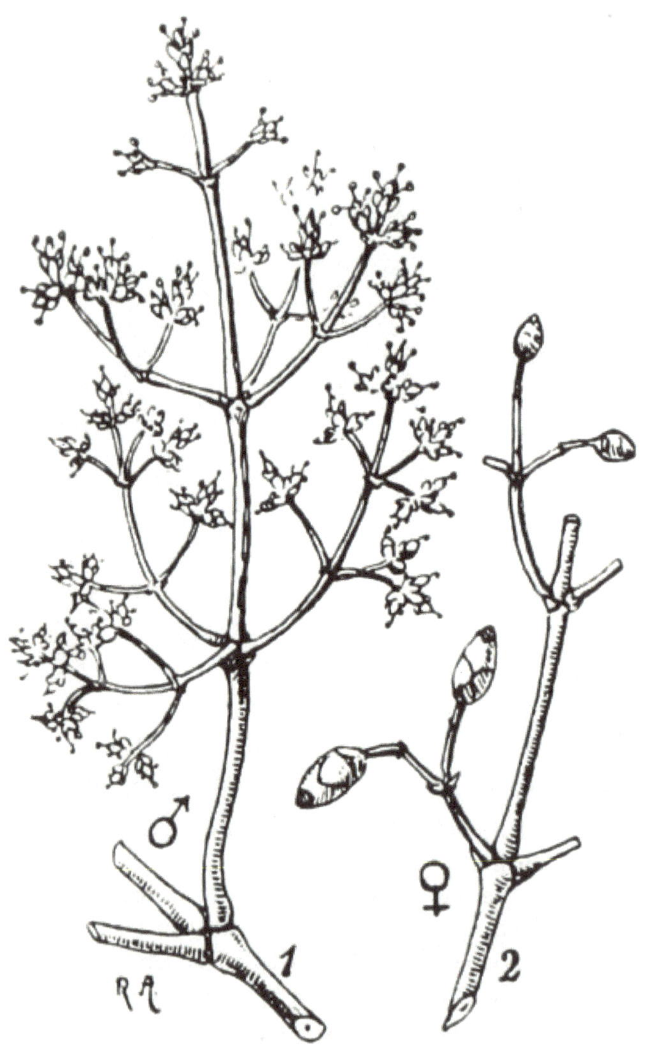

Fig. 608. Ephedra altissima. *1* Habitus eines männlichen Blütenstandes und *2* eines unreifen Fruchtstandes. **2/3** nat. Gr.

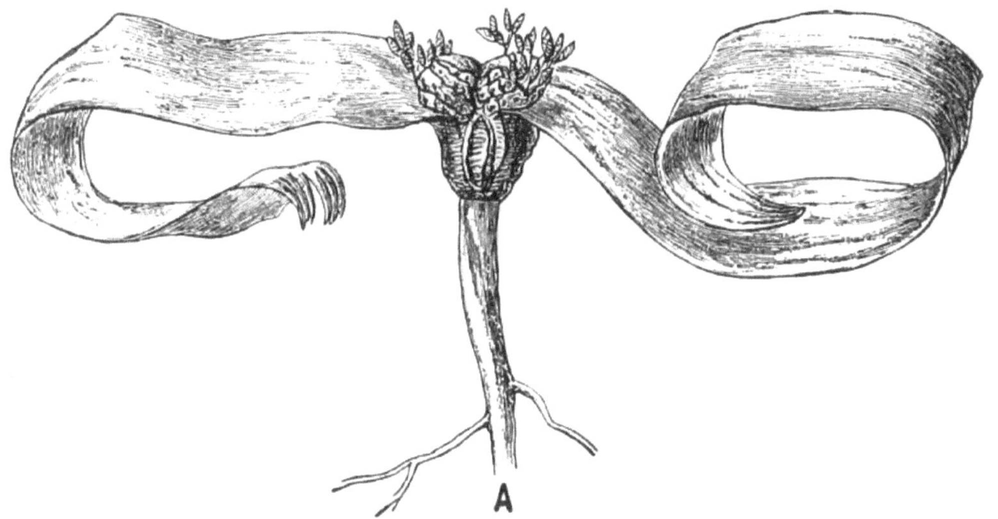

Fig. 609. Welwitschia mirabilis. Jüngere Pflanze nach ENGLER-PRANTL, stark verkleinert.

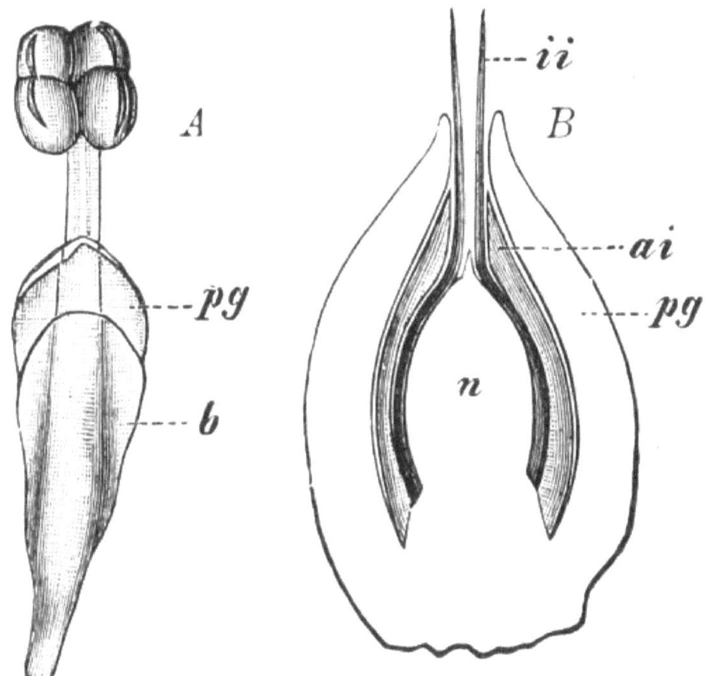

Fig. 610. *A* Ephedra altissima. Männliche Blüte. Vergr. 16. *pg* Perigon, *b* Blatt. Nach E. STRASBURGER. — *B* Längsschnitt durch eine weibliche Blüte von Gnetum gnemon. Nach J. P. LOTSY. Vergr. 32. *n* Nucellus, *ii* inneres, *ai* äußeres Integument, *pg* eine weitere integumentartige Hülle, die als Perigon gedeutet worden ist.

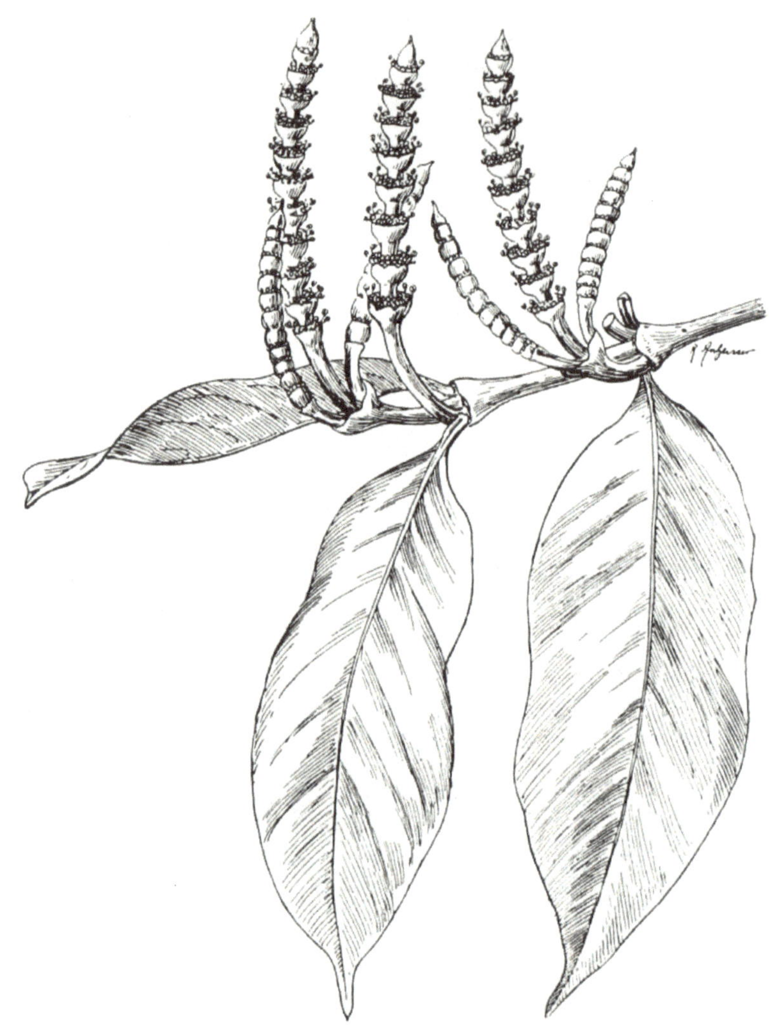

Fig. 611. Gnetum gnemon. Zweig mit männlichen Blütenständen aus zahlreichen akropetal aufsteigenden Wirteln bestehend, deren jeder über den in Spiralen angeordneten männlichen Blüten eine Reihe steriler weiblicher Blüten trägt. **1/2** nat. Gr.

Cordaitaceae. Ein auf die paläozoischen Epochen beschränkter, höchst eigenartiger Typus ist *Cordaites*. Dank der vorzüglichen Erhaltung ist Cordaites morphologisch fast ebenso genau bekannt, wie die jetzt lebenden Gymnospermen. Es waren hohe verzweigte Bäume mit handförmig schmalen oder breiteren, ganzrandigen oder wenig gelappten parallelnervigen Blättern, die am Zweigende schopfig gehäuft stehen, und mit Blüten, die von denen der jetzigen Gymnospermen sehr abweichen. Männliche wie weibliche Blüten sind je in ährenförmigen, achselständigen Blütenständen zu mehreren vereinigt. Die weiblichen Blüten bestehen lediglich aus einer atropen Samenanlage, die das in der Achsel eines Hochblattes befindliche Fruchtblatt aufbraucht. Die Hochblätter gleichen den vegetativen Laubblättern (Fig. 612, 3, 4). Am Scheitel des Nucellus ist eine tiefe Pollenkammer eingesenkt, in der vielfach Pollenkörner angetroffen werden. Die männlichen Blüten schließen kleine Sprosse ab, die von zahlreichen sterilen Hochblättern umhüllt sind und am Vegetationspunkt nacheinander zahlreiche mit 2–4 Antheren gekrönte Staubblätter hervorbringen (Fig. 692, 1, 2). Phylogenetisch wichtig ist der Umstand, daß das männliche Prothallium einen mehrzelligen Gewebekörper darstellt. Die Struktur der Samenanlagen und der Samen zeigt ebenfalls große Ähnlichkeit mit Cycas. Neben wenig zahlreichen Resten (*Cycadites*, *Dicranophyllum*), welche man in dieselbe Verwandtschaft rechnen mag, stellt Cordaites im ganzen Karbon den am reichsten entwickelten Gymnospermentypus dar. Erst im unteren Rotliegenden zeigen sich zweifellose *Cycadophyten*.

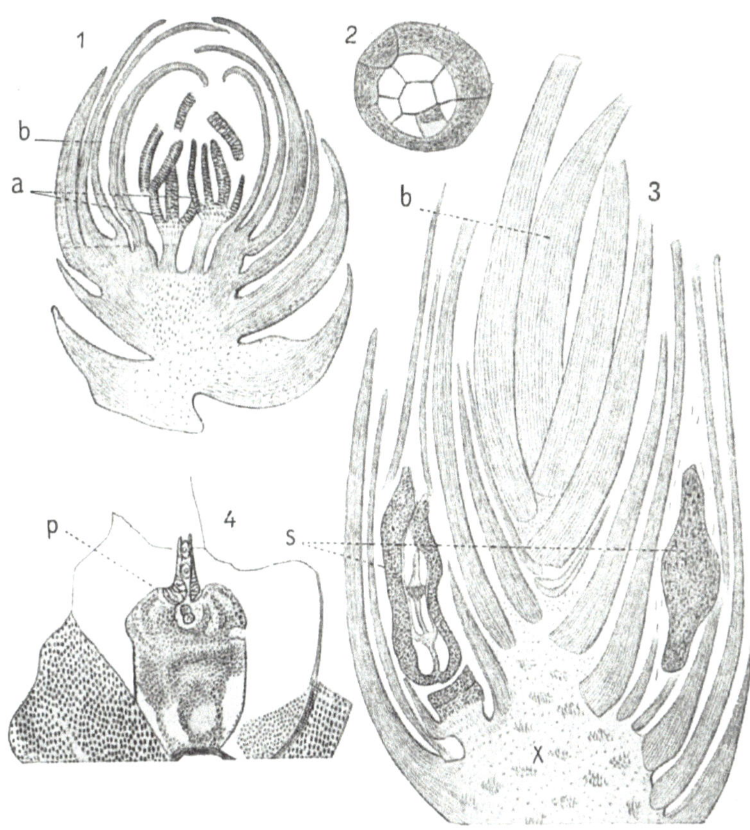

Fig. 612. 1. Cordaites subglomeratus. Längsschliff einer männlichen Blütenknospe. *b* Hüllblätter. *a* Staubblätter mit mehreren Antheren. 2. Ein Pollenkorn. Die Prothalliumzelle durch gebogene Wand abgeteilt; der Rest des Kornes in zahlreiche Zellen zerlegt. 3. C. Williamsoni. Längsschliff eines Fruchtsprosses. *b* Blätter, *s* Samenlängsschliff. 4. G. Grand'Euryi. Längsschliff durch eine Samenanlage mit tiefer Pollenkammer im Nucellus, die mehrere Pollenkörner enthält. Nach B. RENAULT.

Mit dem Beginn der mesozoischen Schichten schwinden die Cordaiten. Die Gymnospermenflora geht mit Cycadophyten, Ginkgoinen und Koniferen erloschener Typen durch die Trias hindurch und findet im Jura eine mächtige Entwicklung. Die Ginkgoinen und die Cycadophyten erreichen hier ihren Höhepunkt.

Bennettitaceae. Über das Aussehen und die hohe Entwicklungsstufe mesozoischer Cycadophyten berichtet auf Grund reichen, in Nordamerika gefundenen und von WIELAND bearbeiteten Materiales SCOTT. Es handelt sich um *Bennettites*-Arten, deren aus Europa früher bekannt gewordene Früchte hermaphrodite Blüten bereits hatten vermuten lassen; die von dem amerikanischen Autor angewandte Benennung *Cycadeoidea* ist also mit *Bennettites* synonym. Niedrige, zum Teil verzweigte Stämme, im Aussehen und der Beblätterung den lebenden Cycadaceen ähnlich, tragen 12 cm lange hermaphrodite Blüten. Hundert oder mehr spiralig angeordnete Perianthblätter umschließen einen Wirtel von 18–20 Mikrosporophyllen, die am Grunde zu einer tief ausgehöhlten Schüssel verwachsen sind, in deren Mitte sich das Gynäceum erhebt (Fig. 613). Die gefiederten, 10 cm langen Mikrosporophylle erinnern an Farnblätter, ebenso ihre Mikrosporangien an die Sporangien der Marattiaceen. Das Gynäceum besteht aus zahlreichen, langgestielten, atropen Samenanlagen, die von Schuppenblättern umhüllt und durch nach oben stark verdickte Wände voneinander getrennt werden, jedoch die Mikropyle frei nach außen münden lassen. Die reifen Samen enthalten einen hochentwickelten dikotylen Embryo und entbehren des Endosperms; sie werden von den an ihren äußeren Enden sich zusammenfügenden Schuppen wie von einem Fruchtknoten eingeschlossen (Fig. 614). Wie die paläozoischen Pteridospermeen Charaktere der Farne und Gymnospermen in sich vereinigen, so finden sich in den mesozoischen *Bennettites*- bzw. *Cycadeoidea*-Blüten solche der Angiospermen mit denen von Gymnospermen und Farnen zugleich verbunden.

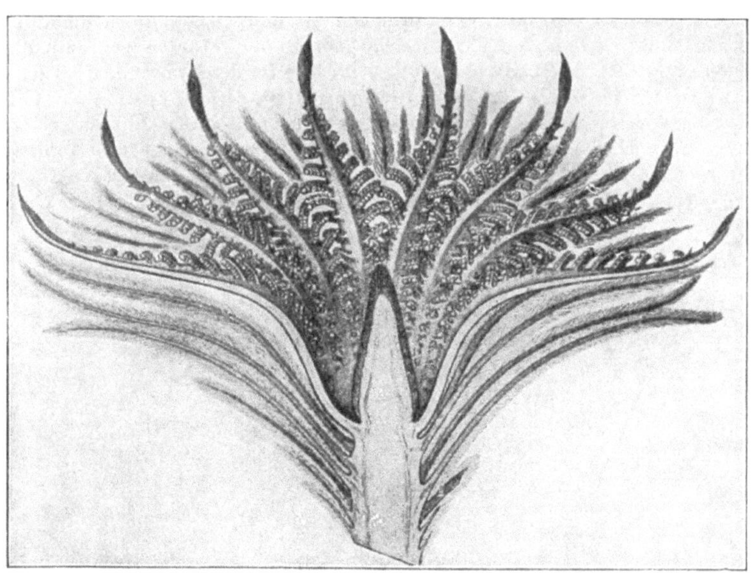

Fig. 613. Rekonstruierter Blütenlängsschnitt von Cycadeoidea (Bennettites) ingens nach G. R. WIELAND aus D. H. SCOTT.

Im Jura zeigen sich echte *Araucarien*, welche zu den älteren Koniferen gehören. Im Wealden herrschen unter den Gymnospermen noch die Cycadophyten und Ginkgoinen mit einigen Koniferen; in der eigentlichen Kreide treten die altertümlichen Typen immer mehr zurück, während die Koniferen immer zahlreicher werden. Unter ihnen zeigen sich bereits jetzt noch lebende Gattungen, wie *Dammara*, *Sequoia*, *Pinus*, *Cedrus*, *Abies*, *Callitris* usw. Auch die *Taxaceen* scheinen vertreten zu sein, doch ist die Zugehörigkeit der Reste zweifelhaft.

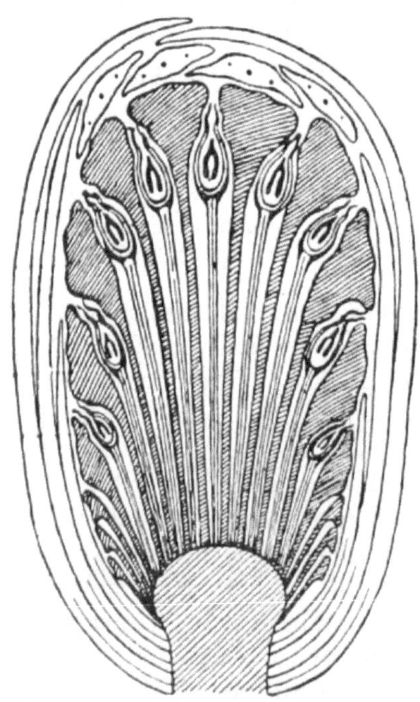

Fig. 614. Längsschliff durch eine Frucht von Bennettites Gibsonianus nach D. H. SCOTT.

Die Gymnospermen des Tertiärs gehören durchaus noch lebenden Typen, zum großen Teil noch lebenden Arten an. Koniferen sind vorherrschend; von *Ginkgoinen* ist nur *Ginkgo biloba* vorhanden, und zwar auch in

Europa, zusammen mit anderen jetzt auf Ostasien oder Nordamerika beschränkten Arten, wie *Cryptomeria japonica*, *Taxodium distichum*, *Sequoia gigantea* und *sempervirens*, *Pinus strobus* usw. Auch eine Angehörige der Cycadaceae (*Encephalartos*) ist gefunden.

II. Klasse. Angiospermae[474].

Bei den Angiospermen ist die lange strittige Frage, ob die Monokotyledonen oder die Dikotyledonen voranzustellen seien, zur Zeit wohl dahin entschieden, daß man die Monokotyledonen von den Polycarpicae unter den Dikotyledonen ableitet, die in Blütenorganisation, anatomischem Aufbau und verschiedenen morphologischen Merkmalen mit monokotylen Gewächsen übereinstimmen. So wird man jetzt die Dikotylen in der systematischen Reihenfolge voranstellen und die Monokotylen ihnen folgen lassen.

Dafür ist außerdem entscheidend, daß ein Übergang von den Gymnospermen direkt zu den Monokotylen völlig ausgeschlossen erscheint, daß dagegen eine Anknüpfung dikotyler Pflanzen an die Gymnospermen nicht ganz aussichtslos sein dürfte. Wie sich in der Entwicklung der männlichen und weiblichen Organe Parallelen und Weiterbildungen zwischen Gymnospermen und Angiospermen erkennen lassen, ist vorher S. 486 f. dargestellt; doch auch in der Ausgestaltung der ganzen Blüten ergeben sich Ableitungsmöglichkeiten.

Der Versuch WETTSTEINs, die einfachsten Angiospermenblüten, etwa diejenigen der Gattung Casuarina, von den ebenso einfachen Infloreszenzen von Ephedra abzuleiten, leidet daran, daß, wie wohl immer mehr die Überzeugung durchdringt, in den „einfachen“ Angiospermenblüten durchweg reduzierte, nicht aufsteigende Reihen vorliegen. So kann daran nicht mehr angeknüpft werden, trotz mancher verlockend erscheinenden Einzelheiten, wie Insektenbestäubung bei Ephedra.

Fig. 615. Androgyne Infloreszenz von Gnetum hypothetisch auf einen Wirtel beschränkt (vgl. Fig. 611, S. 520). Seitenansicht halb von oben. Sie beginnt mit einem sterilen Brakteenpaar *n*, zu dem das einzige fertile Paar *f* dekussiert steht. Gez. von N. PATSCHOVSKY.

Nach Ablehnung dieses Ableitungsversuches wird man sich an die Polycarpicae erinnern müssen, von denen ja zweifelsohne die Reihe der Monokotyledonen abgeleitet werden konnte. Zunächst ist der spiralige Blütenaufbau der typischen Polycarpicae ein starker Hinweis darauf, daß hier die Verbindung zu den spiraligen Zapfenblüten der Koniferen liegen müsse. Die stets monözische Koniferenblüte könnte man sich mit Hilfe der androgynen Blütenstände von Gnetum etwa in die hermaphrodite Anordnung der angiospermen Polycarpicaeblüte übergeführt denken, wie Fig. 615 dies zu veranschaulichen sucht. Sie bietet direkt das Vorbild einer Polycarpicaeblüte mit zahlreichen spiralig stehenden Staubblättern und einigen apokarpen Fruchtblättern, ohne daß daraus auf die phylogenetischen Beziehungen geschlossen werden soll. Eine wesentliche Stütze dieser Anschauung wurde durch blütenbiologische Befunde von DIELS[475] gegeben, der nachweisen konnte, daß ebenso wie gewisse südafrikanische Encephalartos-Arten auch einige zu den Polycarpicae gehörige Pflanzen durch Käfer bestäubt werden. Da nun die Coleopteren die phylogenetisch ältesten blütenbesuchenden Insekten, an der ältesten lebenden Gymnospermenfamilie als Bestäuber auftreten, läßt sich auf ähnliches Alter einiger ebenfalls von Käfern bestäubter Polycarpicae schließen.

1. Unterklasse. Dicotylae.

Die Dikotylen sind bis auf vereinzelte Ausnahmen mit zwei Keimblättern versehen. Die Unterschiede epigäischer und hypogäischer Keimung sind S. 507 f. besprochen.

Der Stamm besitzt in der Regel kreisförmig angeordnete offene Leitbündel (vgl. S. 123 u. Fig. 165), die Wurzel abwechselnd gelagerte Gefäß- und Siebteile auf dem Querschnitte. Das in den Leitbündeln des Stammes und auf der Innenseite der Siebteile der Wurzel enthaltene Meristem wird bald zu einem geschlossenen Ringe ergänzt, der als Kambium ein regelrechtes Dickenwachstum der Stämme und Wurzeln vermittelt.

Das typische Dikotylenblatt ist mit mehr oder minder langem Stiel versehen, es besitzt häufig Nebenblätter als Auszweigungen des Blattgrundes, entbehrt aber meist einer Scheide (Ausnahme Umbelliferen). Seine Spreite ist einfach oder zusammengesetzt; ihre Gliederung kommt nur durch seitliche Verzweigung der Blattanlage zustande. Der Blattrand ist von sehr verschiedenartiger Form, die Nervatur in der Regel netzartig (Fig. 128, S. 95).

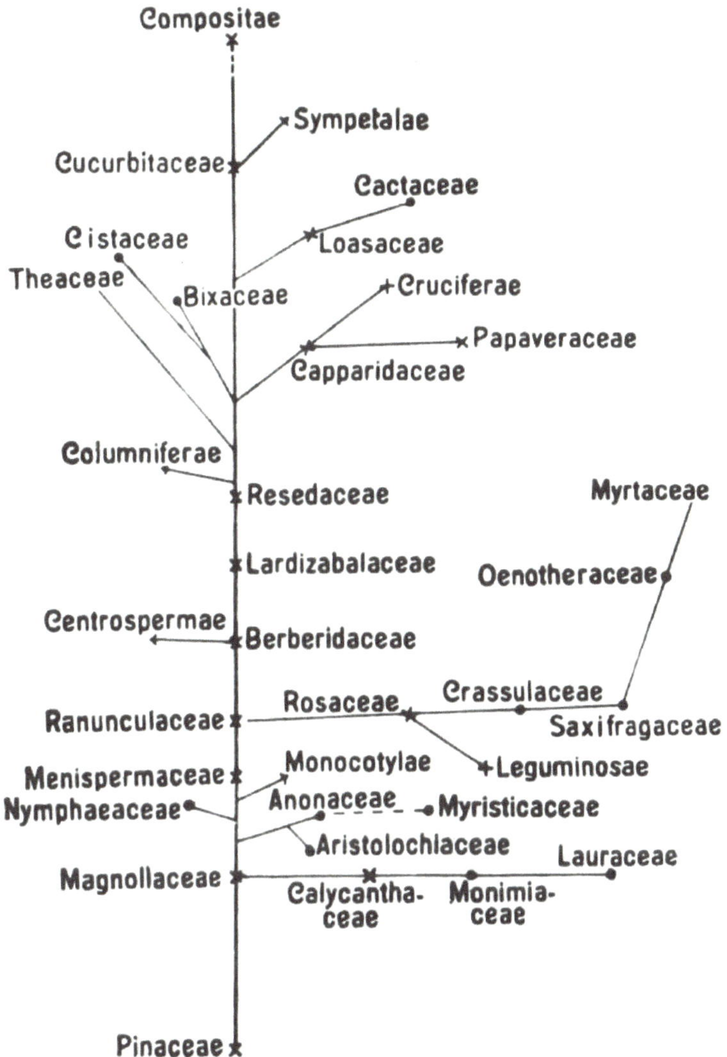

Stammbaum der Dikotylen, besonders der Polycarpicae und Verwandten, nach serodiagnostischen Untersuchungen von CARL MEZ (modifiziert).

Die Dikotylenblüten sind in den typischen Fällen fünfzählig und fünfwirtelig, doch finden sich abweichende Formen in großer Menge. Sie entsprechen in regelmäßig gebauten Vertretern der Formel K 5 C 5 A5 + 5 G 5.

Neben diesen morphologischen und biologischen Gesichtspunkten erfordert aber auch die von der Königsberger Schule durchgeführte serodiagnostische Methode[476] eine Berücksichtigung, die von sich behauptet, daß sie sich „nicht auf unsichere und den Einflüssen der Außenwelt direkt ausgesetzte, deshalb eventuell konvergent ausgebildete Eigenschaften der Lebewesen bezieht, sondern auf wirkliche Verwandtschaftsverhältnisse, nämlich auf die chemischen Verwandtschaften der Eiweißstoffe“. Diese Methode beruht auf den Erfahrungen der Immunitätslehre. Wenn im tierischen Blut, oder besser Serum, durch gewisse eingeführte giftige Eiweißstoffe automatisch antitoxisch wirkende Eiweißverbindungen oder Antigene gebildet werden und diese Antigene innerhalb größerer Verwandtschaftsreihen bei gleichem Eingriff die gleichen sind, so wird man auch umgekehrt aus einer Antigengleichheit auf eine Verwandtschaft der betreffenden eingeführten Eiweißkörper zurückschließen dürfen. Und wenn es auf diese Weise gelungen ist, die Eiweißstoffe verschiedener Vogeleier voneinander zu unterscheiden und die Blutsverwandtschaft der Menschen mit den Menschenaffen serodiagnostisch festgestellt werden konnte, so müßte es auch möglich sein, auf gleichem Wege (durch Tierversuche) die Beziehungen verschiedener Pflanzeneiweiße zu bestimmen. Wenn dann die Vorsicht beobachtet wird, daß stets erst beim Gelingen auch des reziproken Versuches das Resultat als gültig angenommen wird, so ist damit ein gewisser Grad von Sicherheit erreicht; d. h. also, wenn etwa die Antigene von Pinus und den Magnoliaceen eine Eiweißgleichheit ergeben, so muß verlangt werden, daß ebenso das Magnoliaceen-Serum die Abietineen oder Pinusarten als verwandte Gruppen anzeigt. Wegen aller Einzelheiten muß auf die einschlägige Literatur verwiesen werden. Wenn wir also den Versuch machen, die Ergebnisse dieser serodiagnostischen Untersuchungen in der Form von Stammbäumen dem System unterzulegen, so wird das um so unbedenklicher dort geschehen können, wo die Morphologie schon vorher dieselbe Richtung eingeschlagen hatte, während dort, wo das nicht der Fall ist, die nötige Reserve beobachtet werden muß. Da der Plan dieses Buches eine Berücksichtigung nur der offizinell und wissenschaftlich wichtigen Familien vorsieht, so sollen die vollständig mitgeteilten serodiagnostischen Stammbäume nur dazu dienen, das vorliegende Material gleichsam als Gerippe zu geben, das der fraglichen Familie ihren Standplatz anweist.

A. Choripetalae (getrennt blättrige Blumenkrone).

1. Ordnung. Polycarpicae.

Hermaphrodite, meist lebhaft gefärbte Blüten. Eine starke Verlängerung der Blütenachse mit spiralig daran aufgereihten freien einzelnen Blütenteilen des Perianths, der Staubblätter und der apokarpen Fruchtblätter, deren Zahl unbestimmt und sehr erheblich sein kann, zeichnet die typischen Vertreter der Polycarpicae aus. Die Sonderung von Kelch und Krone ist vielfach nicht durchgeführt, und in einzelnen Fällen, wie bei *Calycanthus*, schließen sogar die Laubblätter mit spiraliger Stellung direkt an die Blütenhochblätter an. Die Form der Staubblätter ist häufig blattartig mit einem die Antheren überragenden Konnektiv oder blattartiger Verbreiterung des Filaments oberhalb der Anthere. Die Narben bilden das Ende der Fruchtblätter ohne stielartigen Griffel, Insektenbestäubung (und zwar in einigen primitiveren Formen durch Käfer) ist allgemein verbreitet. Auch der Aufbau des Holzkörpers ist primitiv und kommt in einzelnen Fällen dem Koniferenholze nahe.

Zu dieser Ordnung zeigen die einfachsten Formen der Monokotyledonen, die *Helobiae*, unverkennbare Verwandtschaft, da sie mit ihnen in der Vermehrung der Staubblätter und der apokarpen Fruchtblätter gut übereinstimmen. Außerdem lassen sich zahlreiche Familien unter die *Polycarpicae* einreihen, welche in vielen der oben als typisch angeführten Eigenschaften abweichen können, in anderen aber sich trotzdem als Angehörige der Reihe erkennen lassen. Hier muß es genügen, die wichtigsten anzuführen:

1. Familie ***Magnoliaceae***. Die Magnoliaceae sind durchweg Holzgewächse mit großen endständigen Blüten, deren Perianth, ohne Scheidung in Kelch- und Kronblätter, ebenso wie die zahlreichen Staubblätter und apokarpen Fruchtblätter an einer langen Blütenachse spiralig aufsteigen. Die Narbe ist direkt den Fruchtblättern ohne Griffel aufgesetzt. Ölzellen in Stamm und Blättern, Pollenkörner mit einer Austrittstelle charakterisieren die Familie innerhalb der Reihe. *Drimys* und *Zygogynum* besitzen koniferenartiges tracheenloses Holz. *Magnolia* und der Tulpenbaum, *Liriodendron* sind vielfach angepflanzt. Offizinell: *Fructus Anisi stellati* (Pharm. austr., helv.) von *Illicium anisatum*, Früchte von *Illicium religiosum* sind giftig. 2. ***Anonaceae***. Durch spiralige Anordnung der Staubblätter und apokarpe Fruchtblätter hierher gehörige tropische Holzgewächse, deren Samen durchweg ruminiertes Nährgewebe besitzen. Darin gleicht ihnen die 3. Familie der ***Myristicaceae***, deren diözisch verteilte Blüten wesentlich einfacher gebaut sind. Offizinell: *Semen Myristicae*, *Oleum Nucistae*, *Oleum Macidis* (Pharm. germ., austr., helv.) und *Macis* (Pharm. austr.), alles abstammend von dem Samenkerne von *Myristica fragrans* (Fig. 616, 617). 4. ***Calycanthaceae*** zeigen direkten Anschluß der Laubblätter an die durchaus spiralig gebaute Blüte mit zahlreichen freien Perianth-, Staub- und Fruchtblättern im vertieften Blütenboden. Hier und bei Familie 10 ist die Abzweigung der *Rosaceae* zu vermuten.

Weitere Familien der Polycarpicae zeigen eine Beschränkung auf dreizählige einfach oder doppelt vorhandene Perianth- und Staubblattkreise, wobei die 5. Familie der ***Berberidaceae*** nur ein Fruchtblatt besitzt, während die 6. der ***Menispermaceae*** deren drei führt. An die Berberidaceen soll nach den Resultaten der serodiagnostischen Untersuchungen der Centrospermenast Anschluß finden.

Die dornblättrige *Berberis vulgaris* ist der einheimische Vertreter der weit verbreiteten Gattung. Offizinell ist Podophyllinum (Pharm. germ., helv.) von der nordamerikanischen Berberideenstaude *Podophyllum peltatum* (Fig. 618) und Radix Colombo (Pharm. germ., austr., helv.) von der schlingenden Menispermacee *Jatrorrhiza palmata*.

Ebenfalls aus dreizähligen Doppelkreisen der Perianth- und Staubblätter besteht die Blüte der 7. Familie der ***Lauraceae***, deren einzelnes einsamiges Fruchtblatt der dreizähligen Narbe nach als ein aus drei Blättern verwachsener Fruchtknoten gedeutet wird. Die Frucht wird beerenförmig oder zur Steinfrucht. Die Lauraceen sind aromatische immergrüne Bäume oder Sträucher mit lederigen, ganzrandigen Blättern, die nur bei dem nordamerikanischen blattwechselnden *Sassafras* bisweilen dreizählig sind (Fig. 619). Charakteristisch sind klappig sich öffnende Antheren.

Fig. 616. Myristica fragrans. *1* Blühender männlicher Zweig. **1/2** nat. Gr. *2* Reife Frucht hängend, aufgesprungen. *3* Dieselbe Frucht nach Entfernung der halben Fruchtschale, zeigt den dunkelbraunen Samen vom durchbrochenen Arillus (Macis) umhüllt. *4* Samenkern (Droge) von der Samenschale befreit. — Offizinell.

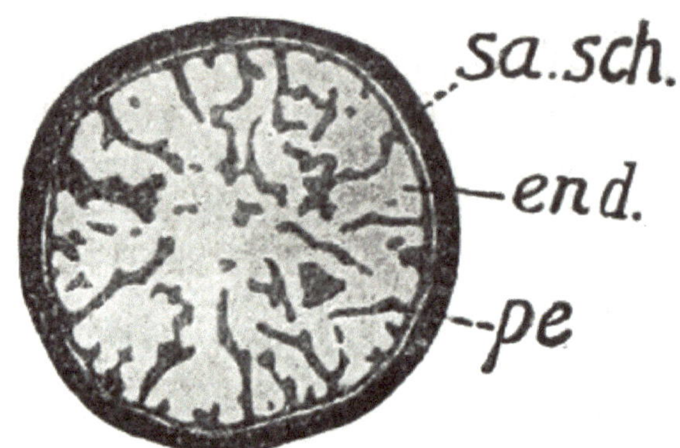

Fig. 617. Myristica. Samenquerschnitt. *sa sch* Samenschale. *end* Endosperm. *pe* Perisperm. — Offizinell.

Laurus nobilis, der Lorbeer, diözischer immergrüner Baum der Mittelmeerländer (Fig. 621, 622), wird bei uns vielfach als Kalthauspflanze kultiviert. Größere Pflanzungen zur Ölgewinnung finden sich schon am Gardasee, wo der Baum vom Oktober ab seine länglich-ovalen, schwarzblauen Steinfrüchte reift. *Cinnamomum* umfaßt eine Anzahl wichtiger Nutzbäume, so den japanisch-chinesischen Kampferbaum, den chinesischen und den Ceylon-Zimtbaum, stattliche immergrüne Bäume, mit lederig-glänzenden Blättern, aber unansehnlichen grünlichen Blüten in blattachselständigen Infloreszenzen. *Persea gratissima* (Fig. 620), Baum des tropischen Mexiko, liefert als Frucht die wohlschmeckende Aguacate oder Avocadobirne. Arten von *Cassytha*, einzige Gattung mit krautigen Vertretern sind überall in den Tropen häufige, *Cuscuta*-ähnliche Parasiten.

Offizinell: Fructus Lauri (Pharm. germ., austr.) und Oleum Lauri (Pharm. germ., austr., helv.) von *L. nobilis*. Camphora. Kampfer (Pharm. germ., austr., helv.), von *Cinnamomum Camphora*; Cortex Cinnamomi und Oleum Cinnamomi Ceylon-Zimt (Pharm. germ., austr., helv.) von *C. Cassia* und *C. Zeylanicum*. Lignum Sassafras (Pharm. germ., austr.), Cort. Sassafras (Pharm. helv.) von *Sassafras officinale*.

Fig. 618. Podophyllum peltatum. 1/2 nat. Gr. Aus Natürl. Pflanzenfamilien. — Offizinell.

Fig. 619. Sassafras officinale. Nach BERG und SCHMIDT. 1/2 nat. Gr. *1* Männliche Infloreszenzen am noch unbelaubten Zweig. *2* Früchte am beblätterten Zweig. *3* Männliche Blüte. *4* Weibliche Blüte. *5*, *6* Geschlossene Staubblätter der beiden äußeren Kreise. *7* Geöffnetes Staubblatt des inneren Wirtels. *8* Fruchtknoten mit Griffel und Samenanlage. — Offizinell.

Fig. 620. Blütendiagramm von Persea. Nach A. W. EICHLER.

8. Familie ***Aristolochiaceae***. Die zygomorphen Blüten (Fig. 546) haben ein einfaches verwachsenes Perianth und ein zum Gynostemium vereinigtes Andröceum und Gynäceum.

Die parasitischen Rafflesiaceae und die insektivoren Familien der Cephalotaceae, Sarraceniaceae, Nepenthaceae und auch der Droseraceae schließen sich am besten an die Polycarpicae an.

Fig. 621. Laurus nobilis mit männlichen Blüten. 1/2 nat. Gr. — Offizinell.

Fig. 622. Laurus nobilis mit Früchten. 1/2 nat. Gr. — Offizinell.

Die 9. Familie der ***Nymphaeaceae*** enthält durchweg Wasserpflanzen mit untergetauchten oder schwimmenden Blättern von oft riesiger Größe. Die vegetativen Organe führen Milchsaft (Fig. 623, 625). In der Nähe der Nymphaeaceen ist der Anschluß der Monokotyledonen zu suchen.

Nymphaea alba, unsere heimische Seerose (Fig. 623, 624), breitet zwischen ihren großen schwimmenden Blättern die weißen, von vier starken grünen Kelchblättern geschützten Blüten aus, deren vielzähliges weißes Perianth und leuchtend gelbe Staubblätter spiralig an dem unterständigen, aus zahlreichen Fruchtblättern verwachsenen Fruchtknoten angeordnet sind. Bei *Nuphar* mit oberständigem Fruchtknoten und unscheinbaren, Nektarien tragenden Kronblättern dient der Kelch als Schauapparat.

Freie apokarpe Fruchtblätter besitzen dagegen die amerikanische Gattung *Cabomba* (Fig. 625), durch untergetauchte, vielfach zerteilte Blätter neben den ganzrandigen Schwimmblättern ausgezeichnet, und *Nelumbium*, dessen schildförmiges Laub sich gleich den Blüten über das Wasser erhebt. Die käferblütige *Victoria regia* und die autogame *Euryale ferox* sind ihrer Riesenschwimmblätter wegen bekannt und werden in unseren Warmhäusern viel kultiviert; diese ist in den asiatischen Tropen, jene im Amazonas heimisch.

Fig. 623. Nymphaea alba. 1/2 nat. Gr. Der entblätterte Fruchtknoten zeigt die spiralige Stellung der Staubblätter und Kronblätter.

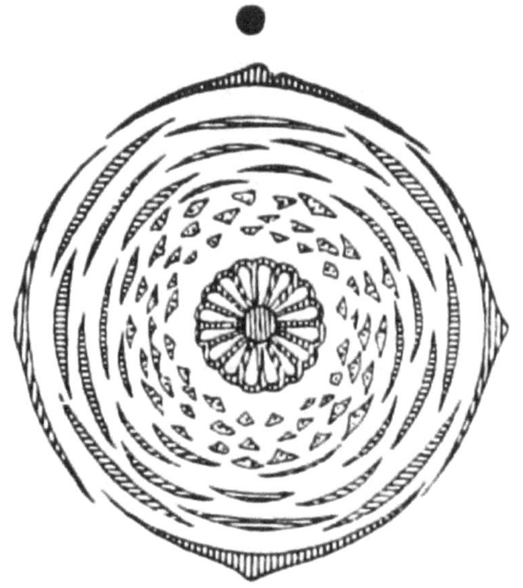

Fig. 624. Nymphaea. Diagramm. Nach F. NOLL.

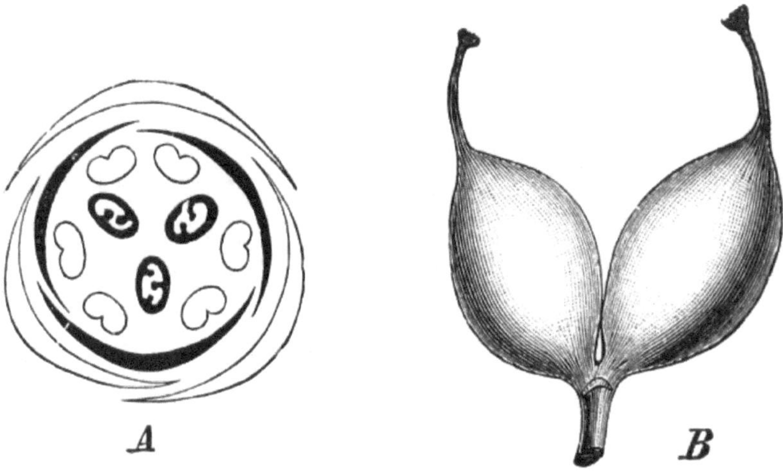

Fig. 625. *A* Diagramm. *B* Frucht von Cabomba aquatica. Nach H. BAILLON. Vergr. 4.

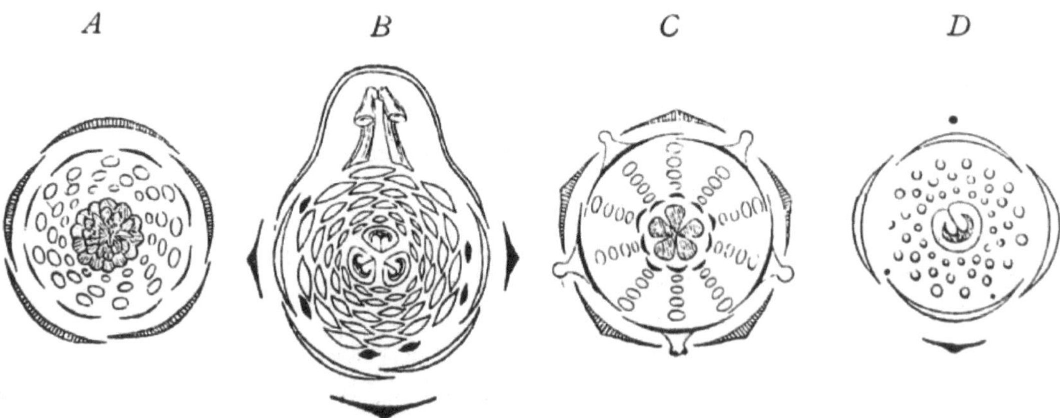

Fig. 626. Blütendiagramme von Ranunculaceen. *A* Adonis autumnalis. *B* Aconitum Napellus. *C* Aquilegia vulgaris. *D* Cimicifuga racemosa. Nach A. W. EICHLER.

10. Familie ***Ranunculaceae***. Die Angehörigen der Ranunculaceen sind einjährige Kräuter (*Myosurus*), häufiger Stauden (*Caltha*) oder ganz selten Holzgewächse (*Paeonia*-Arten), mit wechselständigen,

nebenblattlosen Blättern. Die spiralige Anordnung der Teile ihrer Zwitterblüten tritt an der langen Blütenachse von *Myosurus*, Mäuseschwänzchen, am deutlichsten in Erscheinung, ist aber fast überall da zu beobachten, wo Staub- oder Fruchtblätter in großer Zahl auftreten (Fig. 626, 627). Das Perianth ist einfach oder doppelt, perigonartig (Aconitum) oder in Kelch und Krone gesondert (Ranunculus); das vielgliedrige Andröceum birgt Pollenkörner mit mindestens drei Austrittstellen. Die Fruchtblätter sind oberständig, frei; sie stehen auf der gewölbten Blütenachse (Fig. 627) zu drei bis vielen beisammen, enden in eine griffellose Narbe und tragen die Samenanlagen an der Bauchnaht (Fig. 626 *D*) einzeln oder in Mehrzahl. Früchtchen der Sammelfrucht sind Balgfrüchte (Paeonia), Nüßchen (Anemone) oder Beeren (Hydrastis), deren Samen den kleinen Embryo in großem, ölhaltigem Endosperm führen (Fig. 628). An die Ranunculaceen schließen sich nach den serodiagnostischen Untersuchungen die ihnen auch morphologisch nahestehenden Rosifloren an.

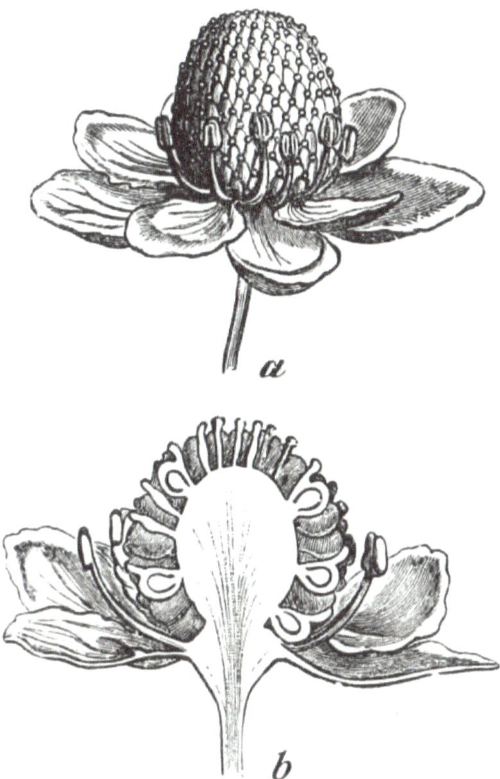

Fig. 627. *a* Blüte von Ranunculus sceleratus. *b* im Längsschnitt, vergr. Nach H. BAILLON.

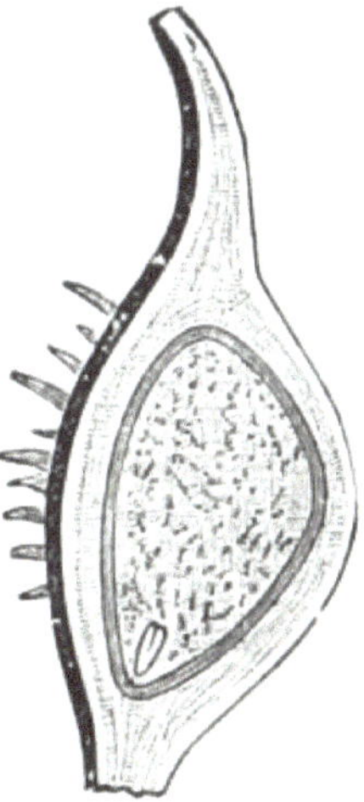

Fig. 628. Ranunculus arvensis. Nach H. BAILLON. Fruchtblatt im Längsschnitt, vergr.

Fig. 629. Ranunculus sceleratus. 1/2 nat. Gr. — Giftig.

Die Ranunculaceen liefern zahlreiche unserer häufigsten Wald- und Wiesenpflanzen. Sie sind alle in mehr oder minder hohem Grade giftig. Die Gattung *Ranunculus*, an ihren meist gelben glänzenden Blüten und hochgewölbten Blütenachsen mit zahlreichen Nüßchen kenntlich, ist in vielen Arten bei uns verbreitet. Ihre Kronblätter sind mit einem Honiggrübchen am Grunde versehen. *R. sceleratus* ist eine gefährliche Giftpflanze (Fig. 629, 627), *R. arvensis* durch die Größe der stacheligen Nüßchen auffallend (Fig. 628). Im Wasser lebende R.-Arten (*Batrachium*) sind vielfach heterophyll (Fig. 139); die Schwimmblätter dienen, wie bei Cabomba, den sich über den Wasserspiegel erhebenden Blüten als Stütze.

Fig. 630. Anemone pulsatilla. 1/2 nat. Gr. — Giftig.

In allen Laubwäldern bildet *Anemone nemorosa* mit den ersten Schmuck des Waldbodens im Frühjahr. Die Pflanze besitzt ein flach im Boden kriechendes Rhizom, das mit einer terminalen Blüte abschließt und durch einen Seitenspross fortgesetzt wird. Das Perianth der Blüte ist einfach, kronartig gefärbt; doch kommt allen Anemonen ein mehr oder minder tief darunter sitzender, meist dreiblättriger Wirtel von grünen Hüllblättern zu, der bei *A. Hepatica*, der Leberblume, unmittelbar an das Perianth heranrückt und dadurch einem Kelche ähnlich sieht. Alle Arten sind etwas giftig, besonders *A. Pulsatilla* (Fig. 630), die Küchenschelle. Die Gattung *Clematis* enthält meist Sträucher und stellt in *Cl. Vitalba* eine der wenigen einheimischen Lianen; sie liefert zahlreiche Zierpflanzen und weicht durch gegenständige Blätter von allen übrigen *R.* ab. *Clematis*-Arten und viele *Anemonen* versehen ihre kleinen Nüßchen mit Haar- oder Federanhängen, welche der Verbreitung durch den Wind dienen. *Caltha palustris* (Fig. 631), ein als Butter- oder Dotterblume bekannter Frühjahrsblüher, hat einfaches, intensiv gelbes Perianth und glänzende herz- oder nierenförmige, kurzgestielte Blätter. Die Früchte entwickeln sich, ebenso wie bei den im Winter blühenden giftigen *Helleborus*-Arten, zu Balgfrüchtchen. Der Eisenhut, *Aconitum Napellus* (Fig. 632, 633), eine stattliche, mit jährlich sich erneuernden Knollen ausdauernde, stark giftige Staude, ist besonders auf Gebirgswiesen häufig. Seine Blätter sind handförmig geteilt, die einzelnen Zipfel tief fiederspaltig eingeschnitten, der Blütenstand dicht traubig mit dorsiventralen Blüten. Eines der fünf dunkelblauen Kelchblätter ist helmförmig emporgewölbt, es birgt zwei langgestielte, röhrig-zweilappige Nektarien, die, wie bei *Helleborus* und *Eranthis*, Kronblättern entsprechen. Die übrigen Kronblätter fehlen oder sind zu unscheinbaren Fädchen verkümmert. *Aconitum Lycoctonum* besitzt kleinere gelbe Blüten desselben Baues. *Aquilegia*, *Delphinium* und *Paeonia* (Fig. 513) liefern beliebte Zierpflanzen mit lebhaft gefärbten, zum Teil eigenartig geformten Blüten. *Actaea* und *Hydrastis* haben Beerenfrüchte.

Offizinell: Tubera Aconiti von *Aconitum Napellus* (Pharm. germ., helv.). Folia Aconiti von derselben Pflanze (Pharm. helv.). Rhizoma Hydrastis (Pharm. germ., austr., helv.) von der nordamerikanischen Staude *Hydrastis canadensis* (Fig. 634), die jedes Jahr ihre mit scharf gekielten, zweizeilig stehenden Niederblättern beginnenden Zweige über die Erde emporsendet und einzelne gipfelständige Blüten auf den zweiblättrigen Sprossen bringt. Das einfache weiße Perianth fällt nach Öffnung ab, wie das auch bei Thalictrum-Arten geschieht. Sammelfrucht aus zahlreichen kleinen Beeren mit je 1–2 Samen. Aus dem Rhizom wird Hydrastin dargestellt. Herba Adonidis von *Adonis vernalis* (Pharm. austr.).

Fig. 631. Caltha palustris. **2/3** nat. Gr. — Giftig.

Die **2. Ordnung** umfaßt die beiden Familien der *Hamamelidinae*, Fam. *Hamamelidaceae* und *Platanaceae.* Beide Familien enthalten Holzpflanzen mit unansehnlichen anemophilen Blüten und einfachem Perianth, seltener entomophile Blüten mit gefärbtem, eventuell doppeltem Perianth. Zwei Fruchtblätter. Offizinell: *Styrax liquidus* (Pharm. germ., austr., helv.) von *Liquidambar orientalis. Folia Hamamelidis* von *Hamamelis virginiana* (Pharm. austr.). Platanen sind beliebte Alleebäume.

Beide Familien sollen nach den Ergebnissen der serodiagnostischen Untersuchungen nähere Beziehungen zu den verschiedenen Familien der Rosifloren besitzen.

Fig. 632. Aconitum Napellus. **1/2** nat. Gr. — Offizinell und giftig.

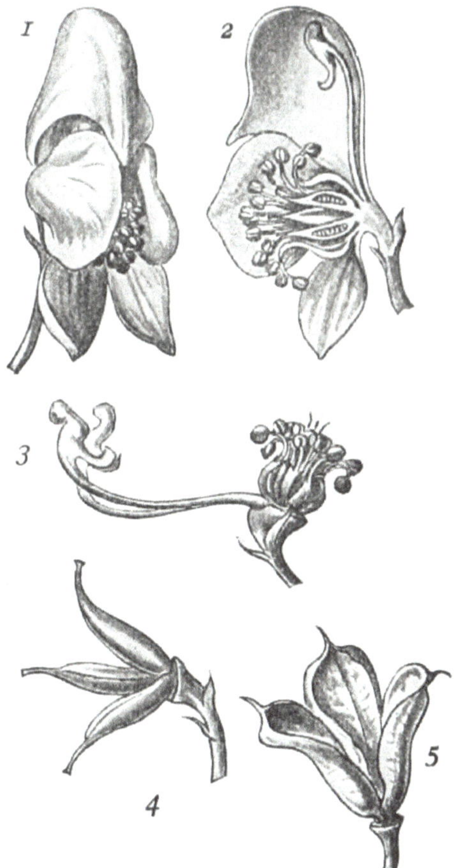

Fig. 633. Aconitum Napellus, nat. Gr. *1* Einzelblüte schräg von vorn. *2* Einzelblüte längsdurchschnitten. *3* Die zu Nektarien umgebildeten Kronblätter und das Andröceum nach Entfernung des Perigons. *4* Frucht aus drei apokarpen Fruchtblättern. *5* Frucht, aufgesprungen.

3. Ordnung. Rosiflorae.

Die wirtelig gebauten Blüten sind im übrigen denen der Polycarpicae ähnlich: besonders eng ist der Anschluß der Rosaceen an die Calycanthaceen und Ranunculaceen. Einzahl der Fruchtblätter bei den Pruneen und dorsiventrale Blüten der Chrysobalaneen leiten zu den Leguminosen über.

Die Ordnung umfaßt Pflanzen mit wechselständigen Blättern von sehr verschiedener Form und Ausbildung. Ihre fast immer strahligen Blüten sind wirtelig angeordnet, haben 5, 10 oder viele Staubblätter und Fruchtblätter, die Neigung zu apokarper Fruchtbildung zeigen. Charakteristisch ist die starke Beteiligung der Blütenachse an der Blüten- und Fruchtbildung. K5, C5, A5-∞ G1-∞.

Sukkulente Kräuter (vgl. S. 149) oder Halbsträucher mit vielgliedrigen cymösen Blütenständen enthält die 1. Familie ***Crassulaceae***. *Sedum*, die Fetthenne (Fig. 635), mit fünfzähligen und *Sempervivum* mit 6-∞zähligen Blüten sind häufige und artenreiche einheimische Gattungen. *Bryophyllum*-Arten mit vierzähligen Blüten sind ausgezeichnet durch die regelmäßige Bildung von Adventivknospen in allen Kerbstellen des Blattrandes. *Crassula*, Südafrika, bildet Mimikryformen[477], die in ihrer klobigen Form Steine nachahmen.

Die 2. Familie ***Saxifragaceae*** enthält Kräuter neben Holzgewächsen mit zwitterigen obdiplostemonen Blüten. Die Kapsel- oder Beerenfrüchte der Saxifragaceen werden in der Regel aus zwei Fruchtblättern gebildet und enthalten viele endospermhaltige Samen. Die Saxifraga- (Steinbrech-)Arten sind kleine Rosettenpflanzen, die im Gebirge ihre Hauptverbreitung finden. Ihre oft ansehnlichen Infloreszenzen tragen lebhaft gefärbte Einzelblüten mit stets zwei, im oberen Teile freien Fruchtblättern. *Parnassia palustris* tritt im Hochsommer auf unsern Wiesen auf, ihre fünfzählige Blüte hat vier Fruchtblätter und zu handförmig zerschlitzten Staminodien umgebildete Kronstaubblätter, die als Nektarien fungieren. *Ribes*-Arten, mit unterständigem Fruchtknoten, liefern Beerenfrüchte. *R. rubrum* (Fig. 636), Johannisbeere, *R. nigrum*, schwarze Johannisbeere, *R. grossularia*, Stachelbeere. Andere Saxifragaceen sind als Zierpflanzen beliebt, wie *Ribes aureum* und *R. sanguineum*, *Hydrangea*, Hortensie, *Philadelphus*, *Deutzia*. Offizinell: Syrupus ribium (Pharm. austr.) von *Ribes rubrum*.

Fig. 634. Hydrastis canadensis. 1/2 nat. Gr. Apokarpe Sammelfrucht daneben. — Offizinell.

Fig. 635. Sedum Telephium. Vergr. 4. *a* Blüte, *b* Blüte im Längsschnitt. Gez. H. SCHENCK.

3. Familie *Rosaceae*[478]. Die charakteristischen Merkmale der *Rosaceen* sind der stete Besitz von Nebenblättern; ferner die Endospermlosigkeit der meisten *Rosaceen*-Samen, endlich die apokarpen Früchte und meist auch die Vielzähligkeit des Andröceums (Fig. 637). Letztere beiden Eigenschaften kommen auch den *Polycarpicae* zu und sprechen für engere verwandtschaftliche Beziehungen, doch sind die Blütenglieder bei den Rosaceen streng wirtelig und perigyn gestellt.

In vielen Fällen geht die Vermehrung der Andröceum- und Gynäceumglieder von einer an der schüsseligen Vertiefung der Achse interkalar gelegenen, gürtelförmigen Vegetationszone aus längere Zeit nebeneinander her. Über die Einschiebung neuer Glieder entscheiden räumliche Verhältnisse, so daß bei verschiedenen Individuen derselben Art Differenzen in den Zahlen vorkommen.

Zahlreiche Arten der Gattung *Spiraea* mit typisch fünfzähligen Blüten und oberständigen Fruchtknoten finden als Ziersträucher Verwendung (Fig. 637 *E*). *Quillaja Saponaria* (Fig. 638), der Seifenrindenbaum Chiles, ist ein immergrüner Baum mit kurzgestielten, wechselständigen, lederartigen Blättern und gipfelständigen, meist dreiblütigen Dichasien. Die Blüten sind denen von *Spiraea* ähnlich, aber durch ihre fünfzackige, auf die großen Kelchblätter hinaustretende, honigabsondernde Scheibe charakterisiert, an deren eingekerbten Vorsprüngen die fünf Kelchstaubblätter stehen, während sich die Kronstaubblätter am inneren Rande befinden. Die schmalen Kronblätter sind weiß. Nur die Mittelblüte des Dichasiums ist zwittrig und fruchtbar, die seitlichen mit verkümmertem Fruchtknoten sind männlich. Der oberständige Fruchtknoten liefert eine sternförmige Sammelfrucht. Jedes Fruchtblatt springt in zwei Klappen auf und entläßt seine geflügelten Samen.

Fig. 636. Ribes rubrum. 2⁄3 nat. Gr. — Offizinell.

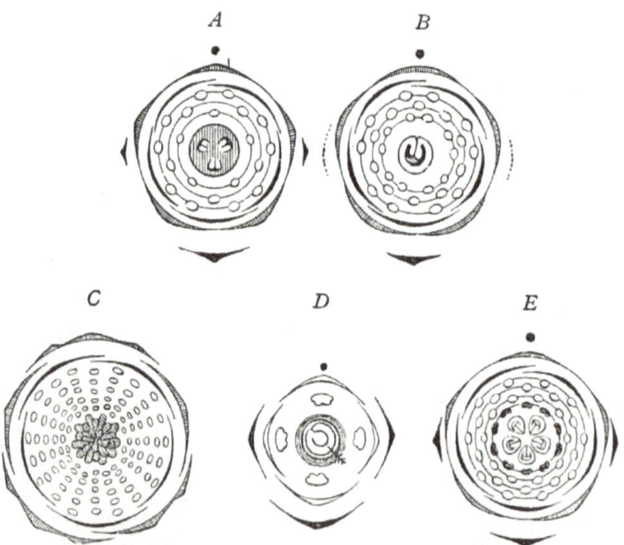

Fig. 637. Blütendiagramme von Rosaceen. *A* Sorbus domestica. *B* Prunus Padus. *C* Rosa tomentosa. *D* Sanguisorba officinalis. *E* Spiraea hypericifolia. Nach A. W. EICHLER.

Durch den unterständigen, meist aus fünf Fruchtblättern bestehenden, rings mit der ausgehöhlten fleischig anschwellenden Blütenachse verwachsenen, gefächerten, pergamentenen Fruchtknoten und freie Griffel von den sonstigen *Rosaceen* unterschieden sind die Gattungen *Pirus*, *Cydonia* u. a. *Pirus malus*, Apfelbaum (Fig. 524 *3*), *Pirus communis*, Birnbaum, unsere wichtigsten einheimischen Obstbäume, alte Kulturpflanzen in zahlreichen Varietäten. *Cydonia vulgarus*, die Quitte, mit einzeln stehenden großen hellrosa Blüten. Ihre apfel- oder birnförmigen, wollig-filzig behaarten Früchte sind roh ungenießbar, doch von höchst angenehmem Aroma. *Mespilus germanica*, der Mispelbaum; seine Früchte haben eine tiefe Grube am Scheitel, die rings von den Überresten der Kelchblätter umgeben ist. Die immergrüne japanische Mispel, *Eriobotrya japonica*, wird im

Mittelmeergebiete häufig angepflanzt. *Sorbus aucuparia*, der Vogelbeerbaum, und *Crataegus*-Arten, Rotdorn, Weißdorn, sind teils als Alleebäume, teils in Hecken und als Zierbäume verbreitet (vgl. S. 262).

Fig. 638. Quillaja Saponaria. 4/5 nat. Gr. Nach A. MEYER und SCHUMANN. — Offizinell.

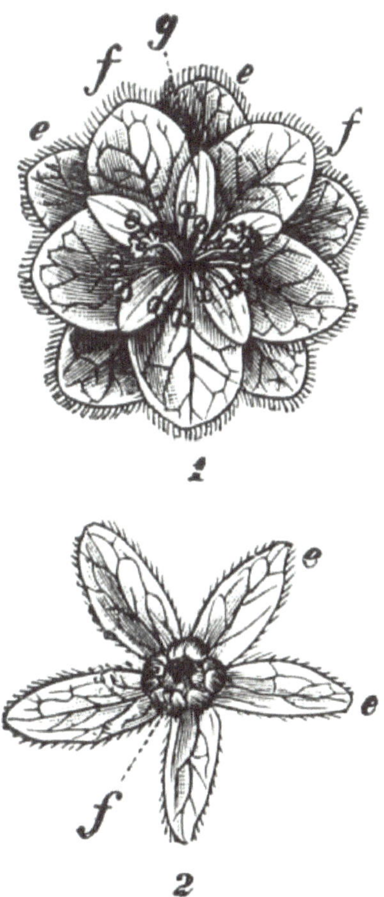

Fig. 639. Hagenia abyssinica. *1* Weibliche Blüte, *e* Außenkelch, *f* Kelch, *g* Korolle. Vergr. 4. *2* Frucht mit vergrößertem Außenkelch. Nat. Gr. Nach BERG und SCHMIDT. — Offizinell.

Fig. 640. Hagenia abyssinica. Zweigstück mit Blütenstand. 1/2 nat. Gr. Nach BERG und SCHMIDT. — Offizinell.

Eine krugförmig vertiefte Blütenachse, auf der ein bis viele freie Fruchtblätter stehen, die zu nußartigen, vom Blütenbecher umschlossenen Früchtchen werden, eignet der Gattung *Rosa* (Fig. 637 *C*). Ihr Blütenbecher wird fleischig (Fig. 583), und die kronblattartige Ausbildung zahlreicher Staubblätter gibt staminodial gefüllte Formen. Dagegen ist bei *Agrimonia* und *Hagenia abyssinica* der Blütenbecher hart. *Hagenia*, ein diözischer Baum Abessyniens, mit unpaarig gefiederten Blättern, deren Blattstiel durch Nebenblätter rinnig geflügelt wird, trägt reichverzweigte Blütenrispen. Die Einzelblüten mit zwei Vorblättern und Außenkelch werden durch Fehlschlagen eingeschlechtig; ihre Krone ist nach der Blüte hinfällig, der Kelch eingerollt, der Außenkelch vergrößert. Aus den zwei freien Fruchtblättern mit je einer Samenanlage wird eine einsamige Frucht (Fig. 639, 640). Die kronblattlose *Alchimilla* (Fig. 524, *2*) und *Sanguisorba officinalis* mit köpfchenförmig gehäuften, polygamen, vierzähligen Einzelblüten ohne Außenkelch und Krone mit ein bis zwei Fruchtblättern (Fig. 637 *D*) sind stark reduzierte Formen.

Potentilla mit flachem Blütenboden, apokarpen Fruchtblättern und Außenkelch hat zahlreiche einheimische Arten. *Geum* und *Dryas* verbreiten ihre weichhaarigen, langauswachsenden Früchtchen durch den Wind. *Fragaria*, die Erdbeere, trägt kleine Nüßchen auf der fleischig geschwollenen Achse. *Rubus*, die Brombeere, ist in zahlreichen meist kletternden Arten verbreitet. Ihre Blätter sind stets dreizählig, ihre Früchte kleine Steinfrüchtchen, die in Sammelfrüchten beisammenbleiben. Eine der wenigen nicht kletternden Arten ist die Himbeere R. *Idaeus*.

Ein einziges Fruchtblatt, mittelständig auf flachschüsselförmig vertieftem Blütenbecher (Fig. 637 *B*) haben die Steinobstbäume: *Prunus Cerasus*, Sauerkirsche (Fig. 641). *Prunus avium*, Süßkirsche, *Pr. domestica*, Pflaume (Zwetsche); *Pr. armeniaca*, Aprikose, chinesischen Ursprungs, ebenso wie *Pr.: persica*, Pfirsich; *Pr. Amygdalus*, Mandel, aus dem östlichen Mittelmeergebiete. Das fleischige Exokarp der Mandel trocknet beim Reifen und platzt auf, so daß das steinige Endokarp freigelegt wird.

Giftig: Die Samen vieler Rosaceen sind amygdalinhaltig; durch die entstehende Blausäure wirken Preßrückstände, z. B. von bitteren Mandeln, häufig giftig. Die Blätter des Kirschlorbeers, *Prunus Laurocerasus*, können aus gleichem Grunde ebenfalls Vergiftungen hervorrufen.

Fig. 641. Prunus Cerasus **2/3** nat. Gr. *1* Blühender Zweig. *2* Einzelblüte halbiert (etwas vergr.). *3* Fruchtstand. *4* Einzelfrucht halbiert. — Offizinell.

Offizinell: *Pirus Malus*: Extractum ferri pomati (Pharm. germ., helv.). — *Cydonia vulgaris* liefert Semen Cydoniae (Pharm. helv.). — *Hagenia abyssinica*: Flores Koso (Pharm. germ., austr., helv.). — *Rosa centifolia* und *R. gallica*: Flores Rosae (Pharm. germ., austr., helv.); dieselben und andere Arten: Ol. Rosae (ibid.). — *Rubus Idaeus*: Syrupus R. Idaei (Pharm. germ., austr., helv.). — *Prunus Amygdalus*: Amygdalae dulces und A. amarae, Oleum Amygdalarum (Pharm. germ., austr., helv.). — *Pr. domestica*: Pulpa prunorum (Pharm. austr.). — *Pr. Laurocerasus*: Aqua Laurocerasi (Pharm. austr., helv.). — *Pr. Cerasus*: Syrupus Cerasorum (Pharm germ.). — *Quillaja Saponaria*: Cortex Quillajae (Pharm. germ., austr.). — *Spiraea Ulmaria*: Flos Spiraeae Pharm. helv.). — *Rubus fruticosus*: Folium Rubi fruticosi (Pharm. helv.). — *Potentilla Tormentilla*: Rhizoma Tormentillae (Pharm. helv.).

4. Ordnung. Leguminosae.

Das gemeinsame Kennzeichen aller Leguminosen ist in der Beschaffenheit ihres Fruchtknotens gegeben, der die Ordnung von den sonst nahe verwandten Rosifloren scharf unterscheidet. Er geht stets aus einem einzigen Fruchtblatt hervor, ist einfächerig und trägt die Samenanlagen in einer oder zwei Reihen an der nach hinten gekehrten Bauchnaht (Fig. 642, 645, 650). Meist wird die Frucht eine Hülse (Legumen), die an der Bauchnaht und in der Rückenlinie in zwei Klappen aufspringt (wie die Erbsen). Wechselständige, zusammengesetzte Blätter mit Nebenblättern sind fast allen Leguminosen eigen. Sehr viele besitzen Blattgelenke (Fig. 643), welche Variationsbewegungen ermöglichen.

Die 1. Familie ***Mimosaceae*** enthält Bäume und aufrechte oder kletternde Sträucher mit paarig doppeltgefiederten Blättern und strahligen. fünf- oder vierzähligen Blüten (Fig. 642). Die Knospenlage von Kelch und Krone ist klappig. Die freien, halb-, voll- oder meist überzählig vorhandenen Staubblätter bedingen durch ihre bedeutende Länge oder große Zahl die Blütenfarbe. Ihre Pollenkörner bleiben häufig in Tetraden oder zu mehreren vereinigt. Die Blüten stehen in Ähren oder Köpfchen zu vielen beisammen. ihre Krone ist unscheinbar, der Embryo gerade.

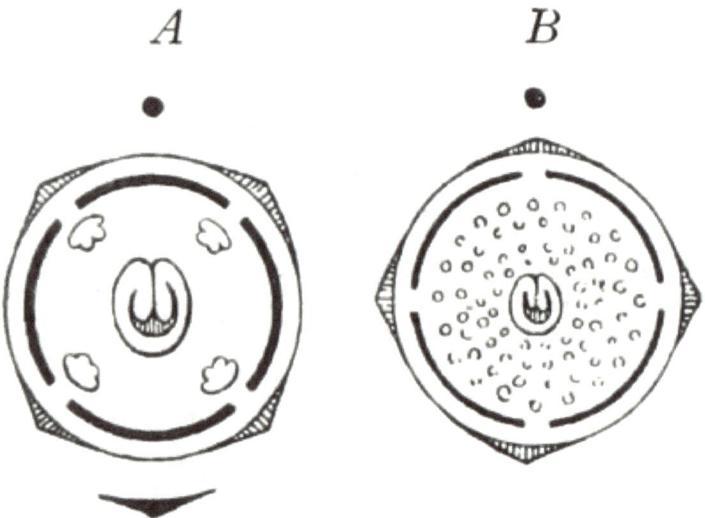

Fig. 642. Blütendiagramme von Mimosaceen. *A* Von Mimosa pudica. *B* Von Acacia lophantha. Nach A. W. EICHLER.

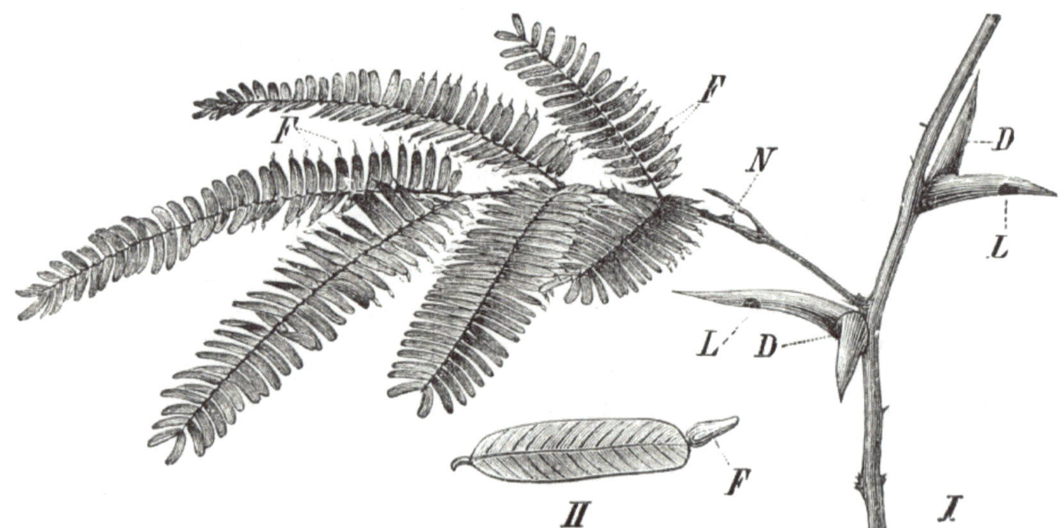

Fig. 643. Acacia nicoyensis aus Costa Rica. *I* Stammstück mit Dornen (*D*) und einem Blatte. Die hohlen Dornen werden von Ameisen angebohrt und bewohnt. *L* Eingangsöffnungen. An den basalen Blattfiederchen die Futterkörper *F*. Auf dem Blattstiel bei *N* ein Nektarium. Verkleinert. *II* Einzelnes Blattfiederchen mit dem Futterkörper *F*, etwas vergrößert. Nach F. NOLL.

Die in den Tropenwaldungen reich entwickelte Familie besitzt in Europa keinen einheimischen Vertreter. *Mimosa pudica*, die Sinnpflanze (Fig. 292), mit hochgradiger Empfindlichkeit gegen Berührung, ist ein pantropisches Unkraut. Die Gattung *Acacia* ist in zahllosen Arten in den Tropen und Subtropen der alten und neuen Welt verbreitet. Ihre australischen Formen sind durch den Besitz von Phyllodien ausgezeichnet deren vertikale Stellung wesentlich zum eigenartigen Habitus der australischen Wälder mit beiträgt (vgl. Fig. 190). Einige amerikanische *Akazien*-Arten werden von Ameisen bewohnt (Fig. 643), denen sie in großen Nebenblattdornen Wohnung, in den BELTschen Körperchen[479] an den Enden der Fiederblättchen Nahrung bieten, ohne daß ein symbiotisches Gegenseitigkeitsverhältnis nachweisbar ist. Durch Lieferung von Gummi und reichen Gehalt an Gerbstoffen, teils in der Rinde, teils im Extrakt des Kernholzes, teils in den Hülsen, gewähren zahlreiche *Acacia*-Arten einen erheblichen Nutzen.

Offizinell: Durch Desorganisation des Stammparenchyms liefern *Acacia Senegal* (Nilländer und Senegambien) und andere Arten: Gummi arabicum (Pharm. germ., austr. helv.), das aus Wunden als dicke Flüssigkeit herausfließt und erhärtet. — Catechu (Pharm. germ., austr., helv.) ist ein Dekokt aus dem Kernholze der ostindischen *Acacia Catechu* (Fig. 644) und *Ac. Suma.*

Die 2. Familie ***Caesalpiniaceae*** umfaßt Bäume oder Sträucher mit einfach oder doppelt paarig gefiederten Blättern. Ihre Blüten sind meist etwas dorsiventral mit dachig aufsteigender Knospendeckung der Krone, deren Blattzahl ebenso wie die der freien Staubblätter häufig unvollzählig ist (Fig. 645). Typisch: K5, C5, A5 + 5, G1. Auch hier ist der Embryo gerade. In den Tropen und Subtropen ist die Familie reich ausgebildet.

Fig. 644. Acacia Catechu. 2/3 nat. Gr. Nach A. MEYER und SCHUMANN. — Offizinell.

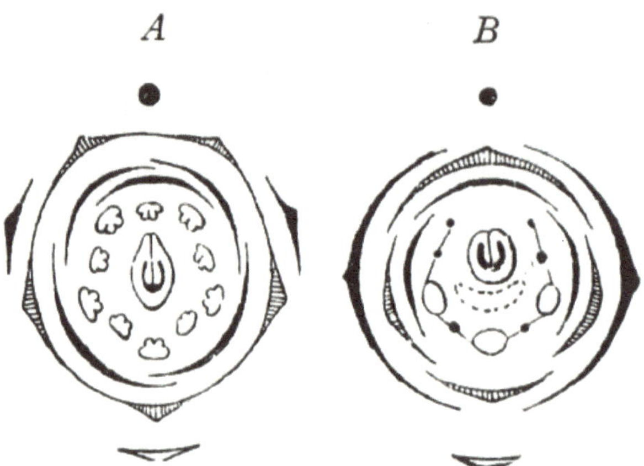

Fig. 645. Blütendiagramme von Caesalpiniaceen. *A* Cercis siliquastrum. *B* Tamarindus indica. Nach A. W. EICHLER.

Bei *Cassia angustifolia* sind Kelch und Kronblätter frei und in Fünfzahl vorhanden (Fig. 646), die unteren deckenden Kronblätter etwas größer als die oberen. Von zehn Staubblättern sind die drei oberen kurz und unfruchtbar, sieben nach unten bogig gestreckte nehmen von oben nach unten an Länge zu. Ihre Antheren öffnen sich mit endständigen Poren. Der Fruchtknoten ist eine breite und flach zusammengedrückte Hülse. Derartige Blüten stehen in blattachselständigen Trauben beisammen an dem etwa meterhohen, mit lebhaft grünen, paarig gefiederten Blättern besetzten Strauche. Am Grunde des Blattstieles stehen zwei kleine Nebenblättchen. *Tamarindus indica* (Fig. 647), ein schöner Baum des tropischen Afrika, wird in den gesamten Tropen jetzt vielfach angepflanzt. Mit einfach paarig gefiederten Blättchen besetzte Seitenzweige bringen die Blütentrauben endständig. Aus den stark dorsiventralen Einzelblüten geht eine vom Typus abweichende Frucht hervor. Ihre Wandung differenziert sich in ein äußeres brüchiges Exokarp, ein fleischiges musartiges Mesokarp *M* und ein festes, die einzelnen mehr oder minder zahlreichen Samen umhüllendes, aus Steinzellen bestehendes Endokarp (Fig. 648). Kaum merklich dorsiventral sind die kronblattlosen Blüten von *Copaifera*, in denen auf 4 Kelchblätter sogleich 8–10 freie Staubblätter folgen. Die einsamige Frucht öffnet sich bei der Reife. Ein fleischiger, unregelmäßig begrenzter Arillus umhüllt den Samen einseitig. Einheimische Caesalpiniaceae fehlen; der im Mittelmeer beheimatete Johannisbrotbaum *Ceratonia Siliqua*, wird im Kalthause, die kauliflore (vgl. S. 573) *Cercis siliquastrum* (Fig. 645 *A*) und *Gleditschia triacanthos* (N.-Am., Fig. 198) werden als Zierpflanzen bei uns kultiviert.

Fig. 646. Cassia angustifolia. **2/3** nat. Gr. Nach A. MEYER und SCHUMANN. — Offizinell.

Offizinell: Folia Sennae (Pharm. germ., austr., helv.), Fiederblättchen von *Cassia angustifolia*; Pharm. helv. läßt auch Fol. S. Alexandrinae von *C. acutifolia* zu. — *Cassia obovata* und *C. acutifolia*: Fructus Sennae (Pharm. austr., helv.). — *Cassia Fistula* (tropisches Amerika): Fructus Cassiae Fistulae (Pharm. austr., helv.). — *Copaïfera*-Arten (Bäume des tropischen Amerika) enthalten in Balsamgängen des Holzes: Balsamum Copaïvae (Pharm. germ., austr., helv.). — Rad. Ratanhiae (Pharm. germ., austr., helv.) von *Krameria triandra*, einem Strauch der Kordilleren mit silberweißen, einfachen Blättern, dessen Blüten völlig abweichen; sie haben innen lebhaft gefärbte Kelchblätter, eine kleine Krone und drei Staubblätter mit Porenöffnung am Scheitel. Ihre Früchte sind kugelig und mit Stacheln besetzt (Fig. 649). — Lignum Haematoxyli (Pharm. austr.), Kernholz von *Haematoxylon campechianum* (tropisches Amerika). — Pulpa Tamarindorum (Pharm. germ., austr., helv.), das musartige Mesokarp der Frucht von *Tamarindus indica* (Fig. 648).

Fig. 647. Tamarindus indica. **4/5** nat. Gr. Nach A. MEYER und SCHUMANN. — Offizinell.

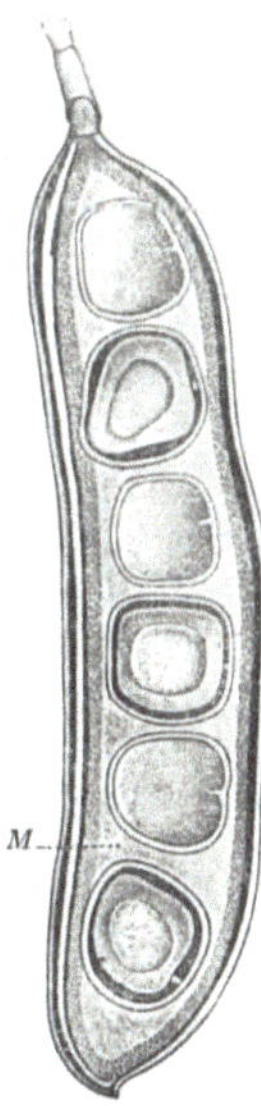

Fig. 648. Tamarindus indica. Frucht im Längsschnitt. *M* Das fleischige Mesokarp. Nach BERG und SCHMIDT. — Offizinell.

Fig. 649. Krameria triandra. **4⁄5** nat. Gr. Nach A. MEYER u. SCHUMANN. — Offizinell.

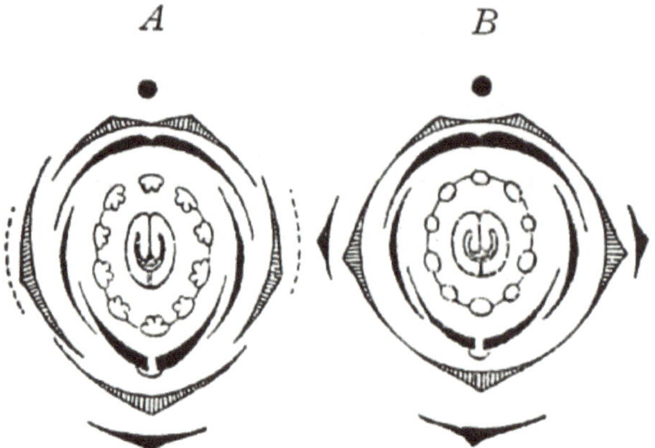

Fig. 650. Blütendiagramme von Papilionaceen. *A* Von Vicia Faba. *B* Von Laburnum vulgare. Nach A. W. EICHLER.

Fig. 651, Lotus corniculatus. **1⁄2** nat. Gr. Blühender Sproß. Blüte. Schiffchen, Staubblätter. Fruchtblatt (nat. Gr.) und Frucht, **1⁄2** nat. Gr.

Fig. 652. Myroxylon Pereirae. **2⁄3** nat. Gr. Nach BERG und SCHMIDT. — Offizinell.

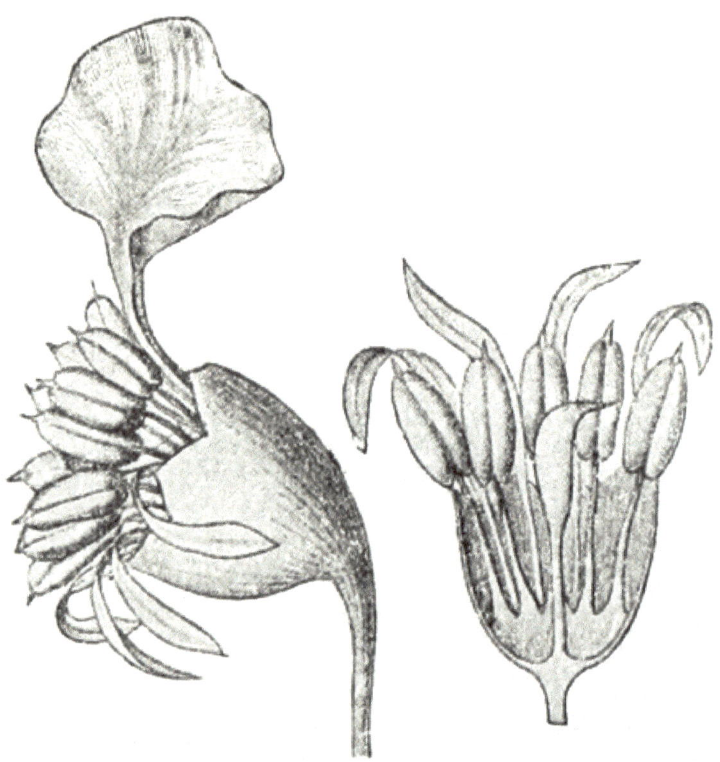

Fig. 653. Myroxylon Pereirae (vgl. Text). Vergr. Nach BERG und SCHMIDT. — Offizinell.

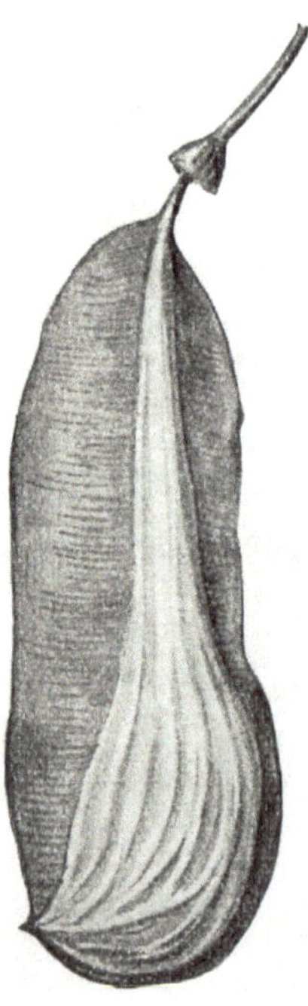

Fig. 654. Frucht von Myroxylon Pereirae. 2/3 nat. Gr. Nach BERG und SCHMIDT. — Offizinell.

Die Angehörigen der 3. Familie ***Papilionaceae*** haben in der Regel unpaarig gefiederte Blätter und stets stark dorsiventrale Blüten mit absteigender Knospendeckung (Fig. 650). Auf den fünfblättrigen Kelch folgt die dorsiventrale fünfblättrige Krone und 10 Staubblätter, deren Filamente alle miteinander zu einer, den Fruchtknoten umhüllenden Röhre verwachsen sind (Lupinus), oder die neun vorderen sind verwachsen und das hintere Staubblatt bleibt frei (Lotus) oder alle sind frei (Myroxylon, Fig. 653). Der Keimling ist im Samen stets gekrümmt eingelagert. Die Familie ist weniger in den Tropen als in den gemäßigten Zonen reich vertreten.

Die Bestandteile einer Schmetterlingsblüte sind in Fig. 651 einzeln auseinandergelegt. Das hintere, in der Knospenlage (Fig. 650) beiderseits übergreifende Kronblatt heißt Fahne (vexillum), zwei darauffolgende seitliche die Flügel (alae), und die mit ihren abwärts gekehrten Rändern in der Regel verwachsenen beiden unteren bilden das Schiffchen oder den Kiel (carina). Die Staubblätter sind an ihren oberen Enden frei und aufwärts gekrümmt, ebenso der Griffel mit seiner Narbe.

Fig. 655. Astragalus gummifer. **4/5** nat. Gr. Nach A. MEYER und SCHUMANN. — Offizinell.

Myroxylon balsamum var. *Pereirae*, ein Baum von mäßiger Höhe, besitzt unpaarig gefiederte Blätter (Fig. 652) in wechselständiger Anordnung. Die Blüten, in endständigen Trauben stehend, sind nur mit einem großen Vexillum versehen, alle übrigen Blätter der Krone bleiben unansehnlich und schmal. Die Staubblätter, nur am Grunde miteinander verwachsen (Fig. 653), tragen ansehnliche rot-gelbe Antheren. Der langgestielte Fruchtknoten enthält zwei Samenanlagen, eine davon wird zum Samen der geschlossen bleibenden, zusammengedrückten Hülse, deren Form durch eine an der oberen Naht breite, an der unteren schmale Flügelung, wie durch zwei seitliche Balsamblasen sehr charakteristisch ist (Fig. 654). Oben am Stiel bleibt der glockige Kelch erhalten. *Amicia*, Gattung der Anden für nyctinastische Untersuchungen bevorzugt, hat paarig gefiederte Blätter. — *Genista*, *Sarothamnus*, *Lupinus*, *Cytisus* zeigen alle 10 Staubblätter verwachsen (Fig. 650 *B*). Ihre Blätter sind ganzrandig, gefiedert oder einfach. Der Goldregen (Fig. 266) *Laburnum vulgare*, einer der häufigsten und beliebtesten Zierbäume unserer Gärten mit dreiteilig gefiederten Blättern und lang herabhängenden gelben Blütentrauben, wächst in den Alpen wild. *Ulex* ist eine Charakterpflanze Englands, *Spartium* im Mittelmeergebiet verbreitet. — *Trifolium*, der Klee, hat bleibenden Kelch und Krone, dreiteilige Blätter, kopfig gehäufte Blüten mit (9) + 1 Staubblättern und Schließfrüchten. *Medicago*, Schneckenklee, hat hinfällige Krone und sichelförmige oder schraubig gekrümmte Früchte. *Melilotus*, Steinklee, mit traubigen Blütenständen. *Trigonella*, der Bockshornklee, bringt lang auswachsende Hülsenfrüchte. *Ononis*, Hauhechel, mit 10 verwachsenen Staubblättern. Bei den im großen angebauten *Trifolium*-, *Medicago*- und *Lupinus*-Arten (wie der unten genannten Seradella) kommt die Stickstoffanreicherung des Bodens durch die „Leguminosenknöllchen" (vgl. S. 224, Fig. 249, 250) für europäische Verhältnisse am meisten zur praktischen Verwertung. — *Lotus*, der Hornklee (Fig. 651), trägt die üblichen unpaarig gefiederten Blätter, doch wird das unterste Fiederpaar durch

Fehlen des Blattstieles nebenblattähnlich. *Anthyllis*, Wundklee. — Bei *Astragalus*-Arten, den Traganthsträuchern, niedrigen Sträuchern des östlichen Mittelmeergebietes und westlichen Asiens, fallen die Fiederchen der Blätter ab, und die Blattspindeln bleiben lange Jahre als scharf stechende Dornen erhalten und dienen zum Schutz der jungen Triebe, Blätter und Blüten (Fig. 655). Einheimische Arten sind krautig. *Robinia* (Fig. 181), rasch wachsender Baum Nordamerikas mit sehr sprödem, windbrüchigem Holz, wird vielfach angepflanzt als „Akazie". *Glycyrrhiza*, Süßholz, Stauden des südlichen Europa. *Wistaria sinensis* (Glycine), eine schön blau blühende Schlingpflanze, findet sich häufig an Häusern u. dgl. — An Gliederhülsen kenntlich sind *Coronilla*, *Ornithopus sativus*, Seradella, *Arachis hypogaea*, Erdnuß, eine wichtige ölfrucht der Tropen und Subtropen. Ihre Blütenstiele dringen nach der Befruchtung geotropisch in den Boden ein; dort reifen die Früchte. — Endranken, an Stelle der unpaaren Fiederblättchen und hypogäische Keimung besitzen *Pisum*, Erbse (Fig. 206), *Lens*, Linse, *Lathyrus*, Platterbse (Fig. 207), *Vicia*, Wicke, und als aufrechte, rankenlose Pflanze *Vicia Faba*, Saubohne, deren Endblättchen zu einem borstenförmigen Stummel verkümmert. — Windende Pflanzen mit dreiteilig gefiederten Blättern sind *Phaseolus*, Bohne; *Physostigma*, die Kalabarbohne.

Giftig: Durch hochgradige Giftigkeit ausgezeichnet ist unter den einheimischen Papilionaceen nur *Laburnum vulgare* und die verwandten Arten der Gattung *Cytisus*. — Als giftig gelten auch *Coronilla varia*, ein wildwachsendes Kraut mit rosaroten Blütendolden, und die windende *Wistaria sinensis* unserer Gärten.

Offizinell: *Astragatus*-Arten liefern Tragacantha (Pharm. germ., helv.). — *Glycyrrhiza glabra* in ihren Wurzeln und Ausläufern: Rad. Liquiritiae (Pharm. germ., austr., helv.) — *Melilotus officinalis*: Herba Meliloti, Steinklee (Pharm. germ., austr.). — *Trigonella Foenum graecum*: Semen Foenugraeci, Bockshornsamen (Pharm. germ., austr., helv.). — *Ononis spinosa*: Rad. Ononidis (Pharm. germ., austr., helv.). — *Spartium scoparium*: Sparteïnum (Pharm. helv.). — *Physostigma venenosum* (bohnenähnliche Schlingpflanze Westafrikas): das aus den Samen (Semen Calabar) dargestellte Alkaloid Physostigminum (Pharm. germ., austr., helv.). — *Andira Araroba*, ein brasilianischer Baum, enthält in seinem Stamm eine pulverige Exkretmasse: Chrysarobinum oder Araroba genannt (Pharm. germ., austr., helv.). — *Pterocarpus santalinus*, ein ostindischer Baum, liefert in seinem Kernholze Lignum Santali rubrum (Pharm. aust.). — *Pterocarpus marsupium*, ein ostindischer Baum, in seinem eingetrockneten Safte: Kino (Pharm. helv.). — *Myroxylon balsamum* var. *genuinum*, ein südamerikanischer Baum, Balsamum tolutanum (Pharm. germ., austr., helv.); *M. balsamum* var. *Pereirae* (San Salvador): Balsamum peruvianum (ibid.).

5. Ordnung. Myrtiflorae.

Die Ordnung weicht durch unterständigen Fruchtknoten und Fehlen der Nebenblätter von den Rosifloren ab.

1. Familie ***Thymelaeaceae***. *Daphne Mezereum* (Fig. 656). Giftiger Strauch unserer Wälder, blüht im Februar bis April vor Entfaltung der Blätter aus den vorjährigen Knospen. Die rosenroten stark duftenden Blüten sind kronenlos, im übrigen vierzählig, haben aber nur ein Fruchtblatt und eine hängende Samenanlage im Fruchtknoten, der sich zu einer hochroten Beere entwickelt. Die Blätter stehen zunächst schopfförmig, bis die Achse sich streckt. In den Alpen und im Mittelmeergebiet mehrere *Daphne*-Arten, die alle giftig sind.

Offizinell: Cortex Mezereï (Pharm. helv.) von *D. Mezerum*.

Fig. 656. Daphne Mezereum. **1/2** nat. Gr. Offizinell und giftig.

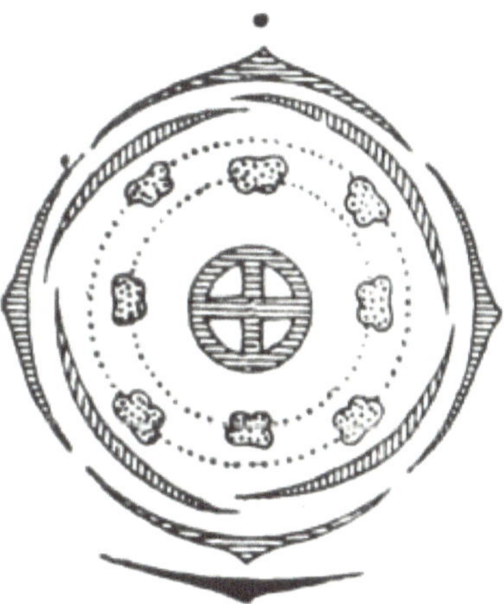

Fig. 657. Diagramm von Oenothera (Onagraceae). Nach F. NOLL.

Zu der 2. Familie ***Elaeagnaceae***, die durch aufrechten Stand ihrer Samenanlage unterschieden ist, gehören der Sanddorn, *Hippophaë*, und die Ölweide, *Elaeagnus*. Blätter und junge Zweige sind bei beiden Pflanzen mit glänzenden Schildhaaren bedeckt, ebenso bei Shepherdia (S. 47).

3. Familie ***Lythraceae***. Der einheimische Weiderich, *Lythrum Salicaria*, hat eine typisch sechszählige, durch trimorphe Heterostylie (S. 484) ausgezeichnete Blüte mit zwei bis sechs Fruchtblättern.

Die Angehörigen der 4. Familie ***Onagraceae*** haben stets vierzählige Blüten und obdiplostemones Andröceum. *Epilobium*, das Weidenröschen, ist in mehreren Arten bei uns verbreitet, seine Kapselfrüchte enthalten Samen mit Flughaaren. *Oenothera*-Arten (Fig. 657) sind bekannt als Versuchspflanzen zur experimentellen Begründung der Mutationstheorie durch DE VRIES. Einheimisch sind ferner *Circaea*, Hexenkraut, und *Trapa*, Wassernuß. Die in Amerika beheimateten *Fuchsia*-Arten werden ihrer auch durch petaloiden Kelch lebhaft gefärbten Blüten wegen viel kultiviert. Sie tragen Beerenfrüchte.

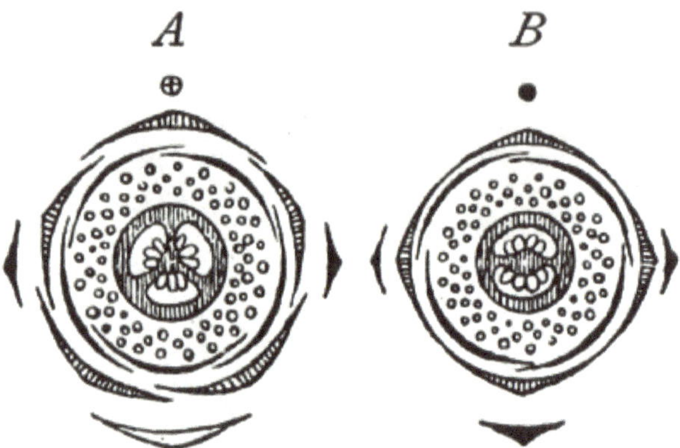

Fig. 658. Blütendiagramme von Myrtaceen. *A* Von Myrtus communis. *B* Von Eugenia aromatica. Nach A. W. EICHLER.

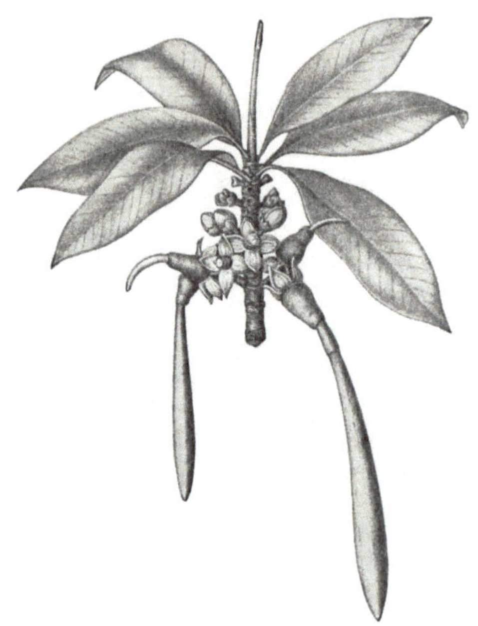

Fig. 659. Rhizophora conjugata. **1⁄4** nat. Gr.

Die 5. Familie ***Rhizophoraceae*** umfaßt tropische Küstenpflanzen der Mangroveformation, die durch ihre, den Standortseigentümlichkeiten angepaßte Viviparie, wie durch Atemwurzeln und Stelzwurzeln eigenartigen Habitus aufweisen (Fig. 187). *Rhizophora* (Fig. 659), *Bruguiera*, *Ceriops*, *Kandelia* sind alle an den Küsten des Indischen Ozeans, *Rhizophora*-Arten auch sonst an tropischen Meeresküsten verbreitet.

Die 6. Familie der ***Myrtaceae*** enthält durchweg immergrüne Pflanzen mit gegenständigen, lederartigen, oft aromatischen Blättern und strahligen, vier- oder fünfzähligen Blüten, die im Andröceum vielzählig sind und deren Staubblätter häufig in Bündeln stehen, die durch Spaltung entstanden sind. Fruchtblätter sind zwei bis viele vorhanden (Fig. 658), die mit der Blütenachse zum unterständigen Fruchtknoten verwachsen, der sich zur Beere oder Kapsel entwickelt.

Ihre Hauptverbreitung finden die Myrtaceen im tropischen Amerika und in Australien.

Myrtus communis, die Myrte, ist im Mittelmeergebiet zu Hause und bildet die einzige europäische Art. Häufig angepflanzt finden sich in wärmeren Ländern die *Eucalyptus*-Arten[480] Australiens, besonders *E. Globulus*, welche ihres schnellen Wachstums und brauchbaren Nutzholzes halber von Wert ist. Junge Exemplare haben sitzende gegenständige Blätter, ältere Bäume dagegen gestielte wechselständige, sichelartig gebogene, die vertikal herabhängen. In ihrer australischen Heimat rührt die Schattenlosigkeit der Wälder teils von dieser eigenartigen Stellung der Blätter, teils von dem weiten Abstande der einzelnen Baumindividuen her. *E. amygdalina* ist bei 150 m gemessener Höhe und 30 m Umfang am Grunde der gewaltigste Baumriese, den man kennt; *Psidium guajava* und einige *Jambosa*-Arten liefern eßbare Früchte. *Jambosa caryophyllus*, der Gewürznelkenbaum der Molukken (Fig. 660), gibt in den ungeöffneten Blütenknospen die „Nägelchen" oder „Nelken". Der Baum wird in den Tropen vielfach kultiviert. Fig. 660 zeigt auch den unterständigen zweifächerigen Fruchtknoten im Längsschnitt. Sonneratia-Arten sind vielfach die am weitesten ins Meer vordringenden Angehörigen der Mangrovevegetation, so daß ihre Pneumatophoren besondere Höhe erreichen müssen (Fig. 186, S. 143).

Offizinell: Caryophylli, Oleum Caryophyllorum (Pharm. germ., austr., helv.) von *Jambosa caryophyllus*, Folia Eucalypti (Pharm. helv.) von *Eucalyptus Globulus*, Oleum Cajeputi (Pharm. austr., helv.) von *Melaleuca Leucadendron*.

Fig. 660. Jambosa caryophyllus. **2/3** nat. Gr. Blühender Zweig. Eine Knospe halbiert und eine geöffnete Blüte daneben, etwa nat. Gr. — Offizinell.

Fig. 661. Punica granatum. 1/2 nat. Gr. *1* Zweig mit Blüte und Knospe. *2* Blütenlängsschnitt. *3* Frucht (vgl. Text). Offizinell.

Fig. 662. Blütendiagramm von Punica granatum. Nach A. W. EICHLER.

Die einzige Gattung der 7. Familie der ***Punicaceae*** ist *Punica. Punica granatum*, ein aus dem Orient stammendes Bäumchen, das seiner säuerlichen, äußerst erfrischenden Früchte wegen vielfach im Mittelmeergebiet gezogen wird (Fig. 661), hat kleine Blätter und ansehnliche Blüten mit steifem, rotem Kelch, der unbestimmt viele Kron- und zahlreiche Staubblätter umschließt. 7–14 Fruchtblätter sind in zwei Stockwerken angeordnet, deren oberes der vollen Kelchblattzahl, das untere ihrer Hälfte entspricht (Fig. 661 *2*, 662). Die Frucht wird von lederiger Wand umhüllt, mit zahllosen Samen in den Fächern beider Etagen. Die äußeren, fleischigen Schichten der Samenschale stellen den genießbaren Teil der Frucht dar.

Offizinell: Cortex Granati (Pharm. germ., austr., helv.), Stamm- oder Wurzelrinde des Bäumchens.

6. Ordnung. Umbelliflorae.

Das gemeinsame Merkmal der in dieser Ordnung vereinigten Pflanzen sind die doldenförmigen Blütenstände, aus zwittrigen, strahligen Einzelblüten, mit nur einem Staubblattwirtel und unterständigem, zweifächerigem, aus zwei Fruchtblättern gebildeten Fruchtknoten, dessen obere Diskusfläche als Nektarium dient; jedes Fach enthält eine hängende Samenanlage.

[Nach den neuesten sero-diagnostischen Untersuchungen sollen die Umbellifloren den Abschluß des Rosiflorenastes bilden. Morphologisch wäre ihre nächste Verwandtschaft unter den Rubiaceen-Caprifoliaceen zu suchen.]

1. Familie ***Cornaceae***. *Cornus mas*. Die Kornelkirsche (Fig. 662) entwickelt ihre kleinen Dolden vierzähliger gelber Blüten bereits vor Erscheinen der einfachen Blätter; jede Dolde von vier Hochblättern gestützt. Ihre Steinfrüchte von säuerlich-herbem Geschmack werden besonders in den Balkanländern vielfach verwendet. Nächstjährige Blütenstände, schon zur Zeit der Fruchtreife in den Blattachseln ausgebildet, überdauern den Winter unter dem Schutze ihrer als Knospenschuppen ausgebildeten Hochblätter. *C. sanguinea*, häufiger Strauch. *C. suecica*, nordische Staude, die in Norddeutschland ihre Südgrenze erreicht.

Fig. 662. Cornus mas. 1/2 nat. Gr. *1* Blühender, *2* fruchttragender Zweig. *3* Blüte von oben. *4* Blütenlängsschnitt. *3*, *4* vergr.

Von der 2. Familie, ***Araliaceae***, ist nur der bekannte wurzelkletternde Efeu, *Hedera Helix*[481], in Deutschland heimisch. Seine elliptisch zugespitzte Blattform tritt erst an den orthotropen Trieben älterer Pflanzen auf, welche alsdann auch (im Spätsommer oder Herbst) zur Blüte gelangen. Die jugendlichen Blätter der kriechenden oder kletternden plagiotropen Triebe sind gelappt und wenigstens bei wildwachsenden Individuen sehr kurz gestielt. Ein fünfzipfeliger Kelch entspricht den fünf Rippen des Fruchtknotens. Die Krone ist von grünlicher Färbung; ihr großer Diskus auf der Fruchtknotenoberfläche lockt reichlichen Besuch von Fliegen und Bienen herbei. Die Früchte reifen während des Winters oder Frühjahrs zu blauschwarzen Beeren; die Samen werden durch Amseln und andere Vögel, die den Früchten eifrig nachstellen, verbreitet.

Die 3. Familie, ***Umbelliferae***, ist bei weitem die umfangreichste und wichtigste der Ordnung. Sie enthält ausschließlich Kräuter oder Stauden von bisweilen mächtiger Größe. Der Stengel trägt wechselständige Blätter, welche ihn mit ihren oft stark entwickelten Scheiden völlig umfassen; er ist in massive Knoten und hohle Internodien gegliedert und trägt meist reich zusammengesetzte, nur in wenigen Fällen einfache Blätter. Seine Infloreszenzen sind gipfelständige Dolden oder häufiger Doppeldolden mit Stützblättern, die eine „Hülle" bzw. „Hüllchen" bilden; die Enddolden werden vielfach durch nächstjüngere Achselsprosse übergipfelt. Ihre Einzelblüten sind weiß, grünlich oder gelb, andere Farben sind sehr selten. (Fig. 663.) K5 (meist nur in Form kurzer Spitzen), G5, A5, G$(\overline{2})$. Die Samenanlage hängt an der medianen Scheidewand (Fugenfläche) herab und kehrt ihre Mikropyle aufwärts und auswärts. Die Scheitelfläche der Fruchtblätter wird von einem geschwollenen Diskus, dem Nektariumpolster, eingenommen, das in den Griffeln mit kugeligen Narben endet. Durch Trennung in der Fugenfläche zerfällt die Spaltfrucht in zwei Teilfrüchtchen, die in vielen Fällen nach ihrer Trennung noch eine Zeitlang von dem in der Mittellinie der Scheidewand befindlichen, aus mechanisch wirksamem Gewebe bestehenden Karpophor, dem Fruchtträger, festgehalten werden. Hauptverbreitungsgebiete der Umbelliferen sind das westasiatische Steppengebiet, das mittlere Nordamerika, Chile und Australien.

Fig. 663. Umbelliferae, Diagramm (Siler). Nach F. NOLL.

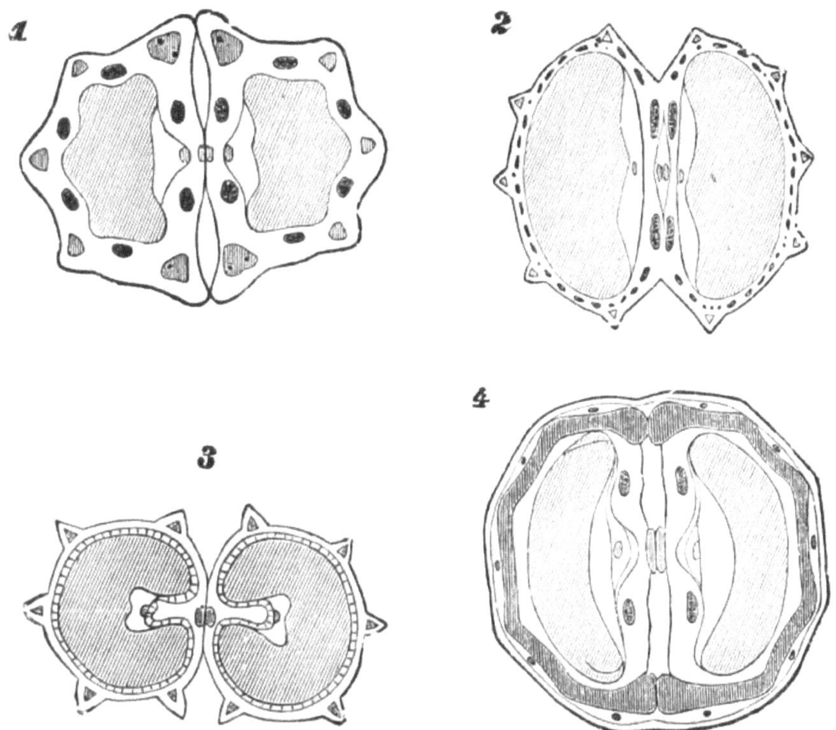

Fig. 664. Umbelliferenfrüchte im Querschnitt. *1* Foeniculum capillaceum. *2* Pimpinella Anisum. *3* Conium maculatum. *4* Coriandrum sativum. (*4* mit Benutzung einer Figur von O. DRUDE) Vergr. — Offizinell.

Fig. 665. Carum Carvi. 1/2 nat. Gr. Fruchtstand, Einzelblüte und Teilfrüchte am Karpophor. Vergr. — Offizinell.

Für die systematische Unterscheidung sind vor allem die Früchte von Bedeutung. Jede Teilfrucht ist mit fünf Rippen ausgestattet, welche die Leitbündel führen. An der Fugenfläche liegen die Randrippen der beiden Teilfrüchte, die häufig von den übrigen drei Rückenrippen verschieden sind. Zwischen den fünf Hauptrippen finden sich bisweilen noch vier Nebenrippen (Coriandrum). In der Regel folgt jedoch ein Tälchen auf eine Rippe, und in jedem Tälchen verläuft ein großer, die Frucht der Länge nach durchziehender, als Ölstrieme bezeichneter Sekretgang. Die Fugenfläche führt beiderseits des Karpophors je eine Ölstrieme, so daß sechs davon jeder Teilfrucht zukommen (Fig. 664, *1*). Daneben finden sich bei einzelnen Formen noch anderweitige Sekretbehälter (Fig. 664, *2*, *3*). Verschiedene Querschnittsform der Früchte, je nachdem der quer zur Fugenfläche genommene oder der in ihr liegende Durchmesser größer ist, Form von Rand- und Rückenrippen, Fehlen oder Vorhandensein von Ölstriemen oder Nebenrippen ermöglichen eine gute und sichere Erkennung der Früchte; diese sind für die Bestimmung der Arten unentbehrlich. Da zahlreiche Umbelliferenfrüchte als Arzneimittel und Gifte, andere als Gewürze usw. benutzt werden, ist ihre Unterscheidung von erheblicher Bedeutung. Das Endosperm der Umbelliferensamen hat fettes Öl als Reservestoff gespeichert.

Bei Pimpinella, Bibernell, und den folgenden Gattungen ist das Endosperm an der Fugenseite flach oder schwach konvex (Fig. 664, *1*, *2*). *Pimpinella Anisum*, der einjährige Anis. *Carum Carvi*, Kümmel, eine alte Kulturpflanze (Fig. 665), deren Blätter doppelt gefiedert-fiederspaltig sind, mit nebenblattartigen untersten Fiederchen; die folgenden größeren werden an der vertikal aufsteigenden Hauptspindel horizontal gestellt. Die letzten Fiederchen endlich sind einfach lineal. Jede gipfelständige, erstblühende Dolde wird von den aus oberen Blattachseln entwickelten seitlichen übergipfelt. Die Pflanze ist zweijährig. *Foeniculum*, Fenchel, *Pastinaca*, Pastinak und *Levisticum*, Liebstöckel, blühen gelb; *Petroselinum*, Petersilie, *Daucus*, Möhre oder Karotte, *Apium*, Sellerie, *Anethum*, Dill, sind Gemüsepflanzen. Die Wasser- oder Sumpfpflanzen: *Cicuta*, Wasserschierling (Fig. 666), *Sium*, Merk, *Oenanthe*, Pferdekümmel, *Berula*, Berle, ebenso die sog. Hundspetersilie *Aethusa Cynapium* (Fig. 667), ein Gartenunkraut mit gekielten Fruchtrippen und drei langlinealen außenwendigen Hüllblättchen am Döldchen, sind sämtlich giftig. *Archangelica officinalis*, Engelswurz, eine bis etwa 2 m hohe stattliche Pflanze, hat doppelt gefiederte große Blätter mit sackförmigen Scheiden; ihre grünlichen Blüten sind auffallend stark protandrisch; die Pflanze dient im hohen Norden als Nahrungsmittel.

Fig. 666. Cicuta virosa. **1/2** nat. Gr. Rhizom-Längsschnitt. Frucht vergr. — Giftig.

Bei *Scandix* und *Anthriscus*, dem Kerbel, sind die Früchte geschnäbelt, und die Fugenseite des Endosperms wird, wie bei den folgenden Gattungen, von einer Längsrinne durchzogen. *Chaerophyllum*, Kälberkropf. *Conium maculatum* (Fig. 668), der Schierling, ist eine häufige zweijährige Pflanze, oft von stattlicher Höhe. Diese bekannte Giftpflanze ist völlig unbehaart, die roten Flecken am Stengel wie den Blattstielen rechtfertigen den Artnamen. Die mattgrünen Blätter sind doppelt bis dreifach gefiedert-fiederteilig, und ihre äußersten Spitzen laufen stets in einen farblosen stachelartigen Fortsatz aus. Diese Blattform und die wellig gekerbten Längsrippen des der Ölstriemen in den Tälchen entbehrenden Fruchtknotens sind neben dem eigenartigen unangenehmen Geruch die Hauptkennzeichen der Pflanze (Fig. 664, *3*).

Bei *Coriandrum sativum* ist die Fugenseite des Endosperms ausgehöhlt (Fig. 664, *4*). Der einjährige Koriander hat durch starke Verlängerung der nach außen gekehrten Kronblätter dorsiventrale Blüten. Durch feste Verwachsung der an der Fugenseite tief ausgehöhlten zwei Teilfrüchte wird die Gesamtfrucht kugelig mit geschlängelten, kaum vortretenden Hauptrippen und dazwischen etwas schärfer markierten geraden Nebenrippen.

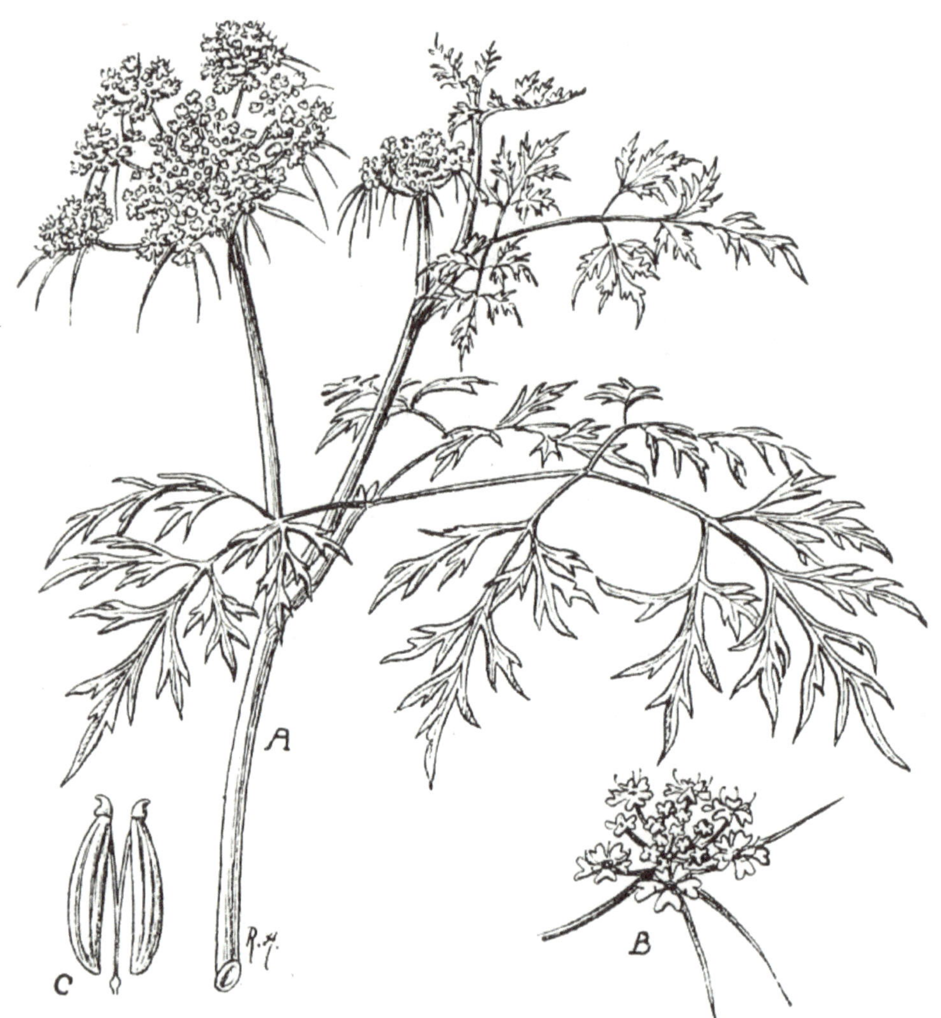

Fig. 667. Aethusa Cynapium. 2/3 nat. Gr. *B* Einzeldolde. *C* Frucht. Vergr. — Giftig.

Offizinell: *Archangelica officinalis* liefert Rad. Angelicae (Pharm. germ., austr., helv.). — *Levisticum officinale*: Rad. Levistici (Pharm. germ., helv.), *Pimpinella magna* und *P. Saxifraga*: Rad. Pimpinellae (ibid.). — *Imperatoria Ostruthium*: Rhizoma Imperatoriae (Pharm. helv.). — *Pimpinella Anisum*: Fructus Anisi, Oleum Anisi (Pharm. germ., austr., helv.). — *Foeniculum capillaceum*: Fruct. Foeniculi (ibid.). *Carum Carvi*: Fruct. Carvi (ibid.). — *Coriandrum sativum*: Fruct. Coriandri (Pharm. austr.). — *Petroselinum sativum*: Fruct. Petroselini (Pharm. helv.) und Rad. Petroselini (Pharm. austr.). — *Conium maculatum*: Herba Conii (Pharm. germ., austr.), Fructus Conii

(Pharm. helv.). — *Dorema Ammoniacum* (Persien): Ammoniacum (Pharm. germ., austr., helv.). — *Ferula galbaniflua* und andere Arten (Persien): Galbanum (Pharm. germ., austr., helv.). — *Ferula Narthex* (Tibet) und *F. Asa foetida* (Persien): Asa foetida (ibid.).

Fig. 668. Conium maculatum. **1/2** nat. Gr. — Offizinell und giftig.

7. Ordnung. Centrospermae.

Pflanzen meist mit Zwitterblüten von dem fünfzähligen Dikotylentypus.

An die Polycarpicae, und zwar die Berberidaceae, sollen nach den sero-diagnostischen Untersuchungen die Centrospermae anschließen, denen nach ihrer zentralen Placenta auch die Primulinae angehören würden.

Während ich die hierher zugewiesenen Lentibulariaceae am alten Platze bei den Scrophulariaceae belasse, weise ich den Cactaceae die ihnen von jeher angewiesene Stelle neben den Aïzoaceae zu, da ihr Hinaufrücken fast bis an den Sympetalenast kaum morphologisch zu rechtfertigen ist.

1. Familie ***Aïzoaceae***. Gattung *Mesembryanthemum*. Perenierende, meist krautige, stark xerophile und blattsukkulente Pflanzen Südafrikas. Die hermaphroditen Blüten haben eine vielblättrige, aus Staubblättern umgebildete Krone, zahlreiche Staubblätter und 2-∞ Fruchtblätter, die hygroskopische Kapselfrüchte liefern. Die Gattung enthält steinähnliche „Mimicry"-Arten wie *M. truncatellum*, *pseudotruncatellum*, *Bolusii* und *calcareum*[477].

2. Familie ***Cactaceae***. Diese auf Amerika beschränkte Familie umfaßt blattlose Stammsukkulenten von sehr geringen bis zu gewaltigen Dimensionen, deren Zwitterblüten strahlig, seltener dorsiventral sind mit vielzählig spiraligem, langsam von Kelch in Krone übergehendem Perianth und vermehrtem Andröceum und Gynäceum. Der unterständige Fruchtknoten ist einfächerig und enthält zahlreiche wandständige Plazenten mit langgestielten Samenanlagen. Die Früchte werden zu Beeren, deren Fleisch wesentlich aus diesen Samenstielen hervorgeht.

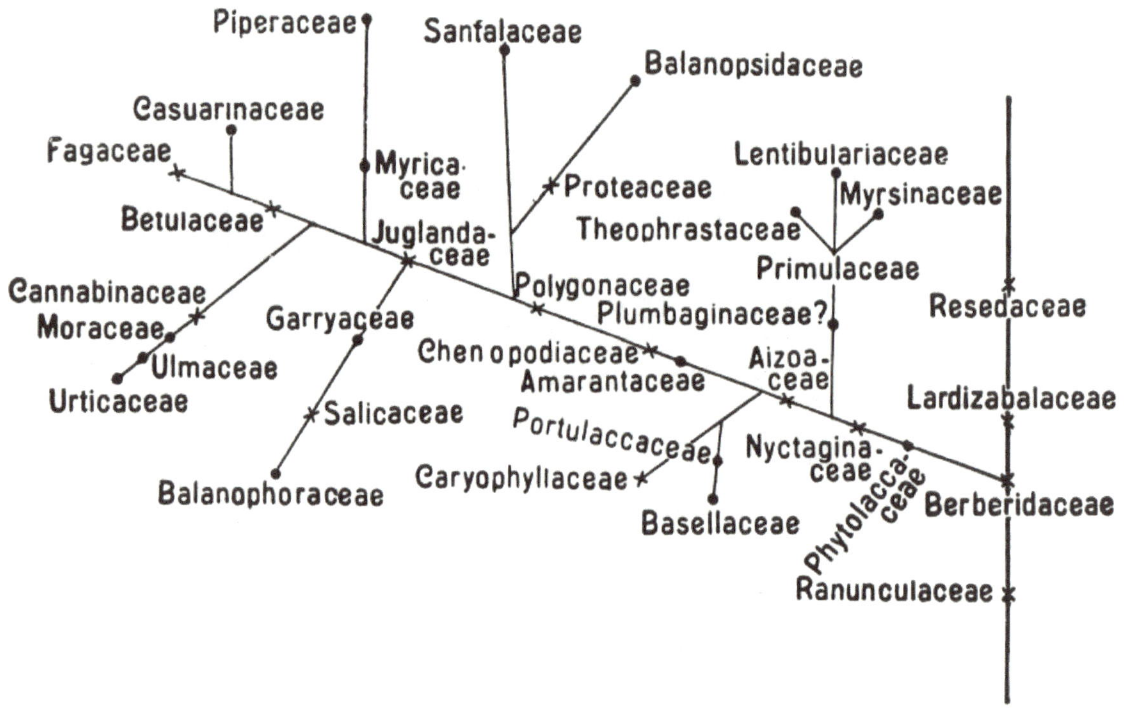

Stammbaum des Astes der Centrospermen und der anschließenden Familien nach den sero-diagnostischen Untersuchungen von F. MALLIGSON.

Nur *Peireskia* und einzelne *Opuntia*-Arten haben noch Blätter, andere Opuntien nur flache Sproßglieder (Fig. 195). *Cereus* (Fig. 199), *Echinocactus* u. a. haben Längsrippen, *Mamillaria* freie Höcker (Mamillen); die zahlreichen Dornbüschel auf den Gliedersprossen, den Rippen oder den einzelnen Mamillen entsprechen je einem Achselsproß, dessen Tragblatt verkümmert ist, während die Blattanlagen der verbreiterten Sproßachse in Dornen umgebildet werden (Fig. 669).

Cactaceae bilden einen Hauptbestandteil der Vegetation im regenarmen Südwesten der Vereinigten Staaten von Nordamerika, Mexiko und den Anden Südamerikas. Ihre eigenartige Gestaltung kehrt bei Euphorbiaceen und Asclepiadaceen unter ähnlichen klimatischen Bedingungen wieder (vgl. S. 149). (Konvergenzerscheinung.) Die Gattungen *Rhipsalis*, *Epiphyllum* und *Phyllocactus* enthalten zahlreiche epiphytische Formen. Im

Mittelmeergebiet verwildert: *Opuntia Ficus indica*, deren Früchte genießbar sind, wie auch zahlreiche andere Arten der Familie in ihrer Heimat als Obstbäume geschätzt werden. Einige Cactaceae, wie *Anhalonium* u. a., führen stark giftige Alkaloide und Saponine. *Opuntia* und *Nopalea*-Arten (*Nopalea coccinellifera*) dienen zur Kultur der Cochenille-Schildlaus, die den Karminfarbstoff liefert.

Fig. 669. Cereus geometrizans. Zwei Rippen eines fünfrippigen Stammes mit Blüten und Früchten. **3⁄4** nat. Gr.

3. Familie ***Caryophyllaceae***. Hierher gehören Kräuter mit einfachen, lineal-länglichen, in der Regel gegenständigen Blättern und pentazyklischen fünfzähligen Blüten mit Kelch und Krone; die Andröceumkreise sind obdiplostemon, und der einfächerige Fruchtknoten ist oft unvollständig gefächert. K5, C5, A5 + 5, G(5) (Fig. 671). Die Kapselfrüchte bergen zahlreiche Samen, die einen um das mehlige Perisperm herumliegenden gekrümmten Embryo enthalten.

Fig. 670. Saponaria officinalis. 1/2 nat. Gr. — Giftig.

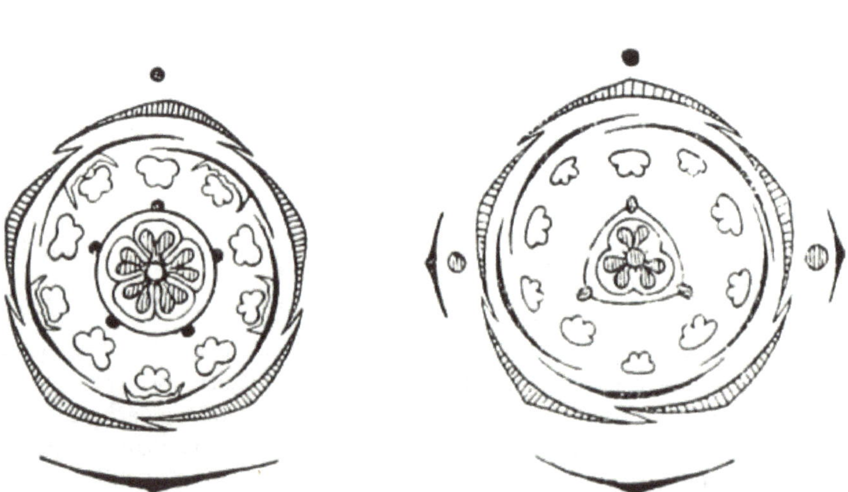

Fig. 671. Diagramme von Caryophyllaceen. *A* Viscaria, Scheidewände im unteren Teile des Fruchtknotens vorhanden. *B* Silene, Scheidewände fehlen. Nach A. W. EICHLER.

Fig. 672. Agrostemma Githago. Blühender Zweig und Frucht. 1/2 nat. Größe. — Giftig.

Cerastium- und *Stellaria*-Arten gehören zu dem Frühjahrsschmuck unserer Fluren und Wälder mit ihren zierlichen weißen Blüten und gespaltenen Kronblättern. *Dianthus*-Arten, Nelken, sind an Wegrändern, sonnigen Hügeln, im Mittel- und Hochgebirge durch ihre leuchtenden Farben oder ihren Geruch auffallend. Als Ackerunkraut ist die filzig-behaarte Kornrade, *Agrostemma Githago* (Fig. 672), mit blauroten Blüten häufig, ihre Samen sind giftig. *Saponaria officinalis*, ein meterhohes Kraut mit gegenständigen breiten Blättern, ist saponinhaltig und darum giftig (Fig. 670).

Offizinell: Herba Herniariae (Pharm. austr.) von *Herniaria glabra* und *H. hirsuta.*

4. Familie ***Chenopodiaceae*** enthält Kräuter mit wechselständigen Blättern und typisch fünfzähligen Blüten mit einem Perigon- und Andröceumkreis: P5, A5, G(2–5). Die Staubblätter stehen vor den Perianthblättern, Reduktionen zu eingeschlechtigen Blüten sind nicht selten. Eine grundständige, kampylotrope Samenanlage ist im einfächerigen Fruchtknoten enthalten, der zu einer Nuß wird. Der Samen birgt einen gekrümmten Embryo, der das mehlige Perisperm rings umlagert.

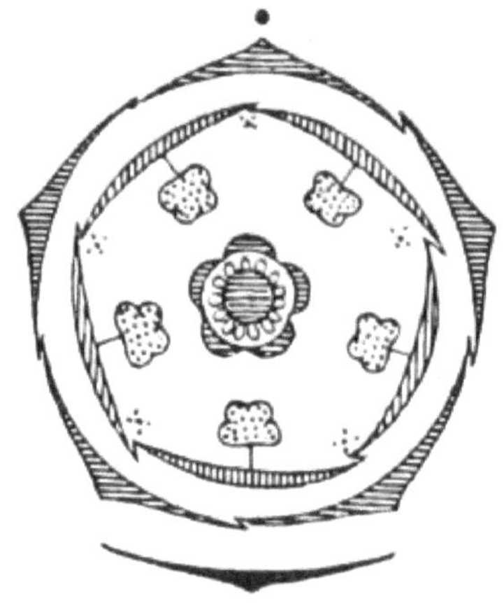

Fig. 673. Diagramm der Primulaceen (Primula). Nach F. NOLL.

Fig. 674. Anagallis arvensis. 1/2 nat. Gr. Längsdurchschnittene Blüte und aufgesprungene Kapsel. Vergr. — Giftig.

Fig. 675. Cyclamen europaeum. Verkl. *A* Blühende Pflanze. *B* Frucht mit sich schraubig in die Erde einrollendem Fruchtstiel. Nach H. G. REICHENBACH. — Giftig.

Chenopodiaceen sind vielfach Bewohner des Meeresstrandes und überhaupt auf salzhaltigem Boden verbreitet, so in den großen asiatischen Salzsteppen und Wüsten. *Salicornia* am Meeresstrande und sonst auf Salzboden (vgl. S. 147). — Neben dem als Gemüsepflanze zu erwähnenden Spinat (*Spinacia oleracea* Winter-, *Sp. glabra* Sommerspinat) ist vor allem die Zuckerrübe, *Beta vulgaris* var. *Rapa*, von Wichtigkeit. Sie liefert den offizinellen Zucker (Pharm. germ., austr., helv.). Die Pflanze ist zweijahrig. Im ersten Jahre bildet sie eine dick anschwellende, fleischige Wurzel, die von der Knospe und einer Anzahl saftiger, dickstieliger, ganzrandiger, oft etwas gekrauster Blätter gekrönt wird. Aus dieser Blattrosette treibt im zweiten Jahre ein reich verzweigter rispenförmiger Blütenstand hervor, mit unscheinbaren, grünlichen Einzelblüten reich besetzt, deren Fruchtknoten dreikarpellig ist. Am Schluß des ersten Jahres geerntet, liefert die Wurzel Rohrzucker, welcher die gespeicherte Reservenahrung darstellt. Durch stete Zuchtwahl ist der Zuckergehalt von 7–8% auf etwa 15% durchschnittlich gebracht, steigt jedoch bis 21%, ja 26%. Die Stammpflanze der Zuckerrübe ist *Beta patula*. *Chenopodium* und *Atriplex* sind häufige Unkräuter in der Nähe menschlicher Wohnungen. Von *Chenopodium ambrosioides* stammt die offizinelle Herba Chenopodii (Pharm. austr.).

8. Ordnung. Primulinae.

Familie der ***Primulaceen***. Das Diagramm (Fig. 673) zeigt nur einen Staubblattkreis, der aber nicht alterniert, sondern vor den sympetalen Kronblättern steht. Die zentrale Placenta ist charakteristisch. Die Gattung *Primula* ist weit verbreitet; einheimisch sind zahlreiche Arten, die mit dem der Familie eigenen einfächerigen oberständigen Fruchtknoten und einfachem Griffel ausgerüstet sind. *Primula* besitzt sehr ausgeprägte dimorphe Heterostylie (Fig. 545). *Anagallis* mit seiner Deckelkapsel (Fig. 674) und *Cyclamen* (Fig. 675) sind bekannte *Primulaceen*-Gattungen. Die frischen Knollen von *Cyclamen*, das Kraut von *Anagallis* und die Drüsenhaare verschiedener *Primula*-Arten [*Pr. obconica*, *Corthusa Mathioli*[482]] sind giftig.

9. Ordnung. Polygoninae.

Die einzige Familie, ***Polygonaceae***, enthält meist perennierende Kräuter mit hohlen, knotig gegliederten Stengeln und einfachen wechselständigen Blättern. Ihre häutigen Nebenblätter sind zu einer die Stammknospe überziehenden Tüte, Ochrea, verwachsen die vom Stamme durchbrochen wird und als röhrenartiges Organ an der Internodiumbasis erhalten bleibt (Fig. 676). Die Familie ist vorwiegend in der nördlichen gemäßigten Zone heimisch.

Fig. 676. Blatt von Polygonum amplexicaule mit der Ochrea *st*. **1/3** nat. Gr.

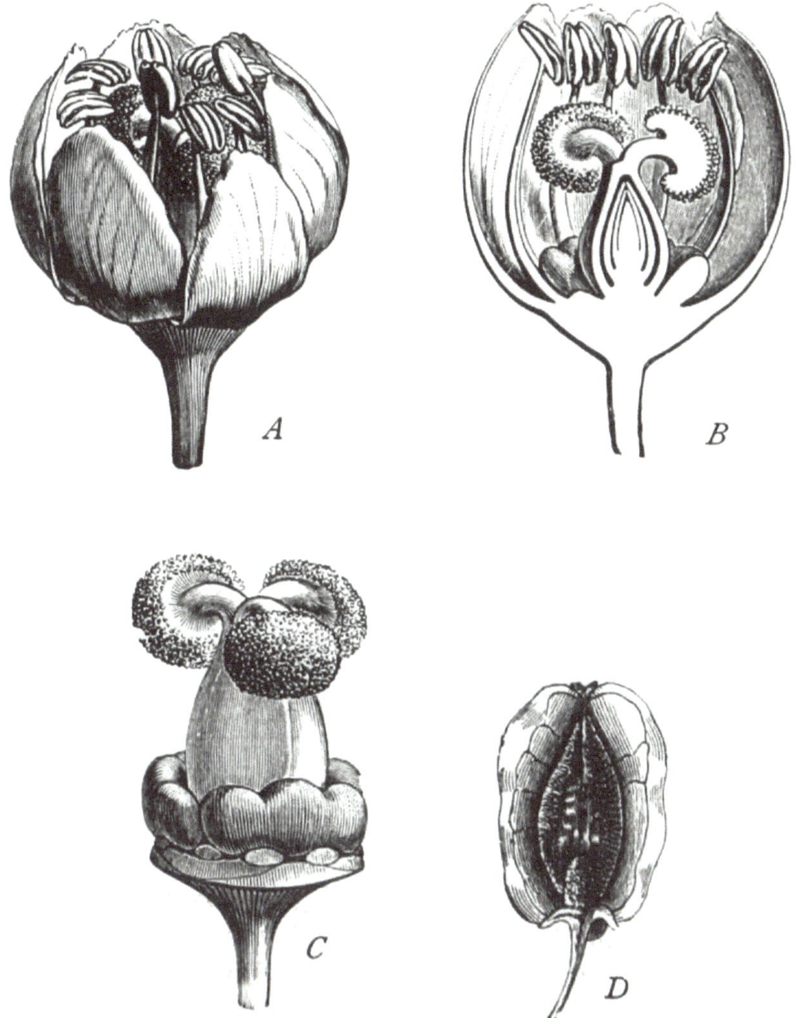

Fig. 677. Rheum officinale. *A* Blüte. *B* Blütenlängsschnitt. *C* Gynäceum mit Diskus. *D* Rheum compactum, Frucht. Vergr. Nach LÜRSSEN.

Gattungen: Die Gattung *Rheum*, Rhabarber, stammt aus Ostasien und trägt mächtige, grundständige, einfache, handförmig geaderte Blätter und aufstrebende, sehr große, rispige Blütenstände. Die Einzelblüten besitzen zwei Perigonkreise von gleichartiger Ausbildung, zwei Staubblattkreise, deren äußerer durch Spaltung verdoppelt ist, also P3 + 3, A6 + 3, G(3). — Große drüsige Diskusschuppen deuten auf Insektenbesuch hin. Der dreikantige Fruchtknoten ist in der Reife dreiflügelig (Fig. 677 *D*). Rheum-Arten werden vielfach als Zierpflanzen, mehr noch als Gemüse gebaut. *Rumex acetosa*, Sauerampfer, einheimische Gemüsepflanze mit spießförmigen Blättern. Ihr Blütenbau gleicht demjenigen von *Rheum*, doch fehlt der innere Staubblattkreis. *Polygonum*-Arten mit gefärbtem, fünfblätterigem Perigon und wechselnder Zahl im Andröceum; *Fagopyrum esculentum* liefert in seinen dreikantigen Früchten Buchweizen (Fig. 585 *B*).

Offizinell: Rhizoma Rhei von *Rheum officinale*, *Rh. palmatum* und wohl noch anderen Arten. (Pharm. germ., austr., helv.) *Herba Polygoni* von *Polygonum aviculare* (Pharm. austr.).

10. Ordnung. Loranthiflorae.

1. Familie ***Santalaceae***. Grüne, im Boden wurzelnde Halbparasiten, die den Wurzeln anderer Pflanzen durch Haustorien Nährstoffe entziehen. *Thesium*-Arten einheimisch. Offizinell: Oleum Santali (Pharm. germ., austr., helv.) aus dem Holze von *Santalum album*, das für Kunsttischlerei geschätzt ist. 2. Familie ***Loranthaceae***. Auf Baumästen lebende, belaubte, halbparasitische Sträucher, die besonders in den Tropen häufig sind und z. B. im tropischen Amerika durch die Farbenpracht ihrer Blüten zu Zeiten auffallen. Einheimisch: Der seltene *Loranthus europaeus* lebt auf Eichen; *Viscum album* (Fig. 678), die Mistel, ein häufiger immergrüner Halbparasit auf den verschiedensten Bäumen, trägt gegenständige, am Ende verbreiterte, ganzrandige Blätter am knotig gegliederten Stamm. Die weißen Beerenfrüchte werden von Vögeln verbreitet. Aus den Samen treibt ein der Wurzelhaube entbehrender „Senker" durch die Rinde bis ans Holz, in das er nicht eindringen kann. Sein Scheitel wird vom Jahreszuwachs des Holzes umwallt; die dem jeweiligen Kambium des Wirtes entsprechende Region vermittelt weiteren Zuwachs.

Fig. 678. Viscum album. 1/2 nat. Gr. Mit Blüten und Früchten.

11. Ordnung. Juglandiflorae.

Die Familie ***Juglandaceae*** enthält stattliche, monözische Bäume der nördlichen Hemisphäre mit unpaarig gefiederten, aromatischen Blättern in wechselständiger Anordnung ohne Nebenblätter und mit stark reduzierten Blüten.

Der Walnußbaum, *Juglans regia* (Fig. 679), ist in Westasien und im östlichen Mittelmeergebiet einheimisch und wird jetzt in ganz Europa viel kultiviert. Im Frühjahr strecken sich aus vorjährigen Achselknospen lang herabhängende, dicke ♂ Kätzchen hervor, deren Achse mit zahlreichen Einzelblüten bedeckt ist. Jede besteht aus 3–5 Perianthblättern, welche mit zwei Vorblättern zusammen dem Deckblatt angewachsen sind und zahlreiche Staubblätter umhüllen. Sie sind gegen die Infloreszenzspitze gekehrt. Weibliche Blüten stehen in geringer Zahl am Gipfel der jungen Sprosse. Ihre zwei Fruchtblätter enden in großen, federigen, auseinanderspreizenden Narben, und das Perigon ist ebenfalls mit Deckblatt und Vorblättern verwachsen. Der unterständige, einfächerige Fruchtknoten entwickelt seine grundständige atrope Samenanlage zur Steinfrucht. In der Fruchtschale liegt ein von dünner Samenschale umschlossener Embryo mit großen, ölreichen Kotyledonen, die durch unvollkommene, falsche Scheidewände mannigfach gelappt sind; ein Endosperm fehlt. Auch andere *Juglans*-, und *Carya*-Arten liefern eßbare Samen und geschätztes Nutzholz.

Fig. 679. Juglans regia. **1/2** nat. Gr. *1* Zweig mit jungem Laub, männlichen Kätzchen und weiblichen Blüten am Gipfel. *2* Männliche, *3* weibliche Einzelblüte. *4* Frucht, deren äußere Schale zum Teil entfernt ist. — Offizinell.

Offizinell: Folia Juglandis (Pharm. germ., austr., helv.) von *Juglans regia.*

12. Ordnung. Piperinae.

Einzige Familie ***Piperaceae***. Wichtig ist die Gattung Piper mit dreizähligen, meist aber reduzierten Blüten, einfächerigem Fruchtknoten, der eine Steinfrucht mit Perisperm ergibt, welches den von spärlichem Endosperm umhüllten Embryo einschließt. Zerstreute Leitbündel auf dem Stammquerschnitt erinnern an die Monokotylen, doch ist Dickenwachstum vorhanden. Die Stammpflanze des Pfeffers *Piper nigrum*, ist ein im malayischen Gebiete heimischer, jetzt überall in den Tropen angebauter Wurzelkletterer (Fig. 680). Seine unreifen Früchte geben den schwarzen Pfeffer, nach der Reife und Entfernung der fleischigen äußeren Fruchtschale den weißen Pfeffer.

Offizinell: Cubebae (Pharm. germ., austr., helv.). Früchte von *Piper Cubeba* (Fig. 681), durch stielartigen Fortsatz der Fruchtbasis vom schwarzen Pfeffer unterschieden. *Fructus piperis nigri* (Pharm. austr.), Früchte von *P. nigrum.*

Fig. 680. Piper nigrum. 1/2 nat. Gr.

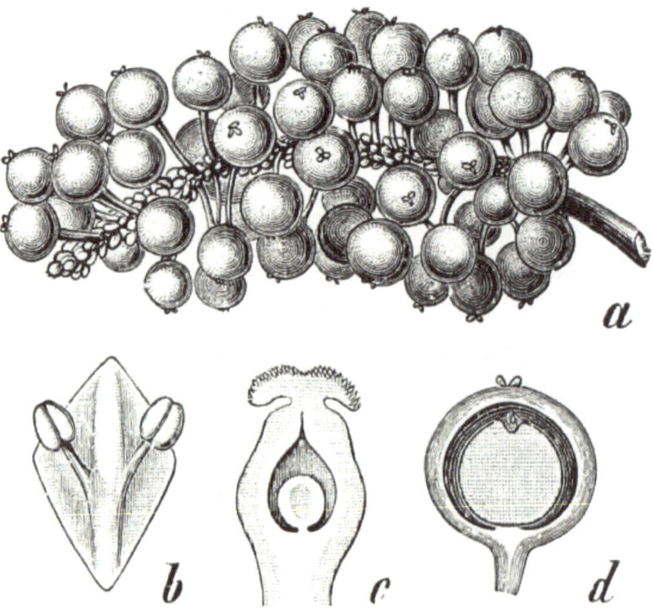

Fig. 681. Piper Cubeba. *a* Fruchtstand, nat. Gr., *b* männliche Blüte, vergr., *c* weibliche Blüte, Längsschnitt, vergr., *d* Frucht. Längsschnitt, vergr. Nach BERG und SCHMIDT. Offizinell.

13. Ordnung. Querciflorae[483].

Diese Ordnung umfaßt unsere wichtigsten Laubbäume, deren ungeteilte Blätter hinfällige Nebenblätter besitzen. Die Blüten sind sehr stark reduziert, stets monözisch verteilt und stehen in Kätzchen oder Köpfchen. Der Fruchtknoten ist unterständig mit hängenden Samenanlagen, welche einsamige, endospermlose Nüsse bringen.

1. Familie ***Betulaceae***. Die männlichen Blüten sind der Deckschuppe angewachsen. Der zweifächerige Fruchtknoten hat zwei lange Narben und eine hängende anatrope Samenanlage in jedem Fache. Die Pflanzen sind vorzugsweise auf der Nordhemisphäre verbreitet.

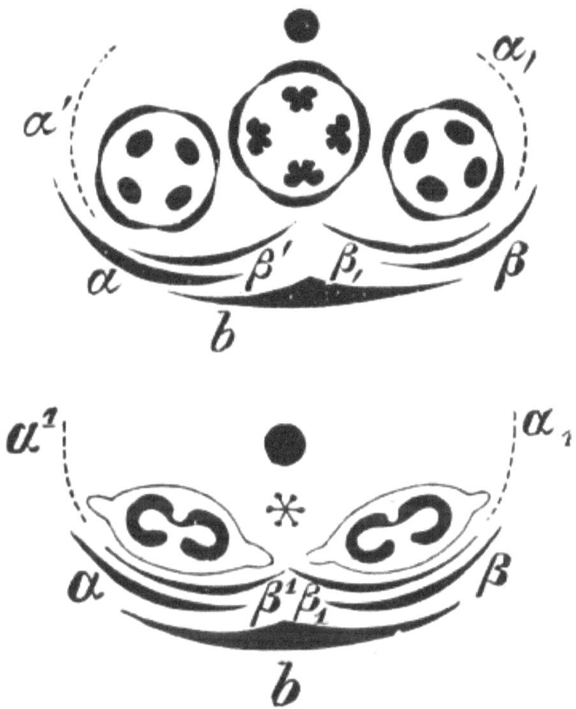

Fig. 682. Alnus glutinosa. Diagramme der männlichen und weiblichen Blüten (nach A. W. EICHLER).
Deckblatt *b*, die zugehörigen Vorblätter α β, α' β'.

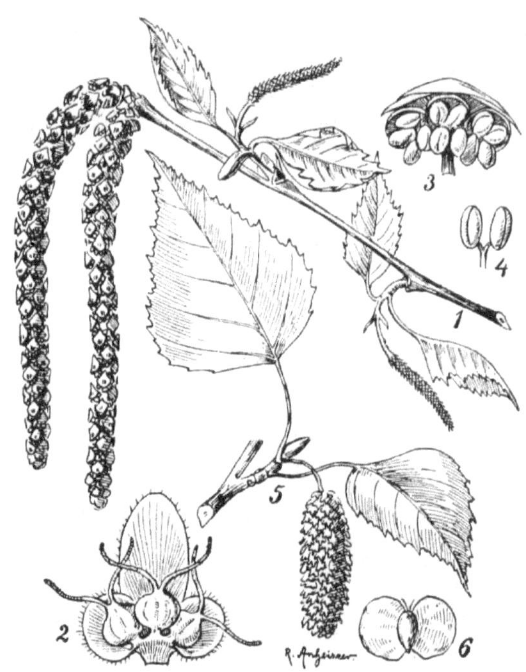

Fig. 683. Betula verrucosa. *1* Blütenzweig, männliche Infloreszenzen gipfelständig, weibliche an kleineren Seitenzweigen. *2* Dichasium aus drei weiblichen Blüten. *3* Männliche Einzelblüte. *4* Ein Staubblatt. *5* Ein Fruchtsproß. *6* Frucht. *1* und *5* **2/3** nat. Gr., *2–4* und *6* vergr. — Offizinell.

Fig. 684. Carpinus Betulus. *1* Blühender Zweig, männliche Kätzchen aus vorjährigen Knospen, weibliche am jungen neuen Jahrestriebe. *2* Fruchtstand. *3* Männliche Einzelblüte. *4* Ein Staubblatt. *5* Deckblatt mit zwei weiblichen Blüten. *6* Weibliche Einzelblüte (nach BÜSGEN). *7* Frucht. *1*, *2*, *7* **2/3** nat. Gr., *3–6* vergr.

Wichtige deutsche Gattungen: *Alnus glutinosa*, unsere Schwarzerle, ist ein stattlicher Baum feuchter Wälder, er wächst auch an Sümpfen und Flußufern der Ebene. Seine Blütenstände erscheinen bereits im Herbste des Vorjahres als gestielte Kätzchen; die männlichen hängen lang herab, die kurzen weiblichen sind aufgerichtet. Männliche Blüten P 4, A 4 stehen in dreizähligen Dichasien (Fig. 538, 682). Weibliche sind in Zweizahl vorhanden; ihr Deckblättchen verwächst mit den vier Vorblättern zu einer dauernden, holzigen, fünflappigen Schuppe des Zäpfchens. *Alnus incana* ist durch unterseits graufilzige Blätter verschieden. *Betula verrucosa* (Fig. 683), unsere weißrindige Birke, trägt langgestielte dreieckige Blätter; auf allen jugendlichen Teilen stehen zahlreiche Drüsenhaare, denen der harzig-aromatische Geruch entströmt. Männliche Blütenstände werden einzeln oder zu wenigen im Herbst des Vorjahres am Gipfel von Langtrieben gebildet. Die Blüten (P 2, A 2 in dreizähligen Dichasien) haben tief zweispaltige Antheren (Fig. 683 *3*, *4*). Weibliche Infloreszenzen stehen einzeln am Gipfel kleiner diesjähriger Kurztriebe, ihre Blüten zeigen dreizählige Dichasien unter jeder der dreilappigen, aus Deckblättchen und den beiden Vorblättern verwachsenen Schuppen. Der Fruchtstand hängt; nach dem Ausfallen der geflügelten Früchte zerfällt der Zapfen durch Ablösung der Schuppen. — *Carpinus Betulus*. Hainbuche, Weißbuche (Fig. 684). Ein wichtiger Waldbaum. Seine Infloreszenzen erscheinen erst im Frühjahre, die männlichen aus vorjährigen Achselknospen ohne Blätter oder von nur wenigen begleitet, weibliche aber meist gipfelständig. Die Deckblättchen der männlichen Kätzchen tragen 4–10 bis zum Grunde gespaltene Staubblätter, aber ohne Vorblätter oder Perigon. Weibliche Blüten stehen in Zweizahl unter jedem Deckblatt, jede von besonderem Deckblättchen und zwei Vorblättern begleitet. Diese drei verwachsen zu der dreilappigen Hülle, welche als Flugorgan der Verbreitung dient. — *Corylus Avellana*, der stattliche Haselstrauch unserer Wälder, entwickelt seine Infloreszenzen bereits im Vorjahre; männliche Kätzchen hängen während des Winters nackt herab; die weiblichen bleiben von den Knospenschuppen umhüllt und strecken nur zur Zeit der Blüte ihre langen roten Narben zwischen jenen hindurch ins Freie. Den männlichen Deckblättchen ist nur eine perianthlose, doch mit zwei Vorblättern versehene Blüte mit vier bis zum Grunde gespaltenen Antheren angewachsen. In den weiblichen, sehr gestauchten Kätzchen findet sich ebenso wie bei Carpinus ein zweiblütiges Dichasium unter jedem Deckblatte vor; die geschlitzte Fruchthülle entsteht auch hier aus den Vorblättern und dem besonderen Deckblatt jeder Einzelblüte. *Corylus tubulosa*, die Lambertsnuß, aus Südeuropa.

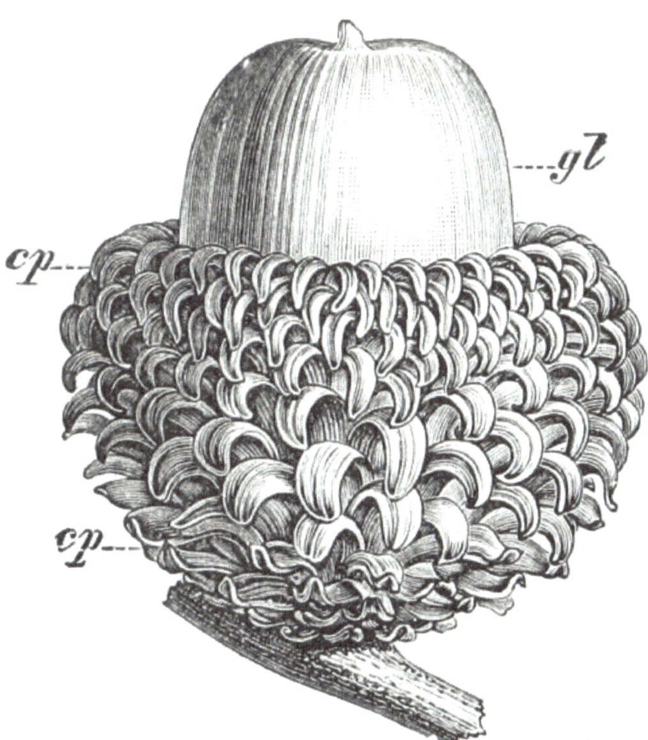

Fig. 685. Frucht mit Cupula von Quercus Aegilops, nach DUCHARTRE. *cp* Cupula, *gl* Frucht.

Fig. 686. Fagus silvatica. 2/3 nat. Gr. *1* Zweig mit männlichen und weiblichen Blütenständen. *2* Männliche, *3* weibliche Einzelblüte. *4* Cupula, geöffnet, mit zwei Früchten. *5* Frucht, isoliert. *6* Querschnitt durch eine Frucht, zeigt die gefalteten Kotyledonen des Embryo. *2*, *3*, *6* vergr. — Offizinell.

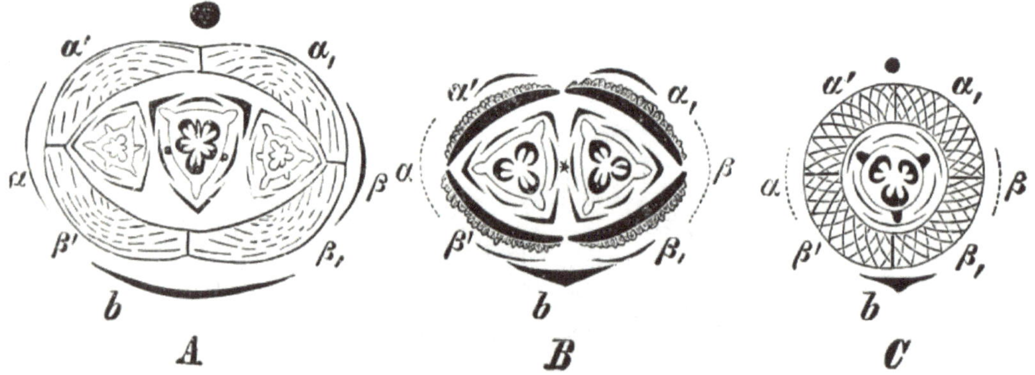

Fig. 687. Diagramme weiblicher Dichasien von: *A* Castanea vulgaris, Fig. 688, *B* Fagus silvatica und *C* der Einzelblüte von Quercus pedunculata, nach A. W. EICHLER. Deckblatt *b*. Vorblätter α, β. Vorblätter der Sekundanblüten zur Cupula verwachsen α, β, α', β'.

Offizinell: Oleum Betulae empyreumaticum, Birkenteer (Pharm. austr., helv.), von *Betula verrucosa.*

2. Familie ***Cupuliferae***. Ihre blattachselständigen Infloreszenzen tragen teils männliche, mit Perianth versehene Blüten, teils weibliche, die einzeln oder zu mehreren von einer *Cupula* (Fig. 685 *cp*) umhüllt werden,

d. h. einem aus verwachsenen Vorblättern entstandenen Gebilde. Der dreifächerige Fruchtknoten trägt je zwei hängende anatrope Samenanlagen im Fache und endet in drei Narben.

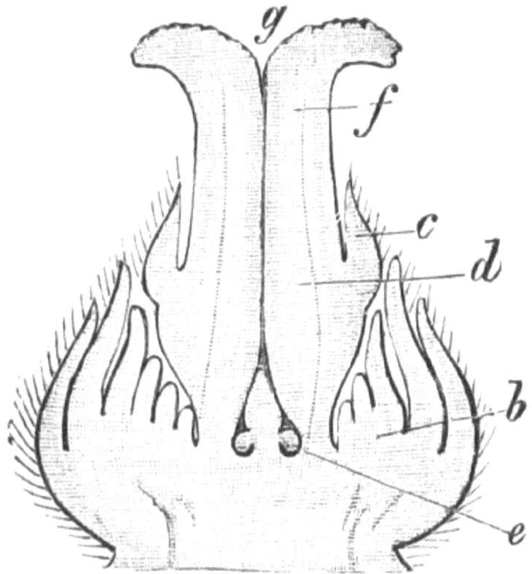

Fig. 689. Quercus pedunculata. Längsschnitt durch den jungen Fruchtknoten. *b* Becher, *e* Samenanlagen, *d* Fruchtknoten, *c* Perigon, *f* Griffel, *g* Narbe. Vergr. Nach BERG u. SCHMIDT.

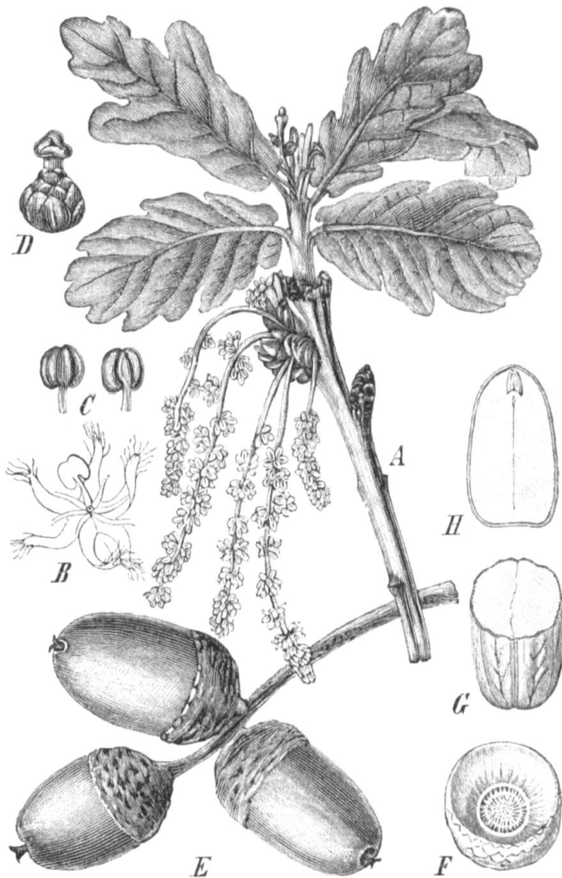

Fig. 690. Quercus pedunculata. *A* Blühender Zweig. *B* Männliche Blüte. *C* Staubblätter. *D* Weibliche Blüte. *B–D* vergr. *E* Fruchtstand. *F* Cupula. *G–H* Samen. — Offizinell. Nach A. F. W. SCHIMPER.

Die Cupuliferen sind hauptsächlich in der gemäßigten Zone der nördlichen Hemisphäre verbreitet, außerdem im tropischen Asien. Wichtige einheimische Arten: *Fagus silvatica*, Buche, Rotbuche (Fig. 686), einer der wichtigsten Laubbäume Deutschlands, in schönen Waldungen besonders an der Ostseeküste vertreten, wo seine Ostgrenze jedoch Königsberg nicht erreicht. Die zweizeilig stehenden Blätter sind ganzrandig, elliptisch, kurzgestielt und besonders in der Jugend ringsum fein bewimpert. Blütenstände finden sich durchweg an diesjährigen Trieben. Die männlichen sind seitenständig, kopfförmig und hängend, ihre Einzelblüten mit schief glockenförmigem Perianth haben meist 8–12 Staubblätter. Weibliche Infloreszenzen sind gipfelständige, zweiblütige Dichasien, welche die Cupula (Fig. 688 *B*) bis zur Reife der zu dreieckigen Nüssen heranwachsenden Früchte völlig einschließt, um alsdann in vier Nähten aufzuspringen. *Castanea vulgaris*, Edelkastanie, im Mittelmeergebiet zu Hause, reift ihre Früchte noch in Süddeutschland. Ihre Infloreszenzen stehen an diesjährigen Trieben aufrecht; sie führen teils nur männliche Blüten, teils unten weibliche, oben männliche, in dichasialer Anordnung. Die weiblichen dreiblütigen Dichasien (Fig. 687 *A*) liefern drei von der scharf stachlichten Cupula völlig umschlossene Nüsse. Die Cupula öffnet sich mit vier Klappen. *Quercus pedunculata*, Stieleiche (Fig. 689 und 690) und *Quercus sessiliflora*, Traubeneiche, die mächtigsten Laubbäume der europäischen Wälder, haben ovale, rings mehrfach stumpf ausgebuchtete Blätter. Die männlichen Infloreszenzen brechen zugleich mit dem frischen Laube aus vorjährigen Blattachselknospen hervor, ihre Blüten stehen einzeln mit 5–7 Perianth- und 6–12 Staubblättern an der hängenden Achse. Weibliche Infloreszenzen finden sich am Gipfel diesjähriger Sprosse blattachselständig, aufrecht, wenigblütig mit einzelnen Blüten, die bei der Stieleiche langgestielt, bei der Traubeneiche ungestielt sitzend sind. Jede Blüte wird von ihrer (Fig. 688 *C*) erst an der reifen Frucht voll entwickelten Cupula umhüllt.

Die Buche liefert Brennholz, Teer, Holzessig; Quercus technisch verwertetes Holz, gerbstoffreiche Rinde für die Gerberei. Kork von der Korkeiche.

Offizinell: Cortex Quercus (Pharm. germ., austr., helv.) und Semen Quercus (Pharm. austr.). Die im Orient heimische *Q. infectoria* erzeugt an jungen Zweigen, wenn von der Gallwespe, Cynips tinctoria Hart., gestochen, die offizinellen Galläpfel, Gallae (Pharm. germ., austr., helv.). *Fagus silvatica* gibt Pix liquida (Pharm. austr.).

14. Ordnung. Saliciflorae.

Familie ***Salicaceae***. Diözische Bäume und Sträucher mit einfachen wechselständigen Blättern und Nebenblättern, die vor der Beblätterung blühen. Ihr einfächeriger zweikarpelliger Fruchtknoten ergibt eine Kapselfrucht mit zahlreichen wandständigen, beschopften und endospermfreien Samen.

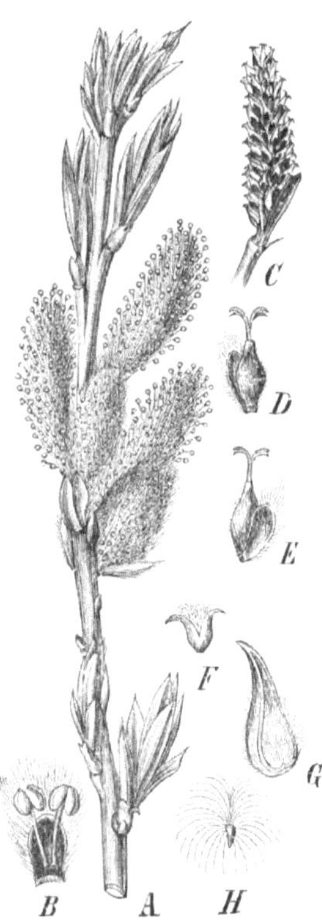

Fig. 691. Salix viminalis. *A* Blühender, männlicher Zweig. Nat. Gr. *B* Männliche Blüte, mit Deckblatt, vergr. *C* Weibliches Kätzchen. *D* und *E* Weibliche Blüten. vergr. *F* Frucht. Nat. Gr. *G* Dieselbe, vergr. *H* Samen, vergr. Nach A. F. W. SCHIMPER.

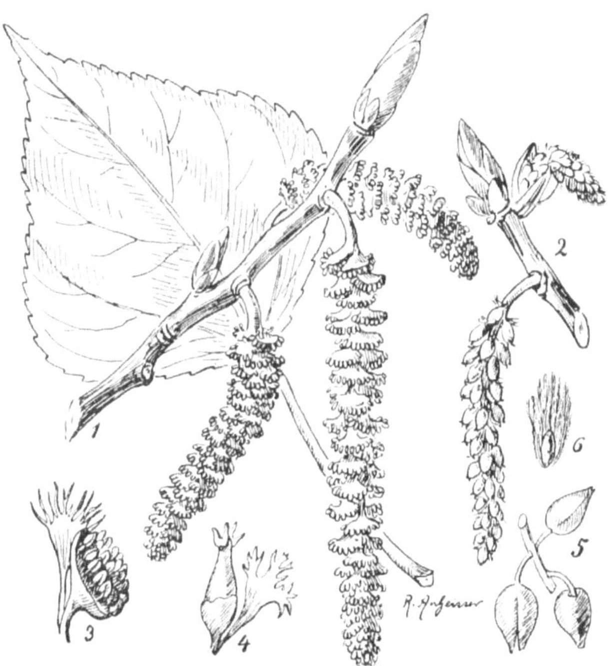

Fig. 692. Populus nigra. *1* Männliche Infloreszenz. *2* Weiblicher Blütenstand. *3* Männliche, *4* weibliche Einzelblüte. *5* Früchte. *6* Samen. *1* und *2* **3⁄4** nat. Gr. *3–6* vergr.

Salix, Weide, und *Populus*, Pappel, sind die einzigen Gattungen der Familie. *Salix*, mit aufrechten Kätzchen versehen, ist an Insektenbestäubung angepaßt und besitzt daher männliche wohlriechende Blüten, klebrigen Pollen und Nektarien in Gestalt kleiner Diskusschuppen. Die Zahl der Staubblätter wechselt in den verschiedenen Arten von 2–5. Deckschuppen sind ganzrandig (Fig. 691). Bei uns an Flußufern weit verbreitet. Als unterirdische niedrige Stämmchen, die nur ihre jedesmaligen jungen Triebe über den Boden emporsenden, gehören *Salix*-Arten im hohen Norden und Hochgebirge zu den häufigeren Pflanzenformen. *Populus* mit anemophilen Blüten. Der Diskus ist hier mehr krug- bis schüsselförmig ausgebildet und Honigabsonderung fehlt. Durch langgestielte, pfeilförmige Blätter unterscheiden sich die einheimischen Pappelarten habituell erheblich von den Salices. Die Blüten stimmen bis auf die zerschlitzten Deckblättchen mit denen von *Salix* überein. Kätzchen hängend (Fig. 692).

Offizinell: Cortex Salicis von *Salix alba*, *Salix fragilis* usw. (Pharm. helv.).

15. Ordnung. Urticinae.

Die Ordnung enthält Pflanzen mit unscheinbaren, kleinen Blüten in dichten Blütenständen. Staubblätter sind den Perigonblättern gleichzählig und stehen vor ihnen. Der oberständige, ein- oder zweikarpellige Fruchtknoten ist meist einfächerig mit einer hängenden Samenanlage, die Nüsse oder Steinfrüchte ergibt. Samen in der Regel endospermhaltig.

Fig. 693. Ulmus campestris. **2/3** nat. Gr. *1* Blütenzweig. *2* Zweig mit Früchten. *3* Einzelblüte, vergr.

1. Familie ***Ulmaceae***. *Ulmus campestris* (Fig. 693), Rüster, ein häufiger Baum Mitteleuropas. Bei ausgesprochen zweizeiliger Beblätterung und dorsiventraler Verzweigung aller Triebe kommt die regelmäßige Rundung der Krone älterer Exemplare nur dadurch zustande, daß die Blattflächen eines jeden Nebenzweiges um einen gewissen Winkel von denen des Hauptzweiges abweichen. Die Blätter sind stets asymmetrisch. Blüten stehen geknäuelt in den Achseln vorjähriger Blätter, sie sind zwitterig oder durch Fehlschlagen eingeschlechtig, ihre Staubblätter in der Knospe gerade. Die Früchte reifen meist vor der Beblätterung des Baumes, der bereits

im Februar oder März blüht. Sie sind breit geflügelt und werden durch den Wind verbreitet. *U. montana*, *U. effusa* nahe verwandte Formen. *Celtis*, mit Steinfrüchten, wird in verschiedenen Arten häufig angepflanzt.

2. Familie ***Moraceae***. Hierher gehören meist Bäume oder Sträucher mit reichem Milchsaftgehalt, deren Blätter wechselständig stehen und hinfällige Nebenblätter haben. Ihre Blüten sind eingeschlechtig, in köpfchenähnlichen oder schüsselförmigen Infloreszenzen vereinigt und meist vierzählig.

Fig. 694. Ficus bengalensis im botanischen Garten von Buitenzorg. Einige Epiphyten auf den wagerecht abspreizenden Ästen.

Wichtige Vertreter: Außer den Maulbeerbäumen, die zur Seidenraupenzucht (*Morus alba*) oder als Fruchtbäume (*Morus nigra*) (Fig. 588 *B*) vielfach gezogen werden, ist vor allem die Gattung *Ficus* zu nennen. Der nördlichste Vertreter ist der gewöhnliche Feigenbaum, *Ficus carica*[484] (Fig. 541), im Mittelmeergebiet einheimisch und seit langer Zeit kultiviert; ein niedriger Baum mit großen, fingerförmig eingeschnittenen Blättern, der seine Nebenblätter als Schutzkappe über der Knospe geschlossen behält. Blütenstände in Form krugförmiger Gebilde mit enger Mündung tragen ihre Einzelblüten auf der inneren Oberfläche dicht beisammen. Die flach scheibenförmigen Infloreszenzen von *Dorstenia*-Arten, welche auf der Oberseite mit Einzelblüten besetzt sind, stellen in mancher Beziehung ähnliche Bildungen dar, über das Fortschleudern ihrer Fruchtsteinkerne vgl. GOEBEL[485]. Über die Bestäubung der Feigen vgl. S. 481, Fig. 541. Die verbreiterte Blütenstandsachse mit dem Perigon der Einzelblüten bildet den fleischigen, süßschmeckenden Teil der Eßfeigen. Die kleinen harten Kernchen sind aus dem Fruchtknoten hervorgegangene Einzelfrüchtchen, Nüsse. — *Ficus*-Arten gehören mit zu den gewaltigsten Baumgestalten tropischer Wälder. Vor allem merkwürdig ist der Banyan, *Ficus bengalensis* in Ostindien. Auf Baumästen keimend aus Samen, der von fruchtfressenden Vögeln dorthin gebracht war, entwickelt er sich zu einem stattlichen Epiphyten. Aber erst wenn seine Wurzeln den Boden erreicht haben und die Pflanze nicht mehr auf die karge Epiphytenernährung angewiesen ist, zeigt sie ihre Eigenart. Der Wirtsbaum, auf dem sie sitzt, wird nach und nach erdrosselt, immer neue Wurzeln erreichen den Boden und bilden säulengleiche Stämme, so daß schließlich ein ganzer Wald aus dem kleinen Keimling hervorgeht, und in dem Schatten der Krone ein Dorf Raum genug findet (Fig. 694). Milchsaft von *Ficus elastica* wird zur Gewinnung von Kautschuk den Bäumen durch Einschnitte entzogen. *Castilloa elastica* ist ein wichtiger Kautschuk liefernder Baum Zentralamerikas. *Artocarpus*-Arten, Brotbäume, sind bekannte Fruchtbäume der Tropen, deren riesige Fruchtstände roh oder geröstet genossen werden.

Offizinell: *Morus nigra* liefert Syrupus mororum (Pharm. helv.); *Ficus elastica* (Ostindien), *Castilloa elastica* (Mexiko) und andere tropische Moraceen liefern in ihrem Milchsafte Kautschuk[486] (Pharm. germ.).

3. Familie ***Cannabinaceae***. *Humulus Lupulus*, Hopfen, ist in Mitteleuropa einheimisch, sein ausdauerndes Rhizom bringt jedes Jahr neue schlingende Triebe (Fig. 695). Der Stamm und seine gegenständigen handnervigen Blätter sind rauhhaarig; ersterer trägt eigenartige Widerhaken, die ein Herabgleiten von einer einmal gefaßten Stütze hindern. Die männlichen Blüten der diözischen Pflanze sind fünfzählig, mit geraden Staubblättern versehen und in Dichasien angeordnet mit mittelständigem Bereicherungssproß. Die weiblichen Teilblütenstände sind kätzchenförmig; an ihrer Achse sitzen spreitenlose Hochblätter die auf ihre Nebenblattpaare reduziert sind. Der Achselsproß dieses Hochblattes ist unterdrückt; jedes Nebenblatt trägt zwei Blüten, je von einem eigenen Deckblatte umhüllt, in der Achsel. Diese Deckblätter wachsen bei der Reife über die Nebenblätter hinaus und bedingen das zäpfchenähnliche Aussehen des Fruchtstandes. Sie tragen die Hopfendrüsen, derenwegen die Pflanze kultiviert wird.

Cannabis sativa, Hanf. Einjähriges, in Indien heimisches Kraut, mit fingerförmig zerteilten rauhen Blättern, die unten gegenständig, in der Blütenregion wechselständig angeordnet sind. Blütenstände wie beim Hopfen, doch ist der bei den weiblichen unterdrückte Mitteltrieb hier zu einem laubigen Sproß ausgewachsen. Die Deckblättchen tragen nur je eine Blüte in der Achsel. In den Laubblattachseln des Mitteltriebes wiederholt sich dasselbe, und so kommt die dichtbuschige Infloreszenz des weiblichen Hanfes zustande. Die Pflanze wird in Europa ihrer ein bis einige Zentimeter langen Bastfasern wegen gebaut. Weibliche Blütenstände indischer Herkunft sind auf allen Teilen mit einer Menge von Drüsenhaaren bedeckt, die eine harzige, klebrige Masse absondern; sie werden für medizinische Zwecke benutzt und dienen im Orient zur Bereitung eines narkotisch wirkenden Genußmittels „Haschisch".

Fig. 695. Humulus Lupulus. *1* Männlicher Blütenstand. *2* Weibliche Infloreszenz. *3* Zwei weibliche Blüten in der Deckblattachsel. *4* Fruchtzäpfchen. **1/2** nat. Gr.

Offizinell: *Cannabis sativa* liefert Fructus Cannabis (Pharm. helv.); *Cannabis sativa* var. *indica* liefert Herba Cannabis indicae (Pharm. austr., helv.). — Die Drüsen der Zapfenschuppen von *Humulus Lupulus* sind als Lupulinum, s. Glandulae Lupuli (Pharm. austr., helv.), gebräuchlich, der ganze Zapfen als Strobilus Lupuli (Pharm. helv.).

4. Familie ***Urticaceae***. Hierher gehören meist perennierende Kräuter mit einfachen Blättern und Nebenblättern, deren zweizählige anemophile Blüten durch Fehlschlag eingeschlechtig geworden sind, also Blütenformel P 2 + 2, A 2 + 2. Die Staubblätter in der Knospenlage durch Einwärtskrümmung gespannt. schlagen beim Aufblühen elastisch zurück und verstäuben dabei ihren Pollen. Weibliche Blüten besitzen ein verwachsenes Perianth und nur ein Fruchtblatt, mit einer grundständigen atropen Samenanlage. Die reifen Früchte von *Pilea-* und *Elatostema*-Arten werden durch aus Staminodien entwickelte Schleuderorgane fortgeschnellt. In den Tropen reicher als bei uns verbreitete Pflanzenfamilie.

Manche Urticaceen sind durch den Besitz von Brennhaaren (vgl. Fig. 52) ausgezeichnet, wie unsere Brennesseln, *Urtica dioica* und *Urtica urens*, und die gefährlichen tropischen *Laportea*-Arten. Einige Urticaceen sind wichtige Faserpflanzen, wie *Boehmeria nivea*, Ramie. Unsere einheimischen Nesselarten lieferten vor Bekanntwerden der Baumwolle Gespinstfasern und kamen infolge des Krieges und seiner Folgen wieder zu Ehren.

Greifen wir hier vor Einschiebung des Columniferenastes auf den Stammbaum der Hauptreihe (S. 524) zurück, so würden sich zunächst die Rhoeadinae, denen morphologische Beziehungen zu den Polycarpicae nicht wohl abgesprochen werden können, anreihen, denen sich die Cistiflorae anschließen, worauf dann auf die Resedaceae die Columniferae folgen. Da die Resedaceae von jeher in Beziehung zu den Capparidaceen einerseits, den Cistiflorae (Parietales pro parte) andererseits gebracht sind, so wird diese Anordnung, die sich nicht anders als durch Anreihung ausführen läßt, den morphologischen wie den serodiagnostischen Beziehungen am besten entsprechen.

Die **16. Ordnung *Rhoeadinae*** enthält meist Kräuter mit wechselständigen Blättern. Ihre zwittrigen Blüten sind aus meist zweigliedrigen Quirlen aufgebaut; sie besitzen einen oberständigen einfächerigen Fruchtknoten, der die Samenanlagen an den verwachsenen Rändern der Karpelle, den Plazenten, trägt (Fig. 696). Die Narben stehen über den Nähten der Fruchtblätter, und die Öffnung der Frucht erfolgt durch Abspringen der Fruchtblätter von den Plazenten.

Den Anschluß der Ordnung an die Polycarpicae stellt die 1. Familie der ***Papaveraceen***[487] her durch gewisse Merkmale, wie Gehalt an Milchsaftschläuchen (Nymphaeaceen), Vorkommen dreizähliger Blüten bei Bocconia (Berberidaceen), Anordnung der Narben direkt auf den Fruchtblättern und das, wenn auch seltene Vorkommen apokarper Gynäceen wie bei typischen Vertretern der Polycarpicae (z. B. Platystemon). Die große Vermehrung der Staubblätter, die zyklisch stehen, wird auf Spaltung zurückgeführt. Die Samen haben reichliches Endosperm.

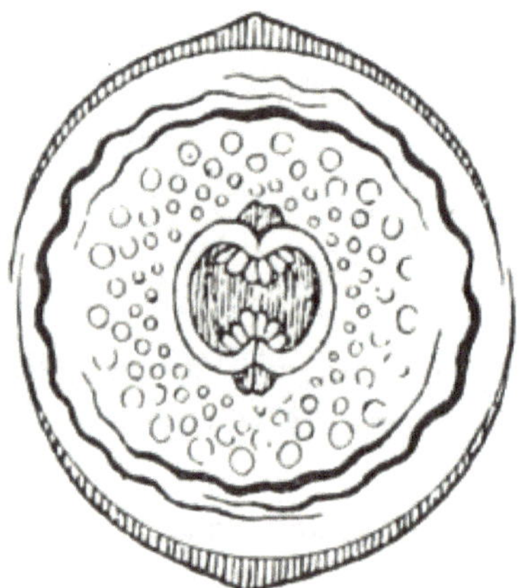

Fig. 696. Blütendiagramm der Papaveraceen. Glaucium. Nach A. W. EICHLER.

Fig. 697. Papaver Rhoeas. **1/2** nat. Gr. — Offizinell.

Chelidonium majus, Schöllkraut, hat gelben Milchsaft und zweikarpelligen Fruchtknoten. Als Zierpflanzen dienen verschiedene Arten von *Escholtzia*, *Argemone* und *Papaver*. *Papaver rhoeas*, Mohn, als Unkraut in Kornfeldern oder auf trockenen Wiesen verbreitet (Fig. 697). Charakteristisch ist die scharf abwärts gekrümmte Lage der Blütenknospen. *Papaver somniferum* stammt aus dem Orient und ist in allen Teilen reich an weißem Milchsafte. Die mit Wachs hellblau bereifte, völlig glatte Pflanze, deren Blütenstiel allein vereinzelte grobe Borsten trägt, hat sitzende, am Rande unregelmäßig gesägte bis gekerbte Blätter und eine violette oder weiße Blumenkrone mit dunklen Flecken am Grunde. Der einfächerige Fruchtknoten springt bei der Reife nur an den Fruchtblattspitzen von den zahlreichen, tief einschneidenden Plazenten ab, die Fruchtblätter biegen sich unter dem überstehenden, flachen narbentragenden Deckel weg nach außen, und ihre nierenförmigen Samen werden aus den Löchern vom Winde herausgeschleudert.

Offizinell: Semen Papaveris (Pharm. germ., helv.), Fructus Papaveris immaturi (Pharm. germ., austr., helv.), Opium (aus dem Milchsafte) (Pharm. germ., austr., helv.), Morphium (ibid.) alles von *Papaver somniferum*. Flores Rhoeados (Pharm. austr., helv.) von *Papaver Rhoeas*.

Die 2. kleine Familie der ***Fumariaceen*** ist interessant durch das Vorkommen transversal zygomorpher Blüten bei *Corydalis* (Fig. 698) und zweisporniger bisymmetrischer Krone bei *Dicentra spectabilis*. Die Früchte sind bei *Fumaria* Nüßchen, bei *Corydalis* und *Dicentra* Kapseln. Die Samen haben Endosperm.

Fig. 698. Diagramm von Corydalis cava, nach A. W. EICHLER. Am Grunde des Staubblattes, über dem Sporn, eine Nektardrüse.

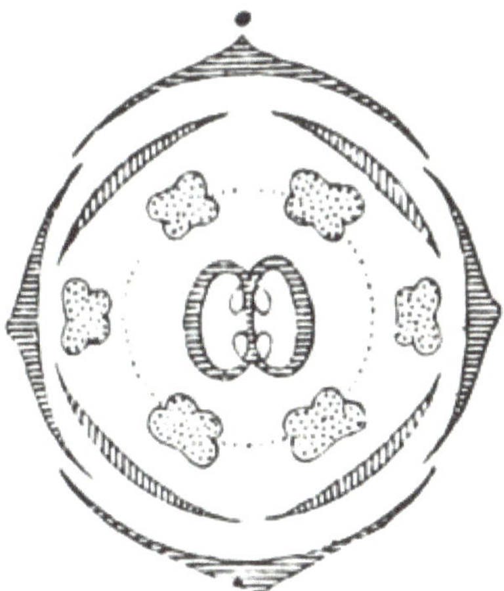

Fig. 699. Cruciferae. Diagramm (Brassica). Nach F. NOLL.

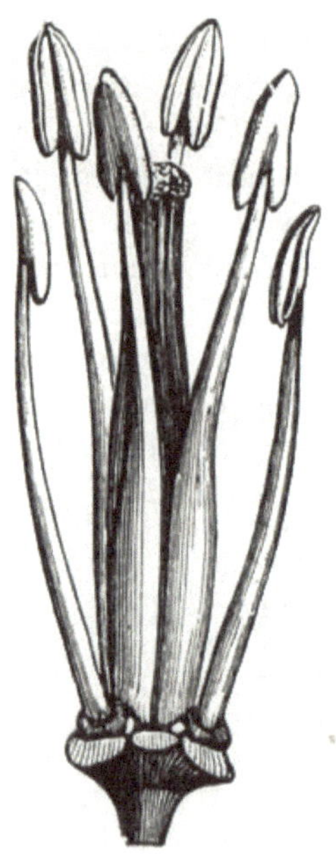

Fig. 700. Cardamine pratensis. Blüte ohne Perianth. Vergr. 4. Nach H. BAILLON.

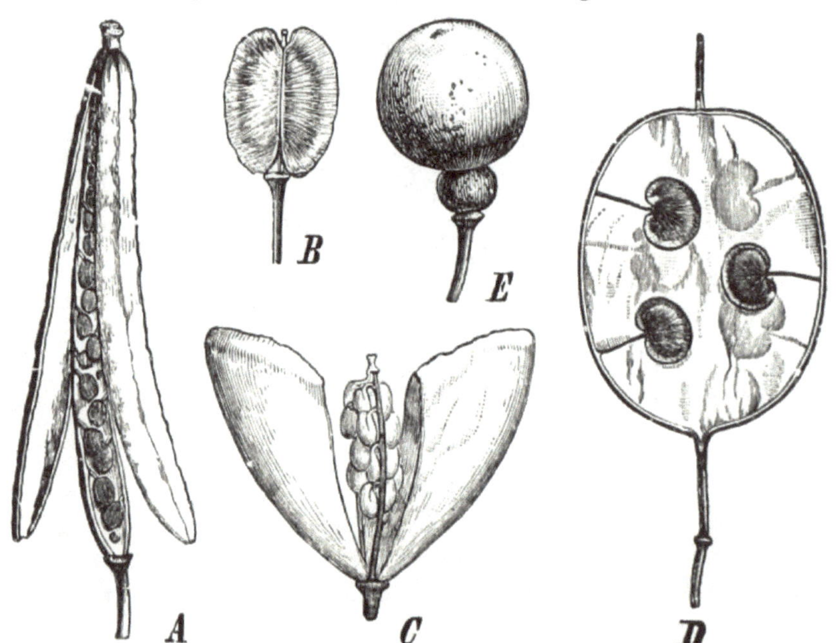

Fig. 701. Früchte der Cruciferae. *A* Cheiranthus Cheiri. *B* Lepidium sativum. *C* Capsella Bursa pastoris. *D* Lunaria biennis. *E* Crambe maritima. Nach H. BAILLON.

3. Familie ***Cruciferae***[488]. Die Familie der Kreuzblütler ist besonders auf der Nordhemisphäre zu Hause und zählt bei uns und im Mittelmeergebiet zu den arten- und individuenreichsten, der man überall begegnet. Es sind meist ein- oder zweijährige Kräuter oder Stauden mit wechselständigen Blättern, traubigen, meist deck- und vorblattlosen Blütenständen und radiären, stets seitlich stehenden Einzelblüten. K2 + 2, C4, A2 + 4, G($\underline{2}$) (Fig. 699). Der Kelch beginnt mit einem median stehenden Wirtel, vier Kronblätter alternieren mit dem Kelche. Zwei äußere Staubblätter sind kürzer als die vier (bzw. zwei bis auf den Grund gespaltenen) medianen (S. 107) inneren (Fig. 700). Die Fruchtblätter bilden einen oberständigen, meist schotenförmigen Fruchtknoten, der durch eine falsche (S. 471), zwischen den parietalen Plazenten ausgespannte Scheidewand (Fig. 701 *A*, *C*, *D*) zweifächerig wird und sich durch Abheben der Fruchtblattmittelstücke klappig öffnet. Die Samen bleiben dabei

mit der falschen Scheidewand und den Plazenten am Tragstiele erhalten. Bisweilen, z. B. bei Isatis, finden sich Schließfrüchte. Der gekrümmte Keimling liegt von einer einzigen Zellschicht Endosperm umgeben in der Samenschale (Fig. 702, 703).

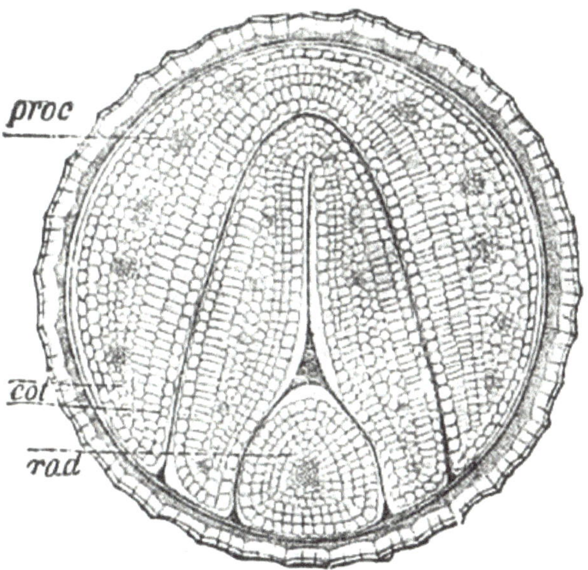

Fig. 702. Querschnitt durch den Samen des schwarzen Senfs, Brassica nigra. *rad* Radicula, *cot* Kotyledonen, *proc* Leitbündelanlagen. Nach A. MÖLLER.

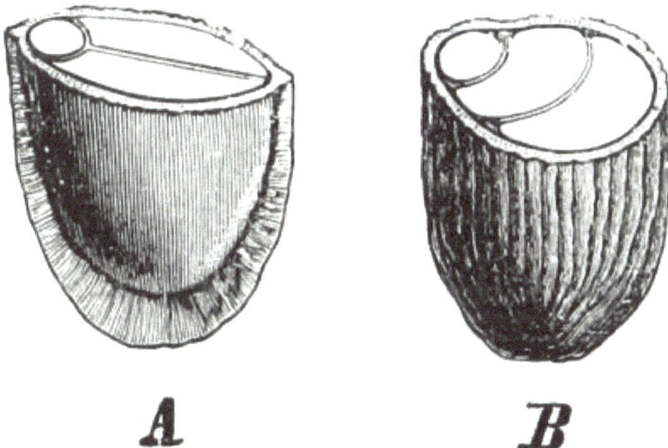

Fig. 703. Samen, quer durchschnitten; Würzelchen und Keimblätter in verschiedener Lagerung sichtbar. *A* Cheiranthus Cheiri. Vergr. 8. *B* Sisymbrium Alliaria. Vergr. 7. Nach H. BAILLON.

Fig. 704. Brassica nigra. 1/2 nat. Gr. — Offizinell.

Fig. 705. Capparis spinosa, blühender Zweig und junge Frucht auf ihrem Gynophor. 1/2 nat. Gr.

Nicht nur ihrer Häufigkeit und Artenzahl nach zählen die Cruciferen zu den wichtigeren heimischen Familien, sondern auch die große Zahl der ihnen entstammenden Nutz- und Gartenpflanzen verleiht ihnen größere Bedeutung; auch zählen manche Cruciferen zu den ertragreicheren Honigblumen vermöge der am Grunde der Staubblätter aus der Blütenachse hervorgehenden Honigdrüsen. *Cheiranthus Cheiri* (Fig. 701 *A*). Goldlack, *Matthiola*, Levkoje, beliebte Zierpflanzen. *Brassica oleracea* liefert den Kohl in seinen verschiedenen Formen: a) *silvestris*, an den nordeuropäischen Küsten ist als wilde Form anzusehen, b) *acephala*, Blätterkohl, c) *gongylodes*, Kohlrübe, d) *gemmifera*, Rosenkohl, e) *sabauda*, Wirsing, f) *capitata*, Kopfkohl, g) *botrytis*, Blumenkohl, *Brassica campestris*, Rübsen mit den Kulturformen: a) *annua*, Sommerrübsen, b) *oleifera*, Winterrübsen, c) *rapifera*, Teltower Rübchen. *Br. napus*, Raps: a) *annua*, Sommerraps, b) *oleifera*, Winterraps c) *Napobrassica*, Wruke. *Brassica nigra*, Senf (Fig. 704), eine einjährige, bereits im Altertume vielfach angebaute Pflanze. Ihre grundständigen Blätter sind fiederteilig mit stumpfen Endlappen, völlig unbehaart bis auf einige grobe Borsten der Blattoberseite. Die dottergelben Einzelblüten stehen von der Spindel ab, die abgeblühten, glatten Fruchtknoten und Früchte dagegen sind ihr angedrückt und ragen gerade aufwärts. *Sinapis alba*, Weißer Senf, ist eine rauhbehaarte Pflanze und durch weit von der Spindel abspreizende, lang und flach geschnäbelte Früchte, deren Klappen grob borstenhaarig sind, wie durch doppelt so große, weiß-gelbe Samen, leicht vom schwarzen Senf zu unterscheiden. *Anastatica hierochuntica*, die Jerichorose, eine durch hygroskopische Bewegung (S. 295) ihrer Zweige bekannte einjährige Wüstenpflanze Nordafrikas. *Crambe* (Fig. 701 *E*), mit im unteren Teil unfruchtbaren Schoten, und *Cakile* sind dickblättrige Strandpflanzen, *Raphanus sativus*, ist der Rettich und das Radieschen. *Cochlearia*, Löffelkraut. *Vesicaria*, *Aubrietia*, *Draba*, *Lunaria* (Fig. 701 *D*), *Erophila*-Arten, das Hungerblümchen, *Iberis* mit etwas dorsiventralen Blüten, *Capsella bursa pastoris*, das Hirtentäschl (Fig. 701 *C*) sind bekannte Cruciferen. *Isatis tinctoria*, der Waid, früher als Farbstoff liefernde Pflanze benutzt.

Offizinell: Semen Erucae (Pharm. helv.) von *Sinapis alba*. Semen Sinapis (Pharm. germ., austr., helv.) von *Brassica nigra*. Oleum Sinapis (ibid.) von beiden Pflanzen.

Zur 4. Familie ***Capparidaceae*** gehört *Capparis spinosa*, ein kleiner Felsenstrauch der Mittelmeerländer, mit einfachen Blättern, kurzdornigen Nebenblättern und blattwinkelständigen, radiären Einzelblüten, die sich von denen der Cruciferen durch Spaltung der Staubblätter in unbestimmt viele, und durch Einschiebung eines Gynophors, unterscheiden, welches den Fruchtknoten hoch über die Blüte emporhebt (Fig. 705). Die Frucht ist eine Beere von etwa Pflaumengröße mit zahlreichen Samen. Junge Blütenknospen liefern die „Kappern".

17. Ordnung. Cistiflorae.

Regelmäßig fünfzählige Blüten mit vermehrten, gespaltenen oder bündelig verwachsenen Staubblättern und einem dreizähligen oberständigen Fruchtknoten kennzeichnen die Mehrzahl der Cistifloren.

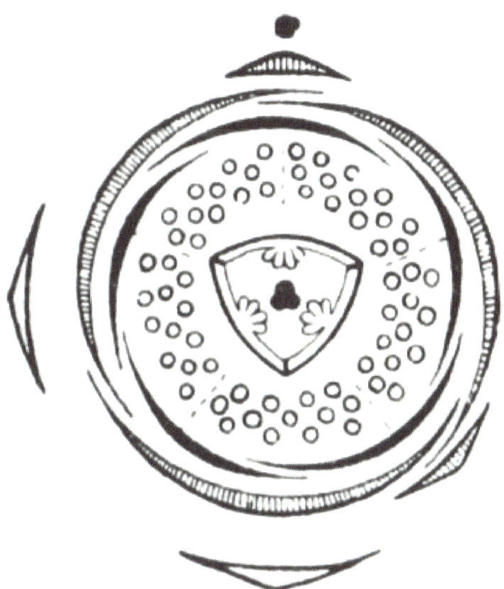

Fig. 706. Blütendiagramm von Helianthemum vulgare (Cistaceae). Nach A. W. EICHLER.

Fig. 707. Diagramm von Viola. Nach F. NOLL.

Die 1. Familie der ***Cistaceen*** ist charakterisiert durch strahlige, fünfzählige Blüten mit zahlreichen Staubblättern und drei oder fünf zu einem Fruchtknoten verwachsenen Fruchtblättern mit parietalen Plazenten. Das einheimische kleine Sonnenröschen *Helianthemum vulgare* (Fig. 706) und die Cistus-Arten des Mittelmeergebietes entsprechen normalen Cistaceen. Angehörige der 2. Familie der ***Violaceen*** unterscheiden sich durch ihre meist dorsiventralen Blüten, die nur fünf Staubgefäße und einen einfächerigen Fruchtknoten besitzen (Fig. 707). In das gespornte vordere Kronblatt ragen die beiden vorderen Staubblätter mit Nektar absondernden Fortsätzen hinein. Offizinell ist Herba violae tricoloris (Pharm. germ., austr., helv.).

In der 3. Familie der ***Ternstroemiaceen***, zu der die Teepflanze und die Kamelie gehören, fällt der allmähliche Übergang von Kelch- in Kronblätter auf, wie ihn die Magnoliaceen zeigen, zahlreiche Staubblätter und ein dreifächeriger Fruchtknoten mit zentralwinkelständigen Plazenten vervollständigen das Bild. Offizinell: Folia Theae (Pharm. austr.) von Thea chinensis (Fig. 708). Durch bündelweise Vereinigung der Staubblätter und schizogene Sekretbehälter ist die 4. Familie der ***Guttiferae*** unterschieden. Die Gattung *Hypericum* ist ein einheimischer Vertreter. Offizinell: Gummigutt oder Gutti, der eingetrocknete Sekretsaft von Garcinia Hanburyi (Pharm. germ., austr., helv.). Als 5. Familie schließen sich die ***Dipterocarpaceen*** an; sie sind durch starke Vergrößerung aller oder einzelner Kelchblätter nach der Befruchtung charakterisiert. Dryobalanops Camphora liefert den Borneokampfer. Offizinell: Dammar (Pharm. germ., austr.) von Shorea Wiesneri.

18. Ordnung. Columniferae.

Die Angehörigen dieser Ordnung besitzen fünfzählige, strahlige Zwitterblüten, in denen einer, meist der äußere, der beiden Staubblattwirtel unterdrückt oder nur staminodial vorhanden ist, während der andere eine mehr oder minder große Vermehrung seiner Glieder durch Spaltung erfährt. Vielfach geht eine Verwachsung der Filamente daneben her. Auch die Fruchtblätter sind bisweilen durch Verzweigung vermehrt. Der oberständige Fruchtknoten ist entsprechend gefächert.

Fig. 708. Thea chinensis. Blühender Zweig. 2/3 nat. Gr. Frucht und Samen. — Offizinell.

1. Familie ***Malvaceae***. Charakteristisch für die Familie sind in der Knospe gedrehte protandrische Blüten, deren Staubblätter zu einer der Krone angewachsenen Röhre verbunden sind, welche die Griffel umhüllt (Fig. 709, 710) und nur oben in zahlreiche freie Enden mit je einer nierenförmigen Theca gespalten ist. K5, C5, A(∞), G(3) oder ∞. Die Pollenkörner sind mit stachliger Exine versehen, so daß sie leicht am Haarkleid der bestäubenden Insekten haften (Fig. 516).

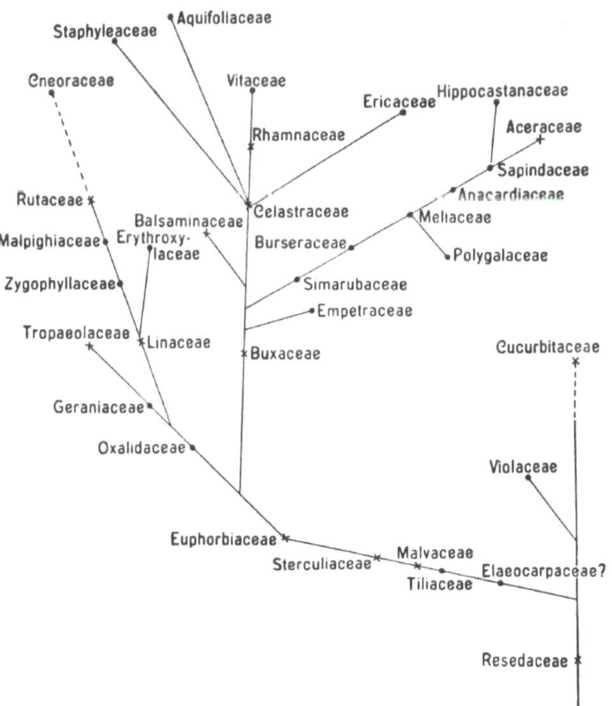

Stammbaum des Columniferenastes und der anschließenden Familien nach serodiagnostischen Untersuchungen von F. HOEFFGEN.

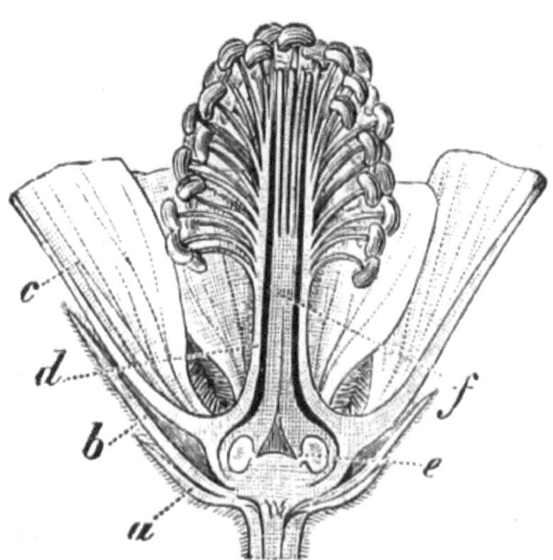

Fig. 709. Althaea officinalis. Längsdurchschnittene Blüte mit teilweise entfernten Kronblättern. *a* Der Außenkelch, *b* der Innenkelch, *c* die Kronblätter, *d* das Andröceum, *f* der Griffel, *e* die Samenanlagen. Nach BERG und SCHMIDT. — Offizinell.

Fig. 710. Malvaceae. Diagramm (Malva).

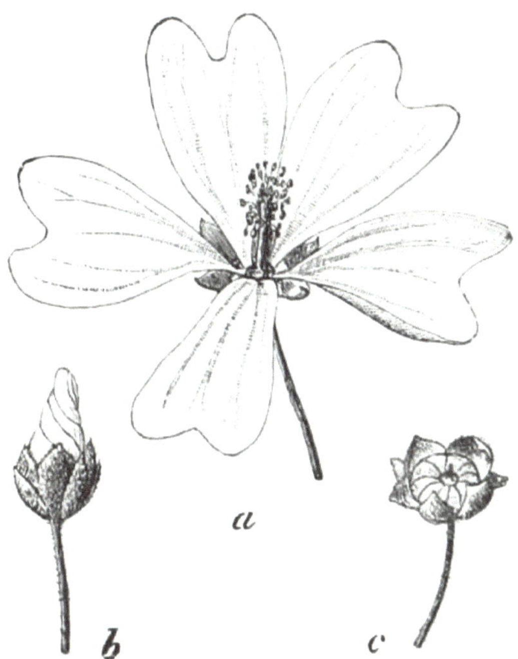

Fig. 711. Malva silvestris. *a* Blüte. *b* Blütenknospe, *c* Frucht. Nat. Gr. Nach H. SCHENCK. — Offizinell.

Die einheimische Gattung *Malva* umfaßt ausdauernde Kräuter mit langgestielten, handnervigen Blättern. Die Blüten sind einzeln oder in kleinen Wickeln blattachselständig verteilt; sie besitzen drei freie Außenkelchblätter und tief ausgerandete, meist rosa gefärbte Kronblätter (Fig. 711). Die Vegetationsorgane der nahe verwandten Gattung Althaea sind dicht mit Büschelhaaren bekleidet, sammetig weich. Ihr Außenkelch zählt sechs bis neun am Grunde verwachsene Blätter. Die Früchte sind Spaltfrüchte, den zahlreichen, kreisförmig angeordneten Fruchtblättern entsprechend. *Hibiscus* und *Gossypium*-Arten sind Sträucher oder Bäume mit drei- bis fünfzipfligen, langgestielten Blättern, deren Blüten mit drei großen, die Knospen völlig verdeckenden Außenkelchblättern versehen sind; ihre Früchte sind drei- bis fünfkarpellige, fachspaltige Kapseln. Der dichte Filz langer Flughaare auf den Gossypiumsamen dient ihrer Verbreitung und liefert, durch Kultur und Auslese verfeinert, die Baumwolle (Fig. 712).

Offizinell: Folia Malvae (Pharm. germ., austr., helv.) von *Malva neglecta* und *M. silvestris*. Flores Malvae (ibidem) von *M. silvestris*. Folia Althaeae und Radix Althaeae (ibidem) von *Althaea officinalis*; Gossypium (ibidem) von *Gossypium arboreum*, *G. barbadense*, *G. herbaceum*.

Fig. 712. Blütenzweig und aufgesprungene Frucht von Gossypium herbaceum. 1/2 nat. Gr. — Offizinell.

Fig. 713. Tiliaceae, Diagramm (Tilia). Nach A. W. EICHLER.

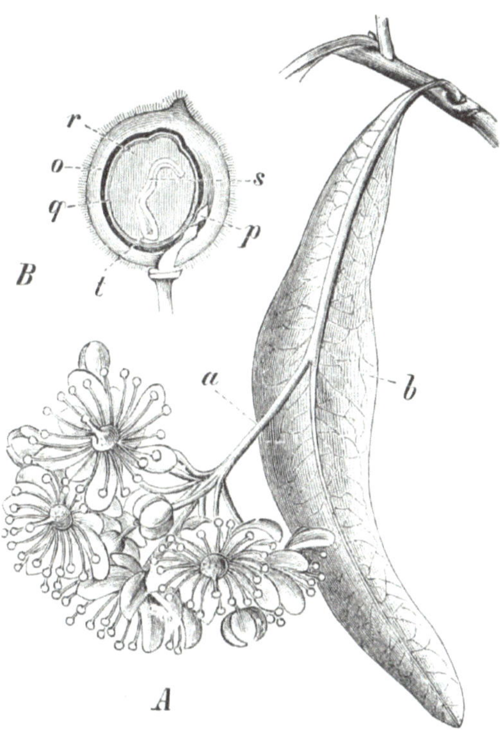

Fig. 714. Tilia ulmifolia. *A* Blütenstand, nat. Gr. *a* Infloreszenzstiel, *b* das Hochblatt. *B* Frucht, längsdurchschnitten und vergrößert, *o* Perikarp, *p* verkümmerte Scheidewände und Samenanlagen, *q* Samen, *r* Endosperm, *s* Keim, *t* Würzelchen des letzteren. Nach BERG und SCHMIDT. — Offizinell.

Fig. 715. Sterculiaceae. Diagramm (Theobroma). Nach A. W. EICHLER.

Die 2. Familie, ***Tiliaceae***, enthält Pflanzen mit einfachen Blättern und hinfälligen Nebenblättern. Der freiblättrige Kelch und die Krone haben klappige Knospenlage. Die Staubblätter besitzen introrse Antheren; dem Charakter der Ordnung gemäß ist meist nur der innere Kreis vorhanden und gespalten (Fig. 713). Der Griffel ist einfach. Hierher gehören meist tropische Gattungen, darunter die krautigen, Jute liefernden *Corchorus*-Arten. Einheimisch ist nur *Tilia*, die Linde, in zwei Arten. Die Blätter sind asymmetrisch und ihr Rand ist gesägt. Die Blütenstände (Fig. 714 *A*) sind mit einem als Flugblatt ausgebildeten Vorblatte bis zur halben Länge verwachsen und aus Dichasien zusammengesetzt. Die breitblättrige Linde hat 3–7, die ulmenblättrige dagegen 5–15 Einzelblüten im Blütenstande. Der behaarte Fruchtknoten enthält zwei Samenanlagen in jedem seiner fünf Fächer, eine davon verdrängt alle übrigen (Fig. 714 *B*).

Offizinell: Flores Tiliae (Pharm. germ., austr., helv.) von *T. platyphyllos* und *T. ulmifolia.*

3. Familie ***Sterculiaceae***. Den Tiliaceen ähnlich weicht diese in den Tropen verbreitete Familie ab durch verwachsenblättrigen Kelch, gedrehte Knospenlage und zu einer Röhre verwachsene Staubblätter, von denen die kelchständigen staminodial bleiben, während die Kronstaubblätter oft durch Spaltung vermehrt werden (Fig. 715). Die Antheren sind extrors.

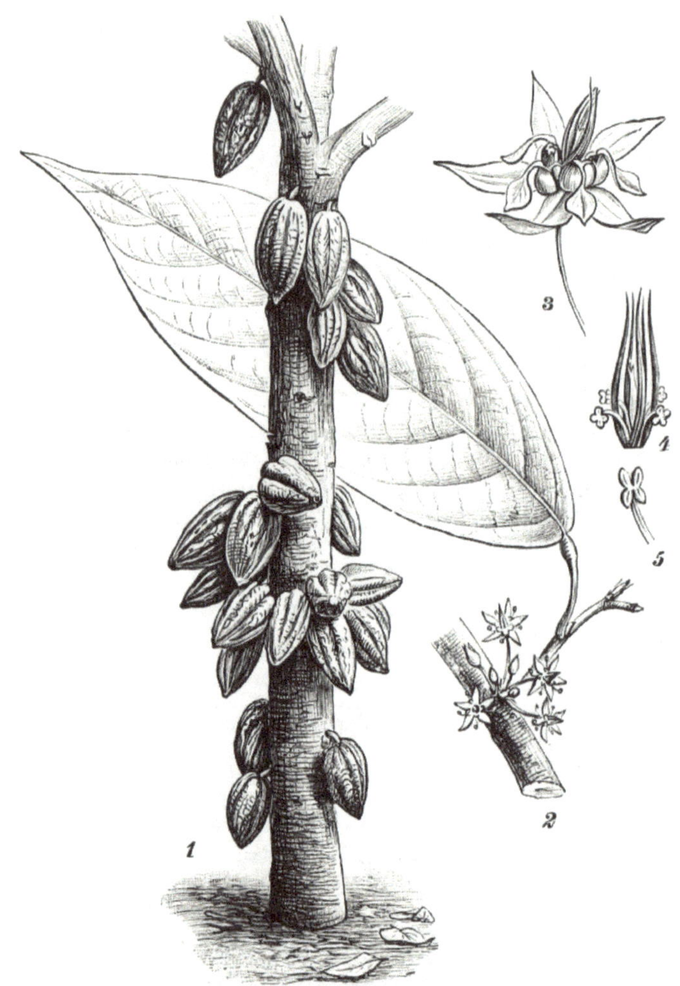

Fig. 716. Theobroma Cacao. *1* Fruchttragender Stamm. *2* Blühender Ast. *3* Einzelblüte. *4* Staubblattring. *5* Staubblatt von vorn. *3*, *4* Etwa nat. Gr. *5* Vergr. *1*, *2* Stark verkleinert. — Offizinell. Stamm nach einer Photographie.

Theobroma Cacao, der Kakaobaum (Fig. 716), ist im tropischen Zentral- und Südamerika einheimisch, dort auch seit langer Zeit in Kultur. Der niedrige Baum trägt kurzgestielte, steife, brüchig-harte, einfache Blätter von erheblicher Größe, ovaler Form und dunkelgrüner Farbe, die in der Jugend mehr hellrötlich sind und wie bei zahlreichen tropischen Bäumen schlaff herabhängen. Die Blüten brechen am Stamme oder an älteren Ästen aus früher blattachselständigen, erhaltenen Knospen hervor; der Baum ist cauliflor. Jedes am Grunde bauchige Kronblatt verschmälert sich nach außen erheblich und endet mit verbreitertem Zipfel. So ist die Gesamtform der rötlichen Blüten etwa urnenförmig, mit fünf auseinander strahlenden Zipfeln. Der fünffächerige Fruchtknoten enthält zahlreiche Samenanlagen in jedem Fache; bei dem Heranwachsen der Frucht drängen sich die erweichenden Gewebemassen der Scheidewände zwischen die einzelnen Samen ein und so wird die reife Frucht einfächerig, vielsamig. Zwei mächtige gefaltete, brüchige Kotyledonen des kleinen Embryos füllen die Samenschale aus. — *Cola acuminata* und *C. vera* im tropischen Afrika liefern die Kolanüsse. Offizinell: Oleum Cacao (Pharm. germ., austr., helv.) und Theobromin (Pharm. germ., helv.) von *Theobroma Cacao* Semen Colae von *Cola acuminata* und *C. vera* (Pharm. austr.).

19. Ordnung. Tricoccae[489].

Euphorbiaceae. Gewächse von außergewöhnlich verschiedenartigem Habitus wie Kräuter, Sträucher, blattlose Stammsukkulenten, Bäume mit normalen Blättern oder auch mit Blattschuppen und assimilierenden Phyllokladien, stimmen die Euphorbiaceen darin überein, daß sie eingeschlechtige, radiäre Blüten mit meist einfacher Blütenhülle oder ganz ohne solche besitzen. Das Andröceum ist diplostemon oder vielzählig. Die weiblichen Blüten sind durch einen oberständigen, dreikarpelligen und dreifächerigen Fruchtknoten charakterisiert, der in jedem Fache 1–2 hängende Samenanlagen enthält mit ventraler Raphe, Mikropyle also aufwärts und auswärts gekehrt. Sie wird von einem plazentaren Auswuchs, dem Obturator, gedeckt (Fig. 717); dieser vermittelt Leitung und Ernährung der Pollenschläuche und schwindet nach der Befruchtung (vgl. S. 495). Die von dem äußeren Integument ausgebildete *Caruncula* (Fig. 719 *D*) bleibt dagegen an dem reifen Samen noch vorhanden, dessen Ablösung von der Plazenta ihrer Mitwirkung zu danken ist. Früchte sind Kapseln, deren Außenwände elastisch von einer Mittelsäule zurückschnellen und so die Fächer öffnen. Die Familie ist über die ganze Erde verbreitet.

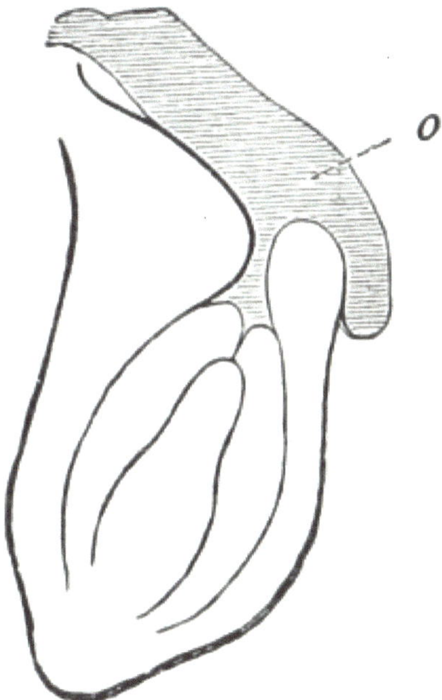

Fig. 717. Obturator an der Samenanlage von Euphorbia dioica. Nach PAX in ENGLER-PRANTL.

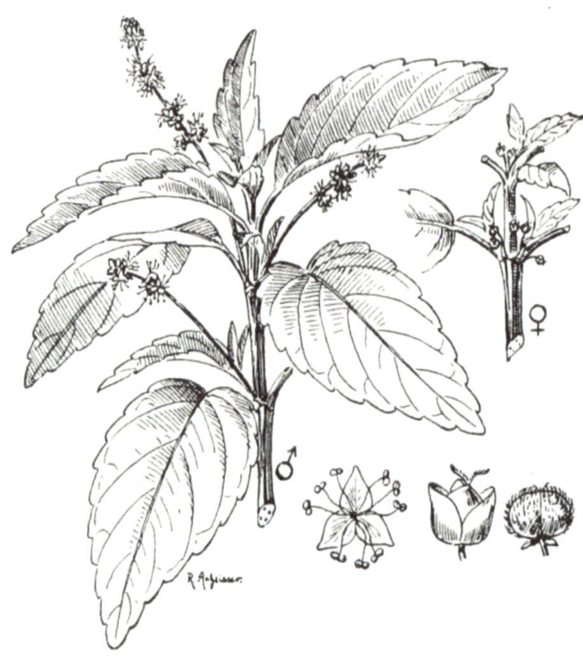

Fig. 718. Mercurialis annua. 1/2 nat. Gr. Männliche blühende Pflanze und Einzelblüte. Stück einer weiblichen Pflanze, Einzelblüten und Frucht. — Giftig.

Wichtige Gattungen: Zahlreiche Euphorbiaceen zeigen bei diözischer oder monözischer Blütenverteilung einen sehr einfachen Blütenbau, so *Mercurialis* (Fig. 718), durch zweikarpelligen Fruchtknoten abweichend; die Gattung *Croton*, männliche Blüten mit doppeltem, weibliche mit einfachem Perianth, enthält die wichtigen offizinellen Arten: *C. Eluteria* und *C. Tiglium*. Dagegen ist die in vielen einheimischen Arten vertretene Gattung *Euphorbia*, Wolfsmilch, neben anderen ausgezeichnet durch Vereinigung zahlreicher, einfachst gebauter Blüten in sehr komplizierten Blütenständen, Cyathium genannt (Fig. 719, 720, 721), die besonders in zygomorpher Ausbildung wie bei *Pedilanthus*, ganz den Eindruck einer Einzelblüte machen. Das Cyathium besteht aus einer nackten, langgestielten und nach unten umgewendeten weiblichen Gipfelblüte, die von mehreren Gruppen ebenfalls gestielter, auf je ein vom Stiel abgegliedertes Staubblatt beschränkter, männlicher Blüten umgeben wird. In einigen Fällen ist die weibliche Einzelblüte und jede männliche Blüte mit eigenem, kleinem Perianth versehen. Stets aber wird der ganze Blütenstand, das Cyathium, durch fünf Hüllblätter umschlossen, mit denen vier große elliptische oder zweihörnige Nektardrüsen alternieren, welche den Eindruck der Einzelblüte erhöhen. Dort, wo die übergebogene weibliche Blüte herabhängt, fehlt die fünfte Drüse. Zwischen den vor je einem Hüllblatte (Fig. 720) stehenden Gruppen männlicher Blüten sind zerschlitzte Haarbildungen auf der Infloreszenzachse vorhanden, die im Längsschnitte (Fig. 719 *B*) sichtbar werden. Solche Blütenstände pflegen nun, in dichasialen Zweigen zu mehreren angeordnet, sich zu drei- bis vielstrahlig-trugdoldigen Gesamtinfloreszenzen zu vereinigen. Häufig ist die weibliche Blüte nur in einzelnen von ihnen entwickelt, in den anderen rudimentär geblieben. Zahlreiche, besonders afrikanische *Euphorbia*-Arten haben die Gestalt von kaktusähnlichen Stammsukkulenten (Fig. 721).

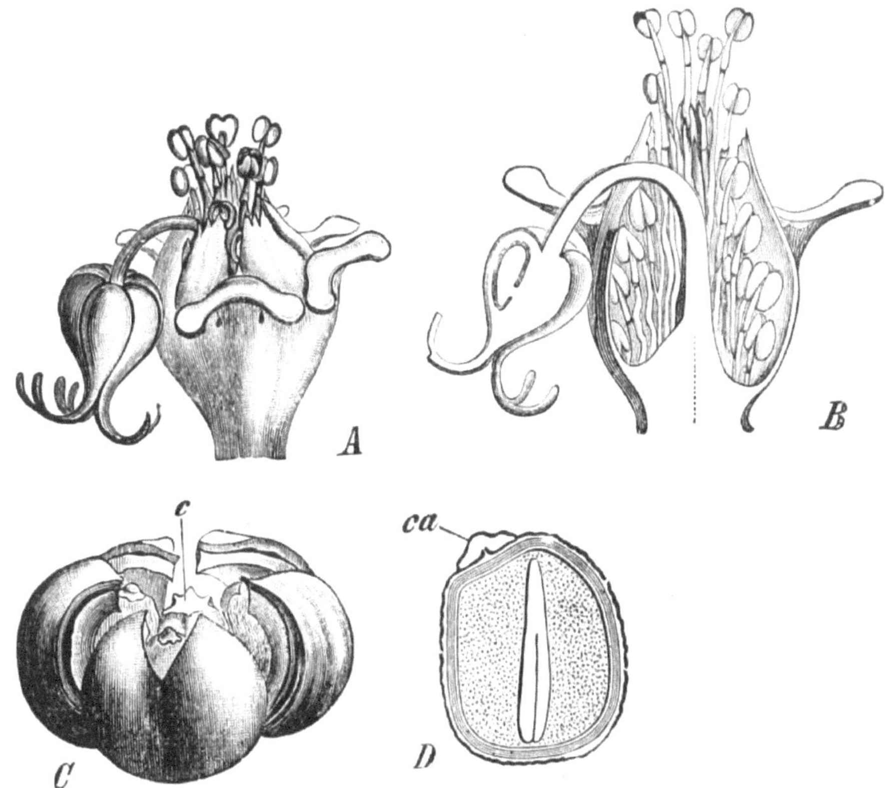

Fig. 719. Euphorbia Lathyris. *A* Cyathium. Vergr. 4. *B* Cyathium längsdurchschnitten. Vergr. 7. *C* Frucht aufgesprungen zeigt das Mittelsäulchen (*c*). *D* Samenlängsschnitt, Keimling im Endosperm, *ca* Caruncula, Vergr. 4. (*A–D* nach H. BAILLON.

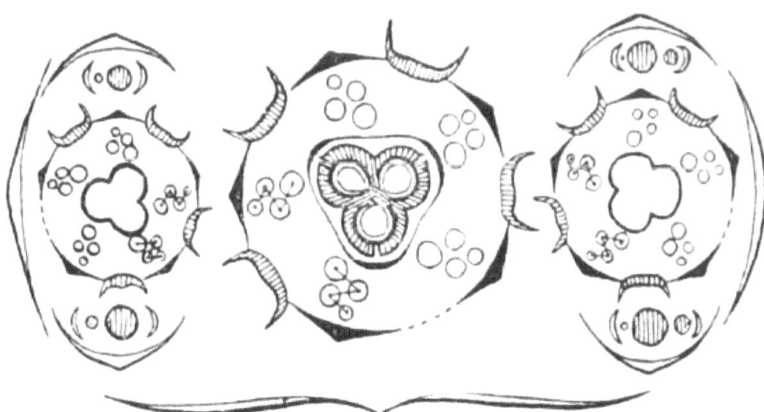

Fig. 720. Diagramm eines Dichasialzweiges von Euphorbia, fertile weibliche Blüte nur im Mittelcyathium. Nach A. W. EICHLER.

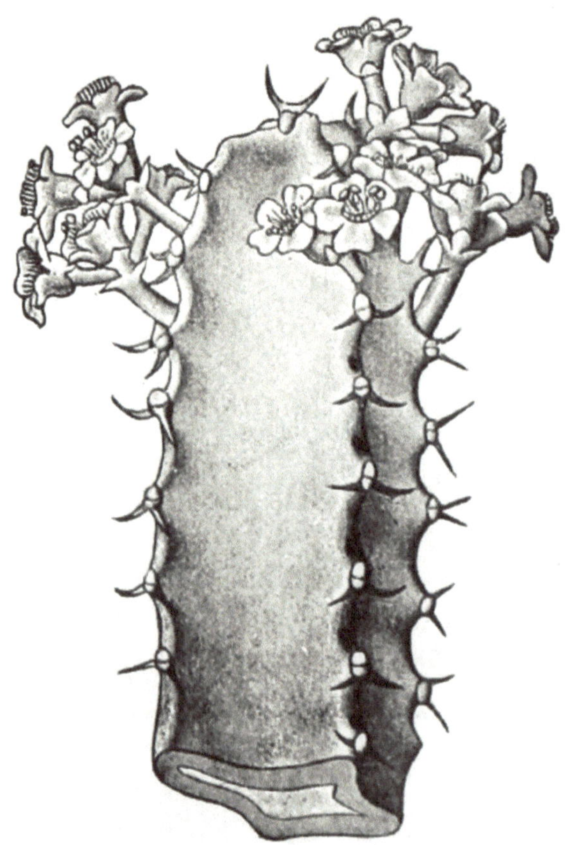

Fig. 721. Euphorbia resinifera. Nat. Gr. Nach BERG und SCHMIDT. — Offizinell.

Euphorbia und andere, aber durchaus nicht alle Angehörigen der Familie, enthalten einen bei jeder Verletzung aus den ungegliederten (bisweilen auch gegliederten wie bei Hevea) Schläuchen reichlich ausfließenden Milchsaft, der in vielen Fällen giftig ist.

Ein wichtiger Bestandteil des Milchsaftes von *Hevea*-Arten (*H. Sieberi*, *discolor*, *rigidifolia*, *paucifolia*, *lutea*, *guyanensis*, *Spruceana*) ist der Kautschuk (vgl. [486]), welcher als Parakautschuk in den Tropen Südamerikas, speziell im Gebiet des Amazonas, gewonnen, lange Zeit etwa 50 % der Gesamtkautschukproduktion der Erde deckte, jetzt aber durch den in Kolonien gewonnenen Hevea-, Ficus- und Castilloa-Kautschuk weit überholt ist. Daneben ist der von *Manihot Glaziovii*, einer ebenfalls südamerikanischen Euphorbiacee, erhaltene Cearakautschuk zu erwähnen. Eine nahe verwandte Pflanze, *Manihot utilissima*, gibt in ihren Wurzelknollen ein außerordentlich wichtiges Nahrungsmittel der Tropen ab: Maniok oder Cassave, ein Stärkemehl, dessen feinste Sorten als Tapioka oder brasilianisches Arrowroot eine Rolle im Welthandel spielen. Der in Brasilien einheimische Strauch wird jetzt überall in den Tropen kultiviert.

Fig. 722. Ricinus communis. Stark verkl. Nach BAILLON. — Giftig und offizinell.

Ricinus communis (Fig. 722) ist ein hoher Strauch des tropischen Afrika, der als Zierpflanze gezogen, in unserem Klima alljährlich erfriert. Der hohle Stamm ist an den massiven Knotenstellen mit langgestielten schildförmigen, handförmig eingeschnittenen Blättern besetzt. Infloreszenzen (Fig. 723) stehen terminal, werden jedoch durch vegetative Seitensprosse überholt. Sie tragen unten männliche Blüten mit häutigem, 4- bis 5blättrigem Kelch und bäumchenartig verzweigten Staubblättern; jede letzte Endigung trägt eine Theca. Darüber weibliche Blüten mit 3–5 Kelchblättern, einem großen dreiteiligen Fruchtknoten, der außen mit warzigen Stacheln übersät ist und in drei große gegabelte, rote Narben ausläuft. Bei der Reife liegt ein gefleckter Samen mit weißer Caruncula in jedem Fache.

Fig. 723. Ricinus communis. Blütenstand. 1/2 nat. Gr. Junge Frucht längsdurchschnitten. — Offizinell.

Offizinell: Euphorbium (Pharm. germ., austr., helv.) von *Euphorbia resinifera* (Marokko). Cortex Cascarillae (Pharm. germ., austr., helv.) von *Croton Eluteria* (Bahama-Inseln). Oleum Crotonis (Pharm. germ., austr., helv.) von *Croton Tiglium* (Ostindien). Kamala (Pharm. germ., austr., helv.), Drüsenhaare der Fruchtkapsel von *Mallotus philippinensis* (ostasiatische Tropen), Oleum Ricini (Pharm. germ., austr., helv.) von *Ricinus communis*. Kautschuk (Pharm. germ.) von *Hevea*-Arten und *Manihot Glaziovii*.

20. Ordnung. Gruinales.

Zwittrige, durchaus fünfgliedrige, strahlige Blüten mit oberständigem, gefächertem Fruchtknoten [also K5, C5, A5 + 5, G(5)] finden sich bei den meisten Angehörigen der Ordnung. Sind die Blüten dorsiventral, so tritt häufig Reduktion ein (Polygalaceen). Die Staubblätter sind am Grunde verwachsen, obdiplostemon oder haplostemon und führen an ihrer Außenseite Nektarien oder solche sind als ringförmiger intrastaminaler Diskus vorhanden (Rutaceen). Die Samenanlagen sind meist hängend orientiert, mit aufwärts gerichteter Mikropyle und ventraler Raphe oder haben bei abwärts gerichteter Mikropyle eine dorsale Raphe.

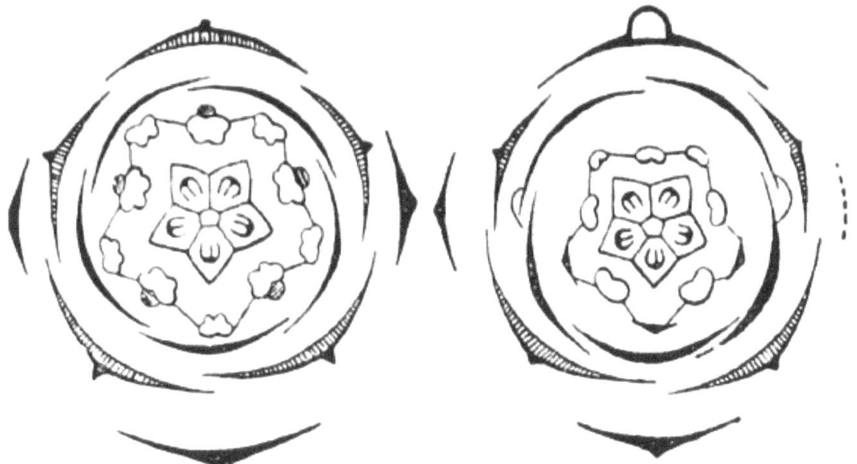

Fig. 724. Blütendiagramme von Geraniaceen. *A* Geranium pratense. *B* Pelargonium zonale. Nach A. W. EICHLER.

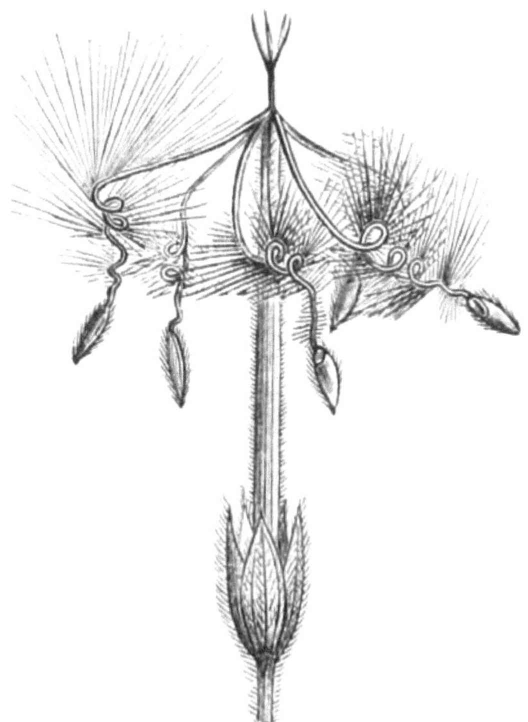

Fig. 725. Frucht von Pelargonium inquinans. Vergr. 3. Nach H. BAILLON.

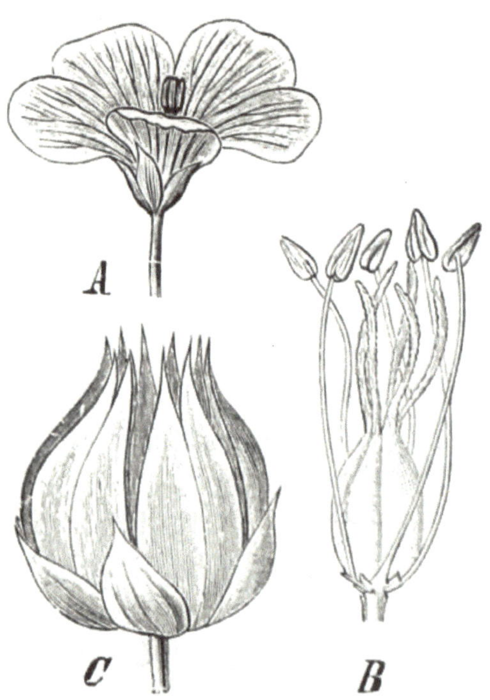

Fig. 726. Linum usitatissimum. *A* Nat. Gr. *B* und *C* Vergr. 3. — Offizinell. Gez. H. SCHENCK.

Fig.727. Erythroxylon Coca. **2/3** nat. Gr. — Offizinell.

Zu der 1. Familie ***Geraniaceae*** gehören die Gattungen Geranium mit radiären und Pelargonium mit dorsiventralen Blüten (Fig. 724); beide haben handnervige Blätter. Die fünf geschnäbelten Fruchtblätter führen zwei Samenanlagen in jedem Fache; sie lösen sich bei der Reife von einem Mittelsäulchen ab, öffnen sich dabei und entlassen den Samen oder bleiben geschlossen und können sich durch hygroskopische Krümmungen der Grannen in die Erde einbohren (Fig. 725, vgl. Fig. 295, S. 276).

2. Familie ***Linaceae***. *Linum usitatissimum* (Fig. 726). Der Lein ist eine alte, einjährige Kulturpflanze. Ihre zahlreichen radiären, blauen, kurzlebigen Blüten mit am Grunde verwachsenen Staubblättern und fünf freien Griffeln beschließen, in traubigen Wickeln stehend, den mit kleinen schmalen Blättern reich besetzten Stengel, dessen Bastfasern nach geeigneter Zubereitung zu Leinwand verwebt werden. Die Samen der fünffächerigen Kapsel dienen zur Ölgewinnung *Oleum Lini* und sind auch ihrer Schleimepidermis wegen offizinell: Semen Lini (Pharm. germ., austr., helv.) von *Linum usitatissimum.*

Zu der kleinen 3. Familie der ***Erythroxylaceae*** gehört der offizinelle kleine Strauch *Erythroxylon Coca* aus Peru mit ungeteilten ganzrandigen lebhaft grünen Blättern und blattachselständigen Gruppen kleiner weißer Blüten (Fig. 727). Er liefert: Cocaïnum (Pharm. germ., austr., helv.) und Folia Coca (Pharm. germ., helv.).

Guajacum officinale, ein Bäumchen Westindiens mit gegenständigen, paarig gefiederten Blättern gehört zu der 4. Familie ***Zygophyllaceae*** und liefert das offizinelle Guajakholz und Guajakharz: Lignum Guajaci (Pharm. germ., austr., helv.). Resina Guajaci (Pharm. austr., helv.).

Fig. 728. Ruta graveolens. 1/3 nat. Gr. — Offizinell.

Fig. 729. Blütendiagramm von Citrus vulgaris. Nach A. W. EICHLER.

Fig. 730. Citrus vulgaris. **1/2** nat. Gr. — Offizinell.

Fig. 731. Quassia amara. 1/2 nat. Gr. Nach BERG und SCHMIDT. — Offizinell.

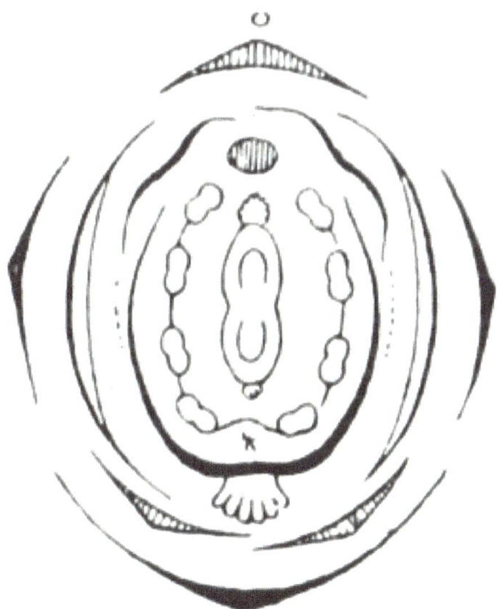

Fig. 732. Blütendiagramm von Polygala myrtifolia. Nach A. W. EICHLER.

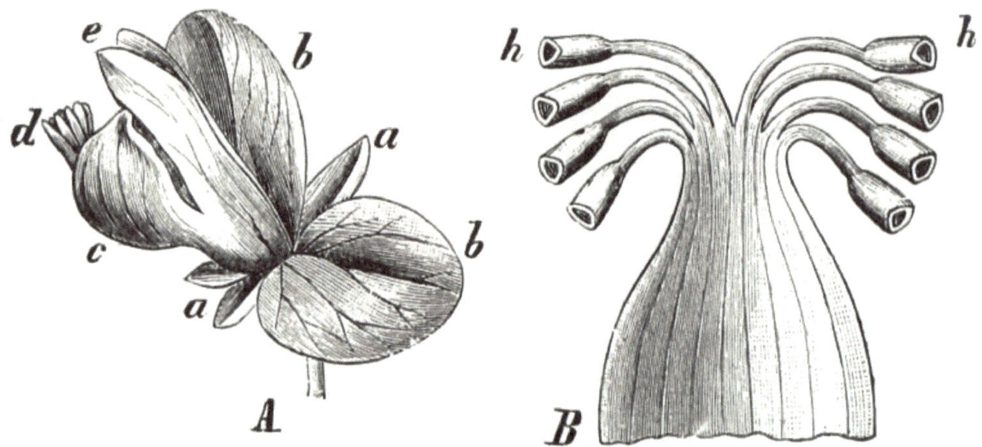

Fig. 733. Polygala Senega. *A* Blüte, *a* kleine Kelchblätter, *b* große Kelchblätter, *c* Kahn, *e* seitliche Kronblätter, *d* Anhängsel des medianen Kronblattes. *B* Andröceum, *h* Antheren, vergr. — Nach BERG und SCHMIDT. — Offizinell.

Fig. 734. Polygala Senega. **1/2** nat. Gr. — Offizinell.

Wichtige Gattungen enthält die 5. Familie ***Rutaceae***. *Ruta graveolens* (Fig. 728), die Raute, eine ausdauernde, halbstrauchige Pflanze mit doppelt gefiederten bis fiederteiligen Blättern. Die Endblüten ihrer dichasialen Blütenstände sind bei kräftigen Exemplaren fünfzählig, alle anderen vierzählig, strahlig, mit großem intrastaminalem Diskus. *Dictamnus fraxinella*, der einheimische Diptam, besitzt ansehnliche, dorsiventrale Blüten in rispigen Infloreszenzen mit oben freien Fruchtblättern. Die wichtigste Nutzpflanzen-Gattung ist *Citrus*[490]. Abweichend vom Typus zeigen ihre Blüten (Fig. 729, 730) zahlreiche Staubblätter in einem Kreise bündelweise vereinigt und eine Vermehrung der Beerenfrüchte liefernden Fruchtblätter. Das Fruchtfleisch besteht aus Zotten von saftreichen Zellen, welche in die Fächer einwachsen; ihre Samen sind durch Adventivembryonen oft mehrkeimig (vgl. S. 500). Viele Arten haben einfache Blätter mit mehr oder minder geflügeltem Blattstiel; diejenigen anderer Arten jedoch sind dreizählig, und das Gelenk an der Einfügungsstelle der Spreite zeigt, daß jene scheinbar einfachen Blätter unpaarig gefiederten entsprechen, deren Endfiederchen allein erhalten blieb. Dornen an der Blattansatzstelle entsprechen den ersten Blättchen der Achselknospe. *Citrus* ist ostasiatischen Ursprungs; mehrere Arten haben in den wärmeren Himalayatälern ihre Heimat, und wohl alle wichtigen Kulturformen sind von den Chinesen zuerst gezogen worden. *Citrus decumana*, Pompelmus, tropisch; *Citrus medica*, diejenige Form, welche den Griechen beim Zuge Alexanders als „medischer Apfel“ bekannt, wurde, ist jetzt in verschiedenen Varietäten verbreitet, von denen *Citrus* (*medica*) *Limonum* unserer Zitrone entspricht. Dieser Baum dürfte vom 3. oder 4. Jahrhundert unserer Zeitrechnung ab im Mittelmeergebiet gezogen worden sein. *Citrus* (*medica*) *Bajoura* (Cedro ital., Cedratier franz.), die Cedrate liefert aus ihren dickschaligen Früchten das Zitronat. *Citrus Aurantium* kommt in zwei verschiedenen Formen vor, als *Citrus* (*Aurantium*) *vulgaris*, Fig. 730, Pomeranze, und *C.* (*Aurantium*) *sinensis* Apfelsine; *Citrus nobilis*, Mandarine, ebenfalls chinesischer Abstammung. Durch Pfropfung erhaltene Chimären von *Citrus aurantium* und *C. limonum* heißen *Bizzaria*.

Fig. 735. Blütendiagramm von Ilex Aquifolium. Nach A. W. EICHLER.

Fig. 736. Acer Pseudoplatanus. 1/2 nat. Gr. *1* Zweig mit terminaler, hängender Blütenrispe. *2* Männliche, *3* weibliche Einzelblüte. *4* Früchte. *5* Diagramm nach A. W. EICHLER.

Offizinell: *Citrus vulgaris* liefert: Fructus Aurantii immaturi, Cortex Aurantii fruct. (Pharm. germ., austr., helv.), Oleum Aurantii florum und Folia Aurantii (Pharm. austr., helv.), Oleum Aurantii Pericarpii (Pharm. austr.). — *Citrus limonum*: Cortex Citri fructus und Oleum Citri (Pharm. germ., austr., helv.). — *Citrus Bergamia*: Oleum Bergamottae (Pharm. helv.). — *Ruta graveolens*: Herba Rutae (Pharm. helv.). — *Pilocarpus pennatifolius* und *P. Jaborandi*, baumförmige Sträucher des östlichen Brasiliens mit großen, unpaarig gefiederten Blättern: Folia Jaborandi und Pilocarpinum (Pharm. germ., austr., helv.).

Wichtige offizinelle Pflanzen enthalten die 6. Familie der *Simarubaceae*, nämlich *Quassia amara* (Fig. 731), Surinam, und *Picrasma excelsa*, westindische Inseln, die Bitterholz liefern: Lignum Quassiae (Pharm. germ., austr., helv.), außerdem Cortex Simarubae Wurzelrinde von *Simaruba amara* (Pharm. germ.), und die 7. Familie ***Burseraceae***, die offizinelle Harze ausscheidende Pflanzen umfaßt: *Commiphora abyssinica* und *C. Schimperi*, arabisch-ostafrikanische Bäumchen, geben Myrrha (Pharm. germ., austr., helv.), *Boswellia Carteri* und *B. Bhau dajianae*, Bäumchen derselben Heimat wie die *Commiphora*-Arten, liefern Olibanum, Weihrauch (Pharm. austr.). *Canarium*-Arten der Philippinen endlich Elemi (Pharm. austr., helv.).

Zwei seitliche kronblattähnliche Kelchblätter sind das beste Kennzeichen der 8. Familie ***Polygalaceae***, daneben das kahnförmige untere Kronblatt und die röhrig verwachsenen acht Staubblätter. (Fig. 732, 733, 734) K5, C3, A(8), G(2). Einheimische Arten sind: *Polygala vulgaris* und *P. amara*, auf Wiesen häufig; *P. Chamaebuxus*, kleiner Halbstrauch der Alpen. Offizinell: *Polygala Senega*, Nordamerika, liefert Rad. Senegae (Pharm. germ., austr., helv.).

9. Familie der ***Sapindaceae***. Meist in tropischen Gebieten heimische Pflanzen. Offizinell: Guarana (Pharm. austr., helv.) aus dem zerquetschten Samen von *Paullinia cupana*, einer Liana Brasiliens. Ebenso sind die Vertreter der 10. Familie ***Anacardiaceae*** meist Tropenbewohner wie *Mangifera indica*. *Rhus toxicodendron*, der Giftstrauch Nordamerikas und die *Pistacia*-Arten gehören hierher. Offizinell: Mastix (Pharm. austr.) von *Pistacia*

Lentiscus. Zur 11. Familie, den ***Aquifoliaceae***, gehören die *Ilex*-Arten: (Fig. 735) *Ilex aquifolium* die einheimische sog. Stechpalme, *I. paraguariensis*, die Matepflanze, die den Paraguaytee liefert. Endlich als 12. Familie sind die ***Aceraceae*** zu nennen, denen die Ahorn-Arten angehören mit den charakteristischen geflügelten Spaltfrüchten (Fig. 736), und 13. Familie die ***Hippocastanaceae*** mit der Roßkastanie *Aesculus hippocastanum*.

21. Ordnung. Frangulinae.

Die Ordnung wird charakterisiert durch nur einen Staubblattkreis vor den Kronblättern und einen intrastaminalen Diskus.

Die einzige einheimische Gattung der sonst in den Tropen verbreiteten 1. Familie ***Rhamnaceae*** ist *Rhamnus*. *Rh. Frangula*, Faulbaum (Fig. 737 *B*, 738, 739), ist ein in Wäldern und an Wegen häufiger Strauch mit wechselständigen ganzrandigen Blättern und kleinen Nebenblättchen, dessen Blüten in Gruppen oder einzeln blattachselständig stehen und bis auf das Gynäceum fünfzählig sind; die schüsselförmige Blütenachse wird als Diskus ausgebildet. Zwei bis drei Fruchtblätter mit ungeteilter Narbe liefern Steinfrüchte mit ebensoviel Samen. *Rh. cathartica*, Kreuzdorn, ist die zweite einheimische Art. Die Zweige sind meist dornig mit gegenständigen gesägten Blättern. Die durchweg vierzähligen Blüten (Fig. 737 *A*) werden durch Fehlschlagen diözisch; weibliche enthalten vier freie Griffel und bringen viersamige Steinfrüchte, die Samen mit dorsaler Raphe. *Colletia spinosa* und *C. cruciata* sind xerophile, blattlose Sträucher Südamerikas. Offizinell: Cortex Frangulae (Pharm. germ., austr., helv.) von *Rh. Frangula*. Cortex Rhamni Purshianae (Pharm. austr., helv.) = Cascara sagrada von *Rh. Purshiana* aus Nordamerika. Syrupus Rhamni catharticae (Pharm. germ.) von *Rh. cathartica*.

Die nordhemisphärischen Gattungen *Vitis*, *Ampelopsis*, *Parthenocissus* und die tropische Gattung *Cissus* gehören zur 2. Familie ***Vitaceae*** (Fig. 740, 741). *Vitis vinifera*, die Weinrebe, ist als alte Kulturpflanze in zahlreichen Rassen und Varietäten verbreitet. Die Blätter sind handförmig gelappt, die blattgegenständigen Rankensprosse sind ursprünglich endständig, aber durch einen Achselsproß zur Seite gedrängt. Oft stehen die rispigen Blütenstände an Stelle von Ranken, und Zwischenbildungen beider sind häufig. Der Kelch ist nur in Form eines kurzen Randes vorhanden, und die am Scheitel verwachsene fünfzählige Krone wird beim Öffnen der Blüten abgeworfen. Korinthen sind die samenlosen Früchte der *Vitis vinifera* var. *apyrena*. Die in Nordamerika und Asien verbreiteten *Parthenocissus*-Arten, wilder Wein, haben geteilte Blätter und klettern zum Teil mit Haftscheiben tragenden Ranken (Fig. 208). Offizinell: Vinum (Pharm. germ., austr., helv.).

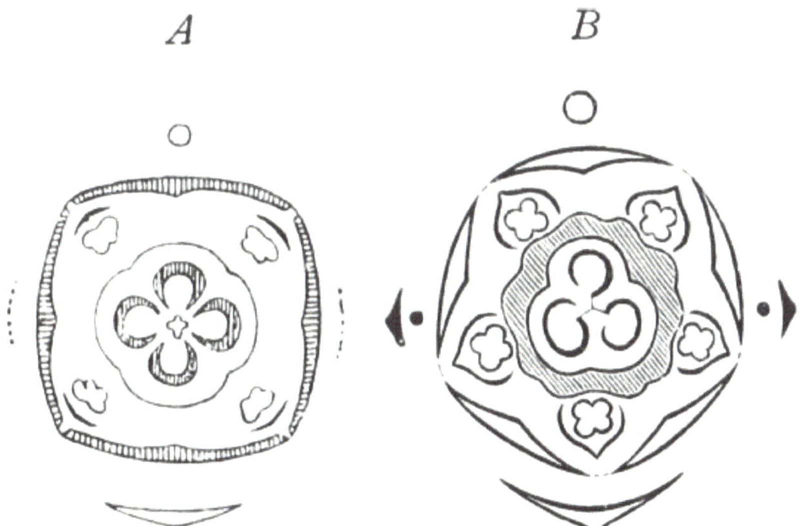

Fig. 737. Blütendiagramme. *A* Von Rhamnus cathartica (hermaphrodit gedacht). *B* Von Rh. Frangula. Nach A. W. EICHLER.

Fig. 738. Rhamnus Frangula. 1/2 nat Gr. Blühender Zweig und Zweigstückchen mit Früchten.

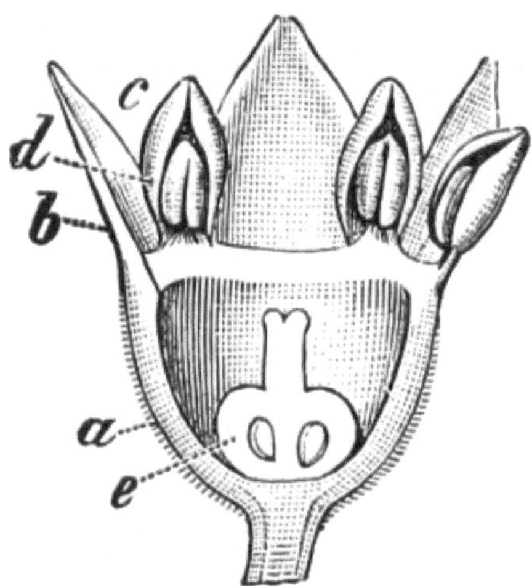

Fig. 739. Rhamnus Frangula. Blüte längsdurchschnitten. *a* Blütenbecher, *b* Kelch, *c* Kronblatt, *d* Staubblätter, *e* Fruchtknoten, Vergr. Nach BERG und SCHMIDT.

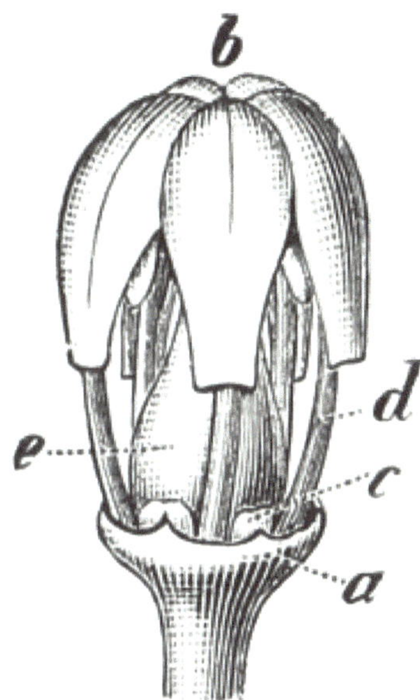

Fig. 740. Vitis vinifera. Öffnung der Blüte. *a* Kelch, *b* Krone, *c* Diskus, *d* Staubblätter, *e* Fruchtknoten. Vergr. Nach BERG und SCHMIDT.

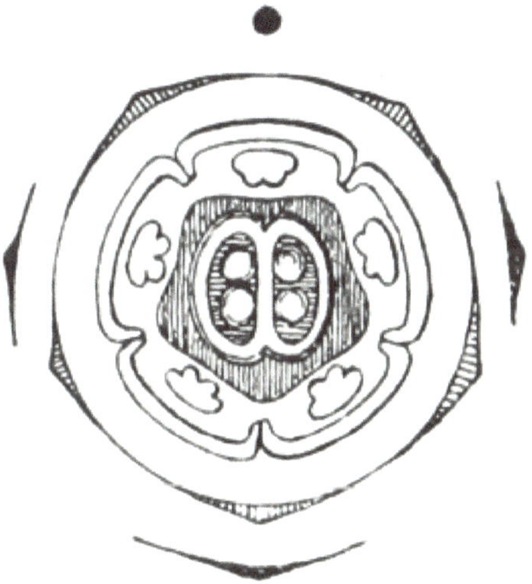

Fig. 741. Blütendiagramm von Ampelopsis hederacea. Nach A. W. EICHLER.

[Die im Vorhergehenden gegebene Reihenfolge ist im wesentlichen derjenigen des sero-diagnostischen Stammbaumes gefolgt; daß die Aquifoliaceen zu den Sapindaceen gestellt sind, ist wohl eine kleine Vereinfachung für die Aufzählung der Familien. Nun sollen auch die Ericaceen in diesen Zweig eingegliedert werden. Wenn es auch seit langem klar war, daß sie nicht zu den typischen Sympetalen gehören, so hätte man nach morphologischen Gesichtspunkten eine Anreihung an die Guttiferen oder die Ternstroemiaceen erwarten können, wohin teilweise Sympetalie, apikale Poren der Antheren und Eigentümlichkeiten im Bau der Fruchtknoten zu weisen scheinen. Somit reihe ich die Ericaceen nur mit allem Vorbehalt vorläufig als letztes Glied dem Columniferenaste ein.]

22. Ordnung. Ericinae.

mit der Familie der *Ericaceae*. Es sind hier immergrüne, kleinblättrige, häufig nadelförmig belaubte Sträucher oder Halbsträucher vereinigt, deren Blüten Antheren besitzen, die einmal durch ein „Exothecium" (S. 470) ausgezeichnet sind, die sich andererseits in Poren oder Spalten öffnen und hornförmig abstehende Anhänge tragen, daher auch wohl Bicornes genannt werden.

Fünfzählige Blüten in allen fünf Kreisen tragen die Rhododendron-Arten, die Alpenrosen, deren wir drei einheimische Arten besitzen. Ebenso sind die Blüten des Porst, *Ledum palustre*, und der Gattung *Andromeda* fünfblättrig, und alle genannten besitzen einen oberständigen Fruchtknoten, der zu einer Kapselfrucht wird. Ebenso verhält sich *Arctostaphylos uva ursi* (Fig. 742), mit dem einzigen Unterschiede, daß hier Steinfrüchte entstehen. Fünfzählige Blüten mit unterständigem Fruchtknoten finden wir bei mehreren Beerensträuchern aus der Gattung *Vaccinium* (Fig. 743): der Heidelbeere, *Vaccinium Myrtillus*, und Preißelbeere, *V. Vitis idaea*, welche dementsprechend die Reste des Kelches auf jeder Beere tragen. — Eine Reduktion der Gliederzahlen auf vier findet sich in der Gattung *Erica*, die besonders im trockenen Mittelmeer- und Kapgebiet verbreitet ist; dabei hat *Erica* oberständigen Fruchtknoten. Verbreitet ist bei uns außer *Erica Tetralix* besonders das nahe verwandte Heidekraut, *Calluna vulgaris*[491], von *Erica* durch den die Krone überragenden Kelch unterschieden.

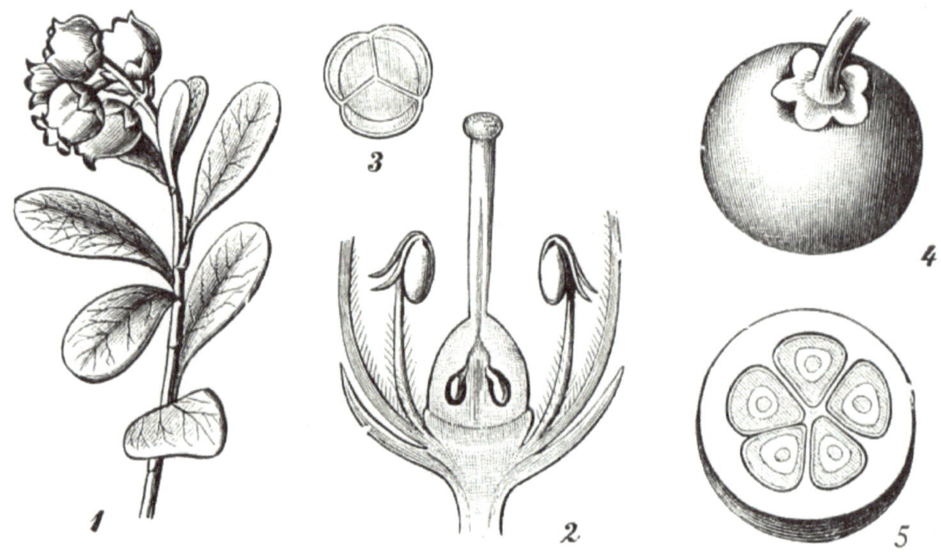

Fig. 742. Arctostaphylos uva ursi. *1* Blühender Zweig. *2* Blüte im Längsschnitt. *3* Pollentetrade. *4* Frucht. *5* Fruchtquerschnitt. *2–5* vergr. Nach BERG und SCHMIDT. — Offizinell.

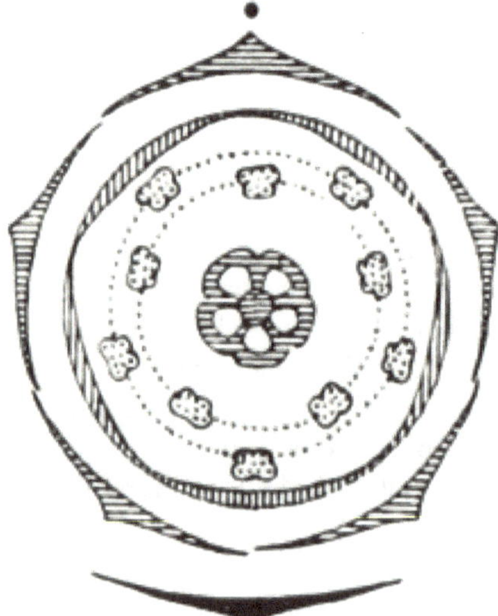

Fig. 743. Diagramm von Vaccinium (Ericaceae). Nach F. NOLL.

Offizinell sind Folia uvae ursi (Pharm. germ., austr., helv.) von *Arctostaphylos uva ursi* und Fructus Myrtilli (Pharm. austr., helv.) von *Vaccinium Myrtillus*.

B. Sympetalae.

Das einzige den Sympetalen gemeinsame Merkmal ist die verwachsenblättrige Krone. Die Mehrzahl der nach Ausschluß der Primulinae und Ericinae verbliebenen Sympetalen haben nur einen Staubblattkreis, da der innere Kreis ausgefallen ist. Sie werden daher als Tetracyclicae bezeichnet. Nur die einzige Ordnung der Diospyrinae besitzt auch diesen inneren Staubblattkreis, sie werden daher als Pentacyclicae jenen Vierkreisigen gegenübergestellt.

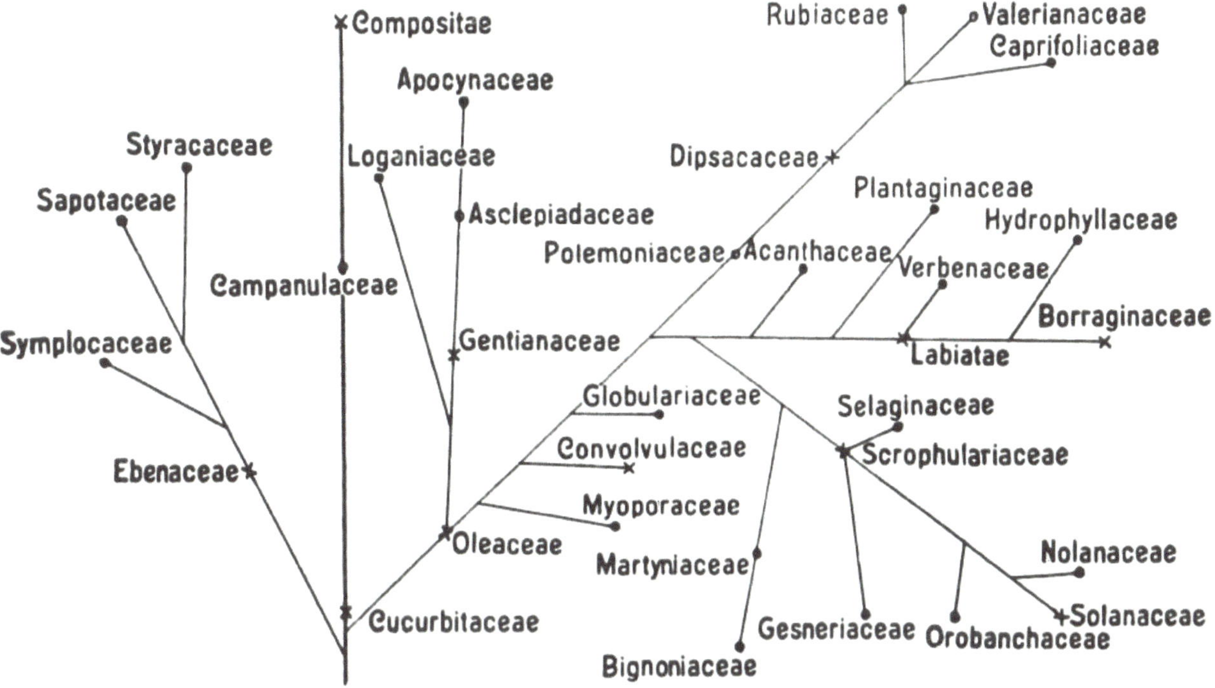

Stammbaum der Sympetalen nach den sero-diagnostischen Untersuchungen von W. ALEXNAT.

Die **1. Ordnung** der **Diospyrinae,**

zu der die tropischen Familien der *Ebenaceae*, *Sapotaceae* und *Styracaceae* zu zählen sind, ist von Bedeutung wegen der den *Sapotaceen* angehörigen *Palaquium*- (Fig. 744) und *Payena*-Arten des Malayischen Archipels, welche Guttapercha (Pharm. germ.) liefern; *Mimusops*-Arten (Sapotaceae) geben einen ähnlichen Körper, Balata, und von den *Styracaceen* leitet man das Benzoëharz (Pharm. germ., austr., helv.) ab, doch ist seine Herkunft von *Styrax Benzoin* zweifelhaft geworden.

Fig. 744. Palaquium Gutta. 1/2 nat. Gr. Nach A. MEYER und SCHUMANN. — Offizinell.

B. Tetracyclicae.

1. Fruchtknoten oberständig.

Die *Tetracyclicae* haben also nur vier regelmäßig miteinander alternierende Blütenwirtel aufzuweisen. Sie lassen sich nach der Stellung des Fruchtknotens in zwei Gruppen von Ordnungen zerlegen, entweder ist der Fruchtknoten oberständig, hierher gehören die Ordnungen der Contortae, Tubiflorae und Personatae. Alle diese Ordnungen stimmen auch darin überein, daß der Fruchtknoten aus zwei Fruchtblättern besteht. Die Ordnungen mit unterständigem Fruchtknoten sind die Rubiinae und die den Rubiinae nahestehenden Dipsacaceae, die von den Synandrae (Campanulaceae-Compositae) getrennt werden. Diese bleiben in der Hauptreihe; die mit den Rubiinae endende Abzweigung setzt ebenso wie die einzige pentazyklische Ordnung der Diospyrinae an die Cucurbitaceae als Abzweigung an. Die Zahl der durchweg unterständigen Fruchtblätter ist bei der Mehrzahl der Rubiinae zwei, Cucurbitaceae, Cuprifoliaceae und Valerianaceae besitzen drei, die Campanulaceae zwei oder fünf und Dipsacaceae und Compositae nur ein Fruchtblatt.

Nachdem so einzelne gemeinsame Merkmale herausgefunden sind, sollen die Ordnungen nach ihren Familien besprochen werden.

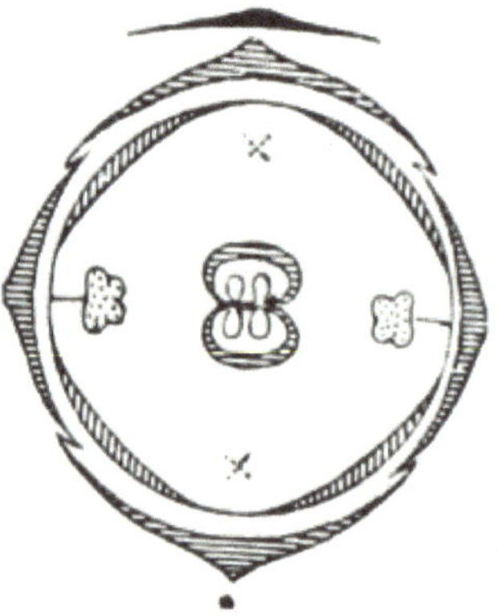

Fig. 745. Oleaceae. Diagramm (Syringa). Nach F. NOLL.

Fig. 746. Olea europaea mit Früchten. 1/2 nat. Gr. — Offizinell.

Fig. 747. Olea europaea. *A* Ausgebreitete Krone. *B* Kelch und Fruchtknoten im Längsschnitt. Vergr. Nach ENGLER-PRANTL.

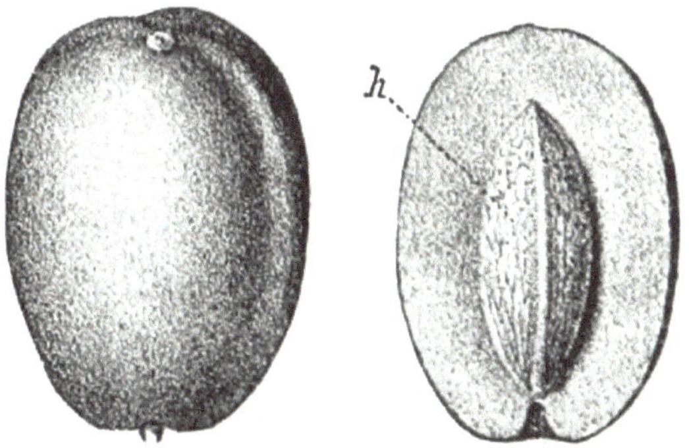

Fig. 748. Olea europaea. Steinfrucht.

Die **2. Ordnung, Contortae**,

umfaßt Pflanzen mit dekussierten, meist einfachen Blättern, durchweg strahligen Blüten, deren Krone in der Knospenlage häufig gedreht und deren Andröceum der Krone angewachsen ist.

Die 1. Familie der ***Oleaceen*** ist an der Zweizahl des Andröceums leicht zu erkennen; die Krone ist meist vierzipfelig, wie das Diagramm von *Syringa* zeigt (Fig. 745). Neben *Ligustrum*, *Jasminum*, *Forsythia* und *Syringa* ist *Olea europaea*, der Ölbaum oder die Olive, die wichtigste Pflanze der Familie (Fig. 746). Im Mittelmeergebiete heimisch, wird sie hier auch vorzugsweise kultiviert. Blüten und Früchte entsprechen dem Familientypus (Fig. 747). Die Steinfrucht enthält sowohl im Fruchtfleisch wie im Endosperm des Samens fettes Öl (Fig. 748). Vom Familientypus weicht durch gefiederte Blätter die Esche, *Fraxinus*, ab. *Fraxinus excelsior* mit anemophilen Blüten blüht vor der Belaubung, *Fr. Ornus*, die in Sizilien zur Mannagewinnung kultivierte Bergesche oder Mannaesche, hat ansehnliche gipfelständige Infloreszenzen, deren Einzelblüten doppeltes Perianth mit tiefgespaltener weißer Krone besitzen. Es sind neben Zwitterblüten (Fig. 749) rein weibliche schwarze Blüten vorhanden; die Pflanze ist polygam.

Fig. 749. Fraxinus Ornus. Einzelblüte und Frucht. — Offizinell.

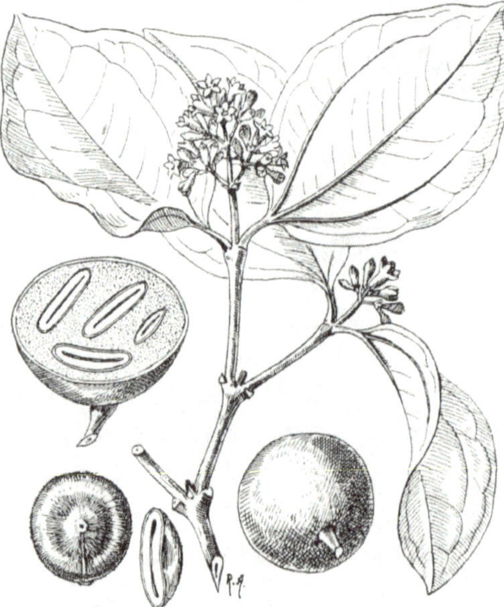

Fig. 750. Strychnos nux vomica. 1/2 nat. Gr. Frucht und Samen, Querschnitte durch beide. — Offizinell und giftig.

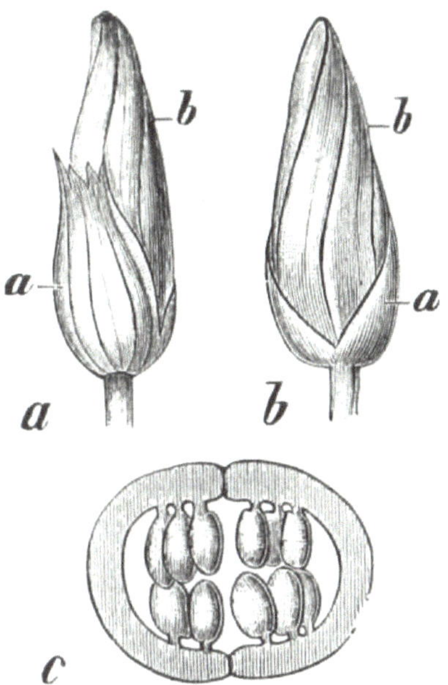

Fig. 751. Gentiana lutea. *a* und *b* Blütenknospe mit Kelch (*a*) und der gedrehten Krone (*b*). Nat. Gr. *c* Fruchtknoten im Querschnitte, vergr. Nach BERG und SCHMIDT. — Offizinell.

Fig. 752. Vinca minor. **2/3** nat. Gr.

Offizinell ist Oleum Olivarum (Pharm. germ., austr., helv.) von der Olive und Manna (ibidem) von der Mannaesche.

Die 2. kleine Familie der *Contortae*, die ***Loganiaceae***[492], ist nur wegen der wichtigen Gift- und offizinellen Pflanze *Strychnos nux vomica* (Fig. 750) zu erwähnen, die auch das Pfeilgift der Malayen liefert; aus anderen *Strychnos*-Arten wird das Curare Südamerikas gewonnen; ruminiertes Endosperm bei Spigelia.

Offizinell: Semen Strychni (Pharm. germ., austr., helv.) und Radix Gelsemii (Pharm. germ., austr., helv.) von *Gelsemium nitidum*.

Wichtiger ist die 3. Familie der Ordnung, die ***Gentianaceae***, durch einfächerigen Fruchtknoten kenntlich, mit deutlich gedrehter Krone in der Knospe (Fig. 751). Einheimisch ist die Gattung *Gentiana* mit zahlreichen Arten, deren lebhaft, meist blau gefärbte große Blüten ein Schmuck der Alpenwiesen sind. Der umstrittene Saisondimorphismus soll durch Entwicklung nahe verwandter Formen, deren eine vor dem ersten Wiesenschnitt blüht und fruchtet, während die andere ihre Blütezeit nach dem Schnitt hat, an *Gentiana*-Arten[493] gute Bestätigung finden.

Fig. 753. Nerium Oleander. **1/2** nat. Gr. — Giftig.

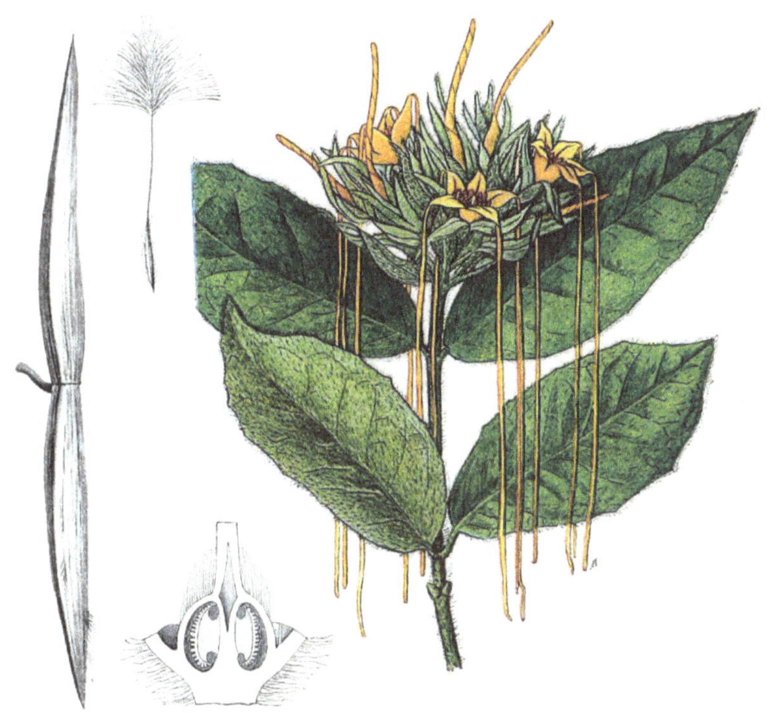

Fig. 754. Strophanthus hispidus. 1/2 nat. Gr. Nach E. GILG kombiniert mit MEYER und SCHUMANN. Fruchtknoten im Längsschnitt 10/1, Frucht ca. 1/7, Samen 1/3 nat. Gr. Nach SCHUMANN in ENGLER-PRANTL. — Offizinell.

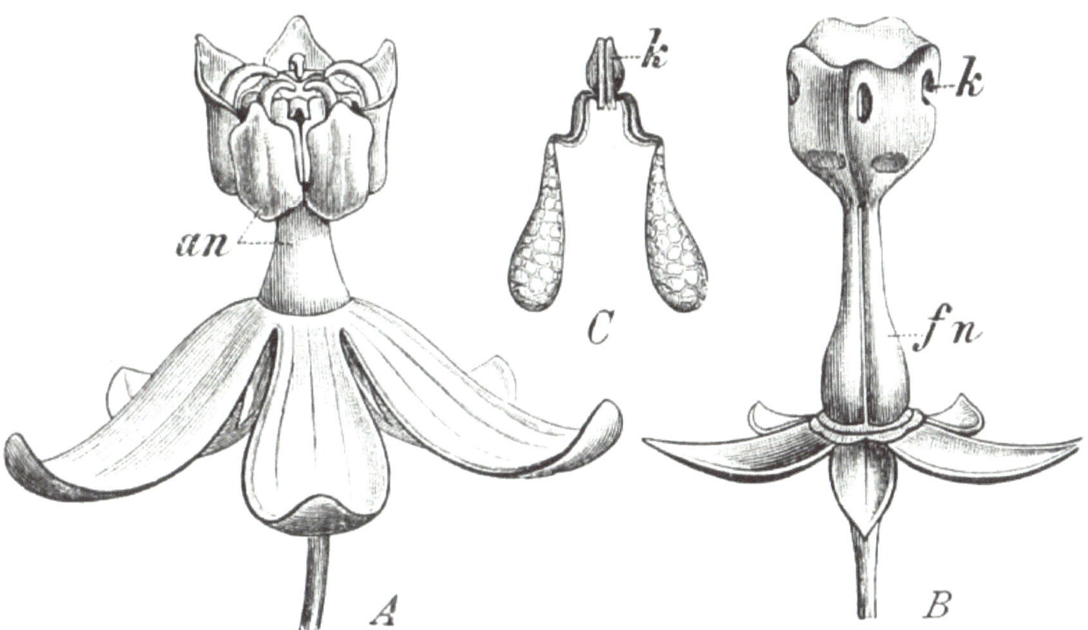

Fig. 755. Asclepias curassavica. *A* Blüte, *an* Andröceum. Vergr. 4. *B* Kelch und Gynäceum, *fn* Fruchtknoten, *k* Klemmkörperchen. Vergr. 6. *C* Zwei Pollinien. Stärker vergr. Nach H. BAILLON.

Fig. 756. Vincetoxicum officinale. 1/2 nat. Gr. — Giftig. Nach H. SCHENCK.

Erythraea, Tausendgüldenkraut, *Menyanthes*, Bitterklee, *Limnanthemum*, eine westdeutsche Wasserpflanze mit Schwimmblättern, sind bekannte Gentianaceen.

Offizinell: Radix Gentianae (Pharm. germ., austr., helv.) von *G. lutea*, *pannonica*, *punctata*, *purpurea*, den größten *Gentiana*-Arten unserer Gebirge, Herba Centaurii (ibidem) von *Erythraea Centaurium* und Folia Trifolii fibrini (ibidem) von *Menyanthes trifoliata.*

Die 4. Familie der ***Apocynaceae***, hauptsächlich in den Tropen verbreitet, umfaßt nur immergrüne Pflanzen mit Milchsaft. Die beiden Fruchtblätter sind unterwärts frei, oben hält der gemeinsame Griffel sie mit ringförmiger Narbe zusammen; so streben sie nach der Befruchtung auseinander und bilden zwei große Balgfrüchte mit zahlreichen, meist durch Besitz eines Haarschopfes ausgezeichneten Samen (Fig. 754).

Einheimisch ist nur *Vinca minor*, das kleine Immergrün der Wälder in West- und Süddeutschland (Fig. 752). Im Mittelmeergebiet heimisch, bei uns vielfach in Kultur, ist der giftige Oleander, *Nerium Oleander* (Fig. 753). *Cerbera Odollam* (Fig. 590), Schwimmfrucht der Mangrove, ist eine Apocynacee.

Offizinell ist Semen Strophanti (Fig. 754)[494] von der afrikanischen Liane *Str. Kombé* (Pharm. germ., austr., helv.), Kautschuk[495] (Pharm. germ.) von *Kickxia elastica*, *Landolphia*-Arten, *Carpodinus*-Arten, alle im tropischen Afrika beheimatet, ferner von dem brasilianischen Baum *Hancornia speciosa* und der malayischen Lianengattung *Willoughbeia*; Guttapercha (Pharm. germ.) von *Tabernaemontana Donnell Smithii* (Mittelamerika) und endlich Cortex Quebracho von *Aspidosperma Quebracho* (Pharm. helv.).

Die 5. Familie der ***Asclepiadaceae*** gleicht in allen Punkten der vorigen, besitzt aber freie, nur durch die prismatische (Fig. 755) Narbe zusammengehaltene Fruchtblätter. Ihre Staubblätter sind an der Basis vereinigt und tragen dorsale nektarführende Anhängsel, welche eine Nebenkrone bilden. Die Pollenmassen bleiben fachweise zu Pollinien verklebt, deren Stiele an drüsigen Schwellungen des kantigen Narbenkopfes, den Klemmkörperchen, festsitzen. Diese alternieren mit den Staubblättern, so daß von den an einem Klemmkörperchen hängenden Pollinienpaaren je eines dem rechten und dem linken Nachbarstaubblatte entstammen. Besuchende Insekten nehmen, ähnlich wie bei den Orchidaceen, die ganzen Pollinien mit fort und übertragen sie auf andere Blüten (Fig. 755).

Einheimisch ist nur *Vincetoxicum officinale* (Fig. 756), eine unscheinbare, aber giftige Staude mit kleinen weißen Blüten und langbehaarten Samen in den Balgfrüchten. Die übrigen Asclepiadaceen sind meist Bewohner der Tropen und Subtropen. Besondere Erwähnung verdienen die sukkulenten *Stapelia-*, *Hoodia-*, *Trichocaulon-* usw. Arten, kaktusähnliche (Konvergenz) Pflanzengestalten der südafrikanischen Wüsten, und die eigenartige Kannenpflanze des Malayischen Gebietes, *Dischidia Rafflesiana*[496] (Fig. 211), deren Kannen als Wasserkondensatoren dienen. Vielfach kultiviert wird *Hoya carnosa*, die Wachsblume, und zahlreiche Ceropegia-Arten mit eigenartig überdachten Blüten. Offizinell: Cortex Condurango (Pharm. germ., austr., helv.) von *Marsdenia Cundurango*, einer in Ecuador und Columbien heimischen Liane.

Die **3. Ordnung** der Sympetalen sind die ***Tubiflorae***,

denen man Beziehungen zu den Gruinales und Rosifloren zuschreibt. Fünfzählige, oft dorsiventrale Blüten mit zweifächerigem Fruchtknoten, der in jedem Fache zwei durch falsche Scheidewände getrennte Samenanlagen führt. Die normale Zahl der Staubblätter wird bei den dorsiventralen Blüten auf vier, bisweilen auf zwei reduziert.

An den Anfang sei die strahlblütige 1. Familie der ***Convolvulaceae***, der Windengewächse, gesetzt, deren Angehörige vielfach Schlingpflanzen sind mit wechselständigen, pfeilförmigen Blättern und weiten trichterförmigen, in der Knospenlage längsgefalteten Blumenkronen. Die Frucht wird zu einer Kapsel mit aufrechten Samenanlagen. Unsere häufige Ackerwinde, *Convolvulus arvensis*, an allen Wegrainen, in Getreidefeldern usw. verbreitet, trägt blattachselständige langgestielte Einzelblüten. Die großblütige Zaunwinde, *Calystegia sepium*, hat zwei große Vorblätter unter dem Kelche. Auch die auf Weiden, Urticaceen und sonst parasitierenden *Cuscuta*-Arten mit ihren bleichen Stengeln und geknäuelten kleinen Blüten gehören hierher (Fig. 219). *Ipomoea*, als schönfarbige Sommerblume bekannt, liefert das pantropische Strandgewächs *I. pes caprae*. Nahe verwandt ist Pharbitis (Fig. 303, S. 282). Offizinell sind Tubera Jalapae (Pharm. germ., austr., helv.) von *Exogonium Purga* (Fig. 757), ferner Scammonium (Pharm. helv.) von *Convolvulus Scammonia* (Kleinasien).

Fig. 757. Exogonium Purga. 1/2 nat. Gr. Nach BERG und SCHMIDT. — Offizinell.

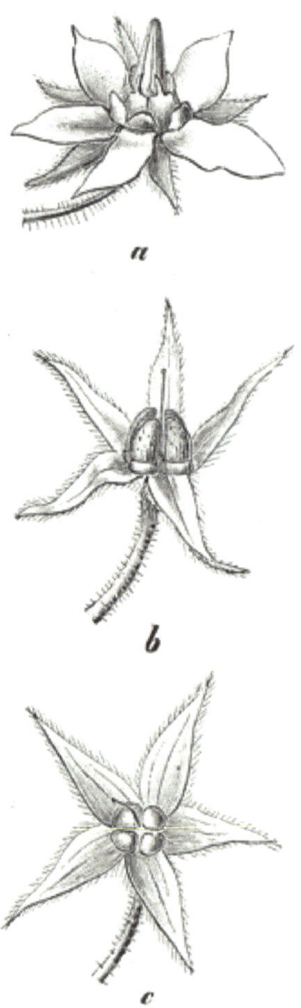

Fig. 758. Borrago officinalis. *a* Blüte, *b* und *c* Frucht. Nat. Gr.

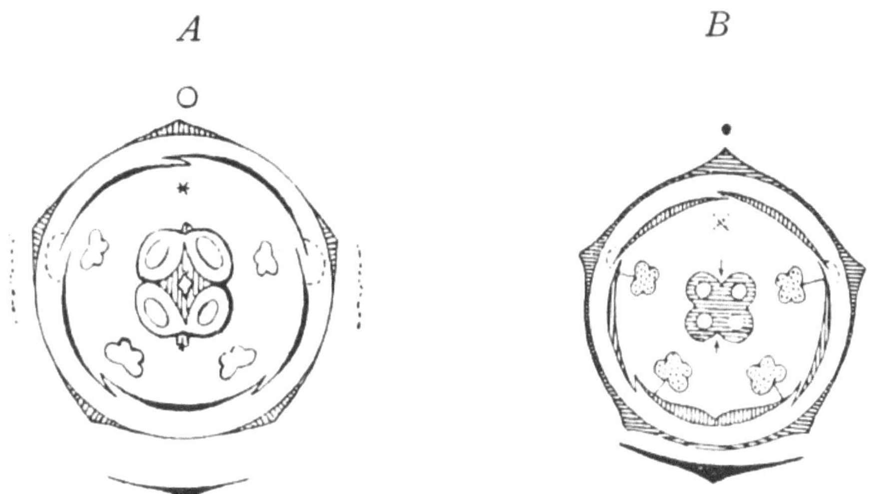

Fig. 759. Blütendiagramme. *A* Verbena officinalis. Nach A. W. EICHLER. *B* Lamium (Labiatae). Nach F. NOLL.

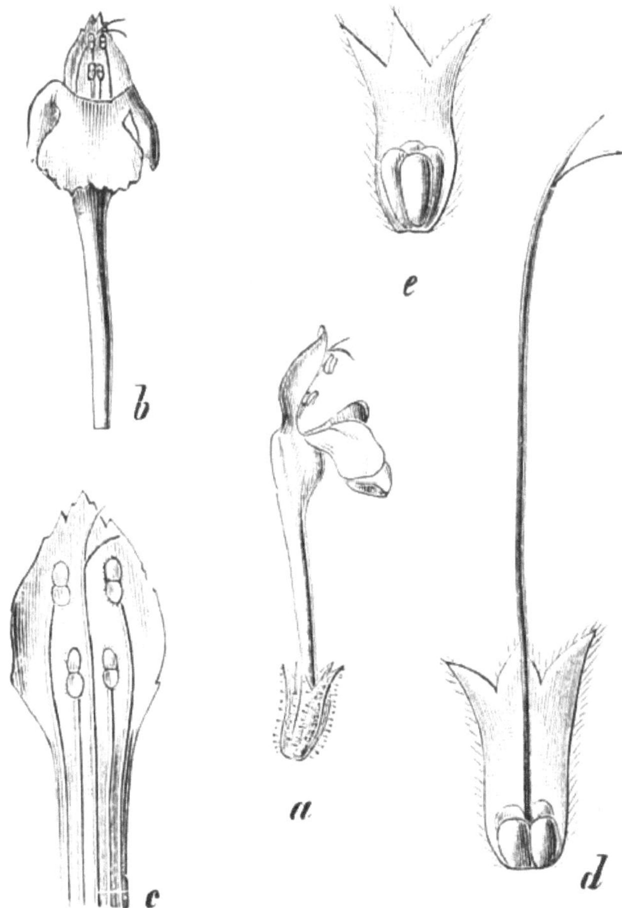

Fig. 760. Galeopsis ochroleuca. *a* Blüte, nat. Gr., *b* dieselbe ohne Kelch, nat Gr., *c* Korolle, aufgeschnitten, mit den Staubblättern und dem Griffel, *d* Kelch mit dem Gynäceum, *e* Frucht, *c–e* vergr. 2. — Offizinell. Nach H. SCHENCK.

In der 2. Familie der ***Borraginaceae***, der Rauhblättrigen, sind borstig behaarte Stauden, wie das Ochsenauge *Anchusa*, die Natternzunge *Echium*, die Wallwurz *Symphytum*, das Vergißmeinnicht *Myosotis* vereinigt, deren radiäre, in einzelnen Fällen bereits ein wenig zygomorphe Blüten (*Echium*) in Wickeln oder meist Doppelwickeln vereinigt sind. Durch die andersfarbigen Schlundschuppen und den mittels der tief einschneidenden falschen Scheidewand in vier einsamige Klausen zerteilten Fruchtknoten, in deren Mitte der Griffel aufragt (Fig. 758), ist die Familie scharf charakterisiert. Deutlich dorsiventrale Blüten mit nur vier Staubblättern und einem auf den ebenfalls vier Samen beherbergenden Fruchtknoten (Fig. 759) endständig aufgesetzten Griffel unterscheiden die 3. Familie der ***Verbenaceae***, zu der der wertvolle Teakholzbaum *Tectona grandis* gehört; außerdem ist der vivipare Mangrovebaum *Avicennia*[496] eine Verbenacee.

Fig. 761. Lavandula vera. **1/2** nat. Gr. — Offizinell.

Fig. 762. Salvia officinalis. Blühender Sproß. 1/2 nat. Gr. Der Länge nach aufgeschnittene Kronröhre mit den Staubblättern. Vergr. — Offizinell.

Wichtiger ist die 4. große Familie ***Labiatae***, die typischen Lippenblütler, die durch vierkantigen Stengel, dekussierte Blattstellung und aromatische Drüsenhaare schon in ihren vegetativen Organen scharf hervortreten. Die in achselständigen Dichasien oder Doppelwickeln vereinigten Blüten sind stets dorsiventral gebaut; sie bestehen aus verwachsenem Kelch, zweilippiger Krone, deren Oberlippe zwei, die Unterlippe drei Zipfel besitzt. Ihre vier Staubblätter sind ungleich lang. *Salvia*, der Salbei und *Rosmarinus* haben deren nur zwei. Der Fruchtknoten (Fig. 759) entspricht genau demjenigen der Borraginaceen; in seinem Grunde liegt ein ringförmiges Nectarium.

Ein großer Teil unserer Flora besteht aus Lippenblütlern. *Lamium*, die Taubnessel, *Stachys*, der Ziest, *Galeopsis* (Fig. 760) mit helmförmiger, *Ajuga* mit sehr kurzer, *Teucrium* mit tiefgespaltener Oberlippe zeigen einige Formverschiedenheiten. Bei *Glechoma* und *Nepeta* sind die hinteren Staubblätter die längeren, umgekehrt wie bei den übrigen Labiaten. Bei *Salvia*, dem Salbei, sind die beiden allein vorhandenen Staubblätter für Bestäubungszwecke eigenartig gebaut (vgl. S. 481, Fig. 540). Ihrer aromatischen Eigenschaften wegen sind zahlreiche Lippenblütler für offizinelle Zwecke herbeigezogen. Einen besonders reichen Beitrag dafür stellen auch die trockenen Gesträuche der Mittelmeerländer, die Macchien. So liefern *Lavandula vera* (Fig. 761) Flores Lavandulae und Oleum Lavandulae (Pharm. germ., austr., helv.), *Salvia officinalis* (Fig. 762) Fol. Salviae (ibid.), *Melissa officinalis* Fol. Melissae (ibid.), *Thymus Serpyllum* Herba Serpylli (ibid.), *Thymus vulgaris* Herba Thymi, Oleum Thymi und Thymolum (ibid.), *Rosmarinus officinalis* Folia und Oleum Rosmarini (ibid.), *Mentha piperita* Folia und

Oleum Menthae piperitae wie Mentholum (ibid.), *Galeopsis ochroleuca* Herba Galeopsidis (Pharm. austr.), *Origanum vulgare* Herba Origani (ibid.), *Origanum Majorana* Herba Majoranae (Pharm. helv.).

4. Ordnung. Personatae.

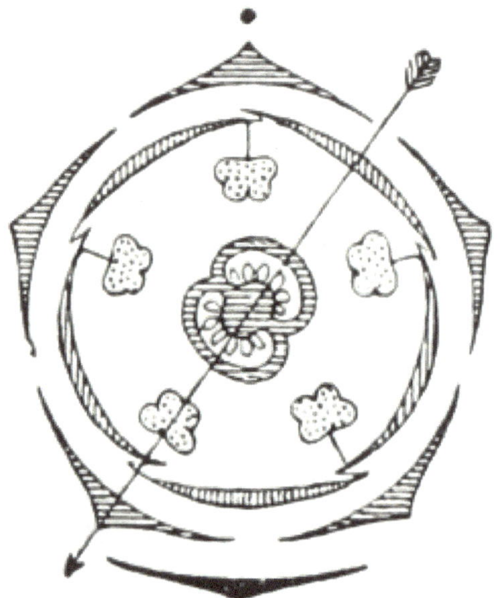

Fig. 763. Solanaceae. Diagramm (Petunia). Nach F. NOLL.

Fig. 764. Solanum Dulcamara. 1/2 nat. Gr. — Offizinell und giftig.

Gemeinsamen Ursprung mit den Tubifloren scheinen die Personatae zu haben. Sie umfassen ebenfalls radiäre und dorsiventrale Blütenformen, doch fehlen die falschen Scheidewände, und die Zahl der Samenanlagen ist erheblich größer. Die 1. wichtige Familie, ***Solanaceae***, besitzt meist radiäre Blüten, deren Kronblätter in der Knospenlage gefaltet sind. Der Fruchtknoten wird durch eine schräg zur Mediane stehende Wand geteilt (Fig. 763). Die verschiedenartigen Früchte umschließen Samen mit stark gekrümmtem Embryo im Endosperm. Anatomisch ist der Besitz bikollateraler Leitbündel hervorzuheben.

Fig. 765. Atropa Belladonna. **1/2** nat. Gr. — Offizinell und giftig.

Radiäre Blüten und Beerenfrüchte zeichnen die Gattung *Solanum* aus. *Solanum tuberosum* ist die Kartoffel (Fig. 201), *S. nigrum* der Nachtschatten, *S. Dulcamara* (Fig. 764), der Bittersüß, und *Lycopersicum* die Tomate, sind weitere bekannte *Solanum*-Arten. Über Pfropfbastarde, Periklinalchimären und Gigasformen der *Solanum*-Arten vgl. S. 262 und H. WINKLER[497]. *Atropa Belladonna*, die Tollkirsche (Fig. 765), eine sehr giftige Staude Europas, ist an der radiären, röhrig aufgedunsenen Blüte von trüb purpurner oder auch gelber Färbung, wie an den schwarzglänzenden Beerenfrüchten auf stark vergrößertem Kelche zu erkennen. Der zunächst radiäre Hauptsproß verzweigt sich unter der Endblüte in meist drei gleich starke, plagiotrope Zweige, die sich wickelartig weiter verzweigen; durch Hinaufwachsen des Tragblattes an dem Achselsproß wird der Anschein gepaarter Blätter erweckt (Fig. 765). *Capsicum annuum* hat ähnliche Verzweigung; seine trockenen Beerenfrüchte liefern den spanischen Pfeffer. *Datura Stramonium*, der Stechapfel, ist ebenfalls eine *Atropa*-ähnlich verzweigte einjährige Pflanze, die mit ihren ausgeschweiften Blättern, den großen, in der Knospe gefalteten weißen Blüten und den charakteristischen scharf bewehrten Kapselfrüchten leicht kenntlich ist (Fig. 766). *Nicotiana tabacum*, die Tabakpflanze (Fig. 767), ist in zahlreichen Kulturformen verbreitet; die großen, wechselständigen, stark drüsig behaarten Blätter liefern nach Trocknung und Fermentation den Tabak; die Früchte der Gattung sind kapselförmig. *Hyoscyamus niger*, das Bilsenkraut, eine einjährige Giftpflanze der alten Welt; die mit stark drüsig behaarten, sitzenden, wechselständigen Blättern besetzte Achse endigt in einem Wickel etwas zygomorpher Einzelblüten von trübgelber Farbe mit blauer Aderung (Fig. 768); die Frucht ist eine Deckelkapsel.

Fig. 766. Datura Stramonium. 1/2 nat. Gr. Reife Frucht aufgesprungen. — Offizinell und giftig.

Infolge ihres Gehaltes an giftigen Alkaloiden, die in der Medizin Verwendung finden, zählen viele Solanaceen zu den offizinellen Gewächsen, so liefert *Atropa Belladonna* Folia Belladonnae, Radix Belladonnae und Atropin (Pharm. germ., austr., helv.), *Datura Stramonium* Semen und Folia Stramonii (ibid.), *Hyoscyamus niger* Folia Hyoscyami (ibid.), *Capsicum annuum* Fructus Capsici (Pharm. germ., helv.), *Nicotiana tabacum* Folia Nicotianae (Pharm. helv.), *Solanum Dulcamara* Caules Dulcamarae (Pharm. austr., helv.); *Scopolia carniolica* Scopolaminum (Pharm. germ.).

Durch dorsiventrale Blüten, nicht gefaltete Knospenlage der Krone und Unvollständigkeit des Andröceums ist die 2. Familie ***Scrophulariaceae*** von den Solanaceen unterschieden. Außerdem hat die zweifächerige Kapselfrucht keine schrägstehende Scheidewand.

Von den bekannten Gattungen hat nur *Verbascum* (Fig. 769, 770 *A*), die Königskerze, fünf Staubblätter, doch sind die drei hinteren mit wollig behaarten Filamenten und quergestellten Antheren abweichend und nur zwei vordere normal ausgebildet. Die Pflanzen sind zweijährig und durch stark wollige Behaarung der mächtigen Blattrosette kenntlich. *Scrophularia*, *Linaria* und *Antirrhinum*, Löwenmaul, haben nur vier Staubblätter bei einer zweilippigen Krone, bei *Gratiola* (Fig. 770 *B*) und *Veronica*, Männertreu, sinkt die Zahl der Staubblätter auf zwei herab. *Mimulus*, *Torenia* mit reizbarer Narbe vgl. S. 321. *Maurandia* Blattstielkletterer. *Digitalis purpurea* (Fig. 771), der Fingerhut, mit einseits gewendeten Blüten am Schaft des im zweiten Jahre aus der Blattrosette aufschießenden Blütenstandes, ist giftig, und seine Blätter sind als Folia Digitalis offizinell (Pharm. germ., austr., helv.). Ebendort die Blüten von *Verbascum thapsiforme* und *V. phlomoides* als Flores Verbasci.

Fig. 767. Nicotiana Tabacum. **1/2** nat. Gr. — Offizinell und giftig. *a* Blüte, nat. Gr., *b* Krone aufgeschnitten, nat. Gr., *c* Fruchtknoten, nat. Gr., *d* und *e* junge Frucht. Vergr. 2.

Einen besonderen Verwandtenkreis innerhalb der Scrophulariaceen bilden die Parasiten und Hemiparasiten wie die völlig chlorophyllfreie *Lathraea*[498] und die grün beblätterten aber mit Wurzelhaustorien auf anderen Pflanzen parasitierenden Arten von *Tozzia*, *Bartschia*, *Pedicularis*, *Euphrasia*, *Odontites*, *Melampyrum* und *Alectorolophus*.

Ebenso sind die Angehörigen der 3. Familie ***Orobanchaceae*** mit der durch einfächerigen Fruchtknoten ausgezeichneten Gattung *Orobanche*, Würger, rein parasitisch (Fig. 772).

Fig. 768. Hyoscyamus niger, blühender Sproß und Frucht. 1/2 nat. Gr. — Offizinell und giftig.

Fig. 769. Verbascum thapsiforme. *a* Blüte. *b* Kelch und Griffel. Nat. Gr. — Offizinell. Nach H. SCHENCK.

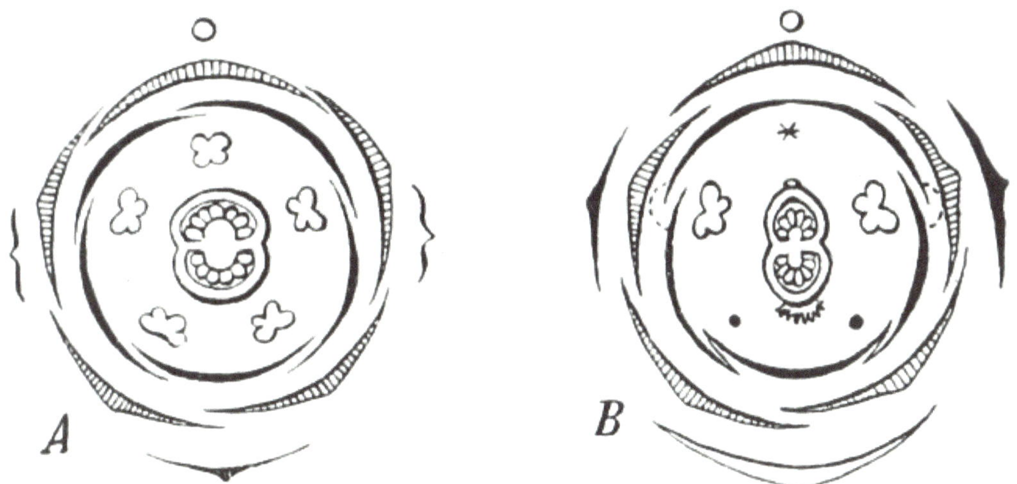

Fig. 770. Scrophulariaceae. Blütendiagramme. Nach A. W. EICHLER. *A* Verbascum. *B* Gratiola.

In der Lebensweise bieten auch die Angehörigen der 4. Familie ***Lentibulariaceae*** Besonderheiten, so sind die Sumpf- und Wasserpflanzen der Gattungen *Utricularia*[499] und *Pinguicula* insektivor.

In der reduzierten 5. Familie der ***Plantaginaceae***, sind anemophile Gattungen wie *Litorella lacustris* und stark dichogame, wie der protogyne *Plantago*, Wegerich, vereinigt.

2. Fruchtknoten unterständig.

Die **5. Ordnung, *Rubiinae*,**

soll ihre Verwandten in der ebenfalls durch unterständigen Fruchtknoten ausgezeichneten Ordnung der Umbellifloren besitzen, an die sie also anschließen würde. Die Blüten sind vier- oder fünfzählig, bei den verwandten Familien mit zygomorphen (Caprifoliaceen) und asymmetrischen (Valerianaceen) Blüten ändern sich die Zahlen im Andröceum und Gynäceum.

Fig. 771. Digitalis purpurea. 1⁄2 nat. Gr. *a* Corolle, *b* Kelch und Fruchtknoten, *c* Frucht aufgesprungen, *d* Fruchtquerschnitt. *a–d* nach H. SCHENCK. — Offizinell und giftig.

Die erste Familie der ***Rubiaceae***[500] besitzt radiäre Blüten und in den vegetativen Teilen einfache Blätter mit Nebenblättern. Einheimische Rubiaceen gibt es nur wenige, die alle dem Formenkreis von *Asperula*, Waldmeister, *Galium* und *Rubia* angehören, dadurch ausgezeichnet, daß die Nebenblätter den Blättern gleichgestaltet sind und scheinbare Blattquirle darstellen, die normal sechszählig sein müßten, durch Verwachsung der benachbarten Nebenblätter vierzählig werden, aber in den Zahlen etwas variieren.

In den Tropen sind Rubiaceen reich vertreten als Bäume, Sträucher, Kletterpflanzen und Epiphyten.

Eine der wichtigsten Rubiaceen-Gattungen ist *Cinchona* (Fig. 773); sie liefert in verschiedenen kultivierten Arten die Chinarinde und die daraus gewonnenen fieberwidrigen Alkaloide. Stattliche Bäume der Südamerikanischen Anden, werden die Cinchona-Arten jetzt in allen tropischen Kolonien angebaut. Ihre Kapselfrüchte beherbergen zahlreiche geflügelte Samen (Fig. 774). Ebenso wichtig aber als menschliches Genuß- und Nahrungsmittel ist der Kaffeestrauch, *Coffea arabica* (Fig. 775), Gebirgsbewohner Afrikas, und daneben die im tropischen Tieflande fortkommende *Coffea liberica.* Die Früchte sind zweisamige Steinfrüchte. Das Exokarp wird fleischig; das Endokarp besteht aus einer dünnen Lage Steinzellen, welche die von ihrer Silberhaut, der Samenschale, eingehüllten zwei Samen, die Kaffeebohnen, umschließt. Zu den beerenfrüchtigen

Formen gehören die bekannten merkwürdigen Knollenepiphyten *Hydnophytum* und *Myrmecodia*[500], die nach den neuesten Untersuchungen aus den Exkrementen der sie bewohnenden Ameisenkolonien Nutzen ziehen. Ebenso sind ernährungsphysiologisch *Psychotria* und *Pavetta*-Arten von Interesse[501], die in ihren Blättern Stickstoff assimilierende Bakterien beherbergen; sie sind insofern höher organisiert als die Leguminosen mit ihren Wurzelknöllchen, als sie die Bakterien auch mit in ihre Samen einschließen und so gleich Vorsorge für die nächste Generation treffen.

Von offizineller Bedeutung sind außer dem Chininum und Cortex Chinae (Pharm. germ., austr., helv.) von *Cinchona succirubra* und *C. Ledgeriana* die Radix Ipecacuanhae (ibid.) von dem kleinen beerenfrüchtigen Halbstrauch Brasiliens *Uragoga Ipecacuanha* (Fig. 776) und Catechu (Gambir), der aus den Blättern der Liane *Ouroparia Gambir* gewonnene Extrakt.

Fig. 772. Orobanche minor auf Trifolium repens schmarotzend. **1/2** nat. Gr. Einzelblüte vergr.

Die 2. Familie der *Rubiinae* ist die der ***Caprifoliaceae***. Sie enthält Holzgewächse, deren verschieden gestalteten Blättern die Nebenblätter meist fehlen. Mit radiären Blüten und dreifächerigem Fruchtknoten ist *Viburnum*, der Schneeball, ausgestattet. Die Früchte enthalten nur einen Samen, die unfruchtbaren Randblüten dienen als Schauapparat; in der Zierpflanze sind nur diese unfruchtbaren Blüten in den kugeligen Trugdoldeninfloreszenzen vorhanden. *Sambucus*, Holunder, hat unpaarige Fiederblätter, drüsige Nebenblätter und radiäre Blüten. Die Frucht enthält drei Samen. Dorsiventrale Blüten finden sich beim Gaisblatt, *Lonicera periclymenum*, einem schlingenden Strauch unserer Haine, dessen langröhrige stark duftende Blüten durch langrüsselige Sphingiden besucht werden. *Diervilla* (*Weigelia*) beliebter Zierstrauch.

Fig. 773. Cinchona succirubra. 1/2 nat. Gr. Nach A. MEYER und SCHUMANN. — Offizinell.

Offizinell sind Flores Sambuci (Pharm. germ., austr., helv.) von *Sambucus nigra* und Cortex Viburni (Pharm. austr.) von *Viburnum prunifolium.*

In der 3. Familie ***Valerianaceae*** finden sich Stauden mit asymmetrischen Blüten, deren Kelch sich erst an den Früchten als „Pappus" entwickelt, d. h. zu einer als Flugapparat dienenden Federkrone. *Valeriana*, der Baldrian, besitzt eine gespornte fünfzählige asymmetrische Krone (Fig. 777, 778), drei Staubblätter und drei Fruchtblätter, von diesen ist aber nur eines fertil. Andere Valerianaceen haben nur zwei (*Fedia*) oder ein (*Centranthus*) Staubblatt in der Blüte.

Valeriana officinalis liefert das offizinelle Oleum Valerianae und die Radix Valerianae (Pharm. germ., austr., helv.).

Als 4. Familie sei angefügt die der *Dipsacaceae*, die als krautige Pflanzen mit gegenständigen Blättern und vier- bis fünfzähligen, teils radiären, teils zygomorphen Einzelblüten sich hier gut einfügen. Die Blüten stehen jede von einem Außenkelch umgeben, der als Verbreitungsmittel dient, in Köpfchen zusammen, die von sterilen Hüllblättern eingeschlossen werden.

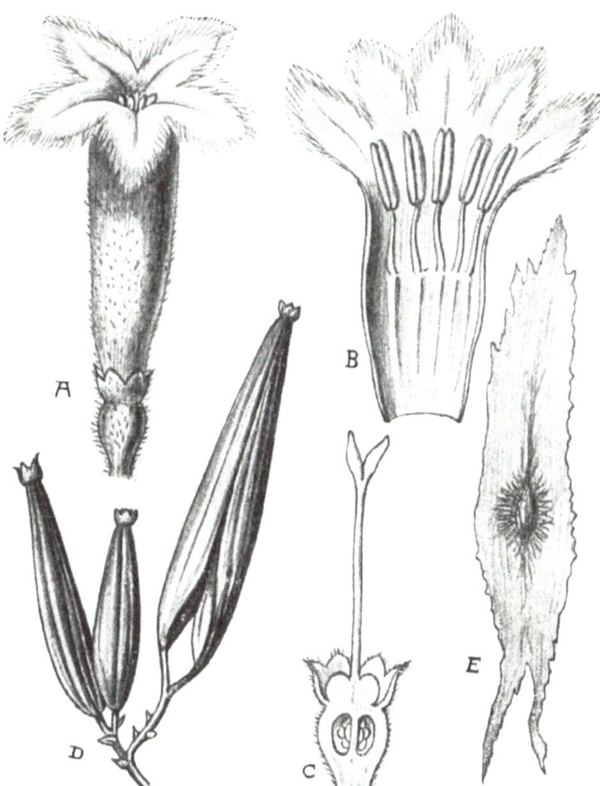

Fig. 774. Cinchona succirubra. *A* Blüte. *B* Korolle aufgeschnitten. *C* Fruchtknoten-Längsschnitt. *D* Früchte. *E* Samen. *A–C* und *E* vergr. *D* nat. Gr. Nach A. MEYER und SCHUMANN.

Dipsacus, die Weberkarde, mit stechenden Hüll- und Spreublättern, hat vierteilige radiäre Krone, vier Staubblätter und ein Fruchtblatt, das eine hängende anatrope Samenanlage enthält; im Samen findet sich Endosperm (Fig. 779). Ebenfalls vierteilig ist *Succisa* (Fig. 780); fünfteilige Krone und größere dorsiventrale Randblüten führt *Scabiosa*; vierteilig und einzige Gattung ohne Spreublätter ist *Knautia*.

Der gemeinsame Charakterzug der

Synandrae

als 6. Ordnung ist darin zu finden, daß ihre Antheren, seltener die ganzen Staubblätter, in irgendeiner Weise miteinander verwachsen oder verklebt sind. Im übrigen kann die Blüte radiär oder zygomorph sein.

Fig. 775. Coffea arabica. 1/2 nat. Gr. Einzelblüte. Frucht, Samen im Endokarp und daraus befreit. Etwa nat. Gr.

Als 1. Familie sei diejenige der ***Cucurbitaceae*** angeführt, welche am besten schon durch die häufig bei ihr nicht durchgeführte Sympetalie die Verbindung zu den Choripetalen, wenn auch zu Gruppen, die in unserem kurzen Auszuge keine Erwähnung finden konnten, aufrecht erhält. An die Cucurbitaceen sind daher auch die übrigen Sympetalen angegliedert (vgl. Stammbaum S. 583). Die Familie umfaßt krautige, rauhhaarige, großblättrige Pflanzen mit meist monözisch verteilten diklinen Blüten. Kelch und Krone verwachsen unterwärts, und die Antheren vereinigen sich paarweise, in anderen Fällen sämtlich miteinander, wobei sie eine ∞förmige Krümmung annehmen (Fig. 781). Der dreifächerige Fruchtknoten wird zu einer derbschaligen Beerenfrucht. Die Ranken sind verzweigt oder unverzweigt und entsprechen in ihrer seitlichen Stellung einem Vorblatte. *Cucumis sativus*, die Gurke, und *Cucumis Melo*, die Melone, werden vielfach kultiviert. Die Gurkenpflanze ist parthenokarp[502], d. h. Bestäubung der Narbe ist zum Fruchtansatz nicht nötig. *Cucurbita Pepo*, der Kürbis, *Bryonia*, die Zaunrübe.

Fig. 776. Uragoga Ipecacuanha. 1/2 nat. Gr. Fruchtstand daneben. — Offizinell.

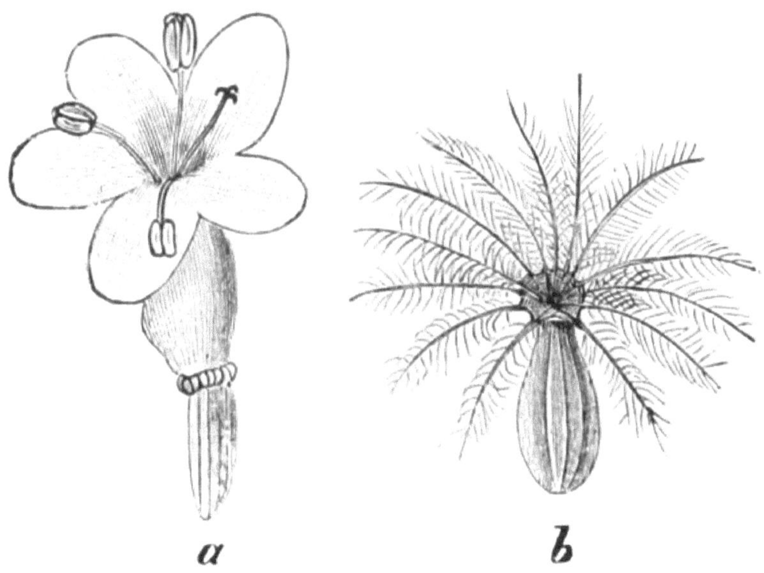

Fig. 777. Valeriana officinalis. *a* Blüte. Vergr. 8. *b* Frucht. Vergr. — Offizinell. Nach H. SCHENCK.

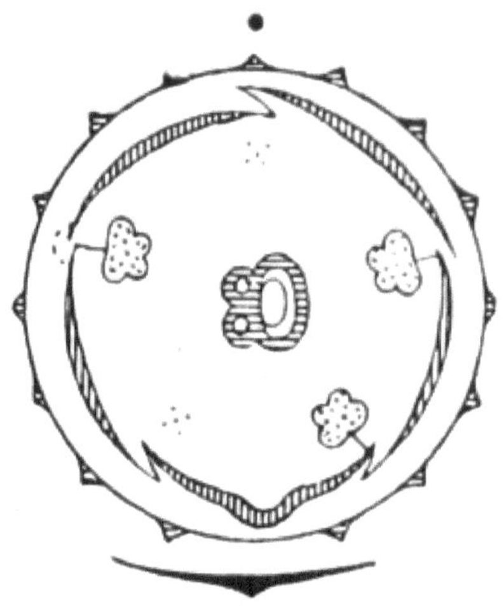

Fig. 778. Valeriana. Diagramm. Nach F. NOLL.

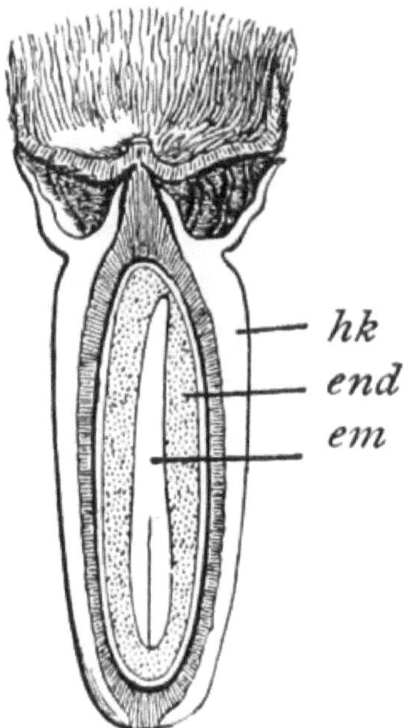

Fig. 779. Frucht von Dipsacus fullonum im Längsschnitt, *hk* Hüllkelch, *end* Endosperm, *em* Embryo. Nach H. BAILLON.

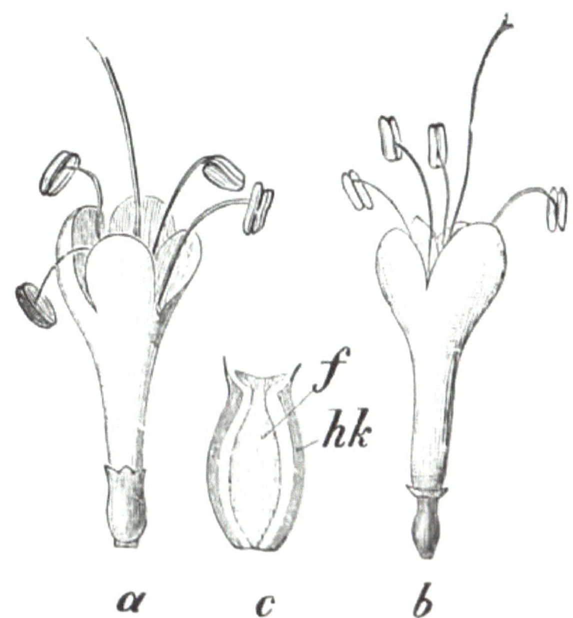

Fig. 780. Succisa pratensis. *a* Blüte mit Außenkelch, *b* ohne Außenkelch, *c* Frucht im Längsschnitt, *f* Fruchtknoten, *hk* Außenkelch. Nach H. SCHENCK.

Offizinell ist *Citrullus Colocynthis*, die Koloquinte, eine ausdauernde Pflanze der asiatischen und afrikanischen Wüsten nördlich des Äquators; in den Achseln ihrer tief dreilappig fiederschnittigen Blätter stehen einzeln männliche Blüten mit drei Antheren, von denen zwei paarig verwachsene die doppelte Zahl von Windungen haben wie die fünfte unpaare, die weiblichen Blüten in gleicher Stellung. Die Früchte werden zu trockenen Beeren, die Pflanze liefert Fructus Colocynthidis (Pharm. germ., austr., helv.) (Fig. 783).

Fig. 781.

Fig. 782.

Fig. 781 u. 782. Ecballium (Cucurbitaceae). Diagramm. Fig. 781 Männlich. Fig. 782 Weiblich. Nach A. W. EICHLER.

Fig. 783. Citrullus Colocynthis. **1/2** nat. Gr. *1* Sproß mit männlicher und weiblicher Blüte. *2* Sproßgipfel mit männlichen Blütenknospen und Ranken. *3* Männliche Blüte ausgebreitet. *4* Weibliche Blüte längsdurchschnitten. *5* Junge Frucht querdurchschnitten. — Offizinell.

Die Zusammenfügung der folgenden Familien mit den Cucurbitaceen ist lediglich auf Grund des morphologischen Merkmals der verwachsenen Antheren möglich. Eine wirkliche Verwandtschaft erscheint, vom morphologischen Standpunkte aus, unwahrscheinlich, nachdem durch die Untersuchungen von KRATZER die sehr verschiedenartig verlaufende Samenentwicklung dargelegt ist. Immerhin soll Plasmaverwandtschaft nach dem serodiagnostischen Stammbaum vorhanden sein.

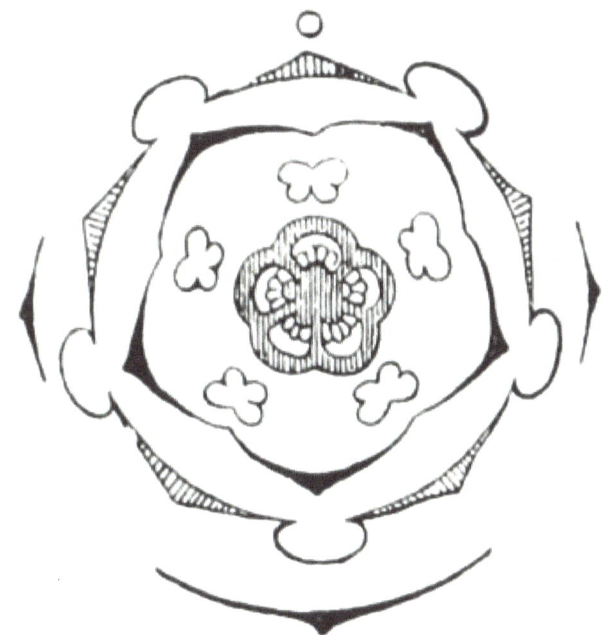

Fig. 784. Blütendiagramm von Campanula medium. Nach A. W. EICHLER.

Fig. 785. Campanula rotundifolia. Blüte. Nat. Gr. *a* Ganz, *b* im Längsschnitte. H. SCHENCK.

Fig. 786. Blütendiagramm von Lobelia fulgens. Nach A. W. EICHLER.

Die 2. Familie, die der ***Campanulaceae***, enthält milchsaftführende Kräuter mit radiären Blüten und drei- oder fünfzähligen Fruchtknoten. Die Staubblätter sind der Blütenachse eingefügt und mit ihren Antheren verklebt oder verwachsen. Die Gattung *Campanula* (Fig. 784, 785) ist bei uns vielfach vertreten und bildet mit ihren blauen Glocken einen Schmuck der sommerlichen Vegetation. *Phyteuma* hat ährenförmige Blütenstände, deren Blüten ihre Kronblätter nur an der Basis öffnen. Erst wenn der in der Knospe entleerte Pollen von den Griffelfeghaaren[503] hinausgefegt ist, öffnen sich die Kronblätter und spreizen die Narbenschenkel auseinander. *Jasione* hat kopfige, an Kompositen erinnernde Infloreszenzen.

Die 3. Familie der ***Lobeliaceen*** unterscheidet sich nur durch dorsiventrale Blüten und zwei Fruchtblätter von den Campanulaceen. Das mediane Kelchblatt steht auf der Vorderseite vor einem tiefen Schlitz der Krone; durch Drehung oder Übernicken der ganzen Blüte wird die normale Stellung hergestellt (Fig. 786). *Lobelia Dortmanna* hat als nordische Wasserpflanze Interesse, da sie völlig den Habitus einer *Litorella* angenommen hat.

Offizinell ist Herba Lobeliae von *L. inflata*, Nordamerika (Fig. 787).

Fig. 787. Lobelia inflata. Spitze einer blühenden und fruchtenden Pflanze.

3. Familie ***Compositae***[504]. Über die ganze Erdoberfläche verbreitete große Familie mit meist krautigen Angehörigen — baumförmig ist z. B. *Senecio Johnstoni.* Die Blüten stehen in Köpfchen beisammen. Die Einzelblüten sind radiär oder dorsiventral, und es finden sich entweder nur gleiche oder auch verschiedene im Köpfchen vereinigt. Staubblätter sind fünf vorhanden, der Kronröhre angewachsen; ihre Antheren sind introrsund bilden durch Verwachsung ihrer Kutikula eine Röhre (Fig. 788), welche vom noch unentwickelten Griffel unten geschlossen wird. Die Blüten sind protandrisch, so daß der frühzeitig entleerte Pollen bei der Streckung des Griffels von den Feghaaren nach oben hinausgedrängt wird. Der fertig entwickelte Griffel ist oben stets in zwei Narben gegabelt. Die einzige Samenanlage des einfächerigen Fruchtknotens ist stets anatrop und aufrecht (Fig. 791), die Samen sind endospermlos. Die Früchte sind vielfach von einem als Kelch anzusehenden Haarkranze, dem Pappus (Fig. 789), gekrönt, der ihrer Verbreitung durch den Wind dient. Als Reservestoff findet sich in Wurzeln und Knollen (Fig. 203) meist Inulin, in den Samen Aleuron und fettes Öl.

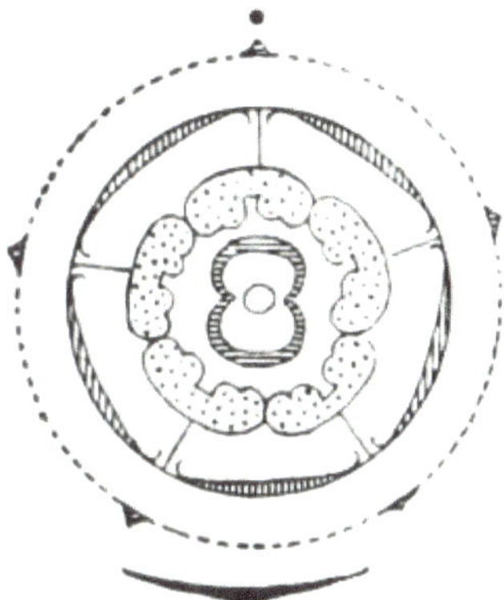

Fig. 788. Compositae. Diagramm (Carduus). Nach F. NOLL.

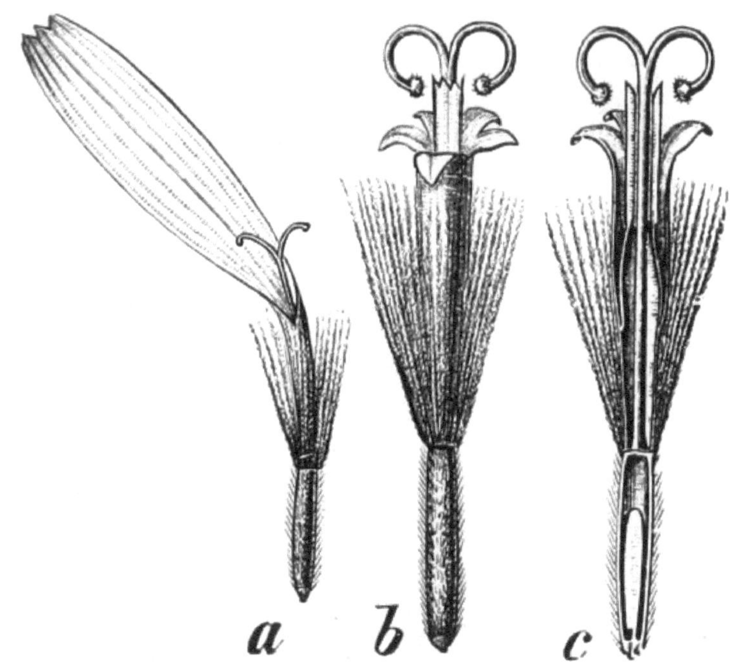

Fig. 789. Arnica montana. *a* Randblüte, *b* Scheibenblüte, *c* diese im Längsschnitt. Vergr. Nach BERG und SCHMIDT.

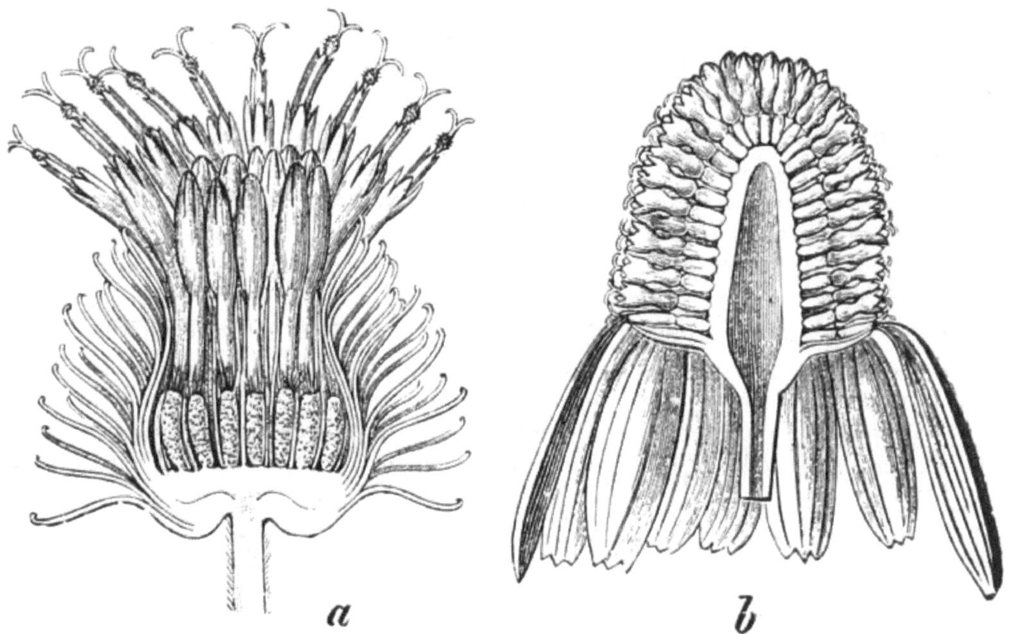

Fig. 790. *a* Lappa major. Köpfchen im Längsschnitt mit hakenförmigem Hüllkelch und mit Spreublättchen auf dem Blütenboden. *b* Matricaria Chamomilla, ohne Spreublättchen. Vergr. Nach BERG und SCHMIDT. — Offizinell.

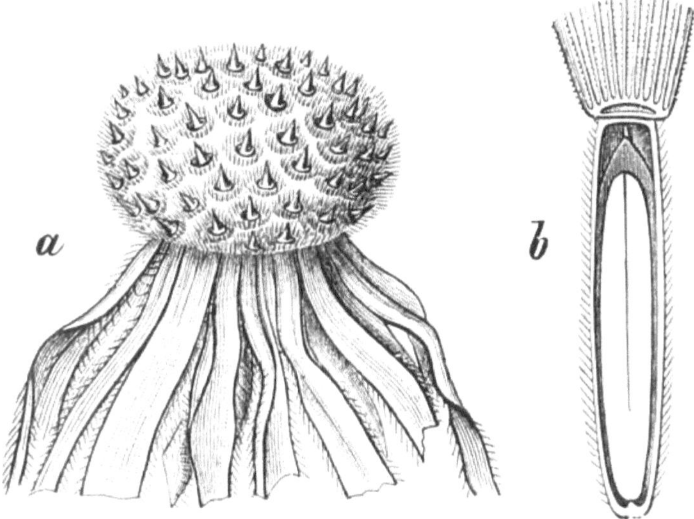

Fig. 791. Arnica montana. *a* Köpfchenachse, nach Entfernung der Früchte. Vergr. *b* Frucht im Längsschnitt, vom Pappus ist nur der untere Teil gezeichnet. Nach BERG und SCHMIDT. Offizinell.

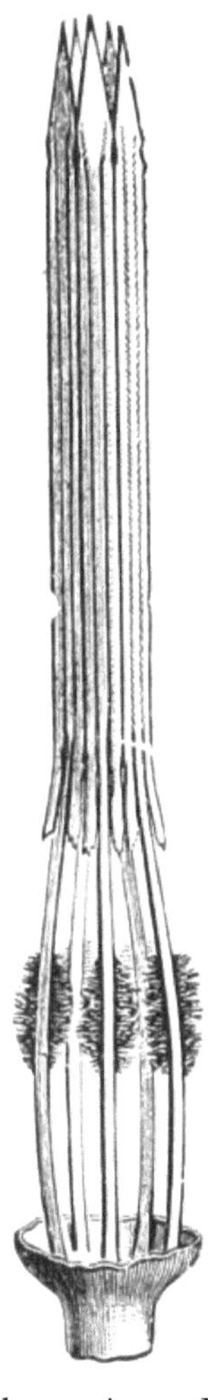

Fig. 792. Andröceum von Carduus crispus. Vergr. 10. Nach H. BAILLON.

Die Einzelblüten sind entweder radiär mit fünflappiger Krone, sie heißen Röhrenblüten (Fig. 789, *b*, *c*), oder es kommen durch Unterdrückung der Oberlippe einlippige Blüten zustande, deren Unterlippe drei Zipfel zeigt (Fig. 789 *a*). Sehr ähnlich sind diesen letzteren die zungenförmigen Blüten, wie *Taraxacum* sie führt: einseitig tief gespalten, am Rande mit fünf Zipfeln. Häufig sind neben solchen Kompositen, die nur Röhrenblüten oder nur Zungenblüten in ihren Köpfchen besitzen, andere, die in der Mitte Röhrenblüten (Scheibenblüten), am Rande einlippige Blüten (Randblüten) tragen. Meist tritt dann zu einer etwa vorhandenen Differenz der Färbung eine solche des Geschlechts hinzu, indem die röhrenförmigen Scheibenblüten zwittrig, die einlippigen Randblüten rein weiblich sind, d. h. die Köpfchen sind heterogam (*Matricaria*, *Arnica*). Endlich finden sich bisweilen am Rande völlig steril gewordene Blüten (Centaurea Cyanus), die nur als Schauapparat zur Anlockung von Insekten dienen können.

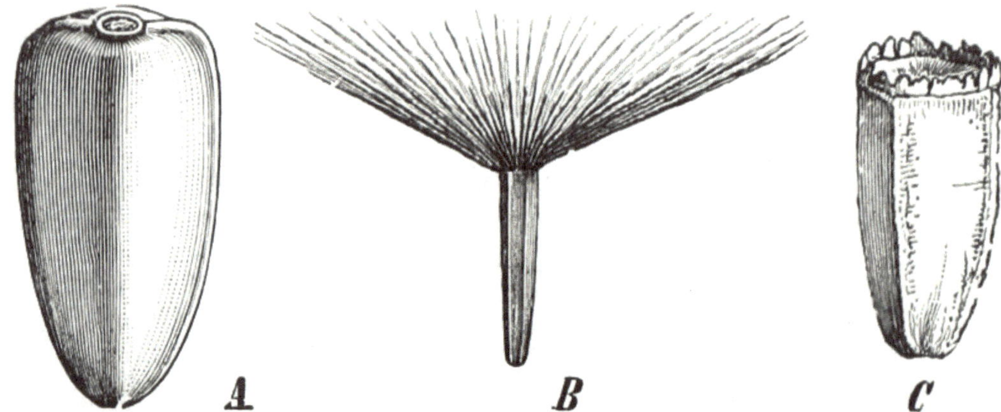

Fig. 793. Kompositenfrüchte. *A* Helianthus annuus. *B* Hieracium virosum. *C* Cichorium Intybus. Nach H. BAILLON.

Fig. 794. Fruchtköpfchen von Taraxacum officinale. Haarkelch auf den erhaltenen Früchtchen durch einen stielförmigen Schnabel emporgehoben; Infloreszenzboden umgeschlagen. Etwa nat. Gr. — Nach K. GOEBEL.

Eine Reihe von Gattungen führt nur Röhrenblüten im Köpfchen, so *Carduus* (Fig. 792), die Distel, durch haarförmige Pappusborsten ausgezeichnet, *Cirsium* an federigen Pappushaaren kenntlich, *Echinops*, mit einblütigen Köpfchen, die zu vielen vereinigt sind. *Lappa*, die Klette (Fig. 790 *a*), hat Hüllkelchblätter mit hakenförmig gekrümmter Spitze. *Cynara Scolymus*, die Artischocke. *Cnicus benedictus*, das Benediktenkraut (Fig. 795), besitzt einzelne, endständige Köpfchen, deren Hüllkelchblätter mit großem, zum Teil gefiedertem Endstachel versehen und spinnwebig behaart sind. *Centaurea*, die Kornblume, hat einen trockenhäutigen Hüllkelch und größere, aber sterile Randblüten. — Andere Gattungen haben nur zwittrige Zungenblüten im Köpfchen und führen gleichzeitig Milchsaftgefäße in allen Teilen. *Taraxacum officinale*, der überall verbreitete Löwenzahn; aus einer Rosette grob schrotsägeförmiger Blätter erheben sich die Blütenköpfchen, jedes einzeln auf hohlem Stiele, der nach der Blüte eine zweite Wachstumsperiode durchläuft (S. 244, Fig. 261). Die Früchte sind schnabelförmig verlängert, so daß der haarige Pappus zu einer fallschirmartigen, gestielten Krone wird (Fig. 794). *Lactuca sativa* liefert den Kopfsalat. *L. virosa* ist der Giftlattich. *L. Scariola*, als Kompaßpflanze durch ihre vertikal und meridional stehenden Blattflächen bekannt (vgl. S. 310). *Cichorium Intybus*, die Zichorie (Fig. 793 *C*) hat blaublütige Köpfchen und einen Pappus in Form kurzer aufgerichteter Schüppchen. *C. Endivia*, Endivie, *Tragopogon* und *Scorzonera* mit federigem Pappus. *Sc. hispanica*, die als Gemüse dienende Schwarzwurzel. *Crepis*-Arten haben einen haarförmigen Pappus, der weich, biegsam und bräunlich ist.[505] *Sonchus*, mit vielreihigen Pappusborsten. *Hieracium*, eine ungeheuer formenreiche europäische Gattung, hat einen weißen, steifen, zerbrechlichen Pappus (Fig. 793 *B*). — Meist aber sind zweierlei Blütenformen im Köpfchen vereinigt. *Aster*, *Solidago*, *Erigeron* sind drei in zahlreichen Arten in Europa, Amerika, Asien weitverbreitete Gattungen, von denen besonders die *Aster*-Arten als Zierpflanzen beliebt sind. *Haastia*- und *Raoulia*-Arten Neuseelands (Fig. 189), polsterförmige, wollig behaarte Pflanzen, täuschen durch ihre weiße Farbe und ihre Form das wichtigste Heerdenvieh des Landes vor, daher „vegetable sheep" genannt. *Inula*, eine Gattung einheimischer Kräuter mit trockenhäutigen Hüllblättern. Bei *Gnaphalium*, *Antennaria*, *Helichrysum* (Immortellen), *Leontopodium* (Edelweiß) u. a. ist der trockene Hüllkelch blumenkronartig gefärbt. *Helianthus annuus* (die Sonnenblume) (Fig. 793 *A*) wird wegen ihrer ölreichen Früchte vielfach angebaut, ebenso *H. tuberosus*, der Topinambur, wegen seiner eßbaren Knollen. *Silphium laciniatum*, nordamerikanische Kompaßpflanze. *Dahlia*, die Georgine, stammt aus Amerika, ebenso *Bidens*; dieser ist auch in einheimischen Arten verbreitet, die durch ihre gegenständigen, bei Wasserformen zum Teil heteromorphen Blätter auffallen. *Achillea*, die Schafgarbe, ist eine überall verbreitete Staude. *A. moschata* und *A. atrata*, hochalpine, vikariierende Arten, diese auf Kalk-, jene auf Schieferboden. *Anthemis nobilis*, die römische Kamille, hat entweder nur Scheibenblüten im Köpfchen, oder diese können mehr oder minder durch Lippenblüten ersetzt sein. *Matricaria Chamomilla* (Fig. 790 *b* und 796), die echte Kamille, ist ein einjähriges, vielfach verästeltes Kraut mit kegelförmig emporwachsendem, hohlem Blütenboden, gelben Scheibenblüten und zurückgeschlagenen weißen weiblichen Randblüten in den endständigen einzelnen Köpfchen. *Tanacetum* hat nur röhrige Blüten, seine Randblüten sind rein weiblich. Auch bei *Artemisia* sind die Blüten alle röhrenförmig und die Randblüten meist weiblich, so *A. Absinthium* (Wermut); dagegen sind in dem armblütigen Köpfchen von *A. Cina* (Fig. 797) alle Blüten zwittrig. *Tussilago Farfara*, der Huflattich blüht vor Erscheinen der Blätter. Der einköpfige Blütenstiel ist nur mit Schuppenblättern besetzt, die Einzelblüten stehen auf kahlem Blütenboden und haben einen haarförmigen, feinen weißen Pappus; die Randblüten sind weiblich. Das Köpfchen wird von ein- bis zweireihigen Hüllblättern umgeben (Fig. 798). Die großen, später erscheinenden Blätter sind herzförmig, unten weißfilzig. *Petasites officinalis* ist eine als Pestwurz bekannte großblättrige Staude. *Senecio vulgaris* führt nur zwittrige Röhrenblüten und keine Randblüten. *Doronicum*, *Cineraria* sind verbreitete Zierpflanzen. *Arnica montana* (Wohlverleih) (Fig. 789, 791, 799) hat eine grundständige Rosette aus zwei bis vier Paaren gegenständiger Blätter und eine endständige, einköpfige Blütenachse, deren gegenständige Vorblätter meist noch je einen einköpfigen Blütenstand aus den Achselknospen entwickeln. *Calendula*, die Ringelblume, und *Dimorphotheca* zeigen unregelmäßige und verschieden gestaltete Früchte.

Fig. 795. Cnicus benedictus. Nach H. BAILLON. Offizinell.

Fig. 796. Matricaria Chamomilla. 2/3 nat. Gr. — Offizinell.

Fig. 797. Artemisia Cina. Nach A. MEYER und SCHUMANN — Offizinell.

Offizinell: *Arnica montana* liefert: Rad. Arnicae (Pharm. austr.), Flores Arnicae (Pharm. germ., austr., helv.). — *Artemisia Absinthium*: Herba Absinthii (ibid.). — *Artemisia Cina*, Turkestan: Flores Cinae und Santoninum (ibid.). — *Matricaria Chamomilla*: Flores Chamomillae (ibid.) und Oleum Chamomillae (Pharm. helv.). — *Cnicus benidictus* (Südeuropa): Herba Cardui benedicti (Pharm. germ., helv.). — *Tussilago Farfara*: Folia Farfarae (Pharm. germ., austr.). — *Achillea Millefolium*: Herba Millefolii (Pharm. austr.). — *Anthemis nobilis*: Flores Chamomillae romanae (Pharm. austr., helv.). — *Lappa vulgaris*: Rad. Bardanae (ibid.). *Anacyclus Pyrethrum* (Südeuropa): Rad.

Pyrethri (ibid.). — *Taraxacum officinale*: Rad. et herba Taraxaci (Pharm. germ., austr., helv.) und Folia Taraxaci (Pharm. austr). — Vorderasien und Kaukasus liefern das persische Insektenpulver von *Pyrethrum roseum*. Das dalmatinische stammt ab von dem dort heimischen *Chrysanthemum cinerariaefolium*.

Fig. 798. Tussilago Farfara. Nach H. BAILLON. — Offizinell.

Fig. 799. Arnica montana. 1/2 nat. Gr. — Offizinell.

2. Unterklasse. Monokotylae.

Die mit einem Keimblatt versehenen Angiospermen, die Monokotylen, sind ihrem Gesamtaufbau nach meist Kräuter oder Stauden, seltener Sträucher oder Bäume.

Ihr kleiner Embryo streckt bei der Keimung sein Würzelchen und Hypokotyl aus der Samenschale, während der scheidenförmige Kotyledon häufig mit seinem oberen Ende darin stecken bleibt und die Aufsaugung des meist reichlich vorhandenen Nährgewebes besorgt. Die Hauptwurzel stellt ihr Wachstum früher oder später ein und wird durch zahlreiche Adventivwurzeln, die aus dem Stamm entspringen, ersetzt. Bei den Gräsern sind solche bereits am Embryo angelegt. So fehlt den Monokotylen durchweg ein einheitliches, auf eine Hauptwurzel und ihre Verzweigung zurückführbares Wurzelsystem, wie die Gymnospermen und Dikotylen es meist besitzen.

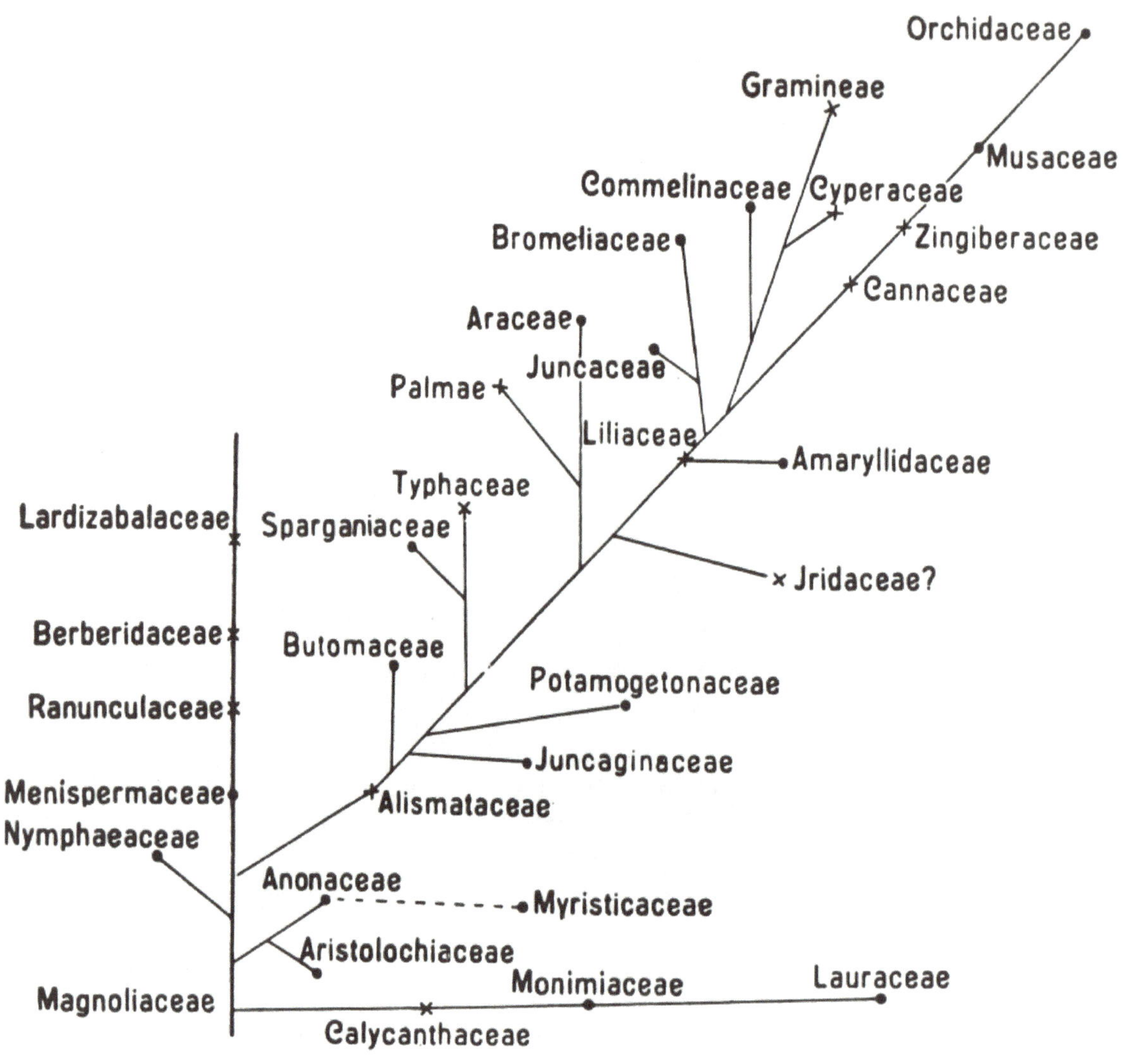

Stammbaum der Monokotylen nach den serodiagnostischen Untersuchungen von E. WORSECK.

Der Stammvegetationspunkt bleibt mehr oder minder lange von dem Scheidenteil des Kotyledons umschlossen. Er bringt auch weiterhin langscheidige, am Grunde längere Zeit fortwachsende Blätter in zweizeiliger oder wechselständiger Anordnung hervor. Das Stammwachstum ist häufig beschränkt, Verzweigung fehlt in vielen Fällen ganz oder führt doch nur selten zur Bildung einer reichverzweigten Krone. Die Blätter pflegen ungestielt und parallelnervig, von schmaler langgestreckter, linearer oder elliptischer Form zu sein (Fig. 800). Durch frühzeitiges Absterben bestimmter Teile der Blattspreite kommen die gefiederten oder gefächerten Palmblätter wie die durchlöcherten Blätter einiger Araceen zustande.

In anatomischer Hinsicht sind die Monokotylen durch geschlossene, über den ganzen Stammquerschnitt verteilte Leitbündel (vgl. Fig. 164, S. 123) ausgezeichnet, welche kein Kambium zu entwickeln vermögen. Infolgedessen fehlt den Monokotylen das Dickenwachstum entweder gänzlich, oder es tritt in den seltenen Fällen, wo es sich findet, in der Weise auf, daß am Außenrande des Zentralzylinders vollkommen neue, geschlossene Bündel und zwischen ihnen Grundgewebe gebildet werden.

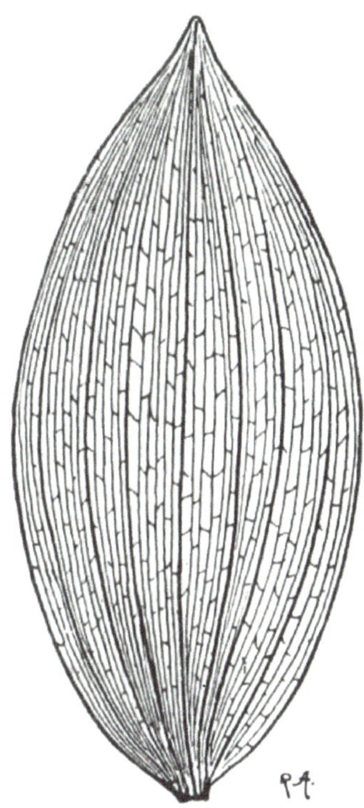

Fig. 800. Blatt mit streifiger Nervatur (Polygonatum multiflorum). **3⁄4** nat. Gr.

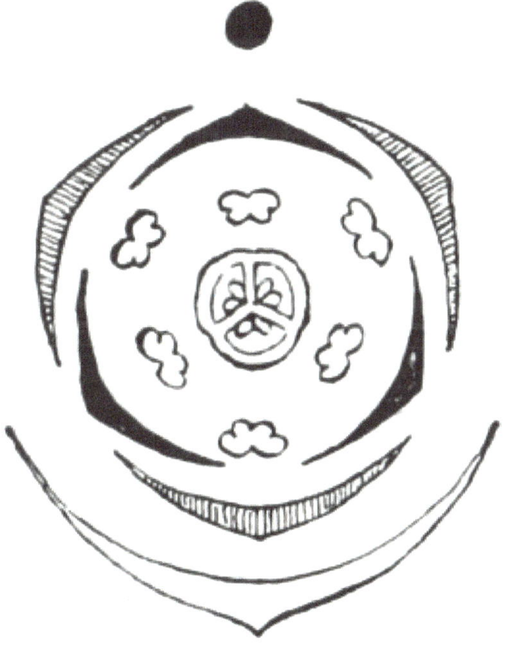

Fig. 801. Diagramm einer typischen Monokotylenblüte.

Monokotylenblüten sind in der Regel pentazyklisch gebaut, besitzen also zwei Perianthkreise, zwei Andröceum- und einen Gynäceumwirtel. Die typische Zahl der Glieder eines jeden Wirtels ist drei. Beide Perianthkreise sind meist gleichartig ausgebildet, somit als Perigon zu bezeichnen (Fig. 801). Demnach entspricht die Blütenformel P 3 + 3, A 3 + 3, G(3) der typischen Monokotylenblüte.

a) Blüten radiär.

1. Ordnung. Helobiae.

Die Ordnung begreift in sich nur Wasser- oder Sumpfpflanzen. Ihre radiären Blüten haben ein in zwei Kreisen angeordnetes, häufig apokarpes Gynäceum, das Schließ- oder Balgfrüchtchen entwickelt, deren Samen kein Nährgewebe um den großen Embryo ausbilden. Die Ordnung vermittelt durch ihren Blütenbau den Anschluß der Monokotylen an die Polycarpicae, vgl. S. 523[474] und den Stammbaum.

Die 1. Familie ***Alismaceae*** ist in der warmen und gemäßigten Zone weit verbreitet. Einheimische Arten: *Alisma Plantago*, *Sagittaria sagittifolia* und *Butomus umbellatus* sind häufige deutsche Sumpfpflanzen mit langgestielten, rispigen oder doldenartigen Blütenständen. Ihre Einzelblüten sind durch Besitz von Kelch und weißer, bei *Butomus* rötlicher Krone ausgezeichnet. Das Andröceum ist sechs- oder mehrzählig, das Gynäceum ist apokarp, sechs- oder vielzählig, wirtelige und spiralige Stellung kommt vor (Fig. 802). *Sagittaria* dagegen ist monözisch, ihre Blüten werden eingeschlechtig durch Fehlschlagen des anderen Geschlechtes; die männlichen enthalten zahlreiche Staubblätter und unfruchtbare Fruchtblätter, die weiblichen nur Staminodien und zahlreiche freie Fruchtblätter auf stark gewölbter Blütenachse (Fig. 803). Die Blätter sind bei *Butomus* lang lineal, gerinnt dreikantig; bei *Alisma* und *Sagittaria* langgestielt mit löffelförmiger bzw. pfeilförmiger Spreite. Individuen beider Gattungen, die tief in flutendem Wasser stehen, zeigen lang bandförmige Blätter, wie sie bei der Keimung als Übergangsformen auftreten; solche Pflanzen kommen nicht zur Blüte.

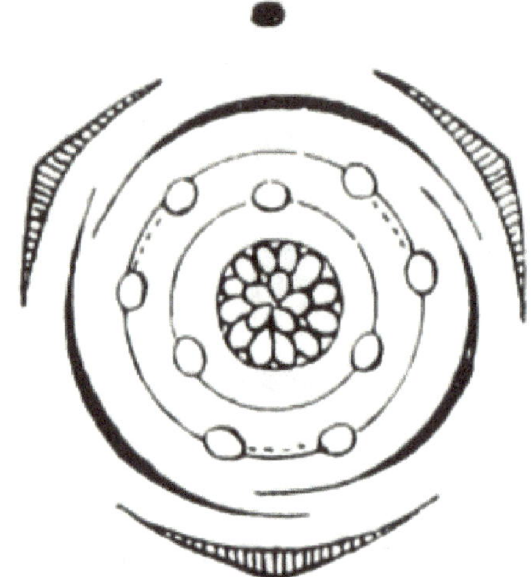

Fig. 802. Blütendiagramm von Echinodorus parvulus, einer Alismacee. Nach A. W. EICHLER.

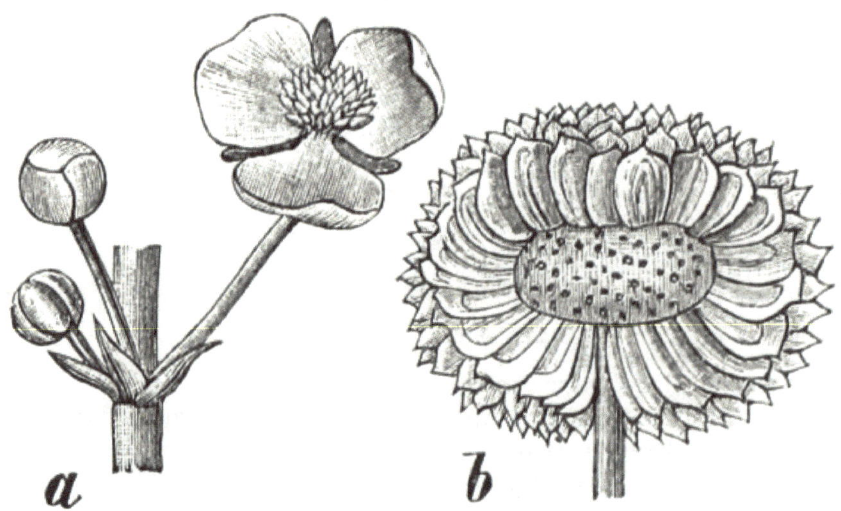

Fig. 803. Sagittaria sagittifolia. *a* Blüten. *b* Frucht, nach Entfernung eines Teiles der Karpelle. Vergr. *b* nach ENGLER und PRANTL.

2. Familie ***Potamogetonaceae***. *Potamogeton* ist in vielen verschiedenen Arten in stehenden wie fließenden Gewässern auf der ganzen Erde verbreitet. Seine Blätter sind meist untergetaucht mit langen, einseitig geschlitzten Axillarstipeln. Die zwittrigen, vierzähligen Blüten mit apokarpem Gynäceum sind in einem über das Wasser emporragenden ährenförmigen Blütenstand vereinigt. *P. natans* unserer Tümpel führt zur Blütezeit meist nur Schwimmblätter, da die untergetauchten stielrunden Wasserblätter bereits vergangen sind (Fig. 804). *Ruppia maritima*, *Zanichellia palustris* sind Brackwasserformen; *Zostera marina* ist das an allen nördlich temperierten Meeresküsten häufige Seegras, vielfach als Polstermaterial verwendet.

Fig. 804. Potamogeton natans. Blühender Sproß. **1/2** nat. Gr.

3. Familie ***Najadaceae***. *Najas marina* diözisch. ♂ Blüte mit einem Staubblatt. ♀ mit einem Fruchtblatt in becherförmigen Hüllen.

4. Familie ***Hydrocharitaceae***. *Hydrocharis morsus ranae* und *Stratiotes aloides* sind schwimmende einheimische Wasserpflanzen, die sich besonders durch Ausläuferbildung vermehren und ganz oder in Form von Winterknospen überwintern. Ihre Blüten sind diözisch und entomophil. In den männlichen Blüten finden sich mehrere dreizählige Wirtel von Staubblättern; die weiblichen haben Staminodien und zwei dreizählige Kreise von Fruchtblättern. *Vallisneria spiralis*, eine Süßwasserpflanze der Tropen, ist bis in die oberitalienischen Seen verbreitet; *Helodea canadensis*, die Wasserpest aus Nordamerika, ist in jedem Wasserloch zu finden; beide sind hydrophil (vgl. S. 479).

2. Ordnung. Spadiciflorae.

Der gemeinsame Charakter dieser Ordnung wird bedingt durch den eigenartigen Blütenstand: er ist ährenartig, besitzt aber eine angeschwollene dicke, oft fleischige Achse, stellt also einen Kolben, Spadix, dar. Die Einzelblüten sind meist diklin, monözisch oder seltener diözisch.

Die 1. Familie ***Typhaceae*** umfaßt einheimische Sumpfpflanzen mit langen linealen Blättern und langgestielten Blütenkolben, die oben die männlichen, darunter die weiblichen Blüten tragen, beide sind in großer Zahl ohne Blütenhülle zusammengedrängt. Daran schließt unmittelbar die zweite Familie ***Sparganiaceae*** an, deren Kolben kugelig sind und deren Einzelblüten ein Perigon besitzen.

3. Familie ***Pandanaceae***. Eigenartige, auf Stützwurzeln stehende Bäume oder kletternde Sträucher, die in allen den Indischen Ozean umlagernden Tropenländern und pazifischen Inseln heimisch sind und auch wohl als Schraubenpalmen bezeichnet werden, weil ihre langen, scharf bewehrten, rinnenförmigen Blätter in dreizeiliger Schraube lückenlos den Stamm umlaufen. Ihre männlichen und weiblichen diklinen Blütenstände sind endständige Kolben, die perianthlose Einzelblüten tragen und in der Achsel scheidiger Deckblätter stehen. *Pandanus* (vgl. Fig. 807 vor den Palmen), *Freycinetia* (vgl. S. 482).

4. Familie ***Palmae***[506]. Die Palmen sind eine ausschließlich tropische und subtropische Familie von meist baumförmigen Angehörigen. Ihr schlanker, fast immer einfacher, nur bei den afrikanischen *Hyphaene*-Arten gabelig verzweigter Stamm besitzt meist auf seiner ganzen Länge denselben Durchmesser. Einzelne Formen weisen jedoch eine deutliche Dickenzunahme gegen die Basis hin, bisweilen auch in der halben Stammhöhe, auf, die nur auf Vergrößerung der vorhandenen Elemente und eventuell örtlich beschränkten Neubildungen beruht. Genau so verhalten sich übrigens auch die Pandanaceen. Die Blätter bilden eine gipfelständige Krone und erreichen oft gewaltige Dimensionen. Es sind entweder Fieder- oder Fächerblätter, meist langgestielt, deren Zerteilung durch Einreißen der ursprünglich einfachen, in der Knospenlage gefalteten Spreiten an den absterbenden Faltungsstellen zustande kommt. Der Blütenstand ist in einigen Fällen terminal, wie bei der Sagopalme, *Metroxylon*; das Individuum stirbt dann mit der Fruchtbildung ab. Häufiger jedoch stehen die Infloreszenzen blattachselständig. Sie sind während der Entwicklung von einer mächtigen, sehr widerstandsfähigen Scheide, der Spatha, umhüllt, die zur Zeit der Blüte aufplatzt und den einfachen oder meist verzweigten Blütenstand ins Freie treten läßt (Fig. 805).

Die Einzelblüten sind in der Regel eingeschlechtig und nach dem regelmäßigen Monokotylentypus gebaut, also P3 + 3, A3 + 3 für die männlichen, P3 + 3, G$\underline{(3)}$ für die weiblichen. Fig. 805 zeigt den Blütenstand von Cocos nucifera mit der Spatha, die ihn am Grunde noch umgibt. Man bemerkt neben zahlreichen, nach den Infloreszenzenden hin in dicht gedrängten Ähren stehenden männlichen Blüten einzelne am Grunde befindliche, noch ungeöffnete weibliche von erheblich größeren Dimensionen; Cocos ist also monözisch. Der einfächerige Fruchtknoten besteht aus drei miteinander verwachsenen Fruchtblättern, in denen sich jedoch nur ein Fruchtfach entwickelt. Die reifen Früchte hängen zu mehreren an einem Fruchtstande. Jede Frucht ist von einem glatten Exokarp, einem grobfaserigen Mesokarp und einem steinharten Endokarp umhüllt. Das lufthaltige Mesokarp (Kokosfaser) bedingt die Schwimmfähigkeit und damit die große Verbreitung der Palme über alle Tropenküsten. An der Basis zeigt jedes Karpell „ein Keimloch" (Fig. 806) im Endokarp, das zuwächst; am wenigsten Widerstand bietet dasjenige, dem der Keimling anliegt. Endosperm wird in dicker Lage rings an der Wandung abgelagert; es ist sehr fettreich und bildet die Kopra des Handels. Der Innenraum wird zum Teil von einer Flüssigkeit, der sog. Kokosmilch, ausgefüllt, die für die Keimung von Bedeutung sein dürfte. Der keimende Embryo entwickelt in den Hohlraum hinein ein mächtiges Saugorgan, welches dem Keimling Reservestoffe zuführt und ihn schließlich ganz ausfüllt. Fig. 807 gibt den Habitus eines Kokoswäldchens wieder.

Fig. 805. Cocos nucifera. Blütenstand der Kokospalme. Stark verkleinert.

Doch nicht überall sind die Verhältnisse die gleichen. Bei *Areca Catechu* (Fig. 833) ergibt die aus ähnlichem Fruchtknoten entwickelte Frucht eine Beere, indem das Mesokarp grobfaserig-fleischige Konsistenz annimmt. Das weiße, durch einwachsende dunkle Zellstreifen der Samenschale ruminierte Endosperm wird hier steinhart, weil Zellulose als Reservestoff abgelagert ist. Ebenso ist die Frucht der diözischen Dattelpalme, *Phoenix dactylifera*, eine Beere, die aber aus einem apokarpen Gynäceum hervorgeht; von den drei freien Fruchtblättern wird nur eines völlig ausgebildet. Sonstige wichtige Nutzpflanzen unter den Palmen sind: *Elaëis guineensis*, die afrikanische Ölpalme. *Calamus*-Arten liefern das Stuhlrohr, *Metroxylon*-Arten Sago, beide im asiatisch-australischen Tropengebiet zu Hause: *Phytelephas macrocarpa*, eine amerikanische stammlose Palme, liefert vegetabilisches Elfenbein im harten Endosperm ihrer Samen. Verschiedene Arten lassen nach Abschneiden der Infloreszenzanlagen eine Menge zuckerhaltigen Saftes ausfließen, der bald zu Palmwein vergoren, bald (*Arenga saccharifera*) zur Gewinnung von Rohrzucker eingedickt wird.

Offizinell: *Areca Catechu* (trop. Asien) liefert Semen Arecae (Pharm. germ., helv.).

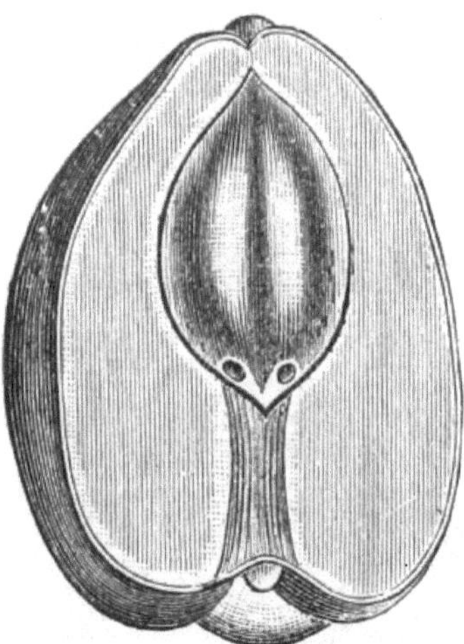

Fig. 806. Kokosnuß, nach teilweiser Entfernung des faserigen Mesokarps, verkleinert. Nach E. WARMING.

Fig. 807. Kokosinseln bei Hilo, Hawaii. Pandanus odoratissimus vor den Palmen.

5. Familie ***Araceae***. Die Araceen sind meist Kräuter oder Stauden; im feuchten Walde der Tropen treten sie als Wurzelkletterer auf (Fig. 808) und spielen dort eine hervorragende Rolle. Einige Arten, wie *Monstera*, zeigen Zerteilung und Durchlöcherung ihrer mächtigen Blattspreiten durch Absterben genau umschriebener Stellen (vergl. Palmae). Die Araceenblüten sind sehr reduziert und meist diklin an einer unverzweigten, fleischig-kolbigen Achse, Spadix, angeordnet, die an der Basis eine Spatha von oft lebhafter Färbung als Schauapparat besitzt, z. B. bei *Anthurium Scherzerianum* „Krebsschere" und *Richardia aethiopica* „Kalla" genannt, zwei in unseren Gewächshäusern häufig kultivierten Araceen. Die Früchte sind meist Beeren, die häufig lebhaft rote, bläuliche oder weiße Farben zeigen. *Colocasia* (s. S. 200) und *Caladium* vielfach ihrer riesigen und zum Teil Blumenblatt-ähnlich schön gefärbten Blätter wegen in Kultur. *Ariopsis* und *Spathicarpa* mit charakteristischen Infloreszenzen.

Fig. 808. Wurzelkletternde Araceen im feucht-tropischen Walde von Chiapas. (Cafetal Trionfo.) Von den hoch oben befindlichen Exemplaren werden Wurzeltaue zum Boden entsandt, die ihnen nach Absterben des Stammes zur Ernährung dienen.

Deutsche Vertreter: *Acorus Calamus*, der Kalmus, ist erst im Laufe der letzten 2 bis 3 Jahrhunderte aus dem wärmeren Asien zu uns gewandert. Seine Blüten sind vollständige, zwittrige Monokotylenblüten, die an einem kurzen Kolben sitzen, der endständig ist, aber von seiner blattartigen Spatha zur Seite gedrängt wird (Fig. 809). Die in unseren Torfsümpfen verbreitete *Calla palustris* und *Arum maculatum* (Fig. 810), eine mit knolligem Rhizom ausdauernde Staude unserer Laubwälder, sind wie viele andere Araceen giftig. *Arum* entwickelt eine

Anzahl langgestielter, pfeilförmiger Blätter, deren braune Flecken der Pflanze den Beinamen gegeben haben. Die monözischen, perianthlosen Blüten sind an einem endständigen Kolben, dem Aronstab, angeordnet und werden von einer oben weit geöffneten grünlichen Spatha völlig umhüllt. An der Basis des Kolbens tief im Grunde der Spatha sitzen die weiblichen Blüten, in geringem Abstand darüber die männlichen und weiter oben, gerade der Einschnürung und Verengung der Spatha entsprechend, einige steril gewordene Blüten von haarförmiger Gestalt. Sie sind wie Reusenhaare abwärts gebogen und gestatten kleinen, durch den eigenartigen Geruch und die angenehme Wärme in den kalten Frühjahrsnächten angelockten Insekten wohl den Eintritt in den unteren erweiterten Kessel, hindern aber ihren Wiederaustritt, bis die weiblichen Blüten durch von anderen Blüten mitgebrachten Pollen bestäubt sind, worauf die Haare schrumpfen und den Ausgang freigeben. Beim Verlassen des Gefängnisses müssen die Insekten an den inzwischen geöffneten männlichen Blüten vorbeikriechen, mit deren Pollen bedeckt sie andere Blüten aufsuchen.

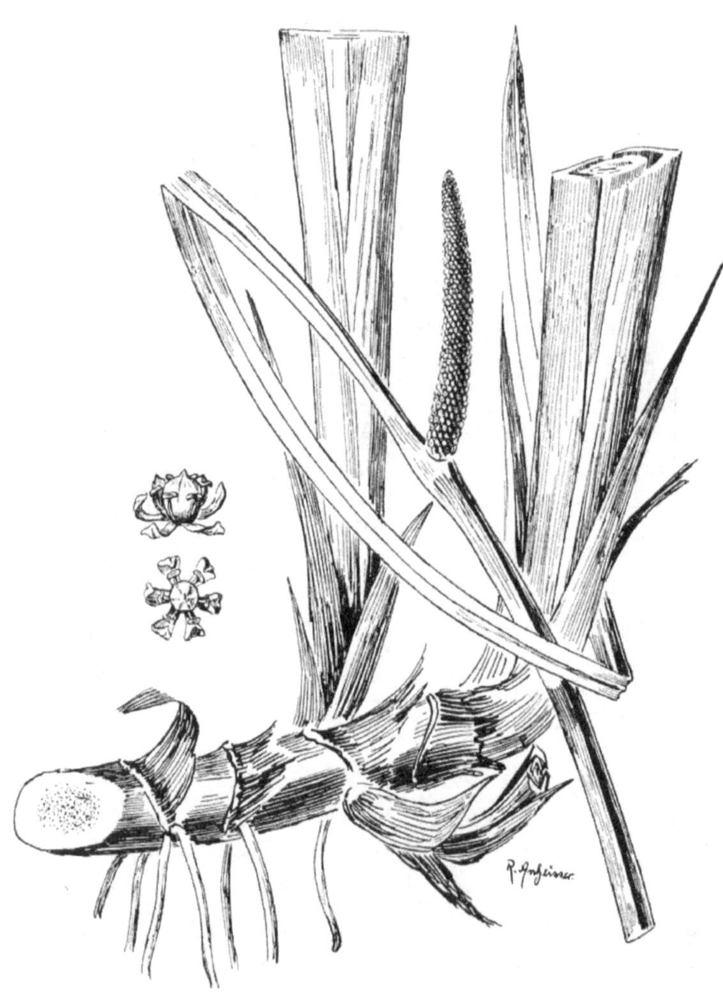

Fig. 809. Acorus Calamus, blühende Pflanze. Einzelblüte von oben und im Profil. 1/2 nat. Gr. — Offizinell.

Fig. 810. Arum maculatum, 1/2 nat. Gr. Blütenstand und Fruchtstand, 2/3 nat. Gr. — Giftig.

Offizinell: *Acorus Calamus*: Rhizoma Calami (Pharm. germ., austr., helv.) und Oleum Calami (Pharm. germ.).

3. Ordnung. Liliiflorae

Strahlige fünfwirtelige Monokotylenblüten mit oberständigem oder unterständigem Fruchtknoten sind das Charakteristikum der Ordnung (Fig. 801). Das Perianth ist in beiden Kreisen gleichartig als Perigon ausgebildet. Im Andröceum wird nur bei den Iridaceen ein Wirtel unterdrückt. Das Gynäceum wechselt in der Stellung, doch ist stets ein aus drei Karpellen zusammengesetzter, meist dreifächeriger Fruchtknoten vorhanden.

In der 1. Familie ***Juncaceae*** sind grasähnliche Gewächse mit vollständiger Liliiflorenblüte vereinigt, deren Perigon spelzenähnlich ist, so daß auf Windbestäubung zu schließen ist. Der Pollen bleibt in Tetraden vereinigt. Der oberständige Fruchtknoten ist ein- oder dreifächerig und wird von drei langen papillösen Narben gekrönt. Ein mehliges Endosperm umgibt den in Kapselfrüchten entwickelten Samen. Die Familie ist in der gemäßigten Zone beider Hemisphären verbreitet.

Die Gattung *Juncus*, Binse, ist in zahlreichen Arten bei uns vertreten. Ihre stielrunden, mit Luftkammern versehenen Halme und Blätter finden sich überall an Wassertümpeln und Flußläufen. Die auf Windbestäubung eingerichteten Blüten (Fig. 811) sitzen knäuelig am Gipfel der Sprosse, oft durch das in der Richtung der Achse gestellte Stützblatt zur Seite gedrängt. Ihre Früchte sind vielsamig. *Luzula* mit flachen Blättern und dreisamigen Früchtchen ist in mehreren im Frühling blühenden Arten verbreitet.

Die Blüte der 2. Familie ***Liliaceae*** entspricht vollkommen einer typischen Liliiflorenblüte mit gefärbtem Perigon und zumeist entomophiler Bestäubung. Der Fruchtknoten ist oberständig und enthält zahlreiche Samen, deren Endosperm hornig oder fleischig sein kann. Die Früchte sind septicide oder loculicide Kapseln, in anderen Fällen Beeren.

Die Mehrzahl der Liliaceen sind mit Zwiebeln, Knollen oder sonstwie gestalteten Rhizomen perennierende krautartige Gewächse, die vorzugsweise in den warm temperierten Gebieten beheimatet sind. *Colchicum autumnale*, Herbstzeitlose (Fig. 812), ist eine häufige, sehr giftige, ausdauernde Staude unserer Wiesen; untersucht man die Pflanze im Herbst, wenn sie ihre Blüten öffnet, so findet sich eine braune feste Hülle, die eine Knolle und den ihr an der Basis angewachsenen, blühenden Seitentrieb umgibt. Dieser bringt drei kurze ringförmige Scheidenblätter, und in der Achsel des dritten befindet sich eine Knospe, die Anlage des nächstjährigen Blütensprosses, dessen basales Ende zur Tochterknolle wird. Im Frühjahr ist die Knolle ausgesogen und von der Tochterknolle verdrängt. Die drei Laubblätter erheben sich mit ihrer dunkelgrünen, langen, rinnenförmigen Spreite über den Boden und umscheiden die gestreckte Achse, die am Gipfel die septiciden Kapselfrüchte trägt (Fig. 812 *f*), deren Samen als Semen Colchici offizinell sind. — Der giftige Germer, *Veratrum album*, ist eine ansehnliche Staude unserer Bergwiesen; die großen, elliptischen, längsgefalteten Blätter bilden eine buschige Rosette. Eine endständige, stattliche, pyramidale Rispe trägt die grünlich-weißen, polygamen Blüten. Ebenfalls septicide Kapseln hat *Schoenocaulon* (*Sabadilla*) *officinale*, ein grasblättriges Zwiebelgewächs der mittelamerikanischen und venezolanischen Anden, das offizinelle Bedeutung besitzt. Hierher gehört auch die windende *Bowiea* (Südafrika), die schön blühende *Gloriosa* und *Littonia*, beides Blattspitzenranker.

Fig. 811. Juncus lamprocarpus. *a* Teil der Infloreszenz. *b* Blüte, vergr., *c* Gynäceum, vergr. Nach A. F. W. SCHIMPER.

Dagegen haben unsere beliebten Ziergewächse wie *Tulipa* (Fig. 202), *Hyacinthus Lilium* (Fig. 205) *Muscari*, *Scilla*, die Küchengewächse liefernde Gattung *Allium*, Lauch, ferner *Urginea* (Fig. 813), die Meerzwiebel der Mittelmeerküsten und *Galtonia*, Südafrika, ausnahmslos loculicide Kapseln. *Ornithogalum umbellatum* (Fig. 814) mag als Beispiel der Lebensweise dienen. Im Herbst untersucht, zeigt die Pflanze eine Zwiebel aus fleischigen Schuppen, deren Narben den vergangenen Blattspreiten entsprechen. In der Achsel der innersten Zwiebelschuppe neben dem abgeblühten Infloreszenzstiel steht ein junges, aus einer Anzahl von Blättern gebildetes Knöspchen, seinen Schluß bildet die Blütenstandsanlage. Im Frühjahr wachsen die Blätter zu linealen langgestreckten Gebilden heran und erheben sich mit der Infloreszenz über den Boden. Ihre weißen Einzelblüten enden in einem dreifächerigen Fruchtknoten, den ein gemeinsamer Griffel krönt. Die Blattbasen, die inzwischen fleischig angeschwollen und mit Rerservestoffen gefüllt sind, bilden die Zwiebelschuppen, während ihre oberirdischen Teile zugrunde gehen. In ähnlicher Weise verläuft bei allen genannten Zwiebelpflanzen der jährliche Entwicklungsgang. Sie können nach der kurzen Vegetationszeit allen Unbilden der Kälte oder der Trockenheit trotzen, indem sie sich unter den Erdboden zurückziehen. Von baumförmigen *Liliaceen* ist *Aloë* mit fleischigen, häufig am Rande bewehrten Blättern (Fig. 815, 816) zu nennen, artenreiche Gattung Afrikas. Hierher gehört auch der „Neuseeländische Flachs“ *Phormium tenax*.

Fig. 812. Colchicum autumnale. **1/2** nat. Gr. *f* Frucht im Querschnitt, *g* Samen mit Embryo, vergrößert. — Offizinell und giftig.

Die durch hohes Alter ausgezeichnete und durch eigenartigen Habitus auffallende *Dracaena* (Fig. 817) trägt, wie die ähnlichen Gattungen *Cordyline* und *Yucca*, Beerenfrüchte. Ebenso *Smilax*, Sarsaparille, mit Hilfe rankenartiger Emergenzen ihrer Blattstiele kletternde Sträucher wärmerer Länder. Hierher ferner *Asparagus*, Spargel, mit büschelig gehäuften Phyllokladien anstatt der Blätter, ebenso *Ruscus* mit breiteren, blattartigen Phyllokladien und *Myrsiphyllum*; *Convallaria* (Fig. 125), *Majanthemum*, *Polygonatum* (Fig. 143); *Paris quadrifolia*, Einbeere (Fig. 818); meist vier-, doch auch drei- bis sechsblättrig in allen Wirteln[507]. Alle diese Pflanzen haben kriechende Rhizome, die mit Schuppenblättern besetzt sind und jährlich entweder die Spitze ihres Hauptsprosses als Laub- und Blütensproß über den Boden senden, dann ihr unterirdisches Rhizom durch einen Seitenzweig fortsetzen (*Polygonatum*), oder eine unterirdisch fortwachsende Hauptachse besitzen, die jährlich einen Achselsproß als Laub- und Blütensproß ausbildet (*Paris*).

Giftig: Zahlreiche *Liliaceen* sind mehr oder minder giftig, so das Maiglöckchen, Tulpen- und Kaiserkronzwiebeln (*Fritillaria*), besonders aber von einheimischen Pflanzen: *Colchicum* und *Veratrum*; auch *Paris* gilt für giftig.

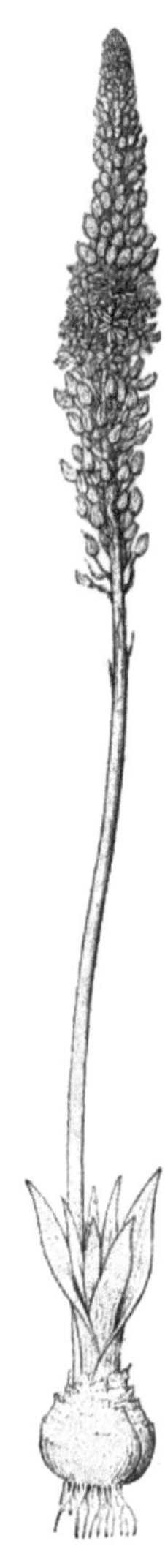

Fig. 813. Urginea maritima, ca. **1/10** nat. Gr. — Offizinell. Nach BERG und SCHMIDT.

Fig. 814. *a–e* Ornithogalum umbellatum. *a* Ganze Pflanze, verkleinert, *b* Blüte in nat. Gr., *c* Blüte im Längsschnitt, *d* Frucht, *e* Querschnitt durch die Frucht. Nach A. F. W. SCHIMPER.

Offizinell: *Colchicum autumnale*: Semen Colchici (Pharm. germ., austr., helv.); *Veratrum album*: Rhiz. Veratri (Pharm. germ., helv.); *Schoenocaulon* (*Sabadilla*) *officinale*: Semen Sabadillae (Pharm. germ., austr., helv.) und *Veratrinum* (ibid.), *Aloë ferox* ist die Hauptlieferantin der Kap-Aloë, wie *A. vera* für Barbados-Aloë (ibid.), *Urginea maritima*: Bulbus Scillae (ibid.), *Smilax*-Arten: Rad. Sarsaparillae (ibid.), *Convallaria majalis*: Herba Convallariae (Pharm. austr., helv.).

Fig. 815. Aloë speciosa und Aloë ferox, diese mit verzweigten Blütenständen nach R. MARLOTH. A. ferox offizinell.

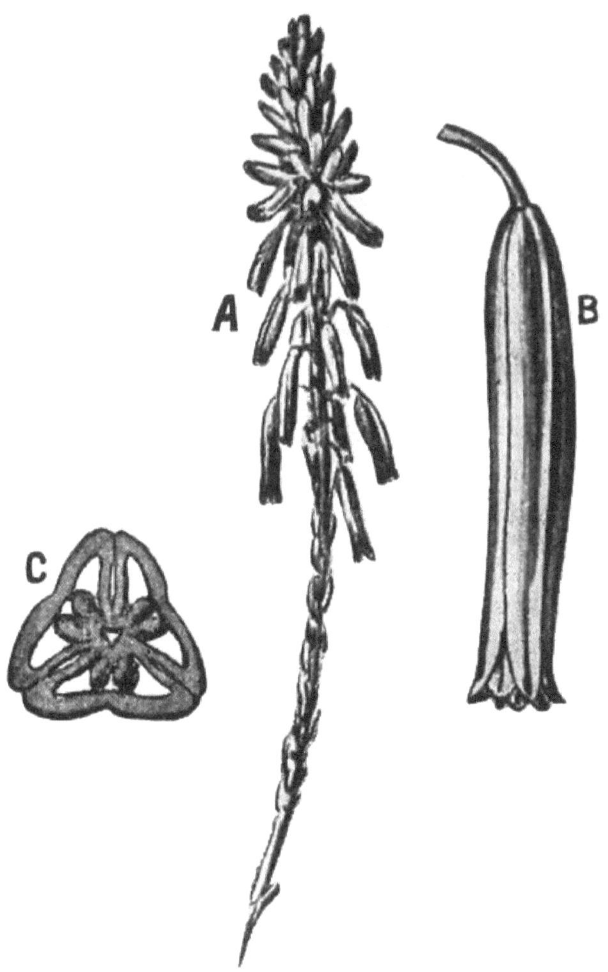

Fig. 816. Aloë succotrina. *A* Infloreszenz. *B* Einzelblüte. *C* Fruchtknoten-Querschnitt.

Fig. 817. Dracaena draco. Drachenbaum von Laguna, Kanarische Inseln. Nach C. CHUN.

Die 3. Familie ***Amaryllidaceae*** unterscheidet sich von den Liliaceen nur durch unterständigen Fruchtknoten. Die einheimischen Amaryllidaceen *Leucojum* (Fig. 819), *Galanthus* (Schneeglöckchen) und *Narcissus* sind Zwiebelgewächse und im Habitus den Zwiebeln besitzenden Liliaceen ähnlich. Die Mehrzahl der Gattungen gehört aber den Tropen und Subtropen an, wie z. B. die häufig in Warmhäusern kultivierten *Alstroemeria-*, *Haemanthus-*, *Clivia-* und *Crinum-*Arten. Wichtiger ist die Gattung *Agave*. Diese mächtigste aller Blattsukkulenten ist in zahlreichen Arten im wärmeren Amerika zu Hause. Zur Zeit ist *Agave Sisalana* aus Yucatan eine der wichtigsten Faserpflanzen, die in großem Maßstabe z. B. in Ostafrika und anderen Kolonien mit trockenem und doch warmem Klima angebaut wird. *A. Salmiana* liefert in ihrem nach Abschneiden der Infloreszenzknospe überreichlich ausfließenden, alsdann vergorenen Safte: Pulque, das Nationalgetränk der Mexikaner. Anspruchslosere Agave-Arten sind vielfach im Mittelmeergebiet akklimatisiert.

Fig. 818. Paris quadrifolia. 1/2 nat. Gr. — Giftig.

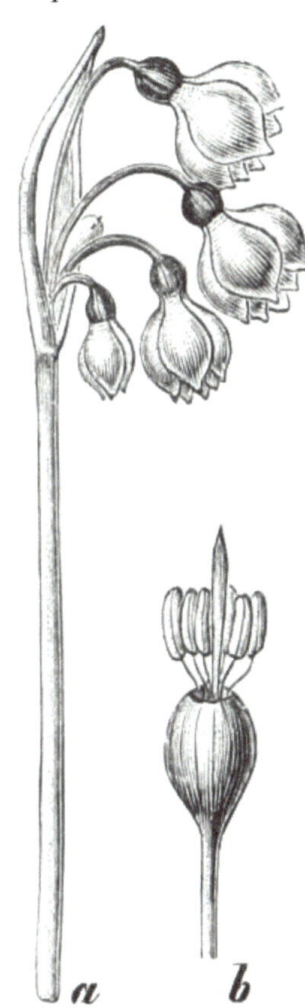

Fig. 819. Leucojum aestivum. *a* Blütenschaft (verkleinert), *b* Gynäceum und Andröceum (nat. Gr.). Nach F. A. W. SCHIMPER.

Die 4. Familie ***Iridaceae*** gleicht den Amaryllidaceen im Besitze eines unterständigen Fruchtknotens, unterscheidet sich aber von ihnen und dem Liliaceentypus durch das Fehlen des inneren Andröceumwirtels (Fig. 820) (vergl. die atavistische Form Iris pallida, Lam. forma abavia Heinricher S. 474, Fig. 528). Die beiden Perigonkreise sind nicht immer gleichförmig. Die Iridaceen zeigen stets ungestielte Blätter und überwiegend knollenförmige oder gestreckte Rhizome, während Zwiebeln minder häufig sind. Die Früchte werden zu loculiciden Kapseln. Die Familie ist vorzugsweise im Kapland und den wärmeren Teilen Amerikas heimisch.

Crocus sativus, der Safran, ist eine alte Kulturpflanze des Orients mit schmal-grasartigen Blättern und knollenförmigem Rhizom. Die Blüten sind steril, wenn sie nicht mit Pollen wilder Formen bestäubt werden. Ihre großen Narben liefern den „Crocus" oder Safran (Fig. 821). Andere Arten werden häufig als Zierpflanzen kultiviert. *Iris*, eine auch in Deutschland mit der Sumpfpflanze *I. Pseudacorus* einheimische Gattung, ist durch zweizeilige reitende Blätter ausgezeichnet, d. h. die Blätter umfassen das dickfleischige Rhizom mit ihrer Scheide, steigen vertikal empor und zeigen zwei gleiche Flanken bei schwertförmigem Umriß (Fig. 822). Die ansehnliche Blüte schlägt ihren äußeren Perigonkreis abwärts, wölbt dagegen den inneren empor, ihre drei Antheren werden von den drei großen, kronartig entwickelten Griffelästen völlig überdeckt, die auf ihrer Außenseite einen kleinen dreieckigen Narbenlappen tragen. In der Gattung *Gladiolus* ist die Gleichartigkeit der Perigonblätter noch weiter gestört, die Blüten werden dorsiventral.

Offizinell: *Crocus sativus*: Crocus (Pharm. germ., austr., helv.). *Iris florentina*, *pallida*, *germanica* des Mittelmeergebietes: Rhizoma Iridis (ibid.).

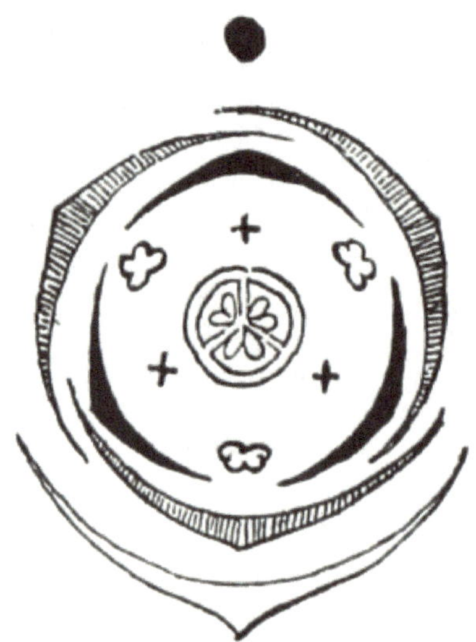

Fig. 820. Diagramm der Iridaceae (Iris).

Fig. 821. Crocus sativus. Griffel mit dreiteiliger Narbe. Nach H. BAILLON. — Offizinell.

5. Familie ***Bromeliaceae***. Diese große, fast ausschließlich amerikanisch-tropische Familie mit typisch xerophilen Blättern von rosettenförmiger Anordnung enthält zahlreiche meist epiphytisch lebende Pflanzen (Gattung *Tillandsia*) mit zwittrigen Blüten. Bei erdbewohnenden Formen sind alle Blätter scharf bewehrt. *Ananassa sativa* liefert in ihrem Fruchtstande die Ananas.

Die **4. Ordnung** der **Enantioblastae** ist durch atrope Samenanlagen ausgezeichnet, die sich sonst nur selten finden. Es liegt also der Keimling dem Nabel gegenüber an der Spitze des Endosperms. Familie *Commelinaceae*. Eine nur in den Tropen und Subtropen verbreitete Familie, deren Perianth in Kelch und Krone differenziert ist. *Commelina*, die Haare der Staubblätter von *Tradescantia* bilden ein für Plasmaströmung und Kernteilungsfiguren bekanntes und geeignetes Objekt. *Rhoeo discolor*, Mexiko, vielfach in Kultur.

Fig. 822. Iris germanica, 1/2 nat. Gr. — Offizinell.

b) Blüten mehr oder minder reduziert.

5. Ordnung. Glumiflorae.

Die Ordnung der Spelzenblüher umfaßt ausschließlich Gewächse von grasartigem Habitus und ein- bis mehrjähriger Dauer. Sie ist in ihren beiden Familien über die ganze Erdoberfläche verbreitet. Holziger Schaft eignet nur der Gattung Bambusa. Das allen gemeinsame Merkmal liegt in der Vereinigung zahlreicher Einzelblüten, die eines ausgebildeten Perianthes entbehren, dagegen von trockenhäutigen Hochblättern, den Spelzen, gestützt werden, zu mehr oder minder reich zusammengesetzten Blütenständen. Ebenso wie das Perianth, das entweder vollständig ausfällt oder zu Borsten oder Schüppchen verkümmert, fehlt häufig der innere Andröceumwirtel. Der oberständige Fruchtknoten ist stets einfächerig und enthält nur eine Samenanlage; er entspricht bald drei Fruchtblättern (Cyperaceen), bald zweien (einige Carices), bald nur einem (Gramineen). Die Narben sind von erheblicher Größe, papillös fadenförmig oder federig, wie es die Windbestäubung verlangt. Die Früchte sind Schließfrüchte.

Fig. 823. Scirpus setaceus. Nat. Gr. *1* Blühende Pflanze. *2* Gipfel eines fertilen Halmes. *3* Einzelblüte. *4* Dieselbe vom Rücken. *5* Dieselbe ohne Deckspelze. *6* Früchte. *2–6* vergr. Nach G. F. HOFFMANN.

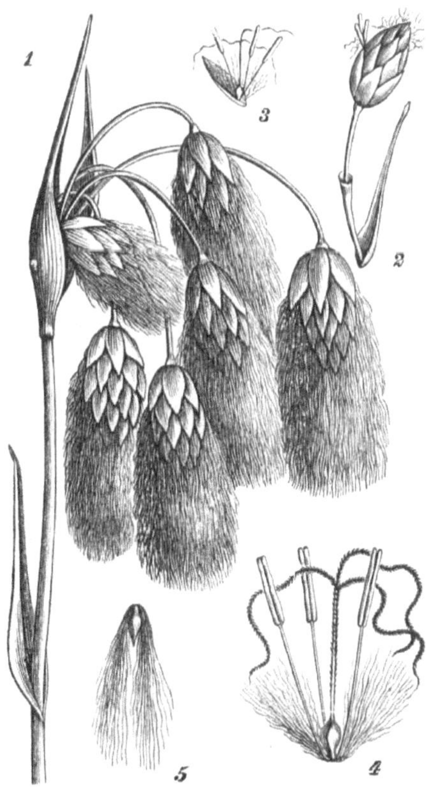

Fig. 824. Eriophorum augustifolium. Etwa nat. Gr. *1* Fruchtender Halm. *2* Ein blühendes Ährchen. *3* Einzelblüte. *4* Dieselbe ohne Spelze. *5* Früchtchen. *3–5* vergr. Nach G. F. HOFFMANN.

1. Familie ***Cyperaceae***. Die Riedgräser sind durch ihren meist dreikantigen, in der Regel weder knotig gegliederten noch hohlen Halm und die geschlossenen Scheiden ihrer Blätter kenntlich. Ihre Blüten sind entweder eingeschlechtig, und dann meist monözisch (Carex), oder zwittrig, wie bei der Mehrzahl der Gattungen. Der Fruchtknoten ist zwei- oder dreikarpellig mit grundständiger, aufrechter, anatroper Samenanlage. Die Fruchtschale ist nicht mit der Samenschale verwachsen, die einen kleinen, rings von Endosperm umschlossenen Embryo enthält.

Wichtige Gattungen: *Cyperus*, *Scirpus* und *Eriophorum* haben zwittrige Blüten, Fig. 823 zeigt eine blühende Pflanze des einjährigen *Scirpus setaceus*, mit steifen, oberseits gerinnten Blättern. Fertile Halme mit langem oberstem Internodium tragen die *1–3* Ährchen endständig; sie werden durch das in der Richtung des Halmes aufstrebende Hüllblättchen zur Seite gedrückt und sind mit zahlreichen dachziegeligen Spelzen bedeckt. Nur die untersten größeren bleiben steril, alle anderen decken je eine nackte Zwitterblüte. *Eriophorum angustifolium*, das zur Blütezeit wenig auffallende Wollgras, bringt am Gipfel des fertilen Halmes drei bis sieben langgestielte Ährchen mit zahlreichen dachziegelig deckenden Spelzen. Die Einzelblüten sind am Grunde von vielen Haaren umgeben, die von Staubblättern und Griffeln überragt werden. Zur Fruchtzeit dagegen sind die Haare bis etwa 3 cm lang geworden und ragen weit über die Spelzen hervor. Sie bilden ein für die Verbreitung der Früchtchen wichtiges Flugorgan. Durch ihre weiße Farbe machen sie die Pflanze und ihre dann herabhängenden Ähren zu einem auffälligen Bestandteil unserer torfigen Wiesen (Fig. 824). *Cyperus papyrus* in Ägypten lieferte in den Längsscheiben seiner schenkeldick werdenden Halme das „Papier“ des Altertums, die Papyri. *Carex* hat nackte eingeschlechtige Blüten, welche in der Regel monözisch verteilt sind. Die männlichen Ähren sind einfach; in der Achsel eines jeden Deckblättchens sitzt eine männliche Blüte, aus drei Staubblättern gebildet (Fig. 825 *A*). Die weiblichen Ährchen tragen in der Deckblattachsel je ein Seitensprößchen, aus einer vom schlauchförmigen Vorblatt, dem Utriculus, umgebenen Spindel *a* und dem in seiner Achsel sitzenden, bald zwei- bald dreikarpelligen Fruchtknoten bestehend (Fig. 825 *B–E*).

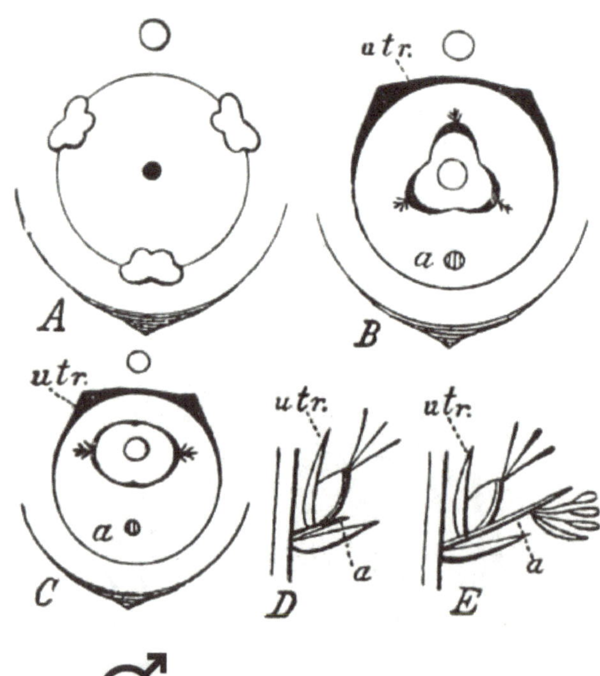

Fig. 825. *A* Diagramm einer ♂ Carexblüte, *B* einer dreinarbigen, *C* einer zweinarbigen ♀ Carexblüte. *D* Aufriß einer ♀ Carexblüte, *E* des zwittrigen Ährchens von Elyna. *a* Sekundansproß, *utr* Utriculus oder Vorblatt des Sekundansprosses. Nach A. W. EICHLER.

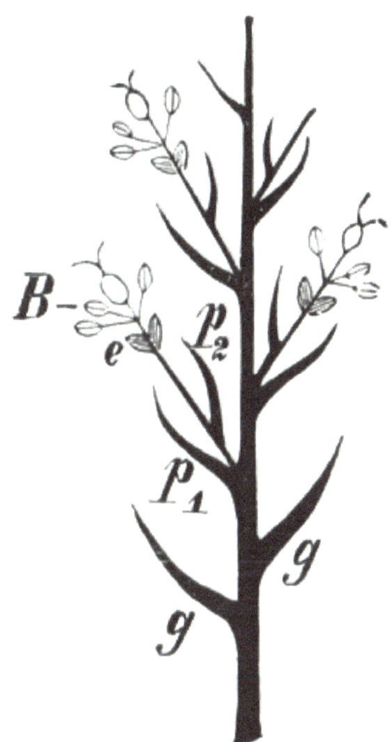

Fig. 826. Schema des Grasährchens. *g* Die Hüllspelzen, p_1 und p_2 palea inferior und superior. *B* Die Blüte, *e* Die Lodiculae. Sämtliche Achsenteile verlängert gedacht.

2. Familie ***Gramineae***[508]. Die echten Gräser besitzen stielrunde hohle (Ausnahme: Mais und Zuckerrohr), durch massive Knotenstellen gegliederte Halme, zweizeilige Blattstellung und eine meist offene Scheide, die an der Basis knotig verdickt zu sein pflegt. An der Grenze der Blattscheide und -spreite ragt fast ausnahmslos ein erhabener häutiger Rand über das Blatt hervor: die Ligula (vgl. Fig. 138). Gramineenblüten finden sich in ähren-, trauben- oder rispenartigen Gesamtblütenständen vereinigt, die jedesmal aus ährenartigen Teilinfloreszenzen, den „Ährchen", zusammengesetzt sind. Meist ist das Ährchen mehrblütig. Es beginnt in der Regel (Fig. 826, 827) mit zwei (in einzelnen Fällen einer, oder 3–4) sterilen Hüllspelzen (gluma); in zweizeiliger Anordnung wie diese folgen die fertilen Deckspelzen (palea inferior) mit je einer Blüte in ihren Achseln. Die Deckspelzen sind oft begrannt, d. h. sie tragen eine steife widerhaarige Borste auf dem Rücken oder an ihrer Spitze, die Granne. Jedem Einzelblütchen geht eine Vorspelze (palea superior) vorauf. Es folgen zwei kleine Schüppchen, die als Schwellkörper zur Öffnung der Blüte beitragen (Fig. 828 *B*, *C*) und Lodiculae heißen; endlich das meist aus einem dreigliedrigen Wirtel bestehende Andröceum und der mit zwei federartig verzweigten papillösen Narben gekrönte Fruchtknoten. Er umschließt eine anatrope oder schwach kampylotrope Samenanlage.

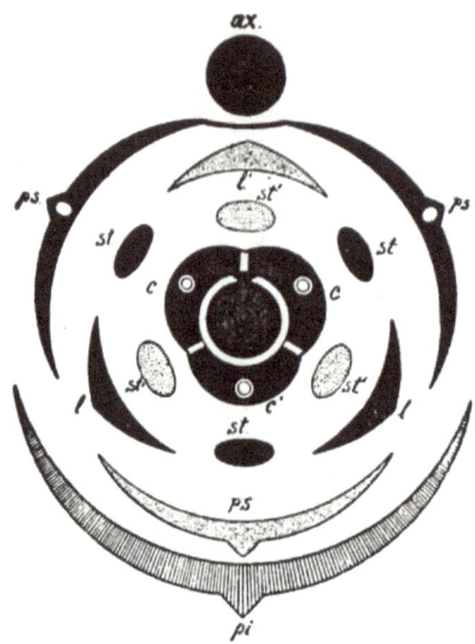

Fig. 827. Diagramm der Grasblüte. Die fehlenden Teile matt punktiert. *ax* Achsenende der Ährchenachse, *pi* palea inferior, *ps* palea superior (äußeres Perigon), *l* Lodiculae (inneres Perigon), *st* äußerer, *st'* innerer Staubblattkreis, *c* laterale Fruchtblätter *c'* dorsales Fruchtblatt. Nach J. SCHUSTER.

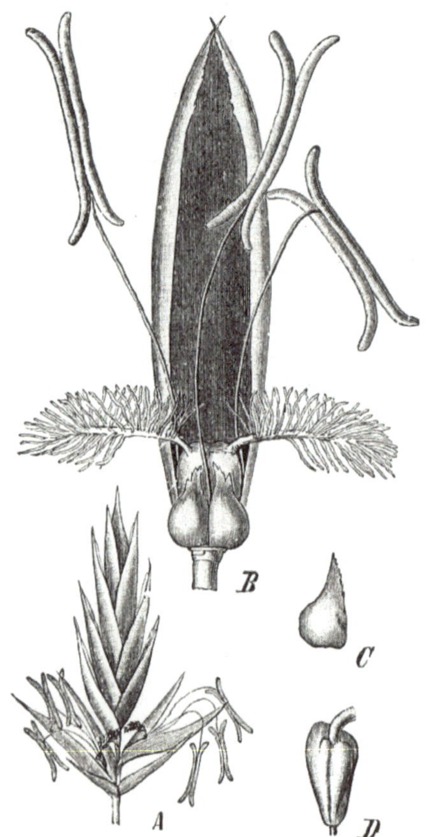

Fig. 828. Festuca elatior. *A* Ährchen (vgl. Fig. 826) mit zwei offenen Blüten, unten die beiden sterilen Hüllspelzen. Vergr. 3. *B* Die Blüte; vorn die beiden Lodiculae, hinten die Vorspelze (palea superior), Fruchtknoten mit federartigen Narben. *C* Eine Lodicula. *D* Fruchtknoten, von der Seite, mit dem Stiel einer abgeschnittenen Narbe. *B-D* Vergr. 12. Nach H. SCHENCK.

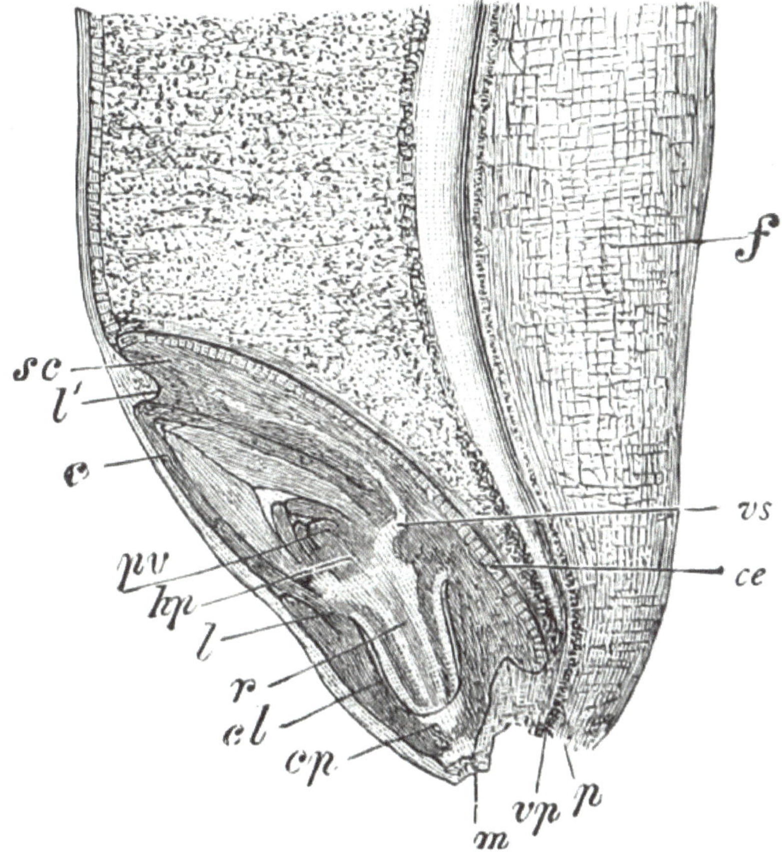

Fig. 829. Medianer Längsschnitt durch den unteren Teil eines Weizenkorns. Links unten der Keim mit dem Scutellum *sc*, *l'* Ligula, *vs* Leitbündel des Scutellum, *ce* sein Zylinderepithel, *c* Scheidenteil des Kotyledons, *pv* Stammvegetationskegel, *hp* Hypokotyl, *l* Epiblast, *r* Radicula, *cl* Wurzelscheide, *m* Austrittsstelle der Radicula, *p* Fruchtstiel, *vp* sein Leitbündel, *f* Seitenwandung der Furche. Vergr. 14. Nach E. STRASBURGER.

Nicht immer ist der Bau so stark reduziert; so hat die Reisblüte (Fig. 832) ein vollzähliges Andröceum, ebenso die Bambuseen, welche daneben drei Griffel besitzen und auch drei Lodiculae aufweisen. *Streptochaeta* endlich hat eine normale pentazyklische Monokotylenblüte, deren Gynäceum der Anlage nach dreizählig ist. Man ist daher berechtigt, die Lodiculae als dem inneren Perianthkreis entsprechend anzusehen, während die Vorspelze zwei verwachsene Blätter des äußeren Perianthkreises, dessen drittes fehlt, darstellen könnte. Im Gynäceum ist von den ursprünglichen drei Karpellen meist nur ein, aus den zwei lateralen Fruchtblättern gebildetes, Doppelblatt übrig geblieben. Nach dieser Auffassung, die z. B. von GOEBEL vertreten wird, gelangt man zu dem umstehenden Diagramm (Fig. 827).

Über die Windblütigkeit der Gräser vgl. S. 479. Die Frucht zeigt eine innige Verwachsung von Frucht- und Samenschale, sie wird Karyopse genannt. Der Embryo liegt dem stärkereichen Endosperm seitlich mit seinem Kotyledon, dem Scutellum, an, welches bei der Keimung als Saugorgan die Aufnahme der gespeicherten Reservestoffe bewirkt (Fig. 829).

Fig. 830. Getreidearten. *A* Roggen. Secale cereale. *B* Spelt, Triticum Spelta. *C* Zweizeilige Gerste. Hordeum distichum. *D* Weizen, Triticum vulgare. — *D* Offizinell.

Zu den Gräsern zählen als wichtige Nutzpflanzen vor allem die eigentlichen Brotpflanzen: Der Weizen, *Triticum* (Fig. 830 *B* und *D*), mit einzelstehenden zwei- bis vielblütigen Ährchen, deren Hüllspelzen breiteiförmig sind (Fig. 831 *B*). Von Weizenarten unterscheidet F. KOERNICKE 1. *Tr. vulgare*, Saatweizen mit verschiedenen Unterarten; 2. *Tr. polonicum*, Polnischer Weizen; 3. *Tr. monococcum*, Einkorn. Der Roggen, *Secale cereale* (Fig. 830 *A*). Die Ährchen stehen einzeln und sind zweiblütig, ihre Hüllspelzen pfriemlich (Fig. 831 *A*). Die Gerste, *Hordeum vulgare* (Fig. 830 *C*). Die einblütigen Ährchen stehen zu dreien, bei den Unterarten *H. hexastichum* und *H. tetrastichum* sind alle Reihen, bei *H. distichum* ist nur die Mittelreihe fruchtbar. Der Hafer, *Avena sativa*, und der Mais, *Zea Mays*. Alle diese sind der Kultur in gemäßigtem Klima zugänglich. Ihre Heimat ist, bis auf die des amerikanischen Mais, voraussichtlich Westasien oder Südosteuropa; in wildem Zustand bekannt sind nur *Triticum monococcum* var. *aegilopodioides* als Stammform des Einkorns, *Tr. dicoccoides* als wahrscheinliche Stammform des Weizens, *Secale montanum* als Stammform des Roggens, *Hordeum spontaneum*, dem *H. distichum* nahestehend, Stammform der Gerste. Diese wilden Formen sind durch Auseinanderfallen ihrer Spindel bei der Fruchtreife gekennzeichnet, eine Eigenschaft, die für Kulturformen höchst unvorteilhaft wirken müßte.

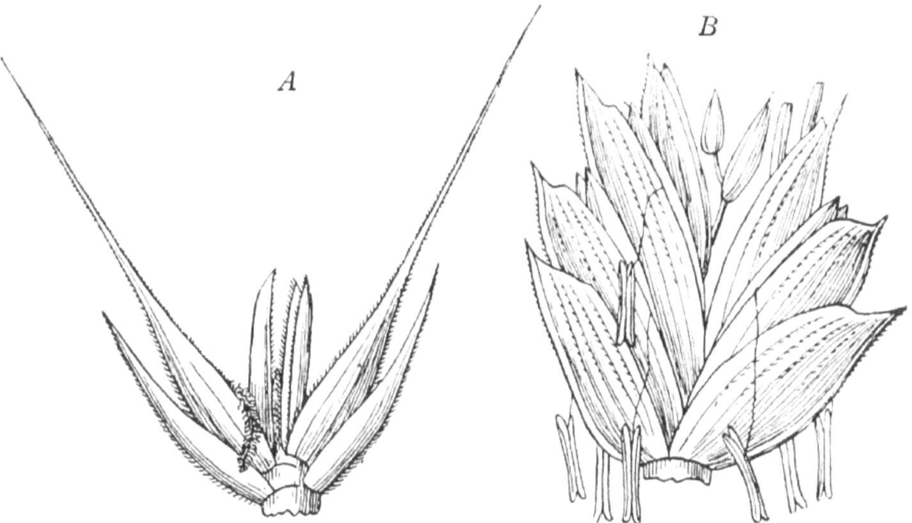

Fig. 831. *A* Ährchen des Roggens, zweiblütig. *B* Ährchen des Weizens, mehrblütig.

Fig. 832. Oryza sativa. Blütenrispe, **1/2** nat. Gr. Einzelnes Ährchen, vergr. — Offizinell.

Das wichtigste tropische Getreide ist der Reis, *Oryza sativa* (Fig. 832), bis in die warm temperierten Länder hinein in größtem Maßstabe kultiviert (Fig. 833) und bei hinreichender Feuchtigkeit von unerreichter Fruchtbarkeit. Speziell in Afrika ist die Mohrhirse, *Andropogon Sorghum*, in mehreren Varietäten zu Hause. Sie bildet als *Durrha* die wichtigste Brotpflanze für diesen ganzen Kontinent; schließlich bleiben die im Mittelmeergebiet und in Asien kultivierten *Panicum miliaceum*, echte Hirse, und *P. italicum*, Kolbenhirse, zu erwähnen, beide asiatischen Ursprungs. Als Nahrungsmittel nimmt ferner das Zuckerrohr, *Saccharum officinarum*, ein übermannshohes, im tropischen Asien, Vorder- und Hinterindien beheimatetes perennierendes Gras, eine wichtige Stelle ein. Es wird zur Zeit überall in den Tropen kultiviert, um aus dem fleischigen Mark des hier nicht hohlen Stengels durch Auspressen und Eindicken des Saftes Rohrzucker zu gewinnen.

Als wichtige heimische Futtergräser unserer Wiesen mögen genannt sein:

Agrostis alba, *Alopecurus pratensis*, *Anthoxanthum odoratum*, *Arrhenatherum elatius*, *Avena flavescens* und *pubescens*, *Briza media*, *Dactylis glomerata*, *Holcus lanatus*, *Lolium perenne*, *Phleum pratense*, *Poa pratensis*; außerdem sind zu beachten *Aira-*, *Bromus-*, *Calamagrostis-*, *Festuca-*, *Melica-* usw. Arten. Eine außerordentlich mannigfaltige Anwendung finden endlich die baumförmigen tropischen Bambus-Arten in ihren stattlicheren Vertretern: Häuser, Wände, Fußböden, Leitern, Brücken, Stricke, Wasserkrüge, Kochgefäße, Wasserleitungsröhren usw. werden aus den Stämmen angefertigt, so daß diese Pflanzen für die dortigen Verhältnisse geradezu unentbehrlich genannt werden müssen.

Giftig: Der einjährige Taumellolch, *Lolium temulentum* (Fig. 834), hat in der Regel von Pilzhyphen umsponnene und dann durch Alkaloidgehalt giftige Früchte; pilzfreie Früchte der Pflanze sind unschädlich[509]. Die Pflanze ist einjährig, entbehrt der sterilen Triebe und kann dadurch leicht von den häufigen *Lolium*-Arten, *perenne* und *multiflorum*, unterschieden werden. Der Taumellolch ist das einzige giftige Gras.

Fig. 833. Für Reiskulturen hergerichtetes Terrassenland in Ceylon. Das für den jungen, einzeln zu pflanzenden Reis notwendige Wasser läuft von Terrasse zu Terrasse, deren erhöhte Ränder eine Abflußstelle besitzen. Im Vordergrunde Bananen (Musa), in der Mitte eine Arecapalme, vorn rechts eine Kaffeeplantage. Nach einer Photographie.

Offizinell: *Saccharum officinarum*: Saccharum (Pharm. germ., austr., helv.). *Agropyrum repens*: Rhizoma Graminis (Pharm. austr., helv.). *Triticum vulgare*: Amylum Tritici (Pharm. germ., austr., helv.). *Oryza sativa*: Amylum Oryzae (ibid.).

c) Blüten zygomorph.

6 Ordnung. Scitamineae.

Tropische Stauden von zum Teil gewaltigen Dimensionen, in einzelnen Fällen baumartig mit dorsiventralen oder asymmetrischen Blüten entsprechen dem Typus dieser Ordnung. Das Perianth ist in Kelch und Krone gesondert und das Andröceum stark reduziert, zum Teil staminodial, kronblattähnlich. Der unterständige, dreifächerige Fruchtknoten enthält Perisperm führende Samen.

1. Familie ***Musaceae***. Die Banane, *Musa* (Fig. 835), ist eine der wichtigsten Fruchtpflanzen aller tropischen Gegenden. Einander dicht umschließende Scheiden der mächtigen Blätter bilden ein stammartig aussehendes Gebilde, aus dem die endständige Infloreszenz ihre großenteils parthenokarpen[510] dichtgedrängten Beerenfrüchte herabhängen läßt. *Musa textilis* liefert Manilahanf; *Ravenala* besitzt einen Holzstamm, *Strelitzia reginae* (Fig. 542) vom Kap wird ihrer prächtigen, ornithophilen Blüten halber häufig kultiviert.

2. Familie ***Zingiberaceae***. Die dorsiventralen Einzelblüten stehen in Ähren von bisweilen köpfchenartigem Habitus. Eine dreizipfelige Krone ragt aus dem unscheinbaren röhrigen Kelch hervor. Wenn der äußere Staubblattkreis nicht gänzlich fehlt, ist er in zwei seitlichen Staminodien vertreten (Fig. 836 sst_1, sst_2). Im inneren Staubblattkreis ist das hintere Staubblatt allein fertil (*st*), die beiden übrigen sind vereinigt und in Form petaloider Staminodien ausgebildet; sie stellen als Labellum (*l*) durch ihre Größe und hervortretende Lage, wie durch lebhafte Färbung den Schauapparat der Zingiberaceenblüte dar. Der Griffel verläuft in dem röhrenartigen Einschnitt zwischen den beiden Thecae des Staubblattes. Aus dem Fruchtknoten wird eine Kapsel. Die Zingiberaceen gehören meist dem tropischen Asien an.

Fig. 834. Lolium temulentum. — Giftig. Nach H. SCHENCK.

Fig. 835. Gruppe von Musa sapientum mit Manihot utilissima. Ceylon, nach einer Photographie.

Zingiber officinale, der Ingwer, eine alte Kulturpflanze Südostasiens, wird jetzt überall in den Tropen kultiviert (Fig. 837). Das flache, geweihartig verzweigte Rhizom steht auf seiner hohen Kante im Boden. Es ist mit zweizeilig stehenden Blättern besetzt, nur die Achselknospen der Rhizomunterseite werden gefördert und setzen den Hauptsproß fort. Die Laubzweige bestehen trotz ihrer Länge fast nur aus den Scheiden der großen, ungeteilten ganzrandigen Blätter, ihre Achse bleibt außerordentlich kurz. Nur die Blütensprosse sind massiv, sie bleiben niedriger und sind nur mit den langscheidigen Schuppenblättern ohne eigentliche Spreite bekleidet. Die hellgelben, durch ihr violettes, heller geflecktes Labellum auffallenden Blüten stehen in der Achsel großer Hochblätter, die besonders an ihrem Rande lebhaft gefärbt sind. *Elettaria Cardamomum* und *Curcuma* haben ebenfalls nur mit Schuppenblättern bestandene Infloreszenzstiele, *Alpinia* dagegen, wie die häufig kultivierten *Hedychium*-Arten tragen die Blütenstände terminal an normal belaubten Sprossen.

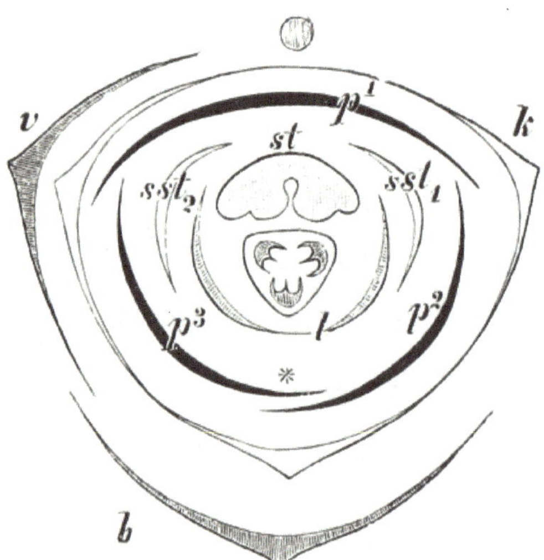

Fig. 836. Diagramm der Zingiberaceenblüte nach A. W. EICHLER. *b* Deckblatt, *v* Vorblatt, *k* Kelch, p^{1-3} Kronblätter, sst_1 und $_2$ Staminodien des äußeren Andröceumwirtels, * fehlendes Staubblatt desselben Wirtels, *st* einziges fertiles Staubblatt, *l* kronblattartige Staminodien des inneren Andröceumwirtels, hier Labellum genannt.

Fig. 837. Zingiber officinale. 1/2 nat. Gr. Nach BERG und SCHMIDT. — Offizinell.

Offizinell: *Zingiber officinale*: Rhiz. Zingiberis (Pharm. germ., austr., helv.). *Elettaria Cardamomum*: Fructus Cardamomi (ibid.), Cardamomen, *Curcuma Zedoaria*, Zittwer: Rhiz. Zedoariae (ibid.), *Alpinia officinarum*, Galgant: Rhiz. Galangae (Pharm. germ., helv.).

Großblättrige häufig kultivierte Stauden mit asymmetrischen Blüten (Fig. 838) gehören zu den ***Cannaceae***, die nur eine halbe, also monothezische, Anthere haben, die andere Hälfte ist blumenblattartig.

Den gleichen Habitus und ebenso gebaute, aber minder große Blüten besitzen die ***Marantaceae***, deren Blätter am Ansatz der Spreite mit Gelenkpolstern versehen sind.

Das Rhizom von *Maranta arundinacea* liefert westindisches Arrowroot.

7. Ordnung. Gynandrae.

Die Familie ***Orchidaceae*** enthält perennierende, krautige, erdbewohnende oder epiphytische Gewächse mit zwittrigen, stark dorsiventralen Blüten, deren Perianth kronartig ist; das hintere Blatt des inneren Kreises wird als Lippe, Labellum ausgebildet und läuft häufig in einen Sporn aus.

Das bei den Scitamineen erwähnte „Labellum" ist morphologisch ganz anderer Natur, da es staminodialen und petaloid gewordenen Staubblättern entspricht.

Das Andröceum wird auf die drei vorderen Glieder beschränkt, von denen meist das mittlere, dem äußeren Kreise angehörige allein fertil ist, während die anderen fehlen oder Staminodien darstellen. Das einfächerige, unterständige Gynäceum ist aus drei Fruchtblättern verwachsen, die eine Kapselfrucht liefern mit äußerst zahlreichen an den randständigen, d. h. parietalen Plazenten sitzenden Samen (Fig. 839 u. 842). Das fertile Staubblatt verwächst mit dem Griffel zu einem Säulchen, Gynostemium, welches in der Mitte der Blüte mehr oder minder emporragt. Durch Drehung der ganzen Blüte um 180° (vgl. Fig. 839 u. 842) oder Übernicken gelangt die als Anflugstelle für Insekten dienende Lippe auf die Vorderseite.

Die Orchidaceen erreichen ihre reichste Entwicklung in den Tropen aller Erdteile, wo sie meist unter den Epiphyten eine wichtige Rolle spielen.

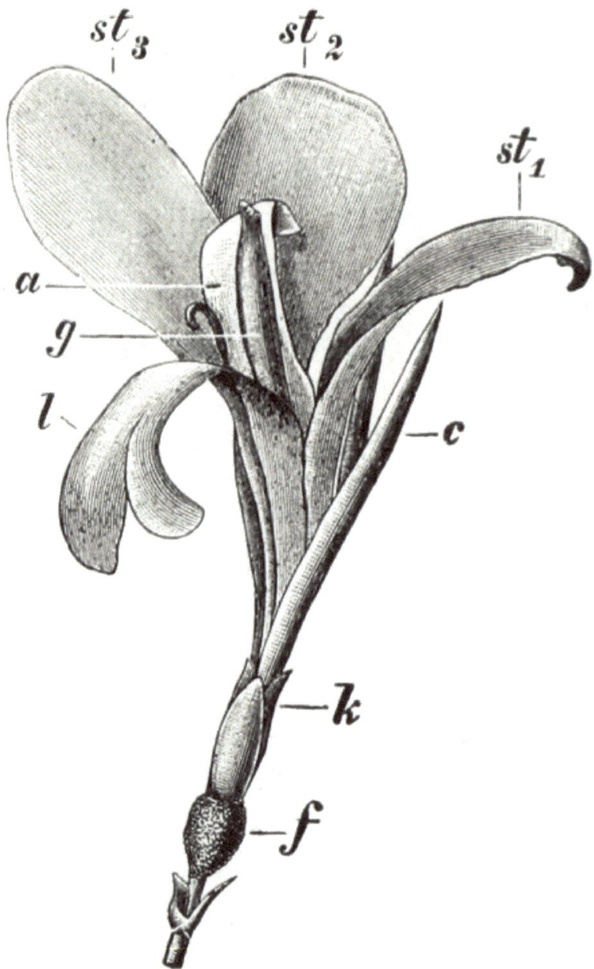

Fig. 838. Blüte von Canna iridiflora. *f* Fruchtknoten, *k* Kelch, *c* Krone, *l* Labellum, *st 1–3* die übrigen Staminodien, *a* fertile Antherenhälfte, *g* Griffel. 1/2 nat. Gr. Nach H. SCHENCK.

Fig. 839. Orchidaceen-Diagramm (Orchis). Nach F. NOLL verändert.

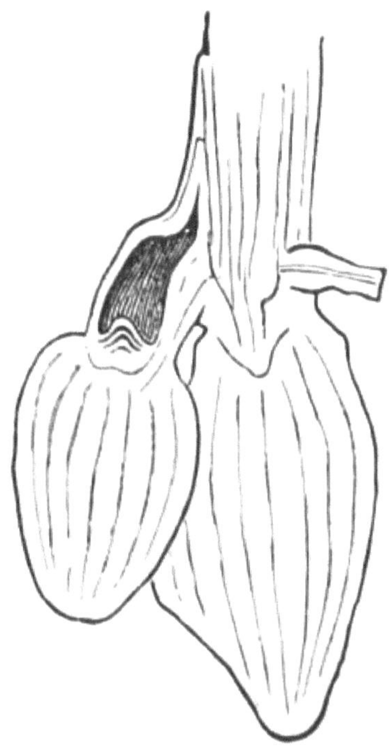

Fig. 840. Orchis militaris. Längsschnitt durch Mutter- und Tochterknolle. Nach LÜRSSEN. — Offizinell.

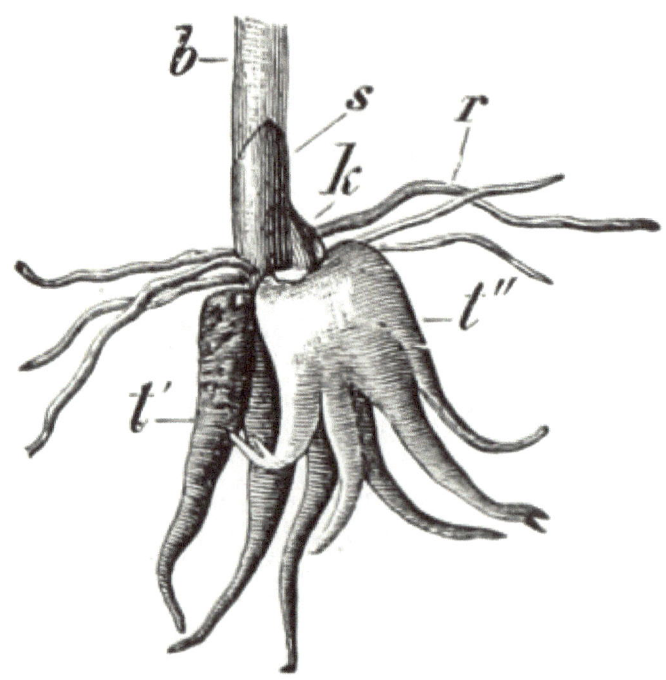

Fig. 841. Wurzelsystem von Orchis latifolia. *b* Basis des Stengels, *s* Niederblatt, *t'* alte, *t''* junge Knolle, *k* Knospe, *r* Wurzeln. Nach H. SCHENCK.

Orchis, Knabenkraut, *Ophrys*, *Gymnadenia*, *Platanthera* sind alle mit Knollen versehen. *Epipactis*, *Cephalanthera*, *Listera* haben ein verzweigtes Rhizom. *Neottia*, Nestwurz, *Coralliorrhiza*, *Epipogon*, *Limodorum* leben saprophytisch oder richtiger parasitisch auf Kosten ihrer Mykorrhizen[511] und sind daher fast oder ganz chlorophyllfrei. *Cypripedium*, der Frauenschuh, hat zwei fertile seitliche Staubblätter des inneren Wirtels.

Zu genauerer Darstellung mag eine unserer häufigeren einheimischen *Orchis*-Arten, *Orchis militaris*, dienen, die in Fig. 842, 844 wiedergegeben ist. Untersucht man eine solche Pflanze zur Zeit ihrer Blüte, so findet sich ein Paar fleischiger Knollen als Ausgangspunkt. Beide sind mit einem Flaum von Wurzelhaaren überdeckt. Die größere braune Knolle, von mehr schwammiger Beschaffenheit, setzt sich nach oben in den von ein paar Niederblättern und den Scheiden der 2–4 Laubblätter länglich-elliptischer Form umhüllten Infloreszenzstiel fort, welcher mit einer pyramidalen Blütentraube abschließt. Die kleinere Knolle ist von weißer Farbe und fester Konsistenz; sie trägt, wie der Längsschnitt (Fig. 840) zeigt, eine Knospe auf dem Scheitel, die bereits ein paar Scheidenblätter entwickelt hat. Es handelt sich um den in der Achsel eines der ersten Scheidenblätter der Pflanze, dicht über der älteren braunen Knolle gebildeten Achselsproß, welcher mit seiner als Reservestoffbehälter knollig anschwellenden Wurzelanlage das Scheidenblatt durchbrochen hat (Fig. 844) und die Mutterpflanze im nächsten Jahre ersetzen wird.

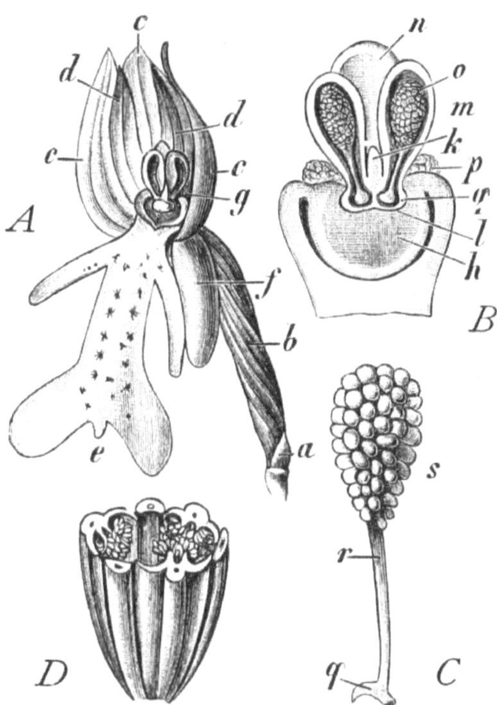

Fig. 842. Orchis militaris. *A* Eine von der kleinen Braktee (*a*) gestützte Blüte, *b* Fruchtknoten, *c* die äußeren, *d* die beiden oberen inneren Perigonblätter, *e* Labellum mit dem Sporn, *f*, *g* Gynostemium. — *B* Dieselbe nach Entfernung des Perigons mit Ausnahme des oberen Teils des Labellum, *h* Narbe, *l* Rostellum, *k* zahnartiger Fortsatz des Rostellum, *m* Fach der Anthere, *n* Konnektiv, *o* Pollinium, *q* Klebmasse, *p* Staminodium, vergr. — *C* Einzelnes Pollinium, *r* Kaudikula, *s* Pollen, stärker vergr. — *D* Frucht im Querschnitt, schwach vergr. Nach BERG und SCHMIDT.

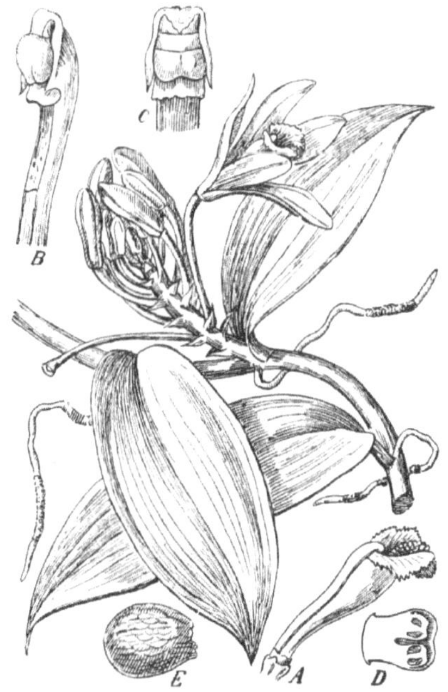

Fig. 843. Vanilla planifolia (nach BERG und SCHMIDT aus ENGLER-PRANTL), verkleinert. *A* Lippe und Gynostemium. *B* Gynostemium von der Seite. *C* Gynostemiumspitze von vorn. *D* Anthere. *E* Samen, vergr. — Offizinell.

Bei Betrachtung der Blüten fällt sogleich die schraubige Drehung des Fruchtknotens auf, der hier die Abwärtskehrung der „Unterlippe" zu danken ist. Diese ist dreizipflig, und ihr Mittellappen teilt sich am Ende abermals in zwei gabelig auseinanderstehende Läppchen. Ganz an der Basis dieses Labellums ist ein Sporn als Aussackung zu erkennen. Er dient als Nektarium, und seine Öffnung findet sich direkt unter dem Gynostemium (Fig. 842 *A*, *B*). Dieses trägt auf seiner der Unterlippe und den sich darauf niederlassenden Insekten zugekehrten Seite eine große Narbenfläche (*h*), welche zwei vereinigten Narben entspricht. Die dritte Narbe ist zu einem als Rostellum bezeichneten Gebilde (*l*, *k*) umgeformt und dient der Ausrüstung der männlichen Organe. Die eine fruchtbare Anthere besitzt zwei Thecae, durch das als Abschluß des Gynostemiums sichtbare Konnektiv (*n*) verbunden. Die ganze Pollenmasse jedes der beiden Fächer wird durch eine Bindesubstanz zusammengehalten, welche gleichzeitig nach unten in einen Stiel ausläuft. Dieser heißt Kaudikula; das gesamte, Pollinium genannte Gebilde ist von wachsartiger Konsistenz. Die Kaudiculae enden nun an jenem Rostellum, welches eine Klebmasse von zäher Beschaffenheit enthält, die geeignet ist, einmal die Pollinien, welche frei im Fache liegen, an Ort und Stelle festzuhalten, andererseits aber auch sie an andere damit in Berührung gelangende Körper anzukleben. Versucht nun ein auf der Unterlippe sitzendes Insekt den im Sporn ausgeschiedenen Nektar zu erreichen, so muß es mit Kopf oder Rüssel das Rostellum berühren und die Pollinien mitnehmen. Beim Eintrocknen der Kaudiculae biegen die Pollinien sich nach vorn und werden daher bei einer nächst besuchten Blüte genau auf die Narbenfläche gelangen müssen.

In ähnlicher, vielfach aber noch weit komplizierterer Art sind alle Orchidaceen auf Insektenbesuch angepaßt, dessen sie zur Bestäubung ihrer Blüten nicht entbehren können[512]. In vielen Fällen ist die Anpassung so speziell auf den Bau eines bestimmten Insektes gerichtet, daß kein anderes dieselbe Leistung zu vollziehen vermag; so blieb z. B. die aus ihrer amerikanischen Heimat in andere tropische Länder gebrachte Vanilla (Fig. 843) stets unfruchtbar, da das bestäubende Insekt fehlte. Nachdem dies erkannt war, wird sie jetzt durch Menschenhand einzeln bestäubt und setzt daraufhin regelmäßig Früchte an. Zur Vervollständigung ist noch hinzuzufügen, daß bei manchen Formen, so auch bei Vanilla, der Pollen körnig bleibt. Zahlreiche tropische Orchidaceen werden ihrer herrlich duftenden und schön geformten, farbenprächtigen Blüten wegen bei uns in Gewächshäusern kultiviert, so *Cattleya*, *Laelia*, *Vanda*, *Dendrobium*, *Stanhopea* u. v. a.

Fig. 844. Orchis militaris. 1/2 nat. Gr. — Offizinell.

Offizinell: *Orchis*-Arten und verwandte Formen mit eiförmigen, nicht handförmig zerteilten (vgl. Fig. 840 u. 844) Knollen: Tubera Salep (Pharm. germ., austr., helv.). — *Vanilla planifolia*, ein in Mexiko einheimischer, vielfach in den Tropen kultivierter Wurzelkletterer (Fig. 843): Fructus Vanillae (Pharm. austr., helv.).

Die fossilen Angiospermen[471].

Die ersten zweifellosen Angiospermen zeigen sich in der oberen Kreide, und zwar gleich in mannigfachen Formen, die ungefähr in gleichem Verhältnis wie jetzt zu Monokotylen und Dikotylen gehören. Gefunden sind zunächst nur Blätter, die große Ähnlichkeit mit denen jetzt lebender Angiospermen zeigen, hingegen gar keine mit solchen von Gymnospermen oder gar Pteridophyten. Die hier vorhandene Kluft kann also durch die paläontologischen Funde nicht überbrückt werden.

Im Eozän und Oligozän werden die Angiospermen sicher bestimmbar; es sind Angehörige noch existierender Familien, und zwar, sogar im nördlichen Europa, teilweise von tropischem Charakter, nämlich *Palmen*, *Dracaena*, *Smilax* usw. unter den Monokotylen, zahlreiche *Querciforen* (namentlich *Quercus*), *Lauraceae* (*Cinnamomum* u. dgl.), *Leguminosae* usw. von Dikotylen. Vom Miozän an werden die Arten teilweise mit lebenden identisch; im Quarternär fehlen eigene, von den jetzt lebenden erheblich abweichende Formen. Der Florencharakter war zur Tertiärzeit in Europa ganz wesentlich von dem gegenwärtigen verschieden; er trug das

Gepräge eines viel wärmeren Klimas und wies, wie für die Gymnospermen, Typen auf, die gegenwärtig nur noch in fernen Ländern existieren.

Literaturnachweise.

Literatur zur Einleitung und Morphologie von H. Fitting.

Einleitung.

[1] CHARLES DARWIN, On the origin of species by means of natural selection 1859; auch deutsch von V. CARUS.

[2] E. HAECKEL, Generelle Morphologie der Organismen 1866, S. 52.

[3] C. MEZ, Schrift. physik. ökon. Gesellsch. Königsberg i. Pr., 59. Bd. 1918, S. 43.

[4] H. FITTING, Die Pflanze als lebender Organismus. Jena 1917.

[5] C. V. NÄGELI, Theorie der Abstammungslehre 1884, S. 326. F. A. WENT, Biol. Zentralbl., 27. Bd. 1907, S. 257. K. GOEBEL, Organographie, 2. Aufl., 1. Bd. 1913, S. 39 ff. Ders., Entfaltungsbewegungen d. Pflanzen. Jena 1920.

Erster Abschnitt. Zytologie.

Der lebende Inhalt der Zellen.

[6] E. STRASBURGER, Progressus rei botanicae, 1. Bd. 1906, S. 1. E. KÜSTER, Zelle, Handb. d. Naturwiss., Jena, 10. Bd. 1914, S. 748. A. MEYER, Morphol. u. physiol. Analyse d. Zelle d. Pflanzen u. Tiere. I. Jena 1920. G. TISCHLER, Allgemeine Pflanzenkaryologie, Handwörterb. d. Pflanzenanatomie. I. Berlin 1921. H. LUNDEGÅRDH, Zelle u. Cytoplasma, ebenda. I. 1921.

[7] Die Literatur zusammengestellt zuletzt durch R. LIESKE, Bakterien u. Strahlenpilze, Handb. d. Pflanzenanatomie. VI. Berlin 1922.

[8] A. J. EWART, Physics and physiology of protoplasm streaming in plants, Oxford 1903. PAUL KRETZSCHMAR, Jahrb. f. wiss. Bot., 39. Bd. 1904, S. 273. A. MEYER, Morphol. u. physiol. Analyse d. Zelle. I. S. 631. Jena 1921.

[9] J. W. MOLL, Progress. rei botan., 2. Bd. 1908, S. 227. E. STRASBURGER, Das kleine bot. Praktikum, 9. Aufl. 1921 und Das bot. Praktikum, 7. Aufl. 1923. H. SIEBEN, Einführung in die bot. Mikrotechnik, 2. Aufl., Jena 1920.

[10] E. ZACHARIAS, Progress. rei botan., 3. Bd. 1910, S. 67. A. MEYER, vgl. unter [6]. A. PRATJE, Biol. Zentralbl., 40. Bd. 1920, S. 88. H. WALTER, Biochem. Ztschr., 122. Bd. 1921, S. 86.

[11] A. FISCHER, Fixierung, Färbung und Bau des Protoplasma 1899 und A. DEGEN, Bot. Ztg. 1905, I. Abt., S. 202.

[12] H. FREUNDLICH, Kapillarchemie. 2. Aufl., Leipzig 1922.

[13] E. W. SCHMIDT, Progress. rei botan., 4. Bd. 1912, S. 163 u. Ztschr. f. Bot., 4. Bd. 1912, S. 707. J. DUESBERG, Sammelreferat in Ergebn. d. Anatom. u. Entwicklungsgeschichte, 20. Bd. 1912, S. 567. K. RUDOLPH, Ber. deutsch. bot. Gesellsch., 30. Bd. 1912, S. 605. G. LEWITSKY, Ber. deutsch. bot. Gesellsch., 31. Bd. 1913, S. 517. A. SCHERRER, Festschr. z. Einweihung d. Inst. f. allg. Bot. Zürich, Jena 1914. A. GUILLIERMOND, Rev. gén. de bot., 25 bis Bd. 1914, S. 295; 26. Bd. 1914, S. 295; 31. Bd. 1919, S. 372; 33. Bd. 1921, S. 401. Ann. sc. nat. Bot. sér. 10., 1. Bd. 1919, S. 225. FR. MEVES, Arch. f. mikr. Anatomie, 89. Bd. Abt. I 1917, S. 249. D. M. MOTTIER, Ann. of Bot., 32. Bd. 1918, S. 91. S. ALVARADO, Trabaj. d. mus. nacion. d. cienc. nat. Madrid. ser. Bot. No. 13, 1918. Ders., Ber. deutsch. bot. Gesellsch., 41. Bd. 1923, S. 85. KONRAD L. NOACK, Ztschr. f. Bot., 13. Bd. 1921, S. 1. G. FRIEDRICHS, Jahrb. f. wiss. Bot., 61. Bd. 1922, S. 430.

[14] Vgl. G. TISCHLER, Allgemeine Pflanzenkaryologie, Handb. f. Pflanzenanatomie. I. Berlin 1921.

[15] A. GUILLIERMOND, Progress. rei botan., 4. Bd. 1913, S. 389. H. V. NEUENSTEIN, Arch. f. Zellforsch., 13. Bd. 1914, S. 1.

[16] A. F. W. SCHIMPER, Bot. Ztg. 1880, S. 886 und Jahrb. f. wiss. Bot., 16. Bd. 1885, S. 1. ARTHUR MEYER, Das Chlorophyllkorn 1883 und Bot. Ztg. 1888, S. 489. J. H. PRIESTLEY u. A. A. IRVING, Ann. of Bot., 21. Bd. 1907, S. 407. A. SAPEHIN, Untersuchungen über die Individualität d. Plastide, Odessa 1913. Ders., Archiv f. Zellforsch., 13. Bd. 1915, S. 319.

[17] Besonders von L. MARCHLEWSKI, E. SCHUNK, N. A. MONTEVERDE, M. TSWETT, R. WILLSTÄTTER. Vgl. R. WILLSTÄTTER u. A. STOLL, Untersuchungen über Chlorophyll, Berlin 1913. C. V. WISSELINGH, Flora, 107. Bd. 1915, S. 371.

[18] K. STERN, Ztschr. f. Bot., 13. Bd. 1921, S. 193.

[19] Th. W. ENGELMANN, Bot. Ztg., 40. Bd. 1882, S. 663; 41. Bd. 1883, S. 1. H. MOLISCH, Bot. Ztg., 63. Bd. 1905, I. Abt., S. 131. H. KYLIN, Svensk. bot. tidskr., 6. Bd. 1912, S. 531. K. BORESCH, Biochem. Ztschr., 119. Bd. 1921, S. 167. N. WILLE, Ber. deutsch. bot. Gesellsch., 40. Bd. 1922, S. 192.

[20] H. KYLIN, Ztschr. f. physiol. Chemie, 82. Bd. 1912, S. 221. R. WILLSTÄTTER u. H. J. PAGE, Ann. d. Chemie, 404. Bd., S. 237.

[21] E. GOERRIG, Beih. Bot. Zentralbl., 35. Bd., I., 1918, S. 1.

[22] W. ROTHERT, Bull. intern. ac. sc. de Cracovie sér. B. 1914, S. 1.

[23] G. TISCHLER, zit. in [14], S. 232.

[24] G. TISCHLER, Progr. rei botan., 5. Bd. 1915, S. 164. H. WINKLER, Ztschr. f. Bot., 8. Bd., S. 417. M. ISHIKAWA, Botanical Magazine, 30. Bd. 1916, S. 404. T. SAKAMURA, Journ. coll. of science Tokyo, 39. Bd. 1920.

[25] E. STRASBURGER, in d. WIESNER-Festschrift 1908, S. 24. J. KISSER, Österr. Bot. Ztschr., 71. Bd. 1922, S. 198. FR. SMITH, Ann. of bot., 37. Bd. 1923, S. 63.

[26] J. W. BAILEY, Proceed. nat. acad. of science, 5. Bd. 1919, S. 283; 6. Bd. 1920, S. 197. Journ. of gen. physiolog., 2. Bd. 1920, S. 519.

[27] R. A. HARPER, Jahrb. f. wiss. Bot., 30. Bd. 1897, S. 249. P. N. SCHÜRHOFF, Jahrb. f. wiss. Bot., 57. Bd. 1917, S. 363.

Gröbere leblose Einschlüsse der Protoplasten.

[28] H. MOLISCH, Mikrochemie der Pflanze, 3. Aufl., Jena 1923. O. TUNMANN, Pflanzenmikrochemie, Berlin 1913. A. MEYER, vgl. unter [6].

[29] J. DEKKER, Die Gerbstoffe, Berlin 1913. K. FREUDENBERG, Die Chemie der natürlichen Gerbstoffe, Berlin 1920. Ders., Naturwissenschaften, 8. Bd. 1920, S. 903.

[30] G. KLEIN, Sitzungsber. Akad. Wiss. Wien, math. nat. Kl. I, 129. Bd. 1920, S. 341; 130. Bd. 1921, S. 237.

[31] R. WILLSTÄTTER, Sitzungsber. preuß. Akad. d. Wiss. 1914, S. 402, 769. H. SCHROEDER, Ztschr. f. Bot., 9. Bd. 1917, S. 546. Siehe auch H. MOLISCH, Bot. Ztg. 1905, I. Abt., S. 161; ferner B. L. BUSCALIONI u. G. POLLACCI, Atti istit. bot. Univ. Pavia. N. S., 8. Bd. 1903, S. 135 ff. O. GERTZ, Studier öfver Anthocyan, Lund 1906.

[32] A. TSCHIRCH, Die Harze und die Harzbehälter 1900.

[33] Literatur bei A. GUILLIERMOND u. J. BEAUVERIE, Ann. des sc. nat. Bot., IX. Sér., 8. Bd. 1908, S. 173. S. POSTERNACK, Compt. rend. Acad. scienc., Paris, 169. Bd. 1919, S. 138.

[34] C. NÄGELI, Die Stärkekörner 1858. A. F. W. SCHIMPER, Bot. Ztg. 1881, S. 223. E. T. REICHERT, The Differentiation and specificity of starches etc. Carneg. Inst. Washington Publ. No. 173, I, II, 1913. O. L. SPONSLER, Americ. journ. of bot., 9. Bd. 1922, S. 471. A. MEYER, Unters. über die Stärkekörner 1895. H. PRINGSHEIM, Landwirtsch. Versuchsstationen, 84. Bd. 1914, S. 267. J. J. LYNST-ZWIKKER, Rec. trav. bot. néerland, 18. Bd. 1921, S. 1.

[35] G. MANGENOT, Compt. rend. soc. biol., 84. Bd. 1921, S. 406.

Die Zellmembranen.

[36] Literatur bis 1914 bei L. GAUCHER, Étude générale sur la membrane cellulaire chez les végétaux 1904; seitdem FR. CZAPEK, Biochemie der Pflanze, 2. Aufl., 1. Bd. 1913, S. 629. O. RICHTER, Ztschr. f. wiss. Mikr., 22. Bd. 1905, S. 194. Zur Membranstreifung W. KRIEG, Beih. z. bot. Zentralbl., 21. Bd. 1907, S. 245. H. PRINGSHEIM, Die Polysaccharide, Berlin 1919.

[37] E. HANNIG, Flora, 102. Bd. 1911, S. 209.

[38] FR. CZAPEK, Biochemie d. Pflanzen, 2. Aufl., 1. Bd. 1913, S. 629. PETER KLASON, Schriften des Vereins der Zellstoff- und Papier-Chemiker, 2. Bd. 1911. FR. CZAPEK, Ztschr. f. Bot., 3. Bd. 1911, S. 500. J. KÖNIG u. E. RUMP, Chemie und Struktur der Pflanzen-Zellmembran, Berlin 1914. C. G. SCHWALBE, Die Chemie der Zellulose, II. Aufl., Berlin 1918.

[39] Vgl. F. CZAPEK in [36], 1. Bd., S. 634 ff. A. VIEHOEVER, Ber. deutsch. bot. Gesellsch., 30. Bd. 1912, S. 443. F. V. WETTSTEIN, Sitzungsber. Akad. Wiss. Wien, math. nat. Kl. I, 130. Bd. 1921, S. 3.

[40] F. EHRLICH, Chemiker-Ztg., 41. Bd. 1917, S. 197. TH. V. FELLENBERG, Biochem. Ztschr., 85. Bd. 1918, S. 118.

[41] VAN WISSELINGH, Archives Néerland, 26. Bd. 1892, S. 305 u. 28. Bd. 1898, S. 373.

[42] ORMOND BUTLER, Ann. of Bot., 26. Bd. 1911, S. 107. Dort die Literatur S. 150; J. GRÜSS, Jahrb. f. wiss. Bot., 47. Bd. 1910, S. 391.

[43] R. O. HERZOG, Ber. deutsch. chem. Gesellsch., 53. Bd. 1920, S. 2162. Ders. u. W. JANCKE, Naturwissenschaften, 9. Bd. 1921, S. 320. M. POLANYI, ebenda, S. 337.

Zweiter Abschnitt. Histologie.

[44] A. DE BARY, Vergl. Anat. d. Vegetationsorgane 1877. G. HABERLANDT, Physiologische Pflanzenanat., V. Aufl. 1918. H. SOLEREDER, Syst. Anat. d. Dikotyledonen 1899; W. ROTHERT, Gewebe, Handw. d. Naturwiss. IV. Jena 1913, S. 1144. E. STRASBURGER, zit. in [9]. A. MEYER, Erstes mikroskop. Praktikum, 3. Aufl., Jena 1915.

[45] Die reichhaltige Literatur dazu vgl. in [6].

[46] G. KRABBE, Das gleitende Wachstum bei der Gewebebildung der Gefäßpflanzen, Berlin 1886. F. NEEF, Ztschr. f. Bot., 6. Bd. 1914, S. 465.

[47] L. DIELS, Flora, 111./112. Bd. 1918, S. 490.

[48] Zu Luftspalten: E. STRASBURGER, Jahrb. f. wiss. Bot., 5. Bd. 1866, S. 297. S. SCHWENDENER, Monatsber. d. Berl. Akad. d. Wiss. 1881, S. 883 und andere. Zuletzt S. H. ECKERSON, Bot. Gaz., 46. Bd. 1908, S. 221.

[49] G. HABERLANDT, Die Sinnesorgane im Pflanzenreich, 2. Aufl. 1906.

[50] G. MYLIUS, Biblioth. botan., Heft 79, 1912. H. ZIEGENSPECK, Ber. deutsch. bot. Gesellsch., 39. Bd. 1921, S. 302.

[51] S. SCHWENDENER, Das mechanische Prinzip im Bau der Monokotylen 1874. H. AMBRONN, Jahrb. f. wiss. Bot., 12. Bd. 1879. H. PUCHINGER, Sitzungsber. Akad. Wiss. Wien, math. nat. Kl. I, 131. Bd. 1922, S. 47.

[52] A. W. HILL, Ann. of Bot., 15. Bd. 1901, S. 575 u. 22. Bd. 1908, S. 245. A. F. HEMENWAY, Bot. Gazette, 55. Bd. 1913, S. 236. E. W. SCHMIDT, Bau u. Funktion der Siebröhre usw., Jena 1917. C. T. POPESCU, Ann. scientif. Univ. Jassy, XI, S. 135.

[53] W. ROTHERT, Abhandlungen d. Akad. d. Wiss. Krakau 1899, S. 433. E. BAECKER, Sitzungsber. Akad. Wiss. Wien, math. nat. Kl. I, 131. Bd. 1922, S. 139.

[54] H. MOLISCH, Studien über Milchsaft u. Schleimsaft der Pflanzen 1901.

[55] M. NIEUWENHUIS-V. UEXKÜLL-GÜLDENBAND, Rec. trav. bot. Néerland, 11. Bd. 1914, S. 291.

Dritter Abschnitt. Organographie.

[56] K. GOEBEL, Vergleichende Entwicklungsgeschichte der Pflanzenorgane 1883; und Organographie der Pflanzen 1898–1901, II. Aufl., 1. Bd. 1913; 2. Bd. 1915/18; 3. Bd. 1922/23. J. VELENOVSKY, Vergleichende Morphologie der Pflanzen, 4 Bde., Prag 1905–1914. KERNER VON MARILAUN-HANSEN, Pflanzenleben, III. Aufl., 2. Bd. 1913. F. PAX, Allgemeine Morphologie der Pflanzen 1890.

[57] W. SANDT, Flora, 114. Bd. 1921, S. 329.

Bau des Thallus.

[58] F. OLTMANNS, Morphologie u. Biologie der Algen, 2. Aufl. 1922. A. de Bary, Vergl. Morphologie u. Biologie der Pilze 1884.

[59] F. SCHÜTT, Das Pflanzenleben d. Hochsee 1893.

[60] E. DE WILDEMAN, Mém. couronnés et publiés par l'Acad. des sciences de Belgique, 53. Bd. 1893.

[61] H. LEITGEB, Untersuchungen über die Lebermoose, 1.-6. Bd. 1874–1879. K. Goebel, Organographie, II. Aufl., 2. Bd., Jena 1915. D. H. CAMPBELL, The structure and development of Mosses and Ferns, III. Aufl. 1918.

Bau des typischen Kormus.

[62] Vgl. die unter [56] zitierten Werke.

[63] M. RACIBORSKI, Sproß, Handw. d. Naturwiss., 9. Bd., S. 345. Jena 1913.

[64] F. HERRIG, Flora, 107. Bd. 1914, S. 327. KONR. L. NOACK, Jahrb. f. wiss. Bot., 61. Bd. 1922, S. 459.

[65] W. HOFMEISTER, Allgemeine Morphologie der Gewächse, Leipzig 1868. M. HIRMER, Zur Lösung des Problems der Blattstellungen, Jena 1922.

[66] S. SCHWENDENER, Mechanische Theorie der Blattstellungen 1878, sowie zahlreiche Aufsätze in den Sitzungsber. d. Akad. d. Wiss. Berlin. HANS WINKLER, Jahrb. f. wiss. Bot., 36. Bd. 1901, S. 1 und 38. Bd. 1903, S. 501. Dort die übrige Literatur.

[67] Siehe die unter [44] genannten Werke.

[68] E. STRASBURGER, Über den Bau und die Verrichtung der Leitungsbahnen in den Pflanzen 1891, S. 98, 297. G. CHAUVEAUD, Ann. d. scienc. nat., Bot. IX. sér., 13. Bd. 1911, S. 113. F. J. MEYER, Progr. rei bot., 5. Bd. 1917, S. 521.

[69] M. BUCHHOLZ, Flora, 114. Bd. 1921, S. 119.

[70] J. C. SCHOUTE, Die Stelärtheorie 1902. H. SOLMS-LAUBACH, Bot. Ztg. 1903, II. Abt., Sp. 37, 147. A. G. TANSLEY, New phytologist Nr. 2, 1908. F. J. MEYER, Beih. bot. Zentralbl., 33. Bd., I. Abt. 1917.

[71] K. GIESENHAGEN, Blatt, Handw. d. Naturwiss., 2. Bd. 1912, S. 1.

[72] V. DEINEGA, Flora, 85. Bd. 1898, S. 439. M. HIRMER, Flora, 113 Bd. 1920, S. 178.

[73] M. NORDHAUSEN, Ber. deutsch. bot. Gesellsch., 30. Bd. 1912, S. 483.

[74] E. NEUMANN-REICHARDT, Beitr. z. Allg. Bot., 1. Bd. 1917, Heft 3.

[75] K. DOMIN, Ann. d. jard. bot. Buitenzorg, 24. Bd. 1911, S. 117. H. GLÜCK, Blatt- u. Blütenmorphol. Studien, Jena 1919.

[76] E. BRICK, Beih. z. Bot. Zentralbl., 31. Bd., I, 1913, S. 209. P. NEESE, Flora, 109. Bd. 1917, S. 144.

[77] M. RACIBORSKI, Handw. d. Naturwiss., 9. Bd. 1913, Jena, S. 352.

[78] K. GOEBEL, Einleitung in die experimentelle Morphologie d. Pflanzen 1908, S. 165.

[79] E. RÜTER, Flora, 110. Bd. 1918, S. 195.

[80] K. GIESENHAGEN. Wurzel, Handw. d. Naturwiss., 10. Bd., S. 646. Jena 1915.

[81] M. PLAUT, Festschr. z. 100jähr. Bestehen d. Landw. Hochschule Hohenheim 1919, S. 129.

[82] F. SCHWARZ, Unters. a. d. bot. Inst. in Tübingen, 1. Bd. 1883, S. 135.

[83] K. KROEMER, Biblioth. botan., Heft 59, 103. H. MÜLLER, Bot. Ztg., 64. Bd. 1906, S. 53. M. PLAUT, Die physiol. Scheiden d. Gymnospermen, Equisetaceen u. Bryophyten, Diss. Marburg 1909; Mitteil. d. Kais. Wilh.-Inst. f. Landw. Bromberg 1910, 3. Bd., S. 63; Jahrb. f. wiss. Bot., 28. Bd. 1910, S. 143.

[84] G. RUMPF, Bibl. botan., Heft 42, 1904.

[85] G. CHAUVEAUD, Ann. d. Scienc. nat. Bot. IX. sér., 13. Bd. 1911, S. 113. A. GRAVIS, Bull. acad, roy. Belgique, Class. scienc. 1919, 4, S. 227. M. LENOIVE, Ann. scienc. nat. Bot., sér. X, 2. Bd. 1920, S. 1.

[86] PH. VAN TIEGHEM, Traité de Bot., II. Aufl. 1891, S. 700. Dort die Literatur.

[87] FR. WETTSTEIN, Beih. z. bot. Zentralbl., 20. Bd., II, 1906, S. 1.

[88] GOEBEL, zit. in [78].

[89] M. BÜSGEN, Bau u. Leben unserer Waldbäume, II. Aufl., Jena 1917. H. LUNDEGÅRDH, Kungl. Svensk. Vet. Akad. Handl., 56. Bd. 1916, Nr. 3.

[90] FR. HILDEBRAND, Engl. Bot. Jahrb. f. Syst. usw., 2. Bd. 1882, S. 51.

[91] J. C. SCHOUTE, Ann. jard. bot. Buitenzorg, 2. sér., 11. Bd. 1912, S. 1. A. Borzi et G. CATALANO, Reale acad. d. Lincei, 309. Bd. 1912, S. 167.

[92] Vgl. die Werke unter [56] und STRASBURGER unter [68]. E. C. JEFFREY, The anatomy of woody plants. Chicago 1917.

[93] J. KLINKEN, Bibl. bot., Heft 84, 1914. F. NEEFF, Ztschr. f. Bot., 12. Bd. 1920, S. 225.

[94] S. KOSTYTSCHEW, Ber. deutsch. bot. Gesellsch., 40. Bd. 1922, S. 297.

[95] E. ANTEVS, Progr. rei bot., 5. Bd. 1917, S. 285.

[96] O. GERTZ, Lund's univers. arsskrift N. F. II., 12. Bd. 1916.

[97] H. JANSSONIUS, De tangentiale groei van eenige pharm. Basten. Diss. Groningen 1918.

[98] P. BÄSICKE, Bot. Ztg. 1908, S. 55.

[99] E. KÜSTER, Pathologische Pflanzenanatomie, 2. Aufl. 1916.

Anpassungen des Kormus an die Lebensweise und an die Umwelt.

[100] K. GOEBEL, Pflanzenbiologische Schilderungen, Marburg 1889/1893. F. A. W. SCHIMPER, Pflanzengeographie auf physiol. Grundlage, Jena 1898. FR. W. NEGER, Biologie d. Pflanzen, Stuttgart 1913. G. KARSTEN usw., Lehrb. d. Biol., II. Aufl., Leipzig 1914. E. WARMING-P. GRAEBNER, Lehrb. d. ökolog. Pflanzengeographie, III. Aufl., Berlin 1918 und die unter [56] genannten Werke.

[101] H. SCHENCK, Biologie der Wassergewächse, Bonn 1886. K. GOEBEL, Pflanzenbiolog. Schilderungen 1891, 2. Bd., S. 215. H. GLÜCK, Untersuchungen über Wassergewächse, 3., Jena 1905/11. H. SCHENCK, Wasserpflanzen, Handw. d. Naturwiss., 10. Bd., S. 511, Jena 1915.

[102] E. SCHREIBER, Österr. bot. Ztschr., 71. Bd. 1922, S. 87.

[103] J. SHREVE, Journ. of ecology, 2. Bd. 1914, S. 82.

[104] K. GOEBEL, vgl. [100]. R. MARLOTH, Das Kapland, Wiss. Ergebn. d. deutsch. Tiefseeexpedit., Bd. II, Teil 3. Jena 1908. O. RENNER, Flora, 100. Bd. 1910, S. 451. MARLOTH, Flora des Kaplandes. H. FITTING, Ztschr. f. Bot., 3. Bd. 1911, S. 109. A. ENGLER, Sitzungsber. kgl. preuß. Akad. d. Wiss. 1914, S. 564. O. RENNER, Xerophyten. Handw. d. Naturwiss., 10. Bd., S. 664. Jena 1915. Ferner zahlreiche Arbeiten über amerikanische Wüstenxerophyten in den Publicat. of the Carnegie Inst. Washington. A. BURGERSTEIN, Die Transpiration der Pflanzen. II. Jena 1920, S. 181 ff.

[105] E. WARMING, Mém. acad. royal d. scienc. de Danemark, 8. sér., 2. Bd. 1918, S. 297.

[106] H. SCHENCK, Beitr. z. Biol. u. Anatomie d. Lianen, Jena 1892/93. H. SCHENCK, Lianen. Handw. d. Naturwiss., 6. Bd., S. 176. Jena 1912.

[107] K. GOEBEL, Pflanzenbiologische Schilderungen, 1. Bd., S. 147. A. F. W. SCHIMPER, Die epiphytische Vegetation Amerikas, Jena 1888. G. KARSTEN, Epiphyten, Handw. d. Naturwiss., 3. Bd., S. 673, Jena 1913.

[108] CH. DARWIN, Insektenfressende Pflanzen 1876, Deutsch v. V. CARUS, Stuttgart. K. GOEBEL, Pflanzenbiologische Schilderungen 1893, 2. Bd. CLAUTRIAU, Mém. publ. par l'acad. de Belgique, 59. Bd. 1900. G. SCHMID, Flora, 4. Bd. 1912, S. 335. F. W. NEGER, Insektivoren, Handw. d. Naturwiss., 5. Bd., S. 518. Jena 1914.

[109] E. M. MERL, Flora, 115. Bd. 1922, S. 59. A. TH. CZAJA, Ztschr. f. Bot., 14. Bd. 1922, S. 705.

[110] L. KOCH, Die Klee- u. Flachsseide, Heidelberg 1880. PEIRCE, Annals of Botany, 8. Bd., 1894. KOCH, Entwicklungsgesch. d. Orobanchen, Heidelberg 1887. H. SOLMS-LAUBACH, Rafflesiaceen in ENGLER, Das Pflanzenreich, Leipzig 1901. W. BENECKE, Parasiten, Handw. d. Naturwiss., 7. Bd. S. 497, Jena 1912. Ders., Saprophyten, ebenda, 8. Bd. 1913, S. 559. K. Frhr. v. TUBEUF, Monographie der Mistel. München u. Berlin 1923.

Fortpflanzungsorgane.

[111] Die unter [56], [58], [61] genannten Werke, ferner Handw. d. Naturwiss., 4. Bd., S. 171, Jena 1913.

[112] H. WINKLER, Verbreitung u. Ursache d. Parthenogenesis im Pflanzen- u. Tierreich, Jena 1920. W. N. STEIL, Bot. Gazette, 59. Bd. 1915, S. 254.

[113] H. WINKLER, Progr. rei bot., 2. Bd. 1908, S. 293. A. ERNST, Ztschr. f. indukt. Abstammungslehre, 17. Bd. 1917, S. 203. Ders., Bastardierung als Ursache der Apogamie im Pflanzenreiche, Jena 1918.

[114] CH. J. CHAMBERLAIN u. J. M. COULTER, Morphology of Gymnosperms 1910 und Morphology of Angiosperms 1903. R. v. WETTSTEIN, Blüte, Handw. d. Naturwiss., 2. Bd., S. 71. Jena 1912.

[115] W. EICHLER, Blütendiagramme 1875–78.

[116] H. MÜLLER, Die Befruchtung der Blumen d. Insekten, Leipzig 1873 und Alpenblumen 1881. O. KIRCHNER, Blumen u. Insekten 1911. Ders., Bestäubung, Handw. d. Naturwiss., 1. Bd. S. 996, Jena 1912. O. PORSCH, Handb. d. biol. Arbeitsmethoden, XI, 1, Berlin 1922, S. 395.

[117] A. KERNER VON MARILAUN, Pflanzenleben, 2. Aufl., 2. Bd. 1905. O. KIRCHNER, Verbreitungsmittel d. Pflanzen, Handw. d. Naturwiss., 10. Bd., S. 209, Jena 1915.

[118] G. KLEBS, Untersuch. aus dem bot. Inst. Tübingen, 1. Bd. 1885.

[119] E. STRASBURGER in Aufsätzen, die in den Bänden 42, 44 u. 45 der Jahrb. f. wiss. Bot. von 1906 bis 1908 und im VII. Hefte der Histol. Beitr. 1909 veröffentlicht wurden.

[120] G. TISCHLER, zit. in [14], S. 356, 393.

[121] TH. H. MORGAN, Die stoffliche Grundlage der Vererbung, Berlin 1921. S. 66.

[122] H. KYLIN. Ztschr. f. Bot., 8. Bd. 1916, S. 545. O. RENNER, Biolog. Zentralbl., 36. Bd. 1916, S. 337. J. BUDER, Ber. deutsch. bot. Ges., 34. Bd. 1916, S. 559. N. SVEDELIUS, Ber. deutsch. bot. Gesellsch., 39. Bd. 1921, S. 178.

Vierter Abschnitt.
Die Deszendenzlehre und die Entstehung der Anpassungen.

[123] CH. DARWIN, On the origin of species by means of natural selection 1859; auch deutsch von V. CARUS. CH. DARWIN, Das Variieren der Tiere und Pflanzen im Zustand der Domestikation, deutsch von V. CARUS. CH. DARWIN, Die Abstammung des Menschen, deutsch von V. CARUS. E. HAECKEL, Generelle Morphologie. Neudruck Berlin 1906. Ders., Natürliche Schöpfungsgeschichte, 10. Aufl. A. WEISMANN, Vorträge über die Deszendenztheorie, 3. Aufl., Jena 1913. J. P. LOTSY. Vorlesungen über Deszendenztheorien, Jena 1906. L. PLATE, Der gegenwärtige Stand der Abstammungslehre, Leipzig 1909. ABEL, BRAUER usw., Abstammungslehre, 12 Vorträge, Jena 1911. K. C. SCHNEIDER, Einführung in die Deszendenztheorie, 2. Aufl., Jena 1911. R. HESSE, Abstammungslehre und Darwinismus (Aus Natur und Geisteswelt, Bd. 39), 5. Aufl., 1918. L. PLATE, Deszendenztheorie, Handw. d. Naturwiss., 2. Bd., S. 897 ff, Jena 1912. J. REINKE, Kritik d. Abstammungslehre, Leipzig 1920.

[124] J. LAMARCK, Philosophie zoologique 1809. H. SPENCER, Die Prinzipien der Biologie, deutsch v. Vetter 1876. C. v. NÄGELI, Mechanisch-physiologische Theorie der Abstammungslehre, München 1884. R. SEMON, Die Mneme, 3. Aufl. 1911. A. PAULY, Darwinismus und Lamarckismus, München 1905. R. v. WETTSTEIN, Der Neo-Lamarckismus, Jena 1903. R. v. WETTSTEIN, Handb. d. system. Botanik, Leipzig u. Wien, 2. Aufl. 1911, S. 32. O. HERTWIG, Das Werden der Organismen, 2. Aufl., Jena 1918. C. DETTO, Die Theorie der direkten Anpassung, Jena 1904.

[125] G. ROMANES, Darwin und nach Darwin, Leipzig 1892–1897. L. PLATE, Selektionsprinzip und Probleme der Artbildung, 3. Aufl., Leipzig 1908. A. WEISMANN, Die Selektionstheorie, Jena 1909. C. DETTO, Die Theorie der direkten Anpassung, Jena 1904.

Literatur zur Physiologie von L. Jost.

Einleitung.

[126] Die ausführlichste Darstellung der Physiologie findet man in W. PFEFFERS Werk: Pflanzenphysiologie, 2. Aufl., Leipzig 1897–1904, 2. Bde. Hier auch eingehende Literaturangaben bis 1897 bzw. 1904. Im folgenden wird nur die wichtigste neuere Literatur aufgeführt. Als Einführung in das Gebiet sei noch genannt: JOST, Vorlesungen über Pflanzenphysiologie, 3. Aufl., Jena 1913. Anleitung zur Ausführung von Versuchen findet man bei DETMER (1912). Das kleine pflanzenphysiologische Praktikum, 4. Aufl., Jena. CLAUSSEN (1910), Pflanzenphys. Versuche und Demonstrationen für die Schule, 2. Aufl., Leipzig und Berlin.

[127] BERNARD (1878), Leçons sur les phénoménes de la vie, Paris. Sachs (1882), Vorlesungen über Pflanzenphysiologie. Leipzig. Vorlesung 12. — KLEBS (1904), Biol. Cbl. 24 unterscheidet dreierlei Ursachen: 1. äußere, 2. innere, 3. die spezifische Struktur. Unter letzterer versteht er dasselbe, was hier S. 277 „Anlagen" genannt wird: die Ursachen der spezifischen Gestaltung. Als innere Ursachen bezeichnet er alles, was im Innern der Pflanze auf diese Anlagen einwirkt.

[128] MOLISCH (1897). Das Erfrieren der Pflanzen, Jena. MEZ (1905), Flora 94. WINKLER (1913), Jahrb. wiss. Bot. 52. MAXIMOW (1914), ebenda 53. KYLIN (1917), Ber. bot. Ges. 35. — Die Bedeutung der Temperatur für die geographische Verteilung der Pflanzen ist ausführlicher behandelt bei SCHIMPER (1898), Pflanzengeographie, Jena. SOLMS-LAUBACH (1905), Gesichtspunkte der Pflanzengeographie, Leipzig. Auch IHNES phänologische Karte des Frühlingseinzugs in Mitteleuropa (Petermanns Mitt. 1905. Heft 5) verdient hier Erwähnung.

[129] SCHIMPER s. Anm. 3.

[130] BECQUEREL (1909 u. 1910), Compt. rend Paris 148 u. 150. NEUBERGER (1914), Bot. Centralbl. 126, S. 665 (Ref.). ESTREICHER-KIERSNOWSKA, Ebenda 134, S. 244 (Ref.).

Stoffwechsel.

[131] CZAPEK (1905), Biochemie der Pflanzen, Jena [2. Aufl. 1913–1921]. EULER (1908), Grundlagen und Ergebnisse der Pflanzenchemie, Braunschweig. NATHANSOHN (1910), Stoffwechsel der Pflanzen, Leipzig.

Chemische Zusammensetzung, Stoffaufnahme.

[132] E. WOLF (1871, 1880), Aschenanalysen von land- und forstwirtschaftlichen Produkten. Berlin. KÖNIG (1882), Zusammensetzung der menschlichen Nahrungs- und Genußmittel, Berlin. WEHMER (1911). Die Pflanzenstoffe, Jena.

[133] NÄGELI (1858), Pflanzenphys. Unters. 3. KATZ (1916), Kolloidchem. Beihefte 9. FREUNDLICH (1922), Kapillarchemie, 2. Aufl.

[134] PFEFFER (1877), Osmotische Untersuchungen, Leipzig. HÖBER (1922), Physik. Chemie der Zelle. 5. Aufl.

[135] RIPPEL (1918), Ber. bot. Ges. 36. HANSTEEN-CRANNER (1919), Ber. bot. Ges. 37. DENNY (1917), Bot. Gaz. 63. SCHROEDER (1922), Biol. Cbl. 42.

[136] URSPRUNG u. BLUM (1920), Biol. Cbl. 40.

[137] RENNER (1915), Jahrb. wiss. Bot. 56. URSPRUNG (1920) s. [136].

[138] Eine Tabelle der osmotischen Drucke verschiedener Zuckerkonzentrationen bei URSPRUNG 1916. Ber. bot. Ges. 34. S. 533.

[139] BLUM (1916), Beih. bot. Cbl. (I) 33.

[140] ESCHENHAGEN (1889), Diss. Leipzig. LEPESCHKIN (1910), Ber. bot. Ges. 28. TRÖNDLE (1910), Jahrb. wiss. Bot. 48. FITTING (1915), Jahrb. wiss. Bot. 56.

[141] FITTING (1911), Ztschr. f. Bot. 3. URSPRUNG u. BLUM (1920), Biol. Cbl. 40.

[142] BURGERSTEIN (1904, 1920), Transpiration der Pflanzen, Jena. RENNER (1910), Flora 100. Ders. (1912), Ber. bot. Ges. 30. Ders. (1913), Handw. d. Naturw. 10, S. 538. SIERP u. NOACK (1921), Jahrb. wiss. Bot. 60.

[143] ILJIN (1922), Biochem. Ztschr. 132. STEINBERGER (1922), Biol. Cbl. 42.

[144] HÖHNEL (1879, 80), Mitt. a. d. forstl. Versuchswesen Österreichs 2. BRIGGS u. SHANTZ (1914 u. 16), Journ. of agric. research 3. u. 5.

[145] LIVINGSTON (1906), Carnegie-Inst. Publ. 50. RENNER (1913), s. [16].

[146] STAHL (1894), Bot. Ztg. 52. STEIN (1912), Ber. bot. Ges. 30. MOLISCH (1912), Ztschr. f. Bot. 4. NEGER (1912). Ber. bot, Ges. 30. Ders. (1919), Flora 111. WEBER, FR. (1916), Ber. bot. Ges. 34. DARWIN (1911), Proceed. R. Soc. B. 84. Über selbstregistrierende Porometer vgl. PINKHOF (1920). Akad. Amsterdam.

[147] KNIGHT (1922), Annals of bot. 36.

[148] KNIGHT (1917), Annals of Bot. 31.

[149] KNIGHT (1922) s. [147]. BACHMANN (1922), Jahrb. wiss. Bot. 61.

[150] WIELER (1893), Cohns Beitr. z. Biol. 6. RUHLAND (1915), Jahrb. wiss. Bot. 53. FABER, v. (1915), Jahrb. wiss. Bot. 56. Stahl (1919), Flora 111.

[151] LEPESCHKIN (1906), Beihefte bot. Cbl. 19. PFEFFER (1890), Abh. Ges d. Wiss. Leipzig.

[152] RENNER (1913). Handw. d. Naturw. 10. „Wasserversorgung". EWART (1908), Philos. Transact. Roy. Soc. (B) 199. Ders. (1910), Annals of Bot. 24.

[153] RENNER (1918), Ber. bot. Ges. 36. Nordhausen (1917), Jahrb. wiss. Bot. 58. Ders. (1919), Ber. bot. Ges. 37.

[154] RENNER (1911). Flora 103. Ders. (1915), Jahrb. wiss. Bot. 56. URSPRUNG (1915, 1916), Ber. bot. Ges. 33 u. 34.

[155] HOLLE (1915), Flora 108.

[156] KNOP (1861), Landw. Versuchsstationen 3. APPEL (1918), Ztschr. f. Bot. 10. SHIRE (1915). Amer. Journ. of bot. 2. LIVINGSTON u. TOTTINGHAM (1918), ebenda 5.

[157] RICHTER (1911), Die Ernährung der Algen, Leipzig. Osterhout (1912), Bot. Gaz. 54.

[158] STOKLASA (1922), Verbreitung des Aluminiumions in der Natur, Jena.

[159] HÖBER (1922), Physikal. Chemie der Zelle, 5. Aufl., Leipzig. RUHLAND (1908), Jahrb. wiss. Bot. 46. Ders. (1915), ebenda 55. FITTING (1915, 1917, 1919), Jahrb. wiss. Bot. 56. 57. 69. HÖFLER (1918, 1919), Ber. bot. Ges 36. 37. TRÖNDLE (1918), Arch. sc. phys. 45. KLEBS (1919), Sitz.-Ber. Heidelberger Akad.

[160] PFEFFER (1886), Unters. bot. Inst. Tübingen 2. RUHLAND (1914), Jahrb. wiss. Bot. 54. KÜSTER (1911), Jahrb. wiss. Bot. 50. WISSELINGH (1914), Beihefte bot. Cbl. 32 (I).

[161] OVERTON (1900), Jahrb. wiss. Bot. 34. HÖBER (1922) s. [26].

[162] RUHLAND (1912), Jahrb. wiss. Bot. 51. COLLANDER (1921), ebenda 60.

[163] TRAUBE (1904 u. 1908), Pflügers Archiv 105. 123. CZAPEK (1911), Methode z. direkt. Best. d. Plasmahaut, Jena.

[164] KUNZE (1906), Jahrb. wiss. Bot. 42. BACHMANN, Ber. bot. Ges. 22 u. 29. SCHULOW (1913), Ber. bot. Ges. 31.

[165] MAYER, ADOLF (1901), Agrikulturchemie, 5. Aufl., Heidelberg.

[166] SCHIMPER (1889), Pflanzengeographie auf biol. Grundlage, Jena. ENGLER (1879–82), Vers. einer Entwicklungsgeschichte d. Pflanzenwelt, Leipzig. SOLMS-LAUBACH (1905), Die leitenden Gesichtspunkte d. Pflanzengeographie, L.

[167] CLAUSSEN (1901), Flora 88. LINDNER (1916), Beitr. z. Biologie 13.

Assimilation und Stoffwanderung.

[168] WILLSTAETTER u. STOLL (1918) Unters., über Assimilation der Kohlensäure. WISLICENUS (1918), Ber. chem. Ges. 51. SCHRÖDER, H. (1917), Die Hypothesen über die chem. Vorgänge bei der Kohlensäureassimilation (1918), Ber. d. bot. Ges. 36.

[169] KNIEP u. MINDER (1909), Ztschr. f. Bot, 3. Ursprung (1918), Ber. bot. Ges. 36.

[170] BUDER (1919), Jahrb. wiss. Bot. 58.

[171] BROWN (1905), Proc. R. Soc. (B) 76. PURIEWITSCH (1914), Jahrb. wiss. Bot. 53.

[172] WARBURG (1922), Ztschr. f. physik Chemie 102.

[173] WILLSTAETTER u. STOLL (1915), Sitzungsber. Berl. Akad. WILLSTAETTER in Anm. 32.

[174] SCHRÖDER (1919), Die Naturwissenschaften. Ders. (1920), Die Stellung der grünen Pflanze im irdischen Kosmos, Berlin.

[175] BORNEMANN (1920), Kohlensäure und Pflanzenwachstum, Berlin. HUGO FISCHER (1920 u. 1921), Angew. Bot. 2 u. 3. KISSELEW (1915), Beitr. bot. Cbl. 32. I.

[176] MITSCHERLICH (1909), Landw. Jahrb. 38. Ders. (1922), Ztschr. f. Pflanzenernährung u. Düngung 1. BENECKE (1921), Ztschr. f. Bot. 13. HARDER (1921), Jahrb. wiss. Bot. 60. LUNDEGÅRDH (1922), Biol. Cbl. 42.

[177] BLACKMAN (1905), Annals of Bot. 19. Ders., Proc. Roy. Soc. (B) 76. THODAY (1910), Proc. Roy. Soc. (B) 82.

[178] WINOGRADSKI (1890/91), Annales Inst. Pasteur 4 u. 5. HUEPPE (1906), Ergebn. d. intern. bot. Congr. Wien. KRZEMIENIEWSKI (1908), Bull. acad. Cracovie. NIKLEWSKI (1910). Jahrb. wiss. Bot. 48. LEBEDEFF (1909), Ber. Deutsch. bot. Ges. 27. LIESKE (1911), Jahrb. wiss. Bot. 49. KEIL (1912), Beitr. z. Biol. 11. MÜNZ (1915), Z. Phys. d. Methanbakterien, Diss. Halle,

[179] WARBURG u. NEGELEIN (1920), Biochem. Ztschr. 110, haben die Assimilation der Salpetersäure mit neuen Methoden studiert. Es erregt Bedenken, daß sie ihre Versuchspflanzen in eine Lösung von n/10 $NaNO_3$ + n/100 HNO_3 gebracht haben, die man im allgemeinen als giftig betrachten wird.

[180] BOAS (1918), Biochem. Ztschr. 86. TREBOUX (1912), Ber. bot. Ges. 30.

[181] DARWIN (1876), Insektenfressende Pflanzen, Deutsch von CARUS, Stuttgart. GOEBEL (1893), Pflanzenbiolog. Schilderungen 2, Marburg. CLAUTRIAU (1900), Mém. publ. p. l'acad. de Belgique 59. Schmid (1912), Flora 104. LÜTZELBURG (1910), Flora 100. RUSCHMANN (1914), Z. Ökologie von Pinguicula..., Diss. Jena. STERN (1917), Flora 109.

[182] HEINRICHER, Jahrb. wiss. Bot. 31. 32. 36. 37. 46. 47. Ders. (1917), Naturwissenschaften.

[183] WINOGRADSKI (1895), Archives d. sc. biologiques 3. Ders. (1902), Cbl. f. Bakt. (II) 9. KOCH (1904), in LAFAR, Technische Mykologie 3, Jena. HELLRIEGEL u. WILFARTH, Stickstoffnahrung d. Gramineen u. Leguminosen, Berlin. HILTNER (1904) in LAFAR, Technische Mykologie 3, Jena. BREDEMANN (1909), Cbl. f. Bakt. (II) 23. KRZEMIENIEWSKI (1908), Bull. acad. Cracovie. STOKLASA (1908), Cbl. f. Bakt. (II) 21.

[184] LAWES, GILBERT u. PUGH (1862), Philos. Transact. 151. SCHULZ-LUPITZ (1881), Landw. Jahrb. 10.

[185] STAHL (1900), Jahrb. wiss. Bot. 34. BERNARD (1909), Annales des sciences nat. [9] 9. BURGEFF (1909), Wurzelpilze der Orchideen, Jena. WEYLAND (1912). Jahrb. wiss. Bot. 51. MIEHE (1918), Flora 111. REXHAUSEN (1920), Beitr. z. Biol. 14. RAYNER (1915), Ann. of Bot. 29. SPRATT (1915), ebenda 29. BOTTOMLEY (1915), ebenda 29.

[186] NIENBURG (1917), Ztschr. f. Bot. 9.

[187] v. FABER (1912), Jahrb. wiss. Bot. 51. Ders. (1914), ebenda 54. MIEHE 1913 u. 1917), ebenda 53 u. 58.

[188] KARRER (1922), Ergebn. d. Physiol. 20.

[189] BIEDERMANN (1916, 1920), Fermentforschung 1 u. 4. Willstaetter (1922), Ber. chem. Ges. 55. Euler (1920), ebenda.

[190] BREDIG (1891), Anorgan. Fermente, Leipzig. HÖBER s. [134]. EULER (1920 u. 1921), Chemie der Enzyme, 2. Aufl.

[191] PRIANISCHNIKOW (1922), Ber. bot. Ges. 40. Landw. Versuchsstat. 99.

[192] DELEANO (1911). Jahrb. wiss. Bot. 49. TEODORESKO u. POPESCO, Annal. sc. de l'univ. de Jassy 9. BIRCH-HIRSCHFELD (1920), Jahrb. wiss. Bot. 59. 171.

[193] SWART (1914), Stoffwanderung in ablebenden Blättern, Jena.

[194] CZAPEK u. EULER in [6].

[195] WIELAND (1922), Ergebn. d. Physiol. 20.

Atmung und Gärung.

[196] PFEFFER (1886), Unters. bot. Inst. Tübingen 1. JOHANNSEN (1885), Unters. bot. Inst. Tübingen 1. STICH (1891), Flora 74. KOSTYTSCHEW (1913), Ber. bot. Ges. 31.

[197] WIELAND (1913), Ber. chem. Ges. 46. 3. PALLADIN (1914), Biochem. Ztschr. 60. WIELAND (1922), s. [195]. Auf ganz anderer Grundlage steht die Atmungstheorie, die NATHANSOHN 1919 (Kolloidchem. Beiheft 11) vertritt. Auch die O-Aktivierungshypothese zählt noch Anhänger: WARBURG (1921), Naturwissenschaften.

[198] WINOGRADSKI (1887), Bot. Ztg. 45; (1890/91), Ann. Inst. Pasteur 4. 5. NIKLEWSKI (1907), Bull. acad. Cracovie. SÖHNGEN (1906), Cbl. f. Bakt. (II) 15. LIESKE (1919). Cbl. f. Bakt. (II) 49. MEYERHOF, PFLÜGERS Archiv f. Phys. 164–166. RUHLAND (1922), Ber. bot. Ges. 40.

[199] Vgl. CZAPEK, EULER u. NATHANSOHN in [6]. KRUSE (1910), Mikrobiologie. BENECKE (1912), Bau u. Leben d. Bakterien. L.

[200] BUCHNER, E. u. H. und HAHN (1903), Die Zymasegärung, München. BUCHNER (1908), Biochem. Ztschr. EULER u. LINDNER (1915), Chemie der Hefe und der alkohol. Gärung, Leipzig.

[201] NEUBERG (1913), Die Gärungsvorgänge und der Zuckerumsatz, Jena. Ders. (1919), Ztschr. f. Bot. 11. Neuberg (1922), Ber. chem. Ges. 55.

[202] BRENNER (1917), Jahrb. wiss. Bot. 57.

[203] MOLISCH (1914), Ztschr. f. Bot. 6. LEICK (1916), Biol. Cbl. 36.

[204] MOLISCH (1912), Leuchtende Pflanzen, Jena, 2. Aufl. BUCHNER (1921), Tier und Pflanze m intrazellulärer Symbiose, Berlin.

Entwicklung.

[205] PFEFFER (1904), Physiologie 2. WINKLER (1913), Entwicklungsphysiologie in Handw. d. Naturw. 3. Bd., Jena. KÜSTER (1916), Pathol. Pflanzenanatomie, 2. Aufl., Jena.

Vorbemerkungen.

[206] VÖCHTING (1878), Organbildung, Bonn. GOEBEL (1902), Biol. Cbl. 22. KORSCHELT (1907), Regeneration u. Transplantation, Jena. LINSBAUER (1915), Denkschr. d. Akad. Wien. 93. UNGERER (1919), (Die Regulationen der Pflanzen, Berlin.) [ROUXS Vorträge 22] weist mit Recht darauf hin, daß in der Bezeichnungsweise der verschiedenen Formen der Restitution große Verwirrung herrscht. Die früher gebrauchten Ausdrücke: Reparation und Regeneration habe ich deshalb lieber vermieden.

Faktoren der Entwicklung.

[207] TALMA (1918), Rec. trav. bot. néerl. 15. GRASER (1919), Beitr. bot. Cbl. 36 (I). SIERP (1920), Biol. Cbl. 40.

[208] BLAAUW (1914 u. 1915), Ztschr. f. Bot. 6. u. 7. VOGT (1915), Ztschr. f. Bot. 7. SIERP (1918), Ztschr. f. Bot. 10. Ders. (1921), ebenda 13. BRAUNER (1922), Ztschr. f. Bot. 14. LUNDEGÅRDH (1922), Arkiv för Botanik 18.

[209] KLEBS (1916/17), Sitzb. Heidelb. Akad.

[210] KLEBS (1917), Sitzb. Heidelb. Akad., math.-nat. Kl.

[211] KÖRNICKE (1915), Jahrb. wiss. Bot. 56. Ursprung (1917), Ber. bot. Ges. 35.

[212] VOECHTING (1918), Unters. z. exp. Anatomie u. Pathologie, Tübingen. KNY (1889), Ber. bot. Ges. 7.

[213] RIPPEL (1919), Bot. Cbl. Beihefte 36 (I).

[214] KÜSTER (1911), Die Gallen der Pflanzen. L. Ders. (1916), Pathol. Pflanzenanatomie, Jena. MAGNUS (1914), Entstehung der Gallen, Jena. MOLLIARD (1918), Bot. Cbl. 138 (Ref).

[215] HEINRICHER (1916), Denkschr. Ak. Wiss. Wien. Math.-nat. Kl. 93. BURGEFF (1909), Die Wurzelpilze der Orchideen, Jena.

[216] GOEBEL (1880), Bot. Ztg. 38. Ders. (1908), Experimentelle Morphologie, Leipzig. VOECHTING (1892), Die Transplantation, Tübingen. Ders. (1885), Jahrb. f. wiss. Bot. 16.

[217] WINKLER (1908), Ber. bot. Ges. 26a. BUDER (1911), Z. f. Abstammungslehre 5. WINKLER (1912), Unters. über Pfropfbastarde, Jena. MEYER (1915), Z. f. Abstammungslehre 13.

[218] NOACK, K. L. (1922), Jahrb. wiss. Bot. 61.

Der Entwicklungsgang.

[219] KLEBS (1912), Biol. Cbl. 32. Ders. (1914), Abh. Heidelb. Akad. Ders. (1915), Jahrb. wiss. Bot. 56. SIMON (1914), Jahrb. wiss. Bot. 54. WEBER (1915), Ber. bot. Ges. 34. KNIEP (1915), Die Naturwissenschaften 3. VOLKENS (1912), Laubfall u. Lauberneuerung in den Tropen, Berlin.

[220] LAKON (1911), Naturw. Ztschr. f. Land- u. Forstwirtsch. 9. EKERSON (1913), Bot. Gaz. 55.

[221] FISCHER, A. (1907), Ber. bot. Ges. 25. CROCKER u. DAVIS (1914), Bot. Gaz. [58].

[222] GASSNER (1915), Jahrb. wiss. Bot. 55. LEHMANN (1915), Ztschr. f. Bot. 7. Ders. (1913), ebenda 5. Ders. (1918), Ber. bot. Ges. 36. OTTENWÄLDER (1914), Ztschr. f. Bot. 6.

[223] JOHANNSEN (1906), Ätherverfahren b. Treiben, Jena. MOLISCH (1909), Das Warmbad, Jena. JESENKO (1912), Ber. bot. Ges. 30. LAKON (1912), Ztschr. f. Bot. 4. MÜller-THURGAU u. SCHNEIDER-ORELLI, Flora 101 u. 104. WEBER (1916), Sitzb. Akad. Wien, I. 125.

[224] Vgl. GOEBEL (1908), Exp. Morphologie, Leipzig (1916), Biol. Cbl. 36. WINKLER, zit. in [63].

[225] WINKLER (1916), Ztschr. f. Bot. 8. GERASSIMOFF (1904), Bot. Cbl. Beih. 18 u. Bull. Soc. Natur. Moscou. MARCHAL, (1907 u. 1909), Bull. acad. Belg.

[226] SIERP (1913), Jahrb. wiss. Bot. 53. KRAUS (1915), Sitzb. phys. med. Ges. Würzburg.

[227] HABERLANDT (1913, 1914, 1919, 1920), Sitzb. Berliner Akad. Ders. (1921), Beitr. z. allg. Bot. 2.

[228] KARSTEN (1915 u. 1918), Ztschr. f. Bot. 7 u. 10. STALFELT (1921), Svensk. Vetanskapakad. Handl. 62.

[229] KORSCHELT (1917), Lebensalter, Altern und Tod, Jena. KÜSTER (1921), Bot. Betr. über Alter und Tod. (Abh. z. theoret. Biologie 10), Berlin.

[230] STRASBURGER (1898/99), Deutsche Rundschau. SCHENCK (1907), Wiss. Ergebn. d. Tiefsee-Expedition, Bd. 2, Heft 3, Jena. KRONFELD (1920), Mitt. d. dendrol. Ges. Die Bemerkung über Alter und Größe einer Adansonia auf „den Capverden" dürfte irrtümlich sein. Wahrscheinlich liegt eine Verwechslung mit Cap Verde vor. STEUCK (brieflich; vgl. auch Ztschr. f. Ges. f. Erdkunde 1923) gibt als absolut zuverlässig gemessene Adansonia einen Baum von 14,6 m Durchmesser von der britisch-ostafr. Küste an; er soll 3000 Jahre alt sein. — Die Altersangabe über den Drachenbaum von Orotava, die früher hier gemacht wurde, dürfte auch stark übertrieben sein.

[231] KLEBS (1903), Willkürliche Entwicklungsänderungen, Jena. Ders. (1896), Fortpflanzungsphysiologie nied. Organismen, Jena.

[232] KLEBS (1918), Flora 111.

[233] NOLL (1902), Sitzb. niederrh. naturf. Ges. EWERT (1907), Parthenokarpie... d. Obstbäume, Berlin. MÜller-THURGAU (1908), Landw. Jahrb. d. Schweiz.

[234] FITTING (1909/10), Ztschr. f. B

[235] Andere Ansicht bei SCHELLENBERG, Referat gehalten 15. Nov. 1907 in der Gesellschaft schweizerischer Landwirte.

[236] WINKLER (1908), Progr. rei. bot. 2. (1920), Verbreitung und Ursache der Parthenogenesis, Jena. STRASBURGER (1909), Zeitpunkt der Bestimmung des Geschlechts Apogamie, Parthenogenesis usw., Jena. ERNST (1918), Bastardierung als Ursache der Apogamie, Jena.

[237] CORRENS (1912), Die neuen Vererbungsgesetze, Berlin. JOHANNSEN (1909), Elemente der exakten Erblichkeitslehre, Jena. BAUR (1919), Einführung in die exp. Vererbungslehre, Berlin, 3. Aufl. GOLDSCHMIDT (1920), Der Mendelismus in elementarer Darstellung. Berlin. Ders., Einführung in die Vererbungslehre. 3. Aufl. Leipzig. Für das ganze Gebiet vgl. man auch die Ztschr. f. induktive Abstammungs- und Vererbungslehre, Berlin.

[238] KÖLREUTER (1761–66), Vorl. Nachr. v. einigen d. Geschlecht d. Pflanzen betreffenden Versuchen und Beobachtungen (Ostwalds Klassiker Nr. 41). FOCKE (1881), Die Pflanzenmischlinge, Berlin. DE VRIES (1903), Die Mutationstheorie.

[239] MENDEL (1866), abgedruckt in Flora 89 und Ostwalds Klassiker Nr. 121. DE VRIES (1900), Ber. bot. Ges. 18. Ders. (1903), Die Mutationstheorie, Leipzig. CORRENS (1900), Ber. bot. Ges. 18. TSCHERMAK (1900), Ztschr. f. landw. Versuchswesen in Österreich. CORRENS (1918), Sitzb. Akad. Berlin.

[240] CORRENS (1907), Bestimmung u. Vererbung des Geschlechts, Berlin. Ders. (1918), Naturwissenschaften. Ders. (1921), Ber. Berliner Akad. u. Hereditas.

[241] BAUR (1919), zit. in [93]. LEHMANN (1914), Ztschr. f. ind. Abst. 13. RENNER (1922), Ztschr. f. ind. Abst. 27.

[242] MORGAN (1922), Die stoffliche Grundlage der Vererbung. Deutsch von NACHTSHEIM, Berlin.

[243] DARWIN (1868), Das Variieren d. Tiere u. Pflanzen (D. von CARUS), Stuttgart. de Vries (1903) s. [239]. JOHANNSEN (1909), Elemente der exakten Erblichkeitslehre, Jena. BAUR (1919), Einf. in die Abstammungslehre, 3. Aufl., Berlin.

[244] DE VRIES (1903), zit. in [239]. Ders. (1912), Die Mutationen in der Erblichkeitslehre, Berlin. KORSCHINSKY (1906), Flora 89. RENNER (1917), Ztschr. f. ind. Abst. 18. Naturwiss. 1918. BAUR (1918), Ztschr. f. ind. Abst. 18.

[245] LEHMANN (1922), Die Theorien der Oenotheraforschung, Jena.

[246] DARWIN (1859), Die Entstehung der Arten. Deutsch von CARUS. LAMARCK (1809), Philosophie zoologique. LOTSY (1908), Vorlesungen über Deszendenztheorie, Jena.

Bewegungen.

[247] PRINGSHEIM (1912), Reizbewegungen d. Pfl., Berlin. JOST (1913), Reizbewegungen im Handw. d. Naturw., Jena, 8. Bd.

[248] ULEHLA (1911), Biol. Cbl. 31. BUDER (1915), Jahrb. wiss. Bot. 56. METZNER (1920), Jahrb. wiss. Bot. 59, Biol. Cbl. 40.

[249] MÜLLER (1908), Ber. bot. Ges. 27.

[250] FECHNER (1915), Ztschr. f. Bot. 7. SCHMIDT (1918), Flora 111.

[251] ROTHERT (1901), Flora 88. JENNINGS (1910), Das Verhalten der niederen Organismen, Leipzig. BUDER (1915, 1917), Jahrb. wiss. Bot. 56, 58. OLTMANNS (1917), Ztschr. f. Bot. 9.

[252] SENN (1908), Die Gestalts- u. Lageveränderungen der Pflanzenchromatophoren, Leipzig. Ders. (1919), Ztschr. f. Bot. 11.

[253] PFEFFER (1884), Unters. Bot. Inst. Tübingen 1. ROTHERT (1901), Flora 88. KNIEP (1906), Jahrb. wiss. Bot. 43. SHIBATA (1911), Jahrb. wiss. Bot. 49. KUSANO (1909), Journ. Coll. of agric. Tokyo 2.

[254] STEINBRINCK (1906), Biol. Cbl. 26.

[255] STEINBRINCK (1918), Teubners „Monatshefte“ 11. RENNER (1915), Jahrb. wiss. Bot. 56. URSPRUNG (1915), Ber. bot. Ges. 33.

[256] GRADMANN (1921), Ztschr. f. Bot. 13. Ders. (1921), Jahrb. wiss. Bot. 60. Ders. (1922), Jahrb. wiss. Bot. 61.

[257] PFEFFER (1893), Die Reizbarkeit d. Pfl. (Verh. d. Ges. d. Naturforscher). NOLL (1896), Sinnesleben d. Pflanze (Ber. Senckenberg. Gesellsch.). FITTING (1905/07), Reizleitung (Ergebn. d. Physiologie 4. 5) und Jahrb. wiss. Bot. 44 u. 45. JOST (1913), Reizbewegungen in Handw. d. Naturw., Jena, 8. Bd.

Tropismen.

[258] KNIGHT (1806), Ostwalds Klassiker 62. FITTING (1905), Jahrb. wiss. Bot. 41. Ders. (1913), Handw. d. Naturw. Reizbewegungen, 8. Bd., Jena. GILTAY (1910), Ztschr. f. Bot. 2.

[259] ENGLER, A. (1918), Tropismen u. exzentrisches Dickenwachstum, Zürich. JOST (1901), Bot. Ztg. 59. RISS (1915), Ztschr. f. Bot. 7.

[260] ZOLLIKOFER (1922), Rec. trav. bot. néerl. 18. KONINGSBERGER (1922), ebenda. RENNER (1922), Ztschr. f. Bot. 14.

[261] NOLL (1892), Heterogene Induktion, Leipzig. Ders. (1901), Sitzb. niederrhein. Ges. NIENBURG (1911), Flora 102. BREMEKAMP (1912), Rec. trav. bot néerl. 9. GRADMANN (1921), Ztschr. f. Bot. 13.

[262] OEHLKERS (1922), Jahrb. wiss. Bot. 61.

[263] ZOLLIKOFER (1918), Beitr. z. allg. Bot. 1. STAHL (1919), Flora 111. NOLL (1892), Heterogene Induktion, Leipzig. NEMEČ (1900), Ber. bot. Ges. 18; ferner Jahrb. wiss. Bot. 36. Ders., Studien über Regeneration, Berlin 1905. HABERLANDT (1900), Ber. bot. Ges. 18; ferner Jahrb. wiss. Bot. 38. 42. 44.

[264] RUTTEN-PEKELHARING (1910), Trav. bot. néerl. 7. TRÖNDLE (1913), Jahrb. wiss. Bot. 52. Ders. (1915), N. Denkschr. schweiz. nat. Ges. 51. Ders. (1921), Jahrb. wiss. Bot. 60.

[265] WIESNER (1878/80), Heliotrop. Erscheinungen (Denkschriften k. k. Akad. Wien). STAHL (1881), Kompaßpflanzen, Jena. OLTMANNS (1892 u. 1897), Flora 75 u. 83. E. PRINGSHEIM (1907–09), Beitr. z. Biol. 9. ARISZ (1911), Kon. Akad. Amsterdam. Proceed.

[266] BLAAUW (1918), Med. van Landbouwhoogeschool Wageningen 15. SIERP (1919), Ztschr. f. Bot. 11, Ber. bot. Ges. 37. SANDE BAKHUYZEN (1920), Analyse der fototrop. Stemmingsverschijnselen Groningen. BRAUNER (1922), Ztschr. f. Bot. 14. LUNDEGÅRDH (1922), Arkiv för Bot. 18.

[267] ENGLER, A. (1918), zit. in [113].

[268] HABERLANDT (1916), Sitzb. Akad. Berlin. NORDHAUSEN (1917), Ztschr. f. Bot. 9. BUDER (1920), Ber. bot. Ges. 38. Ders. (1917), Jahrb. wiss. Bot. 58. LUNDEGARDH (1922), s. [119]. V. GUTTENBERG (1922), Beitr. z. allg. Bot. 2.

[269] OLTMANNS (1897), Flora 83. PRINGSHEIM (1907/08), Beitr. z. Biol. 9 u. 10. ARISZ (1915), Rec. des trav. bot néerl. 12. OEHLKERS (1922) s. [115].

[270] DARWIN (1881), Bewegungsvermögen (deutsch von CARUS), Stuttgart. VOECHTING (1888), Bot. Ztg. 46. ROTHERT (1894), Cohns Beitr. z. Biol. 7. HABERLANDT (1905), Lichtsinnesorgane L. FITTING (1907), Jahrb. wiss. Bot. 44 u. 45. KNIEP (1907), Biol. Cbl. 27. NORDHAUSEN (1907), Ber. bot. Ges. 25. BLAAUW (1909), Die Perzeption des Lichtes, Nymwegen. VAN DER WOLK (1911), Proc. Akad., Amsterdam. NOAK (1914), Ztschr. f. Bot. 6. BUDER (1917), Jahrb. wiss. Bot. 58. STARK (1922), Jahrb. wiss. Bot. 61.

[271] NATHANSOHN u. PRINGSHEIM (1908), Jahrb. wiss. Bot. 45.

[272] FITTING (1907), Jahrb. wiss. Bot. 44. BOYSEN-JENSEN (1911), Ber. bot. Ges. 31. PAAL (1918), Jahrb. wiss. Bot. 58.

[273] MOLISCH (1883), Sitzb. Wiener Akad. 88. Ders. (1884), Sitzb. Wiener Akad. 90. PORODKO (1912), Ber. bot. Ges. 30. HOOKER (1915), Annals of bot. 29. POLOWZOW (1909), Unters. über Reizersch., Jena. WALTER (1921), Ztsch. f. Bot. 13.

[274] STARK (1917), Jahrb. wiss. Bot. 57. Ders. (1921), ebenda 60.

[275] DARWIN (1876), Bewegung u. Lebensweise d. kletternden Pflanzen (CARUS), Stuttgart. PFEFFER (1885), Unters. bot. Inst. Tübingen 1. FITTING (1903), Jahrb. wiss. Bot. 38. SCHENCK (1892), Beitr. z. Biol. d. Lianen, Jena. PEIRCE (1894), Annals of bot. 8. GOEBEL (1920), vgl. [132].

[276] STARK (1916), Jahrb. wiss. Bot. 57. (1917), Ber. bot. Ges. 35.

[277] STARK (1918), Jahrb. 58.

[278] VOECHTING (1882), Bewegungen d. Blüten u. Früchte, Bonn. SIMON (1912), Jahrb. wiss. Bot. 51. HARDER (1914), Ber. bot. Ges. 32.

Nastien.

[279] KNIEP (1913), Handw. d. Naturw., Jena. 8. Bd.: Reizerscheinungen. GOEBEL (1920), Die Entfaltungsbewegungen, Jena. LINSBAUER (1916), Flora 109. ILJIN (1922), Biochem. Ztschr. 132. STEINBERGER (1922), Biol. Cbl. 42.

[280] PFEFFER (1875), Periodische Bewegungen, Leipzig. Ders. (1907), Unters. über Entstehung d. Schlafbewegungen (Abh. K. Ges. d. Wiss. Leipzig). STOPPEL (1910), Ztschr. f. Bot. 2. STOPPEL u. KNIEP (1911), ebenda 3.

[281] PFEFFER (1915), Abh. K. Ges. Leipzig 34. STOPPEL (1916), Ztschr. f. Bot. 8. Dies. (1920), ebenda 12. SPERLICH u. SCHWEIDLER (1922), Ztschr. f. Bot. 14.

[282] DARWIN (1876), Die insektenfressenden Pflanzen (CARUS), Stuttgart. HOOKER (1916), Bull. Torrey Club 43.

[283] BRÜCKE (1848), Archiv f. Anat. u. Physiol. (OSTWALDS Klassiker 95.) BERT (1867/70), Mém. Soc. Bordeaux, Paris. PFEFFER (1873), Physiologische Untersuchungen.

[284] BOSE (1913), Res. on irritability of plants, Bombay and Calcutta. HABERLANDT (1901), Sinnesorgane im Pflanzenreich, Leipzig. FITTING (1905, 1906), Ergebn. d. Physiol. 4, 5. RICCA (1916), Nuovo giornale bot. ital. 23. Arch. ital. de biol. 65. LINSBAUER (1914), Ber. bot. Ges. 32. GOEBEL (1920) vgl. [279].

[285] STARK s. [276].

[286] JOST (1913), Reizerscheinungen der Pflanzen, allg. Teil. Handw. d. Naturw.

[287] POLOWZOW (1909), Unters. über Reizerscheinungen, Jena. KNIEP (1916), Fortschr. d. Psychologie. 4. STARK (1919), Ztschr. d. allg. Phys. 18.

Literatur zu Thallophyten, Bryophyten, Pteridophyten von H. Schenck.

[288] ENGLER-PRANTL, Natürl. Pflanzenfamilien, 1. Bd. LOTSY, Vorträge über Bot. Stammesgeschichte, 1. Bd. 1907, 2. Bd. 1909. L. RABENHORSTS Kryptogamenflora von Deutschland, Österreich und der Schweiz. PASCHER, Die Süßwasserflora Deutschlands, Österreichs und der Schweiz.

[289] KLEBS, Die Beding. der Fortpflanzung bei niederen Algen und Pilzen 1896 und Jahrb. f. wiss. Bot., 32–34. Bd., ferner Willkürl. Entwicklungsänd. bei Pflanzen 1903.

Niedere Thallophyten.

[290] A. FISCHER, Vorlesung. über Bakterien 1897, 2. Aufl. 1903. MIEHE, Bakterien, Leipzig, 2. Aufl. 1918. LEHMANN u. NEUMANN, Bakteriologie. GÜNTHER, Bakteriologie. HEIM, Lehrb. d. Bakt. LÖHNIS, Landw.-bakt. Praktikum 1911. BENECKE, Bau u. Leben der Bakterien 1912. A. MEYER, Die Zelle der Bakterien 1912. VIEHÖVER, Ber. D. bot. Ges., 30. Bd. 1912, S. 443.

[291] BUDER (Thiospirillum), Jahrb f. wiss Bot., 56. Bd. 1915, S. 529. METZNER, Biol. Ztrbl. 40. Bd 1920, S. 49 und Jahrb. f. wiss. Bot., 59. Bd. 1920, S. 325.

[292] MOLISCH, Die Purpurbakterien, Jena 1907. BUDER, Jahrb. f. wiss. Bot., 58. Bd. 1919, S. 525.

[293] MOLISCH, Leuchtende Pflanzen, 2. Aufl. 1912.

[294] BARTHEL, Ztschr. f. Gärungsphysiol. 1917, S. 13.

[295] VON FABER, Jahrb. f. wiss. Bot., 51. Bd. 1912, S. 283.

[296] SORAUER, GRAEBNER, LINDAU, REH, Handb. d. Pflanzenkrankh., 4. Aufl. 1921. W. MAGNUS, Ber. D. bot. Ges., 33. Bd. 1915, S. 96.

[297] MIEHE. Ztschr. f. Hyg. u. Infekt., 62. Bd. 1908, S. 155.

[298] KEIL, Schwefelbakterien, Diss. Halle a. S. 1912. DÜGGELI, Nat. Wochenschr. 1917, S. 321.

[299] MOLISCH, Die Eisenbakterien 1910. LIESKE, Jahrb. f. wiss. Bot., 49. Bd. 1911, S. 91

.

[300] A. FISCHER, Unters. über den Bau der Cyanophyceen u. Bakterien 1897; ferner Bot. Ztg. 1905, S. 51. HEGLER, Jahrb. f. wiss. Bot, 36. Bd. 1901, S. 229. MASSART, Recueil de l'inst. bot. de Bruxelles, 5. Bd. 1902. BRAND, Ber. D. bot. Ges. 1901, S. 152; 1905, S. 62 und Beih. bot. Ztrbl., 15. Bd. 1903, S. 31. FRITSCH, Beih. bot. Ztrbl., 18. Bd. 1905, S. 194. OLIVE, Beih. bot. Ztrbl., 18. Bd. 1905, S. 9. GUILLIERMOND, Revue génér. de bot., 18. Bd. 1906, S. 392. PRINGSHEIM, Die Naturwissenschaften 1913, S. 495. FECHNER, Ztschr. f. Bot., 7. Bd. 1915, S. 289. PIEPER, Diss. Berlin 1915. KLEIN, Anzeig. Akad. Wien, 52. Bd. 1915. BORESCH, Archiv f. Protist., 44. Bd. 1921, S. 1 und Biochem. Ztschr., 119. Bd. 1921, S. 167. BAUMGÄRTEL, Archiv f. Protist., 43. Bd. 1920, S. 50. GEITLER, Sitzb. Wiener Akad., math.-nat. Kl. 1921. S. 223.

[301] G. SCHMID, Flora, N. F. 11. Bd. 1918, S. 327. R. HARDER, Ztschr. f. Bot., 10. Bd. 1918, S. 177; 12. Bd. 1920, S. 353. G. SCHMID, Jahrb. f. wiss. Bot., 60. Bd. 1921, S. 572.

[302] KLEBAHN, Jahrb. f. wiss. Bot., 61. Bd. 1922, S. 536.

[303] R. HARDER, Ztschr. f. Bot., 9. Bd. 1917, S. 145.

[304] OLTMANNS, Morphologie u. Biologie der Algen, 1. Bd. 1904; 2. Bd. 1905; 2. Aufl. 1922.

[305] SENN, Ztschr. f. wiss. Zool., 97. Bd. 1911, S. 605. F. DOFLEIN, Lehrb. d. Protozoenkunde, 4. Aufl. 1916. PASCHER, Ber. D. bot. Ges., 29. Bd. 1911, S. 193; 32. Bd. 1914, S. 136; 34. Bd. 1916, S. 440 u. Archiv f. Protistenk., 25. Bd. 1912, S. 153; 36. Bd. 1915, S. 81. PASCHER, Flagellaten u. Rhizopoden in ihren gegenseitigen Beziehungen 1917 u. Ber. D. bot. Ges. 1921, S. 236.

[306] LEMMERMANN, Ber. D. bot. Ges., 19. Bd. 1901, S. 247.

[307] LOHMANN, Archiv f. Protistenk., 1. Bd. 1902, S. 89. SCHILLER, Die Naturwissenschaften, 4. Bd. 1916, S. 277.

[308] CH. TERNETZ, Jahrb. f. wiss. Bot., 51. Bd. 1912, S. 435.

[309] LISTER, A Monograph of the Mycetozoa 1894. HARPER, Bot. Gaz., 30. Bd. 1900, S. 217. PAVILLARD, Progressus rei bot., 3. Bd. 1910, S. 496. PASCHER, Ber. D. bot. Ges., 36. Bd. 1918, S. 359.

[310] JAHN, Ber. D. bot. Ges. 1911, S. 231.

[311] WORONIN, Jahrb. f. wiss. Bot., 11. Bd. 1878, S. 548. NAWASCHIN, Flora 1899, S. 404. PROWAZEK, Arb. kaiserl. Gesundheitsamt, 22. Bd. 1905, S. 396. MARCHAND, Compt. rend. Acad.

Paris, 150. Bd. 1910, S. 1348. SCHWARTZ, Annals of bot., 25. Bd. 1911, S. 791 und 28. Bd. 1914, S. 227. JAHN, Ztschr. f. Bot., 6. Bd. 1914, S. 875.

[312] THAXTER, Bot. Gaz., 14. Bd. 1892, S. 389; 23. Bd. 1897, S. 395 u. 37. Bd. 1904, S. 405. QUEHL, Ztrbl. f. Bakt. usw., 2. Bd. 1906, S. 9. VAHLE, ibid., 25. Bd. 1909, S. 178. JAHN, Ber. D. bot. Ges., 36. Bd. 1918, S. (4).

[313] SCHÜTT, Die Peridin. der Planktonexpedition 1895. SCHILLING, Flora 1891, S. 220 u. Ber. D. bot. Ges. 1891, S. 199. JOERGENSEN, Die Ceratien, Leipzig 1911. KLEBS, Verh. nat. med. Verein Heidelberg, 9. Bd. 1912, S. 369. SCHILLING, Die Dinoflagellaten in PASCHERS Süßwasserflora Deutschlands 1913.

[314] SCHÜTT, Das Pflanzenleben der Hochsee 1893. GRAN, Das Plankton des norwegischen Nordmeeres 1902. KARSTEN, Wiss. Ergebn. d. deutsch. Tiefsee-Expedition 1898–99, 2. Bd., 2. Teil 1905–1907.

[315] KLEBS, vgl. [313].

[316] DIPPEL, Diatomeen der Rhein-Mainebene 1905. VON SCHÖNFELDT, Diatomaceae Germaniae 1907. O. MÜLLER, Ber. D. bot. Ges. 1898–1909. HEINZERLING, Bibl. bot. Heft 69 1908. MANGIN, Ann. sc. nat. 9. sér., 8. Bd. 1908, S. 177. KARSTEN, Handw. d. Naturw., 2. Bd., S. 960. KARSTEN, Ztschr. f. Bot., 4. Bd. 1912, S. 417. FUNK, Ber. D. bot. Ges., 37. Bd. 1919, S. 190.

[317] GRAN, Die Diat. der arkt. Meere, Fauna arctica, 3. Bd. 1904. KARSTEN, Ber. D. bot. Ges. 1904, S. 544 u. Wiss. Ergebn. d. deutsch. Tiefsee-Expedition, 2. Bd., 2. Teil 1907, S. 496. P. BERGON, Bull. Soc. bot. France, 54. Bd. 1907, S. 327. PAVILLARD, Bull. Soc. bot. France, 61. Bd. 1914, S. 164. SCHILLER, Ber. D. bot. Ges., 27. Bd. 1909, S. 351. P. SCHMIDT, vgl. OLTMANNS, Algen, 2. Aufl. I, S. 193.

[318] BENECKE, Jahrb. f. wiss. Bot., 35. Bd. 1900, S. 535. KARSTEN, Flora, Ergzb. 1901, S. 404. RICHTER, Denkschr. Akad. Wien, 84. Bd. 1909.

[319] SAUVAGEAU, Station d'Arcachon, Travaux des labor., 9. Bd. 1906, S. 49 u. 10. Bd. 1907, S. 1. FUNK, Ber. D. bot. Ges., 37. Bd. 1919, S. 187.

[320] W. WEST u. G. S. WEST, A Monograph of the Brit. Desmid., 1. Bd. 1904. KAUFFMANN, Ztschr. f. Bot. 1914, S. 721.

[321] LUTMAN, Bot. Gaz., 49. Bd. 1910, S. 241 u. 51. Bd. 1911, S. 401. VAN WISSELINGH, Ztschr. f. Bot., 4. Bd. 1912, S. 337.

[322] TRÖNDLE, Ztschr. f. Bot., 3. Bd. 1911, S. 593 u. 4. Bd. 1912, S. 721. KURSSANOW, Flora, 104. Bd. 1911, S. 65. HEMLEBEN, Bot. Archiv, 2. Bd. 1922, S. 249.

Algen.

[323] PASCHER, Hedwigia, 53. Bd., S. 6.

[324] KÜTZING, Tabulae phycologicae.

[325] WOLLENWEBER, Ber. D. bot. Ges., 26. Bd. 1908, S. 238.

[326] GOROSCHANKIN, Flora 1905, S. 420.

[327] ZIMMERMANN, Jahrb. f. wiss. Bot., 60. Bd. 1921, S. 256.

[328] GERNECK, Beih. bot. Ztrbl., Bd. 21², S. 221. TREBOUX, Ber. D. bot, Ges., 30. Bd. 1912, S. 69.

[329] GRINTZESCO, Rev. génér. de bot., 15. Bd. 1903, S. 5.

[330] HARPER, Bull. Univ. Wisconsin No. 207, 1908, S. 280.

[331] PASCHER, Hedwigia, 46. Bd. 1907, S. 265. VAN WISSELINGH, Beih. bot. Ztrbl., 23. Bd. I. 1908.

[332] ALLEN, Ber. D. bot. Ges., 1905, S. 285.

[333] HABERLANDT, Sitzb. Akad. Wien, 115. Bd. I. 1906, S. 1. SVEDELIUS, Ceylon marine biolog. reports, No. 4 1906.

[334] FREUND, Beih. bot. Ztrbl., 21. Bd. 1907. I., S. 55.

[335] DAVIS, Bot. Gaz., 38. Bd. 1904, S. 81. HEIDINGER, Ber. D. bot. Ges., 26. Bd. 1908, S. 312.

[336] SCOTTSBERG, Wiss. Ergebn. d. schwed. Südpolarexpedition, 4. Bd., 6. Lief. 1907, S. 80. FRYE, RIGG and CRANDALL, Bot. Gaz., 60. Bd. 1915, S. 473.

[337] SAUVAGEAU, Société sc. d'Arcachon, Station biol., 11. année 1908, S. 65.

[338] SAUVAGEAU, Compt. rend. Soc. de biolog. Paris, 62. Bd. 1907, S. 1082. SCHILLER, Internat. Revue der ges. Hydrobiol., 2. Bd. 1909, S. 62. F. BORGESEN, The Species of Sargassum, Kopenhagen 1914 und The marine Algae of the danish West Indies, Part 2, 1914, S. 222.

[339] HANSTEEN, Jahrb. f. wiss. Bot., 35. Bd. 1900, S. 611. HUNGER, ibid., 38. Bd. 1903, S. 70. KYLIN, Ztschr. f. Bot., 4. Bd. 1912, S. 540. KYLIN, Ztschr. f. phys. Chemie, 94. Bd. 1915, S. 337 u. Ber. D. bot. Ges., 36. Bd. 1918, S. 10. WILLE, Univers. Festschrift Christiania 1897. SYKES, Annals of bot., 22. Bd. 1908, S. 292. KNIEP, Internat. Revue der Hydrobiologie, 7. Bd. 1914, S. 1.

[340] YAMANOUCHI, Bot. Gaz., 48. Bd. 1909, S. 380 u. Bot. Ztrbl., 116. Bd. 1911, S. 435. YAMANOUCHI, Bot. Gaz., 54. Bd. 1912, S. 441.

[341] KYLIN, Ber. D. bot. Ges., 35. Bd. 1917, S. 298.

[342] WILLIAMS, Annals of bot., 11. Bd. 1897, S. 545 u. 18. Bd. 1904, S. 141 u. 183; 19. Bd. 1905, S. 531. LEWIS, Bot. Gaz., 50. Bd. 1910, S. 59. MOTTIER, Annals of bot., 14. Bd. 1900, S. 163.

[343] SAUVAGEAU, Compt. rend. Paris, 161. Bd. 1915; 162. Bd. 1916; 163. Bd. 1917. KYLIN, Svensk. bot. Tidskr., 10. Bd. 1916, S. 551 u. 12. Bd. 1918, S. 21. PASCHER, Ber. D. bot. Ges., 1918, S. 246. KUCKUCK, ibid. 1917, S. 557. WILLIAMS., Annals of bot., 35. Bd. 1921, S. 118.

[344] YAMANOUCHI, Bot. Gaz., 47. Bd. 1909, S. 173. NIENBURG, Flora, 101. Bd. 1910, S. 167 u. Ztschr. f. Bot., 5. Bd. 1913, S. 1. SAUVAGEAU (Cystoseira), Bull. stat. biol. d'Arcachon, 14. Jahrg. 1912. KYLIN, Ber. D. bot. Ges., 38. Bd. 1920, S. 74 (Fucus-Spermatozoid).

[345] MOTTIER. Annals of bot., 18. Bd. 1904, S. 245. STRASBURGER, Wiesner-Festschrift 1908, S. 24. SCHENCK, Bot. Jahrb. f. System., 42. Bd. 1908, S. 1. OEHLKERS, Ber. D. bot. Ges., 34. Bd. 1916, S. 223. GOEBEL, Flora, N. F., 10. Bd. 1918, S. 344.

[346] ERNST, Bastardierung als Ursache der Apogamie im Pflanzenreich 1918. WINKLER, Verbr. u. Urs. d. Parthenogenesis, Jena 1920.

[347] WOLFE, Annals of bot., 18. Bd. 1904, S. 607. YAMANOUCHI, Bot. Gaz., 41. Bd. 1906, S. 425. KURSSANOW, Flora, 99. Bd. 1909, S. 311. SVEDELIUS, Ber. D. bot. Ges., 32. Bd. 1914, S. 48. SCHILLER, Österr. bot. Ztschr. 1913, Nr. 4. v. FABER, Ztschr. f. Bot., 5. Bd. 1913, S. 801. KYLIN, Ber. D. bot. Ges., 35. Bd. 1917, S. 155. CLELAND, Annals of bot., 33. Bd. 1919, S. 323.

[348] SVEDELIUS, Ber. D. bot. Ges., 35. Bd. 1917, S. 225.

[349] SVEDELIUS, Kgl. Svensk. Vetenskapsakad. Handl., 43. Bd. 1908, S. 76.

[350] LEWIS, Annals of bot., 23. Bd. 1909, S. 639 u. Bot. Gaz., 53. Bd. 1912, S. 236. KUCKUCK, Ztschr. f. Bot., 3. Bd. 1911, S. 180. SVEDELIUS, Svensk. Bot. Tidskrift, 5. Bd. 1911, S. 260 u. 6. Bd.

1912, S. 239. RIGG and DALGITY, Bot. Gaz., 54. Bd. 1912, S. 164. SVEDELIUS, Ber. D. bot. Ges., 1914, S. 106; Svensk. bot. Tidskr., 8. Bd. 1914, S. 1; Nova acta reg. soc. sc. Upsaliensis, Ser. 4, Vol. 4, 1915. KYLIN, Ber. D. bot. Ges. 1916, S. 257; Ztschr. f. Bot. 1916, S. 97 u. 545.

[351] KUCKUCK, Sitzb. Akad. Berlin 1894, S. 983. STURCH, Annals of bot., 13. Bd. 1899, S. 83. EDDELBÜTTEL, Bot. Ztg. 1910, S. 186.

Pilze.

[352] DE BARY, Vgl. Morphologie u. Biolog. der Pilze 1884.

[353] BREFELD, Bot. Unters. über Schimmelpilze, Unters. aus dem Gesamtgebiet d. Mykologie, 1.-15. Bd. 1872 bis 1912. VON TAVEL, Vgl. Morphologie d. Pilze 1892. E. FISCHER, Handw. d. Naturw., 7. Bd. S. 880. A. GUILLIERMOND, Progr. rei bot., 4. Bd. 1913, S. 389.

[354] MELIN, Ber. D. bot. Ges., 40. Bd. 1922, S. 94 u. Svensk. bot. Tidskr., 16. Bd. 1922, S. 161.

[355] BALLY, Jahrb. f. wiss. Bot., 50. Bd. 1911, S. 95 u. Mykol. Ztrbl. II 1913, S. 289. GERTR. TOBLER, Die Synchytrien, Jena 1913. KUSANO, Journ. College of agric., Tokyo 1912, S. 141. G. SCHNEIDER (Kartoffelkrebs), Deutsche landw. Presse 1908, Nr. 79 u. 1909, Nr. 88. CURTIS, Phil. Transact. R. Soc. London, Serie B, Vol. 210, S. 409.

[356] WORONIN, Mém. de l'Acad. imp. des Sciences de St. Pétersbourg 1904, 8. sér., 16. Bd., Nr. 4, S. 1.

[357] TROW, Annals of bot., 9. Bd. 1895, S. 609; 13. Bd. 1899, S. 130; 18. Bd. 1904, S. 541. KLEBS, Jahrb. f. wiss. Bot., 33. Bd. 1899, S. 513. DAVIS, Bot. Gaz., 35. Bd. 1903, S. 233. CLAUSSEN, Ber. D. bot. Ges., 26. Bd. 1908, S. 144. MÜCKE, Ber. D. bot. Ges., Bd. 26a 1908, S. 367. VON MINDEN, in Falks Myk. Unt. 2. Heft 1916, S. 146.

[358] WAGER, Annals of bot., 4. Bd. 1889/91, S. 127; 10. Bd. 1896, S. 89 u. 295; 14. Bd. 1900, S. 263. BERLESE, Jahrb. f. wiss. Bot., 31. Bd. 1898, S. 159. DAVIS, Bot. Gaz., 29. Bd. 1900, S. 297. STEVENS, Bot. Gaz. 28. Bd. 1899, S. 149; 32 Bd. 1901, S. 77; 34. Bd. 1902, S. 420 u. Ber. D. bot. Ges. 1901, S. 171. TROW, Annals of bot., 15. Bd. 1901, S. 269. MIYAKE, Annals of bot. 1901. S. 653. ROSENBERG, Bihang till Svensk. Ak., 28. Bd. 1903. RUHLAND, Jahrb. f. wiss. Bot., 39. Bd. 1904, S. 135. ROSTOWZEW, Flora 1903, S. 405. KRÜGER, Ztrbl. f. Bakt. usw., II., 27. Bd. 1910, S. 186.

[359] HARPER, Annals of bot., 13. Bd. 1899. S. 467. GRUBER, Ber. D. bot. Ges. 1912, S. 126. Mc CORMICK, Bot. Gaz., 53. Bd. 1912, S. 67. MISS KEENE, Annals of bot., 28. Bd. 1914, S. 455.

[360] BLAKESLEE, Bot. Gaz., 42. Bd. 1906, S. 161 u. 43. Bd. 1907, S. 415 u. 47. Bd. 1909, S. 418; Ztschr. f. Bot., 13. Bd. 1921. S. 531 (Ref.). HAGEM, Vidensk. Selskab. Skrifter, Christiania 1907, No. 7. BURGEFF, Ber. D. bot. Ges., 30. Bd. 1912, S. 679 u. Flora, 107. Bd. 1914, S. 259; 108. Bd. 1915, S. 440. GRETE ORBAN, Beih. bot. Ztrbl., 36. Bd. 1. 1919, S. 1. BLAKESLEE, Bot, Gaz., 72. Bd. 1921, S. 179 (Cuninghamella).

[361] BLAKESLEE u. GORTNER, Biochem. Bull. II., 1913, S. 542.

[362] OLIVE, Bot. Gaz., 51. Bd. 1906, S. 192 u. 229. LAKON, Ztschr. f. ang. Entomol., 5. Bd. 1918, S. 161

.

[363] RACIBORSKI, Flora 1906, S. 106. FAIRCHILD, Jahrb. f. wiss. Bot., 30. Bd. 1897, S. 285.

[364] HARPER, Jahrb. f. wiss. Bot., 30. Bd. 1897, S. 249; ferner Annals of bot., 13. Bd. 1899, S. 467; 14. Bd. 1900, S. 321. GUILLIERMOND, Revue génér. de bot., 16. Bd. 1904, S. 49 u. 130.; 33. Bd. 1911, S. 89. CLAUSSEN, Bot. Ztg. 1905, S. 1. MAIRE, Compt. rend. soc. Biol., 58. Bd. 1905, S. 726.

FRASER and WELSFORD, Annals of bot., 22. Bd. 1903, S. 465. OVERTON (Thecotheus), Bot. Gaz., 42. Bd. 1906, S. 450. W. BROWN, Bot. Gaz., 52. Bd. 1911, S. 275.

[365] BLACKMAN and WELSFORD (Gnomonia), Annals of bot., 26. Bd. 1912, S. 761. NIENBURG (Polystigma), Ztschr. f. Bot., 6. Bd. 1914, S. 369. KILLIAN (Venturia), Ztschr. f. Bot., 9. Bd. 1917, S. 353. RAMLOW (Ascoboleen), Mykol. Ztrbl., 5. Bd. 1914, S. 177. Dodge, Bull. Torrey bot. Club, 41. Bd. 1914, S. 157. KILLIAN (Cryptomyces), Ztschr. f. Bot., 10. Bd. 1918, S. 49.

[366] SCHIKORRA, Ztschr. f. Bot., 1. Bd. 1909, S. 379.

[367] FALK, Mykol. Unters. u. Ber. II., 1916, S. 77.

[368] HARPER, Ber. D. bot. Ges. 1895, S. 475 u. Jahrb. f. wiss. Bot., 29. Bd. 1896, S. 655. NEGER, Flora 1901, S. 333 u. 1902, S. 221. SALMON, Annals of bot., 20. Bd. 1906, S. 187. HARPER, Carnegie Institution of Washington, publ. No. 37 1902 (Phyllactinia).

[369] FRASER and CHAMBERS, Annales mycolog., 5. Bd. 1907, S. 419.

[370] MIEHE, Mediz. Klinik 1906, S. 943.

[371] WEESE, Ber. D. bot. Ges., 37. Bd. 1919, S. 520.

[372] HARPER, Annals of bot., 14. Bd. 1900, S. 321 (Pyronema). CLAUSSEN, Bot. Ztg. 1905, S. 1 (Boudiera) u. Ber. D. bot. Ges. 1906, S. [11]. CLAUSSEN (Pyronema), Ber. D. bot. Ges. 1907, S. 586 u. Ztschr. f. Bot., 4. Bd. 1912, S. 1. FITZPATRIK (Rhizina), Ref. Ztschr. f. Bot., 12. Bd. 1920, S. 520.

[373] KROMBHOLZ, Abb. u. Beschreib. der Schwämme 1831–46. LENZ, Nützl., schädl. u. verdächt. Schwämme 1890. Ferner die Pilzbücher von GRAMBERG, MICHAEL, SYDOW, SCHNEGG, L. KLEIN. DITTRICH, Ber. D. bot. Ges., 34. Bd. 1916, S. 424 u. 719. A. RICKEN: Vademecum für Pilzfreunde 1920 u. Die Blätterpilze (Agaricaceae) Deutschlands 1915.

[374] DITTRICH, Ber. D. bot. Ges., 35. Bd. 1917, S. 27.

[375] FISCHER, Bot. Ztg. 1908, S. 141. BUCHHOLTZ, Ann. mycol., 6. Bd. 1908. S. 539. FISCHER, Ztschr. f. Bot., 2. Bd. 1910, S. 718.

[376] GIESENHAGEN, Flora, Ergzb. 1895, S. 267 u. Bot. Ztg. 1901, S. 115. IKENO, Flora 1901, S. 229 u. 1903, S. 1.

[377] GUILLIERMOND, Rev. génér. de bot. 1903, S. 49; 1905, S. 337. E. C. HANSEN, Ztrbl. f. Bakt., Abt. II., 12. Bd. 1904. MARCHAND, Rev. gén. bot. 1913, S. 207.

[378] THAXTER, Mem. of Americ. Acad. Boston 1896 u. 13. Bd. 1908. Faull, Annals of Bot., 26. Bd. 1912, S. 325.

[379] R. LIESKE, Morph. u. Biol. der Strahlenpilze 1921. DRECHSLER, Bot. Gaz., 67. Bd. 1919, S. 65. WOLLENWEBER, Ber. D. bot. Ges. 1921, S. (26).

[380] RUHLAND, Bot. Ztg. 1901, S. 187. FRIES, Ztschr. f. Bot., 3. Bd. 1911, S. 145 u. 4. Bd. 1912, S. 792. KNIEP, Ztschr. f. Bot., 3. Bd. 1911, S. 531.

[381] HECKE, Ber. D. bot. Ges. 1905, S. 248. LANG, Ztrbl. f. Bakt., II, 25. Bd. 1910, S. 86 u. Ber. D. bot. Ges., 35. Bd. 1917, S. 4. RAWITSCHER, Ztschr. f. Bot., 4. Bd. 1912, S. 673 u. Ber. D. bot. Ges., 32. Bd. 1914, S. 310 u. Ztschr. f. Bot., 14. Bd. 1922, S. 273. WERTH, Arbeit. Kaiserl. biol. Anst., 8. Bd. 1911, S. 427. PARAVICINI, Ann. mycol., 15. Bd. 1917, S. 57. KNIEP, Ztschr. f. Bot. 11. Bd. 1919, S. 257 u. 13. Bd. 1921, S. 289.

[382] Zahlreiche Abhandl. von P. MAGNUS, KLEBAHN, SYDOW, ERIKSSON, TISCHLER, E. FISCHER, LAGERHEIM u. a. P. et H. SYDOW, Monographia Uredinarum. MAIRE, Progr. rei bot., 4. Bd. 1911, S. 109.

[383] BLACKMAN, Annals of bot., 18. Bd. 1904, S. 323. BLACKMAN and FRASER, ibid., 20. Bd. 1906, S. 35. CHRISTMAN, Bot. Gaz., 39. Bd. 1905, S. 267. CHRISTMAN. Transact. Wisconsin Academy, 15 Bd. 1907, S. 517 u. Bot. Gaz., 44. Bd. 1907, S. 81. OLIVE, Annals of botany, 22. Bd. 1908, S. 331. DITTSCHLAG, Ztrbl. f. Bakt. II, 28. Bd. 1910. KURSSANOW, Ztschr., f. Bot., II. 1910, S. 81. WERTH u. LUDWIGS, Ber. D. bot. Ges., 30. Bd. 1912, S. 523. FROMME, Bot. Gaz., 58. Bd. 1914, S. 1. KURSSANOW, Ber. D. bot. Ges., 32. Bd. 1914, S. 317.

[384] KLEBAHN, Die wirtswechselnden Rostpilze 1904.

[385] ERIKSSON u. TISCHLER, Svenska Vet. Akad. Handl., 37. u. 38. Bd. 1904, KLEBAHN, Ber. D. bot. Ges. 1904, S. 255. E. FISCHER, Bot. Ztg. 1904, S. 327. MARSHALL WARD, Annals of bot., 19. Bd. 1905, S. 1.

[386] HOFFMANN, Ztrbl. f. Bakt., II, 32. Bd. 1911. WERTH, ibid., 36. Bd. 1912.

[387] KUNKEL, Amer. journ. of bot., 1. Bd. 1914, S. 37.

[388] KNOLL, Jahrb. f. wiss. Bot., 50. Bd. 1912, S. 453 u. Ber. D. bot. Ges., 30. Bd. 1912, S. (36).

[389] H. KNIEP, Ztschr. f. Bot., 5. Bd. 1913, S. 593; 7. Bd. 1915, S. 365; 8. Bd. 1916, S. 353. Flora, N. F., 11/12. Bd. 1918, S. 380; ferner Verh. phys. med. Ges. Würzburg, 47. Bd. 1922, S. 1. HIRMER, Ztschr. f. Bot., 12. Bd. 1920, S. 658.

[390] R. HARTIG, Der echte Hausschwamm 1885, 2. Aufl. von von TUBEUF 1902. MÖLLER u. FALCK, Hausschwammforschungen, 1. bis 6. Bd., 1907–1912. MEZ, Der Hausschwamm, Dresden 1908. FALCK, Mykolog. Unt. u. Ber. I, 1913.

[391] MÖLLER, Pilzgärten südamerik. Ameisen 1893. HOLTERMANN, Schwendener-Festschrift 1899. FOREL. Biol. Ztrbl. 1905, S. 170. HUBER, Biol. Ztrbl., 1905, S. 606.

[392] E. FISCHER, Denkschr. Schweiz. nat. Ges., 32. u. 36. Bd. MÖLLER, Brasil. Pilzblumen 1895. ATKINSON, Bot. Gaz., 51. Bd. 1911, S. 1.

Lichenes.

[393] WINKLER, Pfropfbastarde, I. Teil 1912, S. 102. TREBOUX, Ber. D. bot. Ges., 30. Bd. 1912, S. 77. NIENBURG, Ztschr. f. Bot. 1917, S. 530.

[394] ZOPF, Die Flechtenstoffe 1907. STAHL, Häckel-Festschrift 1904, S. 357.

[395] NIENBURG, Ztschr. f. Bot., 9. Bd. 1917, S. 20. TOBLER, Ber. D. bot. Ges., 37. Bd. 1919, S. 364. LINKOLA, Medd. Soc. fennica, 44. Bd. 1918, S. 153.

[396] BAUR, Flora 1901, S. 319; ferner Bot. Ztg. 1904, S. 21. WOLFF, Flora, Ergzb. 1905, S. 31. NIENBURG, Flora, 98. Bd. 1908, S. 1. F. BACHMANN, Annals of bot., 26. Bd. 1912, S. 747.

[397] MÖLLER, Kultur flechtenbild. Ascomyceten 1887 u. Bot. Ztg. 1888, S. 421. GLÜCK, Flechtenspermogonien, Habilitationsschr. Heidelberg 1899.

[398] FREDA BACHMANN, Arch. f. Zellforschung, 10. Bd. 1913, S. 369.

[399] JOHOW, Jahrb. f. wiss. Bot., 15. Bd. 1884, S. 361. MÖLLER, Flora 1893, S. 254. POULSEN, Vid. Medd. Kopenhagen 1899.

Bryophyta.

[400] GOEBEL, Organographie II, Bryophyten, 2. Aufl. 1915. Pteridophyten, 2. Aufl. 1918. CAMPBELL, The structure and development of Mosses and Ferns. 2. Edit. 1905. RABENHORST, Kryptogamenflora, 6. Bd. Lebermoose von K. MÜLLER, 4. Bd. Laubmoose von LIMPRICHT. LOESKE, Die Laubmoose Europas.

[401] GOEBEL, Flora, 90. Bd. 1902, S. 279. DAVIS, Annals of bot., 17. Bd. 1903, S. 477. HOLFERTY, Bot. Gaz., 37. Bd. 1904, S. 106. MELIN, Svensk. Bot. Tidskr., 10. Bd. 1916, S. 289. FLORIN, Arkiv för Bot., 18. Bd. 1922, Nr. 5.

[402] ALLEN, Archiv f. Zellforschung, 8. Bd. 1912, S. 179. WOODBURN, Annals of botany, 27. Bd. 1913, S. 93. WALKER, ibid., S. 116.

[403] ZIELINSKI, Flora, 100. Bd. 1910, S. 1.

[404] PFEFFER, Unters. bot. Inst. Tübingen I. II. LIDFORS, Jahrb. f. wiss. Bot., 41. Bd. 1904, S. 65. ÅKERMAN, Ztschr. f. Bot., 2. Bd. 1910, S. 94.

[405] R. SCHAEDE, Beitr. z. Biol. d. Pfl., 14. Bd. 1920, S. 27.

[406] HERZFELDER, Beih. bot. Ztrbl., 38. Bd. 1. 1921, S. 355.

[407] KREH, Nova Acta Acad. Leop., 90. Bd. 1909, S. 214. CORRENS, Unt. über Vermehrung der Laubmoose durch Brutorgane und Stecklinge, Jena 1899. BUCH, Brutorgane der Lebermoose, Diss. Helsingfors 1911.

[408] SCHENCK, Bot. Jahrb. f. Syst., 42. Bd. 1908, S. 1.

[409] ANDREAS, Flora 1899, S. 161. DOUIN, Rev. génér. de bot., 24. Bd. 1912, S. 392. CLAPP (Aneura), Bot. Gaz., 54. Bd. 1912, S. 177. K. MEYER (Corsinia), Bull. Soc. imp. des nat. Moskau 1911, S. 263 u. Ber. D. bot. Ges., 32. Bd. 1914, S. 262. SCHIFFNER, Progr. rei bot., 5. Bd. 1917.

[410] NĚMEC, Beih. bot. Ztrbl., 16. Bd. 1904, S. 253. GOLENKIN, Flora, 90. Bd. 1902, S. 209. SCHIFFNER, Annales jard. Buitenzorg Supp. III[2] 1910, S. 473. GARJEANNE, Flora, 102. Bd. 1911, S. 147.

[411] LANG, Annals of bot., 21. Bd. 1907, S. 201. CAMPBELL, Annals of bot., 21. Bd. 1907, S. 467 u. 22. Bd. 1908, S. 91.

[412] PEIRCE, Bot. Gaz., 42. Bd. 1906, S. 55.

[413] GOEBEL, Flora, 101. Bd. 1910, S. 43. GEHRMANN, Ber. D. bot. Ges., 27. Bd. 1909, S. 341.

[414] GARBER, Bot. Gaz., 37. Bd. 1904, S. 161. Lewis, Bot. Gaz., 41. Bd. 1906, S. 110. PIETSCH, Flora, 103. Bd. 1911, S. 347. BLACK, Ann. of bot., 27. Bd. 1913, S. 511. V. GAISBERG, Flora, 114. Bd. 1921, S. 262.

[415] HABERLANDT, Jahrb. f. wiss. Bot., 17. Bd. 1886, S. 359. TANSLEY and CHICK, Annals of bot., 15. Bd. 1901, S. 1. CORRENS, Vermehrung der Laubmoose 1899. VAUPEL, Flora 1903, S. 346. STRUNK, Diss. Bonn 1914. GREBE, Studien zur Biol. u. Geogr. d. Laubmoose. Hedwigia, 59. Bd. 1917. VON DANKENSCHWEIL, Hedwigia, 57. Bd. 1915, S. 14.

[416] K. GIESENHAGEN, Annals jard. Buitenzorg, Suppl. 3[2] 1910, S. 711.

[417] ZEDERBAUER, Österr. bot. Ztschr. 1902. MERL, Flora, 109. Bd. 1917, S. 189.

[418] STEINBRINCK, Ber. D. bot. Ges., Bd. 26a 1908, S. 410; 27. Bd. 1909, S. 169 u. 28. Bd. 1910, S. 19 u. 549.

[419] SCHELLENBERG, Beih. bot. Ztrbl., 37. Bd. 1. 1919/20, S. 115. FLEISCHER, Ber. D. bot. Ges., 38. Bd. 1920, S. 84.

[420] HABERLANDT, Jahrb. f. wiss. Bot., 17. Bd. 1880, S. 357. PORSCH, Der Spaltöffnungsapparat im Lichte der Phylogenie 1905, S. 33.

[421] BRYAN, Bot. Gaz., 59. Bd. 1915, S. 40. MELIN, Svensk. bot. Tidskr., 10. Bd. 1916, S. 289.

[422] DIHM, Flora, Ergzbd. 1894, S. 286. GOEBEL, Flora 1895, S. 459. STEINBRINCK, Flora, Ergzbd. 1897, S. 131 u. Biol. Ztrbl. 1906, S. 727. KUNTZEN, Diss. Berlin 1912.

[423] ZIELINSKI, Flora, 100. Bd. 1909, S. 6.

[424] F. V. WETTSTEIN, Vgl. Nat. Wochenschr. 1922, S. 327.

[425] K. VON DER DUNK. Schistostega, Diss. Frankfurt a. M. 1921.

Pteridophyta.

[426] BOWER, The origin of a Land Flora, London 1908.

[427] PFEFFER, Unters. bot. Inst. Tübingen, 1. Bd., S. 363 (Farne, Selaginella). SHIBATA, Bot. Mag. Tokyo, 19. Bd. 1905, S. 39 (Salvinia); ibid. S. 79 u. 126 (Equisetum); Ber. d. bot. Ges. 1904, S. 478 u. Jahrb. f. wiss. Bot., 51. Bd. 1905, S. 561 (Isoëtes). LIDFORS, Ber. D. bot. Ges. 1905, S. 314 (Equisetum). BRUCHMANN, Flora, 99. Bd. 1909, S. 193 (Lycopodium). BULLER, Annals of bot., 14. Bd. 1900, S. 543 (Farne). SHIBATA, Jahrb. f. wiss. Bot., 49. Bd. 1911, S. 1 (Equisetum, Farne, Salvinia, Isoëtes).

[428] HANNIG, Flora, 102. Bd. 1911, S. 209 u. 103. Bd. 1911, S. 321.

[429] HOOKER, Synopsis filicum 1883. BAKER, Fern Allies 1887. CHRIST, Farnkräuter der Erde 1897 und Die Geographie der Farne, Jena 1910. CHRISTENSEN, Index Filicum 1906.

[430] CAMPBELL, Annal. Buitenzorg, 22. Bd. 1908, S. 99 u. Suppl. 3[1] 1910, S. 69.

[431] JEFFREY, Univers. of Toronto, biol. series Nr. 1 1898 (Botrychium). BURLINGHAM, Bot. Gaz., 44. Bd. 1907, S. 34 (Ophiogl.). CHRYSLER, Annals of bot., 24. Bd. 1910, S. 1. LYON, Bot. Gaz., 40. Bd. 1905, S. 455 (Botrychium). BRUCHMANN, Flora, 96. Bd. 1906, S. 203 (Botrychium).

[432] STEINBRINCK, Biol. Ztrbl. 1906, S. 674 u. Monatsh. f. d. naturw. Unt., 11. Bd. 1918, S. 131.

[433] GOEBEL, Flora, 105. Bd., S. 49.

[434] SCHLUMBERGER, Flora, 102. Bd. 1911, S. 383.

[435] ARNOLDI, Flora, 100. Bd. 1909, S. 121. KUNDT, Beih. bot. Ztrbl., Bd. 37[1] 1911, S. 26. ZAWIDSKI, Beih. bot. Ztrbl., 28. Bd. 1912, S. 17. YASUI, Annals of bot., 25. Bd. 1911, S. 469.

[436] PFEIFFER, Bot. Gaz., 54. Bd. 1907, S. 445. OES, Ztschr. f. Bot., 5. Bd. 1913, S. 145.

[437] F. SCHNEIDER, Beitr. z. Entw. der Marsiliaceen, Diss. Berlin 1912. SHARP, Bot. Gaz., 58. Bd. 1914, S. 419. F. SCHNEIDER, Flora, 105. Bd. 1913, S. 347.

[438] STRASBURGER, Flora, 97. Bd. 1907, S. 123.

[439] STEINBRINCK, Biol. Ztrbl. 1906, S. 724. HANNIG, Flora, 102. Bd. 1911, S. 209. LUDWIGS, Flora, 103. Bd. 1911, S. 385. SHARP, Bot. Gaz., 54. Bd. 1912, S. 89. VIDAL, Ann. sc. nat., 9. sér., 15. Bd. 1912, S. 1.

[440] BRUCHMANN, Flora, 101. Bd. 1910, S. 220.

[441] HABERLANDT, Beitr. z. allg. Bot., 1. Bd., S. 293.

[442] BRUCHMANN, Flora, 104. Bd. 1912, S. 180; 105. Bd. 1913, S. 237; 111. Bd. 1919, S. 168 u. Ztschr. f. Bot., 11. Bd. 1919, S. 39. LYON, Bot. Gaz., 40. Bd. 1905, S. 285. CAMPBELL, Annals of bot., 16. Bd. 1902, S. 419. DENKE, Beih. bot. Ztrbl., 12. Bd. 1902, S. 182. STEINBRINCK, Ber. D. bot. Ges., 1902, S. 117 u. Biol. Ztrbl. 1906, S. 737. MITCHELL, Annals of bot., 24. Bd. 1910. S. 19. SYKES and STYLES, ibid., S. 523. WAND, Flora, 106. Bd. 1914, S. 237.

[443] STEINBRINCK, Ber. D. bot. Ges., 28. Bd. 1910, S. 551 u. 29. Bd. 1911, S. 334.

[444] BRUCHMANN, Flora 1905, S. 150. GOEBEL, Flora 1905, S. 195.

[445] W. SEYD, Zur Biol. von Selag., Dissert. Jena 1910. NEGER, Flora, 103. Bd. 1911, S. 74.

[446] HABERLANDT, Ber. D. bot. Ges. 1905, S. 441.

[447] LAWSON u. DARNELL-SMITH Vgl. Ref. Ztschr. f. Bot., 12. Bd. 1920, S. 89.

[448] KIDSTON u. LANG, Vgl. Ref. Ztschr. f. Bot., 12. Bd. 1920, S. 583 u. 14. Bd. 1922, S. 555; Bot. Ztrbl. 1923, S. 121. R. POTONIÉ, Nat. Wochenschr. 1920, S. 822. GOTHAN, ibid. 1921, S. 399.

[449] STOCKEY, Bot. Gaz., 47. Bd. 1909, S. 311. WEBER, Hedwigia, 63. Bd. 1922, S. 219.

Fossile Kryptogamen.

[450] Vgl. die Palaeophytologischen Handbücher von W. PH. SCHIMPER, A. SCHENK, B. RENAULT, G. SAPORTA et MARION, SOLMS-LAUBACH, D. H. SCOTT, R. ZEILLER, A. C. SEWARD, W. JONGMANS. R. ZEILLER. Progr. rei bot., 2. Bd. 1907, S. 171. GOTHAN, Potoniés Lehrb. d. Paläobotanik, 2. Aufl. 1920.

[451] GORDON, Annals of bot., 24. Bd. 1910, S. 821.

[452] OLIVER, Biol. Ztrbl. 1905, 25. Bd., S. 401 u. Annals of bot., 23. Bd. 1909, S. 73. SCOTT, Wiss. Ergebn. Wiener bot. Kongr. 1905, S. 279; ferner Progr. rei bot., 1. Bd. 1907, S. 139 u. Smithsonian Report 1907, S. 371. CHODAT, Archives sc. phys. et nat. 4. pér., 26. Bd. Genève 1908. OLIVER and SALISBURY, Annals of bot., 25. Bd. 1911, S. 1.

Literatur von Spermatophyta von G. Karsten.

Übergang von den Farnpflanzen zu den Samenpflanzen.

[453] W. HOFMEISTER, Vergleich. Unters. der Keim., Entfalt. u. Fruchtbildung höherer Kryptogamen und der Samenbild. der Koniferen. Leipzig 1851. E. STRASBURGER, Koniferen u. Gnetaceen. Jena 1872. Ders., Angiospermen und Gymnospermen. Jena 1879 und die zusammenfassenden Werke: R. VON WETTSTEIN, Handbuch der systematischen Botanik. 2. Aufl., Leipzig und Wien 1911. K. GOEBEL, Organographie der Pflanzen. Jena, 2. Aufl. I. u. II. 1. 2. 1913, 1918 u. III. 1. 1922, III. 2. 1923. J. M. COULTER and CH. J. CHAMBERLAIN, Morphology of Gymnosperms, Chicago 1910. Dieselben, Morphology of Angiosperms. Chicago 1909. *Einzelliteratur ist hier zu vergleichen und wird weiterhin nur insoweit angeführt, wie sie historisch wichtig und grundlegend geworden oder jüngeren Datums als obige Zusammenfassungen ist.*

[454] Die noch nicht publizierte Abbildung verdanke ich Herrn Kollegen HEINRICHER. Vgl. dazu E. HEINRICHER, Versuche über Vererbung von Rückschlagserscheinungen bei Pflanzen. Pringsh. Jahrb. XXIV. 52. 1892. Ders., Iris pallida Lam., abavia. Biol. Zentralbl. XVI. 13. 1896.

[455] OVERTON, Reduktion der Chromosomen, Vierteljahrsschr. d. naturf. Ges., Zürich 1893. E. STRASBURGER, Reduktionsteilung, Sitzber. K. A. d. W., Berlin 18. Bd. 1904. Ders., Chromosomenzahlen und Reduktionsteilung. Pringsh. Jahrb. 45. Bd. 1908.

Morphologie und Ökologie der Blüte.

[456] PAYER, Organogénie de la fleur 1857. BAILLON, Histoire des plantes 1.-13. Bd. 1867–1894. EICHLER, Blütendiagramme 1. u. 2. Bd., Leipzig 1875 u. 1878. A. ENGLER u. PRANTL, Natürl. Pflanzenfamilien 2.-4. Bd. ab 1889. Ders., Das Pflanzenreich ab 1900. BERG u. SCHMIDT, Atlas der offizinellen Pflanzen 1863 und 2. Aufl. von A. MEYER u. SCHUMANN, 1891–1902 und unter [1] genannte Literatur.

[457] CHR. K. SPRENGEL, Das entdeckte Geheimnis der Natur 1793 (OSTWALDS Klassiker Nr. 48–51). CH. DARWIN, Ges. Werke. Übersetzung von CARUS, 1877, 9. u. 10. Bd. KNUTH, Handbuch der Blütenbiologie 1898. O. KIRCHNER, Blumen und Insekten, Leipzig 1911. G. TISCHLER, Das Heterostylie-Problem, Biol. Zentralbl. 38. 11. 1918. Ders., Lythrum Salicaria mit Beziehung auf das Illegimitätsproblem in Festschrift STAHL, Flora. 1918. Ders., Festschrift

HOHENHEIM, 254, 1918. G. KOSTKA, Farbenwechsel u. Insektenbesuch bei Pulmonaria. Österr. Bot. Ztschr. 71. Bd. 246. 1922.

[458] C. HESS, Exper. Unters. über den angeblichen Farbensinn der Bienen. Zoolog. Jahrb. 34. Bd. 1913. Ders., Münch. med. Wochenschr. 1914, Nr. 27. Ders., Arch. f. d. ges. Physiol. 163. Bd. 1916. Ders., ibidem 170. Bd. 1918. A. KÜHN u. R. POHL, Dressurfähigkeit der Bienen auf Spektrallinien. Die Naturwissenschaften IX. 1921. 738. fanden dagegen „Wellen in der Umgebung von 365 μμ (ultraviolett) werden... von spektralunzerlegtem Licht, sowie von dem Spektralbereich ca. 400–440 μμ und auch von dem Bereich ca. 540–580 μμ qualitativ unterschieden". „Weitere Versuche zeigten, daß auch die Linie 492 μμ (blaugrün) von den übrigen Linien des Hg-Spektrums und von spektral unzerlegtem Licht unterschieden wird."

[459] K. VON FRISCH, Der Farbensinn und Formensinn der Biene. Zoolog. Jahrb. 35, 1914. Ders., Über den Geruchssinn der Biene, Zoolog. Jahrb. 37. Bd. 1919. Ders., Zur Streitfrage nach dem Farbensinn der Bienen, Biol. Zentralbl. 39, 3, 1919. Ders., Über die Sprache der Bienen, Zoolog. Jahrb. 40. 1923.

[460] BAILAY, Pollination of Marcgravia. Am. Journ. of bot. IX. 371. 1922.

[461] K. GOEBEL, Kleistogame Blüten, Biol. Zentralbl. 24. Bd. 1904. H. RITZEROW, Flora 1907. H. CAMMERLOHER, Kleistopetalie bei Aristolochia arborea. Ber. D. Bot. Ges. XL. 1923. F. KIRCHNER, Isnardia, Flora in Festschrift STAHL 1918.

Entwicklung der Geschlechtsgeneration.

[462] Vgl. Literatur unter [453], ferner: SAKUGORO HIRASÉ, Ginkgo biloba, Journ. of the college of science, Univ. imp. Tokio 8. Bd. 1895 und 12. Bd. 1898. JEFFREY and TORREY, Ginkgo, Bot. Gaz. 62. 1916. S. IKENO, Cycas revoluta, Jahrb. f. wiss. Bot. 27. Bd. 1898. H. J. WEBBER, Spermatogenesis and fecondation of Zamia. U. S. Dep. of agricult. Washington 1901. CH. J. CHAMBERLAIN, Fertilization and Embryogeny in Dioon edule, Bot. Gaz. 50. Bd. 1910. Ders., Stangeria paradoxa, Bot. Gaz. 61. 353. 1916.

[463] Vgl. Literatur unter [453], ferner: A. H. HUTCHINSON, Fertilization in Abies balsamea, Bot. Gaz. 60, 457. 5 Taf. 1915. LANCELOT BURLINGHAME, Araucaria brasiliensis, Bot. Gaz. 55. Bd. 1913. 57, 1914. 59, 1915. A. DUPLER, Taxus canadensis, Bot. Gaz. 64. 115. 1917. 68. 345. 1919. 69. 492. 1920. J. BUCHHOLZ, Suspensor and early embryo of Pinus, Bot. Gaz. 66. 185. 1918. Ders., Polyembryony among Abietineae, ibidem, Febr. 1920.

[464] W. J. G. LAND, Ephedra trifurca, Bot. Gaz. 44. 1907. Ders., Veget. Reproduktion in an Ephedra, ibidem 55. 1913. J. M. COULTER, Gnetum Gnemon, Bot. Gaz. 46. 1908. PORSCH, Ephedra campylopoda entomophil, Ber. D. Bot. Ges. XXVIII. 1910. Ders., Nektar von Ephedra, ibidem XXXIV. 1916. O. LIGNIER et A. TISON, Les Gnétales sont des Angiosperms apétales, Compt. rend. 1911. Dies., Les Gnétales, Ann. d. sc. IX. Sér. XVI. M. G. THODAY (Sykes), Gnetum africanum, Ann. of Bot. XXV. 1911. PEARSON, Microspore of Gnetum, Ann. of Bot. XXVI. 1912. Ders., Welwitschia mirabilis, Phil. Transact. R. soc. 193. 1906 u. 200. 1909. STEPH. HERZFELD, Ephedra campylopoda, Denkschrift Akad. d. Wiss. Wien 98. Bd. 1922.

[465] Literatur unter [453], ferner: S. NAWASCHIN, Lilium Martagon., Bull. acad. imp. St. Pétersbourg 1898. E. STRASBURGER, Doppelte Befruchtung, Bot. Ztg. II. Abt. 1900. M. TREUB, Casuarina, Ann. Buitenzorg 10. Bd. 1891. F. HERRIG, Spermazellen im Pollenschlauch der Angiospermen, Ber. D. Bot. Ges. 37. 456. 1919. J. PETER, Calycanthaceen, Diss. Halle 1920. COHNS Beitr. XIV. P. N. SCHÜRHOFF, Zur Apogamie von Calycanthus. Flora 116. Bd. 73. 1922. S. NAWASCHIN, Birke, Mém. acad. imp. St. Pétersbourg, 7. sér. 42. Bd. Nr. 12. 1894. Ders., Ulme, Bull. de l'acad. imp. d. sc. de St. Pétersbourg, sér. V. 8. Bd. Nr. 5. 1898. Ders., Corylus, ibidem 10. Bd. Nr. 4. 1899. Ders., Entw. d. Chalazogamen, Mém. acad. usw. 8. sér. 31. Bd. Nr. 9. 1913. M. BENSON,

Amentiferae, Transact. Linn. Soc. 2. sér. Bot. 3. Bd. pt. 10, 1894. N. ZINGER, Cannabinaceen, Flora 85. Bd. 1898. MODILEWSKI, Urticifloren, Flora 98. Bd. 1908. J. SCHWEIGER, Euphorbiaceen, Flora 94. Bd. 1905. J. WOLPERT, Alnus u. Betula, Flora 100. Bd. 1910. O. DAHLGREN, Plumbagella, Arkiv f. Bot. 14. Bd. 8. 1915 u. Kg. Svensk. Vetensk. Handl. 56. Bd. 4. 1916. Ders., Zur Embryologie der Kompositen mit bes. Berücksichtigung der Endospermbildung. Ztschr. f. Bot. XII. 1920. 481.

[466] Eine Zusammenstellung aller bisher bekannten von der Norm abweichenden Embryosackentwicklung und Ausstattung gibt F. L. RUTGERS, The Female gametophyte of Angiosperms. E. J. Brill, Leyden 1923.

[467] J. HANSTEIN, Entwicklung des Keimes, Bot. Abhandl. 1. Bd., 1. 1870. M. TREUB, Notes sur l'embryo usw. (Avicennia), Ann. Buitenzorg 3. Bd. 1883. M. MERZ, Utricularien, Flora 84. Bd. 1897. BALICKA-IWANOWSKA, Gamopetales, Flora 86. Bd. 1899. F. BILLINGS, Beiträge zur Samenentwicklung, Flora 88. Bd. 1901. F. X. LANG, Polypompholyx u. Biblis, Flora 88. Bd. 1901. O. PORSCH, Phylogen. Erkl. d. Embryosackes u. d. dopp. Befr., Jena 1907. F. N. SCHÜRHOFF, Zur Phylogenie des angiospermen Embryosackes, Ber. D. Bot. Ges. 37. 161. 1919. Ders., Zur Polyembryonie von Allium odorum. Ber. D. Bot. Ges. XL. 1923. F. A. F. C. WENT, Podostemaceen I. u. II. Verh. K. Akad. v. Wetensch. Amsterdam 1910–12. Ders., Development of Podostemaceae, Extr., du recueil des travaux bot. Néerlandais. 5. Bd. 1908. W. MAGNUS, Atypische Embryosackentw. der Podostemaceen, Flora 105. Bd. 1913.

[468] E. STRASBURGER, Chromosomenzahlen, Vererbungsträger usw., Pringsh. Jahrb. 45. Bd. 1908. Ders., Apogamie, Parthenogenesis und Reduktionsteilung, Histolog. Beitr. 7. Bd. 1909. HANS WINKLER, Parthenogenese u. Apogamie, Progr. rei bot. 2. Bd. 1908. C. H. OSTENFELD u. O. ROSENBERG, Hieracia, III. O. ROSENBERG, Apogamy in Hieracium, Bot. Tidsskr. 28. Bd. 1907 (vgl. [513]). A. ERNST, Bastardierung als Ursache der Apogamie. Jena, G. Fischer, 1918. H. WINKLER, Verbreitung und Ursache der Parthenogenesis im Pflanzen- und Tierreiche. Jena 1920.

[469] J. GAERTNER, De fructibus et seminibus plantarum, 1. u. 2. Bd. Stuttgart 1789–91.

[470] A. P. DE CANDOLLE, Pflanzenphysiologie, übers. von ROEPER, 2. Bd. 212. F. HILDEBRANDT, Verbreitungsmittel der Pflanzen 1873. A. F. W. SCHIMPER, Pflanzengeographie, Jena 1898. W. SCHMIDT, Verbreitung von Samen- und Blütenstaub durch die Luftbewegung. Österr. Bot. Ztschr. 67. 313. 1918. RUTGER SERNANDER, Myrmekochoren, Kg. Svensk. Vetensk. Handl. 41. Bd. 1906. F. MORTON, Ameisen usw., Mitt. Naturw. Ver. Univ. Wien 1912.

[471] G. KLEBS, Keimung, Unters. bot. Inst. Tübingen 1. Bd. 536. J. LUBBOCK, Seedlings 1. u. 2. Bd. 1892. E. THEUNE, Biologie geokarper Pflanzen. F. COHNS Beitr. 13. Bd. 1916.

Gymnospermae.

[472] Literatur unter [453], [456] und [462]. K. GOEBEL, Pollenentleerung, Flora, Ergzbd. 1902. 237. K. KIRSTEIN, Serodiagnostische Untersuchungen der Gymnospermen, Bot. Archiv II. 57. 1922.

[473] D. H. SCOTT, Palaeozoic botany in Progressus rei bot., 1. Bd. Jena 1907. Hier die ältere Literatur. NEWELL, ARBER, Origin of Angiosperms, Journ. Linn. Soc. 38. Bd., 263. 1907. G. R. WIELAND, American fossil Cycads, 1906, Carnegie Inst. Washington. F. W. OLIVER, Physostoma elegans, Ann. of bot. 23. Bd. 1909. Ders. and E. J. SALISBURY, Palaeozoic Seeds of the Conostoma group. Ann. of bot. 25. Bd. 1911. D. H. SCOTT, The evolution of plants 1911, London. FERNAND PELOURDE, Les progrès réalisés dans l'étude des Cycadophytes de l'époque secondaire. Progressus rei botanicae 5. Bd. 2. 1916. H. POTONIÉ u. W. GOTHAN, Lehrb. d. Paläobotanik, II. Aufl., 1921. W. GOTHAN, Neuere Arten d. Braunkohlenunters. „Braunkohle" XX. H. 27. 47. 1921. u. XXI. H. 22. 1922. R. POTONIÉ, Braunkohle XXI. H. 3/4. 1922. W. ECKHOLD, Der Hoftüpfel bei rezenten und fossilen Koniferen. Diss. Breslau 1921. B. ZANDER, Tertiäre Braunkohlenhölzer des Geiseltales. Diss. Halle 1923.

Angiospermae Dikotylae.

[474] Literatur [453] und [456], ferner: H. HALLIER, Verwandtschaftsverhältnisse bei ENGLERS Rosalen, Parietalen, Myrtifloren usw., Abh. d. Naturw. Vereins Hamburg 1903, hier Angaben früherer Veröffentlichungen desselben Verf. E. SARGANT, Origin of monocotyledons, Ann. of bot. 17. Bd. 1903 und Bot. Gaz. 37. Bd. 1904. K. FRITSCH, Stellung der Monokotyledonen, Beibl. 79 zu ENGLERS Bot. Jahrb. 34. Bd. 1905. E. STRASBURGER, Drimys, Flora, Ergzbd. 1905. J. NITZSCHKE, Beitr. z. Phylogenie d. Monokotyledonen 1914. COHNS Beitr. 12. Bd. O. LIEHR, Ist die angenommene Verwandtschaft der Helobiae und der Polycarpicae auch in ihrer Zytologie zu erkennen? COHNS Beitr. XIII. 1916.

[475] L. DIELS, Käferblumen bei den Ranales und ihre Bedeutung für die Phylogenie der Angiospermen, Ber. D. Bot. Ges. 34. 1916. G. KARSTEN, Zur Phylogenie der Angiospermen, Ztschr. f. Bot. X. 369. 1918.

[476] K. GOHLKE, Die Fruchtbarkeit der Serumdiagnostik für den Nachweis zweifelhafter Verwandtschaftsverhältnisse im Pflanzenreich. Diss. Königsberg 1913. L. LANGE, Serodiagn. Unters. über die Ranales, Diss. Königsberg 1914. C. MEZ u. K. GOHLKE, Physiol.-system. Unters. über die Verwandtschaften der Angiospermen. F. COHNS Beitr. XII. 155. 1914. MEZ-LANGE. Serodiagn. Unters. über die Verwandtschaft der Ranales, ibidem 218. MEZ u. PREUSS, Serodiagn. Unters. innerhalb der Parietales, ibidem 347. A. PREUSS, Serodiagn. Unters. innerhalb der Parietales, ibidem XIII. 1917. Weitere serodiagn. Unters. im Archiv d. Bot., herausgeg. von CARL MEZ, Königsberg. 1. Bd. 1922, Heft 1 usw. bis 3. Bd. 1923, Heft 1. Arbeiten von: F. MALLIGSON, Centrospermae, F. HOEFFGEN, Columniferae, W. ALEXNAT, Sympetalae. C. MEZ, Anleitung zu serodiagn. Unters. f. Botaniker, E. WORSECK, Monocotylae, K. KOHZ, Rosales.

[477] MARLOTH, Kapland, Valvidia-Exped. Bd. 23. 1908. Ders., Mimicry among Plants, Transact. S. Afr. Philos. Soc. 15. u. 16. Bd. 1904–05.

[478] GUNNAR TÄKHOLM, On the Cytology of the Genus Rosa. Svensk. Bot. Tidskr. 14. 300. 1920. K. GOEBEL, Bot. Ztg. 353. 1882. A. DE CANDOLLE, Ursprung der Kulturpflanzen, 1884. H. Graf zu SOLMS-LAUBACH, Erdbeeren, Bot. Ztg. 1. Bd. 45. 1907. F. NOLL, Pfropfbastarde von Bronveaux, Sitzber. Niederrh. Ges. Bonn 1906.

[479] TH. BELT, Naturalist in Nicaragua 218. 1888.

[480] L. DIELS, Südwest-Australien, Veg. d. Erde. 7. Bd. 1906.

[481] F. TOBLER, Die Gattung Hedera 1912. HILLARY, STANISLAUS, Jurica, Morph. study of the Umbelliferae, Bot. Gaz. LXXIV. 292. 1922.

[482] A. NESTLER, Cortusa Matthioli, Ber. D. Bot. Ges. 330. 1912. OSSIAN DAHLGREN, Selbsterilität von Lysimachia nummularia. Hereditas III. 1922.

[483] BÜSGEN, Fagales in KIRCHNER, LOEW, SCHROETER, Lebensgesch. d. Blütenpfl. 2. Bd. 1. 1913.

[484] H. Graf zu SOLMS-LAUBACH, Herkunft usw. des gew. Feigenbaumes, Abh. d. K. Ges. d. Wiss., Göttingen 1882. FRITZ MÜLLER, Caprificus u. Feigenbaum, Kosmos, 6. Bd. 1882.

[485] K. GOEBEL, Schleuderfrüchte bei Urticifloren, Flora 108. Bd. 1915. Ders., Entfaltungsbewegungen 333. Jena 1920 A. REIFF, BECHTER, Floral anatomy of the Urticales, Am. Journ. of bot. VIII. 386. 1921.

[486] O. WARBURG, Kautschukpflanzen, Berlin 1900. E. ULE, Kautschukpflanzen der Amazonasexped., ENGLERS Jahrb. 35. Bd. 1905.

[487] HILDUR LJUNGDAHL, Zur Zytologie der Gattung Papaver.

[488] H. Graf zu SOLMS-LAUBACH, Cruciferenstudien 1.-4. Bd. Bot. Ztg. 1900–1906.

[489] J. SCHWEIGER, Euphorbiaceen, Flora 94. Bd. 1905. A. MARKOWSKI, Gattung Pedilanthus, Diss. Halle 1912.

[490] A. DE CANDOLLE, Ursprung der Kulturpflanzen 1884. V. HEHN, Kulturpflanzen u. Haustiere, VII. Aufl. 1902. Über Bizarrien vgl. E. STRASBURGER, Pfropfhybriden. Pringsh. Jahrb. 54. Bd. 538. 1907.

[491] P. GRAEBNER, Heide, Veget. d. Erde 5. Bd. 1901. A. ARTOPOEUS, Ericaceen, Flora 1903.

[492] O. DAHLGREN, Embryologie der Loganiaceen-Gattung Spigelia. Svensk. Bot. Tidskrift 16. 77. 1922.

[493] R. VON WETTSTEIN, Ber. D. Bot. Ges. 13. Bd. 303. Ders., Deszendenztheorie. Unters. I. Denkschr. k. k. Akad. d. Wiss. Wien 1900.

[494] E. GILG, Strophanthus, Tropenpfl. 1902. Ders., H. THOMS, H. SCHEDEL, Ber. D. Pharmaz. Ges. 1904.

[495] Vgl. unter [486], dazu P. PREUSS, Exp. nach Zentral- u. Südamerika, Berlin 1901. WARBURG, Kunene-Sambesi-Exped., Berlin 1903.

[496] M. TREUB, Ann. de Buitenzorg 3. Bd. 1883. 13.

[497] HANS WINKLER, Unters. über Pfropfbastarde 1. Bd. 1912. Ders., Über experimentelle Erzeugung von Pflanzen mit abweichenden Chromosomenzahlen, Ztschr. f. Bot. 8. Bd. 417. 1916.

[498] E. HEINRICHER, Lathraea, Ber. D. Bot. Ges. 1893. Ders., Grüne Halbschmarotzer 1.-4. Jahrb. f. wiss. Bot. 1897, 1898. 1901, 1902. 1909, 1910. R. VON WETTSTEIN, Monogr. Euphrasia 1896. STERNECK, Alectorolophus 1901.

[499] K. GOEBEL, Morph. u. biol. Studien 5. Ann. de Buitenzorg 9. Bd. Ders., Flora 98. Bd. 1904. E. MERL, Utricularien, Flora 108. Bd. 1915. A. TH. CZAJA, Fangvorrichtung der Utriculariablase. Ztschr. f. Botanik XIV. 705. 1922.

[500] M. TREUB, Myrmecodia, Ann. de Buitenzorg 3. 1883. 129. H. MIEHE, Javanische Studien, Abh. Kgl. Sächs. Ak. d. Wiss. 32. Bd. Nr. IV, Leipzig 1911.

[501] F. C. VON FABER, Das erbliche Zusammenleben von Bakterien u. trop. Pflanzen, Jahrb. f. wiss. Bot. 51. Bd. 285. Leipzig 1912. Ders., Die Bakteriensymbiose der Rubiaceen, ibidem 54. Bd. 243. 1914.

[502] F. NOLL, Cucurbitaceen, Landw. Jahrb. 30. Ergzbd. P. 1901. Ders., Parthenokarpie, Sitzber. Niederrh. Ges. Bonn. 1902. Vgl. auch [510]. G. BITTER, Bryonia, Abh. Nat. Ver. Bremen 1904. C. CORRENS, Bestimmung u. Vererbung des Geschlechts, Berlin 1907. J. KRATZER, Verwandtschaftliche Beziehungen der Cucurbitaceen, Flora 110. 275. 1918.

[503] L. JOST, Griffelhaare der Campanulaceen, Flora. Festschrift STAHL 111. Bd. 1918.

[504] K. MIYAKE, Wachstum des Blütenschaftes von Taraxacum. Beih. Bot. Zentralbl. 16. Bd. 3. 1904.

[505] O. ROSENBERG, Unters. über d. Chromosomenverh. in Crepis. Svensk. Bot. Tidskrift 14. 319. 1920.

Monokotylae.

[506] E. STRASBURGER, Verdickungsweise von Palmen, Jahrb. f. wiss. Bot. 34. Bd. 1906. Gr. KRAUS, Ann. de Buitenzorg 24. Bd. 1911. J. C. SCHOUTE, Dickenwachst. der Palmen, Ann. de Buitenzorg 26. Bd., Leiden 1912.

[507] PETER STARK, Variabilität des Laubblattquirls bei Paris quadrifolia, Ztschr. f. Bot. 1. Bd. 1915. Ders., Blütenvariationen der Einbeere, Ztschr. f. Abstammungs- u. Vererbungslehre XIX. 1918.

[508] K. GOEBEL, Streptochaeta, Flora 1895, Ergzbd. J. SCHUSTER, Grasblüte, Flora 100. Bd. 1910. F. KOERNICKE, Handb. d. Getreidebaues 1. Bd. Bonn 1885. ALPH. DE CANDOLLE, Kulturpflanzen, Leipzig 1884. G. SCHNEIDER, Vegetationsvers. mit 88 Hafersorten (bei 2 Sorten fehlt die Ligula), Landwirtsch. Jahrb. 42. Bd. 767 ff. 1913. AUG. SCHULZ, Geschichte des Weizens, Ztschr. f. Naturw. 1911. Ders., Geschichte des Spelzweizens, Abh. Naturf. Ges. Halle 1917–18.

[509] E. HANNIG, Pilzfreies Lolium. Bot, Ztg. 1907.

[510] G. TISCHLER, Parthenokarpe Angiosp.-Früchte, Jahrb. f. wiss. Bot. 52. Bd. 1912. A. D'ANGREMOND, Parthenokarpie bei Bananen, Ber. D. Bot. Ges. 30. Bd. 1913. W. HERRMANN, Blattbewegung der Marantaceen, Flora 109. Bd. 1916, Diss. Jena. J. C. COSTERUS, Bau der Blumen von Canna und derjenigen der Marantaceen, Ann. de Buitenzorg 2. sér. 15. 1916.

[511] H. BURGEFF, Zur Biologie der Orchideen-Mykorrhiza, Diss. Jena 1909.

[512] H. FITTING, Beeinflussung der Orchideenblüte durch die Bestäubung usw. Ztschr. f. Bot. 1. Bd. 1909. Ders., Entwicklungsphysiolog. Unters. an Orchideenblüten, Ztschr. f. Bot. 2. Bd. 1910. M. HIRMER, Organographie der Orchideenblüte, Flora, N. F. XIII. 213. 1919.